（原书第 10 版）

自然资源保护与生活

Natural Resource Conservation
Management for a Sustainable Future, Tenth Edition

〔美〕Daniel D. Chiras　John P. Reganold 著

黄永梅　段　雷　等译

电子工业出版社
Publishing House of Electronics Industry
北京·BEIJING

内 容 简 介

本书基于自然保护、循环利用、可再生资源、生态恢复和人口控制，全面介绍了资源保护的各个方面，涵盖局地、区域、国家乃至全球尺度的资源和环境问题；全书通过有机地结合生态学、环境学、经济学和伦理学等不同学科，系统地阐述了自然资源利用中目前所面临的主要问题和不可持续性，并给出了实现可持续发展的自然资源保护和管理的科学方案；主要内容包括人口增长与农业问题，病虫害控制和农药污染问题，土壤和可持续农业问题，水资源问题，草场管理、森林管理、动植物灭绝和野生动物管理，环境问题，不可再生能源和可再生能源。书中在系统阐述理论与方法的同时，用专栏的形式在每章中穿插了一些生态伦理学知识、案例分析和先进技术应用等内容，有助于读者拓展知识面和深入认识特定的问题。

我国目前正处在自然资源高度利用的发展阶段，由此引发的各种环境和社会问题正在显现，急需以科学的自然资源管理理论为指导，采取各种先进的自然资源管理方法。因此，本书可作为政府部门决策人士的参考书、高等学校自然资源保护专业学生的参考教材、相关专业人员的参考书，亦可作为其他对自然资源保护感兴趣人士的参考书。

Authorized translation from the English language edition, entitled Natural Resource Conservation, Management for a Sustainable Future, Tenth Edition ISBN: 9780132251389 by Daniel D. Chiras, John P. Reganold. Published by Pearson Education, Inc., Copyright © 2010 Pearson Education, Inc.

CHINESE SIMPLIFIED language edition published by PEARSON EDUCATION ASIA LTD, and PUBLISHING HOUSE OF ELECTRONICS INDUSTRY, Copyright © 2016.

This edition is authorized for sale only in the People's Republic of China (excluding the Special Administrative Region of Hong Kong and Macau).

本书中文简体字版专有出版权由Pearson Education（培生教育出版集团）授予电子工业出版社。未经出版者预先书面许可，不得以任何方式复制或抄袭本书的任何部分。
本书封面贴有Pearson Education（培生教育出版集团）激光防伪标签，无标签者不得销售。
版权贸易合同登记号　图字：01-2014-7565

图书在版编目（CIP）数据

自然资源保护与生活：原书第10版/（美）查尔斯（Chiras, D. D.），（美）瑞纳德（Reganold, J. P.）著；黄永梅等译. —北京：电子工业出版社，2016.8
书名原文：Natural Resource Conservation:Management for a Sustainable Future, Tenth Edition
ISBN 978-7-121-28790-9

Ⅰ. ①自… Ⅱ. ①查… ②瑞… ③黄… Ⅲ. ①自然资源保护 Ⅳ. ①X37

中国版本图书馆 CIP 数据核字（2016）第 098641 号

策划编辑：谭海平
责任编辑：谭海平　　　　特约编辑：王　崧
印　　刷：涿州市京南印刷厂
装　　订：涿州市京南印刷厂
出版发行：电子工业出版社
　　　　　北京市海淀区万寿路 173 信箱　　邮编：100036
开　　本：787×1092　1/16　印张：42　字数：1075 千字
版　　次：2016 年 8 月第 1 版（原著第 10 版）
印　　次：2016 年 8 月第 1 次印刷
定　　价：99.00 元

凡所购买电子工业出版社图书有缺损问题，请向购买书店调换。若书店售缺，请与本社发行部联系，联系及邮购电话：(010) 88254888，88258888。

质量投诉请发邮件至 zlts@phei.com.cn，盗版侵权举报请发邮件至 dbqq@phei.com.cn。

本书咨询联系方式：(010) 88254552，tan02@phei.com.cn。

译　者　序

2014 年的 10 月，电子工业出版社找到我，希望我来翻译这本书。刚开始时，我确实很犹豫，一方面是因为教学科研任务繁重，另一方面则是我在几年前与先生段雷合译《可持续能源的前景》这本书时已经切实感受到，要翻译一本书并让自己满意（由于水平所限，实在不敢妄想信、达、雅），需要耗费大量的时间和精力。但是，当我拿到这本书后，只是粗略地翻看后就心动了。之前虽然听一些师长谈起过这本书，但一直没有真正找来阅读。说起来，本书最早出版于 1971 年，比我的年龄还大。本书出版之后一版再版，我拿到手的已经是第 10 版。考虑到我国目前正处在自然资源高度利用的发展阶段，由此引发的各种环境和社会问题正在显现，急需以科学的自然资源管理理论为指导，采取各种先进的自然资源管理方法。这时将这本书翻译成中文与广大的读者见面，正可谓是好的时机。

由美国两位资深学者 Daniel D. Chiras 和 John P. Reganold 所著的本书共分 23 章，他们将生态学、环境学、经济学和伦理学等不同学科有机地结合，系统地阐述了我们目前在自然资源利用中所面临的主要问题和不可持续性，并给出了实现可持续发展的自然资源保护和管理的科学方案。本书第 1～3 章介绍了自然资源保护的发展和三个学科的基础知识，第 4～5 章论述了人口增长与农业问题，第 6～7 章为土壤和可持续农业问题，第 8 章专门分析了病虫害控制和农药污染，第 9～12 章为水资源问题，包括水环境、水污染、渔业资源保护和水资源管理，第 13～16 章分别为草场管理、森林管理、动植物灭绝和野生动物管理，第 17～21 章为主要的环境问题，包括固体废弃物、大气污染、全球变暖、酸沉降和采矿，第 22 章和第 23 章最后对不可再生能源和可再生能源分别进行了总结。本书内容丰富，语言生动，在系统阐述理论与方法的同时，用专栏的形式在每章中穿插了一些生态伦理学知识、案例分析和先进技术应用等内容，有助于读者拓展知识面和深入认识特定的问题。每章最后还包括关键词汇、重要概念小结、思考题和推荐读物，有助于相关专业学生的系统学习与自我提高。书中不时推荐各种我们每个人都可身体力行的"绿色行动"，潜移默化中引导广大读者投身于自然资源保护的行动中来。

本人自 20 世纪 90 年代初开始接触植被生态学和植物地理学以来，每年都要走近大自然——足迹遍布内蒙古、新疆、西藏和青海的草地，华北的森林和灌丛，西北的荒漠。我常常关注人类对这些自然资源的利用、破坏和保护，痛恨所走的不少弯路，也为所取得的很多成效而欢欣鼓舞。作为一名学者，我有一个很强的感受，即政策制定者、管理者和基层民众对自然资源的科学认识是实现自然资源可持续发展的必要条件。多年以来，我国的自然资源管理科学一直在摸索中艰难前进。目前国家的学科体系中还没有自然资源专业，据我所知，目前只有我所就职的北京师范大学在地理学一级学科下自设了自然资源专业，学科体系和课程建设尚不完善。将这样一本具有国际影响力的专业书籍介绍到国内，毫无疑问能够作为自然资源管理相关专业本科生的教材，同时可为相关研究人员和各级相关部门的管理人员提供参考。本书特别强调可持续的自然资源管理。可持续发展这一概念已引入我国几十年，但如何实现可持续发展，特别是如何应用到自然资源管理的实践中，还处在摸索阶段。本书正是从可持续发展的全新的视角，看待不同的自然资源和环境问题，如森林资源、野生动植物保护和水污染等，针对具体的问题，从生态学、经济学和伦理学等不同角度提出可行的措施。可以说，本书还是一本生动的可持续发展的指导书。

本书有幸邀请到清华大学环境学院的段雷教授，也是我的先生，共同承担翻译工作，从而保证了本书中与环境污染相关章节的翻译专业性，具体包括第 11 章（水污染）、第 17 章（可持续废物管理）、第 18 章（大气污染）、第 20 章（酸沉降和平流层臭氧层损耗）以及第 21 章（矿产、采矿与可持续社会）。谢谢他的鼎力相助，他还和我共同进行了最后的统稿和语言润色工作。在本书的翻译过程中，我还要感谢我的学生们的倾力帮助，他们积极参与了部分章节的初期翻译工作，他们是陈慧颖、陈艳姣、和克俭、黄昕琦、李恩贵、娜日格乐、盛芝露、杨崇曜、杨吉林、余倩和周一飞。有了他们的热情帮助和全力参与，我才能在较短的时间内完成这本巨著的翻译工作。

　　本书涵盖了生态学、环境学、经济学和伦理学等多学科领域，书中出现了大量术语，特别是一些新术语。许多英文术语在不同学科中可能有不同的中文译法，所以译者不得不按自己的知识进行选取；而有些新术语目前还没有公认的译法，译者只好擅做主张。鉴于译者水平有限，虽然勉力为之，译稿中难免有诸多疏漏甚至错误，还望各位读者批评指正。

黄永梅

2016 年 6 月于北京

前　言

本书全面介绍资源保护的各个方面，涵盖局地、区域、国家乃至全球尺度的资源和环境问题，涉及人口增长、水资源、野生动物管理、可持续农业和全球大气污染等诸多内容。

本书第 1 版于 1971 年出版，它是在第一个地球日之后的一年，由我们尊敬的同事、已故的奥利弗·欧文编写出版。许多观察者认为，世界地球日标志着美国环境保护运动的正式开始。从那时起，大气和水污染控制、物种保护、森林管理和草地管理取得了明显的进步。

尽管有了一些进展，但依然存在许多环境问题，有些问题甚至变得更糟。例如，1970 年世界人口在 30 亿人左右徘徊，今天已经超过了 65 亿人，并以每年 8000 万人的速度增长。在许多发展中国家，饥饿已经成为一种生活常态。据估计，每年由于饥荒和营养不良而饿死与病死的有 1200 万人。物种灭绝同样在发生，据估计每天有 100 个物种灭绝。土壤侵蚀和草地退化仍在继续。

同时，新的环境问题不断出现。严重性方面排前列的有地下水污染、臭氧层空洞、酸沉降、全球变暖、城市垃圾及电子垃圾等。当然，随着新问题出现的是新的和令人振奋的解决方法。

如果我们能够携起手来共同努力，这些问题的解决将大有希望。许多专家认为，要有效地解决这些问题，需要我们的生活和社会发生翻天覆地的变化。我们需要一种可持续的发展方式——不会使地球资源枯竭的生产和生活方式，大家称之为**可持续发展**。可持续发展将使人类与地球建立一种全新的关系。我们将建立可持续的经济和贸易系统，创建可持续的生活方式和可持续的社会。这需要全新的资源管理模式，基于最新的科学知识和对复杂系统的认识，随着时间推移实现资源的保护甚至增加。这需要在我们社会的各个方面做出实质性的改变，包括农业、森林管理和能源生产等。

可持续发展需要人类更节约地利用各种资源，即只利用我们必需的资源，并以更有效的方式来利用资源。建立可持续的生活方式需要大力推广资源的回收再利用，这不仅包括在市场上出售可回收的商品，还包括鼓励生产厂商使用再生原料，并鼓励大众购买用再生原料生产的商品。

可持续社会也需要转向利用清洁、经济和可再生的能源供应，如太阳能和风能。可持续社会的另一个至关重要的部分是生态恢复——重建森林、草地和湿地，确保对未来人类充分的资源供应，同时也为那些与我们在这个星球作伴的众多物种提供庇护所。

成功创建可持续社会首先要求我们必须放慢甚至停止世界人口的增长。这需要所有国家都控制人口增长，而不仅仅是贫困的发展中国家。发达国家的人口增长，伴随着高资源利用的生活方式，对当今全球危机的贡献与发展中国家人口增长的贡献相当，甚至还更大。

在控制人口增长的同时，我们还需要更好地规划城镇的分布与扩张。坚持适度的发展，为我们的子孙后代保护好重要的农田、森林、草地、荒野和渔场等自然资源，同时也对那些和我们共存在这个星球上的无数物种的生存至关重要。

本书介绍如何基于自然保护、循环利用、可再生资源、生态恢复和人口控制来实现人类可持续的未来。我们将提出可持续社会应该遵循的准则。我们相信如果社会的每个部门都遵守这些准则，包括农业、工业和交通部门等，我们就能够与地球建立更持久的关系。

然而，准则的实施首先需要态度的转变。我们不能再认为地球上可为人类提供的资源是无穷的。地球上很多人类赖以生存的资源都是有限的，地球对资源的供给也是有限的。如果忽略这一点，我们将自食其果。

我们越来越认识到，人类必须寻求与大自然的合作而不是控制。我们试图支配和控制大自然的努力通常是徒劳的，有时甚至是适得其反的。我们取得长期胜利的关键因素之一是合作。合作意味着我们要融入大自然的循环中来建立生产系统，例如农场的生产要与大自然的循环紧密联系。

最后，我们相信是时候重新思考我们在生态系统中的位置了。人类是大自然的一部分，因此不能脱离大自然。我们的生活和经济都完全依赖于环境。地球是所有产品和服务的来源，也是我们产生的所有废弃物的回收库。我们对环境所做的，也是对我们自己所做的。这个简单道理的逻辑推论是，我们关爱地球归根结底也是关爱我们自己。

尽管人类社会在过去的几个世纪取得了辉煌的成就，但许多观察者认为是时候承认和尊重与我们人类共存的其他物种的生存与繁衍的权利了。他们认为自然资源应该是地球对所有物种而非仅仅是人类的馈赠和服务。这一观点意味着我们应该克制我们的需求，并探寻生活在这个星球上的新方式。从长远来看，这种改变会对我们自身有利。

本书重点：原理、问题和解决方法

本书讲述生态学和资源管理中的许多重要原理，它们可能让读者受用终生。本书还概述许多局地、区域、国家和全球的环境问题，并给出各种解决方法。这些解决方法基本上可分为三类：立法（新的法律和法规）、技术（应用现有的、新的及改进的技术）和行为（改变我们做事的方式）。采用这些方法是我们共同的责任，不能单靠政府，市民、商人和政府官员都将在解决环境危机和建立可持续社会中扮演重要角色。

从个人角度看，我们能做或不能做的都将对未来产生影响。我们鼓励每个人采取行动来减少个人对环境的影响。

学习帮助

为了帮助学生学习关键术语和概念，我们在每章后增加了关键词汇和短语及重要概念小结，以及需要认真思考和讨论的问题。为了帮助学生深入了解具体的问题并拓展知识面，我们在正文中插入了一些专题窗口，包括资源保护中的伦理学、案例研究、深入研究，以及 GIS 和遥感应用案例等。为了促进个人行动，我们还增加了"绿色行动"小提示。

关键词汇和短语

在每章的最后都会列出本章的关键词汇和短语。建议学生在阅读本章前，先阅读关键词汇与术语，然后在学完本章后花几分钟给出这些词汇与术语的定义。

重要概念小结

每章后面都有重要内容和概念的小结，它们有助于学生的考前复习。在阅读每章前，建议先阅读这些小结，或先简单浏览一下各节的标题，以便总体把握内容。

批判性思维和讨论问题

每章最后列出的讨论问题有助于学生将注意力集中在相关的重要内容上，同时也有助于他们了解概念和关键事实。我们提出了很多问题，希望学生组织相关信息并结合个人认识做出解答，并批判性地思考其中的一些问题。

资源保护中的伦理学

本书包括了 7 篇关于伦理学和资源管理的短文，讲述了在资源管理和个人日常生活中可能面对的重要伦理问题。我们专门设计了这个专题窗口，引导读者思考自身的价值观和这种价值观对自身观念的影响，当然，这也有助于读者对他人的理解。

批判性思维

批判性思维对我们每个人来说，都是一项重要技能，在资源保护和管理中尤其重要。在第 2 章中，我们列出了批判性思维的一些重要原则，它们将有助于读者分析本书的内容。

案例研究和深入研究窗口

案例研究和深入研究窗口会深入讨论一些有争议的问题，或为那些有兴趣从事自然资源管理工作的学生提供一些详细信息。

GIS 和遥感

本版新增了有关 GIS 和遥感的内容，例如在第 1 章中概述了这两种资源管理的工具。GIS 和遥感的案例研究部分由塞勒姆州立大学的约翰·海耶斯和查尔斯博士撰写，介绍了这些工具的某些应用。

第 10 版的新内容

因为本领域变化很快，所以我们仔细地更新了相关内容，包括最近的统计数据、实例和照片。谢谢审稿人的建议，我们增加了很多在前面版本中没有的内容，并增加了一些关键话题的篇幅，包括山顶采矿、石油和天然气开采峰值、死亡带、电子废物、氢、生物柴油、乙醇和潮汐能等。我们还对基础经济学的讨论部分进行了整体修改和扩充。

- 全球变暖章节。我们为全球变暖和全球气候变化新增了一章。该章给出了有关这一重要话题的最新科学证据，它们表明地球确实在变暖，而且人类是主要原因。该章还概述了气候变化的社会、经济和环境影响，减缓温室气体排放的努力，以及其他引起气候变化的行动。
- 绿色行动。因为越来越多的人开始寻求节能和环境友好的生活方式，所以我们在每章增加了新的元素：有关绿色行动的小提示。这些提示包括减少交通和家庭能源利用、节水、废物再利用、减少消费以及购买有机食物等的建议。
- 深入研究窗口。本版中增加了深入研究窗口，介绍一些令人兴奋的案例，高度关注目前有助于建立可持续未来的商业和政府行为，例如建立太阳能发电系统和生产绿色产品。

就像在之前的版本中所做的那样，我们继续采取各种方式引导学生进行批判性思维，并尽力保持客观，针对许多问题提供对立双方的观点。读者在新网站 http://www.prenhall.com/chiras 上也会找到有用的信息。

最后要说的是，我们已尽最大努力来扩大本书的知识面，试图包括更多的有关环境和资源问题的实例，以及来自其他国家的解决方法等。

致　谢

感谢 Prentice Hall 出版公司的工作人员，特别是编辑沙隆·布里奇斯，在整个项目中与沙隆共事愉快，为此我们将永远感谢。还要感谢沙隆的项目经理克丽斯·杜多尼斯，她有超强的能力，给予了我们非常大的帮助。感谢伊冯·热兰，她完成了处理照片的繁重工作。感谢榆树街出版服务公司的阿曼达·扎戈诺丽，感谢她对本书制作的跟进与标题的制作。

感谢琳达·斯图尔特，她在更新统计数据时尽心尽力。感谢约翰·海耶斯教授为本书提供了 GIS 和遥感的案例研究。

最后，我们要感谢我们的家庭在本书的写作和出版过程中所给予的爱与支持。

审阅人

Donald F. Anthrop，*San Jose State University*

Gary J. Atchinson，*Iowa State University*

Thomas B. Begley，*Murray State University*

Ronald E. Beiswenger，*University of Wyoming*

Mikhail Blinnikov，*St. Cloud State University*

Michael Brody，*Montana State University*

Peter T. Bromley，*North Carolina State University*

Conrad S. Brumley，*Texas Tech University*

Neal E. Catt，*Vincennes University*

Thomas Daniels，*SUNY, Albany*

Ray DePalma，*William Rainey Harper College, Illinois*

Karen Eisenhart，*University of Pennsylvania*

Donald Friend，*Minnesota State University*

Eric Fritzell，*University of Missouri*

Ken Fulgham，*Humboldt State University*

Tracy Galarowicz，*Central Michigan University*

Jerry D. Glover，*The Land Institute*

Dale Green，*University of Georgia*

Paul K. Grogger，*University of Colorado*

Jeanne Harrison，*Rockingham Community College*

John Hayes，*Salem State College*

Carol Hazard，*Meredith College*

Bill Kelly，*Bakersfield College*

William E. Kelso，*Louisiana State University*

Linda R. Klein，*Washington State University*

John Lemberger，*University of Wisconsin, Oshkosh*

Amy Lilienfeld，*Central Michigan University*

Michael T. Mengak，*University of Georgia*

Jim Merchant，*University of Kansas*

Frederick A. Montague Jr.，*Purdue University*

Steve Namikas，*Louisiana State University*

Gary M. Nelson，*Des Moines Area Community College*

Wanna D. Pitts，*San Jose State University*

Stephen E. Podewell，*Western Michigan University*

Jerry Reynolds，*University of Central Arkansas*

David W. Willis，*South Dakota State University*

Gary W. Witmer，*USDA Animal and Plant Health
Inspection Service，Fort Collins, Colorado*

Richard J. Wright，*Valencia Community College, Florida*

作 者 简 介

丹尼尔·查尔斯（Danniel D. Chiras）　　1976 年获堪萨斯大学医学院生殖生理学博士学位，毕业后继续保持对环境科学的兴趣，并已成为环境问题和可持续发展研究的泰斗。他是科罗拉多学院的客座教授，讲授关于全球变暖、能源和环境的课程。查尔斯博士是常绿研究所可再生能源与绿色建筑中心的创始人和主任，他在中心举办的各种研讨会上讲授住宅可再生能源，包括太阳能、风能和绿色建筑。查尔斯博士出版了 25 本书籍，并在各类学术期刊、杂志、报纸和百科全书上发表了 250 多篇论文。在过去的 13 年间，其兴趣主要集中在环境友好型建筑和住宅可再生能源上。出版的书籍包括《绿色家居的发展》、《风力发电》、《房主的可再生能源指南》、《自然建筑》、《太阳房：被动式采暖和空调技术》、《新生态家园》、《天然石膏》、《创建可持续社区的 31 种方法》。查尔斯博士还做了各种主题的大量讲座，包括建立可持续发展社会的方法、绿色建筑和住宅可再生能源。除了对科学和环境的追求外，查尔斯博士还爱好水上漂流、越野、滑雪、骑自行车、有机园艺和音乐。他和他的两个儿子生活在科罗拉多州埃弗格林市拥有最先进的被动式太阳能和太阳能发电装置的家中，可远眺白雪皑皑的落基山脉。

约翰·瑞纳德（John P. Reganold）　　1980 年获加州大学戴维斯分校土壤科学博士学位。曾作为土壤科学家工作于美国农业部的自然资源保护局，还曾是犹他国际有限公司（一家全球矿业公司）的环境工程师。他于 1983 年来到华盛顿州立大学工作，现在是土壤科学的终身教授。他讲授的课程主要有土壤学导论、土地利用和有机农业，研究领域主要为农业生态学和可持续农业。他还指导土壤科学和有机农业系统的本科生。他和他的研究生主要研究替代农业系统和传统农业系统对土壤健康、农作物质量、经济效益和环境质量的影响。瑞纳德博士已在学术期刊、杂志和会议论文集上发表了 130 多篇论文，包括《科学》、《自然》、《美国科学院学报》、《科学美国人》和《新科学家》，还与人合编了《有机农业：全球视野》一书。他受邀在国际、国家和地区会议上做了 150 多场学术报告，对象包括来自世界各地的科学家、学生、种植者和消费者。除了教学和研究之外，他还喜欢户外运动、游泳、骑自行车和徒步旅行。

目　　录

第1章　自然资源保护和管理：过去、现在和将来 …… 1
　1.1　地球的危机 …… 1
　　1.1.1　人口增长 …… 1
　　1.1.2　资源消耗与枯竭 …… 2
　　1.1.3　污染 …… 3
　1.2　不同的观点：我们已踏上可持续发展的道路了吗 …… 4
　　1.2.1　乐观主义者的观点 …… 5
　　1.2.2　悲观主义者（现实主义者）的观点 …… 5
　　1.2.3　温和派的观点 …… 6
　1.3　资源保护、环境和可持续运动简史 …… 7
　　1.3.1　19世纪的保护 …… 7
　　1.3.2　20世纪的资源保护 …… 7
　1.4　自然资源分类 …… 14
　1.5　自然资源管理的方法 …… 15
　　1.5.1　开发利用：以人为中心的方法 …… 15
　　1.5.2　保留：以自然为中心的方法 …… 16
　　1.5.3　实用主义方法 …… 16
　　1.5.4　可持续方法 …… 17
　1.6　变化中的现实世界：环境的复合效应 …… 19
　1.7　资源管理的新工具：地理信息系统和遥感 …… 20
　　1.7.1　地理信息系统 …… 20
　　1.7.2　遥感 …… 23
　1.8　风险和风险评估 …… 23
　　1.8.1　风险评估的三个步骤 …… 23
　　1.8.2　如果风险能被接受，我们该如何决策 …… 24
　1.9　环境和你：公民行动的重要性 …… 24
　重要概念小结 …… 25
　关键词汇和短语 …… 26
　批判性思维和讨论问题 …… 27
　网络资源 …… 28

第2章　经济学、伦理学和批判性思维——创建可持续未来的工具 …… 29
　2.1　了解经济学 …… 31
　　2.1.1　计划经济和市场经济 …… 31
　　2.1.2　供应和需求 …… 32
　　2.1.3　经济系统错在哪里：从生态学的视角来看 …… 32
　　2.1.4　经济和环境的谬论 …… 36
　2.2　建立可持续的经济 …… 37
　　2.2.1　资源管理经济学 …… 38
　　2.2.2　污染控制经济学：寻求新方法 …… 39
　　2.2.3　促进可持续经济的措施 …… 41
　2.3　走向可持续的伦理观 …… 45
　　2.3.1　拓荒伦理观 …… 45
　　2.3.2　可持续的伦理观 …… 46
　　2.3.3　以生物为中心和以生态为中心的观念 …… 49
　　2.3.4　建立全球可持续伦理观 …… 50
　　2.3.5　批判性思维和可持续发展 …… 50
　重要概念小结 …… 53
　关键词汇和短语 …… 55
　批判性思维和讨论问题 …… 56
　网络资源 …… 56

第3章　来自生态学的经验和教训 …… 57
　3.1　生物的结构层次 …… 57
　　3.1.1　种群 …… 57
　　3.1.2　群落 …… 57
　　3.1.3　生态系统 …… 57
　3.2　与生态学相关的科学原理 …… 59
　　3.2.1　物质守恒定律 …… 59
　　3.2.2　能量定律 …… 60
　3.3　生态系统的能量流动 …… 62
　　3.3.1　太阳能能量流 …… 62
　　3.3.2　光合作用和呼吸作用 …… 64
　　3.3.3　初级生产量和净生产量 …… 64
　　3.3.4　食物链和食物网 …… 65

　　　3.3.5　营养级与能量和生物量金字塔 … 67
　　　3.3.6　养分循环 ⋯⋯⋯⋯⋯⋯ 70
　3.4　生态学原理 ⋯⋯⋯⋯⋯⋯⋯ 76
　　　3.4.1　耐受性法则 ⋯⋯⋯⋯⋯ 76
　　　3.4.2　生境和生态位 ⋯⋯⋯⋯ 77
　　　3.4.3　竞争排斥原则 ⋯⋯⋯⋯ 77
　　　3.4.4　承载力 ⋯⋯⋯⋯⋯⋯⋯ 78
　　　3.4.5　种群增长和下降 ⋯⋯⋯ 78
　　　3.4.6　生物群落演替 ⋯⋯⋯⋯ 83
　3.5　生物群区 ⋯⋯⋯⋯⋯⋯⋯⋯ 87
　　　3.5.1　苔原 ⋯⋯⋯⋯⋯⋯⋯⋯ 88
　　　3.5.2　北方针叶林 ⋯⋯⋯⋯⋯ 89
　　　3.5.3　温带落叶阔叶林 ⋯⋯⋯ 89
　　　3.5.4　热带雨林 ⋯⋯⋯⋯⋯⋯ 89
　　　3.5.5　热带稀树草原 ⋯⋯⋯⋯ 90
　　　3.5.6　草地 ⋯⋯⋯⋯⋯⋯⋯⋯ 90
　　　3.5.7　荒漠 ⋯⋯⋯⋯⋯⋯⋯⋯ 91
　　　3.5.8　山地垂直带 ⋯⋯⋯⋯⋯ 91
　3.6　生态学和可持续性 ⋯⋯⋯⋯ 91
　重要概念小结 ⋯⋯⋯⋯⋯⋯⋯⋯ 92
　关键词汇和短语 ⋯⋯⋯⋯⋯⋯⋯ 94
　批判性思维和讨论问题 ⋯⋯⋯⋯ 95
　网络资源 ⋯⋯⋯⋯⋯⋯⋯⋯⋯⋯ 96

第4章　人口的挑战 ⋯⋯⋯⋯⋯⋯ 97
　4.1　理解人口和人口增长 ⋯⋯⋯ 97
　　　4.1.1　出生率和死亡率 ⋯⋯⋯ 97
　　　4.1.2　指数增长 ⋯⋯⋯⋯⋯⋯ 98
　　　4.1.3　倍增时间 ⋯⋯⋯⋯⋯⋯ 99
　　　4.1.4　全球人口为何会暴涨 ⋯ 100
　　　4.1.5　总生育率和人口直方图 ⋯ 103
　4.2　人口过剩的影响 ⋯⋯⋯⋯⋯ 104
　　　4.2.1　发展中国家的人口过剩 ⋯ 104
　　　4.2.2　发达国家的人口过剩 ⋯ 105
　4.3　发达国家的人口增长 ⋯⋯⋯ 107
　4.4　发展中国家的人口增长 ⋯⋯ 108
　　　4.4.1　较大的家庭规模 ⋯⋯⋯ 108
　　　4.4.2　非洲：一个处于危险中的
　　　　　　　大陆 ⋯⋯⋯⋯⋯⋯⋯ 109
　4.5　控制世界人口的增长 ⋯⋯⋯ 109
　　　4.5.1　节育 ⋯⋯⋯⋯⋯⋯⋯⋯ 109
　　　4.5.2　流产 ⋯⋯⋯⋯⋯⋯⋯⋯ 111

　　　4.5.3　可持续发展可能是最好的
　　　　　　　避孕方法 ⋯⋯⋯⋯⋯ 111
　4.6　人类人口和地球的承载力 ⋯ 112
　重要概念小结 ⋯⋯⋯⋯⋯⋯⋯⋯ 114
　关键词汇和短语 ⋯⋯⋯⋯⋯⋯⋯ 115
　批判性思维和讨论问题 ⋯⋯⋯⋯ 115
　网络资源 ⋯⋯⋯⋯⋯⋯⋯⋯⋯⋯ 116

第5章　世界性的饥饿问题：可持续解决 ⋯ 117
　5.1　世界性的饥饿：问题的维度 ⋯ 117
　　　5.1.1　营养缺乏、营养不良和营养
　　　　　　　过剩 ⋯⋯⋯⋯⋯⋯⋯ 117
　　　5.1.2　微量营养素缺乏 ⋯⋯⋯ 119
　　　5.1.3　粮食趋势与挑战 ⋯⋯⋯ 119
　5.2　可持续地增加粮食供应：概述 ⋯ 120
　　　5.2.1　保护现有的耕地 ⋯⋯⋯ 120
　　　5.2.2　提高现有农田的生产力 ⋯ 122
　　　5.2.3　减少虫害 ⋯⋯⋯⋯⋯⋯ 128
　　　5.2.4　提高粮食的存储和分配 ⋯ 129
　　　5.2.5　开发新的食物来源 ⋯⋯ 129
　　　5.2.6　开发耕地储备 ⋯⋯⋯⋯ 130
　5.3　贫困、冲突和自由贸易 ⋯⋯ 132
　重要概念小结 ⋯⋯⋯⋯⋯⋯⋯⋯ 133
　关键词汇和短语 ⋯⋯⋯⋯⋯⋯⋯ 134
　批判性思维和讨论问题 ⋯⋯⋯⋯ 135
　网络资源 ⋯⋯⋯⋯⋯⋯⋯⋯⋯⋯ 135

第6章　土壤的性质 ⋯⋯⋯⋯⋯⋯ 136
　6.1　土壤的价值 ⋯⋯⋯⋯⋯⋯⋯ 136
　6.2　土壤的特征 ⋯⋯⋯⋯⋯⋯⋯ 136
　　　6.2.1　土壤质地 ⋯⋯⋯⋯⋯⋯ 137
　　　6.2.2　土壤结构 ⋯⋯⋯⋯⋯⋯ 138
　　　6.2.3　有机质和土壤生物 ⋯⋯ 139
　　　6.2.4　土壤通气性和土壤湿度 ⋯ 140
　　　6.2.5　土壤 pH 值 ⋯⋯⋯⋯⋯ 141
　　　6.2.6　土壤肥力 ⋯⋯⋯⋯⋯⋯ 142
　6.3　成土过程 ⋯⋯⋯⋯⋯⋯⋯⋯ 144
　　　6.3.1　气候 ⋯⋯⋯⋯⋯⋯⋯⋯ 144
　　　6.3.2　成土母质 ⋯⋯⋯⋯⋯⋯ 144
　　　6.3.3　生物 ⋯⋯⋯⋯⋯⋯⋯⋯ 146
　　　6.3.4　地形 ⋯⋯⋯⋯⋯⋯⋯⋯ 146
　　　6.3.5　时间 ⋯⋯⋯⋯⋯⋯⋯⋯ 146
　6.4　土壤剖面 ⋯⋯⋯⋯⋯⋯⋯⋯ 147

6.4.1 O层 ……… 148

6.4.2 A层 ……… 148

6.4.3 E层 ……… 148

6.4.4 B层 ……… 148

6.4.5 C层 ……… 148

6.4.6 R层 ……… 148

6.5 土壤分类 ……… 148

6.5.1 诊断层 ……… 148

6.5.2 土纲 ……… 149

重要概念小结 ……… 152

关键词汇和短语 ……… 153

批判性思维和讨论问题 ……… 154

网络资源 ……… 154

第7章 水土保持与可持续农业 ……… 155

7.1 土壤侵蚀的性质 ……… 155

7.1.1 地质侵蚀或自然侵蚀 ……… 156

7.1.2 加速侵蚀 ……… 156

7.2 尘暴区 ……… 156

7.3 防护林项目 ……… 159

7.4 土壤侵蚀现况 ……… 160

7.5 影响水蚀的因素 ……… 162

7.5.1 降水 ……… 162

7.5.2 土壤可蚀性与地表覆盖 ……… 163

7.5.3 地形 ……… 163

7.6 土壤水蚀控制 ……… 163

7.6.1 土壤侵蚀控制的实践 ……… 163

7.6.2 自然资源保护局及其计划 ……… 169

7.6.3 NRCS保护规划的制定 ……… 171

7.7 替代农业 ……… 173

7.8 可持续农业 ……… 176

7.8.1 原则与实践 ……… 176

7.8.2 推广可持续农业的障碍 ……… 179

7.8.3 未来的研究与教育 ……… 179

重要概念小结 ……… 182

关键词汇和短语 ……… 183

批判性思维和讨论问题 ……… 184

网络资源 ……… 184

第8章 病虫害综合治理 ……… 185

8.1 有害生物从何而来 ……… 185

8.2 化学农药的类型：历史回顾 ……… 188

8.2.1 氯化烃类 ……… 188

8.2.2 有机磷酸盐 ……… 190

8.2.3 氨基甲酸酯 ……… 190

8.3 农药的效果如何 ……… 191

8.4 农药有多危险 ……… 192

8.4.1 人类健康影响 ……… 193

8.4.2 对鱼类和野生动物的影响 ……… 196

8.5 农药是否得到了充分的监管 ……… 198

8.5.1 国家管理 ……… 198

8.5.2 公众是否得到了充分的保护 ……… 199

8.6 可持续的病害虫控制 ……… 200

8.6.1 通过严密监控减少和消除农药的使用 ……… 200

8.6.2 病虫害综合治理 ……… 201

8.6.3 害虫综合治理：方法的联合 ……… 207

重要概念小结 ……… 208

关键词汇和术语 ……… 209

批判性思维和讨论问题 ……… 210

网络资源 ……… 210

第9章 水生环境 ……… 211

9.1 湿地 ……… 211

9.1.1 定义 ……… 211

9.1.2 分类 ……… 212

9.1.3 功能和价值 ……… 216

9.1.4 湿地保护 ……… 217

9.2 湖泊生态系统 ……… 219

9.3 河流生态系统 ……… 222

9.3.1 起源和分类 ……… 222

9.3.2 物理特征 ……… 223

9.3.3 生物群落和能量流动 ……… 225

9.4 海岸环境 ……… 226

9.4.1 海岸结构 ……… 226

9.4.2 河口生态系统 ……… 228

9.4.3 人类对河口环境的开发 ……… 230

9.4.4 海岸环境问题 ……… 230

9.4.5 可持续的海岸管理 ……… 233

9.5 海洋 ……… 236

9.5.1 一般特征 ……… 236

9.5.2 海洋分区 ……… 236

9.5.3 海洋食物链 ……… 239

9.5.4 海洋资源 ……… 239

重要概念小结 ……… 239

关键词汇和短语 ················· 240
批判性思维和讨论问题 ········· 242
网络资源 ··························· 242

第10章　水资源的可持续管理 ··· 243
10.1　水循环 ····················· 243
　10.1.1　海洋 ·················· 244
　10.1.2　降水 ·················· 245
　10.1.3　蒸发与蒸腾 ········· 245
　10.1.4　地表水 ··············· 245
　10.1.5　地下水 ··············· 246
10.2　水资源短缺：问题和解决措施··· 248
　10.2.1　是什么导致了水资源短缺·· 248
　10.2.2　干旱和气候变化 ····· 249
　10.2.3　增加供水 ············· 250
　10.2.4　节约用水：提高水资源的
　　　　　利用效率 ············· 250
　10.2.5　生活污水再利用 ····· 252
　10.2.6　开发地下水资源 ····· 253
　10.2.7　海水淡化 ············· 253
　10.2.8　开发耐盐作物 ······· 254
　10.2.9　开发耐旱作物 ······· 254
　10.2.10　人工降雨 ··········· 254
　10.2.11　远距离调水：加利福尼亚州的
　　　　　　调水工程 ·········· 254
10.3　洪水：问题和解决对策 ··· 255
10.4　灌溉：问题和解决对策 ··· 264
　10.4.1　灌溉的方法 ·········· 265
　10.4.2　灌溉问题 ············· 266
重要概念小结 ····················· 270
关键词汇和短语 ·················· 271
批判性思维和讨论问题 ········· 272
网络资源 ··························· 272

第11章　水污染 ··············· 273
11.1　水污染的种类 ············· 273
　11.1.1　点源水污染 ·········· 274
　11.1.2　面源水污染 ·········· 274
11.2　主要污染物及其防治 ····· 274
　11.2.1　沉积物污染 ·········· 275
　11.2.2　沉积物控制 ·········· 276
　11.2.3　无机营养盐污染 ····· 277
　11.2.4　热污染 ··············· 282

11.2.5　致病微生物 ·········· 286
11.2.6　给水中的病原体控制··· 286
11.2.7　有毒有机化合物 ····· 289
11.2.8　重金属污染 ·········· 293
11.2.9　耗氧有机废物 ········ 294
11.2.10　内分泌干扰物和药物··· 296
11.3　污水处理与处置 ·········· 297
　11.3.1　污水处理方法 ······· 299
　11.3.2　管理雨洪径流 ······· 302
　11.3.3　化粪池 ··············· 302
　11.3.4　替代处理技术 ······· 304
　11.3.5　污泥：一种尚未完全开发的
　　　　　资源 ·················· 305
11.4　水污染控制立法 ·········· 306
11.5　海洋污染 ··················· 309
　11.5.1　污水 ·················· 309
　11.5.2　清淤废物 ············· 310
　11.5.3　塑料污染 ············· 310
　11.5.4　石油污染 ············· 311
11.6　全球水污染概况 ·········· 316
重要概念小结 ····················· 317
关键词汇和短语 ·················· 319
批判性思维和讨论问题 ········· 320
网络资源 ··························· 321

第12章　鱼类保护 ············ 322
12.1　淡水渔业 ··················· 322
12.2　淡水鱼繁殖潜力的环境约束··· 324
　12.2.1　自然约束 ············· 326
　12.2.2　人为约束 ············· 327
12.3　可持续的淡水渔业管理 ··· 335
　12.3.1　种群增加技术 ······· 338
　12.3.2　保护性规定 ·········· 343
　12.3.3　栖息地管理和恢复 ··· 344
12.4　海洋渔业 ··················· 348
12.5　海洋渔业面临的问题 ····· 351
　12.5.1　过度捕捞 ············· 352
　12.5.2　兼捕渔获和丢弃渔获··· 353
12.6　可持续的海洋渔业管理 ··· 354
　12.6.1　最佳产量 ············· 354
　12.6.2　法规和经济鼓励 ····· 355
　12.6.3　渔业的预防性措施 ··· 356

　　　12.6.4　海洋保护区 ·············· 357
　　　12.6.5　海洋栖息地的恢复：建设
　　　　　　　人工鱼礁 ············· 357
　　　12.6.6　理智选择海鲜 ·········· 357
　12.7　水产养殖 ························· 358
　　　12.7.1　生产方法 ··············· 359
　　　12.7.2　生态影响 ··············· 359
　重要概念小结 ·························· 360
　关键词汇和短语 ······················ 362
　批判性思维和讨论问题 ··············· 363
　网络资源 ······························ 364

第 13 章　草场管理 ·············· 365
　13.1　草场生态学 ····················· 365
　　　13.1.1　草场类型 ··············· 365
　　　13.1.2　草场植被特征 ·········· 367
　　　13.1.3　草场承载力 ··········· 370
　　　13.1.4　人类活动和过度放牧对草场
　　　　　　　的影响 ··············· 370
　　　13.1.5　干旱对牧草的影响 ······· 371
　13.2　美国草场利用简史 ············· 372
　　　13.2.1　家畜 ···················· 373
　　　13.2.2　公有土地的分布和滥用 ··· 374
　　　13.2.3　《泰勒放牧控制法案》及
　　　　　　　其他法律 ··············· 374
　13.3　草场资源和条件 ··············· 375
　　　13.3.1　草场资源 ·············· 375
　　　13.3.2　草场条件 ·············· 377
　13.4　草场管理 ······················ 380
　　　13.4.1　放牧调控 ·············· 380
　　　13.4.2　人工播种（补播）······· 382
　　　13.4.3　草场害虫害草控制 ······· 382
　重要概念小结 ·························· 387
　关键术语和短语 ······················ 388
　批判性思维和问题讨论 ··············· 389
　网络资源 ······························ 389

第 14 章　森林管理 ·············· 390
　14.1　林权 ···························· 390
　14.2　美国林业局 ····················· 391
　　　14.2.1　综合利用 ·············· 392
　　　14.2.2　持续生产 ·············· 394
　14.3　树木采伐 ······················ 395

　　　14.3.1　采伐准备 ··············· 395
　　　14.3.2　采伐方式 ··············· 395
　　　14.3.3　采伐作业 ··············· 400
　14.4　再造林 ·························· 401
　　　14.4.1　自然再播种 ············ 401
　　　14.4.2　人工播种 ·············· 401
　　　14.4.3　栽种 ·················· 402
　　　14.4.4　开发优良基因树种 ······· 402
　14.5　森林病虫害控制 ··············· 403
　　　14.5.1　病害 ·················· 403
　　　14.5.2　虫害 ·················· 403
　14.6　火灾管理 ······················ 406
　　　14.6.1　野火 ·················· 406
　　　14.6.2　灭火 ·················· 407
　　　14.6.3　利用受控大火 ·········· 407
　　　14.6.4　"让它燃烧"或"规定
　　　　　　　自然火"政策 ·········· 409
　14.7　可持续地满足未来木材需求 ··· 409
　14.8　保护荒野 ······················ 412
　14.9　保护自然资源：国家公园 ······· 414
　　　14.9.1　简史 ·················· 414
　　　14.9.2　国家公园的土地是如何
　　　　　　　获取的 ·············· 416
　　　14.9.3　保护自然风景 ·········· 417
　　　14.9.4　人满为患：国家公园系统的
　　　　　　　主要压力 ············ 417
　　　14.9.5　国家公园系统的未来蓝图 ··417
　14.10　恢复被砍伐的热带雨林 ······· 418
　　　14.10.1　热带森林的价值 ········ 419
　　　14.10.2　森林砍伐的原因 ········ 420
　　　14.10.3　森林砍伐的影响 ········ 421
　　　14.10.4　保存热带森林 ········· 422
　重要概念小结 ·························· 422
　关键词汇和短语 ······················ 424
　批判性思维和讨论问题 ··············· 425
　网络资源 ······························ 425

第 15 章　动植物的灭绝 ········· 426
　15.1　灭绝：地球生物多样性的丧失 ···427
　15.2　生物灭绝的原因 ··············· 429
　　　15.2.1　生境破坏和改变 ········ 429
　　　15.2.2　为牟利和娱乐而猎捕 ····434

15.2.3 外来物种入侵 ·············· 435
15.2.4 灭绝的其他原因 ·············· 437
15.2.5 易危物种的特性 ·············· 439
15.3 防止灭绝的方法 ·············· 441
15.3.1 动植物园方法 ·············· 441
15.3.2 物种方法 ·············· 442
15.3.3 生态系统方法 ·············· 442
15.3.4 保护关键种 ·············· 444
15.3.5 改善野生动物管理和生存的
可持续性 ·············· 445
15.4 濒危物种保护法 ·············· 445
重要概念小结 ·············· 447
关键词汇和短语 ·············· 449
批判性思维和讨论问题 ·············· 449
网络资源 ·············· 450

第 16 章 野生动物管理 ·············· 451
16.1 野生动物 ·············· 451
16.1.1 什么是野生动物 ·············· 451
16.1.2 野生动物栖息地 ·············· 451
16.1.3 边缘效应 ·············· 453
16.1.4 廊道 ·············· 454
16.1.5 活动范围 ·············· 454
16.1.6 领地 ·············· 454
16.2 动物迁移的类型 ·············· 455
16.2.1 幼体离巢 ·············· 455
16.2.2 大规模迁移 ·············· 456
16.2.3 迁徙 ·············· 456
16.3 致死因素 ·············· 457
16.3.1 鹿的致死因素 ·············· 457
16.3.2 水鸟的致死因素 ·············· 459
16.4 野生动物管理 ·············· 464
16.4.1 购得并发展陆地野生动物
栖息地 ·············· 464
16.4.2 在农场和后院建立栖息地 ··· 465
16.4.3 后院野生动物栖息地 ·············· 466
16.4.4 调控生态演替 ·············· 466
16.4.5 管理水鸟栖息地 ·············· 467
16.5 调节野生动物数量 ·············· 472
16.5.1 控制狩猎动物的捕获量 ·············· 472
16.5.2 规定鹿的捕获量 ·············· 473
16.5.3 控制有破坏性的鹿群数量 ··· 474

16.5.4 管理其他有害的野生动物 ··· 475
16.5.5 控制水鸟的捕获量 ·············· 475
16.5.6 控制有破坏性的水鸟数量 ··· 477
16.5.7 影响人类的野生动物疾病 ··· 478
16.6 非狩猎动物 ·············· 478
重要概念小结 ·············· 479
关键词汇和短语 ·············· 480
批判性思维和讨论问题 ·············· 481
网络资源 ·············· 481

第 17 章 可持续废物管理 ·············· 482
17.1 城市固体废物：废物资源利用 ··· 482
17.2 城市固体废物的可持续管理 ·············· 483
17.2.1 减量化方法 ·············· 484
17.2.2 再利用和再循环方法 ·············· 485
17.2.3 典型的再循环计划 ·············· 488
17.2.4 可持续的废物管理 ·············· 490
17.3 固体废物处置：末端处理 ·············· 492
17.3.1 垃圾的转运和卫生填埋 ·············· 492
17.3.2 垃圾焚烧 ·············· 493
17.4 危险废物 ·············· 494
17.4.1 危险废物危害性 ·············· 497
17.4.2 棕地：将污染的景观转化为
生产用地 ·············· 498
17.4.3 电子废物 ·············· 499
17.4.4 危险废物管理：巨大的
挑战 ·············· 499
17.4.5 危险废物的适当处置 ·············· 503
17.4.6 邻避综合征：承担个人
责任 ·············· 505
重要概念小结 ·············· 505
关键词汇和短语 ·············· 507
批判性思维和讨论问题 ·············· 507
网络资源 ·············· 508

第 18 章 空气污染 ·············· 509
18.1 大气污染 ·············· 509
18.1.1 自然源 ·············· 509
18.1.2 人为源 ·············· 510
18.2 主要大气污染物 ·············· 511
18.2.1 一氧化碳 ·············· 511
18.2.2 二氧化碳 ·············· 513
18.2.3 颗粒物 ·············· 513

　　　18.2.4　挥发性有机物 ·········· 514
　　　18.2.5　氮氧化物 ·············· 514
　18.3　影响空气污染浓度的因素 ····· 516
　　　18.3.1　逆温 ················ 516
　　　18.3.2　尘罩和热岛 ·········· 517
　18.4　空气污染对局地气候的影响 ··· 518
　　　18.4.1　空气污染和降水 ······ 518
　　　18.4.2　空气污染与平均温度的
　　　　　　　降低 ·············· 518
　18.5　空气污染的健康效应 ········· 519
　　　18.5.1　空气污染公害 ········ 519
　　　18.5.2　空气污染的长期健康影响··· 520
　　　18.5.3　空气污染对其他生物和材料
　　　　　　　的影响 ············ 523
　18.6　空气污染减排与控制 ········· 524
　　　18.6.1　工厂和电厂的污染控制··· 524
　　　18.6.2　机动车排放控制 ······ 526
　18.7　室内空气污染 ·············· 531
　18.8　控制室内污染 ·············· 534
　重要概念小结 ··················· 535
　关键词汇和短语 ················· 536
　批判性思维和讨论问题 ··········· 537
　网络资源 ······················· 537

第 19 章　全球变暖与气候变化 ······· 538
　19.1　全球能量平衡与温室效应 ····· 539
　19.2　影响全球温度的自然因素 ····· 540
　19.3　影响全球温度的人为因素 ····· 541
　19.4　全球变化是否正在发生 ······· 543
　19.5　人类活动是否导致全球变暖 ··· 545
　19.6　全球变暖的预期影响 ········· 547
　　　19.6.1　气候变暖的积极作用 ··· 547
　　　19.6.2　气候变暖的不利影响 ··· 548
　19.7　全球变暖的减缓或消除 ······· 549
　　　19.7.1　减少机动车排放量 ····· 552
　　　19.7.2　停止热带地区森林砍伐··· 553
　　　19.7.3　重新造林 ············ 553
　　　19.7.4　可持续的解决方案 ····· 553
　重要概念小结 ··················· 554
　关键词汇和短语 ················· 555
　批判性思维和讨论问题 ··········· 555
　网络资源 ······················· 555

第 20 章　酸沉降和平流层臭氧损耗 ········ 556
　20.1　酸沉降 ···················· 556
　　　20.1.1　酸沉降危害区 ········ 557
　　　20.1.2　酸性前体物的来源 ···· 558
　　　20.1.3　酸沉降敏感地区和长距离
　　　　　　　传输 ·············· 558
　　　20.1.4　酸沉降的危害 ········ 560
　　　20.1.5　酸沉降控制和预防 ···· 564
　20.2　平流层臭氧损耗 ············ 566
　　　20.2.1　CFC 积累和臭氧层变薄··· 568
　　　20.2.2　UVB 辐射的危害 ······ 569
　　　20.2.3　禁止臭氧损耗化学品 ·· 570
　　　20.2.4　破坏臭氧的 CFC 的替代品··· 571
　　　20.2.5　有关臭氧层的好消息和
　　　　　　　坏消息 ·············· 572
　重要概念小结 ··················· 572
　关键词汇和短语 ················· 573
　批判性思维和讨论问题 ··········· 573
　网络资源 ······················· 574

第 21 章　矿产、采矿与可持续社会 ······· 575
　21.1　供应和需求 ················ 575
　　　21.1.1　矿产的一些性质 ······ 576
　　　21.1.2　美国的矿产生产和消费 ··· 576
　　　21.1.3　矿产供应是否将耗尽 ·· 577
　21.2　能否增加矿产供应 ·········· 579
　　　21.2.1　新的勘探 ············ 579
　　　21.2.2　从海水中提炼矿物 ···· 579
　　　21.2.3　海底矿产 ············ 579
　　　21.2.4　提高冶炼技术 ········ 580
　　　21.2.5　开发丰富的低品位矿石··· 581
　　　21.2.6　寻找替代品 ·········· 581
　21.3　矿产保护战略 ·············· 581
　　　21.3.1　降低需求 ············ 582
　　　21.3.2　再循环 ·············· 582
　　　21.3.3　个人的努力 ·········· 583
　21.4　矿产生产的环境影响 ········ 584
　　　21.4.1　开采的影响 ·········· 584
　　　21.4.2　矿产加工 ············ 585
　　　21.4.3　构建更可持续的矿产
　　　　　　　生产体系 ············ 586
　重要概念小结 ····················587

关键词汇和短语 ················ 588

批判性思维和讨论问题 ········· 589

网络资源 ··················· 589

第 22 章 不可再生能源：问题和措施 ····· 590

22.1 全球能源概述 ··············· 591

22.2 进一步了解不可再生能源 ······· 592

    22.2.1 煤炭 ················· 592

    22.2.2 石油 ················· 597

    22.2.3 天然气 ··············· 601

    22.2.4 油页岩 ··············· 601

    22.2.5 油砂 ················· 603

    22.2.6 化石燃料的未来 ········· 603

22.3 核能：它是可持续的吗 ········· 604

    22.3.1 理解原子能和辐射 ······· 604

    22.3.2 核能 ················· 606

    22.3.3 核反应堆的结构 ········· 607

    22.3.4 辐射对健康的影响 ······· 612

    22.3.5 反应堆安全：两个案例 ····· 614

    22.3.6 核废料的问题 ··········· 616

22.4 聚变反应堆 ················· 618

22.5 美国能源的未来 ············· 620

重要概念小结 ················· 621

关键词汇和短语 ··············· 623

批判性思维和讨论问题 ········· 624

网络资源 ··················· 624

第 23 章 创建一个可持续的能源系统：
高效利用和可再生能源 ·········· 625

23.1 节能和能源高效利用 ··········· 625

    23.1.1 美国的节能和高效利用行动：
简要历史回顾 ·········· 625

    23.1.2 重回正轨 ············· 628

    23.1.3 未开发的潜能 ········· 628

    23.1.4 重置我们的优先权 ······· 629

    23.1.5 个人行动 ············· 630

23.2 可再生能源战略 ············· 632

    23.2.1 太阳能 ··············· 632

    23.2.2 太阳能的未来 ········· 640

    23.2.3 地热能 ··············· 640

    23.2.4 水能 ················· 641

    23.2.5 风能 ················· 642

    23.2.6 生物质能 ············· 644

    23.2.7 氢和燃料电池 ········· 646

    23.2.8 潮汐能 ··············· 648

    23.2.9 海水温差发电 ········· 649

23.3 小结 ···················· 649

重要概念小结 ················· 650

关键词汇和短语 ··············· 651

批判性思维和讨论问题 ········· 651

网络资源 ··················· 652

后记 ························ 653

第 *1* 章

自然资源保护和管理：
过去、现在和将来

已故的奥尔多·利奥波德曾将"保护"定义为"人类和大地间的和谐状态"。利奥波德坚信有效的保护主要依赖于人类对自然资源的基本尊重，他称之为**大地伦理**。他认为我们每个人都有责任维持"大地的健康"。一个健康的大地具有"自我更新的能力"。他总结为"保护就是我们努力维持这种能力"。这一保护的概念在过去 30 多年中指导和影响着本书的撰写。

1.1　地球的危机

出于多种原因，美国及其他国家对于有效保护和管理自然资源的需求越来越迫切。首先，人口正快速增长。每年地球上新增的人口数达 8000 万人。其次，随着人口的增加，社会经济也以空前的速度发展。正是由于全球人口和经济的快速增长，人类社会对业已恶化的环境产生了更大的破坏。受到影响的不仅包括野生动物，还包括我们自身，因为地球及其生态系统为支撑我们的经济与生活提供了各种资源。自然环境同时也吸纳我们产生的所有废物，因此我们造成的环境破坏会威胁我们的未来、子孙后代的未来以及与我们共享这个星球的数百万个物种。

具有讽刺意味的是，人类常常为能够征服外太空而骄傲，为许多新技术的发明使得空间探索成为可能而骄傲。然而，即使历经了200 年的技术革新，我们依旧不能充分管理我们所生活的地球。这导致了我们目前所面临的环境危机，主要包括以下三个相关的问题：（1）大规模快速增长的人口；（2）过度的资源消费和资源耗竭；（3）局地、区域和全球的污染。

在探讨危机的各个方面之前，特别需要指出的是，即使没有发生危机，我们也应提高对自身的行为、自然资源和环境的管理。这个星球和其上生活的生物对所有生命都是至关重要的。我们个人的健康和福祉与这个星球的健康紧密相连。因此，不管读者是否相信，这里正发生着环境危机，本书将帮助读者理解在地球上人类应当采取怎样的生活方式，才能创造一个健康的星球和一个健康的人类社会。

绿色行动

尽可能在就学或工作地点附近安家，减少通勤时间，或步行或骑自行车上班，减少能源消费和环境污染。

1.1.1　人口增长

人口正在快速增长。以现在的增长速率，全球人口将从 2008 年的 66.7 亿人激增到 2025 年80 亿人。人口的快速增长是我们星球资源耗竭和污染的主要驱动因子。人口增长为什么会成为如此重要的因素？

在一般情况下，地球上每增加一个人都意味着食物、水、衣物及其他产品和服务的需求增长。为了满足这些需求，我们会消耗地球上的自然资源，而其中许多已经短缺或质量正在下降。为了满足我们对这些资源的需求，环境污染也在增加（见图 1.1）。这种联系不言而喻，有关的例子在我们周围随处可见。例如，在许多发展中国家，例如非洲的一些国家，人口的快速增加已引起巨大的环境破坏，包括毁林、荒漠化（荒漠扩张）和水污染（见图 1.2）。而富有发达国家的人口增长也引起了严重问题，包括水污染、空气污染和基本农田的减少。实际上，几乎任何环境问题都与人口增长有关，甚至许多社会问题的增多，例如滥用药物、心理疾病、犯罪和自杀等，都被认为是由城市环境中的过度拥挤造成的。

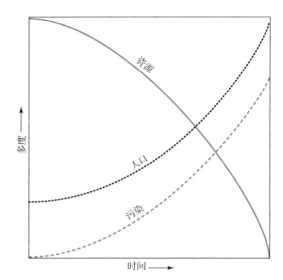

图 1.1　人口、资源和污染。该图说明了人类、人类所需资源和环境破坏与污染之间的最基本关系

图 1.2　人口过剩和贫穷等其他因素带来的一系列环境问题，从景观退化（左图，由于多年的过度放牧和不合理的土地管理所造成的中东荒漠景观）到河道污染（右图，拥挤的生活环境造成的问题之一）

已经有清楚的证据表明，人口的增长将造成地球上几乎所有国家的生活水平下降。如果在不久的将来人口增长得不到控制，那么即使实施最全面有效的资源和环境保护措施也不会有效。

人口增长有多快？到明天的这个时候，将有 22 万人加入地球大家庭；在一周内，人口增加会超过 150 万人；到下一年，新增的 8000万人会增加对食物和其他必需品的需求。美国每年都会纪念那些在全球战场上为国牺牲的美国人，牺牲的人数数量巨大，单在越南战争

中牺牲的就有 5.7 万人。但人口增长的速率非常快，自哥伦布航行以来世界上因为战争死亡的人数，大概只需 6 个月就可以补充上。

1.1.2　资源消耗与枯竭

任何人都需要资源。对资源最大的需求来自世界上的工业化国家或发达国家，它们在加速消费着许多自然资源（如煤炭、石油、天然气、铜、锌和钴）。美国的人均消费量排世界第一。尽管美国的人口占全球人口不到 5%，却消费了世界资源量的 30%。

与这个星球上的其他人相比，美国人在吃、穿、住、行和娱乐方面消耗的资源之多，与其人口数简直不成比例。我们对汽车、高清电视机、自动洗碗机、空调、移动电话、计算机、CD 机和 DVD 机的大量消费，只是为了满足我们的过度欲望，远远超过了基本需求。由于这种过度的生产和消费，美国、加拿大和日本等高度工业化国家正在加快我们星球上资源的枯竭。

那些人口众多的国家也存在巨大的资源需求，但这种需求通常只是为了满足人们对衣食住的最基本需求。另有一部分需求来自于向工业化国家出口原材料和商品。即便如此，一些发展中国家，如中国和印度，也取得了明显的经济增长，许多市民已经享受着很高的生活水准。例如，中国拥有世界上最多的人口，十年来经济一直保持两位数的增长，而且没有减缓的迹象（见图 1.3）。高生活水准意味着高的消费水平、对资源更大的需求和对环境更多的破坏。这些国家的环境法律普遍宽松，只会使由经济快速扩张产生的环境问题更加恶化。

无论什么原因，发展中国家赖以生存的自然环境和资源正承受着大量人口和人口快速增长带来的巨大压力。

1.1.3　污染

人类在利用资源时也会产生污染，在穷国和富国均会如此。美国是世界上最富裕的国家，但因为对资源的欲望，它曾经成为污染最严重的国家（见图 1.4 和图 1.5）。同其他工业化国家一样，美国的环境已经退化，产生了数量巨大、种类众多的污染物。我们产生的生活污水、工业废物、放射性物质、热污染、洗涤剂、化肥、杀虫剂和塑料，污染着湖泊、河流、海洋和地下水。每年化石燃料的燃烧，特别是煤炭和石油的燃烧，产生了大量排放到空气中的 SO_2 和 CO_2，不仅对美国，也对其他国家产生了严重的环境影响。我们依赖的核能，包括核武器，导致了大量放射性核废物的积累。

图 1.3　中国经济的快速增长，带来了对资源消费的飞速增加

图1.4　美国和其他国家的生活污水、工业废物、放射性物质、热污染、洗涤剂、农业化肥和杀虫剂已经污染了湖泊与河流，导致鱼类大量死亡

图1.5　与许多城市一样，洛杉矶经常笼罩在厚厚的大气污染层中，这些污染物来自小汽车、公共汽车、卡车、摩托车、割草机、工厂、发电厂、家庭烧烤和其他来源

发展中国家也面临污染，来自农场与毁林地的污水、动物粪便与沉积物，正污染着空气、水体和土地。随着发展中国家的工业化，在工业发展的同时，人们生活水平也得到了提高，因此环境会进一步恶化。

1.2　不同的观点：我们已踏上可持续发展的道路了吗

地球上的生态系统是这个星球的生命支撑系统。到2050年，地球及其生态系统还能维持我们大多数人目前享受的高生活水准吗？能支持发展中国家达到更高的富裕水平吗？能支持2100年的人口数量吗？这些重要的问题几乎不可能得到确定的回答。为什么？

我们无法回答这些问题的主要原因是，影响它们的因素有很多。20世纪70年代早期，由已故的德内拉·梅多斯和丹尼斯·梅多斯领导的麻省理工学院（MIT）的一个研究团队，开始寻找这些问题的答案。1972年，他们出版了一本具有里程碑意义的书籍《增长的极限》。

研究者们通过计算机模拟分析指出，如果持续这种指数增长，一个世纪内人口数量将超过这个星球的承载能力（长时间内提供资源和降解污染物的能力）。图1.6对这些研究结果进行了总结。如图中计算机的模拟结果所示，当地球人口增加时，资源供给会下降。人口的增长伴随着人均食物可获得量的下降，而资源的下降会引起人均工业产值的下降。到时候人口数量开始下降，主要原因是饥饿。

如果资源的供给远高于研究者的预计会发生什么？为了回答这个问题，研究团队将不可再生资源，如石油和矿产的估计储量翻倍。他们发现人口数量仍然会超过地球资源的供给，只是延迟了二三十年。在另一种情景中，研究者假设地球资源是无限的，但因为污染水平的增加，人口增长也会停滞。

MIT的研究结论是明确的。不管从何种角度看，如果人口数量持续增长，都将超过地球有限的支持人类生活的能力——这个星球的人口承载能力。虽然有些人不赞同这些结论，但这些惊人的结论使大多数人意识到增长的极限是真正存在的，并引发了可再生能源等领域的许多重要行动。

1992年，《增长的极限》原有团队的三名成员重新验证了他们的发现，重新分析了世界的状态，最后出版了《超越极限》一书。他们的结论是，早期的推测存在错误。他们发现了令人信服的证据，表明人类发展已达到了极限，这比他们此前的估计要早得多。他们还发现人类社会正在危险地接近其他极限。他们得出的结论是，此前的推测严重低估了人口持续增长及其伴随的资源需求和污染的增长所带来的危险性。

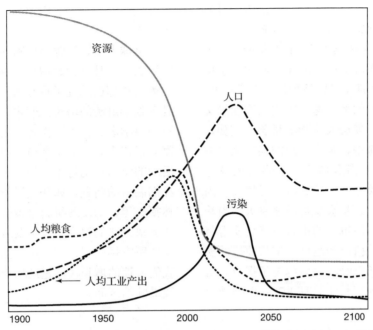

图 1.6　增长极限研究。研究者用计算机预测了当前发展趋势下人类社会的命运。如图所示，如果人口持续增长，资源会急剧下降，污染水平会增加。综合影响会使人口数量下降并带来巨大的环境破坏

最重要的是，《增长的极限》提出我们目前的发展道路是不可持续的，即我们的社会正处在不可持续的道路上。但这并不意味着我们已经在劫难逃和放弃希望，只是说明我们现在的发展从长远看是不可持续的，这种不可持续的发展方式应被抛弃。我们相信人类社会能够创建一个可持续的未来。然而，可持续发展道路需要所有个人、企业和政府的共同努力，这也是本书的重点——剖析问题并提供由许多科学家、政府官员、市民和积极行动者建议的可持续的个人-政府合作解决方案。时不我待！尽管在某些方面已有改善，但整体上环境破坏还在以不可持续的速度继续，而且有迹象表明我们已在几个关键方面上超过了这个星球对人类的承载力。

1.2.1　乐观主义者的观点

并不是所有人都同意这些有点悲观的推测以及迅速行动的必要性。事实上，《增长的极限》研究受到了许多人的批判。那些相信技术发展可以解决我们所有资源和环境问题的人尤其不屑。他们总是认为，历史上充满了各种表明新发明和文化变革必要性的例子，他们相信就像过去一样，技术能再次占据主导地位。我们称这些人为**乐观主义者**。

明尼苏达大学的阿瑟斯坦·斯皮尔豪斯就是乐观主义者的代表之一。他认为如果能发现便宜和充足的能源，就可解决所有问题：污染可得到控制，每个人都可获得足够的食物，可为数百万需求者提供衣服和住房。为了粮食增产，乐观主义者提出了各种方案，从养鱼场到在试管中合成食物，从酵母和藻类产业的兴起到灌溉荒漠，从排干湿地到利用基因工程生产神奇小麦和超级玉米。乐观主义者们宣称，我们的选择是无穷尽的，它们只受我们的创造性的限制。按照乐观主义者的观点，我们永远都可以依赖人类的创造力，从科技的魔帽中变出另一只兔子来。

1.2.2　悲观主义者（现实主义者）的观点

与之对立的阵营我们称之为**悲观主义者**。有些人认为他们更接近真实的情景，因此更喜欢被称为**现实主义者**。

不管他们被称为什么，他们相信技术不会

也不能解决所有问题。首先，没有足够的时间去开发那些针对目前急需解决的问题的技术。

为什么时间这么紧要？问题的关键在于"指数增长"。图1.7所示的J形曲线表示指数增长。当某个事件（可以是种群、资源需求、污染或银行存款）的增长速率固定且增加量又累计到基数上时，就会发生**指数增长**。例如，如果利息加到本金中，那么计息的银行账户增长就呈指数增长。指数增长具有很大的迷惑性，其初始增长缓慢，但随着时间的增加，因为基数增加，净增长量会变得越来越大。当基数足够大时，突然间每年的增长量就会变得巨大，可以说这时的值已经越过了增长曲线的拐点。目前人口增长已经清楚地越过了拐点。虽然全球人口增长速率每年只有1.2%，但地球上有67亿人，这样每年地球上大约会增加8000多万人。

全球人口、资源消耗和各种污染物都在同时增长，而且呈指数增长。更为严重的是，这三类增长都已越过了指数增长曲线的拐点，并且正处于最陡的增长区间内。尽管世界上大多数的科学家、技术工作者、生态学家和经济学家们正奋力寻找解决之道，但人口数量和经济活动的年增长仍势不可挡。总之，我们自身和我们制造的问题，如环境污染、生境破坏和森林损失等，均发展得越来越快，远远超过了寻找解决方法的速度。技术发展既不能如乐观主义者所宣扬的那样解决所有问题，也不能赶上我们快速的增长（已越过拐点达到指数增长曲线最陡的区间）。

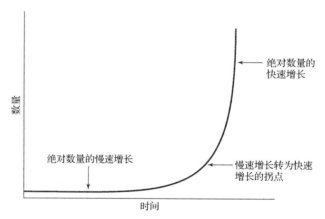

图1.7　指数增长曲线。指数增长是指具有固定增长率的增长。每次的增长量都加到基数中。指数增长具有迷惑性，因为绝对量可能在很长的时期内增长缓慢，但一旦发展到某一水平，即使增长率很低，也可能带来数量上的可观增长

1.2.3　温和派的观点

谁的观点更接近真实，是乐观主义者还是悲观主义者？遗憾的是，我们尚不能确定。然而，温和派的观点也许更正确。温和派用更合理的视角来看待我们目前的资源-环境形势。他们也认为如果我们从现在开始，从当前挥霍无度的社会转向可持续社会——一种在地球极限内的生活方式，那么我们就还有足够的时间。可持续社会是指人类应在不影响下一代和其他生物生存需求的前提下满足自己的需求。绝不能够拆东墙（为未来后代提供的服务）补西墙（满足我们的需求和欲望）。虽然上述目标很简单，但是考虑到人类的本性、道德观、经济、法律及其他许多因素，实现目标则存在巨大的困难。

所幸的是，有很多作家、教师甚至一些政治家正在筹划，甚至已经采取各种措施来寻求建立一个可持续的社会。在《来自大自然的教训：学会在地球上可持续地生活》和其他作品中，本书的作者查尔斯博士基于对自然系统的研究，总结了实现可持续发展的6条关键生态学准则：（1）节约，（2）循环利用，（3）利用可再生资源，（4）生态恢复，（5）人口控制和

管理，（6）适应。我们称之为**可持续性的生物学准则**，因为这 6 条准则解释了自然生态系统在一般情况下是如何维持自身的可持续性的。例如，在自然生物系统或**生态系统**中，生物体会高效利用它们所需的资源，从而实现可持续。我们称之为**节约准则**。虽然会有一些特例，例如有时灰熊只吃刚被杀死鲑鱼的鱼子，但大多数物种是相当节约的。其他物种不具备我们开发资源的技术。自然系统能实现可持续性的另一个原因是，生命过程中具备回收废物并再利用的能力。自然界中没有废弃物。事实上每种物质都会被不断地重复使用。一个物种产生的废物是另一个物种的食物。自然系统能持续运转是因为生命大部分依赖于可再生资源。自然系统也能从破坏中自我恢复。最后，生物体能适应环境变化。

如果能快速行动并实施可持续的解决方案，我们相信这些准则可成功地应用到人类社会并帮助和引导我们走向可持续道路。本书试图为读者展示如何在各个领域应用这些准则来提出解决方案，包括森林管理、草场管理和废物管理。

实现一个真正的可持续社会是一项有挑战的任务，需要很多不同行业的人（包括工人、企业主管、大学生、农民、科学家、政治家、食品专家和地理学家）共同贡献、高度合作和长期的努力，需要来自不同层次的政府领导者（从镇长到国家领导人）充满激情和创造力的领导。读者很快就会发现，一些所需的改变已经开始，而这些改变的基础可能已在多年前悄然发生。

1.3　资源保护、环境和可持续运动简史

1.3.1　19 世纪的保护

18 世纪和 19 世纪看起来是美国无资源限制的最后时代。新大陆在不断延伸，资源似乎源源不断。殖民者向西部扩张，砍伐树木建造房屋和城镇，并为耕地腾出空间。大面积的森林被砍伐，草原被开垦为农场。沼泽被排干，

景观被数不清的道路切割。这个时代的普遍观念是挥霍完当地的资源，然后离开。

到了 19 世纪，少数远见卓识者开始认识到保护的必要性。比如，在 19 世纪早期，美国的华盛顿总统和杰弗逊总统开始采用有效的方法控制农场的土壤侵蚀，其中最著名的是等高线种植，即在山坡上沿着等高线耕种，而不要顺着山坡耕种。1864 年，美国外交官和自然学家乔治·珀金斯·马什撰写了《人和自然》一书，该书力图引起人们对资源脆弱性的注意，并让他们认识到人类是如何滥用资源的。它像催化剂一样促进了早期保护运动的开展。

这个时期的另一个关键人物是约翰·缪尔。缪尔于 1838 年出生在苏格兰，11 岁时移民到了美国，最早定居于威斯康星州。1867 年，他从印第安纳徒步到达墨西哥湾，并在一本书中记录了他沿途观察到的植物和动物。随后，他搬到了加利福尼亚州，开始痴迷于壮丽的原野。他将一生贡献给了资源保护，特别是对西部森林的保护。为了建立约塞米蒂和加州红杉国家公园，缪尔到处游说。缪尔在他的书籍和文章中充分表达了对荒野的热爱，影响了很多人，还将继续影响更多的读者。

很大程度上是因为缪尔，美国国会在 19 世纪建立了 3 个国家公园：1872 年建立了世界上第一个国家公园——黄石国家公园；1890 年，建立了约塞米蒂和加州红杉国家公园；1891 年，国会建立了 28 个森林保护区，后来被认定为美国第一批国家森林公园。1892 年，约翰·缪尔组建了塞拉俱乐部，它是如今美国政治上最活跃的保护组织之一。

1.3.2　20 世纪的资源保护

到目前为止，自然资源保护最显著的进展都发生在 20 世纪，这些进展主要有 4 次高潮。第一次（1901—1909 年）发生在罗斯福总统执政期间，第二次（20 世纪 30 年代）发生在罗斯福总统执政期间，第三次（1970—1980 年）发生在尼克松、福特和卡特总统执政期间，而最近的一次则发生在全球范围内。

第一次高潮（1901—1909 年）　1908 年，

罗斯福总统在白宫召开了一次有关自然资源的会议，这在资源保护史上具有里程碑意义（见图 1.8）。多个事件的发展影响了罗斯福总统召开这次会议的决定，其中包括科学家对大湖区各州木材严重耗竭的深切关注，以及他们对美国资源不合理管理及其导致的不可避免的严重经济困难的日益增长的担忧。

罗斯福总统邀请州长、议会领导人、科学家、钓鱼者、猎人和几位外国的资源专家参加了此次白宫会议。会议的成果之一，是成立了一个由 50 名成员组成的**美国自然资源保护委员会**，成员包括科学家、议员和商人。委员会由林学家吉福德·平肖领导，今天我们的森林管理方式还深受他的影响。平肖将科学原理引入到了森林管理中。他重视资源的保护和未来的增长，既利用森林资源又要确保森林再生，这样森林才能为人类提供稳定的资源供给。平肖与罗斯福总统这个热心的保护主义者之间的个人友谊，在推动国家政策中起到了至关重要的作用。

委员会完成了美国的第一次**综合自然资源调查**。白宫会议也间接促进 41 个州成立了资源保护部门，其中的大部分仍在运转。

第二次高潮（1933—1941 年）　罗斯福总统是在合适时间出现在合适地点的合适人的最好例证（见图 1.9）。1934 年，罗斯福总统成立了国家资源委员会，该委员会完成了第二次美国的全国综合自然资源调查。委员会在报告中指出了困扰国家的严重资源问题，并给出了解决办法。罗斯福总统也提出了一个富于想象力的全国性项目，该项目在提供工作岗位的同时，解决了许多影响国家自然资源的问题。这些项目的主要动机源于美国的沙尘暴时代和 20 世纪 30 年代的经济大萧条。如第 7 章所述，沙尘暴是由长期（1927—1932 年）干旱造成作物绝收引起的。在接连的几年里，干旱造成了大平原大面积的裸露农田遭受风蚀，大量的表层土壤被吹起。下面列举几个罗斯福总统时期的项目。

图 1.8　户外运动爱好者、猎人和热心的保护主义者罗斯福总统在约塞米蒂国家公园

图 1.9 罗斯福总统。在他执政期间（1933—1945 年），美国的许多资源问题创造性地得到了治理

1. 1934 年开始实施**草原州林业计划**（Prairie States Forestry Project）。目标是沿 100°子午线从北达科他州的加拿大边境向南到得克萨斯州，在农场建造由乔木和灌丛组成的防风带（利用由乔木和灌丛组成的较窄条带来降低风蚀）。计划的目的主要是降低土壤风蚀。

2. 1933 年成立**民间资源保护团**（Civilian Conservation Corps，CCC），它一直运行到 1949 年，包括 2652 支营队，每队有 200 人。许多营队驻扎在国家公园和国家森林公园内。森林工人修建防火道、消除火灾隐患、扑灭森林火灾、控制害虫并栽种了数百万棵林木。公园工人则修建桥梁、改善道路和建造远足小径。另外，CCC 还治理湖泊和河流，参加防洪项目。

3. 1935 年罗斯福总统成立**水土保持局**（Soil Conservation Service，SCS）。这个时期开展这样一个计划的时机已成熟。20 世纪 20 年代晚期和 30 年代大平原频繁发生的沙尘暴，证明了这个国家土壤的脆弱性。SCS 开展水土保持示范工程，向农场主们展示土壤

侵蚀控制技术和水土保持的重要性。水土保持局今天仍然存在，但已改名为自然资源保护局。

4. 1933 年成立的**田纳西州流域管理局**（Tennessee Valley Authority，TVA）在自然资源保护史上是一个独特且大胆的实验，它试图在整个流域内进行各种资源（水、土壤、森林和野生动物）的综合利用。虽然那时存在很大的争议，却得到了国际上的赞誉，为印度和其他国家开展相似的项目提供了一个范例。

5. 1936 年罗斯福总统召集了**北美野生动物和资源会议**（North American Wildlife and Resources Conference）。野生动物管理专家、猎人、钓鱼者和政府官员参加了本次会议，会议发起了编制国家野生动物资源清单的倡议，发布了针对野生动物和其他资源保护问题的声明，包括可以用来解决这些问题的政策。该会议每年召开一次，并持续至今。

第三次高潮（1960—1980 年） 20 世纪 60 年代，美国资源保护和环境运动真正兴起。在这一时期，几本很有影响力的书籍和一些论文唤起了大众对问题严重性的认识。蕾切

尔·卡逊的《寂静的春天》（1962）是一本畅销书，它使大众认识到了 DDT 等杀虫剂对野生动物和人类的潜在危害。斯坦福大学知名教授保罗·埃利希出版了《人口爆炸》，书中警告如果不控制人口在世界范围内的激增，最终会带来环境退化。加勒特·哈丁的经典论文"公地的悲剧"，指出由多人共享的任何资源最终都会被开发利用和退化。

1969 年，美国参议员杰罗德·尼尔森呼吁在全国范围内开展环境宣讲会，目的是激发大学生的能量"来阻止环境的加速污染和破坏"。他同丹尼斯·海斯一同发起的这项运动被称为**世界地球日**。人们在每年的 4 月 22 日会庆祝世界地球日，思考环境保护的新问题并更新自己的承诺。

为了回应民众的抗议和选民的信件，国会通过了许多重要的立法来提升我们的资源并控制污染。许多法案在 1970—1980 年间得到

通过，因此这一时期被称为**环境十年**。特别是在尼克松总统执政的这一时期取得了很多进展。部分法案清单如表 1.1 所示。

这一时期环境保护取得的主要进展之一是**美国环境保护局**（Environmental Protection Agency，EPA）的成立。环境保护局成立于 20 世纪 70 年代早期，前身是几个重要联邦机构的环境部门。多年以来，EPA 已经成为环境保护的主要推动者，拥有巨大的权力和很多问题的监督权。虽然早期 EPA 的定位主要是监察和管理部门，但在 20 世纪 80 年代和 90 年代它开始变得越来越主动，通过与企业进行多种方式的合作来帮助企业维持甚至提高收益，同时防止污染。

虽然这一时期通过了许多重要的环境法案，但有了环境法案并不能确保环境得到保护。法律只有被执行了才有效，但执法需要资金来配备人员和设备。

表 1.1　"环境十年"（1970—1980 年）通过的主要环境法案

空气质量	1970 年、1977 年和 1990 年的《清洁大气法》
噪声控制	1972 年的《噪声控制法》 1978 年的《安静社区法》
有毒物质控制	1976 年的《有毒物质控制法》 1976 年的《资源保护和恢复法》
固体废物控制	1965 年的《固体废弃物处置法》 1970 年的《资源恢复法》
能源	1978 年的《国家能源法》
土地利用	1972 年的《国家海岸带管理法》 1974 年和 1976 年的《森林保护区管理法》 1976 年的《联邦土地政策管理法》 1976 年的《国家森林管理法》 1977 年的《露天采矿管理和复垦法》 1978 年的《濒危美国荒野保护法》
水质	1972 年的《联邦水污染控制法》 1972 年的《海洋倾废法》 1974 年的《饮用水安全法》 1977 年的《清洁水法》
野生动物	1972 年的《联邦杀虫剂、杀菌剂和灭鼠剂控制法》 1972 年的《海洋生物保护、研究和禁猎区法》 1973 年的《濒危物种保护法》

第四次高潮（1980 年至今）：可持续革命的开端？　从环境的角度看，20 世纪 80 年代到 21 世纪初在一定程度上既是最好的时期也是最坏的时期。在这一时期，环境保护受到强烈抵制，尤其是在美国。在遭受了 20 世纪 70 年代末和 80 年代初严重的全球通货膨胀之后，许多政治家和企业家开始质疑环境保护，认为

它阻碍了经济发展。

加强环境保护　20 世纪 80 年代和 90 年代，越来越多的观察者，包括一些重要的环境领导者，如弗雷德·克鲁普（美国环保协会主席）和巴里·康门勒（教授和作家）等开始大胆说出一个重要发现：美国尽管花费了数十亿美元来保护环境，但许多成果正被经济增长和

人口增长抵消。批评者们指出，有些解决方法只是将问题从一种介质转移到了另一种介质。例如，许多发电厂安装了污染控制设备来去除导致酸雨的 SO_2，虽然这样做有效地净化了空气，但脱硫装置只是简单地将 SO_2 转化为了固体废物（脱硫石膏），通常还需要填埋处理，因而威胁了地下水。有些解决方法是不彻底的。例如，在汽车上安装的污染控制设备——催化转化器，将对人有毒的 CO 转化为 CO_2，而是 CO_2 一种在大气中可吸收热量的污染物，会导致全球变暖（见第 20 章）。早期的催化剂促进了汽车尾气中未燃烧碳氢化合物燃烧，有助于减少烟雾，但无法去除会造成酸雨的氮氧化物（见第 21 章）。

20 世纪 80 年代和 90 年代，人们越来越清楚地认识到环境保护与过去相比已有了很大的变化，而且它也正消耗着我们的财富。我们能否找到一种不用巨大金钱代价就能保护环境的方法？难道不能找到从源头上防止问题的方法？

向可持续解决方法的转变　在此期间，许多专家开始意识到现代社会从根本上是不可持续的。首先注意到这个问题的人是农业经济学家莱斯特·布朗，他在华盛顿成立了世界观察研究所（见图 1.10）。布朗在《建立一个可持续发展的社会》一书中，指出地球生命支持系统正遭受持续的侵蚀，并提出建立一个可持续社会的战略。他的机构之后又连续出版了一系列书籍和论文，这些书籍和论文围绕环境主题，内容广泛，已经被翻译成多种语言。他们以非凡的预见性和洞察力，发现了问题并提出了可持续的对策，对世界范围内的思想和政策产生了巨大的影响。

落基山研究所的创始人之一，物理学家埃默里·洛文斯，于 20 世纪 80 年代和 90 年代在能源领域进行了许多具有开创性的工作。洛文斯认识到节约能源的环境和经济价值，并致力于改变世界范围内能源公司的思想。20 世纪 90 年代，他转向开发超高能效的汽车，具体内容将在第 22 章介绍。

另一股具有很大影响力的力量出现于 1983 年，联合国为推动可持续的未来而发现问题并提出建议，成立了一个专门委员会——**世界环境与发展委员会**，该委员会出版了《我们共同的未来》一书，以发动全人类去改变当前环境不可持续的发展。

可持续发展的深入人心还应归功于 1992 年召开的**联合国环境与发展大会**，它通常被称为**全球峰会**（见案例研究 1.1）。来自 180 个国家和地区的官员参加了这次地球峰会，它是人类文明史上规模最大的国际环境大会。与会者就一系列问题达成了一致意见，包括全球气候变化、生物多样性和森林砍伐。大会最重要的成果之一是推出了 800 页的《21 世纪议程》，它提出了超过 4000 个实现可持续发展的行动。

图1.10　可持续发展运动领导者莱斯特·布朗及其在世界观察研究所的同事们，对理解可持续发展的概念做出了全世界无人能及的贡献

自地球峰会以来，许多城市、乡镇、州和国家政府已将可持续发展纳入官方政策。**可持续发展**在这里定义为既满足当代人的需求，又不妨碍后代和其他生物满足其需求的战略。可持续发展需要一个长期的资源管理方法和人类发展途径，它需要我们用系统的观点来思考问题。本书讨论的系统思想要求理解人类和自然系统如何运转，需要我们认识到我们对自然系统的依赖及我们如何影响它们，包括积极的和消极的影响。这些影响其实是可预防的，我

们必须寻找从一开始就防止问题发生的解决办法。许多机构已经开展了可持续发展计划，本书中会对其中一些计划进行介绍。

欧洲和世界上的一些发展中国家已经取得了重大成绩。最令人鼓舞的一个是世界上很多地方的人口增长已开始逐渐减缓；另一个是可再生能源的快速发展，特别是大规模的风力发电。在美国和发展中国家已建立了很多野生动物保护区，保护了对很多物种至关重要的栖息地，这要归功于大自然保护协会和其他组织的努力。

案例研究 1.1 全球峰会及其后续发展

世界上的所有人都属于一个生态系统。这意味着读者在家乡造成的环境破坏，最终可能会直接或间接地给这个星球上任何地方的人带来危害。例如，假设读者去年开车共燃烧了 1000 加仑汽油。当读者行驶在城市街道和高速公路上时，汽车向大气中排放了数十亿个 CO_2 分子。这些分子吸收了本该逃逸到外太空的热量，结果导致地球大气层的暖化，此现象称为**温室效应**（见第 19 章）。它不仅使读者生活的小镇出现了小范围内的升温，而且最终会影响到整个星球的大气！

因此，如果未来的资源和环境管理不是全球共同努力而只是在小的局地范围内进行，则不能取得有效的成果。为了达到这一目的，1992 年联合国在巴西里约热内卢召开了第一届环境与发展大会（UNCED）。这次大会，常被称为**全球峰会**，是全世界范围的一次大会。有近 180 个国家和地区的官方环境代表参会。大会还吸引了很多州级领导（包括后来成为总统的乔治·布什）、超过 8000 名科学记者、数千名环保主义者和相关的公众（他们参加由非营利组织同时举办的平行会议）。

全球峰会通过了两项国际公约，一个是关于全球变暖的，另一个是关于保护人类之外的物种的（生物多样性）。《联合国气候变化框架公约》号召全世界所有国家和地区减排温室气体，例如将 2000 年的 CO_2 排放量控制在 1990 年的水平。虽然有些国家和地区认真进行了减排，但大多数国家和地区并未取得多少进展。世界峰会后，新的气候变化公约《京都议定书》于 1997 年签署，它号召发达国家和前东欧国家在 2008—2012 年间将温室气体排放量削减到比 1990 年低 5.2% 的水平，但这是一个几乎未得到任何国家和地区认真对待的目标。

《生物多样性公约》号召每个国家编制本国的植物和动物名录，并提出保护动植物的战略。针对这些文件的讨论十分激烈，但许多批评者认为这两个公约都太软弱，不过已向正确的方向迈进了一步。

全球峰会的参加国还拟定了一个厚厚的文件，称为《21 世纪议程》。该报告中列出了实现可持续未来所需采取的 4000 个行动。另外，参加国通过了一系列森林管理和保护的准则，但同样有一些国家未能遵守。最后，里约大会通过了一个宣言，以作为实现全球可持续发展所必须遵守的法律原则。

虽然里约大会的成效低于大众预期，但大会召开本身就证明了国际社会的关注和环保意识的提高。正如大会秘书长摩里斯·史壮在开幕式上的深情演讲，"全球峰会不会结束，而是一个新的开端。你们在这里取得的一致意见将是迈向我们共同未来的新道路上的第一步。"

国际大会和公约常常只是美好的期望。所幸的是，全球峰会已经推动了个人、社区、城市、州府和国家的大量行动。在美国，广大社区对可持续发展的兴趣形成了众多战略措施。例如，社区规划中包含了实现可持续发展的步骤。比尔·克林顿总统在当选不久就成立了一个国家委员会——可持续发展总统顾问委员会。委员们通过头脑风暴，提出建立可持续未来所需的政策和行动。荷兰的政府机关和企业共同拟订了一个计划，在不损伤国家经济的前提下大量削减污染。其他国家也被鞭策着采取了类似的步骤。全球峰会之后，许多利益相关者，包括个人、非营利组织、企业和政府，也坐到一起，建立自愿合作伙伴关系来共同实现全球峰会提出的目标。

在 10 年之后的 2002 年，来自近 110 个国家和地区的代表在南非的约翰内斯堡重聚，重申他们对可持续发展的关注。会议发表了一个宣言，号召进一步努力来创建一个可持续社会，同时再次呼吁各个国家采取行动。

生态公平 当 20 世纪 80 年代和 90 年代很多人还在与环境问题作斗争时，有人开始认识到人类不仅对环境有不利的、不可持续的影响，也不是所有人都平等地承受环境负担。某些社会经济体和种族团体，例如贫穷的白人和贫穷的非裔美国人，通常要更多地承受环境退化带来的影响。例如，企业经常将垃圾场、工厂和其他有损环境的活动安排在较贫穷社区而非更富有社区的附近，原因是贫穷、经济拮据的人通常既没有政治力量也没有经济力量来与这些企业抗衡。因此，这些社区的许多居民要忍受地下水污染和大气污染，而较富有的社区则不会（或者很少）。

环保活动家发明了术语**环境公平**来反映处于底层民众遭遇的不公平状况，并需要确保这些人不会继续因为不公平待遇而成为受害人。在过去 20 年中，一些活动家，例如华盛顿的"公义审判律师"，已成功开展了许多运动来阻止这类行为，并对受害者的健康危害和死亡进行赔偿。

石油峰值和全球变暖：新的承诺　即使在 20 世纪 80 年代和 90 年代取得了共识和成果，但直到 21 世纪初，许多民众、企业和政府才真正认识到问题的严重性并认真地改变。两个关键因素导致了这种转变：石油与天然气价格上涨和全球变暖。

电影《美国梦破灭》借助《派对结束了》的作者理查德·海因伯格，帮助说服全世界：我们将用完廉价的石油和天然气——现代经济中两个至关重要的资源。这些燃料的价格上涨也可以让更多人相信，我们需要向可持续能源供应转变，特别是可再生能源。

21 世纪初，人们逐渐确认全球变暖是真实的，而且很有可能是由人类活动引起的，即主要是由化石燃料燃烧排放的 CO_2 造成的。科学研究和由全球变暖引起的更猛烈和损失更大的风暴，包括致命的龙卷风和飓风，提高了大众的意识。这些自然灾害每年会造成数十亿美元的经济损失并夺去数千条人命，因此推动着我们采取有效的行动，特别是能源高效利用和开发包括风能在内的可再生能源（见图 1.11）。在这次意识觉醒中出现了一位重要人物——美国前副总统阿尔·戈尔，其纪录片《难以忽视的真相》获得了奥斯卡最佳纪录片奖，提高了全球对目前化石燃料能源路径不可持续性

的认识。作为回应，许多大企业，包括沃尔玛、微软和谷歌，已在能源高效利用和可再生能源替代方面取得了显著的进步；一些美国生产商，包括通用和迪尔，已在生产可再生能源技术领域成为领导者。

图1.11　发电量稳定的海上风电场能为我们的社会供电，它只产生极低的大气污染，包括温室气体排放

虽然可持续发展进程缓慢，低于许多人的期望，但还是取得了进展。如果继续发展，某些人相信可持续革命有可能像农业革命和工业革命那样给人类文明带来重要影响，而 20 世纪 80 年代和 90 年代是可持续革命的开端。这一变革已经开始，它寻求各种发展战略，在保证人类较高生活水准的同时，保护和增强对我们与其他所有生命的未来至关重要的自然资源与环境。

对环境保护的持续抵制　虽然许多个人、政府机构和企业支持可持续发展，但反对环境保护的力量也有一定的势力。美国各州的环境保护往往落后于联邦。企业和代表它们的强大游说集团一直试图削弱环境法，而且经常会取得成功。

在国家层面，反对环境保护的努力通常会

有强大的资金支持。立法者和环境保护主义者一直致力于改进环境立法的许多重要方面，比如《濒危物种保护法》发现自己已陷入一场战争，对手是那些视环境保护为经济发展和个人财产利益的障碍的人。一些强大的公众人物，包括保守党的时事评论员拉什·林博，尽管常常没有科学信息支持他的观点，但也能影响很多人对一些关键问题的看法。这种情况将在 21 世纪继续存在，并可能伴随我们很长时间。乔治·布什总统在执政期间成功地弱化了一系列环境法律和法规，包括空气污染、物种灭绝和荒野保护等各个方面。很多环境支持者认为这些努力严重破坏了这个国家之前所取得的成就。政府开放敏感的荒野，进行木材采伐、采矿和化石燃料开采以获取经济利益。它拒绝与其他国家就全球气候变化等关键问题签署协议。

批评者们还指出，克林顿和布什政府及国会在实现世界经济全球化的同时，严重损害了人类迈向可持续未来的进程。以自由贸易的名义，美国和其他发达国家的许多公司已迁往欠发达国家。这些变化不仅影响了美国的就业，也对环境产生了明显的影响，因为发展中国家往往没有或很少有关于采矿、资源开发和生产的环境法规。即使有环境法规，执行力也很弱，甚至根本得不到执行。在这种情况下，这些公司可以在美国或其他发达国家采取非法方式来开发资源、提炼金属和生产商品。当然，这种方式可为公司节约资金，使它们可以在全球市场上具有更好的竞争力，但是它们付出了巨大的环境代价。

尽管 20 世纪 80 年以来可持续发展已取得了很大进展，但进步的阻碍也在持续着。

1.4　自然资源分类

要认识建立一个可持续社会的挑战，首先必须了解我们的资源库。保护主义者将资源分为两大类：可再生资源和不可再生资源。表 1.2 给出了对资源分类的详细解释。

表 1.2　自然资源分类

可再生资源	5. 生态系统。自然生态系统提供很多免费的生态服务。例如，湿地可减少洪水、净化地表水、增加地下水补给和为动物提供栖息地
能持续收获或利用的资源通常依赖于人类的合理规划与管理。不恰当的使用和/或管理经常会导致资源损害或枯竭，进而损害社会和经济效益（唯一的例外是可再生能源，如太阳能）。 1. 肥沃的土壤。土壤的肥力是可再生的，但过程是昂贵和费时的 2. 土地的产品。在土壤上生长或依赖土壤的资源。 　A. 农产品。蔬菜、谷物、水果和植物纤维 　B. 森林。木材和纸浆的来源，它具有重要价值，如景观美学来源、土壤侵蚀控制能力、娱乐价值、野生动物栖息地 　C. 草场。牛、绵羊和山羊的可持续放牧，生产肉类、皮革和羊毛 　D. 野生动物。提供美学价值、打猎运动和食物，如鹿、狼、鹰、蓝知更鸟和萤火虫 3. 湖泊、河流和海洋产品。例如黑鲈鱼、湖红点鲑、鲑鱼、鳕鱼、鲭鱼、龙虾、牡蛎和海藻等 4. 地下水和地表水	6. 一些能源资源，包括风能、太阳能、地热能、潮汐能和水能。其中很多从理论上讲是无限和永不枯竭的 **不可再生资源** 资源量是有限的。例如，当破坏或消耗后，如当煤炭燃烧后，资源不能恢复 1. 化石燃料。数百万年前生成，消费（燃烧）时会释放热量、水和气体（CO、CO_2 和 SO_2）。这些气体会造成严重的大气污染问题。这些资源不能循环利用 2. 非金属矿物。磷酸盐岩、玻璃、沙和盐。磷酸盐岩是一个非常重要的肥料资源 3. 金属矿物。金、铂、银、钴、铅、铁、锌和铜。没有这些金属，现代文明不可能实现。锌常被用来镀锌防止生锈，锡常用来做牙膏管，铁用来做罐头、汽车和桥梁。这些资源都可循环利用

可再生资源是通过自然过程可再生的那些资源，包括土壤、草场、森林、鱼类、野生动物、空气和水。虽然这些资源能被再生，但被人类过度利用也会枯竭。例如，过度捕捞会造成鱼类种群下降。同理，可再生资源也可能在人类影响下增加，即人类活动可增加鱼类种群。与其他资源相比，有些资源具有更快的再生速率。例如，形成 2.5 厘米厚的肥沃表层土壤需要 1000 年，松林从幼苗发展到成熟林需要 100 年；相比之下，一个鹿群在适宜的生境

中只用 10 年时间，种群数量就可从 6 头增加到 1000 头。

几种能源可被划分为可再生资源，如太阳能、风能和水能。虽然太阳能来自有限的来源——太阳，但我们仍然认为它是可再生资源，因为太阳的推测年龄是巨大的，也许是几十亿年。在很长的时间内，我们不必担心太阳能会用完。

风能和水能将在第 22 章详细介绍，从某种意义上说它们也是太阳能的产物。例如，风能是由地球表层的热力差引起的。水能的能源来自于流动的水，它要依赖蒸发和降雨，而蒸发的能量来源于太阳能。只要太阳还在，风和流水就会存在，它们可在太阳作用下每天更新。

不可再生资源的数量有限。它们根本不能在自然过程中再生，或再生不够快到足以满足当代人类社会的利用。不可再生资源包括化石燃料（石油、煤炭和天然气）、非金属矿物（磷酸盐和 SiO_2）和金属矿物（铜和铝）。从价值角度考虑，不同的不可再生资源有一些主要差别。最重要的一点是，某些不可再生资源是可循环利用的。例如，金属资源就是有限但可循环利用的，但化石燃料是不可循环利用的，因此当它们经燃烧释放能量后，就永远失去了。

要创建可持续的社会，我们必须找到更好地管理可再生和不可再生资源的措施。我们还必须认真考虑自然资源的可耗竭性。当然，有些资源是不会耗竭的，如太阳能和风能。只要太阳还在升起，我们就能获得这些能源。

但是，可再生资源也不是灵丹妙药。过度开发和不合理的管理也可使某些资源耗竭。我们依赖的森林、渔场、土壤、地下水和许多其他的可再生资源，虽然可以更新，但也可能会耗竭。如果我们砍伐雨林造成土壤侵蚀，那么我们可能会永远地失去一种有价值的可再生资源。其他的资源，如煤炭和石油，是不可再生的（有限的），它们在地壳中的储量是有限的，因此是可耗竭的。当它们燃烧后，会永久消失。但并非所有不可再生资源都像煤炭和石油那样。例如，金属是不可再生的或有限的，但它们可以无限地回收利用。当读者思考这个星球的命运并寻求引导我们社会进入可持续发展道路的策略时，请记住这些区别。下节将概述美国和世界上其他国家在过去采取的措施，并总结可持续的管理/生活策略，这将为本书的其他章节和读者的研究提供重要的背景知识。

1.5　自然资源管理的方法

当读者阅读本书并与他人谈论资源问题时，会发现人们对自然资源的价值和保护它们的重要性有着明显不同的观点。过去的两个世纪中，在美国和其他地方出现了 4 种资源管理思想：（1）开发利用，（2）保留，（3）实用主义的方法，（4）生态学的或可持续的方法。认识这些将有助于读者了解我们社会的现状及其发展方向，也有助于读者理解不同的观点。

1.5.1　开发利用：以人为中心的方法

开发利用方法基于这样一个理念，即自然资源应采取最大的利用强度来获取最大的利益。这一哲学思想曾经在美国历史的早期流行，而且如今在世界上的很多地方仍占主流地位，特别是在那些正在开始工业化的发展中国家。

开发利用造成的各种影响很少受到人们的关注，如土壤侵蚀、水污染或野生动物减少。例如，19 世纪初在美国开发原始森林的早期，伐木工的口号是"走进去、砍倒树木、运出来。"当树木逐渐砍完，伐木工就向西迁移并重复这一过程。这个国家的森林似乎是取之不尽的（见图 1.12）。

开发的观念是追寻人类利益最大化而几乎不关心大自然和自然资源。它假定资源的供给是无限的，大自然是为人类服务的。也假定大自然的唯一重要作用是作为商品的来源，使我们生活得更好。美国共和党的竞选口号"钻油吧！宝贝，钻油吧！"代表着同样的思想。

图 1.12 在西北太平洋地区，伐木工砍倒巨树，并通过火车运走大量的原木。19 世纪初，美国大地上数千英亩的森林被砍伐后成为荒地，木材公司为了砍伐更多的木材不断向原始森林转移

1.5.2 保留：以自然为中心的方法

资源管理中的**保留方法**建议资源应该被保存、保留和保护。例如，森林不应该被当做木材的来源，而应该作为荒野，保持其自然状态。19 世纪 80 年代，创立塞拉俱乐部的自然学家约翰·缪尔提议，具有独一无二美景的联邦土地应该禁止砍伐、放牧和开矿等活动，使之变成国家公园。这样它们就能被完美地保留下来，为后代提供娱乐。部分归功于缪尔的影响，国会在 1890 年和 1891 年分别建立了约塞米蒂国家公园和红杉国家公园。那些推动荒野保护的人们在美国和国外试图为数百万英亩的土地争取相似的目标时，经常要面对开发利益相关者的反对，特别是矿产和木材公司。

保留的观念与开发的方法是对立的。事实上，一旦认识到开发带来的影响，保留就有可能实施。保留的思想至今仍以不同形式发挥着作用。一场全国性的环境运动宣称地球至上，遵循这一宗旨，它推动了更积极的行动，包括给树木挂牌，以阻止对自然系统的继续破坏。

虽然大多数的环境和自然保护组织今天仍然支持保护荒野，但他们的策略更主流化了，即他们更主张在利用的同时保护荒野，他们也理解人类对资源的需求并支持那些聪明的管理。这有时也称为**实用主义方法**。

1.5.3 实用主义方法

资源管理的**实用主义方法**在 19 世纪后期和 20 世纪早期兴起，1898—1910 年美国林业局局长吉福德·平肖和美国总统罗斯福是该思想的先驱者。实用主义方法的关键组织原则是**持续产量**。基于这一概念，可再生资源（土壤、草场、森林、野生动物和渔场等）应被管理以便永不枯竭。精细化管理可确保资源的补充，以便能无限地为后代服务。当一片森林被砍伐后，采伐地必须自然或人工重新播种，以便生长新的森林，为后代提供木材。类似地，当从湖泊或河流中捕鱼后，必须进行恢复，或者自然繁殖，或者人工投入孵化场养殖的鱼。

实用主义方法是以人类为中心的。支持这

一方法的思想很简单：采用固定速率进行获取来保护一个国家的资源，该速率的确定应当确保该资源的长远持续利用。事实证明这一任务实现起来要比想象的困难得多。科学研究表明系统比曾经认识的更复杂，而且与其他系统相关联。持续管理需要更周全的考虑，同时需要更好地管理我们自身。对生态科学的深入了解，是最新的可持续方法的基础。

1.5.4　可持续方法

可持续方法主要依赖于对**生态学**的了解。生态学是研究生物及其环境之间关系的科学。也就是说，现代保护对策的制定要基于全面的生态学事实与原理。第 3 章将概述重要的生态学原理并介绍通常采用的方法。本书中关于资源管理的章节也侧重于那些对世界自然资源的可持续管理十分必要的生态学原理。

随着我们认识的深入，资源管理的可持续方法也在不断发展。本方法的一个重要思想是，为了提高管理能力而提出的政策不仅要保护可开发利用的物种，还要保护更多的物种。也就是说，要努力保护整个生态系统，即被开发利用的可再生资源所依赖的生态系统。例如，必须保护森林土壤，确保木材的稳定供给。如果发生土壤侵蚀，木材生产便会下降。

100 多年前，美国外交家和自然主义者乔治·珀金斯·马什注意到在欧洲和亚洲人滥用农业土地，造成了土壤侵蚀、沙尘暴和水污染，影响了很多国家的经济发展。回到美国后，马什撰写了《人与自然》（1864）一书。书中指出，人类只造成一部分环境的退化而不伤害其他部分是不可能的，因为虽然我们所处的自然环境变化迅速并且极其复杂，但是一个动态的有机整体。今天的保护学家认识到马什是正确的。林地的土壤保护措施不仅有助于确保可持续的木材生产，也有助于保护相邻的河流和湖泊。生活在这些水体中的鱼类和其他生物也被可持续的森林措施所保护。

因此，**可持续方法**（有时也指生态学方法）需要完整系统的观点，即要求管理者将生态系统视为完整的系统，而不仅仅是独立的部分。解决任何一个水平（物种、种群或生态系统）的问题时，资源管理者必须试图理解和保护所有水平间的联系。例如，为了保护一条河流或湖泊中的某种鱼类，应不只是改善河流内部的生境。事实上，如果外部影响污染了河流，这些措施就会变得没有意义。野生动物管理有时就是**生态系统管理**。因为周边流域是水体生态完整性的一部分，因此生态系统管理也包括对它们的保护措施。河流保护要从离河岸数千米外开始，并采取措施减少乱开乱建道路、控制工业污染源或改善生态不友好的农业活动。这可能需要采取措施限制人类的开发，因为人类的开发会对相关的生态系统造成不利影响。或许我们需要能更好地管理我们自身行为的方法，即寻找既满足我们的需求又不影响周边生态系统的替代方法。

通过保护和管理整个生态系统来保护物种可能需要更多的努力——为了一个物种的生存可能需要保护和管理两个或更多的生态系统。例如，生活在黄石国家公园及其周边的灰熊需要包括公园及其相邻区域在内的一个 200 万公顷的生境。保护灰熊需要保护和管理这些区域，其中的部分区域还属于私人所有。

生态系统管理的另一个重要概念是承载力。**承载力**是指一个生态系统能支持某个物种以某种生活方式永久生活的种群数量。承载力由生态系统的资源供给能力和吸纳废物的能力（源汇功能）决定。每个生态系统对单独的生物个体都有一定的承载力。但是，我们已经认识到，改变生态系统中的一个组分，就可能对一个物种有利而对另一个物种有害。单一物种管理一度是利用最广泛的商业鱼类或可用于打猎的野生动物的保护方法，但现在已被淘汰。在资源管理机构中，越来越流行的一个观点是"保护生态系统就是保护物种"。

保持生态系统的承载力和稳定性需要维持它的生态完整性。这往往意味着在一个被管理的区域，必须努力做到一同保护土壤的肥力、清洁的水资源供给及物种、种群和生态系统的多样性。这可能需要努力保证本地物种的有效种群规模，并允许周期性火灾等自然干扰的发生，还可能需要移除外来物种，重新引回本地物种。

在可持续的资源管理中，对土壤、水、草场、野生动物、鱼类和森林等资源的利用方式应能确保它们的长期健康与活力。换言之，它追求可持续地利用地球上的各种自然资源的大量供应而不损害它们的再生能力。比保证所需物种的持续产量更重要的是，维持环境及其多种相互联系。

可持续资源管理需要长远的眼光，它包含多用途的概念。例如，一片森林不仅可像实用主义者建议的那样供应木材，还具有很多其他的价值，如野生动物栖息地、优美的风景、防止洪水与侵蚀等。森林的管理必须能够实现所有这些额外的价值。森林生态学家在考虑采伐木材的提议时，通常会问及如下问题：

1. 径流是否会增加？如果增加，是否会引发洪灾，威胁河谷村镇？能否为河谷农场主的作物和家畜提供足够的水源？
2. 采伐区造成的土壤侵蚀是否会影响下游鲑鱼的产卵河床？
3. 采伐造成的土壤侵蚀是否会降低土壤肥力？是否会影响采伐地幼苗的生长？
4. 森林被砍伐后，依赖森林提供食物、庇护所与繁殖地的鹿、松鸡和其他野生动物会受到怎样的影响？
5. 砍伐后的森林是否会给附近高速公路上经过的数千名旅游者带来视觉污染？
6. 这种木材砍伐，与世界上成千上万的类似活动一起，对全球大气中 CO_2 的增加和气候变暖的贡献有多大？

应用可持续管理方法，资源利用中将不会对自然和生物环境产生不利影响，或者不会产生不可挽回的损害。更好的情况是，在利用中会增加它们的潜力。本书很大一部分将致力于这个目标。

这种资源管理的方法信奉上面提到的综合利用。然而，有时也需要采取行动，甚至是激烈的行动，来限制或者减少人类活动。换言之，它赞成保留的必要性。例如，为了保护一些重要的生物资源，如鸟类等野生动物，经常需要在森林中建立核心保护区。**核心保护区**完全留给其内的动植物，禁止人类的开发利用。在核心区外围是**缓冲区**，允许少量的人类活动和影响，可进行限量的木材砍伐。缓冲区之外的区域允许人类活动。

生态系统管理需要充分的科学信息和完善的条件监控，以便在管理措施不起作用时，可随时进行调整。这种利用相关信息来监控条件和调整政策的方法被称为**适应性管理**，是好的生态系统管理的重要基石，但它还未得到广泛应用。在许多情况下，管理机构制定政策，然后依据这些政策进行管理。由于存在官僚的惯性，因此我们对系统的认识进步并不能及时地引起政策的改变。

另一个可喜的进步是**协同保护**——由各利益相关者，包括木材公司、当地居民、本土美国人、野生动物保护者和其他自然保护主义者，协同制定资源管理决策。这种方法的一个很好的实例是关于美国西部公有土地的，它在《超越巨大的分歧：协同保护和美国西部调查》一书中有所描述。

正如读者将在其他章节中看到的一样，生态系统管理需要各个公有土地的政府管理机构间的合作，因为如前所述，一个物种的生境往往要跨越两个甚至更多的行政管辖区。为了保护生态系统，有时也必须依靠私有土地拥有者。

从某种意义上说，可持续方法可帮助我们生活在有限但可持续的人类文化中。它会平等地考虑以人为中心和以自然为中心的方法。生态系统管理是更大的可持续发展战略的一部分，致力于在资源有限的星球上维持人类的生存和繁荣。

建立一个可持续的社会需要更好的资源管理方式，也需要对我们自身——人类系统和社会的更好管理。如果说我们需要的全部是去发现更好的资源管理方法，那我们就忽略了任务的另一半。为了人类的长久生存，我们必须在生活和商业活动中采取恰当的方式，以便不会耗尽地球的资源或造成大气、水体和土壤的污染。如本章之前提到的，这一任务与《增长的极限》的研究相关联。本书的很多章节指出了我们自身系统产生的问题，如交通和废物管理。为了创建一个可持续的社会，我们也必须解决这些事情。如前所述，我们相信关于可持续性的生物学原理能被用来将人类文明推到一个可持续的道路上，这些原理包括保护、再循环、可再生资源利用、恢复和人口控制。

因为它们如此重要，所以我们在这里重复讨论。本书中的保护原理包括两个基本概念：只利用我们必需的资源（节俭原则）和高效利用资源（效率原则）。再循环的意思是确保我们不会简单地丢弃用过的物质，而是要使其重新进入生产系统，这样才能真正地做到消除废物。建立可持续社会也需要努力利用和保护可再生资源。正如一些支持者所倡议的那样，利用可再生能源尤为重要，因为它是相对清洁和安全的能源。恢复简单地说意味着恢复受损的生态系统，增加它们的生产能力和生态功能，大多数这种恢复都对我们有益（如利用植物产生氧气）。全世界范围有数百亿英亩的土地过去被人类开发利用后成为荒地，目前急需恢复重建。最后，人口控制意味着限制人口增长，同时更好地管理我们在这片土地上的发展。

这些原则可用来管理自然资源，如农场和森林，也可用来管理人类系统，如交通、能源和废弃物管理等。本书主要讲述自然资源，但我们也尽量提醒读者要记住建立可持续未来的挑战，即除了简单地管理农场、森林、草场和渔场外，还需要更多行动来保证它们的生态完整性和长期活力。它需要我们自身也发生改变。后面的章节将展示，这些原则为许多人类系统重新指定了发展方向，并将我们的生活和商业活动引回到符合我们星球生态限制的轨道上来。

绿色行动

如果读者或他人需要在每个学年年末扔掉一些日用品、台灯、衣服或家具，请联系www.dumpandrun.org。他们收集废弃物并卖给新生，最后将收入捐赠给慈善团体。

1.6 变化中的现实世界：环境的复合效应

随着经济和人口的持续增长，人类对解决自身问题的新方法的需求也在增加。本书将给出充分的证据来支持这一观点。促进新方法产生与发展的原因还有另外一种，但它在科学家、自然保护主义者和环保人士中却很少讨论。本书作者查尔斯教授很多年前就已在其书中论述了这一问题。简单地说，全球气候变化、酸沉降和人口增长等问题产生的综合影响，要比任何一个问题单独产生的影响大得多。世界观察研究所的克里斯·布赖特将这一现象称为**复合效应**。简单地说，复合效应是指多个变化相互作用下产生的环境问题。例如，酸雨、全球变暖和生境破坏等都会影响到物种的消失，而且可能共同驱使物种更快地灭绝。

"环境恶化过程缓慢且可预测时，人们可能安于现状，"布赖特写道，"但这种思考方式就像在梦游。"许多因素的综合作用会产生不可预测的结果，造成的影响会比预测的更快。"当一个问题与另一个问题相结合，产生的问题可能不只是加倍，"生态学家诺曼·梅尔斯写道，"而是一个超级问题。"虽然生态学家是研究生态系统和它们之间关系的科学家，但他们也很少认识到这种潜在的超级问题，布赖特写道："在这个星球不断增加的压力下，自然系统发生不可预测的快速变化的可能性正变得越来越普遍，越来越多。"

当读者观察所在地区的环境变化或阅读报纸、看电视和研读本书时，请记住这一思想。当几十年来的环境干扰开始相互作用时，这马上会变成一个重要的思想。与许多其他可能一起，这种可能意味着急需寻求根本的解决方法——消除环境问题的根本方法。

1.7 资源管理的新工具：地理信息系统和遥感

解决环境问题的方法有多种，包括技术方法、个人方法、合作方法、政府的政策方法和其他措施。接下来的各章将介绍很多不同的方法。在资源管理的许多领域中，越来越被广泛应用的两个工具是地理信息系统（GIS）和遥感。下面首先讨论地理信息系统。

1.7.1 地理信息系统

地理信息系统是由硬件和软件组成的计算机系统，用来收集和存储信息。它存储基于地理坐标的信息，即数据通过其特定的地理坐标信息加以识别，包括大量收集的有关地球的信息，如植被类型、土地干扰、人类定居类型和地表水温等。但是，地理信息系统不仅可收集和存储信息，还可展示、处理和分析这些地理相关信息。GIS 是一个有用的科学工具，并有很多实际的应用。

GIS 能利用不同来源的信息分析趋势、发现变化和制定政策。例如，一个地区的降雨和河流流量数据可用来确定哪些解译自航片的湿地在干旱时期会干涸。联邦和州的空气质量管理局能利用 GIS 对比分析空气质量数据和医院入院记录，以便研究空气污染对儿童哮喘的影响。

GIS 可通过经纬度等坐标系来定位。但这不是唯一的定位方法，有时甚至可以用邮政编码和高速公路里程碑来定位。GIS 可分析任何有空间信息的数据，计算机软件可处理这类数据。如果数据还没有**地理坐标**，或与特定位置关联，那么在使用前必须对其赋空间信息。GIS 软件中的所有数据都必须有地理坐标，才易于进行对比和分析。

数据可由已有地图和航片或数字形式（如数字卫星影像可用来生成有用的地图）生成。

例如，只要有地理坐标信息，表格形式的水文数据或空气污染数据也可用来生成地图。GIS 能用来理解和强调地理变量间的空间关系，如空气污染和儿童哮喘发作。

GIS 最花费时间的工作是数据收集，把具有地理坐标的信息输入系统。例如，地图可被数字化（转化为数字数据），或用鼠标手工数字化（收集属性的坐标）。地理学家创造了我们这个世界的简化二维地图，以便在屏幕上显示或打印。地图上的点、线和面代表着世界的特征：点代表消防栓、电线杆、建筑物和手机信号塔等的位置；线代表道路、输电线、河流和小路等；面（如某种土壤或植被区域）则可用多边形表示。此外，特征还经常表示为三维形式，如某个流域可用三维图像来显示山地、丘陵和河流的高度。

GIS 已在很多联邦政府机构中使用，如美国林业部、土地管理局、美国地质调查局（USGS）、环境保护局、国家大气研究中心等。州级和地方政府、私人公司也会使用 GIS。公众可从这些机构维护的网站上获取大量信息。

虽然 GIS 看起来不过是一个奇特的制图程序，但位于马萨诸塞州塞勒姆的塞勒姆州立大学地理学家约翰·海因斯认为"GIS 的空间分析能力远远超出了简单地用计算机制图"。根据 USGS 的定义，"传统地图就是对真实世界的概括，一些重要元素用有指示意义的符号表示在纸上。"用这些地图的人必须要解译这些符号。例如，地形图用等高线表示地表形状，大地的实际形状只能想象。而"GIS 的图形显示技术使地图元素的关系变得可视化，提高了个人提取和分析相关信息的能力"。此外，"GIS 使得关联或综合信息成为可能，这用任何其他方法都很难实现。这样，GIS 能通过关联地图上的不同变量来构建和分析新变量。"例如，"利用 GIS 技术和水费账单信息，可模拟出湿地上游下水道系统的（潜在有害的）污染物排放量。"水费账单指示了每个住宅的用水量，因此可大致估计出排入化粪池和渗滤场的废物总量，进而用 GIS 标记重度污水排放区域。各种空间数据常结合起来进行分析，比如叠加分析，图 1.13 说明了这一概念。

　　计算机可使综合分析不同来源的信息变得更为容易。例如，与在美国农业部制作的乡村土壤地图上标记相比，房产信息可更好地在不同尺度的城市地图上标记。GIS 软件可改变房产地图的尺度，以使它更好地与乡村土壤地图配准。更多的传统地图可在由卫星数据产生的地图上进行配准。计算机还可进行其他一些操作，包括投影。

　　投影是一种复杂的数学技术，它将地球的三维曲面信息转化到二维媒介上，如纸张或计算机屏幕。依据制图者和使用者的需要，不同类型的地图可用不同的投影。最常用的一种投影方式是墨卡托投影，它可以准确地显示各大洲的形状，目前已广泛用于教科书和挂图。遗憾的是，墨卡托投影会扭曲地图上的相对大小（见图 1.14）[①]，而平面投影则可给出准确的大小。USGS 指出，"因为 GIS 的大多数信息来自已有的地图，GIS 利用计算机的处理能力将收集于不同来源的不同投影的地图信息进行数字化，并转换为相同的投影。"

　　利用 GIS 可以重新设定专门的基于地理坐标的信息。例如，读者可以用 GIS 在屏幕上点出一个位置、物体和区域，然后在离屏文件中为其重新设定记录信息。USGS 指出，"利用扫描的航空照片作为可视化向导，可以用 GIS 查询这一区域的地质或水文信息，甚至可以查询一个湿地到一个街道尽头的距离。" GIS 可用于定位过去和现在的活动，允许用户得出具有潜在影响的结论。它还可帮助用户决定未来人类活动是否适宜。例如，如果分析发现了一个土壤被污染的废弃工厂，那么在未来规划中这片土地就可视为可能的工厂选址地（稍作修复），但不适合开发为居民区。总之，GIS 可用来分析邻接（哪一个在哪一个旁边）、包含（什么被什么围住）或接近（某一事物离另一事物有多近）条件。

　　使用合适的软件，GIS 可模拟危险物质在地表水或地下水中的迁移路径。与其他数据库相比，GIS 的检索功能和对迁移过程的模拟，可帮助用户获得更可靠的结论，并获得大量信息。

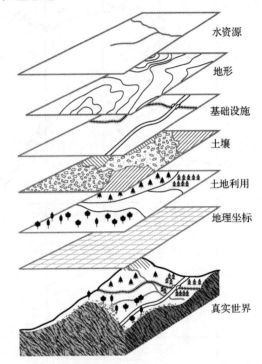

图 1.13　用 GIS 对一系列具有地理坐标的数据源进行叠加分析，可生成更复杂但有时更有用的视图。每个数据系列都可展示为一个专题图层，每层都有相同的地理坐标系

　　GIS 还可用来进行不同生态系统敏感性的区划。例如，关于湿地及其周围地区的地形图、土壤类型图和其他特征要素的地图，可用来评价不同湿地对人类活动的敏感性。所有结果可被制作成地图形式并打印出来。这些数据可用来预测不同发展模式产生的结果，进而影响地方、州和联邦政府机构的土地利用决策。在一个案例中，野生动物学家花了两年时间用项圈式发射机和卫星接收系统跟踪北极熊的活动路线，该数据被用来确定石油开采项目对北极熊的影响。

　　突发事件预案中也可用到 GIS。例如，在地震带的卫星影像上标出急救中心、道路和各类灾害点的位置。这些信息可用于制定疏散路线。GIS 还可用于分析最脆弱的地区。

[①] 墨卡托投影不常被 GIS 采用。更常用的投影是通用横轴墨卡托投影和州平面坐标。

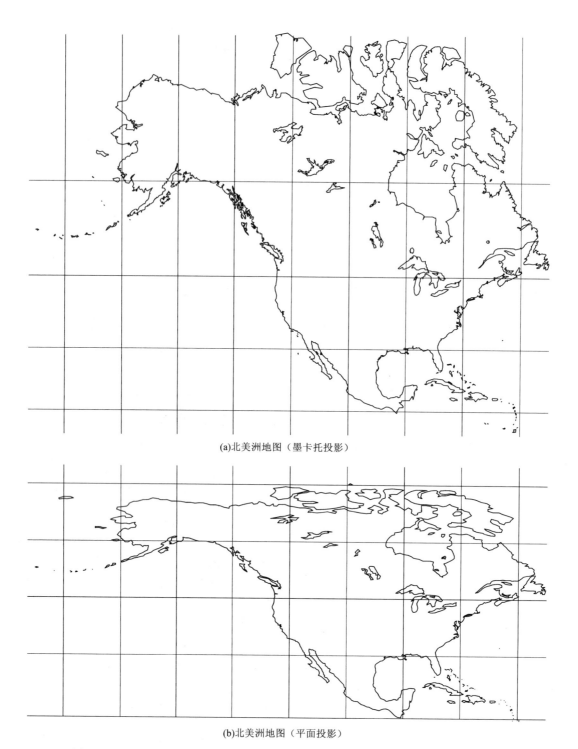

(a)北美洲地图（墨卡托投影）

(b)北美洲地图（平面投影）

图 1.14　世界的一部分。地图能用不同的投影将复杂的三维关系表达在二维平面上
（纸张或计算机屏幕）。(a)墨卡托投影是最常用的投影方法，但它会使
高纬度地区的土地大小变形；(b)平面投影可更精确地展示土地的大小

1.7.2　遥感

在自然资源管理和保护中大量运用的第二种工具是遥感。**遥感**就是从遥远的位置来收集地球状况的信息，例如卫片就是从卫星上拍摄的数字化图像。如我们所知，卫星是用火箭发射到外太空，然后释放到轨道上的。卫星绕地球旋转，通常由太阳能板（即第 22 章所述的光伏电池）供电。

卫片通常用胶片拍摄。要在 GIS 中使用，卫片必须先被数字化，或扫描转换为数字化文件。卫星上可安装各种传感器（如红外扫描仪）来监测地球。数字化的信息被送回地球，信息被收集和存储在大型计算机内。数字化数据可经处理制成地图或其他有用的图像。如今，GIS 和遥感已被用于多个政府机构和实验室。

走向 21 世纪后，我们将利用 GIS、遥感和其他许多工具来应对大规模的挑战。阿肯色大学的杰瑞·雷诺兹教授喜欢提醒保护和土地利用专业的学生，当代人们面对的严重资源问题是原来从没有碰到过的。所以，我们需要发展更加创新的方法来解决这些问题，从而实现可持续社会——我们生活得很好又不损害未来社会。

1.8　风险和风险评估

在资源管理中，特别是在空气和水污染管理中，经常用到的另一个工具是风险评估。**风险评估**用于分析已发生的或潜在的灾害可能造成的危险等级。用这些信息，公共政策制定者在公众参与下，可评价风险的容忍性。

灾害经常分为**人为的**（由人类活动产生，如空气污染）或**自然的**（由自然事件造成，如龙卷风、飓风、洪水、干旱、火山爆发和滑坡）。自然和人为灾害都可能造成人员伤亡或财产损失，也可引起人类健康恶化或造成动植物灭绝。

虽然我们可区分自然和非自然灾害，但分界线并不总是那么清晰。事实上，许多自然事件，如泥石流，就有可能由人类活动引起或恶化。例如，泥石流虽然是自然的，但在森林砍伐区（保持湿润土壤的树根很少）或修建道路的丘陵和山区（因为陡峭的道路边坡更容易发生泥石流）发生的频率更高。

我们该如何评估灾害并制定政策，以社会和经济上可接受的方式来尽可能减少甚至消除灾害的影响？

1.8.1　风险评估的三个步骤

在 20 世纪 70 年代中期产生了一个新的科学，称为**风险评估**。它的目标是帮助人们认识和量化由技术、人们的生活方式和个人习惯（如吸烟、饮酒和节食）带来的风险。风险评估包括两步：灾害鉴别和风险估计。灾害鉴别包括鉴别潜在的危险和真实的危险，**风险估计**包括确定潜在灾害的危险程度。风险估计首先需要确定一个事件的可能性。这个过程要回答以下问题："这个事件可能会怎么样？"接下来，必须确定一个事件的严重性，回答以下问题："会造成多大损害？"例如，为了评估有毒化学品的风险，科学家首先必须估计暴露的人数（或其他生物）和暴露的等级与持续时间。其他复杂因素如年龄、性别、健康状况、个人习惯和化学相互作用等也必须考虑。这些信息可帮助我们确定影响的严重性。

风险评估因为许多原因充满了不确定性。其中之一是我们的知识经常匮乏。例如，全球变暖的风险评估就因为对气候的不全面认识而饱受指责。因为我们缺乏对当今正在使用的数千种化学品的认识，也不了解暴露在两种或更多种化学品中时对生物可能造成的影响，因此有毒化合物的风险评估存在很多不确定性。

确定了一种风险的潜在危险后，就必须决定该风险是否可接受。风险的可接受度是风险评估中最困难的步骤之一。一个复杂的因素是**感知伤害**，即人们认为将会发生的伤害。通常，一种技术和其副产品所造成的危害被感知得越严重，社会的接受度就越低。风险的接受度也受**感知利益**影响，即人们认为他们会从某件事上获取多少利益。汽车旅行就是一个关于感知利益影响决策的最有说服力的例子。在美国一年内死于机动车事故的风险是 1/5000，但在我们的整个生命中，死于汽车事故的风险可能更高：不系安全带约为 2/100；系安全带约为 1/100。但是，危险远低于驾驶的化学品禁止公众使用，只是因为它们带来的利益不够高。例如，一种化学物质引发的癌症死亡率即使只有 1/1000000，也被禁止使用。

1.8.2 如果风险能被接受，我们该如何决策

决定风险可接受度的最常用技术之一是成本效益分析，它通过分析多种成本和效益，并互相比较来加以衡量。虽然听起来很简单，但也很难操作，因为并不是所有的损失都很容易定价。例如，城市空气污染造成的人类死亡的价值评估就很难，而估算不进行空气治理的效益则很容易，例如不在发电厂安装污染控制设备所节省的费用。正如我们在本书中所见的那样，可持续战略的一个最重要的效益是，能源高效利用、污染防治、循环利用和可再生资源利用等措施都是以很少的成本提供较大的利益，这就使得环境和经济互相促进而非互相对抗。

但是，现在的许多决策必须基于风险可接受度，而风险可接受度的确定会列举各种成本和效应。在具体操作时，人们会尝试确定利益是否大于成本。然而，如前所述，一个规则是利益通常容易度量。经济效益、商业机会、工作和其他有形的事物可给出货币价值。但是，很多成本是无形的。外部成本，即由于污染和其他形式的环境破坏给社会带来的成本是最难定量的。另外，很难为人类生命、环境破坏和物种灭绝赋予货币价值。而且，这些成本可能是长期的，会危及后代。

成本效益分析的另一个问题是效益（其中最重要的是经济利益）的获得者通常是少数拥有巨大权力且能影响政治体系和公众意见的人。如今，有十多家公司控制着世界的能源。其中很多人深深地影响着政治体系，他们通过游说活动来反对采取行动并应对重要问题，比如将影响全球数十亿人的全球变暖。所幸的

是，经济学家已开始开发技术来估计环境和健康成本的货币价值。另外，科学家们也开始努力提高水平来估算技术及其副产品对野生动物、环境、娱乐、健康和社会的影响。

风险评估的主要目的是帮助决策者制定法律和法规来保护人类健康、环境与其他生物。理想状态下，好的立法需要**实际风险**（某个灾害真正造成的总风险）与**感知风险**（公众感觉到的风险）相当。当真正风险和感知风险相当时，公共政策会提供成本效益合算的保护。当感知风险远大于实际风险时，会造成过于浪费的过度保护。相应地，当感知成本远小于实际成本时，会得不到充分的保护。保护不力会让现今和未来的人类付出代价。

绿色行动

时刻提醒自己不断努力去绿化校园并成为一名积极分子！如果读者的校园未积极采取措施减少环境影响，可考虑尽力将重要的教职员工和管理者组织起来去争取。会有很多机会，因为有很多教职员工和工作人员也是环境保护积极分子，他们乐于给予帮助。

1.9 环境和你：公民行动的重要性

作为一名学生，你还有长久的未来，因此应清楚地认识到本书所述的许多问题都将影响你的生活。某些问题，如城市空气污染，可能现在正影响着你！像许多人一样，你可能觉得最明智的做法是将问题留给科学家、企业主和政府来解决。但是政府、企业主、环境专家甚至是为环境保护团体工作的政治活动家，还不是影响变革的所有力量。公众已经且将一直影响环境。

你也能产生重要的影响。你能通过投票给那些支持可持续环境政策并恪守承诺的候选人，从而实现你的影响。当你的生活方式与你的环境价值观一致时，你也能感受到你的影响。例如，可减少消费、循环利用、高效利用资源（如节约用水）、驾驶节能汽车或采用比

最节能汽车的环境影响还小的交通方式（如步行或骑自行车）。数百万和你一样的人一起努力，能产生更大的影响。你能从今天开始改变。我们提供的"绿色行动"提示能帮助你拥有一种更可持续的生活方式。当你步入社会并购买你的第一所房子时，不要忘记你的环境价值观和责任。

你可以通过写信、发邮件或打电话给能代表你的议员，虽然通常和你对话的是会记下你的意见的接线员，但也会影响决策过程。你甚至可以写信给总统或你所在地的州长或外国领导人。当公众的呼声又大又清晰时，也能影响甚至明显改变政治观点。环境法案中的许多重要条款，例如《清洁空气法》及其修正案能够通过，就是因为民众的声音超过了狭隘的商业考虑和行业的频繁游说。你可以更加容易地参与其中，因为某些环境团体，如自然资源保护委员会和环境保护协会，会定期为你传递你

所关心的有关环境和资源问题的最新信息。在给你的电子邮件中，他们会为你提供一封信，你稍作修改后可寄给总统、重要的政府官员、企业家或地方政府代表。在这样做时，要确保你的言辞礼貌而符合实际，并切中要害。活动家们还建议，永远不要停止写信。政治家们会认真对待你的来信。你甚至可以写信给你想影响的企业。同时不要忘记写信感谢那些已采用环境友好的政策和投票赞成重要立法条款推动可持续发展的政治领袖或企业。

最后，我们很高兴地看到资源管理正在日益改善，这要感谢公众的投入，科学家帮助我们认识人类的影响，以及 GIS 和风险评估等工具的应用。在本书中，你将了解到许多新的进展，如协同规划，可帮助人类更好地管理资源和我们自己，努力让社会步入可持续发展的道路。

重要概念小结

1. 引起全球环境危机的三个主要原因是：（1）大规模快速增长的人口；（2）自然资源的枯竭；（3）污染升级已经威胁到我们的气候和我们星球的生态健康。

2. 全球人口将从 2008 年的 66.7 亿人激增到 2025 年的 80 亿人。人口增加会导致本已十分紧张的资源需求进一步增加。

3. 资源枯竭在发达国家和发展中国家都有可能发生。发达国家，包括美国和加拿大，与世界上其他国家的民众相比，享受着更高的生活水准，与发展中国家相比，消耗了更大份额的世界资源。例如，美国人口不到世界人口的 5%，但消耗了世界资源的 30%。

4. 资源耗竭会威胁经济、人类和与我们共享这个星球的野生物种的生存。

5. 资源的获取和利用（如化石燃料的燃烧）产生的污染会威胁局地、区域甚至全球的生态系统。这些生态系统对人类之外的其他物种的生存是至关重要的，对人类福祉和全球经济发展也是至关重要的。美国环境退化的速度超过了地球上的其他任何国家。

6. 针对全世界面临的环境和资源问题的解决方案，人们的观点差别很大。有些人相信技术可以解决所有的问题，对未来充满了信心。而其他人持相对悲观的观点。他们认为，因为人口、资源利用和耗竭以及污染都已进入指数增长阶段，通过技术突破来解决这些问题的机会非常渺茫。

7. 虽然技术毫无疑问是解决方法的重要方面，但全社会也必须做出政治上和经济上的转变，民众也应该采取行动并学习在地球上以更可持续的方式生活。

8. 自然资源可分为两大类：可再生资源和不可再生资源。可再生资源包括土壤、草地、森林、鱼类、野生动物、空气和水，还包括能源资源，如风能、太阳能、水电和地热能。不可再生资源包括化石燃料和金属非金属矿产。

9. 广义上说，保护就是人和自然的和谐共处。

10. 美国保护运动发展最显著的时期是 20 世纪，出现了 4 次高潮：（1）罗斯福总统执政时期（1901—1909 年）；

（2）20 世纪 30 年代罗斯福总统执政时期；（3）20 世纪 70 年代由尼克松、福特和卡特总统推动的环境十年；（4）1992 年联合国环境与发展大会之后。

11. 虽然 19 世纪的保护运动发展缓慢，但还是取得了一些成就。包括：（1）乔治·珀金斯·马什的《人和自然》出版；（2）建立了 28 个联邦森林保护区，后来成为国家森林；（3）在约翰·缪尔倡导下成立了塞拉俱乐部。

12. 20 世纪 60 年代和 70 年代取得了很多进展，包括建立世界地球日，并通过了很多环境法案。因为从 1970 年到 1980 年美国国会通过了一系列的环境法，这一时期被称为**环境十年**。

13. 20 世纪 80 年代的发展使我们意识到，尽管环境保护取得了很多进展，但许多成就还不够充分。环境条件的改善并没有达到我们的期望，甚至在进一步恶化。人们清醒地意识到世界上大多数国家的发展道路是不可持续的。

14. 上述认识推动了可持续发展的一次高潮。1992 年在巴西里约热内卢召开的联合国环境与发展大会，有近 180 个国家参加，大会形成了关于几个重要问题的公约和一个世界性的行动纲领。

15. 人类对环境和资源价值的态度有了戏剧性的变化。资源开发利用，一个以人为中心的方法，在美国早期的历史上司空见惯（在世界上其他地方也很普遍）。相反，保护方法试图让自然保留其原有状态，采取完全不干涉的态度。实用主义的观点仍以人为中心，推动资源的合理利用，确保持续的供应。而生态的（或可持续）的方法则试图管理资源和我们自身以确保两者都可持续发展。

16. 资源管理的生态学/可持续方法需要长期的系统观点。管理生态系统的目标是保护其多种组成。该方法中保护生态系统的稳定性和多样性是至关重要的。

17. 创建一个可持续社会也需要人类系统的改变，这可能需要几十年来完成，但是目前已经向积极的方向发展，人类的存在将更持久。其中包括我们管理自然资源（如森林、农田和渔场）方式的改变，也包括我们设计和管理我们自身系统（如交通、供水和能源等）方式的改变。

18. 人口和经济的快速增长及其引起的综合影响可能会比人类预计的更严重，这一现象被称为**复合效应**。认识此效应十分急迫。

19. GIS（地理信息系统）和遥感是两个有用的工具，可用来解决地方、区域甚至全球环境问题，并可在这些水平上提高资源管理能力。基于计算机的 GIS 技术可使研究者和其他人获取和描绘我们生活的这个世界的大量信息。这些信息可用来分析现有和计划行动的空间关系并预测未来结果。GIS 需要多种来源的数据，特别是卫星遥感数据。

20. 风险评估科学也促进了资源管理的发展。风险评估工作包括确定灾害、估计可能的风险以及最后确定风险的可接受度。风险可接受度经常要通过成本效益分析确定。

关键词汇和短语

Actual Risk 实际风险

Adaptive Management 适应性管理

Anthropogenic 人为的

Biological Principles of Sustainability 可持续的生物学准则

Buffer Zone 缓冲区

Carrying Capacity 承载力

Civilian Conservation Corps (CCC) 美国民间资源保护团

Collaborative Conservation 协同保护

Conservation Principle 节约准则

Core Reserve 核心保护区

Cost-benefit Analysis 成本效益分析

Decade of the Environment 环境十年

Earth Summit 全球峰会

Ecological Approach to Conservation 保护的生态学方法

Ecology 生态学

Ecosystem 生态系统

Ecosystems Management 生态系统管理

Environmental Justice　环境公平

Environmental Protection Agency (EPA)　美国
　　环境保护局

Estimation of Risk　风险评价

Exploitation Approach to Conservation　保护的
　　开发方法

Exponential Growth　指数增长

Geographic Information System (GIS)　地理信
　　息系统

Georeference　地理坐标

Greenhouse Effect　温室效应

Hazard Identification　灾害识别

Leopold, Aldo　奥尔多·利奥波德

Limits to Growth, The Man and Nature　增长的
　　极限：人与自然

Marsh, George Perkins　乔治·珀金斯·马什

Muir, John　约翰·缪尔

National Conservation Commission　国家自然
　　资源保护委员会

Natural　自然的

Natural Resources Inventory　自然资源清单

Nemesis Effect　复合效应

Nonrenewable Resource　不可再生资源

North American Wildlife and Resources
　　Conference　北美野生动物和资源会议

Overlay Analysis　叠加分析

Overlay Operations　叠加操作

Perceived Benefit　感知利益

Perceived Harm　感知伤害

Perceived Risk　感知风险

Population Bomb　人口爆炸

Population Growth　人口增长

Prairie States Forestry Project　草原州林业计划

Preservation Approach to Conservation　保护的
　　保留方法

Projection　投影

Remote Sensing　遥感

Renewable Resource　可再生资源

Risk Assessment　风险评价

Silent Spring　寂静的春天

Soil Conservation Service (SCS)　水土保持局

Sustainable Approach to Conservation　保护的
　　可持续方法

Sustainable Development　可持续发展

Sustainable Society　可持续社会

Sustained Yield　持续产量

Tennessee Valley Authority (TVA)　田纳西州
　　流域管理委员会

The Tragedy of the Commons　公地的悲剧

United Nations Conference on Environment and
　　Development　联合国环境与发展大会

Utilitarian Approach to Conservation　保护的
　　实用主义方法

White House Conference on Natural Resources
　　有关自然资源的白宫会议

World Commission on Environment and Development
　　世界环境与发展委员会

批判性思维和讨论问题

1. 给出"保护"的定义。
2. 讨论《增长的极限》研究中的主要论点。
3. 许多人认为人类正处于环境危机中。他们为什么相信这个？有什么证据可支持这个论断？你同意这个论断吗？或者你还需要其他的信息来做出这个论断？
4. 人口增长、资源需求和枯竭以及污染之间有什么关联？它们之间怎样能不相互关联？或者它们能做到不相互关联吗？
5. 讨论如下论点："即使没有环境危机，也有好的理由更可持续地管理我们的资源。"
6. 论述富兰克林·罗斯福总统执政时期保护运动的 4 个主要进展。
7. 举出环境十年（1970—1980 年）期间通过的 4 个环境法案。

8. 某个环境法的通过能确保其目标的实现吗？请展开讨论。

9. 讨论可再生和不可再生资源的本质区别。每个类型列举 4 种资源。

10. 列举和描述美国资源保护的 4 种基本方法。

11. 什么是可持续发展？描述可持续性的准则及它们如何应用于农业等不同的人类系统。可持续发展如何发挥对环境保护的重要性？

12. 定义复合效应。你能想到一些实例吗？

网络资源

本章相关在线资料见 http://www.prenhall.com/chiras（单击 Table of Contents，接着选择 Chapter 1）。

第 2 章

经济学、伦理学和批判性思维
——创建可持续未来的工具

在大多数情况下，资源管理决策更多地基于经济和政治而非科学。因此，即使基于科学认识提出了特定的行动方针，政治和经济利益的考虑也经常会占上风（见资源保护中的伦理学2.1）。例如，对成熟林进行砍伐或对超过多大的鱼可以捕捞的决定经常受到经济利益相关者的影响，换言之，企业会对政治决策施加相当大的影响。这种方式是危险的，不仅是对相关的生态系统，从长远看，受害者正是人类自己。这是为什么呢？

地球上的生态系统及其食物网是人类社会最根本的基础。生态系统为我们提供了大量的免费服务，也是社会经济的物质基础。历史已多次证明，破坏表层土壤或森林的社会最终会瓦解。也许很难相信同样的命运会降临在现代社会。我们中的大多数人会认为，人类可以避免这个问题，部分归因于现今经济的全球化。确实，尽管一些地区的森林已经枯竭，但我们总是能够从其他地方获取所需要的木材。对于石油和海洋渔业资源，很多人也会有同样的看法。但是，我们需要的资源最终会变得无处可寻。现在开始更明智地利用和管理我们拥有的资源会更好。

遗憾的是，关于资源管理的争论经常过于强调直接的短期利益。如果伐木工人不能砍伐保留的成熟林，他的家庭将受到损害。如果全力保护几只猫头鹰或几株树木，地方经济将可能受到影响。虽然这些问题是非常现实的也是非常重要的，但批评家指出做出决定时也须考虑长期利益。如前一章所述，可持续发展需要具有长远的眼光。在平衡短期利益和长期利益时会产生很多矛盾和冲突。

本章将仔细分析经济问题，经济问题是资源管理争论中的核心问题之一。本书会论述影响资源管理和污染控制的重要经济学原理，并从生态学视角讨论现代经济的一些缺陷，提出在不损害我们所依赖的自然系统的前提下，创建一种繁荣的经济系统的方法。也就是说，我们会创建一个从经济、社会和环境角度都有利的经济系统。这个新经济系统力求满足三个底线：对人类有益、对自然有益和对商业社会有益。我们称这种新经济为**可持续经济**。有一点很清楚，那就是可持续经济具有长远眼光，同时会考虑到大众、经济和环境利益。

本章还将讨论伦理学，介绍什么是伦理学及伦理学重要的原因。本章将分析不同的伦理观并概述生态学伦理观（或更确切地说是可持续的伦理观）。最后，本章会简要介绍科学方法和批判性思维。这种讨论会为读者提供重要的基础信息，有助于读者分析复杂的环境管理和资源管理问题。

资源保护中的伦理学 2.1　伦理还是经济

许多观察者认为，造成当前环境问题的根本原因之一是经济，更具体地说，是对经济利益的盲目追求。这常常会导致环境破坏、环境污染和资源枯竭。很多批评者指出，我们视经济增长为唯一目的、忽视环境问题的行为正严重摧残着这个星球。但是将环境危机全部归于经济是不公平的，因为伦理左右着经济决策。

如本章所述，关于这个世界的运转方式，经济学有很多事可做。然而，我们的经济系统是建立在我们的伦理——我们的价值观之上的。换言之，经济决策和我们的经济在一定程度上受伦理的驱动。但在大多数情况下，潜在的伦理影响并不明显，我们在运转中所看到的都是经济力量。那么，影响经济决策的伦理力量又是什么呢？

驱动经济增长的一个主流的伦理立场是资源无限的观念，它是本章中将要讨论的拓荒伦理观的核心信条。当人们认为地球可无限地供应各种资源时，经济学就从道德上获得了完全自由。于是，这常常会导致各种环境上不合理和环境代价高昂的行为——对各类自然资源的过度开发利用。

现代经济学的另一个伦理学基础是，人类是独立于自然的，而且比其他生命优越。将人类和自然视为两个独立的存在，导致我们经常无所顾忌地行动，损害对我们的生存至关重要的生态系统。

拓荒伦理观的另一个主张是，成功是最重要和压倒一切的。例如，沿密西西比河修建大规模的防洪堤就是对人们驯服河流的强烈渴望的表达。多年来，人类通过修建大量的堤坝和防洪堤来驯服河流。但是人类对大自然的控制最终带来了严重的生态问题，其中最使人沮丧的事件之一就是对佛罗里达州基西米河的渠道化治理。

基西米河曾经是一条弯曲的河流，拥有大面积的湿地，养育着大量的水鸟和鱼类，为了控制洪水，美国陆军工程兵团将其渠道化。河流被裁弯、取直并修建了水坝，使其总长度减少了一半。

当工程兵团最终完成这个数百万美元的工程时，其影响也立刻显现出来。因为湿地被排干，成群的水鸟消失了，捕鱼量急剧下降。河流汇入的奥基乔比湖的污染开始加重。

生态学家认识到该工程其实犯了一个巨大的错误。人类活动已经摧毁了一个曾经繁荣的生物系统，这个系统曾经支撑着无数的野生生物物种，而且自身很好地控制了洪水并降解了污染物。

在认识到这个问题后，政府开始恢复这条河流，其花费是巨大的。如果人类当初让这条河流自由地奔流，不仅可节省数百万美元，而且对无数物种来说十分宝贵的生境也会得到保护。

个人伦理观也可反映在个人的经济决策中。深深根植在美国文化中的个人至上思想，使我们做出了许多损害生态的决策。例如，我们在生活中将个人的欢愉看成是最重要的，致使我们过度追求财富和物质生活，以至于达到不能持续的地步。很少有人会说，"虽然我能买得起更大的房子，但我不会买，因为地球不能维持这样一种奢侈的生活方式。"

简言之，个人主义刺激消费，消费是经济系统的关键驱动因子，也是造成环境危机的几个重要因素之一。批评者认为，更加包容的人生信条，让个人的决定基于环境现实和后代的福祉，可缓和消费者的欲望并有助于形成一种更可持续的生活方式。

经济竞争是另一个表面上看对经济有益，但会对环境造成灾难的文化观念。在美国社会，竞争毫无争议地被认为是好事。但合作的美德能为我们的社会和企业节省大量的资源。在科罗拉多州，划定了数百个单独的水源区，为城市、乡镇和农场供水。每个区都有自己的水源，许多山区有自己的水坝和水库。但是，如果让这些社区联合起来而不是竞争水资源，就可以用更少的堤坝和水库获得同样的水量，使得总成本更低。显然，协作精神可以推动一个更可持续的供水系统。

经济学中有一些负面的伦理学基础。但是，正面的伦理观念正逐渐形成并指导环境可持续的经济行为。例如，若人类将自己视为自然的一部分，环境保护就可认为是保护我们自己和我们的后代。

我们希望你能花一些时间来考虑你的伦理观，特别是关于经济学的。影响你作决定的原则是什么？它会促进可持续的未来还是相反？

2.1　了解经济学

虽然经济学是一门复杂的科学，但它的基础是简单的几个基本原理。首先，**经济学**是试图理解和说明产品与服务的生产、分配与消费的科学。经济学通常分为两个分支学科：微观经济学和宏观经济学。

微观经济学关注个人、家庭和企业的经济行为。它通常关注市场上买卖产品和服务的决定。微观经济学研究我们的决定与行为如何影响产品和服务的供给与需求，进而影响价格。它还研究价格如何影响产品和服务的供应与需求。微观经济学主要的两个关注点是投入和产出。投入包括公司生产产品和服务所需要的商品，包括原材料、劳动力和能源。产出包括产品和服务。

宏观经济学作为经济学的一个分支，研究更大尺度的经济现象，特别是国家或地区经济的表现、结构和行为。它研究经济增长、通货膨胀和失业等问题，以及影响这些问题的国家经济政策和政府行为，如税收等。

2.1.1　计划经济和市场经济

经济学家将经济系统分为两个基本类型：计划经济和市场经济。**计划经济**又称**指令经济**，是指经济活动受政府调控，例如古巴的经济。在计划经济中，政府控制着经济的主要部门，从食品生产到日用商品的制造。它决定收入的分配，即谁拿到什么、生产什么及生产多少。

市场经济中产品和服务的生产、分配和价格都是由个人（企业主）根据自身和消费者的兴趣决定的，而不是像计划经济中由具支配地位的宏观经济计划决定。也就是说，在市场经济中，公司每年生产什么和生产多少由消费者需求和潜在利益决定。即使对某个产品或服务有很高的需求，如果公司不能获利，通常也不会生产。

计划经济和市场经济是相互对立的。但是，在现实社会中，大多数经济社会都会同时包含这两种经济形式。市场经济会包含一些计划经济的因素，反之亦然。例如，美国的市场经济就受公共政策的较大影响。有些法律规定为某些商品的生产提供补贴。例如，石油公司可获准减免一定的税收来推动进一步的矿产开采和开发。不管你是否赞成这一政策，但它清楚地表明，是政府通过改变商品的生产成本来干涉自由市场经济的。再看另一个例子，根据落基山研究所的估计，美国军队每年保护波斯湾的油轮要花费 500 亿美元，而这些石油运到美国精炼后的价值大约只有 100 亿美元。军队的这种保护就意味着政府对自由市场经济的干扰。如果石油公司自己支付这笔保护费用，燃油、柴油、航油、汽油及数百种由原油生产的其他产品的成本将会大大提高。相反，纳税人最终支付了这笔账单。公平地说，政府也会制定政策提供补贴来推动可持续的未来。在美国的风力发电公司可获得联邦生产税抵免——政府对每发一度电都给予鼓励。

计划经济也会包含一些市场经济的因素。以中国为例，政府给予企业主更多的商业自由，使得国家经济越来越市场化。2004 年，中国人大通过了宪法修正案，恢复了从 1949 年中国共产党执政后一直取缔的私有财产权。如今，许多乡镇的企业都在市场经济规律下运作。在 20 世纪 90 年代，数万个公有制企业被卖给了个人（这些企业在政府管理下多数效益不佳）。

经济学家认为还有另一种类型的经济——**自然经济**或**狩猎经济**。在人类历史上较长的时间内，经济与金钱无关，不需要飞机、巨型轮船和卡车来运输货物及提供服务。小规模群居的人们可自给自足，通常他们可以在不破坏地球或威胁自己未来的情况下满足自身的需求，虽然有一些特殊的例外情况。

因为人口较少，技术发展迟缓，农业经济是柔和的、环境友好的。但随着社会和贸易的发展，人们开始使用金钱，因此世界上开始了市场经济。虽然如今在世界的偏远角落还存在着农业经济，但很多也正遭受着市场经济的威胁。

2.1.2 供应和需求

微观经济学的基本原理之一是供求法则。这是一个相对简单的原理，可解释很多企业和个人的经济行为。**供求法则**描述了买卖双方的市场关系。供求法则提出，产品或服务的价格是由生产者的供应数量和消费者的需求数量共同决定的。也就是说，价格决定了生产者的供应量和被消费的数量。

对供应方来说，产品或服务的数量通常与价格成正比：产品的价格越高，生产者供应的产品越多。对需求方来说，需求通常与价格负相关：产品的价格越高，消费者的需求越低。

即使你没有学过供求法则，你也可能很熟悉它。你可能已经看到，一种资源的需求量大于供应量时，会引起价格的上涨。这也是近十年油价上涨的原因之一。如果供应量大于需求量，则价格会下降。所以说，需求是有弹性的。供求法则的实例很多。一辆昂贵的汽车，如图 2.1 所示的特斯拉运动型电动汽车，与大众化的汽车相比，仅因为其生产数量有限，就能卖到更高的价格。

虽然经济学远比我们讨论的复杂，但这些信息已足够我们开始学习。当我们从生态学的视角探讨经济问题时，还会介绍更多的经济学基础知识。

图 2.1 对产品或服务的需求是有弹性的，会随着价格浮动。价格越高，需求越少。这款特斯拉运动型电动汽车的价格约为 10 万美元。这款汽车已超出了大众的购买能力，只有少数有钱人买得起。公司正在研发大众能负担得起的电动汽车

2.1.3 经济系统错在哪里：从生态学的视角来看

经济会对我们未来的生活和环境产生巨大和复杂的影响。经济的发展为我们提供了大量的、多种多样的产品和服务，如电视机、计算机、咖啡、牙膏和床单等，为我们提供了工作的机会，从而赚钱来支付我们的衣、食、住、行和娱乐。但经济活动是有代价的。本节将对经济进行批判性的审视，目的只有一个，即为了实现人类的共同目标——可持续发展，寻求经济的转变方式。我们在这里并不是故意要诅咒资本主义或市场经济，只是从环境的视角认识它的

缺陷并解决问题，以创建可持续的经济——在满足我们的需求的同时，保证后代的需求也能得到满足。

如今，市场经济已成为全球经济的主体。计划经济因为许多原因已经衰落。但是，市场经济在全球经济中占据优势，并不意味着它是完美的或环境友好的。我们应该指出，与计划经济国家相比，市场经济国家已做了很多保护环境的工作！

市场经济已经创造了巨大的财富并提高了世界上很多人的生活水平，而且很有可能会提高如今生活在贫困中的很多人的生活水平。然而，市场经济和资本主义的常见问题之一是无限增长的思想。批评者们指出在一个有限的系统内无限增长是不可能的。也就是说，我们的资源是有限的，地球消除污染的能力也是有限的。批评者们认为一心追求不断增加物质生产和消费的经济注定要失败。

市场经济还受到了其他方面的一些批评。对这些批评的简要分析有助于我们构建一个可持续的、生态友好的经济系统。

短期规划的期限　生态学家们的主要抱怨之一是，企业经济学家们开展规划的期限太短。对一家企业来说，长期规划的期限可能是1～5年，要在这个时间范围内做出决定。

相反，生态学家、自然保护主义者和环保主义者在制定决策时会基于长期的观点。从生态学角度看，任何有意义的决策不应是5年，而应是100年或200年。他们认为经济学的短期决策经常会导致生态灾难。例如，一个牧场主通过在他的牧场上过度放牧以增加牲畜销售量，这从经济学的角度来看有一定的合理性，但是从长期来说，由于曾经高产的牧场的生产力遭到破坏，所付出的生态代价将是巨大的。资源管理者发现自己一遍一遍地被这种短期规划所左右。

经济的短视也可从其依赖供求法则制定价格来证明。供需经济反映的是短期的情景，即资源的供应与需求有短期的联系，很少考虑长期的供应。为了认识这个问题的重要性，请看以下实例。

石油价格是由供需双方决定的。虽然在20世纪90年代石油的供应看似充足，但其实是有限的。许多专家预测全球石油生产将在2004—2010年间达到峰值，当需求大于供应时，会造成永久性短缺。但是，多年来的经济活动无视这种可能性，短期供应和需求相互作用的结果，使石油在整个20世纪90年代价格较低。于是，这种低价会鼓励消费和浪费，伴随着产生许多环境后果。到时候，高需求和供应不足会导致由原油和汽油价格的飞涨。

草场、森林、渔场和其他自然资源都已濒临枯竭，主要是因为它们曾经很充足，而它们的服务和产品的价格被低估了。如今很多生态系统正遭受着破坏，我们必须花费数十亿美元来恢复和重建。事实上，与最初进行适当的管理相比，恢复所需费用要多得多。所以说供需经济不仅会带来资源的不合理管理，也会造成污染和环境破坏等不好的结果，从长远看，也会使我们付出更高的代价！需要注意的是，可持续管理的回报虽然可能较低，但可维持更长的生产时间，甚至会无限长。

绿色行动

赠送礼物时，应考虑将自己作为礼物。例如，做一顿晚餐或一起看一场电影，或花一点时间在家里帮助朋友或所爱的人。这些都胜过实物的礼物，并会减少资源消耗和污染。

未考虑经济外部性　对目前的资本主义的另一个批评是，它对经济投入和产出的狭隘定义。评论者们指出主流经济学的投入/产出分析中至少缺少了三个必需因素——环境影响、社会和文化影响以及污染。换言之，当企业家计算产品成本时，通常不考虑环境和社会成本（见图2.2）。例如，生产DVD机、滑板、CD和汽车的工厂造成的空气污染，并未计入产品的成本。所以空气污染的成本，包括给人类健康、建筑物和生态系统造成的伤害，都被忽略了，并最终转嫁给了社会。这类成本被称为**经济外部性**。

例如，汽车就会产生巨大的经济外部性，只是我们很少有人会意识到。汽车排放的 CO 会影响老人和体弱者的健康，会使心脏病人的胸痛增加。汽车还会排放大量的 CO_2，引起全球变暖，进而导致海平面上升，岛屿和海滨地区被淹。全球变暖也会扰乱天气，发生更多的灾害性天气，每年会造成数十亿美元的损失，致使很多人死亡。汽车还会排放 SO_2 和 NO_x，它们在大气中会转化成酸雨。酸雨正使地球上很多地区的湖泊和生活在其中的物种受到损害。所有这些影响都有成本，但是汽车使用者根本没有为这些经济外部性付账。无论是否实际，与人们用汽车作为交通工具相比，公共汽车和轻轨列车能大大减少经济外部性，因为它们的载客人数多，效率更高（每人每千米消耗的燃料较少）。

虽然通过污染控制和其他措施，人类正在努力消除由汽车和大量包括发电厂在内的其他污染源造成的经济外部性，但仍有许多外部成本既未计算在内，也没有付费。

图 2.2　进步的代价？废弃铝厂的废物给附近的居民造成了严重的健康问题，但未计入生产成本

对发展的错误度量　传统资本主义的另一个缺点是，将国民生产总值（GNP）作为衡量成功的单一指标。GNP 是指一个国家生产的所有产品和服务的价值，包括政府的所有支出和在其他国家进行的商业活动。GNP 包括我们熟悉的各种不同商品的价值，如洗衣机、太阳能板、课本和蛋卷冰淇淋等，还包括清理石油泄漏的费用和处置危险废物花费的数十亿美元。所以它是对所有产品和服务的全部度量。另外，**国内生产总值**（GDP）是 GNP 的一部分，它只包括在本国国土上进行的所有经济活动。

GNP 的问题是它不能区分不同的经济活动。换言之，因为 GNP 的计算方法，给未来的莫扎特上钢琴课花掉的 1 美元与买包香烟花掉的 1 美元是一样的。

因为 GNP 是不加选择的度量，它不能追踪一个国家的真正进步。也就是说，它不能告诉我们从经济中实际获得了什么。为了阐明这一点，我们来对比两个完全假想的国家。第一个国家拥有繁荣的经济但排放了大量的污染物。每年有 5 万人死于城市空气污染，另外还有数千人因为喝了被杀虫剂和危险废物污染的饮用水或者接触工作场所的化学物质而中毒。大量的金钱被用来生产产品和服务，还有巨大数额的花费用来支付紧急医疗救助、医院账单、殡葬和墓地。看起来这个国家创造出了很高的 GNP。

第二个国家也拥有繁荣的经济，但是以可持续方式实现的。工厂生产产品造成的污染很少，使用清洁的、可持续的能源。于是，这个国家的空气是清洁的，水也是洁净的。农场不用杀虫剂控制害虫。很少有人死于工业事故。这个国家的人均 GNP，即人均经济产出虽然低于第一个国家，但我们更愿意支持它。经济是为人类服务的，不是要毒害和杀死他们。

有没有经济学无法正确指导经济活动选择的实例？确实有。印度尼西亚的经济在 20 世纪90 年代的增长一部分是因为快速毁林——对热带雨林的皆伐带来的。这推动了经济发展，但伤害了国家的未来，已造成了严重的土壤侵蚀，肥沃的表层土壤被冲刷，河流被污染。另一个例子在美国，重建被卡特里娜飓风摧毁的土地和房屋估计花费超过 1500 亿美元，这也被计入美国的 GNP。如果早知道将这 1500 亿美元用于发展可再生能源，从而减少温室气体的排放（这些温室气体引起全球气候变化，也可能是出现具有巨大破坏力的飓风的主要原因），这可增加多少生产力？

即使是 GNP 的发明者也认为，GNP 可能会高估产品的生产和消费，并不能反映人类福祉的改善。评论者认为 GNP 并不能衡量人类经济发展所取得的成就。因此，区分 GNP 的每个贡献的相对价值，会有助于我们判断一个经济社会是否可持续。

自然资产也未能纳入 GNP。**自然资产**是一个国家的生态价值，包括土壤表层、森林、草地、空旷地、农场、渔场和野生物种——所有具有重要审美和经济价值的资源。自然资产在许多方面像银行里的存款。国家利用这些资产供给工业生产产品和服务来满足人类的需求。但是大多数国家正在动用这笔银行存款的本金而不是利息。这样，一个国家在取得高 GNP 的同时，也在快速消耗它的自然资产，而且还没有办法认识到这一点。经济学家赫尔曼·达利曾写道，"大多数国家对待地球，就像对待正在被清算的公司。" 换言之，大多数国家正在抛售他们的自然资产如森林来快速获利。虽然这些国家可达到很高的GNP，但迟早会失去生产能力。

试图对 GNP 贡献进行梳理的研究显示，

实际的差别可能比理论值还大。例如，赫尔曼·达利针对美国 20 世纪 70 年代和 80 年代的经济发展提出了**可持续经济福利指数**（ISEW）。如今 ISEW 被称为**真实进步指数**（GPI）。

虽然计算过程非常复杂，但 GPI 试图衡量一个国家的经济发展（因为产品和服务的生产与消费的增加）是否真正提高了国民的健康和福祉。从某种角度看，GNP 和 GPI 的不同类似于一个公司的总利润和净利润之间的差别。净利润是总利润（一家公司收入的总资金）减去相关的成本。相应地，如果犯错和污染产生的经济成本与产品和服务生产的经济收益相等，则 GPI 为零。

GPI 考虑了大自然提供许多服务以及提供清洁空气和水等能力的增强，这些因素是更具包容性的进步思想的一部分。所以 GPI 被支持者认为是反映一个国家真正经济福利的最好指标。于是，GPI 的增长可与 GNP 进行比较，来确定 GNP 的增长是否能真正提高我们的生活水平。

当达利比较美国的 GPI 和 GNP 时，他有一个令人吃惊的发现。在 20 世纪 70 年代，GNP人均年增长率为 2%，到 20 世纪 80 年代为1.8%。但是，20 世纪 70 年代人均 GPI 只增长了 0.7%［见图 2.3(a)］，这表明 GNP 的年增长额只有 1/3 用来提高美国民众的生活水平。由于环境退化，20 世纪 80 年代的 GPI 甚至每年下降了 0.8%。在 20 世纪 90 年代和 21 世纪初，GNP 在持续增长，但 GPI 趋于平稳。这意味着什么？

虽然我们的经济产出在增加，经济学家和政治学家也使我们相信我们生活得越来越好，但是我们生活中的很多方面实际上是在下降的。换言之，虽然经济在增长，这在大多数人看来是好事，但实际上我们的生活在变糟。

美国不是唯一一个 GNP 和 GPI 相互矛盾的国家，但是少数几个 GPI 持续下降的国家之一。德国的 GPI 实际上比 GNP 增长得快［见图 2.3(b)］。

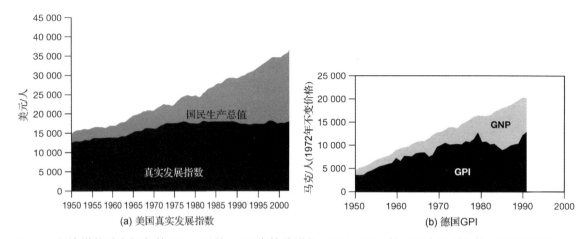

图 2.3 经济增长对我们有利吗？(a)虽然 GNP 在持续增长，但是依据可持续经济福利指数，美国的福利总体上在下降；(b)德国的 GPI 实际上在增加，因为采取了很多先进的措施来减少德国民众对环境的影响

2.1.4 经济和环境的谬论

虽然我们谈到了经济和它的缺陷，但更重要的是要批判那些支撑对环境和社会不可持续的经济活动的思想，也就是关于经济和环境的谬论。

经济与环境：对一个古老争论的反思 几个经济学上的谬论充斥着我们的社会并阻止我们向可持续未来发展。谬论之一是"环境保护会妨碍经济"。很多已发生的例子表明环境保护确实花费很大。但是不采取环境保护措施会造成更大的污染，从而需要更加昂贵的代价来治理。这就是人们常说的"一分预防胜似十分治疗"。

也有经验表明环境保护和经济发展不是一对矛盾。例如，对工厂的周密设计和运转可减少污染。这样做极有可能不必再高花费地进行污染控制和环境治理，一年内可为公司节约大量的美元。另一个可持续发展的战略就是高效利用资源，它也会带来很多好处。例如，它可使一个公司更具竞争力。

也就是说，反思这一古老思想是有必要的。批判性思维的规则提醒我们要避免过度简单化，要从大局考虑，要质疑已有的结论。这是个很好的例子。

经济追求质量 另一个在我们社会上常见的谬论是"环境保护关乎生活质量，而经济学关乎人类生存"。也就是说，与提供工作和收入的生产相比，环境保护行动没那么重要。简言之，环境是奢侈品，经济是必需品（见图 2.4）。在谈到野生动物的保护时，科罗拉多州的一名地方政府官员指出，"很遗憾，虽然野生动物保护在展示成功发展的成就时很有用，但它只能位于优先资助名单的末尾。因为只是保护而缺少回报，野生动物和荒野的保护成本太高了。"

蒙大拿大学经济学系主任托马斯·米切尔·鲍尔在其《经济追求质量》一书中指出，工业国家所有经济活动事实上都是对质量的追求。人们花在衣食住行和其他方面的钱主要是为了改善生活质量。鲍尔指出，如果我们只关心生存问题，我们的经济支出会很低，也许比今天的水平低 70%～80%。换言之，我们可在更低水平下生活（生存）。但是，我们常常在时髦的衣服、豪华的住宅和美味的食物上花费很多。原因很简单，对我们大多数人来说，对经济发展的要求不仅仅是为了满足对生存的需求，而是为了获得审美的质量。

鲍尔还指出了经济学的另一个错误观点，即环境质量是毫无意义的。他指出美丽风景、休憩用地和清洁空气等环境价值都具有经济价值。例如，购房人愿意多花钱购买海景房或湖景房，或在低污染地区居住。在选择过程中，他们已为环境质量付款。很多度假村也认识并利用了这种关系。人们去自然旅游胜地旅游，不仅仅是为了滑雪或坐皮划艇，也是为了享受清洁和优美的环境。

世界的无关紧要的事物。环境保护是我们追求的另一类质量，在我们生活中已经在消费的质量。

总之，环境及其保护不是超脱现实经济

图 2.4　人们会涌向美丽的地方度假，也是为了生活。大自然和美丽的景观具有非常真实的价值

关于经济增长的谬论　还有一个充斥我们社会的谬论——"经济增长是好的，也是必需的"。毫无疑问，经济增长已使我们比我们的先辈们生活得更好。提高全球贫困人口的生活水平也是必需的，因为有 20 亿人还在勉强维持生计中。但是，我们需要高度关注，现在的经济发展伴随着巨大的成本，包括对自然资源的过度消费甚至造成枯竭、无数物种的丧失、湖泊河流的污染和空气污染。从社会学角度来看，经济增长并不一定带来所承诺的普遍繁荣。例如，经济增长曾被吹捧为消除贫穷、提高中产阶级福利和解决失业的良策，但是近年来遭到了质疑。统计分析显示经济增长往往不能带来财富的增加，而且并不能实现这几个目标。在《经济追求质量》一书中，鲍尔引用了有关西部很多州的经济增长（工作机会增加）和人均收入的研究结果，发现尽管产生了很多新的工作岗位，但人均收入却增加很少，甚至没有增加。例如，从 1950 年到 1977 年，亚利桑那州的工作岗位增长率达到美国平均水平的 5.5 倍，但是人均收入增长率只比全国

平均水平高 2%。在加利福尼亚州，工作岗位新增率比全国平均水平高 2.3 倍，但人均收入增长率反而比全国平均水平低 13%。

如果经济增长不能实现美好的承诺，甚至会暗中破坏我们的未来，我们就会提出这些问题：我们能建立一个不看重增长的经济系统吗？我们能建立一个与环境和谐的，同时能供给我们需要的产品和服务的经济系统吗？我们能以节约的发展方式来改善世界上贫困人口的生活吗？在我们忙于解释这种转变前，请记住本章节所说的"我们"是指地球上所有的 66 亿人。

2.2　建立可持续的经济

之前对经济的分析并不是要谴责经济学家或我们所有参与到经济活动中的人，而是要做好铺垫，讨论如何改变当前的经济发展方式，建立一个环境友好的商业系统，或者说可持续的经济系统。可持续的经济发展的目标是，在我们生活得很好的同时也要提高世界上

贫困人口的生活水平，而且不会使地球及其生态系统崩溃。

通常，**可持续经济**是指不妨碍后代的情况下生产产品和服务。可持续经济在某种程度上基于前面章节中所介绍的各项原则：节约、高效的资源利用、循环利用以及使用可再生资源（特别是可再生能源）。建立可持续经济也取决于我们是否越来越有能力管理人口的增长，并能更好地在我们对产品、服务和生存空间的需求与对清洁空气、水、食物等的需要之间达成平衡。如果这些原则能被认真地应用于所有的经济系统，包括工业生产、交通、房地产、能源和废物管理，那么我们在地球上的生活方式也将极大改变。

本书大部分章节将概述可持续自然资源管理的原则和实例。还有部分章节将讨论提出改变人类系统的措施建议，例如工业和交通，使它们更可持续。

为了更好地开展这种讨论，我们首先针对资源管理和污染控制经济学展开一般性的讨论。这些内容将有助于读者更好地理解可持续经济包括哪些内容，以及在它的建立过程中会遇到哪些障碍。我们首先看看自然资源管理经济学。

2.2.1 资源管理经济学

经济学在自然资源管理中起着至关重要的作用，例如，农场主如何管理农场或林场主如何管理森林。阅读本书的未来资源管理者将成为一名实践的经济学家。有三个指导原则会影响我们的决策：时间优先、机会成本和贴现率。

时间优先 顾名思义，**时间优先**指的是人们优先投资经济回报时间短的项目。立即优先表示优先选择马上得到回报的项目。

时间优先受几个因素的影响，其中影响最大的是需求。例如，若一个发展中国家需要金钱来偿还它所欠的债务，就有可能为了这个需求耗尽它的资源，而几乎不考虑如何实现长期生产。在这种情况下，还清债务是第一位的需求。同样，有经济压力的农场主（也许有孩子要上大学）可能会忽略土壤侵蚀控制的支出，而采取用最少的资金支出获取最高的短期回报的策略。

如前面的例子所示，追求时间优先经常会导致环境上的、有时是经济上的目光短浅的做法。建立可持续经济可能需要经济激励政策来补偿因为放弃时间优先而带来的损失，关注森林和其他自然资源的生态完整性是生态系统管理和可持续发展的关键要素。例如，对愿意采用可持续农业生产方式的农场主进行税收减免可明显改善其经济状况，以便他们能够负担得起对环境友好的生产方式。

但是，之前的讨论并未暗示所有生态友好的可持续生产都需要长的回报期或特别高的初始投资。相反，很多生产实践只需要适度的投资就可得到快速的（有时也是高额的）经济回报。例如，环境友好的害虫控制技术就可得到快速的回报。总之，与传统方法相比，可持续的方法可能获得更高的经济效益。所以说，如果你认定做正确的事情需要更高的成本，那么先学习一下经济学是明智的。

机会成本 另一个相关的因素是**机会成本**，它是指为某种决定或行动而放弃的另一些机会的价值。例如，假设你是一个农场主，你在去年的农作物生产中获得了 1 万美元的利润。你若将这 1 万美元投入互助基金，每年可赚 7% 甚至更高。你也可以将其投入到土壤保护措施中使你的产量增加 3%。严格的经济学观点会建议你，明智的选择应该将钱投到互助基金上。所以，如果你决定投资到你的农场，你将失去获得稍高经济回报的机会。

我们很高兴能提出从其他角度思考机会成本。比如，当资源枯竭时会发生什么，换言之，就是考虑如果采用掠夺性的资源管理战略会失去的机会价值。例如，对热带雨林的大规模砍伐可很快获得经济效益，但这种行为也会使你和后代失去了很多机会。为什么？热带雨林提供了（并将继续提供）许多救生药物，它们是从生长在雨林中的植物提取的。新药物的发现可值数十亿美元并拯救无数的生命。因为皆伐（砍走一片森林内的所有树木），每年的旅游收入也会减少数百万美元。如果因为立即优先和狭隘的机会成本观点，使得海洋渔业资源枯竭或土壤侵蚀，我们将失去巨大的未来机会。

　　总之，机会成本这个术语是指当一个人选定某一特定行动时所产生的可能的经济损失，通常是指一个长期的行为，而不是能在短时间内获取较高利润的行为。然而，短期的开发会减少长期的机会。短期的开发行为可获得较高的眼前利益，但也剥夺了我们获取长期利益的机会，包括生态的和经济的利益。选择短期利益时，实际上我们忽略了资源的价值，而这些资源是能够无限地维持人类和其他物种生存的。

　　理解计划成本的真正含义有助于企业经济学家改变他们的时间框架。另外，也有助于他们在投资时超越狭隘的经济学领域，考虑传统上不被当做经济学的因素，例如我们从荒野获得的审美享受。

　　贴现　经济学家用**贴现**这一工具来比较不同经济战略的经济回报，即计算不同经济战略的现有经济价值。**现值**是指考虑通货膨胀和其他因素下每个战略产生的收入流的美元价值。该方法可用来确定皆伐一片热带雨林或可持续收获木材和其他产品超过 20 年，哪个价值更高。甚至个人也可用贴现的方法，例如，可用来比较在家里建一个太阳能发电系统和不断从电力公司买电的经济价值。

　　通过一套复杂的计算方法，经济学家能确定哪个战略最合理。通常会选择现值最高的战略。现举例说明贴现是如何计算的。假设你正考虑安装一台风力发电机发电来满足你和你的家庭需要的所有用电。作为一个理智的购买者，你想确定这个行动计划与传统方法——从地方电力公司买电相比如何。

　　首先，你需要计算你从地方电力公司买 30 年电的费用，30 年是一台风力发电机的寿命，然后与风力发电系统的花费进行对比。但是，为了精确计算从电力公司购买电能的价格，你必须考虑电价上涨和通货膨胀带来的美元价值下滑等因素（因为通货膨胀，今天 1 美元的价值会大于 10 年后的 1 美元的价值）。

　　计算风力发电的价值时，你必须包含整个系统的成本，包括安装费用以及 30 年的保养和维修费用。你还需要计算借钱购买这套系统

的费用（贷款的利息或你从存折中取现损失的利息）。你还需要计算通货膨胀。当所有这些完成后，你就可以求出这两种方式的净现值。

　　如前所述，这种方法常被一些大的企业和组织采用，例如常资助发展中国家的世界银行。遗憾的是，它经常是更理性地从经济学的角度（严格地根据净现值）清算一种资源（比如森林），而不是从考虑可持续的采伐率来计算，一般来说后者的净现值较低，而且投资回报率也较低。于是，这个策略会让你把钱投资到那个看起来回报率高的项目。如果是这样，经济就会和生态发生冲突。

　　要建立可持续的资源管理系统，需要反思我们计算不同机会成本的方法。教育能为经济学家和资源管理者提供关于时间优先的新视角，还有在不耗尽生态资源的同时取得可观的经济效益的替代（可持续）战略。要记住可持续战略提供了确保我们人类长期繁荣的生产方式，很多批评者指出我们必须学会将可持续战略的长期和难以量化的效益（如清洁的空气）纳入计算，虽然它们的净现值可能较低或产生的回报较低。全面评估这类战略的一种方法是，计算不同战略的重置成本或迁移成本。**重置成本**是对一种资源对人类社会真正价值的估计。重建一片热带雨林，包括重建复杂的生态系统和它提供的福祉，如降低大气 CO_2 水平和维持农业必需的降雨类型，需要花费多少钱？

　　将这些价值纳入到净现值和机会成本的经济学计算中，资源管理者会得到不同战略的更准确的经济学估计。从这个角度上看，许多盈利的投资有可能是愚蠢的。采用生态学上更合理的计算方法，可持续战略显得更具吸引力。

2.2.2　污染控制经济学：寻求新方法

　　本书主要关注自然资源管理，但也深入研究其他重要的环境问题，其中包括污染。因为污染威胁着人类和其他物种的长期生存前景。我们接下来将分析传统污染控制方法的经济学，并讨论可替代的评估方法。

　　当今世界的污染控制严重地受经济学的左右。污染控制的目标是用最省钱的方式减少

排放和环境污染。那么，单纯从经济学的角度，污染控制设备（投资成本）及其运行费用应等于获取的效益。例如，工厂主不会愿意安装一台 3000 万美元的污染控制设备来治理只会造成价值 100 万美元损害的污染。在这个例子中，控制成本远远高于效益。

我们首先看一下图 2.5(a)，该图给出了不同污染水平造成的损失成本。如图所示，污染等级越高，成本越高。

图 2.5(b)给出了污染控制成本与污染物降低之间的关系。该图说明投入的钱越多，就有越多的污染物被去除。它也说明一个相对小的初始投资可使污染物降低很多，但是试图进一步减少污染物排放时，去除单位污染物所需成本就会迅速增加。这就是所谓的**收益递减法则**。

图2.5(c)是对图2.5(a)和图2.5(b)的部分叠加。两条线的相交点是污染控制成本与污染物减少获得的经济效益相等的点，即**盈亏平衡点**。如果社会想要实现更低水平的污染，就必须付出更多成本。但是，因为在接近零排放时去除污染物的成本会不成比例地增加，经济成本会非常高。

虽然平衡成本和效益听起来很简单，但实际上并非如此。**成本效益分析**的主要难点之一在于确定全部的损失，即计算所有的效益。要这么做，我们必须研究和量化该人类活动的所有效应。很多不明显的效应可能被忽略。另一个问题是确定造成的损失的经济价值，比如污染一条河流或一个物种消失造成的经济成本。我们如何为一个健康的鱼群或一片健康的森林定价？你身体健康的价值是多少？

计算迁移成本有助于解决对损失的低估。例如，当不能确定某种蝾螈存活的经济价值时，我们可以计算捕获剩余的蝾螈、进行人工饲养并最终放生到较清洁环境中所需的成本，这就是迁移成本。再举一例，为城市供应饮用水的一个流域内的一片森林可能有助于维持清洁的水资源。如果森林被砍伐，土壤侵蚀就会增加，进而会增加饮用水处理的成本。市政饮用水工厂可能需要增加操作程序或建新设施来去除沉积物，以便净化水质供人类使用。计算增建水处理设施的价值就是迁移成本。但是，迁移成本只能代表部分森林价值。由森林皆伐造成的野生动物和娱乐活动丧失以及洪灾增加的成本是多少？

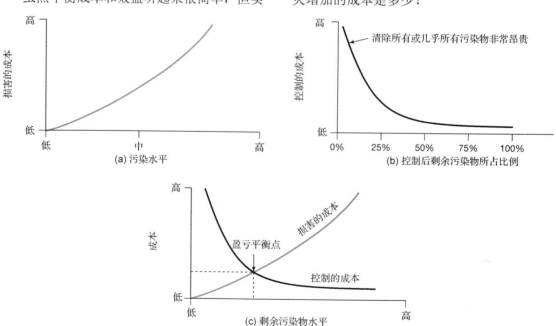

图 2.5　污染控制的成本和效益。(a)当污染物增加时，损失的成本也会增加；(b)去除污染也需要花费金钱。到达某一点后，去除单位污染物的成本会急剧上升；(c)污染控制的目标是找到成本和效益的盈亏平衡点。污染防治是一种替代措施。价格越低，去除的污染物就会越多

因为各种原因，开展这种经济分析的官员经常不能将全部损失计算在内，因此常常会低估人类活动的社会和环境的真实成本。于是，污染控制的投资不够保护我们。

如果环境损失得到全面认识并被给予合理的经济价值评估，那么图 2.5(c)中的盈亏平衡点很可能会向左移。因此，值得投入更多资金进行污染控制。当然，只有对农牧业等人类活动的成本预测和定量方法得到提高，很多基于成本效益分析所做的决定，才不会低估真正的成本。

许多公司已经意识到可用很多经济的方法来减少污染排放。他们实际上可用最小的经济投入产生更大的环境效益。但这些经济的方法在污染防治的前提下都将变得不可行。**污染防治**是与长久以来常用的污染控制方法完全不同的另一种方法。污染防治致力于消除污染物的产生。而**污染控制**则致力于去除已经产生的污染物。

实现污染防治的方式有多种。例如，在工厂，生产线的轻微调整就有可能大量减少污染物的产生，这是改变操作过程。在有些情况下，化工生产或其他工业过程中可用无毒化合物代替有毒化合物，这是改变设计。

进行污染防治工作还可以节约大量金钱。例如，在美国弗吉尼亚州的约克镇，阿莫科石油公司和美国环境保护局（一个联邦政府机构，监测和管理很多的环境污染物）放下了他们通常相互对立的角色，共同寻找减少有毒污染物排放的方法。他们发现如果采纳石油公司提出的投入 500 万美元的污染防治措施，与传统的花 3500 万美元的污染控制设备相比，有毒化合物苯的减排量是后者的 5 倍多。换言之，阿莫科石油公司以 1/7 的成本，可实现传统方法 5 倍的污染物减排量。可惜的是，法律要求公司采用更贵的控制技术。这个例子激起了许多人的不满，并推动了政策的戏剧性转变，以避免未来出现这种不必要的负担。

相似的例子可以说明污染防治的经济和环境效益，也说明为了实现目标需要弹性管理。例如，如果政府机构制定了严格的排放标准，但允许公司采用各自独创的方法来达到这些标准，那么实际的污染物减排量可能远远多于用标准的污染控制方法获得的减排量。如前章所述，荷兰的政府正在许多工业领域开展一个大胆的实验。荷兰的公司和政府共同制定严格的标准来减少工业污染，但各家公司可以采用自己的方法最经济地实现减排。

2.2.3　促进可持续经济的措施

建立可持续经济在许多方面需要改变，包括污染防治、可持续资源管理、循环利用、提高能源效率、使用可再生能源以及生态恢复等。我们在经济学思想上的转变也有助于促进持久的人类存在。

发展的替代指标　首先应该采用评价成功的新指标，如前文所述的可持续经济福利指数（GPI）。与 GNP 相比，GPI 可更综合地刻画一个国家的状态。

绿色行动

夏季，请在晚上或不在家时稍微调高空调的温度。冬季，请在睡觉或不在家时，稍微调低供热温度。这样做可使供热和制冷成本会大大下降。

包括德国和法国在内的几个国家已经开发了 GNP 的替代指标。联合国统计委员会已经发布了指南，供乐意效仿的其他国家参考。虽然评价国家繁荣的替代指标不是万能的，但它对于指导企业和公共政策向更可持续的方向前进是必不可少的。到目前为止，美国 200 多个城市、乡镇和州府中，包括俄勒冈州、佛罗里达州的杰克逊维尔和华盛顿州的西雅图等，已开发了替代指标来追踪社会、经济和环境的发展趋势，给民众和政府官员展示更真实的发展宏图或其中的不足（见图 2.6）。伦敦、斯德哥尔摩、维也纳和苏黎世也有相似的计划。但是这些有关可持续发展和生活质量的指标不像 GPI 一样进行综合计算，它包含了针对不同社区关键条件的各种指标，民众可以追踪其发展是朝向还是背离可持续方向。结合其他措施，它们将帮助我们始终走在可持续发展的道路上。

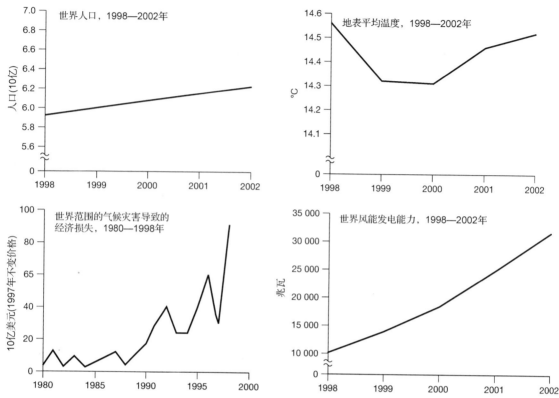

图 2.6 可持续发展指标。许多城市、州府和国家正开始追踪社会、经济和环境健康的主要指标，来确定发展走向，并帮助对有限的经济和人类资源进行优先排序。这种工作有助于国家确定是朝向还是偏离可持续发展方向。有关全球发展趋势的信息甚至能帮助政府描绘一个更可持续的未来

自然资源的国家清单 另一个正在开展的旨在弥补 GNP 弱点的重要行动是，创建自然资源的国家清单。澳大利亚、加拿大、法国、荷兰和挪威都在建立自然资源清单，主要是为了确定经济增长是否正在耗尽自然资产。为了建立一个真正可持续的全球经济，需要在全球所有国家开展这种工作。

绿色税 发展可持续经济的另一个措施是征收使用费或绿色税。**使用费**或**绿色税**是对原材料征收的税费。生产者，如采矿公司需要缴纳绿色税。绿色税人为地增加了原材料的价格。虽然从经济学的角度看绿色税是不利于生产的，但从环境的角度看，它具有重要意义。绿色税的一个好处是，有助于推动更高效的资源利用。消费的减少可以降低环境影响，增加资源的生命周期。对不合理的行为也可以征收绿色税，例如，产生污染的工厂或大油耗、大排量的汽车。

除了提高资源的使用效率外，绿色税还有其他好处。例如，绿色税的收入可用来发展环境友好的替代技术，或补偿有损环境的行动所造成的损失，如采矿。美国西部的几个州已征收煤炭开采税（实际上就是使用税）。该税收回馈给地方社区，用来补偿资源开采引起的人口增加及新建基础设施（包括道路和学校等）的额外费用，也可为煤炭资源耗竭后的替代经济战略提供资金。

因为加给企业的成本最终会传递给消费者，绿色税提供了一个有用的市场信号，有助于弥补供需经济的一个主要弱点，即来自有限资源的产品和服务被低价出售了。

绿色税在美国不普遍，但在欧洲普遍使用，估计现在对各种产品征收的绿色税有50 种。尽管如此，这里还是举几个美国的例子。1990 年，美国国会通过了具有广泛影响的《清洁空气法》的修正案。新法案的一个条款

规定对臭氧层损耗化学品的工业使用征收大额税费。**臭氧层**分布于大气层的上部，可过滤掉有害的紫外线辐射，紫外线辐射可严重灼伤人的皮肤并引起皮肤癌，也会给植物造成伤害。美国政府希望通过税收来鼓励更多的公司寻求替代的化学品，在不影响生产的同时不破坏臭氧层。各种努力已推动了非臭氧耗竭替代品的普遍使用。

精心设计各种经济惩罚手段，可减少各种破坏环境的行为，包括砍伐热带雨林、过度放牧、化石燃料燃烧、一次性用品和能源的低效使用。

全成本定价法　如前所述，消费者获得的许多产品与服务，对环境和我们生活的社区都是非常昂贵的。也就是说，它们与经济外部性不一致，即产品的价格不能反映它们的全部成本，特别是环境成本。

绿色税有助于调整需求和阻止环境不可持续的行为，也有助于为外部成本付账。换言之，有助于实现**全成本定价**。全成本定价是一种定价方法，一种产品或服务的价格反映其所有的生产成本。例如，应该征收煤炭税，用于支付酸沉降造成的受损森林和湖泊的修复，或补偿煤电厂排放 CO_2 引起的全球气候变化导致的损失。

比事后采用税收等方法更好的是，在开始或规划阶段，就寻求包括全成本定价在内的措施。例如，美国的许多州已经制定条例，要求电力公司评价不同发电方式的成本。一家电力公司要获得扩大发电能力的许可，必须得到州公共事业委员会的批准。必须选择成本最小的方法，但是这经常不包括环境成本。为了将经济外部性包含在内，有几个州要求在煤炭和核能的商业成本中增加 15%。这种最小成本规划条例和包含经济外部性的调整，使节能和可再生能源战略经常变得更具吸引力。

全成本定价有助于我们理解各种技术或经济活动的生命周期成本。**生命周期成本**包括从物质产生到处置的所有成本——"从摇篮到坟墓"。例如，生命周期成本分析强迫企业经济学家在计算采矿、加工、运输和废物处理

的直接成本的同时，也包括长期的环境损害成本，而在大多数经济决策中很少考虑这一点。

全成本定价在成本效益分析（前面所述）中特别有用。公司、政府部门和立法机构在分析一个具体的战略或考虑不同选择方案时，经常会采用成本效益分析。成本效益分析需要考虑所有的成本和所有的效益。历史上，大多数经济学家只看到原材料的成本和使用这些原材料生产产品与服务获得的经济利益，而经常忽略或低估这个过程中带来的环境损害的成本。

经济激励　经济激励是另一个可用来培育可持续经济和可持续资源管理的有用市场工具。**经济激励**是通过提供经济利益来鼓励环境友好的产品和服务。目前大多数政府都给企业提供各种经济激励。在某些情况下，政府会提供直接资助，即用资金来支持新的环境友好产品的研发。例如，日本政府已花费了数百万美元来促进企业开发可持续技术，包括太阳能。一些政府也为发展或生产环保产品的企业提供各种税收减免政策。从公司年税收账单中节省下来的资金，可用于鼓励公司开发新技术或补偿对环境有益的产品与服务。在其他情况下，政府也可与企业成为伙伴关系。例如，地方政府可以将它拥有的土地赠给公司来建设垃圾回收或堆肥设施。这种捐赠使公司在经济上具有了提供政府所需的有价值服务的可能性。

激励措施也可针对个人。例如，美国在20 世纪 80 年代对安装太阳能系统的家庭给予了联邦和州政府的税收减免政策，降低了购买这些系统的成本，给人们巨大的经济激励来使用太阳能。

可交易许可证　另一个促进可持续发展的市场手段是，为产生大气和水污染的企业制定的**可交易许可证**。什么是可交易许可证？与企业现在使用的许可证有何不同？

许多政府现在发放的许可证允许各个企业向大气和水体中排放一定量的污染物。这是政府控制污染物排放的一种方法。可交易许可证与此类似，也是政府发放的准许企业排放定量污染物的许可证，与其他许可证的差别是它们可以买卖。更重要的是，如果公司减排后使

得排污量低于许可证规定的水平，还可以将剩余的污染物排放许可卖给另一家公司。

这么做的好处是什么？请看一个具体的例子。1990年，美国国会通过了影响广泛的《清洁空气法案》的修正案。其中的条款之一是建立了 SO_2 的可交易许可证制度，SO_2 是一种污染物，可在大气中转化为硫酸，以雨或雪的方式降落，给湖泊、河流、农作物、森林和建筑物等造成损害。可交易许可证为企业提供了在芝加哥期货交易所买卖 SO_2 排放量的机会（1994年开始销售）。

在之前的政策下，州和联邦政府给企业颁发排放定量 SO_2 的许可证，企业没有进一步减少排放量的动力。然而，通过将排放减少到低于许可排放水平，可交易许可证给了企业经济激励（效益）。假设你有一家工厂，每年向大气排放 2000 吨 SO_2。为了工厂所在城市的空气清洁，政府（通常是州政府的监管机构，如环境或自然资源处）给你颁发了每年不高于 1000 吨排放量的许可证。但与过去的做法（政府同时会要求你安装一个污染物控制设备来达到这一目标）不同的是，现在你可以自由选择方法来达到减排目的。经过一段时间的努力，公司的一名工程师研发出了一种方法，该方法可使公司的排放量下降到每年 500 吨。因为公司每年的限额是 1000 吨，因此在可交易许可证制度下，你现在就有 500 吨的排放"额度"，你可以将其卖给另一家公司，帮助它达到其排放许可水平，并从中获得一定的利润。假设另一家公司每年的排放许可是 1000 吨，但实际排放量有 1500 吨，那么它就可以购买你未使用的"额度"来满足它的法律限额。

可交易许可证制度的好处是，可弹性完成污染物减排目标，同时建立一个经济激励政策来实现或超越那些目标。你的公司不仅发现了一种减排的廉价方法，也可从出售剩余的许可额度中获利，另一家公司也能达成它的目标，所以应该感谢你的公司的那位工程师。

在美国，第一个使用可交易许可证的污染物是 SO_2。当可交易许可证第一次出现时，一个有魄力的环保团体购买了几十万吨的污染物排放权。这个团体没有任何一家工厂，它只是想确保从环境中永久地清除这些污染物。另一个环境团体最近给其成员提供了一个机会投资许可证来帮助清除大气中的潜在污染物。可交易许可证现在也用于 CO_2 的减排，如第 19 章所述。

清除市场壁垒和补贴　另一个有助于我们建立可持续经济的市场方法是，清除市场壁垒和补贴。出人意料的是，对环境负责的企业存在着巨大的市场壁垒。例如，按照联邦法规，货运司机将废金属运往回收工厂的费用高于运输原矿的费用。然而与原矿相比，废金属被加工成有用产品时的能源消耗、污染物排放和对环境的损害都更少，这一法律漏洞成为美国建立经济上可行的回收利用制度的主要障碍。它使原矿得到了比可回收废金属更多的经济优势。

补贴是政府支持私人企业的方法，包括税收减免和直接资助两种经济激励形式。补贴可被用来支持对环境有益的产品和服务，如风能或太阳能。例如，美国政府现在为风力发电产业提供了慷慨的补贴，帮助建设商业化的风力发电场，使其生产的电能具有更强的竞争力。对可再生能源企业的补贴可达 1 亿美元每年。评论家认为，可惜的是，大多数补贴并未支持环境友好的可持续能源。事实上，有人估计，美国政府每年为石油、煤炭和核能企业提供的补贴达 2000 亿美元。如果将通过公共税收支付道路、停车场、红绿灯、警察和应急保护的费用计算在内，汽车得到的补贴约为每车每年 1500 美元。这笔钱不是来自汽油税，而是来自国民总收入。因此，不论你是否拥有汽车，你都支付了这笔补贴。

清除或减少支持环境不可持续行为的补贴，有助于建立更加公平的竞争条件，使环境友好企业比有损环境企业更具竞争力（见图 2.7）。

以上内容仅是建立可持续经济的一点想法。实际上在许多国家，这些想法已经付诸实施。然而，已有的努力与将要承担的任务相比，还只是刚刚起步。

图 2.7 在美国俄勒冈州的波特兰市，载着乘客的电车在城市间飞驰，产生的空气污染只是私人汽车的一小部分。电车对建立可持续的交通系统至关重要。但由于巨额补贴主要由汽车得到，电车经常竞争不过汽车

2.3 走向可持续的伦理观

关于环境的决策不全部是经济学的问题。许多决策还取决于我们的思想是否正确，这就是**伦理学**。我们从父母、朋友、上司和老师处学习伦理学，还通过经验、阅读、电视、电影和思考来学习伦理学，甚至学习科学知识也能教给我们关于地球的伦理学——从生态学视角判断对错。

2.3.1 拓荒伦理观

伦理学在我们的社会中有着很实际的用处，例如通过影响我们对待他人的方式来帮助维护社会秩序。在这一点上，伦理学是实用的，可以很好地为我们服务。

伦理学也能影响我们对待地球的方式。在世界上的很多地方，许多人赖以生活、企业和政府赖以运行的当代伦理观威胁着地球的生命支持系统。例如，在美国和其他工业国家，许多人认为地球可以无限供应资源来供人类使用。如果地球资源是无限的，那么我们利用这些资源的选择也是不受限制的。在许多地方，当代伦理观的另一个信条认为，人类是独立于自然世界之外的，而不是自然世界的一部分。或者说，我们是优于自然世界的。我们的需要是至高无上的。对持有这种观点的人来说，自然仅仅是人类文明的一个背景。因此它似乎与他们的生活没有什么关系，但事实上人类的未来与这个星球的未来有着错综复杂的联系。拓荒伦理观的一个主要的信条是，成功的关键在于对自然的控制和支配。为了满足我们的需要，我们必须战胜自然，让它几乎不留下任何原有的痕迹。为了满足我们的需要，我

们将复杂的生态系统建成高度简单化的系统来生产食物、纤维和其他我们需要的资源。我们夷平高山来获取其下埋藏的矿产（见图2.8），我们在河道中筑坝，砍掉森林建路。我们的口号已成为"如果暴力不起作用，那是你用得还不够。"

在本书中，我们称这种伦理观系统为**拓荒伦理观**，因为它反映了美国拓荒者的态度，他们几乎没有限制的概念。今天，虽然大多数拓荒者已销声匿迹，但拓荒伦理观还保留着，每天都在影响着无数的决策。不言而喻，这样的伦理观推动政府官员、资源管理者、商人和市民做出了无数的环境不可持续的决定。事实上，拓荒伦理观，尤其是认为世界拥有可供人类利用的无限资源的观念，是许多经济强国发展经济的主要驱动力量。

图 2.8　露天矿是人类统治环境的一个象征。技术的发展已经允许我们以戏剧性的方式改变地球的面貌

2.3.2　可持续的伦理观

发展一个全球范围内的可持续经济，需要我们更深入地认识我们的问题，并大大提高对自然系统重要性的理解，同时还需要新的伦理观，即一个可持续的伦理观。

可持续的伦理观认为地球拥有有限的资源供给。换言之，地球资源是有限的，应该被细心地管理。可持续伦理观的另一个信条是，地球资源并不是人类专用的。其他物种也需要分享地球来生存和繁殖。有人宣称其他物种也有生存和繁殖的权力。可持续的伦理观还认为人类是自然的一部分——我们已在很多方面依赖于自然系统。该伦理观还认为，人类的成功需要与自然合作，而不是支配和控制。新伦理的核心思想是，人类和自然是密不可分的：

一方面我们依赖自然系统，我们的未来依赖健康、功能完整的生态系统；反过来，自然也依赖人类。人类社会已拥有如此大规模和高水平的技术力量，所以这个星球的未来已无可置疑地掌握在我们的手中。

可持续的伦理观无论如何也不能算是一个新的概念。事实上，在人类几百万年的历史中，可能大部分时间占据着主导地位。从美国原住民和其他原住民的活动推测，可持续伦理观已成为人类生存的核心价值观。只是在过去几百年中我们渐渐远离了这种观念。

在 20 世纪，许多作家开始提议恢复可持续的伦理观。最具影响力的人物之一是已故的奥尔多·利奥波德，我们在第 1 章提到过他（见图 2.9）。利奥波德的职业是野生动物生态学家，他在 1933 年提出了土地伦理观。

利奥波德的**土地伦理观**指出，人类是一个大的群落中的一部分，这个群落包括土壤、水、植物和动物，这也是他所指的土地。利奥波德认识到人类是自然的一部分，人类的角色应该从"征服者转变为大自然的普通成员和公民。"

图 2.9 自然保护主义者奥尔多·利奥波德在过去 70 年多间激励了许多人来反思他们在环境中的角色。他的著作，如 1949 年出版的《沙乡年鉴》，如今仍很畅销

也许因为他在 1949 年出版的著名《沙乡年鉴》，奥尔多·利奥波德已成为许多现代自然保护主义者和环保主义者的启蒙者。他的思想超越了当时以人为中心（虽然也是善意的）的意识形态，比如西奥多·罗斯福总统和吉福德·平肖虽然提议保护自然资源，但主要是为了它们对人类的价值。

对利奥波德而言，行动和反思都是保护所需要的。换言之，他推动了责任感和行动。利奥波德对行动的建议表明，是时候进行自然管理了。当时污染问题还未得到关注，"全球环境问题"这一术语还未被提出。尽管如此，遵守他的土地伦理观仍具有非常深远的意义。也就是说，将我们人类自己视为生物圈这个大群落和支撑生命的自然世界中的一个成员，将对人类行为有重大的影响。遵守他的伦理观，就是反对只代表人类社会和我们个人福祉的行动，也许有助于我们避免许多已经制造的问题。

如今，地球上环境问题的严重程度和对我们未来的威胁，都迫切需要社会各阶层的责任和行动。因此，可持续伦理观是土地伦理观的延伸。

可持续伦理观基于前面所述的 **4 个指导原则**：（1）地球资源是有限的；（2）人类是自然的一部分；（3）成功的关键在于与自然的合作；（4）自然系统对人类福祉是至关重要的。但是如何将可持续伦理观付诸实践？

本书提出了将可持续伦理观付诸实践的 5 个**行动原则**：（1）节约，（2）回收利用，（3）利用可再生资源，（4）恢复，（5）控制人口。这些行动指南并非都是必需的，它们只是人类创建环境可持续社会时可以采取的最重要步骤。

上述指导原则和行动原则均要求我们采取克制的策略，这是资源密集型社会进行转型所必需的，因为它已威胁了社会本身的长期福祉。克制意味着做出决策时不仅要考虑个人，还要考虑子孙后代。这一概念被称为**对后代公平**，或**代际公平**。

可持续发展的核心原则之一是代际公平，即当代人，与所有代，包括过去的和将来的，共同拥有地球。简言之，我们作为这个星球上暂时的住客，同过去和未来所有的住客一样，具有共同的权利和责任。例如，当代人有权利从地球获利——享受它的资源和它的美丽，同时也有义务为后代保护好地球，使他们也能从中获利。我们要将地球视为一个传家宝，要一代一代传下去。作为一个传家宝，伴随这个礼物一起的是地球保管员的权利与义务。

在《来自大自然的教训：学会在地球上可持续地生活》一书中，作者提出了**代内公平**的概念，即当代所有人之间的公平。这一概念背后的思想是，因为地球上所有的人群共享着共同的地球，包括空气、水和土地，也因为局地行为往往会带来全球范围的影响，人类对当今一代的其他人也负有义务。更具体地说，我们有义务采取各种行动防止对其他人的不利影响，而不管他们相互之间有多遥远或是没有联系。

下面以美国和加拿大等发达国家的化石燃料使用为例进行说明。化石燃料燃烧释放 CO_2，从而引起全球变暖，极地冰盖和冰川融化，导致洪灾发生，海平面上升。洪水可能会使发展中国家数百万人的沿海农田被淹没，这些人可能从没有燃烧过一滴油或一克煤炭。化石燃料的使用者对这些人是否负有责任？按照代内公平的思想，答案是肯定的。

得到大多数人高度关注的代内公平的一个体现是**环境公正**或**环境公平**。环境公正是指在执行环境法律、法规和政策时，所有种族、文化和社会经济水平的人们都应受到公平对待。它也定义为，在环境法律和法规下追求平等公正和公平的保护，没有基于种族、性别和社会经济地位的歧视。现在一场国际运动正在兴起，因为越来越多的人对当今社会的环境公正性感到担忧，少数民族人群和/或低收入人群（经常是同一群人）正经受着更多有害的健康影响和环境影响。

对环境公正的关注始于 20 世纪 80 年代早期，在北卡罗来纳州的沃伦县，当时一个以非裔美国人为主的社区被选来处理本州 14 个其他地点产生的被化学品 PCB（曾用在绝缘体中的一种油性物质）所污染的土壤。被选中地区的人们开始抗议。虽然抗议者最终未能阻止这个决定，但民众的愤怒引发了进一步的质疑。美国审计总署研究了 8 个南部州的这类问题，发现每四个危险垃圾填埋场中就有三个位于以少数民族为主的社区附近。从那时起，大量研究表明危险废弃物处理设施、排放污染物的工厂、发电厂、垃圾焚烧炉及其他可能有危害的工厂也多位于或靠近低收入、少数民族社区。为什么？因为贫困的少数民族社区通常缺乏经济实力和政治力量来大力反对他们。

《美国法律月刊》开展的研究提出了进一步的证据，即政府存在严重的环境歧视。该项研究的研究者发现，当提议对某个废弃的危险废物场地进行优先清理时，与白人社区相比，少数民族社区获得 EPA 通过的时间要长 20%。研究者还发现少数民族社区里的工业污染源平均支付的罚款要比在白人社区里的低 54%。

从 20 世纪 80 年代以来，EPA 开始优先考虑环境公正。事实上，如今 EPA 有一个环境公正办公室，已经在美国发起了很多环境公正项目。1994 年，克林顿总统发布了一个总统令，要求所有联邦机构将环境公正作为他们工作任务中的一部分。美国很多的基层机构也开始着手解决这种问题。发展中国家也开始解决这类问题，因为相似情况在这些国家也很普遍。美国国会和州议员也开始重视这个问题，其中阿肯色州和路易斯安那州已经通过了环境公正相关的法律。

一系列解决措施也已被提出，包括污染物防治和在公共决策制定过程中提高利益相关者的参与度，换言之，就是让那些受拟建项目影响的社区中的少数民族人群更多地参与。获取信息能力的提高也会有所帮助（见案例研究 2.1）。还有一种解决方法是加强执法力度（确保公司遵守法律法规）。

还有另一个伦理学概念是生态公正。**生态公正**认为不管是现在还是未来，人类对其他物种负有责任。更有力的说法是，其他物种也有生存的权利，我们的行为方式必须确保它们的存活。

代际公平、代内公平和生态公正与许多人最基本的伦理观相矛盾。它们公然挑战资本主义所依赖的拓荒的观念和原则。例如，我们的行为方式必须保护当代和后代利益的思想，这与地球可无限提供资源的拓荒伦理观相矛盾。它也与竞争的经济观相矛盾，后者认为每个人，无论是现在还是将来，必须为自身的生存和幸福而竞争。而可持续伦理观号召合作而不是竞争。

2.3.3　以生物为中心和以生态为中心的观念

拓荒伦理观是以人为中心的，也就是说，是以人为本的，是服务于人类的伦理体系。遗憾的是，它在给环境造成损害的同时，也会给人类社会带来损害。

可持续伦理观，就像我们在本书中所述，是同时以人和以生态为中心的。也就是说，它支持人类福祉但不排斥其他生物。它支持同时有益于人类和地球（其中包括与我们分享地球的数百万个物种）的行动。有人把人类的作用称之为管家，但我们认为还不止于此。像我们定义的一样，其他物种也有生存的权力，而不仅仅是那些对人类有经济价值的物种。

然而，有人持有不同的观点，他们坚决支持生物中心论。**生物中心论**认为地球上的非人类生物才是最重要的。根据支持者的观点，人类应当优先确保地球上其他生物的福利。所以，维持生物多样性比人类福祉更重要。在生物中心论中，其他生物拥有生存的权力，不管它们的经济价值如何，此外它们的需求比我们的重要。

与此相对，另一些人则持**生态中心论**。在他们看来，生态完整性和生态过程具有最重要的价值。以生态为中心的观点将进化、适应和营养循环这些保证生命延续的过程视为最重要的，这些应受到重视和保护。在这个系统中，整体比个体更重要。例如，要保护一个鹿群，需要保护它的栖息地和生态系统的其他部分。本书将阐明这个观点，且我们的可持续伦理观也包含这一内容。

案例研究 2.1　地理信息系统和环境公正

密西西比州有一条名为斯卡拖帕的河流，它流入墨西哥湾。在其沿岸有两个社区，一个是白人和富人社区，另一个由经济上不宽裕的非裔美国人组成。20 世纪 70 年代末，白人的富裕社区——帕斯卡古拉，决定建造一个焚烧厂来处理垃圾。但是，许多居民反对在他们的镇上建造这一设施，并最终与距贫困的非裔美国人城镇摩斯岬 5 千米的一家化学品公司签署了合同。

这个决策在 1991 年前几乎没有引起争议，直到 1991 年帕斯卡古拉的市议会投票通过在焚烧厂中除处理垃圾外还处理医学废物。摩斯岬的居民被焚烧炉发出的气味激怒了。焚烧炉释放的汞、镉和二恶英造成的潜在污染也引发了社会的关注。当地的医生担心这一地区的污染会引发更严重的健康问题，因为该地区已经成为呼吸系统疾病的高发地区。他们担忧人们的长期健康会受到影响。

斯卡拖帕河岸的这场争论是环境不公正或环境歧视的一个经典案例。一个富有的以白人为主的社区想建一个垃圾焚烧厂，但又不想建在他们的后院。焚烧厂最终建在了一个以有色人种为主、没有足够金钱获得卫生保健或合法陈述机会的地区。

环境歧视在减少。积极争取公正的人们正接受来自高科技工具的帮助——GIS（地理信息系统），特别是 LandView III 地理信息系统。如第 1 章所述，GIS 是一个计算机绘图系统，它以地图的形式存储大量信息，用来研究不同因素之间的关系、作出预测和更好地规划人类发展。

LandView III 是由 EPA 赞助开发的一个社区知情权工具软件。据 EPA 称，LandView III 将"大量重要的环境信息放到地方决策者和公众的手头。"它提供的数据库从 EPA、人口统计局、美国地质调查局、美国核管理委员会、交通部和联邦紧急事务管理署获取数据。这些数据库可在地图上显示，同时包括行政边界、详细的公路网、河流、铁路、人口普查资料、学校、医院、飞机场和地标性建筑等。

任何人在装有 LandView III 使用帮助的现代计算机上都可以访问 LandView III。该系统可用来了解一个地区的人口特征，包括该地区人口的年龄、收入和种族，还可以了解各种来源的潜在健康影响。使用者可获得的环境信息包括大气污染物排放、废水排放、有毒物质排放、危险废物场地、核基地、流域评价和空气质量监测站点等。LandView III 能为决策者展示多层信息，它在**棕地**开发中证明是一个有用的工具。棕地指的是目前未利用的、已被有毒物质污染的工业用地。例如，可用 LandView III 定位一个城市、县或州的潜在棕地，并评价其对社区和环境的潜在影响。计划发展的场地通常都已清理好，但这些发展必定与相邻地区相联系。棕地开发者可利用 LandView III 评价周边地区的人口状况，提出合适的宣传计划来减缓公众的恐惧并鼓励公众的参与。

LandView III 可在线获取或从人口统计局获得光盘。通过人口统计局购买软件拷贝的相关信息请参见网页 www.census.gov。

2.3.4 建立全球可持续伦理观

建立全球可持续伦理观是我们这个时代最紧迫的任务之一，它可能同时包含人类中心论、生物中心论和生态中心论的部分观点。它需要全世界从小学到大学的数百万教育者的共同努力，并依赖博物馆和自然中心全体人员的努力。宗教领袖也能发挥作用。娱乐业和媒体（报纸、杂志和电视）可以参与。它还需要父母的合作，不仅包括美国，也包括所有国家，无论是富有还是贫穷。

鉴于世界上许多地方发生着冲突（如中东地区），还有很多人生活在经济衰退条件下，说服人们按照可持续伦理观的要求往长远看会很不容易。为什么？因为满足直接需求经常优先于紧迫的环境问题。具有讽刺意味的是，满足直接需求（以人为中心的观点）可能会使环境条件恶化，致使地球生态系统恶性循环，而它是这个星球的生命支撑系统。

然而，培养可持续伦理观也许是我们开始建立可持续未来最重要的步骤之一。如第 1 章所述，联合国环境发展大会是一个良好开端。很多非营利组织、教师群体和商业组织已开始开展转变全球观念的活动。

2.3.5 批判性思维和可持续发展

本书将帮助读者理解环境和资源管理问题。在阅读时，读者会遇到很多科学事实和原则，这对认识和解决问题是必不可少的。为了认识问题及其解决方案，仅仅记住科学事实和掌握有助于可持续发展的政策与实践还远远不够。要成为一名资源管理者和负责的公民，必须学会如何去分析问题并提出解决方案。本节将概述采用批判性思维的 6 个"规则"。

批判性思维对不同的人有着不同的含义。

我们将其定义为通过分析信息来区分信仰（人们相信是真的）和知识（科学观测支持的事实）。批判性思维经常用来分析科学研究的结果、环境问题和提出的解决方案。它能被用来分析报纸文章、演讲和讲座。批判性思维是最有序的思维方式，它允许我们寻找推理中的弱点。本节将给出批判性思维的 6 个指导原则（见表 2.1）。

表 2.1 批判性思维指导原则

收集足够的信息和定义所有的术语
质疑取得事实和得出结论的方法
质疑研究结论
质疑信息来源；寻找隐藏的偏见
容忍不确定性
了解大局

收集足够的信息 在分析问题和论点时，或在解决问题时，重要的是要针对这个主题尽可能地学习。因此，批判性思维的第一个原则（也最不容易执行的一条）就是收集尽可能多的信息。在做出决策或批判前，应尽可能学习与主题相关的所有内容。

不要只收集和分析支持你的观点的信息。要确保收集所有的事实并进行仔细研究。看看反对者说些什么。这么做能避免你犯只挑选有利于你的观点的错误。很多人容易沉迷于想方设法确认自己的观点，而不批判性地质疑或检查。

在寻找信息时，要注意收集统计数据，而不要只收集支持一个观点的描述。描述或奇闻异事有惊人的说服力，但也可能误导我们。它们可能不代表真实情况。另一方面，统计数据可帮助我们更接近真实。

收集信息的过程有一部分是理解所有的术语和概念。持某个特定观点的支持者经常会对科学有片面的认识，其言论更多地基于感情而非事实。环保主义者及其批评者都可能犯这种错误。你研究问题越深入，你理解得就越多，你的解决方案会更好。不管你做什么，不要因为对一个观点的无知而犯错误。

对方法的质疑　在区分事实和虚构或信仰和知识时，通常有必要质疑提取信息的方法。例如，很多人会从偶然的观察中得出普遍性的结论，例如，在读到报纸上报道一家公司因为严格的污染控制法规而停产时，他们可能会得出这样的结论：环境法规对社会来说太昂贵了，法规剥夺了我们的工作机会和收入。

一项专业研究表明，环境法规对大多数公司基本没有负面影响。那些倒闭的公司其实常常是因为不能高效运营或市场正在枯竭而经常处于危险境地。环境法规只是压垮骆驼的最后一根稻草。所以要注意个别情况和传闻的信息。它们可能不能代表更广的真相。刚刚讨论的话题是一个很好的实例，可用来说明叙述是如何误导我们的。

经常需要严格的科学证据来区分很多关于环境问题的知识与信仰，下面以杀虫剂对人类健康和环境的影响为例进行说明。相关证据是否来自认真开展的实验？仔细检查所有的报告来确定实验是否充分。样本量足够大吗？如果不是，结果就有可能是偶然的。实验人员是否控制了所有变量？例如，在开展某一特定污染物对人类健康带来不利影响的研究时，研究人员有没有消除其他因素的可能影响，比如吸烟的影响？

细致的实验，不管是用小白鼠还是人，都需要分成两组。第一组是**对照组**，第二组是**实验组**。一个好的实验，对照组和实验组要尽可能地相似。它们的不同只由一个因素即**实验变量**引起。例如，假设你想确定某种杀虫剂是否对老鼠有害。你会在考虑年龄、性别、体重和饮食等多个方面后，将老鼠分为两组进行实验。每天会给实验组注射所研究的化学药物。每天也会给对照组进行注射，但不含所研究的杀虫剂。这样，观察到的任何差异就都是由这个化学药物引起的。

为使实验有效，研究中也必须使用足够数量的被试者。通常，各有 10 个动物用于实验

组和对照组是足够的，但越多越好。研究还必须被其他人重复来确定结果是否是可重复的。

科学家会通过做实验来检验各种想法或**假设**。例如，一名科学家可假设某个湖泊水中所含的某种化学物质会引起鸟类胚胎的先天缺陷。为了检验这一假设，他/她可用对照组和实验组进行实验。如果这个实验的结果不支持该假设，科学家可以换掉它。例如，他/她可以假定另一种化学物质才是罪魁祸首，这时就可以检验这个新的假设。

通过实验验证的科学假设经常会告诉我们关于我们生活的这个世界的很多事实。相同主题的假设可导出理论公式。一个**理论**是对一个现象的更一般性的解释。例如，许多关于原子的实验得到了一个理论，来解释原子由什么组成及看起来像什么。这被称为**原子理论**。

一般来说，理论是由很多观察支持的，不能被单个实验推翻。但理论也不是不可变的。随着新证据的积累，某些至高无上的理论也已被修改或替代。

如今也有大量的信息是来自计算机模型的。第 1 章介绍的《增长的极限》研究就是一个很好的实例。科学家们用计算机模型来预测温室气体排放增加可能造成的潜在影响，它也会引起全球变暖和地球气候的变化。基于复杂的数学建立计算机模型是有用的。也就是说，它有助于解释我们的世界并帮助我们认识人类活动会如何改变自然系统和人类社会系统。它们是进行预测的绝佳工具。但是它们也有缺点。计算机模型只能基于建立它的假设。如果假设有错误，那么结果和预测也会有错误。例如，用来预测大气中污染物浓度增加效应的气候模式一开始相对简单，但是到现在已得到了极大改进，考虑了影响地球气候的很多因子。尽管如此，它们仍只是针对大气和气候这一极端复杂系统的极其简化的数学模型。

质疑结论和数据源　仅仅实验设计正确，并不意味着实验结果和结论就一定有效。科学家是人，他们也会犯错，他们可能会隐藏那些不支持他们结果的信息。他们甚至可能得到特定利益集团的资助，如制药工业或烟草工业，

企业的利益会影响他们对结果的解释。

科学家也可能忽视某些影响因素。研究化学物质对人类的影响时尤其如此。与商用小白鼠和老鼠不同，人类要复杂得多。我们的基因组成是多变的，我们的生活史是多变的，我们接触的各种化学物质也是多变的。当然，在控制实验中让人接触化学物质也是不道德的。不可能将 100 个人关起来，控制他们的饮食，故意让他们接触有毒的化学物质来研究它们的影响。

因为这些限制条件，研究化学物质对人类的影响经常是很难实现的。大多数情况下，科学家会寻找不是故意地或偶然（比如在工作中）接触化学药物的人群，然后与未接触的相似人群（对照组）进行对比。为了得出可靠的结论，科学家必须考虑各种变量，例如，可能在家接触或接触的其他因子与所研究的化学物质有相同的影响。这类研究属于**流行病学**的范畴。

流行病学研究十分困难，它经常需要许多证据来说明环境污染物和健康影响之间的有效联系。至今，有 40 多项研究表明吸烟会引起肺癌，但仍然有人质疑这一结果。这就需要提到另一个问题，一些别有用心的人，比如烟草行业的代表，倾向于以满足他们需要的方式来解释实验结果。

从以上事例中得到的教训是要质疑结论。需要询问这些事实能否真正支持这个结论，或是否有隐藏的偏见，或是否还有隐藏的事实根本就反对解释者的观点。

容忍不确定性　批判性思维者在解决一个问题时必须容忍不确定性。形式科学在人类历史上出现的时间相对较短，而且科学知识在许多领域是不足的。随着我们的文化变得越来越复杂而我们的影响在增加，科学家们努力获取针对很多问题的深入认识。有些情况下，例如全球气候，科学家必须认识的系统那么多又那么复杂，可能需要数十年才能得到一个证据充足的结论。当然，到那个时候，行动可能也太晚了。

这里的原则是要认识到不确定性客观存在，并不能总是获得令人满意的答案。在必要时，我们必须根据不完全的信息做出决策。换言之，我们必须容忍某些不确定性并知道随着时间的流逝，我们的认识会增加。这是人类文化的本质。我们在不断地学习和完善知识。不要期望找出所有的答案。此外，你应该期望科学家们在获取新的信息后能改变自己的想法。

了解大局　政治和科学的争论经常集中在小问题上而忽略了大局。例如，关于核能的讨论，许多人关注反应堆的安全问题（见第 21 章）。针对这个问题，核工业提出建立更小的所谓安全的核电厂。核能的支持者认为通过安装这些电厂，我们能避免严重的和代价太大的事故。

虽然这一逻辑是吸引人的，但它忽略了重要的一点。当你从大局出发时会容易发现，核能问题远不止反应堆安全问题，还包括严重的至今不能解决的核废料处置问题。我们该如何安全地处置那些会保留 10000 年辐射能力的核废料？在核燃料加工工厂工作的矿工和工人的辐射暴露情况如何？是否有足够的核燃料提供给动力反应堆？这些问题及更多的问题都与这一争议相关，因此一个人应该从最大可能的角度审视这一问题。

全局分析也能帮助一个人理解其他问题并得出重要结论。例如，许多人对森林采伐的速率存在争议。有人认为如今估计的每年消失 1700 万公顷偏高。但是，即使森林消失的实际速率是估计的一半，它还是太高而不能持续。在斤斤计较细节之前，更需要停下来从大局看看。

批判性思维要求我们从更广的角度思考，这经常要依赖于完整的系统。通过打破狭隘的观点，看看人类是如何影响整个生态系统的，我们将能从更广的视角得到引导我们提出更综合和更持久的解决方案。这是有价值的批判性思维方式的一部分，称为**系统思维**。

系统思维要求我们从整个系统和长期角度去思考。也就是说，要求我们审视人类行为如何影响社会和经济，或如何影响环境和自然系统；要求我们考虑人类活动的所有影响，包括正面的和负面的，并仔细权衡；要求我们研究伦理学、经济学和环境学；要求人类行为不仅仅给人类带来直接利益，而且给所有物种带来长期利益。

需要系统方法的一个领域是环境防治。需要明确的是，我们不能再依赖一个个的单独方法去解决环境问题的一个个症状，是时候考虑整个系统了，例如森林管理、野生动物管理、废物管理、能源、交通和房地产等，并想尽办法从整体上进行改进，而不是一次一个问题地解决，这种做法一般是不充分的。如前面章节所述，生态系统管理需要系统思维。

经济和伦理是批判性思维可以派上用场的两个系统，而这两个系统的改革看来都是必需的。问题是：我们有没有政治意愿来进行改革？还是继续得过且过？还是用"创可贴"来解决问题，使问题越变越糟糕？

重要概念小结

1．资源管理需要了解经济学和伦理学并培养批判性思维的能力。

2．经济学是认识和解释产品与服务的生产、分配与消费的科学。

3．历史上，经济学一直关注投入和产出。投入包括公司生产产品和服务需要的商品（原材料、劳动力和能源），产出包括产品和服务。

4．市场经济的指导原则之一是供求法则，它描述的是产品或服务的价格如何由供应和需求双方相互作用确定。

5．尽管有很多成就，从环境视角看市场经济也存在几个根本的弱点。

6．生态学家的主要不满之一是，企业经济学家都在很短的时间尺度上进行规划。市场经济的短视可从经济活动对供求法则的单一依赖中看出。由供求关系来定价一般只能反映与需求相关的资源的即时供应。长期供应对人类的未来是必要的，但在价格中没有考虑。

7．石油、草地、森林、渔场和其他资源已经枯竭或即将枯竭，主要是因为它们曾经很丰富但长期被过低地估价。

8．评论家们也指出主流经济学的投入产出分析至少忽略了三个必要的因素：环境损害、社会和文化影响以及污染。因此，在商业上计算生产产品的成本时，一般未考虑环境和社会成本，即经济外部性。

9．传统资本主义还有一个缺点，即只用国民生产总值（GNP）来衡量成功。GNP 是由一个经济体生产的所有产品和服务的总和。

10．GNP 的问题在于它是一个粗略的估计，不能区分"好"与"坏"的经济活动，因此不能追踪一个国家真正的经济发展。GNP 的增长可能会以牺牲社会和环境为代价。

11．GNP 也不能将自然资产纳入计算体系。自然资产是指一个国家的自然资源和生态财富，国家利用这笔资产来推动工业发展并满足人类对产品和服务的需求。但是很多国家正在耗尽其自然资产。虽然它们以高的 GNP 为傲，但增长的长期前景是暗淡的。

12．为了生活的可持续，我们需要一个环境友好的商业系统，即可持续的经济系统。

13．通常，可持续经济是一种不将后代排除在外的产品和服务的生产方式。可持续经济需要高效的资源利用、循环利用原材料以及减少或消除废物。它也需要自然资源的可持续管理和可再生资源的恢复。

14．可持续发展的大多数拥护者都相信，可持续经济极有可能要基于清洁的可再生能源。建立可持续经济也取决于我们是否能更好地管理我们自己的人口增长，并能在对产品、服务和生存空间的需求与对清洁空气、水、食物和审美享受的需求之间得到更好的平衡。

15．影响资源管理的三个原则：时间优先、机会成本和贴现率。

16．时间优先是指人们优先选择经济回报较快的投资。立即优先意味着个人会首先选择立即能得到回报的投资。立即优先往往会导致生态的、有时是经济自身的破坏。

17．要建立可持续经济，需要经济激励措施来补偿从时间优先转向关注森林和其他自然资源的生态完整性时的经济损失。但是，并非所有对环境友好的做法都需要长的资金回收期或特别高的初始投资。

18. 机会成本是当选定一种方式后失去其他机会所造成的经济成本。很多人的行为是以确保最大的经济机会为目标，但这种行为经常会导致资源枯竭，从而在长时间尺度上失去机会。

19. 经济学家使用一种叫贴现的工具来量化不同战略的经济价值。这种方法可用来确定不同战略的净现值，并据此做出选择。遗憾的是，许多不可持续的行为有更高的短期价值。因此对一名商人来说，更理性的做法是清算资源，而不是采用只有较低回报率的经济活动。

20. 教育可为经济学家和资源管理者提供一个关于时间优先的新视角，同时提供可替代的（可持续的）战略，在不消耗自然资源的前提下获得可接受的经济回报。

21. 计算各种行为失去的机会成本的一种方法是计算替代成本，例如计算恢复一个农场所有的表土的花费，或重建一片热带雨林及其复杂生态系统需要的花费。

22. 污染控制的目标是用最省钱的方式减少排放和环境污染。从纯经济学的角度来看，污染控制设备（投资成本）和日常运营的投资应与获得的收益相等。这就是盈亏平衡点。

23. 虽然平衡成本和收益看起来简单，但实际上很复杂。在这个过程中存在两个主要问题：确定所有的损害，并确定损害的经济价值。

24. 污染控制的一种替代方法是污染防治，它可能带来更大的经济和环境效益。污染控制试图在事后去除污染物，经常太迟了；而污染防治试图避免污染的产生。

25. 有几个经济学谬论充斥着我们的社会并妨碍着可持续发展。其中一个谬论认为环境保护对经济有害。另一个谬论认为环境保护花费过高，却对经济发展的价值很少。第三个谬论认为环境质量是没有经济价值的。第四个谬论认为经济增长总是好的、真实的和必需的。本章提供证据反驳了这些谬论。

26. 建立可持续经济需要进行变革，比如污染防治、可持续资源管理、循环利用、可再生能源利用以及生态恢复等。经济本身的变革也有助于提高人类生存的持久性。这些变革包括采取替代的发展措施，如自然资源的国家清单、绿色税和全成本定价。

27. 我们需要利用市场力量，通过采用各种经济障碍和经济激励措施，如可交易许可证、清除市场壁垒和清除隐藏的补贴等。

28. 我们需要在伦理观上做出重大的改变。术语“伦理观”是指人们认为的对与错。伦理观在我们社会中可得到实际应用，可通过影响我们待人接物的方式来帮助维持社会秩序。伦理观也能影响我们对待地球的方式。

29. 在美国和其他发达国家，许多人持有拓荒伦理观，将地球视为专为人类利用的资源的无限的供应者。它也将人类与自然分离开来而不是视为自然的一部分，认为人类是支配者，能够控制自然来满足他们的需要。

30. 这些主流伦理观与前述的许多经济因素一样，影响着政府官员、资源管理者、商人和居民做出了无数的决策，成为我们现有面临不可持续性危机的根本原因。

31. 要走上可持续发展道路，需要更深入认识我们的问题，也需要新的伦理学体系，即可持续伦理观。

32. 可持续伦理观认为地球只能有限供应资源，而且并非所有资源都是供应人类的。它肯定其他物种要分享地球的财富并和我们一样有繁荣发展的权力。它同时认为人类是自然的一部分，成功的关键是与自然和谐共处，而不是控制它。这个新伦理体系的核心价值是，人和自然密不可分——我们依赖自然系统，而且我们的后代也依赖功能完整的健康生态系统。

33. 在伦理学上最具影响力的思想家之一是已故的奥尔多·利奥波德，他是一名野生动物生态学家，70 年前在其著作中提出了土地伦理观。土地伦理观认为人是土地大群落（包括土壤、水、植物和动物）中的一部分。利奥波德认为，承认人类是自然的一部分，将使人类的角色从“征服者转变为大自然的普通成员和公民。”

34. 本书提出了将可持续伦理观付诸行动的 5 个行动原则：节约，循环利用，利用可再生资源，恢复，控制人口。

35. 可持续伦理观的基础之一是代际公平，即现在生活在地球上的一代人与过去和未来所有代的人是一样的，共享一定的权利和责任。最重要的是，我们有权利受益于地球——从它的财富中获利并享受它的美丽，我们也有责任来保护地球，使后代也能受益。

36. 建立可持续的伦理观需要全世界的共同努力，包括市民、教师、政府官员和商人等。

37. 批判性思维对建立可持续未来也是必不可少的。批判性思维是分析信息的一种方法，用来区分信仰（人们相信是真实的）和知识（科学观察支持的事实）。

38. 批判性思维可用来分析科学研究的结果、环境问题和提出的解决方案。

39. 表 2.1 总结了使用批判性思维的 6 个原则。

40. 系统思维对批判性思维是至关重要的。需要我们从整个系统（包括人类和自然）出发来思考，并考虑长期的影响。

关键词汇和短语

Biocentric View　生物中心论

Breakeven Point　盈亏平衡点

Brownfields　棕地

Command Economy　计划经济

Control Group　对照组

Cost-Benefit Analysis　成本效益分析

Critical Thinking　批判性思维

Directive Principles　指导原则

Discounting　贴现

Ecocentric View　生态中心论

Ecological Justice　生态公正

Economic Externalities　经济外部性

Economic Incentives　经济激励

Economics　经济学

Environmental Equity　环境公平

Environmental Justice　环境公正

Epidemiology　流行病学

Ethics　伦理

Experimental Group　实验组

Experimental Variable　实验变量

Frontier Ethics　拓荒伦理观

Full-Cost Pricing　全成本定价

Genuine Progress Indicator (GPI)　真实发展指数

Green Tax　绿色税

Gross Domestic Product (GDP)　国内生产总值

Gross National Product (GNP)　国民生产总值

Hunter-Gatherer Economy　狩猎经济

Hypothesis　假设

Index of Sustainable Economic Welfare (ISEW)　可持续经济福利指数

Inputs　投入

Intergenerational Equity　代际公平

Intragenerational Equity　代内公平

Land Ethic　土地伦理观

Law of Diminishing Returns　收益递减规律

Law of Supply and Demand　供求法则

Life Cycle Cost　生命周期成本

Macroeconomics　宏观经济学

Market Economy　市场经济

Marketable Permits　可交易许可证

Microeconomics　微观经济学

Natural Capital　自然资产

Operating Principles　行动原则

Opportunity Cost　机会成本

Outputs　产出

Ozone Layer　臭氧层

Pollution Control　污染控制

Pollution Prevention　污染防治

Present Value　现值

Replacement Cost　替代成本

Subsistence Economy　自然经济

Sustainable Economics　可持续经济学

Sustainable Economy　可持续经济

Sustainable Ethics　可持续伦理观

Systems Thinking　系统思维

Theory　理论

Time Preference　时间优先

Tradable Permits　可交易许可证

User Fee　使用费

批判性思维和讨论问题

1. 地球生态系统是我们社会的基础，这是什么意思？如果每个商人、公民和政府官员理解了这一点，我们的世界会有何不同？

2. 描述供求法则。从环境的视角看，它有什么缺点？能怎么修正？

3. 什么是经济外部性？这种成本如何实现内部化？污染控制设备能将外部性内部化吗？污染防治技术与污染控制技术相比如何？

4. 批判性地分析下面的论述："不管经济学家怎么说，国民生产总值不能衡量我们的财富。"你是否同意这个观点？为什么？

5. 概述能帮助我们建立可持续经济的一般性措施。有哪些驱动力或因素会妨碍这些思想？

6. 时间优先、机会成本和贴现如何影响资源管理和环境决策？

7. 什么是贴现？有何用途？它的优缺点分别是什么？

8. 并非所有的机会成本都会损失现有收入。解释这句话的意思。

9. 画一个污染成本和污染控制成本图。什么是盈亏平衡点？盈亏平衡点能准确表现成本和效益的平衡吗？为什么能或为什么不？如果不能，如何来调整它？

10. 批判地分析"环境保护对经济有不利影响。"这个论断。

11. 当有人说环境质量是一个重要的经济因素时，意味着什么？

12. 自然资源清单、绿色税和全成本定价如何帮助纠正经济系统的缺陷？

13. 利用市场的力量来保护环境意味着什么？给出几个具体实例。

14. 概述你关于人类和环境的观念。这些观念是更接近于拓荒伦理观还是更接近于可持续伦理观？

15. 你的观念从何而来？

16. 有什么办法可使伦理观和经济学互补？换言之，如何同时使用这两个系统来帮助我们更好地过渡到可持续社会？

17. 描述可持续伦理观的信条。这些观念实用吗？

18. 定义下面的术语：代际公平、代内公平和社会公正。你同意这些观念吗？如何才能付诸行动？

19. 什么是批判性思维？描述本章所述的每个原则。

20. 定义下面的术语：假设、实验和理论。

21. 什么是系统思维？试举例说明分析问题时，你如何使用这个方法。

网络资源

本章相关在线资料见 http://www.prenhall.com/chiras（单击 Table of Contents，接着选择 Chapter 2）。

第 $\mathcal{3}$ 章

来自生态学的经验和教训

只有拥有深厚的生态学知识，才能更好地理解环境问题和它们的解决方法。**生态学**试图揭示生命世界的重要关系，即生物体与其环境之间的关系。生态学家研究生物体之间及生物体与环境之间的关系。对生态学基础概念的深入理解将有助于我们认识保护主义者、环保主义者和资源管理者面临的复杂资源管理问题，也有助于我们理解如何解决人类社会的问题，例如交通、住房和废物处理，以及人类社会如何步入可持续发展之路。

3.1 生物的结构层次

了解生态学，首先应认识生物体的一个突出特征：结构。生物体的结构层次从低到高依次是原子、分子、细胞、组织、器官和器官系统。尽管生态学家关注其中的每个层次，但主要关心的还是生物体以上的各个层次：种群、群落和生态系统（见图 3.1），即主要研究种群、群落和生态系统层次上的相互关系。

3.1.1 种群

当外行用**种群**这一术语时，一定指的是某个地区的人口数量，如密歇根州或佛罗里达州的人口数。然而，生态学家口中的种群指的是一定区域内生物体的数量，包括人类或其他生物。例如，他们可以谈论（和研究）纽约或全

美国的白尾鹿种群，或一片森林中的白松种群、一条河流中的梭子鱼种群，或家中宠物狗或猫身上的跳蚤种群［见图 3.1(a)］。一些生态学家会专门研究种群，例如种群消长的影响因素。野生动物生态学家尤其关注种群。

3.1.2 群落

生态学家通常会花大量的时间研究生物群落。**生物群落**是指在一个地区生活的所有物种的集合。如图 3.1(b)所示，生物群落由两个以上的种群组成，各自占据一定的位置。典型群落包括植物、动物和微生物种群，它们之间相互联系。这些相互关系对整个群落的生存至关重要。所以，越来越多的资源管理规划提出对一个地区生物群落的保护，而不是仅关注一个或两个种群。如第 1 章所述，生态系统管理要求的是群落保护。

3.1.3 生态系统

如果忽视其化学和物理环境，就不能真正保护一个生物群落。生物及其环境共同构成**生态系统**［见图 3.1(c)］。因此，所有生态系统都由相互作用的两部分——生物和非生物部分组成。

像许多其他事物一样，生态系统也经常被人们人为地描述。例如，一名生态学家可能研究一个湖泊生态系统或草甸生态系统。正如我们将在后面章节看到的那样，基于现代科学的资源管理者所采取的措施都是在生态系统层

次上进行的。一个很好的例子就是从冰封湖面上移除积雪来防止鱼类的冬季死亡事件。移除积雪后可使太阳光穿透冰面，冰下水生植物获取光源进行光合作用，从而使水中的溶解氧增加，有助于预防冬季鱼类的死亡，达到保护鱼类种群的目的。

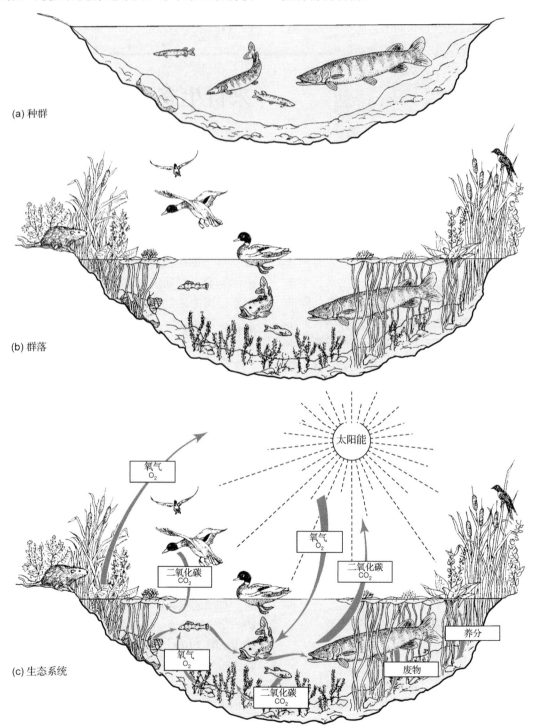

图 3.1　生物的结构层次。(a)种群；(b)群落；(c)生态系统

实际上，所有生态系统都是整个地球生态系统（**生物圈**或**生态圈**）的一部分。生物圈从大洋洋底延伸到最高山峰的峰顶，尽管在极端环境中生命现象很微弱。大多数生物生活在相对狭小的更有利于其生存的区域。

在现实世界中，生物可能会从一个生态系统迁移到另一个生态系统，而不管这两个生态系统是紧密相连的还是相隔几千千米。例如，许多水鸟夏天生活在美国阿拉斯加和加拿大北部，冬天会迁徙到美国南方的温暖水域。我们随后会讨论到，养分和能量也能从一个生态系统进入另一个生态系统，这可依赖自然界中的生物（动物迁徙）、气象（沙尘暴和飓风）、水文（河流流动）和地质（火山喷发）过程来实现。这样，奥克拉荷马州麦田表土的养分可能被春季的雨水洗刷，进入附近的小溪，再流入大河，最终流入海洋。深海沉积物中的磷可能会通过海鸟的粪便进入陆地生态系统，这通过食物链来实现，海鸟以鱼为食，鱼以甲壳类动物为食，甲壳类以藻类为食，而藻类会从海洋中吸收磷。所以说，地球上所有的生态系统是相互联系的，一个生态系统的瓦解会带来深远的影响。

绿色行动

与你的父母一起建造一个适合野生动物生活的庭院。具体建议可查询美国国家野生动物联合会的野生动物栖息地认证计划：http://www.nwf.org/backyard/。

3.2 与生态学相关的科学原理

在大概了解了生命的结构层次和生命世界后，我们将介绍生态学中的一些重要的科学原理。首先讨论物质和能量，这是本书将学习的系统中的两个重要组成部分。

3.2.1 物质守恒定律

生物及其自然环境都由物质组成。**物质**是指占据一定空间并能被感知的任何事物。例如，冰淇淋是一种物质形式，水和铅也是。

物质存在两种基本形式：有机物和无机物。有机物指主要由碳、氢和氧组成的化合物。人身体细胞中的蛋白质和大米中的淀粉就是两种有机物。无机物包括矿物的成分，例如盐或铝矿石。

科学家已发现的一个事实是，物质虽然能以多种形式存在，但它既不能被凭空创造也不能被消灭。也就是说，你既不能像变魔法一样创造出物质，也不能消灭它。你所能做的只是把它从一种形式变成另一种形式。这就是众所周知的著名的**物质守恒定律**。

重申一下，物质守恒定律就是说尽管物质能从一种形式转换为另一种形式，但用普通的物理和化学手段既不能创造它也不能消灭它。举例来说，一个生物可以被另一个吃掉，这时它就成为第二个生物体的一部分。第一个生物没有被消灭；它被吃掉，它的成分被重组，构建了新生物体的一部分。同样，你身体里的分子不是新产物：它们由早在地球形成时就遍布全球的原子和分子组成。它们起源于外太空。在地球上，这些原子和分子被循环利用以支持生物的世代交替。没有这种循环过程，生命将不存在。

物质守恒定律给了我们许多重要的启示。首先，有助于我们认识全球面临的大规模污染问题。例如，美国和其他许多国家，包括中国和印度，正以创纪录的速度消耗着自然资源（物质）。然而，这些物质不会消灭。它们中的一些转化成了有用的产品。当它们没用了或不时尚了，这些产品就变成了废物，例如在不同国家的填埋场中不断积累的固体废物。

物质守恒定律提醒我们，废物从一种形式到另一种形式，永远存在。有些生态学家提醒我们当我们扔掉某些东西时，它并没有真正"离开"。我们丢弃的东西并不能神奇地消失。它们总是在那里，而且它们可能会重新回来困扰我们。例如，如果一个填埋场未设计好，一些污染物就可能渗入我们饮用的地下水中。甚至燃烧也不能真正除掉这些垃圾。焚烧尽管能将大量的废物减量为一些灰烬，但在燃烧过程中会产生大量的烟雾和气体，它们会停留在大气中或随着降雨回到地表。

3.2.2 能量定律

老虎的跳跃、心脏的跳动、苍鹰的尖叫、车轮的转动和船桨的划动，所有这些看似完全不同的事件，却有着某些共同之处：它们都需要能量。什么是能量？

物理学家将**能量**定义为可以做功或引起变化的能力。举着一辆山地自行车爬陡峭的山路在你看来很可笑，但对物理学家来说，这就是做功。在生命世界中能量扮演着重要的角色。生物用它来合成分子，它可以提供动力，使生物在它们的环境中移动。

能量可以有高度集中的形态，例如在食物或汽油等燃料中。它也可以以更分散更无序的形态存在，例如热量（又称热能）。集中态的能量可以做许多有用的功，并被认为是高品位的。相比较而言，分散态的能量不能做同样的功，因此被认为是相对低品味的。不过，不要让这些说法困扰你。这两种能量对地球上的生命都是至关重要的。

能量以多种形式存在。主要的两种是势能和动能。**势能**是存储的能量。煤炭、汽油、航空煤油和食物中都含有大量的势能。当燃烧时燃料中的势能就被释放出来了。当被身体中的细胞分解时，食物中的势能会释放。**动能**是移动的能量。一辆移动的汽车拥有动能，如在空气中飞行的球和敲打钉子的锤子。

物理学家、工程师和生态学家使用不同的分类方法来区分能量的各种形态。当你读这本书时，你还会见到化学能、机械能、热能和核能等。

能量第一定律　与物质一样，能量也受几个定律的支配，称为**热力学定律**或简称为**能量定律**。这些定律深刻影响着生物圈的结构和生物本身。能量第一定律表明，能量既不能被凭空创造也不能被消灭；它只能从一种形式变成另一种形式。和物质一样！譬如，能量被固定在汽油的燃料分子中，在汽车的发动机中被释放，但是它未被消灭。它被转换为热能和机械能，使汽车在高速路上行驶。

通过图 3.2，我们能真正理解能量转换的概念。图右边是一盏灯，灯光来自发电厂（发电机）产生的电能。发电厂燃烧煤炭产生的热量（热能）给水加热，产生的水蒸气带动涡轮机，涡轮机与被称为发电机的发电设备相连，发电机因为在巨大的铜线圈内旋转磁铁来产生电而得名。但煤炭的能量是从哪儿来的？

煤炭中的能量来自太阳光，更具体地说，来自几亿年前照耀在地球上的太阳光。植物通过**光合作用**（后续会给出详细定义）固定太阳能。光合作用就是植物利用太阳光、水和 CO_2 生产有机分子的过程。这些分子的化学键中存储了可被植食动物利用的能量。在远古时期，生长在沼泽周围的植物，未被动物吃掉的经常会被掩埋在沉积物中。不断堆积的沉积物产生的热量和压力将植物残骸转变为煤炭。今天，当煤炭在发电厂燃烧时，存储在植物有机分子中的太阳能被释放，并被转换为热能将水加热为水蒸气。

这个例子说明了我们现今社会使用的大多数燃料的真正来源：太阳。也阐明了能源从一种形式到另一种形式的转变。实际上，在这一过程中，能源经历了 6 种转换。

再次观察图 3.2，我们会发现除了能量转换之外的其他过程。注意，在每次转换中都有热量散失。这就引出了能量第二定律。

能量第二定律　能量第二定律指出，每当能量从一种形式转换为另一种形式时，一定会有一部分能量以热能的形式散失。就像死亡和纳税一样，热量损失也是不可避免的。换言之，没有任何能量转换的效率能达到 100%。事实上，大多数能量转换的效率接近 20%～40%。

绿色行动

请在宿舍或公寓安装节能灯以节约能源和减少空气污染。这些灯泡比标准灯泡节能 75%，寿命延长 8～10 倍。

当我们说"热量在能量转换过程中散失"时，真正的意思是热量被释放，本质上热量不会消失。它甚至可被收集起来完成额外的工作。例如，供暖锅炉释放的热量可用于给水加热来发电。这个过程被称为**热电联产**，详见第 22 章。

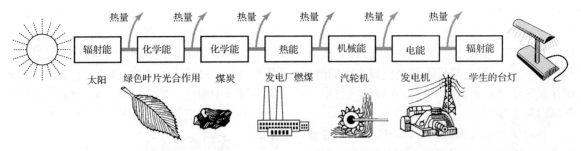

图 3.2　能量的不同形式。能量可从一种形式转换为另一种形式。
但在每次转换过程中，部分能量会以热能的形式散失掉

在梯级的能量转换过程中，最重要的一点是热量散失，于是高品位能量不断减少，总体而言，可用于做功的高品位的能量会越来越少。根据这一认识，在烹饪时以下哪种方式可提供更多的能量，是用煤气炉直接燃烧天然气还是利用天然气电厂生产的电能？答案是天然气，因为少了一个冷凉转换环节。

再拿汽车来说，大多数汽车发动机只能将汽油中化学能的 25% 转换成动能，推动你和汽车在公路上行驶。汽油中 75% 的能量被转换成热能——不能提供动能但可以在寒冷的冬天为汽车供暖。最终，这些热能从汽车中辐射出去，再无法利用。

能量第二定律也适用于生命系统。例如，在光合作用过程中，高品位的光能被绿色植物转换为高品位的化学能。在我们食用植物时，不论是豆类还是香蕉，我们的身体会将食物中的化学能转换为身体细胞中存储的高品位的化学能。最终，身体会将这些能量转换为动能（运动的能量）来支持生命必需的活动，如呼吸、心跳及肠胃等器官的肌肉收缩。然而，从太阳能到化学能，再从化学能到动能，在每次能量转换过程中，都会有一定的能量以热能的形式散失。当然，热能也没有浪费，它使我们的体温维持在 37℃ 左右。最终，所有的热能会辐射到周围大气中并最终回到外太空。它没有消失，只是不能再在地球上使用。

熵　这就带来了另一个重要的概念——熵，科学家用它来指示物质和能量的状态。更具体地说，熵用来指系统中的离散程度（见表 3.1）。所有的系统都会向离散度最大或熵最大发展。

以我们的房间为例，随着时间的推移，无论多慢，它最终会变得很乱。

表 3.1　熵的概念

高组织性，低熵		低组织性，高熵
汽油	→	汽车行驶
电能	→	电灯发出的光和热
火山喷发	→	火山灰"雨"
糖果（糖）	→	身体热量

当生物体中的能量以热能的形式不断散失时，生命系统将趋于离散。如果某一系统的能量大部分以热能这一离散形式存在，我们称该系统表现出高离散度。

从物质角度，生命系统也会趋于离散。但是生命体如何维持它们的结构、组织和秩序？所有这些对生命的维持是必需的。事实上，它们能保持其组织性是因为它们会持续获取能量满足肌肉的需要，从而维持身体的结构——维护它们自身。动物从它们的食物中获取能量，食物中的能量来自被植物转化的太阳能。

物质和能量定律：我们能从中学到什么？
无论是豆类和香蕉，还是蜂鸟和人类，所有生物的行为都受到上述这些有关物质和能量的基本定律的控制。同样，这些定律也控制着地球上所有生态系统的行为。另外，它们也影响着所有的环境问题。这些定律可帮助我们认识：（1）所面临的环境问题的紧迫性，（2）解决或控制这些环境问题的方法。

例如，物质守恒定律告诉我们没有东西会"离开"。我们扔掉的东西最终会归于某处。我们在汽车、飞机、工厂和电厂中燃烧的化石

燃料中的碳原子最终会进入大气，改变气候，使这个星球进入与恐龙时代相似的温暖时代，也是形成煤、石油和天然气的植物的生长时代。简言之，在那个时代所有使气候变暖的碳，现在又通过化石燃料的燃烧被释放到大气中，再次引起全球变暖。

热力学第一定律告诉我们，能量既不能被创造也不能被消灭，但第二定律说明在每次转换过程中能量品位都会降低。对一个主要依赖有限的化石燃料供给能源的社会，能量定律告诉我们每次燃烧燃料都在消耗我们的供给。换言之，我们正在耗尽不可更新的资源。能量不能被循环利用，最终会全部以热能的形式消散在太空中。我们迟早不得不去寻找新的能源。

3.3 生态系统的能量流动

太阳实质上是生物圈所有能量的来源。它加热地球并形成风，可驱动风车发电。它蒸发水分，形成降雨和径流。水流的能量被大坝存储，然后通过涡轮发电机发电。对生物来说更重要的是，太阳光被植物捕获存储在合成的化合物中。这些能量供植物、大多数动物甚至大部分微生物利用。

在你去教室的路上，温暖着你的太阳光只需 8 分钟就可从太阳表面到达你的皮肤，大概距离为 1.55×10^8 千米。太阳会释放多种能量。如图 3.3 所示，我们熟悉的可见光（太阳光）只是太阳发射的总能量（或辐射能）中的一小部分，称为**电磁波谱**。

波谱中包含各种类型的能量，从低能量的无线电波到高能量的 γ 射线。每种电磁辐射都具有两个基本的特征：波长和能级。

太阳发射的电磁辐射是以波的形式传播的，就像大海中的波浪，两个相邻波峰间的距离就是**波长**。如图 3.3 所示，无线电波的波长很长，可见光的波长处于中间位置，γ 射线的波长较短。

能级也是变化的。无线电波具有较低的能量，可见光位于中间，γ 射线是太阳辐射中能量最高的。

虽然太阳发射的电磁辐射波长范围很宽，但只有可见光和热（红外线）对生物最有用。可见光可被动物感知（尽管有些动物也可感知紫外线）。可见光的某些波段可被植物在光合作用过程中吸收。但 γ 射线、X 射线和紫外线是有害的。我们将在后面的章节介绍。

3.3.1 太阳能能量流

如图 3.4 所示，太阳辐射的能量并不能全部到达地球表面。实际上，地表的陆地、水体、土壤和植被及大气中的灰尘和云，会将到达地球的太阳辐射的 32%反射回太空，这个反射率称为**反照率**。

如图 3.4 所示，到达地球的太阳能中的 67%被地球的大气、陆地、水体和植被吸收并转换为热能。尽管这些热能最终会消散到太空中，但在它们逃逸前将发挥一些重要的作用。例如，吸收的热能会给地表（包括陆地和水体）加热。它也会引起地表和水体中水分的蒸发。当然这些水分又会以雨和雪的形式降落到地表。地表加热还会产生风、波浪和天气变化。有趣的是，照耀地球的阳光只有很小的一部分被光合生物利用，根据估计，该部分仅有1%～2%。

太阳能能量流和热量散失可被人类活动改变。例如，草地的过度放牧会使植被盖度降低，从而使反照率下降，导致地球表面温度升高（被反射到太空的辐射减少，更多的太阳光被裸地吸收）。热带雨林砍伐有相似的效应。大气污染也能改变这些能量流。早在 100 多年前，科学家发现大气中 CO_2 和水气等某些自然产生的化学物质会阻挡反射回太空的热量。就像地球被一个巨大的毯子包裹着那样，这些化学物质使热量留在了大气层，保持地球的气候适宜生命生活。事实上，如果没有这些化学物质，地球将冷很多，变得不适合居住。

但在过去 100 年中人类燃烧了大量的化石燃料，使大气中 CO_2 的浓度急剧增加。越来越多的科学证据表明，主要由人类活动引起的 CO_2 和其他物质的大量增加，会引起大气和海洋温度的升高，这一现象被称为**全球变暖**。这将对生态系统、经济和人类文明产生深远的影响，详见第 19 章中的介绍。也许你很难相信，人类会对太阳能能量流和整个星球的气候产生如此巨大的影响。

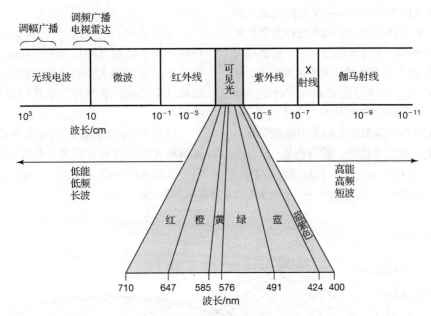

图 3.3　电磁波谱。太阳发射许多不同形式的辐射，一些有用，一些存在潜在危险

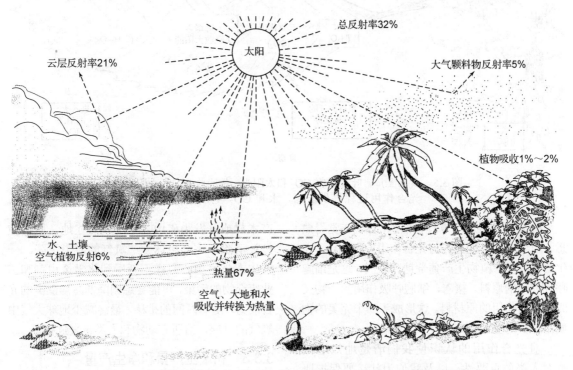

图 3.4　能量的全球流动。实际上所有抵达地球的能量会以热量的形式
逃逸，只有很小一部分太阳能被植物在光合作用过程中吸收

3.3.2 光合作用和呼吸作用

如前所述，从一颗卷心菜的生长到人类心脏的跳动，所有支持生命世界——生物圈的能量都来自太阳这一最初的能源。植物在进行光合作用时能捕获太阳能量。光合作用过程中，植物利用太阳能将 CO_2 和水转化为糖，主要是葡萄糖。除了少数例外，光合作用过程必须有叶绿素，即在藻类、某些细菌和植物中发现的绿色色素（见图 3.5）。叶绿素就像细胞中的太阳能收集器，收集太阳光能。光合作用的一般方程是

$$太阳能 + 6CO_2 + 6H_2O \rightarrow C_6H_{12}O_6 + 6O_2$$
二氧化碳　水　　糖　　氧气

光合作用会生产两种重要物质：糖（葡萄糖）和氧气。葡萄糖是植物和以植物为食的动物（以及以动物为食的动物）的能量来源。

光合作用产生的氧气一部分被植物直接利用，剩下的通过叶片上的气孔进入大气。氧气可被从细菌到人类的其他生物所利用。我们很快就会看到，氧气可帮助我们分解糖，产生能量。

植物和动物分解糖产生能量的过程被称为细胞呼吸。呼吸作用的一般方程是

$$C_6H_{12}O_6 + 6O_2 \rightarrow 6CO_2 + 6H_2O + 能量$$
糖　　氧气　二氧化碳　水

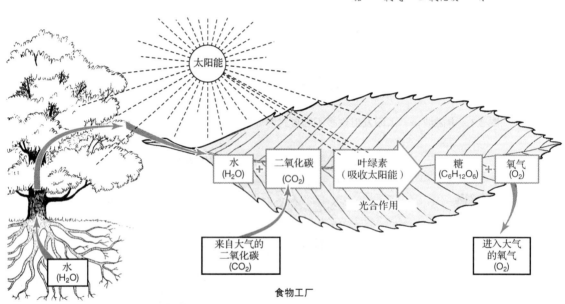

图 3.5　食品工厂。叶片吸收 CO_2 和太阳光，根吸收水分，太阳能为光合作用过程提供能源，水和 CO_2 被用做原材料生产糖

你是否觉得这个方程很熟悉，你应该觉得熟悉，因为这个方程正好与光合作用方程相反。在生命世界里，植物生产葡萄糖和氧气，这是细胞呼吸作用的原料。接着，细胞呼吸作用的产物又成为光合作用的原材料。这形成了一个完美的物质循环，对生命的延续至关重要。

对光合作用的认识使我们清楚地知道植物对人类的重要性，以及我们为什么要保护地球陆地和水体中的植物。遗憾的是，许多植物正处于濒危状态。大面积的森林被砍伐用来生产木材或开发为矿山、草场或居住地，原生植被被清除，这个星球生产氧气的能力下降。一些生态学家担心海洋不断受到化学杀虫剂和工业废弃物的污染，可能会急剧降低海洋藻类的光合能力，随着时间的推移，最终减少地球大气中氧气的供应，给所有动物和人类带来危害。

3.3.3 初级生产量和净生产量

每年陆生和水生植物可生产约 2.43 亿吨有机物，这是生物圈的*初级生产量*。有机物是

生物体的物质来源及生物的能量来源，但植物生产的有机物并不能全部被其他生物利用。通过呼吸作用，植物自己会消耗一部分光合产物，用来生长（如根系生长）和维护细胞（如维护细胞壁）。为此，生态学家提出了**总初级生产量**（GPP）和**净初级生产量**（NPP）的概念。总初级生产量指植物通过光合作用生产的总生物量，而净初级生产量是指植物自身呼吸作用消耗后剩余的光合产物，它可用数学公式表示为 $NPP = GPP - R$（R 为细胞呼吸量）。请记住，与绿色植物不同，动物只能以其他生物为食来获取能量。

不同生态系统具有不同的初级生产量。热带雨林的初级生产量最高，平均约为 $2200gm^{-2}yr^{-1}$。新英格兰地区的阔叶林为 $1200gm^{-2}yr^{-1}$，约为热带雨林的一半。常绿林平均为 $800gm^{-2}yr^{-1}$，农田平均为 $650gm^{-2}yr^{-1}$，荒漠平均只有约 $90gm^{-2}yr^{-1}$。

3.3.4 食物链和食物网

现在我们知道了生物圈的食物来源，接下

来看看将发生什么。首先要了解食物链。食物链是生态系统的生物进食顺序。它说明谁吃谁，同时给出生态系统中能量和养分的流动路径。生态学家需要了解食物链，这样才能认识他们所研究的生态系统中不同生物之间的关系。以一个草甸生态系统的食物链为例：

草本植物 → 蚱蜢 → 青蛙 → 蛇 → 鹰
（生产者）（一级 （二级 （三级 （四级
　　　　　消费者）消费者）消费者）消费者）
　　　　　└─食草动物─┘　└──食肉动物──┘

在图 3.6 所示的食物链中，草本植物被归为**生产者**，因为它生产的有机食物分子给所有其他生物提供了营养。食物链中剩下的生物直接以草本植物为食或以其他生物为食，被称为**消费者**。消费者按它们在食物链中的位置划分等级。食物链中的蚱蜢为初级消费者，因为它以草为食，所以也被称为**食草动物**。食肉的青蛙、蛇和鹰也是消费者，但进一步被分为二级、三级和四级消费者。因为它们只以其他动物为食，所以也被称为**食肉动物**。这种以绿色植物或海藻等进行光合作用的生物开始的生物链称为**捕食食物链**。

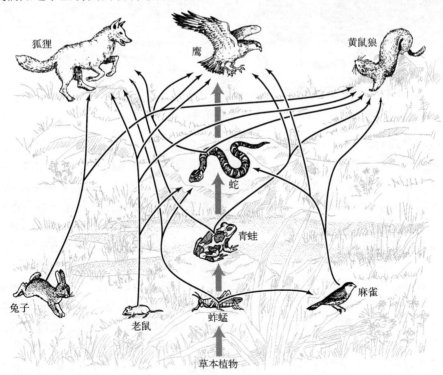

图 3.6 食物网和食物链。图中心为一个食物链，它也是其他几个食物链的一部分，共同形成了一个食物网

在捕食食物链中，植物是主要的食物来源。通过光合作用生产的有机物和植物体中的化学能（来自太阳）可以被食物链中的所有"成员"获取。因此，生态系统中植物生产的物质，包含了地球上所有生物活动所需的能量。

在该食物链图解中未展现的另一类消费者是**食碎屑生物**，这些生物从废弃物和动植物残体——碎屑中获取能量和营养。森林中的食碎屑生物包括微生物，如细菌和真菌（蘑菇和霉菌），也包括蛆虫和白蚁等大型生物。这些生物的活动可以将动植物残体和废弃物中大而复杂的分子破碎（分解）为小分子，如硝酸盐。接着，这些化合物被释放到土壤和水体中，然后又被植物吸收，确保生命的延续。因此，

食碎屑生物有助于养分再循环。在一些浅水湖中，碎屑指的是那些腐烂的植物，可成为小龙虾和蜗牛的食物，而小龙虾和蜗牛又会被鱼类食用。

所有以动植物残体为开端的食物链都被称为**碎屑食物链**（见图 3.7）。碎屑和捕食食物链共同掌控着生物圈的养分和能量运动（热量除外）。在一片栎林中，约有 90% 的**生物量**（活生物体的干重）最终死亡进入碎屑食物链，其余的生物量则进入捕食生物链。在一个湖泊的开阔水域，主要的食物链为捕食食物链，浮游藻类是主要生产者。约 90% 的藻类会被小型甲壳类动物食用，它们接下来会被鱼类吃掉。

图 3.7　高度简化的栎林碎屑食物链

食物链很容易理解，有助于我们厘清生态关系，但在现实世界中，食物链从来都没有作为孤立的实体存在过。它们通常是更大的**食物网**或更复杂的捕食关系的一部分。考虑食物链"玉米→猪→人"，我们根据这个简单表示可能认为猪吃玉米，接着被人吃。实际上，猪会吃更多东西，例如游荡在农场的猪会吃老鼠、昆虫、蛆虫、蚯蚓、小鸡、禾草、杂草、垃圾甚至粪便。人类也有各种食物。所以说这条食物链实际上只是更复杂和相互联系的食物网的一部分。

食物网是相互联系的食物链的集合。食物网可以更精确地描绘出生态系统的捕食关系

及能量和养分的流动。它说明了这样一个事实，即在生态系统中，能量和养分有多条流动途径。例如，之前提到的草甸生态系统中的"草本植物→蚱蜢→青蛙→蛇→鹰"食物链只是自然界中更复杂的食物网中的一部分（见图 3.6），甚至这个食物网也是被过度简化了的。草甸的完整食物网包括成百上千个物种。

一般认为，能量流动的通道越多，食物网和生态系统就越稳定。为什么？其实原因很简单。食物网中的线越多，就越牢固。丢掉一条线不会被感觉到。例如，在草甸生态系统中，狐狸会捕食兔子、老鼠、蚱蜢、麻雀、青蛙和蛇。假设因为繁殖时期不利的气候条件或者野

狗进入这一地区使兔子种群数量下降，狐狸种群会转而依赖其他的猎物，而不致遭受饥饿。而兔子种群也会因为被捕食的压力减小，当繁殖条件变好时会迅速得到恢复。然而，如果狐狸没有其他猎物，它们最终会消灭兔子种群，然后它们自己也会相继死亡或迁到其他区域去寻找猎物。

一般来说，一个食物网消失的生物越多，就越脆弱。生态学家将这种食物网物种的消失称为**生态系统简化**。例如，一个草甸拥有很多不同的植物，包括禾草和杂类草等。当它被开垦播种单一的作物，如玉米或小麦后，就代表了简化的极端形式，并伴随很多生态问题。这不仅会毁灭植物的生命，也会消灭全部或大多数依赖那些植物的动物。新的单物种的生态系统也更容易受到病虫害的威胁。19 世纪 40 年代的爱尔兰马铃薯饥荒就是一个具有启示性的例子。

在 16 世纪晚期马铃薯被引入爱尔兰，与其他作物相比它有更高的生产力，并逐渐成为爱尔兰人的主食。但在 1845 年，一种称为**马铃薯黑死病**的真菌病害开始攻击爱尔兰的马铃薯。这种真菌在田间迅速传播，在接下来的 5 年中导致了大范围的减产。因为爱尔兰人高度依赖少数的几个马铃薯品种，在它们都受到了真菌感染后，几乎没有可替代的食物，饿死或病死的人超过 100 万，还有近 100 万爱尔兰人离开了这个国家。黑死病使爱尔兰的人口在 5 年中减少了 25%，这都是因为生态系统简化造成的，大面积种植单一作物，成为单一的食物来源，从而为病菌的毁灭性传染提供了条件。

3.3.5 营养级与能量和生物量金字塔

在介绍养分循环之前，我们需要先了解几个相关的概念和术语。首先来看一个湖泊生态系统的食物网（见图 3.8）。如图所示，一个群落中每个捕食的等级为一个**营养级**。所有的生产者（包括藻类、固着植物、睡莲和香蒲等）构成了第一营养级。以植物为食的所有初级消费者或食草动物，包括甲壳类和昆虫，构成了第二营养级。以初级消费者为食的二级消费者（食肉动物），例如鱼类，构成了下一个营养级，以此类推。

到目前为止，为了清晰地描述营养级，我们进行了大量的简化。必须指出的是，任何一个特定的物种都可能不仅仅属于一个营养级。例如，尽管某些鱼类只吃草或只吃肉，但还有一些鱼类，例如鲤鱼，是杂食的，它们既吃植物也吃动物。因此，在食物网中，鲤鱼既是初级消费者也是次级消费者。

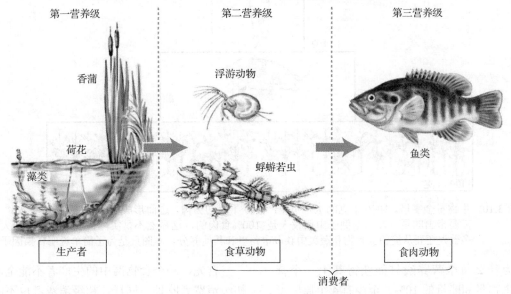

图 3.8 湖泊生态系统的营养级

生态学家还发现某一营养级的所有能量和生物量（有机物）并不能全部传递到下一级。事实上，通常来说，一个营养级的生物量和能量只有约 5%～20% 进入下一级，平均转化率为 10%。也就是说，初级消费者（食草动物）的生物量和能量只是生产者（绿色植物）的 10%。同样，次级消费者（食肉动物）的生物量和能量只是初级消费者的 10%。食物网中不同营养级的能量用图形表示，呈现金字塔形，称为**能量金字塔**（见图 3.9）。生物量则形成生物量金字塔（见图 3.10）。

玉米→猪→人的生物量金字塔是一个很好的例子。例如，1000 千克的玉米可产出 100 千克的猪肉，它又可以转化为人的 10 千克肌肉（见图 3.10）。

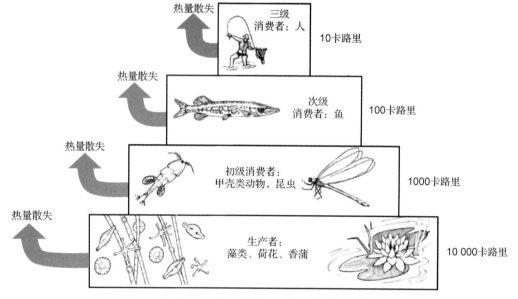

图 3.9　一个湖泊生态系统的能量金字塔

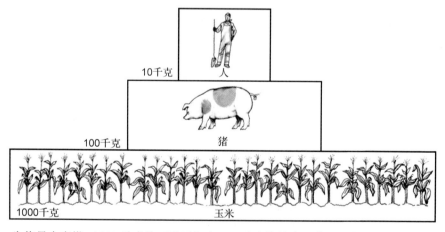

图 3.10　生物量金字塔。1000 千克的玉米可生产 100 千克的猪肉，进而形成 10 千克的人类生物量。需要指出的是，在这个例子中假设人是 100% 食肉的，这显然不是实际情况。我们中的大多数人还要从淀粉类食物和蔬菜中获取卡路里和其他养分。本图只是为了简单说明转换因子

为什么每个营养级只能获得其上一个营养级生物量和能量的 10%？至少有 4 个原因可以解释这种低效率。

首先，一个食物网中的生产者不能全部被初级消费者吃掉，同样，初级消费者也不能被次级消费者全部吃掉。例如，植物可通过枝刺、

叶刺、厚厚的树皮、刺激的分泌物和气味来阻止食草动物的啃食。昆虫和羚羊等动物也可通过快速的飞翔、游动或奔跑逃离捕食者。某些动物通过保护色躲避捕食者。一些蛾类就具有很好的保护色适应策略，与树皮相似的颜色很难将停留在树皮上的它们分辨出来。同样，在地面筑巢的鸟类，如野鸡和松鸡，当它们孵卵时，甚至在 1 米的距离内都很难被发现。如果一个生物未被捕食，最终会因为疾病或饥饿等原因死亡。它的尸体会被细菌或真菌分解，并进入碎屑食物网。

第二，作为食物的生物体并不能被完全消化。例如，许多食草动物，例如豪猪、海狸和鹿，消化不了植物细胞壁中的纤维素。因此，许多纤维组织作为粪便被排出体外。

第三，不是所有物质都可食。通常植物的根系不能被食草动物吃掉，这样植物就保留了许多从太阳能中获得的能量。

第四，低的能量转化率有一部分是因为所有的生物都要呼吸。呼吸作用是生物体氧化或燃烧高储能的有机物，释放能量来维持自身生命活动的过程。呼吸作用本身也是一个相对低效的过程。例如，一个糖分子的能量只有 40%可实际被生物用来做功，剩余的大部分被转化为热量，散失到周围环境中。

在某些情况下，生物量和能量金字塔可能会倒转（见图 3.11）。这种情况在某些水生生态系统中会发生，食物网的生产者是数量极多的微小藻类。这些藻类繁殖能力极强，可快速地吸收养分生产新有机物，它们的种群数量在几天内就会成倍增长。然而，以藻类为食的消费者（甲壳类动物）摄食的速率与藻类繁殖速度几乎一样快。因此，藻类（生产者）营养级的生物量比甲壳类动物（消费者）营养级的生物量低（见图 3.11）。

数量金字塔　在一般的食物网中，以小型绿色植物或藻类开始，以鹰或鱼类等捕食者结束，每个营养级的个体数量常表现为生产者最多（基础），食草动物次之，食肉动物最少（顶端）。当用图表示时，就成为数量

金字塔。图 3.12(a)描述了美国密歇根州一片面积为 0.4 公顷的早熟禾草地的食物网数量金字塔。

如果食物网的顶端为寄生生物，数量金字塔将倒置。一个典型的例子是"狗→跳蚤→原生动物"食物链，狗为跳蚤提供食物，跳蚤又是原生动物的食物来源［见图 3.12(b)］。

能量金字塔和人类营养　经过多年的研究，生态学家一致认为大多数陆地食物链只能有 3～4 个营养级。为什么？这可由能量第二定律来解释，即在每次能量转换过程中，都会有部分能量以热量的形式损失掉。因此，高品位能量的总量会随着营养级逐渐减少。

这一简单的现象限制了自然界中食物链的长度。例如，在"草本植物→蚱蜢→青蛙→蛇→鹰"这条特别长的食物链中，鹰仅仅利用了植物固定太阳能的 0.0001%。简单地讲，生产者固定的能量不够供给三或四个营养级后的生物。这个原因也可以用能量和生物量的10%转化率来解释。

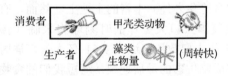

图 3.11　一个湖泊生态系统的倒置生物量金字塔

对这些能量关系的认识有助于我们更好地了解印度人和美国人在食物结构上的巨大差异——前者以谷物为主，后者以各种肉类为主。作为一个美国人，如果活到 70 岁，将消耗掉4356 千克的肉、12700 千克的牛奶和奶油、成千上万千克的谷物、糖和其他食物。然而，一个 70 岁的印度人吃的肉可能只有你吃的 1%。

在印度和中国等人口过多的国家，人们的食物以谷物为主，这不是偶然现象。在这些国家中，食物链通常只有两级：谷物→人。你能猜出是为什么吗？

如图 3.13 所示，在印度，草食性的人类代替了美国人菜单上经常出现的草食性的牛、羊或猪。越向食物链的底层（生产者）靠近，亚洲人就可获得越多的能量。

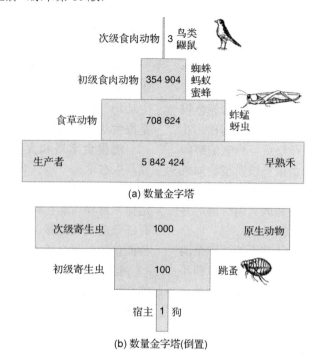

次级食肉动物 3 鸟类 鼹鼠

初级食肉动物 354 904 蜘蛛 蚂蚁 蜜蜂

食草动物 708 624 蚱蜢 蚜虫

生产者 5 842 424 早熟禾

(a) 数量金字塔

次级寄生虫 1000 原生动物

初级寄生虫 100 跳蚤

宿主 1 狗

(b) 数量金字塔(倒置)>

图 3.12　两种数量金字塔。(a)杂草地的金字塔；(b)狗和寄生动物系统的倒置金字塔

美国人目前仍生活在牛奶和蜂蜜（除了猪排和金枪鱼之外）丰富的土地上。然而，有人预测美国人口大爆炸的时刻即将来临（预计 2025 年人口数量将达到 3.51 亿人），届时我们将面临生态的最后通牒：缩短我们的食物链或勒紧我们的裤腰带。在食物链的低端将消耗更少的资源，如果得当还会更健康。

绿色行动

每餐少吃肉多吃菜。这不仅是健康饮食，有助于维持体重，还可以以更环境友好的方式来获取身体所需的营养。

3.3.6　养分循环

在本章的前面，我们已了解到物质既不能被创造也不能被消灭。在生物圈，科学家们发现全球养分循环中物质在不断地循环。为更好地理解养分循环的重要性，假设图 3.14(a)代表了地球上的所有物质，并假定我们再画另一幅图来表示自 35 亿年前进化出第一个生命体开始到现在地球上存在过的所有生活物质（原生质）［见图 3.14(b)］。当然，这个球中包括你自己的身体，也包括那些石器时代的人们、远古的树蕨和恐龙。你能想象这个原生质的球会有多大吗？你可能很吃惊，它要比地球自身还大！

目前科学发现的 103 个元素中，只有约 35 个用于形成植物、动物和微生物的原生质或活的组织。其中，人体中的 96%为碳、氢、氧和氮（为便于记忆，你可以记为 COHN），而钠、钙、钾、镁、硫、磷、锌、铁和碘等许多元素为生物所需，但量很小。活的生物体包含的所有元素来自地球表层 1 米左右的地壳（土壤），来自河流、湖泊、海洋和蓄水层（地下水），或来自覆盖地球的很薄的一层空气——大气层。如果属实，累积的原生质球比地球大的原因是，形成原生质的元素被一遍一遍不断地重复利用，即循环利用。曾经是恐龙下颚骨一部分的一个氮原子，现在可能最后成为一名教授大脑中的一个分子，在未来它还有可能成为你重孙作为零食所吃的一个苹果的一个分子。

某种元素从非生命（非生物）环境，例如岩石、空气和水体，进入活的生物体中，又返回非生命环境的循环流动过程被称为**养分循环**。生命的延续依赖于这些循环作用，也被称为**元素循环**或**生物地球化学循环**。

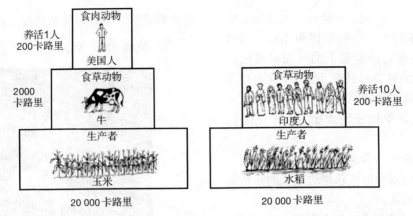

图 3.13　美国人为专一的肉食性而印度人为专一的草食性的理论情景。注意，如果从食物链中减掉一级，那么从相同的谷物中印度人获得的食物卡路里将是美国人的 10 倍

图 3.14　(a)地球的质量；(b)自有生命以来在地球上生活过的所有生物的总质量。活的原生质的质量怎么能超过地球的质量？唯一的可能是，物质是循环利用的

在过去漫长的年代中，养分循环基本处于平衡。因此，每种元素流入和流出不同元素**储库**的量几乎相同。但在最近 200 年中，人类引起了某些元素循环的不平衡，比如导致碳、氮和磷等元素在循环过程中的某些环节大量聚集，从而造成对人类和其他生物的危害。你很快会看到，碳循环的不平衡甚至会严重扰乱全球气候。为了了解元素循环和我们人类对其的影响，我们将分析三个循环过程：氮循环、碳循环和磷循环。

氮循环　氮原子（N）是许多重要化合物的关键成分，如植物的叶绿素，动物体内的血红蛋白、胰岛素和脱氧核糖核酸（DNA，决定遗传的分子）。植物和动物体内的氮来自于大气中的氮。氮气无色、无味，占大气成分的80%。在每 0.4 公顷面积的地表上方的大气中，约有 31000 吨氮气。因此有人会认为，氮气稳定充分的供应对活着的生物来说是相对简单的。但问题是氮气为化学惰性气体，它不易与

其他元素结合，也不能被大多数生物以氮气的形式利用。

那么我们和绝大部分的生物如何利用气态的氮来合成维持生命的蛋白质呢？首先，氮气应该被转化成可用的形式，或被**固定**。在自然界中氮气有如下几类固定机制。

第一类是**大气固氮**。大气固氮是由闪电或太阳光引起的自然现象。闪电或太阳光的能量引起氮气与氧气之间发生化学反应，形成硝酸盐。

全球每年以这种方式合成的硝酸盐约有760 万吨。这些硝酸盐以雨和雪的形式沉降到地表进而被植物的根系吸收。

第二类是**生物固氮**。生物固氮比大气固氮更重要，每年约有 5400 万吨氮被固定，大概是大气固氮量的 7 倍多。生物固氮主要由微生物，包括细菌和蓝细菌（也称蓝绿藻）[1]，在土壤和水体中完成。在固氮过程中，氮气在细菌的作用下首先与氢反应形成氨。植物可利用氨产生氨基酸。

固氮细菌也会存在于许多植物的根系中。至少有 190 种植物拥有固氮细菌，包括**豆科植**

---

[1] 蓝细菌最早被称为蓝绿藻。这些微小的细菌能进行光合作用。

物（包括紫花苜蓿、豌豆、菜豆、大豆和三叶草等）（见图 3.15）、一些松树和赤杨。这些植物通过寄生在它们根系上的细菌吸收氮。多余的被固定的氮会释放到土壤中，从而被其他植物利用。通过种植豆科植物，一个农场主可以使其土地每年每公顷增加 90 千克的氮（肥料）。

水生生态系统的养分也依赖于固氮过程。例如，一些山地湖泊也依赖岸边生长的赤杨根系寄生的固氮细菌。

第三类是**工业固氮**。氮与氢反应生成氨，氨接着被转化为铵盐，用来做肥料。这种商业化的肥料生产需要消耗大量的能量（天然气），自第二次世界大战以来肥料生产急剧增加。

现在结合图 3.16 来分析一个理想的氮循环过程，其中包括豆科植物的生物固氮。氮循环的每步均与图中的数字相对应，这助于我们

更快地理解这个看似复杂的循环过程。

1. 氮气（N_2）从大气扩散到土壤的空隙中。

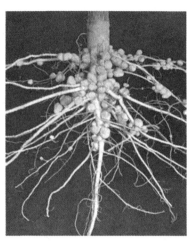

图 3.15 大豆和其他豆科植物的根瘤吸收大气中的氮。根瘤中的细菌将氮转化为植物可利用（用来合成氨基酸和其他重要的生物分子）的形式

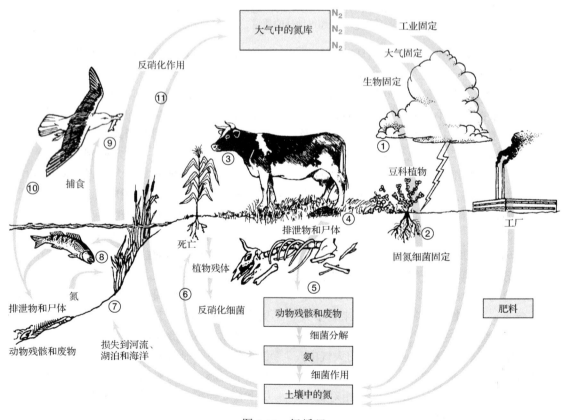

图 3.16 氮循环

2. 氮气进入豆科植物根上的小突起中，这称为**根瘤**，固氮细菌也寄生在其中。固氮细菌将氮和氢合成为氨，并最终将氮转化为氨基酸——合成蛋白质的基本分子。豆科植物利用细菌用剩的氨合成自己的蛋白质。

3. 一头奶牛（或其他消费者）吃掉豆科植物，用消化植物蛋白得到的氨基酸来合成自己的蛋白质。奶牛用蛋白质构建肌肉、生产牛奶和酶。一些蛋白质在奶牛的细胞中被分解，释放出氨基酸。

4. 当氨基酸被分解后，会形成含氮的尿素，并通过尿液排泄出来。奶牛的粪便也富含氮，主要来自未消化的蛋白质和奶牛消化道中的细菌。

5. 排泄物（或残骸）中的尿素和复杂的含氮蛋白质大分子最终被土壤中一系列的细菌分解为硝酸盐，这一过程称为**硝化过程**。

6. 玉米、小麦或橡树等植物可以通过根系吸收可溶解的硝酸盐，来构建自己必需的蛋白分子，这样就又开始了循环过程。

7. 氮可从一个生态系统流入另一个系统。例如，它可以从陆地生态系统流入水生生态系统，再回到陆地生态系统。一头奶牛的残骸分解形成的可溶解的硝酸盐可被降水冲刷进入河流中，最终进入海洋。

8. 硝酸盐可被海藻吸收，海藻接着被甲壳类动物食用，再被鱼类食用。

9. 鱼类被海鸥食用。

10. 海鸥会飞回位于加利福尼亚海岸的巢中，并将部分消化的鱼类喂食给幼鸟。或者成鸟飞过水体和农田时，可能会排泄一些粪便，这将对水体或土地的肥力有轻微的贡献。

11. 氮的流动是循环的。植物、动物、土壤和水中的所有氮最终会重新回到大气储库中，它同样是氮的最初来源。这是通过土壤和水体中的反硝化

细菌将硝酸盐分解而实现的，释放的能量被用来维持它们的生命过程。氮气作为副产品被释放，得以回到大气中。这一过程就是**反硝化作用**。此外，树木、草本植物和动物等有机物被火烧时也会向大气中释放氮气。

固氮的土壤细菌是生命延续所必需的。美国佛罗里达州的研究者证明一些含氯的烃类杀虫剂对土壤中的固氮细菌是有害的。因此建议那些有毒的化学杀虫剂应被谨慎使用甚至禁止使用。为什么？如果土壤细菌种群大量减少，植物以及动物和人类依赖的养分循环将被严重干扰。

人类可能通过毒害土壤来干扰氮循环过程，也可通过向土地中过量施加肥料来破坏它。过量的肥料会流入河流和湖泊，引起严重的水污染。此外，肥料也能渗入地下水。

当化石燃料燃烧时，会发生另一种固氮方式。在这种情况下，大气中的氮气被氧化形成氮氧化物（被高温驱动的氧化反应），最终形成硝酸盐和硝酸。硝酸盐可为陆地和水生植物提供养分，引起过度生长，如果太严重也会引起生态破坏，第 10 章中将详细讨论这一问题。而硝酸可能毒害多种生物，详见第 19 章。

总之，在商业肥料和现代汽车生产之前的成千上万年中，氮循环处于动态平衡中，即从大气中固定的氮和反硝化作用返回大气中的氮处于稳定的平衡状态。然而，现今人工**固氮**的增加引起了氮循环的严重不平衡。为了创造可持续的未来，我们必须寻找重获平衡的方法。

碳循环　碳是从细菌到人类的所有生物的关键元素，是许多在生物学上十分重要的分子的支架，包括 DNA、蛋白质和糖。事实上，碳原子占我们人类身体干重的 49%。

如图 3.17 所示，碳存在于环境中的几个不同的储库中，包括大气、生物体、海洋、海洋沉积物和碳酸钙（岩石、贝壳和骨骼等）。尽管大气和生物碳库相对较小，碳在这两个碳库中的流入和流出量是相对较高的，换言之，碳

循环相当快。地表每公顷面积对应的空气柱中有 15 吨碳（以 CO_2 的形式存在），而每公顷繁茂的植被每年能从大气中固定 50 吨碳。

为了追踪碳循环中碳的流动，我们从大气中的 CO_2 开始，如图 3.17 所示，用数字标出碳流动的过程。CO_2 首先进入树木或其他植物叶片的微小气孔中①。在叶中，CO_2 分子中的碳与水分子中的氢相结合形成糖或其他有机分子，请参考本章前面所介绍的光合作用方程。来自太阳光的能量驱动这一反应。

当三叶草或禾草的叶子被鹿等动物食用后，叶子中的部分含碳有机物将被消化并转化为鹿的肌肉。剩余的含碳有机物将通过呼吸作用转化为能量。如果人或北美狼吃了鹿肉，鹿肉就可能被转化为人或北美狼细胞中的原生质。

所有的生物，包括三叶草、鹿、北美狼和人，会通过呼吸作用释放一些碳②。植物通过叶片的气孔将碳以 CO_2 的形式释放到大气中；动物则通过肺呼出 CO_2。一个生物体（包括三叶草、鹿和人等）死亡和分解时也会将碳返回到大气中。另外，通过动物的排泄物（粪便和尿液），碳也可以重新进入碳循环，这些排泄物会被土壤、大气和水中大量存在的细菌与真菌分解。分解释放的碳会进入土壤和空气。通过植物的光合作用，碳会再次进入生物世界。

在 2.5～3 亿年前的石炭纪时期，今天美国的宾夕法尼亚、西弗吉尼亚、俄亥俄、肯塔基、田纳西、印第安纳、伊利诺伊、怀俄明、新墨西哥、科罗拉多和南达科他地区生长着巨大的树蕨及其他植物③。这些植物中的许多由于被沉积物掩埋而未被分解，因此最终转化为煤。一些能进行光合作用的海洋生物死后在海底被沉积物掩埋，经过足够长的时间后转化为石油和天然气（在陆地煤层中也同时会产生天然气）。通过这些过程，这些碳脱离了碳循环。

然而，200 年前人类发现了化石燃料的巨大潜能④。当代社会几乎完全依赖于这些燃料。人类也大量砍伐那些吸收和存储碳的森林。如第 19 章所述，化石燃料的加速燃烧⑤和森林面积的减少已使大气中的 CO_2 浓度在 1870—2008 年间急剧增加，增加量超过了 30%⑥。如本章前面所述，这种增加会导致气候变化（平均气候条件的变化），从而可能给自然系统、人类和我们的经济带来毁灭性的影响。

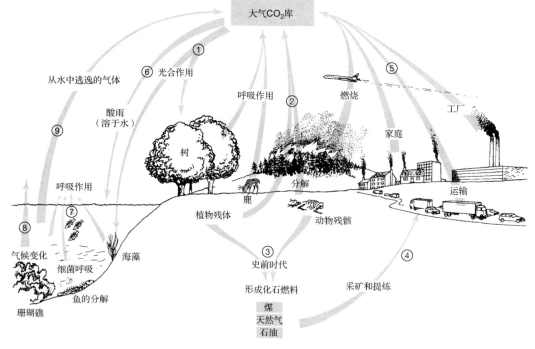

图 3.17　碳循环

占据地表面积70%的海洋也是一个重要的碳库。溶解在海水中的 CO_2 会经过"海藻→甲壳动物→鱼类"食物链。接着，鱼可能会被鲨鱼、金枪鱼、海禽、鲸鱼或人类食用。一部分碳会通过海洋生物的呼吸返回海洋，还有一些可能被蛤、牡蛎、扇贝和珊瑚等用来构建石灰石质的贝壳与骨骼⑦。在美国加利福尼亚州和佛罗里达州海岸的珊瑚礁固定有巨大数量的碳。澳大利亚海岸的大堡礁，石灰岩物质有 56米宽、2100 千米长，主要由亿万只珊瑚虫的骨架组成。最终，作为数千年风化过程的结果⑧，来自珊瑚礁及蛤和牡蛎贝壳中的少量碳返回到了海水中。CO_2 在大气和海洋间不断地进行交换⑨。

当大气中的 CO_2 浓度增加时，会有更多的碳溶解于海水中。反过来，当大气中的 CO_2 浓度下降时，海洋中的 CO_2 会释放到大气中。基于这一机制，在过去的几千年中，大气中的 CO_2 浓度得以维持在一个相对稳定的水平，直到 20 世纪。

绿色行动

为控制 CO_2 排放和全球气候变化贡献一份力量，请在离开房间时关灯、关闭计算机和其他电子产品。

磷循环　磷约占人体的 1%，是遗传分子 DNA 和为所有生物传递能量的高能分子三磷酸腺苷（ATP）等化合物的必需成分。

同其他营养元素相同，磷也会在巨大的全球养分循环中进行循环，即磷循环（见图3.18）。为了了解磷循环过程，我们从露出土壤的磷盐岩这个磷库开始（侵蚀风化，如图中的步骤 1 所示）。雨滴会溶解岩石中的部分磷酸盐并将其冲刷到土壤中②。像氮一样，磷也是植物需要的一种潜在养分。磷原子会依次进入植物和动物体内③。当动植物死亡后，残骸被细菌和真菌分解④。磷重新被释放到土壤中。一些会被其他植物吸收利用，还有一些可能会被暴雨冲刷到河流中⑤。河流会将它带入湖泊或海

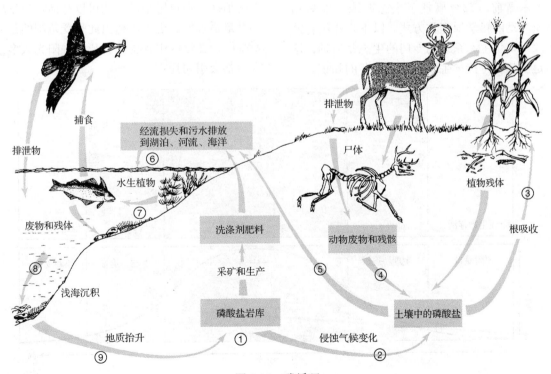

图 3.18　磷循环

洋。在水生生态系统中，磷可能会被海藻或固着植物吸收⑥。鱼类再以植物为食⑦。当水生生物死亡并分解时，含磷的物质会被重新释放到水中。水生动物也可能向水中排泄含磷的粪便⑧。淡水中的磷最终还是会进入海洋。海水中的磷通常会沉淀到洋底，成为沉积物的一部分。经过亿万年，这些沉积物最终会形成磷盐岩⑨。最终，地质过程，例如地壳隆起会使这些岩石暴露在大气中。随后，在风化和侵蚀作用下，岩石中的一部分磷酸盐再次进入土壤中。

在很长的时间尺度上，磷在磷盐岩库和生物磷库之间的循环是平衡的。参与循环的磷相对较少。但在过去的几十年中，为满足迅速增长的人口的粮食需要，在农业上使用了大量的含磷化学肥料，同时还有大量的含磷清洁剂的使用，已引起湖泊和河流中磷的明显增加，这个问题将在第 10 章中详细讨论。

3.4 生态学原理

本章前一部分概括了生态系统中能量和物质流动的科学原理与方式。以下将介绍有助于深入认识生态系统的专门的生态学原理，这也是创建更可持续生活方式所必备的知识。

3.4.1 耐受性法则

任何生物的存活都依赖于自然环境中的许多必需因素，例如水、温度、氧气和养分等。有趣的是，这些因素不是固定不变的。例如，温度会在一天内或随着季节变化。物种能适应和忍受环境因素一定的变化范围，这就是**耐受范围**。图 3.19 以树木对阳光和遮阴的耐受为例，说明了这个概念。如你所知，树苗对阳光的耐受性随物种不同而变化。包括松树在内的一些物种是喜阳的，可以在皆伐地等开阔地上苗壮成长。其他一些物种是耐阴的，即在苗期需要遮阴才能生长。它们在森林中可更好地生长。

考虑耐阴树种，图 3.19 中耐受范围的中心为生物存活的最适生境。在这个例子中，它代表了耐阴树种在森林中可以健康生长的接受到的阳光量的范围。高于或低于此最适范围，则分别表示阳光太强或太弱，树苗则不能正常生长。稍稍高于或低于最适范围就是植物的生理胁迫区，在该区中，生物可以存活，但生境不是最适宜的。进一步超出此耐受范围的是非耐受区，在该区中，生物会死亡，阳光太多或太少都会引起死亡。

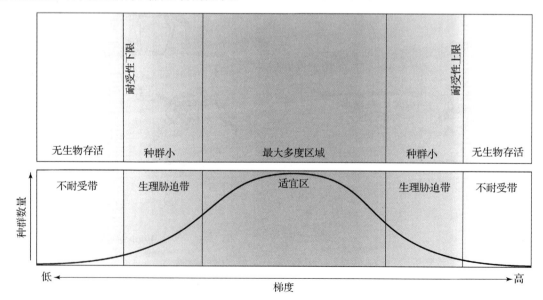

图 3.19　耐受范围

一个物种对一个环境因子的耐受性通常会随着年龄变化而变化。也就是说，与成年鲑鱼相比，刚孵化出来的鲑鱼对水中的污染物更敏感，包括热、有毒金属和农药等。耐受性也会随生物基因构成的变化而变化。

3.4.2 生境和生态位

生态学家还会经常考虑一个生物的生境和生态位。这是两个完全不同的概念。一个生物的**生境**是指它的"地址"，即它生活的地方。例如，红翼画眉的生境是香蒲湿地；而一条冷水河流是鲑鱼的生境。生态位更难定义，目前不同的人可能有不同的理解。一些生态学家认为**生态位**代表一个生物的功能角色——它的行为、它与食物和天敌的关系等。实际上生态位有更多的含义，通过回答以下的有关一个生物生态位的多方面的问题有助于你对生态位的理解：

1. 动物对温度、湿度、太阳辐射和风速的耐受范围是多少？
2. 它食用哪类食物？
3. 它会与哪些物种（不包括同类）竞争食物、巢穴和繁殖地？
4. 它在哪里产仔？是洞里还是巢中？
5. 如果是条鱼，它在哪里产卵？在河床上？在水生植物上？或任由鱼卵在水面漂浮？
6. 如果它筑巢，它所使用的材料是什么？
7. 它会受哪种寄生虫折磨？
8. 它容易受到哪类捕食者攻击？
9. 面对捕食者时它如何保护自己？通过"装死"、保护色、藏在植被下、战斗、游走、跑走或飞走？
10. 它排泄粪便的类型和大小如何？
11. 排泄物怎样影响周围植物和动物的生活？

野外生态学家花费了大量的时间来研究生物，试图发现这些及其他问题的答案。理解一个生物的生态位不仅是一项科学活动，也是构建我们知识库的一种方式，只有这样人类才能更好地管理其他物种及其生活的生态系统，我们也能调整我们的生活方式以避免干扰其他物种。出于以上考虑，下面来认识一个基于生态位概念的重要定律。

3.4.3 竞争排斥原则

假设有两个物种占据了相同的生态位并生活在相同的生境中，会发生什么？研究表明任何两种动物或植物都不能长期占据同一个生态位。最终，将有一个种群衰减到零。这种现象称为**竞争排斥原则**。

一个物种因为其生态位与另一个物种生态位相联系而被淘汰的竞争排斥会因为两个原因发生。第一，具有完全相同生态位的两个物种之间的竞争会非常剧烈。植物会竞争阳光、土壤湿度和养分等。动物则会竞争食物、繁殖地和掩藏地等。第二，作为一个规律，即使两个物种占据完全相同的生态位，两个物种也不会同样很好地适应。换言之，我们将期望两个物种中的一种能更好地满足它的需求。例如，一种植物会有更有效的光合作用。对于捕食者来说，因为具有更敏锐的视力，一个物种可能比另一个物种更有效地捕获猎物。这样，适应差的物种种群最终会下降并被有较好适应能力的生物淘汰。

因为竞争排斥，在相同生境下的物种通常具有稍微不同的生态位。例如，长鼻鸬鹚和鸬鹚都是以鱼为食的鸟类。它们在英国海岸的悬崖上筑巢，在附近海域觅食。研究表明尽管它们占据相同的生境，但它们不会占据相同的生态位。例如，长鼻鸬鹚主要以水面上的鳗鱼和类似鲱鱼的鱼类为食。而鸬鹚以生活在海底附近的虾和比目鱼为食。此外，长鼻鸬鹚在悬崖上的巢穴位置要比鸬鹚的低。

实际上，详细记录的与竞争排斥定律有关的实例还很少。一个例子是美国加利福尼亚的家鼠和田鼠间的竞争。这两个物种竞争相同的空间、食物（草种）和繁殖地。然而，田鼠在竞争中占据优势。结果，在仅仅 14 个月内家鼠种群就从每公顷 825 只急剧下降到零。

竞争排斥在考虑向新生境引入物种时具

有重要意义，例如向水体中引入外来的垂钓鱼种时。我们主要关心的不仅仅是新物种是否能较好地适应，更重要的是它如何影响那些占据相似或完全相同的生态位的本地种。

3.4.4 承载力

生态学中的另一个重要概念是承载力。第 1 章有过简要介绍，承载力是指一个生态系统能负担的生物数量。生态学家在谈到一个生态系统对红狐或白尾鹿的承载力时，指的是该系统中每个物种的总数量。

承载力受多个因子的控制，如食物供给、筑巢点、水供给、气候条件和废物分解能力等。我们认为它主要受源汇功能的控制，这里的源指一个生物存活和繁殖所需的资源，汇指生态系统去除废物的能力。这些因子由资源管理者控制来增加或减少物种的数量。但经验表明，生态系统是一个复杂的相互作用的系统，在改变某些因子时应特别小心。为了使某一物种有利而改变一个因子，可能对其他物种产生不可预见甚至不利的影响。

另外需要牢记的是，承载力是动态的。也就是说，随着条件改变，它也会变化。在干旱年，一片森林或区域能承载的鹿的数量会下降。在湿润年份，则有可能增加。在生态系统中，种群会响应环境条件的变化而变化。对人类系统而言，例如草场的可持续管理，也需要不断进行调整。例如，在干旱年份，牧场主需要缩减畜群规模或寻找更多的草场。如果不进行调整，他们将在干旱年份承担超载的风险，造成的损害可能会持续许多年，最终降低这片土地的承载力。

3.4.5 种群增长和下降

要了解生态系统、群落和种群，首先需要认识种群的增长和下降，下一章将对此进行更全面的讨论。如我们所知，所有的生物都会遵守同样的定律，即条件有利时种群会增长，而条件不利时种群会下降。

众多的**生物因子**（生物的）和**非生物因子**（物理和化学的）会促进生长，使一个种群达

到生态学家所谓的**生物潜能**，即最大的繁殖速率。例如，觅食和躲避捕食者的能力是两个有利于生存与繁殖的生物因子，会引起种群增长，而适宜的光线或温度是非生物因子，也可产生同样的影响（见图 3.20）。

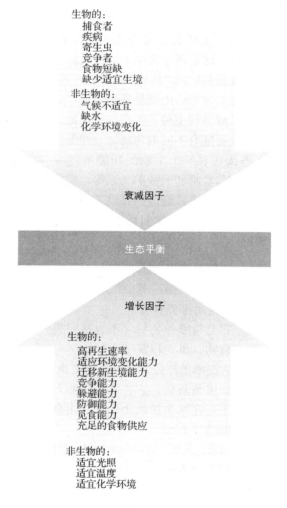

图 3.20 种群的影响因子。许多因子会促进种群的增长或引起种群规模的下降

例如，假设环境始终适宜于美洲知更鸟，所有的美洲知更鸟能活到 10 岁，而且每只成年雌鸟每年能繁育 8 只幼鸟。如果知更鸟种群在 2000 年只有一对可生育的成鸟，那么到 2030 年就可达到 12 亿只。这一种群将需要 15 万个地球大小的星球来居住。

所幸的是，知更鸟或其他物种的种群增长通常不会失去控制，因为在生态系统中促进种

群增长的生物和非生物因子与导致种群下降的因子是平衡的（见图 3.20）。降低增长的因子统称为**环境阻力**。因此任何生物的种群大小都是对环境阻力有贡献的因子与对生物潜能有贡献的因子相互作用的结果（见图 3.21）。通常，环境阻力增大时种群会下降，环境阻力减弱时种群会增长。当两组相反的因子处于平衡时，生态系统会达到稳定。但不要指望见到绝对的平衡，因为在自然界中条件是不断变化的，种群也会随之增长或下降。我们称之为种群处于动态平衡，稍后我们还会讨论这一概念。

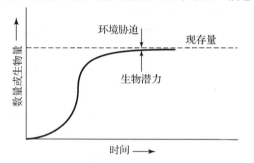

图 3.21　环境限制和生物潜力。使生物种群下降或促进或达到最高繁殖能力或生物潜力的因子

下面详细介绍生物潜力和环境阻力之间的相互作用。环境阻力由许多因子组成，一般可分为两大类：非密度制约因子和密度制约因子。

非密度制约因子　限制生物种群增长的任何因子，若与给定生境中的生物数量无关，则为非密度制约因素。最常见的**非密度制约因子**有干旱、热浪、寒流、龙卷风、暴风雨、洪水和自然污染（如淤积）。例如，热带罕有的一次寒冻，可能会杀死外来蝴蝶种群的大部分，不管这个种群是大还是小。

人类活动也是限制地球上生物增长的非密度制约因子。例如，发电厂排出的热水可能会杀死一条河流中所有的鱼，而不论每个鱼群的密度大小。也就是说，超过耐受范围的所有生物均会死亡。同样，不论是有意还是无意排放到环境中的多种化学物质，包括杀虫剂、空气污染物、水体污染物和有毒废物，均会影响所有种群，而不论它们的密度大小。

生境的破坏也与种群密度无关。道路、农场、郊区、工厂、城市和乡村都有可能取代原

有的有活力的生境，通常会毁灭掉曾经在那里生活的所有物种，而不管它们的密度大小。

但需要特别注意的是，一些人类的干扰会促进种群的增长而非下降。换言之，他们释放了生物潜力。例如，人类居住区附近适宜的筑巢点和充足的食物（丢弃的谷粒和粪便中的种子），使得美国麻雀的数量剧增。横斑猫头鹰曾经只在美国东部分布，现在已成功地向西迁移，到达美国中西部和西部海岸，这主要是因为城镇的发展。研究者推测横斑猫头鹰生境的成功扩展主要归功于之前无树的美国中西部，现在城镇内或周边栽种了很多的树木。

预测的由 CO_2 和其他因素引起的全球温度升高，将缩短北美的冬季时间，创造出更有利于昆虫生长的条件。结果可能会使许多昆虫种群大爆发，对农田和森林造成更大的危害。热带的病毒也可能向北传播，实际上这样的传播已经开始。

密度制约因子　许多物种都进化出了越冬的方法。例如，当冬天到来时，鸟类会迁徙到温暖的地方。有些动物会长出厚厚的皮毛来御寒，还有些动物会冬眠。多年生植物（年复一年从相同的根中生长），例如落叶树和草本植物，会在冬天进入休眠状态。

对于这些物种，在控制种群增长中，密度制约因子的作用要比气象因子大。**密度制约因子**是指那些能够控制种群规模增长或下降，且作用取决于种群密度的因子。生态学家认为至少有 4 个主要的密度制约因子：捕食、竞争、寄生和疾病。

捕食　许多动物捕杀猎物。**捕食者**既包括全部食肉动物，如美洲狮、北美狼和猎豹，也包括食草动物，如牛、鹿、麋鹿和蝗虫（"捕食"草），以及**杂食动物**（既以植物也以动物为食），如熊和人类。

捕食是一个密度制约因子。作为一般性的规律，当被捕食物种的种群密度增加时，被捕食者被猎杀的比例也会增加。这是为什么呢？

一般认为，当被捕食物种的密度增加时，个体就更容易被发现和攻击。而且，高密度被捕食种群中竞争的增加将产生更多的羸弱个

体，从而更容易成为捕食者的攻击目标。被捕食者可能会被迫进入不太适宜的生境，从而更容易变得羸弱或多病，进而更可能被捕食者猎杀。生态学家还发现，当被捕食者的密度增加时，本来以多种猎物为食的捕食者倾向于以密度最大的物种为食。

竞争 另一个密度制约因子是竞争。竞争通常包括两个层次，即种内竞争和种间竞争。种内竞争的一个例子是落基山脉的北美黄松，如果某一区域的北美黄松数量增加，形成一个密集的林地，那么对阳光、土壤养分和水分的竞争都成比例地增加。未得到良好发育的根系分布较浅的树木获取的水分低于其他树木，结果导致它们对病虫害更敏感。例如松小蠹虫会带给它们致命的真菌感染，阻塞木质部中的水分运输导管，最终使树木死亡。

动物种群密度的增加会加强对食物、水分、庇护所、筑巢地、繁殖地和空间的竞争。竞争通常会影响身体较弱（如年老或生病）的个体。在身体虚弱的情况下，一些个体会因为疾病或在领地争斗中受伤而死亡。某些羸弱的个体可能会被迫迁往更恶劣的生境，而那里饥饿、疾病或捕食引起的死亡正等着它们。

寄生 **寄生虫**，例如绦虫，是从其他活的生物体，即**寄主**身上获取食物的生物，但一般不会杀死寄主。大多数寄生虫只有有限的活动性，但很容易在不同的生物间传播。寄主的种群密度越高，则越容易被传染，所以说寄生是密度制约因子。例如，在加拿大，一种寄生黄蜂会攻击美国白蛾。当白蛾种群密度低时，由寄生黄蜂导致的死亡可以忽略不计。但当白蛾种群密度增加时，寄生就会增加。

在 20 世纪 70 年代后期的美国科罗拉多，大角羊的幼崽因为肺线虫寄生导致的死亡数创下了历史记录。肺线虫使大角羊变得虚弱，因而更易于感染肺炎和其他疾病。肺线虫从母羊传播给小羊，在 20 世纪 70 年代导致 97%的新生大角羊死亡。在正常情况下，肺线虫是一类普通的寄生虫，与大角羊和谐共处。但由于人类不断侵占大角羊的生境，大角羊的生境不断缩小，种群密度增加。大角羊被迫在相同的地方产仔和采食。肺线虫卵集中在大角羊的排泄物中，于是它们吞食的肺线虫卵增加。母羊体内的肺线虫数量突破了历史记录。肺线虫通过胎盘感染胎儿，导致新生幼羊虚弱到不能抵抗寄生虫而死亡。所幸的是，野生生物学家发现了这一问题，在捕获大角羊进行处理后，再放生到未受感染的生境中。

疾病 当种群密度增加时，传染病也会增加。例如，人类种群中传染病的发生率会随着人口密度的增加而增加。以第一次世界大战时期为例，当美国士兵拥挤在兵营和战壕中时，传染性病毒导致了很高的死亡率。因为导致传染病的生物（病毒、原生动物和细菌）能够通过接触、食物和带菌动物（昆虫）传播，人口密度越大，疾病传播得就越快。现今的人类对传染病非常敏感。实际上，据估计，在一种新传染性病毒出现的两年内，世界人口的一半都被感染过。高人口密度是一个原因。当然，现代交通也有利于传染病的传播。

病原体感染农作物是密度制约因子的另一个实例。当大面积种植单一品种的作物时，例如小麦或玉米，农场主就提高了病原体彻底摧毁农作物的概率。小麦锈病、玉米黑粉病和其他植物病害的减产影响众所周知。

尽管我们将种群调节机制划分为两大类——非密度制约和密度制约，但实际上这些因素会共同作用于一个种群。例如，大雨（一个非密度制约因子）可淹没土地并增加致残寄生虫（一个密度制约因子）对某物种的感染，进而引起种群数量的急剧下降。

动植物**种群动态**是资源管理中的一个重要工具，特别是对渔业和野生动物管理。在本书资源管理章节的学习中，我们还将进一步了解相关信息。下面从种群增长曲线开始，深入讨论这一问题。

S 形曲线 在具有充足资源的新生境中，一个物种的种群增长具有典型的特征。这个种群增长图称为 **S 形曲线**或**西格玛曲线** ［见图 3.22(a)］。该曲线具有 4 个不同阶段，按时间顺序排列为：（1）建立阶段，（2）爆发（对数增长）阶段，（3）减速阶段，（4）动态平衡阶段。

在第一阶段，因为新成员需要适应新生境，种群增长缓慢。种群会很快开始扩张并占据未开发的生境，然后开始以爆发性速率生长。因为资源供给丰富（如充足的食物和庇护所）而捕食等环境阻力缺乏，使种群快速增长成为可能。但在第二阶段，种群的增长开始引起资源供给的减少。于是，增长速率开始降低，从而进入减速阶段。最后，一旦很好地建立了种群，竞争和其他因素开始起作用，物种就会达到平衡。也就是说，种群虽然会增长或下降，但从长期来看，会保持相对的稳定。这样，在气候不利的年份，种群会下降，但当气候变得有利时，种群就会回升［见图 3.22(b)］。此时，我们说该系统就达到了**动态平衡**。从这一点来看，种群的进一步激增是不可能的，因为种群大小已经达到了该生境的承载力（某一生境能承载的生物数量）。

许多物种从国外引入美国，被称为**外来种**，比如麻雀（英国）、八哥（欧洲）和鲤鱼（德国），其种群增长符合 S 形曲线。例如，1899 年几对麻雀被引入美国，在十年内，麻雀种群增加到成千上万只。如今，麻雀已成为国家一害，美国农业部正考虑制定一个全国性计划来消灭这一引入种。

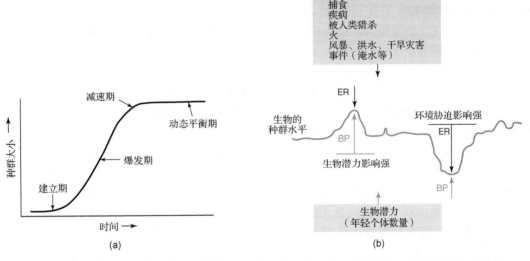

图 3.22　新环境中种群增长的 S 形曲线。(a)最初建立阶段后，种群爆发。因为环境阻力增加，增长下降然后停止；(b)动态平衡阶段。有时候随着环境阻力的下降或繁殖后代数量的增加（生物潜力的增加），种群会增加。有时候生物潜力的下降或环境阻力的增加会导致种群的下降。尽管有这些波动，但在较长的时间尺度上种群会保持相对稳定

尽管麻雀和其他物种是出于好的愿望而引入的（从欧洲买入麻雀来控制害虫），但许多外来种对本地动植物造成了多种影响。例如，在美国和加拿大，麻雀在筑巢和觅食等方面的竞争中超过了鸣鸟。其他外来种也可能直接灭绝野生动物、传播疾病或在食物、庇护所和繁殖地的竞争中战胜那些更有益的物种。

多年来，野生生物管理者已利用他们对 S 形曲线和种群动态的认识来管理有商业价值的物种，并在未来多年中还将继续这么做。例如，鹿、鲤鱼和松树的野生种群更像一种商业化的作物，会被定期收获。也许林业、野生生物管理、农业、牧业和渔业的科学家面临的最重大的挑战是，寻找合适的方法确保**最大可持续产量或最佳产量**——不损害种群长期存活情况下的最大可能产量。最佳收获量通常应位于 S 形曲线的爆发性增长阶段和减速阶段之间。研究者发现，对大多数物种来说，这一点对应的种群大致为该生境承载力的 50%。如果通过收获将种群数量减少到这个水平之下，将引起种

群严重下降，甚至会导致物种灭绝。

遗憾的是，管理者最近发现在长期过程中，最佳产量实际上并不是可持续的。这是因为许多因素未考虑到，例如森林定期砍伐会造成土壤退化，这推动了对适宜收获水平的重新检验。

大多数动植物种群一旦达到 S 形曲线的平台就会基本保持稳定状态——生态系统的承载力。即使如此，捕食者、寄生虫、竞争、气候和其他因素也可能引起种群的轻微波动。这样，图 3.22(a)中所画的直线实际上会有轻微的上下振动。

爆发性种群 在多年的平缓波动后，某些种群可能会突然急剧增长。种群的突然增长称为**爆发**。在一定时期的特别有利的气候条件下，出现食物的特大供给或特殊的条件使幼体大量存活，则会出现种群爆发。然而，如果种群超过了生境的承载力，食物供给耗尽，种群会急剧下降到低很多的水平。如果环境条件振动，种群的大幅波动会持续多年。有时，一个种群数量的激增可能会给生态系统带来严重危害，事实上，可能严重到整个种群毁灭。

周期性种群 褐旅鼠，一种大小与仓鼠相似的小型啮齿动物，生活在北美的极地苔原——北方针叶林带以北的大面积无树植被带（见 3.5 节）。每 3～4 年，旅鼠种群会达到顶峰，然后急剧下降。对这种可预测的周期性变化的研究说明，旅鼠种群的高峰期会过度啃食植被，因此更容易暴露给它的主要捕食者——北极狐和雪鸮。你可能会想到，这些捕食者的种群会随旅鼠种群波动，即随旅鼠种群增加而增加，当旅鼠数量不足时会下降。当旅鼠种群下降时，许多雪鸮会在冬季挨饿或向南迁徙到美国。

有一个传说，当旅鼠种群达到顶峰时，大群的旅鼠会向大海迁徙，最终从悬崖跳入海水中而被淹死。尽管研究者也发现旅鼠会从拥挤的繁殖地向山坡下迁移，但旅鼠不会迁徙很远。它们只会独自活动，而不是大规模的集体生活。另外，它们不会自己跳入大海，虽然偶尔穿越溪流会使一些旅鼠丧命。然而，只有在必需时旅鼠才会去穿越溪流。总之，旅鼠不会集体自杀式地跳海。

还有其他一些具有 3～4 年周期的物种，包括红尾鵟、田鼠和红鲑等。野生动物管理者需要特别注意保护这些具有周期性种群特征的物种。在小年中对具有商业重要性物种进行过度收获，可能会使种群数量降低到不可持续的水平。

生活在北方针叶林的北美野兔种群具有 10 年的盛衰周期（见图 3.23）。主要以北美野兔为食的猞猁，也有稍滞后于野兔的 10 年周期。猞猁种群的周期性首次被研究哈德逊湾公

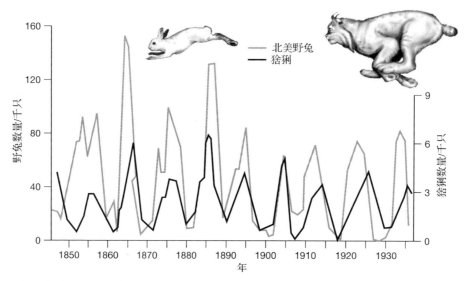

图 3.23 野生动物种群周期性变化实例，基于哈德逊湾公司的毛皮记录数据。请注意大约 10 年一个周期

司猞猁毛皮收购记录的科学家发现。麝鼠、松鸡和野鸡的种群也有周期性变化特点。

对这种周期的最早解释是：当野兔数量丰富时，猞猁的食物是充足的。这使得猞猁更容易抚养幼仔，并同时提高猞猁的存活率。然而，猞猁种群的增加必然导致更多地捕食野兔，最终会使野兔种群减小。随着食物供给的减少，猞猁变得生存困难，数量开始减少。

然而，其他因素也可能会影响野兔种群大小。生活在没有猞猁的岛屿上的野兔种群也存在 10 年周期。一种解释是野兔种群的增加将减少它自身的食物供给，于是野兔开始死亡。这也会发生在有猞猁捕食的种群中。当野兔种群下降时，猞猁种群也会骤然下降。尽管已经发展出很多的假设来解释这种 10 年周期现象，但到目前为止科学家们还不能确定哪个或哪些因素最有效。在众多原因中包括气候变化、太阳辐射波动、疾病爆发和植物营养水平变化等。

请记住上述的众多概念，下面要关注另一个重要概念——生物群落演替。

3.4.6　生物群落演替

生态系统是动态系统。生物生生死死，种群增长或下降。环境随着时间和季节变化。各种变化中包括生物群落演替。**生物群落演替**是指一个生物群落随着时间逐渐被另一种群落代替的过程。生态学家提出存在两种演替类型：原生演替和次生演替。

原生演替　在之前没有生物生长的土地上开始的演替，称之为**原生演替**，如新火山岛上的生物群落演替。在原生演替中，生命要在没有生命的地方扎根生长，例如锯齿状露头的花岗岩、火山岩浆覆盖的山坡、山体滑坡造成的碎石堆，甚至露天矿的废石堆。

下面以美国东部冰川消退后的岩石地面可能发生的原生演替为例（见图 3.24）进行说明。第一阶段为**先锋群落**。这一阶段的生物要能适应极端的温度和湿度条件。一种典型的、可以在裸露的多风岩石上生长的先锋生物是地衣——一种奇特的小生物，可以紧附在岩石或其他无生命的物体上。地衣由两种生物组成，一种寄生在另一种之内，主体是真菌，真菌内有许多可进行光合作用的藻类。地衣的繁殖体为孢子，可随风四处飘散，这样就可能被吹到裸露的岩石上。孢子在岩石上定居并开始生长。

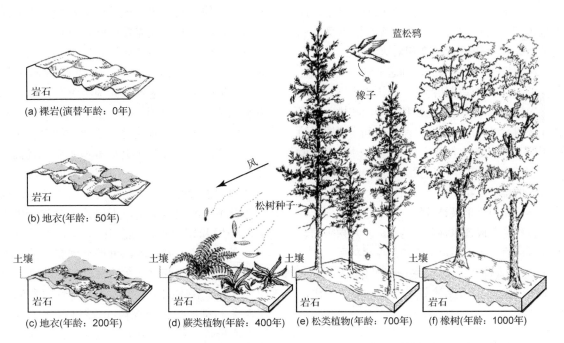

图 3.24　从裸岩到栎林的原生演替的不同阶段。这一过程可能需要 1000 年

地衣逐渐在岩石表面形成一层硬壳。大多数的地衣是灰绿色的，但也有些是亮橙色或浅蓝色的。地衣是一种非凡的生物，即使岩石是完全干燥的，只要能获得充分的空气湿度，孢子也能发育。一旦成活，地衣就开始改良其周围的环境（见图 3.24）。地衣分解的弱酸——碳酸开始溶解其下方的岩石。地衣在生长的同时，捕获风吹来的沙砾、粉尘和有机颗粒，并逐渐积累。当有地衣偶然死亡时，细菌和小的真菌会使它腐烂。侵入此微生境的以地衣为食的小昆虫所合成的有机物和排泄物，将使这些积累起来的相对贫瘠的土壤变得更肥沃。这时的土壤就像一块海绵，可从露水或雨水中吸收水分。一旦积累了足够的土壤，苔藓和蕨类植物也会通过风传播孢子进入该生态系统。最终蕨类植物在这个演替过程中替代地衣。在每个秋天，随着蕨类植物的分解，土壤变得越来越肥沃。最终，经过几十年的发展，风从山上的松林吹下来的种子可能正好落在这个地方。也可能有吃种子的鸟类，如松金翅雀飞过，掉下种子。接着，喜阳的松树幼苗与蕨类植物竞争。最终，松树会战胜蕨类植物，从而替代它们。

随着时间的推移，北美灰松鼠可能会进入这片区域，掩埋从相邻的橡树林中摘取的橡子。橡子也可能从由偶尔造访的浣熊或蓝松鸡身上偶然掉落。橡子正好可以在相对肥沃的土壤中发芽，从演替初期开始算起，到这个阶段土壤已经发育了数百年。橡树幼苗可在松树树阴下健康成长。橡树（也可以是其他物种，如山核桃、红枫和赤桉树）具有深的根系，所以能利用浅根系的松树利用不到的土壤水分。当有松树偶然死掉时，它在森林群落中的位置就会由橡树替代。随着时间的推移，将建立一个由特有动植物组成的橡树林，作为这个演替过程的相对稳定的顶级群落，也称为**气候顶级群落**。这样，一片裸露的岩石经过成百上千年后就被成熟的橡树林所代替[1]。

次生演替 之前有生物生长的地区发生的演替过程称为**次生演替**。与原生演替相比，

次生演替更常见，当一个生态系统被自然或人为部分破坏后会发生次生演替。主要原因有大火、火山爆发、龙卷风、毁林和农业。冶炼厂或危险废物引起的化学污染也可能导致严重的环境危害，从而导致次生演替。由于表土通常不会被破坏，与原生演替相比，次生演替需要的时间相对较短。例如，美国华盛顿州圣海伦火山周围的森林就正发生着次生演替。该火山于 1980 年 5 月 18 日爆发，森林被毁灭，火山灰在周围大范围弥漫（见案例研究 3.1）。

借助于图 3.25，我们来看位于美国佐治亚州的皮埃蒙特地区弃耕棉田上的次生演替。在弃耕后的第一年，两个先锋物种占优势——蟋蟀草和小蓬草。在第二年，这些物种被紫菀代替，这是一种野花。接着，在第三年，高禾草替代了紫菀。在第 5 年左右灌木和松树幼苗开始生长，并逐渐战胜高禾草。大约经过 50 年，松林在演替中占优势。但喜阳的松树幼苗不再能够在高度遮阴的森林下层中存活。它们被喜阴的橡树和山核桃幼苗代替。随着时间的推移，成熟的松树依次死亡，橡树和山核桃幼苗替代松树的位置。演替开始 100 年后，所有剩下的松树也会被橡树和山核桃代替。它们最终成为演替的气候顶级阶段的优势植被。需要注意的是，次生演替仅需要 100 年就可以从先锋阶段发展到气候顶级阶段。相比之下，从裸露的岩石或沙地发起来的原生演替可能需要 500～1000 年才能达到气候顶级阶段。这是因为在次生演替中，生态系统中所需的许多组分，特别是土壤，从演替开始就已经存在了。

虽然因为植被变化更基本和明显，我们主要关注了植物的演替，但需要注意的是群落中的动物种也会变化。这是因为不同的动物倾向于选择不同的植被类型，不仅为了食物，也为了保护层和繁殖地。在美国佐治亚州的研究中，在演替的不同阶段，可观察到繁殖的鸟类种群会发生显著变化。在演替过程中哺乳动物也会变化。在本例中我们发现，草地阶段的白尾灰兔和草地蛇会被橡树-山核桃森林的"居民"所替代，包括负鼠、浣熊和松鼠。在演替过程中对主要趋势的总结如图 3.26 所示。

---

[1] 大多数生态学家用演替早期、中期和后期阶段来表示我们讨论的几个阶段。

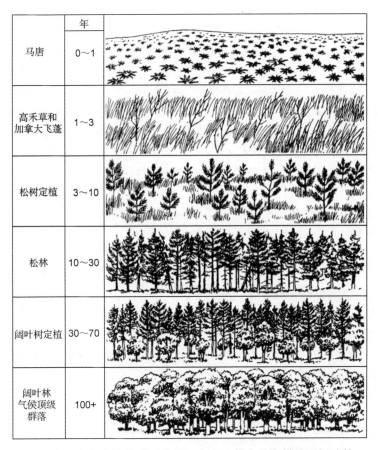

图 3.25 次生演替的不同阶段，在 100 年内从弃耕地到阔叶林

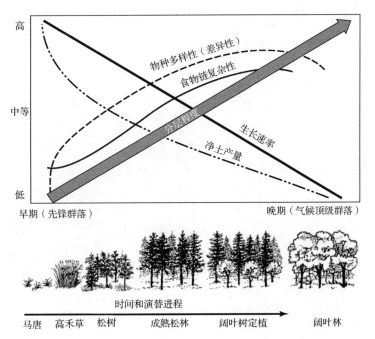

图 3.26 次生演替过程中的主要变化趋势总结。物种数、食物链的复杂度
和植被分层会随演替进程增加，但生长速率和净生产力下降

案例研究 3.1　圣海伦火山的生命回归：群落演替的典型实例

圣海伦火山于 1980 年 5 月 18 日喷发（见图 1）。这是有记录以来该火山最大的喷发事件之一，使动植物种群遭受了严重破坏。一些生态系统回到了裸露地表的阶段，不得不从一片狼藉中重新开始。罗杰·德尔莫瑞在"圣海伦山的生命回归"一文中描述了生命的神奇恢复过程。以下是对该论文的摘录。

上午 8:32，靠近岩浆的沸腾地下水注入河流，引发了新的爆炸，岩石和树木被烧成粉末，火山灰被飓风般的力量吹向北坡，穿过图特尔河谷，到达北部和西部。火海的温度估计超过了 5000℃。400 兆吨级当量的这次爆炸，将火山口以北 14 英里处的树木吹弯了 160°。山顶垮塌后，气体和吸水被喷射到 65000 英尺高的大气中，分别形成垂直的大柱。火山灰最终沉降在全球范围内，仅在美国华盛顿州，49% 的土地上形成了超过 12.5 厘米的沉降层。

大爆炸的一个直接后果是导致了众多动物的死亡。地下动物，例如囊鼠，在很多地方存活了下来，甚至在爆炸区，但生活在地上的哺乳动物和鸟类则无处可藏。据估计有 5200 只麋鹿、6000 只黑尾鹿、200 头黑熊、11000 只野兔、15 头美洲狮、300 只山猫、27000 只松鸦和 1400 只北美狼死亡。这次喷发还使 26 个湖泊遭受严重破坏，110 亿条鱼类被杀，包括鳟鱼和鲑鱼。

在植被重建过程中，大型脊椎动物可能是关键环节。厚厚的火山灰或泥石流干燥后，形成了一个硬壳，很少有裂隙供种子发芽。而大型动物在寻觅食物和水源路途中踏出的裂隙可以容纳种子。

在火山喷发区很少有高等陆地生物，但有机质很丰富，这种资源很快会被利用。华盛顿州立大学的大卫·霍斯福德发现，尽管这里有许多人死亡，整个生态系统曾在几秒内被毁灭，但火山灰中有蘑菇生长，它们慢慢分解有机质，陆地群落的演替已经开始。

在整个山口中，紧挨火山口北部的爆炸区受到了最严重的影响，包括斯必利特湖。所有火山活动都出现在这一地带。所有的生命都被毁灭。树木被碾碎，土壤被蒸发。100 米厚的火山物质覆盖在地表。

30 多年后，圣海伦火山周围被摧毁的生态系统已处在修复中。生态恢复（生态演替）研究表明恢复的速度依赖于干扰程度。干扰越大，恢复得越慢。例如，受覆雪保护的地方或沿河流的地方，植被恢复就容易一些。另一个恢复较快的地方是坡度较陡的位置，水土侵蚀冲刷掉了火山灰，使土壤和植被暴露出来。但紧挨火山口的北部区域，称为**浮石平原**，则恢复得最慢。

火山爆发后的最初几年，存活的植物促进了恢复过程。这些植物快速传播并有外来种的加入，即那些由风或鸟类排泄物带来的植物。1990 年以来，爆炸区的幸存物种和外来物种的数量与多样性有所增加。树木已开始在原来的森林分布区生长。麋鹿和鹿已返回，还有许多鸟类新物种。有 1/3 的啮齿类物种存活下来，它们和昆虫种群都在扩张。

尽管已有演替，但第一个三十年的植被恢复只是长期演替过程的开始，长期演替过程则需要 200～500 年，恢复时间还依赖于受干扰程度。最终，这里的景观也许还会定格在 1980 年至关重要的一天到来之前就已存在的物种丰富的成熟林。

图 1　1980 年火山喷发后的圣海伦火山。前景中的荒地将缓慢恢复植被，经过数十年后会恢复到之前的景观

3.5 生物群区

驾车从美国新英格兰去加利福尼亚的一路上，我们会看到景观的明显变化，从缅因州的常绿林到俄亥俄州的山毛榉-枫树林，再从堪萨斯州草原到犹他州的热荒漠。每个不同的植被类型都是一个不同的**生命带**，或**生物群区**的一部分。生命带或生物群区是一定气候条件下由特定植物与动物组成的地带性陆地生物群落。世界生物群区分布和简况分别见图 3.27 和表 3.2。气候决定生物群落类型的作用如图 3.28 所示。

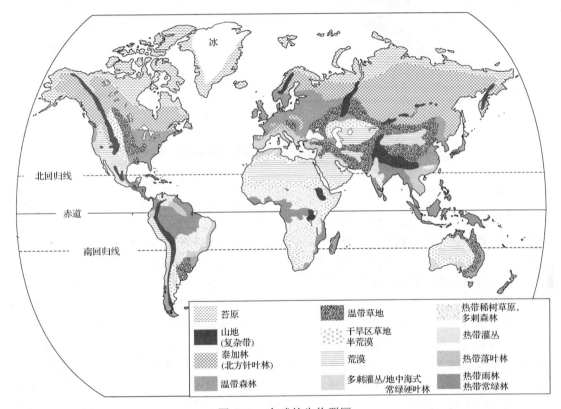

图 3.27　全球的生物群区

表 3.2　生物群区简况

生物群区	温　　度	降　　雨	典型植物	典型动物
苔原	−57℃～16℃	10～50 厘米	地衣、苔藓、矮柳	雷鸟、雪鹀、旅鼠、北美驯鹿、麝牛、北极狐
北方针叶林	−54℃～21℃	35～200 厘米	黑云杉、白云杉、香脂冷杉、白桦、山杨	云杉色卷蛾、毒蛾、驼鹿、北美野兔、猞猁
落叶林	−30℃～38℃	60～225 厘米	栎属、山核桃属、壳斗科、槭树科、黑胡桃、北美鹅掌楸	白尾鹿、北美灰松鼠、臭鼬、负鼠、黑熊
草地	8℃～17℃	25～75 厘米	小须芒草、大须芒草、格兰马草、野牛草	草地鹨、穴鸮、叉角羚、獾、长耳大野兔、北美狼
荒漠	2℃～57℃	0～25 厘米	刺梨仙人掌、树形仙人掌、石炭酸灌木、豆科灌木、蒿属植物	菱斑响尾蛇、吉拉毒蜥、走鹃、袋鼠、野猪
萨瓦纳稀树草原	13℃～40℃	25～90 厘米	猴面包树、金合欢、草本植物	斑马、长颈鹿、牛羚、大象、羚羊
热带雨林	18℃～35℃	125～1250 厘米	丰富的多样性	丰富的多样性

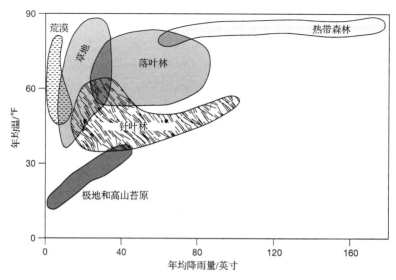

图 3.28　温度和降雨对生物群区形成和分布的影响示意图

3.5.1　苔原

西伯利亚语苔原的意思是"树线的北方"。这一术语恰当地描述了该生物群区的分布，从树线向北一直到永久冰雪带。苔原主要分布在北极圈内平缓或有轻微起伏的地形上，约占全球陆地面积的 10%左右。

与其他生物群区相比，因为相对简单，苔原的生态结构和过程较容易被认识。苔原的主要限制因子是较少的太阳能和冬季的苦寒。在 6 月和 7 月，北极圈边缘的苔原处于极昼。然而，在 1 月这些区域就处于极夜，全天没有阳光。年降雨量低于 250 毫米，主要以雨的形式在夏季和秋季降落，降雪很少。因为寒冷的气候和短暂的 6 个星期的生长季，北部苔原的植被稀疏。所以，这一地区有时也被称为**北极荒漠**。实际上，苔原的植物生产力只稍高于荒漠。低温使得化学和生物过程变慢，不利于成熟土壤的形成。每年的晚春，土壤的上层开始解冻，但深层仍保持为永久冰冻，称为**永久冻土**。永久冻土分布在 15～45 厘米的土层。在春季和夏季，融化的地表变成了沼泽。因为排水不良而且蒸发较低，晚春融化的水会汇成成千上万的小湖。矮柳是典型的生产者。这些矮柳尽管只有几米高，年龄却可能超过 100 岁。代表性的消费者包括各种食草动物，如旅鼠、雷鸟（见图 3.29）、北美驯鹿和麝牛。雪鸮和北极狐是这一地带上的典型食肉动物。

图 3.29　具代表性的苔原食草动物是雷鸟。它又会被雪鸮、北极狐或其他捕食者捕杀

苔原是一个脆弱的生态系统。一个原因是受人类干扰后恢复速率非常慢。早期探险者和当地居民在 120 多年前留下的车轮印还清晰可见。

苔原现在受到来自美国石油公司越来越高的石油开采需求的威胁。1968 年，在阿拉斯加的北湾发现了西半球最大的油田。该公司为此修建了 1262 千米长的输油管将石油运送到阿拉斯加南部海岸的瓦尔迪兹港。这使大面积的植被和野生动物的生境遭到破坏。随着北湾油田石油储量的耗竭，该石油公司开始瞄上北极国家野生动物保护区，希望开采存储在表土下的石油。

除了石油，苔原地带还蕴藏着北美大陆探明的煤炭储量的 2/3，以及大量的锌矿、铅矿和铜矿。这些资源在不久的未来也会被开采。这类资源开发将给苔原带来严重的破坏。

3.5.2　北方针叶林

如全球生物群区图（见图 3.27）所示，**北方针叶林带**或泰加林分布于北美、瑞典、芬兰、俄罗斯和西伯利亚极地苔原以南，形成了从东到西的一个广阔地带。典型的自然环境特征包括：年降水量为 370～1000 毫米，冬季平均气温为 -26.6℃，夏季平均气温高于 21℃，生长季为 150 天。优势气候顶级植被有黑云杉林、白云杉林、香脂冷杉林和美洲落叶松林。这些常绿树种具有很好的环境适应性；它们的树枝十分柔韧，当大雪压枝时会自然弯曲，而不会发出噼噼啪啪的声音。因为留在树枝上的干死松针很容易被点燃，所以闪电引起的冠层火灾很常见。以针叶为食的昆虫超过了 50 种。一些物种的种群会突然爆发，例如云杉色卷蛾、毒蛾、松小蠹虫和松叶蜂，会引起云杉、冷杉和松树的大面积死亡。演替早期的代表性植物为白桦和山杨。典型动物包括驼鹿、北美野兔、猞猁、松雀和红交嘴鸟。泰加林现在是高强度的森林采伐和矿物开采区，已给这一生物群区带来毁灭性的影响。

3.5.3　温带落叶阔叶林

如全球生物群区地图所示，**温带落叶阔叶林带**分布于北美东部、整个欧洲、中国东部、日本和澳大利亚等。在美国，温带落叶阔叶林带主要分布于北方林以南，密西西比河以东的广大地区。在成为殖民地前，美国的落叶阔叶林几乎是成片连续分布的。然而，现在受居住地、农业、砍伐、采矿和高速公路建设等人类活动的影响，该生物群区已经减少到只占原有面积的很小一部分。因为土壤湿度的增加，落叶阔叶林会呈指状沿大河谷向西深入草原分布区。因为丰沛的降水（至少为 750 毫米）和相对较长的生长季，除了太平洋西北海岸线分布的温带雨林外，落叶阔叶林的净初级生产力是北美各生物群区中最高的。代表性树种有栎属、山核桃属、壳斗科、槭树科、黑胡桃、黑樱桃和北美鹅掌楸等。代表性消费者包括北美灰松鼠、臭鼬、黑熊和白尾鹿。

3.5.4　热带雨林

热带雨林生物群区位于温暖的赤道周围，年降雨量超过 2000 毫米。如图 3.27 所示，热带雨林主要分布于中美洲、南美洲的亚马孙河和奥里诺科河流域、非洲的刚果河盆地、马达加斯加和东南亚地区。在雨季每天都会下大雨。因为大量的太阳光被冠层吸收，林下光线昏暗，植被稀疏。

雨林通常具有很高的生物多样性。每公顷面积上可能就有 200 多个树种，相对而言北美温带落叶阔叶林每公顷只有 10 个左右的树种。热带雨林的分层很多，树冠常有 3～4 层。

动物种类也很丰富，具有很高的生物多样性。哥斯达黎加的热带雨林每 2 公顷面积上至少有 369 种鸟类，超过了整个阿拉斯加的种类。有些昆虫特别大。亚马孙雨林里，有一种蛾展开的翅膀约有 0.3 米，一些蜘蛛大到以网捕获鸟类为食！

为了获取树木建造房屋、建立农场和放牧场，或者为采矿清除地表，热带雨林常被砍伐或破坏。农业种植通常因为两个原因而经常失败。在多数情况下，土壤很贫瘠，很快会失去生产力。土壤中通常有铁离子，干旱季节在热带的阳光照耀下，土壤被烘烤得像砖头一样坚硬。毁林使更多的 CO_2 排放到大气中，并加剧了全球变暖（见第 19 章）。

3.5.5 热带稀树草原

稀树草原是在温暖气候条件下有树木零散生长的草地。如全球生物群区分布图（见图 3.27）所示，热带稀树草原主要分布于南美、非洲、印度和澳大利亚。每年平均降雨量为 1000～1500 毫米。干湿季节交替明显，在长时间的干旱情况下火灾频发。因此，热带稀树草原的动植物必须耐旱、耐火烧，因此物种多样性不高。

非洲热带稀树草原拥有风景如画的猴面包树和多刺的金合欢树，并拥有世界上种类最多和数量最大的有蹄类食草动物，包括斑马、长颈鹿、角马和羚羊。为了追求更多的食物，许多非洲人和印度人将大面积的热带稀树草原开辟为农田与牧场。这些干扰加上非法狩猎，使许多物种的种群快速下降。

3.5.6 草地

草地生物群区在陆地上分布广泛，以生长草本植物为特色。草地生物群区主要分布在平原、高原和起伏平缓的丘陵上，没有树木生长（河边或围绕农场和城镇人工栽种的例外）。地球上的草地主要包括加拿大和美国的北美大草原、南美洲的潘帕斯草原、欧亚大陆草原和非洲草原（见图 3.27）。美国的草地主要分布在两个地区：北美大平原，从落基山东坡到密西西比河的广大区域；北美大盆地中较湿润的地区，西起内华达山脉，东至落基山脉。在北温带，因为年平均降水量大于荒漠生物群区（大于 250 毫米）但低于森林生长所需的降水量（小于 750 毫米），草本植物占绝对优势。冬季暴风雪和夏季干旱更严重。研究表明，毁灭性的大火会在草原区周期性发生，但草地上的深根系植物在长期干旱时可以利用地下水，因此草本植物在火烧后可以再生。

草地的优势植物包括大须芒草、小须芒草、野牛草和格兰马草。典型鸟类有角云雀、草地鹨和穴鸮。主要的哺乳动物有叉角羚、獾、白尾长耳大野兔、北美狼和北美草原土拨鼠（见图 3.30）。

图 3.30 站在火山口状洞穴出口边缘的一只北美草原土拨鼠——草地生物群区的居民。土堆不仅可以作为瞭望高地，还可防止洪水淹没洞穴

现今，气候顶级的草地生物群区只有零星分布。人类已用栽培的"禾草"，如玉米和小麦，替代了原生的禾草。另外，人类几乎消灭了北美野牛，取而代之的是家养的食草动物，如牛和羊。

3.5.7　荒漠

如世界生物群区分布图所示，世界上最大面积的**荒漠**分布于美国、墨西哥、智利、非洲（撒哈拉）、亚洲（新疆和戈壁）和澳大利亚。美国荒漠位于大盆地的干热区域以及加利福尼亚、新墨西哥、亚利桑那、田纳西、内华达、爱达荷、犹他和俄勒冈部分地区。

荒漠是干旱区，主要位于高大山脉的背风面，如内华达山脉和落基山脉。来自太平洋的温暖和湿润的空气在爬过迎风坡时，会冷却下来并以雨或雪的形式将水留下来。山地的背风坡则位于雨影区，降水极小。荒漠群落的年降水量低于 250 毫米。而且，降雨分布很不均匀，经常以暴雨的形式降落，引起瞬时洪水和严重的水土流失。极高的蒸发速率会加重缺水问题。例如，每年每公顷的潜在蒸发量可达实际降水量的 30 倍。

夏季温度日变化幅度可达 10℃～48℃。夏季荒漠地表温度可达 62℃。只有能适应极端高温和干旱的生物才能在荒漠存活。代表性植物有刺梨仙人掌、树形仙人掌、石炭酸灌木和豆科灌木。美国荒漠典型的消费者有响尾蛇、毒蜥、走鹃、长耳大野兔、长鼻袋鼠和野猪。

3.5.8　山地垂直带

从美国的田纳西东北到加拿大北部穿行几千千米，会遇到一系列不同的生物群区——荒漠、草地、针叶林和苔原。这些生物群区的变化反映了温度和降水的逐渐变化，这又会引起净初级生产力的显著不同（见图 3.31）。这一系列生物群区在高大山地的山坡上也能见到，例如海拔 4200 米的科罗拉多落基山，称为**山地垂直带**。山地垂直带的变化也由气候因子决定，但主要受海拔高度而非纬度的影响。

3.6　生态学和可持续性

生态学是研究生物与其环境关系的科学。换言之，生态学关注自然系统运行方式。与其他学科相比，生态学对资源管理和可持续发展更重要。我们相信拥有生态学的坚实基础，有助于资源管理者更好地预测各种行动，比如从一个生态系统去除捕食者的影响。对生态学的基本原理的掌握，可帮助资源管理者预测人类活动，比如建一座堤坝或修建一条穿越森林的公路时，会对施工地及其周边地区的物种产生影响。不多的知识就可帮助我们避免一场灾难性的后果。它可能建议我们采取可替代的方法，或促使我们重新思考我们的计划。

最后，生态学的学习将有助于将人类文明引导到可持续道路上来。例如，对能量定律和食物链物质损失的认识会让我们知道，如果我们更多地以水果、谷物和蔬菜为食，就更容易养活全世界不断增长的人口。对养分循环及工农业发展可能造成的不利转变的认识，有助于我们制定战略，避免破坏对生命世界来说十分重要的循环过程。

有关演替及不同演替阶段群落生产力的知识，已被证明在追求最大产量的资源管理中是有用的。这些知识，结合对生态系统长期健康的关键因素的认识，将有助于我们实现最适的**可持续产量**，即最合适的生产速率，而不会威胁农场、森林或其他生态系统的健康。

耐受性法则提醒我们需要采取行动来保护其他生物所需的环境条件。如果超过这些限值，我们将成为破坏者。生态位的概念有助于我们更好地理解一个物种的全部需求，从而有助于我们更可持续地管理生态系统。

知道生物之间的关系复杂性后，我们就能在采取任何行动前，逼迫自己重新审视所规划的蓝图。这种系统的观点对可持续发展来说是必需的。

前面的章节描述了一系列的生物学原理，可确保自然生态系统的可持续性。这些原理包括自然保护、再循环、可再生资源利用、生态恢复和种群控制。第 1 章中已指出自然生态系统具有耐久性，因为大多数生物可充分和高效地利用它们所需的资源。这就是节约准则。尽管可能有例外，例如灰熊会杀死鲑鱼并只吃它的鱼卵，但大多数生物是相当节俭的。另外，在自然生态系统中，所有废物是被循环利用的。一种生物产生的废物可能会变成另一种生物的食物来源。因此，所有的养分会持续地在自然系统中循环。

自然界本身也是可持续的，因为它依赖可再生资源——太阳、土壤、水分和植物，以可再生资源为基础将保证生命的延续性。另外，自然生态系统也能够修复损伤。它们可以自我恢复。最后，自然生态系统将物种数量控制在环境承载力范围内。这些准则共同保证了我们唯一星球上生命的连续。

但生命不是静态的。生物会不断进化。换言之，生物能适应所遭遇的不断变化的条件。这对生命的延续也是必需的。人类必须适应这个不断变化的世界，但我们没有那么多的时间来从生物学上进行适应。我们必须做出社会、经济、政治甚至个人的改变来确保我们的长期生存。通过把这些发展应用到我们自己的社会中，我们能够适应这个环境条件不断变化的世界，而实际上威胁也主要来自于我们自身的行动。

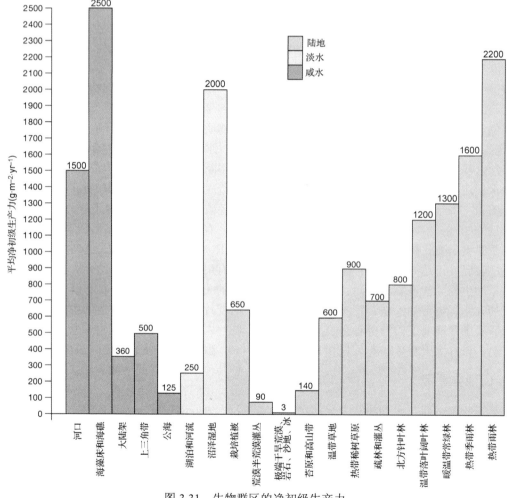

图 3.31　生物群区的净初级生产力

重要概念小结

1. 生态学是研究自然界相互关系的科学。生态学家研究生物之间及生物与它们所处环境之间的联系。生态学家的研究主要关注生物的三个层次：种群、群落和生态系统。

2. 种群是指一个地区某一物种个体的数量。群落包括给定地区所有的生物种群，包括植物、动物和微生物。生态系统是生物群落及与它们相互作用的理化环境。

3. 地球上所有的生态系统形成生物圈或生态圈。

4. 所有生物都由物质组成。物质是指占据一定空间并能被感知的任何事物。物质既不能被创造也不能被消灭，但是可以从一种形式转变为另一种形式。这就是著名的物质守恒定律。

5. 所有生物均依赖于能量。能量以多种形式存在。能量遵守特定的定律。能量第一定律指出，能量既不能被创造也不能被消灭，它只能从一种形式变成另一种形式。能量第二定律指出，每当能量从一种形式转换为另一种形式时，一定会有一部分能量以热能的形式散失。

6. 归根结底，生物所需的所有能量均来源于光合作用。光合作用是植物在光照条件下将 CO_2 和水等原料转化为葡萄糖和其他有机分子的过程。太阳光的能量存储在植物合成分子的化学键中。其中一些被植物自身利用，而其他大部分则通过不同的食物链被动物和微生物所利用。

7. 食物链是特定的生物序列，养分和能量在其中流动。在生态系统中，多条食物链形成相互联系的网络，称为**食物网**。

8. 食物网越复杂，则越稳定。食物网的简单化使得生态系统不稳定。

9. 在光合作用中，绿色植物将来自太阳的能量转化成有机食物的能量，它可被其他生物所利用。由于这个过程，绿色植物被称为**生产者**。以植物为食的动物，例如野兔，称为**草食动物**。像狼这样的动物，以其他动物为食，即所知的肉食动物。

10. 给定生物个体、种群或群落的所有生活物质（原生质）的总干重，称为**生物量**。生态系统研究表明生物质在食物链中随着营养级的增加而逐渐减少。这就是众所周知的**生物量金字塔**。

11. 因为生物质包含潜在的能量，也因为生物在将食物中的能量转化成自身生物质中的能量时的转化效率只有约10%，因此一个食物网中的食物能量随着营养级的增加而不断降低。这就是众所周知的**能量金字塔**。

12. 某种元素从非生命环境进入活的生物体，接着又返回非生命环境的循环流动过程被称为**营养循环**。亿万年来，营养循环处于平衡状态。但近年来人类扰乱了许多营养循环，通常通过增加这些循环中的营养量，造成大气、水体和土壤的污染，产生了严重后果。

13. 每种生物能够容许的任何一个重要环境因子的变化范围，称为**耐受范围**。

14. 生物占据的特定地区，称为**生境**。生态位是个更为复杂的概念。它包含许多因素，包括生物的食物、捕食者和巢穴等。生态位描述一种生物在生态系统中所起的独特作用——它的需求和关系。

15. 生态学家发现，不同的生物不可能占据相同的生态位，这就是**竞争排斥原则**。

16. 一个种群的大小是环境压力与产生生物潜能的因子的共同作用结果。

17. 一个物种的生物潜能是指在资源无限的条件下，其种群能够达到的理论上的最大繁殖速率。在自然界中，没有生物能够在可考察的时间范围内达到这一速率，原因是环境阻力。

18. 环境阻力指的是所有降低种群增长的因子，例如不利的天气、食物缺乏、天敌和疾病。通常，当环境阻力增大时，种群下降。反之亦然。

19. 生态学家将对环境阻力有贡献的因子分为两类——非密度制约因子和密度制约因子。

20. 非密度制约因子是那些所起作用与种群密度无关的因子，例如干旱、寒流和暴风雨等。人类对生境的破坏是另一个例子。

21. 密度制约因子是那些能够控制种群规模增长或下降，且作用取决于种群密度的因子。至少有4种主要的密度制约因子——捕食、竞争、寄生和疾病。

22. 每当一个物种被引入一个有足够资源的新的生境，其种群增长就具有典型的特征，遵循所谓的S曲线。在第二个阶段，因为环境阻力很小，发生爆发性增长。在最后一个阶段，种群由于环境阻力而趋于稳定。从这一点上看，种群处于动态平衡，已经达到承载力——该生境在可持续的前提下能够承载的种群大小。

23. 野生动物管理者利用给他们有关种群增长曲线的知识来管理野生动物种群，以实现最大可持续产量。

24. 并非所有的种群都能保持动态平衡。外来的驱动力，比如极其适宜的气候，可能导致种群的急剧增长。这种爆发性增长可能使种群超过生境的承载力进而导致种群崩溃。人类活动极易破坏平衡，导致爆发性增长。

25. 一些物种，比如旅鼠，在自然条件下其种群呈 3～4 年的周期变化。其他物种，比如猞猁和北美野兔，则为 10 年的周期。

26. 在不变的气候条件下，一个种群被另一个所代替称为**生物群落演替**。演替的初始阶段为先锋群落，最终阶段为气候顶级群落。后者稳定，理论上它将永远存在，直至气候变化或一些生态过程或人类活动将它破坏。

27. 在之前没有生物生长的土地，比如裸岩上开始的演替称为**原生演替**。反之，在曾经支撑过生命的地区，比如烧毁的森林或弃耕的玉米地，发生的演替过程称为**次生演替**。

28. 生物群区是生物学家容易识别的最大的陆生生物群落。它是气候、土壤、水和生物相互作用的生物学表现。本章讨论的代表性生物群区有苔原、北方针叶林、落叶林、热带雨林、热带稀树草原、草原和荒漠。每个生物群区具有独特的植物和动物组合特征。在高山（如落基山）的山坡上也可识别一系列的山地垂直带。

29. 对生态学的理解有助于我们理解人类对环境的影响以及更好管理生态系统的方法。最终，它有助于我们走上可持续的道路。通过实践有关可持续性的生态学原理，我们可以创造一个尊重并遵守全球生态系统约束的生活方式。

关键词汇和短语

Abiotic Factors　非生物因子

Albedo　反照率

Alien Species　外来种

Altitudinal Biomes　生物群区的垂直分布

Atmospheric Fixation　大气固氮

Biogeochemical Cycle　生物地球化学循环

Biological Community　生物群落

Biological Fixation　生物固氮

Biological Succession　生物演替

Biomass　生物量

Biomass Pyramid　生物量金字塔

Biome　生物群区

Biosphere　生物圈

Biotic Factors　生物因子

Biotic Potential　生物潜能

Carbon Cycle　碳循环

Carnivore　食肉动物

Cellular Respiration　细胞呼吸

Chlorophyll　叶绿素

Climax Community　气候顶级群落

Community　群落

Competition　竞争

Competitive Exclusion Principle　竞争排斥原则

Consumer　消费者

Cyclic Populations　周期性种群

Deciduous Forest Biome　落叶林生物群区

Denitrification　反硝化作用

Desert　荒漠

Density-Dependent Factors　密度制约因子

Density-Independent Factors　非密度制约因子

Detritus　碎屑

Detritus Feeder　食碎屑动物

Detritus Food Chain　碎屑食物链

Dynamic Equilibrium　动态平衡

Ecology　生态学

Ecosphere　生态圈

Ecosystem　生态系统

Ecosystem Simplification　生态系统简单化

Elemental Cycle　元素循环

Energy　能量

Energy Laws　能量定律

Energy Pyramid　能量金字塔

Entropy　熵

Environmental Resistance　环境阻力

Exotic Species　外来种

First Law of Energy　能量第一定律

Fixed　固定的

Food Chain　食物链

Food Web　食物网

Global Warming　全球变暖

Grassland Biome　草地生物群区

Grazer Food Chain　捕食食物链

Gross Primary Production　总初级生产量

Habitat　生境

Herbivore　食草动物

Host　宿主

Industrial Fixation　工业固氮

Irruption　爆发性增长

Kinetic Energy　动能

Law of Conservation of Matter　物质守恒定律

Laws of Thermodynamics　热力学定律

Legume　豆科

Lichen　地衣

Life Zone　生命带

Matter　物质

Maximum Sustainable Yield　最大可持续产量

Net Primary Production　净初级生产力

Niche　生态位

Nitrification　硝化作用

Nitrogen Cycle　氮循环

Nitrogen Fixation　固氮

Northern Coniferous Forest Biome　北方针叶林生物群区

Nutrient Cycle　营养循环

Omnivore　杂食动物

Optimum Yield　最佳产量

Parasite　寄生虫

Permafrost　永久冻土

Phosphorus Cycle　磷循环

Photosynthesis　光合作用

Pioneer Community　先锋群落

Population　种群

Population Dynamics　种群动态

Potential Energy　势能

Predator　捕食者

Primary Consumer　初级消费者

Primary Production　初级生产量

Primary Succession　原生演替

Producer　生产者

Pyramid of Numbers　数量金字塔

Quaternary Consumer　四级消费者

Range of Tolerance　耐受范围

Reservoir　储库

Reservation　保留

Root Nodules　根瘤

S-Shaped (Sigmoidal) Curve　S 形（西格玛）曲线

Savannah　稀树草原

Second Law of Energy　能量第二定律

Secondary Consumer　次级消费者

Secondary Succession　次生演替

Sustainable Yield　可持续产量

Taiga　泰加林

Tertiary Consumer　三级消费者

Trophic Level　营养级

Tropical Rain Forest Biome　热带雨林生物群落

Tundra　苔原

Wavelength　波长

批判性思维和讨论问题

1. 定义以下各生物层次并举例：种群、群落和生态系统。

2. 定义生物圈。为什么大多数的生物都分布在生物圈中狭窄的区域内？

3. 多年以来，湖泊被视为处于平衡的生态系统。假设现在一种疾病杀死了所有的植物，这将对此生态系统中的动物造成什么影响？假设疾病杀死了湖中的所有微生物而非植物，对生态系统的影响又如何？讨论你的答案。

4. 什么是能量？什么是物质？

5. 阐述能量第一定律和能量第二定律。它们对你而言有何意义？它们如何影响你？它们如何影响生态系统？

6. 回溯你的台灯所发射的能量的来源，直至其最终来源——太阳。

7. 定义光合作用和呼吸作用。它们之间如何相互依赖？

8. 什么是食物链？什么是食物网？

9. 区分捕食食物链和碎屑食物链。每种举一个例子。哪种类型更易于观察？哪种类型的食物链对森林生态系统更重要？哪种类型对海洋生态系统更重要？

10. 你能识别的、在你的宿舍或家中的生物物种有哪些？它们是生产者、食草动物、肉食动物、杂食动物或食碎屑动物？将你的结果与其他同学的进行比较。

11. 列出你上一餐中消费的所有食物对应的生物。请基于这个清单和你自己，建立一个食物网。你可以增加其他并未真正出现在你食物中的生物。确定每个物种在食物网中的营养级。

12. 英吉利海峡中生活的动物的总生物量是植物的 5 倍。你能对这个看起来与生物量金字塔概念相矛盾的结果给予一种解释吗？

13. 元素在生态系统中循环，而能量则不行。但是，如果假设能量可以循环而元素不行，这对生态系统将产生怎样的影响？讨论你的答案。

14. 假设太阳停止照耀地球。这对地球上的生命有何影响？生命还会存在吗？讨论你的答案。

15. 什么是营养循环？为什么要了解它？

16. 对你设想的氮循环、碳循环和磷循环绘制流程图。

17. 介绍三种固氮的途径。

18. 从 2.5～3.0 亿年前的大气到今天早餐你所吃的煎蛋，跟踪一个碳原子。

19. 污染可以定义为人类造成的营养循环失衡。请解释。你能对改变营养循环的土壤、大气和水污染各举一个例子吗？

20. 讨论你对日常环境中的各种物理条件的耐受范围。

21. 为什么理解生态系统中物种的耐受范围十分重要？

22. 什么是竞争排斥原则？

23. 定义生物潜能和环境阻力。列出几个增加物种生物潜能的因子。

24. 举例说明密度制约因子和非密度制约因子。

25. 一种新的啮齿目动物被引入到了一个没有自然天敌或疾病的小岛。说明它的种群可能发生的变化。作出变化曲线，解释每个阶段发生的变化。什么因子将促使种群达到动态平衡？

26. 定义生物群落演替。

27. 说明原生演替可能开始的三个场所。说明次生演替可能开始的三个场所。

28. 列出生态演替中先锋群落和气候顶级群落的 4 个基本差异。

29. 假设俄亥俄州一片 0.1 公顷的橡树林被砍伐后铺上大理石板。1000 年后，这些大理石板还能看得见吗？为什么？对可能发生的时间进行详细解释。

30. 什么是生物群区？你生活在哪个群区？它的主要特征是什么？

31. 说明苔原的物理特征。为什么它常被称为**北极荒漠**？为什么它被认为是脆弱的生态系统？它是研究演替的较好场所吗？为什么？请解释。

32. 本章讨论的哪一种生物群区具有最高的动物多样性？这是由哪些特征决定的？

网络资源

本章相关在线资料见 http://www.prenhall.com/chiras（单击 Table of Contents，接着选择 Chapter 3）。

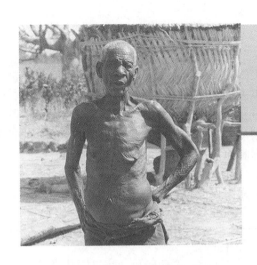

第 *4* 章

人口的挑战

人类人口的增长是世界最紧迫的环境问题，是造成贫困、不卫生的生活条件、全球污染和资源枯竭等其他问题的根源。

这个问题有多严重？请考虑下面的一些统计数据。一天之内，世界人口将增加 22 万人以上；一周之内，世界人口将增加 150 万人；一年之内，地球及其生态系统必须承载新增加的 8000 万人。增加的每个人都有食物、居所和衣着的消耗，同时都将产生废弃物。

所幸的是，并非所有关于人口的消息都是令人担忧的。虽然全球人口持续增长，但是从 1970 开始，世界人口的增长率已开始缓慢下降。人口增长变缓的情况主要发生在亚洲和南美洲的**发展中国家**，部分原因是这些国家实行了计划生育。由于计划生育和个人行为的影响，欧洲一些国家的人口已经停止增长，进入**人口零增长**阶段。一些欧洲国家的人口甚至在减少，如波兰和立陶宛。俄罗斯和东欧国家的人口同样在减少。俄罗斯人口的减少很大程度上是因为政治制度的艰难转型及其导致的长时间的经济衰退。非洲人口增长率同样在下降，原因是饥饿、内战和传染病，尤其是艾滋病等造成的死亡率的增加。

人口增长率的下降并不意味着地球人口将停止增加。事实上，根据美国人口咨询局（RBP，位于美国华盛顿特区的一个非营利组织）的预测，假设目前的人口增长率保持不变，

世界人口将从 2008 年的 67 亿人增长到 2050 年的 120 亿人和 2100 年的 240 亿人。当然，很少有专家，包括 RBP 的研究者相信，世界人口将持续增长。大多数的预测表明世界人口将达到 85～120 亿人。下面将解释人口增长率下降而同时人口持续增加的原因。

4.1 理解人口和人口增长

在我们了解人口爆炸的全面影响并提出控制人口的策略之前，将先讨论一些用于描述人口和人口增长的概念与关键术语。这些概念和关键术语将帮助我们理解人口问题的重要性以及各种解决问题的途径。

4.1.1 出生率和死亡率

出生率和死亡率是必须理解的两个最基本的概念。一个国家的**出生率**指的是一年中平均每 1000 人中出生的人数。比如，美国目前的出生率为 14‰，意味着在每 1000 人中，一年内有 14 个婴儿诞生。

死亡率是每 1000 人中一年内的死亡人数。美国目前的死亡率为 8‰。

一个国家的出生率和死亡率之差称为**自然增长率**（或**自然减少率**）。人口学家用下面的公式来确定自然增长率：

自然增长 ＝ 出生率－死亡率

在美国，自然增长率等于 14‰减去 8‰，

即 6‰，这意味着在美国每 1000 人中每年实际增加 6 人。

这个例子说明如果出生率高于死亡率，人口将增加；如果出生率低于死亡率，人口将会减少。

现在我们来研究一下图 4.1。如图所示，出生率减去死亡率等于自然增长率。但是，图 4.1同时也表明，另外一个因素也影响了一个国家的人口增长率，即净迁移率——迁入或迁出一个国家的人数。人口学家用下面公式描述一个国家的人口增长：

人口增长率＝出生率–死亡率+净迁移率

美国的净迁移率为 4‰，净迁移率等于迁入率减去迁出率。根据各种资料，每年通过各种途径进入美国的合法或非法移民达 150～200 万人，而 2005 年估计有 22.5 万人从美国移民到其他国家。于是，美国的自然增长率约为 6‰，净迁移率为 4‰，总增长率为 10‰，即每年新增人口数略低于 300 万人。

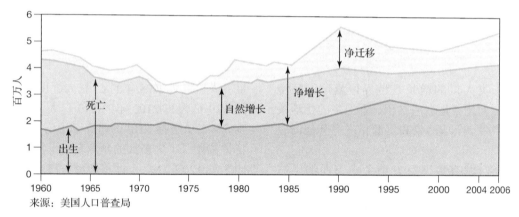

图 4.1　1960—2006 年美国人口的变化。美国的人口增长率受出生率、死亡率和净迁移率的影响

了解了一些关于人口增长的知识后，下面我们用这些知识去分析世界人口。根据美国人口咨询局的数据，2007 年世界人口的出生率为 21‰，死亡率为 9‰，自然增长率的结果就是 12‰。

一个国家或世界的人口增长率也可以用百分比计算：

年增长率（%）＝（出生率–死亡率）×100

用这个公式，**世界人口年增长百分比**的计算如下：

$$\frac{21}{1000} - \frac{9}{1000} = \frac{12}{1000}$$

$$\frac{12}{1000} \times 100 = 1.2\%$$

4.1.2　指数增长

图 4.2 展示了过去几千年里人类人口的增长。如图所示，在几千年前，人类人口维持在一个很低的水平，直到过去的 200 年才开始快速增加，到 2008 年达到 67 亿人。

人口学家把这种增长模式称为**指数增长**。到底什么是指数增长，为什么我们对指数增长感到不安？当变量以一个固定的比率增长，且年增长量（每年增加的量）加入到基数上时，就会产生指数增长。比如，年增长 5%的银行账户，如果利率保持不变，指数增长意味着我们能用利息赚取新的利息。如图 4.2 所示，指数增长的结果为 J 形曲线。

指数增长很具有欺骗性。如图所示，最初的增长十分缓慢，但过了一段时间之后，人口（或其他任何有类似变化规律的参数）将会迎来非常迅速的上升。一旦人口超过了 J 形曲线的拐点，快速增长将一直持续下去，这让许多人感到震惊。为什么增长会突然加速？或者是否真的如此？

在指数增长中，增长率保持不变产生了神奇的效果。事情是这样的，在长时间以缓慢的绝对数值增长以后，当基数逐渐达到某个规模时，即使很小的增长率，也会引起非常大的绝对增加量。因此，如果基数很大，即使增长率看起来微不足道，也会导致一个巨大的数量的增加。以世界人口为例，2008 年为 67 亿人，即使其增长率为 1.2%，看上去很小，但净增长却很大，达到每年 8000 万人！随着人口增长，对资源的需求也会快速增长。

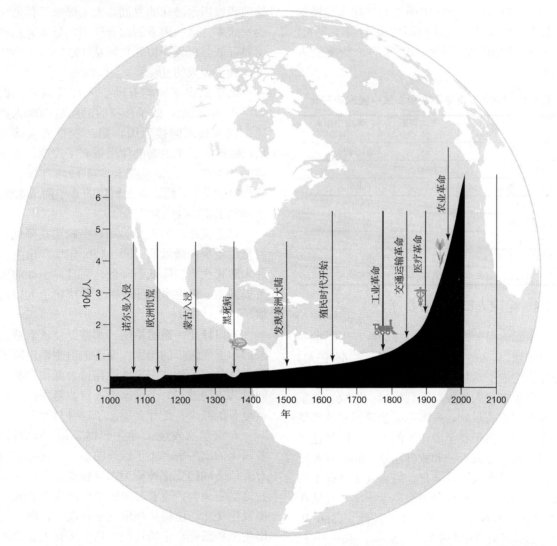

图 4.2　人类人口的指数增长。由于卫生、医药和农业生产的进步，人口在过去 200 年激增

指数增长是自然资源保护课程中的最重要的概念之一。它描述了人口的增长以及目前环境危机中许多其他方面的增长，比如资源耗竭和污染。

绿色行动

如果你打算结婚生子，请考虑推迟生育时间，并考虑只要一个或两个小孩，以帮助降低人口增长。

4.1.3　倍增时间

人口学家同时也使用其他方法来帮助理解人口问题并预测人口增长，比如倍增时间。**倍增时间**指人口增加一倍所用的时间。一般用 70（人口统计学常数）除以年增长率来确定倍增时间。比如对于 2008 年的全球人口来说，其倍增时间为

$$70/1.2 = 58 \text{ 年}$$

以目前的人口增长率，世界人口预计在 58 年后翻倍。

倍增时间在国家之间有很大的差异。发达国家的平均年增长率约为 0.1%，其人口倍增时间约为 700 年；而发展中国家的平均人口增长率约为 1.5%，人口倍增时间约为 47 年。表 4.1 列出了发达国家和发展中国家的一些重要人口参数。

表 4.1 2007 年发达国家和发展中国家的对比

人　　口	发达国家 10 亿	发展中国家 10 亿
平均出生率	11/1000	27/1000
平均死亡率	10/1000	9/1000
平均人口增长率	0.1%	1.8%
倍增时间	700 年	47 年
婴儿死亡率	7/1000	61/1000
总生育率	1.6	3.3
平均预期寿命	77 年	64 年
人均国民生产总值	\$29680/年	\$4760/年

4.1.4　全球人口为何会暴涨

本章前面曾提到，在过去 200 年里，世界人口激增，从大约 10 亿人增加到超过 60 亿人。是什么造成了这种情况？

多年来，人类人口受到疾病、饥荒、战争和其他因素的限制。病毒和细菌等引起的感染夺去了许多孩子甚至成年人的生命。比如在中世纪，瘟疫导致亚洲和欧洲超过 2500 万人死亡；天花像野火一样蔓延，每 4 人中就有 1 人被感染而死亡，直到英国医生爱德华·詹纳在 18 世纪末发现了疫苗才结束。因此，1550 年出生的孩子的预期寿命只有 8.5 年。疾病一直到 20 世纪早期仍然困扰人类，事实上，在 1900 年，结核病仍是一个主要杀手，肺炎紧随其后。直到 1919 年，全世界每年因流感病毒而死亡的人数达到了 2500 万。

这个时期的出生率虽然很高，但由于极高的死亡率，世界人口仍然很少。不过随后农业、医药和卫生方面的进步接踵而至。例如，耕机和其他农业生产机械的发明和完善，增加了食物供应，有助于减少饥饿和饥荒。随后，新的药物和疫苗用于治疗病毒和细菌感染。今天，抗生素的普及大大控制了肺结核和肺炎的蔓延，同时针对天花、破伤风、白喉、百日咳和流感等疾病，开发出了有效的疫苗。更好的公共卫生政策也发挥了积极的作用，尤其是废物处理和饮用水净化的发展，大大降低了传染病的发病率。这些因素的综合作用，导致死亡率明显降低。世界人口死亡率从 1935 年的 25‰下降到了今天的 9‰。

化学杀虫剂同样有助于人口的激增。例如，在 20 世纪，蚊子传播的疟疾是 50% 人类死亡的直接或间接原因。第二次世界大战以后，疟疾由于杀虫剂的使用得到了控制，如滴滴涕（DDT）。在斯里兰卡，自 1946 年发起疟疾控制运动后，死亡率在短短的 6 年间从 22‰下降到了 13‰。

尽管缓慢，但人类的死亡率确实在降低。但是，至少在最近的 100～150 年里，出生率并未随死亡率的降低而降低。而且，正如前面所提到的，出生率和死亡率之差决定了人口的增长。

人口转变：重建平衡　那些受益于农业、医药和卫生进步的国家，最终把出生率也降了下来。今天，这些国家继续保持着低出生率，同时其中超过 90 个国家的人口数量保持稳定甚至有所减少。是什么引起了这种转型？

人口学家发现工业化和财富的增加对许多国家的出生率产生了深远的影响，这些影响对人口造成的变化被称为**人口转变**。人口转变在这里定义为，随着时间的推移出生率和死亡率发生变化，使得从高出生率和高死亡率到低出生率和低死亡率的过程。几乎所有工业化的欧洲国家以及美国、加拿大和日本等都经历了人口转变的过程。

人口转变有 4 个阶段，如图 4.3 所示，图中以芬兰的数据为例。在第一个阶段（前工业化时期），以大家庭为主，因为农场工作需要很多孩子，同时他们也为年老的父母提供经济保障。出生率和死亡率都很高，所以人口基本保持不变。

人口转变的第二个阶段，由于卫生条件、食物生产和疾病控制的进步，死亡率开始下降。出生率和死亡率之间的差异导致了人口的快速增长。

在第三个阶段，财富的增加开始驱动出生率下降。这种转变的原因是食物生产技术的进步，农场工作不再需要更多的人手。很多农民和他们的家庭放弃了以往的生活方法，搬到市区工作。在城市中，不再需要孩子帮助完成农活。而大家庭意味着收入的减少，夫妇们自发地减少了生育抚养孩子的数量。结果出生率和死亡率逐渐平衡，同时人口增长也显著放缓。这是人口转变的第四阶段。

在欧洲、美国和其他工业化国家，人口转变始于 100～150 年前。然而，在发展中国家人口转变开始得很晚。在第二次世界大战以后，随着现代医药、农药和其他先进技术的引进，这些国家的人口转变才开始。许多发展中国家还远远没有完成人口转变，它们仍然停留在第二阶段（过渡时期），经历着由于医疗和卫生进步带来的死亡率的降低，但是维持相对较高的出生率（见图4.4）。正如我们所预测的，其结果是这些国家的人口快速的增长。所以90%的全球人口增长发生在这些发展中国家（见图4.5）。

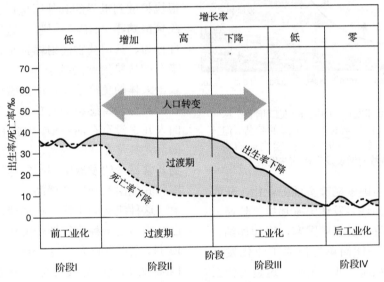

图 4.3　人口转变的特征

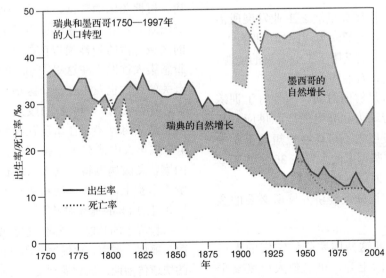

图 4.4　瑞典和墨西哥的人口转变，值得注意的是，和其他许多发展中国家一样，墨西哥人口转变停留在过渡阶段，即处于第 II 阶段的人口快速增长时期

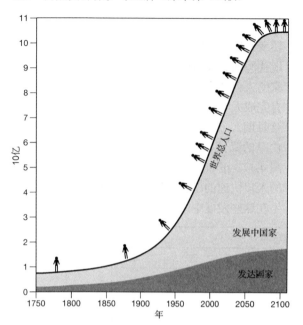

图 4.5 发达国家和发展中国家的人口增长。尽管世界人口年增长率呈下降的趋势，但是世界的总人口仍然在持续快速的增加，大多数的增长发生在这些发展中国家

多人希望这些国家能够实现工业化，从而降低出生率，就如许多发达国家那样。然而，许多专家断言，许多发展中国家，比如加纳、乍得和印度等并不能简单地依靠工业化发展实现人口转变，从而减低出生率。这是为什么呢？这其中有很多的原因：

1. 这些国家往往大量缺乏工业发展所需的训练有素的劳动力（比如工程师）。
2. 它们同时也缺乏用于工业发展的能源，比如煤炭、石油和天然气。
3. 它们没有足够的时间。即使有了训练有素的劳动力和充足的能源供应，基础工业发展也不可能在短短几十年中完成。这些国家的人口在 30～40 年或者更少的时间内就将加倍。
4. 许多国家还缺乏经济发展所必要的金融资源。

怎样才能帮助这些国家降低它们的人口增长率？死亡率的上升，可以使人口恢复平衡，这在一些国家中已经可以看到。如前所述，许多非洲国家正在经历由于饥饿、传染病、内战和艾滋病带来的死亡率的上升。**计划生育计**划让夫妇根据自己的意愿决定生育和抚养孩子的数量，能够降低出生率，有助于稳定人口的增长。可持续的经济发展同样也对降低出生率有帮助。提高受教育和就业机会同样也至关重要。这些措施后面还将详细说明。首先让我们看看有关艾滋病的问题。

艾滋病能够改变这种不平衡么 20 世纪 80 年代，一种称为**获得性免疫缺陷综合征**（艾滋病）的疾病开始在非洲人群中迅速传播，并很快扩散到世界的其他区域。艾滋病由**人类免疫缺陷病毒**（HIV）引起，这种病毒能够通过性行为、共用药物注射器针头、输血以及受感染孕妇传染给她的孩子等方式进行传播。HIV攻击人体的免疫系统，严重破坏人体对肺结核和肺炎等病毒感染的防护。大多数患这种疾病的人几乎没有存活希望，因此 HIV 几乎是致命的，尤其是在缺医少药、同时治疗艾滋病的药物非常昂贵的发展中国家，尽管针对此问题美国和其他国家开展了援助。

这种疾病的传播正在加速，许多人认为它已经成为了一种流行性传染病。截至 2006 年 12 月，全世界已有超过 2500 万人死于艾滋病。1400 万儿童因为其父母死于艾滋病而成为孤儿。目前，据估计约有 4000 万人已感染艾滋病。根据美国的数据，单单 2006 年一年，在美国就有 430 万人新感染上艾滋病毒。最严重的区域是撒哈拉沙漠以南的非洲地区，3/5 的新感染人群发生在这里，同时 9/10 的和艾滋病有关的死亡也发生在这个区域。在一些非洲国家，年龄在 15～49 岁的成人中的 10%～20%被艾滋病毒感染。在博茨瓦纳和斯威士兰，每 4 个成年人中就有 1 个携带艾滋病毒。在这些国家，艾滋病毒将对其人口增长造成显著的影响。事实上，博茨瓦纳和斯威士兰的人口正在以每年 0.1%的速率减少。

世界上的其他区域同样也在见证艾滋病的扩散。缅甸、越南、柬埔寨和印度正在经历艾滋病的快速传播期，东欧受到艾滋病感染的人群也已发生了显著的增长。但是，在美国和西欧，艾滋病引起的死亡人数已经开始下降，主要是由于新的抗病毒药物能够延长最初感染以后到发病的时间。尽管这样，目前艾滋病感染人数还在增加。

并不是所有的消息都是坏消息。一些国家通过推行艾滋病预防活动来解决艾滋病问题，发现艾滋病毒的感染有了实质性的下降。在大约一半的发展中国家，艾滋病还未在一般人群中传播。感染只在一些妓女、嫖客和吸毒者中常见。

遗憾的是，艾滋病毒的疫苗有可能在 20 年内都不会出现。在这段时间内，艾滋病毒可能已经杀死了非洲 20% 的黑人和其他大陆上数以百万的人。事实上，艾滋病毒最终会比 14 世纪蔓延的黑死病带走更多人的生命。这种毁灭性的疾病可能最终成为一种将全球人口下降到与资源供给相平衡的因素。

4.1.5 总生育率和人口直方图

另外一个对理解人口增长、预测未来人类家庭规模特别有用的指标是总生育率。**总生育率**（TFR）是基于目前各年龄组生育率，一名女性一生中可能生育的孩子数量，用所有女性的平均值来表示。例如，美国 2007 年的总生育率是 2.1，即目前美国女性在其一生中平均每人预期生育 2.1 个孩子（每 10 个女性预期生育 21 个孩子）。

在美国目前更替一对夫妇所需生育的孩子数量为 2.1，这被称为**生育更替水平**。这意味着平均每个女性必须生育 2.1 个孩子以替代她和她的丈夫，或者平均每 10 个女性必须生育 21 个孩子来替代她们自己和她们的丈夫。额外的孩子弥补了达到生育年龄之前死亡的可能。自 1972 年以来，美国女性的总生育率已低于生育更替水平，但近年来，总生育率已上升到与生育更替水平相当。

另外一个有助于我们预测人口趋势的工具是年龄结构。**年龄结构**指各个年龄组中的人口数，男性和女性通常分开计算，将其绘制成图，就形成了**人口直方图**。通过分析年龄结构图的形状，可以确定人口是否快速增长、缓慢增长、保持稳定或下降（见图 4.6）。

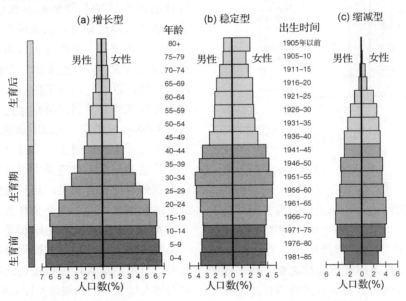

图 4.6 人口年龄结构特征。(a)增长型；(b)稳定型；(c)缩减型

考虑年龄结构时，通常把人口划分成三个主要的分组：生育前（1～15 岁）、生育期（16～45 岁）和生育后（46～85 岁以上）。当前人口的增长决定于处于生育期（16～45 岁）的人口数量和女性的生育率。未来人口的增长最终由当下年龄组为 1～15 岁的女性所决定。换言之，生育前年龄组的大小决定了未来的人口。目前，世界人口中大约有 28% 的人口属于 15 岁以下的生育前年龄组。在包括中国在内的发展中国家，属于生育前年龄组的人口比例平均为 34%（在肯尼亚，这个比例为 43%），在发达国家，这个比例是 17%。

像墨西哥这样的典型发展中国家的年龄

结构图，具有一个很宽的底座和很尖的顶部，这样的三角形形状是人口快速增长的特征。这些国家人口的倍增时间为 20～40 年。这种直方图被称为增长型［见图 4.6(a)］。

如美国这样的国家，人口直方图被描述为增长型。尽管美国人口直方图的形状和其他人口快速增长的国家类似，但其基础并没有那么宽，同时三角形的两个边更陡峭（见图 4.7），这个三角形的形状表明美国人口数量的增加比其他人口快速增长的国家要慢很多，它的人口倍增时间为 40～120 年。

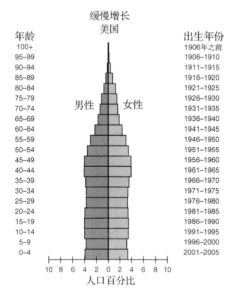

图 4.7 美国的人口直方图

像加拿大等这些人口增长缓慢且基本稳定的**发达国家**，其年龄结构图有较窄的基础和陡峭的三角形的两边，图 4.6(b) 的直方图就是一个例子。如图所示，较窄的基础和陡峭的三角形两边表明其生育前年龄组和生育年龄组相对稳定。这种直方图被称为稳定型。许多欧洲国家的年龄结构图具有类似的特点，这表明它具有一个非常缓慢的增长率，人口倍增时间为 121～3000 年。

人口减少时其基础会呈现一致的缩小，比如意大利，其年龄结构图被称为**缩减型**［见图 4.6(c)］。

许多正在经历着人口增长的发展中国家，其人口直方图表明这些国家存在一个导致未来人口爆炸性增长的内在机制。从人口控制的观点来看，这是一个极端不乐观的处境。毕竟，这个星球上处于生育前年龄组的男性和女性已达到了史无前例的 30 亿。

4.2 人口过剩的影响

有了这些基础的概念和术语，现在我们将注意力转移到人口的影响上，我们首先从人口过剩这样常见的现象开始。

4.2.1 发展中国家的人口过剩

在讨论环境问题时，许多人认为人口过剩（人太多了）是其中关键的问题之一。更确切地说，**人口过剩**指人口规模超过环境承载力的情况。如第 3 章中所指出的，环境承载力是指我们的环境提供资源和消纳废物的能力。人口过剩和人口有关，意思是对于可获取的资源来说，人口太多了。同时，它也意味着对于这个星球的废物消纳和降解机制来说，人口太多了。那么人口过剩有什么表现？

对于贫穷的、以农村人口和农业为主的发展中国家来说，人口过剩的一个最明显表现是食物短缺，以及它所带来的后果——饥饿、营养不良和疾病。英国经济学家托马斯·马尔萨斯在 1798 年就指出，人口增加的速度比食物供应的增加要快。他指出，通过饥荒、疾病、战争或其他的一些灾难造成大规模的死亡，是人口恢复到与现有食物供应相平衡的唯一途径。虽然这个概念可能不完全是真实的（没有这些灾难人口平衡也可能实现），但是在这些发展中国家发生的人口过剩常常被称为马尔萨斯人口过剩。马尔萨斯人口过剩描述的是没有足够的食物而人口太多的结果（见图 4.8）。在肯尼亚、尼日利亚、坦桑尼亚和乌干达，人口将在 23 年后或更短的时间内翻倍，这种人口激增的现象已经导致了普遍的饥饿和营养不良。

有关马尔萨斯人口过剩的影响，李·兰克（一个国际救援组织的主管）在下面的摘录中进行了可怕的描述。下边仅是他游历了 100 个发展中国家中的几个国家后，所观察到的许多相似惨状中的一个，其中的大部分人生活在可怕的贫困和长期营养不良中（见图 4.9）。

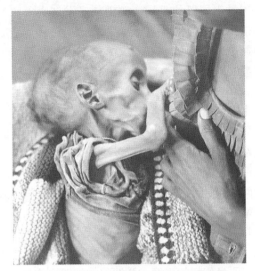

图 4.8　一个非洲母亲和她瘦骨嶙峋的孩子，由于马尔萨斯人口过剩，饥饿而濒临死亡

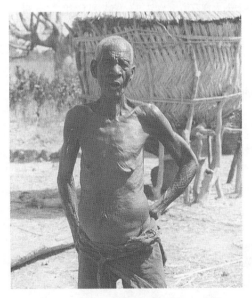

图 4.9　在饥荒肆虐的非洲，一个饱受营养不良折磨的老年妇女

"饥饿不仅仅是冰冷的事实和可怕的统计数据。饥饿有它的面孔，我知道。我看到过它，饥饿是一个孟加拉人的面孔——一名年轻的叫乔普达的母亲，我在达卡一个破烂的难民营的阴影中发现了骨瘦如柴的她。一个微小干瘪的儿童紧挨着她躺着，呜咽着，颤抖着。她的手轻抚着孩子发烫的脸，本能地伸手拂去上边的苍蝇。孩子 6 岁，急性营养不良夺去了他的双腿和他的听力，使他无法说话。剩下的只有微弱无力的呼吸和生命本身，而且这些也将很快消失。但是死亡对于乔普达来说并不陌生，她曾眼睁睁看着饥饿夺走了她的丈夫和五个孩子的生命。"

今天，估计有 3.3 万人将死于直接或间接的饥饿或营养不良，明天会有更多的 3.3 万人将死去。虽然这些死亡的原因是多方面的，但根本原因是马尔萨斯人口过剩——人口太多而缺乏足够的食物。这个问题将在第 5 章详细讨论。

发展中国家的人口过剩问题比之前讨论的更加复杂。虽然饥饿和饥荒是其最显著的特征，过多的人口同样会对当地的江河和溪流造成污染，人类排放的废弃物常常使得水质不适合饮用。对采伐森林作为燃料的强烈需求，常常导致人类聚居地附近的森林破坏和景观侵蚀。日益增加且难以满足的对食物、纤维和木材的需求可能造成野生动物的灭绝。发展中国家的中心城市通常拥挤不堪，污染严重。正因为这个原因，一些学者将发展中国家中的这些复杂问题归因于"**基于人口的资源退化**"。换言之，它可以被描述为人口太多造成的环境后果。即使只有微小的需求，也可能导致巨大的破坏。

4.2.2　发达国家的人口过剩

人口过剩在日本、加拿大、英国、德国、俄罗斯和美国等发达国家中同样存在。在这些国家，也有饥饿和饥荒，尽管不像发展中国家发生得那么频繁。发达国家人口过剩的问题同样严重。因为发达国家对技术的依赖，以及汽车等许多技术的使用对环境和资源造成了影响，一些生态学家用"**基于技术的人口过剩**"这个术语来区别发达国家的人口过剩和发展中国家的人口过剩。还有一些生态学教授更喜欢用"**基于消费的资源退化**"这个术语来反映高消费率的重要性。在发达国家，我们考虑环境影响时最重要的因素是人均资源利用及其产生的污染。如前面的章节中提到的，美国以及其他发达国家的人均资源消耗比发展中国家高 20～40 倍。开车 1 千米去买 1 盒牛奶或 6 盒苏打水使用的能源比大多数发展中国家的人生存一天所必须使用的能源还多。因为有更高的人均消费，因此相对较小的人口也可能造成更大的危害。他们的环境受到由技术和消费引起的污染与资源退化的威胁。技术产生的污染取代饥荒成为致死的主要因子。因为环境问题确实是源于技术水平和高消费率的，所以"**基于技术和消费的资源退化**"可能更合适。

发达国家人口过剩的影响在我们周围随处可见，高速公路拥堵可能是最明显的后果之一。城市空气污染是另一个明显的表现，随着新城镇和度假村的扩张，大城市边缘农村的空地、耕地和野生动物随之消失。仔细观察就会发现这个问题还有其他不太明显的表现。比如，物种迅速灭绝；开发中产生的泥沙在雨后被冲刷到河流中，使河流变得浑浊；发电厂、工厂、汽车、卡车、公共汽车、飞机和家庭生活产生的大气污染物使世界上许多地区的雨水酸化；甚至我们头顶具有保护作用的臭氧层也由于冰箱、空调和其他来源释放的氟氯烃而逐渐变得稀薄；最后，由于汽车、生活和工厂排放的大量 CO_2，以及大量砍伐森林造成吸收 CO_2 的植物显著减少，造成众所周知的全球变暖。

显然，严重依赖火电和汽车等特定的技术，资源密集的生活方式是造成这些影响的部分原因。总之，这些环境影响同世界上那些贫穷国家中的饥饿与营养不良问题同样严重。

者。事实上，相比发展中国家的人口增长，发达国家的人口增长甚至更为重要。如前所述，美国城市居民的平均资源消耗是发展中国家人均资源消耗的 20～40 倍，因此他们对环境造成的影响也要大 20～40 倍。发达国家每个新出生的婴儿对环境造成的影响，相当于发展中国家 20～40 个居民所造成的影响。这些国家中每个新生儿都会对环境问题产生贡献。

那些不认为人口增长是发达国家的问题的人，通常认为发达国家可以通过提高效率、污染防治和再循环来降低资源消耗水平，从而解决这个问题。尽管这种观点可能是正确的，但许多人还是坚信我们必须控制人口增长，以创造一个更可持续发展的社会（见资源保护中的伦理学 4.1）。这种行动对环境整体质量的影响可能比我们采取最积极的能源和资源保护战略更为深远。

在本书的其他部分讨论土壤侵蚀、大气和水污染、野生动物灭绝、能源危机、有毒化学品问题和全球饥荒等问题时，我们将看到不同类型的人口过剩的例子。在此，我们提醒读者不要忘记人口过剩是造成所有这些环境问题的根源这一事实。

同时，我们还指出，人口规模并不是唯一的问题，增长率同样也有着深远的影响。人口的快速增长会使事情变得更糟。随着人口数量的增长，问题将会升级，同时将更加难以解决。这些问题在经济资源缺乏、政府腐败普遍的发展中国家中尤为突出。

绿色行动

写信给总统或国会议员，推动计划生育和可持续经济发展政策，帮助欠发达国家减少人口。

因为资源密集型的生活方式，发达国家的人口数量和人口增长成为环境恶化的主要贡献

绿色行动

行动起来，写信给总统和国会议员，表达你对风能和太阳能等环境友好技术与相关环保政策的支持。

资源保护中的伦理学 4.1　生育是个人权利吗

美国科罗拉多州的野生动物部门出版了一本关于野生动物的小册子，其中对州内的哺乳动物进行了引人入胜的描述，在封底上还讨论了科罗拉多民众集中关注的问题——野生动物栖息地的丧失。它指出科罗拉多人已经改变了环境，同时提到"曾经是麋鹿产子的地方现在变成了滑雪场下的商店；鹿迁移路线现在被

6 车道的高速公路分割；科罗拉多每年有 1.2 万公顷的传统野生动物栖息地转变为了人类用地。"最后它总结道，"正因为如此，我们必须比以往更加小心地管理我们的野生动物资源。"

列夫·托尔斯泰曾写道：每个人都梦想改变世界，但没有人梦想改变自己。这本小册子体现了人类的这一基本倾向。

为了建立可持续发展的社会，大多数人都认为必须对自己做点什么，必须更好地管理自己。人口增长是其中一个需要更好管理的领域。多数专家认为，我们至少必须找到减缓人口增长率的办法，最终我们可能必须完全停止增长。事实上，这是 1996 年可持续发展首脑会议提出的建议之一。在人口稳定以后，我们甚至还想要找到人性化的办法来减少人口规模，比如通过更小的家庭规模使出生率低于死亡率。

人口控制带来了巨大的伦理问题。其中最重要的问题毫无疑问地是：控制人口增长是否道德？

通常，人们总爱分成两个阵营。对此问题，一个阵营认为限制家庭规模是不合乎道德的，另一个阵营则认为这合乎道德。

反对人口控制的原因有很多。例如，有些反对者主要基于宗教理由，他们认为人口控制违反了宗教伦理，认为这是他们的信仰，政府无权限制人口数量。比如天主教会就反对人口控制和一切形式的计划生育，比如避孕药和避孕用具，认为在排卵期间禁欲等安全期避孕或自然的方法是唯一可以接受的计划生育形式。

另外一些反对的人主要基于个人自由的观点。他们认为，生育是人类的基本自由，不应受到限制，任何人都不应该决定他人的家庭规模。还有些种族团体认为人口控制在本质上具有种族歧视性质。

那些认为控制人口增长合乎道德的人认为，限制人口增长将保证今天活着的人能够有更好的生活质量，换言之，控制家庭规模是为了获取更大的利益。当生育权影响了社会福利时，也应该受到限制。支持这一观点的人也会反问道，不限制人口增长是否就是道德的？换言之，人口快速增长，很快使世界超负荷运转，同时毁灭环境，是否这样就是符合道德规范的？

无节制的人口增长必然导致环境的破坏，进而剥夺了后代享有我们所享有的一切的机会。提倡人口控制的人指出，没有足够的资源和服务，人口增长很可能导致灾难，因此，控制人口数量是谨慎考虑的结果，不仅仅是道德问题。

控制人口增长的支持者同时也认为，减少人口增长的措施可以阻止意外怀孕，对于那些没有抚养能力的家庭，应该避免那些由于意外怀孕而降生的孩子可能面临的残酷命运。此外，控制人口增长还保护了与人类共享这个星球的其他物种的福利。

倡导控制和稳定人口的人很快指出，他们的主张不涉及那些被认为是道德败坏的方法。本书一再指出，改善教育、医疗、就业和妇女权益可以在很大程度上减缓甚至停止世界人口的增长。

用几分钟总结一下你对这个问题的看法，你支持哪一种观点，为什么？

4.3　发达国家的人口增长

有了这些事实和概念，让我们进一步分析发达国家的人口问题。在大多数情况下，从发达国家传来的消息是令人鼓舞的（见表 4.1）。例如，研究表明，西欧国家和加拿大的总生育率在过去的三年稳步下降，尽管美国不是这样。按照目前的增长速率，发达国家的人口（现在的人口约为 12.2 亿人）倍增大约需要 700 年的时间。如本章前面所述，人口增长在许多国家已经大幅放缓，甚至停止。还有其他一些国家已

在经历人口学家所说的"负增长"，换言之，这些国家的人口正在下降。今天，90 个以上的发达国家人口保持稳定或正在下降。例如，奥地利、希腊和波兰的人口保持稳定，而德国、罗马尼亚、保加利亚和俄罗斯的人口都在下降。总体而言，欧洲的人口增长率是每年-0.1%。

需要注意的是，虽然许多专家认为发达国家的人口下降是一种令人鼓舞的趋势，但这种趋势可能造成显著的不利影响，而且不容忽视。更好的规划有助于降低这些影响。我们来看这样的一个例子：意大利的人口出生率多年来一直在下降，这已经导致了全国人口的老龄

化。因此，随着时间的推移，人口中的老年人的比例不断地上升。意大利人口的年龄结构已对该国的社会保障计划产生了深刻的影响。社会保障金（由政府支付给退休人员）是从从事劳动的人的薪金中扣除的，随着退休的人越来越多，扣除的比例必定上涨。今天，意大利的退休金已经消耗了其国内生产总值的 15%，而且以后只会越来越高。

小城镇也受到出生率暴跌的不利影响。事实上，意大利南部的一些小城镇正在慢慢消亡，不仅由于出生率的下降，同时也因为越来越多的人离开小镇前往大都市。一个名叫拉维亚诺的小镇甚至实施了子女抚育津贴政策——在镇上生育一个小孩，并留在镇上的父母，政府将给予 1.2 万欧元的抚育津贴，3 年付清。曾经经历过人口下降的英国和法国也采取了鼓励生育的政策，鼓励夫妇生育孩子。这些方案取得了一些成果，现在这两个国家的人口增长率都恢复到了微小的正增长。

虽然许多发达国家的人口增长放缓，但也有例外。比如美国，它的自然增长率约为每年 0.6%，是增长最快的发达国家之一。算上合法和非法的**移民**，增长率甚至达到了每年 1.0%。在本书的第 6 版中，我们列举了美国人口咨询局的预测——美国人口到 2050 年将稳定在 3 亿人左右。然而，由于形势的转变，美国的人口在 2007 年已经突破了 3 亿人。人口咨询局现在预测到 2025 年人口将达到 3.5 亿人，2050 年将达到 4.2 亿人——比今天美国的人口分别多出将近 5000 万人和 1.25 亿人。人口零增长遥遥无期。

是什么导致了人口预测的变化？有两个原因：总生育率略有上升，同时合法的和非法的移民数量的增加。每年约有 100 万左右的合法移民和非法移民进入美国。只有将总生育率保持在 2.1 以下，同时消除或大幅削减移民才能使美国保持稳定的人口规模。

4.4　发展中国家的人口增长

目前发展中国家的人口增长比发达国家快 18 倍。中美洲、非洲和亚洲众多的国家陷入一种死亡率下降而出生率依旧的人口陷阱中。在这些国家，自然资源正在被耗尽，人均食物供应和人均收入在下降。为什么出生率依旧这么高？

4.4.1　较大的家庭规模

对比每个家庭养育 0~3 个小孩的发达国家，亚洲、非洲和拉丁美洲等发展中国家更希望拥有一个较大的家庭，当然中国等一些国家例外。例如，中东的沙特阿拉伯，每对夫妇平均生养 4.1 个孩子；在尼泊尔，每对夫妇平均生养 7.1 个孩子。

大家庭是由几个因素造成的。其中最重要的是他们的需求。在农业国家，需要更多的孩子从事家务和农活，比如种植和收获、收集木材和干牛粪作为燃料，以及从远处的溪流中挑水等。父母在年老时还需要孩子提供经济保障。相反，在美国、英国和瑞典等大多数发达国家，它们拥有完善的社会保障计划，年老而没有收入的公民也能够得到保障。然而，在许多发展中国家，几乎没有这样的保障计划。

发展中国家形成较大家庭规模的另外一个原因和许多男性的大男子形象有关。在这种文化中，拥有的家庭越大，父亲的地位就越尊贵。许多孩子还是非婚生的子女。例如，来自非洲肯尼亚的邓加，就自诩自己是 497 个孩子的父亲！

发展中国家家庭人数众多的另外一个原因是化学避孕药、绝育和堕胎被准父母所奉行的宗教所严格禁止。例如在人口不断激增的墨西哥、肯尼亚和菲律宾，天主教会反对人工节育的方法，尽管许多人并不理会教会的规定。巴基斯坦、埃及和伊朗的穆斯林原教旨主义者也奉行同样的立场。

世界观察研究所的前主席莱斯特·布朗认为，人口的持续增长是对世界资源和人类生活质量的严重威胁。他强烈建议各国采取每个家庭只养育 1~2 个小孩的小家庭政策。为了实现这一目标，发展中国家的政府必须在城市和农村地区推广有效的关于计划生育的大众教育计划。虽然这种努力在一些国家已经开始，但工作必须进一步的深入和加强。

4.4.2 非洲：一个处于危险中的大陆

没有一个大陆像非洲一样遭受人口迅速增加的不利影响。以目前的增长速率，非洲人口将从 2007 年的 9.44 亿人激增到 2050 年的近 20 亿人！如此快速的增长将对野生动物和自然资源带来巨大的压力。栖息着野生动物的数百万公顷的土地将被挤占，转换成耕地以养活不断增长的人口。已经拥挤、肮脏不堪而且犯罪猖獗的城市可能将进一步的恶化。由于人类废弃物的排放，江河和溪流将变得更加污染。

人口学家认为，现在非洲的高人口出生率（3.8%）在这个千年仍然持续的话，将是非常危险的。甚至假设强制的人口增长控制措施立即启动，到下个世纪非洲大陆的人口仍然将持续上升，因为 41% 的非洲人口属于 15 岁以下的生育前年龄组，他们将很快进入生育年龄。唯一能够缓解的因素是由于艾滋病导致的死亡率也会预计增加。

4.5 控制世界人口的增长

控制世界人口的增长是一项艰巨的任务。本节讨论两种主要的措施：节育和流产的计划生育，以及同样具有强大效果的可持续发展策略。

4.5.1 节育

几个世纪以来，人类已经实践了多种生育控制的方法。**节育**是指通过阻止卵子受精而控制生育的各种技术和设备。节育的历史可以追溯到公元前 5000 年的古埃及，那时人们已尝试过大量的方法。比如羊毛纤维和鳄鱼粪的混合物被妇女置于阴道内进行避孕，男性则经常使用利用动物膀胱做成的避孕套。甚至有这样错误的观念，在性交前吞下由树皮纤维、杂草和胆囊制作而成的难闻的混合物，可以防止怀孕。

根据美国人口咨询局的资料，全世界约有 62% 的已婚妇女使用某种形式的节育措施。其中大部分使用的都是现代的方法。当然，今天可用的方法比过去更多样，也更有效。许多新方法是在过去 40 年间发展起来的。节育的一

个重大突破是口服避孕药，它能够在每个月阻止成熟女性排卵。这是在发达国家使用最广泛的节育方法。全球范围内口服避孕药的使用率差异显著，如非洲东部的索马里只有 0.2%，而在德国的使用率高达 59%。易于使用且效果好，是这种药受欢迎的主要原因。**口服避孕药**确实存在水肿和脱发等副作用，但是经过努力改进，一些严重的副作用已被成功消除。

1988 年，法国一家制药公司开发了一种名为 RU-486 的避孕药。RU-486 由于可防止早期的胚胎植入子宫壁，而被错误地认为是一种堕胎药。事实上，它的工作原理类似宫内节育器。作为事后避孕的药物，RU-486 在法国、瑞典、中国、英国和美国已被批准使用。

另外一种选择是**事后避孕药**——另一种类型的紧急避孕措施。这种药丸含有高剂量的女性荷尔蒙、雌激素和孕激素。它可以在无保护的性行为或避孕措施失败之后 72 小时内服用，但在 12~24 小时内服用最为有效。事后避孕药主要刺激子宫膜脱落，使受精卵无法着床。它还可以阻止排卵（其过程类似避孕药中低剂量的雌激素和孕激素的作用）。医院和医生可以提供这些药物。

另外一种常见的避孕方式是皮下注射含激素的药物，可以达到长达 3 个月的节育效果。至少有 90 个国家的妇女都在使用这种节育方式。在美国，食品和药物管理局在 1992 年批准了这种药物的使用。

皮下埋置避孕是另外一种长期避孕措施，它将 6 个火柴棍大小的胶囊植入妇女的上臂皮肤下（见图 4.10），这些胶囊缓慢地释放一种激素，至少能提供 5 年的节育效果。受过专门训练的护士可以在不到 10 分钟的时间内将胶囊植入。皮下埋置避孕在印度尼西亚、泰国和中国等至少 57 个国家被批准使用。1991 年，美国食品和药物管理局批准了皮下埋置避孕在美国的使用。

另一种避孕措施是将一个塑料或尼龙环植入子宫，这被称为**宫内节育器**。这些避孕用具能够防止新形成的胚胎进入子宫。在一些发展中国家已经新建了宫内节育器的生产厂，能够很方便地提供这些避孕用具。已故的奥利

弗·欧文是本书在 1971 年首次出版时的作者之一，他有一个熟人，为了强调她在计划生育中发挥的重要作用，在每次出席咖啡派对的时候，都将宫内节育器当做耳环佩戴。非洲一些国家约有 0.1%的育龄妇女使用宫内节育器，在美国有 0.7%，在越南有 41.5%。宫内节育器节育效果较好，但也会造成子宫穿孔等问题，所以它在许多国家的使用率一直在下降。

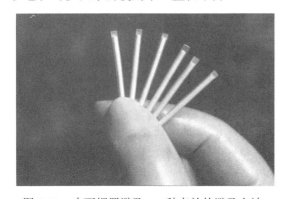

图 4.10　皮下埋置避孕，一种有效的避孕方法。在女性上臂皮肤下埋入1英寸大小的胶囊，胶囊中的物质缓慢的释放，避孕效果至少能够持续 5 年。这种控制生育的方法已经得到了世界卫生组织的批准

结扎术是另外一种节育的主要措施。男性结扎通过输精管结扎手术切断或结扎输精管。女性结扎通过输卵管结扎手术结扎或切除输卵管以防止精子与卵子结合（见图 4.11）。

结扎术在全世界的育龄妇女中应用，其使用率从非洲冈比亚的 0.1%到美国的 24%，或者到多明尼加共和国（加勒比）的 41%。结扎术由于节育效果好且没有副作用而受到青睐。一旦结扎手术完成，一般没有什么风险。

另外一种广泛使用的避孕方式是以避孕套为代表的阻隔防护措施。**避孕套**是性交时套在阴茎上的一层薄薄的橡胶套，它可以阻止精液进入阴道，同时也能帮助减少生殖器疱疹、梅毒、淋病、衣原体病和艾滋病等传染病的传播。

另外一种阻隔防护措施是宫颈隔膜、宫颈帽和阴道海绵。隔膜是一种套在子宫颈上的橡胶膜，用于阻止精子从阴道进入子宫，其膜片上通常涂有一层杀精剂，大大提高了其效力。类似宫颈隔膜但体积更小的器具，称为**宫颈帽**，使用时吸在子宫颈底。**阴道海绵**是一种小的、海绵状的装置，使用时置于子宫颈末端。它们都搭配化学杀精剂使用。阻隔防护措施比较易于使用，但效果不如避孕药和结扎。

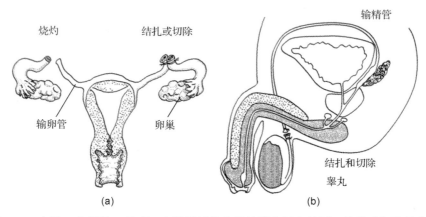

图 4.11　女性(a)和男性(b)绝育。女性通过输卵管输送卵子和精子，结扎或切除输卵管达到绝育的效果；男性通过输精管输送精子，结扎或切除输精管达到节育的效果。两种手术节育通过显微手术可以恢复生育能力，但不能保证100%成功

一些夫妇通过自然的行为方式来进行节育。**安全期避孕法**通过将性交行为刻意安排在排卵期前或排卵期后，以防止精子和卵子的结合。体温能够用来监测妇女排卵的时间。**禁欲**是一个经常向青少年和未婚夫妇强调的节育措施。但遗憾的是，两种方法的成功率都很低。

男性避孕　很多年来，大多数避孕措施都是针对女性的。主要原因是女性的生殖过程很

容易就能被中断。目前加大了开发男性避孕措施上的投入，一些方法已经在研究开发，其中一些已经可以很快投入市场。

中国正在使用的一个方法称为输精管封闭技术。它不像输精管结扎手术那样需要结扎或去除输精管，而只需要通过注射一种硅胶塞以阻断输精管。这种技术能够很容易地恢复生育能力，在中国得到了广泛应用。加拿大和美国的研究人员目前正在开发一种称为 IVD 的硅胶塞，它可以被植入输精管。

有两家制药公司正在研发一种通过注射或植入男性皮肤下的避孕药。这种避孕药由复合激素构成，能够抑制精子的产生。

一种男性口服避孕药也正在开发中。研究人员专注于研发没有激素成分的避孕药物，比如英国的两位研究者发现两种常用于治疗高血压和精神分裂的常规药物能够干扰睾丸中精子的传输和精子成熟。

4.5.2　流产

在避孕失败的情况下，人们可能通过流产而终止妊娠过程。**流产**是指过早地将胎儿从子宫中取出，胎儿因此而死亡。许多流产是自然发生的。这些所谓的自然流产被认为是消除缺陷胎儿的自然方式——自然流产的胎儿中近40%具有一些身体缺陷或遗传缺陷。由于人类的干预造成的流产会导致未出生胎儿的死亡。

美国最高法院在 1972 年将堕胎合法化，在世界上的大多数国家它也是合法的。但也有人从伦理、道德和宗教角度反对堕胎。反堕胎人士质问道："除了堕胎这种暴力行为，生活在当下的人有什么样的权利能够杀害另一个人而不受到惩罚？"在许多法律、医学和宗教界的知名人士眼中，除了乱伦或威胁到母亲生命时，故意堕胎与谋杀无异。而反对者认为，堕胎"赋予了妇女控制自己身体的权利"，它阻止了意外怀孕和由此带来的伤害。最高法院在 1989 年支持了从国家财政中缩减堕胎资助的权利诉求，这引发了对这个问题的旷日持久的争论。

从全球视角来看，堕胎是除了结扎和避孕药以外使用得最多的节育措施。事实上，如果没有这个节育措施，这个星球上的资源将不得不维持每年多出来的超过 5000 万的人口。流产措施主要在亚洲、非洲和拉丁美洲使用，其中拉丁美洲的流产率最高，即使在那里堕胎行为是违法的。遗憾的是，许多非法堕胎是自行使用电线、衣架或尖棍进行的，这样的非法堕胎对母亲的伤害比通过专业医疗机构进行的合法堕胎要高 75 倍。

4.5.3　可持续发展可能是最好的避孕方法

人口的快速增长不可能仅仅只靠提供避孕药具而缓解。一些这样的潜在因素，比如人们的信仰和他们的受教育和医疗保障的机会，同样是控制世界人口增长的强大力量。经济发展也是缓解人口增长的关键因素。但是经济发展必须是可持续的，要避免经济发展对环境的不利影响。

可持续发展是在不破坏地球的环境生命支持系统的前提下，追求更好的人类生活的策略。许多人认为可持续发展应该实际地提高这些系统的健康和活力。可持续发展要实现多种目标，其中包括提高妇女的受教育水平，提供更多的收入机会。提高教育水平有许多实际的好处。例如，帮助妇女理解避孕器具的说明；帮助她们找到工作，从而推迟生育，有效地减少一个女人在一生中生育的数量。增加就业机会同时也使她们能有其他的选择，从工作或经营自己的事业中获取报酬，从而降低生育率。

在不损害环境的前提下，以各种途径发展小规模的经济满足人们的需要是非常重要的。它提供了就业机会和收入。随着收入的提高，家庭规模将逐渐变小。一些非营利性医疗机构致力于在这些方面提供帮助，如向亚洲和拉丁美洲的农村妇女提供小额商业贷款是它们提供的帮助之一。妇女们使用这些贷款做一些小生意，用于支持她们的家庭，这种模式获得了巨大的成功。妇女通过参与这样的计划，意识到生育更多的孩子对提高她们的生活水平并没有帮助。现在从网络可以获得很多这样的机会，通常是发达国家的人发放借贷给发展中国家的人们。迄今为止，这类贷款的还款率非常高。

妇女社会地位的变化也会对这个问题产

生影响。在许多文化中，妇女的价值主要来自她为丈夫生育后代的能力。随着文化的转变，过程虽然比较困难，妇女社会地位的变化将成为减缓人口增长的强大力量。

卫生保健条件的改善是可持续发展的另外一个组成部分，它同样可以带来限制人口的效益。为贫困的农村提供能够负担的医疗保健服务，可以降低婴儿死亡率。随着时间的推移，可进一步减少因为养老需求而必须养育的孩子的数量。医疗保健诊所同时也是一个学习使用和接受避孕用品的途径。在发展中国家，分娩是产妇死亡的主要原因，因此计划生育被视为提高妇女平均预期寿命的一种手段。

这些变化可以帮助发展中国家从人口转变的第二个时期中摆脱出来。因为伴随着许多环境问题，这个过程并不容易。深入、系统的转变需要减少大家庭形成的潜在驱动力，即那些造成人口失控的社会、经济和文化因素。

绿色行动

考虑通过 Kiva 和 MicroPlace 等国际非营利组织发放小额贷款，支持发展中国家的小企业的发展。虽然你只能收获少量的利息，但能够帮助发展中国家的一些人通过创业来扶持家庭。

本节中讨论的计划生育的重要性及其深刻的变化，在 1992 年 9 月召开的联合国人口与发展会议发布的文件中进行了阐述。超过 150 个国家和地区的 2 万多名代表出席了在埃及开罗召开的此次会议，美国派出了一个由 35 人组成的代表团。这次会议的主要结论是一份 113 页的自愿行动计划，内容如下：

1. 为了核实人口的增长，计划生育服务应向所有相关的家庭进行宣传和提供服务。
2. 应该向青少年宣传有关避孕药具使用的基本信息。
3. 所有国家的妇女都应该得到安全流产的机会（世界上 40% 的人现在能够获

得这样的机会）。
4. 性教育应该在每个人的早期教育阶段，通过学校、社区和家庭开展。
5. 妇女不是"生育机器"，通过提高妇女的地位，降低其生育率。
6. 发达国家必须承认对资源开发及土地、水和空气污染所负有的责任。
7. 亚洲、非洲和南美洲的发展中国家必须承认他们在人口控制问题上的不足。
8. 发达国家将帮助发展中国家可持续地开发利用资源，以提高人们的生活质量。
9. 应该建立一个更公平公正的世界财富、资源和技术的分配方式。

4.6　人类人口和地球的承载力

很多人认为，创造一个可持续的社会，人类需要学会在地球的环境承载力的约束下发展。遗憾的是，没有人知道地球究竟能够承载多少人口。一些专家认为地球只能够维持 5 亿的人口；也有人认为它能够承载 100～500 亿的人口。

让我们在存在过度简化风险的情况下来分析这个问题，假设地球的人口发展遵循如图 4.12 所示的两种途径。在第一种情景下，人口持续指数增长直到超过地球的承载力。这最终将因饥荒、疾病、污染和资源消耗导致人类大量死亡，最后使地球人口回落到接近承载力的水平。在这种情况下，承载力有可能因为大范围的环境破坏而变得更低。换言之，如果不阻止这场灾难的话，这颗行星可能无法支持它原本应该支持的人口。

值得注意的是，这里承载的意义不仅仅是提供食物供应，还包括提供所有资源和安全处置所有废弃物的能力。扩大粮食生产可以在短时间内支撑更多的人口，然而长期的结果将导致这种人类主导的生态系统严重失衡。在生产越来越多的食物的过程中，供养的越来越多的人口将耗尽自然资源，产生严重的空气污染和水污染，这些变化将导致各种野生动物的灭绝。

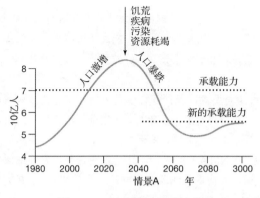
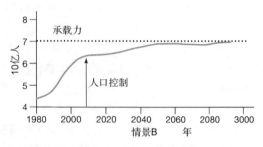

图 4.12 人口增长和环境承载力。情景 A：人口增长超过承载力，最终由于饥荒、疾病、污染和资源枯竭造成人口大量死亡，新的承载力重新建立。情景 B：在人口达到承载能力之前，努力控制人口（通过计划生育、避孕和晚婚等），最终人口在承载能力范围内保持稳定，从而防止人口大量死亡

采用本章中所讨论的各种策略，在达到承载力之前，使人口增长率逐渐减小是更好的应对方案（情景 B）。最终的人口将在承载力范围内保持稳定，此时人类及其相互作用的环境将成为未来可持续生态系统的一部分。

遗憾的是，许多科学家认为在许多地区，人口已经超过了环境承载力。过度的水土流失、沙漠化、物种灭绝、鱼类减少和其他的区域问题，已成为人类发展超出了环境承载力的明显迹象。一些科学家认为，我们甚至已超出

了全球承载力。第 19 章和第 20 章中将讨论的酸雨、臭氧消耗和全球变暖问题，就是其中三个最重要的令人担忧的迹象。

如果这些说法是真的，人类社会无疑已处于情景 A 中的情况。我们可能的选择只有自愿控制人口规模，通过技术和改变行为来减少环境破坏，在地球有限的承载范围内减轻人口及其带来的影响，否则将面临严重的崩溃。何去何从由我们自己决定，但时间十分有限，见案例 4.1。

案例 4.1 中国：计划生育的胜利

中国在 1958—1962 年的大饥荒期间，很多人死于饥饿。这个事件向中国领导人提出了一个严重警告：马尔萨斯的理论可能是正确的。到 20 世纪 70 年代末，中国国家计划生育委员会发起了最全面、执行最严格而且可能是人类历史上最有效的人口控制方案。人口控制方案的结果令人印象深刻：总生育率从 1960 年的 5.9 减少到了 2007 年的 1.6；出生率从 36.9 下降到了 12.0；人口年增长率从 2.6 下降到了 0.5。这个方案为什么会如此成功？

中国计划生育的成功有几方面的原因。其中一个最重要的方面是全民教育计划的实施，促进公众对人口问题及其可能带来的后果的理解。教育计划强调了晚婚对减小家庭规模的好处。教育的另外一个目标是促成独生子女家庭成为最近结婚夫妇的惯例。独生子女家庭能够得到一些好处，包括：(a)现金奖励；(b)免费计划生育教育；(c)更多的养老金，父母年老时无须多生孩子来提供保障；(d)更好的住房和就业；(e)免费的儿童教育。计划生育教育免费，而且在所有媒体上广泛宣传。当地的医护人员承担了流产、节育、宫内节育器的植入和避孕药的发放等工作的实施。

中国政府采取了一些严厉的措施以确保小家庭规模。比如对生育两胎以上的夫妇进行处罚，这些处罚措施包括：(a)增加税收；(b)对夫妇任一方进行强制绝育措施；(c)收回之前国家发放的独生子女享有的福利；(d)对怀有第三个孩子的妇女施加压力，迫使其堕胎；(e)削减超生的父母和孩子在食物、就业和教育等方面的福利。

中国的计划生育很快取得成效，特别是在城市地区。例如，到 1982 年，在上海、北京和天津——中国最大的三个城市，70%的夫妇，合计共 2000 万以上的人口已经同意只要一个孩子。计划生育委员会的目标

是到 2000 年实现人口增长率为零，人口达到 12 亿人；进一步的目标是到 2100 年，人口降至 8 亿人。然而，目前中国的人口已经超过 13 亿人，到 2025 年预计将增加至近 15 亿人，中国是否能成功地减小人口规模还有待观察。以现在的增长率，中国的人口将在 117 年内翻一番。由于独生子女家庭政策不再被严格执行，中国人口已不太可能有大幅度的下降。

虽然中国的人口控制计划已经十分成功，但从具体操作角度看，美国等许多民主国家十分关注人权被侵犯的情况，例如中国政府对超生的妇女进行强制绝育，以及强迫堕胎。多年来，美国通过世界银行、国际开发署和联合国等组织，向发展中国家提供人口控制计划资金支持。然而，由于中国的强制绝育和堕胎的政策，罗纳德·里根总统终止了美国对联合国人口活动基金（UNFPA）的支持，这个基金每年向发展中国家提供数以百万计的美元以支持计划生育。这不仅伤害了中国，也伤害了许多其他国家。所幸的是，后来克林顿总统恢复了对该基金的支持。

重要概念小结

1. 2008 年世界人口为 67 亿人，并正以每年 1.2% 的速度增长。这导致了每年增加 8000 万人。

2. 一个国家的出生率是在每 1000 人中，在某年出生的人的数量。死亡率是在每 1000 人中，在某年死亡的人数。

3. 自然增长率（或减少率）是出生率和死亡率之差。目前全世界的自然增长率约为 12‰。

4. 目前全球人口的倍增时间约为 58 年。

5. 人口以指数方式增长。当一个量以固定的比率增长，且年增长量（每年增加的量）加入到基础量时，将产生指数增长。开始时，绝对数量的增长过程非常缓慢，但一旦到达拐点，增长将变得很快。

6. 在历史上很长的一段时间内，因为出生率和死亡率的相对平衡，人口保持较小的规模。随着死亡率下降和出生率的增加，导致在过去的 200 年间，人口大量增加。农业、医药（特别是疫苗和抗生素的发展）以及卫生的进步降低了死亡率，促进了现在地球上的人口增长。

7. 历史经验表明，当一个国家实现工业化时，经将经历人口转变，其特点是出生率和死亡率的下降。许多发展中国家的人口转变尚处于第二阶段，特点是在维持一个较高的出生率的同时，死亡率下降。

8. 近年来世界上许多地区的人口增长开始放缓，这是一个好的迹象。这种趋势源于许多因素，包括更好的计划生育计划、经济繁荣及死亡率上升（特别是在非洲）。死亡率上升的原因是饥饿和疾病。艾滋病正在许多非洲国家肆虐。

9. 总生育率是妇女在其一生中可能生育的儿童的数量，它基于不同年龄组目前的生育率。生育更替水平指替代一对夫妇所需要的新生儿的数量，在发达国家这个数值约为 2.1。

10. 人口的年龄结构是指人口中每个年龄段的个体的数量。通常以人口直方图的方式表达，这是预测人口趋势的一个有力工具。

11. 迅速增长的人口的年龄结构图具有较宽的基座，缓慢增长的人口年龄结构图的基座比较窄，人口减少时它的基座也会变窄。

12. 目前，28% 的世界人口的年龄在 15 岁以下。

13. 马尔萨斯人口过剩指的是人口相对于可获取的食物资源来说过多了。它是亚洲、非洲和南美洲等一些发展中国家的特点。虽然饥饿和饥荒是这些国家人口过剩的主要表现，但环境的破坏往往也很重要，所以一些学者更愿意用"基于人口的资源退化"这样更具包容性的观点来讨论这个问题。

14. 基于技术的人口过剩指的是在工业化国家，由于先进技术的使用，对环境产生了有害的影响而引起的人口过剩。

15. 基于技术的人口过剩导致资源的枯竭、空气、土地和水污染、景观破坏以及野生动物灭绝。"基于消费的资源消耗"和"基于技术和消费的资源退化"也是两个常用的术语。

16. 近几十年来，世界上发达国家的人口增长已明显放缓。在许多欧洲国家，人口已经接近稳定，甚至开始下降。

17. 虽然大多数发达国家的人口增长已经放缓，但其中一些国家，包括美国和加拿大，仍然保持较快的增长。

在未来的许多年，美国的人口增长将继续，尽管其总生育率已低于生育更替水平，育龄妇女和移民的增加是美国人口持续增长的两个主要原因。

18. 发展中国家的人口增长已经放缓，但仍然保持较快的速度。人口增长在非洲尤其迅速。

19. 许多妇女已经可以获得和使用现代化的生育控制措施。尽管有许多可行的控制出生率的方法来减小家庭规模和缓解人口增长，但是还需要改变现状，不断增加教育机会、就业机会、经济福利和卫生保健。

20. 中国的人口计划生育使总生育率在 1994 年减低到了生育更替水平（2.0），该计划的主要特点是：(a)面向大众的计划生育教育，(b)晚婚，(c)向独生子女家庭提供多方面的教育、健康和经济支持，(d)计划生育服务的专业化和本地化，(e)对超生的家庭进行强制绝育和堕胎。

21. 人类人口可能已超出了地球的承载力。人口的继续增长可能导致环境破坏，最终降低地球承载生命的能力。

关键词汇和短语

Abortion　流产

Abstinence　禁欲

Acquired Immunodeficiency Syndrome (AIDS)　获得性免疫缺陷综合征（艾滋病）

Age Structure　年龄结构

Birth Control　节育

Birth Rate　出生率

Carrying Capacity　承载力

Cervical Cap　子宫颈帽

Condom　避孕套

Consumption-Based Resource Degradation　基于消费的资源消耗

Contraceptives　避孕药

Death Rate　死亡率

Demographer　人口学家

Demographic Transition　人口转变

Diaphragm　子宫帽（避孕用具）

Doubling Time　（人口）倍增时间

Exponential Growth　指数增长

Family-Planning Programs　计划生育

Human Immunodeficiency Virus (HIV)　人类免疫缺陷病毒（艾滋病毒）

Immigration　移民

Intrauterine Device (IUD)　宫内节育器

J-Shaped Curve　J 形曲线

Less-Developed Countries (LDC)　发展中国家

Malthusian Overpopulation　马尔萨斯人口过剩

More-Developed Countries (MDC)　发达国家

Morning-After Pill　紧急避孕药，事后避孕药

Net Migration　净迁移率

Norplant　皮下埋置避孕

Overpopulation　人口过剩

Percent Annual Growth Rate　年增长百分比

Pill　口服避孕药

Population Histogram　人口直方图

Population-Based Resource Degradation　基于人口的资源退化

Rate of Natural Increase　自然增长率

Replacement-Level Fertility　生育更替水平

Replacement Rate　替代率

Rhythm Method　安全期避孕法

RU-486　一种紧急避孕药

Sterilization　绝育

Sustainable Development　可持续发展

Technological and Consumption-Based Resource Degradation　基于技术和消费的资源退化

Technological Overpopulation　基于技术的人口过剩

Total Fertility Rate (TFR)　总生育率

Vaginal Sponge　阴道海绵（一种避孕器具）

Zero Population Growth (ZPG)　人口零增长

批判性思维和讨论问题

1. 画一个简单的草图，表达自人类在地球上出现以来的人口组成，解释过去很长时间增长缓慢而近 200 年来开始急速增长的原因。

2. 当前全球人口及其自然增长率和倍增时间各是多少？

3. 目前美国的人口规模在什么水平？它的增长率和倍增时间是多少？怎么解释全球出生率、死亡率和自然增长率？

4. 如何计算人口的年增长百分率？

5. 怎么计算人口倍增时间？

6. 列举几条理由说明为什么生活水平上升反而导致出生率下降。

7. 一个国家的总生育率下降到生育更替水平，那么这个国家的人口将增加还是减少？为什么？

8. 利用你的批判性思维能力，分析以下论点："每年有超过 200 万人的合法移民和非法移民涌入美国。这种移民潮对我们非常重要，不应该被禁止。"这里有一些问题，可能有助于你完成上述分析：你是否支持这样的移民率？是否应该禁止移民以稳定人口增长？为什么？移民可能给美国带来什么好处？可能带来什么不利影响？

9. 描述以下不同类型的年龄结构图（人口直方图）：(a)迅速增长型，(b)缓慢增长型，(c)人口稳定型，(d)缩减型。

10. 分析美国的年龄结构图，美国人口结构是否有利于汽车制造商、农业生产和学校行政管理人员？为什么？

11. 列举 5 个美国今天由于"基于技术的人口过剩"造成环境破坏的例子。

12. 利用你的批判性思维能力，分析如下说法："只有在发展中国家才存在人口增长问题"。

13. 比较分析发达国家和发展中国家的人口趋势。

14. 讨论中国计划生育计划的主要特点。美国是否可以借鉴这些做法？

15. 在地球承载力的前提下讨论未来世界人口的增长。人口增长将如何影响承载力？超出地球承载力的后果是什么？

16. 假设你被任命为一个发展中国家的领导人，而这个国家正面临人口快速增长、贫困和环境破坏。设计一个人口控制政策，同时以控制人口增长、促进环境保护和提高人民的健康与福利为目标。

网络资源

本章相关在线资料见 http://www.prenhall.com/chiras（单击 Table of Contents，接着选择 Chapter 4）。

第 5 章

世界性的饥饿问题：可持续解决

在人口带来的所有问题中，食物短缺无疑是最可能带来灾害的一个。食物短缺会导致大范围的饥饿、营养不良、饥荒和死亡。

5.1 世界性的饥饿：问题的维度

虽然现在我们很少听到有关世界性饥荒的新闻，但这个问题至今仍困扰着许多国家。据联合国的估计，全世界每年有 1800 万人，其中约有 1000 万儿童，死于饥饿和饥荒，或死于由饥饿导致的疾病。死亡人数相当于每天都有近 100 架能够搭乘 500 名乘客的客机失事。

5.1.1 营养缺乏、营养不良和营养过剩

根据世界卫生组织的最新估计，世界上大约有 8.5 亿人，或接近 1/8 的人口定期消耗的食物远远少于保持健康所需要的摄入量。虽然由联合国粮食和农业组织公布的估计数据表明，从 1970 年到 2000 年期间，发展中国家营养缺乏的人数略有下降，但是当前人口增长和耕地减少的趋势表明，这种进步可能是短暂的。大多数面临食物短缺的人生活在非洲、亚洲和拉丁美洲。长期的饥饿集中发生在非洲和南亚，印度也遭受过严重的饥荒，饥饿也在发达国家中局部偶尔发生。比如在美国，估计有 10% 的家庭处于饥饿的边缘，或者为此而担忧；饥饿威胁着 1/5 的美国儿童。

食物短缺会引起两种最基本的疾病——**营养缺乏**（食物摄入不足）和**营养不良**（缺乏一种或多种营养物）。在世界上的许多地方，还有另一个与食物相关的问题——**营养过剩**（过多的食物摄入）。在世界范围内，现在体重超标的人的数量和长期营养不良的人数几乎相当（见表 5.1）。下面分别对这些群体进行探讨。

表 5.1 超重的成人和体重不足的儿章

国　　家	成人超重的百分比
美国	63
俄罗斯	54
英国	51
德国	50
哥伦比亚	43
巴西	31
国　　家	儿童体重不足的百分比
孟加拉	56
印度	53
埃塞俄比亚	48
越南	40
尼日利亚	39
印度尼西亚	34

来源：世界观察研究所。

营养缺乏是一种摄入食物（或卡路里）不足而导致的半饱和被饥饿折磨的现象。营养学家假设每个人每天平均需要摄入 2200～2400 卡路里的热量。西欧人和美国人的平均

摄入量是每天 3200 卡路里，因此他们是幸运的。而埃塞尔比亚人平均每天摄入的热量只有 1600 卡路里，这仅仅只有美国成人每天摄入量的一半（见图 5.1）。每天少摄入 600 卡路里的热量就会使身体无力，导致嗜睡和严重的精神疾病，降低抵抗力。

营养不良是食物质量不高或缺乏某种重要食物的现象，它会导致蛋白质、维他命和矿物质中的一种或多种关键营养的供应不足。

营养过剩是由摄入过量的食物导致的。约有 65% 的美国成年人体重超标，体重超标或肥胖的人口比例从 1970 年的 15% 上升到了今天的 31%。营养过剩的情况在儿童中也很普遍，美国约有 15% 的儿童体重超标或属于肥胖。不仅美国这样，俄罗斯、英国和德国也有超过 50% 的成年人体重超标。甚至在发展中国家中，在富裕阶层中也存在普遍的营养过剩情况，但同时有许多人还在饥饿中挣扎。

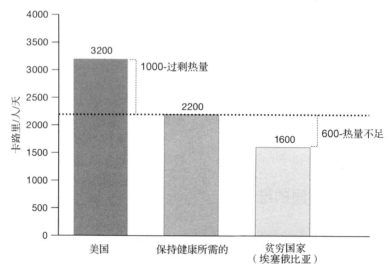

图 5.1　美国人平均营养过剩，而贫穷国家的人平均营养缺乏。饥饿、饥饿引起的疾病以及饥荒每年导致死亡的人数估计有 1800 万人

营养缺乏和营养不良总是紧密联系在一起的。在许多发展中国家，贫困儿童苦于缺乏热量和蛋白质。如图 5.2 所示，由于缺乏身体所需的热量和蛋白质，这些儿童变得瘦弱而憔悴。他们不住地啃咬着他们的衣服，以减缓夜以继日的极度饥饿对他们的折磨。母亲的乳汁中富含热量和蛋白质，因此过早断奶的婴儿常受到消瘦症影响。**消瘦症**可能是由于产妇死亡、母乳供应中断或使用用水稀释的母乳替代品（因为家庭贫困）等原因，无法提供足够的营养而引起的。患消瘦症儿童在使用被污染的饮用水或感染传染病的情况下，可能会导致严重腹泻和死亡。

发展中国家数以百万计的 6 岁以下儿童患有蛋白质缺乏的**夸希奥科病**。夸希奥科是一个西非词语，意思是"当小孩子出生时，大孩子患上的疾病"。因为这时母亲不能够再用母乳喂养大孩子，这些孩子常常以高淀粉但低蛋白质的食物喂养。虽然他们能够获得足够的热量，但是缺乏必需的蛋白质。

夸希奥科病通常发生在 1～3 的儿童身上。虽然这种疾病最早发现于热带非洲，但现在在中美洲、南美洲、加勒比、中东和东方的儿童中也有发现。

患有夸希奥科病的儿童虚弱且绵软无力。他们的四肢消瘦，腹部由于内部积液而鼓胀（见图 5.3）。在许多发展中国家，他们还常常会同时患上皮肤溃疡，或极易感染上传染病。

蛋白质缺乏阻碍身体和智力发育，甚至在后期饮食改善以后，受到损伤的大脑也无法恢复。结果，蛋白质缺乏成了许多发展中国家发展的真正障碍。蛋白质缺乏的国家不仅自然资源遭到侵蚀，同时人力资源也受到损害。

图 5.2　印度 Parvati Pura 因饥荒造成的死亡。由于长期干旱，这个村庄陷入饥荒中。这个两岁的男孩由于缺乏蛋白质和热量，濒临死亡

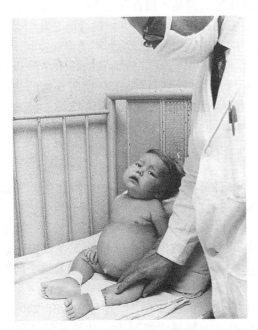

图 5.3　患夸希奥科病（蛋白质缺乏症）的危地马拉儿童。注意他突出的腹部

夸希奥科病和消瘦症是两个临床诊断的症状。然而，对于每个被诊断为其中一种疾病的孩子，百分之百患有各种形式的营养缺乏和营养不良。

在不久的将来，随着世界上许多地方人口的持续增长、土地退化、全球气候变化和其他因素的影响，受到严重饥饿折磨的人口数量可能会灾难性地增加。最严重的问题可能会发生在拉丁美洲和非洲地区，这些地区的许多国家同时被快速的人口增长和动荡的国内局势所困扰。

绿色行动

为环境保护尽一份力，你可以做到的一件事情是保持健康的饮食，多吃水果和蔬菜，避免营养过剩。食物的生产、处理、存储和运输均需要消耗大量的资源，通过减少你的热量摄入，可以减少能源与农药的使用。

5.1.2　微量营养素缺乏

相比于上面已经讨论的问题，有一个问题较少被关注——**微量营养素的缺乏**。微量营养素是指那些人体需要量极少的化学物质，包括维生素 A 和矿物质（如铁）。相应地，**常量营养素**指我们大量需要的物质，如蛋白质和碳水化合物等。

据估计，世界上有超过 20 亿人患有微量营养素缺乏症。最常见的是缺乏维生素 A、铁和碘。缺乏这三种微量营养素可能导致严重的健康问题。碘缺乏可能会导致智力缺陷，维生素 A 缺乏可能导致失明，严重的情况会导致儿童死亡。如果严重缺乏铁可能会引起贫血，导致易疲劳、虚弱、头痛和疾病。

5.1.3　粮食趋势与挑战

回顾粮食生产的历史，世界粮食供应正处于一个历史最高水平，但是饥饿和营养不良却保持在一个非常高的水平。这是为什么？

自 20 世纪 60 年代以来，世界粮食产量稳步上升。然而，据联合国粮食及农业组织的数据，1986 年以来，世界三大主要粮食作物——玉米、小麦和大米的生产已经不能满足人口增长的需求。其结果是人均粮食产量下降，这意味着世界上每个人能够获得的食物更少了。

随着生产的粮食越来越多地用于制造生物燃料（乙醇和生物柴油），同时干旱、火灾、暴风雨和洪水的增加，人均产出的粮食势必将更少。例如，2006年美国消耗了其玉米总产量的20%用于生产乙醇，而在2000年这一消耗只占玉米总产量的6%。这约有5500万吨，相当于美国对外出口的粮食量。

世界各国面临着两大与食品相关的挑战。首先，对于普遍存在饥饿和营养不良的国家来说，最紧迫的挑战是找到办法来结束目前的苦难；另一个挑战是必须满足未来发展的粮食需求。也就是说，所有的国家都必须找到途径提供更多的食物来满足当前和未来的需求。在人口迅速增长和成本上升的前提下，应对这两个挑战的任务都非常艰巨。

其实还有第三个挑战：无论是否能解决饥饿或满足未来的需求，满足对粮食的需求必须以可持续的方式进行。也就是说，我们必须在满足近期和长期需求的同时，保护农业生产所依赖的土壤和水资源。草场也必须以确保其长期生产力的方式进行管理。

全球社会面临的挑战最好在全球人口预期增长的视角下审视。根据位于美国华盛顿特区的人口咨询局的估计，世界人口在2008年的67亿的基础上，到2025年将增加约12亿。粮食生产必须以同样的速度增长才能维持现状。但可悲的是，在世界上的许多地方，粮食生产根本就跟不上人口的增长。

为了满足当前需求并确保为全球不断增长的人口提供长期的粮食供应，每个国家都必须发展可持续的农业和畜牧业。本章和接下来的三章将主要介绍有关土壤和农业的内容，第12章介绍有关畜牧业的内容。

虽然对于如何定义**可持续农业**存在一些不同的观点，但这里把它定义为一种在保护甚至提高农业生产所必需的土壤、水资源和其他资源质量的同时，生产足够的、高质量和买得起的食物的方式。

满足现在和未来的需求，创造一个持久的农业系统是建设可持续未来的关键。但是我们应该如何可持续地增加粮食的供应？

绿色行动

参观当地的有机农场，了解可持续种植农业的技术。你甚至会想去做一段时间的志愿者。

5.2　可持续地增加粮食供应：概述

为了了解我们如何能够在保护甚至改善对粮食生产至关重要的土地和其他资源的同时，满足我们现在和未来的粮食需求，我们必须解决几个方面的问题。相应的策略分为如下6个方面：(1)保护现有的土壤不被土壤侵蚀和改变成非农业用途等过程破坏；(2)提高现有耕地的生产力（单位面积的产量），改良贫瘠的土地；(3)减少病虫害；(4)提高粮食存储和运输能力；(5)开发新的食物资源；(6)增加耕作土地。但是，粮食危机不可能只靠发展农业单方面去解决，稳定人口的战略是其中必不可少的方面。如果人口增长不能得到控制，这些在本章和其他章节中提到的技术措施也只能延缓两个世纪以前马尔萨斯所预言的情况的到来，相关讨论见第4章。有关人口稳定性问题的讨论见自然资源保护中的伦理学5.1。

5.2.1　保护现有的耕地

现有耕地的退化和流失是粮食生产的最大威胁之一。由于土壤侵蚀、养分流失、荒漠化、盐化、涝渍和农业用地流转等原因，在美国和其他大多数的国家的耕地正在以创纪录的速度流失。下面通过几个例子来看这个问题究竟有多严重。

世界各地的农田中，每年估计有240亿吨的表层土壤被流水冲走。从统计学的角度来看，十年间被带走的农田表层土壤将达到2400亿吨，这相当于美国所有耕地表层土壤的一半。土壤侵蚀减少了农业生产力，严重的侵蚀，可能导致冲沟的形成，甚至可能使曾经肥沃的耕地不能再用于耕作。我们将在第7章中了解到更多有关的内容。耕作也可能会消耗表层土壤的养分，如果没有适当的施肥措施，土壤肥力会随着时间的推移而下降，进一步降低农业生产力。

沙漠化是指由于不当的土地管理措施导致的沙漠的扩张，特别是在半干旱地区。沙漠化从我们手中掠夺去大量可耕作的土地，减少了粮食的供应和人口增长的潜力（见图 5.4）。沙漠化的形成有许多原因，包括全球变化、过度放牧和森林砍伐等。沙漠化已经侵占了全世界数百万公顷的耕地和草场。我们应该如何解决这些问题以满足我们对粮食的需求？

在人口稳定以后，接下来最重要的满足目前和未来的粮食需求的策略是预防——改善现有的耕地和草场的管理方式，减少土壤侵蚀、**盐化**、**涝渍**以及其他问题。第 7 章将讨论有关控制土壤侵蚀和土壤养分耗竭的问题，第 9 章将讨论减少盐化和涝渍的问题，第 12 章将介绍草场管理有关的问题，第 22 章将讨论减少全球变暖的手段。本章包括减少农业用地流转的方法。

减少农业用地流转　在发达国家和发展中国家，每年都会流失掉数百万公顷的耕地和草场用于发展（见图 5.5）。流失的农业用地用于城市扩张、购物中心、高速公路、机场和其他用途，这个过程被称为**农业用地流转**。在美国，对农业用地流转的估计各有不同。根据国

家资源局的估计，在 1992 年到 1997 年之间，损失的农业用地约为 640 万公顷。从 1997 年到 2003 年，额外损失的农业用地估计为 320 万公顷，平均每年损失约 46 万公顷。在世界范围内，在 1975 年到 2000 年，估计有 1.5 亿公顷的农业用地转为非农业用途。这个数字几乎等于美国现在所有耕地的总和。

图 5.4　过度放牧和不当的农业活动引起沙漠化，导致美国、南美洲、亚洲和非洲每年上百万公顷的边际生产用地遭到破坏

图 5.5　城市化过程中住房、高速公路、机场和商店等的建设对耕地的破坏。优质的农业用地通常靠近城市，地势平坦，便于施工，所以容易遭到侵占

在人口不断增长的前提下，保障粮食供应的关键是在发展过程中减少农业用地的损失。

解决这个问题的一个办法是稳定人口，即降低人口的增长。

资源保护中的伦理学 5.1　满足人口需求还是控制人口增长

这几年每年都有关于世界上某些地方发生大饥荒的消息。1993 年在非洲的索马里，国家面临政治冲突、旱灾、粮食歉收和大量的饥民，所有这些加在一起导致了一场令人难以置信的大饥荒，成千上万的人在饥荒中死去。许多国家和国际救援组织对索马里进行了救援。美国和联合国先后派兵进入索马里平息内乱，这些措施加上干旱的结束，似乎对问题的解决有所作用。从那时开始，饥荒在许多其他国家肆虐，类似的措施也被用来解决这些问题。

虽然这些措施是重要的，但是许多人都承认它们不过是权宜之计，只是使这些长期或反复出现的问题得到了暂时的缓解。除非一些问题得到永久性的解决，否则在经常遭受旱灾的非洲国家或其他地方，饥荒仍旧会再次发生。

一些观察者认为需要努力稳定这些国家的人口数量，才能结束这种周期性灾难。像美国这样的发达国家是否可以将稳定人口的任务强加于这些国家，而它们以此来换取食物援助？

这里我们要求大家做出两个列表，列举支持这个观点的理由，以及反对这个观点的理由，然后仔细分析每个论点，最后决定你支持哪一方的观点。做完这些之后，请花几分钟思考一下你的立场以及你的想法的来源。换言之，你的道德观是如何演化的？你的父母和老师是否影响了你的道德观？你的朋友是否影响了你的思考？书籍是否有助于你形成信仰？

增长管理也可以减缓农业土地的流失。**增长管理**的策略之一是减少城市和城镇的扩张。美国俄勒冈州有目前世界上最好的管理计划，该州在 20 世纪 70 年代通过了有关增长管理的立法。这项法案要求城市和乡镇将它们的发展限制在一定的区域之内，从而实现集中增长。城市增长边界的设计师要在允许适当增长的同时，保护农田、森林和湿地等具有重要生态价值的土地。随着人口扩张带来的压力的增加，华盛顿州、佛罗里达州、新泽西州和田纳西州也通过了类似的法案。

也可以采取其他手段对耕地加以保护。例如，某些州购买了城镇内和周边的农业用地的开发权。开发权表示一块地产的价值超过了其作为农业用途的价值。换言之，它等于农场主将其土地卖给开发者所获得的收益。购买开发权可以阻止农民售卖土地，让他们永久留在这片土地上，这样就保证了这些农业用地仍然用于农业生产。

绿色行动

购买房子时，请考虑购买在城市范围内的房子，请不要购买郊区的房屋，因为这些房屋通常是侵占肥沃的农田修建的。

5.2.2　提高现有农田的生产力

到目前为止，我们已经了解到保持人口稳定是养活世界人口的第一要务。其次是努力保护现有的耕地，使其不受土壤侵蚀、沙漠化和农业用地流转的破坏性流失。接下来是第三点——提高现有农田和新农田的生产力，可通过灌溉、施肥、开发新的作物和牲畜品种等措施，生产更多的粮食（见图 5.6）。

增加灌溉和提高灌溉效率　在过去的 40 年中，美国和其他地区通过灌溉大大提高了农田的产量。1950 年到 2003 年，美国灌溉的土地面积翻了近一番（见图 5.7）。然而，自 20 世纪 70 年代以来，人均灌溉土地面积却在稳定地下降。

改善这种情况的方法之一是提高灌溉效率，利用现有的水资源灌溉更多的土地。例如，在美国西部，用水泥沟渠或管道取代明渠将水流从河流输送到农田，输水损失可分别降低 50% 和 90%。对于某些作物，尤其是果树，使用滴灌系统或自动灌溉系统可以减少用水量。同时农民可以安装土壤湿度传感器来调节灌溉系统。近年来，许多美国农民已经在使用中心枢轴灌溉系统来减少用水量，如图 5.8 所示。这个系统一般向上喷水，但通过简单而廉价的改造，使其向下喷雾，减少了 50% 的农作物需水量。土壤水分传感器用于监测土壤中的水分，同时将信号发送到灌溉系统的控制计算机中，从而帮助农民避免过量灌溉。过量灌溉的避免不仅可以节约用水，也有助于防止盐化、涝渍和浪费。其他更昂贵的增加供水的方案将在第 9 章中进行介绍。

图 5.6　埃及 Habu Hat 的机械化灌溉，它取代了人力或动物驱动的水车。由于阿斯旺大坝的修建，使灌溉在埃及成为可能。41 万公顷以前依赖尼罗河洪水灌溉的土地，现在通过常年的抽水灌溉系统进行耕种。新的灌溉系统使埃及北部每年可以多种一季庄稼，至少增加了 40%的粮食产量。遗憾的是，新增的粮食产量无法跟上埃及人口的增长

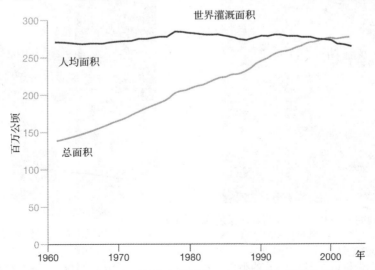

图 5.7　从 1960 年开始，美国的灌溉总面积稳定地增加，但人均灌溉面积由于人口的增长而保持不变

图 5.8 中心枢轴灌溉系统。大量的水被喷洒到空中用于灌溉农作物（左）；对系统进行了简单的改造之后，大大减少了水分蒸发的损失，从而节约了水资源（右）

通过选择育种来提高产量——绿色革命

自从大约 400 万年前人类诞生以来，人类已成功驯化了大约 80 种粮食作物。尽管如此，大多数的粮食作物来自少数的物种，比如全球 50%以上的耕地主要种植小麦、水稻和玉米这三种作物。

驯化野生植物以后，科学家开始思考如何提高它们的产量。1943 年在墨西哥建立的国际**玉米和小麦改良中心**是其中一个最重要的进展。该中心由洛克菲勒和福特基金会赞助，在农业遗传学家诺尔曼·博朗的领导下，致力于小麦和玉米高产品种的开发（见图 5.9）。

经过 25 年的研究，该中心已经取得了丰硕的成果。中心科学家研发的新品种小麦和水稻的单株产量是之前的 3～5 倍。新品种小麦在墨西哥推广后，粮食产量从之前的 780 千克/公顷增加到 4700 千克/公顷。开发新的水稻高产品种是另外一个重要的贡献（见图 5.10）。除了小麦和水稻外，科学家还开发出了抗枯病的土豆，新品种土豆的产量与之前的品种相比，单株增产达到了惊人的 500%。开发出的抗病大豆的产量与之前比翻了两番。努力发展高产和更高蛋白质含量的谷物，这是**绿色革命**的部分行动。

图 5.9 诺尔曼·博朗——诺贝尔奖获得者，绿色革命的奠基人之一。在墨西哥田间选育小麦植株。诺尔曼成功地培养了"奇迹小麦"，大大提高了墨西哥和其他发展中国家的小麦产量

图 5.10 为印度培育的水稻新品种。IR5（左）是在阿杜图来试验站进行测试的高产水稻新品种，右边的是传统的水稻品种

新品种的小麦和水稻主要在热带和亚热带地区推广。这些品种极其依赖化肥和灌溉。由于植株低矮、粗壮，抗倒伏能力强，与传统的品种相比，不仅生长迅速，而且产量更高。新品种生长季短，一年可以收获 2～3 轮。

诺尔曼·博朗及其同事用近 30 年的时间开发出了许多"新奇品种"，1971 年他因此获得了诺贝尔奖，以表彰他对人类福祉的贡献。

高产品种在发达国家得到了更快和更广泛的推广。到 20 世纪 80 年代中期，这些国家近50%的小麦田和近60%的水稻田都已经种上了高产品种。1965—1980 年，尽管这些国家的小麦和水稻种植面积只增加了 20%，但产量却增加了近 75%。发展中国家也受益于绿色革命，比如印度、墨西哥和印度尼西亚曾经受粮食短缺困扰，如今已经能够自给自足。

尽管新品种作物效应明显，但批评者指出绿色革命并不是解决世界饥饿问题的万全之策。高产新品种在许多方面都被证明存在不足。

最普遍的批评认为，绿色革命的受益者主要是那些能够负担灌溉和购买肥料支出的富裕农民。绿色革命几乎没有影响到食物严重缺乏的非洲农村地区。根据美国国家农业教育委员会的一份报告，世界范围内约有 30%～40%的人口依赖自给自足的农业，他们每年生产的食物仅勉强能够自给，根本无力购买昂贵的新品种作物的种子及其所需要的肥料。

高产新品种被证明不能充分地抵御病虫害。遗传学家无意间消除了小麦和水稻的自然抵抗力，使其产生了一些遗传缺陷。为了保证产量，农民不得不使用大量的杀虫剂，这进一步推高了种植的成本。农民即使能够负担新品种的种子，也可能没有足够的资金来购买昂贵的化肥和杀虫剂。

绿色革命和现代农业的另外一个问题是，它使用有限的遗传品系，减少了遗传多样性（使用的遗传品系的数量）。以往同时种植多个作物品种的地区，现今被单一品种的种植所取代。大面积种植单一品种的作物，遭受病虫害的风险相应增大。

许多批评人士认为绿色革命是一个失败，

但这样的批评还为时过早。遗传学家从以往的失误中吸取经验，已经开发出适合在相对贫瘠条件下种植的小麦和水稻新品种。例如，在孟加拉国，种植的小麦有一半是不需要灌溉的高产品种。能够耐受干旱并对冻害、害虫和作物疾病有更高抗性的品种正在继续研发中。一种耐寒的冬小麦品种现在正在加拿大推广种植，以帮助提高小麦的产量。

也许对非洲和拉丁美洲农村地区的穷人来说，增加甘薯、马铃薯和各种豆类等主食的产量的遗传研究进展才是最令人鼓舞的。绿色革命的主要资助者——洛克菲勒基金会，已开始将其农业研究计划集中于这类作物的遗传改良研究中，这将对 14 亿种植这些作物而赖以生存的农民带来很大的潜在福利。

通过基因工程提高产量　通过植物育种，提高粮食作物的生产力是一个缓慢而繁复的工作。到现在为止，取得理想的杂交育种结果需要花 10～20 年的时间。1973 年发明了一种新的技术能够加速基因增强过程，这种技术就是基因工程。读者可能已经听说过这种技术，因为近年来有众多的抗议者不断聚集在一起来表达对这一技术发展的不满。

基因工程是科学家将决定抗病虫害、耐干旱、脂肪含量和蛋白质含量等生物特征的理想的**基因**，即细胞遗传物质片段（DNA）分离出来。分离出来的基因能够繁殖或被复制。这些基因能够从某种生物（如小麦或奶牛）的一个品系转移到另一个品系，从而产生超越它们前辈的更优的品系。它还用于将基因从一个物种转移到其他物种，比如从人类转移到猪，这样跨界的基因转移在生物进化过程中是非常罕见的。

基因工程被证明是一个快速发展但饱存争议的改变作物和具有重要商业价值牲畜的手段。事实上，今天许多常见的作物都是基因工程的结果。它们被称为**基因改造作物**、**基因工程作物**或**转基因作物**。1992 年，中国成为第一个商业种植转基因作物的国家。根据人类基因组计划，到 2006 年，全球有 22 个国家的 1030 万农民已种植 1 亿公顷的转基因作物，这些作物主要是具有抗除草剂和抗病虫害能力的大豆、玉米、棉花、油菜和苜蓿。研究人员正在试验各种能够抗疾病和极端天气的其他作物。他们还在测试具有更高铁含量和维生素含量的新水稻品种，以减轻亚洲地区营养不良的状况。

科学家说，很多想象已接近现实，比如能够产生用于防治乙肝等传染病疫苗的香蕉，快速生长的鱼，对疯牛病（可能导致阿尔茨海默氏病和其他疾病）免疫的牛，早熟的水果和坚果树，能够产生生物塑料原料的植物。

根据人类基因组计划的统计，到2006年，美国（53%）、阿根廷（17%）、巴西（11%）、加拿大（6%）、印度（4%）、中国（3%）、巴拉圭（2%）和南非（1%）这些国家种植了全球97%的转基因作物。虽然该项目指出转基因作物在工业化国家的增长将达到预期的高度，但随着研究的深入和获取的可用于农作物和动物的新基因的空前的增加，未来十年转基因生物将会在发展中国家中呈指数增长。

理想的转基因可能来自世界上偏远地区现存的栽培品种，或者来自现代作物多年前分化的野生物种。许多驯化物种的栽培或野生的祖先亲本受到人类人口扩张的威胁，这些物种通常具有能够提高作物和牲畜产量的珍贵基因。因此，许多国家设立了积极的计划去寻找正在消失的栽培品种和野生物种，以求让玉米、小麦、大豆和其他具有重要商业价值的作物获得基因增强。美国农业部目前收集了超过1.2万个物种，48.3万个不同的基因样本，而且每年大约增加 1～2 万个来自野生植物物种和栽培品种的新样本。尽管这些品种正在消失，但理论上它们的遗传潜力得到了保护（见图 5.11）。这里我们说"理论上"是因为存储设施并不那么完善，即使在最佳条件下，存储的种子的质量也可能下降。

基因改良的重要性不能被过分夸大。比如在过去的 60 年间，由于基因改良，玉米的产量从20蒲式耳/公顷提高到100～250蒲式耳/公顷，产量增加了超过 4 倍。

遗传学家通过基因工程改造作物时遵循两个基本的原则：通过"输入性状"和"输出性状"修补基因。

图5.11　科学家正在美国科罗拉多州立大学国家种子贮藏实验室检查储存在液氮中的种子。这种技术可以更好地长期保存种子

输入性状是指影响对农业输入（比如农药和化肥）的耐受性的基因控制性状。例如，基因工程的大部分工作都集中在农作物对除草剂的耐受性上。虽然除草剂能够控制杂草，但是也可能会损害作物。通过调整作物抗除草剂的基因，使农民在使用除草剂时作物不受其损害。

一些专家预测，未来的大部分工作将集中在输出性状，即影响植物生产粮食能力的遗传特征。例如，开发含油率更高的玉米。玉米一般用于喂养肉牛，高含油率的玉米能够使肉牛的生长更快，使饲养成本降低。一些改变可能影响到食物的味道、营养构成甚至颜色，使食物更加吸引人。

虽然北美农民和消费者很快接受了转基因作物，但并不是所有地方都能接受。例如美国的一些厨师拒绝使用转基因食物提供服务，同时一些市民也对转基因食品表示担忧。在一些发展中国家，一些农民反对使用转基因作物，甚至将已经种植转基因作物的农田毁坏。一些欧洲国家甚至提出在对转基因的影响得到更多的研究之前，终止转基因生物的研究

（转基因食品作物）。转基因作物可能带来什么影响呢？

转基因作物可能带来的影响是多方面的。首先它们可能会影响到人类的健康。引入到粮食作物中的新基因可能导致食用它们的人产生过敏反应，一些这方面的证据已经被证实。一些反对者还认为转基因可能对环境造成影响。科学家已经采集到的样本表明，非目标物种受到残留在土壤中的杀虫剂的损害，而这些化学物质是由经过基因改造的作物产生的。更令人吃惊的是，加拿大农民发现引进转基因作物两年以后，从转基因植株附近获得抗除草剂能力的杂草在与其他物种的竞争中获胜，开始疯长。

显然，对于转基因作物还有许多方面需要去探究。事实上，2000 年 1 月，在加拿大蒙特利尔签署了一份称为《卡塔赫纳议定书》的国际协议。该议定书规定了转基因食品的国际贸易，其重点是共享现有的规章、风险评估和其他协议的信息。它呼吁进口国在进口转基因生物，比如转基因作物的种子之前，进行广泛的意见征求。同时议定书还呼吁发达国家帮助其他国家发展对转基因作物进行风险评估的技术与能力。

增加肥料的使用　日本的人均耕地只有 0.07 公顷，大约是美国人均耕地的 1/13。在这个小小的岛国，只有发展密集农业才能够养活近 1.28 亿的人口。日本农民取得了令人惊叹的成功，每公顷耕地每年产出 5300 卡路里的热量，几乎是美国生产力的 3 倍。这个成就的关键之一是大量肥料的使用，包括沙丁鱼-豆饼-棉籽饼混合肥料、动物粪便、绿肥、人类固体废物和化肥的使用。

日本在土壤增肥上的成功经验可以在许多发展中国家进行复制。美国农业专家在 14 个发展中国家进行的 9500 次人工施肥试验表明，即使耕作技术不做任何提高，平均增产仍可达到 74%。然而，在未来的 25 年中，化肥的用量必须增加 7 倍才能够满足快速增长的人口的需求。这可能吗？

1950—1989 年，世界化肥的使用量从 1400 万吨增加到 1.46 亿吨（见图 5.12）。根据联合国粮食及农业组织的统计，粮食产量也因此从 1950 年的 6.2 亿吨增加到 1989 年的 17 亿吨。尽管这令人印象深刻，但自此以后，化肥的使用量趋于平稳（见图 5.12），粮食总产量也趋于平稳。考虑人口增长的影响，在过去的十年间，人均粮食产量实际上在减少。

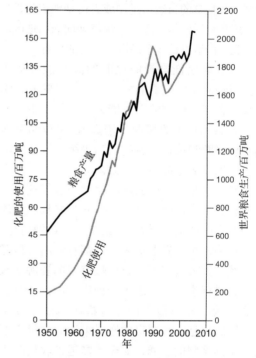

图 5.12　1950—2005 年间的世界化肥使用量和粮食产量

化肥使用的长期前景并不乐观。尽管它有各种好处，但是许多发展中国家的农民根本无法承担化肥的支出。由于化肥生产严重依赖化石燃料（天然气和石油）的生产和应用，化肥的使用正在变得越来越昂贵。随着天然气和石油价格的持续上涨，化肥使用的进一步减少有可能会发生。一些专家认为，我们需要提高肥料的使用效率来应对这一困境。

世界观察研究所的爱德华·沃尔夫指出，许多国家在生产力最高的土地上过度施用化肥，而如果将化肥施用到相对贫瘠的土地上可能会获得更多的收益。例如，如果中国农民将施用在生产力最高的土地（占所有土地的 1/3）上的化肥施用在另外 2/3 相对贫瘠的土地上，每吨化肥将增加 3～15 倍的粮食产量。

非洲、拉丁美洲和亚洲的农场可以从化肥使用中获取更大的收益，但是农民却往往无法承受购买化肥的支出。因此，一些观察人士认为，粮食援助是一个治标的解决方案，与其这样，发达国家更应该考虑援助化肥来帮助这些处于饥饿的国家完成粮食的自给自足，或者协助他们建设化肥工厂和交通网络，迅速、经济地向农村地区运送化肥。但这将是一个昂贵且耗时的任务。

研究表明低剂量的化肥的添加能够促进固氮植物固定大气氮的能力，大剂量的肥料添加反而会损害植物的固氮能力。因此，少量氮肥的捐赠和技术的援助（培训），可以帮助农民实现化肥和植物固氮的适当平衡，许多国家因此可以显著地提高生产力。

然而，必须指出的是，化肥的过度使用会改变养分循环，污染水体。牛粪等**有机肥**可能是一个更好的选择，这将在第 7 章中详细讨论。数千年来，在世界上很多地方都有使用有机肥的传统。因为它们不需要依赖有限的资源（天然气）进行生产，代表了一种可持续的选择。牛粪作为许多发展中国家有机肥料的主要来源，同时也是一种宝贵的燃料来源。曾经主要用于土地施肥的牛粪，如今更多地被收集晒干当做燃料使用。发展中国家的人口压力使林地减少，穷人因此被迫使用这些替代燃料。一些国家正在推行一些计划，发展村庄附近的可持续林地，这样可以减少牛粪作为燃料的使用，转而用于增加土地的肥力。更高效的炉灶也在大范围推广，以减少木材和牛粪的消耗。同时在太阳能资源丰富的地区推广太阳能灶具，以减少对木材的需求。

只是通过在土地上投入更多的肥料并不能解决世界饥饿问题。如前所述，施肥只是一种昂贵的选择，而且在不久的将来还将变得更加昂贵。但提高肥料的应用、使用低剂量的氮肥结合固氮植物、更好的土地管理和使用有机肥，可以帮助提高农田的产量。这些措施都是提高现有耕地生产力众多计划中的一部分。

5.2.3　减少虫害

据估计，世界上每生产 100 千克的粮食就对应着有 40 千克毁于害虫和病菌（主要是真菌）。每年因老鼠、昆虫和真菌损失的粮食就足够养活 1/3 的印度人口。世界上每 14 人中就有 1 人由于农业害虫造成的食物匮乏而遭受饥饿。让我们仔细的考察一下害虫造成的影响。

鼠类　老鼠是人类最大的竞争者之一。一只老鼠一年要消耗 40 磅的谷物，估计美国大约有 1.2 亿只老鼠，一年消耗价值约几亿美元的粮食。在印度，老鼠的数量可能是人口的 10 倍，高达 30% 的庄稼都毁于鼠害。

传播疾病的昆虫　在赤道非洲，有多达 23 种采采蝇，它们是导致人类感染非洲昏睡病和牲畜感染严重传染病的传播者，严重影响了超过美国国土面积的区域上的畜牧业生产。在东南亚，蚊子通过叮咬人类传播疟原虫，成为危害当地农民的一大祸害。数以百万计的稻民在插秧和收割的关键时期因此而病倒。为了躲避疟疾，泰国北部的农民不得不放弃晚稻的播种。

蝗虫和其他害虫　破坏作物的昆虫每年导致全世界数亿美元的损失。大面积的作物无意间提高了虫害的风险。成群的蝗虫从古至今一直困扰着农民，还将继续摧残农作物。红海附近的一个蝗虫群，其厚度遮住了太阳，覆盖面积超过了 5000 平方千米。由于其巨大的流动性，蝗虫可能破坏农作物的区域半径从其孵化点向外超过 1600 千米，可能覆盖好几个国家（见图 5.13）。现在已知成群的蝗虫能够从加拿大萨斯喀彻温省迁徙至美国得克萨斯州。有关虫害及其控制的更多内容参见第 8 章。

有效地控制农业害虫能够显著提高发展中国家的粮食产量。但是这些控制措施必须是可持续、经济和可靠的，而且能够保证环境安全。其中最有前景的是生物技术，能够让农民减少使用甚至完全不用可能带来严重环境影响的化学杀虫剂。一些相对简单的措施能够有效地控制害虫种群，同时避免化学杀虫剂的危害。比如改变作物种植时间以避免害虫的出现，或者增加作物的多样性以减少害虫种群的增长。

图 5.13　蝗群风暴威胁索马里作物。人类希望用飞机喷洒杀虫剂消灭蝗虫，但由于发动机被蝗虫堵塞，无法启动（左）；蝗虫群遮住了航站楼（右）

5.2.4　提高粮食的存储和分配

如前一节所述，很多食物在到达最终用户之前，就因为害虫或在存储过程中发霉腐烂而损失。改善存储措施，优势之一是，简单地改变存储箱的类型就能防止鼠害和其他害虫，极大地减少粮食的损失。发达国家可以通过提供财政和技术援助，从这个简单而高效的方面协助发展中国家。

在许多发展中国家，道路的不足导致了粮食分配出现问题。运输粮食的卡车可能会陷在被洪水淹没的道路上，而不能使粮食运送到最终用户手中。改善交通系统能够有效地增加食物的供应。

5.2.5　开发新的食物来源

开发新的食物来源也是解决世界性饥饿问题的途径之一。藻类和酵母是待开发的食物来源。不管这些新的选择能够提供什么，它们的作用都是次要的。下面以藻类为例进行说明。

在美国、英国、德国、委内瑞拉、日本、以色列和荷兰，藻类作为食物已种植了许多年。其中一种特别的品种——小球藻，能够在池塘中生长，富含蛋白质、脂肪和维生素，并且含有人类所需的各种氨基酸。每公顷藻类养殖能够生产接近 90 吨的干藻。这种藻类的蛋白质含量比大豆的蛋白质含量高 40 倍，比牛肉的蛋白质含量高 160 倍。

那为什么食品生产国没有疯狂地发展藻类养殖叫呢？原因之一是藻类的养殖成本非常昂贵。也许除了城市地区的丰富污水可以滋养这些微小的生物以外，由于经济成本太高，藻类养殖不可能得到普遍推广。

除了成本障碍之外，藻类这种新食物还面临着巨大的消费阻力。缺失文化支持的食物通常不能够流行，因此相关的投资往往具有更大的风险。在发展中国家，藻类培育不太可能提高粮食的生产。但是，越来越多的鲶鱼、鲑鱼和其他淡水鱼类生长在美国的池塘中。鲤鱼是许多发展中国家喜爱的食物。在科罗拉多州，菜单上的落基山鳟鱼可能是附近的一个鱼塘养殖的。今天数百万吨的鱼来自商业养殖。

畜牧业的进步　人不可能只靠面包活着，许多人从牲畜中获取一些他们所需要的蛋白质。因此，解决世界的饥饿问题需要提高畜牧业生产。第 12 章将介绍改进草场管理的方法。

为了增加粮食生产，科学家培育了产肉更多的新品种牛、生长更快且繁殖更多的新品种猪和产奶量更多的奶牛。例如，美国荷斯坦试验奶牛品种的年产奶量高达 900 千克，而中国黄牛的年产奶量只有 140 千克。

动物成功繁殖部分归功于提取基因优良的公牛的精子对母牛进行人工授精。禽类养殖中保证更高的产蛋率和饲料转换效率的技术也已经发展完善。之前讨论过的基因工程同样可以改良牲畜以增加食物产量。

本地的食草动物　另一个潜在的增加食物供应的手段是，更多地利用当地的食草动物，它们能够适应本地的气候和疾病。

若干年以前，一些野生动物学家对比了非洲地区驯养的家畜和羚羊、斑马、长颈鹿与大象等本地种群的肉类产量（见图5.14），他们的研究结论很具启发意义。

图5.14　津巴布韦的长颈鹿和斑马。在大型牧场中饲养本地野生食草动物能够比饲养传统的牛、羊等牲畜获得更高的利润

首先，野生食草动物可利用所有可获得的植物性食物。而牲畜在取食时是有选择的，只食用适口性好的牧草，而忽略其他适口性较差的杂草。从区域管理的角度来看，牲畜未充分地利用可获取的资源。采用围栏的方式可能会引起过度放牧，从而最终导致土地生产力的破坏。相比较而言，在同样的区域中放牧几种本地物种时，它们会取食不同的植物，从而充分利用可获取的饲料。比如羚羊取食青草和低矮的饲草，长颈鹿取食树上高处的树叶，而大象取食树皮和树根。

其次，野生食草动物比驯养家畜能更好地适应干旱。在水源干枯时，野生食草动物会迁移到几千米以外的其他水源地，而驯养家畜被围栏限制，没法去寻找新的水源。本地物种的需水量也比驯养家畜的要少。例如斑马可以三天不用喝水；长角羚可以只靠取食植物中的水分和代谢水存活。**代谢水**是葡萄糖被细胞分解产生能量时产生的水分。此外，本地食草动物已经进化到能够很好地躲避天敌。一头牛基本上就是饥饿狮子的美餐，而一只健康的羚羊能够寻觅到逃脱的机会。

第三，野生食草动物对由采采蝇传播的可能致命的昏睡病是免疫的，而驯养的牲畜并不能对其免疫。

基于这些原因，饲养野生物种用于商业肉类生产的预期利润比饲养传统牲畜的草场高6倍。当然这并不是说本地食草动物是万能的。它也存在一些问题。首先，本地食草动物随着牧草和水迁移，草场的面积需要足够大。因此这个系统显然有利于富有的地主，但是为了防止动物逃逸，还需要大范围、昂贵的围栏。此外农场主还需要一个系统来证明和维护其对野生动物的所有权。

5.2.6　开发耕地储备

许多国家都试图通过开垦新的耕地来促进农业生产。20世纪50年代中期到70年代中期，中国、前苏联和美国都大量地开垦未利用地，但开垦的土地大部分是土壤贫瘠、侵蚀严重和难以耕种的不毛之地。20 世纪 80 年代，美国 50% 的耕地土壤侵蚀来自于占耕地 10% 的这些新垦地。

20 世纪 70 年代后期开始，荒地开垦的高成本迫使这三个国家的政府停止荒地开垦用于农业生产。在美国，1985 年的《食品安全法》创建了一个计划（土地休耕保护计划），对大约 1500 万公顷侵蚀严重的耕地进行退耕，并对农民进行补贴，这一目标预计在 1993 年实现，超过 1/10 的耕地被回收。该计划非常成功，于是国会将其延长至 2008 年。到 2007 年底，退耕的土地达到 1490 万公顷。

第三世界国家扩大粮食生产的前景并不明朗。在东南亚，大部分可耕作的土地都已被利用。一些研究人员认为，亚洲西南部现已开垦的土地已超过了可持续的开垦规模。在非洲和南美洲，被认为适合开垦的少量的土地也已经被利用；虽然在这两个地区扩大耕地面积是可行的，但可能会威胁当地的野生动物。这些区域增加粮食生产最明智的策略是保护好现有的耕地，使之能够保持生产力，并通过合理利用提高生产力。需要指出的是，大部分农民认为热带雨林、干旱土地和湿地是潜在的耕地资源。它们是否应该或能够被利用？

热带雨林：潜在的农田 热带雨林水热充足，有利于森林的生长。在外行人看来，茂密的热带雨林是农田开垦的很好选择（见图 5.15）。但事实恰恰相反，砍伐雨林后开垦的农田是世界上最糟糕的耕地之一。

图 5.15 在苏门答腊中部通过毁林发展农业。开荒的土地在耕作几年以后，由于土壤肥力的耗尽而被荒废。在小地块上植物在 35 年内可以再生；而大地块将受到极端的侵蚀，再也无法进行农业生产

美国东部、中国和欧洲的落叶林中，树叶和其他凋落物在地面形成很厚的枯枝落叶层，经过腐化，使土壤肥沃并保持一定生产力，而热带雨林的土壤则十分贫瘠，凋落的叶片和树枝被细菌、昆虫、真菌和蚯蚓等迅速分解，养分很快释放到土壤中，然后迅速被散布地面的森林根系吸收。因此，支持地球上生产力最高的生态系统的土壤却是人类已知最为贫瘠的土壤之一。砍伐森林然后种植农作物的做法绝对是一场灾难。大部分养分将被淋溶到作物无法获取利用的土壤深层，同时在雨季养分会被冲刷出土壤，土地变得贫瘠并难以恢复。

热带森林土壤的另一个问题是土壤富含铁化合物，当干旱时期暴露在外时，土壤容易硬化并形成不透水层。这种土壤被称为**砖红壤**，这种褐红色的土壤可能导致了柬埔寨高棉文化和墨西哥玛雅文明的衰落。在近代还导致了巴西政府在亚马孙盆地开展的农业殖民的失败。

今天，热带雨林以惊人的速度减少。根据一些估计，每年减少的热带雨林的面积大小与华盛顿州的面积相当。为获取木材和其他木材制品将雨林清除，之后在荒地上发展的农场和草场的计划无一例外地都很快失败了。因此，大多数人都认同必须停止砍伐雨林拓展农业的做法。更多的关于热带雨林的内容参见第13章。

干旱和半干旱土地　沙漠和半干旱土地也被视为潜在农田的一个来源。有人说有充足的水分和肥料，干旱和半干旱地区的沙质土壤也可以种植作物。

前景是有的，但是由于成本高、回报低，许多灌溉项目难以继续开展。盐化（灌溉土地发生盐的富集）和涝渍（大量灌溉使得表层土壤水分饱和）是其中主要的问题（详见第8章）。世界上所有使用灌溉的干旱区都受到盐化的威胁，在盐化的中后期，土地很快就无法利用。因此，在干旱和半干旱区拓展农业的计划可以说是高成本、难持续且不实用的。

湿地　世界上很多湿地都被抽干，用以提供生活空间和珍贵的农田。在美国，农业发展已成为湿地减少的主要原因。**湿地**是部分或大多数时间潮湿的土地，包括沼泽、泥沼、盐沼和红树林沼泽。河流两岸的土地一年中被洪水淹没的部分也可以认为是湿地。英国、以色列、意大利和美国（密西西比和佛罗里达）的许多农业地区都在排干的沼泽地种植水果与蔬菜。

湿地是洄游繁殖鱼类和野生动物的栖息地。许多水禽物种在湿地中生活和繁育；许多具有商业价值的鱼类和贝类依赖滨海湿地。湿地的破坏危害这些鱼类和野生动植物种群。湿地还通过吸纳沉积物和其他污染物，来净化水源，同时湿地具有类似海绵的作用，容纳雨水，减少洪水，增加地下水补给（更多有关湿地功能的内容，见第9章）。湿地转换为农田

剥夺了湿地为我们免费提供的生态服务，这些功能可能需要昂贵的工程解决方案才能提供，如修建水污染控制设施以消除污染物，修建水坝来控制洪水。

总之，虽然有一定的潜力扩展种植的土地，但是结果没有想象的那么美好。耕地的开垦只能作为扩大粮食产量综合解决方案中的一部分。

5.3　贫困、冲突和自由贸易

我们今天面临很多挑战，养活全世界的人口需要采取多方面的措施——控制人口增长、保护农田不受侵蚀与流失以及提高生产力（提高现有耕地农作物产量）等。接下来的三节将介绍很多的解决方案，但贫穷是这些解决方案中没有触及的方面。养活全世界人口的主要障碍之一是，人们普遍没有购买食物的支付能力。即使在粮食长期短缺的国家，富人可以购买食物，而穷人只能因饥饿而死亡。大量的人挨饿是因为他们无力购买足够的食物。一些专家认为，随着发展中国家生活水平的提高，饥饿可以被消除。年收入的适当提高都在很大程度上有助于饥饿问题的解决。因此，许多专家认为，除了之前提到的各种措施以外，各国必须想办法提高贫困人口增加收入的能力。但是，任何经济发展战略都必须是可持续的，在提供体面的工作和工资的同时，不能以牺牲环境为代价。

一些可持续发展的支持者认为，当地村庄和城镇的可持续小型企业的发展可能是其中的关键。可持续的企业能够更多地利用当地的资源，而不依赖进口；产品更多地供给本地消费，而不是出口。因此，这样的项目将促进本地或本地区的自给自足。例如，自行车厂或太阳能炉灶厂不仅可以帮助穷人赚钱养活自己和家庭，产品也可以在本地使用。

布什总统在2008年的国情咨文中指出，发展中国家应该努力实现粮食的自给自足，而不是依赖粮食进口。但具有讽刺意味的是，许多曾经粮食自给的发展中国家成了发达国家

的债务国，为了赚取外汇偿还债务，只能将以往生产粮食的耕地转而种植柑橘、咖啡和茶叶，然后销往西方国家。发展中国家的粮食产量因此减少，不得不更依赖于西方国家。稍后讨论到的自由贸易也严重挫伤了本地的粮食生产，因为农民很难竞争过发达国家大规模的工业化种植。

以一个合理的价格在本地种植自己的粮食，发展中国家可以实现自给自足，减少饥饿带来的痛苦和死亡。

对于发展中国家来说，自给自足是实现可持续未来的一个重要组成部分。发达国家可以在这一重要的转变时期伸出援手，提供技术和措施援助支持基于本地的可持续农业。本章中提到的这些措施和其他措施一起，能够使我们进一步接近养活我们这个饥饿的星球并保护和改善环境的目标。

文明冲突和自由贸易是其他两个在饥饿和营养不良中发挥重要作用的因素。在许多国家，交战各方常常把粮食作为一种武器，他们破坏庄稼或切断粮食供应，迫使农民离开他们的农场（人们无法在战乱中进行耕种）以削弱对手和恐吓当地居民。

战争对经济也有消极的影响。战乱中人们失去了工作，没有能力购买食物；战争破坏了道路、桥梁、商店、铁路、仓储设施等基础设施，使粮食运输和配给无法进行。甚至在战争结束之后很多年，农业都无法恢复。在阿富汗，1979 年战乱时埋下的地雷仍然遗留在耕地中，据估计大约有 2/3 的耕地由于受到地雷的威胁无法耕种。

近年来又出现了另外的问题——自由贸易协议。尽管这看起来可能是一件好事，但它有一个缺点。当北美和欧洲等发达国家的农产品获准在发展中国家进行销售时，由于这些农产品享受发达国家的补贴，常常使当地的农民无法与之竞争。许多当地的生产者随后放弃了种植，他们只能另找工作或者挨饿。

主食依赖进口可能对发展中国家的消费者来说是一件危险的事情，比如价格波动和货币贬值可能导致食物价格大幅上升。例如在墨西哥，消费者最初受益于从美国进口的廉价玉米。然而 1995 年随着比索的贬值，玉米的价格在一年内翻了一番。2007 年，由于油价高涨和对乙醇需求的增加，美国的玉米价格也随之升高，导致玉米饼等主食的价格急剧升高。

重要概念小结

1. 每年估计有 1800 万人死于饥饿和由饥饿引起的疾病，其中的 1000 万是儿童。

2. 根据最近的估计，世界人口中有 8.52 亿人营养缺乏，20 亿人营养不良，12 亿人口营养摄入过量。

3. 营养缺乏是食物摄入不足的结果。营养不良则是因为食物质量不高，通常情况下因为由摄入的蛋白质和维生素不够而导致。营养过剩是由食物摄入量过多引起的，同样是健康的重大威胁。

4. 两种临床上可识别的疾病在很多世界儿童身上普遍存在：由于婴儿过早断奶引起的蛋白质和热量缺乏的消瘦症；由于蛋白质摄入不足在年龄稍大的儿童身上发生的夸希奥科病。每例消瘦症和夸希奥科病背后，都可能有成百的其他儿童患有不同程度的营养缺乏和营养不良。

5. 世界农业面临两大挑战：(a)养活现今处于营养缺乏和营养不良的人口；(b)满足未来人们的需要。两大挑战都要求可持续的发展。

6. 在 2007—2025 年，世界人口预计将增加 12 亿左右。粮食的供应必须极大地增加才能满足当前的需要和未来人口增长的需求。所幸的是，解决世界性饥饿问题的途径有多种，其中最重要的策略是保持人口稳定。

7. 另外一个重要的策略是保护现有的耕地，使其不受土壤侵蚀、沙漠化、养分枯竭和土地流转的破坏。

8. 努力提高生产力也有助于增加粮食供应。这些努力包括：采取更有效的灌溉和施肥措施；通过育种和基因工程培育高产动植物新品种，尽管人们担忧转基因作物还有很多潜在的健康或生态危害。

9. 害虫控制也是保证粮食产量和预防损失的一个重要措施。据估计，每年害虫引起的粮食损失占世界粮食供应的 40%。通过这一手段，可以提高粮食产量，同时保护土壤、水和野生动植物资源，保障人们的健康。

10. 藻类和酵母等新的食物来源的开发可以提高粮食产量，但其价值有限。更有前景的方案是饲养本地食草动物，本地食草动物能更充分地利用植物食物资源，由于它们是流动的，不容易引起过度放牧，而且具有更强的疾病抵御能力。

11. 通过开垦以增加耕地面积的战略价值有限。对于许多国家来说，几乎所有适合耕作的土地都已被开发，大部分潜在的耕地资源都是荒地，荒地的开发不仅成本太高，而且可能对环境造成危害。

12. 在非洲和南美洲，有大量的耕地储备，但其中的绝大部分是热带雨林等生态敏感的土地和重要的野生动物栖息地。在开发这些储备耕地之前，应该更精细地管理现有的农田，避免进一步的耕地流失。此外，热带雨林、干旱区土地和湿地应该尽量避免开发。热带雨林的土壤十分贫瘠并易于侵蚀；干旱区土地容易被破坏；湿地是重要的生物资源，最好不要扰动它。

13. 通过可持续的经济发展来减少贫困，是一个可行的战略，因为很多人由于贫穷而没有购买食物的能力。

14. 减少冲突同样对确保世界上所有人的粮食供应十分重要，因为粮食往往被作为一种战争武器，同时战争本身中断了粮食的生产和运输。

15. 粮食生产的自给自足有助于推进环境可持续的粮食生产。

16. 虽然解决世界性饥饿问题的方法和措施有很多，但其中不可或缺的是稳定人口增长的战略和提高贫困人口生活水平的措施。

17. 世界性饥饿问题的解决需要综合应用本章讨论的各种措施，并强调自给自足。

关键词汇和短语

Borlaug, Norman　诺尔曼·博朗

Brown, Lester　莱斯特·布朗

Cultivar　栽培品种

Desertification　沙漠化

Farmland Conversion　农业用地流转

Farmland Reserves　耕地储备

Free Trade　自由贸易

Genes　基因

Genetic Diversity　遗传多样性；基因多样性

Genetic Engineering　基因工程

Genetically Engineered Crops　转基因农作物

Genetically Modified Crops　转基因作物

Green Revolution　绿色革命

Growth Management　人口增长管理

High-Yield Strains　高产品种

International Maize and Wheat Improvement Center　国际玉米与小麦改良中心

Irrigation　灌溉

Kwashiorkor　夸希奥科病；蛋白质营养不良症

Laterites　砖红壤

Macronutrients　多量营养

Malnutrition　营养不良

Malthus, Thomas　托马斯·马尔萨斯

Marasmus　消瘦症

Metabolic Water　代谢水

Micronutrient Deficiency　微量营养缺乏

Micronutrients　微量营养素

Native Grazers　本地食草动物

Organic Fertilizer　有机肥料

Overnutrition　营养过剩

Salinization　盐化

Sustainable Agriculture　可持续农业

Transgenic Crops　转基因作物

Tropical Rainforests　热带雨林

Undernutrition　营养缺乏

Waterlogging　涝渍

Wetlands　湿地

批判性思维和讨论问题

1. 反驳以下论点："富裕国家剩余的粮食应该捐赠给贫穷、处于饥饿中的国家。通过这些捐赠，可以解决世界性饥饿问题。"

2. 用数据反驳如下说法："现今的世界很好，很少有饥饿的人。"

3. 什么是营养缺乏和营养不良？为什么营养缺乏和营养不良对婴儿危害特别大？

4. 简述人口过剩和饥饿之间的关系。人口过剩如何加剧饥饿？贫困在人口过剩和饥饿中有什么作用？减少人口增长和消除贫困的措施如何去解决饥饿危机？

5. 营养过剩的情况普遍吗？它在什么地方最普遍？为什么？

6. 关于粮食生产，世界面临的最紧迫的挑战是什么？

7. 如何定义可持续农业？

8. 你同意如下说法吗？为什么？"耕地扩张是解决世界饥饿问题的根本，我们必须开发所有可利用的土地，还有很多良田未被开发。"

9. 为什么很多人认为热带雨林是很好的耕地储备？举例证明对热带雨林的这种印象是错误的。

10. 沼泽、盐沼、泻湖和其他湿地有什么样的价值？我们是否应该抽干湿地，将其转换成更多的耕地？

11. 简述防止土壤侵蚀和限制耕地流转等农田保护措施对满足世界人口对粮食需求的重要性。

12. 列举增加农田生产力的措施。最可持续的方法是什么？

13. 什么是绿色革命？绿色革命在哪些方面是成功的，在哪些方面是不成功的？哪些新发展对世界农民有帮助？基因工程师如何帮助提高粮食生产？

14. 你同意以下说法吗？"化肥已经帮助世界上的农民增加粮食产量。增加化肥的使用，可极大地促进农业生产，尤其是在发展中国家。"这一策略的局限性是什么？对此，你有更好的方案吗？

15. 战争如何影响粮食的生产和分配？

16. 绘制一个提高全球粮食产量的行动计划的大纲草图。

17. 利用你批判性思维的能力，反驳以下说法："贫穷国家必须最终在粮食生产上实现自给自足。它们不能依靠世界上的发达国家来帮助他们脱离困境。"

网络资源

本章相关在线资料见 http://www.prenhall.com/chiras （单击 Table of Contents，接着选择 Chapter 5）。

第 6 章

土壤的性质

本章讨论地球的"皮肤"——土壤。由有机物和无机物构成的这一薄层对人类的生存乃至地球上的所有物种都至关重要。它支撑了地球上的植物生命，而植物又支撑了动物的生命。

6.1 土壤的价值

遗憾的是，当前社会对环境问题关注的焦点主要在于空气与水污染，却忽视了土壤污染的严重性。这是十分危险的，不仅因为地球的土壤条件影响着人类未来的食物供应，而且因为土壤具有很多其他重要的生态功能。高质量的土壤不仅可促进植物生长，还能通过防止水土流失以及固定或降解农药、有机废物和其他潜在的污染物来防止水污染与大气污染。

大多数城市居民将土壤视为"泥土"，但对于农场主来说，土壤是生存的基础。农场主的经济状况不可避免地与土壤质量联系在一起。国家同个人一样，同样依赖于土壤。一般情况下，一个有幸拥有较好土壤的国家，往往比较富裕。人口膨胀带来的对食物的过度需求以及不良的管理方式会导致土壤资源枯竭。出现这种情况时，多数国家的未来将会令人堪忧。事实上，许多历史学者宣称在人类历史发展过程中，有许多伟大的文明正是由于糟糕的土地管理及其所带来的土壤资源的破坏而走向终结。

6.2 土壤的特征

土壤是一个自然的系统，它包括 4 个主要组分——矿物质、有机质、水和空气。土壤从其母岩继承了*矿物质*，从生存和腐烂的有机体中继承了*有机质*。如图 6.1 所示，某种健康壤土的表层通常含有 50%的固体（矿物和有机质）和 50%的孔隙空间（被水和空气填充）。在农作物最佳的生长条件下，孔隙中水和空气的量相当。

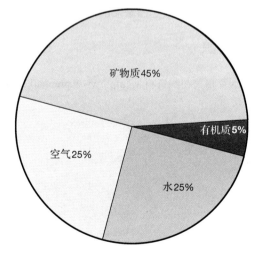

图 6.1 一种健康的壤土表层的组成（体积百分比）、矿物质和有机质共占 50%，空气和水共占 50%

本章将讨论地球上土壤的组成和主要特征，包括土壤质地、土壤结构、有机质、生物、通气状况、水分含量、pH 值和肥力。充分了解这些特征对研究土壤剖面、土壤类型、土壤生产力和土壤管理是十分重要的。

6.2.1　土壤质地

土壤中的矿物颗粒尺寸变化明显，从亚微观的黏土颗粒到宏观的岩石碎片（比如石头和砾石）都有。美国农业部（USDA）基于尺寸大小将土壤颗粒分为两组：**细土**（直径大于 2 毫米）和**岩石碎屑**（直径小于等于 2 毫米）（见表 6.1）。我们很快将会看到，细土等级对土壤性质有更大的影响，这是因为细土具有更强的生物化学活性。如表 6.1 所示，土壤学家根据尺寸进一步将细土分为三级，分别称为**砂粒**（2.00～0.05 毫米）、**粉粒**（0.05～0.002 毫米）和**黏粒**（小于 0.002 毫米）。这三个粒级的比例决定了**土壤质地**。

因为土壤中砂粒、粉粒和黏粒的组成比例

不同，所以对于特定的质地组成需要用特定的术语来描述。如图 6.2 的质地三角形所示，目前有 12 种主要的土壤质地类型。图中的比例是基于重量而非体积计算得到的。我们根据实验测得的砂粒、粉粒和黏粒的各自比例，利用土壤质地三角形就可以判断对应的土壤质地类型。有机质和岩石碎屑未被用来确定土壤质地。

表 6.1　美国农业部将土壤粒级划分为细土和岩石碎屑两级

粒 级 名 称	直 径 范 围
细土	
黏粒	<0.002mm
粉粒	0.002～0.05mm
砂粒	0.05～2.0mm
岩石碎屑	
砂砾	2mm～7.6cm
中砾	7.6～25cm
石块	25～60cm
巨砾	>60cm

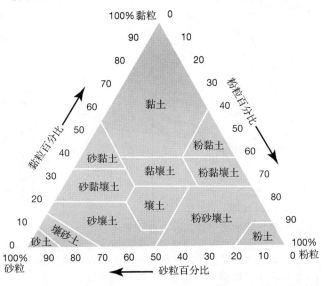

图 6.2　美国农业部基于砂粒、粉粒和粘粒的百分比的标准土壤质地三角形

以黏粒为主的土壤称为**黏土**，同时砂粒含量高的土壤称为**砂土**。砂粒、粉粒和黏粒比例均不占优势的土壤类型称为**壤土**。**壤土**是对于作物而言最有利的土壤类型。如图 6.2 所示，尽管不同的壤土中砂粒、粉粒和黏粒的比例有所差别，但是它们的性质比较接近。

土壤质地是土壤最重要的性质之一，因为

它有助于判断土壤的**渗透性**（表征水和气体穿过土壤层的难易程度）和储水量。它也有助于判断在相应土壤上耕种的难易程度、通气状况、土壤肥力和根系穿透性。例如，较粗的砂壤土或壤砂土通常具有较高的渗透性。它便于耕作，有大量孔隙，容易变得湿润，这有益于植物生长。然而，它也很容易变干，在水分流失的过程中会损失大量植物养分。作为对比，高黏粒土壤（黏粒含量大于 30%）中的大量微小颗粒密集分布，使得土壤孔隙较少。因此，只有少量的空间能够让水分流入土壤，这使得高黏粒土壤难以变湿、排水和耕种。

通常，土壤颗粒的**表面积**越大，其与空气或土壤溶液发生化学反应的潜力就越大。黏粒的化学反应活性最强，之后依次是粉粒和砂粒。表 6.2 概括了砂粒、粉粒和黏粒对土壤中水和大气的影响程度。

要强调的是，土壤颗粒是相对稳定的。尽管受到物理、化学和生物过程以及人类的土壤管理活动的持续影响，但在人类寿命的时间长度内，砂粒不会变成粉粒，粉粒也不会变成黏粒。

表 6.2 土壤粒级（砂粒、粉粒和黏粒）对土壤性质影响

土壤性质	砂粒	粉粒	黏粒
水分渗透性	快	中等	慢到非常慢
持水能力	低	中	高
空气运动	快	中等	慢到非常慢

因为黏粒具有非常大的表面积且表面带有负电荷，所以它是作物重要的养分库。土壤学家估计美国爱荷华州一片 2 公顷大的玉米田中 30 厘米深的表土所含黏粒的表面积，与整个北美大陆的面积相当。黏粒的负电荷表面吸引带正电荷（阳离子）的营养元素，例如钙、钾、镁、锌和铁等（见图 6.3）。这些营养元素与黏粒之间形成较弱的化学键，这个过程被称为**阳离子交换**。

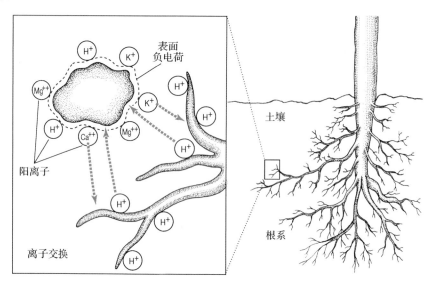

图 6.3 黏土和植物根系之间的离子交换。营养元素的阳离子，如钾（K[+]）、钙（Ca[2+]）和镁（Mg[2+]），被吸引到黏粒带负电荷的表面。黏粒表面的这些营养离子可以被植物吸收。需要注意的是，因为这些营养阳离子被植物的根吸收，H[+]离子会从植物的根系释放到土壤溶液中（或者有机酸根在细胞中生成），以平衡吸收阳离子

阳离子交换作用于是会阻止养分从土壤中淋溶。因此，黏粒上的养分离子可被植物利用。仅仅 10 克的美国爱荷华州的干表土，就有 1.2×10^{18} 个阳离子交换位，它能够容纳农作物生长所需的养分。因此黏粒在维持土壤肥力中起到了重要的作用。

但是，黏粒对带负电荷的硝酸根离子的保留能力不强。因此，如果对作物施用过多的氮肥，硝酸根离子会从土壤淋溶到地下水中，这可能会导致污染。对氮肥的合理使用是解决这个问题的有效途径。

6.2.2 土壤结构

土壤结构是土壤颗粒排列或组合而成的团簇，或者**团聚体**。这些团聚体有多种不同的形状，比如团粒状、块状和棱柱状等，如图 6.4

所示。土壤通气状况、水运动、热传导和根系生长在某种程度上都取决于土壤结构。人类耕种和施肥引起的物理变化也会改变土壤结构。另外的因素，比如冻融交替、干湿交替、植物根系穿透和动物挖掘等也对土壤结构有影响。动物黏滑的分泌物、动植物残体被细菌分解以及农用工具和机械的压实也会影响土壤结构。

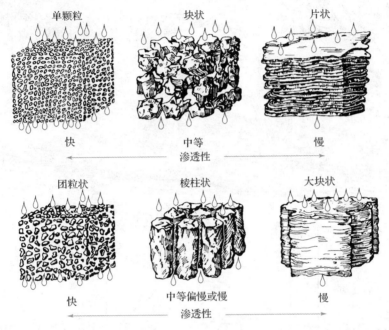

单颗粒　块状　片状

快　中等　慢

渗透性

团粒状　棱柱状　大块状

快　中等偏慢或慢　慢

渗透性

图 6.4　土壤结构对水分渗透性的影响。注意土壤团聚体形成的变化以及水分通过的相对速率

当农田有较好的土壤结构，比如团粒状结构时，作物产量会增加。团粒状结构有大量的孔隙，通过它们生命所需的水分和氧气能运动到植物的根。这类土壤允许较多的降水和融雪渗入（见图 6.4）。而土壤结构较差时（如片状），由于土壤团聚体堆积，只有较少的孔隙供水分和空气通过。在这类土壤中，水分渗透性很低。

一些土壤没有特定的结构，即它们没有呈现特定的聚集形态。这些无结构的土壤是单颗粒的（比如砂土）或大块的（壤粒或黏粒含量高），它们的自然结构已被破坏或成为黏闭土。我们可以通过增加有机质（比如作物秸秆、堆肥和动物粪便）等来改善土壤结构。草和豆科植物的生长与分解也会促进土壤的团聚并改善土壤结构。

6.2.3　有机质和土壤生物

土壤有机质是土壤中活着或死亡的动植物。它包括不同分解阶段的动植物残体，以及小动物、微生物和腐殖质等。腐殖质是半稳定的深色有机质，它包括动植物的废物和残体的分解产物以及土壤微生物合成的物质。**腐殖质**对健康的土壤非常重要，它的主要功能是：（1）改善土壤结构，（2）增加土壤孔隙，使得空气和水分能够更多地渗入，（3）能对土壤 pH 值的变化起到缓冲作用，（4）降低土壤侵蚀，（5）减少养分淋溶，（6）增加土壤的持水能力和养分存储能力，（7）为重要的土壤生物（比如细菌和蚯蚓）提供合适的生境。

腐殖质在阴冷潮湿而非干旱炎热的环境下生成。天然草地的土壤腐殖质含量高于林地。但是，天然草地和林地土壤的腐殖质含量都比耕地要高，因为耕作中的作物收获、土壤侵蚀和有机质氧化增强。

土壤有机质的 3% 由生物质或活的生物构成。土壤生物可大可小。**大的生物**，比如昆虫或蚯蚓被视为土壤大型生物。而**小的生物**，比如真菌、细菌和原生动物，被称为**土壤微生物**（见图 6.5）。

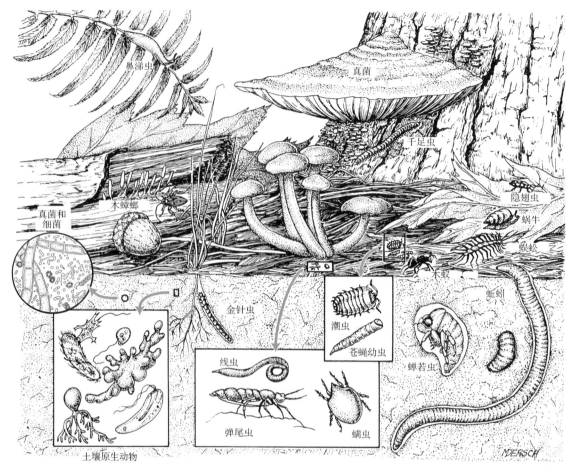

图 6.5   土壤中的微生物

一些土壤生物对植物生长没有影响，一些则对植物生长十分重要，而其他的则可能造成危害，包括降低或破坏植物生长，以及传播虫害和疾病。例如，一些土壤生物使得土壤通气和团聚，形成土壤结构。一些土壤微生物可以将有毒的 CO 转化为 CO_2，固定大气中的氮（将氮气转化成植物可以利用的化合物），或者是用于疾病控制的抗菌素的主要来源。土壤微生物还起到分解有机质和释放植物所需养分的作用。

尽管微生物很小，但它们的数量很大。事实上，1 克土壤中有数 10 亿个微生物。1 公顷健康的表层土可能含有 680 千克的微生物。这意味着在 1 公顷的牧场中生活的微生物在重量上可能超过了牲畜。

绿色行动

在你家后院进行堆肥。家庭产生的有机垃圾的堆肥产物是腐殖质。将堆肥添加到你的花园或花坛里，可以使土壤更肥沃，同时还可以节能（减少填埋的垃圾量）。

6.2.4   土壤通气性和土壤湿度

健康的土壤不断"吸气"和"呼气"，即吸收氧气和释放 CO_2。由于大气中的氧气浓度高于土壤，氧气扩散进入土壤的孔隙。植物的根和微生物利用氧气来分解葡萄糖产生能量。CO_2 则是往相反的方向迁移——从土壤进入大气。土壤的这种不断的"呼吸"行为依赖于土壤中的大量孔隙，因为土壤孔隙可以作为空气的储库和通道。

土壤中的**孔隙空间**是土壤颗粒之间的空间，它被空气和水填满。土壤孔隙空间的大小很大程度上是由它的质地和结构决定的。土壤颗粒的表面积越小（如砂土），或者相互间靠得很近（如紧密的底土），则总的孔隙空间越小。反之，如果单个土壤颗粒的表面积较大，或者粒子聚集成多孔的团聚体，那么土壤的孔隙空间就较大。

土壤中有两种类型的孔隙：**大孔**和**微孔**。大孔（直径大于 0.08 毫米）在强降水之后排水快，将充满空气。与此相反，微孔（直径小于等于 0.08 毫米）的排水缓慢。在微孔中，吸引力将水与土壤的细孔相结合，从而降低孔隙中空气的运动。砂质土壤含有许多大孔，这使得空气和水的运动都非常迅速，而含有较多黏粒的土壤以微孔为主，只能允许空气和水分以相对缓慢的速度运动。微孔的通气性常常不足以支持根系的发育和理想的微生物活性。通常，理想的土壤条件要求大孔与微孔的比例相当。

对植物来说，土壤中的水具有多个重要功能。例如，它是进行光合作用的基本原料之一。另外，它作为溶剂，将矿物质向上输送到叶片，并将糖分向下输送至根部。更为重要的是，水是原生质的基本成分，在芽、根和花等生长活跃的植物器官中，90%的重量是由水提供的。

土壤中的水分含量是作物健康和存活的至关重要的因素。当土壤的孔隙空间完全充满水（无空气）时，我们称土壤是**饱和**的（见图 6.6）。这种情况通常在一场大雨或高强度灌溉之后出现。两到三天以后，当水已经从大孔排出并部分保留在微孔中后，这时的土壤含水量称为**田间持水量**。这些水分容易被植物吸收。当植物吸收完所有水分时，它们开始枯萎，此时的土壤含水量称为**永久凋萎点**。土壤中剩下的水在孔隙内表面上形成薄薄的一层（薄膜水），土壤对这些水膜的结合能力很强，以至于根都无法吸收。这种情况对许多农场主和园丁来说并不陌生，他们在干旱的仲夏时节会看到枯萎的豆子或生菜。

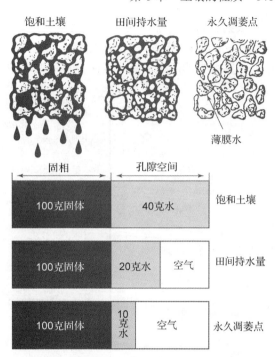

图 6.6　土壤中不同的含水量。土壤含水量变化会非常大。需要注意的是，当含水量减少时，土壤中的空气含量增加

6.2.5　土壤 pH 值

土壤溶液的一个重要性质是酸碱性，即究竟是酸性、中性还是碱性。土壤的酸碱性取决于土壤溶液中氢离子（H^+）和氢氧根离子（OH^-）的相对量。土壤学家使用 pH 值标度来确定土壤的酸碱性。如图 6.7 所示，**pH 值**标度的范围是 0～14。pH 为 7 即为中性，此时氢离子的数量等于氢氧根离子的数量。在 pH 值低于 7 时，氢离子多于氢氧根离子，土壤呈**酸性**；而在 pH 值高于 7 时，氢氧离子多于氢离子，土壤呈**碱性**。

土壤中 pH 值在湿润地区最低为 4.5，最高值略高于 7，而在干旱地区土壤 pH 值的范围略低于 7～9。大多数蔬菜、谷物、树木和草类生长所需的最优土壤条件是微酸至中性，pH 值在 6 和 7 之间。阔叶林（橡木、枫木和榉木等）通常比针叶林（云杉、冷杉和松树等）的土壤碱性更强。

土壤 pH 值是农场主和城镇房主都经常测量的土壤化学性质。它可以利用在苗圃买来的 pH 试纸或在实验室中用 pH 计进行测定。如果土壤太酸，可以施加石灰石（碳酸钙），其反应如图6.8所示。当石灰石与酸性黏土混合后，附着在黏粒上的两个氢离子（H⁺）被石灰石中的一个钙离子（Ca²⁺）所置换。在反应过程中还会形成水和CO_2。总体而言，该反应降低了土壤的酸度。

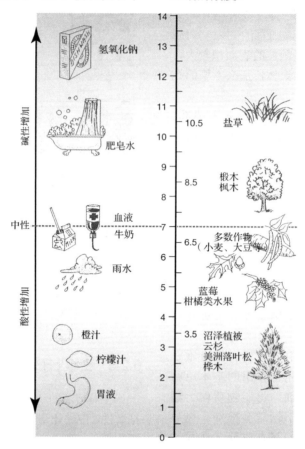

图6.7 pH值标度。左边是一些常见物质的pH值，右边是一些植物喜好的土壤的pH值

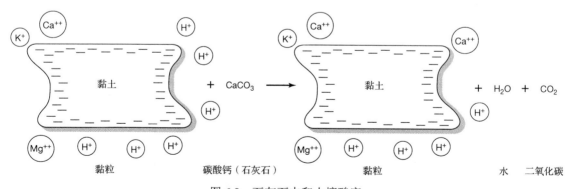

图6.8 石灰石中和土壤酸度

6.2.6 土壤肥力

土壤肥力是对土壤中所含的植物生长所需养分的量度。肥沃的土壤有足够的养分来维持植物最大程度的生长。尽管大多数植物能够吸收超过90种元素，但是其中至少有16种是维持植物生长所必需的营养元素。每个**必需元素**在植物的生长和新陈代谢中都起着独特的作用。

植物需要量较大的必需营养元素称为**常量营养元素**，包括碳、氢、氧、氮、磷、钾、硫、钙和镁（见图 6.9）。其他必需营养元素（锰、铜、氯、钼、锌、铁和硼）对于植物来说需求量很小，它们被称为**微量营养元素**。比如只要 70 克的微量营养元素钼就足以满足 1 公顷三叶草的生长。

有研究表明，每个必需元素的浓度都必须处于一个特定的范围内，这样才能获得最佳的植物生长（见图 6.10）。如果土壤根区中某元素浓度太低，那么植物的生长将会受到限制。如果该元素在根区中的浓度过高，则产生毒性，同样会导致植物生长受到限制。只有元素在特定的中间浓度范围（充足范围）时，植物生长才能达到最佳。农场主的主要目标就是管理好自己的土地，使得每个必需元素的浓度保持在适当的范围内。

土壤从各种来源获得养分，包括：（1）氮固定，（2）植物和动物遗体的分解，（3）动物粪便，（4）成土母质风化，（5）肥料（见图 6.11）。土壤通过以下过程失去养分：（1）根吸收，（2）通过水的向下运动被淋溶，（3）土壤侵蚀，（4）挥发（转化为气体）。

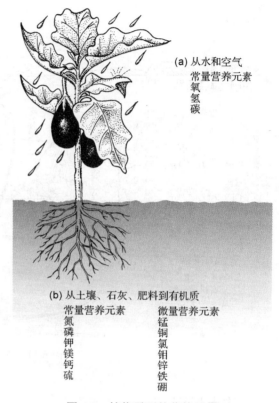

(a) 从水和空气
常量营养元素
氧
氢
碳

(b) 从土壤、石灰、肥料到有机质
常量营养元素　　　微量营养元素
氮　　　　　　　　锰
磷　　　　　　　　铜
钾　　　　　　　　氯
镁　　　　　　　　钼
钙　　　　　　　　锌
硫　　　　　　　　铁
　　　　　　　　　硼

图 6.9　植物需要的营养元素

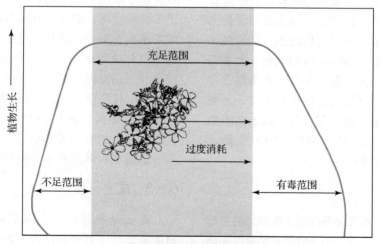

图 6.10　植物生长（或产量）与植物组织中的营养元素含量之间的关系，对于大多数营养元素，最佳的植物生长出现在一个相对较宽的范围内，被称为"充足范围"。此范围的上半部分为"过度消耗"，即一种植物摄取的必需营养元素的量超过了所需的值。在充足范围以外，植物生成所获得的营养元素要么太少（缺乏），要么太多（有毒性）

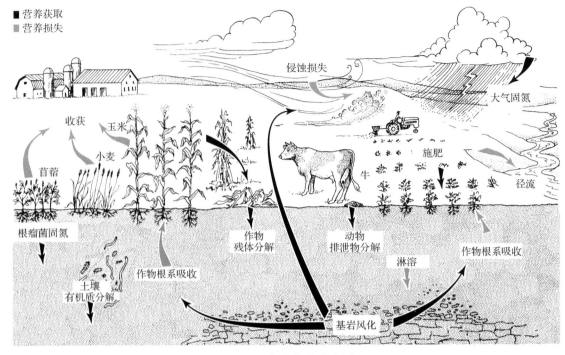

■ 营养获取
■ 营养损失

图 6.11 作物的养分来源

6.3 成土过程

土壤的发育是一个复杂的过程，可能需要几百年到 100 万年才能完成。如果我们爱护土壤，让它们持续地为子孙后代造福，就需要理解土壤的形成过程及其与环境的关系。土壤的形成取决于五大因素，我们称之为**成土因子**，它们决定了一个地区发育出的土壤类型、土壤形成的速率和土壤发展的程度等。这 5 个因素是：（1）气候，（2）成土母质，（3）生物，（4）地形，（5）时间。

6.3.1 气候

一个区域的平均**气候**条件是土壤形成的主要因素。对土壤形成最重要的气候因素是温度和降水。它们对成土母质（定义在下一节）及土壤中的生物、化学和物理反应速率有重要的影响。例如，温度每上升 10℃，土壤中的化学反应的速率就加倍。此外，许多土壤过程受土壤生物的活性影响，而这也受温度和湿度的控制。温度和降水也通过影响植物的生长而间接影响土壤的发育。

温度和降水还影响矿物风化（岩石或其他无机矿物的分解，有助于土壤形成）。矿物的风化是一系列的物理、化学和生物过程，受到温度和降水的影响。当降水和其他 4 个成土因子保持恒定时，温度的升高会提高风化和黏土形成速率。另外，水分含量的增加也会增加矿物的风化速率（当然有一个最高点）。因此，较高的平均温度和降水量（例如在热带和亚热带地区）往往就会促进风化和黏土的形成。在温暖湿润地区，淋溶和水力侵蚀往往也强度大，并且持续时间长。相反，在寒冷干燥的气候下，风化、淋溶和水力侵蚀往往很小。

6.3.2 成土母质

成土母质是指在土壤形成过程中作为原料的非固结（柔软和松散）物质。它既可以是无机的，也可以是有机的。

成土母质可以分为三大类：残积母质、运积母质和有机母质。**残积母质**在特定的位置由岩石风化形成。例如，在一片山坡上，花岗岩可以形成残积母质并进而发育成土壤。科学家已经确定，温带地区残积母质上的土壤形成速率范围为每年 0.02～0.08 毫米。也就是说，用 300～1500 年的时间可以形成 2.54 厘米厚的土壤。因为土壤形成较慢，所以对土壤的保护尤为重要（见第 7 章）。

运积母质顾名思义是从原产地搬运到新的位置后沉积的物质。地质学家们确定了四类搬运介质：冰、水、风和重力。如图 6.12 所示，冰川搬运和沉积的物质被称为**冰碛物**。冰川融水也会搬运冰川物质使其远离冰川，形成的沉积物称为**冰水沉积平原**。溪流和江河中的水流也可以搬运成土母质，并在漫滩（沿着河岸）或三角洲（河流入海的河口）将它们沉积下来。这些沉积物被称为**冲积物**。沉积在湖泊的成土母质被称为**湖积物**。沉积物也可形成滨海平原或海滩，它们被称为**海积物**。风也可以搬运和沉积成土母质，比如沙，形成大沙丘，从而发展成土壤。粉粒大小的颗粒为主的风积物称为**黄土**，而火山灰被风吹走形成火山沉积物。由于重力作用，在陡坡底部积累的岩石碎屑和土壤物质被称为**坡积层**。

大多数**有机沉积物**富集在不流动的水体（湖泊或沼泽）中，如图 6.13 所示。在温带气候下，静水可以保证植物较好地生长。这些植物的落叶也会进入水中。随着时间的推移，有机物质不断地积累（由于水中氧气不足，分解过程缓慢）。经过几个世纪之后，碎屑和植物残体形成厚的有机积聚层，其深度可能达到数米。

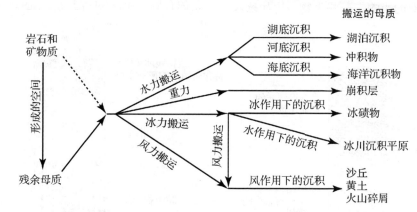

图 6.12 不同母质形成、搬运、堆积的过程

图 6.13 沼泽形成的阶段。(a)水生植物在池塘边缘缓慢生成。(b)喜水植物继续侵入池塘。(c)随着时间的推移。一层一层的有机碎屑覆盖池塘底部。(d)乔木和灌木最终覆盖所在区域，形成了木本泥炭沼泽

绿色行动

在你家花园的土壤上铺一层保护层，保护土壤，让它不受侵蚀影响。目前有多种类型的花园覆盖物，包括木片、草、砾石和纤维等。

6.3.3 生物

植物、动物和土壤微生物的生命活动及其有机废弃物和残体的分解过程，对土壤发育有着明显的影响。一个成熟土壤的发展过程依赖于数量很大且具有多样性的**生物**。其中最重要的土壤生物是微生物，尤其是真菌和细菌。它们分解有机物质，对土壤结构、通气状况和土壤肥力产生有益的影响。一些生物，比如**地衣**

（一种真菌和一种或多种藻类/蓝细菌的共生体），还会分泌稀碳酸（H_2CO_3）缓慢溶解岩石，同时向正在发育的土壤中输入无机物质。在它们死亡之后，地衣会分解，释放出养分提高土壤的肥力。

岩石可能被树木和其他植物的根所分裂。植物的根从较深的土壤层中吸收矿质养分，这些养分被同化进植物体，如叶。当叶、果实和坚果掉落后，这些养分将被释放，这有利于土壤的形成。蚯蚓、甲虫的幼虫、牛蛇、囊鼠、鼹鼠和地松鼠也会在土壤中挖洞，促进空气和水在土壤中的流动。不同的植被类型对土壤的形成有显著的影响。例如，森林多形成肥力低到中的酸性土壤，而草原上往往会形成较厚的表层土壤，且含有丰富的有机质和较高的肥力（见图6.14）。

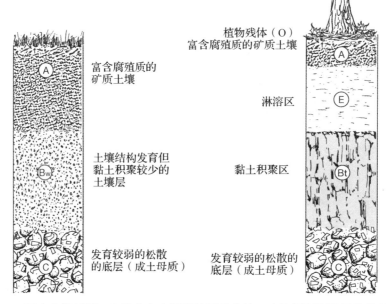

图 6.14　两个土壤剖面。左边来自半湿润地区的草地，右边是湿润地区的林地土壤

6.3.4 地形

地形，即陆地表面的形状，很大程度上决定了景观尺度上的水分运动以及土壤对水力侵蚀的敏感性。例如，在陡峭的山坡上，土壤容易被降水和径流冲走，因此在这些地区土壤比较薄。但在相对平坦的谷底，土壤则厚得多，因为这里土壤侵蚀较少并且能够接受大量侵蚀自上面山坡的土壤颗粒和有机物质。但是，平坦的谷底可能因为排水缓慢而被发生土壤涝渍。

6.3.5 时间

地球在大约 45 亿年前最初形成的时期是并没有土壤的。随着**时间**的推移，物理、化学和生物（当生物在地球上出现之后）作用导致地球上第一次出现了薄薄的一层土壤。严格说来，土壤是从新的成土母质暴露在土地表面这一时间点开始的，从此土壤形成的一个新的周期开始了。该事件可能是冲积物或黄土的沉积，或熔岩的冷却。

对于给定的成土母质，土壤形成时间的长短取决于气候与生物的组合效应，而地形也会有影响。在给定的时间内，某种土壤可能发生了很大的变化，而其他土壤可能变化很小（因为其他 4 个成土因子）。从坚硬的岩石到土壤完全发育的过程所需的时间可能会很长。相反，新鲜的冲积层则可能在短短的几十年内久发育成能够承载植物生长的土壤。

6.4 土壤剖面

当我们观察路边截面上暴露的土壤时，很明显会发现土壤是由若干**土层**构成的。每个土层都有特定的厚度、颜色、质地、结构和化学组成。从地面向下的一系列土层的垂直断面就是**土壤剖面**（见图 6.15）。人们在旅游时，如果注意到沿途的路边截面上土壤剖面的变化，他们的旅程将会变得更加有趣。

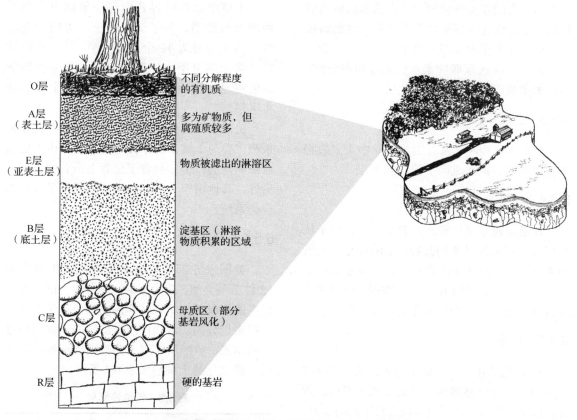

图 6.15 展示了主要土壤层次的一个土壤剖面

从地表到基岩的主要土层称为**基本发生层**，分别为 O（有机层）、A（表土层）、E（表下层）、B（底土层）、C（母质层）和 R（基岩层）。这些土层可能不会在所有的土壤类型中都存在。例如，在一些未成熟（风化不完全）的土壤中，部分土壤层会有缺失。

土壤剖面是植被、温度、降雨和土壤生物在某个特定的地表条件下，对成土母质经过成千上万年的作用后形成的产物。因此，土壤剖面包含大量关于其发育过程和起源的信息，它也可以被视为土壤的自传。从实践的立场看，土壤剖面是非常重要的，因为它可以及时地告诉科学家，相应的土壤是否适合作为农田、牧场、森林、野生动物栖息地或娱乐用地。土壤剖面还显示了该土壤是否适于各种城市用途，如修建住宅、高速公路、污水处理厂、卫生填埋场和化粪池等。

下面由上往下探讨土壤剖面的基本特征（见图 6.15）。

6.4.1 O层

O层是在矿质土壤上形成的有机质层。该层的物质主要来源于由动植物残体转化而成的有机凋落物。O层在森林中较为常见，而在草原上一般没有O层。

6.4.2 A层

A层是人类赖以生存的一层较薄的表土层，该层覆盖了地球陆地表面的大部分区域。在美国，它的厚度变化较大，在落基山脉可达1米以上，而在华盛顿州的帕卢斯地区的斜坡上则只有2.5厘米左右。表土层富含腐殖质。作物根部能从A层吸收大量的水分和养分。另外，大多数土壤生物生活在该层中。

6.4.3 E层

E层也称为**淋溶层**，因为该层中大多数物质都已溶解并被水流向下输送到B层。

6.4.4 B层

B层，通常又称**底土**，它是接纳和积聚从A层和E层淋溶下来的黏粒、水溶性盐和腐殖质的区域。经过多年的耕种，表土可能会被完全侵蚀，作为表层的B层由于物理、化学和生物性质较差，所以会导致作物产量下降。

6.4.5 C层

C层通常由松散的成土母质组成，这些成土母质也经常会被冰川、风力和水力搬运。然而，该层中的成土母质也可以来自下面的基岩。

C层中的成土母质决定了多个土壤性质，包括质地、储水能力营养水平和pH值等。比如，由花岗岩形成的土壤多数发育缓慢，呈酸性。花岗岩中石英矿物颗粒能够抵抗风化，最终成为土壤中的沙粒。花岗岩中的抗风化能力较差的长石和亚铁镁矿则形成黏粒。因此，根据风化的程度，由花岗岩形成土壤具有较宽的质地范围。与此相反，由石灰石形成的土壤呈碱性。因此，由石灰石发育的土壤比由花岗石形成的土壤有更高的生产力。

6.4.6 R层

R层由基岩组成，几乎不发生风化。当基岩风化时，它形成上面C层中的成土母质。在黄土和冲积土中，成土母质通过风或水搬运而来，而不是由基岩形成，所以它们普遍缺少R层。

6.5 土壤分类

土壤学家在世界各地已经鉴别出了数千种的土壤类型。为了简化问题，美国的土壤学家将土壤分为12个主要类型。基于相似的特征将土壤分类可以简化问题，并使得科学家能够进行土壤区划，即确定各类土壤的分布区域。

美国（和其他一些国家）所用的**土壤分类**系统，称为**土壤系统分类**。虽然它是由美国农业部制定的，但它包含了世界上所有的土壤。另外，其他国家和国际组织也都开发了自己的分类系统。

6.5.1 诊断层

美国农业部的土壤系统分类将土壤分为12种土壤类型，称为**土纲**。大多数土纲是基于特定的**诊断层**或具有特定的物理、化学性质的土层来划分的，这些性质是特定的土壤形成过程的结果。诊断层可以分为诊断表层和诊断下层。最常见的土壤层如表6.3所示。

表6.3 常见诊断层

诊断层	主要特征
松软表层（A层）	较厚、结构较好的深色表层，盐基饱和度大于50%
淡色表层（A层）	浅色表层或者薄的深色表层
淀积黏化层（Bt层）	底土层有硅酸盐黏粒的积累
雏形层（Bw层）	B层发育较弱
灰化淀积层（Bhs层）	底土层有铁铝氧化物和腐殖质的积累
薄氧化层（Bo层）	底土层有铁铝氧化物和高岭石的积累

*主要土壤层符号后的小写字母反映主要层次内部的区别。例如，Bt层是指硅酸盐黏粒积累的底土层。

各诊断层的属性有特别的限定，这可以帮助观察者鉴别它们。土壤颜色和土壤结构等性质可以通过观察来获得，而另外一些特征，比如有机质含量，则需要通过实验室分析得到。

6.5.2　土纲

12 个主要土纲中，7 个土纲的分布区域很大程度上依赖于两个成土因子，分别为气候和生物（主要是植物）（见图 6.16）。例如，干旱土主要分布于干热气候区，在这类土壤上生长着荒漠植被，比如仙人掌、牧豆树和山艾树。而**氧化土**在湿润温暖的环境下形成，其上生长着热带雨林。另外两个土纲——**新成土**（年轻土壤）和**始成土**（弱发育土壤）可以在任何环境下出现（见图 6.17）。其余三个土纲——**火山灰土、有机土和变性土**的发育与成土母质有显著关系（见图 6.17）。例如，有机土形成于静水中积累的有机质。

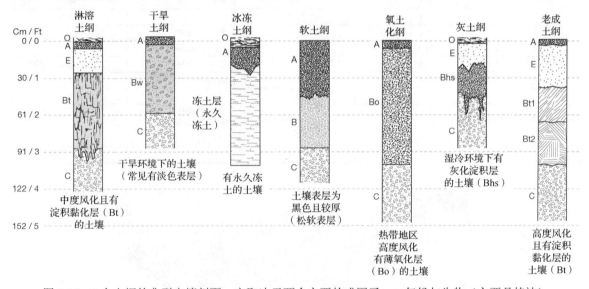

图 6.16　7 个土纲的典型土壤剖面，它取决于两个主要的成因子——气候与生物（主要是植被）

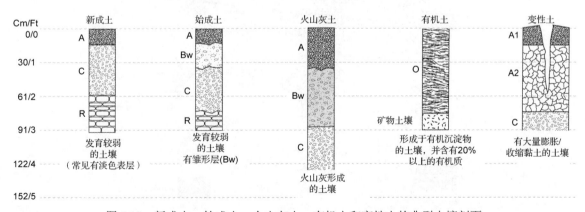

图 6.17　新成土、始成土、火山灰土、有机土和变性土的典型土壤剖面

软土是全球生产力最高的土壤之一。如表 6.4 所示，这类土壤占地球陆地面积的 7%，而在美国，软土则占到 22%。这使得美国成为世界上最富有的农业国之一。在美国，干旱土与新成土的比例低于全球平均值，但始成土和有机土的占比接近全球平均水平。氧化土（热带土壤）在全球占 7.5% 的面积，而在美国几乎没有，仅在夏威夷地区可以发现。

美国主要土纲的分布如图 6.18 所示。在美国东部大量分布着灰土、始成土、淋溶土和老成土。**灰土**主要分布在北部大湖区的几个州、新英格兰地区和佛罗里达州。它们形成于相对湿冷的环境中和森林植被（主要是针叶林）下。

这类土壤的特点是底土有一层**灰化层**，其中富集铁、铝和腐殖质。

表6.4　各土纲的面积和主要用途

	占美国国土面积的百分比/%	占世界面积的百分比/%	主要土地利用方式	肥　　力
淋溶土	14.5	9.6	农田、森林	高
火山灰土	1.7	0.7	农田、森林	中
干旱土	8.8	12.1	牧场	低
新成土	12.2	16.3	牧场、森林、农田	中到低
冰冻土	7.5	8.6	沼泽、苔原	中
有机土	1.3	1.2	湿地、农田	中
始成土	9.1	9.9	农田、森林	中到低
软土	22.4	6.9	农田、牧场	高
氧化土	< 0.01	7.5	农田、森林	低
灰土	3.3	2.6	森林	低
老成土	9.6	8.5	森林、农田	低
变性土	1.7	2.4	农田、森林	高
*混杂的土地	7.8	14.0	野生动物栖息地、休闲用地	
	100	100		

*混杂土地主要是裸岩和流沙。

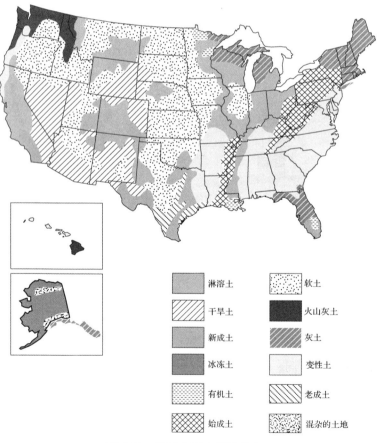

图 6.18　美国主要土纲的分布

始成土是发育相对较弱的土纲,它主要分布于从纽约南部延伸到宾夕法尼亚州中西部、西弗吉尼亚州和俄亥俄州东部的山脉上(见图6.18)。该类土壤还可以在美国几条大河(比如密西西比河)的冲积平原上找到。与新成土相比,始成土的剖面发育更明显,但与其他土纲相比则发育较弱。

淋溶土和老成土在潮湿的气候环境下形成,其特征是底土有一层硅酸盐黏粒积累的**淀积黏化层**。淋溶土主要形成于落叶林下,另外还有少量淋溶土在草原上形成。在美国俄亥俄州、印第安纳州、威斯康星州、明尼苏达州和密歇根州的中西部地区可以发现大面积的淋溶土。在密西西比河以东的狭长地带,淋溶土也有分布。淋溶土似乎比始成土风化程度更高,但比灰土的风化程度低。老成土通常出现于热带和亚热带地区。这类土壤比淋溶土的淋溶、风化和酸度更强,因此土壤肥力较差。美国东南部地区的大多数土壤为老成土。

美国西部广泛分布着软土、干旱土、新成土、淋溶土和冰冻土。软土主要形成于草地植被下,分布在美国中部大平原地区的几个州,以及俄勒冈州、华盛顿州和爱达荷州。另外,软土向东延伸到爱荷华州、伊利诺伊州和印第安纳州的部分地区。软土的主要特点是具有**松软表层**——一个较厚且含有丰富腐殖质和养分的土层(见图6.19)。这个松软表层比美国任何其他表面土层更加肥沃。部分原因是密集的网状根系向下延伸并穿透A层,当禾草死亡时,其根系将会在原地分解并释放养分,供给之后生长的植物。

干旱土分布在干旱地区荒漠灌丛和矮草下。这类土壤通常具有有机质含量较少的**淡色表层**。干旱土在加利福尼亚州、内华达州、亚利桑那州和新墨西哥州等广泛分布。在干旱土上种植栽培作物时,可以通过灌溉和施肥来提高生产力。例如,加利福尼亚州帝王谷的干旱土上可以收获各种高价值作物,比如柑橘、芹菜和核桃等,前提是需要灌溉大量的水分,并且必须小心管理,以防止可溶盐的积累。

新成土是发育时间较短、剖面发育很弱的一类土壤。在各种环境条件下都有这类土壤的分布。在非常陡峭的地方(比如落基山脉)以及沙漠化地区(如内布拉斯加州的沙丘),新成土都有分布。在美国西部的加利福尼亚州的森林地区,淋溶土的分布较广。

图 6.19　由冰碛物形成的软土的土壤剖面

冰冻土和新成土一样是年轻的土壤,而且土壤剖面发展较弱。但是与新成土相比,冰冻土有不同的特征:它存在**永久冻土层**,即温度连续两年保持在0℃以下的土壤。在阿拉斯加州的大部分地区都覆盖着冰冻土,它主要支撑苔原植被,如地衣、草和低矮的灌木。

有机土、变性土和火山灰土的分布不太广泛,因为它们的成土母质相对独特。有机土是有机质含量超过20%的土壤,主要分布在浅湖和沼泽,比如美国北部大湖区、佛罗里达州和密西西比河三角洲等。变性土在黏粒含量较为丰富的地区出现,其特征是收缩/膨胀黏粒含量高(30%以上)。变性土在得克萨斯州分布较广。火山灰土由火山沉积物形成，在西北太平洋地区有分布。最近的火山喷发，比如 1980 年的圣海伦斯火山喷发，产生了新的火山灰土。

重要概念小结

1. 土壤是陆地群落最重要的组成部分之一。高品质的土壤不仅促进植物的生长，而且还可通过抵抗侵蚀并且固定与降解农药、有机废物和其他潜在污染物来防止水和空气污染。

2. 土壤是一个包括 4 个基本成分的自然系统：矿物、有机质、水和空气。

3. 土壤质地是由砂粒、粉粒和黏粒的相对比例决定的。土壤质地有助于确定土壤水分的渗透性和储量、耕种难度、通气性、土壤肥力、根系穿透性。

4. 黏土颗粒的表面带有负电荷，它可以吸引带正电荷的营养元素如钙、钾、镁、锌和铁。

5. 土壤结构是土壤颗粒排列与组合形成的团聚体。

6. 土壤有机质包括土壤中活着或死亡的动物、植物和微生物。

7. 腐殖质是动植物有机残体的分解产物与微生物的合成物质共同形成的半稳定深色物质。腐殖质能改善土壤结构，对土壤 pH 值的快速变化起缓冲作用，还能减少土壤侵蚀，并增加土壤的养分储存能力和保水能力。

8. 土壤微生物（真菌和细菌等）在分解有机质和释放植物所需养分方面起着重要作用。

9. 土壤的孔隙空间是土壤中空气和水分占用的空间之和。

10. 大孔（直径大于 0.08 毫米）可以在大雨过后较容易地排出水并填充以空气，而微孔（小于等于 0.08 毫米）则会保留孔内的水并阻碍空气流动。

11. 土壤科学家使用 pH 值来确定土壤是酸性、中性还是碱性。一般情况下，在湿润地区，土壤中 pH 值的变化区间为 4.5 至略高于 7；而在干旱地区，pH 值的变化范围略低于 7～9。

12. 土壤肥力是指土壤供应植物生长所需养分的能力。

13. 必需元素是植物正常生长所需要的化学元素。大多数植物至少需要 16 种必需的营养元素来维持其生长。

14. 土壤形成主要取决于 5 个成土因子：（1）气候，（2）成土母质，（3）生物，（4）地形，（5）气候。它们决定土壤发育的类型、速率和程度。

15. 当降水和其他 4 个成土因子保持恒定时，温度增加会引起风化和黏粒形成速率的增加。风化速率一定程度上随着降水量的增加而增加。

16. 成土母质是松散的矿物质或有机质，它是土壤形成过程的原料。成土母质可以分为三类：残积母质、运积母质和有机母质。

17. 残积母质主要来源于当地岩石的风化。

18. 运积母质是被搬运离开原产地并在一个新地点再沉积的成土母质。主要的搬运介质是冰、水和风。

19. 大多数有机沉积物在静水（湖泊和湿地）中积累。在这一环境下，植物残体的分解受到氧气不足的限制。

20. 成熟土壤的发育取决于大量和多种生物的活性。

21. 地形（土地表面的形状）很大程度上决定了水分在景观尺度上的运动状况以及土壤对水蚀的敏感性。

22. 土壤形成所需的时间取决于气候和生物的综合作用，而地形和成土母质也有影响。从地表向下到基岩分布的主要土层依次为：O 层（有机层）、A 层（表土层）、E 层（表下层）、B 层（底土层）、C 层（母质层）和 R 层（基岩层）。

23. 土壤剖面是指依次通过所有土层到达成土母质的土壤垂直截面。

24. 美国（和其他一些国家）所用的土壤分类系统称为**土壤系统分类**，它是由美国农业部制定的。

25. 土壤系统分类将全球的土壤分为 12 个主要大类，称为土纲。大多数土纲都是以诊断层为基础定义的。

诊断层由特定的土壤形成过程产生，并具有独特的物理和化学性质。

26. 灰土主要分布于湿冷环境和森林植被之下。其特征是底土有淀积灰化层，该层有腐殖质及铝铁氧化物累积。

27. 始成土是发育程度较低的土壤。它的剖面发育比新成土明显，但比其他土纲差。

28. 淋溶土和老成土都在湿润的气候环境下形成，其特征是底土有一层淀积黏化层，来自其上土层的硅酸盐黏粒在该层中积累。老成土比淋溶土有更强的淋溶、风化和酸性，因此土壤肥力低于淋溶土。

29. 软土包括几种全世界生产力最高的土壤类型。其主要特征是拥有松软表层——一个较厚且含有丰富腐殖质和养分的表土层。

30. 干旱土是分布在干旱地区荒漠灌丛和矮草下的干燥土壤，而氧化土多分布于温暖湿润的热带雨林下。

31. 冰冻土是剖面发育较弱的年轻土壤。这类土壤形成于常年低温冰冻的环境中。

32. 有机土、变性土和火山灰土形成于独特的成土母质。有机土是有机质含量超过 20% 的土壤。变性土在收缩/膨胀的黏土含量高（30%以上）的地区出现。火山灰土来源于火山爆发的沉积物。

关键词汇和短语

A Horizon　A 层	Macronutrients　常量营养元素
Acidic　酸性的	Macroorganisms　大型生物
Aggregates　团聚体	Macropores　大孔
Alfisols　淋溶土	Master Horizons　基本发生层
Alkaline　碱性的	Micronutrients　微量营养元素
Andisols　火山灰土	Microorganisms　微生物
Argillic Horizon　淀积黏化层	Micropores　微孔
Aridisols　旱成土	Mineral Matter　矿物
B Horizon　B 层	Mollic Epipedon　松软表层
Biomass　生物质	Mollisols　软土
C Horizon　C 层	O Horizon　O 层
Clay　黏粒，黏土	Ochric Epipedon　淡色表层
Climate　气候	Organic Deposits　有机沉积物
Coarse Fraction　岩石碎屑	Organic Matter　有机质
Diagnostic Horizons　诊断层	Organisms　生物
E Horizon　E 层	Oxisols　氧化土
Entisols　新成土	Parent Material　成土母质
Essential Element　必需元素	Permafrost　永冻土
Field Capacity　田间持水量	Permanent Wilting Point　永久凋萎点
Fine-Earth Fraction　细土	Permeability　渗透性
Gelisols　冰冻土	pH Scale　pH 值
Histosols　有机土	Pore Space　孔隙空间
Horizons　土层	R Horizon　R 层
Humus　腐殖质	Residual Parent Materials　残积母质
Inceptisols　新成土	Sand　砂粒
Lichen　地衣	Saturation　饱和
Loam　壤土	Silt　粉粒

Soil Classification　土壤分类

Soil Fertility　土壤肥力

Soil-Forming Factors　成土因子

Soil Orders　土纲

Soil Profile　土壤剖面

Soil Structure　土壤结构

Soil Taxonomy　土壤系统分类

Soil Texture　土壤质地

Spodic Horizon　淀积灰化层

Spodosols　灰土

Subsoil　底土层

Surface Area　表面积

Textural Classes　质地分类

Time　时间

Topography　地形

Transported Parent Materials　运积母质

Ultisols　老成土

Vertisols　变性土

Weathering　风化

Zone of Accumulation　积聚区

Zone of Leaching　淋溶区

批判性思维和讨论问题

1. 土壤肥力是否与国力有关联？讨论出你的答案。

2. 讨论土壤的 5 个主要特征或性质。

3. 一个农民有两块土地，每块 2 公顷大小。一块是黏壤土，另一块是沙壤土。如果农民在两片土地种植同样的作物，他应该以相同的方式还是不同的方式进行管理？讨论你的答案。

4. 黏土的什么特点使它不利于作物生长？哪个特点则是利于作物生长的？

5. 腐殖质和有机质有什么不同？

6. 描述微生物对土壤的益处。

7. 沙土为什么比黏土渗透更快？

8. 给出植物没有水就无法生存的三个原因。

9. pH 是什么？大多数树木和农作物生长的适宜土壤 pH 值是多少？

10. 假设一个农民有一块 pH 值为 5.0 的土壤，但希望种植一种作物，它需要 pH 值为 6.0。可以采取什么措施？

11. 必需元素是什么？常量营养元素对植物生长比微量营养元素更重要吗？

12. 描述影响土壤发育的五个成土因子。每个的重要性是什么？

13. 气候变化如何最终导致在某一特定区域形成的土壤类型的改变？

14. 列举三种在成土母质的运输过程中发挥重要作用的外力。

15. 说法"土壤剖面是土壤的自传"是否对？为什么？

16. E 层和 B 层有何不同？

17. 确定某种土壤所属的土纲需要哪些基础？举一个例子。

18. 比较新成土和氧化土的主要区别。

19. 如果你拥有一个花园或居住在一个路边截面附近，请简短总结一下看到的土壤结构和颜色。该土壤上生长着什么植物？

网络资源

本章相关在线资料见 http://www.prenhall.com/chiras（单击 Table of Contents，接着选择 Chapter 6）。

第 7 章

水土保持与可持续农业

本章的主题为水土保持，它对人类的长远未来至关重要。水土保持能够保护我们这一代和我们的后代赖以生存的一种重要资源——土壤。为什么土壤如此重要？简单地说，这是因为我们和子孙后代必须依赖土壤才能够生产出多种必需的产品，如粮食、喂养我们所吃动物的饲料、燃料和纤维（衣服的原料）。正如前面章节中描述的那样，由于人口的增长和人类生活水平的提高，对这些产品的需求量也越来越高。

防止土壤侵蚀的最简单方法是保持其不被干扰。换言之，就是不要将其暴露在风雨中，但这种做法通常是不实际的。实际上，种植农作物通常意味着将土壤暴露在多种环境因素的影响之下。多年来，科学家和农场主发明了一系列方法来保护土壤免受侵蚀。

土壤侵蚀的控制仅是维持农田或农业生态系统可持续发展的要素之一。如我们将会看到的那样，可持续的农业系统能够获得足够产量的高品质食品。这种模式不仅在经济上可行，而且环境友好，节约资源，同时尽到了社会责任。

7.1 土壤侵蚀的性质

在过去的三个世纪中，美国的土壤经历了大幅度的退化。其中，大多数退化是由侵蚀所引起的。**土壤侵蚀**定义为土壤颗粒从其最初所在地分离、搬运并堆积于新地点的过程（见图 7.1）。侵蚀的主要推动者是风和水。在潮湿的地区，水是土壤侵蚀的主要原因；而在半干旱地区，风和水是大部分土壤侵蚀的主导因素。

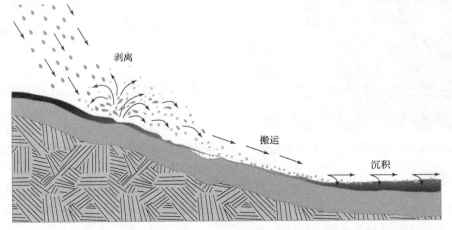

剥离

搬运

沉积

图 7.1 水力作用下土壤侵蚀的三个步骤。雨滴作用会破坏土壤结构，将土壤颗粒剥离。被剥离的土壤颗粒会进一步被搬运并最终在坡下沉积

7.1.1 地质侵蚀或自然侵蚀

地质侵蚀或**自然侵蚀**，是自45亿年以前地球形成以来的一个极其缓慢的过程。它磨蚀山地的高处，并填补低洼地带。它削平了整座大山，并用沉积物填满于海底盆地。科学家估计，全球的平均地质侵蚀速率约为0.02毫米每年。

亿万年来，在地球表面，高山、峡谷、海岸和三角洲已经被水和风侵蚀。阿巴拉契亚山脉曾经高大且粗糙，如落基山脉一般。它形成于2亿年前，在侵蚀力的作用下，已经逐渐垮塌。如果没有受到地质侵蚀的影响，新奥尔良将位于墨西哥湾的底部。之所以不是这样，是因为密西西比河从1600千米外带来的土壤在这里沉积形成了三角洲。大峡谷在1亿年前只是一个浅沟，但在雨水和科罗拉多河水的冲刷下，它最终形成了一个1.6千米深的奇观（见图7.2）。作为地质侵蚀的最后一个例子，风将细土和细沙吹到中国、欧洲和北美，形成了所谓的黄土——地球上最为肥沃的土壤。

图7.2 水力作用下的地质侵蚀：科罗拉多大峡谷

7.1.2 加速侵蚀

亿万年来，地质侵蚀一直保持着较低的速度。然而，随着人类活动的出现，一种不同的侵蚀类型——**加速侵蚀**也开始起作用。研究表明，这种侵蚀的速率往往是地质侵蚀的10～100倍。加速侵蚀多在人类对土壤的干扰下出现，这些人类活动包括农业耕种、森林砍伐、放牧以及修建房屋和公路等。沟状侵蚀是加速侵蚀的一个类型，如图7.3所示。

图7.3 北卡罗莱纳州的一个农场由人类活动引发的加速侵蚀所造成的冲沟

在全球尺度下，大多数由风和水引起的水土流失都是在农田发生的。其原因正是自然资源保护者所主要关心的加速侵蚀。水土流失将使可耕种的土壤退化，并最终成为不毛之地。

土壤侵蚀速率在亚洲、非洲和南美洲最高，而在欧洲和北美洲最低。然而，欧美地区相对较低的侵蚀速率仍然超过了土壤形成速率。20世纪30年代，美国大平原经历了一场由大风所引起的破坏性侵蚀作用。受灾最大的地区位于大平原的南部，包括得克萨斯州、堪萨斯州、科罗拉多州和新墨西哥州。由于南部平原沙尘暴的严重性和频繁性，它也被称为**尘暴区**。

7.2 尘暴区

纵观历史，北美大平原经历了干旱与充足降水交替出现的时期。在1890年和1910年，该地区出现了干旱，在此期间大量作物枯萎甚至死亡，农场和牧场被废弃，农场主和牧场主们只有等待来年降水充足时重新耕种放牧。

到1931年，大平原已是农业耕种最佳的地区。农场主在此种植小麦，将这片富饶的平原变成了世界上作物产量最高的区域之一。然而就在这一年，平原北部开始出现干旱和夏季高温的情况。之后，旱情逐渐蔓延到了南部。

尽管在这之前，干旱和风暴时有发生，但同时袭击北美大草原却是历史上从来没有过的。原本在肥沃的棕壤土上生长着的具有庞大分支根系的原生草（如野牛草、格兰马草、大须芒草和小须芒草）逐渐消失，有助于构筑稳定的土壤团聚体的高含量有机质也消失了。在牧场，过度放牧使得土壤结构显著恶化。在小麦和棉花田，重型机械的车轮也导致土壤结构破坏。

许多农业学家认为，尘暴区是该地区干旱与农业耕种方式（尽管该方式曾经在湿润的美国东部获得了成功）共同导致的不可避免的后果。干旱阻止了小麦的生长，而且由于粗放式的耕作方式，地面没有任何东西能盖住土壤，

于是遮天蔽日的沙尘暴时常发生。这个阶段被称为"黑尘暴"。

1932 年，大平原地区发生了 14 起沙尘暴。到 1933 年，沙尘暴发生的次数增加到 38。当时的农场主相信降水一定会来临，于是继续耕种。但是，风暴在 1934—1935 年来得愈发频繁，且强度也越来越大（见图 7.4）。在堪萨斯州西部和俄克拉何马州，以及与之相邻的得克萨斯州、科罗拉多州和新墨西哥州的一些地区，大风将土壤颗粒旋转着扬起，最高可达 3.3 千米（见图 7.5）。在 1934 年 5 月 11 日，强烈的风暴导致约 275 万吨的肥沃土壤飞扬到空中（相当于中美洲修建巴拿马运河的土方量）。在许多地区，枯萎的小麦被强风连根拔起。1935 年 3、4 月间，在得克萨斯州的阿马里洛区，15 次风暴持续了 24 小时以上，有 4 次超过了 55 小时。

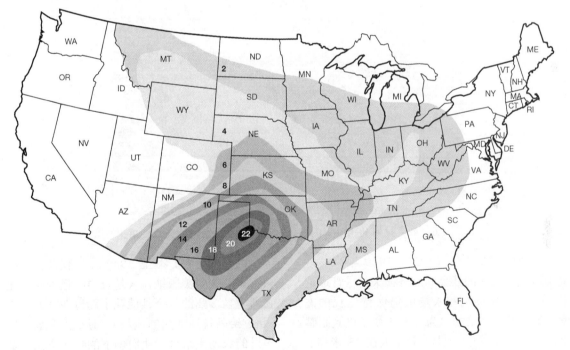

图 7.4　1936 年大平原地区沙尘暴次数的分布。最大值为 22，出现在得克萨斯州北部。
由于大平原南部的几个州包括得克萨斯、俄克拉何马州、堪萨斯州、科罗拉多州和
新墨西哥州是沙尘暴发生最频繁且影响最重的地区，因此这个区域也被称为尘暴区

从俄克拉何马大草原吹来的尘土落到了 330 千米外的大西洋的船上。尘土落满了华尔街的豪华办公室并弄脏了公园大道的豪华公

寓。在华盛顿特区，美国农业部（USDA）建筑上的泥土痕迹提醒人们，这个部门和这个国家正面临着极其严重的问题。而在往西 1600 千米的

地方，人们试图将浸湿的报纸塞入到门窗的裂缝中以阻挡沙尘的进入，却发现没有任何效果（见图 7.6）。灰尘进入厨房，在平底锅和刚烤好的面包片上落上薄薄一层。由于被漫天的尘土迷了眼睛，牧场主甚至在自己的牧场中也迷失了方向。汽车无法行驶，上百架飞机无法起飞，火车也由于轨道被埋而停运。医院的护士将湿润的毛巾盖在病人的脸上让他们的呼吸得轻松一些。

当 1939 年降雨终于再次来临且风暴逐渐停止的时候，当地的牧场主和农场主开始调查土地荒废的状况。结果发现 5～30 厘米厚的肥沃表土层（主要由粉粒和黏粒构成）已被吹到大西洋沿岸地区。而砂粒太重，以至于不能被风力输送，只能在陆地上弹跳，切断新生的小

麦，最终在房屋和谷仓的背风面形成沙丘。大型的机械也被埋在沙中。

图 7.5　1937 年 5 月 21 日沙尘暴袭击了斯普林菲尔德。这场风暴在下午 4:47 抵达城市边缘。这之后，整个城市经历了半小时的黑暗

图 7.6　俄克拉何马州废弃的农庄，展现了风蚀带来的灾难性后果

20 世纪 30 年代（1931—1939 年）的沙尘暴造成了巨大的社会和经济损失。尽管遭遇不幸，一些牧场主和农场主仍保持达观的态度，甚至开一些诸如"为了不让沙子进到眼睛里，鸟应该向后飞"或是"牧羊犬在 33 米高的空中挖洞"之类的玩笑来让自己释然。然而，对于大多数沙尘暴的受害者来说，这些话并不好笑。灾害之后，很多受灾人都几乎身无分文。在 1934 年 5 月 22 日的一场沙风暴之后，有 2.75 亿吨的表层土损失，这相当于造成 3000 个 40 公顷大小的农场绝收！截至 1940 年，仅在尘暴区救灾就花去了美国纳税人超过 10 亿美元；光在科罗拉多州的一个县就花了超过 700 万美元（超过给阿拉斯加州的钱数）。对于大多数命运多舛的农场主来说，他们剩下的唯一资源就是还可以去寻找新的生活方式。他们只得收拾剩下的财物，坐上快要散架的轿车或卡车，搬家到太平洋沿岸，或中西部和东部的一些大工业城市。当时，整个美国都处于萧条之中，许多移民家庭充满了无奈、辛酸与痛苦。

7.3　防护林项目

为了防止尘暴区的进一步扩张，联邦政府于 1935 年开始建设大规模**防护林**体系。在整个大平原，从北达科他州到得克萨斯州的 3 万个农场上，种植了超过 2.18 亿棵树木。由 3.2 万千米长的**防风林**构成的绿色棋盘图案为草原景观增色不少。在大平原的中部地区，典型的防护林由 1～5 行树木形成，一般栽种在一个农场的西缘，它能够减缓冬天的盛行西风（见图 7.7）。针叶林，如红杉、云杉、松树等都能提供全年的保护。通过在几排树之间种植粮食，农场主可以进一步降低风蚀。设计合理的防护林带具有足够的高度和厚度，可使风速从 50 千米/小时减小到下风向的 13 千米/小时。

尽管防风林占用了可用于耕种的宝贵土地，并且多数都生长相对缓慢，还需要修建围栏来避免牲畜的影响，但是当防护林成熟后，它带来的好处要远远超过这些缺点。除了控制风蚀，设计得当的防护林还能增加美景，提高土壤水分含量（通过减少蒸发和留住积雪），并为野生动物提供栖息地。此外，防护林附近家庭里用于取暖的燃料需求显著减少（见图 7.8）。遗憾的是，许多种植在 20 世纪 30 年代的防护林已被移除。农场主可以将木材作为燃料，同时增加农田面积，便于使用重型农用机械和喷灌系统。

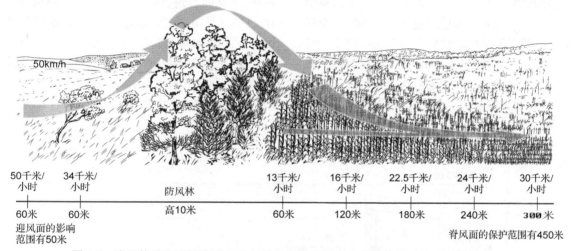

图 7.7　防风林对风速的影响。在主导风向的垂直方向上种植防风林可以保护农田

图 7.8　北达科他州的一个农场。该农场有一个已经种植 17 年的由针叶林、果树和灌木构成的防护林，能够有效地抵御风雪

绿色行动

如果你居住在一个多风的地区，无论是城市还是乡村，可以种植由树木或灌木构成的防护林。如果需要寻求帮助，可以咨询当地的苗圃或美国农业部自然资源保护局。

7.4 土壤侵蚀现况

美国在沙尘暴时期，整个国家的土地资源、经济和亿万民众的福祉等都遭到了严重的损失。在那之后的几年中，联邦政府花费了数百亿美元来控制土壤侵蚀。在纳税人的支持下，许多重点大学里的科学家进行了控制土壤侵蚀的研究。有关成果发表了成百上千的科学出版物。美国农业部已经建立了 3000 多个保护区，其主要功能是帮助农场主来解决土壤侵蚀问题。将如此长的时间、巨大的精力和金钱用于土壤侵蚀控制后，我们作为纳税人有理由问，"相比于沙尘暴年份，今天的美国农场主

能更好地控制侵蚀吗？"一般说来，问题的答案是肯定的。

自 20 世纪 30 年代开始，水土保持的措施显著减少了风蚀和水蚀对美国农田的影响。这些做法包括建设梯田、农田剩余物管理、保护性耕作、种植覆盖作物、轮作、等高耕作、带状耕种、建设防风林以及退耕还林/还草等。这些措施在控制土壤侵蚀方面取得了显著的效果。然而，尽管许多农场主在控制土壤侵蚀中已经做出了很大的成绩，但他们还有更多的工作要做。

在 20 世纪 30 年代初，美国估计每年有 36 亿吨的土壤流失。根据美国农业部国家资源清单的数据，1982 年美国耕地的土壤侵蚀量为每年 28 亿吨。到 2003 年，该数字下降到每年 16 亿吨（见图 7.9）。在这 21 年中，水蚀和风蚀量下降了 43%。如果考虑到现有的耕种面积比起 20 世纪 30 年代来说还有所增加，土壤侵蚀的控制效果其实更显著。目前每年大约 56% 的土壤侵蚀是由水引起的，而风蚀占 44%。

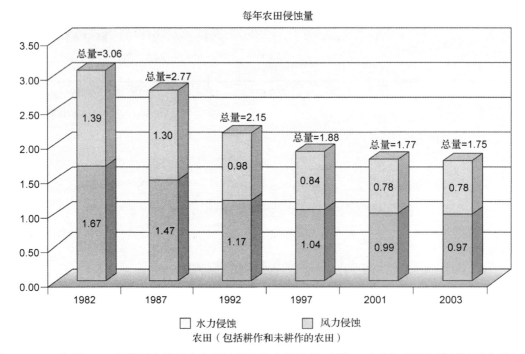

图 7.9　1982 年到 2003 年美国土壤的水力侵蚀量和风力侵蚀量。在这 21 年间，尽管土壤侵蚀减少了 43%，但是在美国的许多地区仍然是不可持续的（资料来源：美国农业部自然资源保护局，2007 年）

好消息是，美国不仅土壤侵蚀的总量，而且年土壤侵蚀率（以吨/公顷计算）也已经显著下降。而坏消息是，由美国农业部评估得到的数据表明美国耕地中大约 28%遭受了水蚀或风蚀，土壤侵蚀率为每年每公顷 2～11 吨，超过了土壤的耐受程度。在一些地区，土壤侵蚀仍然非常高。在华盛顿州、俄勒冈州和爱达荷州的一些农田，每年每公顷农田会损失 120～250 吨土壤，这是由于在较陡的山坡或易受侵蚀的土壤类型上采用不可持续的耕作方法所导致的（见图 7.10）。这样的侵蚀速率对这些地区农业的长远未来是有害的。

图 7.10　华盛顿州东南部的帕卢斯地区的细沟侵蚀（形成较深且窄的沟壑）。该地区是全世界生产力最高的旱田小麦产区之一。请注意沉积物在坡底积累。需要注意坡底部积累的沉积物

在美国，土壤深度从几厘米到超过 1 米不等。美国农业部已确认拥有较厚表土层的土壤能够承受每年每公顷 11 吨的土壤侵蚀量，从而维持其可持续地和经济地生产农作物的能力，这就是所谓的**允许土壤侵蚀量**或**T 值**。尽管这个值缺乏理论基础，但美国农业部的科学家认为，自然条件下土壤的生成速率大致如此。然而，也有其他研究人员估计，岩石（残积母质）风化形成土壤的速率全球平均仅每年 1.1 吨。如果是运积母质，比如冲积物和冰碛物，土壤形成速率会更高。这些研究人员认为，美国农业部所认可的每公顷 2～11 吨的 T 值超过了农业土壤的再生能力（土壤的形成速率比此侵蚀速率要低），因此该允许土壤侵蚀量是不可持续的。如图 7.11 所示，美国 2003 年的平均侵蚀速率为每年每公顷 10.5 吨，是残积物平均成土速度（每年每公顷 1.1 吨）的 9 倍，也高于大多数运积母质的成土速率，所以你能理解为何土壤侵蚀问题受到关注。

土壤侵蚀将有价值的表层土移除，并且减少土壤含水量，所以它会使土壤上生长的作物产量降低。科学家们还发现了大量的外部效应，比如对土壤颗粒造成的大气污染和水污染。空气中的尘土可能不利于健康，水中的沉积物还会堵塞河道和湖泊，从而降低这些水体的航运与休闲价值。我们是否可以对水蚀和风蚀所导致的损害进行价值评估？

在美国 1995 年的一项研究中，研究人员发现这些代价相当高。他们使用美国风蚀和水蚀的平均数据即每年每公顷 17 吨（也可以使用美国能源部 1992 年的估计值每年每公顷 14 吨）进行损失评估，结果发现每年的直接费用大约有 270 亿美元。这一评估是依据每吨侵蚀土壤的肥力或养分价值为 5 美元来计算的，这并不包括其他的土壤成分（包括有机质与生物）。由于研究人员估计美国每年会损失 40 亿吨土壤（1992 年美国农业部的估算结果是 22 亿吨），因此被侵蚀土壤在养分损失方面的替代价值为 200 亿美元。其余 70 亿美元是损失的水（每年损失 1300 亿吨水）和土壤深度的价值。研究人员还使用了相似的方法来计算间接费用，比如海港和水道的疏通、水库库容的下降、动物栖息地的丧失以及市政给水处理等。他们得到的间接费用约为每年 170 亿美元。因此，美国由于土壤侵蚀导致的每年的总损失量约为 440 亿美元。

图 7.11　美国不同年度的主要流域农田侵蚀速率。将水蚀和风
蚀综合考虑，2003 年平均侵蚀速率为 4.7 吨/（年·亩）

由于以上计算中所使用的侵蚀速率较普遍接受的美国平均水平值更高，所以这项侵蚀损失研究受到了广泛批评。然而，即使我们降低一半的损失，每年的代价仍然高达 220 亿美元。由于美国和欧洲的土壤侵蚀率是最低的，我们可以想象在亚洲、非洲和南美洲这些土壤侵蚀速率最高的区域，平均每年每公顷土地会有 30～40 公吨土壤流失。根据联合国下属的国际粮食政策研究所 2000 年的报告，全球近 40% 的耕地严重退化。人类活动引起的土壤退化包括土壤侵蚀、有机质流失、土壤硬化、化学品污染、营养枯竭以及土壤盐化等问题。这些问题在人口众多的发展中国家是最严重的。

7.5　影响水蚀的因素

7.5.1　降水

美国大陆的年降水在有些地区可以忽略不计，比如死亡谷。而在有些地区比如华盛顿州的部分地区，年降水量会达到 3600 毫米。一个区域的降水量对土壤侵蚀速率会造成很大的影响，但更重要的因素则是降水强度和降水的季节分配。即使年降水量较小，高强度的降水仍然会造成严重的土壤侵蚀。相反，低强度的降水则不大可能造成土壤侵蚀，即使所在地区年降水总量较高。

佛罗里达州的一个小镇曾经历过 24 小时内降水量达到 600 毫米的强降雨，这次降雨引发了大洪水。由*径流*（雨水、融雪或其他来源的地上水流）造成的土壤流失是相当严重的。如果将这样一次 600 毫米的降雨平均分布在连续的 48 天里，则每天为 10 毫米的小雨，由于土壤有足够的时间来吸收水，所以土壤遭受的侵蚀威胁就可以忽略不计。出人意料的是，即使是在年降水量只有 130 毫米的内华达州和亚利桑那州，因为全年的降水量仅出现在少数几次暴雨中，所以仍然会出现土壤过度侵蚀的状况。其结果是沙漠地面被径流水挖出的冲沟分割成了一块一块的。

绿色行动

在你的院子里，用碎树皮或草屑来覆盖土壤，使其免于雨滴的影响。另外，在有机覆盖物分解时，会有更多有机质添加到土壤中。

7.5.2　土壤可蚀性与地表覆盖

如第 6 章所述，土壤结构在很大程度上会影响土壤的可蚀性。如果土壤由**水稳性团聚体**构成，则能使得土壤颗粒聚集在一起，即使在它们被水淹没时也如此，从而较好地抵抗侵蚀。种植三叶草或紫花苜蓿（**绿肥**），或者采用保护性耕作方法（比如在田里尽可能多地留下农作物的剩余物，或者简单地增加堆肥或牲畜粪便等有机物质），都可以改善土壤结构，同时减少土壤侵蚀。绿肥作物通常是草或豆科植物，在生长季节结束时被犁翻入土壤来提高土壤生产力和可耕性。增加的有机物会使得土壤对侵蚀更有抵抗力。例如，在爱荷华州，未施有机肥的农田受土壤侵蚀的风险为施有机肥农田的 5 倍以上。

加入有机质也会提高土壤的吸水能力或渗透能力。进入土壤的水分越多，径流运送的土壤颗粒就越少。这也会使得植被生长更快、更密，从而进一步保护土壤。比如，在一个正在生长的玉米根系中，根系从土壤颗粒间穿过并将它们固定在一起，可以减少侵蚀。

农业对土壤侵蚀的影响主要取决于农田覆盖面积和耕作强度。地面上如果有大量农作物剩余物，就像在早熟禾牧场或无干扰的森林中，可以很好地保护土壤免受侵蚀。在清洁耕作系统中，剩余物会被翻耕，使得土壤长时间不受保护，这可能会加速土壤的侵蚀。因此，没有作物和剩余物覆盖的农田比植被密集的牧场和森林，或者有剩余物覆盖的耕地更可能受到土壤侵蚀。在这两种极端的情况之间，还有多种土壤覆盖条件，其中部分条件如图 7.12 所示。

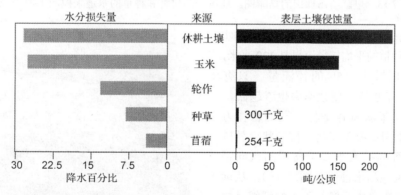

图 7.12　植被覆盖对土壤侵蚀和径流量的影响。数据来自美国农业部水土保持局在密苏里州贝瑟尼地区坡度在 8% 的土壤上进行的研究。该地区年均降水量为 1020mm

7.5.3　地形

地表坡度极大地影响了地表径流和土壤侵蚀的强度。坡度增加会显著增加径流的流速和侵蚀的速率。地表坡度由百分比表示，10% 的坡度表示在 100 米的水平距离上垂直高度下降 10 米。在美国缅因州阿鲁斯图克县许多种植马铃薯的地区，农田的坡度可能接近 25%。自从耕种开始之后，土壤表层超过 60 厘米的土层已经流失。在种植行栽作物（如玉米和棉花）的农场，坡度加倍会导致土壤侵蚀量加倍。而且，随着坡长增加，坡下积累的水分增加，这也会造成更大的侵蚀危害。

7.6　土壤水蚀控制

7.6.1　土壤侵蚀控制的实践

通过改变控制土壤侵蚀的因素，土壤侵蚀可以得到控制。一些重要的侵蚀控制措施包括等高种植、带状种植、修筑梯田、冲沟恢复、保护性耕作和降低作物产量等。

等高耕作 在**等高耕作**中，翻耕、播种、中耕和收获都在与坡度垂直的方向上进行，而不是沿着坡度方向（见图 7.13）。等高耕作方式在美国的实践是由托马斯·杰斐逊总统推进

的。他在 1813 年写道："我们现在水平耕作，沿着山坡上的曲线耕种……几乎没有一点土被水搬运走。"这种做法一开始很不寻常，因为在美国农业发展的早期，只有能够保持犁沟笔直（通常是坡度方向）的农夫才会被认为是好的农夫，并受到邻居的称赞。

图 7.13 堪萨斯州梯田的鸟瞰图。通过等高耕种和种草的水道来控制土壤侵蚀

在得克萨斯州坡度为 3%～5% 的棉花地的实验表明，非等高种植的平均年径流量是 120 毫米，而等高耕种可以减少 65% 的径流量（只有 40 毫米）。径流量越低，侵蚀速率也就越低。

带状耕作 **带状耕作**是将不同的耕作方式，比如行栽作物和覆盖作物，按带状交替排列。作物沿着等高线或垂直于盛行的风向播种，可以减少风蚀和水蚀（见图 7.14）。从远处看，带状耕作的农场就像一条条的纤细且弯曲的彩带。作为例子，行栽作物可以是玉米、棉花、烟草或马铃薯，覆盖作物可以是牧草或各种豆类，比如大豆。带状耕作往往与轮作相结合，比如某个条带一年播种易造成水土流失的玉米，另一年则种植能够增强土壤肥力的豆科作物。对于侵蚀的研究，详见案例 7.1。

图 7.14 伊利诺伊州西北部的带状种植。玉米和苜蓿的交替种植，可以减少土壤侵蚀和对农药的需求（因为多样性增加），并有助于提高土壤的肥力

案例 7.1 一个长达百年的关于耕种对土壤侵蚀影响的研究

想象一下一个持续百年的科学研究吧！这似乎难以置信。但是，这正是密苏里大学土壤科学家正在做的事情。三代研究人员在桑伯恩样地收集了土壤侵蚀速率的数据，这个样地也是密西西比河以西最古老的农业试验站。最初的数据是在 1888 年获得的，那时的美国总统是格罗弗·克利夫兰，世界第一摩天大楼建在芝

加哥，整个美国沉浸在汽车发明带来的兴奋中。在这一年，成千上万的原始的骡子拉犁进入大草原，这样农民可以在此种植粮食。

当然，以克拉克·甘策为首的密苏里大学研究小组知道土壤的性质和坡度等因素决定了土壤的侵蚀程度。但是，他们的主要兴趣是行栽作物（如玉米）以及密集的覆盖作物（如梯牧草）在土壤侵蚀中的作用。该研究样地的土壤是砂壤土，在密苏里州、堪萨斯州和伊利诺伊州有超过 400 万公顷农田都是这种土壤。

样地的坡度较小，为 0.5%～3%。甘策和合作者比较了三个样地 100 年间的总土壤侵蚀量。样地 A 一直种的是玉米，样地 B 采取轮作措施，具体方案是以 6 年为周期依次种植玉米、燕麦、小麦、三叶草和梯牧草（两年）。样地 C 则一直种植梯牧草。这三种农业措施的植被覆盖情况是，C 的覆盖最大，B 次之，A 最小。

这个重要研究的结果发表在《水土保持学报》上。最严重的侵蚀发生在玉米地上，其侵蚀速率为每年每公顷 46 吨。实际上，该样地的表层土比种植梯牧草的表层土少了 56%。这样的侵蚀程度使得玉米产量下降了 60%。在轮作条件下，表土每年每公顷减少 21 吨，使得表土比梯牧草种植区域少 30%。科学家发现，在这 100 年期间，梯牧草在控制土壤侵蚀方面的效果是玉米地的 54 倍。他们进一步得出结论，土地覆盖情况最能解释不同样地的侵蚀差异，它的相关性分别是土壤可蚀性和坡度的 35 倍和 28 倍。

梯田　梯田已经在农业中应用了多个世纪。这种方法曾被秘鲁印加人和古代中国人使用。这些文明受到较多人口和较少耕地的困扰，当地的人民为防止大范围的饥荒，被迫在极其陡峭的山坡上耕种。然而，古代农业专家建立的像阶梯一样的梯田并不适合于当今的耕作方法。目前世界上有多种形式的梯田（见图 7.15）。宽基梯田允许在整个坡面上种植作物。陡峭背坡梯田也允许在绝大部分的坡面上种植，除了背坡上必须种草之外。隔坡梯田允许大量的水流通过土壤而不造成侵蚀。水平梯田可以保持水分（没有径流），多数情况下用于水稻生产。

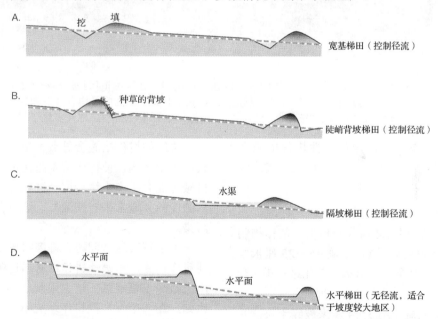

图 7.15　全球常见的四个梯田类型。梯田在控制径流和侵蚀方面很有效果。梯田的设
计有利于水洼的形成从而保持梯田的水分，给水分渗入土壤留下足够时间

带有沟渠的梯田是在山坡上垂直于坡度方向挖沟形成的。它在田纳西州和俄亥俄河谷，以及东南和中大西洋地区的各州使用较多，因为这些地区降水量大但土壤的吸水能力较低。

梯田必须要小心地维护，以使其不在耕作

过程中受到破坏。为了使得梯田更有效果，它必须经受速度为 1 米每秒的水流的考验，因为这一速度已足够使土壤松散并运送土壤。

冲沟恢复　冲沟是被水流冲出的特别大的沟渠，以至于普通耕作措施都不能掩盖。当垂直面上无植被时，它们很容易滑坡，如果有植物固定，则不易滑坡。冲沟在美国东南部地区尤为普遍，因为这些地区经历着长时期的土壤滥用和高强度降水。冲沟是表明土地正在迅速侵蚀的危险信号，如果侵蚀不被适当控制的话，这些地区可能最终成为荒地。一些冲沟以 5 米每年的速率不断推进［见图 7.16(a)］。在北卡罗来纳州，仅 60 年的时间就形成了深度达 45 米的冲沟，这会不断吞没栅栏、农业设施和房屋。

如果冲沟相对较小，那么它能被翻耕并种植一些快速生长的作物，如大麦、燕麦和小麦。通过这种方法可以阻挡侵蚀，直到草地恢复。

为了防止严重的冲沟现象，需要用绿肥和稻草以 6 米的间隔建立若干淤地坝。泥沙在淤地坝后逐渐聚集并填充沟渠，使得植物能够生根。也可用灌木或木桩拉起铁丝网来修筑淤地坝。在沟中每隔一定距离修建一座土坝、石坝甚至混凝土坝。一旦水坝建设完毕，径流也就被限制，土壤也就可能通过快速生长的灌丛和树木来固定。另外，种植柳树也很有效。这些先锋植物不仅能够阻止进一步的侵蚀，还能够掩盖难看的裸地，并为野生动物提供食物、庇护所和栖息地［见图 7.16(b)］。

图 7.16　(a)明尼苏达州一个农场的沟状侵蚀。(b)在同一地区种植保护性植被（主要是槐树）来防止进一步的侵蚀。五个生长季节后，槐树平均有 4.5 米的高度。它们不仅能够控制侵蚀，而且还提供了野生动物栖息地并美化了景观

保护性耕作　在讨论保护性耕作措施之前，有必要描述一下传统的耕作措施。阅读以下步骤时，请参考图 7.17。

1. 用铧式犁在土地上进行一步处理。在这个过程中，之前收获后留下的作物剩余物被翻入土壤，土壤 15～25 厘米厚的表层被翻开或破碎。在此过程中，有 90% 的地表剩余物被掩埋。

2. 接下来需要用 3～4 步来破碎土块，并为下一步播种提供苗床。这几步需要用到圆盘耙、旋耕机和耙等设备。

3. 在行栽作物（如玉米或棉花）发芽时，需使用行间中耕机来除掉与作物竞争水分与养分的杂草。在合适时，还需要使用除草剂。

传统的耕作措施会导致大量的土壤扰动，破坏土壤结构，使得土壤暴露在风雨中。大型机械可能会压实土壤。这个过程还需要消耗大量的能源（通常来自柴油），这也会导致空气污染。

为了解决这些问题，许多农场主采取保护性耕作措施。**保护性耕作措施**通过限制犁的使用来减少土壤侵蚀。这里限制分不同的等级。比如，在一个保护性耕作系统中，鑿式犁可以用来替代铧式犁。这样在土壤 10～15 厘米厚的表层内最多只能掩埋 50% 的作物剩余物。如果耕作措施完全被省略，那就是执行**免耕**法。根据定义，保护性耕作系统要求要有足够的作物剩余物留到种植下一轮的作物时，以至于至少有 30% 的土壤表面有剩余物覆盖。而免耕措

施会留下 70%或更多面积为剩余物覆盖。在不同形式的保护性措施作用下，土壤能够被保护，同时节约时间和燃料，并且产量也能保持。

到 2004 年，美国约有 22%的农田采取了免耕措施，是 1990 年 6%的 3 倍多。如果将所有的保护措施（如覆盖耕种、等高线耕种和免耕等）都算上，则比例大致是 41%，相比 1990 年的 26%同样增加了不少。这期间大多数保护性耕作措施的增长都来自于免耕措施的应用。美国政府鼓励农场主采取保护性耕作措施，一旦满足要求就可参与政府的补贴和其他计划。

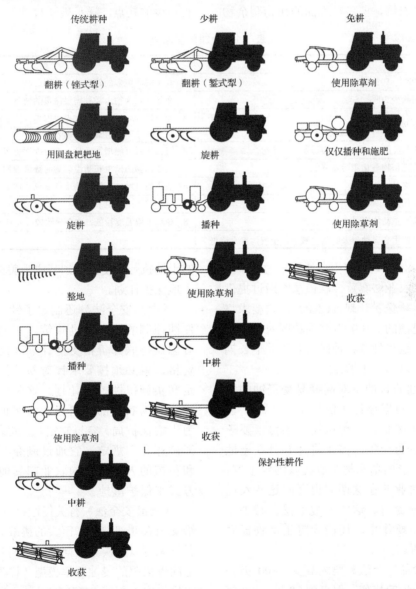

图 7.17　传统耕作、少耕和免耕方式在设备使用和田间作业次数上的差异。
传统耕作往往需要大约八遍，少耕需要六遍，而免耕只需要四次

在免耕措施中，农场主会使用特殊的机械来在地上开出用于播种下一轮作物种子的狭缝。这种方法称为直接播种法。整个过程在田间一趟完成。在这种方法中，不需要进行苗床准备工作。比如玉米和大豆就可以直接播种在小麦剩余物上。之前收获作物的剩余物几乎都

留在了土壤表面上，这与传统耕作方式 1%～10%的比例有了显著提高。然而，这也需要一定程度的权衡。免耕措施带来的一个问题就是杂草迅速增加，因此需要施用更多的除草剂。

在伊利诺伊农场的研究表明，免耕措施能够在坡度为 9%的山坡上一定程度地控制土壤侵蚀。在许多农场，覆盖在表面的作物剩余物可以减少多达 90%的土壤侵蚀。事实上，佐治亚州自然资源保护局最近进行的一项实验表明，免耕措施使得土壤侵蚀量从每年每公顷 58 吨降到了只有 0.2 吨，也就是说减少了超过 99%。

免耕农业还有许多其他方面的优势，但也有不少的缺点，详见表 7.1。

表 7.1　免耕的优缺点

优　点	缺　点
1. 劳动力减少 30%～50%	1. 农民需要更多的管理技能，因此转换到免耕模式较难
2. 化石燃料使用减少 30%～50%	2. 在作物剩余物上播种需要昂贵的装备
3. 土壤侵蚀减少 90%	3. 如果播种机的播种深度设置不当，种子可能不与土壤接触，这会导致作物产量减少
4. 由于地表径流和蒸散减少，土壤会保留更多水分	4. 植物病害可能增加而且不确定因素更多
5. 湖泊和河流的沉积物与化肥污染降低	5. 破坏作物的昆虫和啮齿动物的数量增加
6. 土壤健康状况提升	6. 杂草数量增加，导致除草剂需求量增加
7. 土壤固碳量增加	7. 早期需要施用更多氮肥
8. 作物剩余物为野生动物提供食物和庇护	8. 春季土壤温度较低，这会导致较晚发芽和其他生长问题
9. 由于化石燃料使用和风蚀带来的灰尘减少，空气污染会降低	

退耕　1985 年，美国国会通过了《食品安全法》（或《农业法案》）。该法案通过提供资金来建立**休耕保护计划**（CRP）。它要求将最容易受到侵蚀的 1800 万公顷边际农田不再耕作。这些土地将种草、种树或栽种其他长期覆盖的植物，以固定土壤。

CRP 计划的目的是对高度易受侵蚀的农田进行保护。根据该计划的规定，农场主需要与美国农业部签订一个协议。该协议要求农场主在今后的十年内停止耕种并且在土地上形成植被（诸如草和树）覆盖以固定土壤。为此，美国农业部在这期间也会向这些农场主支付一部分费用。这些植被不仅在减少侵蚀方面起着重要作用，还能为野生动物提供食品和庇护所。

虽然《食品安全法》要求减少 1800 万公顷易受侵蚀土地的耕作，但直到 20 世纪 90 年代初，总共只减少了 1470 万公顷土地，这使得每年美国土壤侵蚀量减少 4.1 亿吨。这个数量的土壤如果用卡车运输的话，由 58 辆车并排组成的车队可从洛杉矶延伸到纽约。截至 2006 年，CRP 项目已在 1490 万公顷易受侵蚀的土地执行，使该计划其成为美国最大的私有土地保护计划。

《食品安全法》还制定了针对高强度农田侵蚀控制的国家鼓励政策。例如，如果种植者想保持联邦价格支持计划（比如补贴）的资格，就必须按要求针对易受侵蚀的土地制定和实施侵蚀控制计划。这些侵蚀控制计划由与美国农业部的自然资源保护局（之前称为土壤保护局）参与制定。除此之外还有"沼泽破坏者"规定，它通过剥夺在湿地中排水和种植的人参加美国农业部其他计划资格的方式来保护湿地。

《食品安全法》有关侵蚀控制规定的执行，给美国农业部带来了巨大的挑战。美国农业部科学家可以解决这个问题，他们开发出了区域适应性很强的侵蚀速率模型（称为改进的通用土壤流失方程或 RUSLE）。基于**通用土壤流失方程**（见深入观察 7.1），该模型可使美国农业部能够了解在任何地区特定的气候条件和特定的土壤类型下采取一种特定的农业耕作方式所产生的土壤侵蚀量。比如，在计算机模型的帮助下，美国农业部估算在伊利诺伊州北部粉壤土上进行沿着坡向的耕作，将导致每年每公顷产生 74 吨的土壤侵蚀量，这超过了可以接受的每年每公顷 63 吨的限值。如果当地农民拒绝改为等高耕作方式，那么根据《食品安全法》，美国农业部可能会减少甚至取消他/她的联邦补贴。

深入观察 7.1　通用土壤流失方程

通用土壤流失方程（USLE）是土壤学家们经过几十年的研究得出的，它能够预测土壤侵蚀所造成的损失。公式如下：

$$A = RKLSCP$$

式中：A 为每年每公顷损失的土壤吨数；R 为降雨侵蚀力；K 为土壤可蚀性；L 为坡长；S 为坡度；C 为覆盖类型（草、小麦和森林等）；P 为侵蚀控制措施（带状耕种和等高耕种等）。

自 1970 年以来，USLE 已经被广泛使用。在 20 世纪 90 年代初到中期，该方程被修改成一个现代化的计算机工具，称为改进的通用土壤流失方程（RUSLE）。尽管现在能更好地界定一些因子，进而提高对水蚀的预测准确性，但 RUSLE 仍然使用与 USLE 相同的因子。RUSLE 是一个现成的计算机软件程序包。农场主或土壤科学家可以用它来估算美国任何农场的土壤流失量。

假设在俄亥俄州南部地区，土壤类型是粉壤土，农场主想知道该农田的侵蚀损失量。利用 RUSLE 软件包中的信息或由自然资源保护服务办公室提供的 USLE 原始表格信息，农夫需要确定其农场的以下数据：

$$R = 340, \quad K = 0.33, \quad LS = 0.40$$

现在假设农场主从收获作物的秋天到下一次播种的春天期间土地几乎没有作物覆盖。此时，$C = 0.9$。另外，她不使用任何土壤侵蚀控制的做法，所以 $P = 1.0$。该农场的预期土壤侵蚀量可计算如下：

$$A = 340 \times 0.33 \times 0.40 \times 0.90 \times 1.00 = 40.2 \ 吨/（年·公顷）$$

显然，对这个农场主来说，她面临严重的土地侵蚀问题，这个速率约为限值 11.2 吨/（年·公顷）的 3.5 倍。由于 R、K、L 和 S 等因子基本上是常数，因此减少农场侵蚀损失的唯一可行方法就是减少 C 和 P 的值。她决定将农场从传统耕作方式转变为保护性耕作方式。这样一来，即使在收获期和下一轮种植期之间的过渡期，仍然有一些作物剩余物留在土地上。其结果是，C 值下降到了 0.1。她还进一步决定进行等高耕作。通过这一措施，P 值可以降至 0.4。

因此，该农场采用新 C 值和 P 值后的土壤侵蚀量计算如下：

$$A = 340 \times 0.33 \times 0.40 \times 0.10 \times 0.40 = 1.8 \ 吨/（年·公顷）$$

很明显，保护性耕作和等高耕作在减少侵蚀量方面极为有效。

7.6.2　自然资源保护局及其计划

美国曾经对土壤资源保护无动于衷，因此 20 世纪 30 年代的黑尘暴所起的警示作用不亚于上千场演讲带来的效果。1934 年，美国新设立的土壤侵蚀局设立了 41 个水土保持示范项目。这些项目的劳动力主要是来自民间资源保护团约 50 个营队的工人。国会对这些项目留下了深刻的印象，因此在 1935 年成立了土壤保护局［该部门于 1994 年更名为**国家资源保护局**（NRCS）］。NRCS 为农场主和牧场主提供技术性的帮助，以使他们能够更好地利用土地，从而满足土地所有者的需求。

NRCS 在美国各地都设有区域办公室，每个办公室都负责特定的区域，称为**保护区**。虽然每个保护区都由当地的农场主和牧场主来组织与经营，但都有一名专业的自然保护学家和几名助手直接同农场主一起工作。由 NRCS 提供的协助农场主的专家有着高度的专业分工，包括农业工程师、植物学家、化学家、生态学家、林学家、水利工程师、土地估价师、土地利用专家、土壤学家和野生动物保护专家等。任何农场主都可以在自己所在的地区请求援助，为其农场建立和实施合理的保护计划。对农场主和牧场主来说，参加 NRCS 计划是自愿的。

今天，全美国已经形成了大约 3000 个保护区，占全国农田和牧场总面积的 96%，总面积约有 200 万公顷。在典型的年份中，NRCS 会帮助超过 90 万农场主和牧场主。具体支持措施如下：

1. 开展土壤调查并发布调查结果。
2. 推广保护性耕作措施。
3. 控制盐碱化。
4. 鉴定重要的农田，比如条件较好或独特的农田。

5. 建设成千上万的梯田和水塘。

NRCS 甚至还曾经帮助过农场主在华盛顿州圣海伦火山岩浆覆盖的山坡上恢复植被覆盖。

NRCS 组织的土壤调查结果会被农场主、牧场主、房主、道路工程师和土地规划者使用。**土壤调查**是对土壤进行系统性的研究、描述、分类并绘制一定区域（比如县）的土壤图。它能够帮助使用者根据土壤的性质认识其对应的合适用途。NRCS 也会使用航空照片来制作土壤底图。如图 7.18 所示，该图标出了不同土壤类型的界线和坡度。

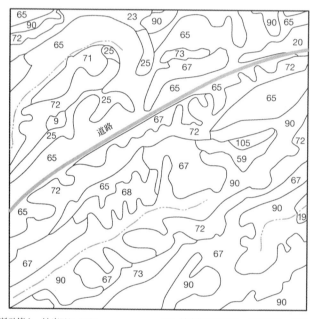

9　雅典娜粉砂壤土，坡度7%~25%
19　考德威尔粉砂壤土
20　考德威尔粉砂壤土可排水
23　雅典娜粉砂壤土，坡度5%~25%
25　雅典娜粉砂壤土，坡度25%~40%，受侵蚀
59　纳福粉砂壤土，坡度7%~25%
65　帕卢斯粉砂壤土，坡度7%~25%

67　帕卢斯粉砂壤土，坡度25%~40%
68　帕卢斯粉砂壤土，坡度25%~40%，受侵蚀
71　帕卢斯-塔图纳粉砂壤土，坡度7%~25%
72　帕卢斯-塔图纳粉砂壤土，坡度25%~40%
73　帕卢斯-塔图纳粉砂壤土，坡度40%~55%
90　斯诺粉砂壤土，坡度7%~15%
105　塔图纳粉砂壤土，坡度25%~40%

图 7.18　美国农业部土壤资源调查局在华盛顿州惠特曼县绘制的土壤图的一部分。不同的地图单元（由数字标出）标出具有独特物理、化学和生物特征的特定的土壤类型。各土壤类型详细情况参见调查报告

土壤图是土壤调查报告的一部分。该报告包括以下 4 个部分：（1）一套土壤图；（2）地图图例，说明各种符号的含义；（3）土壤的描述；（4）对每种土壤的使用和管理的评估。公众可免费从 NRCS 办公室或当地的大学获取土壤报告。

许多调查报告现在已经可以在网上查看。

NRCS 在历史上最显著的成绩是，开发了**土地潜力分类系统**。该系统根据土地的农业用途对土地进行评估，把土地分为八类，其中第一类对侵蚀最不敏感，第八类对侵蚀最为敏

感（见图 7.19）。第一类到第四类都适合农业耕种，而第五到第八类则不太适合。第一类土地平坦且肥沃，最适宜农业生产，第二类和第三类土地上可以种植农作物，但需要精心管理且有一定的保护措施，而第四类土地只适合限定的种植。

第五类到第八类最适合作为草场、牧场、森林、野生动物栖息地或娱乐区。第八类土地有较多的石块，贫瘠或很陡，只适合作为野生动物栖息地、荒地或娱乐区。NRCS 利用土地潜力分类系统为农场主制定农田保护规划。

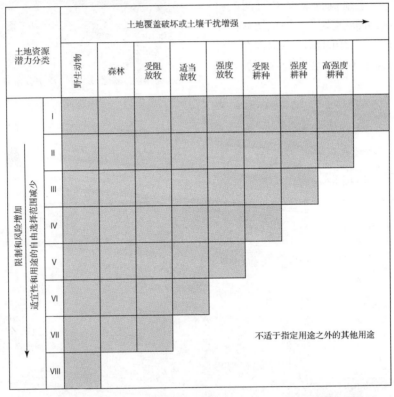

图 7.19　每个土地潜力类型的土地利用强度。第一类土地的用途最多，从第一类到第八类使用限制和需要的保护措施逐渐增加

7.6.3　NRCS 保护规划的制定

保护规划是记录农场主承诺的在计划期限内采取的水土保持措施的文档。该规划可以是一份完整的农场发展计划，或只是处理某些问题的改进计划。它会记录当前所采取的措施与决定，以及解决自然资源问题的时间表。NRCS 作为计划的参与者，可以帮助农场主选择他们所需要的由联邦和各州提供的资助项目。

当农场主向当地的 NRCS 办公室请求技术帮助时，需要按以下四个步骤来实施保护规划。首先，技术人员和农场主一起进行详细的土地调查。根据坡度、肥力、荒漠状况、排水性、表层土壤厚度和可侵蚀性等指标，技术人员会评估土地资源潜力，并将其绘制于地图上。每一类型都会给定一个罗马字母或颜色以表示土壤潜力。此图可以叠加在航空相片上。

接着，农民会在技术人员的帮助下编制一份农场的规划。这份规划包括每块土地的用途以及保护土地的具体措施。比如，对给定的一块土地，是种植庄稼还是牧草，是造林还是作为野生动物栖息地？通常替代的用途和处理也需要考虑。

第三，制定的规划要求能够较好地执行。尽管这些措施由农场主本人独立执行，但他/她也可向 NRCS 部门的技术人员寻求

帮助，来实施一些相对复杂的保护措施（比
如建设梯田或带状耕作）。佐治亚州一个棉
花农场（见图 7.20）的建议保护措施如图 7.21
所示。

最后也最重要的阶段是，农场主在技术人
员的帮助下年复一年地执行。随着时间的推
移，农业遗传学家可能会推广一种抗锈病的小
麦或一种抗虱的牛。农场的水塘中也许会改养
一种新的鱼种。这些新的发展将会逐渐加入到
保护计划中。

图 7.20　在佐治亚州的一个农场收获棉花

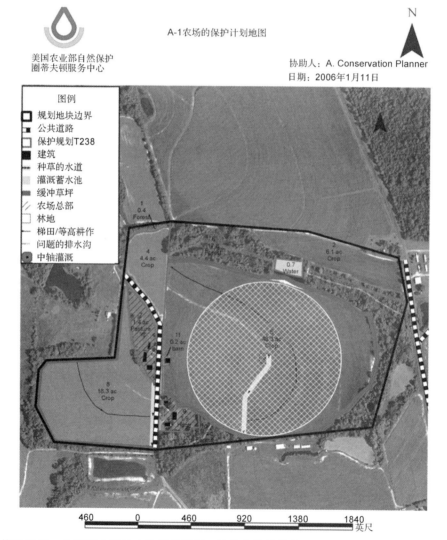

图 7.21　佐治亚州一个棉花农场的土地保护规划（棉花作物的收获见图 7.20）。这张图描述在地图上每
　　　　个区域计划实施的保护措施。在这个棉花农场上，土地保护措施包括剩余物管理、病虫害管
　　　　理、养分管理、等高耕作、水道种草、梯田、田地边界防护林、灌溉用水管理和修建道路等

7.7　替代农业

在第二次世界大战后近 40 年的时间里，美国的农业都是全世界羡慕的对象，几乎每年都在创造作物产量和劳动效率的新纪录。在此期间，美国的农场逐渐走向机械化和专业化，但也逐渐开始依赖于化石能源、贷款、化肥和杀虫剂。如今，许多农场的土壤生产力正在下降，环境质量也日益恶化，利润降低，人类和畜禽面临健康方面的威胁。越来越多的人开始关注传统农业造成的环境、经济和社会影响，并努力寻求一些替代方法来将其发展为一个更加可持续的农业（见表 7.2）。

表 7.2　传统农业的问题

增加的成本以及能源和化学品风险
杂草和昆虫对除草剂和杀虫剂抵抗力的增加
侵蚀导致土壤生产力下降
农场尤其是家庭农场数量减少
沉积物和农用化学品污染地表水与地下水
野生动物和有益昆虫的消失
杀虫剂和食品添加剂带来的对人类和动物的健康风险
有限的植物养分被耗尽

在替代农业盛行的很久之前，富兰克林·金出版了《四千年的农民：中国、韩国、日本的持久农业》一书。这份出版于 1911 年的报告记录了东亚地区的农民在四千年来没有肥料的条件下进行耕作的方法。这份报告以及 20 世纪初的一些其他文献都重点研究农业系统内部的复杂相关性，并以系统的方法考虑影响作物种植的诸多因素，但此时的美国农业正处于工业化的早期阶段。科学家发明了许多新的技术和方法来帮助农民满足城市人口扩张所带来的粮食增加的需求。通过用机械动力替代马、牛等牲畜，农民可以在更少的时间内于面积更大的土地上耕种，也不需要一些作物用于喂食牲畜，所以农场主们的收益会有 20%～30% 的增加。

许多组织和个人坚持认为农业是由生物科学与生态科学而非化学与技术所主导的。他们竭尽全力维护自己的观点，在 20 世纪 30 年代发起了水土保持运动、有机农业运动，并进

行了大量的科学研究。然而，到 20 世纪 50 年代，技术的进步导致了主流农业的转变，形成了一个高度依赖于化学品、农作物新品种和高耗能农业机械（虽然节约劳动力）的农业系统。这种农业系统被称**传统农业**。

当杀虫剂、价格低廉的化肥和高产量作物品种被引进农业时，每年在同一块地上就有可能种植同一种植物，该方法不会耗尽土壤中存储的氮，也不会造成严重的虫害问题。这种耕作方式称为**单一作物制**。农场主们开始只种植少数几种作物。政府也只对小麦、玉米和其他少数几种主要的农作物进行补助，因此促进了单一作物制的发展。遗憾的是，这些措施为之后的大范围土壤侵蚀和农业化学品带来的水污染埋下了伏笔。

从 1950 年到 1985 年，美国农业成本占总生产成本的比例从最初的 22% 上升到了 42%，几乎翻了一倍。这些农业成本包括利息、折旧和农业投入，其中农业投入又包括化肥、杀虫剂和装备等的费用。在这期间，劳动力和农场投入的费用占比从 52% 下降到了 34%。由于缺乏资金和公众兴趣，有关替代农业的研究比较少。

然而到了 20 世纪 70 年代末期，农业成本迅速增加，全国的农场主面临着潜在的风险，这引起了广泛的关注。为此，美国农业部在 1979 年进行了一项研究，这项研究评估了美国有机农业的规模，并分析了有机农业背后的技术问题及其对经济和生态的影响。这项研究的报告《有机农业的报告与建议》于 1980 年出版，它基于 23 个州 69 个有机农场的案例研究的结果。该报告认为有机农业是节能、环保、高效和稳定的，并能够促进长期的农业可持续发展。该报告从国家和国际层面上引起了人们对替代农业的关注。这份报告为美国国会 1985 年通过《食品安全法》上有关替代农业的提案奠定了基础。

1989 年美国国家研究委员会的农业学部发布了另一份报告《替代农业》。这一年，替代农业运动有了进一步的发展。尽管内容存在争议，该报告认为管理较好的种植多种作物的农田即使使用较少的农业化学品，也能获得和传统农业相当甚至更高的产量。一些其他的研究也得到相似的结论。《替代农业》还宣称，

"替代农业的广泛采用还会为农民带来更大的经济效益，也能为国家带来更大的环境效益。"

如今，**替代农业**已经用于称呼多种类型的农业方式，它们可促进更可持续的粮食生产系统的发展。这些方式包括**有机农业**、**生物农业**、生物动力学农业、综合农业、自然系统农业和免耕农业等。有机或生物农业不使用农用化学品，包括杀虫剂和化肥。农场主使用天然的方法，比如用轮作方式或使用天然的杀虫剂来控制虫害。他们还会使用粪便等自然肥料来对作物施肥。在一种农产品被标记为"有机"之前，由美国政府许可的认证机构将会检查其生长的农田的情况，以确保农场主遵照要求达到了美国农业部的有机农业标准。

生物动力学农业与有机农业较为相似，主要区别在于使用一系列（8 种）土壤和植物改良剂，称为配置剂，它由牛粪、石英粉和多种植物成分制成。生物动力学农业还强调以下方面：（1）将动物养殖整合进来，建立一个封闭的养分循环；（2）作物耕作日期结合历法；（3）认识和利用自然界的力量。在美国，一个称为"美国得墨忒耳"的非营利组织执行着严格的生物动力农业生产的食品和饲料的认证程序。

综合农业系统已在整个欧洲取得了成功的应用。这种农业方式将传统农业与有机农业结合起来，进而使得环境质量和经济效益都能够得到优化。比如，综合农业既在土地上施用粪便和堆肥，也会使用合成的肥料。另外，它还将生物的、传统的和机械的害虫控制措施与使用一些合成的或天然的杀虫剂相结合。

低投入农业基于减少外在的原料输入，比如购买商业化的杀虫剂或燃料。如果可能，外部的资源都由农场内或农场附近的资源所替代。这些内部资源包括生物病虫害防治、太阳能与风能、生物固氮以及绿肥和有机肥。在地球上的很多地方，农场主都已发现低投入农业比传统农业有更高的效益（低产量但低投入，回报更高）和更低的风险。

自然系统农业基于生态学的方法进行农业生产，即用自然生态系统中的营养模式来指导农作物的组织与管理。比如，位于美国高草草原地区堪萨斯州土地研究所的研究人员模拟了当地的草原生态系统，正在开发一种多年生谷物的混合种植系统。该方法将当前主导的单年生作物（如小麦）替换成多年生的作物。该想法在几十年之前就已有人提出过，但它可能还需要很多年来实现，这依赖于植物育种科学的进步。将单年生植物替代为多年生植物将形成很大的根系，从而更好地保护土壤，并允许在现在的边际土地上进行耕作（见图 7.22）。

免耕农业作为另外一种替代农业措施在上文已经提到，在此不再赘述。

替代农业系统并不意味着回到工业化之前的方法。事实上，它将传统的节约型农业技术与现代技术结合起来。替代生产系统利用现代化的设备、经认证的种子、水土保持措施、基因改良的作物品种以及最新的畜禽养殖方法。该方法的重点是轮作、保护土壤、作物和畜禽多样化以及用自然方法控制虫害。只要可能，就会减少外部资源的投入，诸如购买商业化的化学品和燃料，或用农场内部或附近的资源进行替代。这些内部资源包括太阳能或风能、生物虫害控制、生物固氮以及绿肥和有机肥等。在有些情况下，外部资源（如免耕系统的除草剂）在实现可持续农业方面十分重要。因此，替代农业在不同的地区和不同的条件下可以有所差异，以便满足不同的环境和经济需求。

采取替代农业模式的农场主会实施土壤保护措施并减少对肥料和杀虫剂的依赖，这使得他们管理的农田产量通常赶不上附近的传统农场，但生产成本的下降可以弥补相应的损失，使得净收益相当或更多。因为经过认证的有机农产品具有价格优势，所以采取有机农业措施的农场主通常比采取传统农业模式的农场主收益更高。事实上，通过对有机农业与传统农业在农事、经济和生态等方面表现的考察，上述结论获得了证实。而且，研究人员还发现有机农业系统虽然产量较低，但各年间的变化较小。这是因为土壤的侵蚀和污染程度较轻，于是有较好的土壤质量，能节省能源，而且较少依赖政府补贴（见图 7.23）。换言之，有机农业措施是更可持续的。

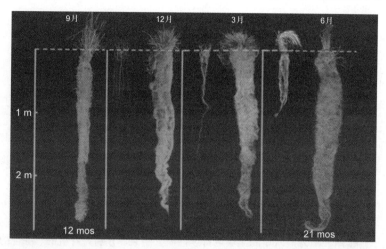

图 7.22　在一年中的四个不同时期，一年生的小麦（左）和它的多年生的亲缘植物——麦草（右面）的根和地上部分的生长情况。多年生作物比一年生植物有更深的根系，从而提供更多的水分和养分。多年生植物也有一个较长的生长期，能够获取更多的阳光照射。为了培育高产的多年生作物，比如小麦，科学家和育种者可以驯化野生的多年生植物以提高其性状，或者将一年生作物与野生多年生亲缘植物杂交从而结合它们的优良性状。每种方法都要求对杂交育种和分析投入大量的时间和劳动力。在未来 25 年内，高产的多年生小麦可能是更可行的

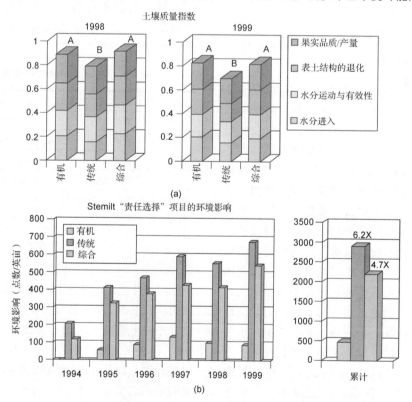

图 7.23　在华盛顿州一个为期六年的土壤可持续性研究结果，分别为有机的、综合的和传统的苹果生产体系的土壤质量、农药潜在影响和能源效率比较。如图所示，有机体系具有最高的土壤质量，对环境最少的负面影响以及最大的能源效率，其次是综合体系，最后是常规体系。尽管图中并未显示，科学家们还发现，所有三个体系具有相似的苹果产量、树木生长量以及叶和果实养分含量。与传统和综合体系相比，有机体系能收获更甜的苹果和更高的利润。基于所有这些特征，有机体系在可持续性方面排第一位，综合体系排第二，常规体系排在最后一位

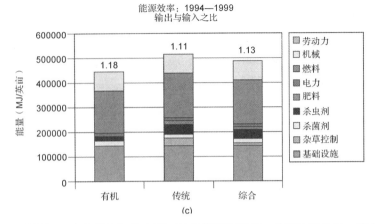

图 7.23（续）　在华盛顿州一个为期六年的土壤可持续性研究结果，分别为有机的、综合的和传统的苹果生产体系的土壤质量、农药潜在影响和能源效率比较。如图所示，有机体系具有最高的土壤质量，对环境最少的负面影响以及最大的能源效率，其次是综合体系，最后是常规体系。尽管图中并未显示，科学家们还发现，所有三个体系具有相似的苹果产量、树木生长量以及叶和果实养分含量。与传统和综合体系相比，有机体系能收获更甜的苹果和更高的利润。基于所有这些特征，有机体系在可持续性方面排第一位，综合体系排第二，常规体系排在最后一位

7.8　可持续农业

7.8.1　原则与实践

　　替代农业有助于促进农业系统的可持续发展，因而通常被称为可持续农业，但它并不意味着替代农场一定是可持续的。一个农场要具有可持续性，就必须生产出足够产量且高品质的食品，同时还能节约资源并保证环境安全。它还必须有实际的经济效益并且承担一定的社会责任（见表 7.3）。如果其中任何一个条件不能满足，农场就不能被认为是可持续的。同样，一个传统的农场虽然满足其他所有的可持续性标准，但如果土壤侵蚀带走的泥沙会污染附近的河流，那么也被认为是不可持续的。在此，需要重申的是，对任何农场，无论是传统的或替代的农场，都应该满足表 7.3 列出的所有可持续性标准才能被认为是可持续的。

　　可持续农业可以解决困扰美国和世界粮食生产的许多严重问题：高能源成本、地下水污染和土壤侵蚀等。可持续农业还可以解决土壤肥力退化、农场产量下降以及化石燃料资源过度消耗等问题。它还可以解决传统农业收入较低以及造成的人体健康影响并减少野生动物栖息地的风险问题。与其说它是

一个具体的农业战略，不如说它是一种理解农业生态环境各要素之间复杂的相互作用的系统性方法。

表 7.3　农场可持续性的评估标准

经　济	环　境	社　会
农田收益	能源效率	足够的产量
运行成本	土壤、水和空气质量	食品和纤维质量
收入变化	水土保持	农田保护
金融风险	野生动物保护	农场工人薪水和收益
食品成本	食品和饲料安全	农场主的生活质量
投资回报	农场安全	耕作的伦理观

　　在第 5 章中我们讨论了世界性的饥荒问题，保护农田不受侵蚀和其他各种因素的影响是创建可持续农业系统的关键。但遗憾的是，大量的农田正在流失，特别是在开发（或城市化）过程之中［见图 7.24(a)］。例如，从 1982 年到 1992 年美国每年平均有 16.2 万公顷的基本农田被开发，而从 1992 年到 2001 年，每年被开发的基本农田平均为 24.3 万公顷。如果我们想为子孙后代保留最好的土壤的话，那么这两个速率都是不可接受的。大部分农业专家认为，我们需要保护最好的农业用地作为耕地、牧场或林地，而相对低质量的农田可以用于建造房屋［见图 7.24(b)］。

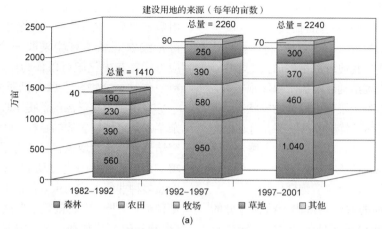

图 7.24(a)　森林、农田、牧场和草地的开发速率。1997—2001 年间，平均开发速率为 90 万公顷/年，与 1992—1997 年间相当，但是比 1982—1992 年间的 60 万公顷/年有所增加。在 1982—2001 年间，共有近 1400 万公顷的土地（相当于伊利诺伊州的面积）被开发（成为城区和建成区以及乡村的道路）（数据来源：美国农业部自然资源保护局，2003）

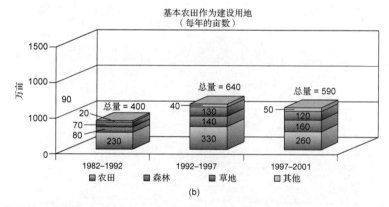

图 7.24(b)　美国被开发的基本农田面积。基本农田的开发速率从 1982—1992 年间的 16.2 万公顷/年上升到 1992—2001 年间的 25.1 万公顷/年。在 1992—2001 年间，约有 230 万公顷的基本农田被开发，占全部开发用地的 28%。在 1982—1992 年间，大约 160 万公顷的基本农田被开发，占全部开发用地的 29%。（数据来源：美国农业部自然资源保护局，2003）

　　几乎所有的可持续农业系统中，**轮作**都是其核心组成部分。轮作是在同一块田地中交替种植不同的作物。在轮作时，作物的产量通常比在单一作物种植时高出 10% 左右。多数情况下，单一作物种植只能通过加入大量**肥料**和杀虫剂才能持续下去。而轮作的作物能够实现更有效的杂草和虫害控制，减少病害的积累，使得养分循环更高效，并会带来一些其他的好处。

　　轮作可以采取多种形式。比如玉米和大豆交替种植就是一种简单的轮作方式。更复杂的轮作方案需要三种或更多的作物进行以 4～10 年为周期的轮作。形成一个更加多样化的轮作措

施也可以使农民降低其中一种或两种作物价格波动带来的风险，使得收益更加稳定。不过，这种方式也有不利之处。农场主需要更多的农业器械来满足不同类型作物的生长，同时需要花费更多的时间、获得更多的信息才能把农田管理好。

　　除了农作物搭配的多样化，不同农作物物种和种类的混合，以及农作物与林木和牲畜等的结合，都可以实现耕种的多样化。例如，当北达科他州在 1988 年的生长季经历了一场严重旱灾之后，许多单种小麦的农民没有粮食收获。然而，采取多元化方式经营的农场主由于

有牲畜的销售收入，并且能收获一些晚播种作物或抗旱作物而减少了灾害的损失。

可持续耕作的另外一个重点是，将作物收获后的剩余物、粪便和其他有机物添加到土壤中。有机质能够优化土壤结构，增加土壤储水能力，提升土壤肥力并提升土壤可耕性和物理状况。土壤的可耕性越好，种子就越容易发芽，而且根能够进一步向下延伸，水分也容易渗入土壤，从而最大限度地减少地表径流和土壤侵蚀。另外，蚯蚓和土壤微生物也能以有机质为食。

在一些可持续的农业系统中，植物养分的主要来源是动物和绿肥（见图 7.25）。绿肥有助于控制杂草、病虫和土壤侵蚀，同时它还能为牲畜提供饲料并为野生动物提供栖息地。一些可持续的农业系统主要依赖化肥，但化肥使用数量需要控制在一个适当的范围内。其他的可持续农业系统可能采取一个组合的养分供应方式，其中化肥可以作为生物固氮、有机肥料、作物剩余物和土壤有机质分解等的补充。

在不施用化学品的前提下控制害虫、疾病和杂草也是可持续农业的目标，目前已有很多的研究结果证明了实现该目标的可行性。**综合虫害管理（IPM）**是限制农药使用的一种常用办法。IPM涉及多种非侵入式的虫害控制方法，如轮作或定期种植。另外，它还依赖于自然的虫害控制方法（**生物防治**），比如利用一些肉食性的昆虫来吃掉那些破坏作物的害虫（见图 7.26）。关于这种方法的详细信息，请详见第 8 章。

图 7.25　密西西比州的一个农场用红色的折曲辊将绿肥作物（塞卡尔黑麦和绛车轴草）压成覆盖物。商品作物（如大豆）之后免耕种植在此覆盖物中。绿肥作物在覆盖或犁下后使土壤更肥沃，能够提高作物的产量，并减少了肥料的使用

图 7.26　瓢虫是蚜虫和其他害虫的天敌。如今在许多农场的病虫害综合治理（IPM）项目中，利用天然捕食关系或其他生物控制机制来减少对化学杀虫剂的依赖。采取生物控制措施的农场主希望益虫（比如瓢虫）能大量繁殖

绿色行动

走访你所在地区的规划部门，了解他们在保护基本农田不被开发方面的工作内容，了解规划委员会的开会时间，以便反映你的倡议。

7.8.2　推广可持续农业的障碍

有什么力量能够阻止农场主们采取可持续措施呢？其中一个障碍就是联邦农业项目，它只对少数几种作物提供价格上的支持。对玉米、小麦、棉花和大豆这几种作物的补贴占整个美国作物补贴的约 3/4，这几种作物的种植面积约占全国的 2/3。对其他农作物缺乏价格支持挫伤了农场主多样化种植和轮作的积极性。比如，假设一个农场主在一个陡峭且受到严重侵蚀的山坡上种植小麦，我们当然希望他将小麦替换成能够控制侵蚀的草，但该农场主反而因此得不到政府补贴。

政府补贴能够激励农民进行单一作物的耕作或短周期的轮作，从而获得最大的收益和利润。然而，1996 年通过的《自由农场法案》将作物价格与政府补贴几十年的联系切断了。该法案将终结政府对玉米和其他作物（包括大豆、棉花、水稻和小麦）的价格担保。取而代之，农民将得到补贴，不过这些补贴在 7 年之内会逐渐下降并最终取消。在这 7 年的时间里，补贴总共有 360 亿美元，预计到 2002 年结束。《自由农场法案》的出发点是，农场主可以在自由市场中赚取足够多的钱。然而，补贴并未彻底取消。该法案通过后，国会多次通过增加农业补贴的决议，这使得补贴发放得比以往任何时候都要快。事实上，在法案通过后的前三年，美国政府对农业的补贴增加了两倍。因为补贴的受益者主要是大的生产者（合作农场）、包装者和加工者，而非普通的小型家庭农场，所以遭受到了一些批评。

可持续农业的长期经济收益对于依靠贷款的农场主来说可能并不明显。许多从事传统农业的农场主身负巨大的债务，部分原因是对专门机械和其他装备的巨大投资，这限制了他

们向更可持续农业的转变。比如，等高耕种比直排耕种需要拖拉机花费更多的时间，并消耗更多的柴油燃料。对于农场主来说，在弯曲地形上犁地比直接上下犁地需要更多的时间和更高的技能。据估计，水土保持措施的使用可能会使得农场主的运行费用增加 10%~20%。

如今，有相当一部分的农场主租用别人的土地，这种方式称为**佃耕**。即使在几年内作物产量增加带来的回报并不能及时实现，自有农场的经营者也可能愿意投入自己的时间、金钱和精力在水土保持措施上。但土地租用人则不会有同样的动力。

美国有超过一半的农场被 55 岁以上的老年人耕种，其中有相当一部分人的年龄甚至超过了 65 岁。简单地说，青年农场主的数量处于短缺的状态。此外，最近的一项研究表明，大多数愿意实行可持续农业的农场主均在 40 岁以下。换言之，年轻的农场主更容易做出改变。

此外，在美国的一些地区，农场主可获取的关于可持续农业的信息很少。政府缺乏对替代农业的研究资助，相反却有大量研究关注基于农业化学的产量提高方法。另外，农业企业为大学提供资助，引导发展针对单一作物种植的化学品密集型的技术。

对美国农业系统进行改革的法律支持正迅速增加，但对可持续农业项目的财政支持仍然只占政府预算的一小部分。美国国会于 1988 年创建了**可持续农业研究和教育计划（SARE）**。SARE 有许多目标，包括减少对化肥、农药和其他需购买的资源的依赖，提高农场效益和农作物产量、节约能源和自然资源、减少土壤侵蚀和养分流失以及发展可持续的农业系统。从 1988 年以来，国会用于 SARE 项目的资金不到同期农业部研究和教育预算的 1%。将主流农业转变为一个更可持续的农业还需要更多的研究和教育工作。所幸的是，许多大学和美国农业部都逐渐开始重视研究可持续的农业。

7.8.3　未来的研究与教育

美国和其他工业国家的农田中氮的含量已超过植物可以有效利用的数量。例如，全世

界施加于谷类作物的肥料中的氮素只有 1/3 能够在谷物中收获。如果要控制氮污染，需要适当减少过量的氮。能够高效产生和消耗氮素的特定耕作系统应被优先发展。使用缓慢释放的肥料提供了另外一种方法来减少氮素从肥沃土壤中的流失。不过，我们仍然需要更多地了解替代肥料和农业生态系统的营养循环。

农场和牧场的生产者面临较高的能源价格问题，因为他们需要直接的能源供应与大强度的能源投入。开展节能措施可以减少农场对能源的需求。具体的做法包括作物剩余物管理、灌溉用水管理、农药和养分管理、防护林建设、等高耕作以及轮牧等，有助于保护土壤和水资源，并减少国家对化石燃料的依赖（见表 7.4）。同时，我们也需要进一步研究新技术，比如太阳能发电、风力发电机以及环境友好的生物质能源生产等，以替代目前以石油为基础的经济。

表 7.4   各种保护措施的能源节约和生产潜力情况

保 护 措 施	实 施 情 况	节约的能源		能源成本降低
		农场	总和	
作物残余物管理	2530 万公顷免耕农田	4.70 美元/公顷	9.21 亿升	7.3 亿美元
	增加 2000 万公顷免耕农田	4.70 美元/公顷	7.39 亿升	5.85 亿美元
灌溉用水管理	在 650 万公顷农田上对抽水系统效率提升 10%	6 美元/公顷	3.03 亿升	2.40 亿美元
	用低压喷水灭火系统替换中压水灭火系统	16 美元/公顷	8.16 亿焦耳/公顷	3.90 亿美元
	用低压喷水灭火系统替换高压喷水灭火系统	22 美元/公顷	11.22 亿焦耳/公顷	1.2 亿美元
杀虫剂与养分管理	减少 5%的重复喷雾	可变	1.01 亿亩农田	1 亿美元

将先进的技术，比如全球定位系统与其他一些基于计算机的技术（如地理信息系统）结合起来，能够有效提高大面积农田里的化肥和杀虫剂的使用效率。由这些技术带来的**精细耕作系统**有能力根据特定的土壤特性（如黏土、有机物和营养物质的含量）来对一大块农田（如 20 公顷）中每一小块的土壤单元（1 公顷或更小）进行单独的处理。当相邻单元间的土壤性质变化较大时，精细耕作比传统耕作方式（将所有单元的土壤性质进行平均，并根据均值对整片农田施以一样的肥料和杀虫剂）更有效。有待观察的是，精细农业所要求的所有计算机设备、额外的土壤采样和分析的成本是否能够由减少的投入和增加的产量来弥补。要了解更多关于精细耕作的内容，请参见地理信息系统和遥感专栏。

地理信息系统和遥感专栏   GIS、遥感与精细农业

现场观测、计算机、地理信息系统（GIS）、全球定位系统（GPS）、遥感（航拍）以及农业设施的整合利用称为精细农业。它可让越来越多的农场主因地制宜地管理他们的生产活动，从而提高效率，降低成本，提高产量并减少对环境的危害。相对于其他耕种模式下杀虫剂、肥料和其他农业化学品在不同地区被均匀应用，这种管理模式允许农民在不同农田有选择性和针对性地施用这些化学物质。这意味着种植者能防止农田施肥过多或过少。因为肥料不会浪费，所以这种做法能节省成本。此外，这种措施能减少来自肥料的硝酸盐对地表水和地下水的污染风险。

精细农业需要以下辅助措施：（1）在农用装备上安装现代 GPS 接收器，以使种植者能以 1 米或更高的精度来确定其位置；（2）需要有地理坐标定位并可以即时数字化的数据收集设备，它能帮助种植者在数字地图上描述虫害滋生或产量变化的情况；（3）在田间采集样本并测定土壤中养分的含量、土壤湿度和其他物理化学性质，这些性质会被准确地定位在空间数据库中；（4）在移动终端中使用地理信息系统来展示信息，评估数据之间的关系，并进行空间建模（包括使用大尺度空间遥感），进而获得环境和农业方面的空间信息数

据；（5）变速农机的发展使得农民能够将拖拉机在 GPS 地图上定位，并根据每个位置的特点改变操作参数，进而改变施肥量、播种间距和播种速率等。

地理信息系统、全球定位系统、航空摄影、地面信息和农业设施的结合，使现代农场主第一次真正能够将田地的差异性纳入到农场的日常管理。但并非所有问题都已解决，譬如如何将点数据转变为连续的面信息，如何描述和表征这些操作措施的不确定性，仍是今天许多地理学家、土壤科学家和其他从事相关研究的专家进行理论与应用研究的重点。此外，数据采集、数据集成和管理、空间分析和决策输出系统虽然正在发展，但非常复杂。由于精细农业是一个不断发展的产业，农场主和土地管理者需要及时和充分地了解相关领域的科学与技术进步。

我们需要有效的策略来以生物方法控制害虫、杂草和病害。这些策略需要依赖有益的昆虫和微生物、化感作物的组合（控制野草生长）、多种作物轮作以及基因抗性作物等。目前，对于土壤侵蚀，仍然需要进一步的研究来探究不同的覆盖作物和耕作措施，以及将养殖纳入耕作系统的相对优势。

现在美国的农场主只种植了现有 1000 多种作物的一小部分。如果他们种植一些其他国家生长的作物，如小黑麦、苋菜、人参和羽扇豆等，那么可能会有更多的收益。另外，植物育种家需要持续地从传统作物以及它们的野生亲缘物种中收集并保存种质（种子、根状茎和花粉）。对种子的有组织收集能够为植物育种家提供更加广泛的基因库来培育新的、对虫害、病害和干旱有抵抗力的作物品种。如今，美国的植物育种家使用大量来自发展中国家的种子来提升美国本地的作物质量。

利用生物技术开发的农作物新品种（比如能在土壤中固氮的作物）可以减少氮肥的需求量。这些新品种的种植在可持续农场中会越来越普遍。不需要农药的免耕措施也可能为可持续的现代农场系统所采用。但是，无论是生物技术还是其他任何单一的技术都不能解决所有问题。因此，可持续农业的成功取决于保护措施与现代技术的结合。

更好的教育与进一步的研究同样重要。农民需要清楚地知道可持续农业的价值及其营利能力。美国农业部及其合作推广局应该继续资助为农场主提供及时、准确、实用并适合当地农业条件的信息。农场主和公众也需要更好地了解土壤侵蚀对环境和健康带来的潜在负面影响，以及施用杀虫剂对环境带来的污染。一些大学已开始为本科生（攻读学士学位）和研究生（攻读硕士和博士学位）提供关于可持续农业的培养计划。2006 年，华盛顿州立大学在全美第一个开设了有机农业本科专业。在接下来的一段时间里，很多高校可能会效仿。

传播关于可持续农业实用信息的最有效方法是，通过农场主之间的人际网络，如爱荷华实用农场主。在该协会中，农场主同意在他们的土地上进行可持续农业的研究和示范。他们定期见面，共享信息并比较结果。这样的组织已经引起了农场主们对可持续农业越来越浓厚的兴趣，并已证明是有效的，高等农业院校应加快相关技术的开发。农场主与消费者之间的网络，称为**社区支持农业**（CSA），在美国也逐渐普遍起来。根据 CSA 的规则，每个消费者付给农场主固定费用或月费以换取其部分粮食收成。在生长季节，订户每周从附近的农场接收一盒或两盒水果和蔬菜。在这个过程中，农场主绕过了中间商（如批发商和专卖店），因此他们能够通过其产品获得更高的报酬。由此可见，订户在商品交易过程中也能帮助那些实施可持续农业的小农场主。

一些科学家和环保人士建议对化肥和杀虫剂征税，以弥补农业化学品使用的环境成本。征税的措施可以促进农民减少对农药的过度使用，所得的税收还可以资助可持续农业的研究。爱荷华州立大学利奥波德可持续农业中心于 1987 年经州议会批准成立。利奥波德中心是一个研究和教育机构，它在爱荷华州有三项任务：研究农业耕作措施的负面影响；协助开发替代的农业措施；和爱荷华州立大学合作来推广中心的研究成果。

农业是自然资源最基本的成分，它对人类的生活质量甚至生存有着重要的意义。如果可持续农业获得成功，不仅农场主会受益，整个社会也会在多方面受益。更重要的是，美国将保护其自然资源并创建一个可持续发展的社会。

绿色行动

预订 CSA 以支持一个当地的农场主，每周接收健康的水果和蔬菜。支持农场主的市场是结识并支持当地农场主的另一种方式。

重要概念小结

1. 土壤侵蚀是土壤颗粒从原位置剥离、搬运和沉降的三步过程。土壤侵蚀的主要介质是风和水。

2. 地质侵蚀是水、风及其他自然介质在自然条件下引起的地表磨损。

3. 重度侵蚀是比正常侵蚀速度更快的侵蚀作用，它主要由人类活动和其他动物的活动引起。

4. 土壤侵蚀速率在亚洲、非洲和南美洲最高，在欧洲和美国最低。然而欧洲和美国相对较低的侵蚀速率仍然超过了土壤形成和更替的平均速率。

5. 在 20 世纪 30 年代，沙尘暴严重肆虐了美国大平原。造成沙尘暴的原因包括严重干旱、高风速、过度放牧以及不当的土壤管理等。当雨水返回后沙尘暴终于平息，不过 5～30 厘米表土已被移走。在俄克拉荷马州、科罗拉多州、堪萨斯州、得克萨斯州和新墨西哥州，数百万农场主和牧场主遭受了严重的经济困难，被迫在城市中心找工作。

6. 防护林是沿农田边缘种植的一排活的树木和灌木，用于保护耕地免于风力侵蚀。

7. 美国农业部认为，允许的土壤侵蚀量是不致使给定土壤发生长期生产力降低的最大风蚀与水蚀组合。然而，允许土壤侵蚀量比测定的土壤再生速率更高。

8. 水蚀速率受以下因素影响：（1）降水强度与降水的季节分布，（2）土壤易蚀性，（3）地表覆盖，（4）耕作措施，（5）地形。

9. 侵蚀控制的有效方法有：（1）等高种植，（2）带状种植，（3）保护性耕作，（4）梯田，（5）种植防风林，（6）冲沟恢复，（7）退耕。

10. 保护性耕作系统需要避免土壤的翻耕，从而减少土壤侵蚀。同时保留更多作物剩余物，在开始种植下一轮作物时，至少30%的土壤表面被剩余物覆盖。如果省去了耕地步骤，则称为免耕。

11. 保护规划批准农民将耕作时易受侵蚀的边际农田退耕转而种植草、树以及其他长期覆盖的植物来固定土壤。政府会对采取相应措施的农场主提供达一定的回报。

12. 通用土壤流失预报方程（RUSLE）的表示式是 $A = RKLSCP$，其中 A 是每年每公顷的土壤损失吨数，R 表示降水量和径流量，K 是土壤的可蚀性，L 是坡长，S 是坡度，C 是土地覆盖类型，P 是侵蚀控制的措施。使用 RUSLE 方程能够较好地评估美国任何农场的土壤损失量。

13. 目前全美国已经建立了超过 3000 个土壤保护区，这是国家资源保护局的管理和运行机构。通过制定保护规划为农民提供技术和财政援助，可让农民根据土地潜力对每一块土地进行有效管理。

14. 美国农业部的土地潜力分类系统根据土地用做农业用途时所受的限制程度来评估土地，并将其分为八类。第一类土地所受的限制最少，第八类土地的限制最多。

15. 替代农业包括几个非常规的农业类型，包括有机农业、生物动力学农业、综合农业、低投入农业、自然系统农业和免耕农业。它将传统的注重保护的农业措施与现代技术结合在了一起。

16. 研究人员发现大多数有机农业系统的产量并不是很高，但年际变化不大。而且，有机农业会带来等量或更多的收益以及更少的侵蚀和污染。相对于传统农业，有机农业会保持更好的土壤质量，更节能，对政府补贴的依赖性更小。

17. 仅仅采取了替代农业模式的农场并不意味着一定是可持续的。一个农场要具有可持续性，就必须生产出足够多的高品质的食品，并且节约资源，对环境安全，有足够收益，并对社会有贡献。

18. 可持续农业可以解决困扰美国和世界粮食生产的许多严重问题：高能源成本，地下水污染，土壤侵蚀，生产力下降，化石燃料资源枯竭，农业收入偏低以及对人类健康和野生动物栖息地的风险。

19. 多数可持续的农业系统的核心组成部分有：轮作；添加有机质，比如作物剩余物、堆肥以及动物粪便和绿肥；提升作物或家畜的多样性；在生物控制技术辅助下进行病虫害的综合治理。需要购买肥料时，它们的添加量要合适。

20. 阻碍农民采用更可持续的农业模式的因素包括：政府补贴不足；年长的农民不愿意改变；对时间、技能和初期投资的要求提高；佃耕方式的存在；农场主缺乏可持续作业的有关信息。

21. 美国国会在 1988 年创建了可持续农业研究和教育计划（SARE），以执行可持续农业方面的研究与教育项目。自 1988 年以来，美国国会对 SARE 的拨款不到农业部研究和教育总预算的 1%。

22. 将主流农业模式转变为可持续的农业模式需要大量的研究。未来的研究重点包括：（1）更有效地生产和消耗氮的农业系统；（2）高性价比的精细耕作系统；（3）新的生物控制措施；（4）有机的或低除草剂的免耕系统；（5）更多土地种植替代作物；（6）遗传改良作物品种。

23. 需要对农场主和消费者提供更好的教育来促进可持续农业的发展，具体措施包括推广课程、农场主间的人际网络以及农场主与消费者间的人际网络。

关键词汇和短语

Accelerated Erosion　加速侵蚀

Alternative Agriculture　替代农业

Biodynamic Farming　生物动力学农业

Biological Control　生物控制

Biological Farming　生物农业（有机农业）

Black Blizzards　黑尘暴

Community Supported Agriculture (CSA)　社区支持农业

Conservation District　保护区

Conservation Plan　保护规划

Conservation Reserve Program (CRP)　休耕保护计划

Conservation Tillage　保护性耕作

Contour Farming　等高耕作

Conventional Farming　传统农业

Crop Rotation　轮作

Diversity　多样性

Dust Bowl　尘暴区

Fertilizer　肥料

Food Security Act　食品安全法

Geological Erosion　地质侵蚀（自然侵蚀）

Green Manure　绿肥

Gullies　冲沟

Integrated Farming Systems　综合农业系统

Integrated Pest Management (IPM)　综合虫害管理

Land Capability Classification System　土地潜力分类系统

Low-Input Farming　低投入农业

Monocropping　单作

Natural Resource Conservation Service (NRCS)　自然资源保护局

Natural Systems Agriculture　自然系统农业

No-Till Farming　免耕农业

Organic Farming　有机农业

Perennial Grain　多年生谷物

Precision Farming　精细农业

Runoff　径流

Shelterbelt　防护林

Slope　坡度

Soil Erosion　土壤侵蚀

Soil Survey　土壤调查

Strip Cropping　带状种植

Sustainable Agriculture　可持续农业

Sustainable Agriculture Research and Education Program (SARE) 可持续农业研究和教育计划

Tenant Farming 佃耕

Terracing Tilth 梯田

Tolerance Value (T Value) 允许土壤侵蚀量

Universal Soil Loss Equation (USLE) 通用土壤流失方程（USLE）

Water-Stable Aggregates 水稳性团聚体

Windbreaks 防风林

批判性思维和讨论问题

1. 地质侵蚀和加速侵蚀有何不同？请举例说明。

2. 美国 20 世纪 30 年代发生的"黑尘暴"只是由干旱导致的吗？如果没有干旱，它们能被阻止吗？讨论你的答案。

3. 列出一个土壤侵蚀直接和间接影响的清单。

4. 与沙尘暴时代相比，美国现在的土壤侵蚀状况是好转还是恶化了？讨论你的答案。

5. 土壤侵蚀量低于允许侵蚀量意味着什么？

6. 讨论保护性耕作的优点和劣势。

7. 等高耕作与带状耕作的差别是什么？可以同时实施吗？

8. 种植防风林的好处是什么？为何它会被移除？

9. 讨论免耕农业的优缺点。

10. 通用土壤流失方程是什么？农场主需要怎样利用它来控制土壤侵蚀？

11. 什么是自然资源保护局？它的职责是什么？

12. 为何人们对替代农业感兴趣？

13. 单作是什么？轮作又是什么？什么是绿肥？它们可以纳入轮作吗？

14. 传统农业的好处是什么？

15. 替代农业与可持续农业有何区别？

16. 农场主实施可持续农业的障碍是什么？

17. 你认为美国农业正在走向可持续化吗？如果是，请给出解释；如果不是，请给出使其可持续化的方案。

18. 假设所有的商业合成肥料都被禁止用于农业，讨论它带来的好处与问题。

19. 假设所有的合成杀虫剂都被禁止用于农业，讨论它带来的好处与问题。

网络资源

本章相关在线资料见 http://www.prenhall.com/chiras（单击 Table of Contents，接着选择 Chapter 7）。

第 8 章

病虫害综合治理

美国环境保护署（EPA）农药办公室的数据显示，全世界每年约有 270 万吨农药用于农田、高尔夫球场、草坪和花园等。**农药**是指杀灭有害生物的化学药剂，这里的有害生物包括杂草、有害的昆虫、有害的动物（如啮齿类动物）和各种微生物等。它原本用于保护果园和农场中的蔬菜与水果，有时也用来治疗得病的家畜，但现在也用在沼泽、牧场、森林、高尔夫球场、草坪甚至庭院等处以控制潜在的害虫，比如控制传播疾病的蚊虫。

农药虽然一度得到广泛采用，但已被证明好坏参半。1962 年生物学家蕾切尔·卡逊的《寂静的春天》出版后，在美国引起了对农药危害的关注，越来越多的人开始注意到化学农药使用的风险，因此有意减少人类对它们的依赖。即便如此，自 20 世纪 60 年代年以来，全美国农药的总使用量还是增加了两倍。增长的部分主要是用于去除农田中杂草的**除草剂**，为满足美国和全世界对粮食不断增长的需求，除草剂的使用量在这段时期增长了 5 倍；而杀虫剂的使用量基本保持不变甚至有平稳下降。EPA 的数据显示，最近几年，美国的农药用量开始缓慢下降。

本章探讨农药的利用，特别是它对人类和环境带来的效益和潜在风险。还将研究农药的使用规定，并作为病虫害综合治理策略的一部分，讨论几种更安全使用农药的方法。

8.1 有害生物从何而来

在未受干扰的生态系统中，自然调节机制会使有害生物在内的所有物种数量保持动态平衡，使之数量少且稳定，不会引起环境问题（见第 15 章）。当人类开垦草原而大面积种植小麦，或夷平森林而种植纯林时，自然生态系统就被改变，于是开始出现不平衡和各种麻烦（见图 8.1）。这些做法打破了生态系统中不同生命间的复杂网络，替换成了一些高度单一的、以"有用"物种（如农作物）的生产最大化为目的的系统来满足人类的需求。**单一栽培**就是以单个物种占优势的人工系统，来替代拥有几十个物种甚至上百个物种的复杂生态系统。

这种情况下生态系统至少会发生两种重要变化。首先，控制潜在害虫的自然捕食者会消失，比如鸟类和食肉昆虫。其次，单一栽培会使基因完全相同的植物大面积生长，从而为有害生物供应大量的食物。在简化的生态系统中，原本受捕食者和食物供应量控制的物种，繁殖数量常常会剧增，造成大范围的生态破坏。由于人类活动使生物多样性减少，现在我们要奋力控制那些人类文明无意中释放的力量。仅在美国就存在 1.9 万种农业有害生物，其中的主要害虫有 1000 种（见图 8.2）。

图 8.1 单一栽培——害虫的天堂。现代化农业是基于单一栽培的，它指的是由单一植物物种构成的植被样地，比如照片所示的华盛顿东部的麦田。单一栽培的面积经常达数百平方千米

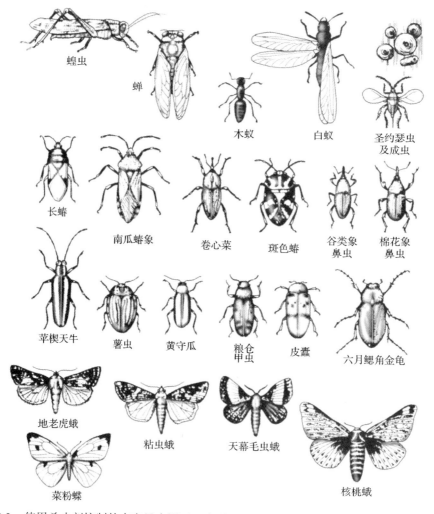

图 8.2 使用杀虫剂控制的有害昆虫图示。全世界 80 万种昆虫中只有 0.1% 被认为是害虫

有害生物还可能来源于偶然或有意识的引进。在新的生境中，这些外来种受到的环境阻力通常较小，因此种群数量会爆炸性地增长。

哈佛大学的利奥波德·特鲁维洛特是一位来自法国的天文学家，不过他是昆虫学家出身。1869 年，特鲁维洛特为了培育抗病型的蚕蛾，将欧洲本土的舞毒蛾蛹从法国运到了美国马萨诸塞州的梅福德。遗憾的是，少量舞毒蛾从实验室逃入了森林并默默无闻地生活了很多年。20 年后，舞毒蛾的毛毛虫爬满了梅德福镇，如今在其他很多地区也开始出现舞毒蛾种群的大爆发（见图 8.3）。

图 8.3 正在吃叶子的舞毒蛾的幼虫，它们每年要破坏美国东北部各州价值成千上万美元的森林。这些幼虫每年 4 月份会从前一年产的卵中孵化出来

没有了原产地生境中控制该物种种群的捕食者和寄生虫等密度制约因子，舞毒蛾种群在新环境中会爆发性增长。有观察者写道，"街道上黑压压的都是它们……它们在树上聚集，过于密集以至于看起来就像冷意大利面一样……所有树的叶子被全部啃光……展现了一幅非常可怕的灾难画面。在安静的夏夜，你能真切地听到它们的下颚切碎树叶的沙沙声，幼虫排泄的颗粒状粪便像雨滴一样从树上落下，就像下了一场毛毛细雨。"

一只毛虫一天就能吃掉 1 平方米的树叶，虽然幼虫更喜欢栎树叶，但它们也会啃食桦树和白蜡树叶，长到足够大后，它们甚至会吃松针。落叶树种可以忍受一季的落叶，但几次重复的落叶对它们来说是致命的。因为没有树叶，树木就失去了光合作用的能力——生产供其生存和生长所需食物的能力。没有叶子，植物就不能生产和存储其生存所需的食物分子。落叶还会使树木更易受到真菌、风和干旱的危害。

自从逃出实验室后，舞毒蛾在美国东北部各州内广泛蔓延并向西到达了密歇根、威斯康星、科罗拉多和加利福尼亚。最近几年，由于经常在房车上产卵，舞毒蛾随着房车的普及而传播得更远。

为了防止舞毒蛾的进一步传播，加利福尼亚州的官员在主要高速公路上的 16 个边界站对私人和商用卡车与房车等机动车进行了仔细检查，尤其是对来自舞毒蛾爆发区的机动车，要检查舞毒蛾卵（和其他有害昆虫）。加利福尼亚州和其他对舞毒蛾严格管控的州要求从舞毒蛾感染州的居民在进入本州之前通过严格的检查，确保没有携带舞毒蛾。1980 年美国东北部和加利福尼亚州爆发严重的舞毒蛾灾害后，开始启动这种控制措施。在美国东北部，从缅因到马里兰 250 万公顷土地上的树叶被舞毒蛾蚕食。根据美国农业部的数据，1980 年以来，舞毒蛾平均每年要吃掉近 40 多万公顷森林的树叶。仅 1981 年，舞毒蛾就吃掉了 530 万公顷森林的树叶。

另外一个外来种是会引起荷兰榆树病的一种真菌，它对树木造成了巨大的影响。1933 年左右被意外地从欧洲引进之后，这种真菌感染了美国榆，与荷兰榆相比，美国榆对这种真菌没有抗性。

美国榆是一种乔木，在美国东部广布，曾为公园、林阴大道、大学校园、城市和郊区增色不少。因为外形优美、寿命长、生长快、可忍受紧实土壤（在城市中常见）和空气污染等优点，美国榆曾一度被认为是理想的园林树种。但如今，由于感染了荷兰榆树病，大多数美国榆不是死了就是处于垂死状态。体现大自然最残酷的一面和具有讽刺意味的是，真菌并不会杀死这些树木，而是树木在试图打败这种真菌时杀死了自己。具体来讲，为了除去这种真菌，榆树要释放一种化学物质，但这种化学物质会堵塞从根部到枝叶的输水管道，结果榆树无法进行光合作用而死去。

真菌的孢子可以随着树皮甲虫传播，也可以通过根在相邻树木之间传播，从而使榆树沿城市街道一棵挨一棵地死亡。由于之前在街道上成行种植榆树很普遍，真菌可快速地从一棵树传到另一棵树。人们曾经尝试用杀虫剂 DDT 来杀死树皮甲虫以阻止真菌的传播，但最后却只是造成大批知更鸟和其他鸣禽的死亡。1976 年之前，虽然人们投入了很多努力，但这种疾病还是从马萨诸塞州南部传播到了弗吉尼亚和加利福尼亚西部。圣保罗和明尼阿波利斯的美丽榆树名存实亡。虽然一直都没有放弃拯救这些榆树的努力，但曾经作为旅游特色的加利福尼亚州圣罗萨的优美榆树现在却正迅速地衰亡着。

外来种是美国、加拿大和其他国家面临的一个主要问题。实际上，美国超过半数的杂草和许多最具破坏性的有害昆虫都是外来种，比如棉铃象鼻虫和地中海果蝇，这些种有些是有意引入的，也有些是无意引入的。

8.2 化学农药的类型：历史回顾

从早期农业社会直到第二次世界大战以前，农民就使用着各种各样的化学农药，如砷、草木灰和氰化氢等。虽然有些农药能够有效防治害虫，但许多是没有效果的，而且对人来说有剧毒。1939 年，瑞士科学家保罗·穆勒发明了一种合成化学品 DDT，它是一种强有力的杀虫剂，并由此引发了一场对农业、人类和环境造成深远影响的农业革命。

8.2.1 氯化烃类

DDT 是**氯化烃类**化合物（含氯有机化合物）大家庭中的一员。DDT 的化学活性促进了相关研究，发现了一连串的氯化烃类化合物，如氯丹、艾氏剂、林丹、异狄氏剂、狄氏剂、灭蚁灵、七氯和十氯酮等，这些化合物在美国都已被禁用或严格限制使用。它们都是利用神经毒素改变害虫的神经系统功能来杀死害虫的。

在美国禁用之前，DDT 曾被广泛使用。事实证明，它对杀死人身上的虱子有奇效，第二次世界大战期间欧洲的许多士兵被传染了这种虱子。它还能够有效控制热带地区传播疟疾的蚊子，其功能如此之强，以至于全球范围内每年疟疾的发病率从每年 5000 万例降至几乎为零。例如，在印度，疟疾的发病率在 20 世纪 50 年代为 100 万例每年，到 1961 年降到了只有 5 万例每年。

DDT 也被证明是控制各种有害昆虫的有效手段。因此在 1948 年，当诺贝尔奖评选委员会宣布穆勒获得生理学和医学诺贝尔奖时没有人会质疑。

当 DDT 受到大众欢迎并赢得阵阵喝彩时，DDT 和其他氯化烃类农药的生物学影响研究使得科学家和决策者们开始质疑，与这些农药造成的危害相比，它们带来的好处是否值得。

科学家发现首要的问题是，因为细菌不含能分解它们的酶，DDT 和其他氯化烃类化合物会在环境中残留多年。研究发现，DDT 及其有害分解产物能在环境中残留 15～25 年（见图 8.4）。尽管 DDT 已在 1972 年就被禁止使用，但如今在美国的湖底和河底的淤泥中仍能发现 DDT 和同样具有毒性的分解产物 DDE。

DDT 及类似农药都是脂溶性的，因此容易发生**生物富集**，即容易在生物组织尤其是脂肪中汇集。因为 DDT 的脂肪溶解度高，它能在脂肪组织中残留数十年。更糟糕的是，DDT 和其他氯化烃类化合物会在食物链中累积，在最高级消费者体内的 DDT 量会比环境中的浓度高百倍、千倍甚至百万倍（见图 8.5 和图 8.6）。这种过程被称之为**生物放大作用**。

这些问题（还会在本章后面关于农药危害的部分中详细叙述）引起了全世界的震动。随着收集的证据越来越多，它们越来越清晰地表明氯化烃类化合物的风险实在太大，以至于不能再使用。于是，化学家推出了新的农药系列——有机磷酸盐。

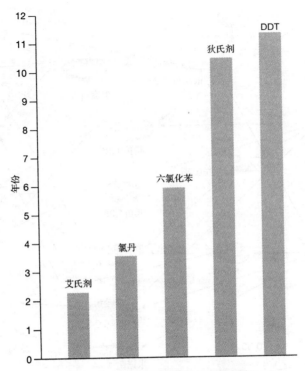

图 8.4　农药在土壤中的平均残留时间

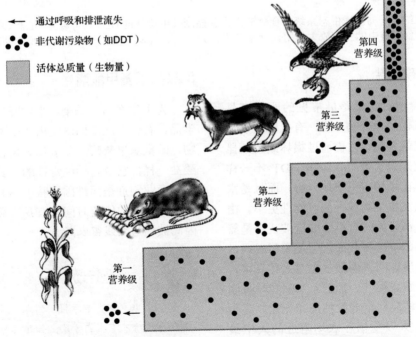

图 8.5　生物放大亦称生物学放大，指某些有毒化合物（如 DDT）在食物链中的浓度逐渐增大。生物摄入含有大量有毒化合物的食物后，大部分食物可能不会转化为细胞质，而是作为呼吸作用的燃料燃烧掉或作为废物被排出。然而，DDT 类污染物随食物摄入生物体内后，可能存留在该生物的细胞内。因此，污染物的浓度会沿食物链逐渐增大

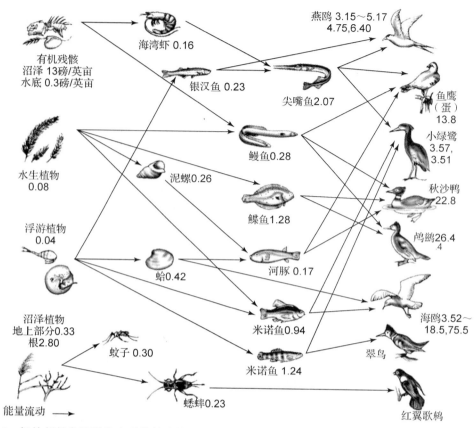

图 8.6　纽约州长岛沼泽生态系统的食物链，为了控制蚊虫喷洒过 DDT。可看到 DDT（单位 ppm）在食物链中的生物放大作用。食鱼鸟类，如海鸥、鸬鹚和秋沙鸭的脂肪组织中的浓度最高

8.2.2　有机磷酸盐

马拉硫磷和对硫磷是最常见的两种**有机磷酸盐**。和氯化烃化合物一样，有机磷酸盐是神经毒素。也就是说，它们通过损坏或阻断昆虫的神经系统来杀灭害虫。但和 DDT 不一样的是，它们能在环境中更快地分解，而且是水溶性的，所以发生生物放大的可能性更小。由于这些性质，在开始时有机磷酸盐被认为是氯化烃类化合物的安全替代品。但使用后发现，即使是较低浓度的有机磷酸盐也对人体有害，经常会导致晕眩、呕吐、抽筋、头痛和呼吸困难等症状。高浓度时能导致抽搐和死亡。这些症状在农场工人及生活在农场附近的人中最常发现。

同氯化烃类化合物一样，许多有机磷酸盐农药在美国已被禁止使用或被严格限制使用。

8.2.3　氨基甲酸酯

为了生产出更安全、生物降解更迅速的化学品，农药生产商们研制出了一类全新的化合物，即**氨基甲酸酯**。和氯化烃化合物及有机磷酸盐一样，它也是神经毒性的。其中最有名的一种商业制剂是西维因（胺甲萘）。氨基甲酸酯在环境中的停留时间只有几天到最多两周，因此被称为**无残留农药**。

绿色行动

买房子时，为草坪、树木、灌木和花园寻找自然防治害虫的方法。如果父母在房子周围施用农药，帮助他们找到替代品或找到采用自然防治害虫技术的公司。

8.3　农药的效果如何

美国每年粮食生产量的 42%左右会被杂草、昆虫、真菌、细菌和鸟类等有害生物消耗或破坏。根据不同的估算，有害生物每年在田中破坏或吃掉的作物占总量的 33%，收割后不同时期内的破坏量则占 9%。由于农作物在一年内可达到两熟或三熟且更适宜昆虫生长，热带地区的虫害更加严重。若可以预防害虫所造成的损失，食物供应会大大增长。所以化学农药才会如此普及。

但农药的效果究竟如何呢？

研究表明，虽然有害生物的化学控制方法确实有用，但远远不及我们的期望。效果会因不同的对象而变化。比如，传统的农场主和农药制造商坚信，化学农药有助于生产出更多的食物。但现实情况是，产量增长中只有一部分是化学农药的功劳，而其他因素像灌溉、肥料和基因技术的进步对产量的增长做出了更多的贡献。

农业经济学家们的研究显示，每 1 美元的农药投入会带来 2~4 美元的产出增长，美国技术评估局的估算结果也显示，如果没有农药，美国农场主每年会面临 25%~30%的作物、牲畜和木材产量的下降（见图 8.7）。尽管如此，康奈尔大学害虫控制专家戴维·皮蒙特尔认为这个数字被夸大了，他估计完全禁止使用农药会使美国粮食的收获前损失由 33%上升到 45%。

图 8.7　杀虫剂带来的效益。左边未使用杀虫剂的棉田产量为
0.25 捆/公顷；右边使用杀虫剂的棉田产量为 2.5 捆/公顷

虽然农药对美国粮食增产的效益可能被某些人夸大了，但它们确实通过杀死蚊子、虱子、跳蚤和采采蝇等昆虫拯救了世界上数以千万计的人命，因为这些害虫会携带疟疾、登革热和西尼罗病等致命病毒。西尼罗病是一种由病毒引起的脑炎或大脑感染，它在 20 世纪 90 年代早期被无意中带入了美国东部。今天，这种病的感染病例在加拿大和美国的所有州内频繁出现，其中最严重的是美国的科罗拉多、北达科他和加利福尼亚州。仅在 2007 年，科罗拉多州就有 580 例，北达科他州有近 370 例，而加利福尼亚州有 380 例。这种病毒可以从蚊虫传播到鸟类再到蚊虫，再到人类和马之类的家畜上。虽然这种病通常不致命，但它已使上千只鸟和上百人因此而丧命。

遗憾的是，科学家们发现在过去的十年里化学农药的效果在持续下降。实际上，虽然持续使用农药，但害虫对美国农作物的破坏在过去 30 年中却翻了一番，为什么？

有两方面的原因。首先，很多害虫变得对杀虫剂有抗药性。每次田野里喷洒杀虫剂后，总会有一小部分带有杀虫剂抗性基因的害虫存活下来，由于缺少种内竞争，这部分种群会迅速繁殖。为了杀掉这些害虫及其后代，只能增大杀虫剂的用量。再次使用农药虽然杀死了有较大抗药性的害虫，但存活下来的小部分个体却具有更强的抗药性。慢慢地，这些抗药性强的个体会再次大量繁殖，形成难以控制的害虫。而农民只能通过继续加大投入量和施用频率来控制这种具有很强抗药性基因的害虫。最终结果是，害虫的抗药性变得更强，而农药的使用量飞速上升。这种现象被称为**农药恶性循环**。

农民们发现，这种恶性循环一旦形成就很难遏制。虽然他们可以选用不同的农药来控制有抗药性的害虫，但针对新配方农药的基因抗药性会产生新的恶性循环。在 20 世纪 60 年代，尼加拉瓜的农场主们每年只需对棉花田施 5～10 次农药，但现在对同样的田块，为了控制抗马拉硫磷的害虫，一年就需要喷洒农药 30 次。

今天，超过 550 种害虫至少对一种杀虫剂有抗性，20 多种对大多数杀虫剂有抗性。同时，很多使农作物致病的杂草和其他生物的抗性也越来越强。有人估算，230 种植物病原体和220 种杂草已经对至少一种试图除掉它们的农药产生了抗性。但我们最应该警惕的是具抗药性的昆虫种类正在飞速增长。

益虫被消灭也是前文所述害虫的破坏力增加的一个原因，益虫是有助于控制害虫种群的天然捕食者，包括瓢虫、螳螂、蜘蛛和黄蜂在内的很多物种可以控制农田和森林中的害虫，并且是免费的。但是，当试图控制害虫时，益虫也会无意中被农药毒害，这样农场主们就杀死了那些有益的天然盟友，事实上它们是害虫面临的环境阻力的一部分。从自然控制中解脱出来的害虫种群会疯长。加利福尼亚州的蛛螨曾是受天然捕食者控制下的无害昆虫，但现在却成了该州最主要的害虫。它为什么会成为害虫呢？答案就是施用的农药消灭了它的天然捕食者。

基因的抗药性所带来的一大后果是，全球的农场主每年会花费数千万甚至数亿美元，用农药对付有抗性的害虫。他们每年还要花费数千万甚至数亿美元来消灭那些本可被其天敌

（可惜已被农药消灭）所消灭的害虫。农药还消灭了美国的本地蜂和蜂群栖息地，因为蜜蜂可为果树等很多经济作物授粉，每年造成的损失估计价值 140 亿美元。这些传粉昆虫的消失造成了作物减产，农场主的损失达数百万美元。

8.4　农药有多危险

害虫每年都要造成巨大的经济损失。有一个估计数据是，每年美国的啮齿动物、杂草和昆虫分别会造成 20 亿、50 亿和 70 亿美元的经济损失。前文中也提到，各种害虫每年会损失 42% 的粮食产量，其中美国棉花平均年产量的损失可达 10%，而且是由棉铃象甲这一种昆虫造成的（见图 8.8）。美国林业局的数据显示，害虫每年会摧毁 1180 万立方米的木材。

图8.8　棉铃象甲虫正在攻击棉铃。在美国，这种害虫平均会损失 10% 的棉花产量。常用农药来控制其种群数量

我们当然要想方设法控制这些害虫，但对农药带来的问题进行更深入的认识也是必要的。这些认识会帮助我们提出更可持续的害虫防治方法。

每年美国人会对农场、森林、高尔夫球场、公路、河流、草坪和花园施用 5.6 亿千克的农药（见图 8.9）。如果在美国国土面积上平均施用，则平均约为 600 克每公顷。但现实中并非所有土地都会施用农药。例如，喷洒区域的农药量可能是平均数的 3～18 倍。另外，根据

EPA 的数据，房屋主人使用的农药量会比农场主高 5～10 倍。

农药最终会进入土壤、水体、食物、野生动物和人体。生态学家和卫生官员都对这种广泛传播的污染物十分担忧。我们有理由担心吗？

图 8.9　每年大面积的农田和森林通过喷洒农药来防治昆虫。遗憾的是，这些可能有毒的喷雾大多数飘到了周边地区

8.4.1　人类健康影响

1984 年，美国西部科罗拉多州的水果种植者多尔西·利兹姆的健康情况突然急转直下，以前那个乐观向上的人变得情绪化和意志消沉。他的脸和身体都肿起来了，而且经常感到呼吸困难，当地的医生认为他得了肺气肿。

1984 年秋天，在他多年对果园施用农药并总是不带防护面具之后，他开始抽搐并被送到了阿斯彭医院接受了 14 天的治疗。一名对化学毒剂有研究的医生诊断出他的病是氯化烃类农药中毒。在与死神斗争数月后，奇兹姆于 1985 年挂着氧气面罩去世了。

他不是特例。《中毒的美国》的作者刘易斯·雷根斯坦研究发现，每年至少有 10 万美国人发生农药中毒，这些人主要是农场主和农场工人。国家反对滥用农药联盟估计这个数字应高达 30 万，但美国农业化学品协会却认为

这个数字不应超过每年 20 万，中毒的人主要是暴露在高剂量农药下的农场和农药工厂的工人。

遗憾的是，由于政府没有跟踪统计，现在还没有农场工人中毒的准确数据。但我们有足够的理由相信更高的估计是比较准确的。比如在加利福尼亚这个唯一一个跟踪记录农药中毒的州，每年有 1400 人左右严重中毒并被报道。这些政府数据只是对中毒比率的粗略估计，很多病例并未被报道。据某些估计，加利福尼亚的农药中毒事件被报道的不到 1%。

实际上每年有 200～1000 个美国人像利兹姆一样死于农药中毒。而全世界农药中毒的人数高达 50 万，估计其中 5000～14000 人死亡，并有很多人得了慢性和致命的疾病。

对农药中毒最敏感的人群是发展中国家的农场工人。由于他们缺乏相关劳动保护的法律制度和足够的培训与安全保护措施，因而长期暴露在高剂量的农药下。发展中国家文盲率较高也是其中的重要原因，他们没有阅读安全操作指南的能力。

还有另一个方面的问题——食物中的农药残留。有医生认为一般的病痛，比如头晕、失眠、消化不良和长期头痛都可能是食物中残留的农药造成的。这促使《美国新闻和世界报道》杂志的一位记者写道："当一个美国人坐下来吃一顿普通的早餐时，食物中可能含有杀虫剂、除草剂、防腐剂甚至砒霜。"马歇尔·麦德尔博士也对这一现象进行了总结："未来的历史学家会认为我们很愚勇，我们在自己的食物中撒上毒药，然后吃掉。"

2004 年，一个名为北美反对农药行动网络（PANNA）的非营利组织发表了一个基于美国疾病控制和预防中心（CDC）数据撰写的报告（《有毒的侵害》），分析了美国人的农药含量水平。作者写道，"很多美国居民体内的有毒农药的含量超过了政府规定的'可接受'标准"，他提醒道，"这些受试者体内发现的许多农药都会有严重的短期的或长期的健康影响，包括不孕不育、出生缺陷和癌症等。农药的影响可能不会马上显现，有影响也可能没有大碍（或

没有意识到农药是元凶）。农药对一个孩子造成影响的临界值是不确定的，视暴露水平、化学品类型和孩子的体格与营养状况而定。"

绿色行动

食用有机水果和蔬菜。一些研究表明有机水果和蔬菜——未施用农药和化肥的食品的维生素、矿物质、必需脂肪酸和抗氧化剂的含量更高。研究还表明食用有机水果和蔬菜能显著降低血液中的农药含量。科学家还不确定这是否能降低患病风险，但它确实可降低人体内的农药含量。

美国国家科学院的一项研究表明，美国常见食物被农药污染导致了每年患癌人数达到2万。以1980年的不变价估计，这些病例的医疗保健花费高达11亿美元。西红柿、牛肉、土豆、橘子、生菜、苹果和桃子的农药残留量名列前茅。

虽然食物上残留的农药量可能微不足道，但这些化学分子在体内器官中的积累可能会引起癌症、先天缺陷和其他问题。1970年，1400个美国人的样本显示他们体内脂肪的DDT含量平均达8ppm（见图8.10）。在DDT被禁用11年之后的1983年，这个数字是1.67ppm。没有人知道DDT会带来什么样的长期影响。很多农药在被禁用或严格限制使用后，还会在我们体内停留很多年。长期暴露在有机氯农药之下可能会致癌。有研究表明，20世纪60年代末以来，有机氯农药的暴露使丹麦女性的乳腺癌发病率提高了一倍，体内有高浓度狄氏剂（一种类雌激素农药，已在美国禁用）的女性，其患乳腺癌的比例是那些血液中农药含量很少或没有的女性的两倍。

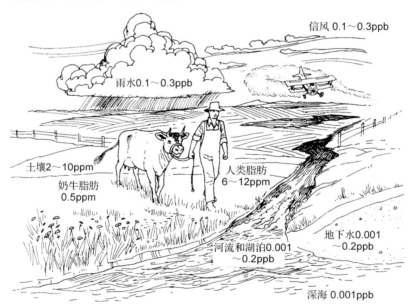

图8.10 DDT等农药的传播途径。DDT的平均浓度以百万分之一（ppm）和10亿分之一（ppb）表示

农药也会危害儿童。研究显示，在雅基族印第安人的墨西哥儿童中，由于在周边农场和家中的高剂量杀虫剂暴露，生长发育受到了明显的影响。在该地区，每块田从播种到收割要喷洒杀虫剂45次，而一年一般只收割两次。研究者们发现，生活在普遍使用农药的地区，孩子们虽然没有表现出农药中毒的现象，但其记忆力、耐力、手眼协调的大动作和精细动作以及画画能力，都比未使用农药地区的孩子们差。有些研究者担心这种影响是不可逆的，于是生活在热带地区的儿童可能会受到更大的影响，因为那里常年生长的作物严重依赖于农药。

用来除去田间杂草的除草剂也产生了很多问题，比如除草剂2,4-D和2,4,5-T都被认为与农场工人所患的一种癌症有关。堪萨斯大学的研究者希拉·霍尔发现，每年暴露在除草剂 2，4-D 下 20 天以上的农场主和农场工人得非霍奇金淋巴瘤（一种癌症）的概率是非农场工人的 6 倍以上。她还发现，那些与化学品有密切接触，比如混合化学品的人，得该病的概率是非农场工人的 8 倍以上。1978 年，一位住在美国俄勒冈州阿尔西厄的年轻母亲邦尼·汉克萨尔向 EPA 抱怨她和周围的 7 名妇女在 5 年间已流产 10 次。被派去研究这个问题的研究者发现，这些自然流产大多数都发生在附近的森林喷洒了去除灌木的除草剂 2，4，5-T 之后不久。虽然没有确定这之间具有明确的因果关系，但政府还是禁止了这种控制灌木的化学药剂的使用。

更广为人知的是在越南战争期间使用**橙剂**（由 2，4-D 和 2，4，5-T 按 50:50 混合而成的农药）所造成的众多健康问题。为了减少美国军人及其盟友受伏击的机会，沿河流和道路并在营地周围喷洒了这种药剂。有时，这种药剂还被故意喷洒在敌方的农田上，减少敌人的食物供应。

战争期间美军喷洒了数百万千克的橙剂。在飞机喷洒后不久就开始出现很多问题。暴露在高剂量橙剂下的美国军人抱怨头痛、头晕、作呕和腹泻等。很多人染上了烦人的布满全身的名为氯痤疮的皮肤疹，还有人变得抑郁，失去了自控能力。

研究发现，橙剂被一种有毒化合物**二恶英**污染了，它是美国军人和越南居民出现许多健康问题的罪魁祸首。二恶英是一种有毒物质，可引起老鼠的出生缺陷和癌症。

1969 年，胡志明市的一家报纸报道越南军人和村民出现了与大规模喷洒在他们国土上的化学脱叶剂有关的严重健康问题，村里的流产和新生儿的出生缺陷明显增加。虽然一开始被认为只是战争宣传，但这则报道马上激起了美国民众的公愤，要求禁止在战争中使用橙剂，并禁止家庭使用 2，4，5-T。

很快，医生们发现越南老兵得某些癌症（如睾丸癌）的概率高于普通民众，暴露在高剂量橙剂下的人的孩子患有先天缺陷问题的概率也更高。虽然美国卫生部门多年来一直否认橙剂与老兵们抱怨的头晕有关，而把这归咎于战争产生的压力，但越来越多的证据表明橙剂是罪魁祸首。越南医生所做的一个关于 40000 对越南夫妇的研究显示，那些丈夫在喷洒了脱叶剂的地区打过仗的妇女出现流产或新生儿出现出生缺陷的比例，比那些丈夫未到过这些地区的妇女高 3.5 倍。

1984 年，美国退伍军人管理协会和越战老兵达成了庭外和解。该协会建立了一个 1.8 亿美元的基金来补偿受害者。

最近的研究发现，二恶英还可能抑制免疫功能。TCDD 是二恶英的一种形式，它抑制老鼠的免疫系统的效率是肾上腺酮（人体内的糖皮质激素）的 100 倍以上。另外，研究还显示 TCDD 可能会吸附在本来是用来吸附激素的细胞膜和细胞质中，使体内功能紊乱。有的研究者将二恶英称为环境激素。

TCDD 貌似还有一系列与激素无关的直接生物学影响。它会导致某些细胞的迅速生长。虽然如此，它对免疫系统的影响还是远远超过了其致癌的可能性。

有的研究认为，一定数量的普通除草剂（硫化氨基甲酸酯）可能会使甲状腺的功能紊乱，导致甲状腺肿大，严重时会导致甲状腺癌。甲状腺是位于脖子上的腺体，其作用是产生促进代谢的激素。

因为在树木、花园、公园和高尔夫场大量施用来控制害虫，农药正成为城市和郊区的主要健康隐患。多年来，治理病虫害的工人一直在郊区喷洒农药来控制蚊虫，但一般都在晚上，所以很少被抗议。草坪维护现在是一个每年产值达几十亿美元的产业，也应该为农药毒害负责。例如，一名骑自行车偶然路过的女人不小心被喷洒了农药后，舌头会感到麻木，并头痛三天。儿童一般对农药更敏感，有时会有呼吸困难等极端反应。在刚施过农药的草坪上活动可能会造成严重的化学灼伤。草坪喷洒农药后，成人也会感到头痛、头晕和恶心。

1982 年，狂热的高尔夫爱好者，海军中尉

乔治·普赖尔因对喷洒在高尔夫球场的一种化学农药（百菌清）发生严重的中毒反应而死去。为了就这起事件及众多的有关鸟类死亡和地下水污染的报道给公众一个说法，EPA发起了一个关于高尔夫球场施用农药的研究。EPA的报道指出，美国的13000个高尔夫球场每年要施用126种合计重5500吨的农药，用来控制昆虫与杂草。

很多实例证明，农药已经对全世界的人类健康产生了极大威胁，特别是对化工厂的工人和农场工人。生活在农场附近的人也可能暴露在会产生毒害的高剂量下，因为用飞机和其他方法喷洒的农药有50%～75%会偏离目标，从而污染周边的田地和房屋，有时甚至能传播得更远。

虽然很多例子都说明农药是剧毒的，但很多毒理学家却提到，释放到环境中的有毒化学物质对人类的总体影响有可能是很小的，特别是与其他的风险因素相比，最显著的就是抽烟。天然的致癌物可能比有意用于农田的化学品的毒性更高。尽管如此，农药对人类的影响只是其复杂的生态影响中的一小部分，我们还必须考虑它对其他物种的影响。

8.4.2 对鱼类和野生动物的影响

农药对鱼类和野生动物会产生多方面的深远影响。以三丁基锡（TBT）为例，TBT是一种有效的生物毒素，涂在船只外壳上可阻止海藻和藤壶着生。这些生物会使船只的阻力增加，进而降低其速度和燃料的使用效率。在燃油价格升高之前，美国海军曾估计，如果船舰上全部涂上含TBT的染料，燃料费会减少15%，每年约能节省1.5亿美元。水下的清洁工作也会减少，从而节省更多的钱。

遗憾的是，TBT会从涂料中释放出来，污染海湾和海港。在法国，1980年和1981两年中，休闲船艇释放的TBT造成了重要的商业牡蛎养殖场的大范围减产。在对短于25米长的休闲艇禁止使用这种化学物质后，情况有了很大的改善，牡蛎生产在1982年得到了恢复并从此保持。在美国的圣弗朗西斯科湾，TBT含量一度高达500ppt，导致蚌、藤壶和其他海洋生物从水中消失。相关现象促使美国、法国和澳大利亚禁止了TBT涂料的使用，但TBT涂料还是用于大型的海洋船只，并且在几乎所有主要的海港都发现有痕量的TBT。

农药和其他化学污染物被认为对美国水体中鱼类的癌症负有责任。比如在皮吉特湾，70%的英国鳎患有肝癌，在美国的许多河流也有类似的发现。

农药，特别是杀虫剂，也可能对世界范围内两栖动物的消失负有部分责任。一项实验室的研究将两种青蛙和一种蟾蜍的卵与蝌蚪置于不同浓度的常见杀虫剂（硫丹）之下，用来模拟农田附近的沟渠和其他产卵场所，实验发现它们的行为都受到了很大的影响。特别是，暴露引起了幼体回避反应下降，更容易被捕食。

前文中提到过，农药也会杀掉蜜蜂、螳螂和鸟类之类的益虫。在20世纪60年代和70年代，DDT是食肉类猛禽数量急剧减少的重要原因，受影响最大的物种有游隼、鱼鹰、棕色鹈鹕和秃鹰（见图8.11和图8.12）。通过食物链的生物放大作用，DDT在鱼类和吃昆虫的鸟类体内含量很高。处于食物链最高位的食肉类猛禽，以捕食鱼类和其他鸟类为食，体内组织中会积累非常高浓度的DDT。虽然食肉类猛禽中的DDT含量不足以杀死一个成年个体，但却足以在蛋壳形成阶段减少钙的沉积，导致被DDT污染的游隼和其他鸟类的蛋壳都很薄，容易被其父母弄碎（见图8.13）。这些脆弱的蛋在孵化阶段可能碎掉，进而导致幼体死亡，孵化率下降。当科学家们发现这个问题的时候，密西西比河东部的200对处于生育期的游隼一个后代也未孵化成功。欧洲和美国西部的游隼种群下降了60%～90%。截至1970年，这种外形高贵的鸟类前景堪忧。秃鹰和鱼鹰也受到了相似的威胁。

如今，在圈养哺育工程中，已将数百只游隼放回野外。在没有DDT的环境下，它们应该能够很好地重建它们的种群。鱼鹰、棕色鹈鹕和秃鹰的恢复也有显著成效。

图 8.11　前景堪忧？美国游隼种群的急剧减少很大程度上是由农药引起的，但在圈养工程和 DDT 禁用的帮助下，这种外形高贵的鸟类得以恢复

图 8.12　秃鹰是美国的国家象征，已列入美国官方公布的濒危物种名单。它的减少与其生境中的氯化烃类农药的含量有关，比如 DDT。现在 DDT 已被禁用，秃鹰种群正得到较好的恢复

图 8.13　鸟巢中刚孵化出来的小秃鹰。还有一个蛋未孵化。由于秃鹰食物链被 DDT 污染导致蛋壳变薄，有时异常蛋壳中的胚胎会被抱窝的雌鹰压碎

为了阻止荷兰榆病的传播，DDT 也曾用来杀死被认为与该病传播有关的树皮甲虫（但结果是失败了）。这被认为与成千上万知更鸟和其他食虫的鸣禽的死亡有关。很多鸟在捕食了刚喷洒过农药的树上的害虫后，在很短时间内就会抽搐死亡。还有的鸟因为吃了被 DDT 污染的蚯蚓后死去。蚯蚓又是怎样被污染的呢？

研究者们发现，即使有雨，DDT 也会在整个夏天残留在朝下的叶面上。这些树叶会在秋天脱落、分解，最终将 DDT 释放到土壤中。以土壤中包括树叶在内的有机物为食的蚯蚓会同时吸收 DDT。春天迁徙回来的一只饥饿的鸟会因为吃了 11 只蚯蚓而死亡，而对一只饥饿的知更鸟来说这只是一个小时的零食。死去的知更鸟脂肪组织中 DDE 的含量可高达744ppm。

鸟类还会被一种称为卡巴呋喃的农药毒害，这种农药可以有效除去玉米、水稻和其他作物上的害虫。虽然这种农药似乎对人类无害，但就算是很小的剂量，对鸣禽来讲也是致命的。根据 EPA 的数据，20 世纪 80 年代后期，每年约有 200 万只鸟死于卡巴呋喃中毒。在使用卡巴呋喃的地区，它对野生动物和人的毒害还在继续。

在美国，家庭的化学农药使用量每年超过 3640 万千克，主要用来控制草坪、花园和家中的害虫。EPA 的数据显示，农药的商业和工业使用量每年高达 9700 万千克，主要用于控制草坪、高尔夫球场和其他方面的害虫，包括一些公司专门将农药用于郊区和城区的草坪。

总之，虽然化学农药能够减少害虫数量从而保护作物，但它们却对人类和野生动物，甚至家畜造成了威胁。

8.5 农药是否得到了充分的监管

农药正在我们的化学品和能源密集型农业系统中广泛使用，并且将会在未来的许多年里继续使用。同时，社会必须确保农药的生产和使用都得到适当的管制。遗憾的是，有批评者指出，无论是在美国还是在其他国家，目前的管理系统都不够充分。

8.5.1 国家管理

在美国，联邦政府从 1947 年就开始实施对农药的管理，国会通过了《**联邦杀虫剂、灭菌剂和灭鼠剂法案**》（FIFRA）。这项法律要求农药生产商在美国农业部登记跨州运送的农药，而且要贴上标签。这时美国政府并没有想要控制农药的使用，或限制可能有害的化学品的使用。事实上，法律（在这方面）并未提供太多的防护。

20 世纪 60 年代，公众对农药危害的大量关注，使得国会在 1972 年、1975 年和 1978 年连续修订了 FIFRA。该法案管理的范围扩大了，包括要求化学品公司向美国环保署提交所有将在美国使用的新农药的信息。每项申请都应该在研究数据支持下标明农药所针对的农作物与害虫。美国环保署会分析每种农药的利弊，并批准有效且安全的农药生产。从技术上说，这些提及的农药都是注册过的。那些被认为不安全或不值得为之冒险的农药都不能获得注册，并禁止使用。

为了采取一些措施更好地控制农药的使用，FIFRA 还要求美国环保署将农药分为通用型和限制型。**通用型农药**可以被任何人使用，而**限制型农药**只能被一些经国家认证过的专门使用者，或那些被认证过的农场主使用。农场主需要在获得允许后才能使用限制型农药，并且需要记录使用情况，包括使用农药的种类、农作物、农药使用量和喷洒日期等。另外，美国环保署或当地农业部门可以检查使用者是否按照规定来使用农药。

尽管这听起来像是不错，仍有一些批评者认为，认证并不严格并且很少进行检查。为了得到认证，使用者必须要上课或是阅读一些关于农药使用的书籍，然后参加考试，通常是开卷考试。批评者认为，认证并不能确保使用者会完全按照规定来使用产品。

当有新的信息表明农药极有可能危害人类健康和环境时，FIFRA 允许美国环保署撤销该农药的注册。撤销需要各种烦琐的手续，有时需要数月甚至数年，但同时农药的生产和销售却依旧继续。但是，如果美国环保署认为已经启动撤销程序的化学品对人类健康和环境有紧急的危害，那么可以在缓慢的撤销程序执行过程中暂停其使用。在这个过程中，美国环保署会衡量其在经济、社会和环境上的利弊。

美国在农药管理方面一直领先。比如在 1972 年 12 月 31 日，美国环保署就全面禁止了 DDT 的使用，除了紧急情况之外。从那以后，DDT 在土壤、水和野生动植物中的浓度已大大减少。

1974 年 8 月，经过两年的听证，美国环保署又禁止了另外两种氯化烃类农药——艾氏剂和狄氏剂的通用型使用，因为有专家认为它们的毒性甚至比 DDT 还大。美国环保署同样还暂停了七氯、异狄氏剂、林丹、开蓬、毒杀芬以及与 DDT 同族的其他农药的使用。

8.5.2 公众是否得到了充分的保护

尽管美国已有关于农药制造和生产的法律与法规，但这些物质仍然持续引发一系列问题。正如在前面的讨论中提到的，最大的问题之一是农药安全使用法规的执行力度。美国环保署规定了谁可以使用什么样的农药，但通常都是各个州具体执行，而不同州之间的执行力度差异很大。受教育程度低的农场工人尤其容易处于危险之中，他们不能正确阅读和理解各种标识，因此经常会误用产品或不穿防护服和头盔。农场主和农场工人常常会过度使用化学品而且没有保护措施，因此常常受到伤害。1996 年，两名路易斯安那州的男子因为使用马拉息昂来控制多幢房子的害虫而被捕，因为他们未得到允许就随便地将这种有剧毒的药物喷散在房屋里，引起了严重的疾病。

另外一个问题是，农药的使用会产生一些意料之外的副作用。根据注册时提供给美国环保署的毒理数据推断为安全的产品，经常会对人类健康和野生动植物产生有害副作用，而这是美国环保署所预测不到的。在这种情况下，需要公众的呼吁来说服美国环保署撤销该农药的注册。

1945 年以来，大概有 1500 种化学农药和 35000 多种不同的配方进入了美国农药市场。而美国国会的一项调查发现，投入使用的农药中超过 60%没有充分的数据来说明造成出生缺陷的可能性，80%的没有分析致癌的可能性，90%的没有充分检验造成突变的可能性。在美国政府保护公民健康的努力中，最主要的障碍是检验不充分。另一个主要问题是准确监测每一年美国消费的食品（其中 15%是进口的）中的农药含量。研究表明，小部分国产和进口食品的农药含量是超标的。

终结毒药的循环 在美国环保署禁止使用 DDT 九年后，美国农业部官员退回了一船从中美洲进口的牛肉，因为这些牛肉中的 DDT 含量超标。该事件反映出美国农药政策的一个主要问题：国内禁用的农药被销往国外，然后通过食品重新引回国内。这被称为飞镖效应或毒药的循环。

如今，十来家大型化工企业供应着世界约 90%的农药。这些欧洲和美国公司常常会生产一些在本国禁用或限制使用的农药，销往发展中国家。这些国家使用了世界 30%的农药，是增长最快的市场。当这些农药出现在从那些国家进口的食品中，并在到赤道国家越冬的候鸟体内检测到这些农药时，许多人开始警醒。

因为公众的利益，国会修订了 FIFRA。根据新的修正案，美国环保局在每次撤销或暂停某种农药的注册时，必须通知全球所有的政府和国际组织。美国环保署同样要求农药生产商和出口商在销售国内禁止的或未注册的农药时，应告知国外购买者相关问题。现在其他国家也发布了类似的通知。

然而，发布通知只是保护发展中国家农场主和农场工人的一小步。各个国家同样需要有一个完整的内部监管系统。但是根据国际农药行业协会的最近一项调查发现，只有 51 个国家对农药的使用有严格的控制，43 个国家没有严格的控制，41 个国家根本就没有任何控制。因为信息匮乏或缺乏训练而导致的错误、粗心和无知，是造成农民受伤害或死亡的主要原因。虽然药瓶的标签上用进口国的语言标出了安全使用方法，但农场工人们常常会无视那些警告或根本就没有能力阅读。

控制草坪管护行业 虽然很多人认为农业上的农药使用是一个严重问题，但房主和草坪管护公司在每公顷土地上的农药使用量远远超过了农场主。在美国，公民们已经给政府施压，加强对草坪管护行业的管理，并且正慢慢取得成功。美国的许多州、城镇和县都通过了有关知情权的法案和条例，要求农药使用者在喷洒前提前通知居民并在喷洒后张贴警示牌。马里兰、罗德岛、马萨诸塞、明尼苏达、爱荷华和俄勒冈等很多州都通过了知情权法案。但有的批评者说这是不够的，那些标识都太小，并且常常放在接近地面的位置而很难看见。它们有时给出的信息是模糊的，并不是真正的警告。

为了避免可能出现的问题，一些草坪管护公司已从使用农药转向使用更安全、对人和环境更友好的害虫控制措施，称为病虫害综合治理。例如，纽约水牛城外的兰开斯特公司的无化学品草坪采用天然的农药和生物控制，因而生意兴隆。公司总裁杰伊·科尔比说："这种方法的作用会比较缓慢，但从长期来看效果更好，你会得到一个更好的草坪。"

现代社会在管理农药方面已经走了很长的路，但还有更多的事情要做。更强的法律、更有效的执行力以及对工人的教育，都是迫切需要的，尤其是在发展中国家。

许多专家还认为，我们必须要减少农药的使用，实施一个可持续的、安全的病虫害防治战略，正如我们接下来要讨论的。

8.6 可持续的病害虫控制

农药给人类和环境带来了很多问题。值得庆幸的是，我们有办法来减少甚至消除农药的使用，创建一个更可持续的农业、畜牧业、林业、草坪管护业和家庭花园系统。

8.6.1 通过严密监控减少和消除农药的使用

世界各地的农民都在寻求减少农药使用的方法，并在该过程中节省了大量的资金。他们发现他们施用的农药量远远超出了需要量。

如此广泛的过度使用农药的一个主要原因是，许多农场主在施用农药前未仔细分析农药的需要量。换言之，他们不确定害虫的种群数量或害虫在农田的分布。对作物粗略的检查可能会发现一种或一些病虫害，从而触发自然反应，对整个农田喷洒农药。

许多情况下，农场主们会根据事先制定的计划喷洒农药，该计划经常是由农药销售人员制定的，他们并未进行现场检查就制定了该使用计划。

因为存在作物产量可能遭受巨大损失的风险，农场主们采用如此谨慎的方式不会受到指责。但随着农业成本的攀升和使用农药带来的环境影响变得广为人知，一些农场主开始放弃按既定计划喷洒农药，而只在需要时使用。农场主也会评估害虫的存在是否具有真正的威胁。例如，他们可能会发现只有农田的一小块区域遭受了虫害，因此只在这一块区域喷洒农药。或者，他们可能会发现害虫的数量不会造成危害，所以根本不用喷洒农药。这样可以从总体上减少农药的使用。农场主们使用农药正变得越来越节制，在作物减产量不增加的前提下，可使农药使用量减少50%。

应用GIS和遥感技术监测农作物和森林病虫害的介绍，请见本章和第7章的GIS和遥感专栏。

GIS 和遥感专栏　利用卫星遥感监测森林虫害

昆虫每年都会给世界森林造成巨大的损害。测量这种损害对森林管理至关重要，但耗时且成本高昂。但GIS技术的发展可使这一任务变得更简单、更精确。要了解这种新技术，首先要了解原先的技术。

多年来，森林管理者依靠手工绘制森林地图来标出虫害的范围和严重程度。野外调查信息只是被简单地转绘到地图上。然后森林管理者会使用一种称为空中素描制图的复杂技术。这种技术就是让训练有素的观察员坐在飞机或直升机的座舱里，飞过森林来观察并估计树林损害的范围和严重性，然后将这些数据绘制在纸质地图上。

如今，研究人员和森林管理者已开始探索更高科技和更精确的解决方案：遥感和GIS。首先利用森林的红外卫星图像评估虫害，接着制定森林管理计划。

使用卫片评估森林损害的一种方法是比对不同时期的卫片。通过比对这些红外照片，森林管理者可以分析大面积森林盖度的变化。例如近期卫片中绿色减少，表明虫害造成树木盖度降低。品红色（亮粉色）增加表明植被盖度减少。通过这种定性的分析，研究人员可以估计随着时间的推移变化量是多少。

损失评估的另一种方法是融合多时相图像（来自不同时间的图像）来创建一幅单独的图像，科学家称之为变化检测图像。变化检测图像可显示植被消失或增加的区域，或根本没有改变的区域。尽管已经比以前的方法更有用，但它仍只能对变化进行定性的观察。换言之，这种方法还不能准确测量实际的变化。

为了更准确、定量地评估发生的变化，研究人员开发了一种可以生成变化检测地图的软件——能够显示景观内植被覆盖变化百分比的实际地图。尽管这种技术听起来很复杂，但从根本上说是相当简单的。科学家使用一种自动化的图像处理技术，即用晚些时候得到的第二个图像的像素值减去第一幅卫星图像的像素值。土地覆盖变化由像素值的变化来表示，并显示在第二幅图像即变化检测地图上。这幅地图显示了森林盖度损失的大致范围。

利用配备有计算机数字图像处理软件的遥感（卫星图像）和 GIS 系统，森林管理者可以获得相当精确的、在大范围内随时间变化的虫害导致的森林盖度变化的数量描述。这种技术既节省成本又容易更新。

通过这种地图，森林管理者可以制定森林管理计划，规定和计划可能的救助性采伐作业以及森林火灾预防与抑制措施。这种新方法还可以帮助管理者评估虫害对未来收成、野生生物栖息地和作为游憩使用的森林的影响。它还可以用来评估森林的其他重要方面，如栖息地变化、火灾隐患和森林健康等。

8.6.2 病虫害综合治理

农场主也开始采用新的更可持续的措施来控制虫害。这些措施如此重要，以至于美国农业部的病虫害防治项目资金的近 70%用于非农药防治方法。甚至一些大型化工企业，如孟山都公司，已经开始探索危害较小的方法来控制病虫害。

如今的病虫害控制通常需要综合的方法，被称为**病虫害综合治理**（IPM）。IPM 运用的四大策略是：环境、遗传、化学和其他控制。

环境控制　环境控制是指改变害虫的生物和非生物环境的措施。环境控制最重要的手段包括：（1）轮作，（2）多种作物种植，（3）诱虫作物，（4）利用自然天敌、寄生虫和致病微生物。这些措施通常是简单、高效、廉价和环保的，本质上都是预防的方法。

轮作　第 7 章指出轮作可以减少水土流失，增加土壤肥力。它同样有助于控制病虫害。

许多害虫是高度专一化的，只吃一种或几种农作物。例如，苜蓿象鼻虫主要以苜蓿为食，而玉米根虫主要以玉米为食等。如果年复一年地在同一个地块上种植玉米，玉米根虫的数量将会增长，因此可能造成高额的损失。但是，如果进行玉米和燕麦轮作，玉米根虫的数量将会保持在较低水平。在种植燕麦的年份，玉米根虫的食物供应大大减少，食物成为其种群数量增长的限制因素。因此，无须使用农药，作物的损失也能保持较低。

多种作物种植　如前文所述，单一栽培（单一作物制）农业会使生态系统简化，有时就会成为害虫的"伊甸园"。**多种作物种植**，即在一个农场种植多种农作物，能减少害虫的食物供应，进而降低害虫爆发的概率。多种作物种植通常与轮作相结合，可使害虫无立锥之地。不仅食物供应有限，而且供应量每年都发生变化，所以害虫种群不能稳定发展。

间作是一种特殊的多种作物种植方式，即两种不同的作物按条带交替种植。例如，玉米和花生间作能减少 80%的玉米螟虫。间作减少了取食专一性害虫的食物供应。然而，研究人员认为，这种间作的成功也应该归功于花生为以玉米螟虫为食的食肉昆虫提供了生境。

间作还可以显著提高作物产量。例如，内布拉斯加州的农民进行大豆和玉米间作，成片的玉米地块被大豆分开，大大增加了每株植物所接收的阳光，从而将生产力提高了150%。同时，玉米可使大豆免受干燥风的影响，产量也可增加11%。因此，农民不仅减少了农药的使用，节省了开支，而且农作物产量也会增加，使得每公顷土地能赚更多的钱！

诱虫作物　通过在经济作物附近种植低价值的**诱虫作物**，可将经济作物上的害虫引诱过来。例如，苜蓿可以引诱棉花上的草盲蝽，从而减少棉花的重大损失。在夏威夷，经常在西瓜和南瓜田的周边种植几行玉米来引诱瓜蝇。而且，可以只在诱虫作物上喷洒杀虫剂来杀死害虫，或者要避免杀虫剂的使用，可以将滋生大量害虫的诱虫作物直接犁埋或焚烧。作为棉花的主要出口国，尼加拉瓜法律规定农场主在收获棉花后，要犁埋棉花秸秆来减少棉铃象鼻虫害。许多人也在棉花采摘后种植诱虫作物来吸引有害的棉铃象鼻虫，然后用杀虫剂杀灭。这可大大减少杀虫剂的使用量，使环境污染最小化。

引进天敌、寄生虫和致病生物 通过轮作、间作和种植诱虫作物，农民可以大大减少甚至在某些情况下消除对杀虫剂的使用。减少农药使用也有助于以害虫为食的鸟类种群的恢复。

农场主还可以专门引进生物控制手段来减少虫害问题。**生物控制**是环境控制的一种类型，即有目的地引进自然控制生物，如捕食性昆虫。这种方法人为地改变了害虫的生物环境，创建一个更自然的条件，利用害虫种群的环境阻力使其处于控制之中。此外，一旦在更复杂的农业生态系统中建立了自然捕食者或寄生虫种群，它们就可以存活并年复一年地繁殖，因此不使用昂贵的杀虫剂就能控制住害虫（见图 8.14）。

包括昆虫、病毒和细菌在内的数百种生物防治物种目前广泛用于控制各种作物害虫。例如，加州大学戴维斯分校的昆虫学家将中东的几种寄生蜂引入美国加州，用来控制紫红蚧，这种害虫曾经造成严重的作物经济损失。如今这些天敌完全控制了紫红蚧的种群水平。在科罗拉多州，桃树种植者一直享受着由州政府官员释放在他们果园的自然害虫捕食者的保护。这种捕食者以桃子食心虫为食，需要每年重新投放。桃子食心虫会钻入桃子内部而毁掉桃子，而桃子内部也往往是农药喷洒不到的地方。科罗拉多昆虫饲养所也投放了 8 种寄生虫来控制苜蓿象鼻虫。总之，它们使害虫数量减少了约 40%，据估计，每年苜蓿干草增产量的价值高达 1200 万美元。

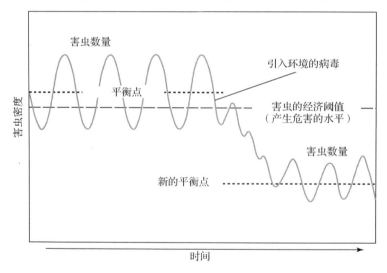

图 8.14　生物控制措施如病毒，可将害虫种群控制在经济阈值之下，即在造成危害的最小剂量之下

细菌和其他微生物也可用来控制害虫。例如，农场主、园丁和林业工人，经常使用一种被称为 Bt（苏云金杆菌的缩写）的细菌来控制食叶毛毛虫。将 Bt 的孢子粉末撒在总被毛毛虫蚕食的树叶或作物的森林和农田里，孢子在毛毛虫的胃里孵化成细菌，细菌会释放有毒蛋白质杀死害虫。

在中国，Bt 已被成功地用于控制松毛虫和卷心菜粘虫。如前所述，在美国东北部，它正被用来防治舞毒蛾。加州已使用 Bt 三十多年来控制多种毛毛虫和蚊子，有助于该州减少杀虫剂的使用。

在澳大利亚，政府和科学家利用病毒来控制繁殖迅速的兔子种群。20 世纪初，欧洲移民将兔子引入澳大利亚，他们渴望再次享受他们最喜爱的运动，即猎杀在灌木丛中神出鬼没的

"跳跃者"。因为没有天敌控制兔子种群,它们的数量急剧增加。由于兔子种群激增,草场迅速恶化。草被绵羊和成群结队的饥饿的兔子啃光。面对经济的崩溃,澳大利亚牧场主尝试了许多传统控制方法,包括毒药、陷阱、狩猎和围栏,但所有的努力都无济于事。

1950 年,政府官员和生物学家在目标区域引进了黏液瘤病毒,它只对兔子致命,是通过只叮咬兔子的蚊子将病毒传播给健康的兔子的。短期的结果是惊人的,一年后,99.5%的兔子死于这种病毒。遗憾的是,兔子逐渐对这种病毒有了抗性,到 1958 年,该病毒引起的死亡率已下降到只有 54%,兔子种群再次攀升。

生物防治虽然在许多情况下有效,但还是有一些严重的局限性。首先,它比传统杀虫剂起效慢。当昆虫种群爆炸性增长时,可能没有足够的时间向农田引进天敌,等待天敌控制住害虫种群。当他们这样做时,农田可能已经被破坏了。为了弥补这一缺陷,必须仔细监控害虫并计划好引入生物防治物的时间以避免虫害爆发。此外,可以为益虫创造有利条件,确保它们长期存活。

其次,如第 15 章所述,作为生物防治物引进的外来物种本身可能会成为害虫。为了避免制造额外的害虫,需要开展多年的研究。无论如何,生物防治措施,与轮作、多种作物种植和其他技术相结合,是一种重要的防护措施。

绿色行动

请购买有机水果和蔬菜,尤其要注意苹果、甜椒、芹菜、樱桃、进口葡萄、油桃、水蜜桃、梨、土豆、红树莓、菠菜和草莓。研究表明这些非有机水果和蔬菜(12 种最肮脏的果蔬)即使经过仔细清洗,杀虫剂含量仍比其他水果和蔬菜高得多。

遗传控制　另一种控制害虫的方法涉及遗传调控。**遗传控制**至少包括两个方法:基因抗性和雄性绝育技术。

基因抗性　第 5 章的世界农业部分,描述了科学家通过植物育种和基因工程开发高产

作物的方法。科学家们也在研究如何让植物能够抵抗害虫。如今,得益于这一研究,大部分种植在美国的小麦能抵抗小麦瘿蚊,这是一种曾在一年里造成数亿美元损失的破坏性昆虫。科学家还开发出了对叶蝉有抗性的棉花、大豆、苜蓿和土豆品种。

结合其他控制措施,**基因抗性**提供了一种既可减少虫害损失又能保护环境的环境安全方法。如第 5 章所述,通过基因工程培育的新品种有助于向全球可持续农业系统转型。

雄性绝育技术　为了以安全的方式控制害虫,科学家还能够利用昆虫的特殊生物学规律,比如很多雌性昆虫一生只繁殖一次。如果雄性不育,即使交配也会不孕,雌性就不能繁殖下一代。利用这类信息,科学家们发明了一种巧妙的害虫控制方法,被称为**雄性绝育技术**,它已成功地控制了几种有害昆虫。最成功的方法针对的是螺旋蝇,其体型几乎是家蝇的 3 倍。

螺旋蝇在南美洲、中美洲和墨西哥广泛分布,向北到美国南部,包括佐治亚州、佛罗里达州、阿拉巴马州、得克萨斯州、亚利桑那州、新墨西哥州和加利福尼亚州。交配后不久,成年雌螺旋蝇会将约 100 个虫卵产在恒温动物(如牛和鹿)的伤口中。虫卵很快孵化成寄生蛆虫,靠恒温动物的血肉为生(见图 8.15)。随着不断被吸食,动物的伤口会排放一种液体,吸引更多的成年螺旋蝇。最终,几千只螺旋蝇寄生在一个伤口内,会引起严重感染,使一头成年的、半吨重的公牛在 10 天之内死去。经过 5 天的拼命进食后,幼虫会掉到地上并化蛹。不久之后,成为成年螺旋蝇。与雄蝇交配后,雌蝇会找另一个伤口产卵,这样就完成了它的一个生命周期。1 年内,螺旋蝇会繁育 10 代。

螺旋蝇是一种典型的害虫。专家估计,事实上美国由螺旋蝇造成的牲畜损失每年可达4000 万~1.2 亿美元。20 世纪 30 年代,美国农业部昆虫学研究处的首席专家爱德华·尼普林有了一个主意。他推断可以通过对人工饲养的雄性螺旋蝇实施绝育并释放来控制螺旋蝇种群。在加勒比海岛的初步测试取得极大成功

后，他决定在美国试行该方法。1958 年开始，尼普林在一个老旧的飞机库里建立了绝育工厂。在那里，他和其他工人通过将螺旋蝇暴露在放射性钴源下，每周对 5000 万人工饲养的雄性蝇进行绝育操作（见图 8.16）。超过 20 亿的已绝育雄蝇被装在箱子里并被空投到美国东南部的目标区域。箱子从飞机上掉落，当落到地面时受到撞击被打开，释放出螺旋蝇（见图 8.17）。

图8.17　快准备好进行投放。墨西哥技工正在拆卸装有绝育螺旋蝇的箱子，准备将它们从飞机上投放到一个被感染的地区

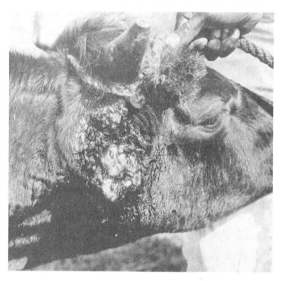

图8.15　一头耳朵感染了螺旋蝇幼虫的公牛。一头重达 1000 磅的成年动物如果得不到治疗，可能会被一个伤口上的几千只蝇蛆杀死

绝育的雄性螺旋蝇会与野生雄性螺旋蝇竞争配偶。当绝育的雄性螺旋蝇与野生雄性数量之比为 9:1 时，超过 80%的交配是不孕的（见表 8.1）。这样，螺旋蝇的种群数量会逐渐下降。项目实施 18 个月后，美国东南部地区的螺旋蝇已基本灭绝。但由于西南部地区螺旋蝇会不断地从墨西哥迁入，当地仍然存在少量的螺旋蝇。然而，在墨西哥和美国持续投放不育的螺旋蝇，可将螺旋蝇数量始终保持在可控的范围内。

表 8.1　将固定数量的绝育雄性投放到一个各有 100 万雄性和雌性的害虫种群后，害虫种群的减少情况

世代	未生育雌性数量	投放的绝育雄性数量	绝育和未绝育雄性数量比例	下一代可生育雌性数量
1	1000000	2000000	2:1	333333
2	333333	2000000	6:1	47619
3	47619	2000000	42:1	1107
4	1107	2000000	1807:1	少于 1

如今，雄性绝育技术已在加利福尼亚地区采用，用来控制从夏威夷引入当地的地中海果蝇。地中海果蝇往往会将它们的卵产在 230 多种水果、坚果和蔬菜上，孵化出来的幼虫便以植物果实为食，可造成毁灭性的影响。该方法与其他技术相结合，多年来已取得显著成效。

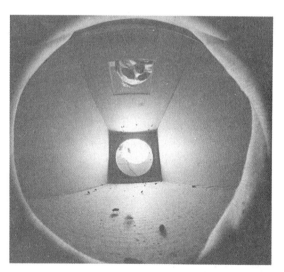

图8.16　对雄性螺旋蝇实施绝育术。绝育术实施中，绝育工厂内装有 30000 个螺旋蝇的罐子被暴露在钴-60 的辐射源下

此外，雄性节育技术也被应用于非洲桑给巴尔岛上传播疾病的采采蝇，桑给巴尔岛位于坦桑尼亚的海岸上。采采蝇携带有一种被称为锥体虫病的寄生虫病，整个非洲大陆上的人与牲畜都受到影响。

与传统的害虫控制方法相比，雄性绝育技术具有很多优势。雄性绝育技术只针对目标物种，可以消除或大大减少杀虫剂的使用，当害虫密度较低时也有效。然而，专家们指出这种技术也存在一定的问题，其中最重要的问题在于，与具正常生育能力的雄性相比，绝育的雄性个体的性活跃度明显下降，因而该技术的有效性会减小。

天然化学药物控制法　在数百万年的进化过程中，很多植物可产生多种化学物质来规避潜在的威胁。因为是可生物降解的而且不会持久存留，很多这类化学物质现在正被研究来进行广泛利用。例如，从某些亚洲豆科植物根部提取的鱼藤酮如今已经在园艺中广泛用来抵御害虫。杀虫剂生产商如今从菊花和类似雏菊的花中提取的除虫菊杀虫剂也被应用到家庭花园中。

除了以上这些化学药物，研究者正在实验其他两组化学药物：信息素和昆虫激素。

信息素　昆虫和其他动物会向环境中分泌大量的化学物质，以影响同物种的其他成员。这些化学物质被称为**信息素**。可能最重要的一类信息素是**性引诱剂**。性引诱剂是一种化学物质，可吸引雄性同雌性进行交配活动。

性引诱剂能够帮助各种物种维持生存，是一种重要的生物适应。以它对舞毒蛾的帮助为例，虽然雄性舞毒蛾有强壮有力的翅膀，但雌性舞毒蛾由于体型过于肥大难以有效地飞行。从蛹里钻出来后，雌性舞毒蛾只能近地面拍打翅膀或爬到树干上。不久雌性舞毒蛾就已准备好交配，为了吸引雄性舞毒蛾，雌性舞毒蛾会从腹部的腺体中分泌少量称为舞毒蛾醇的性引诱剂信息素（见图 8.18）。一旦雄性舞毒蛾敏感的触角接收到这种信息，就会寻找雌性舞毒蛾并与其完成交配。

来自美国农业部的科学家们已合成了一种称为**树虫杀**的相似化学合成物，这种化合物已被证明是与舞毒蛾醇有相似效果的性引诱剂。目前，人们已采用各种方法利用多种合成信息素来控制害虫。其中最常用的一种方法是**信息素诱捕器**（见图 8.18 和图 8.19）。在这种诱捕器中，放置少量的信息素，同时装有杀虫剂或一些黏性物质来诱捕被骗来的雄性害虫。接收到信息素的雄性昆虫误以为有一只雌性昆虫在诱捕器中等着它，当它进入诱捕器后就会被黏住或被杀虫剂杀死。农民们每年都会安装数千个诱捕器来控制各种昆虫。

诱捕器也可用来判断害虫在春天出现的时间，这样杀虫剂的使用会更精准，同时达到较好的效果。此外，诱捕器也可用来监控昆虫的数量，这样农民们就会确定什么时候释放捕食性昆虫或判断是否要发生害虫灾害。

毫无防备的雄性昆虫也可以被另一种巧妙的技术诱骗（见图 8.18）。农民们通常会将碎木屑或碎纸片浸透在具有性引诱剂的溶液中。之后，他们将这些木屑和纸片放置在虫灾较为严重的农田或果园。突然接收到雌性性引诱剂的吸引时，雄性昆虫会急切地降落寻找雌性，但只找到木片。尽管与雌性昆虫的外观不同，许多雄性昆虫还是会趴在木屑上，试图完成交配。要不然，农民们也会将性引诱剂简单地喷洒在虫患严重的地区。雄性害虫就会花费大量的时间和精力去寻找根本不存在的雌性配偶。

另一方面，信息素的使用有效地减少了雄性寻找到雌性的可能性，因而这种技术也被称为**混淆技术**。在一次实验中，研究者发现每公顷只喷洒了 5 克树虫杀，就使舞毒蛾的交配减少了 94%。

性引诱剂无毒、针对特定物种并且可以生物降解。此外，对于任何一种昆虫而言，进化到可以抵抗性引诱剂但同时不影响其交配繁殖行为是不可能的。自从用性引诱剂控制舞毒蛾虫害以来，这种技术已经被成功地使用其他许多害虫上，包括卷心菜蝽、欧洲玉米螟、棉铃象鼻虫、日本金龟子、番茄天蛾的幼虫和烟草蚜虫等。

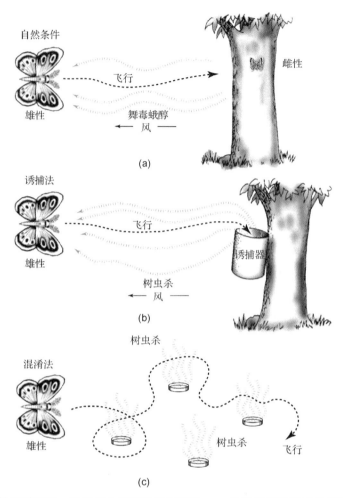

图 8.18　性引诱剂是一种自然化学药物控制手段。(a)雄性舞毒蛾被雌性释放的舞毒蛾
　　　　醇性引诱剂吸引；(b)雄性舞毒蛾被骗入一个装有合成树虫杀的诱捕器；(c)受
　　　　多个性引诱剂来源迷惑的雄性舞毒蛾无法找到真正的雌性舞毒蛾进行交配

图 8.19　一个典型的舞毒蛾诱捕器。受到树虫杀（一种合成的引诱剂）诱惑而被抓住的舞毒蛾
　　　　以为诱捕器中有雌性舞毒蛾。一旦进到里面，舞毒蛾就会被一种黏性物质粘住，无法逃脱

昆虫激素　许多昆虫由卵孵化而成，在成熟之前经历幼虫和蛹两个阶段（见图 8.20）。举例来说，毛毛虫，就是蛾和蝴蝶的幼虫。在幼虫阶段，毛毛虫分泌一种激素，称为**保幼激素**，使其保持在未成熟阶段。当该激素水平下降后，幼虫成蛹。

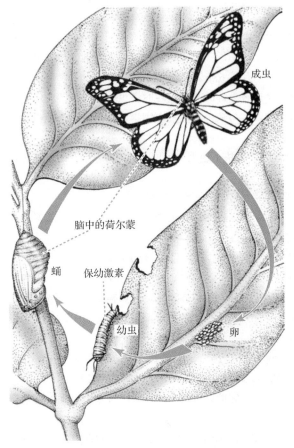

图 8.20　昆虫的生命周期及变态过程中荷尔蒙的作用。保幼激素主要在幼虫阶段释放，让毛毛虫幼虫保持在这一阶段直到做好成蛹的准备。荷尔蒙必须在适当的时间被适当地释放

通过喷洒保幼激素，可以阻止昆虫成熟。同时，大多数昆虫的幼虫形成过程中也会受到极大的伤害。这一方法的优势是它可以阻止昆虫成熟和繁殖，从长远看，减少了害虫的数量。

保幼激素已在中美洲和南美洲被成功地用来控制蚊子的数量，同时也可用在其他不同种的害虫上。因为可生物降解、非持久性和无毒性的特点，保幼激素是环境安全的。很遗憾，保幼激

素和信息素不同，不具有物种专一性的特点。因此，它也许会杀死捕食性昆虫和无害的昆虫，甚至严重到扰乱生态平衡。另外，保幼激素比传统化学农药见效要慢，在饥饿的以农作物为食的幼虫死之前需要一周或两周的时间，这期间它们可能已经毁坏了一片农作物或森林。此外，保幼激素在环境中相当不稳定，经常在见效之前就已经分解。化学家们希望找到使它在环境中存留更长时间的方法。最后，保幼激素必须在毛毛虫激素水平下降的时候使用。只有在这个时间使用，幼虫才会保持未成熟的状态。

为了避免这些问题，科学家正在研发**激素抑制剂**，或能够阻断幼虫分泌保幼激素的化学药剂。如果他们成功，这种新的无毒化学药剂可使幼虫更早地成熟，缩减它们的生命周期并杀死这些昆虫。

其他控制　其他控制包括所有不能归到上述各类害虫控制策略的技术。这些控制方法的例子包括：稻草人和制造噪音，吓得鸟远离农作物；触电装置杀死虫子；农业检查站监控跨州和跨国的水果与蔬菜上的害虫。所有这些都是害虫管理综合中必不可少的要素。

8.6.3　害虫综合治理：方法的联合

环境、基因、化学和其他控制提供了丰富的机会来摆脱农药，从而清洁我们的环境。这之中哪一种方法最好？

在实践中，最好的策略经常需要多种方法联合使用，形成一套病虫害综合治理方法。农场主可能会将各种方法联合使用。例如，他们也许会种植抗害虫的农作物、轮作和使用诱虫作物，同时应用**昆虫激素**或信息素将害虫减少到从经济上可接受的水平。害虫综合治理强调控制，而不是完全杀灭害虫，完全杀灭害虫通常代价昂贵而且对环境有害。自然的害虫控制策略或许被单独使用，或是像上文提到的那样综合起来使用，或同时依次使用，这要根据害虫的具体情况而定。这种方法需要精巧设计并充分了解害虫的生命周期。毫无疑问，农药将会继续被用来控制昆虫，但是害虫综合治理可以大大减少农药的使用量。

众多研究表明病虫害综合治理是有效的。比如，在美国的得克萨斯州，研究者应用不同的技术控制棉铃象鼻虫，取代了曾经大量使用的农药。通过种植象鼻虫不喜欢的早结果的棉花品种，减小行距、肥料和灌溉用水，研究人员能够减少害虫种群数量，并大量削减农药的使用——从每个生长季 12 次减至几乎为零。银行曾经不愿意给农民借贷种植棉花，因为平均每公顷棉花要亏损 4.60 美元，而现在银行变得愿意向农民放贷，因为如今每公顷能获取 900 美元的盈利。

重要概念小结

1. 全世界每年农药的使用量达 27 亿吨。尽管有关农药使用的风险意识增强了，为减少对农药的依赖也做出了努力，但美国当前的农药使用总量几乎是 20 世纪 60 年代初的 3 倍。这段时间内杀虫剂的使用量基本保持恒定，并且最近已经开始下降，但除草剂的使用量上升了 6 倍。

2. 当人类简化生态系统，破坏复杂的生态控制机制时，会打破种群的平衡，这时昆虫往往成为害虫。大面积种植单一或少数几种作物也会给昆虫提供丰富的食物。因为缺少自然控制因素，有意或无意中引入环境的昆虫（如舞毒蛾）或其他生物（如兔子）也可能成灾。

3. 每年美国粮食生产的 42% 被害虫毁坏或吃掉。热带地区每年每块土地上可种植两到三茬作物，而且更有利于昆虫生活，所以损失更惨重。

4. 农药有助于控制害虫造成的损失，也可控制携带病菌的昆虫，如传播疟疾的蚊子。

5. 科学家发现农药的有效性正在急剧降低，因为很多昆虫有了抗药性。杀虫剂的广泛使用同时也消灭了益虫和有助于控制害虫种群的其他生物，如鸟类。

6. 如今，超过 550 种昆虫产生了抗药性。其中 20 种能抗所有杀虫剂，并且这个数字还在急剧上升。

7. 在第二次世界大战前，农民使用各种化学农药，包括草木灰、砷和氰化氢。然而在 1939 年，瑞士科学家保罗·穆勒发现了一种有强大杀虫功能的氯化烃类有机物 DDT。他引领了一场农业害虫控制的革命。

8. 紧随 DDT 之后的是多种氯化烃类化合物。遗憾的是，氯化烃类化合物能在环境中存在许多年，并伴随着生物富集和生物放大。所有氯化烃类农药在美国已经被禁止使用或严格限制使用。

9. 由于对氯化烃类农药的不满日益增长，农药制造商创造了新的一类农药——有机磷酸盐。它们在环境中能更快速地分解，并且生物富集和生物放大的可能性较小。然而这些物质是很强的神经毒素。

10. 农药制造商们现在生产更加安全的杀虫剂——氨基甲酸盐，它的分解速度比有机磷酸盐类和氯化烃类杀虫剂更快。

11. 农药最终进入土壤、水体、食物、野生动物和人体中。每年有 10 万～30 万名美国人农药中毒，大部分是化工厂工人或农场工人；每年有 200～1000 名美国人死于农药中毒。在世界范围内，每年有 50 万人农药中毒，并且据估计有 5000～14000 人死于农药中毒。

12. 发达国家的人体内血液和组织中普遍存在农药，这也威胁到了孩子。一些医生认为摄入食物中的杀虫剂会引起一般的疾病，如头晕、失眠、消化不良和头痛等。而一些农药也可能导致癌症和先天缺陷。

13. 除草剂用来消灭农田中的杂草，导致了越来越多的健康问题，如癌症、先天缺陷和神经性紊乱等。橙剂是一种在越南战争中使用的除草剂，被发现存在二恶英污染，普遍认为这是造成越南公民和美国退伍军人出现许多健康问题的原因。

14. 农药也影响野生动植物。三丁基锡是一种强力的生物毒素，常添加到轮船用油漆中，以减缓海藻和藤壶的生长。然而它会从船体的油漆中释放出来污染海湾和港口，毒死海水中的藻类和贝类。

15. 也有报道指出农药是美国湖泊和河流中大量鱼类患上癌症的一个原因。每年，杀虫剂估计要杀灭 40 万个蜂群。

16. 在美国，DDT 被认为是导致秃鹫、鱼鹰、棕色鹈鹕和游隼种群逐渐衰落的主要原因。科学家发现，DDT

能阻断蛋壳钙沉积，导致蛋壳变薄并降低胚胎存活率。

17. 美国正式的联邦农药法规始于 1947 年，国会通过了《联邦杀虫剂、灭菌剂和灭鼠剂法案》。从那时起，该法案不断被修正来提高控制能力。修正案要求所有制造商向 EPA 提交欲在美国生产销售和使用的所有新农药的申请。EPA 只批准那些效益远大于潜在风险的农药。EPA 也分类登记通用型或限制型农药，并且可以撤销或暂停后期发现存在不安全隐患的已注册农药。

18. 为了保护海外使用者，当 EPA 撤销或暂停某种农药的注册登记时，必须通知所有国家。如果出口在美国已被禁用或限制使用的农药，要求出口商对进口国的消费者公布该信息。

19. 尽管有严格的法律法规，但农药仍然不断地引发各类问题，执行力度不够是其部分原因。此外，许多在 EPA 注册登记的产品，虽然向 EPA 提交的毒性数据是安全的，但在农田中实际使用时会造成意想不到的损失。此外，如今使用的许多化学药物并没有经过充分的检验。

20. 科学研究已经产生了多种农药替代物，如今害虫控制经常联合多种技术，有时包括农药的合理使用。这种方法被称为病虫害综合治理，它利用 4 种主要的控制策略：环境、遗传、化学和其他控制手段。

21. 环境控制措施是改变害虫的生物和非生物环境。最重要的包括：（1）轮作；（2）多种作物种植；（3）使用诱虫作物；（4）引入自然生物控制物，尤其是昆虫的捕食者、寄生虫和致病生物。这些措施通常简单、有效、实惠和环保。

22. 基因控制包括：（1）雄性绝育技术，将绝育的雄性害虫释放到害虫成灾区，与雌性交配，由于不能产生后代而大大减少害虫数量；（2）基因抗性，即通过基因工程和传统的动植物育种方法努力提高动植物对害虫的基因抗性。

23. 化学控制包括：（1）植物产生的抵御昆虫的天然化学物质；（2）信息素，即雌性为吸引雄性交配而分泌的性引诱剂，可通过人工合成并用来迷惑受灾区的雄性害虫；（3）昆虫激素，可用在农作物上改变害虫的生命周期并最终减少害虫数量；（4）化学农药的合理使用。

24. 其他控制包括所有其他技术，比如稻草人、噪声、电击设备和农业监测站等。

关键词汇和术语

Agent Orange　橙剂

Beneficial Insects　益虫

Bioaccumulation　生物富集

Biological Control　生物控制

Biological Diversity　生物多样性

Biomagnification　生物放大

Carbamates　氨基甲酸盐类

Chlorinated Hydrocarbons　氯化烃类

Confusion Technique　混淆技术

Crop Rotation　轮作

Dioxin　二恶英

Environmental Controls　环境控制

Federal Insecticide, Fungicide, and Rodenticide Act (FIFRA)　联邦杀虫剂、灭菌剂和灭鼠剂法案

General Pesticide　通用型农药

Genetic Control　遗传控制

Genetic Resistance　基因抗性

Gyplure　树虫杀

Herbicide　除草剂

Heteroculture　多种作物种植

Hormone Inhibitors　激素抑制剂

Insect Hormones　昆虫激素

Integrated Pest Management　病虫害综合治理

Intercropping　间作

Juvenile Hormone　保幼激素

Monoculture　单一栽培

Nonpersistent Pesticides　非持久性农药

Organic Phosphates　有机磷酸盐类

Pesticide　农药

Pesticide Treadmill　农药恶性循环

Pheromone　信息素

Pheromone Trap　信息素诱捕器

Registration of Pesticides 农药注册   Sterile-Male Technique 雄性绝育技术

Restricted Pesticide 限制型农药   Trap Crops 诱虫作物

Sex Attractants 性引诱剂   Tributyl Tin 三丁基锡

批判性思维和讨论问题

1. 单一栽培以何种方式引起病虫害？这一行为如何影响害虫的环境阻力和生物潜能？

2. 为什么外来物种经常成为害虫？请举例说明。

3. 讨论使用化学农药的利弊。

4. 农药恶性循环指的是什么？

5. 讨论尽管使用了杀虫剂，为什么过去三十年虫害仍然急剧增加。

6. 说出三类化学农药的名称并每类举一个例子。这三类农药的异同是什么？哪一类对人类和环境是最安全的？为什么？

7. 列举你所知道的农药的有害影响，描述一种完美的化学农药，它应该具有什么特性？你能想到可能的候选对象吗？

8. 列表并描述农药使用对健康的影响。人类的哪个组织最容易受影响？

9. 橙剂是什么？曾在哪里使用？为什么？使用后造成的后果是什么？

10. 描述农药对野生动物的影响，并举例说明。

11. 论述《联邦杀虫剂、灭菌剂和灭鼠剂法案》的主要条款。

12. 给出"病虫害综合治理"的定义。该方法的主要策略是什么？结合实例解释每个策略。

13. "杀虫剂是控制虫害的唯一方法"，一位中西部种植小麦的农场主说。你同意与否？你想要给这个农场主提什么建议？

14. 论述作物轮作和多样化种植如何控制害虫种群。

15. 什么是诱虫作物？请举例说明。诱虫作物能消除或减少杀虫剂的使用吗？

16. 描述生物控制的利弊。

17. 科学家如何改变作物和牲畜的基因抗性来减少病虫害损失？

18. 说明雄性绝育技术的原理。换言之，为什么是有效的？

19. 给出"信息素"和"昆虫激素"的定义。它们有何异同？列出信息素和昆虫激素作为病虫害控制工具时的利弊。

20. 如果你是一个农场主，想不使用农药种植玉米、紫花苜蓿和土豆，你该怎么做呢？

网络资源

本章相关在线资料见 http://www.prenhall.com/chiras（单击 Table of Contents，接着选择 Chapter 8）。

第 *9* 章

水生环境

类对于水生生态系统的依赖有以下几个原因。首先，也最重要的是，水生生态系统可为人类提供鱼和贝类等作为食物。其次，它还能提供生活用水、农业用水和工业用水。另外，水生生态系统还可提供休闲娱乐，例如划船、划水和钓鱼。最后，水生生态系统还是很多野生生物的家园。

多年以来，科学家们已经发现，人类对水生生态系统的利用已经产生了巨大而广泛的影响，一些是轻微的，但有些则十分严重。为了确保这些有价值的生态系统能够继续为人类及其他物种服务，一些专家们认为我们必须对它们进行可持续日的管理。为了达到这一目标，我们首先要了解这些生态系统。具体来说，我们必须了解它们的物理、化学和生物组成，必须理解它们是如何运转的。最后，我们还必须弄清楚这些生态系统的内部关系及系统间的关系。

本章介绍 5 个重要的水生生态系统的特点和主要过程，它们是湿地、湖泊、河流、海岸带和海洋。我们也会讨论人类利用的诸多影响。请牢记，维持水生生境的健康和生产力对于人类及其他物种的生存至关重要。本章的信息对于渔业管理的学习尤其重要。

9.1　湿地

9.1.1　定义

湿地是具有高度多样性的生态系统，包括木本沼泽、盐沼和泥炭沼泽等。湿地往往处在景观中的过渡带。如图 9.1 中间部分所示，湿地处在排水良好的高地和被永久淹没的深水生境之间，红树林沼泽就是这样的一个好例子。又如图 9.1 所示，洼地也会形成湿地。在许多湿地，土地是永久性或间歇性被浅水淹没的。但有些湿地的特点是，地下水位达到土壤表面或接近土壤表面，因此这些湿地不那么明显。

在法律中，"湿地"一词不容易定义，对于其定义存在很多争议。在美国，争议始于 19 世纪 70 年代末期，当时国会第一次通过了保护湿地的法律。一时之间，定义湿地的边界就变得很有必要。定义某一块土地上的湿地的边界成为私有土地所有者和公有土地管理者相互争执的一个经济问题。根据最近的法律，如果一片土地被定义为湿地，那么人们就不能将其排干进行耕种或建筑施工。

当前，大多数湿地管理者使用的法律定义来自美国环境环保署［见环境环保署条例 40 CFR 230.3(t)］：

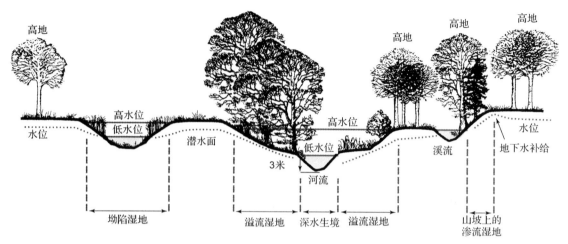

图 9.1　湿地的多样性。大部分湿地处在排水良好的高地和深水区域之间，如图中的溢流湿地。长时间水深 2 米是湿地和深水区域的分界线。坳陷湿地可在两块高地之间形成。渗流湿地在山坡上有地下水补给的条件下形成

术语"湿地"是指那些时常或长期被地表水淹没或被地下水饱和的区域，它能够（或至少在正常情况下可以）维持那些适应饱和土壤条件的植物的生长。湿地通常包括木本沼泽、草本沼泽、泥炭沼泽以及其他类似的地区。

根据这个定义，湿地保护专家如今会通过详尽的现场调查来确定湿地的法定边界。这些调查使他们能够判断湿地的那些特定的土壤、水文和植被"诊断"特征是否存在。即便如此，**湿地界定**还是因为某些原因而难以进行。第一，边界不规则分布，通常并不明显；其次，水位在各个季节都不同。此外，人类对土地的利用，包括农耕和伐木，改变了植被、土壤、水文的原始状态和特征。

9.1.2　分类

为了更好地普查、评估和管理湿地，美国鱼类及野生动物管理局（USFWS）于 1979 年制定了一套湿地分类系统。这个系统称为 Cowardin 分类系统，目前它已经成为全球湿地识别和分类的准则。湿地及其邻近的深水生境可被分为五大类，如图 9.2 所示。这五大系统分别是滨海湿地、河口湿地、河流湿地、湖泊湿地和沼泽湿地（稍后会有简要定义）。深水生境指的是水深达到 2 米以上的水生生态系统。基于其他的一些指标，比如淡水深度和流速、主要的植物生长型以及基质的组成等，湿地可进一步划分成子系统、类、亚类（图中未展示）。

海洋系统　**海洋湿地系统**包括大陆架上的海洋以及受到高能量波浪和海流影响的海岸带。水的盐分超过 30‰（30ppt）。海洋湿地包括没有淡水流入的珊瑚礁、乱石悬崖海岸峭壁以及沙滩。

河口系统　河口是河流的潮汐河口，是河流流入大海的区域。**河口湿地生态系统**，比如潮汐盐沼和红树林沼泽，是与大海相连但同时被陆地半封闭的区域。这些半封闭的沿海水域，隔绝了来自海洋的高能量波流。但是，它们受潮汐涨落的影响很大。在这个系统中，盐水一直在被沿海河流的淡水稀释。河口湿地中水的含盐量的下限值为 0.5ppt。

潮汐盐沼一般在河口附近、海湾中、沿海平原上、泻湖周围或堰洲岛背后形成。在潮汐盐沼中，海岸线坡度平缓，且没有高能的海浪和风暴。沉积物在这个区域逐渐积累，形成可以供固着水生植物生长的基质。

在盐沼中能够生长良好的生物，具有以下特性：耐盐；耐受剧烈的水位波动（高潮时有洪水，低潮时很干旱）；适应温度的剧烈日变化和季节变化。美国常见的盐沼植物为耐盐的

禾本科植物、灯心草科植物和泥藻。遍布沼泽的**潮沟**和浅塘网络，不仅提供了廊道、产卵场和食物，还为鱼类等众多海洋生物提供了藏身之所（见图 9.3）。

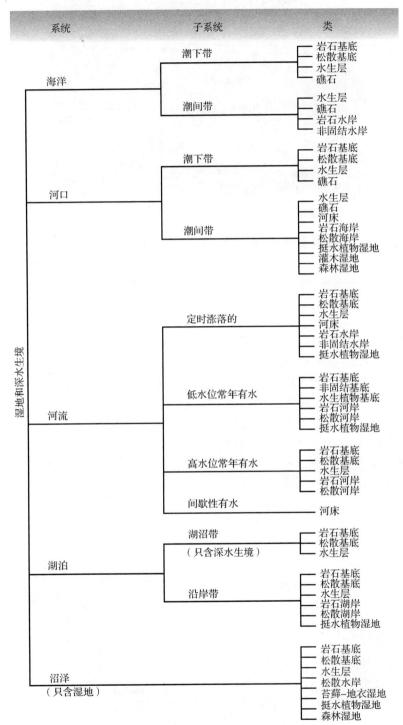

图 9.2　Cowardin 湿地分类系统：湿地和深水生境。图中是前三个级别的分类（系统、子系统和类）

图9.3　佛罗里达州沿海的潮汐盐沼。注意潮沟形成的树枝状模式

潮汐沼泽在中纬度至高纬度的沿海地区都有分布。美国的大部分盐沼都分布在阿拉斯加沿海地区、墨西哥湾和大西洋沿岸各州。美国太平洋沿岸的海岸线地势陡峭，因而盐沼比较少且比较窄。

红树林沼泽是以优势种红树命名的森林湿地。湿地中生长着茂盛的耐盐树木、灌木及蕨类植物。红树林中的植物能够适应频繁的海水盐分及水位涨落。潮沟是这类湿地的共同特征之一。

红树林沼泽一般分布在热带和亚热带国家的海岸，其在美国的分布比较有限，主要位于佛罗里达州南部及波多黎各。就像盐沼一样，红树林湿地也需要隔离高能的海浪，并且

需要沉积物堆积供给植物根系生长，但是也发现少量的红树生长在岩石基质上。

河流湿地系统　顾名思义，**河流湿地生态系统**与江河和溪流密切相关。河流湿地自河流发源地或淡水湖泊的流出河道开始，以河水流入淡水湖或与海水混合流向大海而结束。

河岸带是河流两岸整个土地带的统称。河岸带包括河流湿地，还包括不符合法律意义的湿地区域（见图9.4）。河岸带有其独特的土壤、植被和水文特征，是一种水生（河流或溪流）及陆生生境的**交错带**或过渡带。河岸带的生物多样性很高，种群密度及生产力也较高。许多动物在河岸带藏身、觅食和活动。

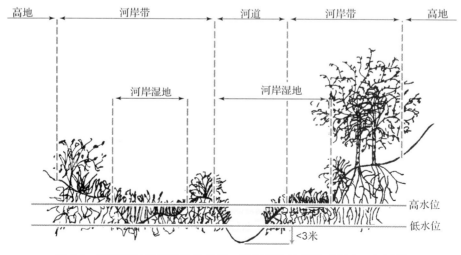

图9.4　河岸带与河岸湿地的关系。河岸带的边界很难划出，但河岸带通常包括一些较干的区域，这些区域不属于湿地的范畴

所有河岸带都是长条形的，但宽度差异很大，从美国东南部宽达数英里的冲积河谷到西部干旱区溪岸狭窄的植被带。

由于气候、土壤、地形和地质条件的不同，地理位置会影响河岸带的植物群落组成。举例来说，宽广平坦的密西西比河冲积平原和东南部较小的河流的河漫滩常分布洼地落叶阔叶林。这些河岸带很多都与深水沼泽有水文联系，但又与长期淹水的深水沼泽不一样，洼地

阔叶林中有的物种能够耐受的水深较浅，水淹时间也更短。这些植物包括柳树、棉白杨、橡树、山核桃、绿梣木、枫树和桦树。与此相反，在干旱和半干旱的西部各州的河岸带狭窄而陡峭。桤木、榆树、梣叶槭、山楂树、美国梧桐、胡桃、牧豆树，以及全国广布的柳树和棉白杨是西部河岸带的优势物种。

湖泊湿地系统　湖泊湿地在地形上处于洼地，涉及湖泊、水库和大型池塘（见图9.5）。

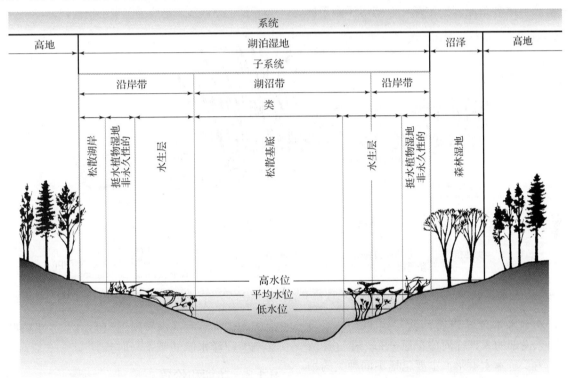

图 9.5　湖泊湿地的典型横截面。湖泊湿地系统分为湖沼带和沿岸带两个子系统，再细分为各类。这一特定的湖泊湿地系统一边与高地生境相邻，一边与沼泽湿地相邻

沼泽系统　大多数湿地都可以归类于**沼泽湿地系统**，其中包括苔藓泥炭沼泽、草本泥炭沼泽、淡水草本沼泽、湿草甸、木本沼泽、浅滩沼泽以及小而浅的池塘。沼泽湿地植被繁茂，与高地生境或其他四类水生系统相邻。最深处的水深在枯水期小于 2 米，水中含盐量小于 0.5ppt。一些由于河道周期性洪水而形成的河流湿地也可以被认为是沼泽湿地。

苔藓泥炭沼泽和**草本泥炭沼泽**是**泥炭地**的两种主要类型，它们主要分布在北半球北部

较寒冷的湿润区。一般而言，苔藓泥炭沼泽是相对静止的水淹洼地，生长着大量的喜酸植物（如泥炭藓属的苔藓）。草本泥炭沼泽被认为是从浅的开阔水面向苔藓泥炭沼泽演替过程中的一个过渡阶段。在美国，大多数泥炭地分布在明尼苏达州、密歇根州、威斯康星州、阿拉斯加州和缅因州。加拿大有世界上最丰富的泥炭资源。斯堪的纳维亚半岛、欧洲东部和西伯利亚西部也有一些泥炭地。**泥炭**是用来描述有机土壤的通用术语。有机土壤在寒冷湿润的

气候下形成，由于积水或无法排水而形成了厌氧的土壤环境，同时水中还有大量的植物残体。这种类型的环境使得植物分解十分缓慢，因而有利于泥炭的累积，深达数米。在某些地区，泥炭是一种有价值的燃料来源。泥炭还常常被加到花园或花盆的土壤中，它可以改善土壤结构，提高土壤的持水能力。

在北美洲，**淡水草本沼泽**零星分布在加拿大和美国的内陆地区。在美国中北部和加拿大中南部有很多草原壶穴沼泽。这些沼泽源于冰川冲刷作用形成的成千上万个洼地，冰川后撤之后，洼地被冰川融水充满。五大湖地区有广阔的沼泽。佛罗里达州南部的**大沼泽地**就是由奥基乔比湖流出的湖水在平坦的石灰岩矿床上形成的巨大淡水草本沼泽。

在淡水草本沼泽中的植物群落主要是草本喜水植物，即**水生植物**。这些植物包括禾草、芦苇、香蒲、藨草、灯心草、阔叶植物以及丰富的浮水植物和沉水植物（见图9.6）。一般而言，淡水草本沼泽的水较浅，形成的泥炭层也较浅。

区域	间歇性 水淹	水淹或 浅水区	大型挺水 植物区	浮水植物和 沉水植物区
植物	低地植物	藨草属植物(Carex) 慈姑属植物(Sagittaria spp.)	香蒲属植物(Typha) 藨草属植物(Scirpus)	睡莲属植物(Nymphaea spp.) 眼子菜属植物(Potamogeton spp.) 狸藻属植物(Utricularia spp.)

图9.6　淡水草本沼泽的横截面。植物的分布取决于植物耐水淹的程度。图下方列出了每个区域的典型植物

淡水木本沼泽沿密西西比河冲积平原及美国东南部的大西洋海岸平原分布。在这种沼泽中生长着木本群落，主要包括不同种类的柏树、橡胶树和山茱萸树，这些植物的根系已适应了厌氧环境。木本沼泽在全年中或一年的大部分时间中保持水淹，它可以在以下几种水文环境中出现：（1）独立且充满水的洼地，水分由雨水和地表径流补给；（2）湖泊边缘，由湖水溢出及高地径流补给；（3）江河或溪流的宽阔冲积平原。除了以上几种优势树种外，林下植物群落包括其他树木、灌木、草本和水生植物。在美国的最南部，铁兰也是这种沼泽的常见植物，它缠绕着树木的枝干生长。

浅滩沼泽是灌木-矮树湿地，经常出现在河流之间的平坦区域，主要分布在大西洋海岸平原的南部。沿海降水和附近河流的季节性洪水影响着沼泽水淹的频率与时长。

9.1.3　功能和价值

湿地有很多种类，但仅覆盖了地球表面的6%。自热带到冻原，每种气候类型下都有湿地分布。除了南极洲，每个大洲也都有湿地。自19世纪60年代以来，科学家们通过对湿地的详细研究，发现无论是对各种生物还是对人类社会，湿地都有很多重要的功能（见表9.1）。需要注意的是，不是每种类型的湿地都具备所有的功能，并且对于同一功能，不同湿地有强弱之分。

湿地功能可以分为以下三大类：（1）调节水文；（2）改善水质；（3）野生动物栖息地。接下来一一介绍。

表 9.1　湿地的功能及生态系统服务

湿地的功能	对应的生态系统服务
水文过程	
洪水/暴雨调控 植被有助于保持水土。拦截、存储并减缓洪水的释放，降低地表径流的水量和流速	• 缓冲暴风雨引起的海浪，保护沿海房屋 • 减少洪水造成的经济损失 • 最小化海浪运动及河川径流造成的水土流失
基流/地下水补给 存储水并向地下水中缓慢释放	• 维持地下水含水层 • 维持旱季河流的基流，这对很多水生物种的生存至关重要
改善水质	
去除、滞留并转化污染物 将沉积物、无机和有机营养物质以及有毒物质过滤掉，或滞留在湿地中。去除某些物质的毒性	• 减少地表水和地下水中的污染物 • 净化饮用水水源 • 维持或提高家庭用水、商业用水及娱乐用水的质量
野生动物栖息地	
可以生产大量的有机物，为多种生物提供食物，提供筑巢和繁殖场所，为迁徙生物提供休憩场所，作为多种生态系统之间的通道	• 源源不断地提供食物、纤维和能量 • 维持动植物群落 • 保护生物多样性 • 保护濒危物种 • 支持打猎和垂钓等娱乐活动，为观鸟和摄影提供对象
	不与特定的湿地功能相关的生态系统服务 风景名胜、审美的愉悦、徒步或野餐场所、教育或研究机会、考古或历史遗迹、休憩用地和野生动物保护区

湿地对水流的影响主要是，针对来自附近土地的地表径流，像海绵一样保存水分并缓慢释放，从而减少洪水。湿地还可以使河岸、湖岸和海岸线更加稳固，减少河水、溪水或海浪的侵蚀。另外，湿地对地下水的补给和排放也有一定作用。湿地可以吸收地表水，然后使其渗入地下。这些水文功能不仅可以减少洪水灾害和水土流失，维持地下水含水层，对人类有重要价值，而且有助于在干旱季节保持河流的基流，这对很多水生动物至关重要。

湿地也有助于净化水体。例如，湿地可以去除地表水中的沉积物、无机和有机营养物质及有毒物质。湿地会先通过物理作用从水中分离出这些物质，然后通过化学或生物作用降解它们，以完成水质的净化。

湿地是各种各样的动植物的家园。湿地的特征之一是初级生产力很高，即会生产大量的植物体，因而可以广泛地支持食物链。湿地还为许多物种提供了庇护所和筑巢地，如鱼、水鸟、麝鼠和黄莺等（见图 9.7）。维持野生动物的丰富度和多样性，这样人类才能狩猎和捕鱼。在许多国家，湿地动植物为人类提供食物、

纤维和能源。但最近发现，有异常高比例的濒危和受威胁物种依赖湿地生存。

湿地还可以为人类提供重要的文化功能，这并不是湿地的独有功能。文化功能包括风景名胜、休憩用地、娱乐场所、户外课堂和调查研究。

9.1.4　湿地保护

当人类没有意识到湿地对于人类和环境的经济或生态价值时，曾认为湿地是荒芜之地。湿地被排水、填土、挖掘或水淹，用于农业、航行或土地开发。在美国尚处于欧洲人开始定居的时期（18 世纪 80 年代），美国本土的 48 个州有近 8700 万公顷的湿地，这一面积几乎相当于两个加利福尼亚州。根据美国鱼类及野生动植物管理局的数据，截至 2004 年，只有约 4360 万公顷，即相当于最初面积一半的湿地存留下来。是什么原因导致了湿地的大面积减少？

美国湿地减少的原因有很多。其中一个主要原因是人们把湿地的水排空，再填平而作他用。对于内陆湿地而言，人们的目的是为了增大农田的面积，而对于滨海湿地，人们的目的是为了城市和工业的发展。

图 9.7 密苏里州安纳达的克拉伦斯加农国家野生动物保护区湿地中的王秧鸡。湿地为野生动植物提供了宝贵的栖息地

所幸的是，人们普遍认识到了湿地的价值，这减缓了湿地的消失速度。事实上，所有的湿地都被州和联邦法律保护。20 世纪 80 年代，美国政府采用了"无净减少"的湿地政策，在《清洁水法》的 404 条款下制定了严格的许可证制度。时至今日，政府官员尝试着去调节湿地内外的各种活动来保护湿地免于退化。他们也保护湿地免于因城市发展而消失。

现在，5 个联邦机构共同承担着湿地保护的责任：美国陆军工程师团对湿地的保护偏重于航行和水源；环境保护署的职责是保护湿地的水质功能；美国鱼类及野生动植物管理局主要负责保护鱼类和其他野生动物，包括被狩猎和捕捞的动物及濒危物种；美国国家海洋和大气管理局（NOAA）对湿地的责任在于其对国家海洋资源的管理；美国自然资源保护局（NRCS）主要负责保护农业用地上的湿地资源。

这些机构共同管理着大量的项目，提供了多种保护湿地的机制。这些机制包括湿地收购，即购买湿地进行永久保护，还包括制定更好的土地利用规划，以及恢复和新建湿地。这些机制还可以减少人类活动对湿地的影响，建立激励措施以减少湿地的退化和破坏，同时建立惩罚机制以保护湿地不会转变成其他土地利用类型。这些机构提供技术支持、教育和研究机会。美国国家湿地管理者协会是一个致力于促进、提高湿地保护及湿地资源管理的非营利组织。根据其提供的信息，美国有 35 个州有自己的湿地保护项目，其中一些州的保护对象甚至超过了联邦的项目。

在 20 世纪 50 年代中期至 70 年代中期开始保护湿地的行动之前，根据美国鱼类及野生动植物管理局第一次湿地趋势报告，湿地面积每年减少 185400 公顷。之后，湿地减少的速度大大降低。根据第二次湿地趋势报告的估计，20 世纪 70 年代中期至 80 年代中期，湿地面积减少速度下降至每年 117400 公顷。在 1986 年到 1997 年间，湿地的减少速度甚至降到了 23700 公顷每年。根据最近的湿地报告，在 1998 年至 2004 年间，湿地面积增长了 12900 公顷。这得益于监管和非监管的湿地恢复项目，这些项目对湿地进行了新建、扩大或修复。提高关于湿地的公众教育和宣传也大有益处，同时对沿海环境的监控和保护也大有进步。

环保组织和个人也采取了很多的行动，成功地阻止了重要湿地的减少。另外，联邦政府要求尽量减少湿地消失。也就是说，如果由于城市发展而减少了湿地面积，就必须建造新的湿地或减少其他地方的湿地消失。

许多国家都在为保护湿地付出努力。尽管这样，随着社会发展，湿地仍旧在继续减少。湿地减少速度在发展中国家较高，但某些观点认为美国和加拿大的减少速度仍然高得不可接受。

在未来，各个国家都应该慎重考虑将湿地

排干。湿地对鱼类及其他野生动植物、河川径流和水质的影响巨大，将湿地变成农田或用做它用所造成的损失远远大于其带来的益处。实际上，在许多非洲国家，限制农田侵占湿地及其他生态敏感区域而获得的经济利润比农业更多。因为这些地区有丰富的野生物种资源可以吸引游客，游客的消费会带动国家的经济发展。这些收入又能用于支持改善土壤管理和控制人口的项目，以减少目前未开发地区的压力。

以上讨论了湿地的价值，而湿地管理政策已从排干转换到保护并恢复。尽管湿地减少的速度已得到降低，但未来这些高度敏感的生态系统仍会继续受到土地利用和污染的影响。土地所有者、公众、开发商以及环保主义者之间的利益冲突依然存在，所以争议也依然存在。尽管如此，通过继续实施湿地保护条例并加强公众合作，我们可以逐步达成湿地"无净减少"这一目标。

绿色行动

找到你家附近的湿地并试着去了解它们。鼓励你的邻居、开发商、州和当地政府去保护这些湿地的功能与价值。

9.2 湖泊生态系统

很多自然力量都可以形成湖泊。举例来说，构造运动（地球构造板块的运动）创造了很多内海（咸水湖），如位于欧洲东南部和亚洲西南部之间的里海。火山活动也可以形成湖泊，火山爆发之后会形成塌陷火山口，俄勒冈州的火山湖就是一例。冰川也可以形成湖泊。在美国北部各州，反复的冰川及冰川、冰坝和冰碛物（冰川沉积的石头和土）的冰蚀作用形成了充满水的洼地和山谷。另外，流水作用会使得河道更改方向而形成牛轭湖。甚至砸到地球上的陨石也可以形成巨大的深坑，随后被水充满而形成湖泊。当然，人类也可以创造湖泊，尤其是水坝的建造。亚利桑那州和内华达州的密德湖，是世界上最大的人工湖，其面积为 637 平方公顷。密德湖是在科罗拉多河上建造胡佛水坝时形成的。

最大最深的湖泊都是构造运动或冰川作用形成的。但是，比较小而浅的湖泊是最常见的。所有的湖泊，无论大小和起源，都有一些共性。正如下面将讲到的，所有湖泊都由相同的几个分区组成。

9.2.1 湖泊的分区结构

图 9.8 展示了典型湖泊的三个分区：沿岸带、湖沼带和深底带。

沿岸带 如图所示，湖泊边缘的浅水地带是**沿岸带**，以生长着固着水生植物为特征。这些植物通常按照一定的规则排列，与淡水草本沼泽的植物有些相似（见图9.6）。在沿岸带，自岸边到开阔水域，依次是挺水植物、浮水植物和沉水植物。**挺水植物**是挺立在水面上生长的植物，如香蒲和蔗草。顾名思义，**浮水植物**漂浮在水面，其中一些将根系扎在湖底，如睡莲和浮萍。**沉水植物**完全沉没在水中，如眼子菜属和狐尾藻属植物。

在沿岸带，阳光可以直达湖底，因而这个区域的植物有较高的光合作用强度。漂浮的微生物（即**浮游生物**）的存在常常令水体显现出淡绿褐色。浮游生物包括两类：**浮游植物**（主要是藻类）和**浮游动物**（主要是甲壳类和原生动物）。浮游生物很难自主地运动，它们通常被动地随着水流和波浪而运动。

湖沼带 沿岸带向里的开阔水面区域就是**湖沼带**。自湖面向下到能够进行光合作用的最大深度，这部分是湖沼带（见图 9.8）。光合作用和呼吸作用恰好持平的深度称为**补偿深度**。这一深度水体的光强是全光照的 1%。尽管没有固着水生植物，但是湖沼带有大量的浮游植物，尤其是藻类。在大型湖泊中，浮游植物的总生物量可以超过沿岸带的个体较大的固着水生植物的总生物量。在春天，营养物质和光照合适时，浮游植物群落会爆发，形成**水华**。

湖沼带的氧气来自浮游植物的光合作用。另外，大气中的氧气也会直接进入湖泊，尤其是当湖面被风吹拂产生波浪时。浮游动物悬浮在浮游植物之间，主要是甲壳类动物。这些动物在食物链中连接了浮游植物和更大的水生动物（如鱼类）（见图9.9）。

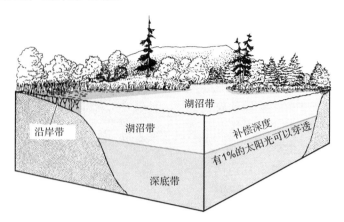

图 9.8　湖泊生态系统的主要分区

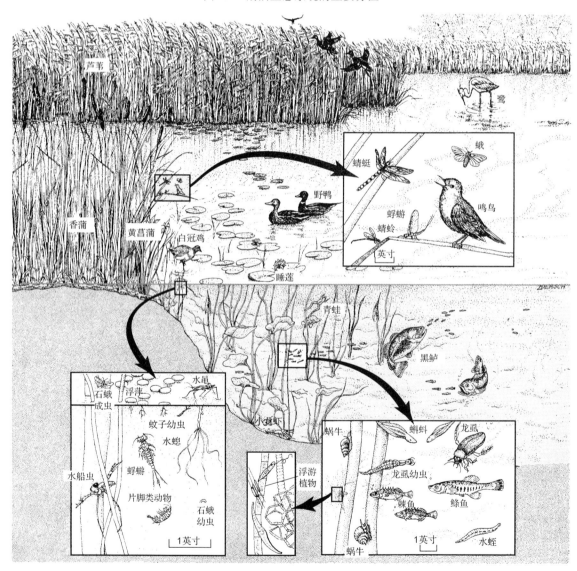

图 9.9　湖泊生态系统的典型植物和动物

深底带　深底带的范围是湖沼带以下至湖底（见图 9.8）。因为阳光无法到达深底带，所以没有绿色植物。在冬季寒冷的北温带，冬天最暖、夏天最凉的湖水就在深底带。在湖底的软泥中有丰富的细菌和真菌，有时可以达到每克 10 亿个。这些生物持续地分解湖泊底部的**有机质**（植物和动物的遗骸及产生的废物）。在分解过程中，氮和磷被释放，之后以可溶性盐的形式返回循环。在冬季，水生动物的新陈代谢速率降低，并且更冷的水具有更强的溶氧能力。这时，若冰层还未被雪覆盖，则对鱼类来说氧气通常已不是限制因子。在盛夏，水生生物的代谢很高，而较温暖水体的溶氧量相对较低，同时细菌分解这一需氧过程很活跃，深层水体的氧气耗竭会导致大量鱼类死亡。

温度分层　在中纬度地区，湖水温度呈明显的季节变化。这反过来影响着湖泊各部分的溶氧量和营养物质水平，这些信息对资源管理者十分重要。接下来分析一个典型的温带湖泊的温度季节变化。

冬季　在冬季的温带地区，温度降到零度以下，湖水开始结冰。因为冰的密度比水低，所以冰浮在表层而封闭湖面，为鱼类过冬提供了保护。如图 9.10 所示，在冬季，随着深度增加，湖水温度稍有增长。在整个冬季，自湖面至湖底的水温保持相对稳定（见图 9.10）。

春季　温带地区湖面上的冰在春日暖阳的照射下开始融化。紧接着，表层湖水开始升温。当温度达到 4℃ 时，自湖面至湖底所有的水都达到了恒定的温度和密度。强劲的春风吹动湖水，将表面至湖底的湖水、溶解氧以及营养物质充分混合。这一现象称为**春季湖水对流**（见图 9.11）。随着时间的推移，相比于下层水，表层水变得更暖且轻。因此，湖水再次形成温度分层，如图 9.12 所示。

夏季　湖泊温暖的上层，也就是**变温层**（"湖上层"）通常有最高的氧气浓度。这一层的温度随着水深增加而下降，变化率小于 1℃/米。在变温层之下是**温跃层**。这一层温度变化更加剧烈，水深每增加 1 米，温度下降超过 1℃。如果潜入湖底，就可以感受到温度的变化。湖底的水体称为**均温层**（"湖底部"），虽然水温也随着深度增加而降低，但每下降 1 米温度降低小于 1℃，变化远小于温跃层（见图 9.12）。

在夏季，许多湖泊的均温层内氧气被耗尽，这一现象是由以下几个因素导致的：（1）细菌分解者的生物需氧量（BOD），（2）无光照导致的无光合作用，（3）由于密度不同而与上层水体没有气体交换（见图 9.12）。鱼类更倾向于在湖泊的上层活动，因为上层水体氧气充沛。如果因为水污染而导致上层水缺少氧气，那么鱼类可能会死亡。

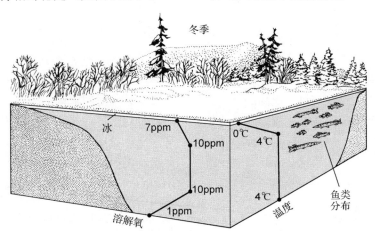

图 9.10　美国北部各州冬季的湖泊生态系统。由于水在 4℃ 以下密度降低，冰在 0℃ 形成且密度小于水，因而冰浮在湖水表面。注意湖泊深处的溶氧量会自 10ppm 剧烈下降至 1ppm。鱼类会在溶氧量高的区域生存

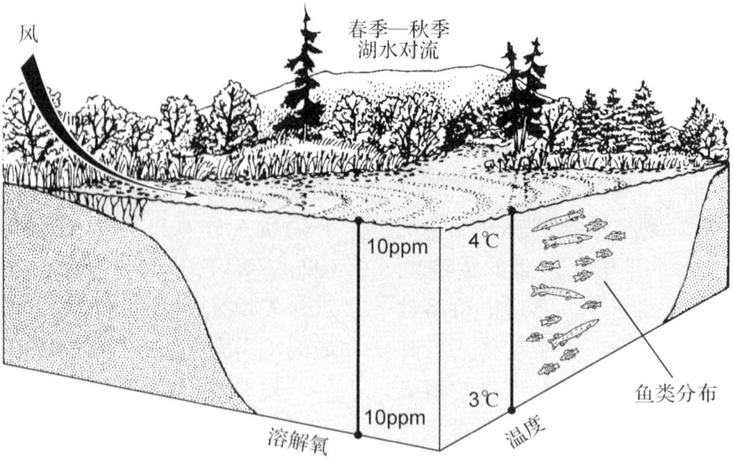

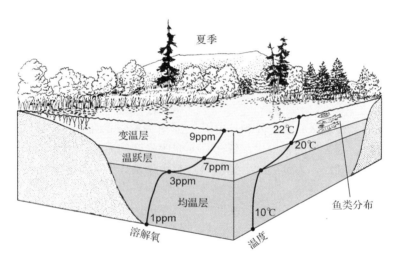

图 9.11　春季和秋季的湖泊生态系统。注意由于春季或秋季湖水对流，湖泊表面至底部的温度和溶解氧是一致的，或者说湖水是彻底混合均匀的。鱼类也在垂直方向上均匀地分布

图 9.12　夏季的湖泊生态系统。横截面展示了湖泊温度分层和溶解氧的垂直分布

秋季　在秋季，湖泊表面的水温又开始下降。最终，整个湖泊自上到下水温变得一致。同春季一样，均一的温度导致了相同的密度。之后，风和波浪开始搅动湖水，这形成了**秋季湖水对流**（见图 9.11）。同春季湖水对流一样，秋季湖水对流也使得营养物质、溶解氧和浮游生物均匀地分布在湖泊各层。

9.3　河流生态系统

9.3.1　起源和分类

各大洲的水被河流排入湖泊和海洋。河流依赖地表径流的补给，同时地下水也会沿着河岸渗入河流（通常在河面以下）。河流可以分为两类：季节河和常流河。**季节河**指的是只在一年中某些时间流淌的河流，一般是在雨水或雪融水较丰沛的湿润季。全年都在流淌的河流称为**常流河**。雨水（在寒冷地区的融雪水）会补给常流河，但这种类型的河流在旱季主要靠地下水维持。

河水会再汇入另一条更大的河流，称为**支流**。如果以地形分水岭为边界的某一区域内，所有的支流都汇入同一条河流，那么这一片区域称为集水区或**流域**（见图 9.13）。一个大流域由几个小一些的**子流域**组成，不同方位的子流域的径流最终汇入同一条河流。

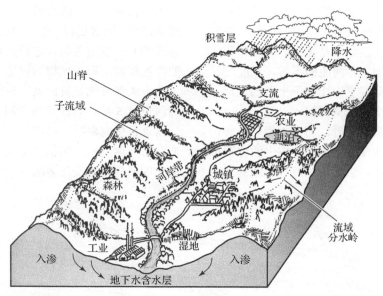

图 9.13 流域内的源头、支流和人类土地利用示意图。注意分水岭确定了流域的边界。许多支流的子流域位于次级山脊之间,与分水岭近乎成直角

读者可能知道,随着越来越多的支流汇入主河道,河流通常会越来越大。从空中看,这些水道网络形成了一个树枝状的河流系统(见图 9.14)。基于河流在网络中的位置而构建的河流分类系统称为**河流等级**,这一分类系统由罗伯特·霍顿提出,随后由亚瑟·斯特拉勒改进。一般来说,支流越小、越少,则该河流等级越低。例如,一级河流是网络中最小的河流,它没有支流。二级河流只有一级河流作为支流,其他等级以此类推(见图 9.14)。

另一个河流分类系统——罗新斯基方法则运用河道几何学原理对河道进行定量分类,其依据是:(1)下切比,(2)河床质,(3)满水时期宽深比,(4)蜿蜒度,(5)堤岸土质。用这种方法进行分类需要相关人员有大量的训练和经验。

9.3.2 物理特征

河道形状 河道某一横截面的形状主要由水流量(侵蚀力)、输沙量以及河床和堤岸的组成(抵抗侵蚀的能力)所决定。一般而言,相比于堤岸植被稀疏且河床、堤岸为疏松沙质土壤的河道断面,堤岸植被茂密、河床由致密的壤土和黏土组成的河道断面会更加狭窄。

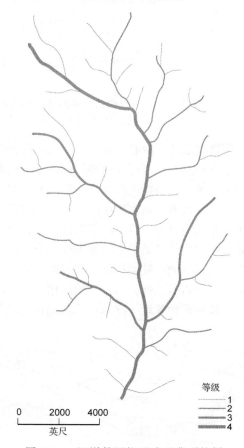

等级
1
2
3
4

0 2000 4000

英尺

图 9.14 河道的网络形成了典型的树枝状河流系统。根据霍顿分级系统对河网进行了等级划分

在水位较高时，流水的力量足以侵蚀河岸并带走河床质，从而切割出河道的形状。许多河流的直线河段的横截面是梯形的，但在弯曲处梯形是不对称的。在河流的下游，宽度增长得比深度快，使得其宽深比大于上游的支流。也就是说，河流变得更宽更浅。

河道类型 从空中看，河道类型有三种：曲流、直流和辫状流。河流在流域中的位置影响河道类型。例如，由于狭窄河谷、浅基岩和

粗沉积物的限制，**源头溪流**（一个河流系统的开始部分）通常更直一些。相反，**低地河流**（高等级的）一般更弯曲，它们更容易在冲积平原的细沉积物上形成蜿蜒的河道。

曲流型河流是目前最常见的类型。曲流河的河道呈 S 形，只在弯道之间有较短的直道。当河道自然弯曲时，河道的一侧受到侵蚀而物质在另一侧沉积，沉积物形成了**边滩**。河道弯曲处的横向伸展变化多端（见图 9.15）。

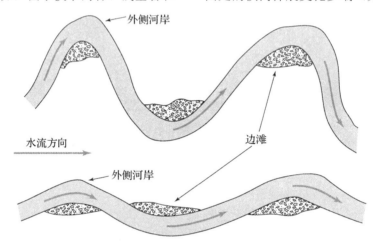

图 9.15 河道弯曲处的横向伸展和泥沙淤积。河道弯曲处的横向伸展变化多端，但侵蚀和沉积过程是相似的。河岸外侧被侵蚀，而在河岸内侧泥沙淤积形成了边滩

深槽和浅滩 沿着河床，地势往往高低起伏。暴雨径流冲刷出深的沟壑，会在非暴雨时期形成**深槽**。沉积物在河床上堆积，形成的浅水区域称为**浅滩**，河水流经时产生小的波浪。在水流量大的时期，浅滩产生的白色浪花会被掩盖。在弯曲的河道中，深槽也存在于侵蚀力较大的河道外侧。陡峭山峰间的河流，其河床多岩石，在岩石之间会形成小的深槽。

冲积平原和阶地 冲积平原是低地河流的

细沉积物向河岸向外延展形成的。经过了多年的沉积，冲积平原的土地能够生长多种多样的植物，包括许多农作物。每当河流中的水溢出河岸时，河水会流到冲积平原上，这种情况称为**漫滩流**。由于气候变化一直在发生，河流会向更深处切割冲积平原。向下侵蚀这一过程一直持续，直到河流低于冲积平原且河水不再溢出（见图 9.16）。这些被"遗弃的"冲积平原称为**阶地**。阶地与当前的冲积平原毗邻，且海拔位置较高。

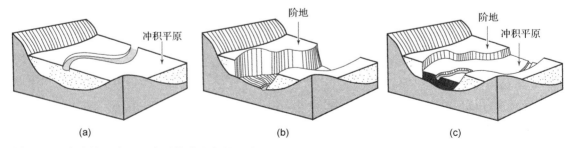

图 9.16 阶地的形成。(a)大量的洪水事件导致沉积物的积累，形成冲积平原，自河堤的顶部横向伸展；(b)气候变化引起河流下切冲积平原，形成阶地；(c)随着更多洪水的发生，形成新的冲积平原

9.3.3 生物群落和能量流动

根据河流生态系统中各类生物功能的不同，可以将它们分为三类：生产者、消费者和分解者。水生植物是生产者。正如第 3 章中所述，**生产者**是能够进行光合作用的生物，它们为群落提供能量。在河流中，生产者包括硅藻、其他藻类植物和大型植物（香蒲、薰草和睡莲等）。**消费者**是以植物或其他生物为食的生物。它们包括无脊椎动物（水生昆虫和蜗牛）和鱼类。直接以植物为食的称为食草动物。另一类消费者是**食肉动物**（鱼类、鸟类及哺乳动物），它们以其他消费者为食来补充能量以供给生存和繁殖。另一类重要的消费者是**分解者**，即分解废物将其返回营养循环的生物。

河流是十分开放的生态系统。因而，除了河流内部的能量流动，河流的食物链有很大一部分依赖于来自陆地（即河流生态系统以外）的物质。邻近的陆地生态系统（河岸带）的营养物质不断地进入河流中。例如，可溶性有机物会随着地下水进入河流。有机质可能随着堤岸的侵蚀而进入河流。包含有机质的树叶会飘落河中，尤其是在秋季。另外，随着春季开始的地表径流，大量的有机残体（茎、坚果、细枝、针叶、种子、死亡的杂草、动物粪便及昆虫、蠕虫和老鼠的残体）被冲入河中。河流中的许多初级消费者以**腐屑**（分解的有机质）而非活的水生植物为食。

河流一般依赖于河岸带提供能量和物质，但与源头溪流相比，宽广的低地河流更加不依赖于邻近河岸带的能量供给。为什么？因为低地河流可以接收来自上游河流的食物和营养物质。

河岸植被是河水中大型木质残体的来源。风或侵蚀力使得树干、枝条和根系进入河流。这些残体能够使得水流偏转、速度减缓进而改变河道形状。大的木质残体可以为鱼类提供栖息地，包括提供遮挡、生成池塘并且聚集有机质。某些残体对鱼类既有害处也有益处。例如，许多树干堵塞河道会阻挡产卵鱼类的迁徙，但同时可以形成静水、泥潭和沼泽，为幼鱼提供栖息地。

河岸带植被的根系固定了河岸土壤以抵抗侵蚀，并维持了有利于鱼类生存的**底切岸**（见图 9.17）。凹形岸可为鱼类提供庇护，同

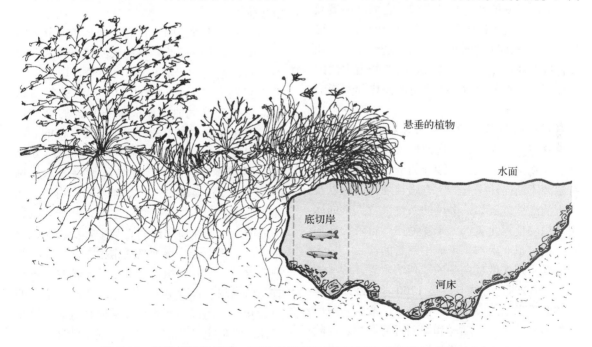

图 9.17 河岸植被的影响。河岸有根植物使河岸更加稳固并且形成了底切岸。底切岸及上方悬垂的植物为鱼类提供了庇护、阴凉和休憩地

时河流上方的树或草可以遮阴，在夏季为河水降温。河流任何一部分的生物群落组成都是由河道特征及能量来源决定的。例如，流速缓慢的开阔河流与流速较快的有遮蔽物的河流，生物群落组成是不一样的。

显然，河岸植被对于河流及河中的所有生物都十分重要。未来学习资源管理时读者就会知道，河岸植被的类型、数量和功能具有极大的地理差异。它们部分受到气候和地质的影响，人类土地利用方式也会有或好或坏的影响。

绿色行动

参加或成立一个本地河流保护小组，或者开展一项"收养一条河"的计划。这些志愿活动可以监控当地河流，有助于减少河流污染、保护河岸植被以及开展其他河流恢复行动。

9.4 海岸环境

9.4.1 海岸结构

沿海区域的环境是动态的。它频繁地遭受风、雨、海波、潮汐、洋流和海浪的影响。这些力量主要通过侵蚀和沉积来塑造海岸线。如果有机会观察北美的海岸线，就会知道它们的差异巨大。本节探讨多种类型的海岸及其影响因素。

沙丘和海滩 *沙丘*和*海滩*在世界上任何一个海岸都存在，这是海岸侵蚀的发生地，或是沉积物沉淀的地方。沙丘的形成之地，往往有源源不断的沙子补给，有强且规律的风以及巨大的潮差。例如，多风的条件以及大量的冰川沉积物使得北美洲太平洋沿岸，自阿拉斯加到加利福尼亚南部，形成了绵延的沙丘。最大的沙丘出现在俄勒冈州的库斯湾附近。这里沙丘高达 50 米，脊线长度达 1200 米，沙丘覆盖了 72 千米长的海岸线。在美国，最长和最广阔的沙滩分布在大西洋和墨西哥哥湾海岸。内陆的水流侵蚀携带的沉积物通过溪流汇入海洋，从而形成了这些沙滩。

岩石峭壁 *石质海岸*在世界各地都很常见，包括多种峭壁、平台和潮间带岩石。在美国，太平洋海岸主要是石质海岸。由于岩石的抗侵蚀性、过去和现在的气候条件以及地质年代的差异，石质海岸线的轮廓是非常多样化的。

坚硬的岩石，如花岗岩和玄武岩，往往形成陡峭的悬崖，直接插入大海或在海滩之后急剧上升。这些岩石高度耐风化，即使长期侵蚀，但侵蚀也很弱。

相反，由黏土或冰川沉积物等疏松或不坚固材料形成的悬崖，其消失速度相对较快。这些悬崖容易坍塌，而且非常容易被风和水侵蚀。它们非常容易发生滑坡或落石等而导致坍塌。因此，它们更可能形成斜坡或阶梯状坡面。

生长于岩石峭壁上的植被是由那些适应了高盐度和岩石基质的物种组成的。在这些人类及捕食者难以到达的地方，裂缝、礁石和岩石峭壁的裂隙为许多海鸟提供了受保护和筑巢的栖息地。由不坚固材料构成的悬崖，在它们被猛烈侵蚀之前，仅能在较短的时间里支持植被生长。

在以下的讨论中，我们把岩石峭壁分为两类：稳定（由坚硬的岩石构成）和不稳定（由不牢固、松散的岩石构成）。当然，现实情况更为复杂。悬崖很少只由同一类型的物质组成，它们通常同时由坚固和不坚固的物质构成。因此，岩石海岸的种类是非常多样的。

堰洲岛 沿美国东海岸和墨西哥湾分布着一系列狭长的岛屿，通常称为**堰洲岛**（见图 9.18）。在海浪、风力和洋流的作用下，堰洲岛通常是由海岸沉积物（主要是沙子）沉积形成的。它们在海岸线附近且平行于海岸线分布。从结构上看，堰洲岛通常由沙滩、沙丘和一些水湾组成。其植被主要是草本植物，零星有一些松树和橡树分布，而且通常与大陆之间隔着盐沼和泻湖。堰洲岛非常适宜度假和常年居住。它们也是非常受欢迎的娱乐胜地，且有些已被美国国会划定为国家海滨公园。然而，大多数堰洲岛是私有的。

州名	岛屿数量	总面积（公顷）
阿拉巴马州	5	11417
康涅狄格州	14	956
特拉华州	2	4089
佛罗里达州	80	189356
佐治亚州	15	67045
路易斯安那州	18	5717
缅因州	9	1069
马里兰州	2	5789
马萨诸塞州	27	15223
密西西比州	5	3846
新罕布什尔州	2	445
新泽西州	10	19433
纽约州	15	12271
北卡罗来纳州	23	59271
罗德岛州	6	1482
南卡罗来纳州	35	58360
得克萨斯州	16	155263
弗吉尼亚州	11	27895
18州	295	638927

图 9.18　美国大西洋和墨西哥湾沿岸的主要堰洲岛。这些堰洲岛是由海浪、海风以及洋流带来的沉积物形成的

遗憾的是，堰洲岛的环境变化十分剧烈，受到风、浪和海流侵蚀而经常改变形状和尺寸。在岛屿上风向一侧的沙子不断被侵蚀，因此在这些地方建造的房子有可能崩塌而掉入大海。堰洲岛也是飓风袭击海岸的首站地。由于这些岛屿非常多变而且非常容易受到飓风和其他暴风的侵袭，因此房屋和道路，包括居民，经常成为风暴潮、洪水和大风的牺牲品。

一次风暴就会造成数百万美元的损失。

许多风暴造成的损失由保险公司承担，但保险公司越来越不情愿为堰洲岛上的房屋和其他建筑物投保，许多公司甚至拒绝为堰洲岛提供保险。多年来，联邦政府一直在为暴风雨后堰洲岛的重建提供援助。当意识到费用相当高昂之后，1982 年国会通过了《沿海屏障资源法》，其中明确禁止将联邦资金用于风暴之后堰洲岛的重建。尽管如此，堰洲岛的开发并未停止。

珊瑚礁 珊瑚礁是由动物的钙质骨骼（由钙质组成的坚硬结构）和某些类型的能提供沉积物或"水泥"来粘合珊瑚虫骨架的藻类组成的。珊瑚的后代在亲本附近生长。亲本死亡时，后代会在死亡的骨骼上继续建造，通常会形成大规模的结构。珊瑚礁被认为是地球上最大的生物结构。最大、最著名的珊瑚礁带是**大堡礁**，它位于澳大利亚昆士兰的东海岸，长度超过 2000 千米，包含 2500 多个礁体。珊瑚礁通常会在温度不低于 20℃ 和深度小于 100 米的热带和亚热带水域出现。

在美国，珊瑚礁出现在夏威夷沿岸、佛罗里达州和维尔京群岛。珊瑚礁是高产的生态系统，丰富多样的动植物以此为栖息地，生活在珊瑚礁内部、上方及周围。这些生态环境也非常容易遭受自然和人为的干扰。来自附近地表的侵蚀会造成珊瑚礁生物的窒息，船只搁浅会损害脆弱的珊瑚礁，甚至粗心潜水员的蛙鞋也会损害它们。也许，珊瑚礁最大的威胁是海水温度的升高，某些科学家把它与全球变暖联系起来。在世界范围内，许多珊瑚礁已经褪色变白。这是因为海水温度升高杀死了珊瑚虫赖以生存的藻类，只剩下了珊瑚礁白色的骨架。

9.4.2 河口生态系统

河口及其附近的沼泽是美国海岸的突出特征。在本章前面提到，**河口**是河流和海洋之间过渡的半封闭区域（海湾）（见图 9.19）。从某种意义上说，它们是河流和海洋的结合地，兼有两种生态系统的某些特征。但是，河口有许多与众不同的特征，因此需要把其作为一个独立的生态系统来讨论。

图 9.19 华盛顿州沿海威拉帕湾的航拍图。该海湾是一个过渡区，在这里太平洋的咸水和流入海湾的淡水相遇。形成河口的两条主要河流是维拉帕河（右下）和北下鲑鱼河（上中）。注意这些清晰的轮廓（图中上半部分的浅灰色区域）

特征 河口的水位线随着潮汐起落。水由河流的淡水与海洋的咸水混合而成。河口盐分极易变化，24 小时内会变化 10 倍；涨潮时盐度最高，退潮时盐度最低。

溶解氧的浓度相对较高，因为河口较浅，水流通常比较湍急。由于潮汐的作用，水的**浊度**（悬浮在水中的细沙的浓度）非常高，从而降低了阳光的穿透力，最终限制了浮游植物的种群数量。但是，营养盐浓度非常高。河水和潮流都将营养物质带到河口，使得河口生态系统的生产力较高。

河口中有两条食物链。第一条是食草动物食物链，其中溶解的营养物质可以直接被浮游植物和固着水生植物吸收，然后传递到消费者。第二条是分解者食物链，惰性有机物质（又称腐屑，包括植物、甲壳类动物、蠕虫、鱼类、细菌和藻类的残体）被蛤蚌、牡蛎、龙虾和螃蟹等食腐生物直接消耗（见图 9.20）。

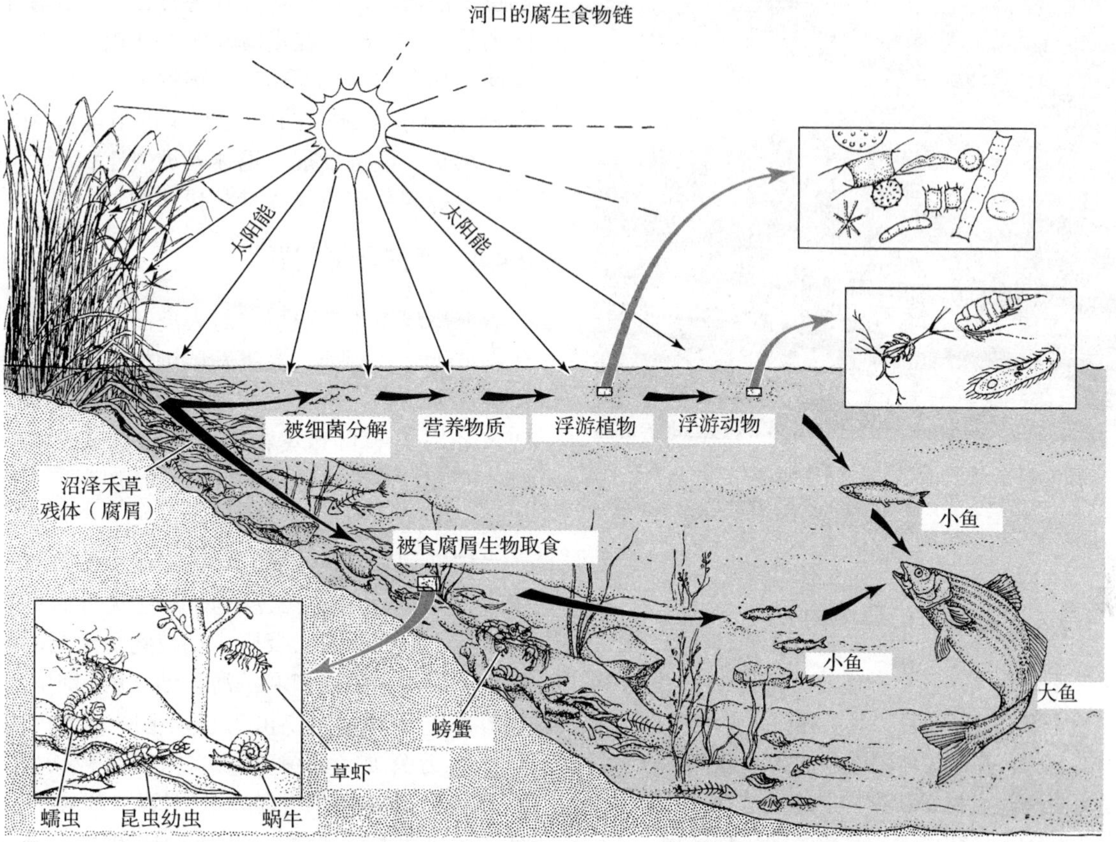

图 9.20 河口的腐生食物链。河口生态系统主要的食物链或食物网是以腐屑（分解的动植物残体）为基础的

由于有充足的营养物质和较高的含氧量，河口生态系统的生产力比除珊瑚礁以外的其他生态系统都要高。

价值 河口及其附近的沼泽是不可或缺的，其每年会为商业和休闲渔业带来 560 亿美元的财富。在美国的商业渔业捕捞的海洋鱼类中，有 60% 在河口度过了它们生命中的一部分时间。在墨西哥湾捕获的 100 条鱼中，有 98 条是依靠河口和盐沼生存的。许多海洋物种将河口作为"托儿所"，在这里，它们度过了从卵孵化后的幼鱼期。其他物种，如太平洋鲑鱼，在"河流-海洋-河流"迁徙期间两次通过河口。

河口生态系统为成千上万的水禽和麝鼠之类的毛皮动物提供食物、庇护和繁殖地。接近 45% 的美国濒危物种依赖海岸栖息地生存。

河口地区的滨海湿地有助于控制洪水和侵蚀，它们吸收暴雨产生的水流冲击，保障了人口稠密地区财物和生命的安全（见图 9.21）。河口和滨海湿地同样是天然的污染物过滤系统，它们能够净化河流输送到河口的工业和生活污水。根据一项研究，面积仅为 5.6 公顷的河口，其减轻污染的效果相当于一个 100 万美元的污水处理厂！

图 9.21 盐沼禾草沿科德角海岸生长（位于马萨诸塞州的北查塔姆附近），这些植物可以保护海岸线免于侵蚀

9.4.3 人类对河口环境的开发

沿海地区对人类发展非常有吸引力。海岸线地带不仅富饶，而且极其美丽。许多地方拥有温和的气候，并成为休闲娱乐的黄金地带。海岸线是海上运输原材料和货物的绝佳之地。美国靠近海岸线的人口数量增长高于其他任何区域，这一点也不令人惊讶。如今，超过一半的美国人居住在令人愉悦的临海区域，这一狭窄的条带只占美国国土面积的 17%。在全世界范围内，有 2/3 的大城市（人口超过 250 万）位于河口附近。

"二战"结束不久，一群雄心勃勃的开发者启动了数十亿美元的建筑热潮，开始了大规模的海岸开发。多年以来，他们建造了许多昂贵的海滨住宅、公寓、酒店和度假村。联邦政府对供水系统、下水道、道路、桥梁和堤坝等方面的建设有充足的补贴，这进一步激励了开发建设。沿海开发不仅包含建造房屋和度假地，这些年间，港口、发电厂和工厂也如雨后春笋般地在美国海岸出现。疏浚建设港口，为船只停泊提供空间；湿地被用土壤填平，为发展扩充空间；沉积物被开采以获取沙子和砾石；捕鱼业迅猛发展，废水处理厂、近海石油和天然气钻探设备也相继出现。

在过去的十年间，美国 20 个发展最快的县中的 17 个及 20 个人口最密集的县中的 19 个，都位于沿海地区。此外，20 个有在建最新住宅区的县中的 16 个在沿海地区。在接下来的十年间，加利福尼亚州南部、佛罗里达州、得克萨斯州和华盛顿州的沿海地区将出现最大的人口增长。经济发展、退休人员搬迁和度假屋的扩张等因素促进了人口的快速增长。

9.4.4 海岸环境问题

海岸环境十分脆弱，对人类活动和自然变化高度敏感。例如，人类发展可能导致栖息地的破坏和污染，扰乱海岸环境中的生态关系。飓风和海啸等自然灾害也会带来破坏性的影响，而人类在沿海地区的开发更是加剧了这些影响。下面探究一些常见问题。

破坏河口栖息地和滨海湿地 人类活动带来的最明显且不可逆转的影响就是栖息地的破坏。据美国鱼类及野生动植物管理局的调查，美国本土的河口和滨海湿地（所有潮间带湿地）从 1950 年的 240 万公顷下降为 2004 年的 210 万公顷（见图 9.22）。导致这种减少的原因主要是几个相互关联的因素：淤积量不足、运河和人造水道、波浪侵蚀、地面沉降和海水入侵造成湿地破坏。由于人们更加认识到湿地的价值，加上州及联邦法律的原因，这些年来河口和海洋湿地遭受的破坏大幅下降。尽管这一趋势是好现象，但是湿地消失速度减缓的另一个原因是根本没有太多海洋湿地存在。

另一个影响河口环境的不太明显的问题是船只产生的波浪（称为尾迹）所造成的海岸线侵蚀。尽管海岸线会被自然界的水波冲击，但是船只加剧了这种影响，破坏了珍稀鱼类和野生动物的栖息地。

除了造成栖息地的物理破坏，人类活动也影响河口的化学平衡。譬如，水坝减少了流入河口的淡水水量，盐分浓度升高，影响了淡水河口内鱼类的生存和繁衍。

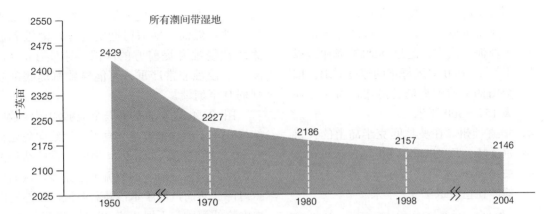

图 9.22　河口和海洋湿地的长期变化趋势（数据来源：美国鱼类及野生动植物管理局）

各流域范围内的人类活动，例如农业，也会导致河口的营养物质浓度上升，从而打破生态平衡。来自工厂、污水处理厂和其他来源的污染物造成了另一个问题，即鱼类和其他水生物种可能遭受毒害。

暴风雨造成的生命财产损失　正如本章前面提到的，在风暴进入内陆之前，沿海地区的盐沼和红树林沼泽能够缓冲暴风雨冲击、阻挡高强度的风雨和风暴带来的巨浪。你可能会怀疑，但是海岸线和堰洲岛的发展和滨海湿地的减少确实会增加飓风和其他海洋风暴所造成的生命与财产损失（见图 9.23）。

图 9.23　2005 年新奥尔良市遭受卡特里娜飓风，图为海岸线附近洪水泛滥的居民区

侵蚀　海岸侵蚀是一个自然的过程，它来自于海浪、风和暴风雨的力量。如前所述，侵蚀尤其损害由沙子和其他不坚固物质构成的海岸线。尽管都是自然造成的，海岸侵蚀仍然不断地威胁着发达的沿海地区。在美国，有 30 个州毗邻海洋，而且五大湖也有侵蚀问题，其中有 26 个州存在海岸净流失。美国东南部许多堰洲岛的海岸线每年平均消退 7.5 米。五大湖沿岸的侵蚀速度高达 15 米每年。

以下是美国沿海各州遭受侵蚀的例子：

1. 纽约。航拍照片显示，在 20 世纪后半叶，长岛的海岸线后退了 30 米。
2. 北卡罗来纳州。海岸线上的哈特拉斯角灯塔曾经距离高潮线 460 米。但在 20 世纪 90 年代，飓风携浪冲击导致了大规模的海岸侵蚀，高达 54 米的海浪拍打这一标志性的建筑，使得官员们不得不将它往内陆移动了1英里。

3. 加利福尼亚州。在全州1771千米的太平洋海岸线中，超过86%的海岸线以平均15～60厘米每年的速度后退。旧金山的蒙特丽海湾的海岸，每年会损失152～300厘米。

4. 华盛顿州。在奥林匹克半岛上的普肖尔沃特，从20世纪90年代起每年会被侵蚀30米。从那时起，海角上稀疏的沙丘已后退了3.2千米。

加速侵蚀　尽管海岸的侵蚀是一种自然现象，但人类活动导致全球海岸侵蚀的速度比自然力量更快。科学家称，人类"改变了沿海沉积物沉淀的动力学"。也就是说，我们已经改变了海岸线的自然演变过程。下面详细地讨论这个问题。

每年河流冲积带来的新沙砾会重新补充海岸线。然而，这些年来美国沿河道建设了成千上万座大坝，用来进行发电或灌溉等。遗憾的是，大坝阻碍了水流进入海洋——先前这些水流将大量的沉积物携带至河口并形成三角洲。然而，现在很多三角洲和海滩无法再被补充。

某些人类活动也增加了海岸线的侵蚀。例如，人们建造**海堤**来保护其背后的土地不受侵蚀。然而，随着时间的推移，海浪和波流经常侵蚀海堤前方的沙滩。事实上，"前滩"的侵蚀非常严重，可能导致海堤底部被削弱甚至崩溃。

图9.24显示的是另一个能够加剧侵蚀的结构——丁坝。**丁坝**是垂直于海岸线向外延伸约30米的石堤。如图9.24所示，这些结构能阻挡沿海岸平行流动的海流带走泥沙，从而保护海滩。然而，沙子本该随着海流，自然地沿着海岸线流动，丁坝却使本该补充到海滩的沙子顺流而逝。该问题的唯一解决途径是在下游建造更多的丁坝。

其他人类活动也会影响海岸环境。例如，沿海岸线开采石油、天然气和地下水常会导致**地面沉降**这一公认的问题。地面沉降是地表的凹陷，当地下的石油或地下水被挖走时就会引发。在路易斯安那州、得克萨斯州和加利福尼亚州，地面沉降已经引发了人们的特别关注。这一现象十分令人苦恼，因为某些地面已经到达或接近海平面。在路易斯安那州，过去的100年间地面已经下沉了1米。沿海的土地沉降后，洋流会冲进内陆并冲走土壤。

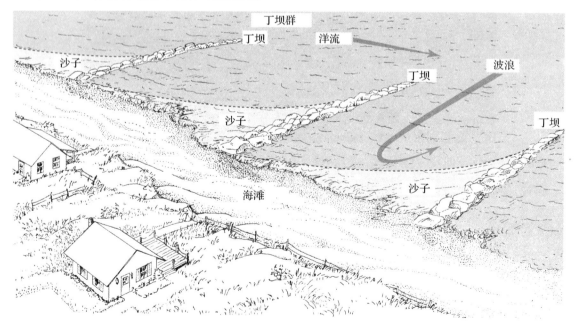

图9.24　用丁坝来控制海滩侵蚀

海平面升高 目前为止所谈论的所有问题都因海平面上升而加剧。研究表明，从 11000 年前的冰河世纪结束开始，海洋就一直在上升。然而，这个速度从过去的一个世纪起开始加快。例如在纽约，从 1850 年以来海平面上升了 40 厘米，上升速度是每十年 2.7 厘米，年际稍有波动。为什么会这样？许多科学家认为，主要原因是大气中二氧化碳水平的增加造成全球气候变化（见第 19 章）。二氧化碳的增加主要来自煤炭、石油和天然气等化石燃料的燃烧。100 多年来，科学家已经知道，二氧化碳锁住了大气层的热量，使得地球表面升温。温度升高是因为二氧化碳浓度增加，从而导致许多冰川和极地冰帽的融化。这接着又导致了海平面的上升。科学家们也相信，海平面上升也是因为海洋的膨胀——随着水温变暖，它开始膨胀。

如第 19 章所示，预计在未来二氧化碳浓度还会继续增加，使海平面进一步上升。因此，海浪（特别是在风暴期间）会在较低的海岸地区肆虐数百米，冲毁海滩，造成严重的财产损失以及一些人类和野生动物死亡。

污染 除了前面所述的各种因素之外，污染也影响着海岸线。污染，包括对海岸线环境造成的损害，随着海岸线利用率的增加而增加，其中不仅包括人类的开发，还包括人们的各种娱乐活动。污染来自方方面面，既有污水处理厂、雨水排水系统和各类工厂等，还有农田、海上船只和近海石油开采等。甚至一些游客丢在海滩的垃圾也会污染海岸线。在一些地区，因为生活污水的细菌含量超出了健康标准，导致某些公共海滩关闭。

"死区"是海岸线污染的主要形态之一，形成原因是过量农业肥料（尤其是氮肥）的使用。在全世界的海洋中，溶氧量缺乏的死区数量从 20 世纪 60 年代起一直增加，现已超过 400 个，严重威胁着渔业和以鱼类为食的人类。**死区**是指在河口形成的溶氧量极低（少于 2ppm）的一块水域。例如，农业生产使用的化肥部分流入河流中，然后汇入海洋，引发了浮游生物的迅速繁殖，从而耗尽水中的氧气。有些鱼类可以逃脱窒息，而蛤蚌、龙虾和牡蛎等底层生物

移动缓慢，几乎无法逃脱而死亡。死区的范围小至 1 平方千米，大到 7 万平方千米。世界上最大也最臭名昭著的死区位于墨西哥湾，这是一个范围达 22126 平方千米的区域，密西西比河向其中输送了大量的营养盐。这些营养盐来自在美国的农业中心——中西部地区，严重影响了墨西哥湾的鱼虾捕捞。

9.4.5 可持续的海岸管理

鉴于海岸受到各种因素的影响，因此如何管理好这一脆弱的、有价值的环境日益迫切。可持续的海岸管理意在指导人类活动，为当代与后代以及其他赖以生存的物种，保护这些重要的资源和功能，同时保持人类与经济繁荣。

1972 年，美国国会通过了具有里程碑意义的《**国家海岸带管理法**》（CZMA）。这部法案通过在联邦、州、地方政府及地区机构之间建立自愿的伙伴关系，实现可持续的海岸带管理。联邦政府和州政府给予匹配资金，州政府及当地政府制订并实施海岸带管理计划，以实现以下 CZMA 中要求的目标：

1. 保护自然资源。
2. 管理海岸环境，降低自然灾害的影响。
3. 保护和恢复水质。
4. 允许公众到达海边。
5. 优先考虑海岸发展，有序建设主要设施。
6. 鼓励城市海滨和港口的再开发、历史文化保护和恢复。
7. 为海洋生物资源提供全面规划与管理。
8. 为地面沉降与海平面上升的影响制订规划。
9. 协调和简化政府决策。
10. 鼓励公众参与海岸管理决策。

1990 年和 1996 年的 CZMA 修正案扩大了其范围，包括为流入河口湿地的受非点源污染的河流提供额外的治理资金，并建立国家河口研究保护系统。该法案于 1998 年和 2004 年进一步修订，确立了为阻止和控制沿海区域有害藻类爆发与低溶解氧的计划。

河口和滨海湿地的保护　今天，美国各州采用各种方法来保护、改善及恢复湿地。事实上，大部分州都有自己的"无净损失"政策，以防止湿地面积减少。这些政策由当地的分区条例、土地利用规划和许可证制度（用于保护现存湿地）来支持。26 个州通过收购建立湿地保护区，25 个州有恢复、改善或新建湿地的计划。最大的湿地恢复工程在佛罗里达州的大沼泽。

佛罗里达大沼泽的恢复被一些科学家认为是人类历史上最大的环境修复项目。恢复这个沼泽旨在扭转并减少对湿地的损害，同时通过有效的努力控制洪灾，为人类活动提供空间。经过人们在佛罗里达南部一个世纪的改造，有超过 100 万公顷的湿地并变成了农田、房地产开发区和休闲区域。尽管这里的农田是美国生产力最高的农田，但其对水文条件的改变对流经大沼泽的水流产生了严重的负面影响，并对鱼类以及水禽、涉禽和佛罗里达豹等野生动物造成了毁灭性的打击。当下，工程师们已经优化了防洪结构，让大部分雨水直接流入湿地，再次为湿地带来生机。该项目的成本预计为 30～50 亿美元，耗费 10～15 年时间。

路易斯安那州包含全国 35%～40% 的滨海湿地，其中有广泛分布的原始柏树沼泽和一望无垠的密西西比河三角洲上的盐沼。然而，防洪、航运、油气开采、城市和农业土地开发等对路易斯安那湾沿岸湿地产生了毁灭性的影响。由于河流泥沙补充的减少、海岸侵蚀加剧、海水入侵、挖掘湿地变为深水生境以及为了其他用途的排干，路易斯安那州的滨海湿地比 20 世纪初减少了 25%。

多年以来，路易斯安那州湿地的减少造成了贝类和鳍鱼数量的下降。随着生态多样性的降低，也造成了相关的经济行为和娱乐活动的减少。有趣的是，海洋湿地中的石油和天然气井也因湿地转变为开阔水域而受到威胁。

为了应对这些变化，各州和联邦政府每年耗费 3000 万美元用于大型湿地的建造和改善项目（见图 9.25）。1988 年，美国陆军工程兵团启动了一个 2500 万美元的项目，用于将密西西比河的淡水引到路易斯安那州的湿地和河口，以应对海水倒灌。河道的沉积物也用于制造墨西哥湾海岸带的沼泽。自 1993 年以来，财政支持使路易斯安那州将近 20235 公顷的滨海湿地得到恢复。

图 9.25　美国路易斯安那州墨西哥湾沿岸铁角湿地恢复项目。沿 1220 米的狭长海滩放置卵石，防止风暴冲刷及潜在的破坏，保护海滩后的湿地。现在，这些措施可以保护该盐沼免受侵蚀、海水倒灌及水文波动的影响

侵蚀控制技术　前面提到，某些海岸线结构被设计来保护海滩不受侵蚀却反而增加了侵蚀。另一种致力于保护海滩的无用功是，一些社团用卡车将沙子运到受侵蚀的海滩，以补充因暴雨冲刷或自然侵蚀而损失的物质。尽管许多州进行了这些尝试，但他们意识到，*海滩养护*都是临时性的，仅能持续 2～7 年，但是花费高昂。在某些情况下，效果更为短暂。例如，马里兰州的海洋

城曾经耗资 200 万美元,但是在完成两周后就因猛烈的暴风雨而损失掉了 60% 的沙子!

　　许多州使用较为自然但可能更持续方法来控制侵蚀——种植原生植被。例如,在得克萨斯州,自然资源保护工作者在靠近加尔维斯顿湾海岸线附近的浅水地区以斑块状种植耐盐的沼泽禾草。这些草就像活的缓冲带,阻挡着海浪的冲击。如果实施恰当,这种技术似乎可以运转得不错,并且形成或多或少的永久性保护。然而经验表明,这些种植计划并未模仿自然演替和间隔的模式,只能取得有限的成功。举例来说,过度种植可以使得某些地区过度稳定化,造成其他地方受到更多的侵蚀和沉积。

　　风险降低方法　除了保护海岸线,许多国家已经制定计划保护人类,特别是沿海居民和游客,因为他们很容易遭受海岸被长期侵蚀而带来的危害,受到自然不可抗拒的破坏性力量如飓风、海啸和地震等的威胁。沿海国家都利用各种方法防止或减少生命和财产的损失,保护海岸线资源。

　　1. **限制沿海开发**。各州都在高能海滩、沙丘和峭壁及其附近限制开发或其他的人类活动。他们规定房屋或其他建筑物必须远离海岸线一定的距离,并且私人开发不享受政府补贴。他们也通过了法规,禁止修建丁坝等稳固海岸线的建筑物。在某些情况下,车辆都被限制进入海滩。例如,在北卡罗来纳州,新建筑与沙丘的距离至少应为 40 米。在特拉华州,法律禁止在距离海岸线 3 千米内建造任何工厂。新泽西州的海滨发展法案(1988 年)授权环保局对靠近海岸线的非法建筑物收缴罚款1000 美元,如果继续违反,将继续罚款 100 美元每天。这些措施除了保护人类生命安全和减少财产损失外,还有助于缓解侵蚀、保持美景和保护脆弱的滨海湿地与河口。

　　2. **规划和公共教育**。规划和公共教育也有助于规避多种自然和人为危险,降低生命损失和对现有沿海开发的损害。各州和地方政府正在识别风暴损害的敏感区域,制订飓风疏散计划和应急通信系统,确保公众了解合适的疏散路线与躲避位置。此外,教育和公众宣传计划旨在提高公众对于在变化的海岸线区域修建建筑物的危险意识(见图 9.26)。

图 9.26　北卡罗来纳州海岸边的房屋。房屋建造得距海洋太近,房屋损坏的原因是对海水泛滥和海岸侵蚀的抵抗力较差

　　保护珊瑚礁　在历史上,珊瑚礁对一系列自然的压力表现出快速恢复的能力,包括灾难性的热带风暴、捕食、疾病和淡水径流(导致沉积,扰乱营养和盐分平衡)等。但在过去的 60 年间,亚热带和热带地区的人口增加产生了新的压力,加剧了对珊瑚礁和脆弱的渔业资源的破坏。这些压力包括雨水径流污染、农业和工业的点源和非点源污染、生活污水排放和过度捕捞等。人类通过浮潜和深潜等形式进入珊瑚礁与其直接接触,导致珊瑚礁和其他海洋生物遭受物理损害,或被制作成纪念品收藏或出售。最近一种食珊瑚的海星在太平洋制造了麻烦,而加勒比海的珊瑚疾病在某些区域产生了毁灭性影响。越来越多的人猜测是人类活动加剧了这两大压力。

　　许多珊瑚礁位于远离人类活动的地带,受到了很好的保护,例如澳大利亚的大堡礁。然而,在 2007 年珊瑚礁联盟的年报上,这个专门保护珊瑚礁的非营利国际组织表示,在世界上已有超过 27% 的珊瑚礁消失或遭受严重破坏,32% 会在未来 30 年内被人类活动破坏。美国和其他国家已开始采取多种管理手段,帮助减轻或逆转人类对这些脆的和有价值资源的影响。这些方法包括禁止采挖珊瑚、限制接触珊瑚和船只在珊瑚礁区域抛锚、减少娱乐活动和船只流量以及制订控制污染径流的法规。公共宣传和教育是珊瑚礁保护计划的重要组成部分，包括与潜水商店和俱乐部增加合作来提高对损害珊瑚礁行为的认识。譬如在一些珊瑚礁周边安装浮标等保护措施，只允许游览船只在珊瑚礁区域停泊而不抛锚。许多珊瑚礁被预留出来用于研究或修复，或者已经建立了海洋保护区。美国已有的海洋保护区包括佛罗里达群岛国家海洋保护区和佐治亚州的格雷礁海岸的国家海洋保护区。

9.5 海洋

9.5.1 一般特征

海洋覆盖着 70% 的地球表面，主要包括三大洋：太平洋、大西洋和印度洋。太平洋是最深和最大的大洋。海洋最深处是日本东南部的马里亚纳海沟，深度可达约 11 千米。大西洋是最温暖的大洋，它相对比较浅。流入大西洋的径流的集水面积是太平洋的 4 倍。印度洋是其中最小的大洋，主要分布在南半球。

海水包括约 96.5% 的水、3.5% 的盐，以及少量的生物、沙尘和可溶性有机质。海洋中的盐分约为河流或湖泊的 70 倍。这些盐分来自火山爆发以及海洋底部及裸露地表的岩石的化学风化。海洋盐分中质量分数累计达到 98% 的 4 种主要离子分别是 Na^+（64%）、Cl^-（29%）、Mg^{2+}（3%）和 SO_4^{2-}（2%）。

海洋一直在不停地循环流动（见图 9.27）。加利福尼亚寒流带着寒冷的海水沿太平洋海岸向南流动，而墨西哥湾暖流带着温暖的海水沿大西洋海岸向北流动。这些洋流影响着沿海地区的温度。例如，纽约市气候相对温暖，冬天更是如此，而旧金山夏季夜晚甚至会有些冷。垂直移动的洋流或**上升流**会将大洋底部营养丰富的寒冷海水带到表面（见图 9.28）。

与淡水相比，海水的营养并不丰富，缺乏硝酸盐和磷酸盐。但有两个例外：上升流区域和河口（河流带来了大量的沉积物）。

9.5.2 海洋分区

像湖泊一样，根据物理和化学性质的不同，海洋也可以被划分为几个区。

浅海带 **浅海带**对应于湖泊的沿岸带。浅海带是相对温暖、营养丰富和海水较浅的大陆架之上的区域。大陆架是水下陆地向海洋的延伸。在北美洲有大西洋、太平洋和墨西哥湾的浅海带，宽度为 16～320 千米，深度为 60～180 米。浅海带的边界在大陆架突然中止之处，大洋底部的深度也陡然增加（见图 9.29）。

浅海带的营养补给主要依赖于上升流和河流的沉积物。阳光一般可以照射到浅海带底部，保证了大量漂浮植物和有根植物的光合作用。浅海带的动物种群也十分丰富多样（见图 9.30）。因为光合作用和波浪作用，该区域不存在氧气耗竭的问题。浅海带单位体积内的生物量高于海洋的其他部分。

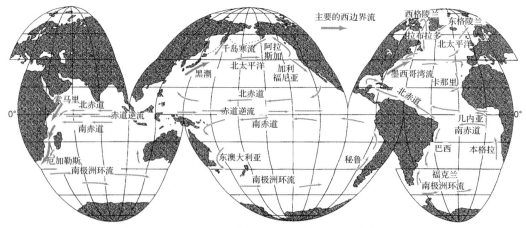

图 9.27 主要的海洋表层洋流。箭头越粗，洋流越强

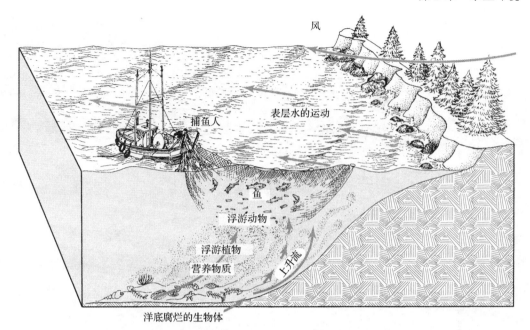

图 9.28　上升流现象。风向外吹动表层水，含有大量营养物质的海洋底部
冷水上涌并向岸边流动。因此，上升流区域的生物生产力很高

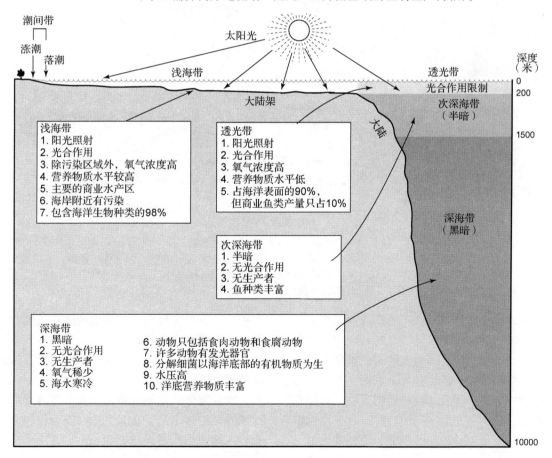

图 9.29　海洋生命带的位置和特征

图 9.30　海洋中的生物群落。藻类是生产者，是食物链和食物网的基础。小型浮游动物以生产者为食，接着浮游动物被鱼类、水母和鲸鱼捕食。顶级消费者是海鸟、鲨鱼、金枪鱼、箭鱼、鲸鱼和人类。底层生物即在洋底爬行的、吸附在岩石上的以及藏在泥沙中的生物，包括蛤蚌、蜗牛、龙虾、虾、螃蟹和细菌，它们以腐屑为食。图中左侧虚线箭头表示来自洋底的营养物质的上升流

透光带　**透光带**是海洋的开阔水域部分，相当于湖泊的湖沼带（见图 9.29）。该区域之所以称为透光带，是因为该区域光照足以支持庞大的浮游植物种群进行光合作用。接着，浮游植物为许多小型食草动物提供食物，如浮游动物的一种——小型甲壳类动物。对于食物链中可从浮游植物获得的总能量，透光带比浅海带多。因为透光带在宽阔海域绵延千万千米，

面积巨大。透光度取决于浅层海水的透明度。对于大多数海洋生物栖息地，光照最多能够到达海底 200 米深的位置，这一深度通常被认为是透光带的下边界。

次深海带　在透光带之下是**次深海带**（见图 9.29）。该带是半透光区域。光合作用无法进行，因而生产者无法存活。

深海带　在次深海带之下是**深海带**。深海

带是寒冷的、黑暗的区域，相当于湖泊中的深底带。深海带就在洋底之上（见图9.29），这里罕有动物生存。生活在深海带的动物们必须适应低亮度和极寒冷的环境（深海带的温度常常接近冰点）。生物还必须适应低溶氧量的环境（因为光合作用无法进行）、巨大的水压和食物的匮乏。

在许多地区，由于大量的沉积物，深海带的营养物质很丰富。这些养分来自上层透光的水体中腐烂的生物以及活的动物的排泄物。例如，在西大西洋的某些区域，900米深处的磷酸盐的浓度是90米处的10倍。因为浮游植物和食草动物都无法在深海带生存，大多数消费者既是食肉动物又是腐生生物。一些深海鱼类进化出了发光的器官，这可以帮助它们吸引食物和同伴。

9.5.3　海洋食物链

因为海洋占据了地球表面积的70%，所以它接收到的太阳能也占70%。除了浅海带生长的固着水生植物，太阳能主要被漂浮在宽广海洋中的浮游植物直接捕获。科学家估计每年会产生180亿吨的植物，大部分是浮游植物。这些植物可以供给45亿吨浮游动物为食。许多动物会捕食浮游动物，包括水母、青鱼、凤尾鱼和鲸鱼。以鱼类为食的食肉动物（包括鲨鱼、梭鱼、鳕鱼、鲑鱼和鸬鹚）以及人类处在海洋食物链的顶端（见图9.30）。像陆地食物链一样，食物链越短，顶端生物能够得到的物质越多。

9.5.4　海洋资源

海洋在很多方面满足了人类的需求。海洋中1.33亿立方千米的水为地球上所有生物（包括人类）提供了近乎无限的水源。氧气是所有生物赖以生存的物质，而透光的水体中大量的藻类补给了大气中的氧气。海洋吸收的二氧化碳（二氧化碳可导致全球变暖）是地球上所有植物吸收的20倍以上。

从早期人类在退潮后留下的水坑中用手捞鱼起，海洋一直在为人类供给丰富的必需氨基酸。海洋为国内和国际的交通提供了航道。同时，海洋还有娱乐功能，包括划船、帆船、钓鱼和快艇。

大洋底部有很多矿物，如锰、镍、铜和钴。海洋中矿物储量目前只有少数区域已经研究清楚。由于开采工艺十分昂贵，经济因素限制了对这些矿物的开采。

全球超过26%的石油来自海上油井。海上油井生产的天然气占全世界总产量的17%。尚有一些来自海洋的石油和天然气未被开发。如果能够找到有效的方法利用波浪、潮汐和热柱中的能量，那么海洋还能提供可再生能源。人们正在有一些区域研究利用这些可再生能源发电。

只有保证不过度开发海洋资源，防止生态系统遭到破坏，丰富的海洋资源才可以为日益增长的人口提供长期的补给和支持。

重要概念小结

1. 湿地有很多类型，通常是处在排水良好的高地和被永久淹没的深水生境之间的过渡带。

2. 根据Cowardin分类系统，湿地以及深水生境可被分为五大类：海洋湿地、河口湿地、河流湿地、湖泊湿地和沼泽湿地。

3. 海洋和河口湿地生态系统包括咸水环境，例如珊瑚礁、石质海岸、潮汐盐沼和红树林沼泽。

4. 河流湿地是沿着江河和溪流的湿地。湖泊湿地是湖泊、大池塘及水库边的湿地。

5. 沼泽湿地系统包括多种主要的湿地类型，如苔藓泥炭沼泽、草本泥炭沼泽、淡水草本沼泽、淡水木本沼泽以及小而浅的池塘。

6. 湿地功能可以分为以下三大类：（1）调节水文；（2）改善水质；（3）野生动物栖息地。许多生态系统服务来自湿地的功能。

7. 美国实施"无净减少"的湿地政策。湿地管理方式已从排干转变为保护、修复以及新建。湿地及其周边的活动受到《清洁水法》404条款的制约。

8. 生态学家将湖泊分为三个区：沿岸带、湖沼带和深底带。

9. 沿岸带是湖泊边缘的浅水地带，以生长着固着水生植物为特征。

10. 植物在湖边的位置随其水文特性而改变，越不能耐受水淹的植物距离岸边越近。

11. 在湖中漂泊的微生物称为浮游生物。

12. 沿岸带向内，自湖面至能够进行光合作用的最大深度，这部分开阔水域是湖沼带。

13. 在春季和秋季，温带湖水会经历充分的混合，这称为春季对流和秋季对流。

14. 季节河在旱季断流，而常流河全年流淌。

15. 流入较大河流的较小河流称为支流。

16. 所有的支流都汇入同一条河流，以地形分水岭为边界的这一片区域称为流域。

17. 一级河流是河流网络中最小的河流，它没有支流。二级河流只有一级河流作为支流，其他等级以此类推。一般来说，汇入的支流越小、越少，河流的等级就越小。

18. 水位高时河道成形，此时水流的力量足以侵蚀河岸并搬运河床质。

19. 河道类型有三种：曲流、直流和辫状。曲流河最常见。

20. 沿着河床，深槽和浅滩间隔分布。

21. 溢流水和悬浮沉积物被冲积平原接收。河流的向下侵蚀形成被遗弃的冲积平原，称为阶地。

22. 河岸带的叶片和树枝为河流生态系统提供了大量的能量。

23. 河岸带植被对河流和生物都十分重要，它可以提供大的木质残体、控制侵蚀、提供庇护、食物和筑巢场所。

24. 海岸带的结构具有高度差异性，一般包括以下特征的一项或几项：海滩、沙丘、岩石峭壁、堰洲岛、珊瑚礁、滨海盐沼和河口。

25. 典型河口的特征为：（1）半咸水；（2）水位随潮汐而涨落；（3）溶解氧含量高；（4）浊度高；（5）营养物质含量高。

26. 因为河岸带和堰洲岛的快速发展（这些区域人口密集），所以飓风及其他海洋风暴威胁着人类生命和财产安全。

27. 加快沿海区域发展，造成了以下影响：（1）美景遭到破坏；（2）破坏了滨海湿地；（3）加速了海岸侵蚀；（4）增加了污染；（5）破坏了鱼类及其他野生生物的栖息地。

28. 造成海岸侵蚀的原因有：（1）风暴；（2）由于拦河筑坝导致排入海洋的沉积物减少；（3）地面沉降；（4）人类设计的侵蚀控制工程。

29. 控制海岸侵蚀的方法有：（1）海滩养护工程；（2）种植植物；（3）限制沿海区域发展。

30. 《国家海岸带管理法》（1972年、1990年和1996年）为沿海的州和地方政府一级地区机构提供资金支持，以采取保护海岸及堰洲岛等敏感环境的合理对策。

31. 海洋占地球表面积的70%，有垂直和水平的洋流，其盐分是湖水或河水的70倍，且海水养分相对较少。

32. 海洋可以分为四个区：（1）浅海带；（2）透光带；（3）次深海带；（4）深海带。

33. 浅海带是毗邻海岸的、相对温暖、水深较浅且营养相对丰富的区域。

34. 透光带在海洋的开阔水域部分，自海水表面至光照足以进行光合作用的最深处。

35. 透光带之下是次深海带，是一个半透光的区域。

36. 深海带就在洋底之上，深海带的特征是黑暗、寒冷、溶氧量低且食物匮乏。

37. 在上升流区域，鱼类产量很高。因为这里的食物链只有两个环节：生产者浮游植物和消费者鱼类。在开阔海域的深海区，鱼类产量很低，因为食物链有6个环节。

关键词汇和短语

Abyssal Zone 深海带

Bankfull Discharge 漫滩流

Barrier Islands 堰洲岛

Bathyal Zone 次深海带

Beach Nourishment 海滩养护

Beaches 沙滩

Blooms　水华

Bog　苔藓泥炭沼泽

Coastal Zone Management Act (CZMA)　海岸带管理法

Compensation Depth　补偿深度

Consumer　消费者

Coral Reefs　珊瑚礁

Cowardin Classification System　Cowardin 分类系统

Dead Zone　死区

Decomposer　分解者

Detritus　腐屑

Ecotone　交错带

Emergent Plants　挺水植物

Ephemeral Streams　季节河

Epilimnion　变温层

Estuarine Wetland System　河口湿地系统

Estuary　透光的

Euphotic Zone　透光带

Everglades　大沼泽

Fall Overturn　秋季对流

Fen　草本泥炭沼泽

Floating Plants　浮水植物

Floodplain　冲积平原

Freshwater Marshes　淡水草本沼泽

Freshwater Swamps　淡水木本沼泽

Great Barrier Reef　大堡礁

Groin　丁坝

Headwater Streams　源头溪流

Herbivores　食草动物

Hydrophytes　水生植物

Hypolimnion　均温层

Lacustrine Wetland System　湖泊湿地系统

Limnetic Zone　湖沼带

Littoral Zone　沿岸带

Lowland Streams　低地河流

Mangrove Swamps　红树林沼泽

Marine Wetland System　海洋湿地系统

Meandering Pattern　曲流型

Neritic Zone　浅海带

"No Net Loss" Wetland Policy　"无净减少"湿地政策

Organic Matter　有机物

Palustrine Wetland System　沼泽湿地系统

Peat　泥炭

Peatlands　泥炭地

Perennial Streams　常流河

Phytoplankton　浮游植物

Plankton　浮游生物

Pocosins　浅滩沼泽

Point Bar　边滩

Pool　深槽

Predator　食肉动物

Producer　生产者

Profundal Zone　深底带

Riffle　浅滩

Riparian Wetlands　河流湿地

Riparian Zone　河岸带

Riverine Wetland System　河流湿地系统

Rocky Coastline　石质海岸

Sand Dunes　沙丘

Seawall　海堤

Spring Overturn　春季对流

Stream Order　河流等级

Submergents　沉水植物

Subsidence　地面沉降

Subwatershed　子流域

Terraces　阶地

Thermocline　变温层

Tidal Creek　潮沟

Tidal Salt Marsh　潮汐盐沼

Tributary　支流

Turbidity　浊度

Undercut Banks　底切岸

Upwelling　上升流

Watershed　流域

Wetland Delineation　湿地界定

Wetland Functions　湿地功能

Wetlands　湿地

Zooplankton　浮游动物

批判性思维和讨论问题

1. 定义关键词汇和短语列表中的词汇和短语。

2. 解释湿地界定的困难之处。

3. 描述五大湿地生态系统的特征并举例。

4. 所有的河流湿地都在河岸带中，但并非河岸带中的区域都是湿地。该如何解释？

5. 区分湿地的功能及湿地对人类的价值，并各举两例说明。

6. 在过去的 50 年间，美国的年湿地转换率一直在降低。这是否意味着人们可以放松对湿地的管理和保护？

7. 描述沿岸带固着水生植物的分布特征。

8. 识别沿岸带有代表性的三种昆虫、三种鱼类和三种鸟类。

9. 假设湖底部的光照强度是补偿深度处的 10%，那么是全光照的百分之几呢？

10. 说出湖中溶解氧的两种来源。

11. 冬季美国北部各州湖中的鱼类会受到溶氧量的限制，请给出三个原因。

12. 是什么导致了秋季对流和春季对流？

13. 秋季对流和春季对流对水生生物的生存有何意义？请解释。

14. 描述河流的形状及类型特征。比较以下两条河流的形状及河道类型：一条是山区源头溪流，另一条是低地谷地河流。

15. 什么决定了流域的边界？

16. 健康的河岸带是如何对河流生态系统产生正面影响的？

17. 河口与海洋有什么不同之处？河口与河流有什么不同？河口生产力为什么高？

18. 滨海湿地是如何保护海岸免受侵蚀的？

19. 海岸风暴导致的人类生命和财产损失未来可能会增加，为什么？

20. 海平面上升对沿海和堰洲岛的栖息地及群落有什么影响？请预测一下。

21. 用来控制海滩侵蚀的工程结构反而增加了额外的侵蚀，请解释原因。

22. 讨论美国各州在限制高能海滩或易侵蚀区域发展的各种措施。你认为哪种措施最有可能成功？

23. 描述浅海带、透光带、次深海带和深海带的特征。

24. 列举至少四条海洋对人类的价值。

网络资源

本章相关在线资料见 http://www.prenhall.com/chiras（单击 Table of Contents，接着选择 Chapter 9）。

第 *10* 章

水资源的可持续管理

水是人类不可或缺的一种资源。在农业中，水可以用来促进作物生长；在工业中，水可以用来生产各种产品，包括能源。对人自身而言，人类的生存依赖于水。水对细胞的功能和我们的健康至关重要。如果没有水，人只能勉强维持几天生命。

对于我们的社会来说，水的问题是我们面临的最大挑战之一。在某些地方，水资源十分短缺；然而在另外一些地方，人类需要去应对过多的雨、雪才以及随之而来的洪水。本章将从社会、经济和环境的角度探讨以上问题以及农业灌溉问题。在开始探讨这些问题之前，首先来认识一下水循环。

10.1 水循环

水资源是一种被高度利用的、可以维持生命的资源。水在生物圈中往复运动，这种现象称为**水循环**或**水文循环**。与碳循环和氮循环（见第 3 章）一样，水循环也是一种养分循环。在理解水循环的基础上，我们才能更好地理解水资源的问题及其解决措施。在阅读以下内容之前，请先结合图 10.1 对水循环进行学习。

关于水很重要的一点是，它一直在周而复始且不停地循环。由于水这种循环运动的特性，千百年间，一个特定的水分子可能会被成千上万次地再利用。举例来说，埃及艳后在两千年前用过的洗澡水，已经流向大海，并且与

海水混合。其中有一些水从海洋蒸发，然后又变成雨水，降落在陆地上。她的洗澡水中的有些分子，甚至可能会出现在你下一次的洗澡水中。

考虑水循环时，要注意区分要素（海洋、河流、湖泊和地下水）和过程（蒸发和降水等）。要素是指水循环中水的物理位置，过程是指决定水分如何运动的驱动力。

首先，我们应当明确，太阳能和重力是水循环的两大驱动力。太阳能使得水分从土壤、植物、海洋、湖泊及河流蒸发。热空气上升，使得水气上升到大气中，之后形成云。云释放水分，水分在重力作用下以雨雪的形式降落到地面。雨水和融化的雪水汇入河流或渗入地下。在这个过程中，水分会蒸发，再次变成大气中的水分。

尽管水一直在快速地运动，但是有些水会被存储起来，不过时间有长有短。有些水以地下水（定义见本章后续内容）的形式被存储在地壳中，有些水则以极地冰帽或冰川的形式被存储在地表，还有些水被存储在海洋及其他水体中。另外，有相当多的水以云的形式存储在大气中。

表 10.1 显示了任意时间在冰帽、海洋和大气等不同位置中水的储量。如表所示，世界上绝大多数的水都存储在海洋中。表中还显示了在水循环的不同部分，水完全更新所需的时间，即**更新周期**或**更新时间**。平均的更新周期从 9 天（大气中的水）到 37000 年（深海海水）不一。

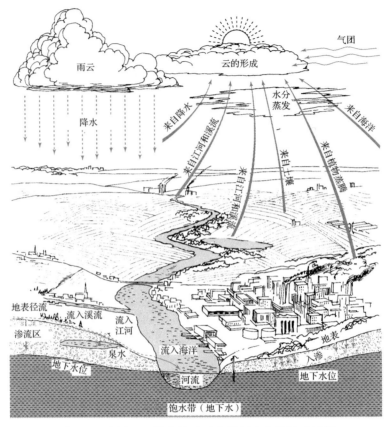

图 10.1　水循环。图中显示了水循环中水的运动过程

表 10.1　水循环概况

储水位置	总水量（%）	更新时间
陆地上		
冰盖	2.225	16000 年
冰川	0.015	16000 年
淡水湖	0.009	10～100 年（随水深而不同）
咸水湖	0.007	10～100 年（随水深而不同）
河流	0.0001	12～20 天
地下		
土壤水	0.003	280 天
地下水		
深度小于 0.8 千米	0.303	300 年
深度超过 0.8 千米	0.303	4600 年
其他		
大气	0.001	9～12 天
海洋	97.134	37000 年
总计	100.000	

为了更加全面地理解水循环，接下来阐述水循环的每个要素和过程。

10.1.1　海洋

宇航员从外太空望向地球，会发现地球是一颗蓝色的星球，仅有几块棕色和绿色的大斑块——大陆。地球之所以是蓝色星球，原因在于海洋占据了地球表面的 70%。海洋是主要的液态水库（见图 10.2），大量的水从海洋蒸发。

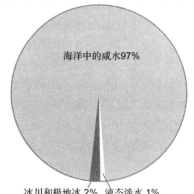

图 10.2　海洋是巨大的水库，海洋水占水循环中总水量的 97%

10.1.2　降水

　　海洋中的水分是如何到达大气中的呢？当太阳照射海洋时，海洋表面的水分子被太阳辐射加热。这些分子从液态的水中挣脱出来，变成气体进入大气中。这个过程就是我们所说的**蒸发**。悬浮在空气中的水，也就是水蒸气，当水蒸气上升之后逐渐冷却凝结，这样就形成了云。云可以随风飘到很远的距离之外。云中的液态水和固态的水以雨或雪的形式降落到地面或海洋。

　　对人类而言，降落到陆地上的水分最为重要。这部分水滋养了作物，充盈了江河湖泊，人类得以在其中进行休闲活动，还为城镇提供了方方面面的用水。降水和融化的雪水也会补给地下水。正如之前提到的，每天都有大量的雨水降落在美国的土地上。事实上，如果降雨均匀地分布在这个国家的土地上，那么一年的降水量将足以淹没整个国家（若它完全平坦），水深可达 1 米。但是，降雨并不是均匀分布的。

　　如图 10.3 所示，多年平均降水量差别相当大。以地处干旱西南部的死亡谷为例，年降水量只有 4.3 厘米，而美国东南部的年降水量有 100～150 厘米，喀斯喀特山脉的西坡年降水量有 350～400 厘米。

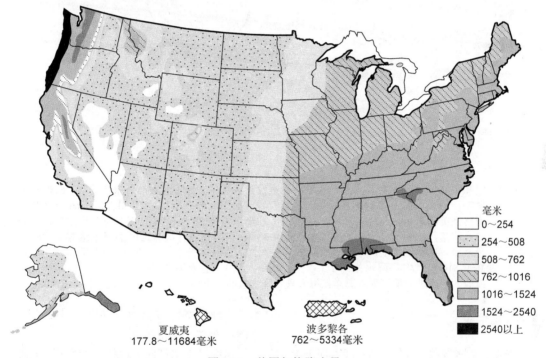

毫米
- [ ] 0～254
- [⋮] 254～508
- 508～762
- 762～1016
- 1016～1524
- 1524～2540
- 2540以上

夏威夷
177.8～11684毫米

波多黎各
762～5334毫米

图 10.3　美国年均降水量

10.1.3　蒸发与蒸腾

　　降落到地球表面的水又会发生什么变化呢？美国的年平均降水量为 0.75 米，其中约 2/3 会蒸发掉。如前所述，蒸发无处不在，河流、湖泊、水坑、池塘、海洋、土壤、植物和动物及其排泄物都在蒸发水分（见图 10.4）。植物通过叶片上的气孔失去水分，称为**蒸腾**。蒸腾是植物生存不可缺少的过程，蒸腾作用可以将溶解的养分从土壤经过茎或树干提升到叶片中。一棵成熟的橡树每天的蒸腾量达 380 升，一年的蒸腾量超过 15 万升。

10.1.4　地表水

　　美国有略微超过 30% 的降水会流入**地表水**，即进入池塘、湖泊和河流中。对于自然资源保护者来说，地表水和地下水是至关重要的，因为这些水资源提供生活用水、工业用水及休闲娱乐用水。地表水也为许多生物提供栖息地。地表水及地下水经常被有毒化学品、农药、人类的废弃物和其他污染物所污染，这个问题将在下一章中讨论。

美国的河流径流量平均每天为 45600 亿升，其中有山林间小溪的贡献，也有一些大河例如密西西比河的贡献。密西西比河的流域面积占美国国土面积的40%，自美国中部直到墨西哥湾，全长 3800 千米。地表水，即河流、池塘及湖泊，满足了我们人类用水的75%。

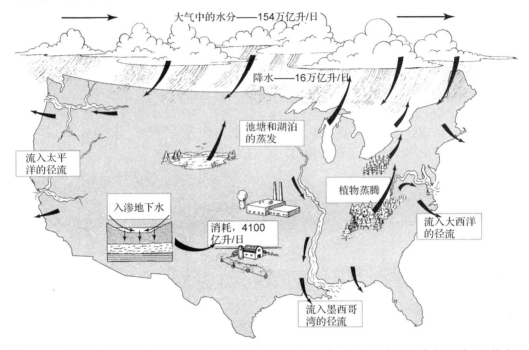

图 10.4　雨和雪降落之后发生了什么？水不断地蒸发到大气中，这些水大部分来自海洋。即使在干旱期，每天也大约有 154 万亿升的水蒸气经过美国。约有十分之一，即每天 16 万亿升水降落到美国本土。据此可以算出，美国平均降水量为 76 厘米/年，其中 66 厘米/年以雨的形式降落，其他以雪、雨夹雪和冰雹的形式降落。但是只有很少地区的降水量与平均降水量一致。在美国本土，年均降水量差异很大，从大盆地低于 10 厘米/年到太平洋西北沿岸高于 510 厘米/年。降水量的 2/3 以上会回到大气中，但是有 23 厘米/年的水会渗入地下水或流入河流进而最终进入海洋。每天只有降水量的一小部分会被人类消耗，约为 4100 亿升

10.1.5　地下水

一些降水及冰雪融水（约3%）渗入地下土壤中，这个过程称为**入渗**（见图 10.5）。水分首先通过**包气带**，包气带包括表层土和下层土，其特征是孔隙中既有水又有空气。这部分的土壤水称为**毛管水**。有些水分会被植物根系吸收，然后通过茎或树干到达植物叶片中，之后大部分的水自叶片中蒸发（蒸腾），以水蒸气的形式进入大气，小部分的水被用做光合作用的原料。

当水分通过土壤时，污染物会滞留在土壤颗粒的表面。因而，随着水的流动，水质常常可以得到改善。在包气带之下是**饱水带**，因这个区域的土壤孔隙中水分饱和而得名。这部分

水称为**地下水**。污染物可以自表层经过包气带下渗，对地下水造成污染。

水经过饱水带向下运移，直至最终遇到不透水岩层而停止（见图 10.5）。因此，水会存储在不透水层之上的多孔材料（如沙、砂岩和石灰岩）中，充满空间、孔隙和裂缝，形成地下的水体，这称为**地下水含水层**。饱水带的上边界称为**地下水位**。地下水会得到含水层上方大面积地区或特定受限区域的降水或地表水的下渗进行补充，这些区域称为**地下水补给区**。

尽管图 10.5 中未显示，但在某些地区，地下水位可能与地表相交，形成沼泽、池塘或泉水。在其他情况下，地下水位的深度也可超过 1.2 千米。自古以来，人类就通过打井获得地

下水或直接抽取泉水。

地下水位的升降取决于流入和流出饱水带的水量。举例来说，大量降雨之后，地下水位会上升（有例外，在沙漠中或在高度城市化的地区突降暴雨，这种情况下大部分水形成径流而不下渗，从而引发洪水）。在干旱期间，地下水位则会下降。在某些情况下，干旱会导致水井干涸（见图 10.6）。

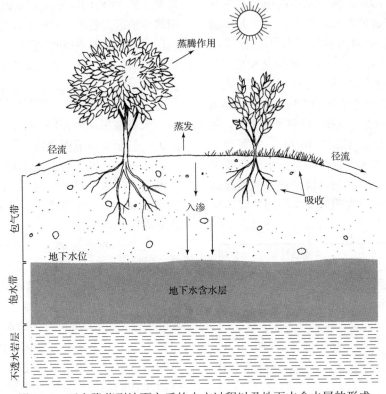

图 10.5　雨水降落到地面之后的水文过程以及地下水含水层的形成

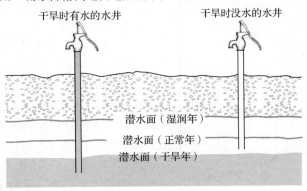

图 10.6　地下水含水层作为井水的水源。如果取水速度超过补给速度，持续不断的取水会使得地下水耗竭

人类也会影响地下水位。大量取水会导致地下水位下降。如果自地下水含水层中取水和补给的速度相同，这个含水层就能源源不断地供水。如果取水速度比补给的速度快，那么地下水位就会下降，含水层中的水量也会减少，这会导致水井变深变干。对于很深的地下水含水层，这个问题尤其严重，因为这些含水层中的水历经亿万年才充满，有时称为古地下水。在水的补给缓慢但是使用速度很快的情况下，地下水可被视为不可再生资源。

也许难以置信，但事实是世界上97%的液态淡水供应（834万立方千米）来源于地下水含水层。在美国，地壳上部0.84千米深度内的含水层中的地下水量等同于未来100年流向海洋的水的总量！然而，地下水中的巨大水量常常来自于千百年前的降水。例如，100万年前落在北美大平原上的雨和雪以每年几厘米或几米的速度渗过岩石，最终形成供给芝加哥大部分用水的地下水含水层。奥加拉拉含水层（之后再详述），在572平方千米的土地之下，自内布拉斯加州南部至得克萨斯州，跨越了8个州，存储有2500万亿升水（见图10.7）。它可以为几百万人提供饮用水，也是灌溉用水的主要来源，支撑了几十亿美元的经济产业。但遗憾的是，这个曾经储量巨大的地下水层的抽取速度比补给的速度快得多。

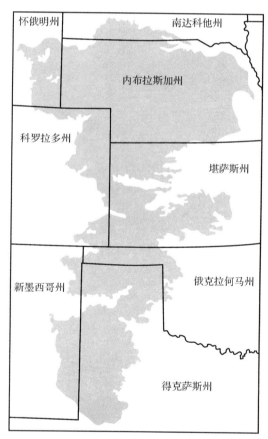

图 10.7 奥加拉拉含水层。这个巨大的地下水含水层正在枯竭，主要是因为农业用水。填满它需要几十万年，因此这个含水层本质上像矿产一样被开采了

10.2 水资源短缺：问题和解决措施

美国日均降水量为16万亿升，换算到人均是大约57000升。但是，水资源短缺仍然是美国很多地区需要面对的严重问题。美国之外的其他国家也面临着类似的、常常造成严重后果的水资源短缺问题。这一切究竟是为什么呢？

10.2.1 是什么导致了水资源短缺

水资源短缺的原因在于，尽管降水的总量巨大，但在全球范围内降雨和降雪分布十分不均匀。有些区域水资源很丰富，但有些区域水资源供不应求。美国东南部和西部面临着长期的水资源短缺，这造成了一些密集的人口和工业分布区供水不足。

人类不断增长的需求也加剧了水资源短缺。不断增长的人口数量，尤其是在干旱或半干旱地区，再加上农业、工业和城市用水量的上升，都导致了严重的水资源短缺，就像2007年和2008年发生在美国东南部的水资源短缺那样。但是，以上并不是全部原因。许多环节的水资源利用效率低下也是原因之一。为了理解这些原因及它们是如何导致水资源短缺的，我们需要对美国水资源的相关情况进行了解。下面从人口增长开始。

由于人口自然增长及合法或非法的移民，美国人口年增长率约为1.1%。尽管这个数据看上去不需要特别担心，但是持续的人口增长会造成对水资源需求量的持续增加。区域人口增长速率常常超过全国的增长速率。例如，有报道指出，在美国南部、西南部和西部的有些地区，多年的人口年增长率达到了4%。佛罗里达、科罗拉多、犹他、亚利桑那是人口增长最快的4个州，同时也面临着严重的水资源短缺问题。区域性人口激增对于本已超负荷的水资源供应造成了更大的负担。举例来说，美国西南部移民数量的增长，已使得该区的水供应不足。

人口增长不仅会增大需求，也会降低供给。在《水资源短缺之路》这份令人震惊的报告中，几个著名的环保组织给出了强有力的证

据——水资源短缺的部分原因是伴随着持续的城市扩张而来的道路修建。以亚特兰大地区为例，在 1982 年至 1997 年间，有近 85000 公顷的土地被修建为道路和房屋，于是造成了每年有4950 亿升的降雨进入了雨水管道。这些水不能再自然地下渗到土地中，滋养树木，也不能再补给地下水含水层，更不能在回到河流、小溪和湖泊前被净化。波士顿每年会损失 3820 亿升的水。

为了满足用水需求，一些水资源短缺的地区需要从水资源丰富的地区调水，路途遥远，花费巨大。更糟糕的是，近年来很多地区经历了严重的干旱，这可能是由气候变化引起的（造成了降雨格局的改变）。为了解决水资源短缺的问题，人们采取了更加严格的水资源保护措施。

农业用水需求量的增加使得对水的总需求量增加了。自 20 世纪 60 年代到 90 年代，美国的灌溉作物的总面积增加了两倍多，达到约 2700 万公顷，随后面积有所下降。之前提到的**奥加拉拉含水层**，是农业用水最大的水源之一。这个巨大的含水层自内布拉斯加州延伸至得克萨斯州，但由于用水量大于补给量（主要是农业用水），它现在正走向枯竭。在某些区域，地下水位每年下降 1.5 米。**地下水超采**，即使用量超过补给量，这种现象不仅仅美国存在，也是世界性的问题。

工业上，水也有很多用途。水可以用来冷却机器，可以输送矿物以备后续加工，还可以用来造纸。每制造一份星期日报，需水量为 570 升，而制造一辆汽车需要 247000 升水。

水还可以用来形成蒸汽给建筑物供热，还可以发电。在美国，发电厂每天会用掉 7350 亿升水，占总用水量（来源于地表水和地下水）的一半。人口的增长和更加富足的生活很可能会导致用电量增加，从而使得需水量增加。

除了人类大量用水，很多环节对水的利用效率也相当低下。举例来说，美国人平均每天使用 230 升水。欧洲人的用水量只有美国人的一半。在一些地区夏季草坪灌溉十分普遍，例如在丹佛和哥伦比亚，一个家庭每人每天会用掉 733 升水。

水污染也会导致可利用水资源的减少。地下水遭受的污染日益严重，这个问题在佛罗里达州、威斯康星州和加利福尼亚州格外严重。由于地下水污染很难（或花费很高）被清除，水污染会造成未来可利用水量的减少，与此同时需求却在增加。

10.2.2　干旱和气候变化

以上问题已经引起了区域性的水资源短缺，专家们认为随着美国人口增长和经济扩张，这些问题很可能会继续恶化。但是，并非只有美国面临着这些问题，许多国家都面临着相似的问题，为所有的终端用户供应洁净的水，将是它们未来数十年面临的最大难题之一。气候变化引起的干旱可能会进一步增加解决问题的难度。

根据美国气象局的定义，每当连续 21 天的降雨量明显低于常年平均值时，就会发生干旱。在北美的大平原上，自得克萨斯州至蒙大拿州，平均每年有连续 35 天的干旱，并且每十年就会发生一次持续时间长达 75～100 天的干旱。大平原南部（或尘暴区）有长达 120 天无雨的记录。

国家海洋与大气管理局的气候学家默里·米切尔通过树轮研究了干旱模式。树的年轮可以反映树在过去的生长状况，干旱年的树轮往往比较窄。他发现在 1600 年前，美国西部地区每隔 22 年会经历一次旷日持久的干旱。令人惊讶的是，米切尔发现干旱周期与太阳活动相关。

干旱实际上远比大多数人认为的更加普遍。无论是在城市还是在农业区，干旱都会导致严重的水资源短缺，进而造成农作物减产以及严重的经济损失。干旱伴随着高温，这会对人类和牲畜造成伤亡。近年来，美国每年有300～600 人死于高温。2003 年夏季，在欧洲有近 40000 人死于异常炎热的天气。大多数死者是老年人，因为他们很难适应高温或逃离高温。干旱也会影响野生动物种群的数量。

虽然干旱和水的短缺是一种自然现象，但强有力的证据表明，目前的干旱期和水资源短缺部分是因为人类导致的全球变暖。全球变暖是地球大气和地表水温度上升的一种现象，是由于温室气体的排放和其他活动导致的。温度上升导致了全球气候的改变，包括降雨格局。干旱和水资源短缺是全球性问题，每个大洲都面临这些问题。如果对于全球变暖的预测正确，那么干旱和水资源短缺会更加频繁地发生，这将会造成更严重的后果。

10.2.3 增加供水

即使人均用水量保持不变，全球的用水量也会大幅增长。在美国，自 2007 年至 2050 年间，人口将会增长将近 1.2 亿（见第 4 章）。在发展中国家，人口预计将会增长 30%或 26 亿。那么，从哪里可以得到额外的水来满足这些人的需求呢？

为了找到足够的水，我们可以采取多种措施。最重要的是控制人口（见第 4 章），其他措施（有些措施不一定可行）包括：（1）节约用水（提高水资源的利用效率），（2）废水再利用，（3）开发地下水资源，（4）海水淡化，（5）人工降雨，（6）向水资源短缺地区调水，（7）改变作物，例如发展**耐盐农作物**和**耐旱农作物**，继续为扩张的人口保障粮食供应。接下来会列出每种措施的优缺点。请从中选择出最可持续的措施，也就是从社会、经济和环境的角度都讲得通的措施，这是锻炼批判性思维的好机会。

10.2.4 节约用水：提高水资源的利用效率

多年来，人们通过建造水坝拦截河水来增加水的供给。这些水被存储起来，随后逐渐被利用。但许多专家认为，节约用水是一种更划算、对环境更加友好的方式。

农业节水 美国总用水量中有近 70%是农业用水，主要用于灌溉。农作物生长需要大量的水。比如，每生产 0.45 千克的棉花，需要 600 升水；60000 升水只能产出一斗小麦。在农场中节约用水（稍后讨论），可以大大提高全世界范围内的供水。

减小渗漏损失 每年都有大量的灌溉用水从泥土修建的水渠中**渗漏**出去而损失掉。为了减小渗漏损失，可以用混凝土或塑料来建造灌溉水渠，或以水管代替水渠。以卡斯珀（美国怀俄明州的一个城市）为例，城市周围的农场以不透水材料建造水渠，减少了水的损失，因而有更多的水可以作为生活用水和工业用水。这些措施可以使水的损失降低一半，而水管可以降低 90%。

推广滴灌技术 如果农民可以最大限度地使用**滴灌**，那么美国全国每年可以节约至少 13.6 亿立方米水。滴灌这种方法，就是在植物的基部用多孔塑料管缓慢地滴水。滴下的水下渗到土壤中，供给植物根系充足的水分并且减少浪费。滴灌技术可以使灌溉过程中浪费的水量减少一半。但是，只有果树、葡萄和坚果树等多年生的作物才能使用滴灌技术。玉米、小麦以及大多数商业化种植作物，它们每年都需要重新播种，因而无法使用滴灌技术。

热传感器和土壤水分传感器 美国节约用水实验室（位于亚利桑那州凤凰城）研发出了一种红外（热量）传感器。这种仪器可以探测出农作物释放的热量，因为农作物缺水变干时会逐渐升温，所以这些热量会间接地反映土壤水分。农民可以利用这种仪器判断农作物是否需要灌溉，因而可以避免过度浇灌。

农民们还可以利用土壤水分传感器来测定农田的土壤含水量（见图 10.8）。测定土壤水分可以帮助农民决定灌溉的时间和水量，这一举措可能为美国和其他国家每年节约数百万升甚至数十亿升灌溉用水。

图 10.8 专家正在从美国垦务局的精密仪器上读取土壤水分数据。有了这些数据，农民可以在需要的时间和地点进行灌溉。高效的灌溉方法不仅可以减少用水量，而且能够控制盐分累积

工业节水　多年以来，工业用水中的浪费现象一直特别严重，尤其是在水资源丰富的美国东部各州，人们认为水是取之不尽的。水价低廉造成了这些地区浪费水的情况。举例来说，水价为每 4000 升 1 美分时，燃煤发电厂每产 1 度电要消耗 200 升水（一个家庭每月平均使用 800～900 度电，而发电厂每年会产数十亿度电）。如果水价提高到 1.25 美分每升，同样的发电厂每产出 1 度电只需要 3.2 升水。

随着技术的创新，许多工业企业都在节约用水方面取得了进步。节水技术在不断发展，因而节约的水量极有可能也会增长。

大学校园和家庭节水　通过学习有关自然资源保护的课程，学生们会认识到保护地球宝贵的自然资源的重要性，其中就包括水资源。表 10.2 中列出了日常生活中的一些实用节水措施。最有效的方法之一是安装并使用节水淋浴喷头，它可以降低一半或更多的用水量（具体取决于你之前所用的喷头）。

表 10.2　节约用水的方法

浴室
1. 快速洗澡
2. 不要将马桶当做废纸篓
3. 刷牙时关闭水龙头
4. 刮胡子时关闭水龙头。塞住洗脸盆并接一部分水来冲洗剃刀
5. 立刻修理漏水的管道和龙头
6. 如果换马桶的话，加一个低流量配件
7. 在马桶水箱里滴几滴人工色素，这可以帮助你找到漏水的地方。如果出现颜色，则说明漏水，请立即修理好
8. 在旧的高水位马桶水箱中放一块砖或一个塑料瓶，这样每次冲水时可以节约 1～2 升水
9. 安装一个低流量的淋浴喷头

厨房
1. 洗衣机和洗碗机满了之后再洗
2. 手洗盘子时，不要让水一直流
3. 喝剩的饮用水放在冰箱中冷藏，而不是倒掉
4. 不要使用耗水多的垃圾处理机
5. 关紧龙头（纽约每天因此会浪费 8 亿升水）。滴水的龙头和不知节约水的人正在抢劫美国本就缺乏的水资源。一处小的漏水点（80 滴每分钟）一天会浪费 26.5 升的水

室外
1. 打扫车道和人行道时，用扫帚代替水管
2. 在水管上装一个带开关的喷嘴
3. 用一桶水洗车，只在最后冲洗时用水管
4. 只在温度较低或傍晚给草坪和花园浇水。老树和灌木通常不需要浇水。很多时候植物都被过度浇水
5. 移除草坪和花园中耗水的野草
6. 尽量少施肥，因为施肥会增加植物的需水量
7. 在花园的空地铺地膜以保持土壤水分

通过新的法律和价格政策，也可以鼓励人们节约生活用水。例如，使用水表控制家庭或商业用水，消费者按照用水量交费。但在有些城市，消费者用水只要缴纳固定费用，而非用水表计量交费。无论用多少水，都交同样的费用。在这些地区的家庭中安装水表之后，用水量通常会急剧下降 15% 甚至更多。

在安装了水表的家庭中，用水越多，水价越低。这种方式无法鼓励大家节约用水。因而，有些城市出台了新的水价政策——在用水量超过一定值之后，用水越多，价格越高。这一政策不仅降低了不合理用水的水量，特别是草坪浇水，而且会大大降低城市用水量。

房主可以收集雨水来浇灌树木、灌丛、花园和草坪，从而减少生活用水量。屋顶的雨水顺着天沟流入落水管，再流入雨筒（见图 10.9）。

房主有时候会把雨水转移到水箱或蓄水池中。在很多气候条件下，蓄水池可以储藏成千上万升水，供给多种用途。为了保持美观并且防冻，蓄水池常建造在地下。

图 10.9　雨筒。这样简单的雨筒就可以收集屋顶的水，这些水可以用来浇灌灌丛、树木和花园

克服节水的法律障碍　令人惊讶的是，在美国，有些法律阻碍了节约用水。例如，在美国西部地区，河流里的水是根据一种许可证制度来分配的。这些水资源的分配和使用主要有以下两条准则。

第一条是优先占用法则，通俗来讲就是"谁先来，谁占先"。这意味着最早的许可证持有人对河流水资源拥有高级权力，而较晚的持证人有次级权力。每年，根据水资源总量及持证人权力来分配河流中的水。享有高级权力的持证人最优先获得水资源，之后如果有多余的水，享有次级权力的持证人才能获得水资源。如果是干旱的年份，持有次级权力许可证的农场主可能一点水都得不到。

第二条法则更为重要，即"不用就作废"。这意味着持证人每年必须用掉自己的份额，否者只能放弃对这部分水资源的权力。例如，如果一个农场主有 1 亿升的份额，但是通过节约用水减少了一半的用水量，那么这位农场主将失去 0.5 亿升的份额。这些水会被分配给其他人。这个古老的法则显然阻碍了农场主节约用水。每年，不管是否需要，人们都不得不用完各自的水资源配额。

10.2.5　生活污水再利用

家庭产生的废物包含固体（生活垃圾）和液体（生活污水）。人类每天都源源不断地产生生活污水。这些污水被输送到污水处理厂，去除其中大部分污染物之后，被排放到附近的湖泊、河流或海洋中。污水处理厂处理过的废水中 99%是水，如果把 1%的污染物去除，那污水将比河流水本身还洁净。

处理过的生活污水已有相当多的用途。工厂，例如炼钢厂，利用这些水给钢铁冷却降温。旧金山、拉斯维加斯和圣达菲的高尔夫球场用处理过的生活污水来浇灌草坪（见图 10.10）。在科罗拉多学院，人们用净化后的废水浇灌树木和草地。在许多地方，人们还用处理后的废水灌溉农田，其中包括得克萨斯州的圣安东尼奥市和科罗拉多州的科林斯堡市。丹佛国际机场的草地也是用这种水浇灌的。

洛杉矶每天会排放 6800 万升处理过的污水，它们通过城边的河道，最终流入供给城市井水的地下水含水层中。这些水的水质高于科罗拉多河的河水。

再利用的废水，例如浇灌庄稼的水，必须去除重金属和有机污染物等有毒物质。这些有毒物质来自于工厂及其他产业，并且经年累月地与生活污水混合。值得庆幸的是，美国的水污染控制条例规定工业废水与城市污水系统分离。

房主们也可以循环利用废水。例如，有些房主循环利用**"灰水"**，包括来自吸收棚、淋浴、浴缸和洗衣机的水。这些水表面看起来是灰色的，含有肥皂和污垢，可被用来浇灌户外的植物。但是因为持续地用含清洁剂的水浇灌植物会对它们造成危害，所以许多房主使用了生物适合的肥皂，即该肥皂含有实际对植物有益的物质。

同时，人们用多种方法来处理**"黑水"**。黑水是指来自厕所的水。人工湿地是比较成功的范例。在人工湿地中，黑水被转移到小水塘中，该水塘常常铺有不透水层，其上有一些岩石和碎石，并且种植了水生植物。细菌和其他微生物会分解这些水中的物质。在基岩之上全部覆盖土壤，因而废水就不会被看到。在土壤中生长的植物的根系深入到基岩层，从废水中吸收水和其他营养物质。这样一个系统的出水甚至会像饮用水一样干净。

图 10.10　一个用处理过的废水来浇灌的高尔夫球场。这可以节约用水并提供一些养分。板上文字为"为了保护我们的自然资源，这个高尔夫球场用处理过的废水灌溉"

在有些家庭中，人们也使用堆肥厕所。如图 10.11 所示，堆肥厕所接收固体和液体废弃物。水从废物中蒸发，通过通气管到达屋顶排放出去，不会产生异味。固体废弃物会缓慢地分解，产生含有丰富有机质的堆肥，可以埋在花园中以增加土壤肥力。

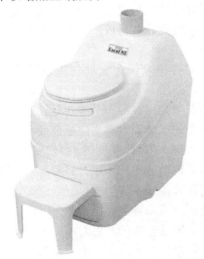

图 10.11　堆肥厕所。堆肥厕所接收废物并堆肥，不产生异味，能生产出营养丰富的土壤添加剂

10.2.6　开发地下水资源

节约用水和污水再利用是解决水供应难题的两大可持续方法。这两种方法体现了可持续性、提高利用效率以及再循环的原则。借助于这两种方法，人类就可以有充足的水资源。

为了应对日益增长的水资源需求，更传统、也许不太可持续的方法是寻找新的水资源。仅仅在美国，在地壳上层 0.8 千米深度内的地下水含水层中，就估计储藏有近 22 万立方千米的水。在地下水含水层上方打 150~600 米深的井，只要取水量不超过含水层的补给量，就可以缓解水资源短缺。

在水资源过剩的年份，有些城市将河流水引入地下以补给地下水，这样蓄水层就变成了一个地下水库。这种方法听上去不错，但是将河流水引入到需要补给的地区需要很多的管道和大量的能源，同时也不是所有的水都可以被利用。有专家断言，实际上其中只有一少部分水是可回收的。

10.2.7　海水淡化

如前所述，地球表面的 70% 被水覆盖，在有些区域深度达到 10 千米。但是，自纽约至新德里仍普遍存在水资源短缺问题。当然，海水是咸的，不经处理无法直接饮用。

在美国，有一些机构正在运营**海水淡化**工厂，将盐分从海水中除去而得到可以饮用的水。第一个这样的工厂在加利福尼亚州，每日可生产 10 万升淡水。在佛罗里达州西海岸也兴起了很多海水淡化厂。根据最近的统计，整个美国有近 1600 家海水淡化厂，每日可生产 76 亿升淡水。虽然这些水只占美国淡水供应量的一小部分，但是在中东地区，一些国家相当依赖于海水淡化产生的饮用水。

海水淡化似乎是满足未来用水需求的一种可行方法，但它存在很多问题。问题之一就是，它是一种相当低效且昂贵的方法。通常来说，如果有淡水的话，直接抽取淡水的成本更加低廉。但是，如果淡水需要从 150 千米以外输送到消费地区，那么淡化海水可能合算。老式的海水淡化厂还需要大量的能源来支撑，值得庆幸的是，新的淡化技术更加节能也更加划算。尽管如此，这些工厂产生的废物——浓盐水仍旧需要妥善处理。

10.2.8　开发耐盐作物

两名来自加州大学戴维斯分校的科学家，经过 6 年的研究，宣布开发了一种大麦新品系。这一品系比较耐盐，即使用海水灌溉也依旧能够正常生长。大麦的种植区域位于加利福尼亚州北部的波德加湾。大麦生长在一片有微风吹拂的沙滩上，每公顷产量可达 1480 千克，这一产量可以和用淡水灌溉的全球大麦平均产量平齐。其中一位科学家伊曼纽尔·爱泼斯坦说：“我们的成果可以证明海水不一定对农作物有害。”

他们的成功无疑是十分重要的。在全世界范围内，大面积的曾经的基本农田都因盐碱化（水浇地的盐分累积）而无法继续耕作，仅在加利福尼亚州就有 180 万公顷。这些盐分并不是来自海水，而是来自含盐量较少的淡水，因为灌溉而日积月累（本章后面会讨论）。目前，专家建议农场主们停止耕作盐碱地，或者以巨额花费、用大量的淡水将盐分从土壤中冲洗出去。但是，新的耐盐大麦及其他正在研发的品种可以在盐碱土壤中生长良好，而无须用海水灌溉，从而不会造成盐分在土壤中大量积累。

10.2.9　开发耐旱作物

在当今水资源短缺的背景下，开发耐旱农作物是提高粮食产量的方法之一。美国农业部（USDA）的一位科学家乔治·斯蒂尔对此类植物育种项目的节水潜力十分乐观，他说：“高粱是地处干旱区的一些第三世界国家的重要谷类作物。高粱的种质或基因使得它比较耐旱，在干旱期它会暂停生长，降水之后会继续生长并可供收获。”利用遗传工程的新技术，培育需水量较少的植物是非常有可能实现的。

10.2.10　人工降雨

人工降雨也是一种可以增加水供应量的方法。其中一项技术是云催化增雨，即在潮湿的空气中散播碘化银或氯化钠（盐）的小晶体。这些晶体充当**凝结核**，水分在它们周围凝结直至形成降水。美国垦务局对目前的人工影响天气技术很有信心，他们认为这项技术可以提高圣华金河流域供水量的 25%、科罗拉多河上游供水量的 44% 和吉拉河流域供水量（亚利桑那州）的 55%。在美国，有约 40 个云催化增雨项目，超过一半在加利福尼亚州和内华达州。

尽管这些项目已很普及，但是它是否真的有效还没有定论。另外，它可能带来一些潜在的问题。

有些评论家认为云催化增雨可能造成一些法律、政治、经济和环境问题。其中一个就是它的花费高昂。另一个问题是云催化增雨会增加一个地区的降水量，但是会减少下风向地区的降水量。因而，在一个地区进行人工降雨会导致其他地区更加干旱。另外，人工降雨也很难控制降雨量及降雨的位置。例如，7 月下旬的降雨对玉米有益，但是对附近正待捆扎的紫花苜蓿则是有害的。更为严重的是，人工降雨失控可能会导致洪水、水土流失、财产损失甚至人员伤亡。

10.2.11　远距离调水：加利福尼亚州的调水工程

调水，即通过管道或水渠将水从一个地区输送到其他地区。一些开发者和政府官员认为调水是为某些缺水地区供水的方法之一。但是，考虑到调水巨大的花费和环境影响，这一方法经常引起争议。下面来看**加利福尼亚州调水工程（CWP）**的例子。

加利福尼亚州一直面临着一个困境，即70%的潜在可用水分布在加州北部 1/3 的土地上（以丰沛的降雨和内华达山脉雪山融水的形式），但 77%的需求量却分布在占据加州 2/3 面积的半干旱的南部地区，其年降水量只有12 厘米。CWP 就是为了解决这一问题而建设的。作为世界历史上最复杂且最昂贵的调水工程之一，CWP 包括 21 个水坝和水库、22 个泵站以及 1140 千米长的水渠、隧道和水管（见图 10.12）。这是一个昂贵的"水龙头"，这项工程当时花费超过了 20 亿美元，这些钱足够建造 6 个巴拿马运河。

虽然这个巨大的工程有显著的效果，但是某些方面还是招来了环保人士的批评。他们认为 CWP 不仅花费了大量纳税人的美元，而且耗费了大量的能源、破坏了自然景观、摧毁了鱼类和其他野生动物的栖息地。环保人士还批评了在加州西北部一些自然河流筑坝的提议，包括鳗鱼河、克拉马斯河和特里尼蒂河。在他们看来，太多河流因被用来灌溉和发电而消失了。

暂且不管环保人士的批评和加州人民巨额的花费，CWP 已是既成事实，并且缓解了加州南部经常性的水短缺问题。在未来，人们必须采用更加合算的、可持续的方法来满足用水需求，例如本章中已经提到的家庭、办公室和商场的节水措施。水资源循环利用和补给地下水也是建立环境友好型给水系统的必要方法。

图 10.12　加利福尼亚州调水工程

10.3　洪水：问题和解决对策

当大多数人想到有关水的问题时，会想到水资源短缺。但很多国家有时会困扰于同样严重的、水过多造成的问题——洪涝。纵观历史，人类遭受过数次毁灭性的洪水（见表 10.3 和图 10.13）。

洪水是自然事件，在人类出现在地球上很

久之前就发生过。但是，近年来洪水变得越来越严重，很大程度上是因为人类改变了景观的方式。此外，空气污染导致了气候变化，再导致降雨模式的变化，这也许是世界许多地方洪水变多的原因，例如 2007 年及更早的得克萨斯州、2008 年的美国中西部和中国以及 21 世纪初的欧洲各地。本章仅讨论人类对景观的影响，第 20 章讨论气候变化。

表 10.3　洪涝灾害举例

时　间	地　点	伤亡情况	财产损失
1990 年	加尔维斯顿，得克萨斯州（飓风引起的洪水）	6000 人死亡	3000 座建筑物被毁
1936—1937 年	密西西比河	500 人溺亡，80 万人受伤	2 亿美元
1965 年	密西西比河上游	16 人溺亡 330 人受伤	1.4 亿美元
1979 年	赞比西河（莫桑比克）	45 人溺亡	25 万人无家可归
1980 年	巴西东南部	700 人溺亡	35 万人无家可归
1981 年	印度南部	1500 人死亡	损失大量粮食
1993 年	密西西比河	40 人死亡	100 亿美元，42000 座房屋被毁坏或隔绝，7 万人暂时无家可归，2800 万公顷的农田严重受损
1997 年	红河	没有报道	北达科他州，大流城45000 人被疏散
1998 年	孟加拉国	1300 人死亡	损失超过 34 亿美元，3100 万人暂时无家可归
1999 年	南卡罗来纳和其他州	57 人死亡	6000 座房屋被毁坏，45 亿美元
2003 年	欧洲，尤其是德国、捷克、奥地利、斯洛伐克、俄罗斯和罗马尼亚	100 人死亡	数十万人被迫离开家园
2007 年	孟加拉国	3000～4000 人死亡	至少 150 万人无家可归
2008 年	中国	57 人死亡	127 万人被迫离开家园，没有经济损失的估计
2008 年	缅甸	超过 10 万人死亡	超过 100 万人失去家园，没有经济损失的估计

图 10.13　洪水已成为越来越普遍的现象。它每年夺去许多人的生命和数十亿美元的损失。大多数洪水是由人类造成的

人类通过多种方式改变了景观。我们砍伐树木，在土地上放牧，在草场上耕种庄稼。砍伐森林、过度放牧和农耕都会减少植被覆盖。有植被的土地就像海绵一样吸收降落在土地上的雨水。这些水然后渗透到地下，供给植物水分并补充地下水。植被的损失增加了土地表面的水流量，称为**地表径流**。地表径流的增加导致溪流和江河被水填满，甚至漫过河岸，形成洪水（见图 10.13）。

湿地的破坏也让洪水变多。科学家认为 1993 年密西西比河沿岸的破坏性洪水本来在很大程度上可以避免，如果沿着这条巨大水路的湿地未被破坏的话。对于这次洪水——人类历史上代价最大的洪水之一的讨论，详见案例研究 10.1。科学家们还认为南新奥尔良沿海湿地的减少使得 2005 年卡特丽娜飓风对这个城市的破坏起到了很大的作用。这些湿地如果被完整地保留，本可以抵挡这场摧毁了这个城市和周边地区的风暴潮。联合国粮食及农业组织也指出，为了提高木材产量并为人类、农场和渔场提供空间而破坏缅甸沿海的红树沼泽最终导致了洪水，造成的生命财产损失比 2008 年初该国遭遇强劲龙卷风时更为严重。红树沼泽有助于容纳降水和减小风浪。在这场灾难中至少有 78000 人死亡，他们大多数是在巨大的洪流中溺亡的。

不透水的表面，如道路、停车场以及城市和郊区的屋顶，也让流域内的地表径流和洪水变多。这就是为什么城市更倾向于出现洪水。当暴雨来临时，水沿着街道和停车场汇成洪流，涨满河道。相反，在未受干扰的生态系统中，大部分的水都会被地面吸收。

洪水是一个重要的资源管理问题，因为它损害家园、城市、城镇和农场的作物，在美国每年造成数十亿美元的损失。它可能对人类、家畜和野生动物也是致命的。通过更好的农业、林业、牧业和建设管理以及对自然区域（包括森林和湿地）的保护，可以大幅减少洪水。图 10.14 标明了美国最易发洪水地区。

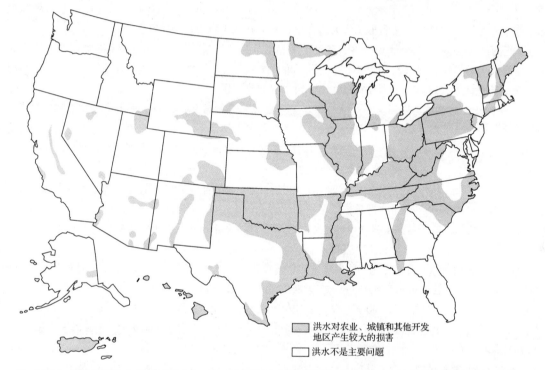

　　▨ 洪水对农业、城镇和其他开发
　　　地区产生较大的损害
　　▢ 洪水不是主要问题

图 10.14　美国有洪水问题的地区。70 万公顷的土地是洪水多发地区，这些地区未来预计洪水造成的损害会增加。这里的洪水多发地区是指毗邻江河、溪流或湖泊，在任何给定的一年内有 1% 的可能性发生洪水的地区。其中，19 万公顷的洪水易发地区是耕地，41 万公顷是草场、牧场和森林，还有 10 万公顷的其他地区，包括建成区。21000 个社区易发洪水，包括 6000 个人口超过 2500 人的乡镇或城市。洪水在任意给定的一年给美国造成的潜在损失约为 40 亿美元。因为建筑物的数量和价值都在增加，洪水造成的损失也将增加

案例研究 10.1　1993 年的密西西比河大洪水

　　一些人称它为世纪洪水。有些人甚至给了它更高的地位，声称这是美国历史上发生的最大洪水。不管 1993 年的密西西比河大洪水在历史上的大洪水中排在哪个位置，它肯定是数百万中西部人都想要忘记的一场洪水。当时，在威斯康星州、明尼苏达州、艾奥瓦州、伊利诺伊州和密苏里州，几乎不断的暴雨使密西西比河河水涨到了空前的高度。事实上，1993 年的前七个月是艾奥瓦州在有记录以来的 121 年中最潮湿的。一些地区的降雨量是正常年份的 10 倍以上。

　　密西西比河狂暴的水流以 13 千米/小时的速度席卷下游。在密苏里州的汉尼拔，河水水位达到近 10 米的顶峰，比 500 年来的洪水记录还高了 0.6 米。在圣路易斯市，河水破纪录地连续 80 天高于洪水水位，并在 8 月初达到了历史新高的 15 米。最终，喧嚣的河水漫过河堤冲进地势低洼的农田，淹没了相当于新泽西

州面积两倍大的一片区域。

很多位于明尼阿波利斯和圣路易斯之间的河流都以岩石筑成的防洪堤为边界，防洪堤能有效地抑制每年由于雨水和融雪导致的春季河水上涨。然而遗憾的是，很多防洪堤并未设计成能应对1993年的洪水。事实上，800多个防洪堤在河水上涨的力量下崩溃或倒塌。当伊利诺伊州昆西西部的一个防洪堤倒塌的同时，海岸警卫队军士长保罗施勒塞尔正站在防洪堤几码开外的地方。他回忆水从裂开的地方涌出时，"就像一列货运火车一样汹涌咆哮"，巨浪有1.5米高。附近的工人赶紧逃往安全地。

在很多防洪堤要么破裂要么已经不存在的沿河小镇，居民搭起了沙袋来挡水。人们表现出来的奉献精神和高昂斗志令人印象深刻。例如在密苏里州的开普吉拉多，方圆600千米的志愿者和数千名当地居民用50多万个沙袋阻挡了洪水。搬运沙袋的人既有学生又有老人，既有木匠又有律师，既有农民又有大学教授。在保卫小镇的过程中，这些人显示出了伟大的合作精神、自我牺牲的精神和社区的凝聚力。

在密西西比河上游无数个地点，洪水越过河岸，然后再上涨越过防洪堤和临时搭建的沙袋。水位越来越高。它涌进大豆田和玉米田，在市中心购物区肆虐。最后，它进入数百间河滨房屋的客厅、厨房、卧室和浴室，导致电视评论员汤姆·布罗考宣布，"美国中部被洪水围困。"

在很多被淹没的城镇，人们出去购物只能靠划艇或独木舟的帮助。伊利诺伊州的格拉夫顿，一名以其番茄园为傲的老人，尽他最大的努力去挽救珍贵的"红色美人"。他把它们挖出来，装进篮子里，用他妻子的晒衣绳把它们串起来，让它们保持"高而干"。一名惊慌的女人在趟过深达臀部的水时，跨过了一条在她的卧室里游泳动的、1米长的水蛇。她通过想象这只是一个巨大的蚯蚓来使自己平静下来。

洪水引发了交通混乱。洪水淹没了地势低洼的机场跑道，所有航班均被取消。州际铁道上的列车遭遇洪水而停下来。伊利诺伊州昆西的湾景桥是密西西比河在这个300千米河段上的唯一一座大桥，被关闭了1个月。在洪水期间，美国陆军工程兵团停止了从迪比克到圣路易斯的所有河上商业交通。这次停航涉及至少200艘驳船，总经济损失每天为100万美元。

在灾害的高峰期，农业部长迈克·埃斯皮进行了一次针对农作物受损的直升机视察。遗憾的是，农场被淹没的面积之大使得一些区域几乎看不到土地。美国农业部门（USDA）估计，至少有320万公顷的农场要么没来得及栽种，要么被淹没。另外，近500万公顷的玉米和大豆作物的生长受到了严重影响。最终，威斯康星州、明苏尼达州、艾奥瓦州、伊利诺伊州和密苏里州的数百个县被正式宣布为灾区，并向联邦政府请求紧急援助。

1993年的洪水消退后，估计有40人死亡，至少42000座房屋被毁，约70000人暂时无家可归，8亿公顷农田的生产力被严重破坏，总经济损失至少100亿美元。难怪许多机构认为1993年的洪水是美国历史上最大的自然灾害。

这场洪水在造成巨大破坏和惨重代价的同时，也有一些益处。它促使人类将河漫滩回归河流。为了避免再次面对特大洪灾，一些社区已经选择搬迁到地势较高的地方。他们通常是毁灭性洪水之后的重建的买单人，这样不仅省了纳税人的钱，还将那些曾经被人类占据的土地还给了野生动物。大河岸边几乎已经消失的自然栖息地正在慢慢恢复。野生动物学家希望最后可以创建"一串珍珠"，即沿河的一连串的自然栖息地，为野鸭和其他物种提供宝贵的栖息地。这也将减少洪水带来的损失，因为人类远离了危险，洪水泛滥时让水有可以宣泄的地方。湿地的恢复也有助于减轻洪水。

10.3.1 控制和预防洪水

尽管人类不能阻止所有洪水，但至少可以阻止或减轻其中很大一部分洪水。专家说，即使是20世纪90年代和21世纪初的一些可怕洪水，如果在其发展期间采取了一定措施的话，也可以大大减轻其危害。

不同的防洪措施有着不同的复杂度、成本和效果。在每个冬天测量积雪有助于预防洪水，因为这有利于工作人员预测未来的洪水并采取规避措施。目前最常用的防洪方法是修建防洪堤、疏浚和修筑大坝，这些方法随后会加以介绍。在通常情况下，最简单和最有效的方法之一就是预防——限制在河漫滩上进行开发和定居。河漫滩是河流和河流三角洲周边的低洼地区，容易发生洪水。这种努力最大限度地减少了人的损失。还可以通过保护和恢复所有流域内的湿地和植被来最大限度地减少洪水。例如，通过保持正常的植被覆盖来减少地表径流。下面针对每项措施，考虑其环境的影响。

测量积雪来预防洪水　美国地质调查局（USGS）是美国联邦政府的一个机构，它测量了美国西部山区超过 1000 个地点的积雪深度。

这项调查可以帮助该机构预测即将到来的洪水，这样他们就可以警告政府官员和市民做好准备。

尽管积雪的测量对防洪是有帮助的，但并非总是有用的。其他因素可能会使问题复杂化。雪有可能会比预期化得更快，或者雪融化时还可能发生大暴雨，因此需要进一步的措施。对于地理信息系统和遥感在监测积雪和预测水供应量中的应用，详见 GIS 和遥感专栏。

GIS 和遥感专栏　国家气象局用 GIS 帮助监测和模拟积雪

在美国西部山区和加拿大西部省份，冬雪是很多城市和农村地区重要的液态水来源。所以，美国西部的州有大量的融雪。事实上，春季径流占了许多河流年径流量的很大一部分。在春天雪开始融化时，上一年中被农场主、工业和居民几乎将水全用光的大型水库又一次被水充满。这部分新增加的水资源，在来年春天积雪再次开始消融前往往得不到补充。

遗憾的是，事情并不总是我们想的那样。有时积雪，也就是整个冬天山上累积的雪量过大。有时积雪融化的速度超过预期。如果这两个事件同时出现就会导致洪水，可能造成生命和财产损失。有时积雪又低于平均水平，导致发生水资源短缺。

在美国，国家气象局（NWS）试图帮助那些依赖春季融雪和住在河流河漫滩的人。新创建的美国国家水文遥感中心（NOHRSC），总部设在明苏尼达州的善哈森，它利用遥感和地理信息系统，结合其他技术（如数学建模和现场收集的数据）来提供重要信息，用以估测积雪，并帮助预测水供应和潜在的洪水。

NOHRSC 监测美国的积雪范围、水含量和空气温度，然后使用地理信息系统创建详细的地图用于显示和分析。NOHRSC 从很多来源获得数据。例如，它通过另一个政府机构——自然资源保护局，获得美国西部数百条测雪线路上的固定点监测数据。积雪监测自动站的网络也会提供数据。偏远的站点通过卫星传递积雪和气象数据到地面接收站，地面接收站再发送数据到 NOHRSC。通过飞机机载的仪器测量土壤和积雪发出的 γ 射线，该中心也可补充获取其他感兴趣地区的积雪水含量和深度。研究人员已经研究出用机载传感器检测到的 γ 辐射量估计积雪的液体水含量的数学公式。

该中心使用计算机程序和地理信息系统处理数据。很多数据都提供给了 NWS 的另一个分支机构——河流预报中心。

有关冬季积雪的地点和数量的及时信息对许多最终用户至关重要。农场主、灌溉管理人员、水电站、野生动物管理人员和防洪人员都将受益于这些令人振奋的新技术。如果洪水可以被预计，那么疏散计划可以提前制订和实施；如果能预测水供应短缺，水利部门可以实施节约用水计划。因为可以为我们采取行动争取时间，GIS 就成为管理我们自己和资源的有用工具。

防洪堤　防洪堤是一种普及的防洪措施。**防洪堤**是用土、石或砂浆建造的堤坝，距河岸的距离不等，用来保护居民、工业和农业财产免受洪水侵袭（见图 10.15）。1936 年美国国会通过了具有里程碑意义的《洪水控制法案》，以保护密西西比河及其支流沿岸的家园、农场和商业免受洪水侵袭。美国陆军工程兵团被赋予了这项责任。从那时起，类似的防洪措施已应用于很多其他河流。

然而近年来，修建防洪堤这样的控制方法越来越多地受到了人们的质疑。事实上，目前争论的焦点是应否扩展防洪堤体系，尤其是沿密西西比河上游。先大致思考一下正方观点和反方观点。

图 10.15 当保护性的防洪堤被突破后，沿河将发生洪水

正方观点：

1. 1938 年以来由美国陆军工程兵团建造的防洪堤和大坝有效地控制了密西西比河的洪水，至少防止了 2500 亿美元的损失，是累计成本的 10 倍。

2. 1973 年和 1993 年，密西西比河达到了百年一遇的水位。尽管如此，成千上万的美国人在防洪堤的后面保持安全。如果没有这种保护，许多人可能失去生命。

3. 防洪堤维持河流有足够的深度，进而允许大规模航运，这对美国的经济和在世界贸易中的地位是非常重要的。

4. 防洪堤提供的保护已让农业、工业、商业和居民区的发展最大限度地接近河岸。

反方观点：

1. 自 1938 年以来，每次洪水造成的损失反而增加了 2.5 倍。

2. 尽管美国陆军工程兵团有着雄心勃勃的防洪堤建设方案，但每年由于洪水引起的死亡人数（按每次洪水计）从 1916 年到目前一直保持不变。

3. 大坝和防洪堤体系的结构并不完美。1993 年洪水期间，1400 个防洪堤中有 800 多个（其中部分由兵团建造）并不能抵挡汹涌的洪水。

4. 防洪堤之间的河流就像穿上了紧身服，可能实际上增加了下游洪水的严重程度。这是因为相对于允许河流在上游河岸溢出，限制水流会使下游水位上升更多。实际上，圣路易斯的密西西比河水位现在比 1881 年升高了 3.3 米，主要是因为沿河岸建成的防洪堤。除了引起河水上涨，防洪堤还使河水的流速变快和水压变高。因此，一旦防洪堤破裂，所造成的生命损失和财产损失要比没有建造防洪堤时大得多。

5. 防洪堤系统造成了河边曾经的湿地干枯和消失。当然，所有湿地的重要功能都永久性地丧失，比如地下水的净化器、野生动物的栖息地以及可以吸收洪水的有生命的海绵。

6. 防洪堤系统阻止了周围的农田每年春季吸收小洪水带来的营养丰富的泥沙。

7. 防洪堤是用泥土和水泥建成的不美观的屏障，因为它们中的很多都有 12～15 米高，它们实际上挡住了河谷的美景。

8. 一旦防洪堤建成，农业、工业、商业或住宅开发往往都会在河流附近。换句话说，当地的发展会让洪水更易发生。其结果是，一旦防洪堤被一次巨大的洪水冲破，生命和财产的损失将会非常严重。

9. 防洪堤的维护非常昂贵。例如，伊利诺伊州北部沿洛基河只有 89 平方千米的排水区域，在 1993 年的洪灾中造成防洪堤至少 10 处破裂，洪水侵袭了 4050 公顷的农田。但是这些裂口的修复花费了美国纳税人至少 50 万美元。

10. 最后，防洪堤也会把水挡在外面。落于防洪堤外的集水区中的降水可能没办法到达河流中，可能在防洪堤外形成水塘，对防洪堤造成影响。

正如在很多问题上的争论一样，双方都提出了令人信服的论据。当前对在河漫滩上从事农业、建筑和其他的活动的限制越来越严。至少有一个 1993 年被淹没的小镇搬迁到了地势较高的地方。近年来，一些联邦机构加入了防洪行动，包括联邦应急管理署和美国陆军工程兵团，已经开始花费巨资帮助沿河的社区搬迁到地势较高的地方（见图 10.16）。这不仅仅是保护人们远离洪水，也是把河漫滩还给它们真正的主人——河流。为了野生动物和天然防洪，曾经被房屋占据的土地现在被保留下来。

疏浚 大量的土壤从人类干扰的流域中被冲刷进河流，导致沉积物在河道积累，也就是所谓的**河床淤积**。这减小了水道的深度，提高了洪水发生的概率和严重程度。如果注意到密西西比河每天输送的泥沙量是 200 万吨，就会理解这个问题的严重程度。为了解决这个问题，同时为了航运而加深河道，密西西比河和其他河流都由美国陆军工程兵团定期疏浚。

1852 年中国黄河的灾难强调了**疏浚**（去除河流底部的泥沙）的重要性。由于这条河的河道被泥沙堵塞，防洪堤越建越高，直到河水比屋顶还高。最终，洪水的一个大浪粉碎了堤坝，导致上百万人被淹死。

水坝 多年以来，美国实施了宏伟的水坝建设的方案。最大的水坝是科罗拉多河上的胡佛大坝（见图 10.17）。多年来，大坝和其他防洪措施防止了巨大的财产损失，挽救了数百人的生命。尽管大坝在防洪和水力发电上有很大价值，但它还是导致了一些问题（见表 10.4）。

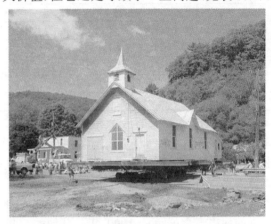

图10.16 为了避开洪水区，这座教堂向着地势更高的地方挪动了 150 米

图 10.17 胡佛大坝，世界上最大的水坝之一。位于亚利桑那州和内华达州的边界，拉斯维加斯东南 30 千米。大坝的发电机满足了加利福尼亚州南部、亚利桑那州和内华达州的大部分电力需求。大坝抑制了科罗拉多河汹涌的水流，对下游防洪非常有用。米德湖是大坝后 150 千米长的蓄水池，米德湖的水浇灌了 40 万公顷的土地，使该区域的农作物产量增加了 120%

表 10.4　大坝的缺点

1. 建造大坝极其昂贵，耗资数亿至数十亿美元。例如，亚利桑那州和内华达州边界的胡佛大坝耗资 1.2 亿美元
2. 一些基本农田被淹没
3. 美景被破坏。例如，亚利桑那州的彩虹桥国家保护区受到科罗拉多河上的格伦峡谷大坝的威胁
4. 在沿海地区造成海水入侵，破坏耕地，污染淡水含水层。例如，这在佛罗里达和加利福尼亚州都发生过
5. 定期的涨落使鱼类频繁产卵的浅水地区消失
6. 濒危物种的自然栖息地被破坏。例如，泰利库大坝的螺镖鲈
7. 成年鲑鱼的洄游被阻碍，干扰繁殖
8. 蒸发导致水库的水大量损失
9. 水库的泥沙导致大坝的寿命变短
10. 由于结构问题，大坝可能崩溃

与大坝建设有关的一个主要的问题是水库会被泥沙填满。一个水库被泥沙填充的速度取决于几个重要因素：地形地貌、植被覆盖和流域内水土流失的控制程度。由于哥伦比亚河的泥沙量相对较少，大古力和邦纳维尔这样的水坝的使用寿命可能是 1000 年。其他的一些大坝只有中等的寿命。例如，科罗拉多河上胡佛大坝后面巨大的米德湖水库正在被泥沙淤积，填充的速度足以在 250 年之内毁掉这座耗资数百万美元的设施。而建设于泥沙含量高的河流上的大坝则可能寿命非常短（见图 10.18）。例如，加利福尼亚州的莫诺水库，当初的修建目的是为圣巴巴拉人永久供水。然而，在短短 20 年内水库就被泥沙填满。生物演替在沉积物中非常快速地进行，目前已是繁茂的幼林和灌丛。莫诺水库已经重新被自然所恢复。

另一个与水坝有关的问题是大范围的蒸发，尤其是在炎热和干旱的地区。例如，内华达州的米德湖每年蒸发 2 米。西部 1250 个大水库每年会失去 60 多亿立方米的水，其量足以供应 5000 万人的家庭用水需求。

在极少数情况下，大坝会因为设计失误而倒塌。比如爱达荷州的提顿大坝（见图 10.19）。这座大坝是由美国垦务局（一个建造了 300 多个大坝的机构，包括世界著名的大古力大坝和胡佛大坝）建造。1976 年 6 月 5 日，提顿大坝上的第一道裂痕出现后 1 小时，巨大的土质结构崩溃。巨大的水墙涌下山谷，至少有 14 人死亡，估计财产损失接近 10 亿美元。

图 10.19　一个大坝的死亡。爱达荷州提顿水坝断裂后不久的鸟瞰图。断裂的部位大致在照片的中心。该水坝上的水库释放出的巨大水流至少造成 14 人死亡

图 10.18　得克萨斯州巴伦杰湖的死亡。尽管该湖的原始深度超过 10 米，但它最终还是因为淤积而被遗弃

水坝也造成了一系列其他问题。它们淹没了肥沃的河谷，破坏了原来鱼类和非水生种群的重要栖息地，并且降低了钓鱼、露营、划船和漂流等娱乐活动的价值。

河流渠道化　美国自然资源保护局（NRCS）已通过多年来在水土保持和防洪方面的服务建立起了良好的声誉。然而，该机构在渠道化方面的努力遭到了广泛的批评。**渠道化**是指通过人为深挖和裁弯取直河道来控制洪水。

渠道化有两个主要步骤。首先清除河道两边的所有植被。接着，用推土机和索斗铲深挖和取直河道。从本质上来说，原始河道被转换成了能快速将水从集水区输出的充满水的沟渠。

渠道化的好处有几点。首先，如前所述，深化渠道有助于水从河流中快速流走，从而减少了洪水。其次，河流沿岸的耕地、城镇和建筑得到了保护。另一个好处是作为渠道化过程的辅助，NRCS 通常会为了休闲娱乐和野生动物建造小的湖泊。

渠道化的缺点也很多。在很多情况下，风景如画的蜿蜒溪流会变成难看的易受侵蚀的河沟。在渠道化过程中，许多供不应求的名贵木材被损毁，进而减少了野生动物的栖息地。渠道化也导致了水温的升高，因为以前可以挡住阳光的树木被除去。这改变了河流和溪流的环境条件，使它们变得不适于许多种鱼类生存，这个话题将在下一章中更详细地讨论。渠道化也降低了水体的营养丰富度，因为养分通常由掉落在水中的叶子提供。最后，渠道化通常会加重下游非渠道化部分的洪水。

在长期规划中，NRCS 建议到 2000 年将美国的几千个小流域全部渠道化。这意味着削减了美国近一半的小流域。所幸的是，关于渠道化的争议已经大大减缓了这一进程。

保护流域　在所有防洪措施中，最经济和最可持续的方法就是流域保护。就像在第 1 章指出的那样，**流域**是溪流和江河的汇水区域。它有时也称**集水区**。一个流域将水、沉积物和营养物质，通过从小的溪流输送到大的溪流或江河。流域的规模差异很大，有非常小的，也有非常大的。

所有的流域，不论大小，都将降水（雨和雪）转换成地表水和地下水。即使降雨量只有 0.25 厘米的小雨，一个 2.5 平方千米大小的流域都会产生 660 万升的水流。

不同的流域有不同的植被类型和地形，这些特点结合降水，决定有多少水会渗入地下，多少水会形成径流。例如，在美国西部植被不是很密集的地方，暴雨经常导致地表径流的增加，从而增加了土壤侵蚀。在这些缺乏植被的地区，即使是不受干扰的流域，也会经常发生洪水，甚至是突然的山洪暴发。在植被较多的东部地区，特别是在不受干扰的生态系统中，较高的植被覆盖减少了地表径流，于是减少了溪流水量和洪水。当流域受到干扰时，不管是因为自然因素（如火灾）还是因为人为因素（如农业），都会有两件典型的事件发生——地表径流的增加和土壤侵蚀的增强。这将导致洪水，以及泥沙在溪流和湖泊中的淤积。沉积物对河流和水库所造成的影响已在前面讨论过。

流域保护对于自然资源保护来说就像是预防医学对于医疗保健一样。在美国，联邦法律已经在一定程度上对流域进行保护，特别是《流域保护和防洪法案》。根据这项法律，小流域的保护任务被分配给美国农业部的自然资源保护局。据美国农业部提供的信息，美国 13000 个小流域（小于 10 万公顷）中将近 62% 遭受了洪水和土壤侵蚀。在小流域的保护任务分配给 NRCS 的同时，大流域的保护主要分配给三个机构：农垦局、美国陆军工程兵团和田纳西流域管理局（TVA）。

尽管该法案的首要目的是通过更好的流域管理来防止洪水，但它同时也旨在减少土壤侵蚀，保障供水，促进更好的野生动物管理以及保护水体的娱乐用途。例如，在主要用于农业的流域中，多个机构推广水土流失的控制措施（见第 7 章），这有助于减少洪涝。围绕采矿作业和新建设作业的土壤侵蚀控制措施也对防洪有益。控制放牧以保护植被，也能起到保护土地和减少地表径流的作用。随着时间的推移，研究表明，预防性措施不仅非常有效，而且非常具有成本效益。

河漫滩分区 美国陆军工程兵团、农垦局和自然资源保护局自 1925 年以来已经在结构性防洪工程（大坝、防洪堤和海堤等）上花费了 150 多亿美元。然而，尽管有这个庞大的开支，洪水造成的财产损失仍持续增加。每年的花费已经从 20 世纪 80 年代初的 30 亿美元上升到了 2000 年的 100 亿美元。越来越多的专家认为非结构性防洪，如流域保护（详见第 1 章）和**河漫滩分区**，是最有效和最经济的策略。

河漫滩是沿河的低地，这些地区称为河漫滩是因为它们总是遭受周期性洪水的侵袭。对于许多生态学家而言，河漫滩属于河流。遗憾的是，河漫滩已被人类侵占。从一开始，河漫滩平整和肥沃的土地、美丽的自然风光、便于进行廉价运输的河道以及水资源等优势就吸引了人们。今天，超过 2000 个美国城市，包括宾夕法尼亚州的哈里斯堡、艾奥瓦州的得梅因和亚利桑那州的凤凰城都至少有一部分建在河漫滩上。这些城市大部分每 2～3 年就会遭受一次洪水。1993 年密西西比河大洪水中被毁的 42000 房屋大多数位于河漫滩上。

1973 年，美国国会通过了《联邦洪水灾害保护法》来规范河漫滩的开发以及控制洪涝灾害的损失。该法案鼓励将河漫滩分区，分别用做公园、高尔夫球场、自行车道、自然保护区和停车场，而不鼓励在河漫滩上新增建筑。根据该法的规定，建在河漫滩上危险区域的任何家庭、商店或工厂都会被拒绝提供联邦洪水保险。遗憾的是，该法案的影响不大。人们继续在河漫滩上新建房屋。国家级河流沿线的城市和乡镇被反复淹没。在 20 世纪 90 年代初，联邦机构开始鼓励城镇迁出河漫滩，将洪水易发的土地转化成自然植被。

10.4 灌溉：问题和解决对策

在世界上的许多地方，特别是干旱和半干旱地区，农场主用水灌溉庄稼以确保有足够的产量。灌溉对规划、准备工作和技术技能有较高的要求，也需要很多的水。一个生长季灌溉 1 公顷的土地最多可能需要 6200 万升的水。水的成本也很高。然而，许多作物的高市场价值让灌溉变得十分值得。在温暖和干旱的地区，譬如南加利福尼亚州，灌溉让农民可以每年种好几季作物。

如今，全美国超过 10% 的耕地实施灌溉。就像我们猜想的那样，4/5 的灌溉土地在西部（见图 10.20）。直到最近，实行灌溉的农田数量才稳步增长。

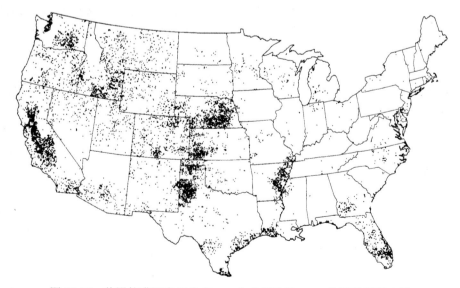

图 10.20 美国的灌溉农田分布。一个点相当于 3240 公顷的灌溉土地

10.4.1　灌溉的方法

灌溉用水通过重力或泵送到主灌溉渠或灌溉管道中,再输送到支线或支管,最后送到各个农场。支线通常都沿着土地的边界和围栏。主要的灌溉方法有片灌/漫灌、沟灌、喷灌和滴灌。

片灌和漫灌　**片灌**在农田和草场普遍使用,通常适合稍微倾斜的土地。要正确地进行片灌,一定需要提前仔细做好准备工作,以便让水在表层土壤中充分渗透。水被放入一块田地,缓慢地顺坡下流(见图 10.21)。如果未仔细操作,片灌会导致土壤侵蚀和表层土壤的养分淋失。

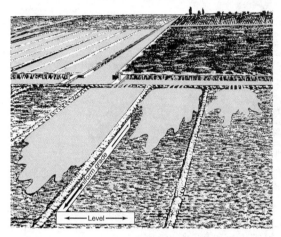

图 10.21　片灌。这块田地在灌溉前需做好准备工作,比如垒起田埂将平整后的土地分成小块。这些地块再轮流被淹没进行灌溉

漫灌也用于一些农场,特别是在美国西部用于水稻田。漫灌也用于蔓越莓种植区。顾名思义,在漫灌时水会淹没农田。在水稻生长期内,水可以在田里持续几个月。

沟灌　在**沟灌**中,通过虹吸管将水从灌溉支渠引到两列作物之间的沟里面(见图 10.22)。这种方法主要用于成列的作物,如玉米、卷心菜和甜菜。

喷灌　**喷灌**可以用在前两种办法都不理想的地方,例如容易发生土壤侵蚀的斜坡土地,也可以用在需要从深井取水的平地。它需要昂贵的设备,主要用于市场价值较高的作物。喷灌使用的水泵需要相当多的电能。

喷水器可以是静止的或旋转的(见图 10.23)。

旋转式喷灌机很受欢迎。在这项技术中,水从一个升起的横向管子中喷出,这个管子缓慢地围绕中心支点做旋转运动。一种型号(称为大枪)可以将水喷到半个足球场的长度以外。大多数型号都是从均匀分布在灌溉管上的许多喷头中喷水。一个 400 米长的管道用 33 小时旋转一周即可灌溉完成一个 53 公顷的圆形区域。所有喷灌系统的蒸发损失可能都相当大。因此,许多中心支轴的灌溉机已经加装了下垂的喷头,悬在作物上方相对较近的地方进行喷灌。这大大减少了水的蒸发损失。

图 10.22　沟灌。在加利福尼亚州的帕洛弗迪山谷,水从农田一侧的水沟输送到一系列平行的沟中来灌溉莴苣

滴灌　**滴灌**用于种植多年生作物的果园和葡萄园。在滴灌法中,水通过穿孔的塑料管输送(见图 10.24)。管道既可以放置在地面上也可以埋在地下。管子里滴出来的水渗入土壤,在浇灌根部的同时尽量减少蒸发。由于滴灌比喷灌系统少用 20%～50%的水,所以滴灌可以节省大量的水。但是请记住,滴灌并不适合所有农作物。它不能用于小麦和玉米,因为每年耕种之后都要重新铺设大量的管道。滴灌适合于多年生农作物,如果树和坚果树。

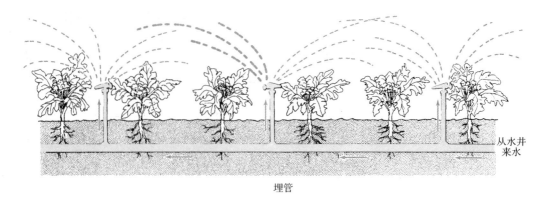

埋管

中心支轴

图 10.23 两种类型的喷灌。在中心支轴式喷灌中，多孔的管慢慢地转一圈，大约可以灌溉 150 亩的土地

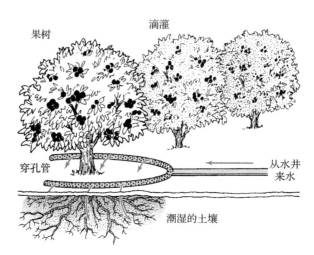

图10.24 滴灌。这种方法主要用于果树和价值高的作物。水被直接供应到果树的根部，多孔的塑料管或置于地表，或埋在地下

10.4.2 灌溉问题

显然，灌溉有助于提高生产力，而且灌溉对满足未来粮食需求非常重要（见图 10.25）。但是，灌溉也存在着问题。

水分流失 美国的许多灌溉田需要从几百千米之外的水库或溪流引水。例如，加利福尼亚州盛产水果的中央山谷，需从 500 千米以外的科罗拉多河得到灌溉水。在输水过程中会损失大量的水。根据美国农业部的统计，灌溉过程中只有 1/4 的水被植物根系吸收，其他的 3/4 由于蒸发、杂草吸收和地面渗漏而损失。在某些地区，渗流可能提高地下水位并形成沼泽。本章前面讨论过的提高用水效率的措施可以帮助解决这个问题。

盐碱化和淹水　你会相信把淡水带到沙漠可能会破坏庄稼吗？这听起来很奇怪，不是吗？然而，即使是淡水也会有一些盐度。用于灌溉的河水在从山坡上流下通过谷底时溶解了钠盐、钙盐和镁盐。在某些情况下，水流经过的区域会大大提高其盐度。农业土壤中的盐分可能也来自灌溉水。经过农田流入溪流的水可能会被下游用做灌溉水，然后再沿着河道流到更远的地方。每一次，它都会变得更咸。例如科罗拉多河接受了大量灌溉过亚利桑那、犹他州和科罗拉多州西部成千上万块农田的咸水。其结果是，当这条河穿过墨西哥边境向西南方向流向加利福尼亚湾的过程中，水变得越来越咸。由于灌溉，在过去的几十年间科罗拉多河下游的盐度已经增加了 30%。

图 10.25　灌溉改造沙漠！科罗拉多河的河水通过全美灌渠系统输送到加利福尼亚州的帝国谷，使农作物生产成为可能。注意右侧未灌溉的沙漠和左侧灌溉的果园的鲜明对比

当含盐的水被用于炎热干旱地区时，那里的土壤渗透性差，蒸发率极高，大部分水在土壤中停留的时间非常短。它被快速蒸发，留下了盐分，在地表形成了白色的盐壳。由于部分地下水通过毛细作用升到地表并被蒸发，因此有更多的盐分在地表沉积。

盐分在土壤中的累积称为**盐碱化**。随着时间的推移，盐沉积得越来越多，直到对植物产生毒害作用。农业专家估计美国西部 30% 的灌溉土地有着盐碱化问题。经过 20 多年的灌溉，一些土地的盐负荷可能超过每公顷 30 吨。即使是在农作物收成非常好的美国加州**帝王谷**，盐碱化也已经导致许多农场被废弃。盐碱化也是其他在半干旱和沙漠地区进行灌溉的农业国家所面临的严重问题。科罗拉多河的咸度危害了墨西哥墨西卡利区的棉花生产，这里的农民几十年来都用科罗拉多河水作为灌溉的水源。该地区的经济受到威胁的程度之大，以至于墨西哥总统频繁向美国政府转达他们的担忧。美国最后被迫在墨西哥边境建立了一个海水淡化厂供墨西哥农民使用。

缓解盐碱化可以在地下安装排水管，这些排水管可以收集多余的咸地下水。这些多孔管与其他田地的多孔管一起接在主排水管上。这是一个相当有效的措施，但又造成了含盐废水的处理问题。这些收集的水含有丰富的盐分和从土壤中渗出的潜在有毒重金属。如果排入天然河道，可能会导致严重的后果。20 世纪 90 年代加利福尼亚州圣华金河谷中的农场排出的污水造成了大范围的水禽出生缺陷和死亡。这些水

禽生活在当时的凯斯特森国家野生动物保护区和其他地区专门修建的池塘中。

高效灌溉，既可减少水的使用，也可减少盐碱化。用耐盐作物取代传统品系也十分有效。最后，将经常受到盐分困扰的地区的农田转化成牧场也许是很有必要的，但这会受到许多农民的抵制。

另一个有关的问题是淹水。**淹水**发生于土壤接收了过多的水分时。这可能会自然发生，也可能是供应太多的灌溉水的结果。当土壤被水饱和，即土壤孔隙中充满了水时，根部的氧气供应被切断，导致植物窒息而死亡。另外，过量的水通过毛细作用在土壤中向上移动。这些水一旦蒸发，就会留下水中溶解的盐分。也就是说，过多的灌溉，尤其是当水中有过量的盐分时，不仅会让植物窒息，也会导致土壤盐碱化。

地下水和地表水的枯竭　大量使用灌溉水引起的另一个严重问题是地下水枯竭。多年来，美国、加拿大和许多其他国家的灌溉土地大幅上升。在美国的高平原地区，即从内布拉斯加州南部延伸到得克萨斯州的广大地区，大部分的灌溉水是从奥加拉拉含水层中用泵抽出来的（见图 10.7）。1946 年，在得克萨斯州西部只有 2000 个灌溉井，今天则超过了 70000 个。在得克萨斯的拉伯克附近，水被抽出的速度是这个地下水含水层通过雨水和溪流自然补充速度的 50 倍。

由于这种因为灌溉导致的巨大透支，一些西部州的地下水位已经显著下降，例如堪萨斯州、俄克拉何马州、得克萨斯州和新墨西哥州的一些地区地下水位下降了 30 多米，亚利桑那州的一些地区已经下降了 120 多米。于是，新井为了钻得更深必须花费更多费用。当然，从更深的井中抽水也需要消耗更多的化石燃料。如果这种趋势持续下去，农业灌溉将会变得非常昂贵。预计 2015 年得克萨斯州西部的灌溉将可能下降 95%，造成农作物减产 70%。在粮食需求不断增加的时代，美国大平原和西南部地区预计会有超过 11 个州出现灌溉农业的严重下滑。

地下水枯竭，有时称为地下水超采，随着未来农业产量的增加可能会恶化。从温室效应和森林砍伐引起的气候变化可以预测，北美中部大陆会变得更炎热、更干燥。事实上，这里的粮食生产已经非常依赖于地下水。

这些地区中的许多依赖于正在迅速枯竭的奥加拉拉含水层。这个地下水含水层的天然补给区，分布着很多称为**干盐湖**的很浅的季节性湖泊，但是一些湖泊已被围垦或破坏。干盐湖充满水时提供了许多物种的栖息地（见图 10.26）。这些湖里的水也会补给奥加拉拉含水层。如果奥加拉拉含水层的地下水继续被消耗，那么这片世界著名的鱼米之乡可能会面临灾难性的后果。这对美国和世界的粮食供应以及经济发展的影响是巨大的。

图 10.26　干盐湖鸟瞰图。美国 6 个州有约 50000 个这样的浅洼地对奥加拉拉含水层进行补给，为鸟类和其他野生动物提供宝贵的栖息地。遗憾的是，这些湖泊总是被围垦，或者被从周围农田侵蚀下来的泥沙所淤积

抽取地下水也有着其他更直接的影响。当大量的水从多孔的地下水含水层中抽出时，上层土壤和岩石的重量偶尔会导致含水层的压缩或崩塌，导致地下水含水层上方的地面沉降（见图 10.27）。

地下水超采可能导致严重的地面下沉或**地面沉降**。由于**地下水超采**所致的地面沉降已在美国南部和西部至少 11 个州出现。1981 年，地下水超采在佛罗里达州的冬季公园造就了一个天坑。这个巨大的坑的深度达 37.5 米，宽度达 120 米。它吞噬了一座房屋、一个游泳池、六辆跑车和一个野营者。在加利福尼亚州的圣华金谷，一个 11000 平方千米的区域下沉了超过 0.3 米，一些地区甚至下降了 9 米以上。

地面沉降会损坏一些灌溉设施，如运河和地下管道。美国内政部每年花费 370 万美元用于修复地面沉降损坏的联邦灌溉设施。

在得克萨斯州休斯顿附近的加尔维斯顿湾地区，一个 10000 平方千米的地面沉降地区造成了海滨大量的地产被洪水淹没。当地面沉降发生在市区时，损失可能更大，包括下水道和水管爆裂、水井被破坏、建筑物地基开裂和混凝土公路翘曲等。

地下水超采可以通过水资源的高效分配和利用来缓解，前面的章节中已经介绍过相应的方法。保护地下水补给区（地表水渗透到含水层进行补给的地区），限制这些地区的开发和其他活动也非常必要（见图 10.28）。这些地区地表的废水（经处理后）也可以补充地下水。

为了灌溉和其他用途而取水使得世界上的许多江河和溪流也面临耗竭。一些溪流因为大量取水而完全干涸。栖息地的干涸对水生生物和依赖水环境的生物是致命的。

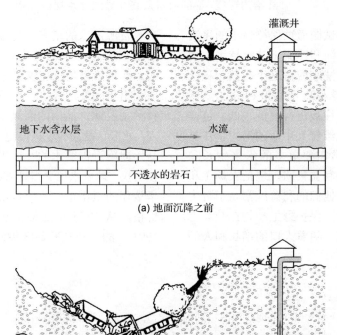

(a) 地面沉降之前

(b) 地面沉降之后

图 10.27 地面沉降，即土地下沉的现象，可能是由地下水超采造成的

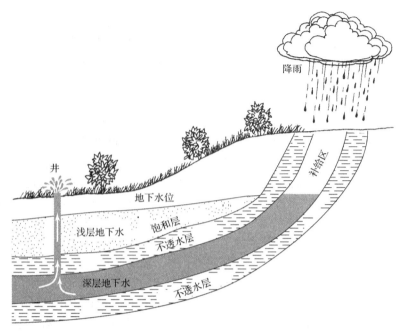

图10.28 地下水含水层是井水的源头。如果取水的速度快于补给的速度，继续取水最终会导致含水层的耗竭

在美国，一些州试图通过保持最小的溪流流量（低于此值时江河和溪流无法维持水生物种，尤其是鱼）的方法来应对这个问题。科学家已经研究出确定最小流量的多种方法。然而，最小河流流量往往被定得很低很低，这样会大大减少一个河流维持其生命的潜力。鱼类和其他水生生物常常需要更多的水来生长和繁殖。但是更强大的利益集团，包括农场主和水利部门也需要水。他们的利益经常高于野生动物的利益。事实上，保护野生动物在社会上和政治上都面临困难，随着人口的增长和人们对水资源需求的增多，更多的麻烦还在后面。西部很多州都不停地出现有关最小流量的诉讼，起诉者是环保主义者和野生动物机构。

出售水使用权　一些干旱的州的农场主和牧场主发现，他们的灌溉用水比他们生产的小麦、水果、蔬菜和牛肉都更有价值。因此，他们开始向附近需要水的社区出售自己的土地和水使用权。地表水也变得越来越昂贵。例如，在内华达州的里诺市，流经该市的特拉基河的河水价格，从1976年的每立方米4美分，激增到1991年的每立方米2.43美元，15年涨了60倍。

重要概念小结

1. 水不停地从海洋输送到大气、土地、河流再回到海洋，这就是所谓的水循环。这个循环的动力是太阳能和重力。水从土地和水体中蒸发，形成云，然后再重新以雨或雪的形式沉降。
2. 以雨水的形式降落到地表的水流进河流，或者向下渗透进土壤和岩石中成为地下水。饱水带的最高处称为地下水位。
3. 全球97%的淡水存储在由沙、砾石和岩石构成的多孔层——地下水含水层中。这是重要的饮用、灌溉和其他用途的淡水来源。
4. 全世界频繁出现水资源短缺的问题。随着世界人口的增加，专家预测很多国家会发生更严重的水资源短缺。
5. 干旱是一个自然事件，但也会因为大气污染和森林砍伐等人为造成的全球气候变化而恶化。

6. 许多因素都会导致水资源短缺的出现，不管是在干旱时还是在正常时：（1）快速增加的人口，（2）日益增长的对农业、城市化和工业的需求，（3）低效率用水，（4）水资源分配不均，（5）污染。

7. 满足现在和未来的用水需求需要从多方面入手，并着眼于可持续发展。可能的方法包括：（1）高效用水，（2）净化和再利用污水处理厂的排水，（3）开发新的地下水资源，（4）海水淡化，（5）研发抗旱和耐盐作物，（6）人工降雨，（7）调水工程，就是将多余的水输送到缺水的地区。

8. 洪水是世界范围内的一大难题，每年耗费数十亿美元并夺取许多人和牲畜的生命。

9. 洪水是自然事件，但是发生的频率很高，并且其严重程度在天然植被已经被破坏或减少的受干扰的环境中更高。不透水的地面，如道路、停车场和屋顶也增加了洪水的发生概率和严重程度。随着人们定居在河漫滩，洪水造成的损失可能更大。

10. 通过测量积雪来预测洪水、保护流域、限制河漫滩的开发和其他人类活动、建设防洪堤、河流疏浚以及修建水坝等都可以控制洪水。

11. 大坝可以防洪，但主要缺点有以下几个：（1）高经济成本，（2）可能会崩溃进而危害生命，（3）水库的蒸发损失，（4）淹没基本农田，（5）水库的淤积，会减少大坝的寿命，（6）海水入侵沿海地区，（7）破坏美景和娱乐用途，如漂流和划皮艇，（8）破坏物种的栖息地。

12. 河流的渠道化加快了水从一个流域离开的速度，从而减少了渠道化部分的潜在洪水。和其他方法一样，渠道化也有缺点：（1）破坏野生动物的栖息地，（2）可能会增加下游的洪水，（3）可能会降低地下水位，因为它减少了土地对水的吸收，（4）会导致严重的景观损失，（5）破坏许多河流的娱乐功能，（6）成本很高。

13. 许多专家认为，流域保护和河漫滩分区是最有效的、最经济的和最可持续的防洪措施。

14. 灌溉使得世界上的一些干旱地区也能有繁荣的农业经济，并且占了世界粮食产量的很大一部分。显然，这是提高粮食产量的一个非常重要的措施。

15. 灌溉有 4 种方法：（1）片灌和漫灌，（2）沟灌，（3）喷灌，（4）滴灌。它们的效率差别很大，喷灌和滴灌的效率最高。

16. 与灌溉有关的严重问题包括沟渠输送中的水损失、水供应到农作物的过程中的低效率做法、土壤盐碱化以及地下水的枯竭。

关键词汇和短语

Aquifer　地下水含水层

Aquifer Recharge Zone　地下水补给区

Blackwater　黑水

California Water Project　加利福尼亚州调水工程（CWP）

Capillary Water　毛细水

Channelization　渠道化

Condensation Nuclei　凝结核

Desalination　海水淡化

Drainage Basin　集水区

Dredging　疏浚

Drip Irrigation　滴灌

Drought　干旱

Drought-Resistant Crops　抗旱作物

Evaporation　蒸发

Federal Flood Disaster Protection Act　联邦防洪法案

Flood Irrigation　漫灌

Floodplain　河漫滩

Floodplain Zoning　河漫滩分区

Furrow Irrigation　沟灌

Graywater　灰水

Groundwater　地下水

Groundwater Overdraft　地下水超采

Hydrological Cycle　水文循环

Imperial Valley　帝国谷

Infiltration　入渗

Irrigation　灌溉

Levees　防洪堤

Ogallala Aquifer　奥加拉拉含水层

Playa Lakes　干盐湖

Rainmaking　人工降雨

Renewal Time　更新时间

Replacement Period　更新周期

Rotary Sprinkler　旋转式喷灌机

Salinization　盐碱化

Salt-Resistant Crops　耐盐植物

Saltwater Intrusion　海水入侵

Seepage　渗漏

Sheet Irrigation　片灌

Snowpack　积雪

Sprinkler Irrigation　喷灌

Streambed Aggradation　河床淤积

Subsidence　地面沉降

Surface Runoff　表表径流

Surface Water　地表水

Transpiration　蒸腾作用

Water Cycle　水循环

Water Diversion　调水

Water Mining　地下水超采

Water Table　地下水位

Waterlogging　淹水

Watershed　流域

Watershed Protection　流域保护

Watershed Protection and Flood Prevention Act　流域保护和防洪法案

Zone of Aeration　包气带

Zone of Saturation　饱水带

批判性思维和讨论问题

1．美国和其他国家面临的最主要的有关水的问题是什么？

2．什么是水循环？什么给了水循环动力？有哪些主要的水的储库？什么是大气、河流、湖泊、冰川和海洋的更新时间？

3．讨论致使世界各地的水资源短缺的 4 个主要原因。

4．描述得到干净淡水的多种方法。哪一种是最可持续的方法？为什么？哪一种是最不可持续的方法？为什么？

5．利用你的批判性思维能力，讨论如下说法："美国并没有真的水资源短缺，只是存在着严重的水资源分配问题。通过从水资源丰富的地区调水到水资源稀少的地区，我们很容易解决这个问题。"

6．讨论以下观点："大水坝，比如胡佛大坝，是成功提高人类福祉的无可争辩的杰作。"

7．假设美国没有现在的这些水坝，这会有什么问题？会有任何益处吗？从国家经济、人类安全、农业生产、野生动物保护、自然风景和濒危物种保护等方面讨论你的答案。

8．利用你的批判性思维能力，讨论以下观点："洪水是个自然事件。最好的防洪方法就是建更多的大坝。"

9．利用你的批判性思维能力，分析以下论断："为了防洪，我们应该在河岸上建立更多的防洪堤，让更多的河流渠道化。"

10．叙述最可持续的减少洪水的方法。什么特点让这些方法可持续？什么是最不可持续的方法？为什么？

11．叙述疏浚的正面效应和负面效应。

12．列出河流渠道化对农业和河流生态系统的弊端。

13．是什么原因导致了盐碱化？请简要介绍五种控制盐碱化的方法。

网络资源

本章相关在线资料见 http://www.prenhall.com/chiras（单击 Table of Contents，接着选择 Chapter 10）。

第 11 章

水 污 染

新泽西州杰克逊镇各种疾病的蔓延，轻到皮疹，重到肾功能衰竭而死亡；由于汞污染，明尼苏达州和纽约州的野生动物官员警告人们不要吃鱼；鲈鱼的骨骼内积累了放射性化学物质；伊利湖岸出现了大量腐烂生蛆的鱼；8 名青年在吃了漂浮在哈德逊河上的西瓜后染上伤寒；美国每年的地表水中有 1.4 亿条鱼死亡；俄亥俄州凯霍加河上出现了大火；加利福尼亚州河滨有 1.8 万人发烧和呕吐；纽约州和新泽西州肝炎爆发；霍乱在南美洲蔓延。以上这些事件都有一个共同点，即它们都是由水污染引起的（见图 11.1）。

图 11.1　时代的标志。尽管我们在洁净水方面取得了很大的进步，但这样的标志依然存在

11.1　水污染的种类

水污染可定义为任何降低水对人类和其他水生或非水生物种价值的行为。对人类来说，水污染可能会损害我们游泳、钓鱼和其他娱乐活动的权利。它还可能会使水不能用于灌溉或工业。严重的是，它会使水不能饮用。要恢复水的功能，就须过滤或净化已被污染的水，而过滤或净化非常昂贵。

水污染会影响到地下水和地表水。水污染可按来源和污染物种类进行分类。下面先讨论基于来源的分类：点源污染和面源污染（见图 11.2）。

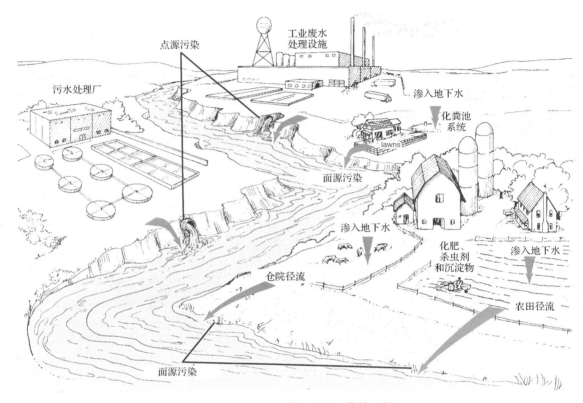

图 11.2 点源污染和面源污染的示例

11.1.1 点源水污染

点源水污染是指有确定位置（一个点）的污染源，比如**污水**处理厂或工厂排放废水进入地表水或地下水的排水管。如第 10 章所述，地表水指的是直接接触大气的水体，包括湖泊、河流、溪流、泉水和海洋。地下水则指在地下发现的水，它要么在饱和土壤中，要么在更深的地下含水层中。

11.1.2 面源水污染

顾名思义，**面源水污染**并不是由那些确定的点源（如工厂）产生的，而是来自于面源，例如那些使用了化学品（如杀虫剂或化肥）的农田。这些化学品会排入地下水或地表水。其他的面源还包括牧场、农庄和建筑工地。

城市和城郊的景观，例如街道和草坪，也是水污染的主要面源。它们会释放大量和多种的化学品。这些污染物被大雨或融雪从屋顶、道路和停车场等冲刷下来。甚至草坪也是重要

的水污染面源，它会向雨水管中释放潜在的有毒除草剂、杀虫剂和其他化学品。雨水可能直接流入小溪、河流及其他地表水体，向那些我们游泳或取水的水体中带去大量的污染物。当然，在很多城市，暴雨径流和来自家庭和工业区的污水会一同被管网收集。通常情况下，混合的污水会被送往污水处理厂。但在暴雨期间，污染处理厂可能会过载，导致过量的污水和径流被直接排入地表水。

11.2 主要污染物及其防治

前面已经提及，水体污染物可根据化学性质进行分类。这种分类体系下的主要类型有：（1）沉积物，（2）无机营养盐，（3）热污染，（4）致病微生物，（5）有毒有机化学品，（6）重金属，（7）耗氧有机废物。本节介绍这些污染物及其影响和防治方法。

在此之前，我们先了解保障清洁供水的措施。我们将了解两种基本方法：水污染控制和

水污染防治。这些信息将帮助我们了解控制或清除这些污染物的各种可选措施。

多年以来，政府机构和行业已通过**污染控制设施**减少或消除了一些水体污染物。这些技术从工厂的排水和污水处理厂中去除污染物，通常用于点源。污染物要么被处理后危害减小，要么被浓缩后再行处置（例如填埋）。水污染专家将污水处理厂的这类污染控制技术归类为**末端控制**，即这类技术针对的是已经产生的污染物。

多年以来，污染控制一直是管理者最看重的方式。针对水污染的经费投入和管理都主要集中于这一方面。尽管十分重要，但末端控制通常只是将污染物从一种环境介质转移到另一种介质，即从一个环境介质（如水体）中捕集废物再转移到另一种介质中（填埋）。例如，从污水厂中去除的有机物被转移到**污泥**中，污泥则采用填埋处理。在填埋场，这些有机物有渗漏进入地下水的风险。

最近，许多有远见的公司和政府机构已开发和利用了减少污染物生成或完全去除的方法。这种技术称为**污染防治**，包括各种应用于工厂、水处理厂和面源的方法。减少或根除污染物生成的方法往往具有较高的效率，因此有助于企业用比许多污染控制设施少的经费来达到环境目标。污染防治归类为**源头控制**，即通过改变工厂的物料输入来根除污染。例如，化学家可为生产不同产物的化学物质寻求无毒的替代物，或工程师可以改变生产流程而不再产生有毒废物。不管采用哪种方法，有毒化学物质的产生都可以被削减甚至消除，进而减少污染。

一些污染防治措施为**物质流控制**，即调整通过系统的物质流来改变废物的产生。例如，化学工程师可通过寻求废物循环的方法，在其他过程中利用这些废物。

源头控制与物质流控制，或者两者结合，有助于防止污染，这通常是比污染控制方法更理想的针对点源的方法。面源也可以通过源头控制（防治行为）来削减或清除。例如，修建梯田可以降低地表径流，进而防止附近的溪流

被农业上所用的化学品污染。显然，源头控制或物质流措施能将问题一次性解决，比末端控制好得多或更有持续性。这些方法通常也便宜得多。在很多情况下，这些方法能为企业节省开支，进而带来更大的利润。

了解一些控制污染的可选方案后，下面介绍主要的水污染类型。

绿色行动

为了减少水污染，在清洁住宅特别是洗手盆和马桶时，建议使用天然或无毒的清洁剂。

11.2.1　沉积物污染

沉积物，包括砂粒、粉粒和黏粒等无机土壤颗粒，源自土壤侵蚀及道路和建筑冲刷。它是一种最具破坏性和产生损失最大的水体污染物。每年美国约有 90 万吨的沉积物进入流域水生生态系统。密西西比河每年带入墨西哥湾的沉积物达 2.1 亿吨。要运输这些沉积物，需要 5.92 万千米长的火车，该长度足够绕地球赤道一周半。请不要过于吃惊，当为人类提供食物的土壤被冲刷到湖泊或河流时，竟然一下子变成了一种最具破坏性的污染物。

沉积物从哪里来？　沉积物源自自然源，如自然的河岸侵蚀。它也源自人为源——各种导致水蚀和风蚀的活动，比如那些未采取土壤侵蚀防治措施的农田和建筑工地。

通常来说，在植被覆盖未受到人为干扰的流域，地表水的沉积物污染很小。但在人为干扰的流域，土壤侵蚀和沉积物污染可能会很严重。土壤侵蚀和沉积物污染问题在那些未很好地实施水土保持措施的农业区十分严重（见图 11.3）。例如，在爱荷华州的一些溪流中，沉积物在水流中的浓度高达 270000ppm。

如前所述，沉积物会从居住区、购物中心和道路等的施工工地上冲刷到河流与其他地表水体。因为施工工地在完工之前为裸露地面或未恢复植被，侵蚀率可高达农田的 10 倍。虽然许多建筑公司现在已经进行了较好的侵蚀控制，但它们也并非总能做到最好。

图 11.3　缺乏水土保持措施的农田导致了严重的土壤侵蚀、农田破坏和河流污染

若树木砍伐未能小心地进行，同样会产生大量的土壤侵蚀，导致邻近河流和湖泊的污染。这种现象曾大量发生在美国西北部和加拿大东南部对较陡坡地的砍伐中。露天开采，用大型机械将覆盖的土壤层掀开，也会导致河流的严重沉积物污染，特别是在阿巴拉契亚（美国东部一地区）。

危害　根据美国陆军工程兵团的估计，美国全国河流的沉积物污染导致了约 100 万美元的经济损失。沉积物可能损伤水电站的涡轮机，堵塞灌渠，或淤积通航河道。受损的涡轮机桨叶必须修理或更换，冲刷的沟渠必须填平，港口和运河必须定期清淤以便轮船通过。土壤颗粒还会夹带营养物质和有毒化学物质（如杀虫剂）等其他污染物进入水体，它们可能会导致对水生生态系统的进一步污染。水中的悬浮物会遮挡阳光，杀死一些微小的生物，如藻类。这些光合生物组成了多个水生食物链的基础。它们产生氧气，也是许多其他生物所需要的。因此，它们的减少，不仅减少了水生生态系统的食物供应，而且降低了水中的溶解氧水平。氧气的减少会危害其他的水生生物，如鱼类和细菌。生活在水中的细菌会分解有机物，它们既来自自然源（如树叶），也来自人为源（如食品厂、屠宰场和造纸厂）。氧气浓度下降时，这些工厂的废物将积累，而不是被需氧的细菌分解。

沉积物还会淹没鱼类的繁殖场和贝类的栖息地。例如，沉积物破坏了密西西比河中很多宝贵的养蛤埕。这减少了人类的食物源和其他依赖水生生态系统的物种。沉积物还会杀死鱼类，详见第 12 章。

沉积物还会为市政工程带来问题。为了向居民供应清洁的饮用水，城市和乡镇每年必须过滤超过 7 万亿升的含沉积物的水。

沉积物还会威胁水库，而水库具有存储饮用水、辅助防洪和提供娱乐的功能。美国和其他国家成千上万的水库周边的宜居范围，由于水库内沉积物的堆积而大大缩小（见图 9.13）。最后，如第 9 章所述，沉积物会淤积河道，导致河流泛滥。

11.2.2　沉积物控制

源头控制　沉积物可以通过多种方法控制。防治措施通常是最经济有效的。对于农田，沉积物可通过实施第 7 章所述的侵蚀控制对策来有效减少。这些措施包括耕地保护、等高条植、梯田耕种、沟壑复垦和边际土地退耕。严重侵蚀的土壤应当禁止耕种。

对于施工工地，同样可以通过多种方法来

减少或避免侵蚀。小心地选址是最有效的措施。谨慎的建设者会避免在很陡的坡上施工。对土地扰动的控制也有助于防止土壤侵蚀。例如，工人尽量按最小所需动土。这将减少必须扰动的土地，同时保护植被。加速植被恢复同样很有必要。裸露地面可以通过尽快种草或使用草盖来防止侵蚀。修路造成的陡坡可以用**液压喷播机**（一种往坡上喷洒含有种子、肥料、覆盖层和一定量水的浆液的机械）来种草（见

图 11.4）。在施工中损失的树可以重新种植。水蚀控制，例如在冲刷的沟壑中用稻草制成小坝，可以降低水的流速。在许多地区，工人们现在采用由织物制成的"沉积物栅栏"来围挡工地。该材料部分埋在土中，露出地面 0.3～0.6 米，有助于阻挡从工地出来的水流和沉积物。陡坡可以通过台阶化来减小坡度，从而降低径流量和侵蚀。其他防止措施将在本章最后的流域管理一节中讨论。

图 11.4 工人们正在使用液压喷播机。该设备可在施工导致的陡坡上种草，并提供合适的水、草种和肥料

末端控制 许多末端控制方法也有助于减少沉积物污染。例如，可将来自工地和农田的泥水引入湿地或沼泽。末端控制方法可过滤沉积物，包括其上的有毒化学物质。但高效的沉淀池仅能够不让沉积物进入河流，而不能防止宝贵的土壤被侵蚀和流失。沉积物同样会淹没湿地并毁掉它们。前面提到的河流和港口的清淤，是另一种末端控制方法。但清淤需要大量的能量，成本高昂，并对环境有害，因为清理出来的沉积物需要安置在别处。去除饮用水中沉积物的方法是化学絮凝，而在市政给水处理厂中接下来的工序是快速沙滤。

尽管末端控制方法可行，但预防的方法通常更为经济有效，并且对长期运行更理想。它们不仅花钱少，而且有助于保护宝贵的表层土壤和环境。

绿色行动

在野外或草原徒步旅行时，应尽量保持在步道上。在步道外行走或走捷径会破坏自然植被，因为植被可保持土壤，减少土壤侵蚀。

11.2.3 无机营养盐污染

人类社会释放的多种无机化学物质会进入地表水和地下水体。两种无机物质——硝酸盐和磷酸盐，是植物特别是水生植物所需的营养物质，即所知的**无机营养盐污染物**。

来源 地下水和地表水中的硝酸盐和磷酸盐有以下三个主要来源：（1）农业施肥；（2）生活废物；（3）养殖废物（见图 11.5）。下面逐一介绍。

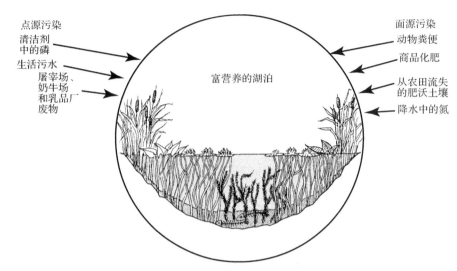

图 11.5　导致富营养化的营养盐来源

全世界的农民在施肥时都会使用商品肥料（或人工肥料、合成肥料）或动物粪便。肥料会促进农作物的生长，因为它们富含硝酸盐和磷酸盐（见第 5 章）。美国使用的农业肥料总量从 1950 年的 500 万吨增加到 20 世纪 90 年代的 2500 万吨，增加了 5 倍。但大量肥料并未被农作物的根系吸收，而是被径流冲刷到了湖泊和河流。科学家估计美国每年有 45 万吨来自农业的磷酸盐进入到了水生生态系统。在水生生态系统内，这些化学物质会促进水生植物数量的爆发性增长，其后果随后将讨论。

生活废物，包括人类粪便和生活污水，每年也会为水生生态系统贡献数百万吨的硝酸盐和磷酸盐。

硝酸盐还来自面源，比如养殖业。根据联合国粮农组织的估计，全世界上有超过 15 亿头牛，每头牛每天产生的废物是一个人的 10 倍。换言之，全世界养牛产生的废物等于 150 亿人（超过当前全球人口的两倍）的产生量，这还不包括其他牲畜（比如猪、马、羊、鸡、鸭和火鸡）养殖的废物。特别需要注意的是，集约化的牲畜养殖场，例如养猪场和育肥场（牛在屠宰之前圈养以增肥）。许多人所不知道的是，美国大多数的牛都处在育肥场中。这些设施内的废物在暴雨时可能会被冲刷到河流中，也可能渗入地下水。大型育肥场会同时拥有 1 万头牛，

一天可产生 180 吨的废物。美国所有育肥场产生的废物估计每年达 7.2 亿吨。如果没有妥善的控制措施，大量的牲畜粪便最终会进入水体。

美国东南部的养猪问题特别麻烦，那里养猪业飞速发展，由于频繁的飓风影响，若养殖场选址不当（通常建在冲积平原上），会导致养殖场的粪便池（存储粪便的大池子）泛滥。1999 年的丹尼斯飓风导致成百上千的粪便池破裂，数千吨的粪便流入水体。

在一般的农业生产中，大量来自粪便的硝酸盐和磷酸盐最终进入地表水。例如，在冬季，美国北方一些州的农民会清理秸秆和其他废弃物，并将动物粪便施撒在冻土之上，以便雪化后为土壤提供养料（硝酸盐和磷酸盐在春季为作物的根所吸收）。遗憾的是，约有一半的粪便会被春季的径流冲刷到水生生态系统中。正因为如此，佛蒙特州禁止这种农业方式。

有趣的是，家庭宠物也是硝酸盐和磷酸盐的重要来源。美国超过 1.63 亿只宠物狗和猫排在停车场、人行道和街道上的粪便会向水体中释放氮（在大雨时）。以纽约为例，50 万只狗每年会产生 1.8 万吨屎和 400 万升尿（屎大部分被宠物的主人捡起并用袋装好，但并非全部）。因此不用惊讶，城市径流的氮和磷浓度可达 5ppm。

无机营养盐对水生生态系统的影响 所有的水生生物均需要一定量的生命必需元素，包括碳、氢、氧、氮、磷、硫和其他多种元素。尽管所有这些元素都很重要，但氮和磷在决定水生植物生长方面发挥着特别重要的作用。在个体和种群生长中起关键作用的必需元素称为**限制因子**。这些元素起作用的原因是，它们浓度很低。在水生生态系统中，氮和磷是最重要的限制因子。由于量少，所以是必需的；但在过量时它们可能会成为污染物，扰乱水生生态系统。稍后将对此进行详细介绍。

氮通常以硝酸根离子（NO_3^-）和铵根离子（NH_4^+）的形式为生物获取，磷则以磷酸根离子（PO_4^{3-}）的形式为生物获取。因为磷相对更缺乏并且需求量很少，因此它比氮更容易成为淡水湖泊和河流的限制性营养元素。当氮和磷都足够充足时，水生植物就会增生。

富营养化 水生生态系统的营养过剩称为**富营养化**。这个过程可以是自然的，例如一个湖泊或一条河流经过数百甚至上千年可形成富营养化。自然条件下的营养盐富集造成的富营养化称为**自然富营养化**。而人为活动导致的过量营养物质进入水生生态系统将加速此过程，因而称为**人为或加速富营养化**。这会带来严重的问题。

基于生产力的湖泊分级 为了理解这些问题，我们先来了解淡水湖。生态学家将湖泊主要分成三类：贫营养（营养不足）、中营养（营养适中）和富营养（营养充足）。表 11.1 中小结了每种湖泊的特征。

表 11.1 贫营养、中营养和富营养湖泊的特征

贫营养湖泊	中营养湖泊	富营养湖泊
营养不足	中等	营养充足
水深	中等	水浅
湖底为砾石或沙	中等	湖底为淤泥
水清	中等	水浑浊
浮游生物稀少	中等	浮游生物丰富
有根植物很少	中等	有根植物丰富

贫营养湖泊的代表是苏必利尔湖、休伦湖和纽约州中部的手指湖，以及明尼苏达州、威斯康星州和密歇根州北部的许多冰川湖。贫营养湖泊通常很美丽，水质清澈，且环绕着松林或云杉林。水清是因为溶解性营养物质浓度低，因此悬浮的藻类（浮游植物）较少。食物链主要建立在近岸浅水中生长的底栖生产者（绿色植物）的基础之上。单位体积水中的总生物量很小。

中营养湖泊的特征是营养水平适中，其肥力、透明度、溶解氧水平和总生物量处于贫营养和富营养湖泊之间。这些湖泊适于游泳、划船和钓鱼。美国北方的湖泊中有白斑狗鱼和碧古鱼等鱼类，南方湖泊中则有丰富的鲈鱼。美国多数的湖泊在 19 世纪初均属于中营养湖。

随着时间推移，营养富集的过程会自然发生。因此，中营养湖泊逐渐转变成过度肥沃的**富营养湖泊**。当可溶性无机氮的平均浓度超过 0.3ppm 且溶解性无机磷含量超过 0.01ppm 时，藻类数量就可能"爆发"。藻类的繁盛会使湖泊和池塘变绿，这被称为**水华**。水华通常发生在夏季，会使一度清澈的水体变成透明度低于 0.3 米的"茶水"。

水华有多种影响：（1）可能破坏湖泊和池塘的美观，令游泳者和其他运动爱好者失望。赛艇、摩托艇、划水和钓鱼（以及游泳）不适于在满是绿色藻类的水面上进行。（2）水华还会使水发生异味和异嗅。如果湖泊是水源地，则提高水质需要额外的费用（见图 11.6）。（3）风浪会使大量的藻类（甚至有从湖底拔出的有根植物）堆积在岸边并分解，释放出臭鸡蛋味的硫化氢（H_2S）气体，高浓度的这种气体具有毒性。（4）水华可能会导致蓝藻的爆发。一些蓝藻释放的化学物质对鱼类和人类是有毒的。

藻类和其他光合微生物的过高数量可能会遮蔽底栖植物所需的阳光，进而影响其光合作用。尽管浮游植物也能光合作用，但它们往往会占据湖水的上层。它们释放的氧气主要进入大气。因此，富营养湖泊的溶解氧水平低于中营养或贫营养湖泊，尽管有更丰富的浮游植物。

绿色行动

使用无磷或低磷的洗涤剂来洗衣服，并按照推荐剂量使用以减少水污染。

图 11.6　得克萨斯州阿马里洛的生态学家在水处理厂取水样进行藻类数量的分析。如果藻类数量很高，水将有异味。阿马里洛的饮用水多来自梅瑞狄斯湖，距该镇 72 千米

富营养湖泊还有许多其他不好的特征，比如湖底淤泥的表面不适合多数人类喜爱的鱼类产卵。反之，富营养湖泊适合一些人类不喜欢鱼类（比如鲤鱼）的繁衍。鲤鱼通常盛产于富营养湖泊，因为它们适应在温暖、浑浊和缺氧的浅水里生活。当条件不好时，鱼类通常会到水面去呼吸空气。

人为富营养化　在全球范围内，人类活动大大加速了湖泊的富营养化。例如，科学家估计美国进入湖泊和河流的约 80% 的氮和 75% 的磷来自人类活动。因此，许多湖泊的富营养化比自然条件下加速了 100～1000 倍。据估计，美国 3.3 万个大中湖泊和 85% 的城市地区的大型湖泊处于人为富营养化过程中，表 11.2 中总结了其影响。

河流富营养化　尽管河流中可能会出现富营养化，但其危害通常没有湖泊中严重。在自然情况下，许多河流的源头是贫营养的，水质清澈且较冷。密西西比河北方的小支流或美国西部许多山地小溪流均是这样的例子。但当

水流接近河口时，由于它们接收了大量的营养物质，于是变得浑浊、温暖和多泥，其中生长着鲶鱼和鲤鱼，而不是鳟鱼。河流富营养化比湖泊富营养化更容易逆转，因为营养输入一旦停止，清洁水流将净化河流。

表 11.2　营养盐污染对湖泊的危害

水上运动被破坏
娱乐价值被破坏
由于异味和异嗅，水质下降
腐败的藻类释放的气体具有异嗅，会使银器变色和使油漆褪色
藻类释放的毒素导致胃部不适（如果吃进去的话）
湖水表层密集的藻类减少了透过湖水到达湖底的阳光
湖底藻类的分级降低了溶解氧水平
污染对北方湖泊冬季鱼类死亡有贡献
有根的草干扰迁徙与繁殖
供垂钓的鱼类被不喜欢的鱼类所代替
湖盆逐渐被填满，湖泊面临消失

地下水污染　需要注意的是，地下水也可被磷酸盐和硝酸盐污染。地下水污染的来源之一是许多乡村家庭使用的化粪池。简单地说，化粪池是处置家庭污水的系统，常用于没有市政污水处理厂的地区。化粪池渗漏可能会导致硝酸盐和磷酸盐进入地下水，特别是含水层以上的多孔层和地下水位较高的地区。农业施肥和动物粪便也可能会污染地下水。

富营养化控制　针对富营养化及其许多的危害，可以采取源头控制或末端控制方法。首先考虑一些末端控制方法。

1. 末端控制措施
   A. 升级污水处理厂使其达到先进水平（将在随后讨论）。这些设施可去除大部分的磷和氮。污水处理厂产生的污泥可用做肥料用于牧场和农田，让营养物质回到它们当初所在的土壤。
   B. 在养肥场修建更好的存储池来收集动物粪便（见图 11.7）。存储池中的粪便可以用来为农田施肥。
   C. 使用割芦苇机去除水生生态系统中的多余植物。遗憾的是，这要求每年多次进行，相当费钱。

图 11.7 内布拉斯加州男孩镇的养肥场径流控制。用存储池将以往可能在雨后被冲刷到河流或湖泊的粪和尿收集起来。但池中的污染物有可能渗入地下水

D. 用除草剂破坏水生生态系统的植物生长。必须十分小心，以避免伤害鱼类和破坏产卵场。

E. 从湖泊中挖走底泥以去除营养物质。这种方法因为过于昂贵而不适于水深较大的湖。

F. 避免将处理后的污水排入对富营养化敏感的湖泊。在内华达州的太浩湖和威斯康星州的剑桥，当地政府成功地将处理后的污水绕过敏感的湖泊排到了下游较不敏感的水体中。

G. 将处理后的污水（营养盐浓度仍很高）用于高尔夫球场和公路旁的其他草地。

H. 在人工建设的湿地中对污水进行进一步的生物处理，其中的水生植物和微生物利用污水中的养料并净化水质。

2. 城市和城郊地区的源头控制

   A. 禁止使用含磷的清洁剂或降低其含磷量。禁令已在多个城市（阿克伦城、芝加哥、迈阿密和雪城）和州（印第安纳州、密歇根州、明尼苏达州、威斯康星州、纽约州、马里兰州和佛蒙特州）实施。有些州将清洁剂的含磷量限制为 9% 以下。清洁剂生产商于是降低了其产品的含磷量，许多低磷的清洁剂已在美国和其他国家的超市中出售。

   B. 使用新开发的无磷天然清洁剂。含磷清洁剂问题的最终解决方法可能是使用无磷的天然香皂和清洁剂。这类产品的性能与含磷清洁剂相当甚至更优，同样适合于冷水和热水、硬水和软水，而且它们的价格低廉，同时能够生物降解，不产生富营养化。

   C. 对草坪和花园的肥料收取额外的税，以大大减少其用量。

   D. 对市民进行减少肥料和清洁剂的宣传。

3. 乡村地区的源头控制

   A. 减少农田的肥料使用量，因为农民一般会施用过量的肥料。

   B. 将液体肥料直接注入土壤而非洒在土壤表面。土壤表面的肥料可能被地表径流带入地表水。

C. 在寒冷地区推迟到春季冰雪融化后再施粪。

D. 在农田和水体之间种植植物带以隔离污染物。

E. 对农田实施土壤侵蚀控制（梯田等）以减少地表径流。

F. 不在冲积平原内修建养猪场和其他集中式的养殖场。

花几分钟比较这些对策，想想它们的社会、经济和环境费用与效益。

11.2.4 热污染

佛罗里达州的比斯坎湾是一个生产力特别高的生态系统，栖息着许多的水生物种，包括莲、蟹、鱼类和涉禽。从海湾中每年可以收获 270 吨的海产品。但在 20 世纪 70 年代初期，科学家发现一个 30 公顷的区域内几乎没有生物——生物学上的荒漠，这是由佛罗里达电力照明公司的电厂排放的热水导致的。这个问题通常称为热污染。

热污染是指水温的增加对水中生物产生危害。尽管热污染可能有自然（夏季阳光的过度加热）和人为原因，但后者远比前者重要。热污染的来源是什么？

许多工厂从湖泊和河流中取水来冷却设备或产品，其中最主要的是电厂、钢铁厂和化工厂。

美国电厂每天的取水量为 7.52 亿立方米，接近全国取水量的一半。这些水用在哪儿了？如图 11.8 所示，水在燃煤电厂和核电站中有两个重要用途。如图中右侧所示，水在核电站中被加热产生蒸汽。蒸汽随后用于推动蒸汽轮机的桨叶。发电机把机械能转化成电能。离开蒸汽轮机的蒸汽通常被冷却和再利用。为此，蒸汽通过换热器，被从附近河流或湖泊中取来的冷水冷却变成水。在此过程中，蒸汽中的热量被转移到了冷却水中，使其温度升高到 11℃。加热的冷却水随后被排入河流或湖泊中，将一定的区域加热，产生**热羽**——一部分被加热的水。热羽可能会扩展到距排水口 1 千米或更远的地方（见图 11.9）。

热污染的生物影响　热污染对水生生态系统有多种不利影响，下面考虑其中的主要方面。

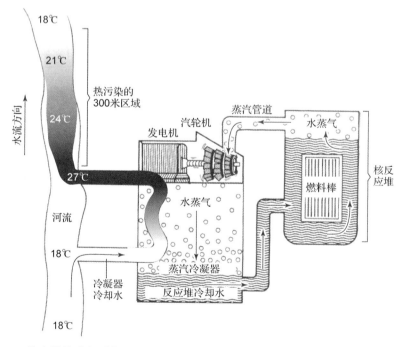

图 11.8　核电站的冷却系统。需注意的是，冷却水排放造成的热污染区域长达 300 米

图 11.9 密歇根湖上热羽的航拍照片。热羽由威斯康星湖岸的泊印特海滨核电站排放的加热冷却水造成。照片使用红外胶片（对热敏感）拍摄

减少溶解氧。水温升高时，水的氧溶解度会下降。例如，0℃的水与氧气完全混合，其中氧气的含量是 14.6ppm，但在 40℃时仅为 6.6ppm。遗憾的是，当水温增加时，鱼类对氧气的需求量增加。总之，水温升高会降低水中氧气浓度并增加鱼类的需氧量。

不同的鱼对氧气的需求量是不同的，例如鲤鱼在 0.6℃时只需 0.5ppm 的氧气。冷水鱼类，例如鳟鱼和鲑鱼，则需要约 6ppm 的氧气才能生存，所以它们不能忍受热羽中的暖水。如果它们呆在热羽中，将会因缺氧而死亡。

干扰繁殖 鱼类是**冷血动物**，即体温和活动水平随着外界环境温度不同而不同。此外，多数鱼类对水温的微小变化也十分敏感。由于许多种鱼类会本能地因特定的热迹象引发筑巢、产卵和洄游等行为，因此水温的变化可能会干扰这些行为并导致鱼卵死亡。

增加对疾病的易感性 热污染相关的另一个问题是增加鱼类和其他水生生物（比如贝类）的患病率。一些细菌（比如粒球黏细菌属）进入鱼体的能力在 16℃下很低，但会随着水温的增加而逐渐增加。

直接致死 鱼类的体温取决于它所处的水温。湖鳟在水温大大超过 10℃时将会死亡。因为冷却水排放会将河流或湖泊的温度增加至 11℃，如果不能快速逃到周围较冷的水中，热羽中的冷水鱼将会窒息而死。

破坏性生物的入侵 热污染可能导致破坏性生物的入侵，因为它们比较耐热。一个典型的例子是新泽西州牡蛎溪的船蛆（蛤和牡蛎的一种近亲）的入侵，这里一个电厂排放的热水加热了海湾。入侵的船蛆在木桩和木船上打洞，产生了极大的危害。

藻类数量的异常变化 水温增加还会改变水体中生长的藻的种类。淡水生态系统中主要有三种类型的藻类：硅藻、绿藻和蓝细菌（曾称为蓝藻）（见图 11.10）。每种藻类都有严格的可承受的水温范围。硅藻喜欢的温度最低（14℃），绿藻的适宜温度较高（32℃），而蓝细菌喜欢更热（40℃）。对鱼类和人类的食物链而言，最重要的藻类是硅藻。而喜欢最高水温的蓝细菌最不适于作为水生动物的食物。它们中的许多过大而不能被小个头的甲壳类动物（比如水蚤）食用。而且，蓝细菌释会放有毒物质并导致其他许多问题（在前面无机营养盐污染一节已经讨论）。

破坏冷水中的生物 从电厂和工厂中排放的热水对鱼类和其他生物有害。许多生物，比如浮游生物、昆虫的幼虫和小鱼，随着冷却水被吸入冷凝器后立刻被热浪毁灭，或死于湍流和高压。

控制热污染 电厂可以通过安装冷却塔来减少或消除热污染（见图 11.11 和图 11.12）。**冷却塔**是将热量从水中传递到大气中的设备。冷却塔在水排回水体之前将其冷却。一些电厂，特别是核电站的冷却塔，是大约 30 层楼高的巨大结构（见图 11.11），它们的地基比足球场还要大。

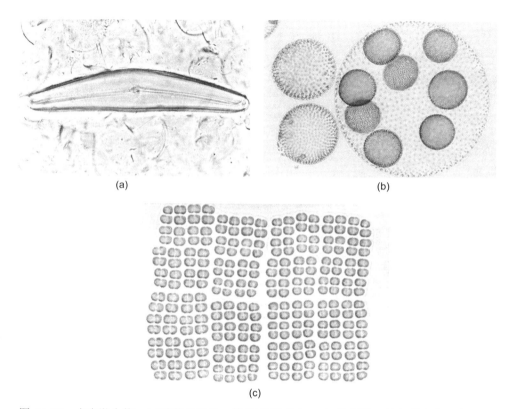

图 11.10 水生微生物。(a)硅藻的照片。这种藻类喜欢 14℃的水温，是鱼类食物链中的重要生产者；(b)绿藻的照片。这是团藻，它适宜 32℃的水温；(c)蓝藻的照片。该群落喜欢大约 40℃的水温。丰富的蓝藻是热污染的标志。通常，蓝藻不是鱼类食物链的重要生产者，而且许多物种可能对鱼类、其他水生动物和人类是有毒的

图 11.11 运行中的湿式冷却塔。注意冷却塔向空气中排放水蒸气

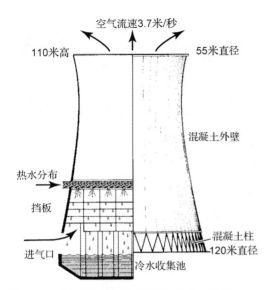

空气流速3.7米/秒

110米高　　55米直径

混凝土外壁

热水分布

挡板

进气口

混凝土柱
120米直径

冷水收集池

图 11.12　湿式冷却塔的操作示意图。冷却水在与上升的空气直接接触后，将所含的热量通过蒸发而去除。冷却塔有巨大体积是为了提供足够的表面积，每天处理成千上万升的水。特别的形状是为了保持气流并以最少的材料实现足够高的结构强度

电力公司可以安装两种冷却塔，即干式或湿式冷却塔。在**湿式冷却塔**（见图 11.12）中，热水被管道引到塔顶。水流向下通过一系列挡板。在这一过程中，热水与自下而上的冷空气（用风机提供动力）相遇。当热水从上而下经过塔内与冷空气混合时，水就被冷却。冷却的水会循环利用，或排放入河流、湖泊或海洋（从那里取水），不过之前需要在一个人工泻湖中继续冷却。工厂会使用小一些的冷却塔。

干式冷却塔与湿式冷却塔十分相似，只是水流向下在管子中通过结构的内部。这种塔可以得到类似的效果且没有蒸发损失。

尽管冷却塔降低了热污染，但也会带来一些问题。首先，湿式冷却塔在寒冷地区的冬季会生成大量的雾气。雾气与固体表面，比如路面接触，会形成薄薄的一层冰，这对骑摩托车的人来说十分危险。雾气还会降低能见度。其次，湿式冷却塔蒸发出来的水意味着水生生态系统（河流和湖泊）的损失。第三，需要用有毒的化学物质比如氯来防止细菌和其他生物在冷却塔的水管中生长。这些化学物质可能会

污染水体，杀死其他生物。第四，尽管高塔是可观的工程成就，这个 100 多米高的由混凝土和钢材构成的庞然大物，有人觉得很难看。第五，冷却塔非常贵。当然，该支出最终从机组转移到了用户，表现为电价的增加，大约会使用户每年的账单增加 1%。环境主义者认为，当与热污染造成的危害相比时，这个花费似乎是合理的。

热水的效益　人为产生的热水通常对水生生态系统是有害的，但在特定条件下则是有益的。考虑以下一些例子：

1. 在俄勒冈州的尤金市，将造纸厂产生的热水喷洒在果树上以防止冻伤。
2. 在马萨诸塞州的温亚德港，加热的冷却水被孵化场用来促进龙虾生长。生产可销售的龙虾所需的时间从 8 年缩短到了 2 年。
3. 佐治亚州的研究者发现萨凡纳河的热污染导致黑鲈生长速度的增加。热水吸引鱼类进入热羽区域，创造了钓鱼记录。

一些科学家和工程师建议将不同工厂和电厂产生的热水与市政污水处理厂的出水混合，置于特殊建造的池子中来饲养速生鱼类（适应热水），比如亚洲虱目鱼。这样，营养盐污染物和热量均被有效用来生产食物。在美国北方的一些州，热水可以防止冬季结冰，允许虱目鱼全年产卵和生长。而且，因为这些鱼是食草的，不仅营养盐可以高效转化成鱼肉，而且富营养化池塘通常面临的水草问题也可得到控制。

加热的冷却水还可用来为家庭或其他建筑供暖。但是，因为热水传热所需的管子十分昂贵，计划使用热水的电厂和家庭必须在设计时就加以考虑。

绿色行动

提高用能效率。日常生活中注意节能，减少对电力的需求，从而减少热污染。

11.2.5 致病微生物

在世界范围内，与其他任何环境因子相比，被传染性微生物污染的水更能使人类致病。这些疾病包括霍乱、伤害、痢疾、脊髓灰质炎和传染性肝炎。每种疾病都是由一种特定的微生物引起的，该微生物通过被人类或动物粪便污染的水传播。人类喝了或接触（游泳或洗澡）了被污染的水后，就会染上传染病。所幸的是，这些疾病的死亡率从 20 世纪起在许多国家都大大降低。但是，根据自然资源保护委员会的一份报告，饮用水中的细菌、病毒和原生动物每年会导致 90 万美国人患病。更为严重的是，污染每年会导致大约 900 人死亡，通常为儿童和老人，以及那些做过手术或患上艾滋病、癌症或肺炎、已经虚弱的人。

近年来在美国部分地区引起问题的一种微生物是甲藻。尽管多数种无害，但这种单细胞的微小生物种导致了美国东部沿海鱼类的开放性溃疡（皮肤感染）和大量死亡。甲藻的爆发一直从特拉华州到北卡罗来纳州（见图 11.13）。这种微生物多见于潮汐河流和河口，以藻类和细菌为食。当有鱼类，特别是鱼群时，甲藻发生群落变化，释放一种强毒性的化学物质麻痹鱼类，使之行动迟缓。这种生物产生的其他有毒物质被认为可以使鱼皮脱落，导致开放性溃疡或皮肤感染。接着甲藻开始以鱼的组织和血液为食。

与其他细菌和病毒不一样，甲藻并非病原体。它不会从一条鱼传染到另一条。而且，它自身并不会杀死鱼。但是，科学家相信它产生的有毒化学物质或开放性溃疡（为别的有害生物所感染）会导致鱼类死亡。

甲藻是许多鱼类死亡的原因，包括在马里兰州切萨皮克湾的一些支流和北卡罗来纳州沿海的半咸水区域发生的一些大事件，有数百万的鱼类死亡。还有证据表明，这种生物的暴露会影响人类健康。研究表明，记忆力衰退、精神混乱及一系列其他的呼吸、皮肤和肠胃问题，可能与有毒甲藻污染的水体的暴露有关。迄今为止，尚无证据表明人类吃了甲藻暴露的鱼或贝类会导致任何健康问题。

图 11.13 甲藻污染水体的分布

尽管甲藻爆发多发生在温暖、半咸水和流速较小的水体而且存在鱼群，但越来越多的证据表明是特定的污染物起了作用。特别是，氮和磷浓度的升高导致了爆发，或通过促进甲藻所需藻类的生长，或更直接地通过促进这种生物的生长。如前所述，通常出现在沿海水体内的这些污染物有多种来源，包括污水处理厂、化粪池、郊区径流和农场。

11.2.6 给水中的病原体控制

致病生物的防控需要多种措施。好的污水处理是关键。本章后面将要讨论，污水处理的设计是为了去除污染物并杀死废水中可能的病原体。处理后的水通常还会进入给水系统。

饮用水的净化是保护人类避免疾病的关键。在许多国家，沿着河流，河水被多个社区利用和再利用的现象十分普遍。例如，如果你生活在一个人口密集的区域，那么你喝的一杯水可能已经经过了住在上游的 8 个其他人的身体。当然，它被一遍一遍地净化。随着全球人口的增长，水的利用和再利用也将增加。安全再利用将特别依赖于高效的自动防故障的水处理方法，将有害的微生物降到很低的水平。

饮用水在水处理厂中进行过滤，通常利用精心设计的沙滤池。之后加氯来杀死可能的有害微生物。供水公司对所供应的饮用水频繁取样，以保证致病细菌被控制在安全饮用水法（1974 年）所要求的最低限值之下。该法法案将在随后讨论。

由于有太多种类的致病细菌或**病原体**可以通过饮用水被人摄入，因此原则上不可能检测所有的病原体。作为替代，该法案要求监测**大肠杆菌**。大肠杆菌是一种极其常见的菌群，常见于人类和其他恒温动物的肠道内。大肠杆菌中的多数物种对人无害[①]。由于人的粪便中大肠杆菌含量很高，生活污水每 100 毫升中含有 200 万～300 万个大肠杆菌。水中的病原生物在感染者的肠道中的数量同样很高，可能通过未处理的或部分处理的污水排放进地表水而传播。因此，饮用水中的大肠杆菌可以作为潜在有害细菌和病毒的指示。大肠杆菌计数少表示有害细菌数量少，而高的大肠杆菌计数表

明可能存在大量的致病细菌。如果每 100 毫升水中有 2 个以上的大肠杆菌，则认为饮用不安全。城市给水处理厂于是需要增加氯量来杀灭细菌。一种替代方案是改变水源，比如水井或湖泊。当湖水或河水的大肠杆菌计数超过每 100 毫升 200 个时，则认为不适于游泳，浴场需要关闭（见表 11.3）。关于另一种生物污染物——斑马贻贝影响的讨论，见案例研究 11.1。

研究表明，与监测大肠杆菌同样重要的是保障公众健康，它并非万无一失。事实上，游泳者在看似安全（大肠杆菌数量很低）的水体中游泳后，有可能出现肠胃不适和流行性感冒症状。进一步调查发现肇事者是一类非大肠杆菌，称为粪链球菌。于是，美国环保署（EPA）建议同时分析大肠杆菌和粪链球菌来保证水质安全。

表 11.3　粪便污染水体传播的疾病

疾 病	生 物	症 状	备 注
伤寒	细菌	呕吐、腹泻、发烧、肠溃疡、皮肤起红点，可能致命	美国每年 500 例
霍乱	细菌	呕吐、腹泻、脱水，可能致命	美国罕见
旅行者腹泻	阿米巴虫	腹泻、呕吐	不时可见
阿米巴痢疾	阿米巴虫	腹泻、发冷、发烧、腹痛，可能致命	可能由于食用感染的牡蛎和蛤而被感染
传染性肝炎	病毒	头痛、发烧、食欲不振、肝肿大	可能由于食用感染的牡蛎和蛤而被感染
脊髓灰质炎	病毒	头痛、发烧、喉咙痛、虚弱，通常永久性瘫痪，可能致命	自从使用脊髓灰质炎疫苗之后美国罕见

案例研究 11.1　斑马贻贝：来自欧洲的水体污染物

北美的水体被一种微小却危险的物种入侵。这不是一种鱼或寄生虫，而是一种很小的软体动物，称为**斑马贻贝**。之所以取此名，是因为它们的壳上许多具有黑白相间的花纹。科学家指出，斑马贻贝于 1988 年达到北美洲，最早在圣克莱尔湖（一个连着伊利湖和休伦湖的小湖）出现。到 2000 年，这种微小的贻贝已广泛分布于美国和加拿大的水体中，而且还在继续扩张（见图 1）。

斑马贻贝是一种淡水软体动物，一般只有人的指尖大小，但最大可以长到约 5 厘米长。它们的寿命大致为 4～5 年。雌性斑马贻贝每个产卵季可产 100 万个卵。受精卵发育成可游泳的幼虫，随着水流从原产地到达别处，直到它们发现可以附着之处，比如岩石、防波堤、码头、船或取水口。

由于这种微小的物种在成熟时不爱活动，因此它们的快速扩张看起来十分意外。这些微小的幼虫可以从它们的父母身边游开，波浪和水流加速了它们的离去。当幼虫躲在饵桶、活水舱（船上装水的容器）或船外发动机的冷却通道时，幼虫还可能非有意地随着乘船者和钓鱼者迁移。另一种传播方式是通过空气，因为微小的幼虫可以躲在迁徙的水鸟（如鸭、鹅和鹭）羽毛上的小水滴中。成年的斑马贻贝则附在乌龟和龙虾的背上，或游艇、驳船、货船、小艇和独木舟的船体上迁移。尽管也可以像幼虫一样随着水流扩散，但它们

[①] 大肠菌的一些种可能十分有害，会导致腹泻和致死。近年来，美国在莴苣、西红柿和菠菜上检出了大肠菌，给食用了被污染食物的人带来健康问题。

的主要交通工具是船。附着在轮船、小船和驳船上的成年斑马贻贝离开家乡，不论到了哪里，它们都可以建立新的家园。

图1　1988年到2008年斑马贻贝在美国和加拿大的扩张

它们在北美快速扩张能力的证据发现于1993年，在它们首次在圣克莱尔湖被发现之后的第五年，当时密苏里州汉尼拔的一位疲倦的救援工人碰巧看到洪水之后从密西西比河底浮上来的一些带泥的树干。他发现成百上千的微小的带有棕色条纹的"蛤"牢牢地附在树上。该处距圣克莱尔湖很远。

欧洲的科学家对斑马贻贝的侵略特征已有了清楚的认识。斑马贻贝在20世纪从它们最早的家——里海，扩张到整个欧洲，造成了不可估量的经济和生态损失。斑马贻贝是如何达到北美的目前仍然未知。但人们相信，它们1988年在加拿大的圣克莱尔湖的出现与航运有关。斑马贻贝可能已在跨大西洋货轮的压舱水中"偷渡"（压舱水是轮船在空载时为了在海上保持稳定，而在特殊的水箱中装载的水，当装载货物后，这些水被排掉）。

自从第一次发现以来，斑马贻贝已在美国不可抗拒地扩张到了许多的湖泊和河流。它可能会蔓延到美国整个东海岸的水体。目前它已分布在五大湖以及整条密西西比河和所有主要的支流中。一些科学家相信它将最终分布在美国落基山以东以及加拿大东部的所有湖泊与河流中。1999年，它到达了艾奥瓦州苏城附近的密苏里河。

斑马贻贝以过滤水中的绿藻和有机物为食。你可能还记得，藻类形成了水生食物链的基础，食物链中包含对人类十分有价值的物种，比如鱼类、水禽、鹰、水獭和貂。一些科学家和自然保护主义者相信斑马贻贝的大肆扩张对其他物种是严重的威胁。一些钓鱼鱼种（比如碧古鱼和湖鳟）主要在覆盖卵石的湖底产卵。但是，因为斑马贻贝在这种表面频繁繁殖，因此可能危及这些鱼类的繁殖。这对碧古鱼的捕鱼者来说是严重的经济损失，这种鱼在伊利湖就大约价值10亿美元。

斑马贻贝经常将自己附着在市政供水系统、电厂、工厂和灌溉系统的取水管的内表面。1990年，这导致了密歇根州门罗市断水两天。几乎与此同时，生物学家比尔·柯瓦拉克惊讶地发现，底特律爱迪生电力公司电厂的取水管被密度高达每立方米70万个的斑马贻贝所堵塞。电厂不得不花费50万美元赶走它们。美国和加拿大在五大湖边的水处理厂大约花费了数十亿美元来控制这个问题。

斑马贻贝甚至会在它们的基质上生长过重而使浮标沉没。持续附着在钢和混凝土上可能导致腐蚀，甚至导致结构破坏。

科学家正在采取各种对策来控制斑马贻贝并停止其入侵。控制这些来自欧洲的入侵者的主要数量的一种方法是，降低其繁殖能力。绿藻数量爆发产生的气味通常刺激雄性贻贝释放精子。雌性贻贝随后在周边水中贻贝精子浓度升高的激发下产卵。这种繁殖行为保证幼虫有足够的藻类作为食物。韦恩州立大学的杰瑞·拉姆及其同事尝试开发一种干扰气味在绿藻未爆发时就激发雄性贻贝释放精子。这些精子将刺激雌性产卵。如果这种方法能够成功，将导致幼虫面临大的饥荒。最终，几次释放这种伪气味之后，这种害虫的数量得到了控制。

俄亥俄州立大学的生物学家苏珊·费舍尔最近发现，向水中少量释放钾能阻止斑马贻贝附着在硬的表面上。她建议时常在取水管口释放钾来防止贻贝的定居及可能的堵塞。海洋涂料生产厂已在涂料中加入钾来防止斑马贻贝腐蚀船体、浮标和桥墩。

高科技的控制技术也在研发中，包括杀死幼虫的声学方法和利用紫外线与低强度电场来阻止它们接近取水口。斑马贻贝也会被天敌吃掉，包括潜水鸭、鲶鱼、石首鱼、鲟和浣熊。但研究表明，这些自然控制方法的效果目前远远不及斑马贻贝的繁殖能力。虽有天敌，但数量不够，远不能达到降低斑马贻贝数量的要求。

奇怪的是，这种欧洲入侵者造成的环境影响并非都是有害的。人们发现斑马贻贝可以净化多年以来水华频发导致的浊水。一只斑马贻贝每24小时过滤1升水。一个500万只的种群每天过滤100万升水。这对水透明度的改善是很大的。一个很好的例子是伊利湖的变化。纽约州立大学的生物学家查理斯·奥尼尔指出："斑马贻贝就像真空吸尘器。它们将所有营养物从水中吮走。伊利湖的西半部曾经是绿色的。你无法看到你的手指。但是现在，你可以看见10米以下！"水清澈了，湖景得到改善，湖边的房地产价值提高。这同样受到游泳和划船爱好者的欢迎。这增加了透过湖水的阳光，使得底栖植物开始繁盛。它们为许多小鱼提供了居所。

斑马贻贝同样会过滤掉大量的重金属，比如铅、镉和汞。这一过程降低了人类通过饮水或食用鱼（它们可能在鱼肉中富集重金属）可能遭受的重金属危害。

受斑马贻贝影响最大的是本地的贻贝种。伊利湖西半部已被斑马贻贝消灭的本地种，完全竞争不过它们的欧洲近亲。斑马贻贝比本地种生长得更快，导致浮游生物和溶解性营养盐降低，因此会进一步使本地种饿死。

这个有关斑马贻贝的案例研究是一个关于自然生态系统的经典案例，自然生态系统可能几百万年来一直处于平衡状态，但可能会被一种外来生物物种的偶然入侵而打破平衡。不论是好是坏，尽管采取了各种控制措施，斑马贻贝看起来还会扩张到落基山以东的多数湖泊和河流。它们将在那里繁衍，可能会直到永远。

11.2.7 有毒有机化合物

化学物质可分成两类：无机物和有机物。无机化合物，例如硝酸盐和磷酸盐，一般来说是那些不含碳原子的化合物。它们通常是小分子的化合物，包括氯化钠、水和氧气。相对地，有机化合物主要由碳和氢构成。目前已知的有机化合物超过100万种。有机化合物，比如蛋白质、脂肪和碳氢化合物，是活着生物的重要成分。但是，我们这里感兴趣的是一组有毒的有机化合物，它们在化工厂中合成并时常排放到地下水和地表水中。

从20世纪50年代起，数十万种这类合成的有机化合物被人们生产出来。它们被用来生产药品、塑料、溶剂、杀虫剂和合成纤维。与自然存在的有机化合物不同，许多合成的有机物耐受细菌、阳光、空气或水的分解。因此，一旦被排入水体，它们作为污染物会存在数年，甚至数十年。这类持久性有机物的例子有杀虫剂DDT和一类称为多氯联苯（PCB）的工业化学品。它们和其他有毒化学品可以进入食物链，或存在于我们喝的水中或游泳的水中。有毒化学物质还会从塑料容器（比如饮用水瓶和奶瓶）和钢罐头（内表面覆盖有薄薄的一层塑料）中释放。这些化学物质即所知的**增塑剂**，将它们添加到塑料中后，可使塑料不那么易碎。有两种增塑剂，双酚 A 和称为邻苯二甲酸

盐的一类化学品，被广泛使用并存在于我们周围。要进一步了解增塑剂，可参阅"深入观察 11.1：增塑剂的危害"。

深入观察 11.1 增塑剂的危害

2008 年 4 月，加拿大卫生部部长托尼·克莱门特申明，政府将逐步限制从新生儿到 18 个月期间对一种常见化学品——双酚 A（BPA）（增塑剂）的暴露。这种化学品被添加到硬塑料（聚合碳酸盐，用于制造奶瓶）中，并发现于婴儿配方奶粉和其他食品罐内衬的聚合碳酸盐塑料中。卫生部部长很快实施了在加拿大禁止进口、出售和宣传聚合碳酸盐奶瓶的行为。

这份声明基于加拿大卫生部的一份报告初稿，它的结论是双酚 A 对一生中较早暴露的人群具有潜在的危险。这份报告和美国国家毒物检测法发布的一份相似的报告均强调已有一些科学证据，其中多数来自对实验动物的研究，已经提高了人们对双酚 A 副作用的关注。报告的结论是，胎儿、婴儿和儿童的低水平暴露有可能导致其行为的改变，以及大脑、前列腺和乳腺的病变。前列腺癌和乳腺癌是两种可能会早期暴露的健康问题。报告还指出，双酚 A 可能会使女孩性成熟更早。

报告的其他结论有，孕妇暴露在低剂量的双酚 A 中可能不会导致畸形儿或婴儿体重降低的风险。成人的高水平暴露，比如在工作场所，确实会对生育产生影响，但低水平暴露，比如在日常生活中，则被认为是没有风险的。

针对加拿大的报告，世界上最大的零售商沃尔玛在 2008 年 4 月声明，即刻停止在加拿大出售含有双酚 A 的商品，例如奶瓶、吸嘴杯、安抚奶嘴、食品容器和水瓶。沃尔玛在 2009 年初再次声明，它将停止在美国出售用聚合碳酸盐塑料制成的含有双酚 A 的奶瓶和其他商品。

其他的零售商，包括塔吉特和宝宝反斗城，也清除了含双酚 A 的塑料制品，取而代之的是没有这种潜在有害化学品的商品，包括玻璃瓶和无 BPA 的塑料瓶。

这些仅是更多禁售的开始。罗切斯特大学药学院的莎娜·斯旺研究表明，人类胚胎对 4 种添加到塑料和其他商品中的普遍化学品的中、高水平暴露可能会导致新生男孩生殖器官的异常。这些化学品属于一类称为邻苯二甲酸盐的化学品，常见于香水、蜡烛、指甲油、塑料容器、地板、涂料、粘合剂及其他产品中。

这名研究者发现，具有中、高血液浓度的孕妇所生下的男孩可能更易发生生殖器官异常，包括阴茎变小和隐睾（在生殖发育中睾丸不能进入阴囊）。类似的男性功能下降症状在暴露于邻苯二甲酸盐的实验动物身上也被发现。

科学家相信，母亲血液中的邻苯二甲酸盐可能会降低男性性激素（例如由人类睾丸产生的睾酮）的产生。这会导致性器官的发育异常。可能还有进一步的有害影响，包括成人精子数量下降以及患睾丸癌的风险提高等。

合成有机化合物的毒性很大程度上在于它们干扰活细胞中正常的酶功能。酶是生物细胞中加速重要化学反应的蛋白质。如果没有酶，也就没有我们。

多年以来，有毒的有机化合物被工厂直接排放到河流和其他地表水体中。即使工厂将它们的有毒有机废物倾倒在存储池中，也会有部分挥发。进入大气的这些物质在下风向被降雨冲刷回地面。当然，一些废物会渗入地下，污染地下水。一些公司甚至还将有毒的有机物和其他废物，比如含砷化合物、氰化物和辐射材料（均对人类有潜在危害），注入深井（深度在 90 米～3.3 千米）。理论上，这些废物在地下被固定，不会产生危害。

深井注入在美国一些地方特别普遍，未来还将更普遍。多数深井分布在得克萨斯州、俄克拉荷马州、阿肯色州、路易斯安那州和新墨西哥州。但是，深井的污染扩散并未被积极监测。

有证据表明，深井注入技术可能会增加一些地区的地震频率。科学家已经证明科罗拉多州丹佛附近美国陆军化工厂的污水注入量与该地区地震频率之间存在很强的相关性。

尽管美国的深井注入预计可以存纳 1 万年的污水量，但并非所有的批评者都相信这种技术真的没问题。批评者认为这种技术是"将垃圾扫到地毯下"的方式，并担心这种临时应急的措施未来会困扰我们的后代。

地下水污染 下面介绍有毒有机化学品对地下水的污染。记住，尽管我们重点关注的是有毒有机物，但所有类型的水污染均可能污染地下水。

地下水是巨大的资源。在地球表面下 0.5 千米深度内蕴含的水资源是五大湖的 4 倍。目前，

美国每天会抽取超过 3 亿立方米的地下水，而每年会消耗 240 亿立方米地下水。地下水资源提供了全美 95% 的乡村家庭和 35 个大城市的饮用水。

与流动的河流不同，地下水没有明显的自然净化机制。因此，地下水一旦被污染，将会保持成千上万年。

污染地下水的有毒有机化合物来自于不同的来源，如图 11.14 所示。两个主要的来源分别是市政垃圾填埋场和工业废物填埋场。地下水可能被从工业设施污染的场地、含有工业废水的蒸发池、农田和矿区等渗漏的有毒化学品所污染。深井注入的工业化学品也会污染地下水，乡村和城郊地区的化粪池同样也会释放生活污水中有毒有机物。加油站油库的渗漏也会污染我们的地下水源。

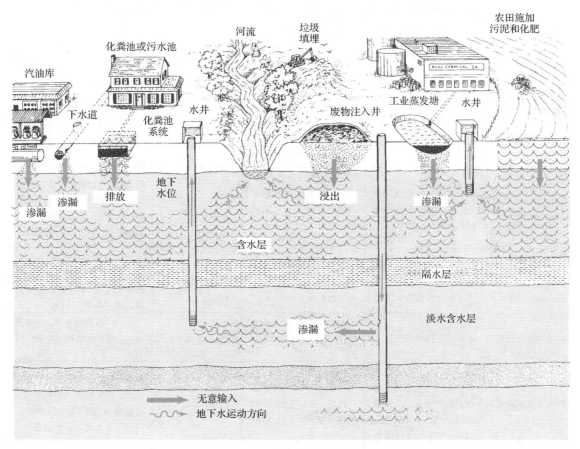

图 11.14 地下水污染的来源

由于多数地下含水层的水流很慢，污染物要花数个世纪才能从污染点移动 1.6～3.2 千米。但是，地下水一旦被污染，就特别难以被净化。

对健康的危害 随着有毒有机物检测仪器越来越先进，越来越多的有毒化学品在美国的地下水中被检测出来。我们很自然地会问一个问题："如果饮用了被污染的水，我最后会患上严重的疾病吗？"遗憾的是，答案并不确定。卫生官员不能很简单地说，如果你喝了 x 升由 y 化学品污染且浓度为 z 的水，经过多少年后你将患上某种病，比如癌症。但是，许多研究发现了严重疾病与地下水**有毒有机化学品污染**之间的联系（见表 11.4）。

需要强调的是，被污染的井水很少只被一种有机物污染，而通常会被多种有机物污染。这表明两种或更多的有机化合物会共同作用，产生对身体的协同效应——超过每种有毒污染物单独产生的影响的总和。例如，医学研究人员发现，工业溶剂 TCE（三氯乙烷）同时与一类有毒有机化学品 PCB 暴露时，会导致更为严重的肾脏伤害（见表 11.5）。

表 11.4 一些有毒有机污染物对职业
暴露工作人员的健康影响

化 学 品	暴 露	影 响*
四氯化碳	呼吸 皮肤吸收	肝和肾损伤 呕吐 腹痛 腹泻 黄疸 血尿 昏迷 死亡
氯乙烯	呼吸	染色体异常 增加自然流产 （暴露工人的 意见）
苯	呼吸	经血增加 白血病（血癌）

* 所有这些化学品对实验室的老鼠和白鼠都是致癌的。

来源：环境质量委员会，有毒有机化学品的地下水污染，华盛顿：美国政府出版局，1981。

表 11.5 五大湖中的一些有毒化学品：用途、来源和对人体健康的影响

名 称	用 途	可能的来源	发 现 地 点	性质和健康影响
铁燧岩尾矿中的石棉	当前已禁用	铁矿石开采的副产物。法律要求原位安全处置	苏必利尔湖	空气污染的影响包括石棉肺和肺癌；水污染影响未知，可能致癌
DDT、氯丹、狄氏剂、艾氏剂	在五大湖区广泛使用的杀虫剂。DDT 于 1971 年禁用；其他已限用	过去广泛使用后的残留；来自农田和森林地区的径流；管理不完善的废物处置场的渗滤液；大气沉降	所有五大湖	鱼类、野生动物和人类的生物富集。在环境中具有持久性。长距离影响，包括干扰野生动物的繁殖；对人类可能致癌
重金属（汞、铅、砷、镉、铜、铬、铁、硒和锌）	各种工业应用，包括汽油抗爆剂、涂料、水管、杀虫剂、玻璃和电镀	工业废水、医疗废水、农田径流、废物处置、尾矿、城市面源	苏必利尔湖、安大略湖、休伦湖、伊利湖	过量的重金属在鱼类和野生动物中生物富集。人类食用受污染的食物可能发生多种健康问题，详见表 11.6
PAH（多环芳烃）	多种工业用途	工业含油废水、所有类型燃烧的副产物、城市面源、金属冶炼	所有五大湖	在环境中具有持久性。致癌及鱼类、野生动物和人类染色体损伤
PCB（多氯联苯）	广泛的工业应用，包括电容器和变压器的绝缘材料、增塑剂、无碳复印纸。1979 年 EPA 全面禁止，特别允许的例外	工业废水；市政污水处理厂排水；港口沉积物；低温废物焚烧；大气沉降	所有五大湖	鱼类、野生动物和人类的生物富集。在环境中具有持久性。实验猴子发生遗传缺陷和皮肤与肠胃不适。可能致癌
二恶英	没有已知用途	在氯酚和禁止的杀虫剂甲基酯中的微量污染物。漂白牛皮纸的过程和大气沉降	所有五大湖	在鱼类中生物富集。可能致癌。导致鸟类畸形和野生动物遗传损伤

另一个问题是有毒有机化合物是否会通过母亲危害胎儿。至少在某些情况下,这个问题的答案是肯定的。例如,研究表明,PCB可从母体进入胎儿,可能导致发育迟缓、出生体重低、反应迟缓和记忆力差。

即使对问题的认识越来越多并采取了越来越严格的管理,地下水污染仍会继续存在,原因是不当甚至有时非法地处置有害化学品。而且,相似甚至更严重的问题也在其他国家出现。例如,在一些前苏联的东欧国家,很多的工业场地为废料所严重污染。这些废物在原位或转移之后经不当的处置时常发生。尽管针对这些问题的影响程度目前尚无确切数据,但肯定相当严重。

降低有毒有机污染物的威胁需要开展多种行动,其中包括预防。预防地下水污染需要正确处置或消除(例如焚烧)废物。禁止使用蒸发池和填埋来处置有毒废物同样有用。但是,更好的方法是污染预防,比如循环利用有害废物,以及在化工过程中使用无害的材料替代有害的材料(见第17章的讨论)。这些措施可减少有毒废物的产生,目前已在许多国家(包括美国和加拿大)和许多企业严格采纳。

11.2.8 重金属污染

重金属是具有高毒性的元素,比如铅和汞。它们来自不同的源,包括采矿中有意或无意的排放。例如,遗弃或未妥善管理的地下矿坑可能会排放含有重金属的废水。尾矿——从矿井中去除的废料,有时会遗弃在矿井周围,也含有重金属,比如铜、锌和镉。这些金属可能在大雨时被冲刷进地表水。地表水中的重金属,比如汞,也来自燃煤电厂、垃圾焚烧厂和其他工业设施的气体排放,空气中的重金属会被降雨或降雪所清除,从而沉降到土壤和水体中。那些沉降到土壤中的重金属可能被淋溶进入水体。此外,一些重要的点源也直接向水体中排放重金属,包括金属加工厂、染料生产厂和造纸厂。

饮用水中的重金属还可能来自其他源。例如,铅可能会从1930年以前的建筑中使用的铅管,或者从较新住宅、办公楼和其他建筑中用来焊接铜管的含铅焊锡中淋溶出来。

重金属的问题与有机污染物不同,重金属不能被细菌分解,因此会在水体或底沉积物中持续存在很多年,最终进入人类食物链。

重金属也具有毒性。它们的毒性来自于对酶(细胞内促进许多维持生命的反应)正常功能的干扰。于是,通过被污染的食物或饮水摄入重金属的人可能会患上严重的疾病。例如,**铅中毒**会导致多种症状,包括学习能力下降、胃部不适、抽搐、昏迷和死亡。铅中毒还会导致神经反应下降和儿童发育迟缓。

目前,卫生官员和科学家最关心的问题是,饮用水中低浓度的铅对胚胎发育和儿童学习与记忆能力的不利影响。10岁以下的儿童是特殊的敏感人群。EPA估计铅污染的自来水已使美国14.35万儿童的智力降低(最大IQ降低5)。遗憾的是,饮用水中的铅无色、无嗅、无味。因此,铅的存在只有到一定时间之后第一个中毒症状出现才能被察觉到。

EPA估计饮用水中的铅是美国68万成年男性患高血压的原因。另外,56万儿童的血铅含量超标,其中相当大的部分可能是由含铅的水引起的。美国至少有35万人饮用含铅浓度超过EPA规定的安全标准的厨房自来水。

另一种被关注的重金属是汞。水体中的汞来自工业废水的直接排放和降水(雨和雪)。后者来自燃煤电厂和焚烧厂(焚烧带有汞电池的城市垃圾)。元素汞在水生生态系统中是基本无害的,除非沉积物中的细菌将它转化成甲基汞这种有毒的形态。甲基汞富集在生物体的组织中,在食物链中含量逐级升高。在美国北方的湖泊中,狗鱼(一种肉食鱼类)的甲基汞含量是水中的22.5万倍。这种现象称为**生物放大**。

在世界上的很多地方,高等生物(包括人类)体内含有很高浓度的汞。美国3/4的州(事实上所有关心此问题的州)已对食用被汞污染的鱼制定了指导性建议。在密歇根州,卫生官员建议人们每周食用从本州湖泊里打上的各种鱼不要超过一次。美国食品和药品管理局也制定了对孕妇或计划怀孕的育龄妇女食用海鱼(比如鲨鱼和旗鱼)的指导性建议。尽管对低浓度汞的健康影响研究尚无明确结论,一些研究者警告称汞会严重影响发育，比如降低认知能力。

汞还会影响野生物种，特别是食鱼的鸟类，比如潜鸟、鹰、秋沙鸭、鹭、鹗和翠鸟。一般而言，所有这些物种的身体组织中都有很高的汞浓度。高浓度的汞可能会影响潜鸟的繁殖和生长，导致死亡率的增加和出生率的下降，最终导致数量减少。表 11.6 汇总了 4 种重金属对人类健康的影响。

表 11.6   4 种重金属对人体健康的影响

汞	砷	铅	镉
失明	头痛	肠绞痛	骨骼退化病
头痛	头晕	过敏	严重致残
过敏	失明	对传染病抵抗力降低	高血压
协调障碍	呕吐	贫血	心脏病
手足麻木	腹泻	血尿	
注意力持续时间缩短	腹痛	脑损伤	
记忆丧失	肌肉痛	部分麻痹	
肾损伤	血尿	智力迟钝	
死亡	贫血		
	全身瘫痪		
	心脏病		
	昏迷		
	死亡		

另一个有毒重金属的可能来源是农业。如第 9 章所述，灌溉水可能从土壤中带走重金属。不久以前，加利福尼亚州的凯斯特森野生动物保护区发生了鱼类和水禽死亡的神秘事件。此外，许多鸟类孵化出畸形的小鸟，例如鸟嘴交叉，不能繁殖。对人工湿地中水的化学分析发现，其中存在很高浓度的重金属硒。硒这种潜在有毒元素来自于附近农田的灌溉水。灌溉水从天然包含高浓度硒的土壤中将它淋溶出来。

绿色行动

回收旧电池，或正确处置含汞的电池（如手表电池）。不论如何，都不要把旧电池扔进垃圾堆，特别是所在城市用焚烧法处理垃圾时，会把汞排放到环境中。

重金属污染控制   要降低重金属（以及其他污染物）的暴露，需要采取多种措施来减少排放进入大气和水体的重金属，以最终根除它们。令人惊讶的是，传统的城市污水处理厂不能有效地从生活污水和工业废水中去除重金属。事实上，一些金属对污水处理厂赖以分解有机质的细菌有毒害作用。因此，充分降低进水的重金属浓度是十分重要的。在美国，地方、州和联邦法规均要求工厂对含重金属的废水在送入市政污水处理厂之前进行预处理（去除有毒的重金属）。理想条件下，多数重金属被去除并转移到经过认证的危险废物处置场。将工业废水同生活污水分离开来并要求原位处理工业废水已开展多年，这有助于减少重金属对河流和其他地表水的污染。尽管已取得了进展，但仍需继续努力。

严格控制工厂和电厂的大气污染物排放同样有用，因为环境中很多重金属来自于大气污染物，后被雨水冲刷到土壤和水体。该过程被称为**跨介质污染**，说明需要控制多种污染的整体方法。在我们的住所，改变所用给水管道和焊接管道的焊锡材料，也有助于减少重金属暴露。

11.2.9   耗氧有机废物

我们中的很多人曾经见过朋友或小孩买来的金鱼在几个星期后死在鱼缸里。在很多情况下，这个新宠物的死不是由于漠不关心，而是过分热心的主人给了它过多的食物。鱼食含有**生物可降解**的有机物质。多余的鱼食被水中的细菌食用，消耗了氧气（分解有机质通常需要氧气），因而降低了鱼缸中的溶解氧浓度。宠物鱼其实是因为缺氧窒息而死的！

有机质会在水环境中富集，例如当秋天落叶掉进林中的小溪，或者屠宰废水被排进河流。河流中有很多种类的细菌，能分解这种或其他有机物，例如生物污水或动物粪便。这些微生物是河流自净机制的一部分。

这种有机质最终被细菌活动所分解的过程可以总结如下：

高能量的有机分子（脂肪、碳水化合物和蛋白质）+氧气=低能量的二氧化碳+能量（细菌用来维持生命）+水+硝酸根（NO_3^{-2}）+磷酸根（PO_4^{-3}）+硫酸根（SO_4^{-2}）

从这个方程可知，水中的氧气对此过程十分重要。在金鱼缸和水生生态系统中，细菌积极地与其他需氧的水生生物（鱼、甲壳纲动物和昆虫幼虫等）竞争氧气。如果水中有足够的有机物质，并且其他条件（例如水温）合适，耗氧的细菌会快速翻倍。随着细菌数量的增加，溶解氧浓度降低。溶解氧浓度可能从10ppm降到低于3ppm（其他水生生物的伤害阈值）。

因为它们在水生生态系统中的分解需要消耗氧气，天然有机物和人为有机废物（如污水）被称为**耗氧有机废物**。美国联邦政府运行着一个河流监测站网络，溶解氧水平是常规检测的指标。在过去几年成千上万的测试中，不到 5%的溶解氧低于 5ppm——鱼类数量保持所需的最低水平。

水质化学家用一种简单的方法测量耗氧有机废物的浓度——他们把水样和一定量的氧气混合，测量氧气随时间的减少。细菌消耗氧气的量取决于样品中有机质的量。有机质越多，氧气消耗量越大。

水中有机物含量并不直接表示，而用**生物需氧量**（BOD）来表示。最近，水质人员将此术语改为**生化需氧量**。于是，现在习惯于称污水和屠宰废水等的BOD，因为这些物质被细菌消耗需要氧气。

如果一个城镇有下水道系统，那么我们每次冲厕所时，都会对住地附近河流或湖泊中的鱼类的生活产生影响，因为进入排水管的污水中有大约 250ppm 的 BOD。食品厂、奶油厂、奶牛场、面包房和肉类加工厂排放的废水中的BOD 范围为 5000～15000ppm。

需要着重指出的是，溶解氧亏缺取决于水体中加入的有机质的量。自然发生的少量有机质，一般来说不会产生问题。细菌和其他微生物去除有机物，溶解氧会自然补充。但是，当大量的有机物进入水体后，溶解氧浓度则明显下降。换言之，只有污染物的量超过湖泊或河流的自净能力时，严重的溶解氧亏缺及其危害才会发生。

如我们所知，河流对有机质的净化能力取决于曝气速率——溶解氧补充有多快。冰冷和湍急的水流含有较多的氧气，氧气的补充速率快于温暖和缓流的河水。最容易发生氧亏的河流是温暖和流速小（甚至不流动）的水体。

高 BOD 对水生物种的影响 污水处理厂和其他设施（比如造纸厂和屠宰场）排出的高BOD 的水可能对水生生物产生毁灭性作用。污水排放点之上和之下几个点上生物的种类和数量的研究结果如图 11.15 所示。在排放口之上的 A 点，河流未受污染，有较高的溶解氧浓度（8ppm）和丰富的食物（蜉蝣和石蛾的幼虫），使得一些价格较贵的鱼类（如鲈鱼和鳟鱼）可以生存。但刚好在排水点之下的 B 点，处于**下降区**，溶解氧浓度很快下降，原因是污水中有很多的有机物。在一些河流中，溶解氧浓度可能会低于 3ppm，不够支持我们喜欢的那些鱼类所需的氧气，只有一些我们不喜欢的鱼类，比如鲤鱼和鲶鱼，它们的氧气需求量较低，可以生存。蜉蝣、石蝇和石蛾的幼虫，它们也需要较高的溶解氧浓度，因此数量也明显减少。**危害区**（从 C 点到 D 点）内的溶解氧浓度很低，甚至鲤鱼和鲶鱼也不能生存。

危害区内最典型的底栖动物是淡红色的**污泥虫**（每平方米的河底可能有 18 万只）、血虫和红色的鼠尾蛆（见图 11.15）。这些动物有时被作为指示生物，它们的存在表明特定的河段被有机废水严重污染。

从 D 点开始是**恢复区**，从大气中进入的氧气量超过被细菌消耗的氧气量，原因是风的作用或藻类和底栖植物的光合作用，导致了溶解氧浓度的增加，从而允许鲤鱼和雀鳝的存在。最后，在更下游的 E 点，污水处理厂排放的有机物多数已被分级，溶解氧浓度达到原来的值。排水口上游有的鱼类和其他生物在 E 点以下的水体中生存。

B 和 C 点之前倾斜的溶解氧曲线就是所知的氧垂曲线。溶解氧曲线的斜率变化很大，取决于污水的 BOD 值、氧气进入河水的速率、水温和流速。如果有额外的污染源，恢复是不可能的。

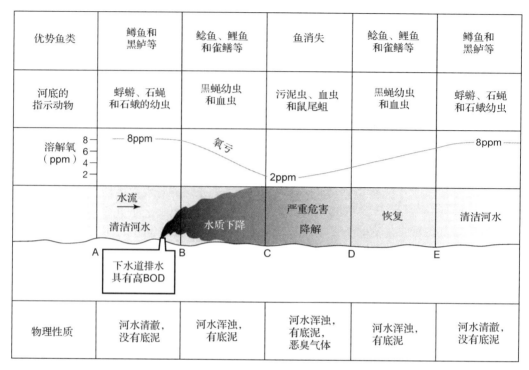

优势鱼类	鳟鱼和黑鲈等	鲶鱼、鲤鱼和雀鳝等	鱼消失	鲶鱼、鲤鱼和雀鳝等	鳟鱼和黑鲈等
河底的指示动物	蜉蝣、石蝇和石蛾的幼虫	黑蝇幼虫和血虫	污泥虫、血虫和鼠尾蛆	黑蝇幼虫和血虫	蜉蝣、石蝇和石蛾幼虫
溶解氧（ppm）					
物理性质	河水清澈，没有底泥	河水浑浊，有底泥	河水浑浊，有底泥，恶臭气体	河水浑浊，有底泥	河水清澈，没有底泥

图 11.15　含高浓度 BOD 的污水对河水中溶解氧浓度和水生生物种类的影响

　　氧垂曲线并非只有科学意义，它同时能提供特别实用的信息，用于制定污水处理厂排水的 BOD 标准。建在容易氧亏的河流边的污水处理厂，其允许的 BOD 排放标准将比水流更快和更好充气河流的更低，以保持受纳水体的最低溶解氧限值（5ppm）。当然，排水允许程序的设计是为了保护受纳湖泊或河流中的水生生物。需氧有机废水的控制见 11.3 节。

绿色行动

　　购买第一栋房子时，可考虑安装堆肥式厕所以减少废水排放。

11.2.10　内分泌干扰物和药物

　　人类近来才认识到的另一类水污染物是众所周知的**内分泌干扰物**。这些化学污染物会改变摄入动物的内分泌系统，影响人类和野生动物的繁殖与其他生理功能，其效应可能是显著和致命的。例如，造纸厂将树木磨碎制成纸张的工艺中，会排放一种类似雌激素的化合物

（黄酮），并进入附近的湖泊或河流。研究表明，这种化合物及其他类似的化合物，是干扰五大湖及其汇入河流中鱼类繁殖的罪魁祸首。雌激素类化合物是如何影响鱼类的？雄鱼在什么时候暴露于这些化合物中，以至于同时发育出雄性和雌性的器官并失去繁殖能力？遗憾的是，造纸厂采用的水处理设施无法去除这些化学物质。

　　造纸厂还会排放一类有潜在危害作用的化学物质——二噁英。高浓度的二噁英被认为是致癌的。在低浓度下，二噁英会抑制动物（包括人类）的免疫系统。所幸的是，新的造纸技术，即所知的无元素氯制浆工艺的开发，可以达到减少二噁英的产生的目的。但是，目前通过这种工艺制成的纸还很少。

　　内分泌干扰物可影响距排放源较远的物种。例如，生活在远离人为污染源的公海中的雄性鳕鱼也可能产生通常只有雌性才产生的蛋黄蛋白。在雌性鱼体中，这种蛋白质是由肝产生的，并置于卵中。而生活在受污水处理厂和造纸厂污染的水体中的雄性鳕鱼或

其他鱼类也会异常产生蛋黄蛋白。摄入这些化学污染物后，它们会模仿雌性激素，导致雌性化。这类污染物的暴露还可能干扰雄性的发育和生育。

英国韦茅斯市环境、渔业和水产研究中心的研究员亚历山大·斯科特希望了解那些整个生命期都在远离污染源的海上的雄性鳕鱼是否也会出现类似的异常。他的研究发现蛋黄蛋白同样发现于雄性鳕鱼，不过只发现于大的和老的雄性鳕鱼。

这种蛋白质在远离污染源的鱼体中的存在，表明污染物可以通过食物链发生作用。斯科特相信，这些化学物质沉积在远离排放源的深海中，被底栖的鳗鱼和其他鳕鱼捕食的鱼类所摄入。随着鳕鱼长大，类雌激素化学物质在其组织（包括肝）内含量逐渐增加，刺激产生蛋黄蛋白。该暴露可能减少这种商业价值很大的鱼类的繁殖。

在世界范围内的水体中发现的其他化学物质有来自避孕药的人工合成雌激素。研究指出，这些物质随着妇女排尿进入环境，导致雄鱼变性。例如，从污水处理厂排放口附近捕获的雄性鲤鱼和碧古鱼，被发现体内产生了大量的蛋黄蛋白，该蛋白质通常只有雌鱼才会产生。

实验室研究发现，避孕药中的两种雌性激素导致一些雄鱼同时长出雄性和雌性的生殖器官。这些鱼通常不能产卵，它们被有效地绝育。科学家目前才开始考虑这些化学物质对人类的影响。

妇女用过的避孕贴如果被冲进马桶，可能对野生动物，特别是生长在河流、溪流和湖泊中的鱼类与其他水生生物产生显著的生物影响。用过的避孕贴仍含有一定的雌激素。即使冲进市政下水道系统的避孕贴是少数，但仍可能影响生长在污水厂下游的鱼类的繁殖。

一些处方和非处方药，比如抗生素、止痛药、降血压药和抗抑郁药同样会污染水体。从19世纪70年代开始，许多常用药品进入地表水。它们从哪里来？这些药品通过人类排尿进入污水处理厂，然后进入地表水。它们还会来自牲畜养殖。

绿色行动

女士们，请把你们用过的避孕贴丢进垃圾桶而不要冲进厕所。

尽管这些药品在水体中的浓度很低，但研究表明它们中的一些会产生协同作用，可能使微小的甲壳纲动物致残或死亡，而这些生物是水生食物链中至关重要的组成部分。一个研究指出，同时对一种降胆固醇药（降胆固醇酸）和一种抗抑郁药（氟苯氧丙胺）在环境浓度下6天的暴露杀死了大多数的水蚤（一种甲壳纲动物）。当降胆固醇药浓度降低时，水蚤死亡率下降，但是一些水蚤的后代出现了严重的身体畸形。

用水蚤测试5种常用抗生素给出了类似的结果：每种抗生素单独没有明显的影响；但在有代表性的水体浓度下协同作用时，三种抗生素导致水蚤后代有更高比例的雄性。

在河流、湖泊和其他地表水体中发现的常用药品的混合，还会对一些鱼类产生有害影响。但是，这种可能的改变对它们食物来源的长期影响尚未可知。

11.3 污水处理与处置

城市和乡镇会产生大量的水污染，既有点源也有面源。在世界上的很多地方，特别是发达国家，包括欧洲和北美，点源（包括家庭和办公场所）将污水排入地下管道。这些管道随后将污水送到**污水处理厂**，在这里将污水中的多数污染物去除。污水处理厂接纳多种水污染物，包括沉积物、致病生物、清洁剂（含有无机营养物）、人类排泄物、人类尿液中的药品、重金属和有毒有机化学物质（见表11.7）。多种污染物在污水最终排放到湖泊、河流或海洋之前，可被污水处理厂去除。这些处理厂在净化水体方面起到了重要作用（有关污水处理厂的成功和存在问题的讨论，见案例研究11.2）。

表 11.7　水污染：来源、效应和控制

污 染 物	来 源	效 应	控 制
耗氧废物	土壤侵蚀 秋季落叶 死鱼 人类粪便 生活废物 植物和动物残体 城市区域的大雨径流 工业废水（屠宰场、食品厂、奶油厂、酿酒厂、奶油厂和炼油厂）	细菌分解有机物病消耗水中的氧气 受欢迎的鱼类被不受欢迎的鱼类取代 受欢迎鱼类所需的重要食物源（比如蜉蝣）被破坏 恶臭发生	减少来自仓院的径流 利用现代二级污水处理厂降低污水 BOD 减少来自养肥场的径流
致病生物	人类和动物粪便 被污染的水产品 （蛤和牡蛎）	通过水传染的疾病，如霍乱、伤寒、痢疾、脊髓灰质炎、传染性肝炎、发烧、恶心和腹泻等高发	减少来自仓院和养肥场的径流 更高效的污水处理 正确消毒饮用水
营养盐 （硫酸盐和硝酸盐）	土壤侵蚀 食品加工厂 来自仓院、养肥场和农田的径流 未处理的污水 工业废水 柴油车、汽油车、火车和轮船的排放	富营养化 可能导致婴儿高铁血红蛋白症 降低娱乐和运动价值	三级污水处理 减少商业肥料的使用 改变清洁剂配方 用等高条植、梯田耕种覆盖种植来控制土壤侵蚀 减少来自养肥场的径流
沉积物	农田、露天采矿、森林砍伐和施工工地（道路、住房和机场等）的土壤侵蚀	水库淤积 灌渠堵塞 增加水灾发生率 阻碍驳船前进 干扰光合作用，降低溶解氧水平 破坏淡水蛤（蛤蚌） 使鱼类窒息死亡 破坏有价值鱼类的产卵场 需要对饮用水进行额外的过滤处理	采用农田的防侵蚀措施，包括梯田耕种、覆盖种植和修建防护带 在施工工地采用防侵蚀措施、铺草皮和使用滤污器等 护坡种草，利用地膜和草垫覆盖 在施工工地进行临时覆盖，比如种黑麦和小米
热	仲夏阳光对浅水的加热 从电厂、钢铁厂和化工厂排出的热水	扰乱水生生态系统的结构 导致受欢迎的藻类和鱼类被不受欢迎的物种取代 杀死冷水鱼类，如鳟鱼和鲑鱼 阻滞鲑鱼卵迁徙 干扰鱼类繁殖 增加鱼类患病和受到重金属（如铅和铜）毒害	减少能源和对电力需求 利用闭合的冷却系统 不要直接把热水排入水体，而是用于房屋供暖、延长农作物生长季、促进食用鱼类与龙虾的生长和防止果园冻害

案例研究 11.2　看不见的威胁：五大湖的有毒化学品

　　20 世纪 60 年代，五大湖被严重污染，罪魁祸首是污水处理厂和工厂。发生严重富营养化的迹象很多：浑浊的湖湾、水草堵塞的浅滩、湖上漂浮一层藻类以及腐烂的死鱼弄脏湖岸。所幸的是，这些明显的污染迹象已被逐渐消除，这要感谢加拿大和美国投资 90 亿美元沿五大湖湖岸修建的先进生活污水和工业废水处理系统。今天，五大湖的湖水总体上是清澈且闪亮的。

　　但是，事物的表面可能具有欺骗性。湖水中存在着一个不可见的威胁——有毒化学物质的"肉汤"（见表 11.5）。事实上，美国和加拿大科学家的联合研究指出，五大湖区人类（4000 万人）暴露于有毒污染物中的程度比北美洲其他任何地方都要严重。

　　这个流域面积 16.25 万平方千米的淡水受到了有毒化学物质的普遍污染，迹象之一是鱼类出现皮肤损伤和癌症。例如，肝癌多发现于流入伊利湖的凯霍加河中的鲶鱼。在湖底觅食的鱼类，比如鲤鱼、胭脂鱼和鲶鱼同样显示癌症发病率的增加，可能是因为它们摄入了富集在沉积物中并释放出来的有毒化学物质。在污染最严重的支流中，90%的鱼类患有癌症！

分析绞碎后的这些鱼发现，它们通常含有高浓度的有毒化学物质，比如汞和有机杀虫剂。鱼越老或越大，这些污染物的浓度就越高。因此，卫生官员不得不为鱼类的消费规定建议性限值，要求人们限制对鲑鱼、湖鳟和其他五大湖鱼类的消费。胎儿和儿童是这些有毒物质的特殊易感人群。

人们自然会问两个问题：这些化学物质从哪里来？它们是如何进入五大湖的？考虑一种称为毒杀芬的化学物质作为例子。这种有机杀虫剂在苏必利尔湖中的一个小岛——罗亚尔岛上的湖鱼组织中被发现。由于毒杀芬在罗亚尔岛上从未使用过，所以唯一的可能是，它是从大气"降落"到岛上的湖泊中的。科学家相信毒杀芬来自南方的各州，比如得克萨斯州，那里曾经使用毒杀芬来控制一种棉花的害虫——棉铃虫。向北吹的风带着毒杀芬来到此湖。其他的杀虫剂，包括 DDT 和氯丹，以及 PCB 和重金属（如铅和锌），同样会明显地通过大气沉降大量进入五大湖。超过450种化学污染物通过其他途径进入了五大湖生态系统：（1）工业废水排放；（2）工业废水存储池的渗漏；（3）生活污水排放；（4）农业径流；（5）城市径流；（6）矿区径流；（7）湖底沉积物释放。

这些有毒物质通过污染的鱼类和饮用水被摄入人体，其中多数的健康效应才刚刚被人们认识。毕竟，对试验动物喂食高浓度的特定有毒化学物质并观察危害，其结果与人类30年里每天摄入数个 ppt 的各种有毒化学物质可能非常不同。由于受污染的鱼肉或饮用水不仅无色，而且无味和无嗅，因此管理部门很难说服立法机关和公众对此采取措施。

1990年，美国和加拿大成立了**国际联合委员会**来共同识别这个严重的问题。随着五大湖的水污染问题越发严重，两个国家签署了《五大湖水质协议》。根据协议的条款，每个国家都同意在其管辖范围内监测五大湖，识别需关注的地区（热点），并采取生态友好的方法来控制污染物。美国和加拿大共识别出约50个需要立即关注的有毒热点。其中之一是底特律河，它是伊利湖的支流。这条河接纳了数十个城市的生活污水和工业废水。尽管这些废水经过了常规的处理，河流中仍含有多种有毒物质，包括重金属和有毒的有机化合物。成百上千的污染物存在于河底的沉积物中。其他被关注的地区还有密尔沃基（威斯康星）、加里（印第安纳州）、马斯基根（密歇根州）、克利夫兰（俄亥俄州）、多伦多（加拿大安大略省）和罗切斯特（纽约州）的各个港口，以及许多大河的河口。

根据《五大湖水质协议》，美国和加拿大计划采用生态方法来处理这些受污染的焦点地区。到目前为止正在酝酿的《修复行动计划》基于如下前提：在这些热点地区采取适当的解决措施之前必须充分考虑该问题的生态整体性。《修复行动计划》的一个重要方面是弄清和管理那些有毒化学物质的进入方式。例如，如果布法罗河的杀虫剂污染来源于农业径流，布法罗河流域的农民将被要求降低使用控制害虫的化学品并采取更有效的措施来防止土壤侵蚀，例如修建梯田和进行水土保持耕作。

美国和加拿大关于五大湖的《修复行动计划》要想获得成功，居住在此区域的许多人的生活方式将会发生变化。使用低磷的清洗剂和更具保护性的草地施肥方法可能有效。更重要的是，需要工业部门、环保局和各级政府承担义务并相互合作。只有这样，这个对五大湖地区4000万人的"不可见"化学威胁才会真正消失。

11.3.1　污水处理方法

从1880年美国在田纳西州的孟菲斯修建了第一座污水处理厂开始，根据 EPA 的统计，全美国已经有了 16000 座污水处理厂。它们服务于70%的美国人口（其他人口主要采用化粪池，随后介绍）。生活污水处理厂包括以下三类：一级（初步处理和相对便宜）、二级（更高效和更贵）和三级（最有效但最昂贵）。在了解各个系统之前，建议参阅图 11.16，它总结了一级、二级和三级污水处理的功能。请务必注意白色单元格，它突出显示了每个阶段的效果。

污 染 物	处 理		
	一 级	二 级	三 级
固体物	固体物被去除	几乎不去除	几乎不去除
有害细菌	细菌被去除	几乎不去除	几乎不去除
溶解性有机物	几乎不去除	溶解性有机物被去除	几乎不去除
有害病毒	几乎不去除	病毒被去除	几乎不去除
磷	几乎不去除	几乎不去除	几乎不去除
氮	几乎不去除	几乎不去除	几乎不去除

图 11.16　污水处理对各种污染物的相对去除效率

一级处理　进入污水处理厂的污水含有固体和液体废物，但是人类的固体废物（粪便）在到达污水厂时已经高度液化（有机的粪便悬浮在进水中）。除了悬浮固体物，进水还带有其他固体物质，比如创可贴、暴雨带进的沉积物（随后讨论）和孩子们冲进厕所的玩具。**一次污水处理**主要是物理过程，它从废水中去除固体物，如图 11.17 所示。废水进入污水厂，通过格栅，去除大的物体（砂砾、垃圾和树叶等）。接着，废水通过**沉淀池**，也称澄清池，在其中悬浮的有机固体沉淀到池底。在只有一级处理的污水厂，接下来向剩余的水流中加氯以破坏致病的生物，之后排放进入湖泊或河流。

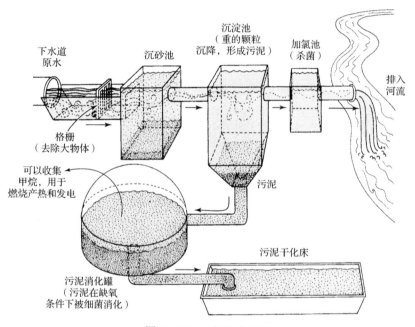

图 11.17　一级污水处理

沉淀池底积累的固体物被泵送至**污泥消化罐**，在其中数不清的细菌以这些有机废物为食，在厌氧条件下将之分解。分解产物之一——甲烷，通常会被人们收集，作为燃料加热消化罐达到细菌活性最强的温度。在一些污水厂，甲烷被燃烧发电，供污水厂使用。

一级处理能去除大约 60% 的悬浮固体和 33% 的耗氧废物（BOD）。尽管一级处理使得污水看起来好了很多，但仍含有大量的有机物、硝酸盐、磷酸盐和细菌，它们中的一些可能会导致人类疾病。所幸的是，在联邦政府成本分摊补助的帮助下，美国成千上万的城市已能将一级污水处理厂升级为二级污水处理厂。

二级处理　美国接近 100% 的生活污水都会经过二级处理（见图 11.18）[1]。**二级处理**主要是生物处理，它依赖于耗氧细菌来分解可降解的有机物质。二级处理还可去除氨氮（通过生物氧化过程转化成硝酸盐）。二级处理主要包括两类方法：（1）活性污泥法；（2）生物滤池。

---

[1] 在美国 16000 个污水处理厂中，只有 68 个不是二级处理厂。这 68 个只是一级处理，相对较小。

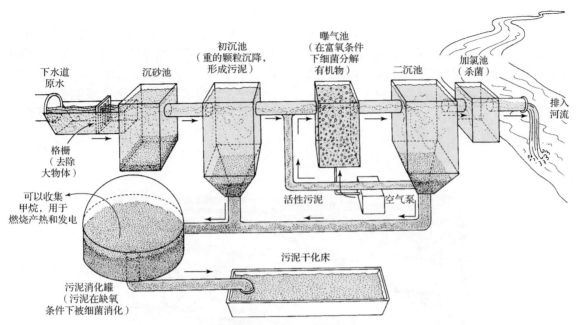

图 11.18　一级和二级污水处理

活性污泥法　在具有二级处理能力的污水处理厂，一次沉淀池（初沉池）的出水被管道送至另一个池子——曝气池，在这里空气被鼓泡进水中，以最大可能地供应氧气（见图 11.18）。在曝气池中，好氧细菌分解有机物，因为有充分的氧气，分解速率相当快。由于有氧气和好氧细菌，BOD 下降很快。水和细菌的混合物接着进入二次沉淀池（二沉池），在这里剩余的悬浮有机物和细菌沉降到池底，形成污泥。这个过程中的绝大部分污泥和一级处理的污泥被送至厌氧消化罐，称为"**污泥消化罐**"（见图 11.18），在这里进一步在无氧的条件下分解。活性污泥这一术语指的是曝气池中好氧细菌和有机物的高浓度混合物。如图所示，一些污泥循环回到曝气池，作为"种子"细菌对进水起作用。厌氧消化罐中的剩余污泥干化后，或者焚烧、填埋，或者用做肥料。二沉池上部的清水最终经过加氯杀菌后排放。

二级处理可减少 90% 的 BOD 并去除 90% 的悬浮固体。但仍然存在 50% 的含氮化合物和 70% 的含磷化合物（造成富营养化的化学祸首）。为了去除它们，需要三级处理。

 绿色行动

减少冲澡时间并安装高效的喷头。这些措施可减少耗水量，节约能源，并减少进入处理厂的污水量，减少处理能耗和药剂（如氯气）用量。

生物滤池　在滴滤过程中，用缓慢旋转的洒水车将污水喷洒在用石头或大块的树皮构成的过滤床上（见图 11.19）。过滤床大约 2 米厚，直径可达 60 米。石头或树皮表面由很薄的一层细菌覆盖，这些细菌是在过滤床运行期间不断积累起来的。含有一定量溶解性有机物的污水，从石头中细细地流过，细菌消化掉有机物。过滤下来的固体被管道输送到沉淀池并接着送到污泥消化罐。80%～85% 的溶解性有机物质被生物滤池系统去除。但是，废水中还含有高浓度的营养盐，比如磷酸盐、铵盐（NH_4^+）和硝酸盐，它们可能导致收纳湖泊和河流的富营养化。这三种物质的去除依赖于另一个过程——三级处理。

三级处理　最先进的污水处理方式是**三级污水处理**。如图 11.16 所示，三级处理被设计用来去除绝大部分的剩余污染物，主要是硝酸盐和磷酸盐。如果所有的污水都通过三级处理，那么河流和湖泊的水质将有很大改善。但建造这些污水厂要比建造二级污水处理厂要贵一倍以上，运行成本则是后者的4倍。因此，三级处理只在必须保持受纳水体的高清洁度时才不得不采用。目前，美国只有约50%的污水通过三级处理。一些城市和乡镇还采用了一种不那么贵的准三级处理。例如，将二级处理厂的出水转移到一个长有水生植物水葫芦的池塘中，这些水生植物会去除部分污染物。这种方法的成本大大低于常规的三级处理设施。

图11.19　二级污水处理。这个旋转的生物滤池设施每天处理来自加利福尼亚州萨克拉门托的1.5万立方米废水。在加氯之后，出水排入美国河

11.3.2　管理雨洪径流

在较新的城市，街道上的雨洪、雨水和融雪径流与生活污水通常使用埋在地下的单独管道系统输送。这种情况下，停车场、街道、屋顶和草坪的径流与污水是分开的，它们直接排放进入河流，而污水则进入污水处理厂。

但如前所述，在一些较老的城市，暴雨径流、融化的雪水和雨水与来自居所和办公场所的生活污水会用同一套地下管路输送到污水处理厂。这种**合流式下水道系统**在多数时间不存在问题。污水处理厂能够处理所有的进水。但当大雨来临时，大量增加的水流往往会超过污水处理厂的允许负荷。为了防止污水处理厂的各个池子发生溢流，超出的水流携带原污水被人为地直接排入河流或湖泊。事实上，大雨期间的废水直排是许多河流不能达到《清洁水法》所规定的联邦水质标准的主要原因。

《清洁水法》（下面将详细介绍）要求城市和乡镇制定雨洪管理规划，来保护美国的地表水不受**雨洪的污染**。这些规划必须识别和防止非法地将污染物排入雨水系统。例如，公司将废水排入城市或乡镇的雨水管是非法的。规划还必须降低私人和公共建设项目（如新建住房或者道路）对径流和侵蚀的影响，以减少面源污染。另外，规划必须帮助公民更多地了解面源污染以及有助于解决问题的方法。雨洪管理规划还要求城市和乡镇优先监测水质，识别发生问题的地方，并向州和联邦环保局报告。

11.3.3　化粪池

美国和其他国家许多乡村和少数郊区的家庭，在后院中建有处理生活污水的化粪池（见图11.20）。**化粪池**是用混凝土或塑料制成的地下污水容器，所有生活污水流入其中。水

中的固体沉淀到池底，形成污泥。上清液从化粪池流入埋在地下的位于一层砾石床之上的多孔管系统。这就形成一个排水场，称为**渗滤场**。液体通过渗滤场中管道上的小孔并缓慢渗过土壤。土壤起到天然过滤的作用，可去除细菌、一些病毒和悬浮物。磷则化学结合到土壤颗粒上。渗滤场中的有机物被土壤细菌所分解。化粪池底积累的污泥虽然也被细菌分解，但是过 3~4 年还得用泵抽走，特别是废水中含有一些难以分解的物质，例如胡萝卜皮和有毒的家庭清洁剂。污泥随后送往污水处理厂，或用做肥料施于农田。

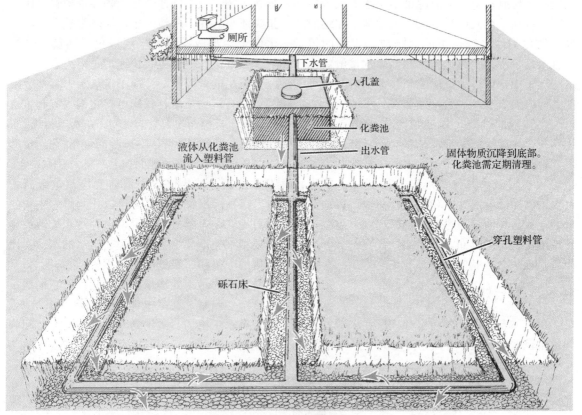

(a) 化粪池与渗滤场

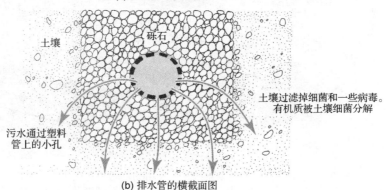

(b) 排水管的横截面图

图 11.20 污水处理的化粪池和排水系统

化粪池系统是有效处理生活污水的一种方法，但也存在一些缺点。例如，这种方法不能用于地下水位很高的情况，比如在美国南部，因为会污染地下水。这种方法也不适用于渗透性差的土壤，因为土壤中没有空隙供渗滤液通过。如果化粪池已经装满且不能正常用泵排走，渗滤场可能被有机质堵塞。因此，部分分解的污水可能会升到地面，导致可见的污染并产生恶臭气味。化粪池系统的寿命也很短。渗滤场如被未完全分解的有机质堵塞，就必须重建。化粪池系统是细菌污染地下水的最可能原因，特别是在人口密度很高的地区。在湖泊周边的化粪池系统也可能会释放一定量的污水进入地下水，因为地下水同地表水接触。在这些例子中，来自化粪池的硝酸盐和磷酸盐可能会污染地表水，导致藻类爆发。

化粪池的性能可以通过无毒清洁剂的使用和厨余垃圾堆肥（特别是那些不易分解的垃圾，比如胡萝卜和柑橘类水果的皮）来提高，也可以在清液离开化粪池进入渗滤场之前进行过滤。渗滤场的性能和使用寿命也可以通过安装小泵迫使清液通过渗滤场来提高。这会导致清液更均匀的分布。许多渗滤场在前10米阻塞后就失效，其实其余部分仍然好用。

11.3.4 替代处理技术

尽管本节中所述的污水处理厂在多数发达国家都已普及，但许多国家仍在试用各种替代的生物处理技术，因为它们投资通常较低，而维护和运行成本则低得多，并且更环境友好。

收集池、室内生物处理设施和其他技术

在一些城市或乡镇，污水流入一系列专门建造的池塘或湿地。在这些设施中，多种水生植物，例如藻类、香蒲、睡莲、水葫芦和浮萍等，会分解废物。微小的浮萍是一种浮水植物，比小指尖还小。在一些池塘中，浮萍生长繁茂，在水面上会形成厚厚的一层绿色"活毯"。当然，所有这些植物生长快速，是因为它们被供应了充足的营养物。浮萍不仅从水中直接吸附溶解性有机物，而且我们可将它们收集起来用做饲料，甚至作为人类的食物。在泰国和缅甸，当地人一直食用浮萍——一种高营养的植物，其蛋白质含量是同样土地面积上产出大豆的6倍！不过，这种植物在食用前需要检测重金属含量。这种污水**收集池**甚至可以作为野生生物的栖息地。令人感兴趣的是，这种污水处理设施只要精细建造和妥善运行，其出水的水质要比常规的一级和二级处理厂高很多。

室内的污水处理设施也已建造。它们通常包含一些温室，温室中有数个池子，每个池子中都有水生植物、微生物和动物，它们一起降解废物（见图11.21）。

图11.21 温室中有一个人工系统，包含植物、动物和微生物，它们去除污水中几乎所有的废物。该系统需要很少的机械设备，比传统的污水处理厂运行成本低。它们还可以不使用昂贵和有毒的化学药剂来净化污水

专门建造的湿地也可以处理家庭污水（见图11.22）。一种最常见的设计是淹没的湿地。

它的主体是一个有内衬的坑，先填上一层碎石（或浮石），再覆盖一层污泥。污水从房屋流入

地下的系统，与人无接触。在碎石床中，有机物被细菌分解。土壤中生长的植物也从污水中

吸收水分和营养物。该系统可以达到很高的出水水质。

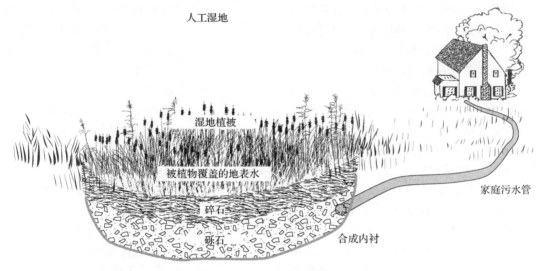

人工湿地

湿地植被

被植物覆盖的地表水

碎石

砾石

合成内衬

家庭污水管

图 11.22　处理家庭污水的人工湿地。社区规模的系统也在美国和其他国家成功使用

在土壤很薄而不适于建造化粪池的地区，许多家庭会使用堆肥厕所（见图 11.23）。这种技术源于斯堪的纳维亚，经过大量改进，现在家庭可用的堆肥厕所有多种型号。在许多堆肥厕所中，废物被排入马桶下的水箱。少量锯末用于覆盖废物。尿液和粪便中的水通过一个通气管蒸发，有机物转化成腐殖质。腐殖质可以埋在花园里或树下。有的堆肥厕所的水箱较大，置于厕所下面的房间（通常在地下室）中，可以收集处理几个厕所的废物。一些堆肥厕所会使用很少的水（少于 0.5 升）来冲洗。

图 11.23　堆肥厕所。这种堆肥厕所可降解厕纸和粪便，很快且无臭地形成松软的有机物质。在该系统中，存储废物的箱体置于地下室。通风管允许尿液中的水分和臭气排出

11.3.5　污泥：一种尚未完全开发的资源

长期以来，污泥被送往填埋场或直接烧掉。但是，最近许多人开始将污泥视为一种宝贵的资源，而不是必须处理的废物。他们认识到污泥具有多种潜在的用途。它可以用做燃料、饲料添加剂、土壤改良剂和肥料。它甚至已被用于制砖，实验性地建造住房和其他建筑。污泥的广泛利用依赖于对它的污染进行控制的努力，特别是保证含有重金属的工业废水不能与市政污水混合，或者事先去除这些污染物。让我们考虑污泥的一些替代用途：

1. **燃料**。在生活污水的一级处理中，污水中的大量有机物被送往消化池，在其中的厌氧条件下被细菌分解。在这个过程中，会产生一种称为**生物燃气**的有机燃料。生物燃气的主要成分是甲烷。甲烷是家庭和工业常用燃料——天然气的主要成分。前文提到过，生物燃气可被污水处理厂自己用来加热消化池，使之达到正常运行所需的温度，也可用来发电，供给自身使用。即使在消化处理之后，污泥仍然具有一定的热值。如经

干燥，它可以在焚烧炉中燃烧。产生的热能可以回收，用于工业过程或建筑供暖。

2. **饲料**。污泥含有一定量的有营养的蛋白质和脂肪，如果妥善处理，可以转化成饲料添加剂用于养牛、猪和鸡。

3. **土壤改良剂和肥料**。污泥有作肥料和土壤改良剂的可观价值，因为它可以提高土壤的保持养分能力，降低土壤侵蚀，促进土壤保持氧气和水分的能力（见图11.24）。美国污水处理厂每年会产生约700 万吨的污泥（干重），其中 53%被返回土壤，或者说施加到了土地中。湿污泥可以通过液罐车或平常的灌溉系统，直接喷洒到田间。在得克萨斯州的拉伯克和密歇根州的马斯基根县，这种方法得到了广泛应用。污泥中的磷酸盐和硝酸盐被农作物的根吸收，促进生长并提高产量。污泥中的致病微生物可以在处置前用加热方法破坏。污泥中的有机质可改善土壤的结构，提高土壤的保水性和抗侵蚀性。有意思的是，有的公司（密尔沃基城市污水区，MMSD）将污泥包装，作为"活性污泥肥料"出售。它们多数用于草坪和花园。密尔沃基地区至少有 500 个农场定期施用密尔沃基污水厂的污泥。

图 11.24 威斯康星州一个农场正在施用污泥肥料

4. **补给地下水含水层**。污泥还可以用来补给地下水含水层。多年以来，纽约州龙岛上的拿骚县将污泥倾倒入大西洋。目前这种做法已经被禁止。于是该县将处理后的污泥喷洒在那些砂岩-石灰岩地下水含水层严重枯竭的土地上。当污泥经过土壤渗滤后，杂质被逐渐去除，地下水含水层同时得到补水。拿骚县的居民现在使用曾经的污水洗澡和冲泡咖啡，这是循环利用污泥这种宝贵资源的一个显著例子。

5. **建材**。在华盛顿有一座世界上最不寻常的建筑——它部分由污泥建造。这个建筑奇迹的出现基于马里兰大学的科学家开发出的一项技术，它能够将污泥、黏土和板岩的混合物制成砖。这种称为"生物积木"的砖无嗅，看起来和普通的积木没有两样。这座 750 平方米的污泥建筑由华盛顿的郊区卫生委员会建设，共使用了 2 万块生物积木。大规模地使用生物积木可以扩大环境效益，例如降低污泥处置成本，延长填埋场的使用期，降低单纯由黏土制砖导致的土壤侵蚀和视觉污染。

11.4 水污染控制立法

到目前为止，我们已了解了水污染的主要形式，并讨论了如何利用污染控制设备降低污染，或者更好地，利用预防性措施（可持续方式）消除污染。美国和其他国家的水污染控制行动得到了许多法律和规章的鼓励。在美国，1972 年的《**联邦水污染控制法**》（FWPCA）是国会通过的最重要的环境法律之一。FWPCA 的最高目标是到1985 年使全国的水体能够钓鱼和游泳。为了实现这一目标，该法根据地表水的用途对其进行了分类：（1）饮用水源；（2）游泳和钓鱼；（3）水运和农业。全国大多数地表水属于"游泳和钓鱼"这一类型，为了使上述目标成为可能，要求所有向这些水体排放废水的设备都进行污染控制。美国全国有大约 20 万千米长的河流被指定为饮用水源。而水运或农业类型则包含大约 5 万千米长的河流，这些水体的水质可以低于游泳与钓鱼类型。

FWPCA 还建立了全国湖泊、江河和河流

的最低水质标准，以及工厂和城市削减或消除废水排放的期限。美国所有城市被要求至少进行二级污水处理。该法对违法者处以最高每天5 万美元和最长入狱两年的处罚。

1977 年，FWPCA 修订为《清洁水法》。修正案还分别于 1981 年和 1987 年得以通过。1987 年修正案要求所有自治市在 1988 年 7 月1 日前必须实现二级污水处理。在 1972 年到1986 年间，建造、运行和维护这些污水厂需要450 亿美元的联邦资金和 150 亿美元的州资金与地方资金。1987 年修正案授权联邦政府在1987 年至 1996 年间再追加 180 亿美元的资金。

《清洁水法》及其修正案要求供水公司大大降低甚至完全清除饮用水中的致病或致死的化学污染物。这部法律的实施效果如何呢？

美国当前最权威的水质信息是由美国地质调查局的监测计划所提供的，该计划称为**国家环境河流水质监测网**（NASQAN）。它包含了 501 个监测站，覆盖了全国的河流。1995 年，NASQAN 报道只有 4% 的监测河流磷超标，另有 1% 的河流溶解氧、镉和铅不达标。但是，在考虑其他污染物时，美国河流的情况就不那么乐观了。例如，35% 的监测河流大肠杆菌超标，而 4 年前仅 25%。许多城市发现其水质不仅没有改善，反而有所下降，即使建造了昂贵的污水处理厂。研究表明，其原因是面源污染的加剧。尽管城市和乡镇在削减污水处理厂的排放方面取得了显著的进步，但是面源污染却随着人口的增长而恶化。业已证明面源污染难以控制，本章之前已经讨论过其原因。因此，面源污染影响了我们净化湖泊和河流的成效。

《清洁水法》（1987 年）授权各州花费巨额的联邦资金来控制面源污染。在这一计划实施的前 5 年，美国政府花费了 2.7 亿美元。为了获得这些联邦资金，各州需要按照 40% 的比例配套自有资金。最普遍使用的方法之一是"排污权交易政策"，资金用于加强点源的控制，从而抵消面源污染进入湖泊和河流。在这些年中，成百上千的项目成功实施，但仍需要更多的资金来清除或极大地降低面源污染。

《清洁水法》目前饱受争议，在布什政府期间国会多次努力削弱它。该法面临的另一个威胁来自于当前从联邦控制往州控制的转移。在州的层次，相关法律被反对此立法的企业所削弱。

以保护水体为目标的另一个关键的立法是 1974 年的《**安全饮用水法**》。正如其名，这项法律是为了保障饮用水的质量。它授权 EPA成为饮用水水质的主要管理者，监督州和地方政府以及供水公司。《安全饮用水法》要求 EPA针对饮用水污染制定规章，即制定标准，告诉我们供应的水中可以允许的污染物浓度限值。它还命令 EPA 制定保护地下水源的计划。1974 年法案的实施较为缓慢，为此 1986 年美国国会通过了一套彻底的修正案来加速 EPA 的进程。该修正案要求 1989 年前对 89 种污染物实施管理。它还要求 EPA 制定规章，保证供应公众的自来水必须经过过滤和消毒。它禁止在给水管道系统中使用铅管和铅接头，并制定了一个保护公共供水水井周边地区的计划。

上述许多目标均已实现。到目前为止，已经制定了约 80 项国家基本饮用水标准。EPA还制定了一些针对其他污染物的标准，尽管执行这些标准并不是强制性的。

1996 年，该法案又一次修订。最新的修正案建立了一个基金，帮助社区更新饮用水过滤和净化系统。它还建立了一套报告系统，要求所有服务 1 万名以上用户的供水公司上报超标情况并确定自身系统中的污染源，并随后将这些信息告知公众。该修正案还要求 EPA 在制定饮用水标准时基于科学，并基于风险和效益计算来决策。

另一项有助于战胜水污染的法律是《**应急计划与社区知情权法**》，它于 1986 年由美国国会通过。这项法案建立了一个全国性的**有毒污染物排放清单**（TRI），即一个污染报告系统。按照此法律，主要的工业企业需要公布它们排放到大气、水体和土壤或转移到其他地方进行焚烧、回用和处置的污染物的量。这些报告通过互联网向公众开放。TRI 的数据，有时显示排放了大量的有毒物质，已被来自全国各环保团体的积极分子所采用，以逼迫企业减少有毒物质的排放。由于面临这些压力，许多企业采取了措施来减少它们的排放。其他一些企业不愿承担高额的排污费，主动采取措施是出于经济原因。

11.4.1 流域管理计划

随着面源水污染成为主要问题并大大抵消了点源污染控制的成效，城市和乡镇开始采取其他途径来保护水质。一种方法是**流域管理**，即对整个流域进行更好的管理。流域管理涉及居住或工作在流域中的许多个人的行动，包括农民、房主、园丁、城市公园管理者、市民和划船者。流域管理包含众多措施，是为了实现数个关键目标：保护甚至增加植被覆盖；减少不透水地面；降低面源污染。为了了解这种方法的深度和广度，考虑如下几个例子。

在某些城市或乡镇，政府帮助建立河流、江河和湖泊的植被**缓冲区**。缓冲区有助于减少进入河流的地表径流，减少洪涝和沉积物污染。植被缓冲区可以去除地表径流中的硝酸盐、磷酸盐和有机污染物。缓冲区中天然存在的细菌和其他微生物分别分解或同化有机与无机营养物。有毒的重金属被物理地过滤掉。

在另外一些地区，政府把越来越多的空地改成公园和不再开发的野生动物栖息地。在波士顿，政府已经对流入波士顿港的查尔斯河两岸进行水土保持。植被区包括公园和湿地，不仅保持了这个地区的审美质量并提供休闲机会，而且有助于保护野生动物栖息地。保护区降低了地表径流，进而防止了洪涝、侵蚀和河流泥沙沉积。

一些城市和乡镇用一种人工构筑物——雨洪滞留池，来转移暴雨径流，它通过吸纳来自不透水表面（包括街道、公路、停车场和屋顶）产生的大量水流来减少洪水。这些水之后以更为合理的流量排入河流，或者渗入地下以补给地下水。

在得克萨斯州的奥斯丁，政府通过教育计划鼓励部分市民采取负责任的行为。市民被要求在他们的草地而非汽车道上洗车，这样清洁剂就不会进入下水道并进而进入本地的水体。

市民被要求节约使用肥料和杀虫剂，避免下雨前使用，并使用天然的和无毒的替代品。市政府对化学废物（包括机油和防冻液）的处置给出建议，甚至在暴雨排水管入口附近安装"禁止倾倒垃圾"的标示牌，提醒市民下水道不是处置涂料、油脂和其他液体的地方。对于划船这种普遍的娱乐行为，政府鼓励人们采取更清洁和环境友好的方式，例如要求划船者不要向船外扔垃圾，特别是钓线和塑料包装环，用刷子洗船，而不用清洗剂，或者用无磷和无毒的清洗剂。

许多城市和乡镇已经制定了正式的**流域保护计划**。它通常由包含市民、环保主义者、政府官员、企业主、农民和其他本地利益相关者的委员会花费数月完成。流域保护计划提出保护流域的措施，其目的多样，其中最核心的是保持水质。马里兰州弗雷德里克县的公民和公务员与流域保护中心（一个非营利组织）合作，提出了一套广泛的建议，确保未来的发展有助于保护已有的流域。针对新的开发，该计划要求更短和更窄的街道、更少和更小的死胡同以及更小的停车场来降低不透水的地面。它还要求采取措施，减少进入河流和其他地表水体的暴雨洪水。它建议设立更多的社区露天场所、增加植被缓冲带、限制森林砍伐以及恢复原生植被等。

尽管十分重要，但是根据流域管理中心的分析，流域管理计划往往不能获得预期的效果。失败的原因是多方面的。一般而言，多数计划所定的目标过高，换言之，它们列出了要做的事，但并没有形成规范化的管理或融资机制。根据该中心的分析，许多计划最终仅仅搁在政府官员的书架上，与其他类似的计划一起积上了厚厚的灰尘，除非城市官员和开发者被要求采取行动并且有资金支持。也就是说，我们不能忘记，流域管理规划已经意识到，许多已有的法律、地区法规和条例实际上与流域保护相左，它们允许或者有时还鼓励扩大不透水地面、增加侵蚀和降低植被覆盖的行为。但是，流域管理规划的实际价值只有在规划转化成新的法律、地区法规和条例，而且有专门机构监测流域的发展之后才能实现。要想成功，这些规划需要产生保护河流和其他资源免遭退化的理想的和长期的产出。

11.5 海洋污染

即使人类从海洋中获取了很多的好处，我们通常还将海洋视为家庭、市政、工业和其他废物的巨大的和无底的垃圾堆放场。用海洋来处置废物是方便和经济的，同时看起来也很安全。但是，20 世纪 70 年代以来越来越多的针对海洋污染的科学信息和公众了解，已经促成了一些重要的海洋保护法律和规定。前文讨论的《联邦水污染控制法》（FWPCA），制定了水质标准并管理进入美国水体的排水污染，这些水体多数流入海洋。此外，美国国会通过法律，禁止或控制使用海洋处置废物。这些法律的执行主要依靠美国海岸警卫队和美国陆军工程兵团。许多其他国家和国际社会同样采取了行动。例如，联合国（UN）设立了国际海事组织（IMO），它是一个已为减少世界海洋污染制定了多个规划的机构。另一个联合国机构——国际海底管理局的建立是为了管理国际水域的采矿。这些和其他保护海洋资源的尝试都值得鼓励。但是，污染和海洋资源之间的矛盾今天仍然存在。

11.5.1 污水

数十年来，美国沿海岸线的浅海区域一直被用做污泥、工业废物甚至生活垃圾的堆放场。这样做的有害后果很多，纽约海岸线的问题就是例子。

这段海岸线是与纽约湾相对的大陆架上相对较浅的区域。该地被用于倾倒污泥和其他废物已超过 60 年（见图 11.25）。例如，在 20 世纪 70 年代初，纽约市每年通过 130 个排水管向该区域排入了 70 亿升污水处理厂的出水，其中 16%未经任何处理。此外，新泽西州 23 个乡镇的污水也排入此区域。于是，105 平方千米的海底被一层黑色的污泥所覆盖。这条"黑毡"包含很多种污染物，从有毒的重金属

和有机化合物（如 PCB）到致病的病毒和细菌。

长期向纽约海岸线倾倒污泥和污水对海洋生态系统产生了多种有害影响：

1. 由于许多废物具有很高的 BOD，这个区域的水中溶解氧浓度通常低于 2ppm。水中微小的藻类和甲壳纲动物的数量急剧下降或完全消失。这导致了一些以浮游生物为食的有商业价值的鱼类的减少。
2. 一些鱼类患上了黑鳃病，其症状是发暗的腮膜和呼吸功能的下降。
3. 一些鱼类出现了异常高浓度的有毒重金属，如镍、铬和铅。
4. 在一些年幼鲭鱼体中发现了染色体损伤导致的相当多的有害变异。此外，蛤和牡蛎因养殖场被致病微生物严重污染，以至于不能被人类使用。显然，细菌和病毒是从废水中被向岸运动的水流传播到养殖场的。

图 11.25 驳船从纽约城向垃圾堆放场运送废弃物

1986 年，EPA 指导纽约市将污泥排入一个新的地点——位于距海岸 170 千米远的大陆架上。该城市从 1987 年起将污泥排入此地。然

而，1988 年美国国会通过了《海洋倾废法》，禁止所有的垃圾排入海洋（从 1992 年 1 月开始实施）。该法案对任何违反此禁令的社区课以罚款。如今，美国只将清淤废物（例如港口的沉积物）排到海中，而其他国家仍允许将污泥和无毒的工业废水排到海中。

11.5.2　清淤废物

美国排入近海的废物中有 80%是清淤废物。**清淤废物**是为加深航道从港口和河底挖掘出来的沉积物（沙粒、粉粒、黏粒和碎石）。美国每年从河道和港口中挖掘出超过 3 亿立方米的沉积物，相当于修建了从纽约到洛杉矶的 6 米高的四车道高速路。这些废物产生了很多的处置问题。每年 15%或 0.45 亿立方米的这种材料被排入海洋，而排在哪里可能会成为有争议的决定。挖掘巴尔的摩港的急迫需求被推迟了 15 年，原因是在于何处倾倒这些废物的问题上没有达成一致。20 世纪 80 年代中期产生的大量废物被排入到了海洋中 70 个不同的地点。

遗憾的是，每 3 吨清淤废物中约有 1 吨被城市和工业废水所污染，或被城市和农业径流中的污染物所污染。这些污染物（PCB 和重金属等）最终进入了海洋食物链，不仅对海洋生物产生了危害，而且对人类产生了危害。根据《海洋生物保护、研究和禁猎区法》，美国陆军工程兵团因为实施了大部分的挖掘，付费在大陆架上寻找合适的处置点。在这些点上，足够水深可使得绝大多数污染物被充分稀释，使它们对海洋生态系统的有害影响降到最低。

11.5.3　塑料污染

世界上的海洋受到了严重的塑料污染。根据绿色和平组织的数据，每年约有 1000 万吨的塑料进入海洋。随波逐流的大量塑料垃圾，直到沿着海岸被收集才能进行鉴别。在一次沿得克萨斯州海岸 260 千米水域的 3 小时清捞行动中，共清除了 31800 个袋子、30000 个瓶子、29000 个盖子、7500 个牛奶罐、15600 个包装环、2000 条一次性尿布和 1000 条卫生巾。即

使是偏远的岛屿也不能免于塑料和其他垃圾的堆积。例如南太平洋的迪西环礁是一个无人居住的小岛，距最近的有人居住的岛屿 200 千米，距最近的大陆约 3000 千米，1991 年发现了大量的人类垃圾，在长 2.4 千米的海岸水域内，共收集到 950 件各种垃圾，多数是塑料。尽管看起来无害，但这些东西每年会杀死 100～200 万只海鸟以及超过 100000 头鲸、海豚和海豹（根据绿色和平组织，图 11.26）。在夏威夷发现的一头死去海龟的肠中塞满了各种致命的物体，包括高尔夫球座、瓶盖、袋子和人造花。成百上千的海鸟、鲑鱼和海洋哺乳动物被丢弃的渔网缠住而死。

图 11.26　加利福尼亚州海岸的黄脚鸥，正受到被塑料包装环勒死的威胁

塑料导致野生动物死亡有几个原因：被吞下后无法消化或排出，阻塞消化道致死；缠绕导致溺死；缠绕还导致饿死，原因是影响海鸟和哺乳动物捕捉或吞咽食物。

这些致命的塑料污染物的来源很多。每个工业化的社会均是塑料的世界。光美国每年就

生产超过 600 万吨的塑料。一些塑料被人类排入河流，随后被河水带往下游进入海洋，或从渔船和其他商船、游艇或运垃圾的驳船直接抛入海洋。美国国家科学院曾经报道，远洋船每天丢弃超过 500 万个塑料容器。

多数塑料不能被细菌分解。换言之，塑料是不能生物降解的。另一个问题是，许多塑料物品是易浮的。这个性质使得来自西雅图高尔夫球场的球座可被南太平洋的海鸟吞下。

毫无疑问，全球海洋上漂流的塑料量将增加。毕竟，人口持续增长，所以对塑料产品的需求也在增加。渔业每年丢弃 13.6 万吨的塑料线和渔网。仅在北太平洋，渔民每夜会投放超过 3.2 万千米长的塑料渔网。一年有 4800 千米长的渔网丢失，对海洋生物产生了相当大的威胁。

塑料污染控制　如何控制塑料污染？当前，废物排海受到《伦敦公约》（1972）的约束，这是一个超过 85 个国家签署的公约。这个公约的附件对所有运输垃圾的船舶进行管理。在美国，这个公约的履行是通过《海洋倾废法》进行的。

1996 年，人们制定了更为严格的导则。这个新协定即众所周知的议定书，取代了 1972 年的《伦敦公约》。尽管议定书的目标和《伦敦公约》相似，但它更为严格。该协议寻求一种"预警方法"，这意味着除非明确允许，否则所有的海洋倾废都是禁止的。它还禁止在海上焚烧废物，或者向其他国家出口废物随后在海上倾倒或焚烧。各国切换到这个更严格的新导则有 5 年的过渡期。

另一个控制塑料污染的国际法是 1973 年的《海洋污染公约》（MARPOL）。其附录五禁止所有船只（包括垃圾船）向海洋倾倒塑料。1987 年，经过多年的深思熟虑，美国最终批准了附录五。因此，从 1988 年 12 月 31 日起，15 个签约国的船只及途经这些国家水域的船只禁止向海洋倾倒塑料。由于这 15 个签约国家拥有超过全球 50%吨位的商船，此协议将有助于在全球降低塑料污染。在美国，海岸警卫队负责实施附录五。

解决问题的另一途径是促进塑料的循环利用。目前已经取得了一些进展。例如，在美国，塑料的软饮料瓶被再生为漆刷、填料和工业皮带。一些废弃的塑料回用为建筑材料，如书桌"木料"和地毯织料。

可能塑料污染的最终解决在于塑料的源头——生产过程。例如，一些生产商最近开发了一种可光降解的塑料，它在暴露于太阳的紫外线之下时将被瓦解。美国至少有 11 个州立法要求在一些产品，比如软饮料和啤酒的包装环中使用光降解塑料。美国、加拿大和意大利的一些生产商正在生产可生物降解的塑料袋。只有当可光降解或生物降解的塑料被大量使用时，对海洋生物的潜在威胁才可能逐渐消失，当然前提是降解产物是无害的。近年来，一些公司开始用从玉米中提取的原料来生产可降解塑料。一些城市和州已经禁止使用塑料购物袋。

11.5.4　石油污染

石油经常通过海底裂缝自然渗漏而污染海洋。但人们很少关心这个自然发生的过程，因为渗漏源分布很广并且只占全球每年向海洋石油输入量的 9%。环境保护人士最关心的是人为活动导致的石油污染，占全球每年输入剩下的 91%（见图 11.27）。

油轮泄漏　油轮泄漏是一种最主要的和有新闻价值的石油进入海洋的途径，大约占每年进入海洋量的 5%（见图 11.28）。尽管贡献率不高，但石油泄漏危害较大，因为油轮经常靠岸航行，而海岸线的生态系统通常较为脆弱。

人类历史上最大的油轮泄漏事件之一发生在 1978 年 3 月 17 日，阿莫科·卡迪兹号油轮在距法国海岸 2 千米处触礁沉没。阻止泄漏的努力未能成功。油轮断裂，大风和巨浪使得人们无法向其他油轮转移石油。结果所运的 2.28 亿升原油从油轮中溢出。原油污染了 198 千米长的海岸线水域。成千上万的鱼类和海鸟死亡，原油破坏了沿岸地区的美景，影响了岸边许多村庄的经济。事后，当地居民对油轮的所有者——阿莫科石油公司提起了多起诉讼。直到 1988 年，即泄漏事件过去大约 10 年之后，该公司被宣判进行巨额赔偿。

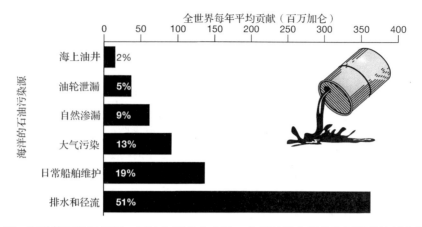

图 11.27　海洋的石油污染源。石油主要来自内陆，它通过排水系统和河流径流进入海洋。其他与人类相关的来源是油轮泄漏、日常船舶维护、大气污染和海上油井事故

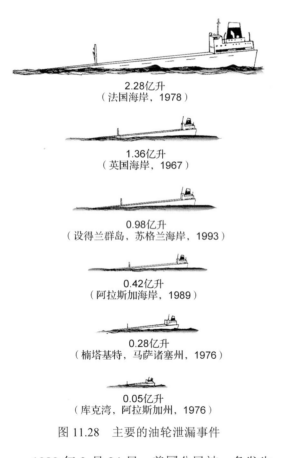

图 11.28　主要的油轮泄漏事件

1989 年 3 月 24 日，美国公民被一条发生在阿拉斯加威廉王子湾瓦尔迪兹港口附近的 4000 万升原油泄漏的新闻所震惊（见图 11.29）。超级油轮埃克森·瓦尔迪兹号在湾内搁浅，将所载的大部分原油泄入这片原始的、生物丰富的水域。浮油扩展很快，夏季结束时就已污染

了 2300 千米长的海岸线（见图 11.30）。成千上万的海鸟和海獭死于原油，在一些地方形成了 1 米厚的油层（见图 11.31）。更糟的是，泄漏的发生正好在迁徙的鸟群来临之前两周。许多鸟类会在整个夏季生活在威廉王子湾水域，而另一些则仅在此停留，饱餐和休息之后还要前往北极苔原地区进行繁殖。

图 11.29　1989 年 3 月 24 日埃克森·瓦尔迪兹号油轮在阿拉斯加威廉王子湾搁浅

图 11.30　埃克森公司的工人在严重的原油泄漏事故后，用喷热水的方法清理原油覆盖的岩石

图 11.31　被原油包裹的鸬鹚抗议阿拉斯加海岸严重的原油泄漏事件。成千上万的海鸟和哺乳动物死亡。志愿者清洗了许多从油中捕获的海鸟和哺乳动物。然而，这些幸存动物的抗议是如此的无力

瓦尔迪兹原油泄漏并非历史上最大的同类事件，但可能是损失（包括经济损失和环境损失）最大的一次。危害之大可能有四个主要原因：首先，泄漏发生在靠近陆地的相对保护较好的水域。其次，清理漏油耽误了好几天。瓦尔迪兹没有足够的专门清油力量，能够马上调用的清油船很少。第三，海湾中的水温很低，不利于原油的生物降解反应。第四，海水中生物十分丰富。

最近的一次石油泄漏事件发生在旧金山。2007 年 11 月 7 日，一艘韩国的集装箱船在浓雾中与旧金山-奥克兰港湾大桥的桥墩相撞，之后将 22.4 万升重油泄入旧金山湾。石油很快蔓延到整个海湾以及加利福尼亚州 60 多千米长的海岸线，迫使政府关闭了附近旧金山和马林县的十多个海滩。政府官员立即暂停了捕鱼。本地区的捕蟹者投票通过立即推迟法定的捕捞季，而按计划它应在该周开始。

尽管现在确定泄漏的长期生态影响为时尚早，但石油已经杀死了最少 2000 只海鸟，包括褐鹈鹕（一种联邦濒危物种）和斑海雀（列入联邦受威胁物种清单和加州濒危物种）。

生态学家关心的是，漏油会在以后的多年里影响鱼类和渔业。鲱鱼是湾区唯一的商业捕捞物种，正好在泄漏事件期间产卵。泄漏事件可能还会威胁虹鳟鱼和奇努克鲑鱼，它们迁移通过海湾进入两条主要的河流。科学家还担心可能会影响油胡瓜鱼——一种在 2007 年数量降到最低的鱼类。

科学家还关心石油对植物的影响。石油在蔓草——一种滨岸沼泽中的水草上积累，可能危害栖息在其中的鱼类，从而危害以此鱼为生的海鸟。

船舶例行保养　每年排入海洋的石油约有 20% 来自日常的航行和船舶保养（如加油和

卸油、油罐清洗、压舱水排放和其他操作）。上百万次的这种日常操作尽管每个仅泄漏几升石油，但总量将达到上百万升。

海上油井事故　海上油井在运转和事故中也会排放石油。1969年，加利福尼亚州圣芭芭拉沿岸的一个海上油井由于机械故障，导致成千上万升的原油排入海洋。但是，此次泄漏量与1979年发生在墨西哥东海岸坎佩切湾的5.3亿升泄漏事件相比微不足道。石油从钻井中的泄漏持续了几个月，威胁到了得克萨斯州海岸往北几百千米水域内的海洋生命。世界上最大的石油泄漏事件是1991年海湾战争的结果。此次泄漏涉及油井、码头和油轮，共向波斯湾和相邻地区排放了9.26亿升石油。

海上采油事故的漏油少于油轮泄漏，但是在这个例子中，其灾难性可能相当，甚至更大。美国的石油公司每年运转着1300口海上油井（见图11.32）。全球每年新增4000口海上油井。对这些油井进行认真控制对于减少类似的事故十分重要。

图11.32　海上石油平台。墨西哥湾的这些油井只是在敏感湿地和海岸线上运行的许多例子中的少数几个

石油污染的陆上来源　令人惊讶的是，超过半数流入海洋的石油来自于陆上，包括内地和沿海的社区。主要排放源包括加油站、机动车、工厂和来自停车场与公路的径流。这些石油通过雨洪和下水道或河流进入海洋。

多年以来，一般的市民会自己加油，并将废油排入下水道，进而进入河流并最终流入海洋。尽管3～5升看起来并不多，但此方式总共排放了数十亿升。

大气污染　工厂、加油站和汽车排放到大气中的碳氢化合物还会沉降到海洋中。我们自身可能也对此问题有贡献。为什么？当我们在加油站往油箱中自助加油时，请注意挥发汽油的刺激性气味。显然，并非所有的汽油都会进入油箱。一些汽油泄漏到了大气中。一些未燃烧的汽油也从汽车的排气管排放到了大气中。石油的挥发还发生在世界上成千上万的工厂中。远洋船舶每天会燃烧大约150万吨柴油，因此会排放大量的大气污染物。如前所述，这些污染物会从空中冲刷下来，从而污染海洋，这些大气碳氢化合物相当于每年2000万吨的石油，占所有石油输入的13%。

石油污染的危害　精确估计某次特定石油泄漏如何影响海洋生态系统是十分困难的。影响取决于多个因素，比如石油的量和类型（原油或精炼油），以及漏油点到生物敏感区域的距离。季节和气象条件，以及洋流和风速，同样会决定影响的大小。

石油泄漏越靠近海岸则危害越大，人们早就发现油轮泄漏最常发生在近岸。全年石油泄漏最多发生在靠近大陆边缘的浅海，这里是所有甲壳类动物（牡蛎、龙虾和虾）和一半以上商品鱼的产地（见图11.33）。石油能杀死或毒害海洋生物。石油中的有毒化学物质会污染贝壳床，导致当地靠海为生的居民每年损失上百万美元。全世界每年有不计其数的海鸟在油中丧生。一个冬季，石油污染致死的海鸠、野鸭和海雀会超过25万只。1988年在北海发生的石油泄漏导致了成千上万的这些鸟类死亡。

石油泄漏还会产生不那么明显的影响。例如，原油中的某些碳氢化合物与海洋动物用来引导它们交配、捕食、导向和迁徙的化学物质十分相似。海洋中充满了这种来自石油泄漏的"伪信号"，因此会改变海洋动物的行为，干扰生命功能。

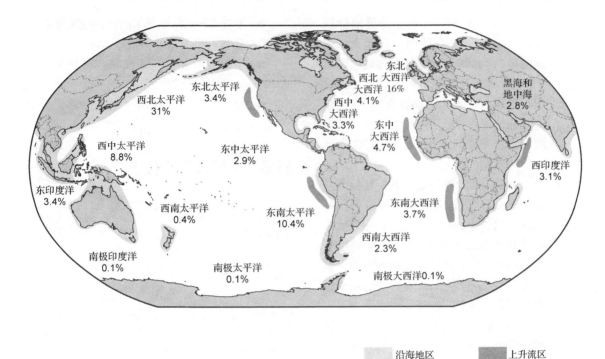

图 11.33　世界渔场分布。沿海地区和上升流区一共贡献了 99%的世界鱼产量。上升流区之外的深海虽然占整个海洋面积的 90%，但捕鱼量仅占 1%

原油不是单一的物质，而是由不同碳氢化合物（包括致癌物苯并芘）的复杂混合物。这些致癌物可能在海洋生物（如龙虾和鱼类）体内富集，最终被人类摄入。

石油泄漏还会毁坏海滩和旅游产业，且清除起来花费很高。

石油污染控制　为了响应民众对埃克森·瓦尔迪兹油轮搁浅造成灾难的强烈抗议，美国于 1990 年通过了《**石油污染法**》。该法专门针对新油轮的结构设计（包括双重机壳结构）、现有油轮的淘汰、应对方案的提升以及检查系统的加严等方面设立了条款。它还更清楚地定义了石油泄漏的经济责任、赔偿和债务。通过国际合作，油轮的泄漏已经下降。但是，仍然需要更加严格的控制并改进执法方法。

泄漏发生后的石油污染控制可采取以下几种对策：

1. **物理清除**。冲上岸边的石油可以通过人工或机械清除。例如，在瓦尔迪兹泄漏事件中，工人们用吸水垫来吸取石油。另一些工人用热水冲刷海滩，让石油重新回到海峡中，由回收船用真空设备从水面收集起来，然后倒入驳船。在泄漏早期，用飞机向浮油上喷洒吸附剂材料，之后再用小船收集。在许多泄漏事件中，秸秆被用来吸走从海岸上洗下来的石油。

2. **分散**。在当局最初尝试于泄漏之后尽可能多地清理石油时，如果天气条件恶劣或浮油已经接近生态敏感的地区，比如海岸湿地或珊瑚礁，可使用化学分散剂来使漏油散开。化学**分散剂**含有溶剂和另外一类化学物质——表面活性剂。这两种成分一起，就像清洁剂，将石油破碎成与水混合的小液滴。这使得油膜分散快得多，以避免危害发生。遗憾的是，最近位于以色列海法的国家海洋学研究所的巴鲁克·林克维奇及其合作者研究发现，用于分散漏油的化学物质可能比石油本身对附近珊瑚礁的危害更大。

3. **用细菌分解石油**。两名以色列科学家开发了一种技术，能够用细菌分解石油。理论上，可以用直升飞机向浮油上喷洒菌剂，来加速浮油分解并最终清除浮油。在石油分解的过程中，细菌数量快速倍增，达到可以用做蛋白质饲料的水平。以色列科学家估计一次石油泄漏可以获得成百上千吨的动物食物。在瓦尔迪兹漏油事件中，埃克森公司在一些海滩应用石油降解细菌，发现这些细菌可以加速石油的分解。

4. 原位燃烧。原位燃烧是一种能够显著减少水中石油含量，进而使环境危害下降到最小的技术。在特定的实例中，受控的燃烧可能很经济和很快地从环境中去除石油，并减少对设备和人力的大量需求。这种方法的优点还必须逐项进行评价。原位燃烧在一些条件下是不可取的。它的缺点包括产生可见的浓烟（这种短期的大气污染会增加处于下风向的人类和动物的健康风险，或增加局地温度进而对野生生物产生危害），以及各种未知的长期效应。1999 年俄勒冈州库斯湾发生的新卡丽莎号油轮搁浅是一个异常事件，当时采取了包括在船上燃烧石油和沉船沉等减少石油泄漏的措施。

在多数石油泄漏事件中，上述技术被组合使用。必须根据当地的特殊条件选择合适的方法。所有这些方法都需要时间和巨额花费。它们中的许多效果不佳。例如，瓦尔迪兹附近海滩好不容易冲洗走的漏油又被涨潮冲回来。清除方法还产生大量的废物，必须加以安全处置，以避免污染其他地区。由于有这些弱点，这些方法显然不如预防。为了提醒公众预防的必要性，一个环境组织出售印有"一分预防胜似十分治疗"的体恤衫。

有一个事实从来没变，即石油和其他海洋污染物多来自于那些很小但数量很多的个人行为。也许最好的海洋污染控制策略是重视和增进公共教育，让公众了解那些可能导致海洋资源退化的日常行为。自我教育，并同他人分享你的知识。下列行动是好的开始：

- 不要将汽油、机油、清洁剂或家用化学品倒入雨水管或雨水池。
- 了解政府和企业资助在社区的废油收集与回用计划，并利用它。
- 如果汽车和游艇的发动机漏油，及时修理。

11.6 全球水污染概况

水污染治理在发达国家已经广泛开展，很多国家的进展可以和美国媲美。但是，发展中国家的水污染问题通常比美国严重得多。这里有多种原因：（1）缺乏经过专门教育和技术培训的人员；（2）缺乏建设污水处理厂的资金；（3）缺乏强有力的污染控制法规；（4）即使已经立法，也实施不力。南美国家多数有较安全的饮用水。但是，许多河流被铅、锌和银矿的径流所严重污染。由于南美洲的森林砍伐严重，可以预料河流的杀虫剂、化肥和颗粒物污染会加剧。在墨西哥，饮用水中含有很高的大肠杆菌数量，以至于在此学习的美国大学生被告知，需要将水烧开后才能喝，否则可能会出现腹泻、发热、发冷和呕吐等症状，这些都是被称为"蒙特祖马"腹泻的综合症状。非洲的安全饮用水更为稀缺。例如，在几内亚的乡村，每50 人中才有 1 人有机会获得安全饮用水。马达加斯加、马里、塞拉利昂和扎伊尔的乡村人口中，也只有不到 10% 可以获得安全的饮用水。在巴基斯坦，多数的人类疾病，比如伤害、腹泻、痢疾和传染性肝炎，是由公共供水被微生物污染所导致的。在印度，亚穆纳河每天接纳新德里 2 亿升未经处理的污水。因此，这条河中的大肠杆菌数量达到令人难以置信的 2.4 亿个/升（美国游泳池用水的标准是 2000 个/升）。在马来西亚，42 条主要河流均被宣告"生态灾难"，因为它们已经基本不能满足水生生物所需。菲律宾马尼拉的帕西格河的一些支流 70%的河道充满了未经处理的污水。

1980 年，联合国设立了"国际饮用水和卫生十年"（1981—1990 年）计划。这个计划的主要目标是让各个国家，特别是不发达国家确实了解安全饮用水在与疾病斗争中的重要性。这个计划的宏伟目标是在这十年中每天新增 50 万人的可饮用水供应！遗憾的是，这个目标没有达到，但在美国和其他国家，提高水质的努力仍在继续。该目标在当今仍然难以实现，主要是因为世界的人口、对资源的需求及工业排放仍在继续增长。这三方面的压力使得寻求可持续的解决方法（与水土保持和污染防治一样，在一开始就避免产生问题）比过去任何时候都要重要。

重要概念小结

1. 水污染可定义为任何降低水对人类和自然的价值的行为，可能导致疾病和死亡。

2. 水污染可大致分为点源污染和面源污染两类。

3. 点源污染具有特定的和明确的污染源，例如污水厂和工厂的排水口。面源污染来自分散的排放源，例如农田或城市径流。点源比面源易于控制，因为前者容易被认识，污染物排放相对集中。

4. 污染也可根据污染物进行分类。主要类型包括沉积物、无机营养盐、热污染、致病微生物、有毒有机化学品、重金属和耗氧有机废物。

5. 沉积物来自自然土壤的侵蚀及管理不当的农田、森林和工地等的侵蚀。

6. 沉积物会淤积水库、危害水电站、堵塞灌溉渠、干扰江河（比如密西西比河）航运、降低水生生物的光合作用以及增加过滤水的费用。

7. 更好的土地管理有助于减轻沉积物污染，具有很大的生态和经济效益。

8. 无机营养盐包括磷酸盐和硝酸盐，它们来自多种自然和人为源，例如化粪池、污水处理厂和农业径流。

9. 硝酸盐和磷酸盐会导致自然的富营养化现象，这是湖泊缓慢积累营养物的过程，历经成千上万年。人类活动会加速水体的营养积累过程，导致湖泊的人为富营养化或加速富营养化，在短短 25 年的时间里就可以使湖泊老化 25000 年。

10. 许多工厂和电厂利用地表水来完成各种工业冷却过程，产生的热水常排回当初取水的水体，导致热污染。

11. 热污染有多种危害。比如杀死鱼类，因为它降低了溶解氧浓度。当水温超过鱼类的容忍范围时，它还会直接杀死鱼类。热污染导致优势微生物由有益的硅藻变为不受欢迎的蓝藻。它还会干扰鱼类迁徙，增加致病生物。但是，热量丰富的水也可以有多种用途，比如水产养殖。

12. 地表水和地下水可能被致病生物，特别是细菌和病毒所污染。由于直接测定许多可能的病原体花费太高，水质管理人员可通过检测大肠杆菌（一种在人体肠道和粪便中常见但无害的细菌）来监测粪便污染和病原体的存在。大肠杆菌数量高表示水样可能含有高浓度的来自人类或动物粪便的其他微生物，它们中的某些可能致病。但是研究也表明，仅有粪便大肠杆菌水平这一指标是不够的，美国 EPA 正在推进增加其他的细菌指标（如粪链球菌）来监测水的安全性。

13. 人类社会依赖于大量的有潜在毒性的有机物，如杀虫剂。这些化合物可能会污染地下水和地表水。地下水污染问题特别重要，因为世界上太多的人依赖于地下水作为饮用水，而且地下水一经污染，不容易像河流一样自然净化。

14. 地下水的有毒有机物污染来源于：（1）工业填埋场和蒸发池；（2）垃圾填埋场；（3）化粪池；（4）汽油和其他化学品的地下储库；（5）被污染的工业场地；（6）注入井。

15. 有毒有机物会导致许多问题，不同的化学物质存在不同的效应。健康影响包括刺激皮肤和眼睛，损伤脑和脊髓，干扰肾、肝和肺的正常功能，致癌，以及基因变异。

16. 增塑剂是一类广泛使用的有毒有机化学品，在用塑料瓶所装的饮用水和用塑料与金属容器所装的食品与蔬菜中均存在。这些化学品会产生多种影响，其中最主要的是对人类和水生物种（特别是鱼）性发育的影响。

17. 一些药物，比如降血压药、降胆固醇药、心脏病药和避孕药（含性激素）也会最终进入水体，可能对鱼类和其他水生生物产生严重影响。这些化学品通常不能被污水处理厂去除。

18. 重金属（如汞和铅）有许多来源，包括燃煤电厂和垃圾焚烧厂。许多重金属具有毒性，因为它们会干扰酶的正常功能。

19. 铅是造成污染最严重的重金属之一。铅来自于连接铜管的接头以及许多老房子中所用的铅管等。所幸的是，新的建筑全部使用的是新型水管（铜管或PVC管）以及新的无铅接头。

20. 铅对智力发育的损伤是不可恢复的。美国EPA估计，由于使用含铅的饮用水，超过14万美国儿童的IQ会在5以下。

21. 饮用水中含铅造成了至少68万美国男性患上高血压。

22. 耗氧有机废物来自：（1）果蔬加工业；（2）奶酪厂；（3）乳制品厂；（4）酿酒厂；（5）造纸厂；（6）屠宰场；（7）食品厂；（8）自然源。

23. 有机废物的排放会降低河流和湖泊的溶解氧，这对许多鱼类是致命的。

24. 污水处理厂主要去除沉积物、无机营养盐和耗氧有机废物。

25. 一级污水处理主要是物理过程，用沉淀的方法去除污水中的固体物。

26. 二级污染处理主要是生物过程，利用细菌的活动分解有机废物。这个过程去除有机物和一些氮和磷（无机营养盐）。

27. 二级处理中细菌分解有机物可以通过活性污泥法或生物滤池来实现。

28. 三级污水处理可以去除大部分的氮和磷，但十分昂贵。

29. 美国一些州和全国的法令均推进实施各种去除废水中的污染物和控制面源水污染的措施。

30. 在美国，最重要的联邦水污染控制法是1972年的《联邦水污染控制法》（FWPCA，现在叫《清洁水法》）及其修正案（1977年、1981年和1987年）。许多其他国家之后也有了类似的法令。《安全饮用水法》有助于保障供应家庭的水是可以安全使用的。

31. 有毒物质排放清单数据已在美国用于强制要求主要行业减少有毒物质排放到空气、水体和土壤中。

32. 水污染控制有助于减少污染，但在许多实例中，大城市内和周边的水质未能改善，原因是面源水污染的加剧，这是由人口膨胀与耕地扩张引起的。针对此问题，许多城市和乡镇已经开始实施流域管理。

33. 流域管理包含由各种各样的人（包括政府官员、房主、园丁、城市公园管理者和农民）所采取的步骤。他们试图减少流域内的污染源，并减少植被扰动从而降低地表径流，最终减少进入河流和湖泊的污染物的量。雨洪停留池和缓冲区是多个用于流域管理的措施中的两个。

34. 水污染在所有的国家，无论是穷国还是富国都很常见。尽管发达国家的水污染控制努力更显著，但仍需要进一步努力来防止未来的水环境恶化。在发展中国家，挑战甚至更大，因为缺乏资金和技术。

35. 数十年来，美国沿海的一些水域地下作为污水、污泥、医疗废物、工业废物和清淤废物排海的场所。

36. 纽约湾是许多排海点中的一个，废物排海使得溶解氧浓度下降，引起浮游生物和以之为食的鱼类的减少，从而导致鱼类患病增加、重金属污染和基因突变。

37. 塑料污染会导致野生生物死亡，经主要通过堵塞消化道、缠绕引起溺水以及缠绕引起饥饿。

38. 美国的《海洋倾废法》有助于控制海洋的塑料污染，它禁止垃圾船向海洋倾倒塑料。

39. 当前，美国几乎只有清淤废物可以排海，但其他国家仍然允许污泥和无毒的工业废水排入海洋。

40. 海洋环境中石油的主要来源有：（1）自然渗漏；（2）油井喷发；（3）油轮泄漏；（4）油轮例行维护和远洋船舶维护；（5）通过河流和管道的内陆排放；（6）大气污染。

41. 经常发生的引起大众关注的油轮泄漏事件每年对海洋石油输入的贡献仅为5%。

42. 海洋石油污染主要来自内陆那些小却数量极多的个人行为。

43. 石油污染会危害海洋生态系统，其途径如下：（1）降低海洋藻类的光合速率；（2）富集氯化烃类，例如杀虫剂；（3）致癌物，如苯并芘污染食物链；（4）干扰海洋生物的化学通信，影响它们的摄食、繁殖和逃生等行为；（5）杀死动物；（6）因为长期低剂量暴露而引起长期影响，例如癌症。

44．1990 年美国颁布的《石油污染法》要求：（1）改进新的油轮结构设计；（2）逐步淘汰现有油轮；（3）泄漏的经济责任、赔偿和债务；（4）改进泄漏响应策略和监督体系。

45．清除海洋石油泄漏的措施包括：（1）物理清除；（2）使用化学分散剂；（3）用噬油细菌进行分解；（4）原位焚烧。

46．海洋污染控制的最好策略可能是强调公众参与和增进公众教育，让他们认识到所有那些悄然导致海洋资源退化的日常行为。

关键词汇和短语

Accelerated Eutrophication　加速富营养化

Activated Sludge　活性污泥

Algal Bloom　水华

Biochemical Oxygen Demand (BOD)　生化需氧量

Biodegradable　可生物降解的

Biogas　生物质燃气

Biological Magnification　生物放大

Biological Oxygen Demand (BOD)　生物需氧量

Biomass　生物量

Blue-Green Algae　蓝藻

Buffer Zone　缓冲区

Chlorination　氯化

Clean Water Act　清洁水法

Cold-Blooded Animal　冷血动物

Coliform Bacteria　大肠杆菌

Combined Sewers　合流式下水道

Cooling Tower　冷却塔

Cultural Eutrophication　人为富营养化

Damage Zone　危害区

Detergent　洗涤剂

Dispersant　分散剂

Dissolved Oxygen　溶解氧

Dredge Spoil　清淤废物

Dry Cooling Tower　干式冷却塔

Emergency Planning and Community Right-to-Know Act　应急计划与社区知情权法

Eutrophic Lake　富营养湖泊

Eutrophication　富营养化

Federal Water Pollution Control Act　联邦水污染控制法

Feedlot　育肥场

Great Lakes Water Quality Agreement　大湖水质协议

Groundwater　地下水

Heavy Metals　重金属

Holding Ponds　收集池

Hormone Disruptors　内分泌干扰物

Hydroseeder　液压喷播机

Infectious Hepatitis　传染性肝炎

Injection Well　注入井

Inorganic Nutrient Pollutants　无机营养盐污染物

Input Control　源头控制

In Situ Burning　原位焚烧

International Drinking Water and Sanitation Decade　国际饮用水和卫生十年

International Joint Commission　国家联合委员会

Landfill　填埋

Leach Field　渗滤场

Lead Poisoning　铅中毒

Limiting Factor　限制因子

London Convention　伦敦公约

Marine Pollution Convention　海洋污染公约

Marine Protection, Research, and Sanctuary Act　海洋生物保护、研究和禁猎区法

Mercury　汞

Mesotrophic Lake　中营养湖泊

National Ambient Stream Quality Accounting Network (NASQAN)　国家环境河流水质监测网

Natural Eutrophication　自然富营养化

Nonpoint Source Water Pollution　面源污染

Ocean Dumping Act　海洋倾废法

Oil Pollution Act of 1990　石油污染法

Oligotrophic Lake　贫营养湖泊

Output Control　末端控制

Oxygen Sag　氧亏

Oxygen-Demanding Organic Waste　耗氧有机废物

Pathogen　病原体

Plasticizer　增塑剂

Point Source Water Pollution　点源水污染

Pollution-Control Devices　污染控制设施

Pollution Prevention　污染预防

Primary Sewage Treatment　一级污水处理

Recovery Zone (of a River)　恢复区

Safe Water Drinking Act　安全饮用水法

Secondary Sewage Treatment　二级污水处理

Sediment　沉积物

Septic Tank　化粪池

Settling Tank　沉淀池

Sewage　污水

Sewage Treatment Plant　污水处理厂

Sludge　污泥

Sludge Digester　污泥消化池

Sludge Worms　污泥虫

Stormwater Management Program　雨洪管理规划

Tertiary Sewage Treatment　三级污水处理

Thermal Plume　热羽

Thermal Pollution　热污染

Throughput Control　过程控制

Toxic Organic Chemicals　有毒有机化学品

Toxics Release Inventory (TRI)　有毒物质排放清单

Trickling Filter　生物滤池

Water Pollution　水污染

Watershed Management　流域管理

Watershed Protection Plans　流域保护计划

Wet Cooling Tower　湿式冷却塔

Zone of Decline　下降区

批判性思维和讨论问题

1. 定义水污染。

2. 点源水污染和面源水污染的差异是什么？分别给出例子。哪一个易于解决？为什么？

3. 列出 7 种基本的水污染类型。

4. 列出贫营养湖泊和富营养湖泊的 5 个不同点。

5. 区分自然富营养化和人为富营养化。

6. 因为富营养湖泊的光合作用强，你可能认为水中必然含有较高的溶解氧。是这样吗？如果不是，为什么？讨论你的答案。

7. 利用辩证思维能力，讨论以下论述：富营养化是一个自然过程，因此没有必要担心人类污染物对此现象的贡献。

8. 列出水华的 5 个危害。

9. 描述高浓度 BOD 废水对河流中的水生生物的影响。

10. 利用你的辩证思维和有关水污染与生态学的知识，讨论以下论述：湖泊和河流天然具有净化水质和去除有机废物的细菌，因此污水处理厂的出水可以排入水体而不产生危害。

11. 当以下生物在某一河段被发现时，河水的溶解氧水平大约是多少：(a)鲤鱼；(b)鳟鱼；(c)污泥虫；(d)蜉蝣的幼虫？

12. 生物需氧量是什么？

13. 一些制造商相信热污染应该称为热富集。该术语的改变是否有道理？讨论你的答案。

14. 为何要对湖泊和河流进行大肠杆菌水平的监测？

15. 介绍几种重要的沉积物污染控制方法。

16. 总结以下几种水处理工艺的主要作用：(a)一级污水处理；(b)二级污水处理；(c)三级污水处理。

17. 利用你的生态学和水处理知识，讨论以下论断：地下水污染比地表水污染更严重。

18. 什么是增塑剂？举一些例子。它们的危害是什么？我们如何暴露于增塑剂中？它们对水生生物有害吗？为什么？

19. 举出 6 种摄入后对人体有毒的重金属。

20. 家庭饮用水中铅的可能来源是什么？

21. 讨论塑料污染对海洋生物的影响。

22. 列出污染海洋的石油的 5 个来源，并解释每个来源对海洋石油输入的贡献。

23. 讨论石油对海洋生物的 5 种危害。

24. 美国应该着重在什么方向努力去控制海洋污染？为什么？

25. 在减少海洋污染方面我们个人能做什么？

网络资源

本章相关在线资料见 http://www.prenhall.com/chiras（单击 Table of Contents，接着选择 Chapter 11）。

第 *12* 章

鱼类保护

在全球范围内最少有 27000 种鱼类，因此鱼类是物种最丰富的脊椎动物。然而，在过去的 200 年间，人类活动已经对水生环境和鱼类栖息地产生了不利影响。尤其是近几十年来，人类活动日益增加。不断增加的人类压力所造成的一个后果就是，许多鱼类在数量和分布范围上的减少，而它们对人类社会来说有着重要的经济和娱乐价值。

历史上，淡水渔业和海洋渔业的管理都强调对鱼类数量及其生存环境的调控，其唯一目的是增加垂钓和商业鱼类的产量。这的确是一个很重要的目标，随着世界人口的不断增加，对食物与娱乐的需求持续增加，这一目标也被不断调整。然而，渔业管理尚未采取对许多鱼类可持续捕捞的策略，这一点为全球许多鱼类数量的持续减少所证实。可以理解，实现这种宏伟目标尚需时日。为了能使日益减少的鱼类资源储量恢复到健康状态，需要在国家和国际层面上更广泛的支持与合作。多数专家认为鱼类资源的健康决定于水生栖息地的保护与恢复。

为了保护和恢复鱼类赖以生存的水生生态系统，我们必须理解鱼类与其栖息地之间复杂的相互关系。鱼类管理者必须能够精确地评估鱼类对其栖息地变化的响应，栖息地变化是否被自然事件或人类活动所引起，以此来进行科学的管理决策。本章讨论淡水渔业与海洋渔业，淡水鱼类生产力的环境限制因素，海洋渔业所面临着的种种问题，以及可持续的淡水渔业、海洋渔业和水产养殖业。

本章重点关注淡水渔业和海洋渔业。根据联合国粮农组织的数据，2004 年全球商业鱼类产量的大约 26%来自陆上的淡水，而剩下的74%来自海水。我们很快就会看到，渔业的发展对这两大水域都造成了重大问题。我们还会看到，淡水渔业管理人员所拥有的工具要比海洋渔业管理人员的多很多。而且，评估生活在海洋环境中的鱼类和其他商业性物种的数量，要比生活在淡水生态系统中的困难。因此，海洋渔业管理者的工作有更多的不确定性，他们要承受更多来自那些商业捕鱼的利益相关者的压力，这些人可比一般的垂钓者有更大的财力。

12.1 淡水渔业

大多数淡水渔业管理是为了那些垂钓者。在美国，垂钓者喜欢的淡水鱼类包括鲶鱼、北梭鱼、大梭鱼、小梭鱼、鳟鱼、鲈鱼、翻车鱼、太阳鱼、小翻车鱼、河鲈鱼和碧古鱼等。尽管大多数鲑鱼在海洋中被商业捕捞，但它们与其他洄游鱼类一起也是重要的淡水鱼。**洄游鱼类**是一种一开始诞生在淡水中，但要前往海洋中成长的鱼类物种，它们成熟后会回到原先的溪流中繁殖和死亡（见图 12.1）。非洄游鱼类称为**常栖鱼类**，整个生命周期都生活在淡水中，局限于一个湖泊、一段溪流或一条支流。

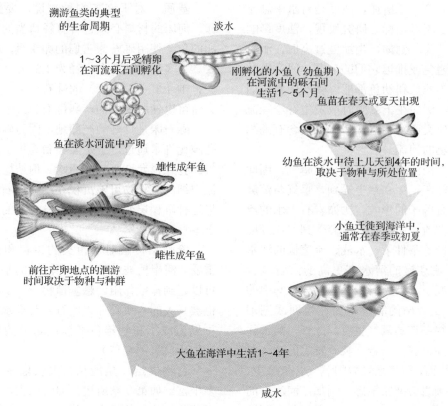

图 12.1　溯河性洄游鱼类的典型的生命周期

12.1.1　栖息地需求

所有的洄游鱼类和常栖鱼类，在它们的部分或全部生命周期中，都需要一个相对不受影响的或原始的淡水栖息地，以确保鱼类最佳的生长和生存。这里所说的生命周期包括产卵、孵化、养育和迁徙等各个阶段。然而，这些阶段成功完成也依赖于许多其他的环境条件，包括合适的水温和水深，以及水的流速（对于河流物种而言）。但是，这并非全部因素。生殖与生存也会受到浊度、溶解氧、盐度、基质（即河流和湖泊底部的状况）、庇护所和食物供给的影响。下面分别考虑每个因素。

温度　河流温度影响鱼类生命周期中的许多阶段。温度过冷或过热都能够延迟鱼类**溯河洄游**。温度也影响**产卵**（受精过程及其着床）。每种当地的鱼类都会在一年中的某段特定时间和温度范围内产卵。这些因素能够确保它们的子孙后代有最大的存活率。如果鱼的孵化期水温过冷或过热，胚胎将不会正常发育，存活率降低。幼鱼在生长发育阶段要保证正常行为和最佳生长，也会需要特殊的温度。如果温度过低或过高，鱼类生长发育将会迟缓，许多当地鱼类会往上游或下游迁徙来应对不利的温度。

水深与流速　鱼类成功地溯河洄游取决于恰当的水深与流速。一般情况下，大鱼所需要的最低水深要比小鱼所需的水深大。大鱼也能够忍受更强的水流。例如，在溯河洄游过程中，大多数鲑鱼需要至少 0.24 米的水深，且它们可以忍受高达 2.4 米/秒的水流速度。更小一些的鲑鱼仅需要 0.12 米的水深，但它们只可以忍受 1.22 米/秒的水流速度。

溪流深度也会影响产卵栖息地。当溪流水位高时，产卵栖息地也会增加。当水位较低时，产卵栖息地减少。当水流速度变得太大时，产卵栖息地会减少（它会影响到产卵的成功）。幼年鱼类需要生长发育的空间——在某种程度上，它是水深和水流速度的函数。

浊度　如第 9 章所述，浊度是对水中悬浮沉积物的一个测量指标。研究发现，浊度影响鱼类的多种行为。例如，当浊度过高时，洄游的鱼类可能避免或推迟它们的洄游。研究人员还发现，成年的鱼和幼鱼都能忍受水中暂时的高浊度水平，例如在下暴雨时或发生春季径流时。然而，鱼类通常会避开那些长期含有高浓度悬浮沉积物的河流。

溶解氧　河流通常可以充分地曝气，因此溶解氧含量较高。第 9 章中提到，曝气与溶解氧含量受多种因子的影响，比如岩石上水的流动所引起的湍流。河流曝气也会受到河流深度的影响。在同等条件下，水浅、流速快的河水要比水深、流速慢的河水有更高的溶解氧含量。一般情况下，因为河流曝气充分，其中的光合生物所制造出的氧气不如在池塘或湖泊里的光合生物制造的氧气重要。此外，河水往往比湖水更能彻底地混合，氧亏发生的频率要低于湖水。然而，即使是轻微的氧气含量减少，河流中的鱼类也会非常敏感。例如，河流中的溶解氧含量减少到低于 5ppm，成年鱼在洄游过程中的游泳速度就会降低。这种氧含量减少也会限制幼鱼的生长速率和食物的转换效率。当溶解氧水平降低到 1~2ppm 时，它们通常不能适应，这种情况称为**低氧**。在此期间，游速较慢或因某种原因不能逃脱的鱼就会死亡，不移动的水生生物同样如此。**缺氧**则是没有氧气可以利用，当溶解氧含量水平降低到 0.5ppm 时就会发生。

盐度　如第 9 章所述，盐的浓度或盐度对于生活在河口和滨海沼泽地区的物种极其重要。盐分水平能限制海洋和淡水生物经过这些区域。第 9 章讲到，河口是一条或多条河流进入海洋的过渡区，其特征是潮汐流和移动的盐水楔，其中相对高密度的咸水在密度降低的来自河流的淡水之下流动。盐水楔的大小与移动取决于来自河流的淡水的体积。盐水楔可能影响水生生物、商业捕鱼以及相邻城市的饮用水供应。例如，如果河流流速太快，在河口的部分地区盐度会下降，从而会对贝类生物生活的河床产生危害。

基质　对于许多物种来说，要想成功产卵，河床的材料必须包含直径适当的砾石。产卵的鱼会使用砾石为它们的卵筑巢，称为**产卵区**。大多数卵被产在直径为 1.3~3.8 厘米（最大范围 1.3~15 厘米）的砾石上。一般来说，大鱼可以使用更大的产卵砾石。

砾石床是良好的产卵地，因为砾石本身的孔隙允许水通过，于是为胚胎提供了必需的氧气。孔隙也允许废料的清除。但遗憾的是，河流中细的沉积物可能沉积在产卵砾石之上。如果这种沉积层变得足够厚，发育期的胚胎将死于窒息。

掩蔽　掩蔽对于鱼类的生存和繁殖至关重要。河岸植被以及河岸和河床的某些特性都可以起到掩蔽作用。悬垂植物、底切岸、水生植被、大的木质碎片、巨石以及深水池等，都可以为成年和幼年鱼类提供阴凉的休憩处和庇护所（见图 9.17）。

食物供给　鱼能长得多快取决于食物有多丰富。如第 9 章所述，河流的生产力——提供营养与能量的能力，随河流的不同而不同。在同一条河流的不同截面或河段，生产力也是不一样的。一般而言，河流中或河岸上的有机质（包括死的或活的）越多，以这种有机质为食的水生和陆生无脊椎动物种群就越大，从而鱼类的数量就越多。

河流中的有机质来源很多。例如，生长在河堤上的树木、灌木、草本和其他植物，贡献出了叶子、针叶和细枝。一些植物，尤其是树木，贡献出了大的木质残体。水生植被——生长在水中或水面上的植物，也会贡献出一些有机质来"养活"河流。溶解的有机物也可能来自污水处理厂或附近的养殖场。在河流中，我们会发现处于不同分解阶段的这种有机物质。

12.2　淡水鱼繁殖潜力的环境约束

与大部分生物一样，淡水鱼具有很强的繁殖能力。例如，一条 16 千克的雌性大梭鱼在一次繁殖期内可产下 225000 个卵。在密歇根州的湖泊和河流中，鲈鱼的每个巢穴中就有超过 4000 条幼鱼。一些种类的鱼，比如蓝鳃太阳鱼，它们的巢紧密地建在一起。这样的群居繁殖行为促进了繁殖的成功，因为许多个体可以共享最优的产卵栖息地。表 12.1 总结了一些种类的鱼的繁殖特征。

虽然鱼产下了很多卵和后代，但它们中的许多会死于**环境约束**，即自然和人为原因改变了它们的环境，从而阻碍了其生存和繁殖。假如没有这些约束，湖泊和河流里将会填满鱼类。标记研究显示，对于每个给定的鱼类种群，每年约有 70% 会死亡。因此，在第一年末，对于给定的鱼类物种，孵化出来的每一百万条幼鱼就只有 30 万条存活，到了第二年年底，仅有 9 万条存活，等到了第十年末，仅有 6 条鱼存活。由自然和人类原因引起的环境约束汇总于表 12.2。

表 12.1　主要鱼类的繁殖特征

常用名	生殖年龄（长度）	产卵期	鱼卵数量	繁殖类型
大口黑鲈	2 年	春季	2000～100000	鱼巢
小口黑鲈	2 年	春季	2000～20800	鱼巢
蓝鳃太阳鱼	1 年	5～8 月	2300～67000	共用鱼巢
鲤鱼	30 厘米	春季	790000～2000000	鱼卵分散
鲶鱼	30 厘米	春季	2500～70000	鱼巢
大梭鱼	3～4 年	春季	10000～265000	鱼卵分散
北梭鱼	2～3 年	春季	2000～600000	鱼卵分散在沼泽中
奇努克大马哈鱼	4～5 年	秋季	3000～4000	鱼卵藏在砾石中
银大马哈鱼	3～4 年	秋季	3000～4000	鱼卵藏在砾石中
溪红点鲑	2 年	秋季	25～5600	鱼卵藏在砾石中
褐鳟	3 年	秋季	200～6000	鱼卵藏在砾石中
湖红点鲑	5～7 年	冬季	6000	鱼卵分散在砾石上
虹鳟鱼	3 年	春季	500～9000	鱼卵藏在砾石中
碧古鱼	3 年	春季	35300～615000	鱼卵分散

来源：伊利诺伊州自然保护局，《这是什么鱼？》，1986。

表 12.2　限制鱼类繁殖潜力的主要因素

限 制 原 因	对鱼类及其栖息地的影响
自然原因*	
1. 风暴	1. 改变池塘和浅滩的分布与结构，增加浊度和沉积物，加剧河岸侵蚀，增加产卵砾石的泥沙淤积，掩埋食物来源，破坏捕食区，堵塞鱼的通道
2. 土体运动（泥石流、雪崩、塌方）	2. 阻塞河道，增加河流沉积物和浊度，引发局部洪水，增加产卵砾石的泥沙堆积，掩埋食物来源，破坏捕食区，堵塞鱼的通道
3. 动物活动（河狸，有蹄类动物）	3. 流水转向或成为洼地，增加局地温度，引发捕食区的洪水，增加产卵砾石的泥沙堆积，在低流量河段堵塞鱼的通道，践踏和啃食河岸植被，减少植被覆盖度和养分来源，改变河流温度，增加土壤侵蚀，增加河岸不稳定性
4. 自然障碍（瀑布、碎屑堵塞河道、过快的水流）	4. 干扰鱼类溯河洄游，延迟其产卵活动
5. 植被扰动（风倒、火灾、虫害、疾病）	5. 降低植被覆盖度，改变溪流温度，减少养分和能量来源，增加河岸的不稳定性，增加侵蚀和沉积，增加木质残体堵塞河道
6. 当地动物捕食	6. 鱼类死亡
7. 冬死	7. 鱼类死亡
人为原因	
1. 水体污染（富营养化、淤积、酸沉降）	1. 水生植物过度生长，氧亏，增加沉积物负荷和浊度，水体酸化，改变水化学性质，干扰生殖和摄食行为，增加产卵床泥沙的堆积，掩埋食物来源，降低产卵成功率，致使各发育阶段的鱼类窒息死亡

续表

限 制 原 因	对鱼类及其栖息地的影响
2. 改变溪流温度	2. 扰乱洄游和产卵时间，增长率异常，增加疾病爆发，行为异常
3. 外来捕食和竞争	3. 影响依赖于外来物种的行为，可能损失水生植物和食物来源，损失产卵地，增加浊度，降低溶解氧含量，因鱼卵被捕食而造成繁殖成功率低，疾病爆发
4. 人类捕食	4. 增加鱼死亡和受伤，种群数量下降或被灭绝
5. 水坝	5. 改变水位和流速，丧失捕食栖息地，增大因氮中毒和接触涡轮机的死亡率，种群衰退，延迟和阻碍鱼类通过，延迟鱼类产卵
6. 资源开采（伐木、放牧、采矿）	6. 损失河岸植被，改变溪流温度，改变河道结构，造成水深和流量的不正常的波动，化学品污染，增加产卵砾石上泥沙的淤积，增加沉积物负荷和浊度，增加河岸的侵蚀，降低溶解氧含量，降低繁殖成功率，造成鱼类种群下降
7. 渠道化	7. 改变河流的深度和流速，损失产卵和捕食的栖息地，增加沉积物负荷
8. 人类休闲活动（游泳、划船、登山、露营、骑马、骑山地自行车）	8. 践踏河岸植被，侵蚀河岸，压实土壤，水质下降，覆盖度降低，改变溪流温度，损失养分和能量来源

*注意，这些自然事件从长远来看，在某些情况下可能会提高生率和改善栖息地的质量。

12.2.1 自然约束

风暴和土体运动　风暴可能严重影响河道和鱼类的栖息地。例如，高强度的降雨和地表径流带来洪水和急流，可能改变池塘和浅滩的分布。它们也可能增加河流中沉积物的含量，导致河流的浊度增加。水位过高也会导致河岸的侵蚀，破坏鱼类的栖息地。此类事件会干扰繁殖，使产卵床被泥沙堆积，也会掩埋食物来源（底栖的植物和动物）。在洪水泛滥时期，大块的木质残体会被冲刷到河流中造成堵塞，从而破坏捕食区，阻断鱼类洄游的通道。

泥石流、雪崩和塌方等会对鱼类栖息地造成类似的影响。例如，泥石流将沉积物和岩石搬运到河流中，阻碍河道。大量的沉积物会增加水体浊度。

动物活动　河狸水坝常见于北美森林区相对无扰动的、低等级的河流（不超过 4 级）。这些水坝的建造通过使水流转向或形成水塘而改变了鱼类的栖息地，提高了局部的水温，在水位较低时阻碍鱼类的通过，使捕食区被洪水冲毁，使产卵区形成淤积。但在一些情况下，这些水坝给鱼类栖息地带来的好处可能更大。例如，河狸水坝引起的洪水也可能造就重要的捕食和越冬栖息地。水坝后面的池塘里积累的淤泥，可能会使水温增加，从而提高局地的生物生产力。最后，河狸池塘会起到沉淀池的作用，改善下游地区的水质。

鹿、麋鹿和驼鹿的食草也会影响水生生态系统。例如，这类物种对该地区的过度利用可能导致河岸带受到践踏。过度啃食可能减少沿河岸或湖岸生长的林下灌木、草本和湿地植物。这类植物的损失，由于减少了掩蔽以及重要养分和能量的来源，可能会降低鱼类栖息地的质量。植被减少可能也会增加土壤侵蚀，使河流淤积和湖泊更不稳定。

自然障碍　瀑布、过快的水流和碎屑阻塞可能会阻碍溯河洄游的鱼类，因为一些鱼类要去上游的栖息地产卵，因此这些因素可能影响鱼类繁殖。研究人员发现鱼类理想的跳跃条件是，水池的深度是瀑布高度的 1.25 倍［见图 12.2(a)和(b)］。当然，鱼能否成功跨过此障碍也取决于其他因素，包括鱼可以获得的游泳速度和其跳跃能力，还有需跳跃的水平和垂直距离以及斜坡的陡峭程度［见图 12.2(c)和(d)］。

如果水流速度太快，鱼可能无法继续它们的溯河洄游。例如，诸如鲑鱼和鳟鱼这类大鱼可以长时间在流速低于 2.4 米/秒的水中逆流前进，但它们在流速为 3～4 米/秒的水中只能一次游几分钟的时间。当流速超过 4 米/秒时，它们将无法前进。

一些木质的碎屑堵塞能延迟或阻止鱼类溯河洄游。然而，必须谨慎清除堵塞，以防止淤积下游活跃的产卵区和捕食区，并避免由于改变水位和水流速度所造成的不利影响。

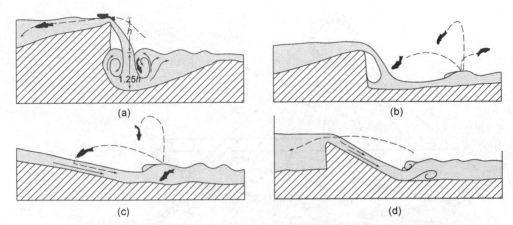

图 12.2　鱼类的跳跃能力。(a)瀑布之下的水池中的水深是瀑布的顶部到水池表面的距离(h) 的 1.25 倍。鱼利用紧贴瀑布的驻波的上升动量,跳上瀑布;(b)瀑布的高度与(a) 中的相同,但水池较浅,形成的驻波离瀑布太远而不能被鱼类利用;(c)斜坡过长, 鱼类无法越过,即使鱼可以被斜坡底端的驻波甩出;(d)坡度比(c)中的陡,但 长度较短,一些鱼有可能通过这个障碍,具体取决于它们的跳跃能力和驻波能量

植被扰动　前面讲过,河岸带的植被在维护高质量的鱼类栖息地方面起着重要作用。我们也提到,一些物种,比如鹿、麋鹿和驼鹿等可以改变河岸栖息地。然而,主要的扰动,如野火、虫害和疾病也可能摧毁整个河岸植被。这些自然力量也会破坏鱼类的栖息地。例如,它们可能减少遮蔽,改变水温,或减少枯落物。它们还可能增加土壤侵蚀,从而增加河流中的沉积物。它们可能减少河岸的稳定性,使其更容易发生侵蚀,它们可以通过增加木质碎屑来阻塞河流。

当地动物的捕食　一些鱼类总是面临着来自其他鱼类的巨大捕食压力。它们也会被爬行动物、鸟类和哺乳动物等捕食。例如,一条 15 厘米长的大梭鱼(食肉鱼类)每天可以吃掉 15 条小鱼。另一种食肉鱼类碧古鱼长到三岁时,一共会吃掉 3000 条小鱼。当其他食物缺乏时,很多鱼类还会采取同类相食的方式,即相互捕食。大鱼吃同类中的小鱼,小鱼吃大鱼的卵。

涉禽和其他水禽,如白鹭、苍鹭和野鸭,也会吃掉大量的鱼。一只秋沙鸭(一种潜鸭)每年可能吃掉超过 35000 条鱼。熊、水獭、貂和其他食鱼动物也大量捕食鱼类,尤其是在干旱期间,当水位很低时,鱼类很容易被捕食。阿拉斯加棕熊一天很容易就会吃掉 15 条大鲑鱼。

冬季死亡　另一个可以减少鱼类种群的环境因素是**冬季死亡**。在北部各州漫长的冬季,厚厚的冰层使得湖水与大气中的氧气隔绝。只要冰面上还未被雪覆盖,足够的阳光就可穿透冰来维持光合作用(见图 12.3)。因此,氧气水平能够保持足够。然而,当雪在冰面上形成一个不透光层时,就会减少穿透冰面的阳光,从而降低光合作用。光合作用降低,会减少氧气含量。这会造成什么结果?大量的鱼类死亡,尤其是在富营养的浅湖里更容易发生。死亡植物的分解会使这一问题恶化。随着冬天降临,含氧量可能降至 5ppm,此时许多较敏感的鱼会死亡,如果氧气含量下降到约 2~3ppm,即使是鲤鱼和鲶鱼这样更有耐性的鱼类,也会死亡。

12.2.2　人为约束

水污染　水污染在美国每年会造成 3000 多万条鱼死亡。第 11 章中介绍了由工业和生活污染引起的鱼类死亡。如表 12.3 所示,多种污染物从点源和非点源排放到水体中导致鱼类死亡。下面介绍由富营养化、沉积物和酸沉降引起的鱼类死亡。

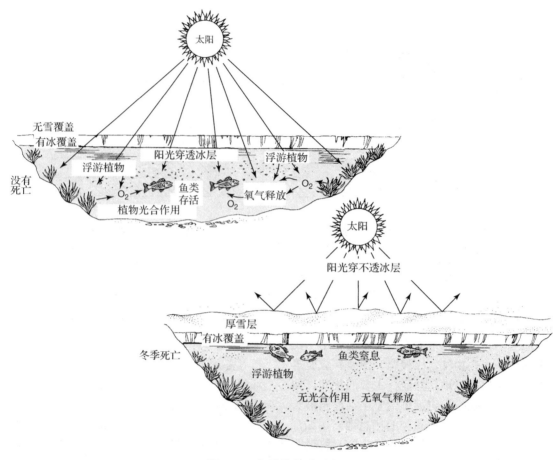

图 12.3 鱼类的冬季死亡

表 12.3 1984 年俄亥俄州水污染造成的鱼类死亡

日期	县	水体名	死亡数量	可疑污染物
9/2	蒙哥马利	大迈阿密河	158234	污水、玉米糖浆
7/17	塔斯克	格林维尔河	122057	猪粪
6/15	富尔顿	刷溪	79110	硝酸铵
4/16	克劳福德	断剑溪	57237	氮肥
9/1	布特勒	四英里溪	41335	污水
3/26	哥伦比亚纳	河狸溪	26986	汽油
9/10	科肖克顿	白眼溪	13170	牛粪
6/27	摩根	贝尔溪	3274	化学清洗剂
5/3	马里昂	浅滩溪	2905	除草剂

来源：俄亥俄州哥伦布市自然资源局。1984 年水污染、鱼死亡和溪流垃圾调查，1985。

富营养化 第 11 章中讲过，水体中营养物质富集，会引起水生植被的过度生长，这称为**富营养化**。地表水中藻类爆发形成水华，阻止阳光到达水中的深层，从而导致该区域氧气产生量减少。

温带地区的秋天，阳光强度降低时，藻类水生植物死亡，沉到湖底，形成一个致密的有机层。湖底沉积物中的无数需氧细菌会分解这些有机物质。在此过程中，细菌消耗溶解在深水区中的氧气，因此深水区中的氧气浓度会迅速地从 7ppm 降低到 2ppm 或者更低。

水体一旦被来自生活污水或来自屠宰场、造纸厂和罐头厂等的废水的需氧有机物污染，水中的溶解氧水平将会大幅度地下降，这可能会引发大规模的鱼类死亡。最终死鱼会漂浮到岸边，分解，发出臭味，并招引苍蝇。

沉积物 人类在农场、矿山或城市建设工地等实施的不合理的土地利用方式，会导致径流将大量土壤冲进湖泊和河流中。沉积物会降低水生植物的光合作用，因为它们可以减少透入水中的阳光量，进而导致溶解氧的含量下降，这种下降往往是大幅度的。水中氧气含量的这种急剧下降会带给鱼类很大的压力，尤其是对鳟鱼和鲑鱼，它们至少需要 5ppm 的溶解氧。

浊度也会直接影响鱼类。虽然鱼类短时间内能够容忍 100000ppm 的浊度，但如果长时间处在浊度为 100～200ppm 的水中，鱼类也会受害。在美国的湖泊和河流中，每年有成千上万的鱼会死于鱼鳃被沉积物堵塞所引起的窒息（见图 12.4）。

图 12.4　沉积物导致鱼类死亡。每年暴雨侵蚀未受保护土地上的土壤，形成的沉积物堵塞鱼鳃后导致许多鱼类窒息而亡

除了减少氧含量和堵塞鱼鳃，**悬浮沉积物**也会干扰鱼类的繁殖行为。众所周知，鱼的繁殖行为会依靠一些视觉线索，比如河流或湖底沙石，以及性伴侣的颜色、形状和行为。如本章前面所提到的，沉积物也可能掩埋产卵床。事实上，曾经是北美五大湖鱼类重要产卵床的近岸水生植被，已被土地侵蚀导致的沉积物所掩埋。污泥也可能覆盖受精卵，降低其孵化成功率。例如，对蒙大拿州蓝水溪的鲑鱼繁殖的研究表明，鱼卵孵化成功率在淤积最小的地区最高（高达 97%）（见图 12.5）。

淤泥也会影响食物供应。例如，水生昆虫（如蜉蝣和石蝇）的幼虫，是鱼类喜欢的食物。然而，它们可能会被淤泥毁灭。此外，泥浆会大幅降低鲈鱼、梭鱼和大梭鱼等食肉鱼类的视觉范围，它们靠捕食小鱼为生。

酸沉降　俄亥俄州的一个钢铁厂燃烧煤炭能造成纽约阿迪朗达克山脉的鳟鱼死亡吗？虽然这种可能性看起来微乎其微，但答案是肯定的。烟囱释放的二氧化硫（SO_2）气体与氧气发生化学反应生成硫酸和水，盛行的东北风把云中的硫酸液滴吹到阿迪朗达克山脉的高处，这里是全美对酸沉降最敏感的地区。降雨（或降雪）会将酸性物质冲刷到湖中。

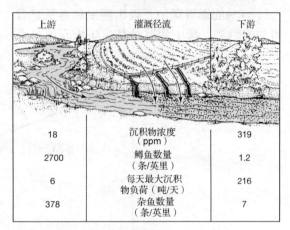

上游	灌溉径流	下游
18	沉积物浓度（ppm）	319
2700	鳟鱼数量（条/英里）	1.2
6	每天最大沉积物负荷（吨/天）	216
378	杂鱼数量（条/英里）	7

图 12.5　灌溉径流携带的沉积物对蒙大拿溪流鳟鱼的影响

正常情况下，未受污染雨水的 pH 值约为 5.6，属于弱酸性，因为二氧化碳会溶解到水中形成碳酸。然而，在美国东部地区，大部分酸雨的 pH 值不会超过 4，酸度几乎是正常降水的 100 倍。

直到 19 世纪 70 年代，**酸雨**的影响才被彻底发现。生物学家发现，当湖水的 pH 值小于 5 时，鱼类开始死亡。阿迪朗达克山脉的许多湖泊的 pH 值低于 5。在这种条件下，湖鳟出现畸形，胚胎遭受较高的死亡率。

酸性降雨和冰雪融水也会影响水体的化学成分。当水从陆地上流过时，酸会溶解土壤中的有毒金属，并且将其转运到湖中和河流中。例如，从土壤中淋溶出来的铝会导致鱼鳃产生大量黏液，造成鱼类窒息。在春季，铝是特别麻烦的，雪融化产生的酸性水流会通过土壤，最终进入湖泊和河流中。

根据一项调查，阿迪朗达克山脉的许多湖泊鱼类几乎绝迹。一种鱼类从湖中消失可能不会太突然。但是，这种过程可能是很长时期内缓慢变化的结果，因为鱼类的繁殖成功率降低。例如，图 12.6 展示了酸度增加对另一湖泊——加拿大安大略省乔治湖中鱼类数量的影响。更多有关酸沉降的内容请参见第 19 章。

在 2003 年发布的基于相同数据的两项科学研究表明，阿迪朗达克山脉的酸化湖泊存在恢复的迹象。据调查，在阿迪朗达克山脉，大约 60% 的调查湖泊表现出酸中和容量显著增加的趋势。酸中和容量是反映恢复的一个关键因子，因为它可以度量一个集水区抵消降水带来的酸性污染物的能力。研究表明，按照《清洁空气法》的要求大范围降低 SO_2 的排放量能够帮助大面积的湖泊恢复。在 1973 年到 2003 年期间，美国的 SO_2 的排放量下降了 38%。尽管大多数湖泊都有了改善，40% 的湖泊仍然没有变化，或者继续丧失酸中和容量。科学家们得出结论，我们还需要继续努力。

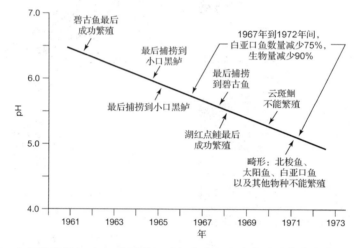

图 12.6　水体酸度增加（pH 值下降）对加拿大安大略省乔治湖中鱼类种群的影响

改变河流温度　河流温度不正常的波动有可能危及鱼类种群，这在第 11 章已有描述。我们可能还记得，这种危害通过干扰鱼类的洄游和产卵期，阻滞或加速成长期，增加鱼类种群疾病的爆发或改变鱼类的行为模式来实现。多种人类活动会对河流的温度和鱼类种群数量产生不利的影响，例如林业、矿业和牧业均会减少河岸植被，尽管现有的法规有助于减少这些做法。当水从河流中被抽出用于农业土地的灌溉后又返回到河流中，或从用于防洪和发电的水库中倾泻到河流中，都会使水温会发生改变。核电站和燃煤电厂的冷却塔经常将热水排到江河和溪流中。

外来物种的捕食、竞争和栖息地的改变　美国鱼类和野生动物管理局正在增加对**外来物种**对本地鱼类种群的"生物性污染"的关注。多年来，外来鱼一直被渔业生物学家故意引入，以期提供理想的垂钓或食物用鱼，或被用来帮助控制环境问题。还有许多其他外来鱼种是被意外引入的。一些有意或无意引入的鱼类已对当地鱼类产生了不利影响，包括改变其繁殖、生长和存活。

曾被有意引入美国的最具破坏性的外来鱼种是**欧洲鲤鱼**（见图 12.7）。它最初被引入到加利福尼亚州（1872 年）、五大湖区（1873 年）和华盛顿特区（1877 年）。为了给美国人提供宝贵的食物来源，来自全国各地数以百计的引进这种所谓的"奇妙之鱼"的请求被提交到美国渔业局。

这种鲤鱼被证明是一种适应力超强的鱼种。引入的数量迅速增加，符合 S 形生长曲线特征。在伊利湖引入这种鲤鱼后，仅过了 20 年，渔民一年就可收获 160 万千克。然而，随着这种鲤鱼数量的增多，调查者发现，它们在水底觅食时会把水生植物连根拔起。这会对垂钓鱼类种群带来极大的危害，因为它会：(1) 破坏这些鱼类的产卵地，(2)减少食物供应，(3)降低溶氧水平(污浊的河水会降低光合作用)。

图 12.7　欧洲鲤鱼，一种 19 世纪后期从欧洲引入到美国水体中的外来物种。注意它的嘴，专门用于水底觅食。这种觅食习惯导致该物种会把水搅浑并破坏一些垂钓鱼类的栖息地

最近有关进口的悲剧之一是**梅花鲈**——另一个欧洲物种。这种鱼类在 1987 年从停靠在明尼苏达州杜鲁斯的货船上无意间被引入到苏必利尔湖。梅花鲈是五大湖地区数百万美元渔业的一个潜在威胁，因为它是白鲑鱼和其他鱼类鱼卵的贪婪捕食者。梅花鲈在 1 岁时就完成性发育，比当地鱼类更有繁殖的优势。1989 年，在梅花鲈被引入两年后，杜鲁斯港口的梅花鲈数量急剧增加。为了控制这一问题，渔业生物学家计划减少对杜鲁斯港口大梭鱼和狗鱼的捕捞，以期这两种鱼能够捕食梅花鲈。

非本地或外来鱼类不必非得从另一个国家引入才能造成麻烦。一个国家的某个区域的本地鱼类，当有意或无意地引入到原来湖泊或河流以外的区域时，会成为同一个国家的另一个区域的外来物种。这些被引入的物种会与新环境下的当地物种竞争或捕食当地物种，有时会严重降低当地物种的数量（见案例研究 12.1）。

人类捕食　渔业是许多北美淡水商业鱼类和垂钓鱼类数量减少的一个主要因素。例如，湖鲟从伊利湖绝迹，就是垂钓和商业渔业过度开发的结果，这是**人类捕食**的极端例子。一个有关钓鱼压力的典型例子是，在鳟鱼季节开始的那个周末，在某些地区钓鱼者带着极大的热情，肩并肩地沿着河流进行垂钓。

在美国，钓鱼是十分流行的运动，至少 1/10 的美国人每年都会去钓鱼。美国鱼类和野生动物管理局的资料显示，在 2006 年，大约有 3000 万 16 岁以上的美国居民钓过鱼。

案例研究 12.1　海七鳃鳗——五大湖的灾难

想象一下一种捕食者是如此高效，它能在短短的 21 年间破坏五大湖中 97% 的湖鳟种群！这种捕食者是海七鳃鳗——一种橄榄灰的吸血杀手，它在 20 世纪 50 年代完成入侵。海七鳃鳗是原始的、无颌的无脊椎动物，有细长似鳗鱼的身体。它的圆形口器周围发达的肌肉漏斗使其能死死地咬住猎物（见图 1 和图 2）。它来回地用活塞式的舌头，附带着无数坚硬的、锉刀一样的牙齿在湖鳟的组织上移动，撕裂肉和血管，导致食物严重出血。它分泌的抗凝剂能够防止湖鳟的血液凝固。在饱餐了一顿血液和体液之后，海七鳃鳗会让其猎物虚弱地游走。湖鳟可能直接死于这种掠夺性的攻击，或者可能最终死于开放伤口处的细菌和真菌感染。在其约 15 个月的短短成年阶段，一般的七鳃鳗会杀死约 18 千克的鳟鱼、鲑鱼以及其他的五大湖鱼类。尽管有的湖鳟能最终存活下来，但丑陋的疤痕也会留在它们的身体上，因而无法被在食品店购物的家庭主妇看上。

五大湖的七鳃鳗会在淡水中度过整个生命周期。当性发育成熟后，成年鱼会游到支流中完成交配、产卵和死亡。孵化成功后，幼年七鳃鳗像针一样细，有 3 毫米长，它们顺流而下直到泥泞的河底。接下来，它们在泥中挖出洞穴，尾部先进到里面，仅把头部露到外面。几年之后当它们长到铅笔大小时，就会拥有成年鱼类所具有的肌肉漏斗和锉一样的舌头，它们慢慢游出洞穴，游到湖泊的开阔水域处捕食鱼类（见图 3）。

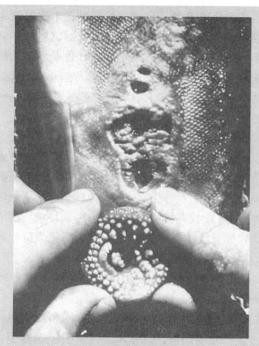

图 1　海七鳃鳗的肌肉漏斗、嘴和发出刺耳声的"舌头"的特写。在漏斗中央的圆形口器内部可以看到活塞式的舌头的末端。注意湖鳟的伤口是海七鳃鳗造成的

图 2　七鳃鳗附着在被网住的湖鲑身上

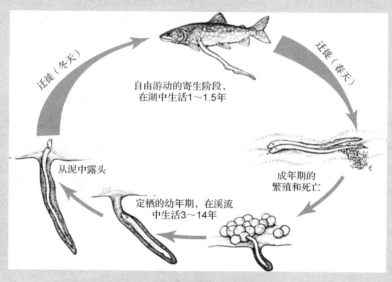

图 3　海七鳃鳗的生命周期

　　七鳃鳗最初出现在从佛罗里达到拉布拉多的远离大西洋海岸的浅水中，圣劳伦斯河和安大略湖（五大湖链的东端）等水域也有分布。几个世纪中，七鳃鳗向西往伊利湖的扩展一直被尼亚加拉大瀑布阻挡，直到 1833 年，为了促进通商航运，人们修建了威兰运河。遗憾的是，这条运河的开凿也给七鳃鳗提供了入侵伊利湖的通道（见图 4）。

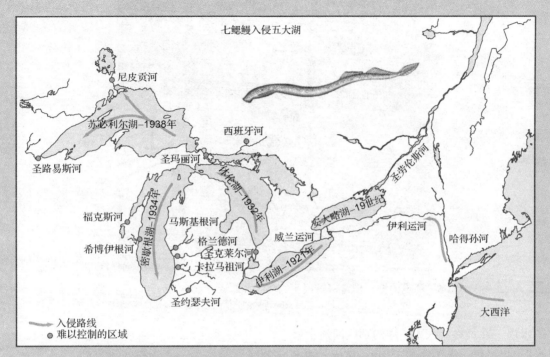

图 4　七鳃鳗入侵五大湖

　　七鳃鳗对伊利湖的入侵是一个缓慢的过程，可能是因为缺乏合适的用于产卵的支流。然而，一旦它们入侵了休伦湖，就迅速地蔓延到密歇根湖和苏必利尔湖。到 1950 年，七鳃鳗在苏必利尔湖的西端被发现，这表明它已完成了对五大湖的入侵（见图 4）。其掠夺性活动很快威胁到价值数百万美元的五大湖鳟鱼捕捞产业，致使这个产业全面崩溃。湖鳟的捕捞量从 1940 年的 4545 吨减少到 1961 年的 152 吨，在短短的 21 年间，减少了 97%。沿着海滨，闲置的渔网都腐烂了。经验丰富的渔民，因为年纪大了而难以获得新的技能，也面临着救助。许多年轻人搬到了明尼阿波利斯、密尔沃基、芝加哥和底特律去寻找工作。

　　1955 年，美国和加拿大通过谈判，成立了五大湖渔业委员会来共同控制海七鳃鳗。委员会的成员代表了所有的五大湖州和安大略省。各种各样的控制策略都试过了。人们用渔网、围网捕获成年七鳃鳗，甚至在七鳃鳗试图游到上游产卵时用"电网"把它们电昏或电死（见图 5）。但是，这些方法仅仅取得了有限的成功。因此，人们决定使用化学控制方法——使用**杀七鳃鳗剂**。从 1951 年到 1959 年，超过 6000 种化合物被检测为潜在的七鳃鳗杀手。最后，一种名不见经传的毒药——TFM 被选择出来。TFM 基本上对人体和垂钓鱼类及其饵料生物（如小鱼和水生昆虫）是无毒的，但对七鳃鳗却是致命的。在低 TFM 处理水平下，七鳃鳗幼虫会被从洞穴中驱出，并很快由于出血而死。

　　到 1960 年，五大湖渔业委员会对七鳃鳗大批出没的所有苏必利尔湖支流进行了处理。仅仅两年后，这种化学物质使得在这些溪流中产卵的七鳃鳗的数量减少了 85%。在接下来的几年，杀七鳃鳗剂也被应用到密歇根湖（1963 年）、休伦湖（1970 年）和安大略湖（1972 年）的支流中，同样取得了效果。今天 TFM 仍然是五大湖地区首选的杀七鳃鳗剂。

　　今天，七鳃鳗的控制项目由五大湖渔业委员会制定和实施，合作单位包括美国鱼类和野生动物管理局、加拿大渔业和海洋部、美国陆军工程兵团和美国地质调查局。这个控制项目对维持五大湖 40 亿美元的垂钓和商业渔业做出了巨大贡献。在七鳃鳗出没的地区必须每 3～5 年就要用杀七鳃鳗剂来控制七鳃鳗的数量，每年渔业生物学家和技术人员都要调查五大湖数以百计河流中的七鳃鳗幼虫的情况。

图 5　通电的栅栏横跨密歇根州的河流（靠近密歇根湖的入口）。当
七鳃鳗游过栅栏时，就会被电晕，漂浮在水面上，很容易去除

水坝　在最终流入太平洋的那些河流上修建水坝，已经对一些溯河洄游的鱼类造成了毁灭性的危害。例如，在华盛顿州与俄勒冈州边界处的哥伦比亚河，许多年幼的鲑鱼在前往海洋途中因为**氮气中毒**而死。其原因是位于水坝之下的急流中存在高浓度的氮气（氮从空气中进入水中）。还有一些鱼类也会死亡，因为被吸到了大坝的巨型涡轮机中。只有10%的鲑鱼鱼苗最终能到达海洋。之后在海洋中度过 1～4 年，在那里它们性发育成熟，鲑鱼会游回太平洋沿岸。它们然后通过识别河流的独特气味（刚孵化出来的幼鱼显然能"学习"如何闻本地河流的气味，并且能够永远记住它）找到自己的河流并溯河而上。洄游鱼类利用环境线索来帮助它们在成年后回到自己的出生地，这种心理或行为过程称为**印记**。在它们溯河洄游到产卵地的过程中，成年鲑鱼必须经过水坝，否则在繁殖前就会死。为了能让鱼类能够顺利迁徙，很多大坝已经加装了**鱼梯**（见图 12.8）和其他鱼类通道系统。这些设备被内置在大坝中，便于鱼类经过大坝。然而，许多系统都是无效的，需要重新设计和更新。

大坝不仅阻碍鱼类迁徙，也会通过改变河流生态系统的自然动态，尤其是引起水位和流速的反常波动来改变洄游鱼类的行为以及栖息地。

图12.8　在加利福尼亚州雷德布拉夫的分水坝，王鲑（奇努克鲑鱼）跳过了鱼梯最上面的一个台阶。在春末产卵期，这条鱼梯能使鲑鱼越过大坝游到上游，最终在该州的萨克拉门托河产卵

资源开采　各种各样的人类土地利用活动也会影响鱼类的栖息地。例如，在河边或流域内进行伐木、筑路、采矿和放牧等一系列活动，如果不能妥善处理，都会导致土壤侵蚀的增加。这将导致河流面临更大的沉积物负荷。如本章前面所述，河流中沉积物的增加会产生许多不利影响。

（1）**伐木**。在美国西海岸木材工业的整个发展过程中，采伐和木材运输方法不断发生变化，这些活动破坏了自然河流生态系统过程和当地鱼类的栖息地。例如，19 世纪末和 20 世纪初，伐木公司清理了河流中的杂物、岩石和河岸植被来修建**储水坝**，以便于将木材流放到下游的锯木厂。特别是，当准备运输时，水会从储水坝倾泻而出。高速运动的木材、被水冲出来的沟槽和侵蚀了的堤岸都会增加下游的沉积物负荷。河床的砂砾被冲刷，破坏了鱼类的产卵床和胚胎发育。储水坝反复开启和关闭以及次生的非自然水文变化引起的河流水位波动，极大破坏了鱼类的栖息地、多样性和生产力。

当今，尽管美国制定了法律和采取了改进措施，伐木仍然继续破坏着鱼类的栖息地。皆伐、筑路、种植、疏伐、燃烧、化学品使用、机械平整土地和采矿等，以各种各样的方式使得鱼类栖息地退化。它们影响了沉积物和养分的传输速率，改变了水温、溶解氧水平和总体水质。

（2）**放牧**。如果能够到达河岸，牛在很大程度上会去吃河岸植被，因为河岸植被往往鲜美多汁并且种类多样。但遗憾的是，这种高度放牧压力几年后会清除河岸的植物覆盖，增加水土流失，从而对河流承载鱼类的能力产生有害影响。这里河流的**承载力**是指河流能够养活的鱼的数量。有关蒙大拿河流的研究显示，在河岸未放牧的河流中，长度超过 15 厘米的鱼要比河岸放牧的河流多 27%。

（3）**采矿**。矿工曾经允许疏浚、取直和污染河流，在公共土地上无约束地铲除河岸上的植被。然而，在今天的大部分地区，多亏了相关的法律和法规，这些做法是非法的，从而有了显著的减少。在采矿实施期间内，必须满足严格的水质标准。遗憾的是，由于人员的不足，对于这些规定的监控和执行往往比较缺乏。

矿业公司也常常需要实施被批准的恢复计划来修复他们所造成的损害。用于恢复的保证金必须在采矿许可授予之前缴纳。也就是说，采矿公司必须拿出钱来进行生态恢复，即使过程中公司停业，这部分钱也可以用来解决相关的问题。

渠道化 全世界的江河和溪流经历了无数的水文改造，为的是控制洪水、抽干湿地和为城市与农场供水。绝大部分的这些项目导致了鱼类自然栖息地的消失或改变。

娱乐 除了钓鱼之外，人类的其他一些娱乐形式，也会涉及河流、湖泊和沿岸地区的利用。未来人类人口增长无疑会增加在这些地区进行游泳、划船、徒步旅行、野营、骑马和山地自行车运动等娱乐活动的需求。过度利用会对河岸和水生栖息地产生不利影响，包括植被被践踏、土壤压实、河岸侵蚀和水污染。

12.3 可持续的淡水渔业管理

渔业管理者的工作很具有挑战性。管理者的工作要求很高的一个原因是，无论是在湖泊、溪流还是在水库，每个渔业系统都是一个独特的系统，都需要根据其特定的需求进行管理。另一个原因是，即便是单个物种的成功产出，都取决于众多化学、物理和生物因素的交互作用，这些因素包括：湖泊（或溪流）的面积、基质和深度；水流；生长季长度；水温；溶解氧水平；水的酸度或碱度；水污染；水体的营养状况（溶解的营养物质）；庇护所（掩蔽）；食物可获得性；捕食关系；繁殖潜力；死亡率；渔业压力；渔业法规；物种组成、规模、年龄结构和增长率等。此外，渔业管理者必须确定一种合适的方法来维持公共土地上的鱼类种群数量，同时也要管理其他资源的使用（采伐、放牧、采矿和娱乐等）。还有，一条江河或溪流的生态系统可能涉及一片大地理区域，包括私有和公有土地。当公共和私人土地所有者有不同的目标时，在整个流域采用统一的管理做法将会十分困难。

在过去的 200 年里，人类并非有意地破坏了相当多的鱼类栖息地，它们并没有被快速修复。创建可持续的淡水渔业，资源管理者必须能够恢复这些系统。管理者在试图恢复鱼类种群的过程中会面临一些机遇与困难，这将在案例研究 12.2 中详细介绍。

显而易见，一位渔业管理者的任务并不容易。他/她必须能够开发和管理项目，这些项目在流域尺度上，规范人类活动，保护土地和水资源，恢复水生生态系统，所有这些都会保证水生生态系统的长期健康。除了几个成功的策略和在最后不得已的情况下可以接受的策略之外，很多证据表明，大多数旨在增强或恢复鱼类数量的人工生物调控，一般来说都是不好的管理选择。它们造成了太多的风险和负面影响，而且从本质上讲多数是短期的策略。资源管理者关于可持续淡水渔业管理在以下三个主要方面达成了共识：（1）人工繁殖和养殖使鱼类数量增加；（2）人类管理，比如规定捕鱼数量；（3）栖息地管理（维持足够多的栖息地数量）和恢复。下面讨论每种策略及其优劣势。

案例研究 12.2　哥伦比亚河流域鱼类和野生动物种群的恢复

根据当地部落的统计与历史捕捞记录，在工业时代前有1000万～1600万成年的鲑鱼和鳟鱼每年会游回到哥伦比亚河的河口，也就是这些鱼类溯河洄游到其产卵场的起点。那时候商业捕捞和钓鱼者的收获量是非常多的。一些早期的钓鱼者说，他们看到了众多的鲑鱼向上游动，以至于"你甚至踩着它们的后背过河"。阳光照在大量游动的银色成年鲑鱼上闪闪发亮，这也是怀特萨蒙这个坐落在哥伦比亚河靠华盛顿一侧的城市的名字的由来。巨大的奇努克鲑鱼（有些重达27千克）有时候被视为"猪"（见图1）。

遗憾的是，这样的情景早已成为遥远的过去。哥伦比亚河本地的鲑鱼数量最近几十年来已经迅速减少，其支流爱达荷州斯内克河中的奇努克鲑和红鲑已被列入濒危物种清单。而且，哥伦比亚河上游和斯内克河的本地银鲑也已完全消失。

不论以何种标准来看，哥伦比亚河鲑鱼的当前形势是非常严峻的。比如在1992年，在斯内克河只有一条雄性红鲑能够完成前往位于爱达荷州中部红鱼湖产卵地的长达1500千米的溯河洄游。鱼类生物学家称其为"寂寞的拉里"。在到达之后，它的精子被取出，然后被冷冻，用于该物种的人工繁殖。最近一些年来，只有大约100万成年鲑鱼和虹鳟鱼回到哥伦比亚河流域，这只相当于多年以前数量的不到10%。

是什么原因导致哥伦比亚河鲑鱼和虹鳟鱼的迅速减少？一个原因就是河边运木材道路的建设带来的泥沙污染，另一个原因是河岸树木的砍伐导致的热污染（这些树木曾经由于遮挡河道使其免于太阳照射而让河水变得较凉），而20℃以上的温度有效地阻止了鲑鱼的溯河洄游。然而，当水温降至20℃以下时，洄游便迅速恢复。另外的原因则是城市化。随着房屋、商场和停车场等设施的建设，大量来自于游青和混凝土的径流形成了一个由油、脂肪、盐和重金属污染物组成的"女巫的肉汤"。这些物质污染了附近鲑鱼和虹鳟鱼的河流。此外，过度捕鱼也造成了不利的影响。

图1　奇努克鲑鱼（王鲑）

然而，鲑鱼和虹鳟鱼迅速减少最重要的因素是哥伦比亚河及其支流上巨大的水电系统的建设。这个全球最复杂的水电系统包括66个主要的水电大坝，其中包括107米高的大古力水坝（见图2）。这些构筑物对溯河洄游的成年鲑鱼和虹鳟鱼造成了难以克服的障碍。而奋力向下游的幼鱼经常由于被吸入巨型水轮机而死亡。实际上，每年只有约 10%的幼鱼能够成功入海。

图 2　哥伦比亚河上的博纳维尔水坝

很年来，州政府和联邦政府都试图恢复哥伦比亚河及其支流中鲑鱼的数量。1980 年，联邦议会通过了《西北电力法》。根据该法案，华盛顿州、蒙大拿州、俄勒冈州和爱达荷州之间签署州际协定，成立了**西北电力规划委员会**（NPPC）。NPPC 代表联邦鱼类与野生动物管理者、相关的 4 个西北部的州、土著印第安人部落（他们拥有捕捞鲑鱼的权利）以及公共和私人电力公司。

《西北电力法》规定 NPPC 履行三项责任：（1）准备一个"区域保护和电力规划"［条款 4(d)(1)］；（2）"告知太平洋西北地区的公众该区域主要的电力问题"［条款 4(g)(1)(A)］；（3）"制订一个计划来保护哥伦比亚河及其支流的野生动物和鱼类并增加其数量，包括保护相关的产卵场和栖息地"［条款 4(h)(1)(A)］。

NPPC 在原有的 100 多个州立和联邦孵化场的基础上，又新建了几个鱼类孵化场。这个由市民（博纳维尔电力站供应电力的消费者）资助的人工繁殖鲑鱼的项目是令人期待的。然而，正如在正文中所提到的那样，人工繁殖的效果仍然存疑。需要注意的是，本地鲑鱼种群的自然多样性不应该被改变基因的人工繁殖的种群超过，否则可能导致疾病侵入本地野生种群。在哥伦比亚河流域的鱼类和野生动物项目中，NPPC 对**基因流失**给予了特别的关注。研究表明，在孵化场人工繁殖的鱼的后代与纯天然种群的后代相比，生存率较低。

图 3　博纳维尔水坝上的鱼梯，它能够使得鲑鱼游向上游的产卵场

NPPC 用以缓和水电系统对鲑鱼造成破坏性影响而发起的项目还包括在老大坝（由美国陆军工程兵团修建）上改建鱼梯（见图 3）。为了防止未来的水电站建设对鲑鱼栖息地产生的不利影响，NPPC 宣布在总长 72000 千米的鲑鱼河道上将限制水坝建设。

NPPC 采取的另外一个措施是永久降低干流水库的水位，这能使河道尽可能地恢复大坝建设前的环境。一个由 9 位独立科学家完成的给 NPPC 的报告指出，这种水文调节需要一直持续下去，这样才能恢复河流中鱼类和其他野生动物的栖息地。这项措施能够显著增加水流速度，将河水流至太平洋的时间从 30 天减少到 10 天。这也能减少幼年鲑鱼暴露在污染中和被捕食的时间。许多渔业专家认为**水文调节**是 NPPC 宏伟计划中最重要的一部分，它能够恢复哥伦比亚河流域的鱼类和野生动物的种群数量。然而，这项措施并未被广泛接受。反对者担心它对水力发电产生潜在影响。他们指出，这项措施会减少灌溉水的供应。水力发电的减少和水库水位的降低还会导致大量失业。另外，反对者认为这项措施在实施之前需要被科学家证明是有效的，至少需要得到他们的认可。

相反，水位降低的支持者相信，如果不恢复自然的水文动态，鱼类和野生动物栖息地将不能恢复，而且鲑鱼需要一个自由流动的河流，而不是一系列缓慢流动的湖泊。他们认为必须采取这一措施，尽管有可能导致电价的提高。

比降低水位争论还多的是对斯内克河（哥伦比亚河的支流）上的 4 座大坝的拆除。它被其支持者认为是最佳的措施，能够快速扭转哥伦比亚河这条最大的支流中鲑鱼种群迅速减少的趋势。因为斯内克河中所有的 4 种鲑鱼和虹鳟鱼均被列入濒危物种清单，国家海洋渔业局（NMFS）现在肩负着扭转河流鲑鱼和虹鳟鱼种群减少趋势的责任。

拆除大坝的反对者认为大坝的拆除将会导致多达 10 亿美元的损失，减少区域的发电量，会减少了一条附近地区农民将其产品运往市场的主要航道，况且对鲑鱼和虹鳟鱼种群的影响也还存在不确定性。

NMFS 1999 年的计划将拆除大坝的方案置于次要地位，取而代之的是改善栖息地和孵化场并调整捕捞政策。由于面临对拆除大坝措施的强烈反对，特别是一些地区的政治领导人的反对，NMFS 计划的支持者认为目前应当优先采取那些立刻见效的、争论较少的措施，以进一步促进鲑鱼种群的恢复，而不要等到几十年之后完全克服政治上的反对时才会去采取措施。

对 NPPC 或 NMFS 计划获得成功造成严重障碍的是哥伦比亚河的许多利益相关者。至少这是凯·李（NPPC 前委员、威廉姆斯学院环境学教授）的观点。他指出，哥伦比亚河流域鱼类和野生动物保护计划的实施受到很多力量的影响，包括 11 个州或联邦机构、13 个当地的印第安人部落、10 个在哥伦比亚河从事水力发电的公有或私人公司，以及很多有组织的利益相关个人（包括积极维护水权的农业团体和希望恢复本地鱼类数量的垂钓者）。李评论道，如果这条河流需要恢复到可持续的状态，那么它需要被稳定地和持续地管理，同时需要对生物学有充分的了解，这在人类的相关决策中是非常罕见的。

12.3.1　种群增加技术

人工繁殖和放养　在渔业管理的早期历史中，如果人类能够通过人工方法为某种特定鱼类的自然繁殖提供补充，并将人工繁殖的鱼类放养到湖泊或河流中，从而增加鱼类种群数量并使得渔业发展的目标得以实现，这在生物学家和垂钓者看来是合理的。自从那时起，有成百上千个项目被实施，无数的鱼被繁殖和放养。

（1）问题。在对种群动态进行大量研究和对多个项目进行评估之后，研究人员发现**人工繁殖**，也称圈养繁殖的失败率高于成功率。另外，人工繁殖对设备、人员以及幼鱼的饲养和最后放归的代价非常高。

由于其他一些原因，人工繁殖并不被一些渔业生物学家看好。孵化场中繁殖的鱼类在较为良好的环境下培养，通常并不能适应它们所放归的天然河流。这些鱼的体质通常较差，对疾病和寄生虫更为敏感，它们比野生鱼类更易患上某些特定的疾病。因此，进行鱼类人工繁殖并**放养**到湖泊和河流中，有可能给本地野生鱼类带来较高的疾病传播的风险。另外，用人工繁殖方法增加本地河流中鱼类种群的数量，操作多代之后会导致近亲交配的风险增加，同时降低鱼类基因的多样性。

（2）鳟鱼眩晕病。鳟鱼眩晕病在美国西部洛基山地区是一个很严峻的问题，它正在感染野生的鳟鱼种群。这种疾病是由鱼类寄生虫——脑黏体虫引发的。研究者相信它最初是在 1955 年有人在没有意识到的情况下从欧洲引入到美国东海岸的孵化场的。一些孵化培养池泥泞的底部对于颤蚓（上述寄生虫的另一个宿主）来说是较为理想的栖息地（见图12.9）。受感染的孵化场的鱼在放归后，会将疾病传播给其他地区的野生鱼类。虹鳟鱼对鲑鱼眩晕病最为敏感，尤其是那些年龄小于 2 岁的虹鳟鱼。可见的症状主要是眩晕、尾巴变黑以及头颅和骨骼变形等。目前，对于该疾病没有有效的治疗措施，受感染的孵化场鱼类必须加以处置以防疾病的传播。

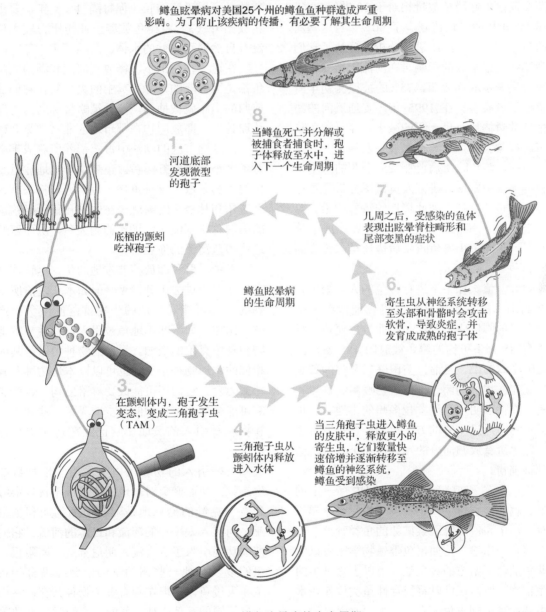

鳟鱼眩晕病的生命周期

鳟鱼眩晕病对美国25个州的鳟鱼种群造成严重影响。为了防止该疾病的传播，有必要了解其生命周期

鳟鱼眩晕病的生命周期

1. 河道底部发现微型的孢子

2. 底栖的颤蚓吃掉孢子

3. 在颤蚓体内，孢子发生变态，变成三角孢子虫（TAM）

4. 三角孢子虫从颤蚓体内释放进入水体

5. 当三角孢子虫进入鳟鱼的皮肤时，释放更小的寄生虫，它们数量快速倍增并逐渐转移至鳟鱼的神经系统，鳟鱼受到感染

6. 寄生虫从神经系统转移至头部和骨骼时会攻击软骨，导致炎症，并发育成成熟的孢子体

7. 几周之后，受感染的鱼体表现出眩晕脊柱畸形和尾部变黑的症状

8. 当鳟鱼死亡并分解或被捕食者捕食时，孢子体释放至水中，进入下一个生命周期

图 12.9 鳟鱼眩晕病的生命周期

在科罗拉多河上游的集水区，野生的幼年虹鳟鱼受到该病的严重感染。在 1994 年基于 8 千米河道的研究中，证实了虹鳟鱼种群正迅速减少。在 1991—1994 年，幼年虹鳟鱼（体长不足 30 厘米）的数量减少到只有很少的几条。在几年间缺乏天然幼鱼的补充，表明当地

种群数量已经迅速衰减。

在蒙大拿州西部的麦迪逊河，鳟鱼眩晕病也影响着当地极其繁荣的捕鳟业。在经历多年较为稳定的野生鳟鱼产业之后，1991 年一个河段内的虹鳟鱼的种群数量显著减少。在 1993 年，另一个河段也经历了一次突然的减少。到 1994 年，这两个河段的虹鳟鱼数量相对于 20 世纪 70 年代和 80 年代的平均值减少了 90%。对这些河段的鱼样本的相关组织进行分析，确认了它们受到了鳟鱼眩晕病的影响。在河流上游 88 千米河段进一步取样表明，75%的被检测幼年鳟鱼感染了该疾病。在 1995 年，麦迪逊河的鳟鱼种群数量估计有进一步的减少，而且鳟鱼眩晕病还在蒙大拿州的其他水域中发现。

当前，鳟鱼眩晕病已在 25 个州的野生鱼类和孵化场中发现。研究人员试图分析是否存在导致鳟鱼种群处于如此境地的特殊因素。对这种疾病进一步的了解有助于鱼类管理措施的发展，从而防止鳟鱼眩晕病传播至未感染的水域。

（3）**价值**。如果不进行鳟鱼的人工繁殖，那么钓上一条大鱼的兴奋感将只能留在大多数钓鱼者的回忆中。例如，在弗吉尼亚州，每年约有 85 万条可钓的鳟鱼被放归 185 条河流和 20 个湖泊中。目前，美国联邦和州的鱼类孵化场正在培养河鳟、棕鳟、切喉鳟、虹鳟和湖鳟。在怀俄明州和科罗拉多州的山地，一指长的小鳟鱼通过空降的方式放归。在科罗拉多州，几乎所有放归河流的鳟鱼在几个月内就会全部被捕捞！

人工繁殖和放归鱼类在短期内有一定的价值。例如，它可以一定程度上恢复受干旱、捕食、污染和疾病等因素破坏的鱼类种群。它还有其他的用途。比如，鱼类生物学家可以将罗非鱼放养至南方的养鱼池，用以去除过多的水生植物。他们还可以将捕食性鱼类放养在水库中从而减少翻车鱼的数量。如果水温合适，水库可以放养虹鳟、褐鳟或褐鳟等。大口黑鲈可被放养至对鳟鱼来说过于温暖的鱼塘中。但这种方法应当做为恢复原生境中本地物种数量的最终办法。

联邦孵化场的官方"鳟鱼策略"是大量繁殖鳟鱼，它可以满足以下需求：（1）将鳟鱼放归至适宜的水体中，这些水体之前没有鳟鱼（比如新建的水库，或者与鳟鱼存在竞争的非垂钓鱼种已被去除的水体）；（2）将鳟鱼放归适宜其生长但天然产卵场不足的水体（此时鳟鱼数量可以迅速增长，但每隔 1～3 年需要重新放归）；（3）将鳟鱼放养至捕捞压力较大但没有自然繁殖条件的水体。

在这三种情形下，释放到河流和湖泊的鳟鱼都是可捕获的尺寸。其中的大多数在它们被放归的当年就被捕捞。这种策略被称之为"**即放即钓**"。即放即钓在都市地区非常常见。比如，在丹佛市区的湖泊中每年都养殖着成千上万条大小适宜的虹鳟鱼。正是由于当地注重宣传的官员采取了这种策略，包括德怀特·艾森豪威尔和林登·约翰逊等在内的几任爱好钓鱼的美国总统都能在此迅速钓到大鱼，从而盛赞这些鳟鱼河流的渔业潜力。

引种 引种即放养非本地的鱼。尽管这种方法在美国过去十分常见，但如本章之前所提到的，它可能对当地的生物群落产生负面影响。比如，如果非本地鱼被引入，它会与本地物种竞争有限的资源。引入的物种可以与基因相似的本地物种杂交，也可以以本地物种及其鱼卵为食。它们还可能改变群落结构。这些影响可能会导致本地种的减少或灭绝。欧洲鲤鱼和梅花鲈引入的负面影响已经在前文中被讨论过。

一些引入的物种可以不占用本地种群的生态位，从而避免对本地种群造成干扰。银鲑和奇努克鲑的栖息地是阿拉斯加到加利福尼亚之间流入太平洋的河流和日本的河流。它们被成功地引入了五大湖。明尼苏达、密歇根、纽约以及其他一些州的湖泊内曾经没有碧古鱼和大梭鱼，而现在则有多个物种共存，它们来自美国的其他水体。新的水库经常性地放养非本地物种。由于采取了引进措施，加州的暖水垂钓鱼类数量迅速增加。加州的 24 个暖水鱼类中的 21 个大多于 19 世纪末从落基山脉东部引进（见表 12.4）。

表 12.4　引入加州内陆水域的一些本地鱼类

种　类	年　份	来　源　地	引　入　地
小口黑鲈	1874	尚普兰湖（佛蒙特州）	纳帕河
河鲶	1874	密西西比河	圣华金河
大口黑鲈	1879	美国东部	水晶泉水库（圣马特奥县）
黄鲈	1891	伊利诺伊州	羽毛河（巴特县）
湖鳟	1894	密歇根州	太浩湖
翻车鱼	1908	伊利诺伊州	普莱瑟县和奥兰治县
白鲈	1965	内布拉斯加州	纳西缅托湖（圣路易斯奥比斯波县）
蓝鲶	1969	阿肯色州	詹宁斯湖（圣地亚哥）

费伯特盒　当地的钓鱼者团体可以使用一种简单但聪明的方法——**费伯特盒**来迅速增加河流中鳟鱼种群的数量（见图 12.10）。它是一个每面上都有槽（让河水自由流动）的塑料盒。约有 100 个鳟鱼卵被放置于盒中，并置于砾石河床中。费伯特盒的特征是：（1）允许鱼卵在自然条件下生长，（2）保护鱼卵免于被捕食，（3）价格也不昂贵（一家鳟鱼垂钓俱乐部用这种方法投放了 50000 个褐鳟的鱼卵，只花费了 300 美元。而孵化场的方式则要贵 10 倍）。一个费伯特盒中有 90%的卵能孵化成功，相对于自然条件下的 15%高了许多。刚孵出的鱼（鱼苗）也能够迅速适应溶解氧、水温、水化学和径流量等环境条件。因此，它们在适应环境压力方面比人工繁殖的鱼类有更强的能力。

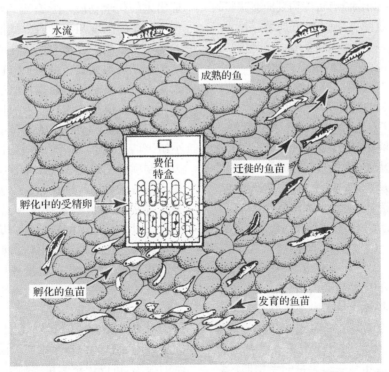

图 12.10　河流中放置的费伯特盒。这是河流底部的纵剖面图，图中可以看到鱼苗发育的全过程

水库放养　很少有州像明尼苏达州或威斯康星州那样有大量的天然湖泊（分别有 22000 个和 8000 个）。然而，当在河流上建设大坝来发电、控制洪水或提供娱乐机会时，人工湖泊——**水库**可以带来额外的好处。这些措施也是导致全美（特别是在南部和西部）形成

成千上万个水库的重要原因。有意思的是，目前水库占有 25%以上的淡水渔业产值。

如我们想到的那样，水库中水的温度、化学成分和生物与大坝之上的河流有显著的差异。新建水库中的水从新淹水的土壤中溶解营养物质，这对渔业管理相当重要。其所导致的水体营养水平的突然提高，称为**养分倾注**。除了土壤中的营养物质以外，淹没土地上的各种生物（如草、灌木、昆虫、蠕虫和老鼠等）进一步提高了水库的营养水平。这些有机体分解并释放营养物质到水中。

来自于这些和其他来源的营养物质通过水生食物链向上**输送**。因此，鱼类的生长和繁殖通常是非常好的。垂钓者在肯塔基州的一个水库所钓的鱼，是在水库建设之前相同的位置处所钓的鱼的两倍。

水库放养 如果在水库放养鱼类，那么钓鱼的成功率就会大大提高。例如，由于放养，在弗吉尼亚州的史密斯山湖就有可能钓到能够获奖的大梭鱼。放养渔业在 4 种情况下是最有效的：（1）新建的水库；（2）引入捕食者（如鲈鱼）来控制数量过多而发育不良的鱼类（如翻车鱼）；（3）补偿某种出现严重繁殖问题的垂钓鱼种；（4）放养饵料鱼（如碧古鱼和鲅鲥鱼），为想要的捕食性鱼种（如斑点黑鲈和北梭鱼）提供食物。

如果水库足够深，它在夏天时会有不同的水温分层，包括变温层、温跃层和等温层。这样的水库称为**双层水库**。至少 30 个州拥有双层水库，这些水库同时生活着温水鱼（如鲈鱼、鲶鱼和碧古鱼，生活在温暖的变温层）与冷水鱼（如虹鳟、褐鳟和湖鳟，生活在较寒冷的等温层）。

转移 恢复或增加那些在原来的水体中已经消失或减少的当地鱼类的数量，是可以实现的，方法就是将该鱼从另一水体**转移**到现有水体中，几乎不会对现有物种造成威胁。转移过程就是直接从生活在另一个生态条件类似的水体中产卵的成年鱼获得大量的受精卵，然后立即转移放置在原来的水体中，从而创建新的种群。鱼卵也可以在人工繁殖站（孵化场）孵化，把幼鱼引入到原来的水体。但后一种做法相对不可取，因为存在不可避免的压力、疾

病和遗传完整性损失的风险。在转移之前，必须识别目标物种在原水体中数量下降或灭绝的根本原因并加以改善，如果忽略这个重要的初始步骤，转移是不会成功的。

清除不受欢迎的鱼类 因为对垂钓鱼类的破坏性，大量非垂钓鱼类（如雀鳝、灰西鲱、鲅鲥鱼、鲤鱼、亚口鱼、鲫鱼、刺鱼和杜父鱼等）以及**只能煎食的小鱼**（如黑鮰、白鲈、岩鲈、碧古鱼、黑莓鲈、战口鱼、红胸太阳鱼和橙太阳鱼等）经常被作为根除的对象。然而，从任何水体中根除任何一个物种都十分困难。

目前正在研究的多种控制方法包括使用化学物质、围网（用网捕捉）、商业捕鱼、水位调控和产卵控制。各州或联邦生物学家在使用一种特定的化学物质之前，必须首先在美国农业部登记，并得到各州卫生和环保机构以及联邦害虫控制委员会的批准。

鱼藤酮是一种从亚洲豆类植物根系中提炼出来的化学物质，在 21℃的水温条件下，只需 1ppm 的浓度几分钟内就能把鱼杀死。遗憾的是，鱼藤酮中毒是非选择性的，会导致许多物种无差别地死亡（见图 12.11）。化学控制剂**抗霉素**更容易杀死鲤鱼，且似乎对无脊椎动物并无危害。但是，这些技术的长期有效性遭到了人们的质疑。1994 年威斯康星州的一个研究小组评估了位于 36 个州和 3 个县的 250 个鱼类控制项目，结果显示只有不到 50%的项目被认为取得了成功。这意味着改进是必要的，许多鱼类控制项目根本就没有深入调查不良物种数量过多的原因就启动了。其实这个问题的根本原因往往是栖息地退化、水质下降或渔业对这些物种的捕食者的过度捕捞。因此，化学或物理去除技术只能短期内消除症状，而不能从根本上解决问题。

在冬季控制氧亏 有多种方法可以减少因氧亏而导致的鱼类冬季死亡问题。（1）如果湖泊很小，可以用铲雪机去掉冰上的不透明雪，以便阳光穿透到水中，水生植物可以发生光合作用产生氧气。（2）用炸药在结冰湖面上炸出洞，以便表层湖水可以暴露在大气（氧气）中。（3）在冰上钻孔，用曝气装置向水中输送氧气。

图 12.11　对不受欢迎的鱼的化学控制。成千上万的死鱼漂浮在明尼苏达州沃特金斯附近克利尔湖的一个小湾里。整个湖中包括鲤鱼和鲶鱼在内的不受欢迎鱼类都被投放的鱼藤酮（一种只对鱼类和其他用鳃呼吸动物致命的化学物质）所杀死。之后这个湖泊中放养了更有价值的垂钓鱼类

选择性地培育超级鱼　威斯康星州的渔业生物学家通过将北梭鱼与大梭鱼杂交，产生了称为杂交狗鱼的杂交种。杂交狗鱼能够成功地在水库中放养。在这些人造湖中，它们的表现要比亲本物种要好。位于阿拉斯加州斯图加特的联邦渔业站正在开发更大和更高质量的鱼。例如，一种快速生长的杂交鲶鱼，已经通过将河鲶与蓝鲶杂交得到。当长到 2 岁时，杂交鲶鱼要比同龄的蓝鲶重 32%，比同龄的河鲶重 41%。另一个成功的杂交品种是杂交条纹鲈鱼，它生长在南部，已经普遍放养并表现出了生长快速和良好的环境耐受性。

因为预测新产生的鱼种对当地栖息地或生物产生的影响是根本不可能的，所以选择性培育超级鱼种存在高度争议。引进基因工程或**杂交鱼**物种应该充分考虑其潜在后果，并且局限在水库或封闭的小水体。即便如此，可能仍然无法阻止人们会把这些鱼捕获，并释放到其他水体中。

12.3.2　保护性规定

鱼类种群的控制也可以通过实施限制钓鱼的规定，它规定了垂钓者可以带回家的鱼的大小和数量。类似地，一些鱼种或水域被限定为"随捕随放"。在这种情况下，顾名思义，垂钓者必须马上释放所有的渔获。必须采取谨慎的措施，保证对些鱼的伤害达到最小。**禁渔期**也用于在关键时刻保护物种（见表 12.5）。渔业生物学家很早就认识到，当雌性鲈鱼或碧古鱼的身体变得肿胀时，说明怀有受精卵，钓鱼者们钓上它意味着杀死的不仅仅是一条成年鱼，还有成百上千的小鱼。多年来，政府禁止某些钓鱼方法，比如围网、毒药、炸药、鱼叉和多钩鱼线等。

近年来，渔业生物学家们一直在尝试对许多种类的温水鱼实施更为宽松的规定。在许多州，对可煎食的小鱼（如太阳鱼、翻车鱼、岩鲈和莓鲈等）的大小限制已被取消，任何大小的鱼都可以带回家。相比之下，**最小尺寸限制**已经被应用在捕捞捕食性鱼种上，如鲈鱼、北梭鱼、碧古鱼和大梭鱼。这些规定的主要目的是确保大型捕食性鱼类的出现，从而可以控制小鱼的数量。这样的规定可以为垂钓者提供更多的机会钓上较大的鲈鱼或梭鱼。然而，研究人员发现，规定鱼类的最小捕捞尺寸不会影响北梭鱼的存活率（见图 12.12）。**捕鱼限制**、不同的钓鱼方法和鱼饵、禁渔期的时段以及冬季是否允许钓鱼等因素，对鱼类数量的效应需要不断被评估。

表 12.5　美国东北部各州典型的捕鱼规定

物　种	季　节	每日限制量	最小尺寸
大口黑鲈	5 月 7 日～3 月 1 日	5	无
翻车鱼、太阳鱼、小翻车鱼、河鲈鱼	全年开放	总共 50	无
鲶鱼	全年开放	10	无
大梭鱼	5 月 28 日～11 月 30 日	1	32 英寸
北梭鱼	5 月 7 日～3 月 1 日	5	无
碧古鱼	5 月 7 日～3 月 1 日	5	无
湖鳟	1 月 2 日～9 月 30 日	2	17 英寸
鳟鱼（除湖鲑之外）	5 月 7 日～9 月 30 日	总共 3	溪鳟，10 英寸 褐鳟，13 英寸 虹鳟，6 英寸

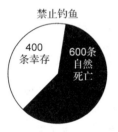 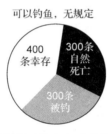 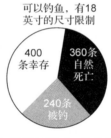 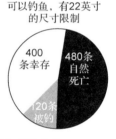

图 12.12　尺寸限制对特定年份的北梭鱼数量的影响。这些限制几乎没有效果。即使钓鱼不被允许，特定北梭鱼种群的死亡率也是相同的

最具生态合理性也最有效的规定是符合给定水体实际的规定。这些规定是在逐个湖泊、逐条河流的基础上制订的。但遗憾的是，这些规定的管理和实施通常十分困难。

12.3.3　栖息地管理和恢复

增加鱼群数量和限制钓鱼有助于维持鱼类种群。为此渔业生物学家还采用了另一种方法——在人工和自然水体中改变栖息地。首先考虑水库用来提高淡水渔业的措施。

防止有害的水位降低　人们可以通过操作装置来故意地降低或者升高水库的水位，以控制洪水或进行水力发电。遗憾的是，水位波动可能会严重影响鱼群。例如，在湖鳟鱼产卵之后，水库几米的**水位降低**就可能会让鱼卵露出水面，变得干燥，整个产卵的过程因此被破坏。如果在湖鳟鱼产卵前，水库水位下降，湖鳟就会被迫将卵产在那些鱼卵可能会被其他鱼类如鲶鱼吃掉的地方。因此，为了发挥水库

的产鱼潜力，渔业管理者需要与水坝和水库的所有者和运营者合作。

有益的水位下降　有时候，水位下降也会对水库的渔业有益。例如，在夏末，渔业管理者可以要求大坝运营者减少 10%～80% 的水量（见图 12.13）。这样做的目的有：（1）使底部淤泥充分曝气；（2）促进细菌分解有机物，释放养分；（3）将饵料鱼限制在较小的空间中，使它们很容易被捕食性的垂钓鱼类所吃掉；（4）有助于非垂钓鱼类的去除。

在水位下降的一段时间后，水库会重新蓄满水，重新放养垂钓鱼类。由于养分倾注的效果，水中有大量的食物（如硅藻、甲壳动物、昆虫和小鱼等），对人工生态系统中的鱼类来说是足够的。结果鱼类生长和繁殖都得到了增强。例如，在阿拉斯加州 11200 公顷的河狸溪水库水位下降后的前三年里，每年梭鱼的平均体重增加了 2 千克。在肯塔基州的吉河水库，水位下降后四年里，鲶鱼的平均体

重逐渐增加，比蓄水前高了 473%！但遗憾的是，到第三年或第四年，大多数水库的养分

倾注效果会降低。因此，此时需要再次降低水位。

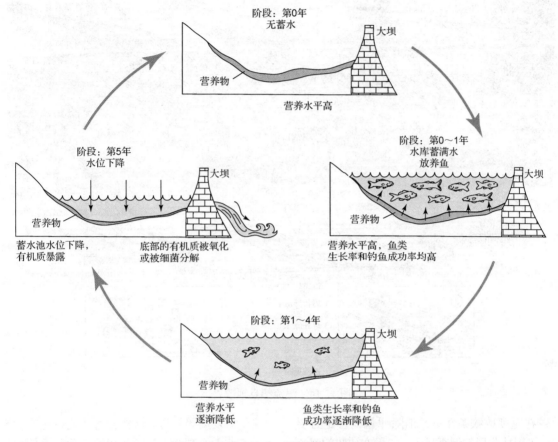

阶段：第0年
无蓄水

营养物

营养水平高

大坝

阶段：第5年
水位下降

营养物

蓄水池水位下降，
有机质暴露

底部的有机质被氧化
或被细菌分解

大坝

阶段：第0~1年
水库蓄满水
放养鱼

营养物

营养水平高，鱼类
生长率和钓鱼成功率均高

大坝

阶段：第1~4年

营养物

营养水平
逐渐降低

鱼类生长率和钓鱼
成功率逐渐降低

大坝

图 12.13 水库水位下降和养分倾注周期

栖息地保护（防止河流和湖泊被损坏）和恢复（下文详述）也是渔业管理能够成功的根本。栖息地的保护需要努力限制或阻止污染进入地表水。许多这样的措施已在前一章讨论过。因为有许多来源的非点源污染物，所以流域管理和保护是必不可少的。这个问题也已在第 11 章讨论。

栖息地恢复（修复受损水体）包括积极修复受损的溪流、湖泊和江河等的措施。栖息地恢复工作的成功，在很大程度上离不开一个有效的管理计划，包括常规的、长期的流域植被监测，尤其在河流和湖泊沿岸。水质与鱼群生产力也要监测。管理者必须能够评估栖息地随着时间的推移而发生的变化，以及在问题出现时能够采用必要的措施解决问题。遗憾的是，这类综合项目非

常少，因为它们需要巨大的经济和时间投入。

栖息地管理的第一步是识别和减轻现有的限制生产的因素。当环境承载力变大时，本地鱼类数量可能会增加。也就是说，如果存在适当的河水流速、深度和温度以及空间、基质、掩蔽和足够的食物供应，那么鱼群数量将极大地恢复。多种策略都可以应用到提高河流的鱼类栖息地上，比如增加产卵砾石，在河流岸边和湖边恢复植被，恢复原先蜿蜒的河道，创建池塘和浅滩，以及往河道内放置一些木质残体。对河流的一些改进方法如图 12.14 所示。

可以将一系列的**树枝掩蔽**固定在湖泊沿岸带的内侧，它非常有效。在冬季，树枝可以堆在目标地区的冰面上，用石袋压住。等到冰融化后，树枝会沉到湖底，提供重要的栖息地。

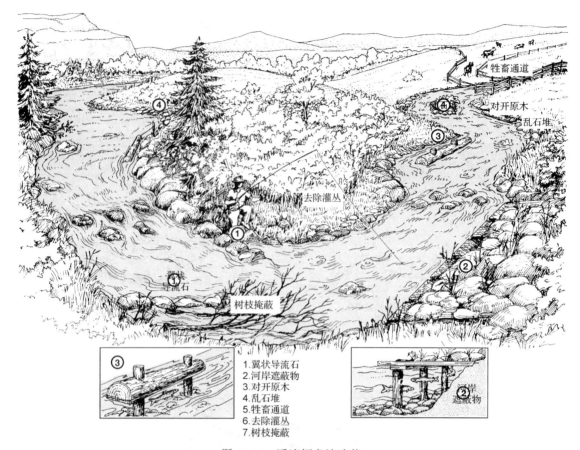

图 12.14　溪流栖息地改善

在重度放牧条件下，消除罪魁祸首是必要的。美国林业局的调查显示，如果在放牧的河流岸边用围栏防止牲畜靠近河流，那么 5～10 年后，河流会恢复之前支持大量鳟鱼的能力，如图 12.15 所示。

通过改善自然**产卵场**或在缺乏合适的自然产卵场的地方增加人工产卵表面，鱼类种群可能会增加。

1. **鲈鱼产卵场**。在河底或河底的淤泥上撒上沙子或小砾石，可为鲈鱼提供产卵场。尼龙地垫可用来作为大口黑鲈的人工产卵表面。一次实验对几个池塘中的 90 个垫子进行了测试，两年的时间内鲈鱼在近 75% 的垫子上产了卵。

2. **北梭鱼的产卵场**。关于北梭鱼繁殖行为的强化研究表明，沿岸带的浅沼泽边缘是其首选的产卵栖息地。遗憾的是，近年来由于房地产开发、码头建设和工业发展等原因，这些合适的北梭鱼产卵地大幅减少。美国各州的渔业和垂钓部门正试图扭转该局面。例如，威斯康星州、艾奥瓦州和明尼苏达州已经获得成千上万公顷的湿地，以提供北梭鱼适合的繁殖栖息地。

3. **湖鳟的产卵场**。数十年来，五大湖地区一直放养着经孵化的湖鳟。然而，仅有很小比例的湖鳟能够成功繁殖。20 世纪 70 年代末，威斯康星大学麦迪逊分校的研究员罗斯·霍瑞尔搭建了许多传统的鳟鱼产卵礁（水下成堆的岩石），它们在海七鳃鳗肆虐之前已经成功地使用了很多年。其中一个产卵礁位于苏必利尔湖的阿波斯尔群岛附近。霍瑞尔的研究团队将 27.3 万个湖鳟的受精卵放置在巨大的**阿斯特罗草皮"三明治"**中（阿斯特罗草皮是室内足球场上使用的塑料"草")。"三明治"能稳定受精卵，保护它们不受沉积物和捕食者的威胁，并方便回收（见图 12.16）。7 个月的孵化期后，霍瑞尔团队发现，有 88% 的受精卵能够孵化。

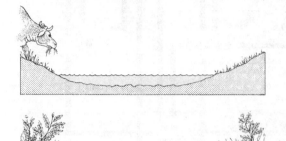

图 12.15　重度放牧和恢复后河流条件示意图。重度放牧条件下（上图），河岸被践踏，导致河流变宽、水位变浅，从而鳟鱼的栖息环境变差。浅水在太阳直射下变得过于温暖，限制了鳟鱼渔业的发展。在停止放牧（中图）的两到三年后，岸边的植被再次恢复，同时河岸恢复其结构。鳟鱼栖息地逐渐改善，食物、掩蔽和繁殖条件变得更好。在停止放牧（下图）的五到十年后，栖息地的环境已经非常适合鳟鱼。随着植被的恢复，突出河岸也已恢复，水也变得更深，沉积物也明显减少

通常恢复行动会产生复合效应。每种栖息地管理方法都将取得成效，因此还会产生其他的积极效果。例如，假设引入有庇护作用的遮蔽树枝（见图 12.14），这会保护鱼类免受水貂、水獭、熊、鱼鹰和苍鹭等的捕食。因此，鱼会变得更多。遮蔽物有另一个额外的效果。如图 12.14 所示，树枝上的细枝和分叉，可以作为昆虫幼虫、蜗牛和甲壳类动物的附着物，而这些生物可以为鱼群增长提供食物。结

果生长速率提高，会有更大的鱼出现。这样的遮蔽物也提供阴凉，热天时鱼可以在下面休息乘凉。水温的下降能够让水溶解更多的氧气，而氧气水平增加会使鱼游得更快。图 12.17 显示了其他几种河流管理方法的起效途径，包括掩蔽物、河水流速的增加和河水营养水平的提高。**河流改善**对鱼类效果的总结如表 12.6 所示。

图 12.16　阿斯特罗草皮做的受精卵"三明治"。威斯康星大学麦迪逊分校的渔业生物学家罗斯·霍瑞尔正在展示阿斯特罗草皮做的"三明治"，这是一个在孵化阶段中盛放和保护湖鳟受精卵的装备

修复工作和资金应优先于高质量产卵场的保护，以及在最坏情况下，对那些中度退化但仍有价值、受到威胁或濒危的鱼类的产卵场的恢复上。对于那些严重退化或丧失了大部分价值的鱼类的栖息地，恢复成本过高且成功的机会可能更低。

绿色行动

　　加入或建立一个当地河流的恢复小组，或参加当地的"领养河流"计划。这些志愿者团队会开展监控当地河流、帮助河流净化、种植岸边植物以及其他的溪流恢复活动。

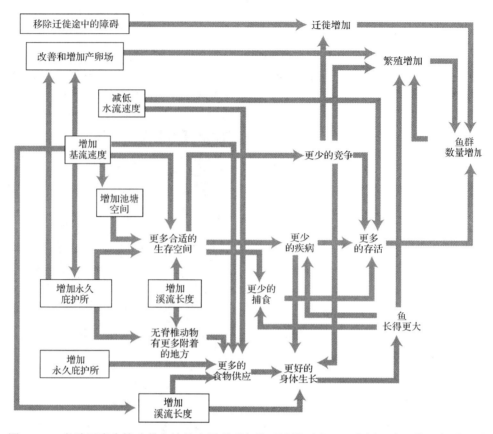

图 12.17 各种河流生境改善方法的应用所引起的"连锁反应"。方框里表示的是各种方法

表 12.6 河流生境改善

问 题	栖息地改善	结 果
没有足够的掩蔽或生活空间	翼状导流石 岸边掩蔽物 对开原木	河道加深，水池形成 掩蔽物增加，竞争捕食减少
岸边树木和灌木过渡生长	去除多余的树木灌木	阳光能照射到河流，能生产更多的食物
河岸被侵蚀	乱石堆 牲畜通道 围栏	河岸坚固，水更清澈，河道变深
低繁殖成功率	翼状导流石	将砾石床上的泥沙冲走
河水过暖	使河道更窄、更深	水温降低
过多被捕食、食物缺乏	树枝掩蔽	树枝提供了躲避捕食者的庇护所和饵料生物的栖息地

12.4 海洋渔业

根据联合国粮农组织渔业和水产养殖部门的数据，在 2004 年海洋和淡水渔业提供的 1.405 亿吨食物中，海洋提供了约 1.04 亿吨食物，其中包括鱼类（如金枪鱼）、贝类（如蛤蚌等）和水产养殖。到目前为止，中国仍是世界上最大的生产国，报道称 2004 年有 4750 万吨的渔业生产量（见图 12.18）。构成世界海洋渔业基础的大部分物种是在靠近海岸线的大陆架及其边缘收获的。在 2004 年，伴随着约 1070 万吨的总产量，秘鲁成为目前十大捕捞海洋物种之首（见图 12.19）。

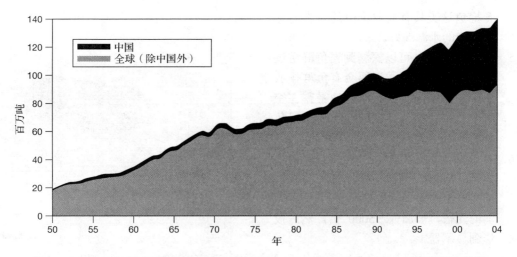

图 12.18 1950 年到 2004 年的全球渔业总产量。2004 年，在总共 1.405 亿吨的渔业食物中，有 1.041 亿吨食物来自海洋，3640 万吨来自内陆淡水渔业。2004 年，中国是最大的渔业生产国，产量达 4750 万吨。在 2004 年，水产养殖，包括淡水养殖和海水养殖的产量为 4550 万吨（资料来源：联合国粮农组织）

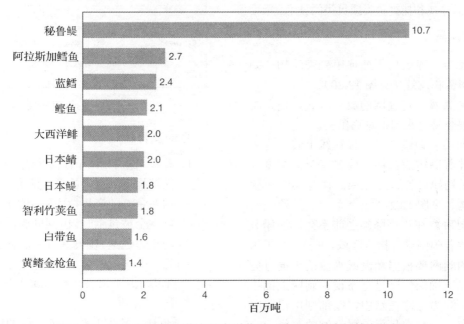

图 12.19 2004 年捕捞量前十的海洋物种（来源：联合国粮农组织）

12.4.1 海洋商业捕鱼技术

鱼的定位方法 近年来，一些先进的方法已被开发出来用于定位海洋商业渔场。

1. **声纳**。也称回声测深系统，借助声波定位鱼群，并测定它们的相对丰富度。

2. **系泊浮标**。配备声纳或其他设备，当鱼群游到附近时会被检测到，然后通过无线电发射器将信息传到捕鱼船上。

3. **色彩增强**。用摄影或电子手段可以检测出用肉眼察觉不到的海洋颜色差异，这些图像可提供鱼的位置信息。

4. **红外传感器**。由飞机或卫星搭载，可以感知海洋温度，从而确定鱼群运动情况。温度检测是有价值的，因为像金枪鱼这类具有商业价值的鱼类有非常明确的水温偏好。

5. **紫外敏感器**。可以探测到当鱼群游过一片水域时，海洋表面会有鱼群排放出来的一层油。由于这层油暴露在空气中后很快消失，它的存在指出了鱼群的即时位置。

6. **机载电子图像增强器**。能探测到晚上鱼群经过时一些微小海洋生物受到扰动而发出的闪光（生物荧光）。这种微弱的光芒，被加强 55000 倍，然后投影到显示器上。

捕鱼方法　商业捕鱼船队会使用被动渔具和主动渔具。**被动渔具**主要采用固定不动的方法，因此依赖于鱼类和贝类的进入。**主动渔具**采用移动式的寻找和捕捉鱼类或贝类的技术。

被动渔具

1. **笼壶**。笼壶用于捕捉甲壳类动物，如螃蟹和龙虾（见图12.20）。

2. **定置网**。定置网的放置方式，使鱼类很容易进来但很难逃出去。

3. **钓钩和钓线**。在一根钓线上装上许多挂着诱饵的钓钩，放置在所需深度。长钓线可长达 1 千米，挂有 400 个钓钩（见图12.21）。

4. **刺网**。在夜幕降临之前不久，渔船装载着刺网进入指定区域。长达 4.8 千米的刺网要根据潮流或水流的进退方向以正确的角度进行布设。刺网上部由于浮力漂浮在水中，底部则用铅坠固定，于是在目标鱼群经过的路径上形成一堵墙（见图12.22）。渔网可以被锚定（定置网）或允许自由浮动（流网）。当鱼群试图穿过渔网时，它们的腮会挂到网上。因为不能游动，水无法继续通过鱼鳃，造成鱼缺氧窒息而死。网眼的设计使它只能捕捉到比网眼最小尺寸更大的鱼。被捕捉到的鱼在黎明时分被拖上渔船。

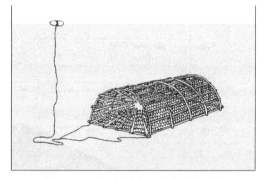

图 12.20　捕捉螃蟹和龙虾的笼壶

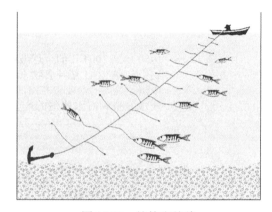

图 12.21　钓钩和钓线

主动渔具

1. **围网**。围网相比于任何其他类型的渔网，能够捕捉到更多的鱼（见图12.23）。围网在鱼群的旁边拉成圆圈的形状。当鱼群完全被包围时，围网的底部会收拢以防止鱼逃跑。围网底部收起来的绳子就像一个老式钱袋封口的拉绳。大围网差不多 1.6 千米长，有 16000 个浮子，重达 13.6 吨。

2. **拖网**。拖网是像袋子一样的网，靠渔船牵引。大多数拖网要下到海底，以至于可以捕获鳕鱼、比目鱼、黑线鳕、海鲈和虾等（见图12.24）。

3. **流网**。理论上，流网是一种被动的技术，但有一些巨大规模的流网（有时称为"死亡之墙"）使许多海洋生物不可避免地撞上。因此，它们被认为是一个主动的技术。

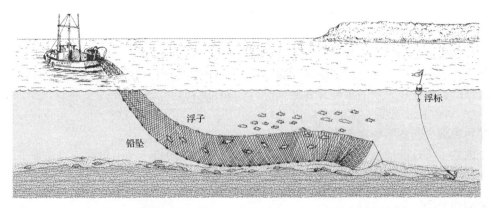

图 12.22　刺网被应用到海底。刺网也会被浮子拽着浮在水面。当鱼群试图游过刺网时会与网线缠在一起

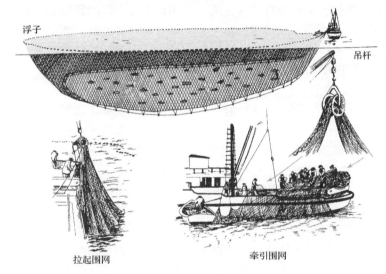

图 12.23　用围网法捕捞鲑鱼：设备和技术

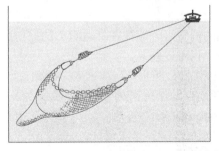

图 12.24　拖网（网板型）

12.5　海洋渔业面临的问题

根据联合国粮农组织的报告，世界海洋渔业资源的开发整体上保持相对稳定。过度开发和储备枯竭的比例在 20 世纪 70 年代和 80 年代之间显著增加，但在过去的 10～15 年中，该比例基本保持不变。2005 年时估计，近年来 FAO 监测的约 1/4 的鱼群已经未被充分利用或只被中度利用，还有扩大生产的可能，而大约一半的储备已经被完全开发，因此产量达到或接近最大的可持续极限，没有进一步扩大的余地。剩下的储备（约 1/4）则被过度开发而枯竭，或正在从枯竭状态中恢复，也就是说，由于捕捞压力过大，它们的产量小于它们的最大潜力。

随着世界上 75% 以上的鱼类储备被充分开发或过度开发（耗竭或从耗竭中恢复），世界海洋的野生鱼类捕捞潜力可能已经达到最大。为了重建耗尽的储备并防止储备被开发到它们的最大潜力，或接近最大潜力，需要更加谨慎和有效的渔业管理措施。目前重要的经济鱼类的产量下降是由几个因素造成的。其中最重要的是沿海湿地、河口和海湾等重要生境的退化与丧失，这些栖息地对于鱼类产卵、生长和养殖至关重要。第11章中讲过，生境的破坏是由于房地产、商业和工业的发展。各种人类活动导致的污染也对重要生境的破坏以及伴随的海洋物种减少起到了一定作用。本章考察另外两个因素——过度捕捞和兼捕。它们都威胁着海洋环境的长期健康。

12.5.1 过度捕捞

过度捕捞是自然保护主义者和科学家使用的一个术语，描述超过鱼类种群维持能力的水生生物捕捞量。导致过度捕捞很大一部分原因是，开放的海洋（除了每个国家海岸线延伸出来的322千米）是世界上最大的，没有任何国家拥有主权的**公地**。然而，正如加州大学圣巴巴拉分校教授加勒特·哈丁指出的，这样的公地的悲哀在于其资源往往会被过度开发。毕竟，在不采取任何限制的情况下，一个有着海洋捕捞船队的国家如果不尽可能多地得到资源，就会显得很愚蠢。很多年来这种态度主宰了沿海国家的渔业。

遗憾的是，这种态度往往会导致公共资源的枯竭。一个典型的例子是，由于人类捕食，导致了一次重大的太平洋沙丁鱼渔业的崩溃。1936年到1937年，太平洋海岸的沙丁鱼产业达到了顶峰，大约66万吨的沙丁鱼被捕捞（见图12.25），而沙丁鱼的生物量为300万吨。鱼的生物量或重量是表示鱼的丰富程度或种群大小的一种方式。在美国，该产业的捕捞量排第一，而渔获价值排第三，每年总产值为1000万美元。这种鱼可以多种方式利用，从沙丁鱼罐头到饵料、宠物食品和肥料。遗憾的是，这个产业的短期繁荣依赖于过度开发。随着捕捞量开始下降，捕捞船队的规模扩大，以弥补每艘船捕捞量的减少。该行业拒绝了根据渔业科学家的建议所制定的规章。然而，"二战"结束后，沙丁鱼的种群大小和捕捞量开始下降。1947—1948年，华盛顿州和俄勒冈州的渔业彻底崩溃。1951年，旧金山船队只带回72吨沙

丁鱼，比十年前的1%还少，于是该地的渔业也倒闭了。20世纪70年代末，太平洋的沙丁鱼生物量下降到很低的水平（几千吨）。然而，自1986年来，沙丁鱼种群数年均增长30%～40%。商业捕鱼已经恢复，但这次制定了捕捞限额，以防止渔业再次经历之前的问题。1997年，生物量约为60万吨。

遗憾的是，沙丁鱼渔场只是很多已经严重枯竭的海洋渔场中之一。据国际粮农组织的报告，总量占据世界捕捞渔业产量30%的十大鱼种，大多数都已被充分开发或过度开发，因此预计不会出现渔获量的大幅增加（见图12.19）。许多物种的种群，都已经严重枯竭或被过度捕捞，其中包括一些高度需求的食用鱼，如太平洋鲈鱼、鲅鱼、石斑鱼、牙鲆、蓝鳍金枪鱼、智利鲈鱼、大西洋鲑鱼、大西洋鳕鱼、罗非鱼、石斑鱼（太平洋红鲷鱼）和旗鱼。图12.26仅展示了北大西洋已经耗尽的鱼类资源。

许多物种的过度捕捞还导致了另一个问题，有时称为"食物网平均营养级下降"。也就是说，当商业渔业资源耗竭，那些大且寿命长的捕食性鱼类，比如鳕鱼或鲑鱼，通常会在食物链上下移动。也就是说，它们会变得以浮游生物为食。然而，这些很小且价值很少的浮游生物，包括鱼类、甲壳类和贝类通常也是那些更大和更具商业价值的捕食性鱼类的食物。由于食物供应耗竭，商业鱼类（以及其他饥饿的消费者）即使在针对它们的捕捞压力减少后，也难以恢复。

经济和政策也是造成过度捕捞的因素之一。如前所述，每个国家对于其海岸线外322千米以内的地区都有经济管辖权，这个区域称为**专属经济区**（EEZ）。科学家估计，95%的世界海洋生物资源都包含在这些专属经济区内。专属经济区的本意是减少外国船队的竞争，激励每个国家在长期、持续收益的基础上管理其海洋资源。然而，现在出现的情况却是疯狂地急于扩大本国的捕鱼船队来充分利用这些新的"非竞争性"的捕鱼机会。政府补贴捕鱼船和鱼类加工设施的建设，行业发展更强大的捕鱼船和更有效的渔具来寻找与捕捞鱼类。其结果是产能过剩、过度投资

和过度开发。由于捕鱼产业雇用了大批员工，而且是一个重要的出口收入来源，政府继续通过补贴来弥补亏损。政府补贴的存在，使市场价格不能准确地反映海洋资源的价值或匮乏。

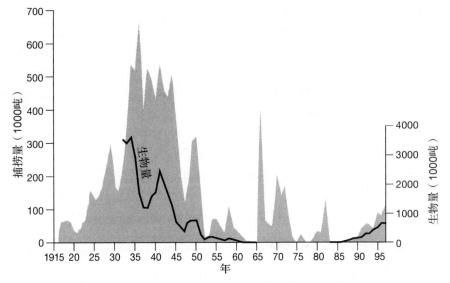

图 12.25　1916—1997 年太平洋的沙丁鱼捕捞

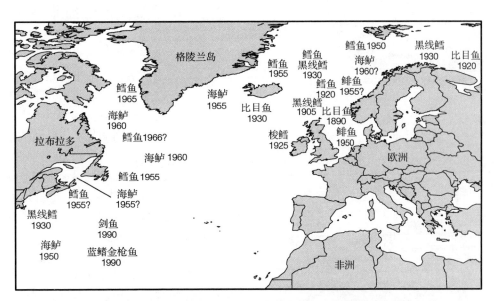

图 12.26　北大西洋许多已经耗尽的鱼类储备。北海的鲽鱼（比目鱼）早在 1890 年就已耗尽。从那时起，许多其他渔业开始急剧下降。请注意拉布拉多和纽芬兰渔场的鳕鱼、海鲈和黑线鳕也已枯竭

12.5.2　兼捕渔获和丢弃渔获

兼捕渔获是一个渔业术语，用于描述不属于目标物种的被捕捞的海洋生物。**废弃渔获**是由于种种原因被扔回海里的兼捕渔获，包括非目标物种、幼鱼、濒危物种、尺寸不合适、质量不高或配额后的剩余。兼捕渔获捕获物还包括被捉住的海洋鸟类和海洋哺乳动物，最有名的例子是海豚陷进了用于捕捞金枪鱼的围网中（见图 12.27）。虽然曾经认为不是问题，或是在非选择性渔具广泛使用中无法回避的问题，但兼捕是目前公认的严重问题，可能对整

个海洋生态系统产生深远的影响。

每年全球商业渔业的废弃渔获约为 730 万吨，占全球海洋捕捞总量的 8.5%。作为这个问题的最大贡献者，捕虾和对虾的拖网渔船产生了全球 27%以上的废弃渔获。最近几年，废弃渔获已大幅减少，主要是因为不想要的兼捕渔获的减少以及利用率的增加。兼捕渔获的减少主要是因为更多选择性渔具的使用，以及有关兼捕渔获和废弃渔获的规定出台，并加强了相关规定的实施。提高给人类和动物提供食物的渔获的利用，是改进加工技术和为价值较低的渔获扩大市场机会的结果。

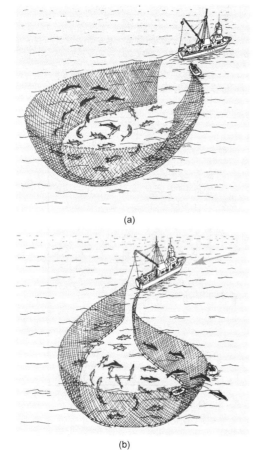

图 12.27　海豚兼捕。(a)专捕金枪鱼的渔民意外将海豚连同金枪鱼一起网住。这种情况发生得非常频繁，因为海豚总是游在金枪鱼群的下方。如今，渔民有义务解救尽可能多的海豚。(b)为了允许海豚逃离，渔民先将网拉成长条状，然后皮筏上的渔民从网的尾端帮助海豚钻出渔网，逃到大海里

为了减少兼捕渔获和减少误捕的概率，有必要发展更好的兼捕渔获的管理计划并推广最佳的方法。兼捕渔获被拖到船上时虽然仍活着，但因为受到创伤或曝光，最终可能导致死亡。事实上，大部分兼捕渔获在被扔出船外后死亡。在受伤或虚弱的状态下被抛回海里的生物，很容易成为饥饿的捕食者的猎物，存活的机会很小。大量的重要商业和垂钓物种幼体被偶然捕获和死亡，可能会减少潜在的生物量和资源收益。濒危物种或受威胁物种的兼捕威胁到这些物种的恢复。没有直接商业价值的物种的兼捕也可能是一个严重问题，因为这些物种可能是具有商业价值的鱼类或濒危鱼类的重要食物来源。所以，兼捕渔获不仅可能影响单个物种，也可能导致整个生物群落结构的崩溃。

12.6　可持续的海洋渔业管理

在目前的海洋管理体系下，最重要的假设似乎是，如果捕鱼压力减小，枯竭的鱼类储备会得到回复。然而，要回归到一个健康的、自然高生产力的环境和可持续的世界渔业，许多专家建议实施更全面的战略。这一战略除了设定配额和限制兼捕渔获外，还呼吁保护重要的生境并控制污染。尽管世界上大多数的政府、科学家和渔业公司认识到了问题并承认有采取行动的迫切需要，但这将是一项艰巨的任务，需要国际合作和共识。

为了持续捕捞鱼类的目标，这些年来已经提出了几个管理选择并进行了讨论。一些策略集中于限制捕鱼的规定，其他的侧重于解决政府补贴问题，还有一些以污染清理和生境恢复为目标。正如刚才所提到的，最终的努力必须是所有方法的组合。

12.6.1　最佳产量

许多水生生物学家认为，为了确保捕捞的可持续性而设置配额，科学家必须对海洋渔业的最佳产量做出科学和合理的估计。此外，他们还指出，严格的监控制度的到位至关重要，

以防止渔民因为诱惑而超过配额。设置配额所必需的科研，以及监控渔获必要的劳动力，都需要大量的资金和技术支持。

大多数渔业管理都已在**最大持续产量**（MSY）的原则下运作。对于每个物种，MSY是可以在每个生长季获得的，不影响该物种的繁殖能力的鱼类或贝类的最大捕捞量。从前面的讨论可知，由于几个原因，渔业管理没有达到这一目标。为什么？

最大持续产量是通过计算确定的，它基于以下几个因素：产卵量、年补充量（每年到达生育年龄的鱼的数量）、生物量的年均增长量、无捕捞状态下的死亡率（自然死亡和捕食）和捕捞死亡率。遗憾的是，这种计算未考虑一些其他的重要因素，如污染、栖息地的破坏以及其他海洋生物的减少（如饵料生物）。所有这些因素都影响到鱼类或贝类的繁殖、生长和养殖的成功。此外，没有考虑到渔业对特定文化提供的价值和好处。总之，最大持续产量并不是一个真正的可持续产量。

一些专家认为，一个更加全面的渔业管理观点，即**最佳产量**原则，可以达到 1976 年美国**《马格纳森渔业保护和管理法》**中规定的对于重要的商业鱼类和贝类的可持续产量的要求。最佳产量管理考虑了一个渔业系统的生物、经济、社会和政治价值，以社会利益最大化为目标。人们认识到，仅仅削减年捕捞量不足以改善鱼类和贝类资源的健康状况，也不能为社会产生更大的社会、经济和营养价值。

一个特定渔业系统的最佳产量必须在一个就事论事的基础上进行考虑。确定最佳产量需要建立一个包括科学家、管理者、行业代表、渔民和普通民众的跨学科团队。花一点时间来研究图 12.28，以便更好地理解最佳产量的概念。纵轴表示产量，横轴表示人类利用，从未使用开始。最佳收获量和最大收获量分别由字母 O 和 M 表示。

这幅图显示了一个渔业系统的内在收益。在没有捕鱼的情况下，种群对生态系统健康的效益达到最大。随着捕捞量的增加，种群对生态系统的贡献开始下降。

渔业的外在收益也体现在图中，即它对人类社会的社会文化、经济和营养的贡献。随着捕捞量的增加，渔业的外在收益也随之增加。在最大外在收益（即对人类社会有最大的效益）达到后（见图 12.28 的点 M），对社会的效益和生态系统健康均下降。

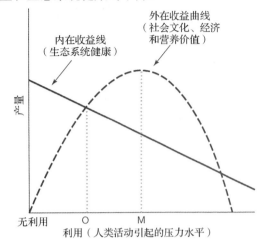

图 12.28　有关渔业管理的最佳产量概念图。渔业增长的外在收益（对社会的文化、经济和营养价值）上升时，生态系统的内在收益（健康）开始从原始水平下降。在 M 点达到了最大外在效益，但在此之后对社会的效益已经随着内在收益的下降而下降。保持最大外在效益会让生态系统的健康付出巨大代价，最终有可能会超过社会效益。理论上来讲，O 点是最佳产量，此时对社会的外在效益最大而生态系统健康（内在收益）的损失最小。注意，最佳产量比能产生最大社会效益的产量小

对于任意给定的渔业系统，选择最佳产量水平取决于与之相关的社会目的和资源目标。外在收益最高的点 M，可能会被选为最佳产量。然而，当外在收益达到最大时，生态系统健康付出的代价将大于社会效益。理想情况下，最佳产量应该允许对社会的外在效益最大和生态系统内在产量损失最小（见图 12.28 中的点 O）。换句话说，最佳产量总是低于能给社会带来最大利益的产量。

12.6.2　法规和经济鼓励

多年来，科学家、政府官员以及其他人员已经提出了很多方法，其中一些已经实施，以解决世界海洋渔业所面临的问题。下面仔细分析这些方法。

1. **减少兼捕渔获**。有些人认为，通过在特定水域禁用某些类型的渔具，如拖网和流网，可以显著减少兼捕渔获。为了开发出更多选择性渔具，即只捕获目标物种的渔具，需要经济鼓励政策。

2. **减少渔获量**。一些研究估计，只有减少30%～50%的捕捞强度才可以达到可持续渔业的目的。这需要极大地减小全球捕捞船队的规模。减小规模可以通过直接收购来实现（政府购买渔业公司，退役船队，以保护现有的资源储备并允许其恢复）。**减小规模**也可以通过减少捕鱼补贴来促使老旧的捕鱼船退出，同时不鼓励新的捕鱼船进入。

3. **实施捕捞税**。可以强制收取渔业捕捞税或捕鱼费用。

4. **修改配额制度**。目前的配额制度造成了浪费。它迫使渔船在达到配额前尽可能快并尽可能多地捕捞。这种放任的做法往往导致公司投资高效却并不完全环保的渔具，并投入实践。如果时间允许的话，则可以使用更加友好的方法，例如减少兼捕渔获。然而，捕捞限制加上时间紧，渔民实际上会丢弃先抓到的小鱼以图换取后面更大、更有价值的鱼，这实际上加剧了兼捕渔获的问题。

5. **实现个体可转让配额**。个体可转让配额（ITQ），保障渔民可以获得渔获的一部分，目前正在世界各地进行尝试。但这一策略却受到了褒贬不一的评价。ITQ 实质上是将公共资源的所有权转化为私人所有。通过经济鼓励让渔民保护资源，以便在随后的几年中维持同样的配额。该体系的缺点可能是，个体可转让配额可以购买和出售。随着时间的推移，一些捕捞船队的运营商（最大的和最富有的）可能会积累配额，淘汰较小的运营商。

6. **规定专属经济区以外的捕捞**。国际海域（专属经济海域以外的地区）的开放使用问题通过以下规定可能有所减轻：

- 限制可以捕捞的鱼类的大小。
- 限制可以捕获的特定鱼类的数量（或重量）。
- 限制一条渔船可以捕鱼的次数。
- 限制在某个特定区域里捕鱼的船只数目。
- 限制给定年份建成的渔船数量。

所有在国际水域开发利用鱼类资源的国家都必须遵守这些相互都同意的限制，以确保连年保持最佳产量。

12.6.3 渔业的预防性措施

达成公地的鱼类收成协议通常十分困难。然而，1995 年 12 月，联合国主办的会议促成了一个国际协议，它提倡更具保护性或更具预防性的渔业管理方法。这个协议成为 1982 年联合国海洋法公约的一部分。**预防性措施**需要加强监测、监督和报告，以便在鱼类资源出现下降迹象前保护鱼类资源，而非仅对下降做出反应。预防性措施的原则总结在表 12.7 中。

表 12.7　渔业的预防性措施

原　　则*	管　理　目　标
1. 渔业资源储量必须一直保持丰富，而不是持续地低于自然波动范围	1. 保证鱼类资源储量不低于无捕捞水平的 75%～80%（目前鱼类资源存储维持在原始储量的 1/2）
2. 新的渔具和技术在应用之前必须先进行评估	2. 渔具以商业规模应用前都要进行广泛的测试，可能造成兼捕渔获超标或对生境产生实质性干扰的技术将不被允许，除非经过改进将这些影响降至最低水平
3. 必须建立禁渔区来保护海洋生境	3. 划出一大片区域，禁止所有对海底有破坏性的渔具，保护宝贵的生境，或允许受损的生境恢复

*这三个原则是相互支持的。因为在同等捕捞强度下，储备丰富时只需要较少的捕捞工作，所以鼓励较少使用破坏性或非选择性的捕鱼方式。因此，大部分生境的保护只需消除渔业导致的微小影响（来源：摘自 M. Earle, "The Politics of Overfishing." *Ecologist* 25 (1995): 70.）

12.6.4 海洋保护区

保护世界海洋渔业的一个关键就是**海洋保护区**的建立。就像陆地生物的野生动物避难所（见第 15 章和第 16 章）一样，海洋保护区限制了许多人类活动，尤其是商业捕鱼。因此，海洋保护区提供了鱼和其他物种的重要生境，允许它们在无人类干扰的情况下生存。近年来，科学家们发现，这些保护区不仅保护了一小部分生境和生活在那里的物种，其作用还辐射到了周围的地区。这些区域里过多的鱼类和其他具有重要商业价值的物种迁移到已经枯竭的地区，帮助恢复那里的商业储备。

包括美国的许多国家，先后成立了海洋保护区。然而很多国家，尤其是发展中国家中较为贫穷的国家，都发现很难控制这些保护区中的人类活动。这些国家通常缺乏用于充分进行监察和执法的资金。同样遗憾的是，其中许多国家，尤其是加勒比海的一些依赖旅游业的国家，仍依赖于水肺潜水和浮潜（会破坏海洋生态环境）所带来的收入。这些国家的珊瑚礁由于过度捕捞、污染、全球变暖和许多其他因素而遭到破坏。

1972 年，美国国会通过了《海洋保护研究与保护区法》，又称海洋倾废法案。除了规范向海洋倾倒废物（见第 11 章）之外，该法还在美国海岸线外建立了海洋保护区。1972 年以来，已经建立了 13 个国家海洋保护区和西北夏威夷群岛国家海洋公园。其中最大的保护区之一坐落在佛罗里达群岛（佛罗里达州最南端的岛链）之外。海洋保护区与本节中介绍的其他管理措施结合使用，将是可持续发展战略的重要组成部分。

12.6.5 海洋栖息地的恢复：建设人工鱼礁

除了迄今为止已经提出的想法，海洋渔业生物学家目前正探索建立人工鱼礁，为商业鱼类提供食物和庇护所的可能性。人工鱼礁有助于提高平坦沙质海岸平原的承载能力。人工鱼礁是一种人造的水下结构，其建造通常是为了促进在一般的海底区域生存的海洋生物。

纽约州立大学石溪分校的海洋科学家用压缩的污泥和粉煤灰（以废物为主要原料制造

的材料）建造了一个鱼礁。这些研究人员在长岛的索尔泰尔以南 4 千米处用 18000 块上述材料形成了 454 吨的礁石。他们希望在高人口密度地区这样的礁石可以增加垂钓和商业鱼种，并且不会释放有毒物质污染到礁石所支持的鱼群。这种方法可以同时为燃煤电厂解决日益严重的固体废物处理问题。

新泽西州环境保护局已经沿着新泽西州海岸从桑迪胡克到五月岬建成了一系列的人工鱼礁。建设用的材料多种多样，从废旧轮胎和不锈钢桶到废弃的混凝土桥梁和故意沉没的驳船。仅一年就有 36000 多个废旧轮胎被放置在新泽西州人工礁。人工礁石极大地增加了很多垂钓和商业鱼类的数量，尤其是那些高度重视的物种，如鲈鱼、鳕鱼、竹荚鱼、鲭鱼和金枪鱼（佛罗里达州的另一个人工礁见图 12.29）。

图 12.29 2001 年 7 月 31 日在佛罗里达州迈阿密外海，美国海关总署、迈阿密戴德县和大西洋垂钓基金会共同沉没了三艘货船来制造一个人工鱼礁。图中爆炸并沉没的货船以前曾经被用来走私毒品到南佛罗里达州。这些船沉没在比斯坎湾以东 6.4 千米处的40 米深水域中，用于建造"美国海关礁"

12.6.6 理智选择海鲜

当世界上最著名的水族馆之一——蒙特利湾水族馆为其餐厅选购海鲜时，它希望可以支持可持续渔业，这样未来还可以保证有大量的鱼。其海鲜的选择基于该地区（美国西海岸）最佳的可用信息，包括来自美国国家海洋渔业局、粮农组织和澳大利亚农业局的数据。

水族馆提出了可持续的食鱼指南，称为《海鲜观看指南》，如表 12.8 所示。因为涉及美国的不同地区，因此也是一个全国性的指南。该指南将鱼分为三类：最佳选择、良好的替代品和避免。人们可以在家做饭或在饭店点菜时使用该表。如果你这样做，就是对可持续渔业的支持。

表 12.8　蒙特利湾水族馆的海鲜观看指南（2008 年）（详细信息见 www.mbayaq.org）

最佳选择（最佳选择是储量丰富的、管理良好的以及以环境友好方式捕获或养殖的）	良好的替代品（这些可作为一种选择，但其养殖或捕捞的方式存在问题，或其他的人类影响对其生境健康造成了影响）	避免（以损害环境或危害其他海洋生物的方式被捕捞或人工养殖）
北极红点鲑（养殖）	巴萨鱼，龙利鱼（养殖）	智利海鲈鱼/洋枪鱼
澳洲肺鱼（美国养殖）	蛤蚌（野生）	鳕鱼：大西洋鳕鱼
鲶鱼（美国养殖）	鳕鱼：太平洋（拖钓）	帝王蟹（进口）
蛤蚌（养殖）	螃蟹：蓝蟹，帝王蟹（美国），雪蟹	比目鱼，鳎（大西洋）
鳕鱼：太平洋（阿拉斯加延绳钓）	螃蟹：人造蟹肉/肉酱	石斑鱼
螃蟹：邓杰内斯	比目鱼，鳎（太平洋）	大比目鱼：大西洋庸鲽
大比目鱼：太平洋	鲱：大西洋鲱/沙丁鱼	龙虾：大鳌虾（加勒比海进口）
龙虾：大鳌虾（美国）	龙虾：美国龙虾/缅因州龙虾	鬼头刀鱼/鲯鳅（进口）
贻贝（养殖）	鬼头刀鱼/鲯鳅（美国）	枪鱼：青枪鱼，纹枪鱼
牡蛎（养殖）	牡蛎（野生）	安康鱼
绿青鳕（阿拉斯加野生）	扇贝：海产	橙棘鲷
鲑鱼（阿拉斯加野生）	虾（美国养殖或野生）	石斑鱼（大西洋）
扇贝：海湾扇贝（养殖）	鱿鱼	鲑鱼（养殖，包括大西洋）
条纹鲈（养殖或野生）	剑鱼（美国绳钓）	鲨鱼
鲟鱼，鱼子酱（养殖）	金枪鱼：大眼金枪鱼，黄鳍金枪鱼（拖钓）	虾（进口的养殖或野生）
罗非鱼（美国养殖）	金枪鱼：罐装淡金枪鱼，灌装白金枪鱼/长鳍金枪鱼	鲷鱼：红鲷鱼
鳟鱼：长鳍鲔鳟（美国和加拿大的不列颠哥伦比亚省拖钓）		鲟鱼：鱼子酱（进口野生）
金枪鱼：鲣鱼（拖钓）		剑鱼（进口）
		金枪鱼：长鳍金枪鱼，大眼金枪鱼，黄鳍金枪鱼（绳钓）
		金枪鱼：蓝鳍金枪鱼

绿色行动

在买鱼或在餐馆点鱼时，使用表 12.8 的海鲜观看指南，或在蒙特利湾水族馆的网站 www.mbayaq.org 上下载一个袖珍指南。

12.7　水产养殖

在过去漫长的年代里，人类只是通过狩猎动物和收集禽蛋、水果、浆果、坚果和种子来获得食物，这是一个相对低效的过程，只能支撑世界上几百万人。最终，人类发明了农业——可控的动物和植物的养殖，于是能够养活更多的人类。类似地，人类曾经长期以一种相对低效的捕捞技术从海里获得鱼类——将渔船开到无法预计收获的渔场进行捕鱼，然后再将渔获带回市场。鱼和其他水生生物的可控养殖——称为**水产养殖**，可能更为高效。**淡水养殖**在内陆池塘实施，而**海水养殖**在浅海湾或河口实施。

水产养殖对于满足不断增长的全球人口的营养需求具有很大的潜力，并且可以减轻远洋渔业的压力。据粮农组织的报告，2004 年水产养殖已经产出了 4550 万吨的鱼类和贝类。这相当于世界渔业总产量的 32.4%。据报道，中国已经贡献了世界水产养殖近 70% 的产量和超过一半的产值。印度以 250 万吨的水产养殖产量位居第二，美国以略超过 60 万吨位居全球第十。水产养殖行业的增长率持续高于其他动物食品生产行业。1970 年以来，全世界范围内的水产养殖行业以平均每年 8.8% 的速度增长，相比较同一时期的捕捞渔业和陆地肉类生产系统的增长率分别只有 1.2% 和 2.8%。

在世界范围内，水产养殖业共养殖了 200 多种鱼类和贝壳，还有海带和多种甲壳类动物。重要的海水养殖生物包括虾、鲑鱼和双壳类（如牡蛎、蛤和蚌）。淡水养殖鱼类包括鲤鱼、罗非鱼和鲶鱼，占据全球水产养殖总量的 60% 以上。

12.7.1　生产方法

软体动物（如牡蛎）常常生长在较浅的近海环境中，具体说来就是木筏、浅盘和其他可附着的结构（见图 12.30）。甲壳类动物历来都被饲养在沿海的海水池塘中，但近期为了扩大生产，它们也被饲养在内陆。大部分海鱼均产自近岸的浮式网箱。对于溯河性鱼类（如鲑鱼），在淡水中孵化和生长，在海水中成熟，淡水槽和海水网箱都可以使用。淡水鱼通常在内陆的土池或混凝土池中饲养。

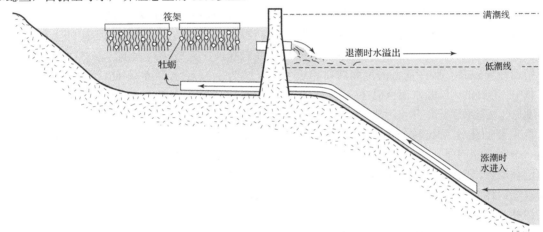

图 12.30　牡蛎养殖。较深且营养丰富的潮水促进了人工蓄水池中藻类的生长。因为牡蛎以藻类或食用藻类的甲壳类动物为食，近海筏架上的牡蛎生产量显著增加

水产养殖中的食物资源是生产者们的重要考虑因素，同时也在很大程度上决定了特定系统的生态效应。低营养级生物，如软体动物，依靠在生产系统中循环的营养丰富的海水提供的有机物质和浮游生物生活。中级食草动物和杂食动物通常容易养殖，只需提供养分给它们赖以为食的水生生物。高营养级的食肉动物需要大量的营养丰富的饲料，主要是海洋捕捞中获得的鱼粉和鱼油。饲料成本的上升，特别是鱼粉和鱼油价格的上涨，有助于促进集中研究力量开发出成本较低并有较多植物蛋白的饲料配方。

12.7.2　生态影响

和陆地农业一样，水产养殖的生态效应，取决于生产强度、生产对象和生产场所。最能决定一个水产养殖系统对周围环境影响的因素是生产对象的营养级。软体动物、罗非鱼和鲤鱼是低营养级生物，它们通常被饲养在依赖自然食物资源的扩展水产养殖系统中。这些系统通常产生相对少量的废物，能很容易被环境同化。此外，这个级别的鱼类养殖历来都实施小规模和低密度养殖。它一直以来都被整合进复杂的混养系统中，也就是说，系统中还产出许多其他物种，包括鱼类和植物。在这样的系统中，营养丰富的水产养殖排出物通常应用于周围的作物。尽管这种生产方法在世界各地仍然相当普遍，但更大的市场需求鼓励将它们替换为更集约化的水产养殖系统。和现代农业一样，这些系统往往更侧重于一个物种。它们通常采用更高的放养密度，产生更多的废物，很难做到严密的营养循环。

涉及高营养级物种（食物链中较上部的物种）的水产养殖系统往往是密集型的、高投入的养殖，其数量迅速增加。例如，20世纪80年代以来，鲑鱼和虾的全球产量已增加了6～7倍。为了喂养鱼虾，养殖者很大程度上依赖于野生的海鱼。例如，养殖一吨鱼虾大约需要3吨野生海鱼。公海（或远洋）的小鱼资源，如凤尾鱼、沙丁鱼和鲱鱼，尤其会受到影响。一些渔业专家质疑高营养级物种集约化养殖的可持续性。

所有物种的水产养殖，无论它们的营养级水平，都可能产生其他重要的生态影响，包括土壤和水的污染、自然生态系统的破坏以及逃脱的养殖物种对本地物种的生物污染。当废弃物排放水平超过生态系统的同化能力时，就会污染周围的水和土壤。研究人员发现，北大西洋高强度的鲑鱼养殖已经导致具有潜在危害的氮和磷排入近海水域中。养虾的内陆盐水池也已在中国、泰国和印度尼西亚导致了土壤和水污染。

将重要的生态系统转变为水产养殖系统也是一个普遍的问题。在亚洲，重要的沿海红树林已被清除，取而代之的是虾和遮目鱼的养殖场。红树林的损失可能产生严重的影响，因为红树林为许多植物和动物提供了栖息地。仅仅虾类养殖就可能损失全球10%以上的沿海红树林。在广大的沿海地区进行水产养殖也会减少天然渔场，因为沿海生态系统在许多海洋鱼类的生命周期中扮演重要的角色。研究人员估计在泰国，由于栖息地的转变，每养殖1千克的虾，海洋渔业就会损失0.4千克的鱼虾。

养殖物种对本地物种的"生物污染"也被证明是一个普遍存在的问题。逃脱的养殖鲑鱼占北大西洋地区渔获鲑鱼的40%以上。在过去20年间，有超过25万条养殖鲑鱼逃进了北太平洋。逃逸的鲑鱼会和本地鲑鱼杂交，不可逆转地改变了野生种群的基因结构，其中很多种群已经濒临灭绝。2006年美国国家科学院院刊刊登的一篇论文指出，来自不列颠哥伦比亚海岸的鲑鱼养殖场的海虱（一种鱼寄生虫）最多可以杀死95%的经过它们入海的野生鲑鱼幼鱼。生物污染还包括从养殖种群到野生种群的疾病传播。在美国和亚洲，白斑病毒和黄头病毒已经从养殖虾类传播到野生虾类种群，对虾农和渔民造成了巨大的经济损失。

为了减轻水产养殖业对环境的这些负面影响，研究人员建议减少高营养级鱼类的养殖，降低饲料中鱼油和鱼粉的含量，增加集成混养系统的使用，改善水产养殖实践。增加草食动物和杂食动物的生产，或养殖食物链上较低级的物种，就可以减少对鱼粉和鱼油的需求。集成混养系统中的废液可以作为周围农田的肥料或提供给其他养殖业，可以提高生产效率并且减少污染和资金投入。用心选址可以大大减轻对周围环境的损害。为了给世界不断增加的人口提供持久的蛋白质来源，这样的建议应当尽早采用，以跟上世界各地水产养殖业扩大的步伐。

重要概念小结

1. 洄游鱼类的生命开始于淡水，游到大海后在那里成熟，再返回到出生的河流进行繁殖，最后死亡。

2. 一条鱼在生命周期中各个阶段的成功完成取决于淡水生境以下一个或多个环境条件：适当的水温、深度、流速、浊度和溶解氧的水平；基质；遮蔽；食物供应。

3. 鱼类对由于河流和湖泊生态系统长期或慢性变化造成的生境退化会产生生理上和行为上的响应。

4. 由于环境约束，每年一个给定鱼群的70%左右都会死亡。

5. 决定鱼群死亡率的主要环境约束可以分为两类：自然的和人为所致的。自然约束包括大暴雨、土体运动、动物活动、自然障碍、植被扰动、当地动物的捕食和冬季死亡。人为约束包括水污染、河流温度变化、外来的竞争和捕食、人类捕食、水坝、资源开采、渠道化和娱乐活动。

6. 海七鳃鳗的捕食行为导致五大湖区的湖鲑的收获量从1940年的4545吨下降到1961年的152吨，仅21年间就减少了97%。

7. 五大湖的海七鳃鳗种群已经通过用杀七鳃鳗剂处理其产卵的河流来进行控制。

8. 当积雪覆盖阻止水生植物得到进行光合作用所需的充足阳光时，浅水湖泊就会因为氧匮乏发生严重的鱼群冬季死亡。

9. 1980 年的西北电力法案要求西北电力规划委员会：（1）准备"一个区域保护和电力规划"；（2）"告知西北太平洋的公众该区域的主要电力问题"；（3）"制订一个保护、恢复和增加哥伦比亚河及其支流鱼类和野生动物的计划，包括相关的产卵场地和栖息地。"

10. 淡水渔业的维持主要有三方面的内容：生物的管理（如繁殖和放养）、生境的管理（保持充足的栖息地）和人的管理（规定渔获量）。

11. 用于加强或恢复鱼类种群的、有争议的生物调控技术包括：人工繁殖和放养，引进，用化学或物理方法去除不受欢迎的鱼类和捕食者，选择性养殖超级鱼种。

12. 孵化饲养的鱼类往往体质较弱，更容易发生疾病和寄生虫，更容易出现某种特定疾病的严重症状，当它们被释放到河流中时，其适应性要比野生或当地的同类弱。

13. 鳟鱼眩晕病，由一种被认为是从欧洲引进的鱼类寄生虫所引起，已经感染了美国 25 个州的数条鳟鱼河流。

14. 联邦和州的鱼类孵化场在合适的水域放养鳟鱼，要么这些水体本身没有鳟鱼，要么虽然条件好但自然产卵场不足，要么捕鱼压力过大以至于自然生产率很低。

15. 通过周期性围网和使用选择性化学品（如抗霉素），一些地区的鲤鱼种群已被部分控制。

16. 许多鱼类控制项目都只是针对现象的短期处理，未能解决造成问题的原因。发展长期解决方案的第一步一定是深入研究那些不受欢迎的物种种群过多的原因。

17. 通过除雪、炸开冰层覆盖以及采用电动曝气机，可以增加北方积雪覆盖的湖泊的溶解氧水平。

18. 双层水库可在温水层放养温水物种，在深水层放养冷水物种。

19. 新建的水库中得到营养倾注，将大大增加鱼类食物的丰富度。

20. 通过转移无威胁的现有物种，可替代或增加那些在原有水体中业已消失或减少的当地鱼类的数量。

21. 用于保护鱼类种群的法规包括捕鱼限制（大小和数量）、随捕随放的规定、禁渔期和取缔破坏性捕鱼技术。

22. 栖息地的保护和恢复是让天然鱼类种群能维持的主要长期措施，它需要通过立法控制捕捞压力和具有潜在危害性的种群增加技术。

23. 当环境的承载力提高时，比如通过提供充足的水流、水深、水温、空间、基质、遮蔽和食物供应，本地鱼类种群可能会大大增加。

24. 生境恢复的努力和资金应当优先给予高质量生境的保护，以及在最坏的情况下，对中度退化但仍包含有价值的、受到威胁或濒危鱼种的生境的恢复。

25. 商业捕鱼者为了定位海鱼所使用的技术和仪器有：声纳（或回声测深）、系泊浮标、航拍照片的色彩增强、红外线传感器、紫外线传感器和电子图像增强器等。

26. 鱼类和贝类可以用主动的和被动的渔具进行捕捞。被动渔具包括笼壶、定置网、钓钩和钓线以及刺网。主动渔具包括围网、拖网和流网。

27. 随着世界鱼类储备的 75% 已被充分开发或过度开发（已经枯竭或正从枯竭中恢复），全球海洋的野生捕捞渔业可能已经达到最大潜力。为了恢复耗尽的储备，以及防止正被开发的储备接近或达到其最大潜力，需要更加谨慎和高效的渔业管理措施。

28. 过度捕捞是多种因素综合作用的结果，包括在"公地"捕鱼、政府补贴、经济和政治压力、渔具技术的进步以及渔业法规的执行不力。

29. 由于过度捕捞，已被耗尽的渔场有：太平洋沙丁鱼渔场、西北太平洋鳕鱼和鲱鱼渔场、西北太平洋鲑鱼渔场，以及东大西洋蓝鳍金枪鱼渔场。

30. 兼捕渔获是一个渔业术语，用来描述不属于渔业目标物种的被捕捞的海洋生物的总称。废弃渔获是被扔回去的兼捕渔获，因为它们要么是非目标物种、幼鱼、濒危物种、大小不符合或质量不高，要么是配额后的剩余。

31. 过度捕捞、兼捕渔获和生境的丧失与退化，不仅会造成重要商业海洋生物的种群和生产力下降，还会干扰到非目标物种，破坏捕食者-被捕食者关系，改变海洋群落结构，以及降低遗传多样性。

32. 国际社会对于海洋生态系统的状态的认识和关注正在增加。可持续渔业的若干管理方法已被提出或已实施，包括最佳产量原则、减小全球捕捞规模的经济奖励、开发有选择性的渔具、个体可转让配额、更严格的捕捞法规、预防性措施以及栖息地强化和恢复方案。

33. 我们购买海鲜时的选择，让我们在支持或不支持可持续渔业中起重要作用。

34. 水产养殖的实践正在增加，有希望成为全球不断增加的人口的蛋白质来源。但是，如果没有正确的管理，水产养殖体系可能破坏湿地，污染水源，使开放水域的小鱼资源减少，逃脱的养殖品种还会对本地物种造成生物污染。

35. 为了提高水产养殖业的可持续性，研究人员建议减少高营养级鱼类的养殖，减少饲料中的鱼粉和鱼油，增加集成混养系统的使用，并改善水产养殖。

关键词汇和短语

Acid Rain 酸雨

Active Fishing Gear 主动式渔具

Anadromous Fish 洄游鱼类

Anoxia 缺氧症

Antimycin 抗霉素

Aquaculture 水产养殖

Artificial Propagation 人工繁殖

Astroturf Sandwich 阿斯特罗草皮 "三明治"

Brush Shelters 树枝掩蔽

Bycatch 兼捕渔获

Captive Breeding 圈养繁殖

Carrying Capacity 承载力

Catch-and-Release-Only Restrictions 随捕随放规定

Closed Seasons 禁渔期

Color Enhancement 色彩增强

Commons 公地

Creel (Catch) Limits 捕鱼限制

Discards 废弃渔获

Downsizing 减小规模

Drawdown 水位下降

Electronic Image Intensifiers 电子图像增强

Environmental Limitations 环境限值

European Carp 欧洲鲤鱼

Eutrophication 富营养化

Exclusive Economic Zone (EEZ) 专属经济区

Exotic (Nonnative) Species 外来物种（非本地种）

Extensive Aquaculture System 扩展型水产养殖系统

Fishery 渔业

Fish Ladders 鱼梯

Freshwater Aquaculture 淡水水产养殖

Genetic Erosion 基因流失

Habitat Protection 生境保护

Habitat Restoration 生境恢复

Human Predation 人类捕食

Hybrid Fish 杂交鱼

Hydromodification 水文调节

Hypoxia 缺氧

Imprinting 铭记

Individual Transferable Quotas (ITQs) 个体可转让配额

Infrared Sensors 红外传感器

Intensive Aquaculture System 集约化水产养殖系统

Introduction 引入

Lampricide 杀七鳃鳗剂

Magnuson Fishery Conservation and Management Act 马格努森渔业保护和管理法案

Marine Aquaculture (Mariculture) 海洋水产养殖

Marine Protected Area　海洋保护区

Maximum Sustained Yield (MSY)　最大持续产量

Minimum Size Limits　最小尺寸限制

Moored Buoys　系泊浮标

Nitrogen Intoxication　氮中毒

Nongame Fish　非垂钓鱼类

Northwest Power Planning Council (NPPC)　西
　　北电力管理委员会

Nutrient Flush　养分倾注

Optimum Yield　最佳产量

Overfishing　过度捕捞

Panfish　可煎食的小鱼

Passive Fishing Gear　被动式渔具

Precautionary Approach　预防性措施

Put-and-Take Stocking　即放即钓

Redd　产卵区

Reservoir　水库

Resident Fish　常栖鱼

River Ruff　梅花鲈

Rotenone　鱼藤酮

Sea Lamprey　海七鳃鳗

Siltation　淤积

Sonar　声纳

Spawning　产卵

Spawning Sites　产卵场

Splash Dams　储水坝

Stocking　放养

Stream Improvements　河流改善

Subsidies　地面下陷

Suspended Sediment　悬浮沉淀物

Translocation　转移

Two-Story Reservoir　双层水库

Ultraviolet Sensors　紫外线传感器

Upstream Migration　溯河洄游

Vibert Box　费伯特盒

Whirling Disease　鳟鱼眩晕病

Winterkill　冬季死亡

批判性思维和讨论问题

1. 水温是如何影响鱼类行为的？

2. 讨论河床材质（基质）对鱼类产卵的重要性。

3. 什么因素限制了河流环境中的食物和能量供应？

4. 列出三个人类活动引起的对鱼类生产力的制约，并描述它们对鱼类栖息地的影响。

5. 酸雨的来源是什么？它对鱼类有什么影响？

6. 是什么原因导致了美国北部湖泊的鱼类冬季死亡？怎样预防？

7. 说出三种鲤鱼对垂钓鱼类的害处。

8. 对于垂钓者对淡水鱼的压力增加，你有什么解决方案的建议？

9. 水坝如何影响洄游鱼类的生存？

10. 讨论人工繁殖和放养的优缺点。

11. 鳟鱼眩晕病向美国西部内陆山地传播的可能原因是什么？其可见症状是什么？讨论可能阻止本病进一步蔓延的策略。

12. 渔业管理人员用来保护和恢复淡水鱼种群的三个通用策略是什么？

13. 如何为鱼类改善河流生境？

14. 讨论以下论断："控制捕食者是增加美国的鱼类种群的有效方法。"这真是有效的吗？为什么？

15. 描述海七鳃鳗的生命周期。

16. 在什么情况下你会使用转移作为管理选择？

17. 描述控制五大湖里的海七鳃鳗的努力。

18. 讨论费伯特盒的使用。

19. 为什么鱼类管理者会放松对可煎食小鱼的捕捞尺寸和捕捞量的法规？

20. 简要地列出水库水位下降的 4 个好处。

21. 描述可用于控制淡水鱼种群的各类保护性法规。

22. 描述商业海洋捕鱼者寻找鱼群的两种方法。

23. 为什么兼捕渔获问题会成为国际关注的问题？

24. 讨论现代渔具造成的负面环境影响。

25. 专属经济区的建立如何增加了海洋捕捞压力？

26. 列出两种解决世界海洋渔业问题的方法。解释它们如何减轻过度捕捞和兼捕渔获问题。

27. 解释最佳产量原则的理论基础。

28. 何谓渔业管理的"预防性措施"？

29. 你认为由人类"垃圾"组成的人工鱼礁是用于恢复或强化生境的可行选择吗？解释原因。

30. 讨论水产养殖的优缺点。

网络资源

本章相关在线资料见 http://www.prenhall.com/chiras（单击 Table of Contents，接着选择 Chapter 12）。

第 *13* 章

草场管理

草场是指为当地野生动物和家畜提供草与灌木饲料的土地。草场也可以提供木材、水、矿产和能源。草场可为野生动物提供栖息地，还有重要的娱乐价值。草场有很多无形的价值，例如自然美景、开阔的空间和荒野，同时具有重要的社会价值。草场还有重要的固碳功能，能减少大气中的温室气体。由于受自然条件的限制，包括降水少、地形起伏不平、排水不良及寒冷的气候，大多数草场不适合于耕作。

在全世界范围内，草场面积约占陆地面积的一半左右（不包括永久冻土带）。美国的草场面积约为 3.12 亿公顷。美国草场的类型多样，包括佛罗里达州的湿润草地、加利福尼亚州的荒漠和犹他州的山地草甸。美国 99% 以上的草场分布在密西西比河以西。

本章将从生态学、利用历史、分布和环境条件等几个方面来分析草场，寻求更合理的方法来成功管理这一重要的土地资源。

13.1 草场生态学

13.1.1 草场类型

全球可用做放牧场的主要有 7 类生物群区：草原、热带稀树草原、苔原、荒漠灌丛、灌丛、温带森林和热带森林。这里的**草原**特指温带地区地带性分布的草地，由禾草和杂类草（大叶开花植物）组成，是典型的不长乔木和灌木的植被类型。草原带通常分布在年降水量 250～750 毫米的区域，全球各大陆都有分布，是世界上最富有和生产力最高的放牧场（见图 13.1）。

世界草原过去曾养育着大群的大型野生食草动物。如今大多数野生动物已被杀死或驱离。在湿润区，因为拥有深厚肥沃的土壤，草原被开垦为农田。在太干旱而不能种植农作物的地区，草原主要用来养殖家畜。因为高强度的放牧，草场发生了根本改变，所以现在全世界范围掀起了恢复和保护天然草原的运动（见深入观察 13.1）。

热带稀树草原本质上为热带草原，主要分布在非洲（见图 13.2），在美国没有分布。植被由草本、灌木和零散的乔木组成。热带草原经常受水资源或贫瘠土壤的限制而不能种植农作物。

苔原主要分布在极端寒冷的北极，或者作为草甸分布在高山上。极地苔原主要生活着野生动物，而高山苔原既有家畜也有野生动物。因为温度太低、土壤太贫瘠，所以苔原不能被开垦来生长农作物。

荒漠灌丛在世界草场中所占的面积最大，其特点是气候干旱（年降水量通常小于 250 毫米），土壤发育迟缓，植被稀疏，通常以 2 米以下的灌木为主（见图 13.3）。世界上所有干旱地区都生长着荒漠灌丛。一些生产力相对较高的主要用来放牧，另一些在降雨量极低的地区则很少被利用。

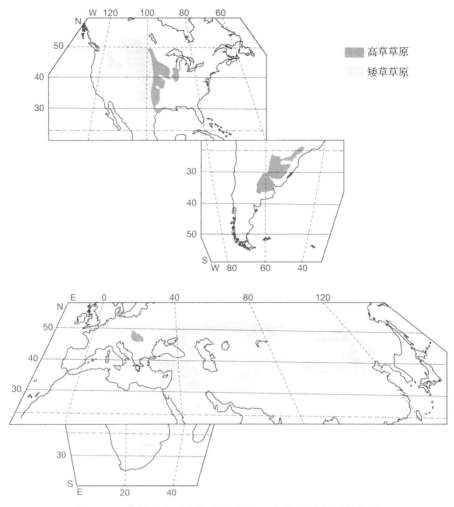

图 13.1　草原生态系统的世界分布：高草草原和矮草草原

图 13.2　在坦桑尼亚热带稀树草原上生活的犀牛

图 13.3　内华达州荒漠灌丛上的牛群

　　灌木丛通常和草地分布在相同的年降雨带上，但这类植被的优势植物是矮树（一般小于 10 米）和密灌丛。在**温带森林**也经常存在一定的放牧，主要是在林隙草地上（林隙空地可接受阳光，生长草本植物）。森林采伐迹地也会生长草本植物。**热带森林**具有密集的冠层，林下草本植物很少，放牧价值较低。

13.1.2 草场植被特征

草场植被主要包括禾草、类禾草植物（莎草和灯心草）、杂类草和灌木（见图 13.4）。这些植物统称为**饲草**，可为牛、羊和马等家畜以及鹿、长颈鹿和羚羊等野生动物提供食物与能量。一些动物以禾草为食，另一些可能更喜欢啃食杂类草和灌木的叶与嫩枝。人类则从牛和羊身上获取食物和能量，包括牛肉和羊肉。

禾草和其他草场植物是理想的饲草，因为叶尖被啃食并不会影响植物生长。只要**叶基**（叶片最下部）还在，植物就能存活并继续进行光合作用生产食物，叶片很快能长到原来大小。实际上，只要给植物足够的时间去恢复，植物叶片可不断地被采食而受到较小的影响。因此禾草可为食草动物持续提供食物。

草场生态学家通常把草丛上部（茎和叶）的 50%视为"多余的"，可被家畜或野生食草动物（鹿、羚羊、麋鹿等）啃食，不会危害植物本身。下部的 50%是**代谢储备库**，是植物存活所必需的［见图 13.5(a)］。代谢储备库里的光合作用产物可满足维持植物根系生长的最小需求。许多植物根系可达 2 米甚至更深，存储了大量的养分。储备的养分可使牧草在干旱胁迫或短期的过度放牧下存活。

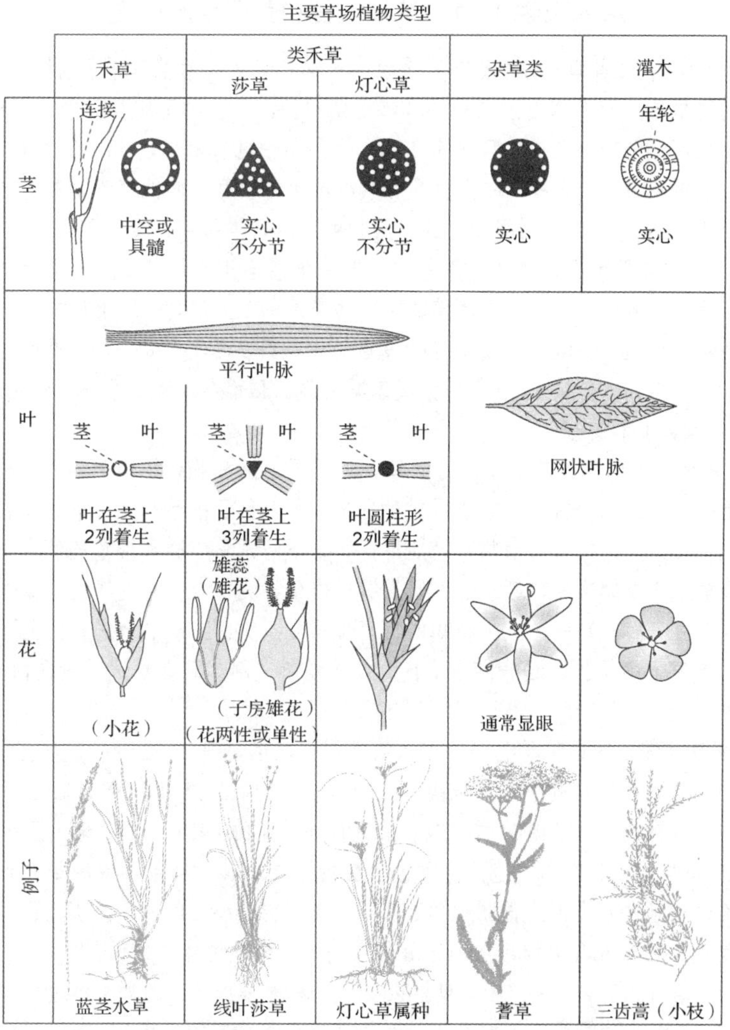

主要草场植物类型

图 13.4 主要牧草类群的特征

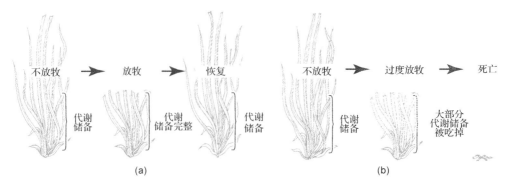

图 13.5　代谢储备库的影响：(a)只要代谢储备库是完整的，被啃食的牧草就不会
受到损害；(b)过度放牧时大部分植物的代谢储备库被啃食，植物会死亡

长期过度放牧下的草场，食草动物经常将牧草的地上部分全部啃食，牧草的代谢储备库被破坏［见图 13.5(b)］。这样植物根系会被"饿死"，土地易遭受侵蚀，因此需要在两个放牧期间休牧以恢复植被。

深入观察 13.1　草场恢复和美国草原历史

北美大草原分布于加拿大南部到田纳西州，是世界上面积最大的禾草草原，包括高草草原和矮草草原。与矮草草原相比，高草草原分布在相对湿润的区域，土壤肥沃，富含腐殖质及养分。在欧洲人定居北美前，这两类草原在大平原上广泛分布，但现在只分布在加拿大阿尔伯塔省南部、美国蒙大拿州北部、华盛顿州东部和爱达荷州西部（见图 13.1）。这片草原上生活着大群的野牛、鹿和其他野生动物。这里也是美国原住民30 多个部落的家园，包括坐牛的苏族、阿帕切族、阿拉帕霍族、黑脚族、夏安族、齐佩瓦族和波尼族。

但是自从欧洲人来到这里定居，这片草原就被过度放牧甚至开垦为农田。定居者发现虽然这片广袤的草地在湿润年份的生产力很高，但也要承受严重的干旱和苦寒的冬天。大平原上从未被开垦的土地的表层土受到持续干旱和风蚀，在 20 世纪 30 年代变成了尘暴区（详见第 7 章）。如今，虽然有些地区还在放牧，但大部分草原都已被开垦为农田。自从 1960 年美国**国家草地保护区**诞生，为了保护草原生态系统的自然资源，已经有 20 个草原区得到恢复和重建。

这 20 个国家草地保护区的总面积近 160 万公顷，是美国国家林业系统的一部分，进行了可持续的多用途管理。在对草地生态系统的保护做出了重大贡献的同时，还提供了一系列产品和服务，因此也有助于维持乡村经济和生活方式。于是，许多野生动物，包括种群数量下降、受威胁和濒危的物种，在重建的栖息地上重新繁盛起来。随着草原植被的恢复，曾经退化的土壤也得到自我修复。通过建设家畜饮水池使家畜放牧成为可能的同时，饮水点的增加也使许多野生动物的栖息地得到扩大。国家草地保护区内的私有农场也增加了草原生境的多样性。国家草地保护区还提供了多样的娱乐场所，例如可在草地保护区内骑行、徒步、狩猎、垂钓、摄影、观鸟和观光。

虽然大部分国家草地保护区都位于北美大平原的各州内，但有 3 个位于北美大盆地的加利福尼亚州、俄勒冈州和爱达荷。北达科他州的小密苏里国家草地保护区的面积最大，达 416215 公顷。丽塔布兰卡国家草地保护区包括得克萨斯州的 31362 公顷草地和俄克拉何马州的 6421 公顷草地，野生动物种类丰富。

天然草原的恢复和保护还要感谢其他协会和基金会的工作。其中贡献最大的是**大自然保护协会**，它通过保护生物生存所需的土地和水资源来保护植物、动物和自然群落。大自然保护协会已经帮助美国保护了超过 600 万公顷的栖息地，在非洲、美洲、加勒比海和亚洲太平洋地区建立的保护区面积有 4700 多万公顷。该协会目前在美国管理着 1400 多个保护区，包括很多国家草地保护区。例如，俄勒冈分会购买的俄勒冈北部 11000 公顷的草原，属于北美保留下来的面积最大的<u>丛生禾草草原</u>的一部分。朱姆沃尔特草原保护区是筑巢鸟在北美最大的一个栖息地，同时还生活着麋鹿、黑尾鹿、大角羊、短尾猫和濒危的蛇河虹鳟。

　　草场生态学家和牧场主根据植被演替动态将牧草分为三类：减少种、增长种和入侵种。**减少种**具有较高的营养，适口性强，通常在中等牧压下种群数量就会下降（见图 13.6）。代表性的减少种有大须芒草、小须芒草、小麦草和野牛草等，其他的例子见图 13.6。

　　增长种是指通常适口性较差但仍有较高营养的气候顶级物种，重牧下种群数量会有（至少暂时）增加的趋势（见图 13.7）。很明显，增长种数量的增加是由于减少种的竞争降低造成的。但是，增长种也不能承受牲畜太多的践踏，如果重牧持续时间太长，则增长种的数量也会下降，入侵种会替代这些物种。

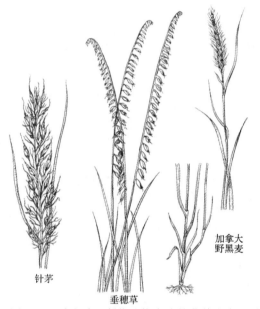

图 13.6　减少种。食草动物喜欢的营养丰富、适口性强的植物，在重牧下种群数量会下降

图 13.7　增长种。当牧压增加时，增长种的数量会增加（至少是暂时地）并取代减少种。虽然增长种的营养价值很高，但适口性差，牛不喜食

　　入侵种通常是指不良杂草，例如豚草、仙人掌和蓟。这些种的营养价值低，适口性差（见图 13.8）。有些入侵种还可能有毒。入侵种绢雀麦具有尖锐的种子，能扎入动物的喉咙或刺入动物皮毛。入侵种大多是多年生喜光植物（地上部分每年重新从根部萌发）。入侵种以直根系植物为主，不能像禾草的须根系那样有效地固持土壤。

　　优良草场的减少种比例高，几乎没有入侵种。相反，贫瘠草场中高品质的减少种的比例很低，低品质的入侵种的比例高（见图 13.9）。

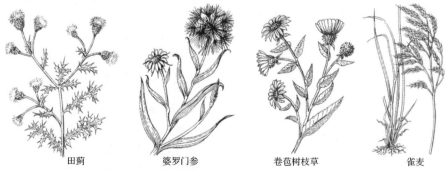

图 13.8　入侵种。长期重牧下的草场，杂草会替代增长种。一些入侵种，例如绢雀麦，具有尖锐的种子，会扎入牲畜的喉咙或刺入皮毛。蓟草叶片上的尖刺使它不能成为牧草

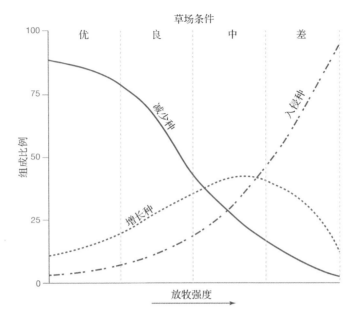

图 13.9　不同放牧强度下的草场质量与减少种、增长种和入侵种的相对比例。图表摘自 Stoddart, L. A., Smith, A. D., Box, T.W. Range. *Management, third Edition* (New York: McGraw-Hill, 1975), p. 191。数据采自 Sims, P. L.和 Dwyer, D. D. *Pattern of Retrogression of Native Vegetation in North Central Oklahoma*, Journal of Range Management 18 (1965): 20–25

13.1.3　草场承载力

承载力是指在一个栖息地中维持一个物种可持续生存的种群大小。放牧承载力是指一定放牧天数内一定面积的草场上，不会引起产草量、牧草质量或土壤质量退化的前提下，家畜的最大放牧头数（或食草动物的生物量）。放牧承载力受气候条件、放牧历史、家畜种类、放牧时间和土壤类型的影响。对同一种动物来说，承载力会随放牧地点和季节变化。一个放牧场要维持可持续发展，畜群不能大于干旱年的最大承载力，干旱年的承载力可能只有正常年分的一半。

草场的牧草生产力通常用**牲畜单位**（AUM）来表示。一个 AUM 是指维持一头重 454 千克的牲畜正常生长发育一个月的食草量。不同牲畜间的转换系数见表 13.1。注意，1 头肉牛等于 5 只绵羊或 5 只山羊，是指在同一块草场上放牧。也就是说 5 只绵羊或 5 只山羊与 1 头牛吃的差不多一样多。另外，1 匹马的牧草采食量一般要比 1 头同样体重的肉牛的

采食量多 25%。在计算 AUM 时，还需要考虑草场条件。例如，一个优良草场，0.4 公顷就相当于 1 个 AUM；但对一个劣等草场而言，2 公顷才等于 1 个 AUM。

表 13.1　牲畜单位转换系数*

牲 畜 数 量	牲畜单位（AUM）
1 头肉牛	1.0
5 只绵羊	1.0
5 只山羊	1.0
4 只鹿	1.0
1 匹马	1.25
1 头公牛	1.25
1 只麋鹿	0.67

*1 头牛相当于在同一草场上放牧 5 只绵羊。

13.1.4　人类活动和过度放牧对草场的影响

当人类开垦天然草场用来种植农作物（称为**开荒**）时，草场的生态稳定性便会遭到破坏。当农作物替代禾草后，农作物的根系就不能很好地固持土壤。如果没有恰当的水土保持措施，开垦后的土壤就会更容易被风蚀或水蚀。

一个典型的例子是 20 世纪 30 年代发生的沙尘暴，这是北美大平原发生的强烈风蚀事件（见第 7 章）。近期的实例发生在华盛顿州东部的帕卢斯地区。这里曾经生长着茂盛的草原，现在种植高产的雨养小麦、大麦、豌豆和小扁豆等农作物。因为山地地形陡峭又缺乏恰当的水土保持措施，帕卢斯地区成为美国最易侵蚀的地区之一。

如果草场不开垦为农田，就可以进行适度的放牧，包括家畜和野生动物。事实上，轻度和中度放牧被认为有利于维持草场质量，特别是对草地来说。研究表明，正常的放牧可促进植物根系和叶片的生长，也可促进养分循环和土壤有机质的积累，并防止土壤侵蚀。牲畜数量太低时，禾草会被杂类草和灌木代替。牲畜数量太多会造成过度放牧。

过度放牧是指放牧强度长期超过草场的承载力，造成草场退化。虽然大多数过度放牧是由于大量的家畜在一定面积的草场上长时间放牧引起的，但在长期干旱条件下，野生食草动物数量过多也会造成草场的过度放牧。

过度放牧会改变植物群落结构，降低在生产力。更重要的是，会使土壤裸露，加重土壤侵蚀。高强度的过度放牧可能会使草场变成裸地，引起严重的土壤侵蚀。当遇到干旱时，过度放牧会造成荒漠化（见深入观察 13.2）。

放牧不足也会给草场带来危害，因为这会使植物的茎叶大量枯死，从而造成禾草生长缓慢，促进杂类草和灌木生长，甚至会加重土壤侵蚀和退化。因此从为家畜和野生食草动物提供饲草的资源利用角度来说，草场质量下降。

13.1.5　干旱对牧草的影响

干旱是牧场主会遇到的严重环境问题之一。牧场主们在某种程度上可以控制鼠害、有毒植物、灌木丛和杂草、食肉动物、昆虫及不利的土壤条件，但他们绝对控制不了干旱。他们只能想办法适应干旱，而且干旱是不可预测的。即使在轻度放牧条件下，一次严重的干旱也会造成草场植物群落的严重退化。在沙尘暴高发期的 1934 年，美国爱达荷州南部的斯内克河地区，长期干旱使未放牧区的植被盖度减少了 84%。

干旱后的草场恢复依赖于降雨量的多少。因为受降雨量限制，蒙大拿州一个轻度放牧的草原在一次严重干旱后需要 8 年的时间恢复到优良状态。相对地，因为降雨充沛，堪萨斯州一个草场很快就得到了恢复（见图 13.10）。

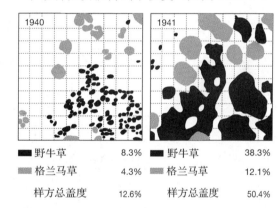

■ 野牛草　8.3%	■ 野牛草　38.3%
▨ 格兰马草　4.3%	▨ 格兰马草　12.1%
样方总盖度　12.6%	样方总盖度　50.4%

图 13.10　充沛的降雨后从干旱胁迫中恢复的草场。堪萨斯州尼斯市附近的草场在一个干旱年的秋季，植被的基盖度降低到只有 12.6%。过度放牧也加重了草场退化。然而，充足的降雨后，一年内草场的禾草就得到了迅速恢复，样地内植被盖度达到了 50.4%

深入观察 13.2　荒漠化

荒漠化有多种定义。《联合国防治荒漠化公约》给出的定义为：在干旱、半干旱或干旱-半湿润地区，由于自然因素（气候变化）和人为因素（人类活动）引起的土地退化。气候因素指的是干旱地区大尺度的气候变化。人类活动包括过度放牧、过度砍伐、不适宜的土地开垦以及不合理的灌溉等。高人口密度、贫穷和土地管理的缺乏会加剧这些破坏活动。最终荒漠化会导致土地生产力下降，为地球上的人类和其他生命提供服务的能力降低。

荒漠化表现为植被破坏、灌木入侵、地下水枯竭、盐碱化和重度侵蚀等。受荒漠化影响最小的地区可能是世界上自然分布的戈壁荒漠，几乎没有人类活动。但是与戈壁毗邻的许多稀疏植被放牧区经受着严重的影响。

因为荒漠化的定义不同，对荒漠化程度的估计也会不同。一个近期对全世界土壤退化的详细研究发现，

1945 年以来由于过度放牧，有 6.8 亿公顷的土地发生了退化，主要在非洲和亚洲。这些研究结果会在"草场条件"一节中详细讨论。

最严重的**荒漠化**可能发生在非洲撒哈拉沙漠以南的萨赫尔地区（见图 1）。1969—1973 年及随后的 20 世纪 80 年代发生了长期且持续的干旱，加上在公共土地上的过度放牧、燃料木材的过度砍伐以及边际土地的扩张开垦，使植被盖度下降，很多地方土壤裸露。干热风将土壤吹向撒哈拉沙漠，沙漠向南扩张明显。在 1969—1973 年的干旱时期，粮食生产下降，家畜因为饲草不足而挨饿或被出售。仅在 1973 年，估计就有 100000 人死于饥饿和疾病，500 万头牛死亡。

美国的荒漠化主要发生在西南地区。例如，索诺兰和奇瓦瓦荒漠可能在 100 万年前已经形成，但过去 100 年来，有些地方变得更加荒芜。动物种群在缩减，有价值的禾草在减少，俄国蓟等入侵物种在增加。亚利桑那州圣克鲁兹河的洪积平原上的原生植被已发生根本改变。

虽然对防止和逆转荒漠化应采取的步骤持有不同观点，但科学家们相信人类一定能阻止荒漠化进程并重建荒漠化地区。他们都认可植物在固持土壤中的关键作用，分歧主要在于具体的土壤、水、草场和森林的管理措施。联合国环境规划署估计全球的荒漠化防治成本将近 1500 亿美元。需要强调的是，巨额的重建投资所得到的回报将不仅仅是农业生产力的提高及其带来的收入增加。

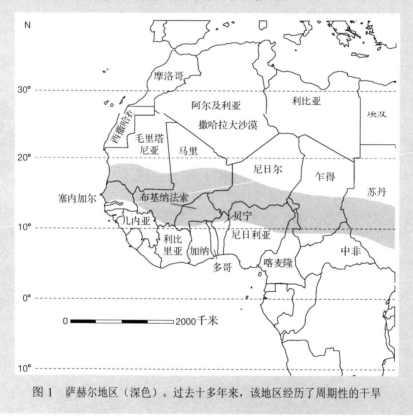

图 1　萨赫尔地区（深色）。过去十多年来，该地区经历了周期性的干旱

13.2　美国草场利用简史

欧洲殖民者到达北美大平原之前，这片土地上生活着大群的大型食草动物——野牛、叉角羚和麋鹿等。研究者推测，这些物种一度能达到 3400 万头。虽然有数量如此巨大的动物群，也很少发生过度放牧。这些食草动物在草场上选择性采食，选择最适口的植物并到处迁移。而且，由于物种间和物种内的竞争与捕食关系，动物数量能保持与草场的承载力相当。它们的肉和兽皮成为美洲原住民的食物、衣服和住所材料。

13.2.1　家畜

在 16 世纪和 17 世纪，欧洲移民（主要是西班牙人）来到新大陆时，也带来了他们的家畜和相应的文化。许多野生食草动物被杀或被驱赶出草场，以减小和家畜的竞争。到 1800 年，牛、羊和马成为美国和加拿大西部草场的重要组成部分。19 世纪初，随着在西部定居人数的不断增加，养牛业也在不断扩大，这应感谢成千上万名勤劳勇敢的牧场主和农场主们。但他们的热情也使我们曾经富饶的草地被大量滥用，并造成了大规模破坏，即使到今天这种现象依然很明显。

在草场上，牛和羊取代了野牛。到 19 世纪末，野牛几乎灭绝。从 1870 年到 1890 年间，牛的数量从 500 万头激增到 2700 万头。1850 年大约有 50 万只绵羊，到 1890 年超过了 2000 万只。随着家畜数量的增加，草场质量和承载力不断下降。

由牛造成的问题其实罪不在牛而在人。很多地区的牧场主允许他们的牛在草场上过度放牧。如果你没有利用这块草地，那么你的邻居就会来利用。一些人称之为"公地的悲剧"，有关介绍见第 12 章（见图 13.11）。一个承载力只有 25 头牛的草场，可能会放养 100 头。大须芒草、早熟禾和野牛草都被啃食得只剩下根系。一旦草本植物的代谢储备库被吃掉，根系也会枯死。很多牧场主执迷于拥有更大数量的牲畜，却没有认识到 4 头营养不良且又瘦又弱的家畜，还没有一头生长良好的家畜值钱。

图 13.11　"公地的悲剧"的卡通描述。因为饲草是免费的，在一块公共草场上谁放养的牛越多，得到的利益就越大。如果社区所有成员都有相同的行为，那么这块公有土地很快就会超载，未来总有一天再也不能养活任何动物，包括人类

13.2.2 公有土地的分布和滥用

1862 年的《宅地法》加速了美国西部的发展。任何人只要在西部定居并生活 5 年以上，就可以在公有土地上分到一块 64 公顷的属于自己的土地。在美国东部，一块 64 公顷的土地足够全家人生活，但在西部却不能。在干旱的西部，那些从来没有被耕种过的土地被试图来这里谋生的自耕农们开垦并破坏。

1878 年，探险家约翰·威斯利·鲍威尔研究了美国西部干旱区的土壤、水资源、植物和动物，并将他的《干旱区土地报告》提交给了美国内政部。在报告中，他指出当时流行的分地和农业开垦措施并不适合于西部干旱区。他建议这些地区适合放牧而不适合种植农作物。他认为一个家庭牧场应该有 1000 公顷或更大，干旱区草场的承载力远远低于当时牧场主放养的牲畜头数。他还提出，如果开垦干旱区的土地，必须通过建设水库或从河中运水来进行灌溉，每个农场不应该大于 32 公顷。遗憾的是，鲍威尔的报告被执政者们忽略了。如果他的建议得到重视和认可，美国草场的健康状况会比现在更好。

1873 年，农场主们开始使用铁丝网围栏阻止牛群践踏农作物。铁丝网也用来限制放牧，阻止其他畜群进入。农场主和牧场主们互相争吵甚至闹出人命，愤怒的牧场主有时会推倒农场主的围栏试图放牧。著名的西部片《原野奇侠》中描述了农场主和牧场主之间的这场争端。

到 1900 年，因为家畜过度放牧了 50 多年，许多草场已经退化。还有一些草场因为开垦后没有灌溉不能耕种而退化。1905 年，美国林业局（USFS）成立，开始限制在国有森林内的放牧强度和放牧季节。

虽然国有森林下的一些草场条件开始好转，但其他数百万公顷的公共草场却没有进行放牧控制，继续遭受着自由放牧对草场的滥用。最终，在 1932 年，严重的草场问题促使议会要求 USFS 调查草场情况。调查显示美国草场生产力下降了 50%。犹他州某些草场因为高强度的放牧使大米草（在大多数草场覆雪时可为家畜提供饲料的一种有价值的冬季饲草种）减少了 90%。该报告进一步揭示了草本层盖度的下降，致使 80% 的草场发生侵蚀。

13.2.3 《泰勒放牧控制法案》及其他法律

1934 年，作为美国林业局调查报告的直接成果，国会颁布了《泰勒放牧控制法案》。部分环保主义者一直呼吁联邦政府控制和管理退化的公共草场，这一长期斗争终于取得了胜利。该法案主要有三条：（1）阻止过度放牧（见图 13.12）和土壤退化，（2）改良和维持草场质量，（3）稳定草场经济。虽然许多草场归私人所有，《泰勒放牧控制法案》的焦点是已经遭受西部牧场主严重滥用的公共草场。按该法案的规定，公共草场被分成不同的**放牧区**，由新成立的畜牧业局管理。可惜 1946 年畜牧业局变成了土地管理局（BLM），对放牧管理的效率下降。

1976 年，国会通过了《联邦土地政策和管理法案》，加强了公有土地管理有关的立法，BLM 有权管理所有公共草场，不仅仅是在国家森林保护区或国家公园内的。BLM 负责阻止超载并监管退化草场的恢复。也是在 1976 年，国会通过了《国有森林管理法》，指定美国林业局（USFS）建立其所辖的全部土地（包括草场）的清单。1978 年，美国通过了《公共草场改良法》，条款中包括管理和改良公共草场的政策。以上三个法案为 BLM 和 USFS 提供了管理、编目和改良美国公共草场的工作框架。

图 13.12 严重超载的草场。可看到裸露的土地和骨瘦如柴的牛群

1985 年，国会通过了《食品安全法》，也称农场法案。依据该法案美国实施了**保护储备计划**（CRP），目标是将 1800 万公顷易侵蚀的农田退耕还草（林）来控制侵蚀。根据该计划，相关的农场主与美国农业部（USDA）签订合同将易侵蚀的耕地退耕 10 年，以恢复自然植被（主要是草）并固持土壤。于是，USDA 付给农场主相应的"租金"。恢复草地不仅可以减少土壤侵蚀，也可为野生动物提供食物和庇护。关于 CRP 的详细介绍见第 7 章。

13.3　草场资源和条件

13.3.1　草场资源

草场大约占全球无冰覆盖陆地面积的一半（见图 13.13），它饲养了 80% 的家畜。大多数的草场位于半干旱区，因为气候太干燥不能开展雨养农业。世界上 42% 的草场用于放养家畜，剩下的 58% 因为太冷、太干旱或离人口聚居区太远而未被利用。如果进行科学管理，更多的土地可以进行放牧利用。

全球有超过 2 亿人利用草场进行不同形式的牧业生产。15% 以上为游牧民，完全依赖草场放牧生活。大多数的牧民生活在非洲和亚洲的发展中国家。然而，在一些发达国家也存在游牧。例如在澳大利亚，草场面积占国土面积的 70% 以上。澳大利亚的游牧业主要是绵羊和牛的养殖，利用了全国草场的 60%。

美国草场面积占国土面积的 29%，主要是分布在美国西部的干旱和半干旱区的矮草草原（见图 13.14）。美国草场的一半以上为私有，43% 为联邦政府所有，其他的属于州和地方政府。与公共草场相比，政府对私有草场的管制相对较少，私有草场通常只用做放牧。联邦政府（主要是 BLM 和 USFS）根据**综合利用**的原则管理公共草场。也就是说，除了放牧，这些草场还可用来进行野生动物保护、娱乐、采矿、发展能源资源、水土保持和水资源保护。

大约有 2% 的美国牧场主能得到 BLM 或 USFS 颁发的许可证在公共草场上放牧。牧场主应该为**公共放牧许可证**付多少费用？这是牧场主和环保主义者们争论了多年的一个话题（详见深入观察 13.3）。

大约有 75% 的美国公有和私有草场每年都在放牧。然而，根据估计，美国草场只提供了家畜消耗饲草料的 16%，剩下的 84% 来自苜蓿和玉米等作物。这一令人吃惊的统计结果可从以下事实得到解释，大多数的牛只有在成熟前才在草场上放养。然后被运到**育肥场**（圈养），牛群挤在一起，喂养谷物和专门的饲料来育肥（见图 13.15）。内布拉斯加州的有些育肥场中牛的存栏数可达 10000 头。

自从美国意识到高脂肪、高胆固醇肉类是心脏病和中风的重要致病因子后，在家畜养殖中育肥场占绝对地位、草场的作用相对较小的情况有了一些改变。对健康的担忧使人均牛肉消费量下降，根据 USDA 经济研究中心的数据，1975 年人均牛肉消费 39 千克，1995 年下降到 30 千克，这一数据一直到 2004 年都几乎没有改变。研究显示，牛在草场上放牧时间越长，牛肉里的脂肪含量越低。因为对消费者需求的敏感响应，现在养殖行业通常将牛留在草场上直到体重达 300 千克，是原来运到育肥场时牛体重的两倍。

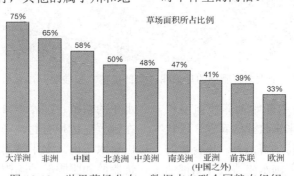

草场面积所占比例

图 13.13　世界草场分布。数据来自联合国粮农组织

20世纪80年代中期的草场

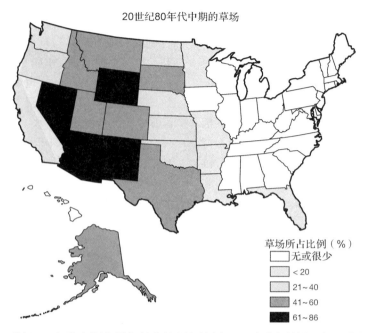

草场所占比例（%）
☐ 无或很少
☐ < 20
☐ 21~40
☐ 41~60
■ 61~86

图 13.14　20 世纪 80 年代中期美国各州草场面积比例，可以看出美国西部以草场为主。现在草场面积稍有下降。例如，根据 USDA-NRCS 的国家资源调查数据，私有草场从 1982 年的 1.68 亿公顷下降到了 2003 年的 1.64 亿公顷。图表经许可引自 Castillon, D. A., *Conservation of Natural Resources* (Dubuque, IA: William C. Brown Publishers, 1992), p. 216

图 13.15　西部一个大型育肥场的鸟瞰图。牛群挤在一起被喂养，在屠宰前"育肥"

一些有远见的牧场主开始饲养瘦肉型长角牛，这是 19 世纪以来畜牧业的新宠，以代替传统的短角牛和海福特牛等品种。更有趣的是，成立于 1986 年的美国水牛协会开始推动水牛的繁殖、饲养和市场化的研究。水牛现在在佛罗里达州有售，华盛顿特区也有一个市场出售水牛肉。水牛排肉瘦味美，应该能满足担忧脂肪和胆固醇的美国人。

深入观察 13.3 牧场主与环保主义者间的草地战争

美国西部的畜牧业始于 16 世纪初，它从墨西哥引入西班牙长角牛开始。1884 年的载畜量最高，公共草场上有 4000 万头牛。有时，牧场主试图藐视联邦法律，1896 年有些人甚至试图在优胜美地国家公园放牧。美国骑兵从公园抓获并驱赶了 189000 只绵羊、1000 头牛和 300 匹马。

如今，有 45 个国家公园允许合法放牧，包括著名的大峡谷、落基山、大提顿和梅萨维德。联邦法律甚至允许在 150 个国家野生动物保护区和指定的荒野保护区内放牧，例如科罗拉多州的大蓝原野和新墨西哥州的吉拉荒野。许多国家森林保护区都允许放牧，由土地管理局（BLM）进行放牧管理。美国西部 1.1 亿公顷的公有土地中有 80% 被用来放牧。

近年来，牧场主通过购买许可证每年在公共草场上放养约 200 万头牛和 230 万只羊。2004 年每头牛的放牧许可价格是每牲畜单位 1.43 美元——远远低于私人草场同一年每牲畜单位 8~23 美元的放牧价格。批评家指出美国纳税人拥有公有放牧场，因此政府实际给了购买联邦放牧许可的牧场主们一定的补贴。他们进一步断言，因为联邦收费远低于私有牧场的租费，而且没有包括草地管理的成本，从而造成预算赤字。

有些环境组织，例如塞拉俱乐部、奥杜邦协会和全国野生动物联合会，非常关心西部各州的放牧情况。他们抱怨，牧场主（和他们的家畜）不仅在公共草场放牧，在放养中家畜还会破坏草地生态系统。例如，河岸生境可为 75% 的草场野生动物提供食物、庇护所和繁殖地。但是牛和其他家畜也喜欢在这些地方觅食，重牧正在破坏这些区域。美国环保局（EPA）最近的一份报告指出："美国西部大部分河岸地带正处于历史上最差的状况。"

环保主义者认为联邦机构可能颁发了太多的放牧许可，结果导致公共草场不可避免的超载和退化。如本章所述，超载会引起植物组成的变化，有价值的禾草被无用的杂草替代。这不仅会降低这些区域的生态价值，也是导致美国草地植物种灭绝的重要原因。尽管家畜和野生动物竞争同样的食物，野生动物通常会在竞争中失败。一个典型的例子来自美国俄勒冈州的伯恩斯 BLM 区，松鸡、鹿和羚羊等野生动物只食用该区可获取的所有植物食物的 3%。

自然资源保护主义者认为更高的收费能获取更多的经费用于草场条件改善、野生动物保护和流域管理。他们认为拥有许可证的牧场主，如果没有政府补贴就不能维持运营，就不应该继续从事畜牧业。

有许可证的牧场主反对提高许可证费用，因为对大多数人来说，边际效益已经很少。他们争辩说，大多数的联邦土地因为地形陡峭或其他原因，放牧更困难，而私有土地通常是生产力更高、更易管理。之所以联邦政府能保留下这些公共草场，就是因为私有土地所有者占据了更有吸引力的土地。他们认为公共草场的超载也可能是由麋鹿、鹿和其他野生动物的数量增加引起的。

另外，私有草场的放牧租金用途单一，而公共草场的放牧租金的使用有很多约束并用于多个方面。同时，联邦放牧许可的限制比传统的私有放牧更严格，这会增加联邦许可证持有者的额外花费。例如，联邦放牧许可要求许可证持有者负责提高和维持草场质量（例如围栏），放牧地也有严格的限制，禁止在水源保护区和野生动物栖息地放牧。几乎所有的放牧许可证都会在维持草场时产生额外的花费，为了获得公共土地放牧许可证，他们不得不为草场的增值付费。

有人认为，如果公共草场放牧费增加到目前私有草场放牧费用的水平，许多依靠公共草场的牧场主将会破产。接着，为他们提供商品的乡村社区也会萧条。

放牧许可证费用已经成为困扰多年的公共政策问题。也许更多的争论应该关注更大的问题：联邦土地及其资源的利用。相信随着所有利益集团和组织的合作加强，这些问题会得到解决。

13.3.2 草场条件

美国草场 **草场条件**定义为与潜在自然植物群落相比的草场植被的现状。从某种意义上说，它是对草场生产力现状的评价。

需要指出的是，美国三个主要的联邦土地管理和咨询机构 USFS、BLM 和自然资源保护局（NRCS）对草场条件的定义和评价方法都有所不同。另外，随着时间的推移，同一个部门内的概念和方法也会有所改变。尽管有差异，这些机构通常都将草场条件分为四级：优、良、中和差（有时会增加第五级——"很差"或"劣等"）。虽然对草场等级的划分标准会有差异，但等级划分中均体现了现有植被（现有的物种组成及其丰富度）与潜在自然植被的对比。优等草场表示现存植被与其潜在自然植被非常接近，而低等草场表示现存植被与潜在自然植被相似度很低（见图 13.16）。所以，虽然很难对这些机构的草场条件数据进行对比，但通过历史数据可以分析美国草场条件的变化趋势。

图 13.16   美国蒙大拿州迈尔斯市被评为良等的草场。因为草场等级评价方法的原因，位于怀俄明州干旱区的蒿属灌丛草场也可能被评为优等，但它的生产力可能会远远低于内布拉斯加州半干旱区的良等矮草草原牧场

因为不合理的放牧，美国公共草场在 19 世纪晚期和 20 世纪早期受到严重破坏，有些地区的土壤和植被还没能从过去的破坏中完全恢复。虽然许多地方仍然需要更好的放牧管理措施，现在的美国草场处于 100 年来最好的条件（有个别例外）。例如，BLM 的数据显示 1936—1992 年间，BLM 所属草场中优等和良等草场所占面积增加了 1 倍多，差等草场面积下降了近 2/3（见图 13.17）。NRCS 关于私有草场的数据显示了短期内相似的变化趋势（见图 13.18）。

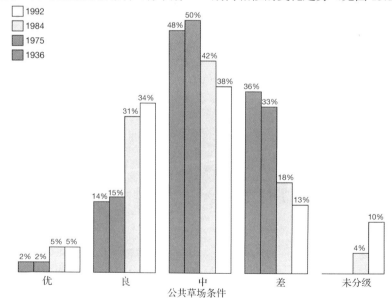

图 13.17   土地管理局所属草场在 1936—1992 年间的等级变化趋势。数据来自 BLM 和 USFS

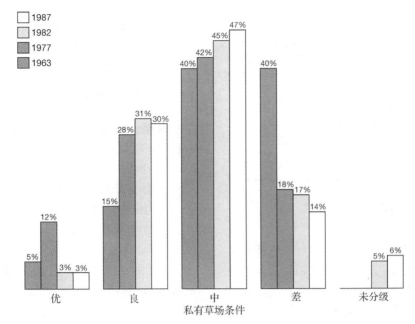

图 13.18　1963—1987 年间私有草场的等级变化。数据来自美国自然资源保护局

　　尽管有所好转，但很多证据表明还有大面积超载的美国草场需要改善。无论是公共草场还是私有草场，还存在大面积的中等和差等草场。公正地说，一些草场虽然被划分为中等或差等，它们在现有管理措施下已达到较好的条件，因为草场评价中每个草场是与潜在自然植被进行比较评价的。存在多种利用方式（例如野生动物栖息地、野营、远足和放牧）的草场的适合植被可能与原有植被完全不同。例如，当草场的灌丛和杂类草与多年生禾草相比时，可为鹿提供更多的饲草。但是，如果这个草场的潜在植被以多年生禾草为主，现存植被（灌木和杂类草占优势）则与潜在植被差异性大，那么这个草场可能被评为中等或差等。但是，这片草场可能已经拥有期望物种的期望丰富度。

　　其他国家的草场　部分调查表明加拿大草场与美国有相似的好转趋势。尽管一些地区仍然存在超载和退化，澳大利亚的草场近几十年来总体在改善。欧洲的大部分草场是优良等级的，而且是世界上生产力最高的。世界其他地区的大部分草场情况不明。非洲、亚洲和南美洲有限的数据表明，这些地区大部分的草场仍然处于不同程度的退化中。

　　非洲和亚洲的草场退化可能是最明显的。两个洲的总草场面积约占世界草场面积的一半。联合国的一个三年研究计划"土壤退化的全球评估"有来自全球 250 多位科学家参与，研究发现近 50 年来过度放牧已造成全球 6.8 亿公顷的土地退化，其中 65%分布在非洲和亚洲（见表 13.2）。研究表明，如果不减少畜群数量或采取适当的可持续的家畜放牧措施，20%的世界草地正失去生产能力并会持续恶化。

　　在西非干旱的荒漠草原区的 9 个国家中，载畜量通常会超过草场承载力的 50%～100%，存在严重的荒漠化加剧现象。北非的摩洛哥、阿尔及利亚、突尼斯、利比亚和埃及也存在普遍过度放牧问题，以及牧草产量下降问题。苏丹表现出草场快速退化和荒漠化快速增加的趋势。赞比亚也有严重的过度放牧问题，载畜量远远超过了草场的承载力。

　　在中国，1/4 的草场已经严重退化，其中主要分布在中国北方。中东的草场，特别是伊朗、伊拉克、约旦、阿曼、巴基斯坦和叙利亚境内的草场，大量条件为差。印度的大多数草场已退化或过度放牧，虽然通过草场改良计划有些草场得到了改善。巴西、阿根廷、乌拉圭和巴拉圭等南美国家的许多草场也因为超载发生了退化。

表 13.2　1945—1991 年间过度放牧
引起的世界范围的土地退化

地　　区	超载土地（100 万平方公顷）
非洲	243
亚洲	197
欧洲	50
中美洲和北美洲	38
大洋洲	83
南美洲	68

13.4　草场管理

草场管理是一门跨学科的领域，它需要不同学科的科学知识，例如土壤和植物科学、动物和野生动物科学、林学、水文学、经济学和其他相关学科。草场管理的主要目标是在保持草场的长期健康条件的同时，实现最大的家畜或野生食草动物生产力。

同其他领域的资源管理一样，草场管理最好的措施是预防——防止草场的退化。好的草场管理的第一步是确定目标草场的承载力。计算的承载力可用来管理草场上放牧动物的种类和数量，从而避免过度放牧。为了保护草场，许多牧场主和草场管理者也实行轮牧来防止过度放牧。其他草场动物，如蝗虫和野兔，会与家畜竞争饲草，降低个别草场或公共草场的承载力，从而使草场管理变得更加困难。草原狼等捕食者也会影响一个草场的承载力，原因稍后介绍。通过一些管理措施的实施，包括放牧调控、人工播种和控制害草与害虫，可以提高草场的承载力。

13.4.1　放牧调控

水盐分布设计　牛和其他家畜都喜欢集中在一定区域，例如在湿的草甸上或者沿着河岸，这些地方通常植被生长茂盛，营养更丰富。家畜也会避开其他一些地方，例如山脊和山坡，因为这些地方的植被通常较稀疏。结果经常会导致一个草场有些地方严重超载而有些地方没有放牧。

为了避免出现这种问题，牧场主们经常会采取一些措施保证家畜在他们的草场上均衡啃食。可通过带刺的铁丝围栏（即用铁丝将牧场围成各个独立的区域）和专人放牧（驱赶牧群从一个区域到另一个区域）来直接控制。这种方法的成本较高。

牧场主们还会使用一些成本较低但仍很有效的间接措施。例如，他们可以在草场上统筹布设水池和盐块。因为牛羊通常会在水源附近聚集，盐块应该放置在距离水源 0.4～0.8 千米的范围内，这个距离受放牧时间和其他因子的影响。盐块也应该投放在山脊、缓坡或灌丛和森林的空地等没有放牧的区域，引诱家畜经常到达它们通常不去的区域（见图 13.19）。

图 13.19　为牛群提供的盐块。合理放置盐块，不论是单独或与其他供应物一起，都能有助于合理分布牧群。家畜通常会从水源地去采食，再去补充盐分。当盐分远离水源地时，家畜能被诱惑到没有放牧的区域采食

盐是保证草场动物活力和健康的必需品。当三个星期没有进食盐分时，牛会对盐分极其渴望。如果继续得不到盐分补充，动物会没有食欲，变得瘦弱不堪，甚至死亡。当草场的土壤富含磷酸盐和硫酸盐时，家畜可通过啃食含盐植物部分满足对盐分的需求。

放牧制度　有些牧场主允许他们的家畜一整年在一个区域内采食，这种方式被称为连续放牧制度。然而，很多牧场主会让家畜从一个区域到另一个区域进行放牧。经过多年摸索，牧场主和草场管理者发展了 8 种放牧制度：（1）连续放牧，（2）延时轮牧，（3）休闲轮牧，（4）短周期放牧，（5）梅里尔 3 群-4 区放牧，（6）高强度-低频率放牧，（7）最佳放牧区放牧，（8）季节适宜性放牧。要选择一个合适的放牧制度，牧场主需要考虑很多因素，包括气候、地形、植被和家畜种类。还需要考虑野生动物的需要、流域保护和放牧制度对劳动力的需求。但这还不是全部，他们还必须考虑是否需要围栏，有没有水源。虽然学生在学习草场管理时需要学习所有这 8 种制度，但本章只讨论几个主要的放牧制度。

连续放牧允许家畜整个放牧季节在一块草地上连续放养。连续放牧会引发的一个问题是，家畜会选择性地在某些地方采食，从而造成过度放牧斑块和未放牧斑块镶嵌分布的格局。在长期放牧区域，适口性好（通常也更有营养）的物种被过度采食，会失去活力和营养价值，或者被低营养、低适口性的植物代替。

美国发展起来的第一个专业的放牧制度是**延迟轮牧**。它是典型的"作物轮作"制度，这里的"作物"是指牛或其他家畜。其目的是通过迁走家畜，使草场得到暂时的休牧。该放牧制度的主要特征如图 13.20 所示，在该制度下一个草场可以分成三块，分别为 A、B 和 C。第一年，首先在草场 B 放牧，然后移到草场 C，最后到草场 A，此时草场 A 的所有植物已经成熟，即植物种子成熟并脱落。第二年，首先在草场 C 放牧，然后是草场 B，草场 A 还是最后放牧，而且要等到种子已经成熟并脱落后。第三和第四年，草场 B 被延迟放牧，即等到种子成熟后最后放牧。第五和第六年，草场 C 被延迟放牧。总的来说，在该放牧制度下，六年期间每块草场会连续两年进行延迟放牧。

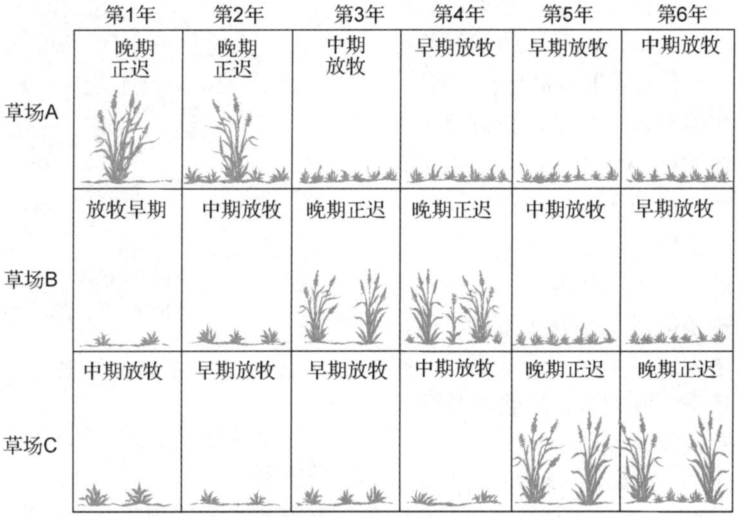

图 13.20　延迟轮牧

第一和第二年，家畜在生长季末期才进入草场 A 采食，植物已经成熟并且种子已经脱落。虽然这时牧草已经变得很干燥，但仍具有很高的营养价值。当种子成熟后进行一定程度

的放牧是对草场有利的，因为到处采食的牛羊会散播种子并将种子踩到脚下，这样会帮助种子进入土里从而提高发芽率。

延迟轮牧制度有许多益处。最重要的是它

有助于维持第二作物——饲草的长期生产力和健康。该制度可以提高饲草的个体大小、密度和产量，也可以提高草场的活力、再生能力和营养价值。

短周期放牧是 20 世纪 60 年代由艾伦·萨弗瑞在津巴布韦发展起来的，70 年代引入美国。萨弗瑞改进的这种放牧制度现在称为**整体资源管理**。在该制度下，允许家畜在一个地块高强度采食。因为家畜在一个地块采食时间很短而且很多动物竞争相同的食物，它们就会更均匀地采食。也就是说，适口性好和适口性差的植物会被同时采食。当一块草场被完全啃食后，家畜会迁走使植物重新生长。该制度允许高的放牧强度（单位面积草场上的牲畜数量），在美国的一些地区备受推崇，在合理管理下，据称可以减少劳动力成本、提高牲畜个体的质量并改善草场条件。尽管整体资源管理被宣传适于世界上所有类型的草场，但还缺少足够的长期研究来论证其有效性。萨弗瑞对放牧管理制度的完整讨论参见本章推荐读物中所列萨弗瑞的著作。

13.4.2 人工播种（补播）

牧场主们通过定期播种来改良草场，也称为**补播**。补播有助于严重退化草场的恢复并提高草场的承载力。可手工或用飞机播种。然而，如果不采用一些措施来盖住种子，补播很可能会失败。未被盖住的种子可能会被大风吹走、被冬天的严寒冻死、被鸟和啮齿动物吃掉或被大暴雨冲走。牧场主们可以赶一群牛将种子踩入土中。如果在最近过火的林地播种，疏松的灰烬覆盖能确保种子的成功萌发（不过，在特大火燃烧后，土壤太硬种子穿不透地面）。同样，如果补播与秋季落叶同时，植物叶片凋落物会覆盖种子使其成功萌发。

飞播是在崎岖不平的山区播种的唯一可行方法，其效率较高。例如，几年前蒙大拿州卡比内特国家森林公园中的一块冷杉-松林被烧毁后，进行了飞播。两年后，长满了猫尾草和草地早熟禾。不仅很好地防止了土壤侵蚀，每年每公顷还可为放养的动物提供 2100 千克的饲草料。

通常，与条件相同的未进行补播的草场相比，经过适当补播的草场可在更长的时间内处于较好的条件并喂养更多的家畜。例如，西部许多补播草场连续放牧 15 年后，生产力还可达到补播前的 3～20 倍。通过人工补播的改良草场的一个经典实例是，美国犹他州鱼湖国家森林公园内一块 200 公顷的实验样地，在播种前，该草场以蒿属灌木和一枝黄灌木为主，只能放养 8 头牛。然而，播种冰草（见图 13.21）和雀麦 3 年后，就能承载 100 头牛。

图 13.21 结穗的冰草，一种从俄罗斯引进的外来丛生禾草。它可在夏季凉爽的北部平原各洲茁壮生长

13.4.3 草场害虫害草控制

草场管理的另一项重要内容是：控制那些同禾草竞争的植物，如杂草和木本植物；控制与家畜竞争食物的食草动物（如蝗虫、野兔和啮齿动物）；控制食肉动物，特别是草原狼。

控制害草 牧场主们要定期面对利用价值低的木本灌木入侵放牧草场，如牧豆树、蒿属灌木和柏树。这些植物会与草场植物竞争土壤水分、养分和阳光（见图 13.22）。过度放牧的草场更易受到这些物种的入侵。如果不采取有效的控制措施，这些物种的快速传播会严重降低草场的家畜承载力。下面以豆科灌木为例进行说明。

牧豆树是一种多刺的荒漠灌木，具有小型革质叶片。和所有豆科植物一样，它可以结大量的多汁的豆荚，发达的根系可达 15 米深。

在美国西南草地的所有木本入侵植物中，从分布、丰富度和入侵能力来看，牧豆树都排在第一位。草地生态学家相信，上千年来，闪电或生活在大草原的美国原住民（为了打猎）点燃的定期火灾阻止了牧豆树的入侵。草本植

物会和牧豆树一起被火烧掉。但是大多数的草本植物可在两年内成熟并产生种子，而牧豆树需要更长的时间。因为这个原因，周期性的火烧能控制牧豆树的生长。

绿色行动

志愿者通过全球生态恢复网络(国际生态恢复学会的一个项目)来恢复草场，或参与美国及国外的其他环境计划。需要志愿者职位和组织清单的读者，可访问 www.globalrestorationnetwork.org/volunteer/。

图 13.22　美国内华达州莫哈韦荒漠的红石峡谷国家保护区内蔓延生长的牧豆树

生态学家相信草地生物群区的气候顶级植被，具有深的纤维状根系，能与牧豆树在竞争阳光和有限的土壤水分中获胜。但是，白人殖民者赶走了印第安人，在草地上饲养成千上万头牛羊，并采用新措施控制火灾。结果，限制牧豆树生长的主要因素消失了。过度放牧会造成顶级群落优势种减少。减少种逐渐被增长种代替，然后又被入侵种代替。早期的入侵种（浅的主根）竞争不过牧豆树，逐渐被牧豆树代替。牧豆树的入侵也得到牛群的帮助。夏末成熟的牧豆树豆荚一般长 20 厘米，可为牛群提高营养的食物。牛虽然消化了豆荚，但种子通常会穿过消化系统随粪便一起排出，从而远

离母树。有活力的种子在很好的肥力供应下具有特别高的发芽率。

茂密的牧豆树灌丛或其他入侵植物可通过**控制性火烧**限制其生长（见图 13.23）。牧场主采用这种方法，不过是复制了在白人殖民者到来之前数千年来自然界用火控制入侵种的方法。和自然火一样，控制性火烧可促进有价值牧草的生长，如垂穗草、须芒草和野牛草。它也对许多野生动物有益。进一步说，控制性火烧能使家畜在草场上更均匀地分布。研究表明，与未火烧过的草场相比，控制性火烧草场上的牛群可以更快地育肥。这种效果不仅是因为火烧后牧草的蛋白质、磷和水分增加了，而

且植物的适口性和可消化性也提高了。虽然有很多好处，但因为关注空气污染和火灾问题，近年来美国控制性火烧已受限制。

图13.23 美国蒙大拿州一个草场在进行控制性火烧

人工挖出（用铁链或其他重的工具拽出来）或犁出牧豆树也是有效的，但成本很高。如果采用犁耕的办法，那么所有区域必须认真地重新播种高营养的牧草草种。

另外，可以通过飞机喷洒除草剂控制大面积分布的牧豆树。但是，需要特别小心避免伤害有用的植物和动物。在美国有规定不能经常使用除草剂控制草场植物，因为价格昂贵并且可能会威胁人类健康。

对不想要的牧草植物的生物控制包括引入山羊、骆驼和食草的昆虫。尤其是山羊，经常在很多国家被用来控制灌木和其他杂草。在引入任何外来种（即非常可能在草场生存的任何物种）之前，都应该进行细致全面的生态学研究，确保引入这种动物（或植物）后不会取代我们想要的本地物种。有些草场管理者通过驱使大群家畜定期短时间地踩踏来控制不想要的植物。

控制食草动物 与家畜相比，昆虫会更严重地过度采食牧草。尽管草地毛毛虫、看麦娘虫、摩门蟋蟀和收获蚁有时会引起最大的损害，但蝗虫对草地植被的破坏毫无疑问在昆虫中排第一。在西部草地收集到的100多种**蝗虫**中，破坏性最大且分布最广的是一种迁移能力较弱的蝗虫（见图13.24）。在高峰期，蝗虫能结成大群并迁徙几百千米。

在湿润气候下，蝗虫种群会保持较小的数量。牧场主甚至意识不到它的存在。但在严重干旱时，蝗虫种群会快速增长，甚至你在穿过草场时迈出一步没有惊起几只蝗虫是不可能的。在高峰年份，蝗虫的过度采食会导致家畜必须转移到其他草场或挨饿。在严重干旱时，蝗虫密度会超过30只每平方米，它们能吃掉99%的植被。

图13.24 蝗灾爆发。一名昆虫专家正在检查捕虫网上的昆虫。在草地上来回挥动几次捕虫网，他可以确定蝗虫爆发的严重程度，从而采取合适的控制措施

蝗虫-草场关系中一个有趣的现象是，过度放牧草场上的昆虫数量要远大于中等放牧强度的草场，因为大多数种类的蝗虫更喜欢禾草少而杂类草（阔叶开花植物）多的草场。亚利桑那州南部的一项研究发现，过度放牧草场上的蝗虫种群可达到每公顷 450000 只，而平均条件下草场上的蝗虫只有每公顷 50000 只，比例为 9:1。所以说，控制蝗灾的一个有效手段是确保草场不过度放牧。另外，预防是最好的措施！

干旱时期，**野兔**会和牛羊展开对优质牧草的激烈竞争（见图 13.25）。75～150 只野兔的食草量与一头牛相当，15～30 只与一只羊相当。研究表明野兔每天的食草量约为其体重的 6.5%。这么大的比例大约是草场上大多数反刍动物的 3 倍多。所以草场上高密度的野兔种群会带来严重的牧压。这会阻止高营养的减少种的重建，使低价值的增长种增加，同时仙人掌和蓟等入侵种会增加。

草场害虫，不论是蝗虫或野兔，还是草原土拨鼠，都只有在种群高峰期才会带来严重的生态问题，而这些高峰期通常伴随着草场退化。需要强调的是，这些害虫不会成为草场退化的起因，而是草场退化的标志。我们可以将草场滥用比做一个伤口。"伤口"最初遭受了过大强度的放牧，接着害虫会使伤口发炎，使它不能正常康复。

为什么处于良好条件下的草场（合适的放牧强度下拥有顶级群落物种）不适合某些野兔和啮齿动物生活？这一点一直没有得到充分的解释。也许因为高的植被阻挡了这些相对没有抵抗力的动物的视线，使它们更容易被捕食者捕获。在任何情况下，大多数草场专家都认为射杀、诱捕和投毒只能是临时应急措施，很少能取得预期的效果。野兔和啮齿动物的繁殖速率都很高，种群数量通常短期内就会恢复。害虫问题最好的长期解决方法是植被管理，经常只需简单地围起四股带刺铁丝围栏，阻止过多的牛群进入退化草场，同时进行轮牧制度。

控制捕食者：草原狼　捕食者包括草原狼、黑熊、金雕、山猫、狐狸和美洲狮等，可对草场家畜造成一定的影响。在所有的草场捕食者中，**草原狼**（见图 13.26）造成的影响最大，主要是对羊群的捕食。一次针对大盆地地区捕食者造成的羊的损失的调查表明，草原狼造成的损失占 90%，山猫占 2%，其他捕食者占 8%。狡猾的"郊狼"已成为养羊的牧场主们心头的一根刺，一些报道中羊的损失超过了 20%。研究表明有人放牧的羊群的损失远低于无人放牧的羊群。然而，在过去的 50 年中，牧羊人一直在减少。

图 13.25　与家畜竞争牧草的野兔。只有草场过度放牧时，它才会成为严重的害虫。照片拍自亚利桑那州的圣丽塔实验草场

图 13.26　草原狼，一种鬼鬼祟祟的草场捕食者，不论公正与否，它被控每年会杀死数千只羊

当一个牧场主杀掉一只狼，而一只狼每年会吃掉 20 只羊，简单的算法就可以认为这个牧场主因此每年多了 20 只羊。然而，大自然不会

这么简单和直截了当。首先，草原狼在吃羊的同时会吃更多其他的动物。它的食物中 50%是野兔和啮齿动物。因此，杀死一只狼保存下来的几只羊的价值可能低于数百只啮齿动物和野兔吃掉的饲草的价值，因为如果让这只狼活着，它会从草场生态系统中吃掉这些啮齿动物和野兔。尽管如此，许多牧场主还是不可避免地把控制捕食者作为草原管理的一个措施。事实上，在草原狼数量增多的地区，养羊的牧场主们会采取所有可能的捕杀手段，包括投毒、诱捕和射杀，甚至到它们的洞穴进行捕杀。

1931 年美国国会通过了《动物危害控制法案》（ADC），在牧场控制捕食者成为联邦政府的责任。在联邦 ADC 行动中，仅 1994 年就有 100000 只捕食者被捕杀，其中大多数为草原狼。根据最新的捕杀数据，许多专家认为草原狼控制应该集中在确实有羊被杀死的少数牧场上。大范围没有选择地捕杀草原狼的行动费钱、费时且费力，而且缺乏依据。控制草原狼的各种方法的利弊讨论见案例研究 13.1。

案例研究 13.1　草原狼的控制方法

可以用不同的方法来控制草原狼的种群。有些方法是对草原狼不致命的，包括使用牧羊人、牧羊犬(牛)、控制生育和化学驱逐剂；有些方法是致命的，包括投毒、诱捕、射杀和兽穴捕猎。这里讨论常用的控制措施。

牧羊犬

几百年来，欧亚草原上的牧羊人成功地用牧羊犬来保护了羊群不被草原狼捕杀。美国最常见的牧羊犬的品种中有一些也来自欧洲和亚洲，包括大白熊犬（来自法国）、阿克巴什和安纳托利亚牧羊犬（来自土耳其）、匈牙利牧羊犬（来自匈牙利）、马雷马牧羊犬（来自意大利）和藏獒（来自中国西藏）。1978 年以来，美国 31 个州的养羊牧场主们开始用牧羊犬来保护他们的畜群（见图 1）。在牧羊犬还是幼犬时就放到羊群中，它们很快就认为自己是畜群的固有成员。当有狼接近羊群时，会激起成熟的牧羊犬的保护本能。牧羊犬反应迅速，会冲侵入者大声吠叫，使它逃走。

牧羊犬方法是高效的，也可为牧场主节省费用。例如，调查发现，在那些经历过被狼造成羊群损失惨重的牧场主中，每三个中就会有一个汇报说自从使用了牧羊犬，再也没发生狼捕杀羊群的事件。环保主义者坚决支持牧羊犬方法。尽管如此，还是有很多牧场主不使用牧羊犬，因为他们不愿意尝试新的控制狼群的方法，或者因为他们错误地认为牧羊犬自己就会杀死一些羊。

图 1　新西兰一只大白熊犬正在看护羊群

牧羊牛

最近发展起来的控制捕食者的方法是将牛羊在围栏混养一个月。在这期间，动物之间会产生较强的依恋。当在开放的草场放牧时，牛会对捕食者又踢又撞，来保护羊群。根据 USDA 的一份报告，这种方法能急剧减少羊群被捕杀的数量。

用化学药物控制生育

为了限制草原狼种群，给它们投放放置了节育药物的家畜尸体，吃了这种肉的草原狼繁殖能力会下降。从理论上说，草原狼的种群会下降。但遗憾的是，这种下降可能只是临时的。为什么？和许多其他野生动物一样，草原狼具有极大的繁殖弹性。当某一年的种群下降时，第二年幼崽的数量通常会增加。草原狼的种群弹性很大以至于很难完全消灭，需要近半个世纪年复一年地每年消灭掉种群数量的 75%！

化学驱逐剂

化学驱逐剂的使用还处于实验阶段。在家畜尸体中注射氯化锂——一种难闻的致呕化学药物，将尸体投放给草原狼。当草原狼食用了这种下药的肉后，会变得很不舒服，也许因此可避免捕杀活着的羊。

致命毒药：化合物 1080

用氟乙酸钠（俗称化合物 1080）来控制草原狼的方法引起了大量争议。公众、环保主义者及各种组织，如野生动物保护组织、奥杜邦学会和全国野生动物联合会，都强烈反对使用这种药品。首先，它的毒性极强，28 克就足够杀死 20000 只草原狼。

反对使用化合物 1080 的一个主要原因是，虽然不是故意的，但也会毒杀金雕和山猫等非目标物种。这些动物会偶然吃掉投放给草原狼的带化合物 1080 的诱饵，或者甚至是吃掉被毒死的草原狼的尸体。一些野生动物学家估计，当 20 世纪 60 年代使用这种药物时，每年大概有 9000 只山猫被意外毒死。

1972 年，时任美国总统理查德·尼克松颁发行政命令，在所有联邦土地上或联邦机构在其他地方，都禁止使用化合物 1080。很快，EPA 也禁止各州机构和个人使用这种药物。

养羊的牧场主们向他们的国会议员强烈抱怨，禁止使用化合物 1080 就是剥夺了他们控制草原狼的最有效的武器。1985 年，EPA 迫于里根政府的压力，允许在围绕羊脖子的特制项圈里使用这种毒药。因为北美狼通常会攻击猎物的脖子，含化合物 1080 的项圈似乎是控制这些捕食者的有效手段。

使用化合物 1080 的政治斗争是否值得？具有讽刺意味的是，答案是不。一个得到高度认可的研究显示，对比使用化合物 1080 前（1940—1949 年）和广泛使用该药物的 1950—1970 期间，由捕食者和其他原因导致的羊群损失数量在这两个时期没有明显差别。现在的政策是，USDA 限制牧场主们控制捕食者的行动，尽管众所周知牧场主遭受了巨大的损失。

国会议员皮特·德法西奥（俄勒冈州民主党）自 2004 年以来一直倡导淘汰化合物 1080。2005 年，德法西奥在美国众议院提出立法禁止使用这种致命的毒药，但国会未通过这一法案。从此以后，德法西奥给 EPA 和其他联邦机构写了无数封信，鼓励他们行使自己的权利来禁止化合物 1080。德法西奥最近的一次行动，是提出淘汰 H.R.4775、化合物 1080 和 M-44 的法案，提议永远废除对这些毒药的合法使用权。

重要概念小结

1. 草场是指世界上生产饲草料（包括草本和灌木）的土地，可供野生动物和家畜放牧，同时还具有提供木材、水资源、能源、野生动物、矿产和娱乐的功能。

2. 在世界范围内，草场占地球无冰雪覆盖的陆地表面的一半左右，提供了驯养家畜 80% 的饲料。美国草场占国土面积的 29%。

3. 世界大部分的放牧场来自以下 7 种植被类型：草地、热带稀树草原、苔原、荒漠灌丛、灌木林、温带森林和热带森林。

4. 草本植物枝叶上部的 50% 是过剩的，可被家畜采食；下部的 50% 是代谢储备库，是保证植物存活的必不可少的部分。

5. 草地生态学家和牧场主经常根据草场植物演替动态将不同的植物种分成三类：减少种、增长种和入侵种。

6. 放牧承载力是指一定时间内一定面积的草场上可放养的动物数量，前提是不会引起饲草生产力、饲草质量或土壤质量的下降。

7. 过度放牧是指严重超过草场承载力的连续放牧，最终导致草场退化。

8. 荒漠化是指由于气候变化和人类活动导致的土地退化，如过度放牧、过度砍伐、不合理的耕作，或在干旱、半干旱和干旱-半湿润地区不合理的灌溉。

9. 美国 1862 年的《宅地法》为任何想在美国西部定居且已居住 5 年以上的人划拨 64 公顷的公共土地。

10. 1905 年美国林业局（USFS）成立，并开始限制在美国国有森林内的家畜放牧数量和放牧季节。

11. 1934 年的《泰勒放牧控制法案》的主要目的是提高美国草场质量。

12. 美国大约 2%的牧场主拥有土地管理局（BLM）或 USFS 颁发的放牧许可证（美国纳税人给予补贴），允许他们在公共草场上放牧。

13. 专业术语"草场条件"是指一个草场与其潜在自然植物群落相比较的现有植被状况。

14. 因为不合理的放牧，美国公共草场在 19 世纪末和 20 世纪初被严重滥用。

15. 虽然许多地方还需要更好的放牧管理措施，如今的美国草场条件已达到 100 年来最好。

16. 非洲、亚洲和南美洲的许多草场存在不同程度的退化。

17. 通过合理规划盐和水源的投放点，可以使家畜的放牧区域更均匀，预防过度放牧。

18. 不同的放牧制度，如连续放牧、延迟轮牧和短周期放牧（也称整体资源管理），在美国和世界其他地方广泛使用。

19. 条件差的草场可以通过补播进行改良。

20. 草场管理的一个重要方面是控制与草场植物存在竞争的害草，如杂草和木本植物；也要控制与家畜竞争食物的害虫，如蝗虫、野兔和啮齿动物。

21. 用来控制草原狼捕食羊群的方法包括牧羊犬、牧羊牛、节育药物、化学驱逐剂、致命毒药（如化合物 1080）、诱捕、射杀和兽穴捕猎等。

关键术语和短语

Animal Unit Months (AUMs)　牲畜单位

Basal Zone　叶基

Bureau of Land Management (BLM)　土地管理局

Carrying Capacity　承载力

Conservation Reserve Program (CRP)　保护储备计划

Continuous Grazing　连续放牧

Controlled Burning　控制性火烧

Coyote　草原狼

Decreasers　减少种

Deferred-Rotation Grazing　延迟轮牧

Desert Shrublands　荒漠灌丛

Desertification　荒漠化

Federal Land Policy and Management Act　联邦土地政策和管理法案

Feedlots　育肥场

Food Security Act　食物安全法案

Forage　饲草

Grasshoppers　蝗虫

Grasslands　草地

Grazing District　放牧区

Grazing Permit　放牧许可证

Holistic Resource Management　整体资源管理

Homestead Act　宅地法

Increasers　增长种

Invaders　入侵种

Jackrabbits　野兔

Mesquite　牧豆树

Metabolic Reserve　代谢储备库

Multiple Use　综合利用

National Forest Management Act　国有森林管理法案

National Grasslands　国家草地保护区

The Nature Conservancy　大自然保护协会

Overgrazing　过度放牧

Powell, John Wesley　约翰·威斯利·鲍威尔

Public Rangelands Improvement Act　公共草场改良法案

Range Condition　草场条件

Rangelands　草场

Reseeding　补播

Sahel　荒漠草原

Short-Duration Grazing　短周期放牧

Shrub Woodlands　灌木林

Sodbusting　开荒

Taylor Grazing Control Act　泰勒放牧控制放牧法案

Temperate Forests　温带森林

Tropical Forests　热带森林

Tropical Savannas　热带稀树草原

Tundra　苔原

Undergrazing　放牧不足

U.S. Forest Service (USFS)　美国林业局

批判性思维和问题讨论

1. 草地、热带稀树草原和荒漠灌丛有什么不同？
2. 草地植物有什么独特的生长特性，使它们在中度放牧下仍可以存活？
3. 草场三类植物减少种、增长种和入侵种之间有什么关系？
4. 简要列举 1934 年《泰勒放牧控制法案》的三个主要目标。
5. 给出管理美国大部分公共草场的两个联邦机构的名称。它们都是什么时候成立的？
6. 美国公共草场的放牧费用是否应该增加？为什么？
7. 养肥场的功能是什么？
8. 描述延迟轮牧制度。
9. 简要论述草场火烧的正效应。
10. 通过飞播对草场进行补播时，有哪些注意事项？
11. 为什么牧豆树会成为草场上重要的有害植物？
12. 控制草场蝗虫的有效措施是什么？
13. 叙述控制草原狼的不同方法，包括致命的和不致命的。
14. 定义草场条件，并论述美国草场条件的现状。
15. 非洲荒漠化的主要原因是什么？
16. 什么是草场？世界草场的主要分布区在哪里？
17. 恢复自然草原的好处是什么？

网络资源

本章相关在线资料见 http://www.prenhall.com/chiras（单击 Table of Contents，接着选择 Chapter 13）。

第 *14* 章

森林管理

美国森林的分布，从阿拉斯加和西北太平洋沿岸地区生长的铁杉与花旗松原始林，到中东部和东部生长的次生橡树与山核桃林，再到南方的人工松树林。如图14.1所示，美国本土有6个主要的森林区（指美国本土 48 个州）。森林的形成是当地环境条件的生物表达，包括降雨、温度和土壤。

　　健康的森林生态系统是地球的生命支撑系统。森林能提供一系列的产品和服务，是人类和其他动物健康生活所必不可少的，这些自然资产称为**生态系统服务**。其中许多产品和服务传统上被认为对人类社会是免费的。例如，这类"免费产品"包括野生动物栖息地和生物多样性、流域服务、碳库和风景优美的景观等。由于没有正式的市场，这些自然资产传统上不能进入社会经济资产负债表，所以它们的贡献常在公共、法人社团和个人的决策制定中被忽视。认识作为自然资产的森林生态系统的经济和社会价值，有助于促进森林保护并进行更负责任的决策。

　　本章讨论森林和森林管理，并探讨荒野和国家森林公园，最后简介热带雨林。

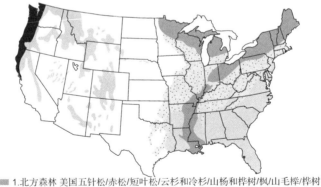

1.北方森林 美国五针松/赤松/短叶松/云杉和冷杉/山杨和桦树/枫/山毛榉/桦树
2.中央森林 橡树和山核桃
3.南方森林 橡树和松树/火炬松/短叶松/长叶松和湿地松
4.河边低地森林 橡树/桃金娘科/柏树
5.西海岸森林 花旗松/铁杉和阿拉斯加云杉/红杉和西部润叶树
6.西部内陆森林 美国黄松/美国黑松/花旗松/美国五针松/美国西部落叶松/冷杉和云杉美国西部阔叶树

图 14.1　美国本土 6 个主要林区分布图

14.1　林权

　　从媒体对林业的报道中，我们会惊讶地发现，与 1920 年相比，尽管林地面积几乎一样，但美国现在拥有更多的木材。这个国家拥有世界上面积最大的受法律保护的荒野保护区，但同时还保持着很高产量和高效率的木材生产行业。这些年来，美国的森林管理发生了很多改变。比如 20 世纪 20 年代之前，森林通常被砍伐后就不管了。而今天，林场主会在砍伐后的林地上重新植树。根据**美国农业部所属林业局**（USFS）2000 年的报告，美国每年的植树面积可达到 100 万公顷，相当于康涅狄格州的面积。其中，木材企业造林占 45%，非企业的私人造林占 42%，国家林业系统占 6%，其他政府和企业占 7%。

美国林业局将林地定义为树木覆盖率大于 10% 的土地。根据林业局统计，2006 年美国森林面积达 3.02 亿公顷，占国土面积的 33%。在美国的森林中，私人占 54%，公共团体占 37%，私营企业占 9%。从 20 世纪初以来，美国森林面积就一直保持在 3 亿公顷左右，比估算的欧洲人定居前的森林面积小得多（减少了 29%）。

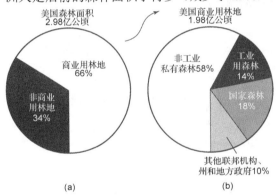

图 14.2　美国林地的类型：(a)近 2/3 的美国林地进行商业化的木材生产，另 1/3 是非商业化的林地；(b)商用林地又可根据拥有者类型分类，58% 属于非企业私人森林拥有者，木材行业占 14%，国有森林占 18%，其他联邦机构及地方和州政府拥有剩余的 10%

如图 14.2(a)所示，大约 2/3 的美国林地（1.98 亿公顷）被划分为商用林地，剩下的 34% 为非商用林地。

商用林地具有较高的木材质量，可满足木材行业的生产需求。如图 14.2(b)所示，在商用林地中，58% 属于私人所有，即木材企业之外的其他拥有者，例如农场主和地产拥有者，他们的主要收入来自于木材生产以外的活动。这些个人被划归为**非企业的私人森林拥有者**。

如图 14.2(b)所示，商用林地的 14% 属于森林企业，它们进行各种木材的生产。森林企业的土地超过一半位于南方，美国南部是林业经济的一个重要区域。这些企业规模差异很大，有拥有几千公顷土地的小型锯木厂，也有拥有数百万公顷林地和几十个工厂的跨国集团。

从图 14.2(b)中还可以看出，商用林地的 18% 为国有公共土地。其他联邦机构，例如国家公园管理局及地方和州政府拥有剩下的 10%。

14.2　美国林业局

美国有 4 个联邦机构负责管理森林。首先是美国自然资源保护局，主要关注农场的管理，其中涉及森林。其次为田纳西河流域管理局，负责沿着田纳西河及其支流上分布的众多水库周边的林地管理。第三是鱼类和野生动物管理局，致力于提高森林野生动物和鱼类的栖息地。第四是美国林业局，主要负责管理国有森林，为多数人创造长远的、最大的利益。

美国林业局成立于 1905 年。西奥多·罗斯福总统任命吉福德·平肖为第一任局长（见图 14.3）。作为耶鲁大学的林学教授，平肖提倡使用他在欧洲学到的几种森林管理方法。平肖是一个狂热的自然保护主义者，他将保护主义定义为对自然资源的明智利用。

林业局的职能主要有三个方面：（1）管理和保护国有森林；（2）研究森林、流域、山地和旅游风景区的管理、野生动物栖息地改善、森林产品开发以及火灾和害虫控制；（3）与美国 50 个州、波多黎各与维尔京群岛的政府和私有林地所有者进行合作，促进森林管理。

美国林业局保护和管理着 155 块国有森林和 20 块国有草地（见图 14.4），面积达 7700 万公顷。其中 18% 为荒野保护区，剩下的 82% 由林业局开展综合利用和可持续生产。

图 14.3 罗斯福总统和吉福德·平肖站在一棵被称为老灰熊的巨大红杉树下。平肖是美国林业局的第一任局长

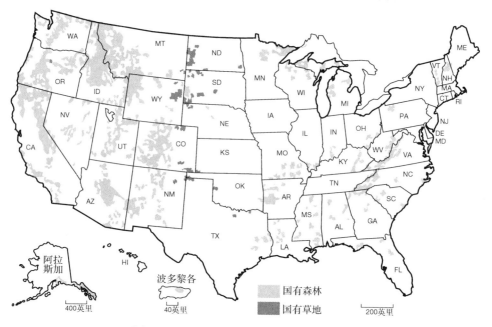

图 14.4 美国国有森林和国有草地的分布

国有森林

国有草地

阿拉斯加

400英里

波多黎各

40英里

200英里

14.2.1 综合利用

综合利用管理需要满足不同的需求，包括木材、放牧、农业、矿业、石油和天然气开采、狩猎和钓鱼、娱乐、水土保持、野生动物保护和流域管理。林业局的主要目标是让更多的森林资源惠及尽可能多的公众，这一目标已被写入了 1960 年颁布的《**综合利用与持续生产法案**》。森林的综合利用管理看似简单，但在实际实施时，确是一个极其复杂的生态问题。例如，林业局经常会被迫为了某一目的使用一片森林，从而会牺牲它在其他方面的潜在用途。森林资源的利用不可能在各个方面都做到令人满意。例如，如果一个花旗松林地被用来采

伐优质木材，皆伐可能是最好的方式。但是皆伐将损害森林的防洪和水土保持功能，并可能会丧失为野生动物提供栖息地和娱乐的机会。

合理的综合利用管理必须权衡多数人的需求，而这些需求可能各不相同。于是，在华盛顿州和俄勒冈州，花旗松和西部铁杉林的首要任务是木材生产，而在人口众多的纽约州，对经济价值较低的次生林而言，其娱乐休闲价值是首要的，正好满足许多城市居民去荒野寻求精神放松的需要。

作为木材来源的森林　在殖民早期，笔直而结实的新英格兰云杉和白松树干被制成了皇家海军的桅杆。如今，在近三个世纪后，这个国家的森林成为各种有价值的产品的来源。今天美国商用森林为 10000 多种木产品提供原材料，它支撑的行业在美国 50 个州中的 40 个的企业排名中跻身前十。

全球人均消费木材量约为 0.7 立方米每年。美国人均木材使用量比世界上任何其他国家都多，大约为每年每人 2 立方米（相当一部分从加拿大和斯堪的纳维亚进口）。美国人在木头的世界里吃饭、睡觉、工作和娱乐。如图 14.5 所示，无论是以何种形式，包括牙签、电线杆、胶卷、枫糖浆、纸张或建筑材料，我们都高度依赖木材和木材产品。在全球范围内，被砍伐的木材中大约 50%用做燃料而直接燃烧。木材可用做做饭和取暖的燃料（见图 14.6），偶尔可用做蒸汽发电机和汽轮机的燃料进行发电。

绿色行动

回收纸张及其他可回收物。利用旧纸制造新纸，可减少森林砍伐，比用树木造纸少消耗 30%~55%的能量，并减少 95%的空气污染。

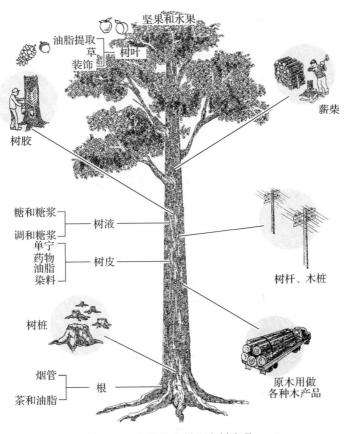

图 14.5　有用的木材和木材产品

图 14.6　印度尼西亚巴厘岛上的一个孩子，头上顶着从
周边森林里砍伐的木柴。这些木材将用来做饭

森林的防洪和水土保持功能　森林不仅可以提供有用的木材产品，还可提供各种有价值的生态服务。例如，森林可以减少洪水和土壤侵蚀。以美国犹他州的戴维斯县为例，它位于大盐湖的东岸，曾经经常遭受洪水侵袭。林业局调查人员发现引发洪水的径流主要来自于植被被破坏后的裸地。这一流域的土壤侵蚀区主要是火烧、过度放牧或耕种后形成的边际耕地。在某些地方，洪水产生的冲沟可达21米深。在雨季，退化土地上的径流量比相邻的未干扰地区高160倍。在土地恢复中，用推土机推平冲沟，平缓山坡的坡度，裸地平整后种植速生的灌木和乔木。11年后，8月的一场暴雨考验了重建的流域，调查表明94%的降雨被新造的林地拦截，土壤侵蚀量从之前的每公顷80吨降到了只有微量泥沙。

森林的放牧功能　除了提供木材和生态服务功能外，美国的大面积森林还可以提供高质的饲草料。在美国7700万公顷的国有森林和国有草地中，有4050万公顷用做牧场，喂养了600万头牛羊（它们分别属于1.9万名农牧场主）。这些林地大多数分布在西部，而湖区和中部各州主要在农场的林地上进行放牧。如第13章所述，获准在国有森林内放牧的牧场主会为此付费。

森林可为野生动物提供栖息地　美国国有森林及许多私人林地是优质的野生动物栖息地。落基山地区超过60%的麋鹿生活在国有森林中。

林业局努力对国有森林进行科学管理，来提供最好的野生动物栖息地。有时，最好的管理包括采取措施增加林缘面积。林缘是位于森林与其相邻植被之间过渡带的生境，例如与草甸和沼泽。林缘经常会有更多的灌丛，为野生动物提供食物和庇护所。这类生境的开发经常结合木材砍伐，以及防火隔离带和搬运木材的道路的建设，不会引起连续生境的破碎化。与气候顶级群落相比，演替早期群落可为麋鹿和鹿提供更丰富的食物与庇护所，所以通过定期火烧使演替进程后退，将对这些动物非常有利。

14.2.2　持续生产

现在经营木材生意的人与在19世纪后期和20世纪早期单纯"砍倒运出去"的那批人已完全不同。在学习德国的造林技术后，美国的林务官们认识到在森林管理中，如果保证每年的砍伐量与生长量平衡，这种适度的木材收获就可以年复一年，永远持续。这就是**持续生产**的概念。根据1960年颁布的《综合利用与持续产量法案》，林务官获得国会授权，在国有森林的管理中采用持续生产的原则。

如果一片森林要持续生产，那么在给定的

一年中的木材生产量应与木材砍伐量相当。以皆伐为例,皆伐就是砍掉给定林块上的所有树木。假设美国乔治亚州的一个农场主有 40 公顷的松林,在树龄 40 年时进行皆伐。按照林务官的说法,如果这片松林正常生长,就应该有 40 个年龄级,即从 1 到 40,每个龄级有 1 公顷(见图 14.7)。只要每年有 1 公顷的

40 年林龄的森林被砍伐,而且被皆伐的林地能及时地重新栽种,木材生产就会一直持续。

采伐周期的长短依赖于树种和它们的预期商业用途。因为山杨和桦木常被用来制作纸浆,采伐周期为 10～30 年;松树纸浆林的采伐周期为 15～20 年。与此相反,用做木材的花旗松的采伐周期要大于 100 年。

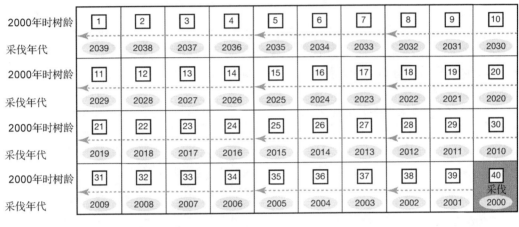

图 14.7 一片 40 公顷森林的 40 年轮伐期

14.3 树木采伐

14.3.1 采伐准备

一片森林一旦成熟,就可以采伐。在采伐前,林务官会对这一林块的立木材积和等级进行评估。这种现场调查被称为**巡查**。每棵将被采伐的树木连同采伐区的边界都会被标记。森林管理者会依据巡查数据制定详细的**采伐计划**。

包括加利福尼亚州和马萨诸塞州在内的一些州,采伐计划必须得到州议会的批准。标准的采伐计划必须包括以下几项:

1. 在一张地图上标出计划采伐的林块。
2. 在地图上标出计划采伐的树种的位置、分布、林龄和材积。要在计划采伐区域内画出树种的分布。

3. 计划采取的采伐方式(皆伐、带状采伐或择伐)。
4. 最合理的采伐通道。
5. 完成采伐作业所需的时间估计。
6. 采伐成本与出售原木和/或纸浆木料的可能总收入。

14.3.2 采伐方式

林地管理需要认真地计划并学习森林作业法。**森林作业法**是一个长期的采伐和管理方案,针对具体林分,通常以持续稳定的木材供给为目标,对生长、造林和经营管理进行优化。林分管理基于持续生产原则。

森林作业法分为采伐方法和再造林方法两部分。有多种采伐方法可供木材公司选择。具体选择哪种采伐方法受多种因素影响,包括生物学因素和经济学因素。不同的林分,比如同龄林分和异龄林分,采伐方法不同。

同龄林分可采用皆伐、种子树、伞伐和萌生林的方法。异龄林分可采用择伐和带状采伐方法。

同龄林方法 在同龄林分的采伐中使用最广泛的方法是**皆伐**。皆伐法在美国西北部和其他地区的私有与公有林中广泛采用，主要应用于**同龄林**和仅有一两个树种的林分。皆伐只适合于喜阳树种。

同龄林中的树木具有基本相同的树龄和大小，可一次全部采伐（皆伐）。只生长单一树种的林分称为**纯林**，是颇具争议的一种森林作业法（见深入观察 14.1）。

深入观察 14.1 关于纯林的争论

纯林，作为一种植树方法，与农场主只种植玉米或燕麦等农作物相似。在一个地块内种植单一的树种，而且所有个体年龄和大小基本相同（见图 1）。纯林造林法在世界上很多林场和某些公有土地都采用。**林场**在私有土地上种植树木，以出售木材获益。林场占全世界森林面积的 2%～3%。美国有 74000 多个林场，林地面积可达 3850 万公顷。

纯林方法受到某些森林经营者、林业公司和经济学家的推崇，但被许多专业的林务官和生态学家所批评。因为存在争议，有必要列出赞成者和反对者的主要观点。

支持纯林的观点：

1. 能生产更多的木材。因为生长迅速，轮伐期相对较短（皆伐法）。
2. 能增加木材公司和私有土地拥有者的短期利益。
3. 纯林造林是退化土地再造林及防止土壤侵蚀和荒漠化的最快方法。
4. 纯林在施肥及喷洒除草剂、杀菌剂和杀虫药时适合进行集约化作业（经常为飞机作业）。
5. 纯林能使先进技术得到最大化的使用，如播种机、植树机、"树猴"（能爬树剪枝）、木片收割机、单人油锯和破碎机（一个月内能清理 240 公顷的林地）等。

图 1　一片纯林。这片人工种植的松林位于美国南部针叶林区的田纳西河流域。这些树将被造纸厂用做纸浆原料。一些够大的树木也可用做木材或木板（定向刨花板）。如今，由于先进的木材工艺，小树也可用来生产大多数的产品

6. 纯林有利于喜阳树种（不耐阴）幼苗的建植，适于很多经济价值较高的树种，如花旗松、红杉、长叶松、西黄松、黄杨、红橡木、樱桃木和黑胡桃木等。
7. 纯林有助于提高木材生产力，满足日益增长的木材需求。
8. 纯林的高生产力能减轻大面积砍伐原始森林的压力。

反对纯林造林的观点：

1. 纯林是结构简单的人工生态系统。它缺少天然生态系统（以不同年龄不同树种组成的森林为代表，结构更复杂）所拥有的内部平衡机制。
2. 尽管纯林的高生产力不可否认，但木材材质不如天然林中生长相对缓慢的树木。

3. 肥料和杀虫剂的集约化喷洒会污染水生生态系统。食物链被农药污染最终会影响野生动物和人类（见第 8 章）。杀虫剂的连续使用会提高森林害虫的抗药性。

4. 纯林经营依赖于大量化石能源的投入。能源消耗包括直接消耗，如植树机、修枝机、油锯、直升飞机和飞机（用于播种、施肥和喷洒农药）使用的汽油，或间接消耗，如大型森林种植和收获机械的制造及肥料和杀虫剂的生产。

5. 单种同龄林基本上只有一个服务功能——木材生产。但多物种的异龄自然林经常能提供其他更多、更好的服务功能，例如水土饱和与防洪、为野生动物提供栖息地、维持生物多样性、美丽风景和休闲娱乐等。

6. 因为纯林地表枯落物的持水性相对较小，与自然林相比，纯林地表会较干燥和温暖。所以，纯林更容易遭受火灾。

7. 纯林更容易大面积爆发病虫害。

8. 纯林最终采用皆伐法进行采伐，这会引起一系列环境问题。

关于纯林争论的一种解决方法是限制公有土地上的纯林造林，科学管理私有土地上的纯林，防止土壤侵蚀和由径流中的泥沙、农药和肥料带来的水污染。你怎么看待这个问题？

太平洋沿岸的**花旗松林**常用皆伐法。花旗松也许是世界上经济价值最大的木材树种，这一地区的花旗松木材已出口欧洲，因为其木材品质优于欧洲的本地种。华盛顿州和俄勒冈州的花旗松有些树龄已超过 1000 年，高 60 多米。与山毛榉和枫树不同，花旗松不是气候顶级树种，它的树苗不耐阴，种子在林下不能萌发。因此，花旗松不适合择伐。如果进行择伐，它在森林中的生态位很快就会被耐阴树种代替。另外，一棵 30 米高的花旗松会有几吨重，进行砍伐和搬运时不可避免地会严重损伤甚至杀死幼树。

皆伐法作业的林块面积通常为 16～49 公顷，完成后会在森林中留下一个不明显的"疤疤"。在国有林中，皆伐林块最大不能超过 16 公顷。因为有许多皆伐林块，从空中向下看时，一片森林就像一个巨大的绿色-棕色棋盘（见图 14.8）。除了俄勒冈州和华盛顿州的花旗松外，皆伐法也可在南方松林、明尼苏达州北部、威斯康星州和密歇根州的山杨林，以及西部的针叶林的同龄林采伐作业中有效采用。

皆伐法与**轮作**相结合。轮作是指种植和采伐轮番进行。如果想收获锯材，轮作期约为 100 年，需要相对长的轮作期来使树木足够成熟，从而满足建筑上**规格材**（建筑工程专业术语，指的是宽度和高度按规定尺寸加工的木材）需要的密度和耐久性。与此相反，如果需要纸浆木材，轮作期只需 30 年。纸浆树种，例如松树、山杨和桦木在 30 年左右就可达到最适的特性。此外，如果桦木和山杨的年龄超过 30 年，将更易遭受病虫害。锯材的轮作期为 100 年而纸浆木材的轮作期为 30 年，从材积量的角度也是最有效的，因为采伐前它们的生长速率已开始急剧下降。

许多地区对大规模的皆伐是有争议的，尤其是美国、加拿大和澳大利亚，以及拉丁美洲、印度尼西亚、亚洲和非洲的热带森林地区。美国林业局的皆伐作业在 1971 年成为争议的风暴中心。大多数的批评集中在对蒙大拿州比特鲁特山国有森林中花旗松的采伐行为。

美国私有企业的皆伐作业也是批判的对象。以加利福尼亚州太平洋木材公司为例，1988 年开始对尤里卡镇附近的百年红杉林加大皆伐力度（见图 14.9），据称是为了偿还垃圾债务（很少或没有抵押品就发行的债券）——收购一家具有可持续采伐的长期良好记录的公司。因为一根 500 年的红杉木材市场价值超过了 50000 美元，对经济利益的追求促进了太平洋木材公司的皆伐力度。但是，对"保护红杉联合会"这一环保组织来说，皆伐破坏了美学和生态学价值。该组织的成员坚决反对皆伐，甚至到了要在那些注定要被砍伐的树上（用滑轮吊起来的平台上）静坐的地步。皆伐法的优点和缺点详见表 14.1。

为了克服皆伐法影响自然再生的问题，人们设计出了其他一些同龄林管理方法。例如，造林法中的**种子树方法**要求在采伐木材时，分散保留一定数目的成熟个体，作为新采伐迹地的种子库。这些树木应该相互有一定间隔以保证种子的均匀散布。当皆伐林块较多而且独立木能避免风害且生长稳定时，最适合采用种子树法。

图 14.8　华盛顿州奥林匹克国家森林公园的棋盘状皆伐区

图 14.9　加利福尼亚州北部红杉国家公园内的红杉树。北美红杉是世界上最高的树种，树高可超过 113 米

如果一些树种的种子在开阔地不能发芽生长，林务官可以采用伞伐法。如图 14.10 所示，林务官留下充分的种子树为新的树苗提供保护和遮阴。在典型的伞伐法中，根据树种和实际环境，首次主伐时要留下足够的成熟木，能遮住 30%～80% 的地表。一旦幼苗生长稳定（通常需要几年），保留下来的成熟木就会被全部采伐，以防影响幼树的生长。

萌生林法的植被重建是树木从砍伐留下的树桩萌生，而不是前面方法中采用的种子萌发。萌生林通常也采用皆伐法采伐。萌生林法常用于易萌生且萌生木能达到商业要求的树种，例如山杨和橡树。

表 14.1　皆伐的优点和缺点

优　点	缺　点
1. 皆伐是最快和最简单的采伐方法，与其他采伐方法相比，需要较少的技术和规划。它能减少木材运输道路的建设	1. 因为树木全部被采伐，在坡地上皆伐会引起地表径流和土壤侵蚀增加。表土的侵蚀经常会导致河道淤积，从而影响下游河坝
2. 皆伐后几年内，采伐迹地通常会生长喜阳的灌木和幼树，为各种野生动物，包括野兔、松鸡、鹿和许多鸣禽，提供栖息地	2. 由纯林代替多样性高的异龄原始林，更易遭受病虫害和火灾。另外，高质量的原始林木材被快速生长的低质量的木材代替
3. 皆伐对花旗松等市场需求较高的树种来说，是森林重建的最好方式	3. 皆伐会增加树木的倒伏。在均匀生长的林分中，大多数的树木都会受到保护，能经受暴风的考验。但当森林皆伐后，开阔地周边的树木就容易受到暴风的袭击
4. 皆伐是控制某些病虫害爆发的唯一有效方法。为了拯救受病虫害感染的林分，林务官可采用皆伐这种外科手术，就像外科医生通过切掉生病的器官来拯救病人的生命那样	4. 皆伐会减少生物多样性，并可能降低一个地区的承载力（对某些物种来说）和生境质量，这至少是临时的。一片裸地能承载多少松鸡或鹿呢
5. 皆伐的经济回报率通常是最高的	5. 皆伐后会给森林留下一块"伤疤"，它降低了一片森林的娱乐价值，破坏了一个地区的景观
6. 皆伐可增加单位面积的木材产量，并缩短新林地的重建时间。再造林时经常可以使用基因改良的品种	6. 它会产生火灾隐患。当一片森林被皆伐后，会留下大量的碎屑（脱落的树皮、树枝、锯屑和破碎的原木）。这样的采伐迹地很容易被闪电点燃，从而引起火灾

异龄林的管理　皆伐法不适用于由**异龄树**（不同的林龄和大小）组成的用材林，也不适用于由有价值的用材树种和没有商业价值的树种组成的混合林。这种情况下，可用**择伐法**采伐树木，通过挑选的方法，对有价值树种的成熟个体进行周期性的采伐。计划采伐的树木提前用喷漆或其他方法进行标记。为了改良林分，畸形树或"垃圾"树种也会被清除。

择伐法可用来从森林中采伐单一树种，例如枫树、山毛榉或铁杉。应用这种采伐方法的树种，其幼苗可在林下遮阴环境中很好地发芽生长。择伐法已经在针阔混交林和落叶阔叶林（橡树、山核桃、白胡桃和胡桃）中得到广泛应用（见图 14.11）。与皆伐法相比，择伐法的成本较高，花费的时间也较多，但也有很多优点。优点包括以下几个方面：

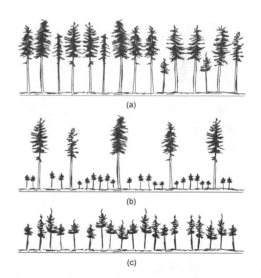

图 14.10　典型的伞伐法。(a)采伐前的成熟林；(b)首次主伐留下足够的树木使上层树冠盖度达到 40%；(c)当幼树定植成功后，保留的成熟木被采伐

1. 对环境的破坏最小，不会造成土地"疤痕"、径流增加、水土流失和野生动物生境破坏。

2. 可减少倒伏木。

3. 可降低火灾风险，因为它在采伐后留下的碎屑较少。

4. 可保持较高的自然再生产速率。

针对一个具体林分的择伐期可为 10 年。根据规则，每公顷只采伐少量的树木。整个林分从不会被完全采伐，只有单独或一小群树木被采伐。持续生产的原则在此得到充分实践——在某年内采伐的总材积量与前次采伐以来增加的木材量相等。采伐的树木最终会自然恢复，因为林窗会不断产生，所以自然恢复也是一个不间断的过程。

带状采伐法在美国东北部的森林及中美和南美洲的热带雨林中得到了有效应用。在农田土壤侵蚀控制的讨论中（见第 7 章），沿等高线的带状种植技术得到高度认可。带状采伐从某种意义上说是相似的，通常在山区应用。在山区皆伐会引起过度的土壤侵蚀，因此会造成采伐迹地下游河道的大量泥沙淤积与污染。

如图 14.12 所示，在带状采伐作业中，伐木工会在森林中砍伐出一个一个窄条。典型的条带宽度约为 80 米，采伐带两侧剩余的森林带可成为种子源。带状采伐法在南方松林中已得到成功应用。

与皆伐法相比，带状采伐法有如下优点：（1）大大降低土壤养分流失和土壤侵蚀。（2）可减少山区河流的泥沙量，从而保护鲑鱼和其他鱼类的产卵场。（3）可减小大面积皆伐造成的视觉"污染"。（4）可通过自然机制进行更有效的**再造林**。

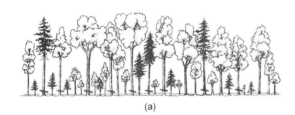

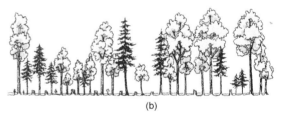

(a)　　　　　　　　　　　　(b)

图 14.11　一个异龄的北方铁杉-阔叶树混交林地的择伐。(a)择伐前。树干上画横线的是将被砍伐的树木；(b)择伐 10 年后的同一块林地

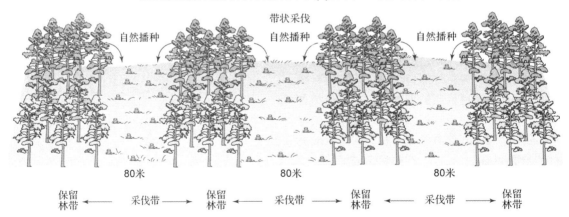

图 14.12　典型的带状采伐模式。留下森林带保证采伐带的自然重建

14.3.3　采伐作业

采伐树木就是砍倒树木，然后除去树枝，将树干分割成原木。原木从林下或从空中被运到集中点，在这里装上卡车或火车车厢，然后运到纸浆加工厂或锯木厂。

一名伐木工用油锯每天可采伐 14 立方米的锯材或造纸木材。大公司经常使用伐木归堆联合机和全树切片机。**伐木归堆联合机**是一种大型采伐机械，所带附件可以现场分割树干

（见图 14.13）。它包括一个标准的重型底座与配有圆锯或大剪刀（可伸缩的从树基砍倒小树的设备）的抓树设备。它可将伐倒木推在一起，方便木材运输车或传送装置，或其他运输机器将木材运到进一步加工处，如剪掉枝桠或切片。

纸浆加工工厂会使用**全树切片机**，它可将一棵直径 50 厘米的完整松树，包括树枝在内，在不到 1 分钟的时间内切割为成千上万个小木片，然后将它们倒入等待的卡车或拖车上，运到造纸厂。这种切片机有两个优点：（1）对树木生物量的使用率，与传统采伐法相比要高60%；（2）可使林下地表相对干净，有利于幼树的生长；与传统采伐作业造成的大量碎屑相比，可大大降低火灾风险。遗憾的是，移除碎屑可能会减少养分补给和土壤形成，这在长时间内也会困扰公司。

图 14.13　一台伐木归堆联合机。它是一种伐木机械，在现场砍倒树木后将它们堆在一起

14.4　再造林

无论是皆伐、带状采伐还是择伐，木材一旦被采伐，就须在裸地上再造林，以保证森林的持续生产。再造林可采用自然或人工方法。同样，火灾、病虫害、飓风或露天采矿破坏的森林也应及时进行再造林，即使造林的目的不是为了获取木材。再造林有助于减少侵蚀，恢复野生动物生境和娱乐休闲区。数十年来，美国数百万公顷的土地进行了飞播或栽种。

14.4.1　自然再播种

如前文所述，在某些皆伐作业中，会在伐木区内保留一些成熟的耐风吹的树木作为种源。通过风，少部分通过鸟类、啮齿动物和河流的传播，种子最终会散布于整个采伐迹地。然而，**自然再播种**通常不够充分。原因之一是某些树种，例如火炬松，每 2～5 年才会有一次种子的丰年（丰年的种子产量比贫瘠年份高十多倍）。另一个原因是散布的种子必须抵达裸地，使树苗能从土壤中吸收水分和养分，才能正常发育和生长。如果落到树皮、原木或石头上，则很难生存。啮齿动物、鸟类或其他动物也可能以种子为食。因为这些缺陷，自然再播种通常会辅以飞播、手工播种或机播。

14.4.2　人工播种

在崎岖地形，**飞播造林**是最好的方法。飞机或直升飞机在树冠上部缓慢飞行散播种子。一架直升飞机每天可播种 1000 公顷。但是，许多种子会落到贫瘠土壤上或被鸟类、鼠类或松鼠吃掉。为了减少被动物食用的概率，这些种子经常用毒药包裹，阻止消化或使种子的味道变差。除了铁杉和云杉等种子特别小的树种外，成功播种的首要条件是消灭啮齿动物。

如果采伐迹地是平坦的，可用电动播种机。在美国东南部及其他地区广泛使用这种播种机，每天可播种 3.3 公顷。这些机器可同时施肥和喷洒除草剂以清除杂草。

14.4.3　栽种

除了鸟类和啮齿动物问题外，播种的另一个主要缺点是一年生的幼苗大部分会死于霜冻、干旱、炎热天气、昆虫和秋季落叶。所以与栽种幼树相比，即使是人工方式的播种也很难成功。幼树的种子在温床或温室内发芽生长，也不需要预防啮齿动物来采食。这些树木的成功定植需要好的种源、好的苗圃或温室以及好的植树工作。在南方和大湖区，每名工人每小时可栽种 150 棵树。在平原地区，3 名工人、1 台拖拉机和 1 台植树机每小时可植树1000～2000 棵。

绿色行动

在院子里植树，或作为志愿者在邻里、城市或州里植树。在美国社区的植树和树木管护项目中，志愿者会起重要作用。美国许多组织利用志愿者协助完成植树项目。访问非营利组织的网站，可找到附近的相关组织，如美国植树节基金会（www.arborday.org/ programs/ volunteers/）。

在栽种的最初几年里，控制杂草很关键，因为入侵的杂草可与树苗竞争阳光和水分。可通过割草、防杂草栅栏和除草剂来控制杂草。

为防止鹿和野兔啃食，可用半透明的塑料管包住幼树树干。

14.4.4　开发优良基因树种

森林经营者为了再造林，花费了大量的时间和金钱来开发优良基因树种。两个树种**杂交**可能产生融合母本最好性状的后代。例如，在加利福尼亚州北部，之前种植的美国黄松很容易受到大松象虫的侵袭，造成巨大的经济损失。但是通过将耐寒的美国黄松与抗象鼻虫的库尔特松杂交，这个问题得到了一定程度的缓解。杂交种既耐寒又抗松象虫。基因工程的其他可能性将在深入观察 14.2 中讨论。

通过老的基因技术（如选择育种）也可以提高木材产量。在**选择育种**时，将具有我们想要得到的性状的个体与其他个体授粉，寄希望于将这一基因传递给下一代。研究表明对于南方松林，选择育种技术能提高 10%的木材量，树干笔直率提高 9%，木材密度提高 5%，抗锈病能力（一种真菌传染病）提高 4%。选择育种在经济上的收益是可观的。例如，加利福尼亚州一个森林培育项目的回报率为每公顷林地增加 68 美元。

另一种提高生产力的方法是，通过**种子园**生产大量的高质量种子。先将优良品系的幼树的顶部剪掉并栽种，成为砧木。再从其他优良品质的树木上剪下小枝条嫁接到砧木上。由嫁接枝发育的树木可与其他具有商业价值的树木进行杂交。通过杂交产生的种子就可用来种植和发展商业用林。

另一种获取优良品种的方法是**组织培养**。收集优良品种树木的种子，在玻璃皿中培育成幼苗。将幼苗细弱的枝条剪下、切割后放到营养液中。这些细胞会长成完整的幼苗，有根、茎和叶芽。因为所有的个体都来自同一个母体，具有完全相同的遗传物质，所以被称为**克隆植物**。

深入观察 14.2　基因工程：未来超级森林的关键

如第 5 章所述，**基因工程**的快速发展，给美国森林的飞速发展带来了希望。遗传性状由基因决定，而基因存在于染色体的 DNA 分子中。有一类技术称为直接 DNA 转录，具有某一性状的基因，如速生的基因，能被直接转录到单个细胞的 DNA 上。每个细胞可发育成一棵速生树。

栽种转基因（GE）树木的未来会如何？基于最近在美国、巴西、新西兰、南非和几个欧洲国家的研究，以下几点已经或很快就可实现：

1. 对潜在的采食动物，例如鹿而言，转基因树种会变得不适口。
2. 云杉和阔叶树种（橡树和枫树）的定植苗会拥有完整的转基因性状，包括速生、对肥料的需求减少、与杂草的竞争力增加和高成活率等。
3. 具有转基因性状的纸浆树种（云杉、山杨、桦树和火炬松等），对造纸厂而言将拥有更高的利用价值。
4. 转基因树种可产生天然的杀虫剂来防治虫害，也会产生天然的除草剂来减少或清除与其竞争土壤水分和养分的杂草。

很多科学家和民众希望转基因树种在大面积栽种前进行安全检验。因为转基因树种还未被证明是安全的，许多人认为树种工程严格意义上讲是在科学和经济回报上的投机。有科学家质疑，为了满足全球不断增长的木材需求而发展速生转基因森林，将加剧对原始森林的砍伐，以求为更有经济价值的人工林提供种植空间，这将对森林生物多样性、依赖森林的群落和气候产生严重的后果。

如果最终商业化种植，转基因树种不可避免地会污染本地森林，例如杀虫能力等转基因性状。联合国粮农组织 2005 年的转基因树种调查报告指出，在科学家调查的转基因树种中，有一半以上对本地生态系统和植物存在无意识的污染，这是转基因树种的一个主要问题。例如，本地森林被木质素减少的转基因树木污染会导致严重的森林健康危机。木质素是一类重要的结构聚合物，也可有效提高树木的抗病虫害能力。

种植转基因树种是否是一个重大议题？你认为转基因树种扩散到环境中将会发生什么？

14.5　森林病虫害控制

树木生长并不像听起来那么容易。有许多因素会影响树木的生长和寿命。对大多数森林来说，导致森林生长停滞和死亡的最严重因素是病虫害（见图 14.14）。下面先介绍病害。

14.5.1　病害

当我们谈到许多人类常见的致死疾病时，可能会想到病毒和细菌。对森林树种而言，最多和最严重的疾病是由真菌引起的（见表 14.2）。这些疾病会随树种和发病部位的不同，出现不同的症状和不同的损害类型。例如，真菌会导致木材腐烂，大多数发生在死去树木的树心（心材）。这种造成心材腐烂的疾病称为**心腐病**，会使木材质量下降甚至完全丧失市场价值。在所有破坏性疾病中，对森林树木影响最大的是心腐病。很多种类的真菌可引起心腐病（但心腐病真菌也是有益的，因为它具有分解倒伏木、树桩和林业废物，促进元素再循环，以及分解易燃物质等作用）。其他病害主要有白松锈病（见图 14.15）、矮槲寄生和荷兰榆树病

等。危害最大的疾病通常是由外来真菌种引起的，在偶然被引入美国后，它们突然从生长受限的原环境中被释放出来。

14.5.2　虫害

根据 **1947 年《森林害虫防治法案》**，每年会对私有和公有林调查害虫种群规模，以便在它们达到灾害水平之前消灭它们。木材损失量的 20%来自害虫，占森林损害的第二位，病害占第一位。每个树种都有自己独有的害虫群。例如，一棵橡树可能会被 100 种以上的害虫啃食，树木的任何部位都不能幸免（见表 14.3）。一棵健康的树可以抵御害虫的蚕食，但如果树木在干旱、竞争、污染或三者共同影响下生长已受到胁迫，则可能会遭受更严重的害虫损害。

树皮甲虫　树皮甲虫是世界上对森林危害最大的昆虫之一。成年甲虫会用其强大的下颚钻透树皮，挖掘卵室。从卵中孵化出来的微小幼虫以柔软的内树皮为食。如果数量足够大（每棵大树 1000 只），那么它们可以围绕整棵树，并在 1 个月内杀死它。树皮甲虫群体中有大量的有害种类。

松甲虫通过传播一种可以在树木内繁殖

的真菌来杀死树木。这种真菌会堵塞树木的导管，从而阻止水分在叶、枝、树干和根系之间的运输。1917—1943 年，西部松甲虫杀死了太平洋沿岸 590 万立方米的美国黄松。山地松甲虫能大范围损害加利福尼亚州的加州白松、美国五针松和美国黑松。南方松甲虫，是美国东南部危害最大的昆虫，会杀死大面积的南方松。

松甲虫是森林生态系统的固有成员，但人类活动会使它们激增。例如，过度砍伐树木，再生植被的密度经常会很大，这些树木会竞争水分。在干旱年份，树木不能获得足够的水分，因此抵御树皮甲虫等昆虫的能力下降。因此，森林间伐可有效防治甲虫。

但是，只有从源头上阻止甲虫的繁殖才是长久之计，这也是最好的控制方法。可以使用**卫生技术**，即燃烧掉树皮甲虫所有可能的繁殖场所，包括老龄木和倒伏木，并且燃烧或移走伐木碎屑及闪电和火烧折断的树干（然而，如果移走那些树干，也就移走了吃甲虫的啄木鸟的可能巢穴地，并移走了本来会返回森林土壤的养分，所以在行动前应进行成本-效益分析）。也可用飞播方法向被传染的区域播撒杀虫剂。

在被甲虫感染的森林中，如果砍倒被感染的树木并将其切成小段，可阻止甲虫的传播。堆积的原木用透明塑料覆盖，也可在塑料下放置杀虫剂（在简易人工温室中随太阳加热而蒸发）。

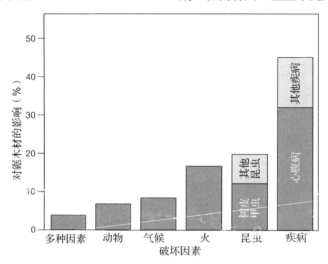

图 14.14　破坏事件对每年锯材产量的影响。锯材或锯木是质量和大小足够用来生产木料或胶合板的原木

表 14.2　森林树木常见的真菌疾病：危害和控制

名　　称	宿　　主	症　　状	控 制 方 法
根和干基腐烂	松属树种：15～25 年生成熟林	活力下降；针叶变短、变黄甚至枯死；球果早熟；树干基部或根上部地表出现真菌的子实体	避免在无灌溉或高 pH 值土壤上种植美国五针松或红松
西部赤腐病	美国黄松	除了心材出现腐烂和变红，没有其他症状	定期修剪人工林的死枝
褐斑病	长叶松	针叶上出现小斑点，并引起针叶枯梢树苗生长缓慢	对三年生幼树进行控制性火烧或喷洒杀虫剂
橡树枯萎病	橡树树种，尤其是黑橡木类的树种	叶片卷曲并变浅绿色，随后变为褐色或古铜色；成熟叶片处于各个阶段；低枝更易受感染；在夏季病害后，树木常常死亡	有效控制枯萎病传染的一种方法是对感染区周边 16～33 米宽的健康林带进行砍伐或喷洒杀虫剂。对根系进行机械或化学隔离
荷兰榆树病，伴随棘胫甲虫的危害	美洲榆	明显矮化和树叶变黄，伴随着不同程度的落叶；最终全株树木死亡	主要通过烧毁被感染树木和喷洒杀虫剂防治棘胫甲虫的传播；通过适当的修剪和施肥维持树木的活力。注射乙基氯汞

综合虫害管理　20 世纪 70 年代晚期，一些环境组织开始关注美国林业局为控制昆虫爆发而投入的大量化学杀虫剂。美国林业局为了控制西北部针叶林毒蛾的爆发使用了 DDT（除紧急需要外禁止使用），一度使批判达到顶峰。生态学家认为这种方法存在一定的问题，因为毒蛾种群通常受一种致死病毒的控制。最终，美国林业局在各方的压力下，决定采用**综合虫害管理（IPM）**的政策，其概念详见第 8 章。

综合虫害管理就是将几个学科的方法用生态学的方式加以整合，来控制一种或多种害虫。其目标是在不破坏环境的条件下，控制虫害，减少损失。现在已被美国林业局采用的综合虫害管理对策有以下几种：

1. 采用生物控制法，例如利用天然捕食者和寄生生物。
2. 选择择伐而非皆伐（因为同龄林更容易受到昆虫攻击）。
3. 清除树皮受损的树木，因为它们是易被昆虫攻击的病灶。
4. 尽可能种植异型林而非纯林（见深入观察 14.3）。

图 14.15　在爱达荷州的圣乔国家森林公园，向一片美国五针松幼林上喷洒多肽霉素，以杀死孢锈病病菌

表 14.3　森林常见害虫：危害和控制

名　称	主要受害物种	损害类型	控制方法		
			预　防	直 接 控 制	季节控制
树皮甲虫	松属	围绕树木破坏树皮下的形成层	移走地上的残枝	观察、剥下并烧掉树皮；移走受感染的原木；地面用火烧	春季、夏季、秋季
舞毒蛾	橡树、桦树和山杨	落叶		喷洒杀虫剂	5～6 月
锯蝇	东部和南部松属和美洲落叶松	落叶引起生长减缓；迅速蔓延导致大片树木死亡	砍伐成熟和过熟林	飞播喷洒杀虫剂	早夏，活性最强的时期
云杉蚜虫	冷杉、花旗松	落叶引起生长减缓；老树大片死亡	砍伐成熟和过熟林	飞播喷洒杀虫剂	昆虫出现的早夏
美国五针松象鼻虫	美国五针松、挪威云杉	枯梢，造成分枝和树干弯曲	维持 6 米左右的隔离带	在树梢和新生幼林上手工喷洒砷酸氢二钠，或砍伐并燃烧被传染树木；上一年分权仅留下最好的枝条	害虫出现的早夏

深入观察 14.3　利用异型林控制昆虫爆发

害虫种群有时会大规模爆发。伊利诺斯大学的生态学家查尔斯·肯迪研究了安大略省云杉卷叶蛾的大爆发。以森林冠层的针叶为食的幼虫数量巨大，以致它们的排泄物落向地面时，听起来像在下毛毛雨。另一个例子是森林天幕毛虫爆发，它几乎摧毁了美国亚拉巴马州莫比尔湾地区 1.1 万公顷的水紫树林。航空照片显示那片曾经很健康的大面积森林一度几乎没有树叶。

在不大量使用可能会给森林生态系统带来更严重影响的杀虫剂的情况下，有办法控制这种害虫爆发吗？很多专家认为可以。一种方法是种植异型林，也就是说，使森林拥有更多种群的树木。这个方法是由加州大学戴维斯分校的生态学家肯尼斯·瓦特提出的。如何实施呢？

如前文所述，在大面积的纯林中，森林害虫种群有较大的波动。有时，害虫种群数量巨大。经过数百万年的进化，一些种类的昆虫会特化为以特定种类的树木为食。例如，云杉卷叶蛾以香凝冷杉为食，落叶松锯蝇以落叶松为食，舞毒蛾以橡树为食，松树皮甲虫特化为以松叶为食。许多害虫以特定树种的特定生命阶段（种子、树苗、幼树或成熟树木）为食。

在自然森林生态系统中，同一种类的树可能分散得很远。例如，对松树皮甲虫来说，从采食的一棵树转移到另一棵树，不得不爬行或飞行相当长的距离。当然，在这一过程中，这只昆虫很容易遭遇捕食、暴风雨、火或其他致命因素。即使它活了下来，最终也可能在找到另一棵可食用的树之前就已饿死。相反，在一片人工纯林中，几公顷面积上只生长一种树木，松树皮甲虫不仅被能采食的树种包围，而且都处于甲虫最喜食的合适阶段。

有趣的是，只是简单地将大面积连续的同龄纯林地分割为小的孤立林地，用不同树种不同树龄的树木点缀分割，就可以有效地抑制森林害虫的大爆发，这就是所谓的异型林，这是用来减少我们对杀虫剂的依赖的最简和最有效方法。

14.6　火灾管理

14.6.1　野火

在 20 世纪早期，美国一年就可能发生 10 万多起森林野火，2.75 万平方千米的森林被烧毁。近年来，因为**火灾控制**技术的提高，美国森林被烧毁的面积已经减少。但偶然的野火也会发生，尤其是在长期干旱的时期。例如，1988 年是美国 50 年来最干旱的一年，整个国家大面积的森林变成了易燃木。闪电点燃了这些易燃木，在仲夏，森林大火在美国的阿拉斯加、爱达荷、加利福尼亚、俄勒冈、科罗拉多、犹他、怀俄明和威斯康星等多个州蔓延。美国林业局称 1988 年的夏天为 30 年来最糟糕的火季。这一年的火灾至少烧焦了 150 万公顷的土地，比美国康涅狄格州的面积还大。科罗拉多州历史上最大的火灾烧毁了 7300 公顷的麋鹿和鹿的主要栖息地。美国南达科他州的黑山山区有 7000 公顷森林被烧毁，迫使 1000 名露营者疏散，烟雾笼罩着拉什莫尔山的总统雕像。

然而，大多数公众更关注**黄石国家公园**的毁坏。消防指挥官弗雷德·罗奇已从事防火灭火工作 20 多年，他告诉记者，他从未见过这么可怕的火灾！2500 名军人被派往火灾现场帮助控制火情。里根总统也高度关注此次火灾，他派了农业部代理查德·林、内务部长唐纳德·霍德尔和国防部代理部长塔夫脱·威廉去黄石公园调查灾情。在 9 月初，随着天气变凉、降雪、风速减弱和成千上万名消防员的奋战，大火终于熄灭。最终，8 处独立的火灾共烧毁了公园 89 万公顷面积的 45%（见图 14.16）。所幸的是，灾区内近一半的树木并未被烧死。这个事件中不经常被提及的事实是，超过一半的灾区是由 3 处人为引起的火灾造成的，虽然在最初阶段就进行了灭火行动。另外，还有 2 处火灾是由相邻地区的火灾蔓延到公园内的。

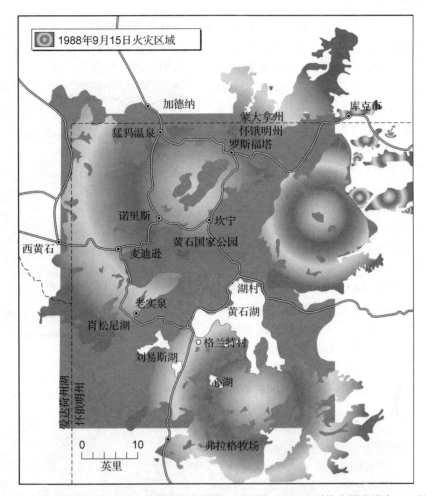

图 14.16　1988 年火灾中黄石国家公园内外被烧毁的面积。总面积 89 万公顷的公园内约有 45% 被烧毁

黄石事件后，火灾还持续在美国西部肆虐，很大一部分原因是旱期延长（可能是由全球变暖造成的）及之前的防火措施允许林下堆积枯枝和碎屑来保护森林，这大大增加了火灾的发生概率和强度。例如，2002 年科罗拉多州发生了几千起火灾，其中一起就将本书年长作者的家乡埃弗格林以南的 5.59 万公顷森林烧毁。2003 年，加利福尼亚州的大火摧毁了 39.4 万公顷森林。

美国森林火灾的 15% 是自然发生的（如闪电引燃），其余是由于人类有意或无意引起的。

14.6.2　灭火

消防员实际采用的灭火方法会根据火灾大小、地形、火灾类型、风向、道路位置、水源和相对湿度而发生变化。可采用的灭火方法有多种，包括防火道、回火和灭火剂（见图 14.17）。消防员还经常使用**红外线系统**，包括计算机、卫星、天线接收器和摄像头，来定位野火的位置和蔓延。因为大火的蔓延经常是非常不稳定的，有可能会困住消防员，红外线系统可协助保护过火区的生命和财产。

在崎岖不平的山区，**跳伞消防员**可跳伞进入灾区。华盛顿、俄勒冈、加利福尼亚、蒙大拿、爱达荷和新墨西哥等各州山区的国有森林由美国林业局的跳伞消防员维护。有了他们，许多偏远地区的火灾，若在 1930 年可能会失去控制，而现在几小时内就能被扑灭。

14.6.3　利用受控大火

20 世纪 30 年代以来，美国林业局开始使用吸烟熊的标志来提醒美国民众注意森林火灾的巨大破坏力。但近年来，林业局开始认识到有些野火是有生态效益的。事实上，人们开始认识到火在维持许多具有重要经济价值的木材林中扮演着重要的角色。具体的例子包括西北地区生长的古老的同龄花旗松林、明尼苏达州的北美赤松，以及宾夕法尼亚和新罕布什尔州的美国五针松等。一些价值不高的树种，包括大西洋中部海岸沙地上生长的北美脂松、大湖区的北美短叶松，也认为是火型或**火烧顶级**植被，即森林的健康依赖于定期的火烧，稍后解释可能的原因。

如今，许多国家的林务官会采用受控的或规定的火烧来提高木材、家畜饲草和野生动物生境的质量（见图 14.18）。一场**受控火烧**是训练有素的林务官为了特定的目标，故意点燃的小规模火灾。它的火焰较低并且在地表缓慢移动。森林管理者在进行控制火烧时必须高度谨慎。他们必须确认这片森林不太干燥且风速不太强，没有往错误的方向蔓延。2002 年新墨西哥州曾爆发了一场巨大的森林火灾，附近有一个乡镇部分被烧毁，这本来是一场预先规划好的火烧，遗憾的是由于大风而失去了控制。

图 14.17　在加利福尼亚一场大火中消防员通过设置回火来形成火灾控制带。在大火蔓延方向的前方烧掉灌丛和草本植物，消防员能延缓或阻止大火蔓延

图 14.18　尼泊尔森林中的一次受控火烧，注意其火苗较低

美国南部每年有 80 万公顷的松林实施了受控火烧。在佐治亚州阿尔法山的实验区，受控火烧只在潮湿和相对凉爽的下午进行。火苗通常会到夜里才熄灭。任何一片 2～4 米高的松林都可进行受控火烧，因为这个高度的树木可通过软木状树皮的保护，不受火苗伤害。长叶松对火烧的耐受力最强，它的顶芽受成簇的长针叶保护，15 厘米高的树苗都不会受到火苗的损害。

对美国南方的长叶松林地，实施受控火烧有许多好处：（1）通过烧掉易燃的凋落物层，可以降低发生冠层火灾的概率；（2）有利于森林土壤中的种子萌发;(3)提高饲草料的质量和产量;(4)延缓森林的演替,因为气候顶级群落是利用价值较低的冬青叶栎林,应当维持高木材利用价值的亚气候顶级群落——松林;(5)促进豆科植物生长,进而提高土壤肥力;(6)增加可溶性矿物质灰分(磷和钾),为森林植物吸收利用;(7)提高土壤微生物活性;(8)控制褐斑针叶枯萎病,这是一种对长叶松幼苗破坏力极高的真菌;(9)改善野生动物的栖息地,包括鹌鹑。

14.6.4 "让它燃烧"或"规定自然火"政策

1972 年,美国国家公园管理局制定了在 17 个国家公园利用野火的政策,包括大提顿(怀俄明州)、落基山(科罗拉多州)、红杉(加利福尼亚州)、优胜美地(加利福尼亚州)和黄石(怀俄明州)等。这个政策允许野火在严密监视下燃烧。美国林业局也在大面积的国有森林实施**"让它燃烧"政策**。由于"让它燃烧"只是描述了火做了什么,未说明管理措施需要做什么,因此很多人更喜欢称这个政策为**"规定自然火"**,来反映与自然火有关的监测和决策过程。这个政策的实施表明,美国公园管理局在 1920—1972 年间的政策发生了大的转变,因为之前认为野火是破坏森林的主要祸首,要全力扑灭。实际上,定期的自然火可以烧掉枯立木和树木残骸,消灭病树,使老龄林恢复生机。这个过程会促进新的植物生长。

1988 年的黄石公园大火,是该公园 112 年历史上最严重的火灾,促使美国国家公园管理局和林业局重新评估他们的规定自然火政策。例如,他们承认在 20 世纪 70 年代初制定火灾管理计划时,没有考虑应对类似 1988 年这种大火灾的条款。毕竟,几百年树龄的树干的火烧疤痕数据表明,这种大规模的火灾每 150~200 年才会发生一次(见图 14.19)。黄石火灾的后果是内政部长唐纳德·霍德尔提议废止规定自然火政策。但在重新评估后,决定还是保留这一政策,除非遇到像 1988 年那样极端干旱的情况。不过,有人认为目前的自然火政策过于太保守,越来越细致的审核在大多情况下

会得出灭火的决定。

即使当时没有自然火政策,估计黄石国家公园的 25%~30% 也会被烧掉。今天,在发生大火 20 多年后,黄石公园一度认为被毁掉的区域现在森林开始重生,野生动物变得繁盛。很多生态学家和生物学家现在相信 1988 年的超大火灾属于美国黑松生态系统自然干扰的正常范围,这些火灾能显著增加黄石公园的植物物种数量。

奥林匹克半岛

华盛顿州

图 14.19 华盛顿州奥林匹克山东部 1700 年左右发生的一场或一系列火灾的面积估计。这次火灾引燃了 120~400 万公顷的森林。尽管我们无从知道真实情况,但这么大范围的火灾很可能是由大雷雨驱动而非燃料驱动的。1230 年奥林匹克山西部也发生过一场大火,1480 年又有大火灾发生

14.7 可持续地满足未来木材需求

森林占地球陆地面积的 30%。2005 年全球森林面积大约 40 亿公顷,与大约 1 万年前农业文明即将开始时相比,至少减少了 1/3。10 个森林资源最丰富的国家,占了全球总森林面积的 2/3,它们按森林面积从高到低排序分别为俄罗斯、巴西、加拿大、美国、中国、澳大利亚、刚果民主共和国、印度尼西亚、秘鲁和印度。世界上 84% 的森林是公有的,但私有林面积有增加的趋势。

根据联合国粮农组织的报告,世界森林面积在持续下降,但下降速率在变缓(见图 14.20)。

毁林主要是转为农田，这一速率仍很惊人——每年约 1300 万公顷。与此同时，森林种植、景观恢复和森林的自然扩张使森林面积的降低有明显缓解。2000—2005 年森林面积的净减少估计为每年 730 万公顷，与 1990—2000 年间的每年 890 万公顷相比，有所下降。非洲和南美一直是森林减少最快的地区（见图 14.20）。中美洲、北美洲和大洋洲的森林面积也在减少。欧洲的森林在持续增长，而亚洲在 20 世纪 90 年代森林面积下降，但 2000—2005 年间开始有净增长，这主要是由于中国的大范围造林工程所致。

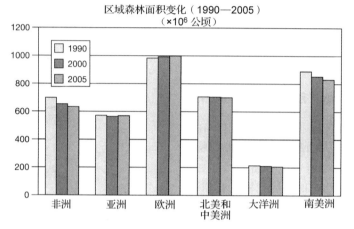

图 14.20　1990—2005 年世界各地区的森林面积变化（数据来源：联合国粮农组织）

联合国环境规划署的报告指出，2005 年因为木材和燃料需求而砍伐的木材达 31 亿立方米。根据预测的人口增长量，到 2050 年全球木材需求将翻倍。某些自然保护主义者质疑这种森林砍伐的增长速率能否持续。事实上，有人认为世界将在下一个 20 年内面临"木材荒"。虽然很久以前就有此预测，但目前还没有出现。通过技术发展、先前未开发森林的开发、先前认为无用的树种的利用等，目前还可以满足燃料、造纸和建筑业对木材增长的需求。然而，因为世界人口增加、发展中国家的森林砍伐以及发展中国家人工林的种植远远落后于森林砍伐速率，这一预言也许最终会成真。

让我们把的注意力再回到美国，到 2030 年美国人使用的木材量将比现在增加 50%。理论上说，有几种方法可以满足木材需求的增长。但有些解决方法可能会带来经济上或生态上的问题。这些解决方法包括：

1. 将森林管理广泛应用到所有森林，包括公有林和私有林，不论大小。预期收益最大的是小型的私有林地。在美国 450 多万个小型森林中，50% 以上都小于 12 公顷。然而，这些小型森林拥有者所控制的森林总面积是美国林业局的 3 倍。直到现在，很少有小型森林拥有者砍伐木材进行售卖。通过适当的管理，小型森林拥有者的大部分森林也能产生可观的森林产品。

2. 提高木材废弃物和森林杂树的利用率。美国每年会产生超过 3000 万立方米的废料（当然，这些物质最终会分解，产生的养分会进入土壤供下一代树木的生长），还会产生 300 亿立方米的木材碎屑。这两类废料都可用来生产木产品（见深入观察 14.4）。然而，这些废料和杂木用做燃料的价值会超过木材产品的价值。

3. 通过嫁接、杂交和基因工程发展速生树种（生长快速、木材纹理好、抗病虫害、耐火烧和耐旱）。

4. 增加木材代用品的使用。塑料等材料可在包装业代替木材。榨汁后的甘蔗残渣可用来造纸。但需要指出的是，生产这些替代品需要大量使用化石燃料，而化石燃料是正在枯竭的资源。而且，大量使用塑料会带来很多环境问题。例如，因为塑料不容易降解，会增加固体废物处置问题。

5. 增加进口。

6. 回收纸张减少需求。

7. 通过建造较小的房屋或减少纸质包装来减少需求。

深入观察 14.4　通过高效利用来保护森林

19 世纪 90 年代木材商只对原木感兴趣，伐木工作就是伐倒运走。伐木的废料——树桩和枝叶被留在森林里，经常成为重大森林火灾的引燃物。当然，许多生物质会分解，养分回归土壤为植物生长利用。锯木厂会将原木加工成方木，又进一步产生废料。废木块、废料、树皮和碎屑被运到垃圾场烧掉。当前，为了满足木材和木材产品不断增长的需求，必须采取更节约的作业方式进行树木采伐和运输。

需要开展对美国木材和木材产品工业中木材资源的更高效利用。虽然在木材产业的早期，木材只有两个主要用途——板材和燃料，但现在又开发出了许多独创的方法，以充分利用树木的每个部分，包括树皮。这要感谢森林产品实验室和其他研究中心的努力。

目前森林工业已越来越多样化。1890 年，森林砍伐量的 95% 都用来生产木材，现在只有 30% 加工成了板材和木料。在过去几年中，技术已经发展到利用废板材、刨花、木片、树皮和锯屑生产极有用的产品。例如，我们要感谢超级防水胶水的发明，它能将过去只能送往废料堆的极短木板粘合成几乎不受长度限制的结构横梁。很多过去认为没有价值的木材现在被切成成千上万的小木片，这些小木片再被压成结实耐用的硬木板。森林企业也加强了对伐木废料和加工废料的利用，主要是用于能源生产。例如，纸浆厂用锅炉燃烧废料，为生产工艺过程和纸张干燥供热。

14.7.1　可持续的森林砍伐和木材许可证

为了减小森林砍伐的影响，许多盖房者使用来自可持续管理和采伐的森林中的木材与木制品。怎样才能知道一片森林是否进行可持续管理呢？1994 年，总部设在墨西哥瓦哈卡州的森林管理委员会（FSC）发起了一次国际行动，以促进全球可持续的木材生产。这个独立的非营利组织，摆脱了商业和政府机关的影响，创建了一套促进木材可持续生产的森林管理标准。这些标准中包括有地区针对性的指导方针，以保证每种森林、树种和气候均有合适的管理方法。FSC 不会自己进行森林监察，而是依赖于 9 个公认的国际组织。他们对世界上的木材采伐企业（无论是从林场、人工林还是从天然林采伐）的管理实践进行检查与认证。FSC 标准也保证了森林管理是为了实现更大价值（例如野生动物栖息地的保护）而不单单是木材生产。另外，FSC 的认证保证了木材的生产方式对当地居民权利的尊重（例如在热带地区），并维持地方经济和社会利益。对木材的跟踪从森林到工厂再到建材商店，确保消费者

能知道他们购买的木材来自哪里。目前在全球有许多木材厂、制造商和经销商销售有 FSC 标志的产品，它们可确保木材来自一个经过认证的管理良好的森林。FSC 已经认证了 81 个国家近 1.03 亿公顷的林地。尽管 FSC 因为各种原因遭到一些美国环保积极分子的批评，例如当砍伐后再造林时允许使用除草剂去除杂木，该认证一般被认为是所有认证机构中最严格的一个。当然，其他与 FSC 目标相似的组织和计划也在努力确保森林管理是可持续的。

FSC 认证计划的成功不仅依赖于独立的检验者，也靠大批购买认证木材的零售商。已经有几家公司领先开发了这个市场，包括美国加利福尼亚州伯克利的生态木材公司。该公司成立于 1992 年，几年后就有了数百万美元的业务，出售认证木材，也进行木材的再生和回收。1999 年晚些时候，供应美国 10% 木材的家得宝公司宣布，到 2002 年将在其全国的商店中停止出售由老种植技术生产的木材，并将购买 FSC 认证森林出产的木料和木制品。2000 年夏季，其主要竞争者——劳氏公司宣布计划积极淘汰产自濒危森林的木产品，转而支持 FSC 认证的

木料和木产品。尽管两家企业距离它们的目标还很远，但它们对认证木材的承诺将极大地提高可持续木料和木产品的普及，并激励更多的木材公司加入到这一新兴的行动中。认证木材可使消费者获得一种满足，即他们建造房子的木材是以对地球影响最小的方式生产的。因此，认证木材的成本通常要高于传统方式生产的木材。

美国 FSC 认证木材最大的供应商之一，柯林斯松公司的副总裁韦德·莫斯比宣称，它的森林轮伐期为 140 年，运营产生的环境影响很小。尽管柯林斯松的木材成本更高，但公司采伐的树木质量也更高，具有更清晰和更紧密的木纹。莫斯比认为，价格的些微增加，"会在质量和性能上得到更多的补偿。"《建筑的视觉冲击》一书的作者丹·伊霍夫指出，更长的轮伐期，"能生产出更老更笔直的木材。更笔直的木材意味着现场的废料更少，以及更紧密的整体建筑结构。使用没有弯曲的木材可减轻框架结构出现缝隙的机会，能同时满足能量效率、舒适度和建筑物的耐久性。"

绿色行动

在改建房屋时，请购买认证的木料。如果想建造或购买一栋绿色的住房，请购买认证的木料，包括框架木料、胶合板、装饰材料和刨花板。

14.8 保护荒野

在美国历史上时常出现一些有远见的自然保护主义者，他们力劝联邦政府留出大面积的原始森林作为荒野保护区。这些人中最有影响力的有约翰·缪尔。约翰·缪尔是来自苏格兰的移民，他深深爱上了美国的森林，他以无尽的热情穿越了各种各样的森林。1892 年，他建立了塞拉俱乐部——美国最活跃的环保组织之一。旧金山外一片壮丽的红杉林被命名为约翰·缪尔国家古迹，以向他致意。

缪尔的理念被人们冷落了几十年，他的呼吁看来就像"荒野里的叫声"。但到了 20 世纪中期，美国民众的环境意识和责任感骤增。

这种意识是被奥尔多·利奥波德和蕾切尔·卡逊等人的著作唤醒的。最终美国国会通过了 **1964 年的《荒野保护法案》**。该法案的目的是保存原始地区的自然状态。该法案允许在国有森林、国家公园和国家野生动物保护区指定原始区域。它们一同构成了**国家荒野保护系统**。国会对荒野的定义如下：荒野，与人类和人为活动占优势的景观相对，指的是未受人类干扰的土地及其生物群落，人类自己只是访客，不会留下。

美国国会将荒野描述为具有以下 4 个主要特征：（1）它一般表现为主要受自然力量的驱使，人类活动的印记大体上不明显。（2）它为隐居或最原始的娱乐提供了绝佳的机会。（3）除了岛屿的面积可以小一些外，荒野面积至少要有 2000 公顷。（4）荒野还包括生态、地质或其他科学、教育、观光或历史价值。

只能通过小路或独木舟才能接近国家荒野保护系统的核心区。所有机动车或机动船都被禁止，道路、建筑和任何商业活动也都会被禁止。除了那些在 1983 年前已经申请获批的团体外，禁止在荒野进行放牧、木材采伐、采矿和石油开采。人类娱乐也仅限于一些安静的形式，如远足、野营、观鸟、研究岩石形成、辨识野花、乘独木舟和垂钓。安静的娱乐形式有时指的是影响较小的娱乐，相反使用越野汽车就是一种影响较大的娱乐形式。

1964 年的法案在国家林业局所辖的 360 万公顷土地上确定了 54 处荒野。国会在 1968 年开始扩展荒野系统。到 2008 年，国家荒野保护系统包括了 704 处荒野（见图 14.21），总面积达 4350 万公顷，其中 54%在阿拉斯加。它们分别接受 4 个政府机构的管理：国家公园管理局（42%）、美国林业局（33%）、鱼和野生动物管理局（20%）和土地管理局（5%）。

为什么荒野系统具有重要价值？如今，从西雅图到迈阿密、从圣地亚哥到波士顿，到处都是人口拥挤的城市，当城市空气被工业废气和汽车尾气污染时，当喝着有氯气味道的饮用水时，当很多地方备受噪音干扰时，你便能确认美国大森林的某个地方是荒野。一旦你到达那里，就可以徒步或泛舟几千米，远离现代文明。

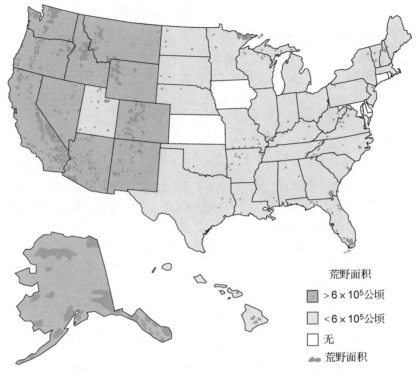

图 14.21　美国国家荒野保护系统中荒野面积的分布

在美国 7700 万公顷的国家森林中，约有 4000 万公顷（51.5%）没有任何形式的道路。其中大约有 1300 万公顷没有道路的森林已经归于国家荒野保护系统。至于剩下的 2700 万公顷的没有道路的森林是否应当纳入国家荒野保护系统，将是一场旷日持续的争论。2003 年，美国内政部长盖尔·诺顿发布了土地管理局（内政部下属机构）所管辖土地"不再有荒野"的法令。土地管理局拥有近百万公顷的没有道路的土地，可成为国家荒野保护系统的一部分。除了宣告反对进一步的荒野保护外，诺顿还开始开发潜在的荒野地区——采矿、石油开采和其他活动，这样它们就不再适合作为荒野进行保护。例如，2003 年诺顿开发了犹他州 104 万公顷的潜在荒野，受到环保主义者的强烈批评（详见深入观察 14.5）。而环保主义者在塞拉俱乐部、奥杜邦协会和荒野协会等组织的领导下，更希望将全部或大部分无人区都包括在国家荒野保护系统内。为了阻止将来被指定为荒野，资源开发者们以发展的名义游说当选的官员和政府机构在这些无人区修建道路。他们还开展了大量的游说活动来阻止建立更多的荒野保护区。

更具《荒野保护法案》的条款，采伐、开矿、驾驶汽车、摩托艇和雪地车等干扰强的活动在荒野保护区内是被禁止的。在某些地区，甚至飞机都被要求不能低于一定的飞行高度。在一个正式的荒野保护区内，会采取所有的措施尽可能地保证森林生态系统不受人类干扰。如果一棵被树皮甲虫啃食得千疮百孔的过熟松树在一场风暴中被吹倒，它应该留在它倒下的地方。除了遇到大灾难，比如一场林冠火，即火苗会迅速地从一个树冠传到另一个树冠，官方的政策是顺其自然。因此，荒野有重要的科学和娱乐价值。在荒野，大学的研究者可以观察、收集数据并论证科学原理，大学生们能获取多个学科的有益野外经验和知识，包括地质学、昆虫学、哺乳动物学、鸟类学、生态学、土壤学、自然历史、狩猎管理和林学等。

约有 4.6% 的美国国土面积，即大约 4350 万平方公顷的土地已被正式列入国家荒野保护系统，但其中的 54% 在阿拉斯加。在相连的 48 个州内，被划定的面积低于 2%。政府机构检查公共土地上剩下的无人区，发现还有 5% 左右符合荒野保护区的要求，于是引发了是否应以多大力度扩张国家荒野保护区的激烈争论。自然保护主义者认为我们的荒野面积还不够大，而许多在公共土地上从事木材、矿业和能源等产业的牧场主与官员们则认为，我们的荒野保护区面积已经太大了。主要争论如下：

赞成扩张的观点：

1. 亲近荒野可使我们能够暂时逃离熙熙攘攘的现代社会。荒野令人敬畏的壮丽景观可振奋人的精神。
2. 荒野是自然生态系统的一份保单，使其免于遭受非保护区可能发生的破坏和退化。
3. 荒野可保护生物多样性。它可阻止濒危动植物的灭绝。它为美洲狮、熊、驼鹿、麋鹿、大角羊和鹿提供必需的栖息地，它保护了鳟鱼和鲟鱼的产卵床。
4. 它保护了所有生物生存的固有权利，包括人类和其他生物。
5. 它支持了正在兴起的户外产业、野营产品供应和旅游业。
6. 非荒野区可供应的饲草料、木材、铜、石油和天然气等，已经足够支撑我们的经济发展并保障国家安全。另外，可能的新荒野区（公共土地的 5%）不会增加太多的木材、矿产和和能源资源。

反对扩张的观点：

1. 如今人们对荒野的兴趣只是一种时尚，很快会消散。
2. 荒野的参观者只占国家公园参观者的一小部分。
3. 荒野只是社会中有钱人的游乐场。
4. 荒野保护区的建立已经引起了相关产业就业率下降，包括畜牧业、木材业和采矿业。
5. 草地、木材、煤炭、铜和天然气等资源不应被冻结在荒野中。它们应被充分利用以提高国家的经济实力和安全。毕竟一旦放牧、采伐和开矿停止，自然植被能很快恢复。
6. 我们所有的公共土地，包括所谓的荒野，都应基于综合利用的观念进行管理。

在仔细思考正反双方的观点后，你认为美国的荒野系统是否应该扩张？

14.9　保护自然资源：国家公园

美国大多数的林地都位于**国家公园**内，受**国家公园管理局**的监管。除了保护和适当利用这些森林外，国家公园系统正致力于保护其他国家资源，例如野生动物和美丽的风景。

14.9.1　简史

从美国怀俄明州西部崎岖的荒野边陲打猎归来的捕猎者们，带回了狩猎成果和皮毛，也带回了关于美妙风景的传说：间歇泉喷发，射向空中的水柱可高达 79 米；壮丽的峡谷，几乎有 400 米深；无数条瀑布垂下；多彩多姿的温泉热到可以冲泡早餐的咖啡；浩瀚的针叶林；白雪覆盖的山峰；大群的羚羊、麋鹿和鹿。这些叙述听起来毫不可信。然而，美国陆军上校亨利·沃什伯恩组织了一次怀俄明州探险，发现这些传言都是真的。人们对这个地区的兴趣迅速增加。最终，一名蒙大拿州的法官科尼利厄斯·黑吉斯建议将这一地区建成国家公园，这样所有美国人都能够欣赏到这一大自然的奇境。1872 年 3 月 1 日，美国总统尤利西斯·格兰特签署法令，成立了美国第一个国家公园——黄石国家公园，它也是世界上的第一个国家公园。

国家公园的概念似乎对国会有特别的吸引力，在 19 世纪 90 年代又增加了几个国家公园，包括优胜美地（见图 14.22）、红杉和雷尼尔山国家公园。1916 年成立了美国国家公园管理局，它隶属于美国内政部。国会给了这个新机构如下授权：

1. 国家公园是为民众的使用、观察、健康和娱乐服务的。
2. 国家公园要保持绝对不受损害的状态以供现代和后人使用。
3. 公园内所有的公共和私营企业必须服从基于国家利益的所有决策。

如今国家公园系统已包含 391 个不同的单位——地产持有者。除了国家公园，还包括国家纪念地、国家历史遗址、国家休闲娱乐区、国家纪念馆和白宫等（见表 14.4）。这个系统包含的面积超过了 3400 万公顷。国家公园系统的各个单位分布于美国的每个州，包括哥伦比亚特区、美属萨摩亚、关岛、波多黎各、马里亚纳群岛和维尔京群岛（见图 14.23）。国家公园系统内不同单位的分类如下：

1. **国家公园**。国家公园一般面积辽阔，主要功能是保存壮丽的风景、荒野和野生动物。例如黄石、优胜美地、冰川和大提顿国家公园。如今世界范围内 120 多个国家共有 1000 多个国家公园。
2. **国家古迹**。这一类的面积差异很大，从纽约港的自由女神像到加利福尼亚中东部 80 万公顷的死亡谷国家遗迹。死亡谷的恶水滩地区低于海平面 85 米，是北美大陆海拔最低的地方。
3. **国家娱乐区**。国家娱乐区包括在乡村和城市留出来可供休闲娱乐（如垂钓、泛舟、露营、徒步和野餐等）的地方。以位于俄勒冈州和爱达荷州的地狱峡谷国家娱乐区为例，它是由萨蒙河切割形成的很深的峡谷，以无与伦比的壮丽景观和数量可观的鳟鱼种群而闻名。也有一些国家娱乐区位于人口密集的城市地区，两个例子分别为旧金山附近的金门国家娱乐区和纽约附近

的盖特韦国家娱乐区。

4. **国家湖滨和海滨公园**。很多海岸线也属于国家公园系统。得克萨斯州海岸线上的帕德雷岛是最著名的国家海滨公园之一。它拥有沿墨西哥湾 109 千米长的白色沙滩。这里有各种休闲活动，包括观鸟、游泳、冲浪、航海和骑马。每年春假，帕德雷岛会挤满大学生。
5. **国家历史遗址**。这一类型公园包括国家历史遗址和国家历史公园。这些公园的主要功能是纪念国家历史上的某些重大事件。例如，福吉谷国家历史公园由美国总统杰拉尔德·福特在 1976 年 7 月 4 日签署成立，以庆祝美国独立宣言发表 200 周年。它包括乔治·华盛顿 1760 年居住过的房屋和 1777—1778 年的殖民营地。

图 14.22 加利福尼亚州优胜美地国家公园的半圆顶。这一美景加上其他风景每年吸引着数十万的游客

表 14.4　国家公园系统的分类（未列出全部分类）。截至 2006 年，国家公园系统共有 391 个单位

世界历史遗迹	国家公园	世界历史遗迹	国家公园
国家战场遗址	国家风景廊道	国家湖滨公园	国家风景步道
国家战场公园	国家保护区	国家纪念馆	国家海滨公园
国家战场遗迹	国家娱乐区	国家军事公园	国家野生和风景河流
国家历史遗迹	国家自然保护区	国家古迹	其他类型
国家历史公园	国家河流		

图 14.23　美国主要的国家公园和其他国家级分区

14.9.2　国家公园的土地是如何获取的

在国家公园系统建立的早期，新的公园都是在联邦政府所属的土地上建立的。这些公园通常都很大，主要用来保存壮丽的风景、荒野和野生动物。但在过去几十年中，国家公园系统中增加的多数单位是在密西西比河以东购买的私人土地，它们相对较小，主要用做古迹、历史遗迹和娱乐区。这类收购的资金依据是美国国会 1965 年通过的《水土保持法案》。国家公园系统通过这种方式已购买了 128 个单位，总花费超过 20 亿美元。

并入国家公园系统的有些土地是由私人、企业甚至各州捐赠的。例如，1984 年纽约州将

5 公顷的美丽海岸捐赠给了火烧岛国家滨海公园。缅因州的阿卡迪亚国家公园的大部分是由富有的洛克菲勒家族捐赠的。该家族还捐赠了圣约翰岛上优美的海滩，也就是现在的维尔京群岛国家公园。

14.9.3 保护自然风景

国家公园保护国家山地、森林、峡谷、瀑布、湿地、湖泊和河流的自然风景。然而，现在国家公园的概念已与 1872 年建立黄石公园时国会的形象化描述有了很大改变。在那个时代，国家公园的概念是应该完整地保护土地避免受到人类干扰。但在那个时代，人们对生态学的知识、生物群落演替的规律和生境承载力的认识都很有限。

今天，科学家有了更多的认识。他们意识到如果国家公园管理局的目的是保护动植物群落的原始状态，那么对演替和承载力进行一些人为的调控是必需的。当然，这种调控必须在合理和综合研究的基础上进行。

14.9.4 人满为患：国家公园系统的主要压力

近年来，国家公园系统所承受的压力在不断增长。大多数是由于在私人利益驱使下，试图在邻近地区从事砍伐、开矿、石油开采、放牧、城市扩张及其他人类活动造成的。这些人类活动会威胁公园系统的野生动物和娱乐价值。但具有讽刺意味的是，最严重的问题之一来自公园的巨大人气。例如，请看下面的统计数据。

自从 1916 年国家公园系统成立以来，每年的参观者数量已从最初的 40 万骤增到2006 年的 2.72 亿。事实上，如今每年国家公园系统的参观者人数甚至超过了在美国生活的总人口数。到 2020 年，预测每年的参观者人数至少还会翻倍。

其他任何地方也比不上加利福尼亚州优胜美地国家公园的人气。整个 20 世纪 90 年代的盛夏，优胜美地每天都会挤满数以万计的参观者。它遭受了一个大城市所遇到的环境问题，例如交通拥堵及大气、水和土壤污染。去优胜美地的驾车者一边诅咒着按着汽车喇叭，一边缓慢地爬行，成千上万的排气管排放的污染物引起了难闻的气味，甚至引起雾霾，有损优胜美地瀑布的壮丽和埃尔卡皮坦花岗岩圆丘的气势。污水处理系统负担过重，纸巾、糖纸、易拉罐瓶、纸盘及其他垃圾玷污了曾经美丽的露营地。旅游者在优胜美地商城的收款台前排着长队，这个商城建在曾经的荒野上，堪比现代化的城市购物中心。为了修复公园，管理者于 1997 年 11 月 4 日提议，参观者步行、骑自行车或乘游览车参观优胜美地谷地，到 2001 年禁止汽车进入公园。然而，到 2008 年该禁令还没有得到实施。不过，在可到达的地方鼓励乘坐公共交通，在一年的某些特定时段内会关闭一些道路。如今，每年有近 400 万人参观这个公园。

其他许多的国家公园也面临着相似的问题。在怀俄明州的黄石国家公园（见图 14.24），占公园面积 5% 的现代化设施受旅游者光顾的次数最频繁，包括 1207 千米长的道路、2100 座永久建筑物、7 个露天剧场、24 个供水系统、30 个污水管道系统、150 千米长的输电线路、众多的垃圾场、54 个野餐区、17000 个标志牌、每晚能容纳 8586 人的宾馆或民宿。在夏季经常人满为患的公园还有雷尼尔山、红杉、火山口湖和落基山国家公园。

同任何城市中心一样，最受欢迎的国家公园也经常有犯罪事件发生，包括贩卖毒品、性侵犯和抢劫等。过分热情的游客经常带走非法纪念品，如濒危的仙人掌和高山花卉物种、红杉树皮和硅化木碎片。即使在公园的边远地区，人类污染也很明显。例如，在落基山国家公园，背包客对野花造成了严重的践踏并引起了土壤侵蚀，结果不得不在某些荒野小路上铺设沥青。

14.9.5 国家公园系统的未来蓝图

自然保护主义者和环保组织一直关注国家公园系统面临的压力。他们提出了在未来几十年中针对这些问题的一些管理方法：

1. **限制商业活动**。与国家公园相邻的联邦土地上现在允许的采伐、开矿、石油开采和放牧都应被禁止。餐厅、酒店和售卖露营设备在内的所有商业活动都应减少到最小数量。

2. 扩展公园系统。为了减轻现在公园的拥挤、污染和恶化，应该大力扩张公园系统。荒野保护协会认为国家公园系统的 391 个单位中的许多都可以扩大面积。另外，建议在不久的未来建立一些新的公园。

3. 控制交通堵塞和污染。禁止所有私人汽车进入公园内部。每个公园内的交通全部由联邦公共汽车完成（如果需要），优先使用电动车，既安静又没有污染。

4. 减少拥挤。如果系统扩大了，人群密度会减少。然而，也应该采取其他的措施，比如通过发售限量门票来控制游客数量。例如，一个公园每天可以只发 1000 张入场券，对公众开放的 6 个月最大游客数为 18 万。

5. 大大提高公园预算。联邦政府投给国家公园系统的钱应该大幅增加。一个公园的自然教育设施可提供公园内不同类型的生物群落及其生态系统的有趣和重要的信息。这些教育中心急需改进设备和增加工作人员。还应该增加暑期研究经费用来资助有志从事野生动物生物学、生态学、自然教育或公园管理相关职业的大学生们。需要更多的资金来修建损坏的道路、庇护所和游客中心。仅仅道路修建就需要至少 20 亿美元。当然，在不久的未来还需要数以亿计的资金来购买扩充国家公园系统的土地。

绿色行动

成为国家公园系统的志愿者。公园志愿者项目的主要目的是通过志愿活动使国家公园系统和志愿者都受益。现在的志愿者人数已超过 14.5 万人。相关信息请浏览国家公园管理局网站上的"志愿者"网页（www.nps.gov/volunteer/）。

图 14.24 黄石国家公园因动物穿越公路引起的交通堵塞

14.10 恢复被砍伐的热带雨林

世界上面临严重威胁的森林之一是热带雨林。按照定义，**热带雨林**是指年降雨量 2000 毫米以上，并在全年均匀分布以支持阔叶常绿树种生长的森林。热带雨林的树冠通常会分成几层，树木密度足够大，能截获太阳光的 90%。

林下很昏暗，很难见到太阳光，所以需要手电光来近距离调查昆虫。

热带雨林在热带地区形成了一个条带，约有 780 万平方千米，与美国的国土面积相当（见图 14.25），分布在拉丁美洲、亚洲和非洲。世界上原始热带雨林的一半以上分布在三个国家：巴西、刚果民主共和国和印度尼西亚。面积最大的连续热带雨林生长在南美洲的亚马孙流域，大约有 690 万平方千米。

多年来，热带雨林被清除，用来修建公路、牧场、农场、城镇、厂矿和水库。研究者对于有多少热带雨林已经或正在被砍伐意见不一。多数人认为人类已经砍掉了世界上密闭热带雨林的 50%左右，其中大多数在过去的 40～50 年内消失。如今热带森林的开发还在持续，每年约有 1050 万公顷因为人类活动而消失或改变，面积相当于美国的田纳西州。图 14.26 给出了不同国家 2000—2005 年间热带雨林的采伐速率。有人估计，如果按现在的速率，到 2025 年，

除了亚马孙流域和中非的部分区域，地球上将只有零星的残存热带雨林分布。

有人称热带雨林为绿色地狱，也有人称之为绿色天堂。不管叫什么名字，世界上的热带雨林曾经像一块厚厚的绿色地毯盖在地球上，而现在正在快速消失。你也许会说"那又如何？毕竟，热带雨林对什么有益？也许对蛇、鹦鹉和猴子有益。但它能为我提供什么？"其实答案很多。从你上次生病吃的药到你汽车上的橡胶轮胎，热带雨林给了你很多。而且对国家和个人的福祉都有重要意义。

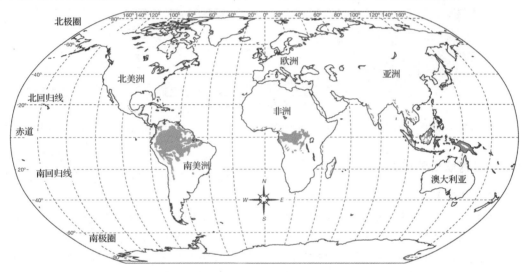

图 14.25　世界上的热带雨林

14.10.1　热带森林的价值

热带森林（其中 2/3 是雨林）几乎占了世界活立木的一半。为了满足人类的使用，每年从全世界的热带森林中砍走的木材超过 10 亿立方米。世界上每年采伐的阔叶树木材的一半来自热带森林，热带国家每年砍伐森林出口木材的收益达数十亿美元。以巴西为例，木材主要出口到美国。

热带的水稻和灌溉农业要依赖热带森林缓慢释放的水源供应。热带森林还生产各种食品，包括咖啡、可可、坚果、热带水果、调味料和甜味剂。它还生产其他物质，如树胶、染料、蜡类、树脂和油脂，可用来加工冰淇淋、洗发水、除臭

剂、防晒霜、轮胎、鞋及许多其他产品。

热带森林会为 300～700 万种动植物提供生境，它是地球上生物多样性最丰富的植被类型，至少包括了地球上动植物种类的一半。从全球来说，热带森林生物群区拥有无与伦比的科学和教育价值。例如，可为动植物生态学中有关生产力研究提供几乎无限的原材料。

许多现代药物，如控制疟疾（奎宁）、降压（利血平）或有希望治愈癌症（长春新碱）的药物，都是从热带森林生长的植物体中提取的。人类目前为了获得可能的药用资源只检验了热带森林中数百万种植物中的一小部分。换言之，在与各种疾病做斗争中，它提供的药物有可能增加成百上千种。

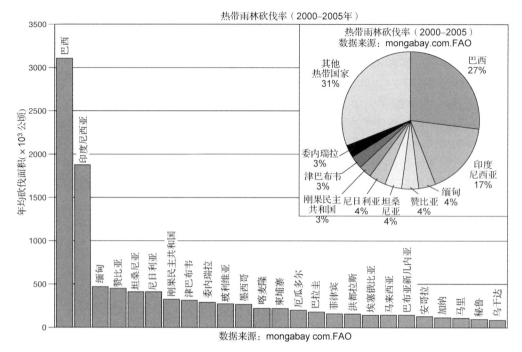

图 14.26　2000—2005 年间不同国家的热带森林砍伐速率（来源：联合国粮农组织和 mongabay.com）

14.10.2　森林砍伐的原因

　　热带森林被破坏的主要直接原因包括永久和刀耕火种的农业、森林大火、畜牧业、薪柴收集和商业伐木（见图 14.27）。三个根本原因是人口的持续增长、热带国家的持续经济活动和贫穷。

　　农业　虽然有些森林永久转变成了农业用地，但森林砍伐者更常采用刀耕火种的方式，它与过去的传统方式相比并无不同，只是在更大的面积上进行着。**刀耕火种农业**，也称为**游耕农业**，是一种古老的农业种植制度，它会将一个地块上的森林清除，种植几年农作物直到土壤肥力枯竭。耕地随即被废弃，并最终恢复为自然森林植被。如今恢复期或休耕期在很多地方已经缩短到只有 3～5 年，但实际需要更长的时间，如 10～25 年去重建森林和恢复土壤肥力。理论上说，只要砍伐面积足够小，休耕期足够长，这个系统看起来是生态学上合理的。但是，如果砍伐面积太大，影响将是毁灭性的。事实上，因为人口增长导致的粮食需求增加，休耕期经常太短使得土壤肥力得不到恢复。

　　火　火经常在刀耕火种农业中被用做工具来处理伐倒木并阻止杂草和灌木入侵新农田。因为火失去控制已经摧毁了数百万公顷的热带森林。在巴西的亚马孙，被火灾摧毁的森林正在增加。

　　养牛场和生物燃料农场　为了养牛供应美国生产汉堡包、热狗和午餐肉的需求，中美洲的牧场主们努力清除热带雨林，将之开辟为草场。下次当你吃汉堡包时，你可能会想起这个事实，虽然贡献很小但很真实，你也成为导致这个星球最严重的环境问题的一份子。

　　热带雨林也被砍伐以种植那些用来生产生物燃料的农作物。例如，近年来，亚洲大面积的热带雨林被砍掉用来种植棕榈树。棕榈油是生物柴油的一种原料，生物柴油是从植物油或动物脂肪中提取的一种燃料。棕榈油也可用于粮食、发动机润滑油和化妆品的生产。这种转变会使生物多样性减少，引发灾难性大火的脆弱性增强，依赖热带雨林提供产品和服务的当地社区也会受到影响。

　　收集薪柴　热带有超过 10 亿立方米的木材被采伐用做燃料。这些木材可直接用做薪柴，也可制成木炭。在海地，木炭生产是一笔大生意。遗憾的是，这也给森林带来了巨大的毁坏。

图 14.27　热带森林砍伐实例。侵入巴西热带雨林的大面积大豆田的航片

商业采伐　热带地区的商业采伐经常是浪费的和低效的。例如，马来西亚热带森林的择伐作业中，超过 55% 的未被砍伐的树木被严重损害或摧毁。之前，商业采伐主要采用择伐作业。只有最有价值的树种的成熟木才会被采伐，如柚木、红木和紫檀。然而，如今只要能被砍成木屑，所有树木都可能有利用价值。结果现在皆伐被广泛采用。遗憾的是，大多数皆伐区再也不能自然恢复为森林，而是会被人类重新种植利用。但是，林业经营者通常要么不具备科学造林的知识，要么有意排斥，总之在再造林时倾向于种植纯林。在许多情况下，渴望土地的农民们会搬到采伐迹地上，试图辛苦经营刀耕火种的农业。

14.10.3　森林砍伐的影响

薪柴短缺　印度、海地和尼泊尔因为薪柴严重短缺，吃热的饭菜已经几乎成为过去。位于华盛顿特区的世界观察研究所的前研究员、生态学家埃里克·埃克霍尔姆指出，生活在这些地区还有其他发展中国家的人们所面临的问题："对于世界上 1/3 的人口来说，能源危机并不是意味着……高价汽油……它有时意味着更基本的需求——每天奔波寻找做饭用的薪柴。"因为木材短缺的加剧，贫困人群开始用动物粪便代替薪柴。但遗憾的是，粪便也是有价值的肥料。如果非洲、亚洲和中东地区当做燃料烧掉的牛粪被用做肥料，可生产更多的粮食。

气候变化　热带森林对气候有重要的影响，目前科学家们还不能完全认识这个过程。例如，亚马孙雨林的降雨量是来自海洋水蒸气的两倍。怎么会这样呢？大多数降雨蒸发后又在下风向其他地区降落。换言之，亚马孙雨林能产生更多的降雨来满足森林需水。因此，借助于降雨后的蒸发，水气被留在这些森林密集地区的水循环中。

森林砍伐会改变这个重要的水再循环系统。当树木被清除后，更多的水会流入溪流，用于蒸发的水减少。所有用模型模拟研究这一问题的科学家均提醒人们，持续的毁林最终会导致森林太干从而不能维持树木的生长。当一片热带森林被砍掉后，裸地的热辐射会大大增强。结果，地方小气候甚至全球气候都会受到不利的影响。树木燃烧释放的 CO_2 会进入大气。树木也会吸收 CO_2，所以森林的消失会造成全球大气 CO_2 浓度的进一步增加。热辐射和 CO_2 排放的增加会进一步推动地球温度的升高（见第 19 章）。

基因库的损失和物种灭绝　热带森林是我们现在许多农作物的种质资源库。很多农学家相信这些物种作为基因资源库可用来发展抗病虫害的新农作物品种。遗憾的是，雨林毁灭后，我们也失去了这些物种。

热带森林砍伐也会威胁许多鸟类和哺乳动物的生存。这一生物群区是地球上物种多样性最丰富的类群。也就是说，与任何其他生态系统相比，热带雨林拥有更多的动植物种类。这些物种的灭绝速率已超过警戒速率。

14.10.4　保存热带森林

怎样才能保存热带森林？为了回答这个问题，我们必须问另一个问题：生活在热带国家的人们，在不毁林的情况下，怎样才能过上体面的生活？很多人相信森林的保护应该依赖于经济的发展，特别是经济的可持续发展，这个主题已在第 2 章论述过。保护和经济利益能齐头并进，例如，植树项目已表明，如果当地人不只是参与植树项目，而是拥有土地或拥有在公有土地上栽种的树木的所有权，项目就更容易成功。所有权会鼓励当地村民们为了自己使用或出售而种植和保护树木。将一小部分热带森林私有化，给予拥有者或合同持有者以经济保障，可能更有帮助。对于政府无力保护的处于风险中的森林，如果制定恰当的长期激励机制，一个良好运营的木材公司也可进行很好的管理和再造林。一定要保留和保护国家森林与野生动物保护区，世界银行建议拥有热带雨林的国家将其森林的 15%建成国家公园和保护区。

有生态学家认为带状采伐是对生物多样性影响最小的热带雨林木材采伐方式。如前所述，用这种方法可沿山坡等高线条带状采伐树木，原木可被运到条带上方的道路上。采伐迹地闲置直到有树苗开始生长。下次的采伐条带可布设在公路上方。带状采伐的一个优点是，第二次刚被采伐的条带流失的养分可被其下方第一次采伐条带上再生的植被利用。另外，第二次采伐条带可获得上方成熟林飘落的种子。这些在皆伐作业时都不能起作用。

热带农林系统具有增加食物和薪柴生产力的潜力。**农林系统**是指在农田或草场上间种（植）树木。树木可提供木材、薪柴、水果、坚果和饲草料，也可为农作物提供肥料、减少土壤侵蚀和杂草以及防风。农林系统已在亚洲、非洲和拉丁美洲的很多热带国家成功实施。

在秘鲁和巴西，热带雨林的非木材产品产生的经济收益与伐木和开垦的收益相当。在亚马孙，50 万割胶工人如今的收入来自橡胶、巴西核桃、熏草豆、棕榈树心和其他野生产品。他们同时也打猎、捕鱼或在森林迹地小规模种植农田。割胶工人会自发保护热带雨林，因为他们的生计依赖森林的生物多样性。他们尝试在森林可持续再生能力范围内收获资源。1987 年，巴西政府在国有土地上建立了橡胶工人的保留地，签署了 30 年可续期的租赁合同并禁止皆伐木材。

截至目前，我们给出了一些有益但温和的措施。政府和地方民众需要被说服来采纳这些革新措施，如农林系统、带状采伐和保留地。如前所述，某些类型的私有化也将有助于保护。同样重要的是，**可持续发展**应依赖于教育和社会的转变。

热带雨林国家应该提供资金（在联合国资金支持下）支持针对热带森林生态学和管理的研究与教育。科学已经证明它了保护热带森林的能力，通过研究增加林地上木材产量和农田的农作物产量，可以使较少的林地被砍伐并被开垦为农田。这个目标也可通过提高林产品收获和利用的效率来实现。

很多人认为发达国家，如美国，必须提供帮助，因为世界上任何地方的物种消失都会消弱所有地方的福祉。发达国家已经提供并需要继续提供基金来帮助制定与实施成功的对策。这些基金应该被用来奖励村民和村镇管理机构对已被砍伐作为燃料的森林进行再造林。应该用奖金激励燃料作物种植园的可持续管理——基于可持续生产的收获。基金也可以用来奖励天然林管理措施的改善，增加生产力并减少森林退化。帮助提高热带发展中国家人们的生活水平也很重要，因为只有人们不再担心食物、衣物和住房，才有能力进行森林保护。

重要概念小结

1. 美国国有森林由 4 个联邦机构进行经营和管理：美国林业局、自然资源保护局、田纳西流域管理局、鱼类和野生动物管理局。

2. 西奥多·罗斯福总统任命吉福德·平肖为 1905 年新成立的美国林业局首任局长。

3. 根据 1960 年《综合利用和持续生产法案》，国有森林除了木材生产外，还要进行多种经营，包括洪水和侵蚀控制、放牧、野生动物栖息地、生物燃料、开矿、油气开采、科学、教育、荒野和娱乐性使用。

4. 持续生产管理保证了每年森林采伐量与年木材生长量相当。它也规定一旦木材被砍伐，裸地必须再造林，不管是通过自然方法还是通过人工方法。

5. 自 2008 年起，美国国家荒野保护系统就拥有 704 个原始区域。它们分属美国国家公园管理局（42%）、美国林业局（33%）、美国鱼类和野生动物管理局（20%）和美国土地管理局（5%）。

6. 大部分的国有森林位于国家公园内，由国家公园管理局管理。截至 2006 年，国家公园管理局管理着 391 个的单位，可分为国家公园、国家古迹、国家历史遗迹、国家娱乐区、国家湖滨和海滨公园。

7. 国家公园系统如今承受着多种压力，包括私营企业在周边地区从事木材砍伐、开矿、石油开采和放牧以及城市发展等，还有公园内夏季游客人满为患。

8. 一个采伐计划应包括以下内容：（1）一张森林地图，标明采伐位置、物种、林龄和采伐树种的材积；（2）采伐方式的讨论；（3）选择运输道路；（4）对森林的科学、娱乐和野生动物功能的考虑；（5）评估采伐总收入。

9. 两种不同类型的森林应该采取不同的采伐方式：同龄林可采用皆伐、种子树、伞伐法和萌生林等方法；异龄林常采用择伐和带状采伐方式。

10. 皆伐是砍掉指定区域内的所有木材。

11. 皆伐的反对者提出皆伐的如下缺点：（1）它会增加地表径流、洪水和土壤侵蚀；（2）对野生动物的承载力会急剧下降，至少是暂时地；（3）破坏美丽风景；（4）火灾风险增加；（5）倒伏木增加。

12. 皆伐支持者认为它有如下优点：（1）在某些地区是再造林的唯一方法；（2）在一定程度上可有助于控制病虫害爆发；（3）比择伐便宜；（4）与择伐相比，皆伐林地上的木材生长更快。

13. 种子树方法是一种育林措施，所有木材一次性被砍伐，只留下散布的成熟树木，为新的林地提供种子源。

14. 伞伐法也是一种育林措施，成熟木材被砍伐时，留下足够的树木为新树苗提供遮阴和保护。

15. 带状采伐是沿一条条的宽带（例如 80 米宽的条带）进行木材采伐，允许其自然恢复。

16. 择伐是选择性地采伐散布在森林中的目标树木或小群的树木，通常用于异龄混交林的采伐。与皆伐相比，择伐的成本和时间花费都更高，但可以减少土地裸露、地表径流、土壤侵蚀和野生动物灭绝。

17. 赞成在林场和国有森林种植纯林的理由有：（1）最有利于施肥和喷洒杀虫剂；（2）速生和高产；（3）增加短期利润；（4）可最大化地使用现代造林和采伐技术；（5）满足美国不断增长的木材和木产品需求；（6）适合于喜阳的、木材经济价值高的树种生长，如花旗松、美国黑松和西黄松。

18. 反对纯林的观点认为：（1）纯林是人工建立的系统，缺少多物种多年龄树种的森林所具有的内在平衡机制；（2）速生木材品质较差；（3）高强度的施肥会引起湖泊河流富营养化；（4）大量使用杀虫剂会毒害野生动物和人类的食物链；（5）需要投入大量高成本的来自化石燃料的能源；（6）与天然林相比，更易发生火灾；（7）更容易爆发毁灭性的病虫害。

19. 林场是在合理的资源管理原则下，为了获取利润而造林的私有土地。

20. 采伐作业包括伐木、运出森林以及运到锯木厂或纸浆厂。如果木材被用来做纸浆，可以用伐木归堆联合机和全树切片机。

21. 基因工程可为我们带来具有优良性状的树种，如速生、低肥以及内在的抗杂草和抗虫害。但是，因为转基因树种还未被证实是安全的，很多人相信树木工程从严格意义上讲是科学上和经济上的投机。

22. 人类已发展出对全树综合利用的方法。可用废弃的木板、刨花片、木片和树皮制造有用的产品。

23. 毁林的主要原因有疾病（如心腐病真菌）、害虫（如树皮甲虫）和火灾。

24. 控制害虫的方法有：使用杀虫剂；皆伐被感染区域；使用包括病毒、寄生虫和捕食者等在内的生物控制法；用异型林替代纯林。

25. 控制火灾的方法有：使用回火、防火带、飞机喷洒灭火剂以及用罐式车或飞机喷水。

26. "只要是森林大火就是破坏性的"这一观念已发生转变，新的认识认为偶尔发生的大火是森林生态系统自然的和有益的特性，是维持森林健康所必需的。

27. 受控的大火，是由经验丰富的专业人员故意点燃的，有许多作用：（1）减少林冠火灾；（2）将土壤变成苗床；（3）维持亚顶级物种，有利于木材生产和野生动物生境；（4）控制病虫害爆发；（5）提高土壤微生物活性；（6）提高家畜饲草质量。

28. 与现在相比，到 2030 年美国人的木材使用量将增加 50%。可采用一些措施来满足增长的需求：升级改造小型私有森林；高效控制森林的破坏（病虫害和破坏性的野火）；通过嫁接、杂交、基因拼接来开发超级树种（速生、优质木材，抗病虫害和抗旱）；增加木材替代品的使用；增加进口；再生纸；减少木材的使用。

29. 热带雨林有多种价值：（1）防止土壤侵蚀和洪水；（2）木材和森林副产品；（3）药品；（4）木材燃料；（5）科学研究的野外实验室；（6）至少为地球上一半的动植物种提供了生境；（7）娱乐功能。

30. 热带雨林因如下原因正在减少：刀耕火种的农业、发展牧场、商业采伐和薪柴采集。

31. 森林砍伐造成的影响包括薪柴短缺、气候变化、基因库流失和物种灭绝。

32. 保存热带雨林的议题可归结为以下问题：生活在热带地区的人们怎样不用破坏森林就能过上体面的生活？可采用一些温和的措施，包括土地或树木私有化、发展农林系统、带状种植、保留地、科研和教育以及来自发达国家的资助。

关键词汇和短语

Aerial Seeding　飞播

Agroforestry　农林系统

Bark Beetle　树皮甲虫

Clear-Cutting　皆伐

Clone　品系

Coppice Method　萌生林法

Controlled Burn　受控火烧

Cruise　巡查

Douglas Fir　花旗松

Ecosystem Services　生态系统服务

Even-Aged Stands　同龄林

Feller-Buncher　伐木归堆联合机

Fire Climax　火烧顶级群落

Fire Control　火灾控制

Forest Pest Control Act　森林害虫控制法案

Genetic Engineering　基因工程

Heart Rot　心腐病

Heterotype　异型林

Hybridization　杂交

Infrared System　红外线系统

Integrated Pest Management (IPM)　综合虫害管理

Land and Water Conservation Act　水土保持法案

"Let It Burn" Policy　"让它燃烧"政策

Logging Plan　采伐计划

Monoculture　纯林

Muir, John　约翰·缪尔

Multiple-Use Management　综合利用管理

Multiple Use–Sustained Yield Act　综合利用与持续生产法案

National Park Service　国家公园管理局

National Parks　国家公园

National Wilderness Preservation System　国家荒野保护制度

Natural Reseeding　自然再播种

Nonindustrial Private Forest Owners　非企业的私人森林拥有者

Pinchot, Gifford　吉福德·平肖

Prescribed Natural Fire　规定自然火

Reforestation　再造林

Rotation　轮伐

Sanitation Techniques　卫生技术

Seed Orchards　种子园

Seed-Tree Method　种子树方法

Selected Breeding　选育

Selective Cutting　择伐

Shelterwood Method　伞伐法

Shifting Agriculture　游耕农业

Sierra Club　塞拉俱乐部

Silvicultural System　森林作业法

Slash-and-Burn Agriculture　刀耕火种农业

Smoke Jumpers　空降森林消防员

Strip Cutting　带状采伐

Sustainable Development　可持续发展

Sustained-Yield Concept　持续生产概念

Tissue Culture　组织培养

Tree Farm　林场

Tropical Rain Forest　热带雨林

Uneven-Aged Trees　异龄林

U.S. Forest Service (USFS)　美国林业局

Wilderness　荒野

Wilderness Act　荒野保护法案

Wildfire　野火

Yellowstone National Park　黄石国家公园

批判性思维和讨论问题

1. 讨论森林对一个国家经济的重要性。

2. 从以下几点描述森林的功能：(a)洪水和土壤侵蚀控制；(b)草场；(c)野生动物栖息地；(d)荒野区；(e)燃料资源。

3. 什么是持续生产？

4. 讨论如下论点："皆伐是森林最好的采伐制度"。

5. 分别论述纯林的 6 个优点和 6 个缺点。

6. 哪类森林最适合皆伐作业？带状采伐或择伐呢？

7. 举例说明播种法再造林能否成功的 4 个影响因素。

8. 21 世纪森林生态系统采用基因工程的利弊各有哪些？

9. 美国森林害虫中有很多是外来种，主要原因是什么？

10. 讨论异型林对害虫爆发具有较强抵抗力的原因。

11. 假设落基山脉爆发火灾，而且风速很大，讨论控制火灾的方法。

12. 举例说明对美国南部长叶松林进行控制性火烧的 5 个好处。

13. 提出几个满足我们国家未来木材需求的方法。

14. 为什么拥有荒野保护区很重要？

15. 美国国家公园系统成立于 1916 年。它管理着近 400 个单位，包括公园、古迹、历史遗迹、娱乐区、湖滨和海滨。未来蓝图应包括系统的扩展、控制交通拥堵、限制商业活动、减少人群拥挤和增加预算。为什么？并就你的回答展开讨论。

16. 假设明天地球上所有的热带雨林突然被毁掉。讨论这个大灾难的后果。可能会对长期的气候产生哪些影响？生物影响？社会经济影响？对世界和平的影响？

17. 保存热带森林的措施有哪些？讨论这些措施。

网络资源

本章相关在线资料见 http://www.prenhall.com/chiras（单击 Table of Contents，接着选择 Chapter 14）。

第 *15* 章

动植物的灭绝

我们中的大多数人似乎都过着远离自然的生活，这么做无疑有充分的理由。在大部分人所居住的城市和郊区，很少有大自然的痕迹。因此，对于许多人来说，大自然似乎是抽象的且不重要的，但事实并非如此。野生动植物及它们生活的生态系统以多种多样的方式丰富着我们的生活（见图 15.1）。

大自然能够满足人们对休闲和美景的需求，它为人们提供了灵感与幽静。除此之外，自然系统还为我们提供了许多实际的益处。研究人员从植物及其他生物体中提取的化学物质现在被广泛应用于生产抗生素、抗癌药物和一系列用于治疗心脏病、疟疾等疾病的药物。如今，有一半的处方药和非处方药都来自野生植物。这些药物不仅减少了人类的痛苦，也显著地促进了社会经济的发展，相关的制药公司和零售商创造了数十亿美元的产值。

美国和其他许多国家还有更多的经济收入来自于大自然。一大群捕猎者、钓鱼者、捕鸟者、远足者、露营者以及漂流者每年在旅行、住宿、食物以及相关物资上花费着几十亿美元的资金。而且如今，许多人结伴从加拿大、美国、英国和德国这样的富裕国家到人烟稀少的地区去寻访野生动植物，他们在这种追求野外探险但过程中不损害自然环境的旅游形式——**生态旅游**中，花费了大量的资金。

野生物种同时也为寻求提高作物产量和驯养家畜的农业科学家们提供了极为重要的基因库。植物和动物为全世界的人们提供着食物，无论你是刚刚在芝加哥一家高档的湖滨餐厅享受过一顿海鲜大餐，正小口品尝着白葡萄酒的股票经纪人，还是正蹲在非洲大草原上一堆篝火前烤着刚刚射杀并用葫芦里的水冲洗过的小羚羊，大口吃肉的猎人。

自然也为我们免费提供了许多生态服务。例如，各种各样的鸟类，帮助我们控制了森林和农田中昆虫的数量。植被的水循环过程有减弱洪水和防止侵蚀的作用。高等植物和藻类通过光合作用将大气中的二氧化碳转化为氧气。植物也有助于维持气候稳定，而且植物与环境间营养物质的循环是人类和其他所有物种生存的基础。这一切服务并不需要我们付出任何经济代价，然而这并不意味着这些服务是没有价值的。事实上，恰好相反，大自然提供的服务是无价的。我们每年需要投入大量的资金来补救那些我们已经失去的大自然的服务，例如在许多流域中湿地对洪水的调控功能。

自然很好地为我们提供了服务，这一点显而易见。虽然我们人类似乎一度从自然中孤立出来，将自己困在城市和郊区中，但我们无法将我们与自然连接的纽带斩断。有人认为自然是社会的**生物基础**，也就是说，自然是人类生存和社会经济发展的所有资源的源头。

尽管自然对我们有如此多而重要的益处，人类还是在一步步地破坏着地球的生命支持系统。著名生态学家赫尔曼·达利说，大部分国家"对待地球的方式就好像它是一个即将破产的公司"。本章关注地球"濒临破产"的一个方面的证据：植物和动物灭绝。我们将学习灭绝的起因以及阻止灭绝的途径。同时，本章将提供植物和野生动物种群的背景信息，这有助于你更好地了解自然胁迫对种群所起的作用，这些信息对于理解如何保护我们正在消失的生态资源也是十分关键的。

绿色行动

加入致力于保护野生动物的国家级非营利组织之一，如野生动物守护者、奥杜邦协会、国家野生动物以及大自然保护协会。当地的组织经常会做一些有价值的工作，这需要支出一部分小额资金，所以他们可能也会从你的支持中受益。

图 15.1 北美的一种濒危物种——鸣鹤的求爱舞蹈

15.1 灭绝：地球生物多样性的丧失

灭绝是指物种的消失。灭绝主要由自然的和人类的胁迫所引起，本章将对此展开讨论。

生物学家估计，从 35 亿年前地球上出现生命开始，曾有 5 亿种生物在地球上安家。到今天为止，生物学家已经编目的生物约有 1800 万种。最近估计现存的物种数应超过 3000 万种，也许高达 8000 万种。至少有一半，甚至多达 2/3 的物种生活在热带雨林中。

尽管曾经乘坐地球这艘宇宙飞船旅行的物种的数目非常惊人，但这些物种中至少 90%都已经灭绝。为什么这么多的物种都灭绝了呢？

科学家们认为，以恐龙为例的许多物种灭绝是因为它们不能适应环境的变化。它们中的许多现在只留在化石中。也就是说，它们这一支已经完全消失。而对于另外一些物种来说，变化的环境使得它们进化成为新的物种。虽然原有的物种灭绝了，但它们的后代携带着它们的基因，一直生存到了今天。

是什么使得恐龙生存时期的环境发生了改变？没有人可以确定，但有很多种说法。一种比较流行的说法认为，恐龙大约在 6500 万年前消失，是因为一颗巨大的小行星撞击了地球，产生了大量的尘粒弥漫在大气中，笼罩地球许多年。这引起了一段暂时但对生物具有毁灭性的全球变冷时期。还有科学家认为，也许是强烈的全球火山运动造成了不利于恐龙生存的环境。火山喷发出的气体也许形成了有害的酸性物质并沉降到地面和水体中，消灭了一些植物和动物。而高耸的火山喷发的灰尘也可能遮挡住了阳光，使得地球处于一段连这些巨大生物无法忍受的严寒时期。

今天，主要由人类活动所引起的环境变化不断地使许多物种走向灭绝（见图 15.2）。许多生物学家发出警告，我们正处于发生另一次大规模物种灭绝的边缘。科学家们估计，如今平均每 9 个月就有一种脊椎动物消失。另外，根据哈佛大学著名生物学家威尔逊等人的估计，加上植物、微生物以及无脊椎动物的灭绝，如今地球上生物灭绝的速度可达每天 100 种，非常令人担忧。

很多物种也许正在我们面前消失，但我们却未意识到这一点。举例来说，科学家们指出，在全球范围内两栖动物的灭绝非常值得警醒。许多种类的青蛙、蟾蜍以及蝾螈类的种群数量正急剧减少甚至已经消失。两栖动物正从各种各样的生境中消失，从巴西的热带雨林，到堪萨斯城的郊区。其中的原因我们还不得而知，但有证据表明，杀虫剂也许是罪魁祸首（见深入观察 15.1）。

图15.2　一些地球上的濒危物种。上部：礁鹿、黑犀牛；中间：佛罗里达美洲狮、金狮狨、绢毛猴；下部：大猩猩、海牛。动物的灭绝速率正在加快

深入观察 15.1　农药的迁移与世界两栖动物的消失

据 2005 年 11 月环境毒理学与化学学会发表的一项研究表明，在加利福尼亚中央谷对庄稼施用的农药会进入到与那些农业发达地区接壤的内华达山脉中高海拔的湖泊和河流中，杀死一些种类的青蛙和蟾蜍。为了控制昆虫等害虫的危害，人们利用飞机或拖拉机牵引的喷雾器向农作物喷洒农药。一些农药马上就被盛行风带走并在下风向的非目标区内沉降。此外，那些最初落在农作物上的农药后来也可能蒸发到空气中，并最终沉降在下风向的地区。

这种农药从喷洒地转移的现象称为农药迁移。农药迁移会使周边的人类和野生动物暴露在具有潜在危险浓度的有毒化学品中。为了检验农药对内华达山脉中两栖动物的影响，南伊利诺伊大学的野生动物毒理学家唐纳德·斯帕林将从山上池塘中收集到的两栖动物的卵暴露在硫丹之中。硫丹是美国中央谷农业生产中常用的一种农药。斯帕林发现，当暴露剂量与山里池塘和湖泊中测得的剂量相等时，硫丹杀死了一半的黄腿蛙卵。即使是低一些的浓度也会引起这种青蛙和另外一种蟾蜍死亡率的上升。

长久以来，研究者们一直在为全球范围内两栖动物的大量死亡及其对水生生态系统的潜在影响感到担忧。科学家们也发现了一系列引发两栖动物死亡的潜在原因，包括臭氧层破坏和环境污染。这项研究表明，农药也许在这一现象中扮演着至关重要的角色。

随着人口持续增长和经济发展，特别是中南美洲生物多样性丰富的热带地区，科学家们担心物种灭绝速率可能会变得更快。生物学家

威尔逊认为，这种大范围的物种灭亡的潜在后果比化石燃料的耗尽、经济崩溃和有限核战争更具毁灭性。威尔逊说，地球上丰富的生物多

样性的消失将需要数百万年来恢复，"我们的子孙不会原谅我们的愚蠢"。

保护生物多样性已成为目前最重要和最迫切的环境保护问题之一。

15.2 生物灭绝的原因

为了阻止物种灭绝的进程，我们必须首先认识引起灭绝的因素。我们首先关注人为因素，也就是人类活动。作家和环保主义者大卫·戴维写道，"如果一个物种走向灭亡，它的世界就再也不会重现。它会像行星爆炸那样消失。并且我们为此负有直接的责任。"戴的意思是说，工业革命以来灭绝的大部分物种，是因为它们不能适应另一个物种——智人所引起的环境变化。

植物和动物灭绝主要有几个原因。大部分是因为它们的栖息地被毁坏或栖息地发生了改变已经不再适宜居住。因此，栖息地破坏或改变是现在物种灭绝的一个原因。造成物种消失的另一个原因是，它们具有比较高的经济价值而被过度猎取，为人类社会提供食物或其他有价值的资源。还有一些物种则因为被人类偶然或故意引入其生境的**外来物种**而灭绝。外来物种可能会彻底杀死本地种，也可能只是在竞争中胜出。猎捕活动也导致了一些物种的减少，

控制虫害和控制捕食者的计划同样如此。污染和宠物贸易也是引起世界上物种持续减少的原因之一。在某些情况下，几个因素的综合作用会使一个物种走向灭绝。本节将介绍引起灭绝的三个主要原因：生境破坏和改变、猎捕（包括商业和娱乐）以及外来物种入侵。

15.2.1 生境破坏和改变

生境是指一个种群居住和生活的区域，为生物提供食物、水、庇护所和其他许多的生存所需。破坏或改变某一生境会对生活在那里的植物和动物产生严重的影响。

许多人类活动会破坏或改变生境，包括城市扩张、开垦、采伐、开矿以及高速公路、铁路、管道和大坝的建设。如今各种人类活动正在快速增长。在过去的 50 年中，生境的破坏和剧烈的改变已造成无数物种的灭绝，同时还威胁着其他数百万个物种。例如，在美国，欧洲人到来以后，已知的灭绝物种达 500 种。目前，约有 598 种动物和近 600 种植物被列为美国的濒危物种（接近灭绝的边缘），另外还有 146 个动物种和亚种以及 146 个植物种被列为受威胁物种（有可能会灭绝），濒危物种和受威胁物种的总数超过了 1500 种（见表 15.2）。还有近 300 个物种也即将被列入清单。案例研究 15.1 中将介绍一个物种——田纳西淡水镖鲈的故事。

案例研究 15.1 大坝和鲈鱼：一场经典的对抗

1973 年，田纳西大学的鱼类专家戴维·艾尼尔在小田纳西河中发现了一个鱼类的新种。这个只有 75 毫米长的小鱼，被命名为田纳西淡水镖鲈。根据厄尼尔的研究，这一物种在全世界的种群仅拥有 1400 个个体，全部生活在小田纳西河的一个 2.5 千米长的河段内。根据美国《濒危物种法》的标准，田纳西淡水镖鲈被确定为濒危物种。然而，遗憾的是，由于田纳西流域管理局（TVA）计划花费 1.16 亿美元在小田纳西河上距离这种小鱼被发现地点的不远处建造泰利库大坝，田纳西淡水镖鲈的生境很快就会被毁掉。大坝建成后所形成的水库将会替代原有的浅滩，将田纳西淡水镖鲈赖以生存的急流水域变成又深又平静的水域——一个完全不同的水生生境。

这种小鱼的发现引发了一场对抗，一边是科技和强势的联邦政府机构（TVA），另一边是一个受少数敬业的环境学家、生物学家和自然爱好者们维护的即将消失的物种。在给我们的一封信中，厄尼尔描述了这次对抗：

"这是一个关于一种小鱼和一群实际上没有任何资源却试图迫使政府机构遵守联邦法律的人们的有趣故事。两边的参与者都非常多，我们这一边通过出售印有田纳西淡水镖鲈图片的 T 恤衫来获取资金，而田纳西流域管理局为了战胜我们花费了一百多万美元，用于游说和支出他们阵营中为这一事件工作的律师、生物学家和管理者的相关费用。事实上，每一家报纸、新闻媒体和电视网络都花费了一些时间或空间来报道这一事件，例如《人物》、《纽约人》和《时代》等杂志都刊登了长篇的报道文章。"

　　最后，这个案件被推上了法庭。在 1977 年的早些时候，联邦上诉法院裁决田纳西流域管理局必须结束泰利库大坝的建设。但是，那些支持建坝的人并未轻易放弃。1978 年 4 月，包括美国司法部长格里芬·贝尔在内的政府官员要求美国联邦最高法院放弃镖鲈而支持大坝的建设，但未收到什么效果。1978 年 6 月，美国最高法院判决支持保护田纳西淡水镖鲈。

　　然而，立法者们开始思考这个问题，"当我们制定和颁布《濒危物种法》时，我们确实关心对这些小鱼的保护吗？还是我们想到的只是老鹰和麋鹿这类动物？"就像一位科学家写到的那样，"国会议员们现在发现他们自己面对的是一个装着无穷无尽的蠕动着的生物的潘多拉魔盒，他们从来没有想过这些动物的存在。"

　　不管怎样，在 1978 年，当泰利库大坝已经完工 90% 时，美国最高法院要求这个项目必须停工，因为它违反了《濒危物种法》。法庭同时宣布，这一法案认定，所有联邦政府的建设计划，只要危及到了任何一种现在被认定的濒危物种的生存，都是不合法的。

　　一场关于这一法案的论战风暴在议会中席卷了数月，舌战进行得如火如荼。说客们不断给国会议员施压。建筑业自然希望能够削弱《濒危物种法》，这样联邦政府的项目才能够继续进行。与之相反，环境学家们则坚定地反对任何将会削弱法案对于濒危物种保护能力的修改。

　　最终，法案被修改了。经过修改之后，任何申请不受该法案限制的建设项目都必须通过一个专门的高级仲裁委员会的审议。1979 年，该委员会决定停止泰利库大坝的所有进一步的建设，因为建造大坝所带来的经济收益并不足以弥补它的成本，另外还威胁着田纳西淡水镖鲈的生存。然而，那些渴望通过建设大坝、堤岸、水库和高速公路来获取经济利益的支持者们不能容许自己的失败。他们成功地说服立法者修改了有关公共工程的法案，允许泰利库大坝的完工。

　　支持镖鲈保护的人们自然非常沮丧。然而，他们在当时的环境下已经尽了最大努力来保护这种小鱼。田纳西淡水镖鲈的整个种群都被从小田纳西河迁入到附近的海沃西河。

　　海沃西河中的种群从这次迁移中幸存下来并且似乎对这个新家适应得很好。最近，科学家已经在田纳西州和阿拉巴马州的其他 4 条小河中发现了田纳西淡水镖鲈种群。

　　与此同时，作为与之对立的项目，田纳西流域管理局建设的泰利库大坝和水库并未取得顺利的进展。本来为了刺激工业发展和增加娱乐性渔业而修建的大坝似乎是失败的。到目前为止，它并未给这一地区带来任何的经济发展，而且计划中的娱乐性捕渔业也只是被评价为"一般"。许多评论家认为这是一个政治分肥项目——为了取悦当地和州的政客而花费了联邦政府的巨资。

　　在许多地方，只有极小的自然生境斑块（称为**生态岛**）孤零零地分布在农田、牧场、城镇和建筑用地的海洋中（见图 15.3）。例如，在美国东部，如今小而分散的几片落叶林斑块都是由原来茂盛的大面积分布的原始森林残留下来的。**生境破碎化**，是对生境的不断破坏导致形成孤立的生态岛，使野生动植物种群减小，使它们易于灭绝。美国鱼类和野生动物管理局的钱德勒·罗宾斯发现，马里兰、纽约和宾夕法尼亚州的森林破碎化已使它们曾经哺育的鸟类的数量急剧减少。一些长距离迁徙的鸟类，例如绿鹃、唐纳雀和金莺类受到的影响最为严重。

　　普林斯顿的生物学家罗伯特·麦克阿瑟研究自然存在的岛屿上的物种多样性后发现，在其他条件完全相同的情况下，岛屿越小，它所能支持的物种数就越少。其他的科学家发现这一规律也同样适用于陆地上由人类活动造成的与其相似生境隔离开的生态岛。也就是说，一个从大片森林中分割出来的 10 公顷的落叶林每公顷所能支持的物种数远远少于一个 10000 公顷的区域。

绿色行动

　　当你要建造自己的房子时，考虑建在城市空地上，或改造一栋城市、城镇或郊区现有的房子，而不是建在乡村的土地上。利用绿色建筑材料建一栋能源高效利用的房屋来帮助减少资源利用和保护环境。

图 15.3 航片显示，只有很少一部分土地保持着原貌（森林）。农田、城镇、道路和其他形式的发展用地通常只给自然生境留下一些很小的孤岛，这些孤岛所支持的物种数远远少于那些大片的未受人类干扰的土地

至少有三个原因可以解释生态岛中物种多样性的减少。首先，对于一些物种来说，小的生境不能够提供足够的空间和食物。为了获得每个季节都充足且分布广泛的食物，例如浆果，灰熊必须要走很远的路。例如，根据美国落基山东坡灰熊项目的研究发现，在落基山脉较低生产力的生境中，一头雌性灰熊需要 500 平方千米的生活范围，而雄性则需要 1000 平方千米的生活空间来获取充足的食物。任何一个小于这一面积的生境都是不适宜的。

第二，小生境所能支持的某一种群个体数可能达不到种群繁殖所需的个体数量。例如，现在已经灭绝的旅鸽曾经几百万只成群结队地到处飞翔（见图15.4）。为了经济利益，商业捕猎者对旅鸽展开了大规模的屠杀，来为城市里的居民提供食物（见案例研究 15.2）。过度的猎杀伴随着严重的森林采伐意味着这种鸟的末日。到 1878 年，旅鸽种群只剩下 2000 只，种群太小而不能够维持种群的繁殖。种群的个体数一旦下降到低于维持一个种群繁殖能力的个体数量——**临界种群规模**，这个种群就再也无法恢复。生境破坏对其他物种也有同样的影响。

图 15.4 这是 1867 年 9 月 21 日《莱斯利画报》上的一幅名为"在艾奥瓦州猎杀野鸽子"的插图，显示了猎人向着密集鸟群开枪的画面。在背景中光秃的橡树树干上栖息着超过一百只鸟

第三，太小的生境会引起大量的近亲交配，近亲交配通常会产生有问题的后代。

当一个种群规模较小时会遇到的一个相关问题是，更小的种群只有更少的基因多样性。**基因多样性**是指一个种群中不同的基因的数量。**遗传变异**，是指种群中成员的基因组成上的不同，会引起种群中的个体在结构、功能和行为方式上的轻微不同。遗传变异使得种群中的所有个体并不是完全相同的。比如说，在一个植物的种群中，一些可能更耐干旱，或者产生更多的种子。种群的基因多样性越强，它就越有可能在环境条件改变时幸存下来并繁殖下去。当一个种群中的个体数减少时，它的基因多样性也会下降，它生存的选择也越小。例如，在 19 世纪后期，北象海豹被严重猎杀，已经接近灭绝的边缘。当狩猎的压力消失时，大概 20 只幸存的北象海豹开始繁殖，最终到今天，总共有 15 万后代。不必说，它们的基因都非常类似，这使它们很难抵御环境的变化。

生境破碎化会引起**动物区系崩溃**——动物种数减少。人类活动也会进一步消弱破碎生境中的物种的存活能力。例如，空气、水和土壤中的化学污染物也许会阻碍生物繁殖或将它们全部杀死。全球变暖可能会改变植物的分布并使那些以这些植物为生的动物消失。臭氧层空洞引起的紫外线辐射增加也许会毁掉一些植物，或增加动物的基因突变和癌症发病率。世界观察研究所的爱德华·沃夫说，"这些变化的累积效应通过增加动物和植物灭绝的可能性，来改变生态系统。"

为了保护生物多样性，人类社会已经着手开展一项雄心勃勃的保护区划分项目。如今全世界共有 4.25 亿公顷的土地已被保护起来。然而，这些保护区还远远不够。根据一些估计，如果要将地球上主要生态系统全部取样进行保护，需要三倍于目前保护区的面积。显然，就像前文提出的，需要通过严格的措施来控制污染，尤其是温室气体排放和农药，才能提高生活在这些保护区的物种的存活率。

案例研究 15.2 旅鸽：灭绝的多种原因

旅鸽一度是地球上数量最多的鸟类。早在 19 世纪，著名的鸟类学家亚历山大·威尔逊就观察到一群迁徙的鸟类从他头顶飞过并持续了数小时。威尔逊估计，这群鸟应该有 1.6 千米宽、400 千米长，大概由 20 亿只鸟组成（这群鸟的数量大概是今天全北美水禽总数的 10 倍）。但现在，一只旅鸽都没有了。

究竟是什么原因造成了旅鸽的灭绝？首先，为农场和人类居住提供空间，许多可以被旅鸽用来筑巢和取食的树木被砍掉或烧掉。这种鸽子主要以壳斗科的坚果为食。威尔逊曾观察到一群旅鸽每天就要消耗 6 亿升的食物。

第二，疾病可能引起了大规模的死亡。孵卵的鸟很容易感染传染病，因为它们的巢穴密集。

第三，许多鸽子在从美国北部的繁殖地前往美国中南部越冬地的长途迁徙中，可能遭受大暴风雨的毁灭性打击。克利夫兰·本特援引了关于一大群年轻旅鸽的记录，由于在浓雾中迷失了方向，它们降落到了迈阿密的克鲁克德湖上。成千上万只旅鸽被淹死，堆成了 30 厘米高的尸体沿湖岸绵延了数千米。

第四，它们较低的繁殖能力也许是引起灭绝的一个因素。不像许多其他的鸟，例如知更鸟每窝能孵 4～6 个蛋，鸭子、鹌鹑和野鸡每窝能孵 8～12 个蛋，雌旅鸽每窝只生一个蛋。

第五，种群的减少使得残余个体分散，可能使这些鸟丧失了交配和筑巢所需的社会刺激。

第六，商业狩猎的巨大压力。为了营利，捕猎者在它们的巢里对它们进行屠杀。每种能被想到的捕猎工具都被用上了，包括枪支、炸药、棍棒、捕网、火和陷阱。每拉一次网，大概会有 1300 只旅鸽被抓住。捕猎者们用火烧、用烟熏使鸽子离开它们栖息的树木。迁徙的鸟群被人用大号铅弹射杀。在威斯康星州的一个小村庄里，一年内出售给捕猎人的弹药量超过了 16 吨。在芝加哥、波士顿和纽约的豪华餐厅里，鸽子肉被认为是既美味又时尚的一道菜。1861 年，大概 1500 万只鸽子从迈阿密的佩托斯基的一处筑巢地装船以每只两美分的价格卖出。

最后一只野生的旅鸽——玛莎是 1900 年被拍到的，作为最后一个被捕获的幸存者，在 29 岁时于 1914 年 9 月 1 日死于辛辛那提动物园中（见图 15.5）。

最近的研究显示，长期以来被认为是美国濒危野生动物最后希望的美国的许多国家公园，实际上并不能胜任保护生物多样性的责任。生物学家威廉姆·纽马克研究了国家公园中的哺乳动物种类的丧失，发现除了最大的几个国家公园外，其他国家公园的物种数目都在急剧减少（见表 15.1）。最小的国家公园之一，布莱斯峡谷国家公园失去了它原有物种的 36%，比布莱斯峡谷国家公园大 20 倍的约塞米蒂国家公园也失去了 25% 的物种。只有像黄石公园这样巨大的公园，物种的流失才比较少。

我们可以从这些发现中总结出什么教训？许多公园规模太小了，难以维持这片区域在成为公园之前所拥有的物种多样性。如果通过在周围修建隔离带将公园与周围环境隔开，这个公园就会成为一个因为面积太小而难以维持其曾经所有的物种数的生态岛。研究者指出，更严重的是在全世界的保护区中，动物区系的崩溃如今还在继续发生。

图 15.5　最后一只活着的旅鸽玛莎。当玛莎于 1914 年 9 月 1 日死于辛辛那提动物园中时，一个独特的物种永远从人类的生态系统中消失了

表 15.1　美国国家公园中动物区系的崩溃

公 园 名 称	面积（平方千米）	原有物种的消失率（%）	公 园 名 称	面积（平方千米）	原有物种的消失率（%）
布莱斯峡谷国家公园	144	36	约塞米蒂国家公园	2083	25
拉森火山国家公园	426	43	红杉-国王峡谷国家公园	3389	23
锡安国家公园	588	36	沃特顿冰川国家公园	4627	7
火山口湖国家公园	641	31	大提顿-黄石国家公园	10328	4
雷尼尔山国家公园	976	32	库特尼-班夫-贾斯珀-幽鹤国家公园	20736	0
落基山国家公园	1049	31			

来源：基于 W. D. Newmark. "A Land-Bridge Island Perspective on Mammalian Extinctions in Western North American Parks," Nature, Jan. 29, 1987.

没有什么地方的物种灭绝问题比拥有全世界 1/2～2/3 物种的热带雨林地区更为严重了。热带地区大规模的森林破坏对于本地的物种来说是一场浩劫。在巴西，每年有 5 万平方千米的热带雨林在消失。在全世界，有大量人口居住在河口、海湾以及其他滨海湿地附近。道路、高速公路、城市、住宅和机场现在占据了曾经的湿地以及生活其中的丰富植物和动物的空间。内陆湿地的状况并不比滨海湿地好。从美国的佛罗里达到威斯康星，农民们排干沼泽地里的水并在上面进行耕作。因此，世界上的许多滨海和内陆湿地都已被破坏。以菲律宾为例，50% 的红树林湿地已被填埋或排干。在美国的南加利福尼亚，90% 的盐沼湿地面临着类似的状况。在整个美国，超过一半的湿地已经消失。尽管近几年湿地破坏的情况已得到很大的缓解（一部分是因为新的法律法规，但也是因为许多主要的湿地已被破坏），但我们仍然在继续失去湿地。

湿地对于人类和栖息于其中的物种有许多益处，大多数内容已在先前的章节中介绍过（见表 9.1 的总结）。如同湿地有如此多的益处那样，破坏湿地的危害也很多。世界上所有海洋的生物生产量中至少有一半来自于滨海湿地和河口。作为在世界贸易中占据重要地位的海鱼，它们中的 60%～80%要么在河口生活，要么在河口觅食。而渔民们在大海中捕获的海鱼的 60%在其生命周期的某一阶段都依赖于河口带（河流入海口）和海滨湿地。用我们家庭及工厂中产生的废物填埋湿地和污染湿地的行为，既伤害了与我们共享这一星球的其他物种，也伤害了我们自身。

湿地的减少增加了洪水的频率和严重性。在密西西比河流域上游的 7 个州，将近80%的湿地已遭到破坏。科学家计算出，即使那些湿地中只有一部分还保持着完整的功能，它们就可以将1993 年引起了 160 亿美元损失的灾难性洪水蓄积起来。它们也可以帮助减弱 2008 年那场毁灭性的洪水。湿地的消失使洪水的危害更大并使水质恶化，这需要在水处理上投入更多的资金。

填埋湿地产生的是劣质的建筑用地，就如许多经历过洪水的房主会告诉你的一样。因为处于洪泛区，这些地方不仅更容易遭受洪灾，而且这些房子也更容易发生沉降。

埃蒙德·希拉里爵士曾经指出，环境问题实际上是社会问题。它们起源于人，也结束于人，人类既是起因，又是受害者。毁林和湿地破坏非常清楚地显示了这种关系。遗憾的是，数百万个物种随我们一同受害。

绿色行动

加入一个当地与生境恢复有关的地方自然保护组织，去植树或恢复河流。请向你的教授寻求建议。如果找不到这样的组织，那就自己成立一个。

15.2.2　为牟利和娱乐而猎捕

商业性猎捕长期以来都是物种灭绝和濒临灭绝的原因之一。前面提到过的旅鸽在 20 世纪初期灭绝的原因除了栖息地的破坏，就是因为经济利益而被捕杀。大海雀，一种曾经生活在北冰洋海岸上、看起来像企鹅的鸟，由于过度捕杀而在 1884 年灭绝。水手们为了吃肉而杀死这

种鸟。琴鸡，一种和草原榛鸡类似的鸟类，一度广泛分布于从新英格兰到弗吉尼亚的广阔地区，但现在也已经因为商业性狩猎而消失殆尽。

20 世纪初，女人们纷纷涌进商店去购买用雪鹭美丽的羽毛制成的时尚帽子。为了满足这一需求，猎人们在佛罗里达州无情地射杀这种鸟，几乎消灭了这个种群（见图 15.6）。所幸的是，当 20 世纪早期为保护这种鸟而通过了限制性的法律后，该种群有所回升。

图 15.6　雪鹭。为了提供女士们帽子上的羽毛，这种鸟在 20 世纪早期几乎被猎杀殆尽。所幸的是，一个禁止狩猎的条例使得这种优雅的鸟类种群得以恢复

北美野牛（通常称为水牛）的畜群一度曾黑压压地占据着整个草原，如今却只遗留下了一些极小的种群。商业性狩猎和生境破坏使它的数量锐减，也使得高度依赖野牛而生存的印第安人数量减少（见图 15.7）。狂热的捕鲸者猎杀了包括蓝鲸和座头鲸在内的多种鲸鱼，使它们濒临灭绝。虽然现在受到了保护，一些种类的鲸鱼仍然处于危险之中。例如，当鲸鱼撞上货船时，就会被撞死。今天，许多具有重要商业价值的鱼类的种群数量已经因为过度捕捞而下降到一个危险的水平（见第 12 章）。

图 15.7 北美野牛，一个具有多种用途的物种。它是北美大平原上印第安人文化的重要基础。
食肉或娱乐性商业性狩猎使野生北美野牛消失，破坏了美国原住民的一种重要资源

并非所有物种都是因为被作为食物而被杀害的。例如，非洲的大型猫科动物已被商业性狩猎者射杀殆尽，只是为了获得它们的毛皮来制作时尚的大衣。尽管有一些保护性的法律，偷猎者仍然在猎杀美洲虎、猎豹、老虎和其他具有昂贵毛皮的动物。

几种非洲犀牛也已因猎杀而濒临灭绝。尽管有法律保护，但偷猎者仍然为了获取它们的犀牛角而捕杀它们，这些犀牛角常被出售到也门和中国这样的国家。因为出产石油而非常富裕的也门人将犀牛角雕刻成短剑的把手出售。中国人则将犀牛角磨碎，制成据说可以激发性欲和退烧的药，但报道该药并没有效果。

如果一个物种的种群规模非常小，娱乐性狩猎可能会加剧种群数量的减少。但在大部分情况下，这种狩猎对于野生动物种群是有益的。美国有超过 400 个国家级的野生动物庇护所和数千个州立野生动物保护区，这些地方的很大一部分收入就来自于狩猎许可证的出售。针对狩猎的规定可以帮助保护某些物种免受过度捕猎的危害。当自然捕食者在某一地区消失之后，狩猎也可以帮助控制鹿和其他可狩猎物种的种群规模。

15.2.3 外来物种入侵

人类经常将外来的动物种和植物种引入

新的生态系统中，结果当他们发现没有实现预期的收益甚至完全被负面影响抵消时通常已经太晚了。一个经典的案例是在美国佛罗里达州引进的水葫芦。这种南美的开花植物被用来装饰私家的池塘，但是却意外地进入了佛罗里达的水体中。它在南部的几个州里不受控制地疯长，阻塞了河流和湖泊，杀死了本地植物，使得航运受阻。现在，美国几个南部的州每年都要花费数百万美元来清理水体中这种快速生长的植物。另一个例子是将猫鼬从印度引入到夏威夷岛和波多黎各。猫鼬是一种凶猛的、移动迅速的、类似于鼬鼠的捕食者。人们将猫鼬引入到这些岛上是为了控制对甘蔗林危害严重的老鼠的数量。遗憾的是，负责引种的人并未仔细研究这种动物的习性。在猫鼬被引入后不久，人们发现它们大多在白天捕食，而老鼠则是夜行性的。所以，猫鼬和老鼠很难碰面，被杀死的老鼠非常少。但这些猫鼬很快开始捕食在地面筑巢的鸟类。包括纽厄尔氏海鸥和暗腰圆尾鹱在内的一些于地面筑巢的鸟类彻底从莫洛凯岛上消失了，其他的比如夏威夷鹅，也濒临灭绝。

就像这个例子中所展示的那样，岛屿对于外来物种是极其脆弱的。原因在于，那些原有的物种通常并不具有抵御外来物种的特性，尤其是抵御外来的捕食者，而生境对它们来说又

太小，难以摆脱入侵物种对它们施加的压力。夏威夷岛被入侵物种伤害得非常严重。在人类到达那里之前，岛屿上缺乏任何天然的哺乳类的捕食者。许多在这些火山岛上生活了数百年的鸟类已经丧失了飞行的能力。如果它们能获得充足的食物，又没有捕食者，翅膀有什么用呢？不能飞的鸟没有其他的选择，只能在地上筑巢。人类在岛上定居之后，他们的狗、猪和山羊杀害了大量不能飞的鸟类。这类鸟很容易用棍棒打死，而猪会毁掉它们的巢。

外来物种有时是人们专门引入的，但也有一些是无意间被带入的。荷兰榆树病就是无意间进入美国的，还有西尼罗河病毒。荷兰榆树病几乎毁掉了这个国家全部的榆树。而 1999 年被无意间引入的西尼罗河病毒在整个美国境内传播，杀死了成千上万的乌鸦、大乌鸦、喜鹊和冠蓝鸦。它也感染了数千人，在某些病人身上并没有任何症状，或者只有持续一周以内的类似于流感的轻微症状。但在某些人身上，这种病毒会引起大脑感染甚至致死。

有时候，外来物种会被新的生态系统同化，对生态系统原有的结构不造成任何影响。在另外一些情况下，因为新环境缺少它们必需的资源，或者因为新的环境条件和它们原本的生境差别过大，它们也可能会死亡。许多坚强的物种，则会在新的环境中蓬勃发展。在第 10 章提到过的斑马贻贝就是一个很好的例子，它们在美国和加拿大的水体中很好地生长着。没有捕食者、竞争者、疾病或寄生虫，这些外来物种快速繁殖，干扰了本地的植物和野生动物。如果把生态环境比做织布的话，这就好像把色彩丰富的有各式花纹的一块布重新织成了一块破旧的、没有任何色彩的布。

关于罗格河国家森林公园采用地理信息系统（GIS）和遥感的方法监测和控制有害外来杂草的讨论，请参见 GIS 与遥感专栏。

GIS 与遥感专栏　利用 GIS 绘制有害杂草分布图

GIS 和遥感技术正在帮助各州和联邦的土地管理者们对抗正在全国各地毁坏与取代本土植被的入侵杂草。这些种中有很多都是无意间从其他国家引入的。这些植物的种子随着货物或牲畜抵达北美洲的海岸。在一个没有疾病等天然控制因子的新大陆，这些外来者往往会战胜本土植物并广泛传播，造成巨大的经济损失。

杂草是指无用的、不需要的或有害的植物。杂草会限制或干扰土地利用。美国的一些主要杂草包括：豚草、野豌豆、菊苣、野葛、田菁、猪毛菜、黑芥、藜、马唐、加拿大飞蓬、野荞麦、野胡萝卜、翼蓟、野欧洲防风、田蓟、乳浆大戟、匍匐冰草、石芽高粱、木贼、贯叶连翘、刺萼龙葵、酸模、野蔷薇和草木犀。

杂草通常分为普通杂草和有害杂草两类。普通杂草是指那些很容易被通常较好的耕作方式控制住的杂草种类。有害杂草则是那些因为具有发达的多年生根系、高效的繁殖方式及较强的适应性（即可以在多种多样的环境条件下很好地生长）而难以控制的物种。包括这些在内的所有特征使得它们变得坚强且具侵略性。

美国农业部（USDA）将有害杂草定义为那些会引起农作物疾病，或者伤害庄稼、牲畜或土地并因此危害农业、经济或公众健康的物种。例如，千屈菜是一种非常美丽的湿地植物，但它非常具有侵略性，在美国很多地方引起了生态浩劫。这种植物取代了本土物种，破坏鱼类和野生动物种群，并对农业和公共娱乐造成了不利影响。

有害杂草已经在许多公共或私有土地上旺盛地生长。正因如此，联邦和州政府机构实施了数量众多的项目来控制这些外来入侵者的传播，将它们从现在所在的地方清除。直到最近，大部分工作都涉及了土地调查，这需要对杂草的蔓延进行视觉上的评估。过去用地图来显示杂草的生长情况，这种方法粗糙而不准确，依赖于调查者的主观分析。

如今，GIS 和遥感技术正在帮助州和联邦政府机构了解杂草入侵的程度并制订防治的对策。其中的一个例子就是美国林业局（USFS）对南俄勒冈州和北加利福尼亚州境内的罗格河国家森林保护区（RRNF）的管理。

在过去，RRNF 项目中的美国林业局的工作人员对那些影响土地管理目标的杂草种类进行了识别和定位，并在问题发生或被发现时才着手处理。估计出的被杂草入侵的地方被标注在林区的地图上，而用于描述植物种类、位置和密度的信息很少。野外工作者们通常会发现图中的标注和他们实际的考察结果完全不符。

这个结果常会遭到质疑，因此通常是一种不太有效的监控杂草入侵情况的方法。

了解了 GIS 和数字地图技术可能给土地管理带来的益处之后，RRNF 与一家私人公司合作，开发出了一个标准化的有害杂草数据库来支持他们发展高效的有害杂草控制策略。因为他们需要对杂草入侵情况进行非常精确的定位并在地图上进行标注，林业局的工作人员和顾问们决定在地图绘制中利用 GPS 技术。GPS 指全球卫星定位系统，它利用环绕地球轨道运行的军用导航卫星来对地面上的 GPS 接收者的位置进行三角测量。在本案例中，工作人员利用手持 GPS 接收器来精确定位杂草入侵位置。

GPS 中的计算机技术的一大优点是，接收系统可以以一种标准化的、用户友好的方式写入预先设计格式的输入数据。这些称为数据字典的程序允许工作人员以一种很容易转换到 GIS 中的数字化格式输入位置和其他特征（杂草种类的密度等）的数据，以及在每个样点拍摄的数字照片。

标准化数据选项帮助工作人员建立了一个统一的汇报系统。在每天制图后，野外工作人员将下载 GPS 数据，然后转到 GIS 中，结合已有的数据库和地图分析系统进行综合分析。森林的航片也已经开始用来解析大面积的有害杂草种群的位置。

GIS、GPS 和遥感帮助 RRNF 研究出了有害杂草的防治对策。十年来的第一次，RRNF 利用有组织的、精确的数据来对抗有害杂草。工作人员采用综合杂草管理措施，使潜在有害的除草剂的使用达到了最小化。

15.2.4　灭绝的其他原因

如前所述，生境破坏、商业性狩猎和外来物种入侵只是影响种群生存的一系列因素中的三个。污染、宠物贸易、虫害控制及捕食者控制也会对野生动物种群产生极大的影响，即使是遥远地区的野生动物。例如，科学家们最近发现，有 4%的北极熊受到了多氯联苯（PCB，俄罗斯用于清理海底核反应堆的一种有毒化学物质）的毒害。这种有毒物质通过食物链传递，如今由于体内较高的 PCB 含量，有 4%的北极熊不能成功地繁育后代。

随着人类人口的增长和越来越多国家的工业化，污染给野生动物种群造成了更严重的损害。特别是由于二氧化碳排放量增加和臭氧层损耗（见第 19 章和第 20 章）所引起的气候变化和紫外线辐射，对植物和动物是极为有害的。

我们也必须要强调，许多物种消失并不是因为某个单一因素，而是多种因素综合作用的结果。加利福尼亚秃鹫曾经在加利福尼亚到佛罗里达的整个美国南部的上空盘旋。这种可以生活 45～80 年的雄伟鸟类，由于栖息地的破坏以及从猎物（被污染）和农药（控制虫害）中摄入的铅，寿命大大缩短。白头雕，作为美国国家的标志，也因为栖息地破坏、狩猎和农药等一系列原因而濒临灭绝。所幸的是，已有保护措施帮助这些种群得以恢复。人类压力导致灭绝引发的伦理思考详见资源保护中的伦理 15.1。

绿色行动

高效利用能源及其他资源，例如水。高效利用能源的方法能够帮助我们减少污染和生境破坏，这二者都有益于保护野生动物。保护水资源有助于确保充足的水流入当地的溪流和江河，这对于鱼类和其他物种至关重要。

资源保护中的伦理 15.1　其他物种有生存的权利吗

几年前，电视台的一名新闻记者采访了科罗拉多州丹佛的一名拖拉机司机，他正要毁掉北美草原土拨鼠的窝来开垦新土地。这名拖拉机司机用"适者生存"来为他的行为进行辩解。而另一个建筑工人则耸了耸肩膀说道，"几只土拨鼠有什么用呢？它们阻碍了发展。"

一些动物权益的支持者也接受了采访，他们认为毁掉土拨鼠栖息地的行为是错误的。他们说，至少应该将这些动物捕捉起来然后迁移到其他地方，即使这会花费一点儿资金。

这就是人类与野生动物发生冲突时常见的情节。这引发了一个关于权利的问题。如果有的话，其他的物种有什么权利呢？人类的权力能超越所有其他物种的权力吗？

一个关于该话题的调查展示了各种不同的观点。一些人认为人类的统治是至高无上的，我们的权利胜过了所有其他物种。其他人则认为，那些与我们共享地球的其他物种是有价值的，应该受到人类的尊重。它们的价值部分取决于它们对我们有用。它们能为我们提供狩猎、钓鱼和鸟类观赏的机会，这些都会增加税收，增加当地和州的经济收入。但是，只是说说我们应该尊重其他物种并不足以确保我们会这样做。我们虽然经常说应该多锻炼，应该吃得更好，应该尊重他人的感受，但这并不意味着我们会这样做。

有些人认为不管是有生命还是没有生命的东西，从道德角度讲都有自己的权利。也就是说，它们有存在的权利，不管它们对我们来说是否有价值，这是一个大多数人都不赞同的观点。当支持者们表达这种观点时，通常得不到认可。

历史学家罗德·纳什在其《自然的权力》一书中，指出最初提出美国殖民地独立、取消奴隶制、尊重印第安人的权力和允许女性参加选举这些观点时，都受到了怀疑。根据纳什的说法，在历史上，拒绝承认其他人或自然的权利能给某群特定的人带来利益。今天，实际上许多人把承认自然的权利这一观点视为对人类繁荣和发展的威胁。

如果你询问环保主义者，你会得到对这一问题截然不同的观点。很多环保主义者认为，我们应该保护自然而不是滥用它，因为滥用会损害人类及其生活方式。这种观点否认自然的产品和服务。而另一些人则认为，自然具有固有的价值和权力，与人类的需求无关。也就是说，其他物种拥有和人类相同的存在的权利，而且，我们认为人类所具有的所有权利，自然中所有生物都应该拥有。

当然，就像纳什指出的那样，自然不需要人类那样的权利。狼和红杉并没有要求它们的权利，它们无法表达。也就是说，这完全取决于扮演着自然代理人的人的态度。我们人类有义务去表达和保护地球上其他生物的权利。

纳什指出，自然的权力这一看似激进的观点实际上是将自由的思想外延到自然。自由是美国的传统。美国宪法声明美国公民拥有一定的不可剥夺的权利——生命、自由和追求幸福。自然权利的支持者只是想把这些美国人的观念扩展到其他有生命的事物上。

这种观点激进吗？

不管你信不信，这些并不是新创的观点。希腊和罗马的哲学家就曾指出过自然的权力，称为自然法。自然法认为人类有权利仅仅是因为他们存在这一事实。罗马人认为承认其他动物也拥有权利是合理的，称为动物法。

纳什说，在希腊和罗马衰败之后，自然没有得到善待。人类越来越坚信包括动物在内的自然是没有权利的，那些非人类的存在就是为了服务于人类。这种人与自然的关系强调眼前利益和实用性。

几个世纪后，动物的权利再次成为争论的前沿，这一次发生在英格兰，起源于活体解剖，也就是解剖活的动物。笛卡尔（1596—1650 年）被认为是支持活体解剖的，因为他相信动物是感觉不到疼痛的。除此之外，他还认为动物没有思想，所以不会被伤害。其他人当然不同意这一观点。

1641 年，马萨诸塞湾殖民地通过了第一部尊重驯养动物权利的法律。这部法律中有一部分是这样说的："任何人不应以任何残酷的手段对待通常喂养来供人类使用的动物"。

17 世纪英国哲学家约翰·洛克提出了许多关于动物权利的思想。他认为人类拥有一定的天生的（不可剥夺的）权利，仅仅是因为我们存在着。例如，我们为了继续存在下去而分享自然的权利。然而，有趣的是，洛克并未主张自然或动物有天生的权利。他反对虐待动物，因为会影响人类，他认为虐待动物将会恶化人与人之间的关系。

在记录英国人道主义运动的早期历史中，提出了动物是上帝创造的一部分，所以人类有义务做好代表上帝的托管人。所有自然存在的东西都源于并为了显示上帝，也就是造物主的荣耀。这一观点的支持者认为，上帝对那些最无关紧要的生命的福祉的关注和对人类的是相同的。

对自然权力的支持还有来自于哲学的万物有灵论，这一理论认为，所有的生物和物体都拥有一种唯一且永恒的力量。哲学家本尼迪克特·德·斯宾诺沙（1632—1677 年）认为所有的生命或物体，不管是狼、枫树、人类、岩石还是星星，都是上帝创造的物质的一种暂时表现形式。当一个人死亡时，其身体里的物质就变成了其他东西，比如土壤，为植物提供养分，而植物也许会喂饱一头鹿，然后鹿又被狼或另一个人吃掉。

斯宾诺沙对于这种相互关系的理解使得他能够将伦理价值最终赋予整体而非任何单一的转化形态，例如人类。对于斯宾诺沙而言，生命没有高等或低等之分。一棵树或一块岩石都拥有和人相同的存在的价值与权利。

英国天才诗人亚历山大·蒲伯（1688—1744 年）将数千页的万物有灵论思想总结为一句话：一切生命"都不过是一个巨大整体的一部分，这个庞然大物的躯体是自然，而灵魂是上帝"。

当人们逐渐开始意识到动物是有思维和痛觉的时候，动物和自然的境遇开始有所好转。1789 年，英格兰人杰瑞米·边沁相信动物能感受到痛苦，认为痛苦是坏的，而快乐是好的。他认识到如何将幸福的最大化从殖民主义者扩展到奴隶，并进一步扩展到非人类的生物。他拒绝将推理能力和语言能力作为人类与其他生物之间的伦理界限。他认为，关键问题不在于"它们能推理吗？"或"它们能说话吗？"，而在于"它们会感觉痛苦吗？"。伦敦皇家学会图书馆管理员爱德华·尼克尔森于 1879 年写道，要说动物没有推理能力，这跟通常对家养宠物的观察不符。动物天生地"只有有限的思想和感情，但人类中的傻瓜也是一样的。"他也坚持认为，任何一个有道德伦理的人都不能提出要剥夺一个傻瓜对生命和自由的权利。尼克尔森认为动物具有体验痛苦和快乐的能力，所以它们也同样拥有"人类那抽的生命和自由权。"

虽然人类对动物权利的看法非常有限，但它是发展中的环境伦理学的基石。

在亨利·大卫·梭罗的著作里可以看到人类伦理学向环境伦理学的延伸。梭罗在书中将"社会"定义为自然和其中的生物，由此超越了人类对这个词的通常理解。他于 1859 年写道，"我们所认为的野生环境其实是一种不同于人类的文明。"他认为翻车鱼、植物、臭鼬甚至星星都是人类的朋友和邻居。"如果有人因为虐待儿童而遭到起诉，那么同样地破坏被我们照顾的自然也应遭到制裁。"

这种观念在现代社会非常普遍。美国人道协会的麦克·福克斯说道："如果作为一个人能够拥有自由的权利，那么任何其他生物都应该拥有这样的权利。"

"那些破坏了生态系统整体性的企业就像举着枪在便利店打劫抢钱的匪徒一样"，汤姆·奥莱利如是说。他并不是一个激进的环保主义者，而是西雅图一家能源公司的总裁。他的观点在上流社会中流传。

我们能从中得到什么结论呢？

首先，除了我们分配的权利，自然并没有任何权利。所有关于权利的观点都是人类提出的。我们自己发号施令，可以否认其他物种的权利，也可以赋予它们生存、感受痛苦及思考的权利，或上帝的旨意。它们可以拥有部分、全部或介于二者之间的权利。这一切都由我们人类来决定。

权利到底意味着什么呢？同样，这也取决于我们。它们可以只是理论上而非实践上的权利，也可以拥有超乎多数人想象的权利。我们相信，最终的目标就是，我们要找到一种方式使我们和这个星球以及这个星球上的所有生物都能很好地生存下去。

来源：改编自 R. F. Nash, *The Rights of Nature* (Madison: University of Wisconsin Press, 1989)。

15.2.5 易危物种的特性

让事情变得更复杂的是，有些物种天生的特性使它们比其他物种更容易面临灭绝的危险。相关的主要特性包括特化、低生物潜能和非适应性行为。

特化 **特化种**是指繁殖条件和生存条件非常苛刻的生物，因此它们极易濒临灭绝。

柯特兰莺（见图 15.8）就是一个关于特化种

濒危的较好例子。柯特兰莺是一种歌声洪亮、体形娇小的鸟，其繁殖区域非常小。柯特兰莺出现在密歇根州的 13 个县，但在这些地区，柯特兰莺只生活在短叶松林中，而且树木要求 6～15 年生且有 2～7 米高。虽然柯特兰莺在地面上筑巢，但它们的存活仍旧依赖于这些特定高度的树木，因为这个高度的树木的枝条能够伸到地面，可使柯特兰莺在筑巢以及其他时刻都得到庇护。若是更年幼的树木，树干下部的枝条不足以提供庇护所，而树龄超过 15 年的树木，它们的下部枝条则开始凋零，已然不适合筑巢。在人类干扰前，松林的生长受自然林火调控。有部分森林被烧毁，同时开始新的生长，这样在几年内将长成具适宜树龄和树高的树木。但是，人类原本是出于好意的林火控制则会破坏森林的自然更新，造成树林老化，破坏柯特兰莺的筑巢地。

图 15.8　巢中的柯特兰莺。它的巢处于 2~7 米高的短叶松较低的树枝的保护下

如今，美国林业局会模仿自然火定期对森林的某些区域进行计划火烧（见第 14 章）。在这里，这种**计划火烧**是指小规模的、管理得当的林火，用来清除年老的树木，使短叶松的松果打开并释放种子。新种子在烧过的斑块内萌发生长，保证了适宜林龄筑巢地的持续供应。同时，

美国林业局和其他州立与联邦机构也开始种植新的松林，并且野生动物保护官员还捕捉燕八哥这种会威胁柯特兰莺生存的物种。燕八哥在柯特兰莺的鸟巢里下蛋，而不知情的柯特兰莺可能会牺牲自己的幼鸟而去哺育燕八哥的幼鸟。

皆伐、火烧、再造林以及捕捉燕八哥等措施十分有效。根据美国渔业和野生动物管理局的数据，柯特兰莺种群在 1998 年已达到了约 1600 只，而在 1974 年仅剩 300 只。截至 2002 年，种群数已达到了 2100 只。2007 年，这个数值达到了约 4500 只，是自 1951 年第一次普查以来的最高纪录。大多数个体的增加发生在专为柯特兰莺开辟的生境中。这项工作不仅为柯特兰莺，也为许多其他鸣禽、植物和哺乳动物提供了栖息地，为商业林产品提供了原料。

尽管取得了一定的成功，柯特兰莺仍然面临着另一个威胁，在它们的越冬之地——加勒比海的土地上，发生着严重的森林砍伐现象。若失去了这片生境，柯特兰莺将仍然面临灭绝的危险，这凸显了国际合作在保护物种中的重要性。

一些物种对生境的要求非常苛刻，这导致它们极易遭受灭顶之灾。对食物的高要求同样如此。中国的大熊猫就是这样的一个例子，它们只取食特定种类的竹子，别的几乎都不能成为它们的食源。若这种竹子被破坏，那么大熊猫将会从地球上消失（见图 15.9）。

图15.9　大熊猫，一种只以图中这种竹子为食的特化种。大熊猫唯一的食物来源的破坏使这种有趣的生物受到了灭绝的威胁。碰巧的是，既能用于制造地板和其他建筑材料（如脚手架），也能给人类提供食物（竹笋）的是另一种竹子，它不会被熊猫采食

另一种濒危特化种的例子是佛罗里达螺鸢，这是一种非常美丽的鹰，是美国珍稀鸟类之一。这种美丽的鸟生活在佛罗里达州中南部，以及佛罗里达走廊的部分地区。导致其数量下降的一个重要原因是它们高度特化的食物。这种鸟之所以叫这个名字，是因为它们像一只只风筝飞在其寻找食物的沼泽地上空，且几乎只依靠取食苹果螺而存活。苹果螺生长在挺水植物（伸出水面的水生植物）上，如锯齿草、香蒲和灯心草等。它们能够顺着这些植物爬到水面进食、呼吸和产卵。而螺鸢则把它们从植物上啄走，从壳内拽出螺肉食用。

螺鸢种群自 20 世纪 40 年代开始衰减，主要由于农民和房地产开发商占用沼泽地，破坏了螺鸢昔日大片的栖息地。截止到现在，美国的沼泽地已经因为类似的原因和其他原因缩减了一半。人类对农业灌溉用水和生活用水需求的增加，使得湿地水位下降，湿地面积进一步减少，于是螺鸢的栖息地也减少。奶牛场和菜园排放的污水也是导致螺鸢大量灭绝的一种原因。1972 年，螺鸢种群急剧下降至 65 只。从那以后，种群数量开始有了令人欣慰的上升。1999 年，研究人员在佛罗里达州统计出了 3577 只螺鸢，但之后种群数量又突然开始急剧下降。到 2005 年夏天，佛罗里达州大概只有 1300 只螺鸢。虽然种群数量下降，但现在已经基本维持稳定（该物种在墨西哥和南美洲也很有代表性）。

普适种是指可以在多种生境生存并摄取多样化食物的物种。由于它们的生态多面性，这些物种通常会随着人口的增加生存得更好。如果它们的生境被破坏，则迁徙到别处。如果它们断了一种食源，就换另一种食源。北美土狼就是很好的例子。这种极具适应能力的犬科动物遍布北美大片土地，尤其是在东北部因为某种狼亚种的灭绝而遗留下来的大片区域。我们甚至可以偶尔在一些大城市的街道上，看到它们在凌晨时漫不经心地游荡着。

低生育率　由于低生育率，有的动物对环境的压力非常脆弱，比如风、旱灾和疾病等。例如北极熊每三年才生育一次，且每次只有两

个后代。雌性加利福尼亚秃鹫每隔一年生育一次，每次只产一枚卵，由于秃鹫要 6～7 年才能性成熟，因此这一问题变得更加严重。婆罗洲和苏门答腊热带雨林中行动缓慢的红毛猩猩 7 年才生育一次。还有其他相似情况的物种，因为要应对人类导致的胁迫（即要面对改变它们生存环境的人为因素）而面临困境。

非适应性行为　当最后一只美国唯一的本土鹦鹉——卡罗来纳长尾小鹦鹉死在动物园后，这种动物于 1914 年彻底灭绝。由于这种鹦鹉会大群降落到果园，毁坏果树，果农们于是大规模地捕杀它们。尽管如此，如果不是下面这一点，这些鸟可能还不会灭绝——当一群鸟中的一只被射杀之后，其他同伴会在它的上方盘旋，很容易成为猎人的目标。

遍布于美国 2/3 领土上的红头啄木鸟最近成为研究的热点。这种鸟在过去几十年间数量下降，部分原因是它们有在高速路上直接飞在汽车前面的奇怪兴趣，遗憾的是，汽车通常是这场绝命追逐的胜者。

15.3　防止灭绝的方法

目前主要采取三种方法来保护野生动物和植物，不仅仅是珍稀的、濒临灭绝的物种，而是所有的物种。这三种方法分别是**动植物园方法**、**物种方法**和**生态系统方法**。

15.3.1　动植物园方法

因为植物园的存在，一些濒临灭绝的植物物种得到了挽救。如今在野外已然灭绝，只在有气候控制的温室设施中被人工保育的树种比比皆是。许多动物也面临着同样的命运。原产地为中国的麋鹿如今在遍布世界的动物园里继续存活着。加利福尼亚秃鹫在洛杉矶动物园和圣地亚哥野生动物园的努力下也得到了人工繁育的机会。加利福尼亚秃鹫曾经在美国南部许多地方广泛分布，后来种群遭受了严重的损失。到 20 世纪 80 年代早期，在野外和动物园中的整个种群只剩下 21 个个体。野生动物保护人员开始采取措施解决这个问题。他们

捕捉剩下的秃鹫并送到两个动物园中开展人工繁育项目。截至 1995 年末，加利福尼亚秃鹫已达到 105 只。

1992 年 1 月，野生动物保护工作人员开始将人工繁育的加利福尼亚秃鹫放生，并在加州精心挑选了放生地点。他们希望这些秃鹫能建立野生的有繁殖能力的种群，并向其他生境扩张。另外，还有一些个体被放生到了亚利桑那州大峡谷附近的生境中。

许多保护加州秃鹫的初期工作都依赖于州政府及联邦政府机构与动物园齐心协力的合作。不久之后，位于爱达荷州博伊西市的一家非营利基金机构——游隼基金会成为了合作伙伴，为保护加州秃鹫付出了极大的努力。得益于这些组织机构的努力，到 2007 年 3 月，加州秃鹫已达到约 279 只，且有 130 只生活在加利福尼亚州、亚利桑那州和墨西哥的野生环境中。尽管仍然属于珍稀类动物，加州秃鹫正迎来一个更加光明的未来。

虽然动物园和植物园在保护地球丰富的生物多样性中占有重要地位，但它们仍然暴露出一些主要的缺陷。首先，建立动植物园毕竟是最后的防线，即在物种灭绝的最后时刻进行保护。其次，许多生物不适合圈养，它们可能无法繁殖，或会因疾病而死亡。例如，一些本来已经习惯于栖身数平方千米野生环境中的物种被困在几平米的室内，它们可能一动不动，有的甚至拒绝哺育后代。而为这些"耍性子"的动物照顾后代将花费大量的时间和金钱。另外，一些圈养的动物很难再回到野生生境中生存。

许多动物园已经采取了重要的措施，模仿物种的生境，并提供更宽广的可供动物行动的空间。这些措施可使动物更健康、繁殖能力更高，有助于保护某些濒临灭绝的物种。

虽然在动物园中保护和繁育濒临灭绝的动物可在短期内保护物种，但这种方法的价值仍然有限。这类似于为了艺术只保护雷诺阿和莫奈的几幅画作，而让其余的画作都被毁掉。然而从长期来看，保护物种需要一种更长久的解决方法——在受保护的生境中重建野生种群。意识到生境的重要性后，许多动物园也开

始行动。之前提到的圣地亚哥动物园的秃鹫得到了成功繁育，并将小部分送回了野生生境。全世界许多动物园都参与了人工繁育金狮狨并放生到南美丛林保护区的项目。近年来，许多追求进步的动物园都活跃在生境保护工作中。

15.3.2 物种方法

许多动植物的保护工作只重视那些濒临灭绝的物种。而对于那些数量还没有降低到低于物种保护规定的物种，仍然需要保护。不管物种数量是否有急剧下降的趋势，最好的物种保护措施之一是物种管理项目。在物种管理项目中，科学家们仔细研究需要保护物种的生态位，确定它们的生境、食物来源和其他需求。接着，科学家们需要设计相关项目以加强或拓展这些物种生存和繁盛所需的资源。研究结果可能需要人类活动做出改变。例如，某物种保护计划可能需要禁止对生境的破坏或控制有害的污染物。在其他情况中，也许还需要采取措施改善生境，如计划火烧和捕食者控制。为了保护鱼类种群，可能需要采取诸如保护产卵场和提供庇护所等河流改良措施。如今，加州海獭和野牛的幸存都归功于这种措施。

这种方法的一个问题在于，它往往会忽视了其他物种的需求。由于狭隘地注重某一物种，人类社会可能会忽视一些其他物种，而这些物种在长期看来可能更有价值。例如，很有可能一个有更高社会价值的物种在另一个物种的保护项目中被忽视，而保护物种可能只是从表面看来更需要保护。例如，许多热衷于保护棕熊的人也许会觉得用同样的精力去保护弗比什马先蒿或某种昆虫是一件很可笑的事情，尽管这些物种对社会的价值远超过棕熊。

同时，该方法还忽略了一个事实，即物种是复杂生态系统的一个组成部分。保护物种需要保护其所在的生态系统以及其中所有的成员，这是下一节中将讨论的内容。

15.3.3 生态系统方法

也许生态科学中最具重要性的成果就是生态系统概念的提出——一个相互作用、相互

关联的生物和非生物因素组成的网络系统。科学家们意识到要保护地球上的物种，就必须保护其所在的生态系统，这也将是造福全人类的举措。物种保护中的生态系统方法也许是最有效、成本最低的保护动物、植物和微生物的方法。本书第 1 章介绍了生态系统管理的概念，并在第 10 章和第 11 章流域管理主题下讨论了一种生态系统管理的方式。生态系统管理的关键内容之一就是生境保护。

生境保护　生物学家们相信，通过隔离出大片拥有丰富物种的生境，任其自然发展，可以阻止生物多样性的持续下降。然而，这一重要措施需要充分理解和认识保护物种的生境需求，以及生态系统中与其相关的其他物种。同时，也需要找出至关重要的野生生境所在地。

生物学家逐渐发现了生境保护中存在的一些显著缺陷。首先，正如在本章前文提到的，被保护的生境面积必须足够大，或者与另一个也相对未受干扰的生境相连通，否则将会失去许多物种。近期热带雨林的相关研究显示，1 公顷的小样地失去了所有灵长类和其他哺乳类动物，以及约一半的鸟类。10 公顷的稍大样地也并没有多大的改观。甚至连 100 公顷的大样地都失去了接近一半的蜜蜂种类，以及一些灵长类动物。

如果物种保护中设定的生境足够大，可以维持原有的生物多样性，那么生态系统方法将会发挥最好的作用。这个区域称为**核心保护区**，同时还需要对生境外围的土地进行保护和精心的管理，这些区域称为缓冲区。**缓冲区**是保护区周围的区域，允许进行有限的人类活动。顾名思义，缓冲区是用来保护核心区的，使其不受外界的影响。在热带地区，许多国家划出了大片的土地加以保护。这些区域称为**适度利用式保留区**，当地人可在这些地区的森林中收获橡胶、水果、坚果和其他林产品。这被认为对森林几乎没有影响，因此在保护本地物种的同时，也满足了人类对食物和其他物质的需求。尽管适度利用式保留区是一个很不错的想法，但科学家们发现热带雨林的广大地区由于当地人的过度捕猎，根本就没有动物生活。

生态系统管理的另一个重要内容就是利用**野生动物廊道**——连接相似生境的廊道。虽然这不是万能之计，但这样的廊道可以帮助动物脱离被捕食的压力，并扩大新的领地。这增加了动物的食物来源，并允许种群间的基因交流，从而保护相邻种群的基因多样性。

几种基于此方法的宏伟计划正在开展。如果成功，其中一个计划将在佛罗里达修建一系列相连的廊道，让濒临灭绝的佛罗里达美洲豹更自由地享受它们曾经广阔的栖息地。另一个计划是希望最终在美国中西部建造一个面积达 3.62 万平方千米、横跨美国大平原上 10 个州的野牛保护区。在中国，进行濒危大熊猫保护的政府官员正在扩建和新建保护区，并用廊道将它们连接起来。

生境保护和人口控制、污染控制三者并称为物种灭绝问题的可持续解决方法。也许会使一些读者感到惊讶的是，包括纽约中央公园在内的一些公园对物种保护起到了重要的作用。事实上，许多鸟类每年迁徙时会利用这些公园（见图 15.10），因为公园提供了很重要的休憩所。一些非营利环保组织和政府机构正在共同努力，识别和保护这些区域，简称为重要鸟类保护区。

重点鸟类保护区（IBA）是指所有对鸟类具有重要意义的生境。一个 IBA 可能为候鸟提供绝佳的筑巢地或便利的休憩所。世界上第一个重点鸟类保护区项目始于 1985 年的欧洲。该项目由一个称为"国际鸟类联盟"的国际环保组织创建，并已扩展至亚洲、非洲、中东和美洲的百余个国家。加拿大正积极推进一个项目，试图在广阔的领土上建立数十个重点鸟类保护区。据国际鸟类联盟称，如今已有 178 个国家的 8000 多处区域被认定为重点鸟类保护区。其中数百处保护区、数百万公顷的区域由于该项目而得到了更好的保护。截至 2008 年 7 月，美国已在 41 个州共建立了 2100 多处重点鸟类保护区。

有趣的是，重点鸟类保护区几乎全是私人经营项目，包括奥杜邦协会等非营利性组织以及一些私人土地拥有者。他们挑选出一些对野鸟的长期生存和繁殖至关重要的区域。而在加拿大，则要将申请提交给位于安大略省罗恩港的加拿大鸟类研究会，如果被选中才会列入清单。对每个重点鸟类保护区，当地的非营利性组织和其他有关方面联合起来，共同决定应该采取何种保护和管理措施，并确定保护区负责人。大多数情况下还会撰写保种计划书。

图 15.10　纽约中央公园。这个坐落于世界上人口最密集的城市之中的中央公园是全世界数千个划定的重点鸟类保护区之一。重点鸟类保护区为鸟类提供迁徙途中休息和取食的场所，也为那些在北方度过夏天的鸟类提供筑巢的地方

近期研究还显示，美国许多重要的野生动物保护区属于私人土地。例如，西部大片国有土地虽说重要，却不及私人土地的物种多样性丰富。需要保护这些多样性丰富的区域，以确保许多物种的存活。包括美国大自然保护协会在内的许多环保组织购买了一些这样的土地。虽说私人土地所有者常常自发地保护自己的土地，但许多情况下需要靠一些经济上的刺激和鼓励来确保保护的实施。例如，一些州政府会向土地拥有者支付一定金额而获取**保护地役权**。农民们为保护土地获得资金补贴，相当于政府对他们的发展权力的损失进行补偿。农场主或牧场主仍然拥有土地的所有权，其后代也可继承，但他们不能开发土地。巴西、哥伦比亚、爪哇、苏门答腊、坦桑尼亚和委内瑞拉都有类似的做法。

全世界都在进行生境保护和恢复。在美国，草地植被带的主体已被开垦为农田。落叶阔叶林带的主体已被开发为草场、农田、乡镇和城市。包括大自然保护协会在内的环保组织在土地退耕保护动植物行动中扮演着积极的角色，目前正致力于天然草原的恢复，尽管还只在小的尺度上开展。科学家们认为，对于重度压实、侵蚀和养分枯竭的农田来说，本地草原植被会是最好的长期轮作作物之一。

15.3.4　保护关键种

在石拱门中，位于拱门中央的石头称为拱顶石，因为它的存在才使其他石头维持在各自的位置。类似地，在生态系统中，科学家们发现有些物种对其他物种具有非常大的影响，这样的物种称为**关键种**。理论上讲，关键种的丧失必定会导致其他物种的遗失。关键种可以是关键的食物来源，拿热带雨林的无花果树为例，当其他水果都不当季时，它为猴子和鸟提供稳定的食源（大多数水果全年只有 9 个月当季，而无花果树全年结果）。或者，一个关键种的生境可作为其他物种的栖息地。在美国东南部，哥法地鼠龟在沙土中挖掘的洞穴，常有许多其他物种生活在其中或寻求庇护（见图 15.11）。哥法地鼠龟是如此重要，以至于如果它消失了，部分因为庇护所的消失，至少有 37 个其他物种会消失。

理解生态系统和各物种各自的重要性对适当的生态系统管理来说非常重要。许多鲜为人知的物种也许正是对某一地区的生态完整

性至关重要的物种。因此，要识别并保护这样的关键种，人们必须付出努力。遗憾的是，许多物种保护的项目资金都花在了非关键种上。

图 15.11 哥法地鼠龟。这种动物生活在佛罗里达、加利福尼亚的最南端、佐治亚、阿拉巴马和路易斯安那等州，是许多关键种之一，即它的存在对于它所在的生态系统中的许多其他物种具有至关重要的作用。它的洞穴至少有其他 37 种生物居住。它几乎在其所有的栖息地中都被列为受威胁物种

15.3.5 改善野生动物管理和生存的可持续性

正如之前所提到的，野生动物管理者正在采取相关措施来改善动物栖息地，以保护某些物种。越来越多的管理者正在实施生态系统管理。同时，商业化捕鱼和其他动物的捕猎也亟需更好的规范。针对那些商业上重要的物种，需要有关其生态学、种群动态和可持续收获水平的科学知识，以及对强制性配额制度的有力监管。私人和企业在捕猎鱼类及其他物种上的合作还有很长的路要走。

个人、企业以及政府都可以为创建一个更加生态友好的社会献上一臂之力。增加回收利用、资源高效利用以及可再生能源利用都可以减轻自然生态系统的压力。人口稳定和增长控制也是很有必要的。只有减少人类活动的影响，我们才能保证与我们共享地球的数百万物种的福祉。

15.4 濒危物种保护法

美国一直走在世界保护濒危物种的前列。美国人首次齐心协力地保护濒危物种是在 1973 年，国会通过了《濒危物种保护法》。这项里程碑式的、仍旧充满争议的法案在一定程度上阻止了国内外的物种丧失现象，同时也成为其他国家的典范。

该法案要求美国渔业与野生动物局识别出即将面临灭绝的**濒危物种**，以及在可见的未来可能成为濒危动物的**受威胁物种**。这些分类是根据所关注的物种的种群大小及其降低速率来确定的。例如，2008 年美国内务部宣布北极熊在《濒危物种保护法》下正式成为受威胁物种。种群的下降和北极海冰的消融（即栖息地丧失）是导致其成为受威胁物种的主要原因，而北极熊也是第一个因为受全球变暖威胁而被保护的物种。表 15.2 列出了被美国和其他国家正式列入濒危物种的物种数。

表 15.2 濒危和受威胁物种（2008 年）

项　目	哺乳动物	鸟类	爬行动物	两栖动物	鱼类	蜗牛	蛤类	甲壳类	昆虫	蜘蛛	植物
总数	358	275	119	32	151	76	72	22	61	12	747
濒危物种总数	325	254	79	21	85	65	64	19	51	12	599
美国	69	75	13	13	74	64	62	19	47	12	598
国外**	256	179	66	8	11	1	2	—	4	—	1
受威胁物种总数	33	21	40	11	66	11	8	3	10	—	148
美国	13	15	24	10	65	11	8	3	10	—	146
国外**	20	6	16	1	1	—*	—	—	—	—	2

* 横线表示零。

** 美国鱼类和野生动物管理局估计的美国及其海外领地之外的物种。

在美国，每当一个物种被正式列为濒危物种后，它将享有《濒危物种保护法》的全面法律保护。按照法律规定，不能捕猎、杀害或利用该物种，也不能出口。违法者的罚金将高达2万美元，或判处高达1年的监禁。

《濒危物种保护法》禁止从美国之外进口濒危物种及其相关产品。认识到生境保护的重要性后，美国国会还要求内务部的渔业与野生动物管理局进行濒危物种生境的鉴别，并提供购买栖息地的资金。

为了加强濒危物种生境的保护，《濒危物种保护法》禁止在可能对濒危物种的存活至关重要的地区开展联邦项目（如修建水库和高速公路等）或联邦资助项目。自从该法颁布后，成千上万个改良后的计划陆续开展以保护濒危物种，并且引发的问题极少，甚至可以说没有。然而，美国田纳西河流域管理局的泰利库水坝是一个例外，当科学家发现即将建坝的水域中有一种体形很小的淡水镖鲈时，该水库的建造被暂时叫停了。随之而来的争议和问题已在案例研究15.1中有所介绍。出于对1989年正式成为濒危物种的斑点猫头鹰的保护，美国太平洋西北地区对老龄林的砍伐也得到了遏制（但并非完全停止）。

《濒危物种保护法》被认为是保护动物不遭灭绝的最有效工具。要不是该法案的颁布，许多物种可能已经灭绝。奥杜邦学会前会长罗素·彼得森也部分赞成这一观点。他强调该法案虽然在保护濒危物种方面做得相当成功，但仍缺少用来修复和保留栖息地以保护物种的资金。并且，他认为该法律"并未真正解决物种面临灭绝的最严重地区的问题，也就是说在发展中国家，那里濒危物种所面临的威胁已被许多政府机构和私人组织所确认"。然而，物种灭绝的阴霾不会那么容易就散去，为了保护地球上丰富的物种多样性，国内外仍需要更多的努力。

尽管《濒危物种保护法》取得了一定成就，但它却长期遭受与开发利益相关者的攻击。近年来，他们曾试图在给物种分类时考虑经济要素。他们坚持认为如果保护某濒危物种会造成经济困难，那么应该拒绝将其列为濒危物种。

或者，有人认为当濒危物种的存在妨碍了私人财产的增值，那么土地私有者（如土地开发商）应得到补偿。甚至还有人试图削弱或彻底消除对国际濒危物种的保护。

美国克林顿总统时期的联邦政府也对《濒危物种保护法》提出了质疑。在法案中一项很少涉及的条款规定，私人土地拥有者、公司、州政府或地方政府以及其他非联邦土地拥有者，若想在他们拥有的土地上进行对受威胁物种或濒危物种有负面影响的活动，必须得到**偶然伤害许可证**。这些许可证事实上默许了一些濒危物种灭绝的可能性。然而要获得许可证，利益相关方必须向美国内政部长或商务部长提交生境保护计划。**生境保护计划**是利益相关方陈述其计划活动的文件，以确保他们的活动不会影响濒危物种或受威胁物种的生存或恢复（事实上一些植物或动物物种可能会消失，但至少从理论上讲这些物种会得到生境保护计划的保护）。他们还须提出若造成负面影响可以采取的缓解或补偿措施。若以上条件都满足，那么他们将获得许可证。

截至2008年7月，超过430份生境保护计划得到批准，仅在2000年就有300份。这些计划覆盖了上千万公顷的土地，涉及了逾200种濒危或受威胁物种的保护工作。虽然这听起来是很好的事情，但一些批判家认为这些计划存在严重的缺陷。虽然计划里阐述的活动确实有一定益处，但计划的提交和批准并不意味着持证人必须完成它。包括国家野生动物联盟在内的批判者们指出，这些计划所授权的活动事实上破坏了大量濒危物种的栖息地。他们坚称，美国鱼类和野生动物管理局并未充分评估物种恢复的需求或栖息地破坏的程度。若在还没有充分认识这些因素时就批准计划，将导致严重的物种丧失。位于波特兰的非营利性组织——美国土地联盟认为，大多数美国西部森林栖息地保护计划并不能弥补丧失的栖息地，也很少采取措施修复退化的栖息地。该联盟称，这在本质上相当于联邦政府豁免了林产公司和一些大型土地所有者，允许他们在上百万公顷的林地上修建道路、砍伐树木和破坏栖息地以谋求经济利益。批评者提出的问题还包括，这些栖息地保护计划中没有提到要在清除现存栖息地之前提供新的栖息地。这样一来，许多物种无法在原本的栖息地遭受破坏后进入新的栖息地。在某些情况下，演替后期的森林会被新造林所替代，并逐渐占据沿河岸和湖岸的缓冲带。然而在绝大多数情况下，他们认为栖息地保护计划并未提供任何替代的栖息地。

"一些承诺保护动物的机构允许在佛罗里达州的海滩上开车，威胁海龟的筑巢地，对加利福尼亚州监狱安全网上珍稀鸟类的触电死亡不闻不问，默认了在华盛顿西南部最后一批未修建水库的河流中对保护动物大马哈鱼的捕杀，"《西雅图邮讯报》记者罗伯特·麦克卢尔和丽莎·斯蒂夫勒这样说道。总而言之，许多政府批准的栖息地保护计划似乎都有很大的缺陷，因为它们更倾向于发展经济而非濒危动物保护。

另外一种批评的声音认为，克林顿政府向获得许可证的人保证，除了计划书上提到的保护措施，持证方在 100 年内可不采取任何其余措施，这样的做法是很值得质疑的。这种保证有时也称为"无意外政策"，它意味着即使更新的信息表明需要做出改变，也不会对管理计划进行改动。事实上要想实施计划，往往需要做出许多调整。读者可以通过网站http://www.prenhall.com/chiras 寻找其他网站的链接，以深入了解相关问题。

作为对质疑的回应，专为国会提供科学建议的美国国家研究委员会成立了一个科学家委员会，专门研究这个问题并提出解决意见。科学家们列出了许多对法案的修改建议，以使其更具科学性，也更具经济性。例如，他们呼吁加快实施恢复计划。科学家们认为在恢复计划中应该清楚地说明哪些在保护区内或附近的人类活动会损害恢复计划，哪些不会，这样一来就能更好地进行经济发展规划。

委员会还提议建立应急用的重点生存栖息地，作为保护首次被列为濒危物种的权宜之计。这种栖息地将为种群提供 25～50 年的生存场所。这样一来，通过进一步的研究，科学家们就能逐渐确定待恢复物种所需的关键栖息地的确切规模，也许相比初始的保护栖息地需要扩大，抑或缩小。

15.4.1　濒危物种国际贸易公约

保护野生动物需要所有国家共同的努力。许多国家已经通过了类似于美国《濒危物种保护法》的法律。虽然如此，物种仍在以惊人的速度从地球上消失着，其中一个原因就是对植物和动物的合法和非法贸易活动。对于那些参与兽皮、活体动物和植物贸易的人来说，数十亿美元的生意都是常事。意识到这种贸易对物种带来的威胁后，联合国环境署、世界自然保护联盟以及世界自然基金会共同呼吁禁止濒危或受威胁物种的国际贸易。由此诞生了《国际濒危野生动植物种国际贸易公约》（CITES），并于 1975 年 7 月 1 日生效。目前已有 150 个国家签署了该公约。公约禁止一切濒危物种或受威胁物种的捕杀、捕猎及买卖活动。公约的行政机构——秘书处有一份因国际贸易而濒临灭绝的物种清单，即通常所说的"附录一"。

虽然缔约国所做出的努力正在得到一定的回报，但非法贸易仍在进行。一些商人通过伪造文件，让监管人员误认为他们所运输的物种来自于相对较为丰饶的地区。物种标签也常常误贴。野生动物保护官员人数有限，酬不抵劳，且常常被贿赂而对违法活动视而不见。执法力度和罚金力度都相对欠缺。

正如读者在本章所学到的，物种保护需要公众、商人以及政府官员的共同努力，尤其是对于濒危物种。而对于那些没有意识到生态系统对人类福祉重要性的人来说，这也许是无关紧要的。

重要概念小结

1. 野生动物和植物在很多方面丰富了人类的生活。除了无法估量的美学价值外，还有许多单纯的经济价值，例如从自然生态系统中获取的药物、药膏及食物等。运动爱好者和大自然爱好者都愿意花大钱在富饶的大自然中打猎、捕鱼和摄影。野生动植物还提供重要的生态功能，如防洪、抗侵蚀及营养循环。

2. 有 3000～8000 万的物种和人类一起生活在地球上，但这样一个拥有丰富多样性的生物世界正在快速消失。目前每天约有 100 个物种灭绝，其中大多数来自于热带。

3. 保护生物多样性已成为当代环保事业最重要和急迫的任务，并且对创建可持续发展的社会来说意义重大。

4. 自从工业革命开始，许多物种的灭绝原因并不是因为不适应地球上自然条件的改变，而是因为不能适应那些人为因素导致的改变。

5. 物种灭绝的主要原因有：（1）栖息地改变和破坏，（2）商业捕捞和过度收获，（3）外来物种引入和入侵，（4）害虫防治和捕食动物控制，（5）污染，（6）宠物贸易。如果能控制好这些因素，尤其是前三个，那么世界上许多濒危物种被挽救的可能性将大大提高。

6. 在许多称为生态岛屿的孤立自然栖息地，如今被大片农田、牧场、城镇和居民区所包围。栖息地面积越小，其能支持的物种数就越少。由此，生物群区的快速破碎化正逐渐侵蚀着地球的生物多样性。生态学家们现在尤其关心热带雨林的破坏。

7. 生物学家也很关心湿地破坏的影响。世界上的许多湿地已经被人类活动所毁坏。湿地为人类社会提供了许多直接和间接的益处，是亟需保护的重要栖息地之一。

8. 商业捕杀活动在导致物种灭绝或濒临灭绝的问题上已有很长的历史。如果管理不善，娱乐性的狩猎活动也会造成动物种群的衰落。然而大多数情况下，娱乐性的狩猎活动利大于弊。

9. 人类常常引入外来动植物种，到头来却发现并没有获得预想中的利益，而那时可能一切都晚了。在一些情况下，这些物种的引入会对本地物种造成强烈冲击，外来物种迅速繁殖，取代本地动植物。岛屿是更易受到外来物种入侵伤害的地区。

10. 许多物种的灭绝并不是由于单一因素，而是出于一系列的活动。某些物种拥有的特性使其天生比其他物种更脆弱，如特化种、低生物潜能和非适应行为。

11. 现在主要有三种方法用来保护野生动植物：（1）动植物园方法，（2）物种方法，（3）生态系统方法。

12. 动植物园方法曾经只局限于人工繁育濒危物种，后来被扩展至还包括将人工繁育的濒危物种放生到野外的计划。

13. 物种方法包括通过控制具有威胁性的人类活动和改善栖息地来保护单一物种。

14. 生态系统方法也许是最有效、成本最低的保护濒危物种的方法。生物学家们相信，通过隔离出生物多样性丰富的区域任其演替，我们就能缓解物种灭绝问题。然而近期研究显示，这通常需要划出大片区域来实现。

15. 生态系统方法还包括被破坏土地和水体的修复，以及更好地管理整个生态系统，建立被缓冲区包围的保护区和野生动物廊道。

16. 适度利用是保留区也是野生动物栖息地保护的重要手段之一。它允许人类可持续地从自然生态系统中收获坚果、水果和其他植物产品。这样的做法能够保护野生动物和植物种群。

17. 关键种是它们所在环境之中的重要组成部分，关键种的丧失会导致许多其他物种的丧失。显然，保护关键种对全世界的生态系统的安全与健康尤为重要。

18. 1973 年通过的《濒危物种保护法》展现了美国在保护濒危物种方面的首次齐心协力。该法案要求美国鱼类与野生动物管理局鉴别濒危物种和受威胁物种，并通过一系列方法来保护它们的栖息地。该法案还禁止一切濒危物种和受威胁物种的进口贸易，有助于将许多物种从灭绝的边缘拯救回来。

19. 《国际濒危野生动植物种国际贸易公约》是另一个重要工具。这项国际公约禁止一切濒危物种的进口，但并非所有国家都一致地和有力地执行该公约。

关键词汇和短语

Alien Species　外来物种

Biological Infrastructure　生物基础

Buffer Zone　缓冲区

Conservation Easement　保护地役权

Convention on International Trade in Endangered Species of Wild Fauna and Flora (CITES)　国际濒危野生动植物种国际贸易公约

Core Preserves　核心保护区

Critical Population Size　关键种群规模

Ecological Island　生态岛

Ecosystem Approach to Species Protection　物种保护的生态系统方法

Ecosystem Management　生态系统管理

Ecotourism　生态旅游

Endangered Species　濒危物种

Endangered Species Act　濒危物种保护法

Extinction　灭绝

Extractive Reserve　适度利用式保留区

Faunal Collapse　动物区系崩溃

Generalists　普适种

Genetic Diversity　基因多样性

Genetic Variation　基因变异

Habitat　栖息地

Habitat Conservation Plan　生境保护计划

Habitat Fragmentation　生境破碎化

Important Bird Areas (IBAs)　重点鸟类保护区

Incidental Take Permit　偶然伤害许可证

Keystone Species　关键种

Prescribed Burn　计划火烧

Specialists　特化种

Specialization　特化

Species Approach to Species Protection　物种保护的物种方法

Threatened Species　受威胁物种

Wildlife Corridor　野生动物廊道

Zoo–Botanical Garden Approach to Species Protection　物种保护的动植物园方法

批判性思维和讨论问题

1. 假如一名同学说："我一点儿也不在乎非洲某种杂草或小虫子的灭绝。"你该如何回应他？
2. 请描述一下动物和植物对于现代社会的价值所在。
3. 请论述自物种起源后，物种灭绝原因的几大假说。
4. 借助你的批判性思维能力，分析以下论断："物种灭绝是自然现象，所以事实上我们不用太为此而担心。"
5. 请列出物种灭绝的原因。哪些是你认为最重要的？
6. 什么是生境破碎化，它为什么会损害物种多样性？
7. 假设一个由 100 只旅鸽组成的种群出现在了伊利诺伊州。根据你所知的这种鸽子的繁殖条件，你认为该种群能存活下来吗？
8. 请举出一些商业性狩猎导致物种灭绝或濒临灭绝的例子。
9. 为什么外来物种会对本土种群构成威胁？
10. 一些物种尤其容易面临灭绝的危险。其中的原因是什么？
11. 假设柯特兰莺的栖息地的野火被彻底控制，这对该物种的生存是有促进作用还是有抑制作用？请解释你给出的答案。
12. 动物园可以从哪些方面协助濒危物种的保护？
13. 物种保护的生态系统方法的意义是什么？请举例说明。
14. 如何回答下面由一个懊恼的公民提出的问题：（1）是人类重要还是钝吻鳄重要？（2）我从没去过也不

在乎野生环境，为什么一定要保护它呢？

15. 利用你的批判性思维能力和掌握的生态学知识，反驳以下论断："《濒危物种保护法》会阻碍社会经济的发展，我们应该强烈弱化它的作用。保护环境对我们的经济发展有害无利。"

16. 请辨析以下论断："动植物有权利生存和繁殖，而人类活动必须受到抑制以保护野生动物。"

网络资源

本章相关在线资料见 http://www.prenhall.com/chiras（单击 Table of Contents，接着选择 Chapter 15）。

第 *16* 章

野生动物管理

应用生态学原理，可以将**野生动物管理**定义为对野生动物的计划性使用、保护和控制。在美国，野生动物管理由州和联邦机构以及私人来实施，他们通常致力于通过保护或改善栖息地来提高野生动物的数量。如第 15 章所述，野生动物管理的一个主要功能是保护濒危物种。但是野生动物管理还有其他更多的功能，例如为了**消费性利用**（如狩猎）或**非消费性利用**（如野生动物摄影或观赏）而保护并提高野生动物的数量。在20 世纪，野生动物管理大多针对猎人，但在最近，更多的注意力则放到了针对非消费性利用的管理，例如野生动物摄影和观鸟。

虽然野生动物通常是一种人类想要的资源，但在某些情况下也可能对社会有害。很多动物，比如鸟类和麋鹿会破坏农作物、自然栖息地、草坪、花园和其他生物。它们甚至会对人类造成伤害。在这种情况下，野生动物管理者必须提出一些策略来控制具有破坏性的动物及其数量。

少数区域还会限制人类的活动，我们会有意识地选择不进入那些区域以使生活在那里的物种可以在不受人类干扰的情况下繁衍。但是，也有很多人认为我们拥有并且有权占有地球上的每寸土地。入侵野生动物的栖息地，比如铺路或将其变为农场、高尔夫球场、房屋或公园，都可能使该区域不再适合作为自然栖息地。任何减少该区域对某一物种吸引力或可利用性的行为都可能造成栖息地的损失。

显然，对野生动物进行有效率的管理是十分富有挑战性的任务，而且需要大量的相关知识和技巧。在决策方面，经过训练的专业野生动物学家的参与对于合理利用、保护及控制野生动物资源是至关重要的。

16.1 野生动物

16.1.1 什么是野生动物

广义的**野生动物**包括地球上所有未被人类支配的动物，甚至昆虫也包括在内。但大多数从事野生动物管理的专业人士认为，野生动物特指野生的脊椎动物，包括鸟类、哺乳动物、两栖动物和爬行动物。野生动物包括狩猎物种和非狩猎物种。在本书中，**狩猎动物**是指允许进行狩猎的动物，而**非狩猎动物**则是不允许狩猎的。非狩猎动物包括鸣禽、许多啮齿类动物以及大多数的两栖动物及爬行动物。事实上，狩猎动物由法律加以界定，比如美国有些州把熊和美洲狮界定为狩猎动物。但在不同的州，这种界定并不统一。在有些州，哀鸽被法律定义为狩猎动物；但在另一些州，它们被定义为非狩猎鸟类，猎杀它们是非法的。

16.1.2 野生动物栖息地

栖息地是某种生物生存的一般环境。栖息地提供了生存的必备要素：掩蔽物、食物、水和繁殖场所（穴、巢或地洞）。

遮蔽物 遮蔽物保护动物免受恶劣天气的伤害。一个很好的例子是，在风雪交加的冬天，茂密的雪松可以保护白尾鹿群。即使是后院的苹果树，其叶冠也能保护知更鸟的雏鸟不受正午太阳的直射。遮蔽物同样可以保护被捕食者（见图16.1）。例如白尾灰兔会跑进丛林中以躲避狐狸的追逐，水鸭会钻入沼泽地的水草中以避免鹰的捕食。甚至水也可作为遮蔽物，比如对于麝鼠和海狸，水提供了相对安全的场所，可以躲避陆地上的捕食者，包括狼和人类。

图16.1 威斯康星州水壶冰碛州立森林公园岩石后的一只红狐。红狐需要一个能够提供遮蔽物、食物、水和足够繁殖场所的栖息地才能存活

食物 对不同的物种，**食物**偏好往往差别很大。即使同种动物的不同个体，其食物偏好也有差异，具体取决于动物的年龄和健康状况、季节、栖息地与食物的可获得性。

鸟类和哺乳动物会花费大量时间寻找食物。动物是否能获得食物受多种因素的影响，包括种群密度、天气和栖息地条件（见图16.2）。当食物来源充足时，动物偶尔会尝试一种新的食物来源，即使它并不是通常的选项。请看下面的一些例子。绿翅鸭通常进食植物（其食物的90%是植物），但环境中存在生满蛆的太平洋鲑鱼时，绿翅鸭也会贪婪地享用。虽然潜鸭通常不是食腐动物，但在下水道口生活的潜鸭的胃中被发现充满了屠宰场的废弃物和牛毛（还有橡皮筋和纸）。鹪鹩在正常情况下进食昆虫，但是它会向雏鸟喂食大量来自附近孵化场的刚孵化的鳟鱼。

图16.2 成年的蓝知更鸟给饥饿的幼鸟带来了昆虫。一只幼年的蓝知更鸟一天可以消耗相当于其一半体重的昆虫。巢箱可以为幼鸟提供更多的保护，帮助提高该物种的存活率

进食各种食物的动物是**广食性**动物。比如负鼠可以吃黑莓、玉米、苹果、蚯蚓、昆虫、青蛙、蜥蜴、刚孵化的海龟、鸟蛋和幼鼠，甚至还有蝙蝠。这类广食性动物的生存能力很强，因为它们的食物来源非常广泛。其中一种食物的匮乏不会造成问题，负鼠还有很多别的选择。

相比之下，**狭食性**动物维持着一种特定的或有限的食物种类，这些物种在它们通常的食物来源匮乏时更容易面临饿死的风险。比如一场提早的降温会杀死所有昆虫，这时常导致雨燕和燕子因为没有食物而死亡。

水 野生动物体重的65%～80%是水。水的功能有很多。作为血液的主要成分，水起着运输营养物质、激素、酶和呼吸气体的重要功

能。它还将废物从身体内的细胞运输到排泄器官，同时帮助散发体热。

动物可以在不进食的情况下存活 1 周，但在没有水的情况下只能存活几天。在 19 世纪，生活在美国西部干旱草原区的水牛会长途跋涉寻找水源。哀鸠可以从巢穴飞行 50 千米去水源地。在美国的西南地区，由于雨水收集装置的推行，鸽子和鹌鹑的数量有所增加（见图 16.3）。鸟类和哺乳动物会喝露水或饮用在一场阵雨后从树叶和树干上坠落的雨滴。在北方的冬天，由于缺乏液态水，麻雀和八哥会饮用雪水。沙漠的食肉动物，如响尾蛇、狐狸和山猫，可能从它们的猎物的血中获得水。另一种沙漠动物长鼻袋鼠甚至一生都不需要饮水！它可以利用在细胞能量代谢过程中生产的水。

图 16.3　野生动物栖息地改善。被水窖（一种沙漠地区国家为野生动物设置的饮水设施）所吸引的石鸡（由亚洲引入）

16.1.3　边缘效应

一个特定物种很少能在单一的植物群落中找到栖息地所有的必备要素（遮蔽物、食物、水和繁殖场所）。通常动物需要依靠两个或更多的植物群落满足其需求。对于鹿而言，一片常绿林可以让它们躲避暴风雪和天敌，森林的边缘地区可以提供充足的食物，而茂密的灌木可以提供繁殖小鹿的地点。两种不同的生态系统（比如沼泽和橡树林）交错的地方被称为**生态交错带**。生态学家也将其称为**边缘**。通常而言，边缘区的范围越广，各个物种的群落密度也会越大。以一群生活在草地、灌丛、玉米地和林地的交错地带的鹌鹑为例，图 16.4(a)展示了植被分布情况。在该图中边缘区很小，只有一个鹌鹑种群。相比之下，图 16.4(b)中包含相同的植被类型，但存在更多的边缘区，因此可以容纳 9 个鹌鹑种群。虽然边缘区扩大对很多物种都是有利的，但并不意味着这总是一个优点。比如对于在森林中筑巢的鸟，这会导致更多的巢捕食发生。

因此，对于特定的狩猎动物（如白尾鹿和披肩榛鸡），创造更多的边缘区是一种有利的野生动物管理原则，但它可能导致某些内部物种（如斑点猫头鹰和画眉）的种群数量下降。制造过多的边缘区可能会导致**生境破碎化**，这种变化一般是由于某些人类活动（如农业、乡村地区发展或城市化）将原生植被全部清除造成的。曾经连续的生境被农田、草地、路面或裸地分隔而变成孤岛，这对某些要求内部生境的物种是不利的。

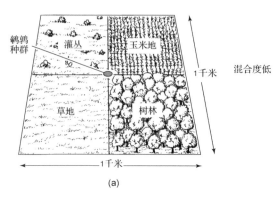
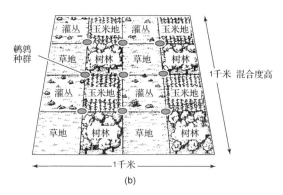

图 16.4　边缘对种群密度的影响。(a)这个由 4 种生境类型构成的混合度较低的 4 平方千米的区域只能容纳 1 个鹌鹑种群；(b)同样大小但混合度更高的区域可以容纳 9 个鹌鹑种群

16.1.4　廊道

在第 15 章提到，**廊道**可以扩大野生动物栖息地的可利用性。陆地廊道通常是一条和周围环境不同（通常是植被类型不同）的狭窄土地。一个很好的例子是，在一片广阔的草甸中的一条狭窄的、连接着草甸两边森林的树带。廊道也可以是森林中的一条狭长的草地，或是一片开发景观中的连接野生动物栖息地的未开发区。

破坏廊道可能会对动物的迁徙造成严重影响。例如在草原或农业区，在河流边由树木构成的廊道可能对候鸟或其他动物有重要意义。

16.1.5　活动范围

生态学家将**活动范围**定义为一种动物进行日常活动的区域。活动范围可以通过标记、释放、再重新捕获该种动物来确定。动物被喂食染色的食物，因此排泄物也将有颜色。确定排泄物的范围就可以确定该种动物的活动范围。鸟类可以在翅膀上染色或喷漆标记。小型哺乳动物可以在耳朵上刻 V 形痕，或用夹子夹在脚趾上。大型哺乳动物（野牛和麋鹿）可以在身体上纹标记或带塑料项圈以便在远处观测。现在大部分动物都可以用无线电波追踪。动物被捕获后安装无线电发射器然后释放（见图 16.5），科学家就可以通过遥感来追踪动物。

图 16.5　一只安装了无线电发射器的雌性野鸭。当它被释放后，发射器发出的无线电会被接收。这是明尼苏达大学在明尼苏达州的锡达克里克野生动物保护区一个研究项目的一部分

草食动物的活动范围通常比食肉动物小。比如一头草食性的麋鹿可能只有 40 公顷的活动范围（0.4 平方千米），而杂食性的灰棕熊需要 52 平方千米的活动范围。食肉动物中的大灰狼则需要至少 100 平方千米的活动范围。

16.1.6　领地

领地可以被定义为任何的防卫区。领地通

常不允许同物种的个体进入。很多鸟类会用威胁性的姿势（张开、夹紧或扇动翅膀）或鸣叫声而非打斗来保卫领地，以便减少潜在的伤害。

鸟类的领土主义有很多作用，比如保障充足的食物，建立并维持配对关系，减少传染病和对繁殖（交配、筑巢和孵卵）的干扰，还可减少被捕食的概率，因为有领地的鸟通常都对躲避处很熟悉。

鸟类领地的大小差别很大，从棕头鸥的 0.3 平方米到金雕的 9300 公顷（见图 16.6）。大部分鸣禽（如知更鸟）的领地范围都在 0.1～0.3 公顷之间。

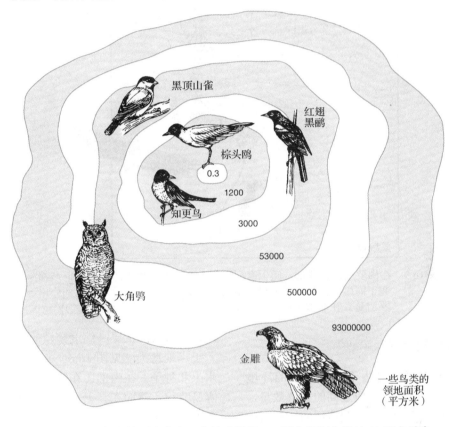

图 16.6　几种鸟类的领地大小，从棕头鸥的 0.3 平方米到金雕的 93 平方千米

16.2　动物迁移的类型

鸟类和哺乳动物生命中的大部分时光都占据一个以活动范围或领地为界限的相对较小的区域。然而在某些情况下，很多物种会从最初的活动范围或领地迁移很长的距离。这种迁移提高了物种的生存率。三种基本的类型是幼体离巢、大规模迁移和迁徙。

16.2.1　幼体离巢

幼体离巢现象在很多鸟类（如海鸥、苍鹭、野鸡、鹰和猫头鹰）和哺乳动物（如麝鼠、黑松鼠和灰松鼠等）中都存在。在宾夕法尼亚州中心地带的松栎林中，有一半以上的成年松鸡会离开它们的巢，有些甚至会飞行 12 千米。佛罗里达州的幼年秃鹰在长出羽毛后会立即向北迁移，有些会到达 2400 千米以外的缅因州和加拿大（见图 16.7）。越冬之后的一个麝鼠群有高达 40%的个体会离开，离开的主要都是被更有攻击性的成熟个体所驱逐的年轻个体。这样的离巢可以控制种群密度。很多离巢的年轻个体不得不迁移到栖息地边缘，在那里由于捕食者和意外的威胁，它们遭受着相当高的死亡率。

图 16.7 在佛罗里达州西部，腿上有标记的秃鹰幼鸟的离巢。这些鸟很多都跨越了海岸，有些甚至飞到了 2400 千米以外的地方。这种离巢的作用还不清楚。在北部地区度过了第一个夏天后，它们会回到南部的繁殖区

16.2.2 大规模迁移

大规模迁移通常是由于非常有利的环境条件（如丰富的食物）造成过高的种群数量，而后环境条件又变得非常不利造成的。在这种情况下，避免饿死的方法有夏眠、冬眠或迁移。雪鸮从加拿大冻原迁往美国和它们的猎物旅鼠种群的崩溃有关。鸟类学家在 1945—1946 年记录了 13502 只雪鸮的迁移，有的迁移到了俄勒冈州、伊利诺伊州和马里兰州。24 只雪鸮被观测到跨越了大西洋，有些甚至出现在百慕大群岛。科学家认为这些雪鸮中很少能在下个春天回到加拿大冻原。很多雪鸮被非法猎杀，被做成标本放在某些人的壁炉上。

16.2.3 迁徙

野生动物的迁移有**纬度迁徙**（南北方向迁移）和**垂直迁徙**（不同海拔高度上的迁移）。

纬度迁徙 美国南部冬天的鸟类密度很高，因为很多在更高纬度繁殖的鸟类暂时地加入了当地鸟类（见图 16.8）。食物（如昆虫、水果和种子）在南部比在冰雪覆盖的北部要更容易获得。然而在春天，不断增加的白昼长度引发了荷尔蒙的分泌，进而刺激迁徙。大概北方的生境对于迁徙者和它们的后代具有更高的承载力。在更高纬度地区的夏季，比如阿拉斯加北部的冻原，迁徙者在 24 小时内有更多的白昼喂养下一代。生物学家认为两种不同生境的利用（冬季和夏季）可以保证维生素和矿物质更均衡的供应。

海拔迁徙 纬度迁徙者会穿越几千千米寻找温暖和食物。相比之下，垂直迁徙者只需要穿越几千米到达山顶就可以实现同样的目标。比如生活在落基山脉的麋鹿在春天会随着后退的雪线不断攀爬，并在相对凉爽的山上度过夏天。当第一场雪切断了它们的食物来源时，它们会退回到山谷处。大角羊也有相似的迁徙。

图 16.8　北极燕鸥的纬度迁徙，仅展示了向南的路线。注意这些鸟大部分都在北极筑巢，冬天则在南极。在它们向南迁徙的过程中，有些鸟会两次穿越大西洋，最终完成每年一度的约 40000 千米的迁移——世界上距离最长的迁徙

16.3　致死因素

在前面的章节我们发现，任何时期的种群数量都受两种对立的因素控制：生物潜能，有利于推动种群数量增长；环境阻力或致死因素，阻止种群数量增长。下面探讨影响鹿和水鸟死亡率的因素。

16.3.1　鹿的致死因素

饥饿　冬天是北部地区的鹿所面临的困难季节，因为这个时期的食物相当稀缺。草本植物、苔藓、真菌、幼苗和树桩往往都被雪覆盖。在这种状况下，唯一可以食用的是针叶树（如雪松和松树）的嫩芽、枝和叶子。如果鹿群的数量太大，它们会用后腿支撑尽力去吃较高的树叶（见图 16.9）。这样的后果是距离地面约 1.5 米的树上会出现明显的**摘食线**，告诉野生动物学家鹿群已经消耗完所有的食物。

图 16.9　在密歇根的森林里，一头鹿为了吃树上的叶子用后腿支撑起身体。这一现象是鹿群可能超过环境承载力的一个标志

落基山脉的大雪可能会使骡鹿的数量降至正常情况下的 10%。在这些情况下，唯一的食物来源是雪融化较快的阳坡。由于鹿群都涌入这些山坡，食物会很快耗尽。一名野生动物学家曾经在科罗拉多州的落基山脉仅 5 平方千米的地方观察到了 381 头鹿的尸体。

当鹿和麋鹿开始饿死后，很多人呼吁要求成立紧急喂食项目。但是，大多数野生动物学家认为对挨饿的鹿进行紧急喂食并不是一个完善的管理措施。他们强调这会使存活的鹿的后代对食物有更大的需求，进而在未来加剧这个问题。由于易感染动物的聚集，人工喂食还会加速**疾病**扩散。当然，这个项目还需要大量资金。

捕食者 很多捕食者，包括狼、美洲豹、山猫、土狼和狗等，都以鹿为食。在明尼苏达州的苏比利尔国家公园，狼每年在 2.6 平方千米的范围内平均会杀死 15 头鹿。有一年狼杀死了 37000 头鹿中的 6000 头（17%）。因为在苏比利尔国家公园的边远山区狩猎压力很小，大约每 2.6 平方千米仅有 0.65 头鹿被猎杀，因此狼的捕食理论上可以帮助将总是处在环境承载力边缘的鹿群控制在一个合理的大小。根据明尼苏达自然资源局的统计，在整个明尼苏达州只有约 2900 只狼，并且这一数目在近十年都保持稳定，因此狼的捕食对于鹿的影响基本可以忽略。事实上，野生动物学家更相信狼提高了鹿的数目，而且和猎人的目标群体不同。一项美国林业局在 1971 年进行的研究显示，狼杀死的大部分鹿至少有 5 岁且健康状况较差，而大部分猎人杀死的鹿仅有 2 岁且健康状况良好。同时捕食者的种群数量和被捕食者的种群数量处于精确的平衡状态。当鹿群数量下降时，狼群数量也会随之下降。

除了在美国西南部的小范围地区外，美洲豹数量非常稀少，因此虽然一只美洲豹一年可以杀死 50 头以上的鹿，但它对于鹿群数量的控制并不重要。流浪的家犬也是一个问题，尤其是对于母鹿和小鹿，但这个问题通常只出现在个别地区。

狩猎 鹿群死亡的一个重要因素是狩猎，尤其是对于白尾鹿来说。非法偷猎在美国某些地区非常严重，但是很难得到具体的统计数据。因为鹿群增长速度非常快，因此自然界的捕食者和人类的狩猎对于鹿群数量的控制是必要的，以免其超过栖息地的环境承载力。但是有些人和环保组织反对狩猎，并试图禁止或减少狩猎。关于狩猎的争论见深入观察 16.1。

深入观察 16.1　有关狩猎的争论

在科罗拉多的落基山脉，一名猎人正在瞄准空地上的麋鹿群。他举起来复枪，瞄准了一头健硕的公鹿，眯起眼睛扣下了扳机。来复枪的声音在山谷中回荡。公鹿摇晃着倒在了地上，伤口喷涌出鲜血。它的腿抽搐了几次，然后再也不动了。人类捕食者再一次杀了一头鹿。

2006 年，约 1300 万美国人捕猎过野生动物。美国约 91% 的猎人是男性，其中 28% 是 16～34 岁的年轻人。每两名成年猎人中至少有一名上过大学。他们有着各种各样的职业，从农民到外科医师，从工人到企业经理。有很多还仍在上大学。然而，如果抛开他们的职业，大部分美国的猎人都在乡村或半乡村环境中长大，并且从青少年时候起就由父亲指导打猎的技巧。

在过去一个世纪的美国乡村地区，狩猎有着比今天更重要的作用。可能在那时候为了生存，屠杀牲畜是一项很普通的农业活动，结果造成人们认为为了人类的生存，动物的死亡是理所当然的。

然而在今天，美国已经高度城市化。大多数美国人从未见过农民宰杀一只鸡、一头猪或一头牛。很多人认为捕杀野生动物没有必要也很残忍，约 50% 的美国人反对狩猎。他们还区分了猎人和大自然的捕食者的捕猎行为。狼、美洲豹和其他野生捕食者通常捕食生病、残疾或年老体弱的动物。相比之下，猎人倾向于猎杀体形较大的健壮动物，这可能削弱种群。

捕食者对生态系统还有猎人无法复制的影响。在经过很多争论之后，1996 年狼被重新引进黄石公园。从那以后狼为公园的生态多样性做出了重要贡献。其中一项就是控制了郊狼的数量。在狼缺失时，郊狼的数量曾经快速增长（在 1920 年左右，狼从公园和周围区域消失，因此郊狼占据了这个生态位）。郊狼数量增加后，红狐的数量下降了（郊狼和红狐为资源而竞争）。当狼回到公园后，郊狼的数量下降，因此红狐也回到了这一区域。狼对海狸的数量也有促进作用。其作用机理是什么呢？在过去的几十年间，由于狼的消失，麋鹿的数量迅速增长。麋鹿以白杨为食，这也同样是海狸的食物。由于这个原因和其他的一些因素，海狸的数量下降了。现在狼将麋鹿驱逐出白杨林（因为狼在白杨林中捕猎麋鹿，而现在麋鹿学会了避免进入白杨林），白杨林得到恢复，因此海狸数量也增加了。因为海狸会在溪流上筑坝，它们创造了一个适合很多其他物种，尤其是鸣禽生存的生境。

很多人反对捕猎是认为国家狩猎协会制定的狩猎限额并不是为了保持野生动物的平衡，而是为了满足猎人的需求。

很多市民团体都旨在促进立法禁止狩猎，其中有总部设在纽约的动物之友组织和总部设在华盛顿特区的美国人道协会。这类组织的共同观点由一名纽约市的自由作家约瑟夫·伍德·克鲁奇很巧妙地表达出来了："当一个人肆意破坏人类的作品时我们称他为文物破坏者，而他肆意破坏上帝的作品时我们称他为猎人。"

猎人认为，因为我们已经消灭了大部分鹿的捕食者和其他大型捕食动物，用狩猎方式进行适当的管理是必要的。缺少自然和人类捕食者的有效控制，这些狩猎动物会超过栖息地的承载力。虽然还未经过检验，但这会对景观造成显著的破坏。狩猎帮助控制了这个问题。猎人及狩猎组织还认为，狩猎是一项令人愉悦的娱乐活动，而且对当地经济有促进作用，比如对当地枪支商店、饭店和旅馆等。对枪支和弹药的税收以及发放狩猎许可证的收费为国家野生动物管理、栖息地保护和野生动物调查提供了资金。

猎人也得到了很多当地、州以及国家组织的支持。国家的支持来自全国步枪协会、美国国家野生动物联盟和野生动物管理协会。他们支持狩猎的理念由亚当斯在一篇名为"狩猎：一项美国传统"的文章中很好地表达了："你告诉我一个人不应该定期地直接或间接杀死别的生命，我会给你看一堆漂白风化了的人类白骨。每个活着的生物都需要杀死其他生命才能生存，如果它不这么做，它很快就会极度痛苦地饿死。"

疾病 疾病是鹿群数量的影响因素之一。比如鹿流行性出血病非常容易感染白尾鹿。这种疾病由一种病毒引起。在美国西南部这种病的爆发很常见，在美国其他地区和加拿大也会偶尔爆发。爆发的因素通常和白尾鹿过高的种群数量有关。目前对于这种病还没有有效的控制手段。

另外两种重要的疾病是慢性消耗性疾病和西尼罗病毒。前者是鹿和麋鹿的一种传染性神经系统疾病，被感染的动物会在脑部产生小的损伤。西尼罗病毒主要感染鸟类，但也会感染人类、马、狗、猫、蝙蝠、花栗鼠、臭鼬、松鼠和家兔。这种疾病的主要感染途径是携带病毒的蚊子的叮咬。

事故 在美国汽车和鹿的碰撞是一个很严重的问题。例如，高速公路安全保险机构的网站显示，每年在美国约有 150 万起与鹿有关的事故发生，造成超过 150 人死亡和几千人受伤，及超过 100 万美元的财产损失。在这种碰撞中很少有鹿能存活。保险公司使用近十年与鹿的事故数据进行的深度调查宣称，这类事故发生率最高的是在西弗吉尼亚、纽约、宾夕法尼亚和弗吉尼亚等州。

16.3.2 水鸟的致死因素

水鸟主要的致死因素包括栖息地丧失、石油和化学品污染、捕猎和铅中毒、疾病以及酸沉降（见图 16.10）。

栖息地丧失 因为栖息地提供遮蔽、食物、水和繁殖场所，丧失栖息地对候鸟来说是一个巨大的威胁。野鸭和其他水鸟在湿地、小池塘和湖泊繁殖。在第 9 章中提到过，美国有超过一半的内陆水域和沿海湿地都被开发为农田或其他类型的土地。湿地的丧失严重地影响了水鸟的生存，比如加拿大雁、野鸭、黑鸭、北美鸳鸯和水鸭这些在美国湿地特别是大西洋海湾和太平洋海岸（密西西比河下游河谷和加利福尼亚）越冬的水鸟。

北美大陆上最有生产力的"鸭厂"位于加拿大的马尼托巴省、萨斯喀彻温省和艾伯塔省以及美国的达科他州、明尼苏达西部和爱荷华西北部的草地生态群落区（见图 16.11）。这个地区聚集了整个大洲超过一半的水鸟。这些野鸭主要在小的**壶穴**中生存，这种壶穴的面积为

0.5～1 公顷，通常在这里所有对于食物、遮蔽、水和筑巢区的要求都能得到满足。壶穴的密度可达 50 个每平方千米。据估计，仅在加拿大的草原省份就曾经存在 1000 万个壶穴。

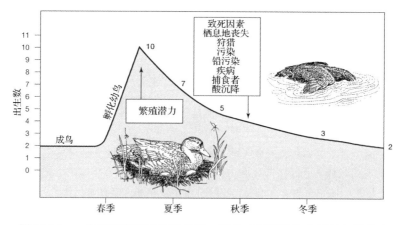

图 16.10　一个野鸭家庭的生存曲线。两只成年野鸭和十只幼年野鸭由于一系列的致死因素，在来年繁殖季的开始减少到仅两只

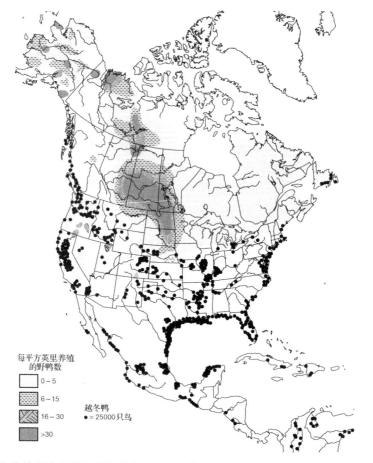

图 16.11　北美养殖鸭和越冬鸭的分布。50%以上的北美鸭产自明尼苏达、萨斯喀彻温省、艾伯塔省、西明尼苏达和西北艾奥瓦的"鸭厂"。主要越冬区域是亚特兰大、海湾和北平洋沿岸、密西西比河谷下游和加利福尼亚。由于许多野鸭会在冬天迁移至墨西哥，因此有效的水禽管理取决于加拿大、美国和墨西哥三国的合作

遗憾的是，美国数以千计的壶穴由于农业活动而干涸，严重影响了水鸟的数量。美国农场法案对排水进行了补贴，以提高玉米、小麦和大豆的产量。在爱荷华州，20 世纪 30 年代后期开始壶穴的数量急剧下降，造成野鸭数量的大幅下降。作为补救措施，从 20 世纪 80 年代中期开始，美国农业部（USDA）自然资源保护局出台了湿地保护计划，林业局实施了草原壶穴保护联合行动，还有一些州的自然资源部门共同努力，已恢复了数百万公顷的湿地。

绿色行动

如果你是一名咖啡爱好者，请购买公平贸易的树阴咖啡和可可。我们喝的大部分咖啡来自美国中部和南部。传统的咖啡种植在树冠下，可以为越冬的鸟类提供栖息地。然而近年来为了在更充足的日光下种植咖啡，土地都先进行清理。这种栖息地的丧失导致了新热带区候鸟数量的下降。仅通过购买树阴咖啡和可可，就可保护红喉北蜂鸟、巴尔的摩金黄鹂鸟、黄腹地莺和燕尾鸢等鸟类的越冬地。

干旱和农业排水一样都可能成为湿地的毁灭性因素。例如，在 1988 年的大旱中，加拿大草原省份和美国北达科、爱荷华及明尼苏达州，约有 100 万的壶穴干涸。这是自 20 世纪 30 年代黑色风暴事件以来最严重的一次干旱。结果是，在北美由于繁殖场所的减少，在狩猎季节之前的秋天，野鸭的数量降低到了 6600 万，比 1987 年少了 800 万，是记录中倒数第二低的数量。

鲤鱼也是水鸟栖息地的臭名昭著的破坏者。这种鱼可以破坏水鸟青睐的食物，如西米眼子菜、狐尾藻和金鱼藻。威斯康星州南部的科什科农湖曾一度几乎被帆背潜鸭所覆盖，它们食用湖中丰富的野生芹菜芽和眼子菜的坚果。然而在 19 世纪末期，鲤鱼被引入到该湖中。在短时间内，鲤鱼把湖中作为水鸟食物来源的水草全部连根清除，漫天野鸭的场景于是不复存在。对于帆背潜鸭来说，更糟的是，幼年鲤鱼还直接和幼年野鸭竞争富含营养的甲壳类动物，这对于后者而言是至关重要的。

石油和化学品污染 据位于美国加利福尼亚州的国际鸟类救援研究中心的统计，每年全世界至少有 50 万只水鸟由于石油泄漏而死亡（见图 16.12），虽然有时救援队可以及时到达事发地帮助清理水鸟的羽毛。石油泄漏的时间显著影响着水鸟的死亡率。1988 年 1 月 2 日，一个储油罐在宾夕法尼亚州的匹兹堡附近倾倒，引起柴油像潮水一般地流入莫农加希拉河。22.5 千米长的浮油导致了一些水鸟的死亡。如果泄漏发生在春天，野鸭的死亡数会更高，因为成千上万的野鸭在这个季节会沿着莫农加希拉河向上游迁徙。

为什么石油会导致野鸭死亡？有几个原因。第一，石油将水鸟的羽毛粘在一起，降低了它们在冰冷的水中保持体温的能力。体温的急剧下降导致了死亡。鸟类的羽毛沾上油污后非常危险，只要超过身体面积的 1/4 就可导致一些水鸟死亡。另一个原因是，鸟类的羽毛被油污覆盖后会丧失游泳或飞行能力，导致它们无法觅食。最后一个原因是，水鸟可能会在喂食、饮水或整理羽毛时摄入有毒物质，最终导致肾脏或肝脏的衰竭。

从农田中流出的径流中的农药和其他化学品也会污染湿地并对水鸟造成威胁。一个著名的例子发生在凯斯特森国家野生动物保护区，它邻近加利福尼亚州的主要农耕区——圣华金河谷，含有有毒的硒的灌溉用水导致了该保护区中幼鸟的先天畸形。

狩猎和铅中毒 在美国和加拿大，每年约有 1400 万只水鸟被猎人杀死，其中有 1270 万只在美国。根据一个非营利性组织——野鸭基金会的估计，现在约有 150 万猎人在捕猎水鸟。有一段时间，猎人每年在美国的湖泊、河流和沼泽使用超过 3000 吨铅弹。因为猎枪所使用的 6 号子弹的每个弹壳中含有 280 枚弹丸，一名猎人每杀死一只野鸭平均需要 6 发子弹，于是在水鸟栖息地大约要留下 1400 枚弹丸。在一项研究中，研究者在加利福尼亚州圣华金河的每公顷沼泽中找到了 15 万枚弹丸，在威斯康星州帕卡维湖的每公顷湖底中找到了 30 万枚弹丸。

图 16.12　石油泄漏导致的水鸟死亡。被油污覆盖的野鸭堆积在明尼苏达州斯普林莱克附近的密西西比河岸。它们死于石油和大豆油的泄漏，这场泄漏导致了 2 万只野鸭死亡

在美国，每年由于误食弹丸而引起的**铅中毒**会导致 2%～3%的水鸟死亡，几乎等于南北达科他州繁殖的野鸭数目。当秃鹫食用铅中毒的野鸭的尸体时，可能会引起二次中毒。密西西比迁徙路线上的候鸟由于铅中毒的死亡率最高，尤其是在伊利诺伊、印第安那、密苏里和阿肯色州。

为了解决这个问题，从 1987 年开始美国鱼类和野生动物管理局开始逐步用钢弹代替铅弹。在 1991 年狩猎季开始前，美国禁止用铅弹捕猎水鸟。在 1999 年狩猎季开始前，加拿大也宣布使用铅弹是违法的。使用钢弹的优点是，它每年可以挽救 200 万水鸟的生命，缺点是使用钢弹较贵，射程不足 40 米，而且会磨损过去用较柔软的钢制作的枪筒。

疾病　水鸟容易受到多种疾病的感染。**肉毒杆菌中毒**是由一种厌氧细菌——肉毒杆菌的有毒代谢废物所引起的疾病，它会在水鸟中大规模爆发。虽然该疾病多在美国西部流行，但是从加拿大到墨西哥，从加利福尼亚州到新泽西州都曾有爆发的记录。在 1910 年的夏季，这种微小的有机体造成了几百万只水鸟的死亡。即使在今天，肉毒杆菌中毒也可能在一年中造成加利福尼亚州和犹他州 10 万只水鸟死亡（见图 16.13）。

肉毒杆菌喜欢在污浊的碱性泥滩中繁殖，在那里有丰富的有机质（如死亡的水生植物），水的温度也比较高。这些条件在上一年夏天经过长期干旱后很容易得到满足。野鸭在食用被污染的有机体（腐烂的动植物）或蛆及其他一些携带病菌的昆虫后开始患病。显然，昆虫幼虫是一个专门为该病菌准备的微生境。肉毒杆菌产生的毒素在进入水

鸟的血液后，使得水鸟的呼吸肌麻痹，从而使水鸟死亡。患病的水鸟不能伸直脖子，因此该病也被称为"垂颈病"。

其他水鸟中常见的疾病还包括禽霍乱（细菌性疾病）和曲霉病（真菌性疾病）。一种主要针对水鸟的致命性疾病是鸭病毒性肠炎。

酸沉降 水鸟面临的另一个问题是美国和加拿大的酸沉降（详见第 19 章）。pH 值的下降对这些鸟类产生的最终影响取决于该物种的食性及酸化程度，但酸沉降的确会改变水鸟的栖息地或食物，从而对其繁殖产生不利影响。几种常见的野鸭，包括白颊鸭、褐秋沙鸭、环颈鸭和美国绿嘴黑鸭，喜欢选择小的水体作为筑巢育雏的栖息地，而这些水体易于酸化，因此这些物种会受到酸沉降的威胁。

绿嘴黑鸭很受猎人的欢迎，尤其是在大西洋海岸。它在美国东北部和加拿大东南部繁殖，但是这块地区面临着酸沉降的威胁。蜉蝣，一种常见的水生昆虫，是绿嘴黑鸭幼鸟的主要食物。遗憾的是，酸化湖泊中的蜉蝣数量急剧下降（见图 16.14）。生物学家想知道绿嘴黑鸭的下一代是否能改变食物来源。但很可能的是，这种替代食物既缺乏适口性又很难获得足够的数量。另外，酸化还可能杀死替代的食物来源，进一步威胁绿嘴黑鸭的生存。

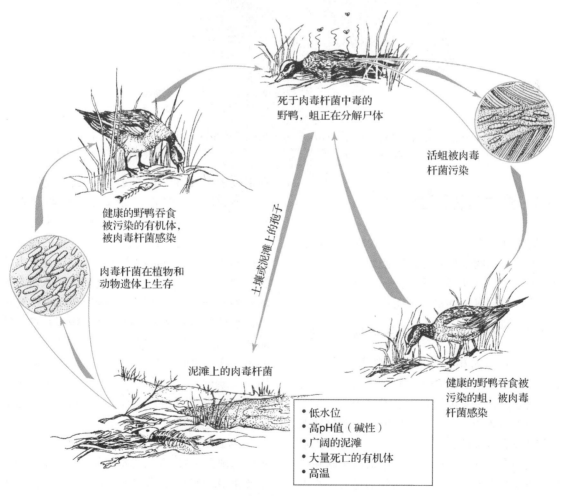

图 16.13 导致肉毒杆菌中毒爆发的循环

图 16.14　北美洲东部的酸化水体分布区和绿嘴黑鸭的繁殖区。由于繁殖区内大部分都是酸化水域，因此威胁到了绿嘴黑鸭的食物来源。酸性条件造成蜉蝣数量急剧下降

图例：▦ 酸化水域　⌒ 繁殖区

16.4　野生动物管理

野生动物管理定义为，利用合理的生态学原理对野生动物进行有计划的使用、保护和控制。美国野生动物管理的一种基本方法是，购得野生动物栖息地并提高其质量。

16.4.1　购得并发展陆地野生动物栖息地

目前最有希望提高野生动物数量的方法是，增加栖息地的数量并提高其质量。很多野生动物学家认为发展栖息地必不可少。

即使再好的管理项目，如果缺少栖息地保护也是没有意义的。对水鸟而言，湿地至关重要。正如在第 9 章中所述，近年来由于联邦政府、州和私人的努力——大部分都是为了水鸟购买湿地，湿地减少的情况显著下降。联邦政府的基金来源是对狩猎器材征收的消费税。这项税收是由 1937 年《联邦援助野生动物恢复法》所建立的，该法俗称《皮特曼–罗伯森法案》。这项税最初征收 10%，但是后来提高到了 11%。对枪支和其他狩猎器材征收的税款被分配到各个州，用于购买栖息地及进行野生动物管理和研究。除了《皮特曼－罗伯森法案》的消费税外，其他资金来源于销售联邦的**鸭票**，水鸟狩猎者必须在每季度初购买并将其粘贴在美国各州政府颁发的狩猎许可证上。遗憾的是，联邦政府的资金还是不足。1961 年，美国国会通过了《湿地借贷法案》，这项法案允许美国鱼类和野生动物管理局从联邦来源贷款用于湿地购买。

由于联邦和州政府对于公园和野生动物保护区的预算紧缩，私有土地对保护野生动物起了重要作用。有许多组织在购买私有土地用于野生动物保护方面已取得了巨大成就，其中最有影响力的是**大自然保护协会**和**国家奥杜邦协会**。

大自然保护协会并未强调过自己的功劳。它十分低调而有效率地购买或租赁了对于保护动植物和自然种群至关重要的栖息地。它帮助保护了美国超过 600 万公顷的栖息地，以及非洲、加勒比海、亚太地区和美洲北部、中部、南部超过 4700 万公顷的栖息地。在众多志愿者的帮助下，它管理着美国数百个野生动物保护区。国家奥杜邦协会维持着美国超过 100 个野生动物保护区和自然中心。它的首要目标是保护湿地和濒危森林，保护候鸟迁徙的廊道以及海洋野生动物。

绿色行动

绿色行动：我们可以将院子变成候鸟的中转站，只要为它们提供如下必要物质：水（哪怕只有一个小碟子）、遮蔽物（常绿树和树枝堆）以及结果的树和灌丛（如山茱萸、美洲冬青、英蒾、美国高丛越橘和唐棣）。为了吸引鸟类可以食用的昆虫，请将落叶堆在阴凉的角落，不要种植不结仔的花卉（如金花菊、万寿菊、大波斯菊和太阳花）。鸟类需要食用种子。也可以在鸟类迁徙季准备好装有各种子的喂鸟器，或放上切好的风干的水果。

16.4.2　在农场和后院建立栖息地

在美国超过85%的狩猎场为私人拥有或控制。私人农场、牧场和林地拥有美国大部分的野鸡、鹌鹑、鸽子、野鸡和兔子，因此对猎捕动物资源的丰富性和多样性贡献最大的是广大民众（保护森林同样如此）。所幸的是，许多水土保持措施（见第 7 章），如防护林带和保护性耕作也改善了野生动物栖息地。

在 20 世纪 30 年代的沙尘暴时代，美国农业部在北美大平原种植了超过 3 万千米长的**防护林带**。这些从加拿大边境绵延到得克萨斯州的位于农场的狭长林带最初是为了防止土壤的风力侵蚀。然而它们也为多种非狩猎鸟类（如画眉和莺）以及猎捕动物（如松鸡、鹌鹑、野鸡、松鼠、兔子和鹿）提供了食物、遮蔽物和繁殖场所。

免耕作为一种有效的控制土壤侵蚀的手段已被重点讨论过（见第 7 章）。作物收割后的残留物被留在耕地上，来年的春季使用一种特别的播种机穿过残留物将新的作物种植在未受干扰的土壤中。用这种方法耕种土地正在美国和世界其他地区逐渐推广。免耕法造福了大量的野生动物，包括从内布拉斯加州的野鸡到得克萨斯州的草原榛鸡。其他在地面筑巢的物种如鹌鹑和鹧鸪，以及筑巢的水鸟也从中获益，因为作物残茬和其他残留物可以提供遮蔽物、繁殖场所以及一些食物（掉落的谷物）。

1985 年美国国会通过了《食物安全法案》（或农业法案）。其中对野生动物栖息地尤其有利的是从 1986 年生效的**土地休耕保护计划**（CRP）。如第 7 章所述，这项条例使得美国农业部能够和农民签署合同来控制土壤侵蚀。简单地说，如果农民停止在高度侵蚀的土地上耕种将获得一定的补偿，取而代之的是植草或植树。这个项目成功地保留了 1490 万公顷的 CRP 土地，这对增加野生动物栖息地很有帮助。

1985 年的农业法案（最近的是 2008 年的农业法案）使得美国农业部开展了其他对湿地和野生动物的保护相当重要的项目。例如，**湿地保护条款**否定了 USDA 的其他在湿地上排水和开垦的项目。**湿地储备计划**是一项自愿的项目，它提供给土地所有者在其土地上保护、恢复以及增加湿地数量与价值（包括适宜的野生动物栖息地）的机会。土地所有者将退耕的边际农业土地转化成湿地，可以得到政府的经济鼓励。这个计划使得土地拥有者有机会在获得美国农业部任何项目的支持之外，进行长期的土地和野生动物保护。**野生动物栖息地促进计划**也为在私人领地上建立的鱼类和野生动物栖息地提供经济鼓励。如果参与者同意实施一项野生动物栖息地发展计划，美国农业部就同意为该计划的开始实施提供资助。这项协议从签署起至少要有十年的有效期。

除了美国农业部的项目，美国渔业和野生动物服务局还有**鱼类和野生动物合作伙伴计划**，它最开始名为野生动物合作伙伴项目。该项目为那些自愿在其土地上恢复湿地和其他鱼类及野生动物栖息地的土地所有者提供技术和财政支持。该项目强调为鱼类和野生动物重建本土植物和生物群落，并与私有土地所有者的需求相协调。这个项目从 1987 年开始，参与者们已在他们的土地上显著地恢复了各种栖息地，主要包括湿地、天然草地、溪岸、河岸以及河流水生栖息地。

16.4.3 后院野生动物栖息地

大多数人认为野生动物栖息地只会存在于农田或联邦和州立的**野生动物保护区**，而不会出现在他们的私人空间内。但事实上，这种可能性是存在的。例如，房主甚至公寓的住户都可以在他们的后院提供栖息地。乡村、郊区甚至城区中的后院都可以为鸟类、蝴蝶及其他野生动物提供重要的栖息地。只需种植可以提供食物及遮蔽物的植物，并提供水源，比如一个小池塘或喂鸟器，每个人都可以帮助改善当地野生动物的生存条件。在城市中，屋顶花园可以为鸟类提供栖息地。公寓阳台上的花和一个喂鸟器可以为城市创造更多的绿色。

为了推行这一理念，国家野生动物协会在 1973 年开展了一项后院野生动物栖息地计划。现在这个组织为个人创造野生动物栖息地提供信息，在美国已有超过 36000 个有资质的后院野生动物栖息地。教堂、公园、学校操场以及政府设施旁也建立了野生动物栖息地。

后院野生动物栖息地不仅可以帮助野生动物在这个高速发展的世界中生活得更好，还可以为那些没有机会体验大自然的人们提供一个机会，让他们仅仅从厨房的窗户就可以看到野生动物。

绿色行动

如果你喜欢花园并与社区的人进行交往，国家野生动物联盟可以帮助你认证一个社区野生动物栖息地（www.nwf.org /community）。社区野生动物栖息地是一个千方百计为野生动物提供栖息地的社区，可利用的包括在个人的后院、学校的操场和一些公共场所（如公园、社区花园、教堂和商业区）。在这个社区，居民优先考虑为野生动物提供栖息地，提供野生动物所需的各种基本条件：食物、水、遮蔽物和哺育所。

16.4.4 调控生态演替

在第 3 章中讨论**演替**时，我们曾说过当物理环境改变时，植物和动物群落都会改变。因此在演替过程中不同的生物会占领这个地区。生物学家雷蒙德·达斯曼曾经根据演替阶段划分生物：顶极种（大角羊、驯鹿和灰熊）、演替中期物种（羚羊、麋鹿、驼鹿、鹿和松鸡）和早期演替物种（鹌鹑、鸽子、兔子和野鸡）。

野生动物学家可以通过调控生态演替来管理这些物种的丰富度。为此，他们可以允许一个群落自然地向顶极演替，或通过人工手段，比如受控大火（见图 16.15）、受控水灾、翻耕以及伐木，减缓自然演替，甚至将它还原为早期演替。

图 16.15　野生动物学家在明尼苏达为草原榛鸡建立了适合的栖息地。他们利用受控的大火来防止植物演替和灌丛与树木的生长，从而保持草原榛鸡所需的草地栖息地

早期演替物种，如兔子、鹌鹑和鸽子，严重依赖于人类对演替的主要干扰。这些动物喜欢在人类活动区域生长的先锋杂草。当农田被废弃时，这种杂草及一些灌木会茂密地生长。

因为**顶极物种**，如驯鹿、大角羊、绵羊和灰熊，仅仅在相对未受干扰的顶极群落中生存，因此它们的生存依赖于国家或州立保护区的建立或荒野地区。在人类普遍对演替进行干扰的情况下，如果没有这样的"安全岛"，这些顶极物种的数量会下降乃至灭绝。

作为成功调控生态演替使得物种数量上升的案例，让我们来看看披肩榛鸡。披肩榛鸡是美国的一种很重要的狩猎鸟类。它的名字来源求爱时展现出来的羽毛披肩或项圈。被猎人追逐时，它会发出雷鸣般的尖叫。作为一种典型的演替中期物种，披肩榛鸡只能暂时地在一个地区生存。

美国首席披肩榛鸡专家戈登·嘉里安发现，五大湖森林区的幼年山杨林可为披肩榛鸡提供几乎所有的食物、遮蔽物和繁殖要求。冬季在别的食物匮乏时，山杨的叶芽可以提供高营养食物。注意在图 16.16 中，12～25 年树龄的山杨林是披肩榛鸡的高种群密度区，每平方千米有 81 只。然而，随着演替的进行，其他落叶树如橡树，逐渐地取代了山杨，披肩榛鸡的数量也随之下降。嘉里安发现如果对 10 年、20 年和 30 年的山杨林分别进行皆伐后，明尼苏达州北部的山杨林的承载力可以提高 600%。这种砍伐模式使得披肩榛鸡可以在各种山杨林分中生存，并避免其他树种入侵。

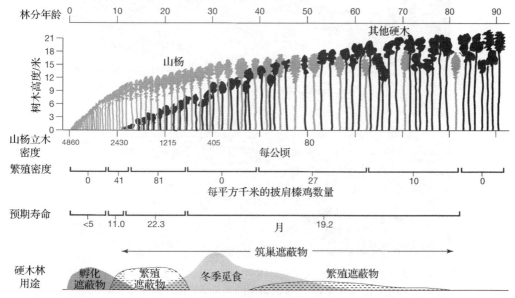

图 16.16　森林的演替和披肩榛鸡的栖息地。注意随着森林演替，森林的承载力也在不断变化。在演替早期，森林的主要功能是提供孵化和繁殖的遮蔽物。当山杨林的年龄超过 30 年后，披肩榛鸡不再将其作为主要繁殖场所，而用于冬季的觅食。在冬季披肩榛鸡主要以山杨的嫩芽为食。披肩榛鸡在 12～25 年林龄的以山杨为主的森林中达到最高密度（81 只每平方千米）

16.4.5　管理水鸟栖息地

通过在高密度沼泽地区创造开阔水面，建造人工池塘和岛屿，发展人工巢穴和人工筑巢区，以及建立水鸟保护区等，水鸟的栖息地可以得到改善。

在沼泽区创造开阔水域　即使水鸟需要遮蔽物用于躲避恶劣天气和捕食者，它们也需要在筑巢地和觅食区之间，以及觅食区和嬉戏区之间有水道和开阔水面来涉水或划水通过。水道也为鸟类提供了觅食的场所。这些至关重要的开阔区是由自然因素如飓风和闪电引起的火灾造成的，或是人类创造的。

建造人工池塘　当泥沼和壶穴缺乏时，水鸟的栖息地可以通过建造人工池塘来改善。1936—1994年，美国农业部帮助农民建造了超过400万个农场池塘。使用这些池塘的大约2/3都是水鸟，留鸟可将其作为筑巢、觅食或嬉戏场所，而候鸟也可在其艰苦的旅程中，于池塘中休息片刻。农场主可以通过各种方法增加池塘的承载力，比如为野鸭或林鸳鸯建造人工巢穴，或在开阔水面上堆上石头，或固定木头并在其上放置干草包等，使鸟儿可以在上面梳理羽毛或晒太阳，或是在池塘中种植野鸭喜欢的植物等。

建造人工岛屿 近年来有很多有价值的野生动物栖息地都被破坏了，野生动物的数量也随之下降。多年来一些生物学家认为，所有人类造成的自然环境的变化对于野生动物都是不利的。但是，**人工岛屿**成功地增加了水鸟数量，使得以上认识被证明是错误的。例如，在1977年，美国农垦局（由于水坝的建造经常被环保主义者诟病）为加拿大鹅在马萨诸塞州汤森附近的渡口峡湖建造了62个人工岛（见图16.17）。自从这些人工岛建成后，蒙大拿州立大学的生物学家罗伯特·伍就注意到在这个地区，加拿大鹅的数量增加到了原来的3倍。

图16.17　为加拿大鹅修建的人工岛，图中展示了马萨诸塞州汤森附近渡口峡湖的西侧。在这里有62个可供筑巢的人工岛。请注意加拿大鹅在岛上的巢

多年来，美国陆军工兵兵团利用疏浚过程中挖出的泥沙和贝壳，在沿海建造了许多"疏浚岛"。从纽约的长岛到得克萨斯州的布朗斯维尔，美国海岸上共有2000多个这样的岛。在密西西比河、五大湖和太平洋沿岸也有一些。它们通常离海岸足够远，以保护鸟类不受浣熊、狐狸和野狗等捕食者的危害。而且由于这些岛通常有2~3米高，它们不像沿海一些很低的自然岛屿那样会被大浪淹没。目前被国家奥杜邦协会管理的悉尼岛，就是用在得克萨斯州的奥兰治水道清淤的废弃物建造而成的。成千上万的苍鹭和朱鹭在这里筑巢，当游客登岛时，它们就在天空中盘旋。根据国家奥杜邦协会的统计，悉尼岛有约20000只白鹭、8000只苍鹭、2000只朱鹭、1400只玫瑰琵鹭和380只鸬鹚。而在其他地区，这些鸟中有很多都呈数量下降的趋势。

发展人工巢穴和筑巢区 经过亿万年的自然选择后，每种水鸟都进化出了独特的在筑巢地点选择和筑巢方式上的天性。因此，人类

通过为水鸟建造人工巢穴和筑巢区来增加它们的数量似乎是不可能的。然而，野生动物学家已经成功地建造了它们的巢穴，并取得了令人振奋的结果（见图 16.18）。这些巢甚至比它们的自然巢在减少由割草机、捕食者及竞争者带来的死亡方面更有成效。

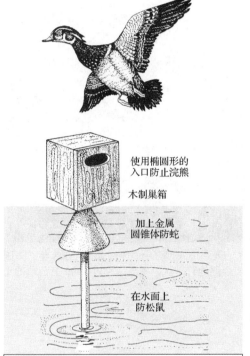

图 16.18　巢箱的设计和使用。为林鸳鸯建立的巢箱已成为这个美丽物种数量的重要影响因素

州	每年巢箱的数量	被利用的数量	使用率
俄亥俄州	26084	7363	28
康涅狄格州	6225	4102	66
密西西比州	3218	1579	49
密西西比州	2475	1747	71
路易斯安那州	1229	416	34
马萨诸塞州	483	415	86

巢箱的使用

建立国家野生动物保护区　1903 年，西奥多·罗斯福总统开始了美国的国家野生动物保护区的建立。他在佛罗里达州的印第安里弗建立了鹈鹕岛自然保护区来保护褐鹈鹕。从那以后到 2008 年，联邦自然保护区系统拥有了 548 个独立的保护区和 37 个湿地管理区，覆盖了超过 3900 万公顷土地。国家野生动物保护区成

为超过 700 种鸟类、220 种哺乳动物、250 种两栖动物和爬行动物及 200 种鱼类的家园。每个州都拥有至少一个保护区，而且大多数保护区是用来保护水鸟的。1934 年，美国国会通过了**《候鸟狩猎印花税法》**，这一法案通过销售"鸭票"提供了收购、维持和发展水鸟保护区的资金。

国家野生动物保护区提供了超过 12 亿个水鸟使用日（一个水鸟使用日是指一只野鸭、黑鸭、天鹅或鹅使用一天）。这些保护区为超过 50 万只幼鸟提供保护。图利湖自然保护区（加利福尼亚州）和阿加西自然保护区（明尼苏达州）每年约繁殖 3 万只野鸭，马卢尔自然保护区（俄勒冈州）每年可以繁殖 4 万只野鸭。秋季迁徙时大量野鸭和鹅来到保护区（见图 16.19）。例如，在加利福尼亚州和俄勒冈州交界的克拉马斯盆地自然保护区，由于专门为野鸭种植了大量小麦和大麦，曾经记录到 340 万只野鸭和鹅。有近 150000 只加拿大鹅在威斯康星州南部的霍里孔国家野生动物保护区停留，这是在美国该物种被记录到的最高数量。这些鹅在继续它们的迁徙前在这里补充能量（见图 16.20）。

很多自然保护区都有特定的保护一种或多种国家濒危动物的任务。例如，在得克萨斯州南部的阿兰萨斯野生动物保护区为美洲鹤提供越冬的场所，蒙大拿州的红石湖自然保护区是黑嘴天鹅安全的繁殖场所。有些保护区致力于恢复濒危植物。例如在 1980 年，加利福尼亚州建立了安提阿沙丘自然保护区来保证月见草和桂竹香的生存。虽然国家野生动物保护区的主要任务是保护野生动物，管理保护区网络的美国鱼类和野生动物管理局也允许有限的开垦、伐木和放牧，甚至是开采石油和采矿，只要不危害到野生动物的生存。遗憾的是，在某些保护区，这些额外的活动破坏了觅食区和繁殖区。因此一些环境组织，包括国家奥杜邦协会、塞拉俱乐部和野鸭基金会，极力促使国会永久禁止这些活动。

位于佛罗里达州的大沼泽地的历史，以及**大沼泽地国家公园**随后的建设，将在案例研究 16.1 中进行介绍。

图 16.19　在加利福尼亚州的萨克拉门托国家野生动物保护区，天空中飞满了针尾鸭。截至 2008 年，美国国家野生动物保护系统包括 548 个独立的保护区和 37 个湿地管理区，覆盖了超过 3900 万公顷的土地

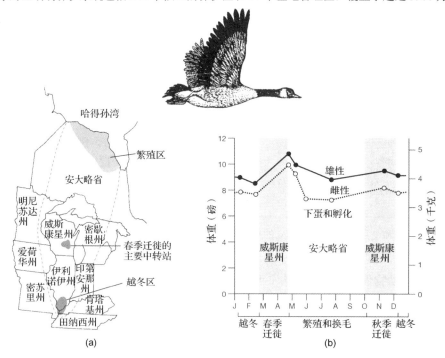

图 16.20　威斯康星州作为中转站的自然保护区对于密西西比河谷的加拿大鹅种群的作用。这些鹅在无停留的情况下飞越 725 千米到达威斯康星州东南部的自然保护区，如霍里肯沼泽。在这里它们可以找到充足的食物，使得它们可以补充能量进行 1375 千米的下一旅程，回到繁殖地——加拿大安大略省北部

案例研究 16.1　大沼泽地：野生动物的天堂及水带来的问题

大沼泽地是一片 13000 平方千米的巨大草地，从奥基乔比湖南部一直延伸到佛罗里达半岛的顶部（见图 1）。这片广阔的湿地约有 64.4 千米宽、161 千米长。这里的典型植被是克拉莎草，有些甚至可以长到 3.6 米高。大沼泽地星罗棋布地分布着椭圆形的称为树岛的隆起区域，在那里生长着柳树和桃金娘。这里有各种各样的野生动物，包括巨大的海龟、短吻鳄和鳄鱼，还有鹿、美洲狮和长腿的涉禽。这些鸟中包括林鹳、大白鹭、三色鹭、大青鹭、白朱鹭和玫瑰琵鹭。20 世纪 30 年代，有超过 20 万只鸟在大沼泽地筑巢。

图 1　佛罗里达大沼泽地。佛罗里达州曾经大部分被大沼泽地覆盖（蓝色区域），但城市化和沼泽排水严重地破坏了这一生态系统。现在大沼泽地生态系统仅为原来面积的一半。因为大沼泽地生态系统对于佛罗里达的人和野生动物都有关键作用，大沼泽地综合恢复计划在 2000 年生效，将花费大约 80 亿美元恢复并保护这里的水资源

多年以来，水都是从奥基乔比湖流向这片巨大的沼泽的。水分别从两条草原河流（分别是最终流入墨西哥湾的鲨鱼河沼泽和流入佛罗里达湾的泰勒沼泽）一直向南流淌。水流是如此缓慢，以至于从奥基乔比湖流到海洋需要几乎一年的时间。在雨季时沼泽的水位会上升以致溢出，因此大量的鱼会被留在草地上。这为那些涉禽和以鱼为食的野生动物带来了充足的食物。

这就是大沼泽地亿万年以来的水流格局。然后在 1905 年，拿破仑·波拿巴·布劳沃德州长发动了一场巨大的战役，将大沼泽地的北部转化为农业和城市用地。从那时起，大沼泽地的大片土地被排水，并筑堤和修建河道来控制洪水，为作物种植和房屋建造提供场所。大部分工作是由美国陆军工程兵团完成的。美国的纳税者为这项宏伟的湿地工程支付了 3000 万美元的账单。

这项工程无视生态学家和环保组织（如奥杜邦协会）的呼声继续进行。多余的水被南佛罗里达水资源管理局用于供应迈阿密市。由于类似的一些工程，通过大沼泽地的由降水补充的自然水流急剧减少。最终整个大沼泽地的北部变成了一系列由渠道相连接的、围垦的、人工修建的水塘。

这些大沼泽地工程造成了水位的持续下降。在旱季，干燥的草原很容易发生火灾。海水倒灌造成盐度上升。大沼泽地原始的生态系统被完全改变，野生动物数量也随之下降。事实上，由于有些物种的数量实在太低，美国鱼类和野生动物管理局将它们列为濒危物种。这些物种包括美洲鳄、林鹳、螺鸢、貂角海边麻雀、佛罗里达豹和海牛——这些都是大沼泽地的本地种。同时，某些外来植物在这片人工改变的生境上疯狂繁殖。在 20 世纪 20 年代，布劳沃德州长曾经引进澳大利亚的桉树，目的是加快大沼泽地的排水以便甘蔗和其他作物可以生长。这种植物在由于排水造成的水位下降的地区茂密生长。现在这种灌丛植物侵占了超过 40000 公顷的土地。它的林分密度大，并从那些可以为野生动物提供巢穴和觅食区的植物那里窃取水分和养分。

在数十年里，环保主义者一直要求恢复大沼泽地的生态健康。1947 年，他们终于取得了一场大胜利，国会同意在湿地的南部建立大沼泽地国家公园（现在大沼泽地湿地国家公园仅有曾经的大沼泽地 1/5 的面积）。遗憾的是，那时大沼泽地北部已被农业生产和房地产所占据。像迷宫般的渠道、堤、水坝和防洪堤取

代了自然的克拉莎草生态系统。在 20 世纪 80 年代，各方达成了一致：首先，原始的大沼泽地生态系统必须被恢复（见图 1）；其次，只需重建自然的、由雨水驱动的从奥基乔比湖南部流向沼泽的水流格局就可以使其自然生态系统恢复。同意这种观点的各方包括国家公园管理局、美国鱼类和野生动物管理局、国家奥杜邦协会以及全国关心此事的自然保护主义者，甚至还有美国陆军工程兵团和南佛罗里达水资源管理局。

美国国会在 1989 年通过《大沼泽地国家公园保护与扩张法案》，大大促进了这个目标。它为公园扩大了 43000 公顷的区域，总覆盖面积约 6000 平方千米，这对重建来自鲨鱼河和泰勒沼泽的水流格局至关重要。这项巨大的工程在 1996 年又得到了额外支持。国会通过了一项有争议的法案限制甘蔗工业，因为据称其工业废渣和副产品提纯会破坏脆弱的大沼泽地。虽然以上两项法案对恢复大沼泽地自然的河流有帮助，但很多人认为这种效果是暂时的。

2000 年 12 月 11 日，比尔·克林顿总统签署实施了《水资源发展法案》。这项法案包含了大沼泽地综合恢复计划，这是一项 78 亿美元的用于恢复国家公园中自然河流的计划。计划的目标是通过截留目前流向大海和其他海湾的淡水并将其重新引到需要水的地区，来恢复、保护并维持原来大沼泽地和其他南佛罗里达地区的生态特征。大部分水会被投入到生态恢复中，使得干枯的生态系统重新变得具有活力。剩下的水将增加南佛罗里达的供水，使得城市和农场主受益。这项计划由美国陆军工程兵团主导，期限是 30 年。

这项计划预期通过几种方式给大沼泽地国家公园带来益处。其中最重要的是，它大大改善了流入公园的水流的质量、数量、时间和分布。另外，大沼泽地中超过 386.4 千米的渠道和防洪堤会被拆除，用于重建公园中的自然水流。这种改变会改善涉禽的栖息地并恢复几种濒危物种的数量。

16.5 调节野生动物数量

除了建立和发展栖息地外，野生动物管理者还会使用另一种方法来完成目标——调节野生动物数量。我们的讨论基本着眼于鹿和水鸟。

16.5.1 控制狩猎动物的捕获量

狩猎管理者可能会利用狩猎来控制发展良好的种群的数量。高地的狩猎鸟类（如鹌鹑、野鸡和松鸡）和小型哺乳动物（如兔子和松鼠）在经过狩猎后通常可以很快恢复数量。这样的种群被称为**有弹性的**。这种弹性是因为它们有较高的生物潜能。例如，一只雌性松鸡每次能孵 20 个蛋；一只母兔一窝可以生 6 只小兔子，且一年可以生几窝小兔子。甚至鹿的种群也具有弹性。理想状况下，一群由 6 头鹿构成的鹿群可以在 15 年内发展到 1000 头。

对于所有动物而言，致死因素或环境阻力会抵消其生物潜能。因此一个种群的数量常年保持一致。野生动物学家定义了两种死亡率——累加型和补偿型。

累加死亡率可以简单地累加到由其他因素造成的死亡率之上 [见图 16.21(a)]。例如，如果捕食者导致了一个种群 15% 的死亡率，一场暴风雪也导致了 15% 的死亡率，那么这一年的总死亡率是 30%。如果在来年，捕食者造成了 20% 的死亡率而暴风雪造成了 25% 的死亡率，那么总死亡率就是 45%。这两种因素造成的死亡率是累加的。

补偿死亡率表示在一个动物种群中，一种死亡率对于另一种死亡率的替代 [见图 16.21(b)]。补偿死亡率是指，如果狩猎导致死亡率的上升导致因其他因素（如饥饿、疾病和捕食）造成的死亡率同等下降，那么总死亡率仍保持不变。注意，无论狩猎是否存在，在合适的生态系统管理下所有因素造成的死亡率应是不变的。例如，无论是否有狩猎的情况，在正常年份中约 70% 的美洲鹌鹑会死亡。进一步说，限制在**可捕获量**之内的狩猎是安全的。可捕获量是指在不影响动物生存的情况下，人类（狩猎者）可以获取的数量。

狩猎者可以捕获的动物数量却取决于狩猎规则。狩猎量可以通过狩猎季的延长或缩短、捕获量限值的增减、是否能猎杀两种性别还是只能猎杀雄性以及武器的种类（弓箭、来复枪和猎枪）的限制来调节。野生动物管理者

应该根据每年的调查情况，如栖息地状况和数量、繁殖率以及猎捕动物的年龄结构等，决定该狩猎季的规则。

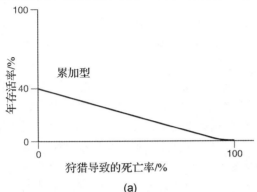

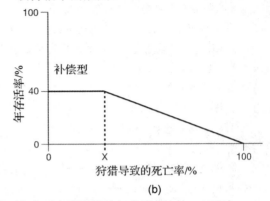

图 16.21　在狩猎的影响下，累加死亡率和补偿死亡率下鸟群数量的年存活率比较。(a)累加死亡率，从狩猎季的第一只鸟由于狩猎死亡开始，年存活率从 40%线性下降。也就是说，无论何时鸟类死亡，存活率都会下降；(b)补偿死亡率，40%的年存活率一直保持不变，直到到达一个固定的点（X），此后狩猎导致的死亡率开始累加

16.5.2　规定鹿的捕获量

几十年前当鹿的数量还很匮乏时，美国各州的法规通过取消或缩短狩猎季，推迟狩猎季开始时间以确保留有足迹的厚雪消失，限制火药和猎枪的使用，或者限制每个狩猎者的捕获量来控制狩猎。母鹿有更特殊的身份。鹿群的发展受到冬季觅食、引入、捕食者控制以及保护区的建立等因素的影响。

由于保护措施的施行，以及大火和伐木导致的边缘区和食物的极大丰富，鹿群的数量开始迅速增长——增加得实在太快了。在仅仅 13 年中，白尾鹿在 45 个州的数量就从 320 万头（1937 年）增加到 510 万头（1949 年），迅速超过了环境承载量。情况迅速恶化，摘食线出现了，冬季食物短缺导致饿死的情况也经常发生。

很多州的狩猎动物管理部门建议立法者放宽狩猎规则来扭转这一趋势。在征求众多野生动物学家的意见后，种群减少计划开始实行，措施包括：恢复并延长狩猎季；允许在有足迹的厚雪尚未消融前开始狩猎；来复枪的使用合法化；取消对于母鹿的限制；建立弓箭季；取消猎杀捕食者的奖励。通往偏远地区的路也被修建出来，便于狩猎者可以顺利达到。

种群数量过多的问题还远未得到解决。即使

法律放宽，狩猎者也很少猎杀超过 10%的鹿群。其中一个原因是鹿神秘的活动习惯——这种动物几乎不在狩猎季的白天出现。即使在有大量鹿群的地区，猎人也几乎看不到一头鹿。10%的年捕获量不足以控制鹿群的增长。在一些州，在不影响鹿群规模的情况下，在狩猎季至少需要除去 1/3 的鹿。

即使在同一个州，鹿群的数量在各地区也是不同的。通常在长满树木的农业区，鹿群的数量是最多的，而在顶极森林和城区鹿群的数量是最少的（但今天在密尔沃基和芝加哥的郊区看到鹿并不稀奇）。因此一个州可能划分出若干区域并制定不同的管理规则。例如，有一个州竟然有 60 个分区。在鹿群数量较少的区域，狩猎季可能被取消或仅针对弓箭使用者开放。在鹿群数量过多的区域，狩猎季很可能同时允许捕杀公鹿、母鹿甚至小鹿。

在一些州，野生动物管理者并不被允许实践他们的理论，因为他们所掌握的有关狩猎管理的专门知识相对公众思想和政治气候太超前。更多的时候，狩猎法规的制定者迫于狩猎者和休闲度假区所有者的压力，因为后者认为狩猎管理的核心就是更多鹿。狩猎规则只有在与专业管理部门的意见一致时，才是有效的管理手段。一些关于鹿群数量的道德争论在自然资源保护中的伦理学 16.1 中讨论。

自然资源保护中的伦理学 16.1　杀还是不杀

很少有自然资源管理的领域会面临着像野生动物管理这样的道德争议。其中一个主要问题是，为了农作物的生长必须对野生动物进行管理，尤其是鹿和麋鹿。

经过野生动物管理专业训练的人通常会根据科学事实做出决定。一般来说，野生动物管理者评价种群的大小、出生率和栖息地条件等，然后再确定需要猎捕的数量，以维持当地的环境承载力。他们的目标是不让鹿或其他野生动物在它们的生境以外的地区觅食。

很少为非专业人员所知的是，野生动物管理的科学方法是生态系统保护。换句话说，对野生动物管理者而言，生态系统是最重要的因素。他/她管理的野生动物数量是为了保护所有物种生存的生态系统。

对于野生动物管理者的批评往往也在于此，但会基于完全不同的观点。人们对于野生动物管理（科学上通常合理）的批评通常基于"动物权利"的信念，也就是说物种有权利在没有人类干扰的情况下繁衍。有些人将此称为"小鹿斑比综合征"，这是一个贬义词，指那些在情感上而非理智上考虑野生动物管理的人。

无论是狂热者还是普通市民，动物权利支持者通常反对野生动物管理者，并认为他们是残忍的。随着时间的推移，两个阵营间的冲突越来越激烈。为什么？

我们认为冲突的主要原因是，双方未在相同层面看待问题。野生动物管理者从科学的种群管理和生态系统管理的角度出发，而动物权利拥护者则探讨的是道德问题。前者认为我们需要控制野生动物的数量，比如鹿和麋鹿；后者认为杀死动物是不人道的。前者崇尚人类对大自然的控制，而后者认为这是一种自大的、不合乎道德的行为。

在争论中，这两种观点很少在同一个层次上达成一致。也很少有人能够将科学和道德分开来剖析这个问题。

动物权利支持者认为杀死跑出它们栖息地的鹿或野马是错误的。野生动物管理者的官方观点是，为了土地和其他物种的健康与未来这是绝对必要的。

在这场激烈的争论中，有很重要的一点经常被忽略了：野生动物管理者也有道德立场。他们将自己放在生态系统这一侧。他们的道德观点是生态系统健康比各个物种不受人类控制的权利更为重要。你可能会认为生态系统伦理（没有更好的词语可以形容）仅是一个科学定义，但它并非如此。这是建立在科学上的伦理学。

有什么和解的方法吗？在两个阵营将道德与科学区分开来并用相同的语言讨论之前是不会有结果的。作为一名野生动物管理者，你可能希望遇到反对你的行动但理解你的道德立场的人。这可能有助于阐述生态系统在科学上和伦理上都应放在首位。另外，关注人类的影响也是必要的。虽然为了控制种群规模，有些动物可能会被杀死，但这对剩下的种群和整个生态系统都是有好处的。

当伦理立场得到阐明时，你会发现科学的矛盾并使之真正进步。你可能会发现法律的观点也有可能会影响你的思考或让你改变计划。即使如此，不同的道德观点也使得和解不可能。

16.5.3　控制有破坏性的鹿群数量

鹿可以在乡村、郊区甚至城市环境中生存，农场尤其会为鹿提供食物。鹿经常造成大豆和其他农作物的巨大损失。威斯康星州的例子可以很好地说明鹿所造成的作物损失。

1994 年，威斯康星州的白尾鹿数量超过了 100 万头，这几乎是 1962 年该州数量的 162%。然而，如果仅考虑农业土地上的数量，这一增长是 488%。这些农场中的鹿每年造成了威斯康星州农业生产 3700 万美元的损失。玉米和大豆还在幼苗阶段就会被鹿啃食，从而造成作物的死亡。因此威斯康星自然资源局在作物破坏严重的地区使狩猎合法化。例如，在 1993 年威斯康星州 90 天的狩猎季中，约有 25.5 万头鹿被猎杀，但这也仅是该地区鹿群总数量的 25%。即使每年都有大规模猎杀，威斯康星州的农田和果园的破坏情况依然严重。到 2004 年秋季狩猎季，威斯康星的白尾鹿总数达到 164 万头。威斯康星州自然资源局已尽力放宽狩猎规则和狩猎季，希望狩猎者可以控制威斯康星州的鹿群增长。

16.5.4　管理其他有害的野生动物

鹿并非唯一有害的野生动物种类。由于人类向乡村地区迁移，很多其他物种都可能对乡村居民造成困扰。甚至在城市中，野生动物也可以成为问题。其中一个原因就是我们的城市不断向乡村扩张，使得野生动物栖息地越来越少，加剧了人类和野生动物的冲突。例如，加拿大鹅会入侵公园、高尔夫球场、在郊区和城市中嬉戏，在草坪上觅食。在某些地区，鹅甚至可能整年都呆在那里，而不再遵从它们通常的由北至南的迁徙。鹅让很多城市和郊区居民心情愉悦，但它们在公园、高尔夫球场及其他地区排泄，使得这些场所很不方便清理。它们也很吵闹。

鸽子或原鸽，也曾是野生物种，已经在城市中定居。它们大量脱落的羽毛，对城市环境造成了不小的问题。多年来城市为了清理原鸽聚集区的环境，毒杀和捕杀了成千上万的鸽子。在某些城市，野生动物官员引进游隼来捕食这些原鸽，它们在钢筋水泥的大楼顶筑巢。

狐狸、臭鼬、土狼和浣熊也会入侵城市与郊区，在门廊或其他地方安家。海狸甚至已被从城市和郊区清除，因为它们所筑的坝会堵塞下水道、涵洞和其他水力装置，从而造成草坪、空地和道路被淹。在干旱年份，更多的野生动物会出现在人类周围。例如，当干旱年份食物来源不足时，熊便会进入科罗拉多州的郊区寻找食物。

处理野生动物入侵的方法有多种。比如对于熊，虽然有些会直接杀死，但通常会先注射镇定剂，然后移到其他地方。狐狸和其他小型哺乳动物会被捉住或毒死。大群的鹅会被捕捉，然后分散。投喂是不被鼓励的行为。

16.5.5　控制水鸟的捕获量

在北美大陆，野鸭是最受狩猎者欢迎的水鸟之一。每年秋天都有 1200 万到 1800 万只野鸭从它们的繁殖地加拿大南部向南迁徙到美国北部。每当此时几百万狩猎者会蹲在野鸭看不到的地方，希望他们足以乱真的仿制动物可以引诱这些野鸭进入射程。

但狩猎者每天可以捕杀多少只野鸭？他们可以狩猎多少天？这些问题的答案可能在每个州都是不同的，每年也可能是不同的。让我们了解一下水鸟的狩猎规则是基于什么制定的。

水鸟狩猎规则的制定主要基于在繁殖区对它们在秋季迁徙前的数量进行的统计。另外，还会考虑在鸟类主要迁徙路线上对其数量的统计，这一般是通过研究标记过的鸟而得到的。

截至 2004 年，在北美鸟类标记项目的支持下，从美国到加拿大约有 6000 万只鸟被系上标记带。其中约有 400 万条被重新找到。平均下来，每年约有 110 万只鸟被系带。狩猎鸟类（大部分是水鸟）占系带总数的 31%，但在重新被找到的系带鸟中占 72%。仅在 2001 年一年，在美国和加拿大就发现约有 355000 只系带的水鸟（野鸭、鹅和天鹅）。这项工作由美国鱼类和野生动物管理局完成。每只鸟的种类、年龄、性别、体重、日期和绑带位置都被录入计算机中。2001 年，有近 89000 个绑带被找到。虽然大部分绑带都由狩猎者发现，但仍有相当大的数量是被观鸟爱好者和业余博物学家发现的，这部分鸟类死于暴风雪、污染、被捕食或疾病。

这些数据使得生物学家可以计算出鸟类的生长率、寿命、死亡率，以及迁徙的长度、速度和路线。例如，从对系带鸟类的研究中，我们知道有些雪雁会在两天内无停留地从加拿大的詹姆士湾穿越 3200 千米到达美国得克萨斯州海岸！

从水鸟数量管理的实际应用角度来看，系带研究得到的最重要的信息是，在加拿大和美国北部繁殖的水鸟（如野鸭）是经 4 条**候鸟路线**飞到南部越冬区的，包括太平洋路线、中部路线、密西西比路线和大西洋路线，这为相关部门制定狩猎规则提供了依据（见图 16.22）。这些候鸟路径之间有连接它们的廊道（见图 16.23）。例如，在加拿大草原省份筑巢的野鸭在秋季迁徙时，会沿着中部候鸟路径向南飞到达科他州南部，然后转向西南方向进入明尼苏达州和伊利诺伊州的密西西比候鸟路线，在那里继续前往墨西哥湾越冬区的旅程。

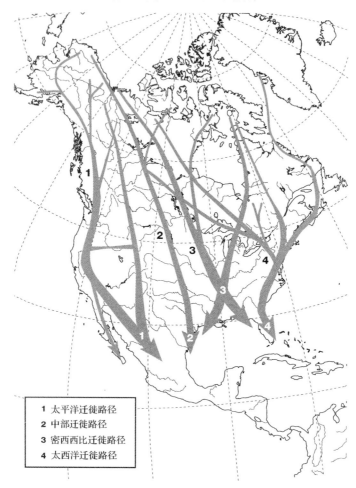

1 太平洋迁徙路径
2 中部迁徙路径
3 密西西比迁徙路径
4 大西洋迁徙路径

图 16.22 主要的水鸟迁徙路径。从数千只腿上系带的候鸟得到的数据使得生物学家相信在 20 世纪中期候鸟主要沿 4 条路径迁徙：（1）太平洋，（2）中部，（3）密西西比，（4）大西洋

每条候鸟迁徙路线都由一个由各州相关部门或代表组成的候鸟路线委员会进行管理。候鸟路线委员会在每年 8 月召开会议，依据将会经过的水鸟数量和分布决定秋季狩猎的规则。接着，委员会将意见上报给美国鱼类和野生动物管理局。该局同时会收到来自各州自然保护组织（如国家奥杜邦协会、野鸭基金会和野生动物管理研究所）的意见。综合所有这些意见后，美国鱼类和野生动物管理局最终决定狩猎规则。

让我们通过一个具体的例子，来看水鸟狩猎规则是怎样根据目标物种的数量进行调整的。野鸭是北美洲数量最多的水鸟。1962 年北美预计的野鸭数量非常低，约为 760 万只。因此，当时的狩猎规则非常严格。例如在华盛顿州，1962 年的狩猎季被缩短到 75 天，每天的最大狩猎数量只有 4 只。结果全年野鸭的捕获量只有 177000 只。这个严格的规则一直持续下去。在这样的保护下，野鸭的数量有所恢复。到 1970 年，北美的野鸭数量达到 1160 万只。根据国家奥杜邦协会的统计，之后野鸭数量不断上升，并达到了 1300 万只。

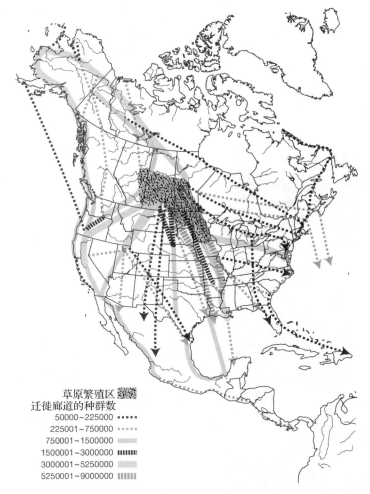

草原繁殖区

迁徙廊道的种群数

50000~225000
225001~750000
750001~1500000
1500001~3000000
3000001~5250000
5250001~9000000

图 16.23　野鸭迁徙廊道。野生动物学家现在知道候鸟路线是对一种极其复杂的迁徙现象的简化。像图中所展示的，有些水鸟的路线可能会穿越另一个，而且很多水鸟可能在迁徙时向东或向西飞，而非总是如候鸟路线所展现的向北或向南飞。伊利诺伊州自然历史调查局的弗兰克·贝尔罗斯发现了南飞野鸭的迁徙廊道，而且可以根据特定的廊道估计出野鸭的数量

于是，野鸭狩猎规则有所放宽。华盛顿州将狩猎季延长到了 93 天，并将日捕获量限值增加到 6 只。最终全年捕获量达到 311000 只，比 1962 年多 76%。放宽狩猎规则（日捕获量由 3 只增大到 7 只，并延长狩猎季）使得被捕获的野鸭数量上升。然而，20 世纪 70 年代末期的系带鸟类调查发现，在从 9 月 1 日到来年 8 月 31 日的一年间，野鸭的存活率与狩猎季的放宽或收紧无关。这说明有其他的死亡原因补偿了狩猎的死亡率。

调查野鸭和其他水鸟的数量对于研究某种死亡率（如狩猎的死亡率）是累加型还是补偿型非常重要。这样的调查对于决定日捕获量和狩猎季长度有着重要意义。例如，如果狩猎的死亡率是累加型的，那么严格的狩猎制度可用来限制种群数量。然而，如果是补偿型的，那么可能适用宽松的规则。

16.5.6　控制有破坏性的水鸟数量

水鸟可能对农田造成破坏。野生动物对农作物造成的最严重破坏发生在加拿大。当年加拿大农民的损失可能超过了 380000 吨粮食，经济损失达到每年 4000 万美元（虽然平均每年只有约 1400 万美元）。

虽然加拿大采取了一些长期措施，比如对栖息地进行调整（或在农田里，或在附近的湿地里）来处理水鸟对于谷物的破坏问题，但野生动物管理者还未真正找到解决问题的关键。目前采取的几种管理策略只能缓解这种破坏，比如制造干扰声音，包括释放丙烷（见图16.24），来恐吓水鸟远离农田。

图 16.24　加利福尼亚州小洋白菜田里的丙烷释放装置。这样的噪音装置被用来恐吓鸟类和其他野生动物远离农田。当动物习惯于这种干扰时，就会继续啃食作物，导致这种方法失去作用

另一种方法是种植不那么具有商业价值但对水鸟更有吸引力的"诱饵作物"，比如小米，来吸引野鸭或鹅，使其远离具有商业价值的作物，如小麦。事实上，诱饵作物对于吸引附近田野中的鸟类很有效，因此可以减少农田中的作物损失。有时，人们甚至会设置喂食点，来吸引野鸭远离作物。

加拿大政府为农场主提供了保险计划，可以部分补偿他们的损失。这是个有趣的进退两难的问题。一方面，农业活动使得湿地转化为农田，破坏了水鸟的栖息地。另一方面水鸟破坏了长在原来是湿地的农田上的作物。

加拿大鹅最近在美国伊利诺伊州北部的部分地区建立了繁殖种群。但遗憾的是，大群的鸟对于高尔夫球场是个灾难。它们不仅啃食草地，还会破坏水障碍区。近年来，成百上千的鹅被捉住并送到伊利诺伊州南部远离高尔夫球场的地区。

16.5.7　影响人类的野生动物疾病

野生动物可能是某些疾病的携带者，并将疾病传播给人类。兔热病（一般由扁虱或节肢动物传播）和腺鼠疫（由野生啮齿动物传播）是两种主要影响人类的野生动物疾病，但狂犬病是威胁最大的疾病。

狂犬病是由宿主动物唾液中的病毒引起的。受感染的动物咬了人类之后会传播这种病毒，它沿着神经细胞移动并最终达到大脑。除非被感染的人对病毒免疫，否则他/她会陷入昏迷状态并死亡。得了狂犬病的动物会突然咬人类或其他动物。很多不同种类的野生动物都能成为狂犬病毒的宿主，包括臭鼬、蝙蝠、浣熊和狐狸。有时必须使用极端手段来控制感染了狂犬病的动物，比如毒杀或射杀。在很多年前，番木鳖碱被用来诱杀肯塔基州的携带狂犬病的狐狸。但遗憾的是，除了杀死65只狐狸外，还有135只狗也被毒死。而且，这种方法的费用过高，因此科学家研发了一种口服疫苗。飞机在越过受狂犬病威胁的区域时抛洒该口服疫苗，服用了它的食肉动物会产生免疫力。

16.6　非狩猎动物

近年来，美国各州和联邦野生动物机构将注意力转向了新的目标：非猎捕动物管理。这是显而易见的，因为根据美国鱼类和野生动物管理局的统计，2006年美国在野生动物调查上就花费了4570万美元。观测范围从鲸鱼到越冬的鸟（见图16.25）。这些野生动物调查活动的花费如下：28%是旅行相关的消费（住宿、饮食和交通），51%用于购买仪器，21%是其他消费，比如杂志、野生动物组织的会员

费以及出于野生动物调查目的的土地租借和购置费。

图 16.25　漂亮的鹗鸟，一种人们喜爱的非猎捕动物的代表。这只鹗鸟正带着从太平洋里抓上来的鱼飞行

非猎捕动物种群（如两栖动物和爬行动物）的现状目前还不为人知。相比之下，鸟类数量变化趋势已经经过美国鱼类和野生动物管理局和国家奥杜邦协会很多年的观察，并形成了年度报告。这些调查显示，大部分非狩猎鸟类的数量变化不一，有些是增长的，有些是下降的。比如国家奥杜邦协会在每年圣诞节的鸟类统计结果显示，在经历 20 世纪 50 年代到

60 年代的食物链农药污染之后，鹰的数量大幅下降，而目前处于缓慢回升的状态。然而，在美洲中部和南部越冬的很多鸣禽（如绿鹃、唐纳雀和霸鹟）的数量是下降的。很多生物学家将这种现象归因于美国和热带雨林地区栖息地的破坏（见第 14 章），这些栖息地正是这些物种的越冬场所。

五大湖的几种食鱼的鸟类，比如鸬鹚、燕鸥和鸥，在过去的 20 年中有显著的数量下降。可能的原因是它们食用的鱼被化学品（如多氯联苯和二恶英）污染了。雌鸟将毒素带到它们所下的蛋中。密歇根州立大学野生动物管理专家约翰·杰西所做的调查，揭示了五大湖食鱼鸟的蛋中有毒化学品的分布。这些蛋中出生的小鸟因身体畸形而成活率不高。这些畸形包括交叉喙、畸形足、翅膀缩小以及缺少眼睛或头骨等。在过去的 40 年中，这些畸形的出现率增加了 30 倍。

恢复这些受威胁的物种数量，对各州和联邦的野生动物管理者提出了巨大的挑战。当然，这个问题最终的解决依赖于五大湖中化学品污染的根本清除。

重要概念小结

1. 野生动物管理可以定义为，应用生态学原理对野生动物进行有计划的使用、保护和控制。
2. 野生动物的栖息地可以提供必要的生活要素，主要是遮蔽物、食物、水和繁殖地。
3. 野生动物种群密度在有大量植物群落交错的地区（或边缘地区）较高。
4. 活动范围是一种动物经常活动的区域。
5. 领地是防卫区，通常比活动范围小。
6. 野生动物的 4 种迁移类型是幼体离巢、大规模迁移、纬度迁徙和海拔迁徙。
7. 动物的迁移可以通过寻找到食物源和水源及合适气候区提高生存率。
8. 累加型死亡率可以简单累加到其他因素造成的死亡率之上，而补偿型死亡率是用一种死亡率（在一定范围内）替代另一种死亡率。
9. 影响鹿群数量的主要死亡因素包括饥饿、被捕食、狩猎、疾病和意外。
10. 对于饥饿鹿群的紧急喂食并不是合理的管理策略，因为它容易造成疾病在小范围内传播且费用很高。
11. 水鸟数量受到栖息地丧失、石油和化学物质污染、狩猎和铅中毒、疾病以及酸沉降等的影响。
12. 北美大陆上最高产的"鸭厂"在马尼托巴省、萨斯喀彻温省、艾伯塔省、达科他州、明尼苏达州西部和爱荷华州西北部等草地生态群落区。北美超过 50%的野鸭来自这个地区，其栖息地是 0.5～1 公顷大小的壶穴。
13. 大沼泽地综合恢复计划是美国 2000 年《水资源发展法案》的一部分，是一个有着 78 亿美元资金支持的

联邦和州的项目，目的是恢复、保护和维持大沼泽地及佛罗里达州南部其他地区的原来的生态特征。

14. 更多沿海油井的开采和油轮事故造成的石油污染会导致水鸟数量下降。

15. 由于铅弹会造成铅中毒，美国从 1991 年开始逐步淘汰铅弹。

16. 肉毒杆菌中毒在水鸟中的爆发可能造成加利福尼亚州和犹他州每年 10 万只水鸟的死亡。

17. 两种主要的野生动物管理策略是栖息地发展和野生动物数量管理。

18. 野生动物学家可以通过调控生态演替来管理野生动物的丰富度。

19. 目前的狩猎规则对个人可狩猎物种和捕获数、狩猎季长短以及可以使用的火药或陷阱的类型等都有严格限制。

20. 1937 年的《联邦援助野生动物恢复法案》，即人们熟知的《皮特曼-罗伯森法案》，对狩猎的枪支和弹药课以额外的消费税。联邦税收被分配到各个州，用来购买栖息地和进行野生动物管理及调查。

21. 几个志愿的政府项目，比如湿地恢复计划、野生动物栖息地促进计划以及鱼类和野生动物合作伙伴计划等，帮助私人土地拥有者保护野生动物并改善栖息地。

22. 国家野生动物保护区系统包括 548 个独立的保护区和 37 个湿地管理区，覆盖了超过 3900 万公顷的土地。

23. 水鸟栖息地可以通过在密集沼泽地带创造开阔水域、建造人工池塘和岛屿、发展人工巢穴和筑巢区以及建立水鸟保护区等方法加以改善。

24. 野鸭是北美最受狩猎者欢迎的水鸟。

25. 系带水鸟的回收数据分析为水鸟生物学家提供了研究生长率、寿命、死亡率，以及迁徙的长度、速度及路线的有关信息。

26. 水鸟造成了农田的破坏，最严重的例子是加拿大的谷物消耗。

27. 很多人都参加了与非狩猎野生动物有关的休闲活动，比如观鲸、观鸟和野生动物摄影。

关键词汇和短语

Acid Deposition　酸沉降

Additive Mortality　累加死亡率

Altitudinal Migration　垂直迁徙

Artificial Islands　人工岛屿

Artificial Nest Sites　人工筑巢区

Artificial Ponds　人工池塘

Botulism　肉毒杆菌中毒

Browse Line　摘食线

Climax-Associated Species　顶极物种

Compensatory Mortality　补偿死亡率

Comprehensive Everglades Restoration Plan　大沼泽地综合恢复计划

Conservation Reserve Program (CRP)　土地休耕保护计划

Consumptive Use　消费性利用

Corridor　迁徙廊道

Cover　遮蔽物

Disease　疾病

Dispersal of Young　幼体的离巢

Duck Stamps　鸭票

Early-Successional Species　演替早期物种

Ecotone　生态交错带

Edge　边缘

Euryphagous　广食性的

Everglades National Park　大沼泽地国家公园

Flyway　候鸟路线

Food　食物

Food Security Act　食品安全法

Game Animals　狩猎动物

Habitat　栖息地

Habitat Fragmentation　生境破碎化

Harvestable Surplus　可捕获量

Home Range　活动范围

Hunting　狩猎

Latitudinal Migration　纬度迁徙

Lead Poisoning　铅中毒

Mass Emigration　大规模迁移

Mid-Successional Species　演替中间物种

Migratory Bird Hunting Stamp Act　候鸟狩猎印花税法

National Audubon Society　国家奥杜邦协会

Nature Conservancy　大自然保护协会

Nonconsumptive Use　非消费性利用

Nongame Animals　非狩猎动物

Partners for Fish and Wildlife Program　鱼类和野生动物合作伙伴计划

Pittman–Robertson Act　皮特曼-罗伯森法案

Pothole　壶穴

Rabies　狂犬病

Resilient　有弹性的

Shelterbelt　防护林带

Stenophagous　狭食性的

Succession　演替

Swampbuster Provision　湿地保护条款

Territory　领地

Wetlands Reserve Program　湿地保护计划

Wildlife　野生动物

Wildlife Habitat Incentives Program　野生动物栖息地促进计划

Wildlife Management　野生动物管理

Wildlife Refuge　野生动物保护区

批判性思维和讨论问题

1. 比较狭食性和广食性物种，每种给出一个例子。
2. 讨论领地的作用。
3. 是否可以说你的校园里有许多边缘区？边缘区如何提高野生动物（如知更鸟、松鼠和野兔）的存活率？
4. 垂直迁徙和纬度迁徙的好处是什么？
5. 如何防止或控制水鸟的肉毒杆菌中毒？
6. 水鸟的铅中毒是怎样造成的？如何防止？
7. 累加死亡率和补偿死亡率有什么不同？
8. 如何通过调控生态演替来改善野生动物栖息地？
9. 讨论林业官员和野生动物管理者合作为披肩榛鸡发展高质量栖息地的重要性。
10. 讨论美国狩猎的生态和经济好处。非人类捕食者与狩猎者对野生动物种群的影响有何差异？
11. 举一个狩鹿规则加严的例子，再举一个狩鹿规则放宽的例子。
12. 举一个水鸟造成破坏的例子。如何进行控制？
13. 为什么国家野生动物保护区系统十分重要。

网络资源

本章相关在线资料见 http://www.prenhall.com/chiras（单击 Table of Contents，接着选择 Chapter 16）。

第 *17* 章

可持续废物管理

废物是指所有生物的副产物。但是，在动物界，我们人类每天产生的废物在总量和种类上均占据主要位置。在世界各地，人类每天产生上万亿升的污水、数百万吨的固体废物及数百万吨的危险废物！本章介绍两类废物：城市固体废物和危险废物（第11章中已介绍了污水）。在这里我们将了解废物的来源、处理处置技术及可持续管理方法。

17.1 城市固体废物：废物资源利用

美国城镇居民在生活（非工业生产）中会产生大量的生活垃圾，也称为**城市固体废物**。美国的最新数据显示，固体废物总量从 2005 年的 2.09 亿吨增长到了现在的 2.21 亿吨。另外，美国每年有超过 0.7 亿吨工业固体废物，可见美国的固体废物已成为一个紧迫的问题。

美国每年人均固体废物产生总量排名世界第一，加拿大紧随其后。美国每天的人均产生量比 2 千克稍多，而加拿大每天的人均产生量为 1.7 千克（见图 17.1），约为德国、法国、西班牙和意大利的两倍。

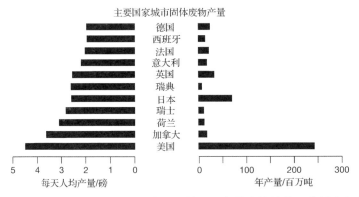

图 17.1 不同国家的城市固体废物产生量比较。注意按人均计算，美国和加拿大领先

如图 17.2 所示，美国城镇固体废物主要由纸张、庭院废物（干草和树叶）和食物废渣以及少量的金属、玻璃和塑料组成。美国环境保护局（EPA）表示，虽然废物回收率显著增加，但美国也只对 32.5%（1990 年为 17%）的城市废物进行了回收和循环利用。许多人认为不合理的废物处置方式垃圾焚烧，由 1988 年的 4% 快速增长到 2000 年的 15%。2005 年，垃圾焚烧比率下降到了 12.5%。剩余的大约 55% 的固体废物则进行填埋处理。

固体废物的一些特性使得其处理处置成为一个棘手的大问题。首先，处理费用很高。

目前，美国每年在固体废物填埋上的投入就达到了 3 亿美元。在许多城市，固体废物处置是财政的第二大支出，仅次于教育投入。

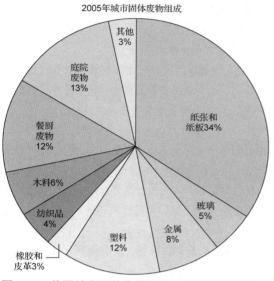

2005年城市固体废物组成

其他 3%
庭院废物 13%
餐厨废物 12%
木料 6%
纺织品 4%
橡胶和皮革 3%
塑料 12%
金属 8%
玻璃 5%
纸张和纸板 34%

图 17.2　美国城市固体废物组成（回收和堆肥前）

第二，固体废物处置需要占用大量的土地。在人口密集和用地紧张的地区，填埋场非常短缺。垃圾运输需要很大的花销。很多地区，特别是在美国北部，面临填埋场的紧缺，一些地区会将固体废物转移运输到几百千米外的其他地区，甚至是其他国家。

第三，垃圾的处理和焚烧需要消耗大量宝贵的资源（废物，通常定义为尚未丧失利用价值，或具有潜在价值但被抛弃或放弃的物体）。来自华盛顿地方自立研究所的大卫·莫里斯表示，类似旧金山规模的城市，每年处理的废弃的铝量就超过了小型铝土矿的产量，废铜超过中型铜矿的产量，废纸超过一个相当大规模的伐木场的产量。如果我们合理处置，废物中蕴藏的许多宝贵资源就能得到回收和利用。

第四，由于垃圾的填埋和焚烧浪费了许多

可利用的资源，那么为了生产塑料，驱动采矿器械等，就需要开采更多的矿产，砍伐更多的树木，或开采更多的石油，从而产生更多的固体废物，对环境造成严重的影响。

可持续的固体废物管理，包含再循环和其他措施，能够很好地解决上述问题，促进社会可持续发展。接下来的小节中将介绍废物管理的不同方面。

17.2　城市固体废物的可持续管理

在工业社会，传统的废物处置方法就是丢弃，而忽略了其中蕴含的资源，直接将其倾倒到尽可能远的场地和海洋中。当一个倾倒场地被填满后，城市规划者或私有企业就会寻找下一个。面对适宜倾倒的场地的紧缺和长距离垃圾运输费用的不断增加，城市规划者才开始质疑这种处置方法。在 1987 年以"我们共同的未来"为主题的世界环境与发展委员会上，自然资源保护者和环境保护者达成共识——从长远来看，这种丢弃的方式是不可持续的。"为了保障和维持人类的发展，满足人们的需求，我们做了很多的努力。"委员们说，"但是，我们也应该意识到，人类的野心，不论是富国还是穷国，都不是可持续的。我们过多和过快地消费了那些本来就已经透支了未来的环境资源。"展望我们的行为对未来几代人所带来的影响，他们表示："就像我们向后代借贷了大量的环境资本，却从来没有偿还的意愿或计划。他们会谴责我们挥霍无度的行为，却永远不能向我们收账。"有关"当代人应该承担其责任，而不是转移到后代人身上"的讨论见资源保护的伦理学 17.1。

资源保护的伦理学 17.1　我们要为后代负责吗

我们的每个行为都会对环境造成影响，会损害后代人的福利。虽然个人行为的影响微不足道，但将每个人的行为叠加起来，影响却很大。但那又怎样呢？所有的生物对环境都存在影响。

虽然所有的生物都在影响环境，但人类的影响无疑是最大的。我们这些生活在拥有先进技术的社会中的人，会极大地影响环境健康和福利。鉴于我们造成的极大影响，我们面对一个重要而复杂的伦理问题：我们要为后代人承担起保护地球的责任吗？换言之，我们是受伦理道德约束来保护地球的未来呢，还是完全自由无约束地生活？

新泽西州布鲁克戴尔社会学院哲学教授罗伯特·梅勒特认为，我们确实需要承担责任，这基于 4 个理由：

首先，后代人也会有许多和我们当代人相似的需求。虽然优先顺序可能不同，但他们仍不可避免地需要食品、衣物、住所和娱乐。后代人也有生存和追求更好生活的权利。让他们生活在一个无法满足需求的环境中是十分残忍的。由于我们的粗心和贪婪，留给后代没有希望的生活，这是极其自私的。

第二，梅勒特指出，个人无法选择他/她出生的时代。正是由于我们无法决定自己的出生时间和地点，为公平起见，与其他时代其他地区的人相比，我们对资源利用的权力是一样的。

第三，梅勒特认为，地球上全部物种的生存比单个物种的生存更有意义。野生动物管理者奉行这一原则，致力于保护其他物种和它们的栖息地。狩猎运动爱好者认为，想要维护物种多样性，可能需要定期的捕杀。尽管没有人公开支持此行动，但不管是在现在还是在将来，少数人都要服从多数人的权利。

第四，即使我们死了，但我们生活方式的影响还将继续。当代人是上代人生命的延续，他们做过的事，他们毕生的追求和曾经的信仰都会延续影响着当代人。当然我们也有自己的选择。而我们现在的行为也会影响我们的后代人，影响他们如何对待我们给他们留下的资源。

梅勒特总结道，如果我们接受这 4 个真理，很明显，我们有义务为后代人创造更好的生活。我们的责任是立足于这样一个事实——我们是人类这样一个很大的整体的一部分。我们所居住的地球，也将是我们后代很多人的家园。我们从上代人那里获得的资源，其实是我们欠下代人的。

请花点时间进行思考，你同意以上观点吗？你能否进一步完善梅勒特的论据？怎样做？为什么？将我们需要为后代人承担的责任列一个表。

创建一个可持续的废物管理系统和可持续发展的社会有两种方法。创建可持续发展社会的首要策略是**减量化**，就是尽量减少材料的消耗；第二种方法是**再利用和再循环**，即尽可能延长材料在生产和消耗循环中的寿命。

这些方法延长了地球上有限资源的供应，节省了能源，减少了污染，降低了对栖息地的破坏。简言之，它们减少了对环境资本的破坏，建立了一个更可持续发展的生活方式。有些方法（如再循环）还可提供就业机会和节省资金。

17.2.1 减量化方法

通过减少自然资源的人均消费，可极大地解决固体废物问题，也可极大地减少对自然资源的需求。但是，这种方法往往得不到个人和商家的支持。一些反对者质问：为什么要为了拯救一些鸟类而牺牲我们的乐趣和利益？

在本书第 2 章中讨论可持续的伦理时，我们已了解到，很多人认为其他的物种也同样具有生存的权利。通过减少资源的消耗来保护环境，也能保护世界的生物多样性。减少消耗也能为今天的我们带来好处，即保持那些在土地被开垦或采矿后就会丧失的多种环境服务价值。随着资源的紧缺，自愿节约成为必然趋势。遗憾的是，目前的资本主义经济仍在不断促使物质生产和消耗最大化。

对于生活在物质至上的发达国家的我们来说，节约是必需的吗？我们将在第 20 章了解到，一些矿物的储量是有限的。更为重要的是，石油和天然气资源也是有限的，并且储量在迅速下降。当今，随着石油和天然气需求量大大超出生产的供应，使得它们的价格猛涨。飞速上涨的价格迫使人们逐步减少对资源的消耗，包括减少开车、休假和购物，甚至减少食品消费。为了防止由此产生的危机和经济动荡，应该从源头开始减少资源的消耗。世界环境与发展委员会进一步指出："全球可持续发展需要富人采纳这种与地球生态相适应的生活方式。"

个人能通过多种方式来降低自己的消费水平。许多书籍中列出了公民实现降低消耗的目标，如新美国梦中心出版的《更有趣、更少的材料：初学者指南》和大卫·格申和罗伯特·吉尔曼所著的《家庭生态团队工作手册》；还有许多针对父母的指导书，如《与孩子们一起的简单生活》和《孩子们真正想要的用什么钱也买不到》等。资深作家奇拉斯博士在其《生态宝贝：培养爱护地球的孩子》一书中也讲到了许多有关的内容。以下是从各种材料中整理出来的一些建议。

一种措施是购买更耐用的物品。质量好的衣物、工具、家具、计算机和计算器等相比廉价劣质的同类型产品能大大减少对能源、矿物、水资源和土地等的消耗。购买耐用的产品能保护环境，同时还能得到商业领袖的支持。

个人应尽可能延长产品的使用寿命。例如，若将一辆车的使用寿命从通常的 3～5 年提高到 7～10 年，就能大大减少对钢铁和其他材料的消耗。假设一个人能活到 80 岁，20 岁时购买第一辆车。如果每辆车使用 10 年则需要购买 6 辆车，但如果每 3 年换一辆则需要购买 20 辆。

在 20 世纪 70 年代，当制造商面临能源和矿产价格不断攀升的困境时，它们找到了另一条减少材料消耗的道路——最小化。例如，在过去的 20 年间，计算机制造商大大减小了计算机的尺寸，从而减少了材料的使用（详见第 20 章）。购买或建造小型住宅也是一种方法。一栋 140 平方米的房子在材料使用量上是一栋 280 平方米房子的一半，而制冷制热的能源消耗则大大降低。

另一种方法是简单地减少消费。我们可以倡导简单低耗的生活方式。与其他现代生活的批判者一样，《富贵病：消耗一切的流行》的作者问道：我们是否真的需要所有的现代化生活设备？它们是否真的提升了我们的生活质量？还是像已故演员和环保主义者丹尼斯·韦弗所说的那样，只需将旧的设备进行简单的喷漆、维修和保险？

减少购买，控制消费可以极大地减少固体废弃物的产生，提高环境的可持续性。但是，这些措施的实施在当今这个物质消耗至上的社会中会受到很大的阻力。美国、加拿大和日本已经形成了过度消费的文化，而包含中国在内的许多其他国家正在跟随。一些批判家们认为，美国以及其他国家应该改变消费和物质至上的价值观。美国的汽车贴纸宣称"死时玩具最多的人才是人生赢家"，或者鼓励公民以"购物直到你倒下为止"。一些人高兴地宣称汽车拥有者"为购物而生"。在美国，人们不再称为公民，而是"消费者"。当经济衰退时，我们被

新闻媒体和政府官员引导着过量消费，从而刺激经济发展。有些人指出，这已经成为一种疾病，他们称之为"富贵病"，这种病症极大地改变了我们的生活，迫使我们从无益的消费中来获取满足感。过度消费不仅改变着我们的生活，也对地球的环境和未来产生极大的影响。

绿色行动

拒绝廉价的产品。当我们购买烤面包机、微波炉或搅拌机时，要注重其质量。尽管花费较多，但优质产品比廉价产品更耐用，因此能减少资源的消耗和废物的产生。

绿色行动

不要勤换手机。抵御住每一两年就要升级的诱惑。

17.2.2　再利用和再循环方法

如果你穿同一条裤子一整年，即使它很有型，你还是会感到厌倦。那么这时你该怎么办？如果你像大多数美国人那样，你会把它扔掉。为什么不把你的那些可用物品捐给慈善机构或让本地的二手服装商店转售？

再利用战略的拥护者指出，很多产品可以被**再利用**，不论是相同的还是不同的应用。箱盒、电器、衣物、家具和食品袋等都可以通过多种方法再利用。例如，报纸可被破碎后用做天花板和墙体的保温层，或用来给动物垫窝。箱盒可以用来搬运或存放物品，或者回收制成新的箱盒。玻璃破碎后与沥青混合可用来建造高速公路（见图 17.3）。办公用纸可以捐赠给学校的艺术项目。甚至旧眼镜也可以捐赠给穷人。一些城镇由公共计划或私人公司来回收建筑废物。仁爱之家，一个为穷人建造房屋的非营利组织，拥有许多商店，通过出售这些收集的建材来支持他们的公益行动。许多全国性的商业企业，售卖从旧车库和仓库回收的木材和地板，回用到新建筑中。甚至还有全国性的组织，每学年末回收大学生的可用物品，然后在

新学年售卖给有需要的新生，并将所得的收入捐给慈善机构。

绿色行动

在每个学年末，学生们不要扔掉那些还可用的东西，而将它们捐给Freecycle（一个非营利的物品交换平台）或本地的慈善机构。也可以联系www.dumpandrun.org。这个组织收集学生们不用的物品，将它们出售给下一年度的新生，并将收入捐给慈善机构。

将不用的物品转运到收集中心进行再利用，可大大延长许多产品和材料的使用寿命。这一过程可减少了我们对新材料的需求。因此，这些努力有助于减少我们对资源的消耗、栖息地的破坏、环境的污染和废物的处理。

废物减量化后应首先考虑再利用。而对于不能被再利用的材料，最好的方法就是再循环。**再循环**是再利用的另一种方式，只是往往需要增加一些工序。例如，将玻璃破碎、熔炼然后生产新的玻璃制品就是一种再循环。

(a)

(b)

图 17.3　玻璃沥青：(a)磨碎的玻璃作为铺路辅料，称为玻璃沥青；(b)俄亥俄州托莱多，工人正在街道上铺玻璃沥青

可再循环的材料可以从城市生活垃圾中分拣出来，如果在再循环中心进行，对市民来说很方便，但花费却很高。这种方式称为**末端分离**，多数工作由机器完成，但也需要

人力。科罗拉多州的博尔德市利用县监狱中的低危险犯人在大型传送带旁进行塑料的分离。可再循环的材料也可在家中或工厂进行分离，然后被回收公司收走或由产生者自己运往再循环中心（见图 17.4）。这种模式称为**源头分离**。与末端分离相比，源头分离需要更多市民的参与，但同时也会减少分选设备的投入与运行费用。

图17.4　散布着的垃圾。在科罗拉多州博尔德市的生态循环中心，工人们正在回收材料。回收的材料将运往市场用于制造新产品，与原材料相比能大大减少能耗，同时减少污染

可再循环的材料在收集后，被运送再循环设施。纸张、硬纸板、铝和塑料等通常被压成大包，再由卡车或火车运往离回收中心或近或远的再循环中心（美国大多数的废纸张会运往中国），由循环设备进行材料的加工。例如，玻璃被碾碎，然后用于生产新玻璃制品；金属熔化后再生产成新的金属制品；废纸被切碎后与水混合，去除油墨，然后生成新的纸质产品；塑料也被切碎，熔炼后生产新的产品。在短短几个星期内，这些材料又能回到货架上。

再循环减少了对原材料的需求，进而减少了采矿等资源开采活动。全球纸张的回收率提高一倍，就能满足增长的需求，大大减少木材的砍伐。回收一堆 1 米高的报纸就能少砍一株 12 米高的黄杉树。回收一吨废纸可以免砍 17 株树木。这些统计数据表明，个人的努力加起来就能产生巨大的效应。例如，如果将美国的纸张回收率增加 30%，每年就能少砍约 3.5 亿株树木，节省的电能够供给 1000 万人的家庭用电。

纸张的再循环还能节省其他的资源并减少污染。每回收 1 吨纸能够减少使用 230000 升的水和 255 千瓦时的电（相当于节能冰箱一年的耗电量）。废纸的再循环产生的大气污染只相当于用树木造纸的 25%，因此也大大减少了水污染（见表 17.1）。

其他材料的再循环也同样会减少资源的消耗。如表 17.1 所示，与从铝土矿生产易拉罐相比，再循环一吨铝可节省 95% 的能源。换句话说，从原矿石生产 1 个铝罐所需的能源，用回收的铝可以生产 20 个铝罐。因此这可节省大量的能源！

表 17.1　再循环的优点

材　料	节能（%）	固体废物再生（%）	空气污染减少（%）
纸	30～55	130*	25
铝	90～95	100	95
钢/铁	60～70	95	30

* 130%是有可能的，生产 1 千克的再生纸需要 1.3 千克的废纸。
来源：William Chandler, *Materials Recycling: The Virtue of Necessity*, Worldwatch Paper 56 (Washington, DC: Worldwatch Institute, October 1989).

堆肥是另一种再循环的方法。餐厨垃圾、庭院垃圾和纸张纸盒等能被分解的有机物，可以进行堆肥处理。好氧微生物和废物中的真菌会将有机物分解成腐殖质类物质。腐殖质类物质有机质含量高，可以作为肥料，用于花坛、

草地、花园和农田等，同时也含有丰富的无机营养素，可以改良土壤性能。房屋所有者可以将自产的有机物堆肥，作为土壤改良剂用于庭院和菜园。由于填埋场容量有限，美国很多州禁止对庭院垃圾（枯草和枯枝树叶）进行填埋处理，因此许多城镇大力发展固体废物堆肥处理。美国当前约有 9350 个市政庭院废物堆肥项目，美国堆肥委员会表示，其中许多都分布在禁止对庭院垃圾进行填埋处理的州。一些动物园也参与了堆肥项目，其中最著名的是西雅图的森林公园动物园，它将动物粪便进行堆肥，再作为一种肥料出售（见图 17.5）。

图 17.5　动物肥料。西雅图森林公园动物园将动物的粪便和废弃的草垫进行堆肥处理，转化为土壤改良剂，再卖给当地人。这个项目减少了固体废物产量，降低了污染，而且有一部分盈利

堆肥可以与污水处理产生的污泥混合，称**为共堆肥技术**。细菌的分解过程释放热量，经过几天的积累，堆肥料堆的温度可达 66℃，因此可将固体废物中的病原菌灭活。

鉴于国内外土壤环境的逐步恶化以及对食物需求的增加，堆肥可能成为一种普遍应用的再循环方法。但由于堆肥产品中氮和磷的含量较低，许多农民更倾向于使用商业化肥。另外，堆肥的运输费用较高。

堆肥本身也存在一定的问题。第一，有效堆肥需要将固体废物中的无机物（如易拉罐和玻璃）分离去除。垃圾的源头分离能有效地解决这个问题，从而提高堆肥的可行性。另一个问题是，有机固体废物的堆肥需要占用大面积的土地，且为了避免蝇虫和臭味，场地必须选择在远离人居的地方。

在以色列和欧洲国家（特别是意大利、英国、荷兰和和比利时），堆肥越来越普遍。如荷兰，一家公司每年从 100 万人的固体废物中可以生产 180000 吨的堆肥产品。

绿色行动

请回收用过的手机和充电电池。一些电商和门店，包括百思买、Office Depot 和 Staples，免费或低价回收旧计算机和其他电子产品。手机可以通过某些慈善机构加以回收。

17.2.3　典型的再循环计划

美国生活垃圾的回收率略大于 32%，但美国环境保护署认为可以提高近一倍。由于能源价格上涨和资源供应下降，回收率最终能达到 60%～80%。在这方面，许多国家大大领先于美国。例如，在纸张再循环方面，日本、荷兰、墨西哥和韩国处于领先地位。目前，韩国、墨西哥和中国从其他国家进口废纸进行再循环（用于再循环的纸张和纸盒是纽约口岸向中国出口的最大宗物品）。

日本是纸张的主要消费国，它于 20 世纪 60 年代中期大力发展纸张再循环计划。由于填埋场地稀缺，树木资源贫乏，日本的居民对环境的关注度很高，因此积极参与了这些重大的再循环计划。在广岛，市民会对固体废物进行分类，将纸张废物送往回收中心进行再循环。瓶子、易拉罐和其他物品也会再循环。在日本町田，由于市民积极进行垃圾分类，同时拥有高度自动化的再循环系统和严格的处罚措施，

城市固体废物的回收率高达 90%。

　　由于日本很多资源依赖进口，缺少固体废物处置的场地，也缺乏像美国和加拿大那样丰富的森林资源，所以需要大力回收纸张和其他物品。然而，日本取得的成功不仅是因为这种需要。日本人的团结精神和合作意愿是决定成功的重要因素。节俭的文化传统、长远的眼光和严格的法律起到了很大的作用。政府也在很多方面付出了努力，例如在东京郊区的一个小城市——府中，政府购买昂贵的再循环设备，然后把它交给一家私营公司，通过销售再循环的材料所取得的盈利来支持该公司的运营。

　　荷兰的纸张再循环也处于世界领先水平。和日本一样，荷兰也缺少土地资源和森林资源。为了减少废物量，政府为废物购销售者和购买者提供接洽服务，称为**废品交换**。政府通过一定的手段稳定价格。通常，由于供需关系的变动，回收品的价格也会波动，在需求过低时，再循环企业需要通过开拓新的市场和降低价格来维持。为了在价格的不稳定周期内提供缓冲，政府在市场需求下降从而价格开始下跌时，就会买进可回收废物。当价格升高时，再卖出存货，补充资金以维持这个体系以及整个国家再循环产业的稳定。

　　荷兰也大力倡导源头分离。不过，不像日本那样仅仅倡导，荷兰还通过立法强制推进源头分离。美国的新泽西州以及纽约州的艾斯利普镇也有相似的强制再循环计划。

　　美国的再循环产业也在蓬勃发展。根据美国环境保护署 2006 年的最新数据，美国实施了 8660 个路边回收计划，服务超过 1.3 亿人口（几乎是当时总人口数的一半）。加利福尼亚州、爱荷华州、俄勒冈州和明尼苏达州等 5 个州的回收率超过 40%。另有 7 个州的回收率为 30%～40%。报纸（约 88%）、波状纸板（约 72%）、大型家电（67%）、不锈钢罐（约 63%）和铝制易拉罐（45%）等材料的回收率较高。此外，还有 35% 的橡胶轮胎得到回收，其他部分则进行翻新或是作为燃料使用。

　　美国再循环产业的成功推进，很大程度上是公众意识的提高和私营企业努力的结果。还

有一个原因是，消费者在购买饮料时需要预付金属罐和饮料瓶的押金，只有将容器送还回商店时才能拿回押金。目前，有 11 个州实施了容器押金政策，包括俄勒冈州、佛蒙特州、缅因州、密歇根州、爱荷华州、康涅狄格州、马萨诸塞州、特拉华州和纽约州（另有 10 个州正在推进，参见 BottleBill.org）。容器押金，通常称为**空瓶押金**，要求销售商在售卖时，对每个瓶子或易拉罐收取少量的押金，通常约为 5 美分。当容器被送回到商店的回收中心或自动回收机时，押金才能够退回。自动回收机扫描瓶身代码，然后打印收据，收据可兑换现金。

　　空瓶押金政策是美国再循环战略的重要组成部分。俄勒冈州是第一个实施空瓶押金的地区（1972 年颁布），回收了 95% 的可回收瓶子和 92% 的铝制易拉罐。在密歇根州，有 96% 的饮料瓶和易拉罐得到回收利用。在没有强制回收政策的地区，回收率则要低很多。

　　空瓶押金政策有很多好处。在实施该政策的州，路边垃圾的体积减少了 35%～40%。在纽约州，每年饮料的销量为 4 亿瓶，据啤酒批发商协会估计，两年内押金政策为该州节省了 5000 万美元的清洁费、1900 万美元的固体废物处置费和 0.5～1 亿美元的能源费，并且净增工作岗位 3800 个。在密歇根州，净增工作岗位 4600 个。根据美国审计署的估计，如果全国推行押金政策，将净增 10 万个工作岗位。

　　商业利益也在驱动对铝的回收。康胜（一家总部位于科罗拉多州的啤酒公司）在全美都有再循环中心。其他私营企业也安装有自动的铝回收机器，称为**空瓶回收机**（见图 17.6）。消费者将铝制易拉罐投入机器，经过称量计算，贩售机将自动支付给消费者相应的费用。

　　1986 年，为了大力促进再循环产业，俄勒冈州颁布了《**再循环机会法案**》，再次在全美处于领先地位。这个法案要求人口超过 4000 人的城市全部开始实施路边回收计划，每月至少分拣固体废物一次。在小的社区，法案要求政府在填埋场建立回收中心。

图 17.6 空瓶回收机

17.2.4 可持续的废物管理

全球范围内，再循环和堆肥取得了显著成效。然而，自然资源保护者认为，为创造可持续的固体废物管理模式，人类还需要付出更大的努力。关于未来我们需要怎么做的问题，目前广泛使用的可回收标记给了我们相关的线索。众所周知，回收标记由三个箭头组成，第一阶段是收集，第二阶段是再制造（用回收的材料生产新产品），第三阶段是销售（售卖由回收的材料制成的产品）。在成功的再循环过程中，每个环节都是必不可少的。

个人、企业和政府在再循环过程中均起到了重要作用。然而，近年来大部分的工作还停留在**收集**这个初级阶段。从 20 世纪 70 年代开始，成千上万的收集计划开始兴起，而对**再制造**（即用可再生的材料生产新产品）关注较少，对**销售**（保证用可再生材料生产的产品被个人、企业和政府所购买）的关注则更少。下面分别讨论这几个阶段。

促进收集 收集计划的发展依赖于三个关键的社会组分：私营企业、政府和公民。在一些城镇，政府承担固体废弃物的收集和处置。在其他地区，私营企业负责固体废物收集。

地区政府和企业通过电视广告、广告牌和传单等宣传活动推动再利用和再循环运动。政府可以进行强制再循环，也可以在再循环设施或用地方面进行投资，然后移交给个人或营利性的企业来运转（以合资方式）。政府和私营工厂也可以共同组建废物交换中心，消费者根据需求来此进行可以再利用和再循环材料的挑选，这样就能将可循环回用的物品和采购者的意愿结合起来。

政府可以对私人垃圾搬运商实行税收优惠政策来促进再循环。也可以减少对原材料和能源的补贴，这样就使再利用和再循环项目更具商业吸引力。然而，目前的很多政策都是不利于再循环的。例如，美国林业局每年的原木交易都存在巨额亏损，导致木材价格降低。美国的荒野保护协会估计，由于亏本的木材销售，美国林业局每年的损失约为 2.65 亿美元。美国林业局质疑这组数据，但承认计算中没有考虑所有的成本，如修建通往林场的道路。

这样做会误导消费者，让他们认为木材的价格很低。这不利于鼓励对木材和木浆（造纸的材料）的高效利用。批评者指出，这样做实质上是将成本转嫁给纳税人（因为政府给予木材补贴）。更为合理的定价将使得木材、木浆和其他木制品的价格升高，进而刺激再循环产业。

低价的能源，大量的补贴，促使从原材料直接生产产品，阻碍资源的再循环。据估计，低息贷款和税收优惠等形式的能源产业补贴，使每年美国的税收减少了约 2000 亿美元。虽然能源补贴能够降低成本，减轻消费者的负担，但这种人为的成本降低也会导致能源的无节制使用，造成浪费。体现低价格与浪费之间相关性的一个典型的例子是，美国在 20 世纪 90 年代和 21 世纪初期，高耗油越野车和卡车的大量涌现。在汽油价格为每加仑 1～2 美元时，许多美国人购买了高排量的车。其他国家也存在这种能源补贴。例如，2008 年为扩大汽车的需求量，中国政府补贴石油产业，将汽油价格保持在每加仑 3 美元左右。

如果没有补贴，燃油的价格就会高很多，这有助于公民负起责任。这不仅会改变他们对汽车的选择，也会导致生活方式的转变。例如，如果需要承担真实的能源成本，企业就会更多地使用再循环的材料。世界观察研究所的辛西娅·波洛克表示，通过政府补贴来降低能源和其他自然资源的价格，是在坚持一次性社会和生态系统破坏的发展道路[①]。

降低废物成分的复杂性也可以促进再循环和再利用的发展。例如，制造商应避免使用多种不同类型的塑料来生产容器（如番茄酱瓶），以便于回收。在斐济这个南太平洋岛国，所有的软饮料使用相同的和可再装的玻璃瓶。对于啤酒和软饮料，丹麦和挪威政府只允许不到 20 种可回收的容器。标准化有利于再利用，同时降低由于远距离运输所产生的成本。

能源消耗量是我们选择不同包装的主要衡量标准。并非所有容器的生产能耗都相同，例如，要生产一个铝制易拉罐，使用原材料时需要消耗 1800 千卡的能量，而使用回收铝则只需要消耗 630 千卡。生产一个玻璃瓶需要消耗 930 千卡的能量，而回收只消耗 630 千卡。但必须注意，玻璃比较重，运输需要消耗更多的能源。

绿色行动

利用宿舍和校园中的再循环设施，并劝说你的朋友也这么做。如果学校还没有再循环的计划，为何不开始一个？

增加再制造和销售　提高回收率可增加可回收材料的供应。但是，提高回收率只涉及再循环过程三个阶段中的第一个阶段。企业、个人和政府还需要找到将回收材料用于新产品的方法。

为了促进再制造，州和联邦政府要求其机构和下属机构购买可再循环的材料。或者说，如果在经济上可与用原材料制成的产品相竞争时，政府就要求优先购买可再循环的材料。即使再循环的货物比用原材料制成的产品贵

① 本章关于辛西娅·波洛克的内容引自 *Mining Urban Wastes: The Potential for Recycling*, Worldwatch Paper 76 (Washington, DC: Worldwatch Institute, 1987)。

5%～10%，购买前者也是允许的。这样就能大大促进对再循环产品的需求。在美国，政府采购占国民生产总值的 20%（国民生产总值指某经济体新生产产品和服务的价值的总和，见第 2 章）。

认识到再循环的重要性和对再循环的潜在影响，美国国会于 1976 年通过了《资源保护和恢复法》（RCRA）。该法案赋予 EPA 一个任务——制定再循环材料的导则。最初预计，这个导则将在两年内随着该法案的通过而完成，从而建立起不同政府机构都可使用的再循环材料目录。但是，令许多自然资源保护者失望的是，十多年来 EPA 一直在拖延该导则的实施，直到被环境保护协会告上法庭。之后，美国 EPA 开始制定一系列的有关再循环材料的导则。

《资源保护和恢复法》允许政府机构购买由再循环材料制成的产品，如纸张等，但要求价格合理。然而，"合理价格"却被广泛解读为最低价。尽管如此，很多办公室和部门目前还在购买再循环产品。

由于联邦政府反应缓慢，1993 年马里兰州和其他一些州已经通过了类似的法案。例如，科罗拉多州通过法案，要求律师与州政府之间所有的管理文件均使用再生纸。多年来，这些法案大大增加了再循环材料在新产品中的使用率。

私营企业不断建造新厂，将再循环材料用于产品生产。例如，在加拿大和美国，在过去的十多年间，许多工厂开始使用二手（再生）材料来生产纸张和纸制品。

个人可以通过尽可能地采购再循环产品、要求制造商利用再循环材料生产产品等方式来促进再循环的发展。

在世界各地，再循环产品越来越普遍。许多建筑产品采用再循环材料。例如，回收的牛奶罐可以用来生产安全、耐用的塑料"木材"，用在甲板、船坞和其他地方。一家公司用来自 CD 唱片和车头灯的再循环塑料生产钢笔和自动铅笔。其他例子还有用汽车轮胎的橡胶用来制作耐用屋顶层，用回收的塑料汽水瓶生产地毯等。现在有许多的名录可以帮助建筑工人和

建房者找到所需的再循环材料的来源。一个例子是由《环保建筑新闻》发布的绿色说明书。

虽然我们付出了很多努力，但由再循环材料制成的产品在全球经济中的份额仍很小。要想实现可持续发展的循环经济，还需要付出更大的努力。

建立环境友好型的再循环体系 再循环对于可持续发展至关重要，但它仍存在很多不足。在这个过程中，很多产品属于**下降型循环**，即再循环为较低质量的产品。这是因为很多可再生产品（如汽车）成分很复杂，混合了很多不同种类的材料。压碎和融化后，只能得到低质量的材料，强度和耐用性远不如原材料。这样，再循环材料就无法再用来生产原产品。再循环材料的另一个问题就是可能含有毒性物质。

为了克服这些问题，《从摇篮到摇篮》的作者威廉·麦克多诺和迈克尔·布朗嘉认为，我们需要设计能够完全再循环的产品。像鞋、衣物和包装等产品应该使用无毒性的有机材料，麦克多诺和布朗嘉称之为"生物养料"。这些有机材料不含重金属和有毒的染料，易于堆肥处理（转化成土壤改良剂），且不用担心有毒物质的污染。其他产品使用非生物材料，称之为"技术养料"，必须再循环进入原产品。

上述概念，即被称为"从摇篮到摇篮"的再制造，已越来越普及。市场上也出现了很多这样的产品，如一种用于生产 A380 客机座位的纤维织物。政府可以给予这类产品以"从摇篮到摇篮"认证。认证是给那些在环境智能设计方面取得了突出成绩的企业，同时也能帮助消费者买到符合如下重要条件的产品：使用环境安全和健康的材料；材料可再利用（包括再循环或堆肥）的设计；利用可再生能源并且满足高能效；生产过程中高效用水并使水污染最小化；坚持有社会责任感的发展战略。

研究者对多种产品进行了评估，其中包括新的粘合剂以及使用自然过程生产的陶瓷。其他产品可以用"技术养料"——能够一遍一遍再利用并生产相同产品的材料。这些努力，部分受到珍妮·班亚斯所著《仿生学》的鼓舞，为当代的各种材料寻求高效、无毒和资源丰富

的替代品，可能为当代工业带来一场革命。例如，仿照甲壳动物的陶瓷生产方法被证明对环境基本无害，与当代的陶瓷生产有着天壤之别。

17.3 固体废物处置：末端处理

生态学家设想了一个理想的没有废物的世界，有人称之为生态乌托邦。在生态乌托邦里，几乎所有的塑料都能得到再循环或再利用；纸张、铝、钢和玻璃等废弃物在源头进行分离，然后运往当地的回收机构，打包后运到本地的制造厂，再次生产为新的产品；干草树叶等庭院垃圾由居民自己堆肥后作为肥料使用，或运往堆肥厂，堆积成大的肥堆，自然熟化后，高有机质的材料与市政污水处理产生的污泥混合处理，产物作为肥料销售。在所有这些回收过程和堆肥过程中，没有任何浪费，也没有废物需要进行填埋和焚烧处理。

生态乌托邦的实现可能还需要几年，或几十年的时间。在那之前，现代社会无疑将继续采用填埋和焚烧的方式来处理固体废物。

17.3.1 垃圾的转运和卫生填埋

公元 500 年前，希腊人和罗马人就将他们的垃圾拖往城外，倾倒在城市的下风向，以减少对居民的影响。垃圾杂物中苍蝇和老鼠滋生，当风向转变后，还是会使有些人受到恶臭的侵扰。

在 2460 年之后的美国，作为世界上技术最为先进的国家，许多城镇仍然采用相同的垃圾处理方式。在露天堆场中可以看到腐烂的垃圾，以及到处都存在的苍蝇和老鼠。更糟的是，人们会定期焚烧积累的垃圾，以减少体积。而焚烧橡胶和塑料会产生大量的有毒黑烟，飘得到处都是。在雨水和融雪的淋溶下，垃圾堆产生的有害渗滤液会渗入地下，影响地下水和饮用水的安全。面对困扰，美国人希望改变原有的处理方式。

直到 1976 年，美国国会才通过了《资源保护和恢复法》。该法案有许多关键条款，其中包括在 1983 年后禁止**露天堆放**垃圾，改用**卫生填埋**，即将垃圾堆放在开挖或自然形成的洼地中，经过压实后，每天用土层进行覆盖（见图 17.7）。

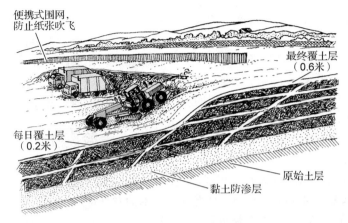

图 17.7 卫生填埋处理。推土机将固体废物铺平压实，工作面上的铲土机在每天作业结束之前用土覆盖垃圾，而围网用来拦截被风刮飞的碎片

卫生填埋减少了垃圾腐败的恶臭，控制了蝇虫和鼠害滋生，在发达国家得到了广泛应用。由于垃圾经过土层覆盖、压实以及适当的坡度，因此也减少了进入垃圾的雨水量，使得地下水污染的风险得到控制。土壤保护层也大大减少了蝇虫滋生和疾病的传播。

与露天堆放相比，填埋还有许多优势。除了更清洁外，达到容量后的填埋场封场后还能进行"复垦"。也就是说，在填埋场填满后，覆盖表层土，可恢复原用，或有新的用途。在伊利诺伊州的埃文斯顿，政府在一个 30 米高的"垃圾山"上建造了一个带有棒球场、网球场和滑雪场的公园。在马里兰州，87 个路边堆场的垃圾被用来回填煤矿坑。当矿坑填满废物后，场地覆上土壤，再用植物进行修复。

尽管与露天堆放相比，卫生填埋有很多优势，但仍是一种原始且粗放的固体废物处理方式。如果垃圾堆场下的岩土有渗透性，产生的污染物就能浸入到地下含水层，进而污染居民生活、农业和工业用水。垃圾分解腐化会产生易燃易爆气体——甲烷。在填埋的前两年，甲烷的产生量最大，但又不至于发生危险。然而，随着甲烷浓度越来越高，就能穿透土层进入附近的建筑物。如果浓度高到一定值，就可能引起爆炸。

更重要的是，垃圾填埋场浪费了很多可再利用或再循环的资源，而且需要占用大量的土地资源。例如，一个 1 万人口的小镇，每年产生的垃圾足以填满 0.4 公顷大和 3 米深的场地。此外，垃圾填埋费用较高，越是在人口集中的地区，费用越高。由于合适场地的缺乏，政府只能将垃圾填埋场建得更远，结果使得垃圾填埋的成本急剧上升。例如，费城所有的垃圾填埋场都已经用完，现在必须将垃圾运往俄亥俄州和弗吉尼亚州。在美国东部各州，垃圾填埋的成本已从 1980 年的每吨 20 美元涨到现在的 100 多美元。汽油和柴油价格的飙升，使得垃圾运输的成本也在不断升高。在美国西部地区，由于场地较多，处理费用仍然比较低，这也是西部地区固体废物再循环行动落后于全国平均水平的原因之一。

世界观测研究所的辛西娅·波洛克指出，在很多地区，经过当地政府的调控，填埋处理费会人为控制在一个较低水平。也正因为如此，垃圾清理公司和当地政府没有动力去投入固体废物资源的回用。

17.3.2 垃圾焚烧

目前美国和其他国家用来减少废物量并利用废物部分内在价值的另一种方法是**垃圾焚烧**——将市政固体废物燃烧处理。焚烧炉可以燃烧包含塑料、金属、纸张、庭院废物和玻璃等成分的未分离垃圾，也可以燃烧分离后几乎不含玻璃和金属等不可燃成分的垃圾。燃烧产生的热量通常用来发电，也有少部分会用来工业供热，或是居民供暖。

20 世纪 70 年代，在石油危机时期，垃圾焚烧得到了较快发展，但人们很快就发现这一技术存在很多问题。最主要的是有毒有害气体的污染。技术的改进已经解决了部分问题，因此美国很多城市仍采用这种处理方式。美国的垃圾焚烧厂数量从 1991 年的 170 座下降到目前的 120 座，处理的垃圾量占市政垃圾总量的 14.5%。

相比之下，在西欧、日本、前苏联和巴西，有多达 350 个垃圾焚烧厂。在日本、瑞典、丹麦和瑞士，有超过一半的生活垃圾进行焚烧处理。

焚烧有很多优势。首先，与其他工艺相比能够获得能量。其次，符合当前固体废物管理现状，因为与垃圾填埋相比，焚烧所需的土地资源更少。另外，无须改变现有的适应回收和堆肥的收集系统。此外，垃圾焚烧厂的规模范围非常广，从每天 100 吨到 3000 吨，适用于不同规模的城市。

尽管垃圾焚烧快速发展，但仍然受到了很多质疑。由于公众的反对，美国已经有 300 多个垃圾焚烧项目被否决。这是因为，尽管技术上的改进使得大气污染得到了一定的控制，但塑料和其他含氯有机物的燃烧仍然会释放危害性很大的**二恶英**类化合物。二恶英已被证实有致癌致突变等危害。近期的研究表明，二恶英类物质能减弱人类的免疫系统，使人更易患上癌症。由于担心潜在的健康危害，在科学家确定风险程度之前，瑞典和丹麦已经不再新增垃圾焚烧厂。

垃圾燃烧过程中会产生像汞（电池中含有）这样的有毒重金属和盐酸（塑料燃烧时产生）等酸性物质。美国环境保护署要求生活垃圾焚烧厂必须配有污染控制设备，以消除一些有毒的污染物。改进设备的成本可能让某些垃圾焚烧厂不堪重负。截至目前，在美国实际上只有少数（6 个左右）焚烧厂能够达到排放标准。将不能燃烧的材料和塑料制品分拣出来能减少有毒物质的排放。

污染控制设备会产生**飞灰**——一种从烟气中去除的有害物质。焚烧炉底部的灰称为**底灰**，也存在潜在毒性，它含有重金属和其他污染物。因此，一些国家将焚烧产生的灰归为危险废物，为了保护人类健康，必须进行妥善处理。然而，在美国，环境保护署并未将其归为危险废物，这就意味着每年有成吨的潜在危险废物与普通垃圾一起进行填埋。

17.4　危险废物

20 世纪 60 年代到 70 年代，固体废物处置技术的发展彻底改变了政府的固体废物处置政策。但是，纽约州尼亚加拉大瀑布城的拉夫运河事件还是让人始料不及。从 1947 年到 1952 年这短短的 5 年间，拉夫运河吸纳了超过 20000 吨的包括二恶英在内的危险废物（见案例研究 17.1）。问题始于 20 世纪 50 年代末期，在城市发展的压力下，胡克化学品公司将用来堆放危险废物的场地交出，用来建造学校和住宅区。建造工程开始前，工人们挖开了胡克化学品公司在堆场上面覆盖的黏土层。

20 世纪 50 年代末，有毒化学物质开始从生锈的钢桶中渗出。在有毒渗出液中玩耍的儿童都出现了皮肤灼伤，一些人甚至死亡。后续研究发现，场地周边的居民先天缺陷和呼吸困难等其他疾病的发病率增高。州政府和联邦政府最终撤离了数百个家庭，并开始大力清理该场地。

拉夫运河事件并不是个例。荷兰、奥地利、匈牙利和瑞士都出现过类似的事件。前苏联解体后，又曝光了许多案例。东欧也有许多严重污染的工业区。一个又一个的污染事件反映出问题的严重性（见图 17.8）。人们开始意识到，长期以来高毒性物质一直被随意倾倒在土壤和水体中，必须对此采取行动。各国政府和国际机构制定了相关的规章制度，来清理成千上万的已经存在的有潜在危害的有毒废物料堆，并防止下一悲剧的发生。尽管近年来在危险废物处置问题上人们付出了很多努力，但进展缓慢。电子废物（电子产品接近使用寿命后的非正式名称）等新问题又随之出现。这种废物包括废计算机、电视、录像机、音响、复印机和传真机等。本章将讨论传统的危险废物和电子废物。

图 17.8　在一个废弃的油漆厂，穿着防护服、戴着口罩的工人将钢桶中的有毒废物注入油罐车

案例研究 17.1　拉夫运河化学定时炸弹

　　19 世纪 80 年代，为了纽约州尼亚加拉大瀑布城的发展，实业家威廉·诺夫开始开凿了一条运河，希望它为城市供水和发电。将瀑布上的尼亚加拉河与瀑布下的一点连接，他预期这会成为工业发展的焦点。但是，由于经济问题，这个项目最终被放弃。随着城市的扩张，很多东西被倒入运河，到 20 世纪初，运河河道只剩下 900 米。

　　1942 年，胡克化学品公司与运河所有者尼亚加拉能源与发展公司达成协议。后者允许胡克公司将剩余河道作为危险废物堆场。当时还没有废物处置规定，人们也未关注将装满危险废物的钢桶直接填埋可能导致的危害。

　　1946 年，胡克公司买下了运河，在接下来 6 年的时间里，向运河中丢弃了成千上万的钢桶，其中装有约 20000 吨危险废物。1952 年，尼亚加拉大瀑布城想要在这片土地上建立学校和住宅区，开始向公司征地。胡克公司迫于压力，以 1 美元的价格转让出了土地所有权。然后，公司用黏土层封闭了堆场，并警告不要在堆场上建造。作为回报，市政府也签署了一份协议，对土地使用过程中可能会发生的损害，给予公司免责。

　　1954 年，市政府开始在堆场上建造第 99 街小学。有 239 个家庭搬到附近，另外还有 700 个家庭还将陆续到来。正是他们引爆了这个化学定时炸弹。在施工期间，工人们打开了黏土盖层，显然他们不会去修复它。

　　几年后，麻烦来了。腐蚀和泄漏的钢桶开始从浅水中显露出来（见图 1）。化学废物流到地面上。居民注意到刺鼻的化学品气味，草和蔬菜死亡，树木脱皮。在有毒渗出液附近玩耍的孩子们都受到了严重的化学灼伤，有些患病，有的甚至死亡。

图 1　有毒化学物质从生锈的钢桶中流出，流到拉夫运河的表面，迫使数以百计的家庭被迫疏散

　　20 年后的 1977 年，大雨雪将有毒污泥冲得到处都是。这些年来，腐蚀使得这些钢桶漏洞遍布。黑色恶臭的有毒废物冒出地面，流进人们的后院和地下室。居民抱怨难闻的气味。动物开始离奇死亡，许多居民

出现了严重的头疼和直肠出血，孩子们被化学物质严重灼伤。接到许多投诉后，纽约州卫生局启动了健康普查。令人震惊的是，他们发现该地区肝脏和肾脏病变、呼吸障碍、癫痫和癌症的发病率显著升高。此外，流产和先天缺陷的发生率是全国平均水平的 3 倍。1978 年 7 月，卫生局强烈建议孕妇和两岁以下儿童搬离该地区。

在对该地的调查中，已确定超过 80 种有毒化学物质中，至少有 12 种是已知的致癌物质。随着危害的确定，市政府和州政府关闭了学校，建起防护墙，并疏散了附近的几百户居民。1979 年，时任美国总统的吉米·卡特将拉夫运河定为受灾地区。联邦政府花费了 0.3 亿美元为再次疏散的 780 人提供住房。

1979 年秋季，政府开始大规模的堆场清理工作。一些房屋进行了拆除，其他的推倒，还有一些完好无损（见图 2）。随着清理工作的推进，美国 EPA 进一步研究表明，运河邻近地区污染严重，但有毒废物并未迁移到运河两侧两排房子以外的地区。因此，EPA 表示，1980 年的疏散是无根据的，化学废物并没有渗入深层含水层，不会污染远距离地区。

图 2　搬迁后的房屋只剩下地基，像是这个事件的警示牌。背景中的废弃房屋已经修缮

现在，拉夫运河和孩子们曾经玩耍的校园周围被围起，并配有亮黄色危险废物警告标志。运河附近的房子都进行了拆除。堆场的危险废物数量很多，完全清理比较困难，最好的解决对策就是原地放置，并严格控制，限制扩散。为此，需要在料堆周边掘一个大沟。沟底铺上多孔砖，阻止废物向外迁移。渗滤液由排水系统收集后送入原位处理车间。在处理车间内，将渗滤液中的化学物质过滤收集。处理后的水排到雨水管中。有人指出，这样做存在一定问题，如汞和其他重金属等化学物质不能被过滤去除，将被排进附近的尼亚加拉河。

堆场上覆盖着塑料盖层和黏土盖层，尽量减少雨水或雪水的渗入，也防止其中的化学物质蒸发进入大气。黏土层也能防止人们与受污染土壤的直接接触。

1998 年 9 月，纽约州卫生局宣布了一项针对 5 年的宜居性的研究结果。他们的结论是，拉夫运河附近部分地区"如尼亚加拉大瀑布城其他地区一样适宜居住"。然而，他们并未声明这些地区的安全性。EPA 的意见是，堆场以外的地区都适宜居住。一个公益组织——拉夫运河复兴理事会，随后接管了该地区的所有权，并改名为黑溪村，修建房屋出售。有人质疑这种开发不够慎重，因为仅基于"宜居性"认证并不合适。事实上，这个地区的污染与另外两个污染严重的场地相当。家庭主妇洛伊斯·吉布斯带领维权人士迫使政府对拉夫运河采取行动，指出这些房屋仍然有污染，存在安全隐患。她还表示，房屋附近发现有毒化学物质，而周围没有清理措施，只对溪水和地下水进行了净化。

运河本身和紧邻的周边地区可能永远被围栏隔开，作为过去我们对危险废物粗放大意管理的警示牌，也鞭策我们为防止此类问题再次发生而努力。1990 年，第一个家庭搬进了外围地区，由于当地银行不愿意贷款，在开始阶段，房屋销售缓慢。1992 年，联邦住房部同意为那些有意愿在拉夫运河购买房屋的住户提供房屋抵押贷款。到现在，239 座房屋已全部售出，虽然美国 EPA 还在担忧该地区的安全问题，但是新住民却不在意有毒化学物质，只有时间才能判断这个安置区是否是一个明智的决定。总之，拉夫运河事件是人类由于短视而付出重大代价的一个象征，清理和其他花费超过 2.27 亿美元。

17.4.1　危险废物危害性

危险废物广泛定义为工厂、企业和居民产生的使生物病变、衰弱甚至死亡的废物，包括有毒有机化学品、高毒性重金属、腐蚀性材料、易燃物品和高活性物质（如加热时会引起爆炸的化学物）。危险物品不当存储、处理、处置和运输过程中会引发爆炸和其他安全问题。全球范围内产生的危险废物数量无法估计。例如，在发展中国家，几乎没有关于有害物质的法律，政府通常不知道危险废物的产量。而且没有通用的危险废物界定标准，一些国家规定的危险废物可能在其他国家并不认为是危险废物。在美国，甚至各州规定的危险废物都和联邦政府不尽相同。

虽然统计困难，但根据有关专家的估算，每年全球产生的危险废物为 6~7 亿吨。美国是少数几个有数据的国家之一，也是产生潜在有害物质最多的国家。1991 年，危险废物产生量突破 2.75 亿吨。此后，由于污染防治工作的开展，产生量大幅下降。美国 EPA 的数据显示，美国的危险废物产生量从 2001 年的 0.37 亿吨下降到了 2005 年的 0.33 亿吨。

一个多世纪以来，全世界的工业国家均随意弃置危险废物。直到近期，危险废物才开始被定期装入钢桶，然后进行填埋或堆在空地上让其生锈。随着时间的推移，危险废物可能产生泄漏，导致有害化学物质渗出，浸入到土壤或地下水中，流入湖泊和溪流，或是抽吸到水井表面。此外，危险废物会被高压注入深井，进入城市污水管网，或直接进入湖泊溪流等水体中。一些企业会将废物注入沙坑，形成蒸发池。这样，危险废物可能渗入地下。在当时，上述所有的处理技术都被认为是可行的，几乎没有人关注潜在的健康影响和对环境的污染。由于环境监管不健全，这些可行的方法在实践中可能会更不规范，因而危害更大。例如，一些不道德的运输工会趁黑将废物直接倒入溪流中。一些人晚上在高速公路上快速行驶时打开阀门，将成吨的有毒废物泼洒在公路上。

数年来由于对危险废物处置的不重视，使得很多场地、湖泊、河流和地下水层都受到了污染。在欧洲和北美，危险废物堆放造成整个社区的毁灭。欧洲各国都有有毒废物堆场，无论新旧，都需要密切关注。仅在英国，1980 年一年弃置的危险废物就达 550 万吨。其中 3/4 的废物被运往没有足够防渗层的填埋场进行填埋。在荷兰，有大约 800 万吨的危险废物直接埋入土壤。如前所述，在前苏联解体和东欧巨变后，记者和科学家发现了又一个噩梦——成千上万的废弃料堆和受污染的场地。

在定位和清理泄漏的垃圾填埋场和受污染的工业场地方面，许多国家已投入很多。在美国，对需要清理场地的数量和所需成本的估计存在差异。美国 EPA 将 1300 个场地列入国家优先清单（涵盖那些被危险废物污染并造成重大健康或环境风险的私人或者联邦的场地），并在超级基金计划（后文将详细讨论）支持下开展清理。美国 EPA 表示，1010 个超级基金场地已经建设完成，意味着近期威胁得到消除，长期威胁得到了控制。尽管如此，这些场地在未来很多年内依然会在国家优先清单中。它们被要求进行连续监测，并且采取行动去除地下水中有毒化学物品。遗憾的是，国家优先列表上的这些场地只是冰山一角。

在拉夫运河事件爆发后，美国 EPA 估计全国可能新增 10000 个需要清理的场地。1989 年，该数量上升到 39000 个。美国统计局估计数量可能更多，为 100000~300000 个。这个数据还不包括 17000 个美国军事基地中的危险场地。清理成本可能会达到数千亿美元，这再一次提醒我们预防污染的必要性。

鉴于需要清理的危险废物场地的数量过多，美国国会于 1980 年通过了《**全面环境响应、补偿和责任法**》，通常称为**超级基金法案**。这个法案要求 EPA 在州政府的协助（要求配套成本的 10%）下进行危险废物场地的鉴定和清理。从 1981 年到 1985 年，超级基金法案最初从排污税（特别针对炼油企业和化学品生产企业）中筹集了 16 亿美元的基金。但在此期间，只有 13 个场地得到了清理，其中有些还清理不足。监管者很快发现清理有毒废物堆场比预期艰苦，且成本更高。仅仅分析一个场地的化学组分就需花费 80 万美元，稳定泄漏场地的一个简单步骤的成本就高达 50 万美元。

超级基金法案于 1986 年进行修订。修正案扩展了投资方式，允许利用联邦和各州的财政，甚至是扩增营业税，将基金扩大到 163 亿美元。其中大多数资金用于场地恢复，但也拿出一部分用于危险废物处置新技术的研发。

超级基金法案授权 EPA，从危险废物堆场或危险废物场地的所有者和经营者，甚至花钱处置危险废物的企业，收取清理费用。法案还规定，所有参与者都需要缴纳部分费用。一旦产生了危险废物，该公司就要对此负永久责任。

这个条款貌似合理，但超级基金中的数百万美元被用来确定不同场地中危险废物的责任方。由于多重责任条款和其他问题，场地修复进展很慢。截至 1992 年，只有 71 座受污染的场地得到了清理。

过慢的场地清理速度引起了广泛诟病，环境保护署最终找到了快速修复的方法，两年的时间内完成了 1999600 个场地的清理和恢复。

超级基金法案是个能很好解决关键问题的重要法案。但是，除了开始推进速度缓慢之外，它还有很多其他的诟病。首先，它提供了清理修复资金，且补偿了财产损失，但对于受到的健康影响却没有任何补偿。其次，从危险废物场地挖掘出的土壤，以及有毒污染物质的残留，即使垃圾填埋场有黏土和合成材料垫层，再加上仔细规划和建设，这些受污染的土壤在填埋后最终还是会有泄漏。泄漏可能会给未来几代人带来影响。此外，虽然该法案清理和恢复了受污染场地，但还需要花费额外的数十亿美元用于治理全美成千上万的受污染含水层（地下水净化需要大量的资金，这也是很多场地仍在国家优先清单上的原因）。

虽然到 1995 年就超过了期限，超级基金项目在今天依然发挥着作用。美国政府不再向石油和化工行业征税用于受污染场地的清理和修复。相关经济责任转移到纳税人。该法案正在紧急修订中，但进展缓慢。一些组织希望进行彻底的改变，而另一些人则更希望逐步地进行，一次修订一部分。尽管一些组织努力强化该法案，但行业集团却长期致力于削弱它。

17.4.2　棕地：将污染的景观转化为生产用地

世界各地都存在废弃的工业设施，其中一些可能含有有毒废物。EPA 估计，仅在美国就有约 450000 个受污染的场地。许多公司不愿购买这些场地，在其上重建或新建厂房，将它们转化成生产用地，而是选择在偏远地区的农田和森林上建造新的工厂。为什么会这样？

债权人、投资者和开发商担心，如果参与场地重建发现了污染，他们将承担清理污染的责任。为此可能需要为他人的污染花费数百万美元的资金。而开发一片原始土地——所谓的"绿色地带"，要远比一个被污染或可能含有危险废物的"棕地"便宜很多。

于是，目前有很多废弃的工业场地被闲置，而公司却在不断侵占耕地和砍伐森林来建造新的设施。为了缓解这一问题，EPA 发起了棕地经济重建计划，通常被称为 EPA **棕地计划**，旨在使城市、州、部落等与社区成员和其他利益相关者一起，重新开发废弃场地。该计划与超级基金法案共同寻求清理和可持续地再利用棕地的方法。

为此，EPA 公布了一份包含全美 31000 个地产的列表，其中不含超级基金法案所涉及的场地。通过对这些地产的评估，美国 EPA 确信这些地产用不着进行清理。EPA 与棕地潜在的购买者达成协议，如果发现场地受污染，不要求其进行清理。EPA 还会为愿意重建棕地的企业提供场地污染评估资金支持，同时提供大量的税收优惠，希望能以此将成千上万的废弃或未充分利用的场地转化为生产用地。如果确实证明场地被污染，EPA 也会提供清理的资金，以及进一步的经济激励政策，如以州政府提供的周转性贷款的形式。周转性贷款是一种低息或无息的贷款形式，企业可以用来开发棕地。还款会进入一个基金，用以贷给其他公司。

棕地的开发减少了未开发土地的压力，并充分利用了宝贵的资源（废弃的场地）。与将这些场地弃置相比，开发会带来了更大的社会和环境效益。在多数情况下，场地的污染从轻度到中度。有趣的是，这些地产中的许多都是城市所有，其所有权是从一些银行和公司合法转移而来的（城市和乡镇可以合法地没收那些一定时段不交税的地产）。重要的是这些地产通常十分便宜，即使需要一定的清理，它们的价格仍有优势。

由于联邦和各州的支持，许多棕地开发项目在全美开展起来。从计划开始到 2008 年，EPA 给予了 1255 个总额超过 2.98 亿美元的评价资助，230 个总计约 2.17 亿美元的周转性贷款，以及 426 个总计 0.787 亿美元的清理资助。

17.4.3 电子废物

电子废物指到使用寿命后废弃的电子设备，包括电视、计算机、打印机、音响、电话和传真机等。虽然其中很多物质可以进行再利用、翻新或再循环，但大部分还是会被丢弃。加利福尼亚州固体废物综合管理委员会称，电子废物是美国固体废物中增长最快的部分之一。为什么我们要关心电子废物？

电子废物不能生物降解，而且含有很多可以回收的有用物质。但令人担心的是，电子产品的某些组件含有潜在的危险物质，如阻燃剂和有毒重金属。因此，在 20 世纪 90 年代，很多欧洲国家禁止电子废物用填埋方式进行处理。加州目前将电视和计算机中的报废性阴极射线管归为危险废物，因为在进行填埋处理时，其中包含有可能会发生泄漏的有毒物质。

欧盟进一步在欧洲推行电子废物政策，2002 年施行了《废弃电器和电子设备法令》。这项政策要求制造商在实际上或经济上承担电子废物处置的责任，或者按照**生产者延伸责任政策**的要求负责产品在达到使用寿命之后的再循环。欧盟各成员国均实施了该法案。亚洲也在实施类似的法案。

生产者延伸责任是在 1991 年由瑞士提出的，它从冰箱收集开始，建立起了世界上第一个电子废物的再循环系统。此后，其他许多电器和电子设备进入该系统。2005 年 1 月以来，瑞士免费回收所有的电子废物。

美国已通过州级电子废物立法，不过联邦立法尚受阻于美国国会。加利福尼亚州、马里兰州、缅因州、华盛顿州、明尼苏达州、俄勒冈州和得克萨斯州都通过了自己的电子废物法案。

在发达国家，电子废物通常被拆解成金属壳、电源、电路板和塑料等部分，然后再循环。电子废物也可以被机械破碎，然后用复杂的设备将金属和塑料分离，分别出售给不同的再循环企业。为了负担电子废物再循环费用，加利福尼亚州从 2004 年开始对每台新显示器和电视收取电子废物再循环费。越来越多的电子废物被翻新。

在美国，增加电子废物的监管大大增加了处理费用。缺乏道德的再循环公司经常会将电子废物出口给发展中国家。一个非营利组织——巴塞尔行动联盟估计，美国有大约 80% 的电子废物并未被再循环，而是运往中国、印度和肯尼亚等国家，在那里进行再循环或填埋。较低的环境标准、较差的工作条件和较低工资，使得这些国家的电子废物再循环有利可图。作为电子废物的再循环方式，或者通过燃烧从电子零件中回收金属，或者通过机械碾轧收集其中的塑料和金属。研究表明，无控制的焚烧、拆卸和处理会造成环境和健康问题，对工人的健康损害尤为严重。例如，近期一项研究表明，中国回收电子废物的工人经常暴露于高水平的有毒有害阻燃剂中，这类化学品添加到计算机和其他电子设备的塑料中以防止着火。

个人也可以减少电子废物的产生，如延长电子设备的使用时间（不要仅因为新款式的出现就淘汰它们），或者维修损坏的电子设备（尽管购买新设备的费用可能会比维修少）。将功能性的电子产品捐给或卖给需要的人，或者再循环电子设备，也有助于减少电子废物的产生。

17.4.4 危险废物管理：巨大的挑战

清理已污染的场地只解决了危险废物问题的一半。另一半则是进行预防。世界观察研究所的桑德拉·波斯特尔表示，除非废弃物的产生得到了很好的管理，否则就仍会有新的威胁产生，有毒化学污染的清理就永远没有尽头。为了预防危险废物的无序和非法处置，美国国会 1976 年在《资源保护和恢复法》（RCRA）中特意添加了有关危险废物的条例。该条例规定所有的危险废物产生者、运输者和处置者都需要在 EPA 注册。只有这样，危险废物才能从生产地运往处置地，实现废物"从摇篮到坟墓"的管理。其中的管理方式称为**清单系统**，清单是指用一张纸质单据表示货物运往的目的地。现在许多其他国家也有类似的政策。《资源保护与恢复法》还要求 EPA 建立废物包装、运输和处置的标准。为了防止进一步的污染，废物处理公司必须获得资质。只有获得资质的设施才可以合法地接收危险废物。

与城市垃圾类似，危险废物也有三种基本的处理方式，优先次序如下：减量化方法、再利用和再循环方法以及弃置法。此外，危险废物还有第四种处理方法——去毒性方法。其中，弃置法一直使用最为广泛。直到 20 世纪 90 年代，才开始有很少的再利用和再循环方法得到实践。而源头减量法几乎没有成功的案例。

危险废物减量化 制造商可以通过多种方法在工厂中减少危险废物，也称为**源头减量化**。减量化首选的最廉价方法是工艺调控或工艺再设计。通过修改或重新设计产生危险废物的生产流程，可以显著减少废物的产生。例如，美国加州波登化工公司重新设计了设备清洗程序，该程序原先采用有毒的有机溶剂，会产生危险污泥。而重新设计将有毒溶剂的用量从每年 350 立方米减小到 25 立方米，减少了 93%，同时节约了 50000 美元以上的成本。

明尼苏达矿业制造公司（3M 公司）从 1975 年开始就一直是废物减量的领导者，在 30 年间减少了一半的废物产生量，节省了 10 亿美元（见图 17.9）。同时作为污染防治项目的先锋，该公司每年还节省了数百万美元。一家荷兰的大型化学品公司安装了新的生产工艺，削减了 95% 的废物。

图 17.9　1975 年以来 3M 公司一直是污染防护行业的先驱

除 3M 公司外，很多其他的美国公司也意识到污染防治不仅有利于环境，而且能产生很大的经济效益。

EPA 也从所谓的 33/50 计划开始带头开展了污染防治。这个自发的计划在 20 世纪 90 年代号召制造商将 17 种危险废物的削减率在 1992 年前达 33%，在 1994 年前达 50%。很多公司响应号召，大大减少了危险废物量。这个项目非常成功，提前一年达到削减 50% 的目标，并在下一年又削减了 10%。

为了减少危险废物的产生，公司也可以用安全无毒的材料来代替有害材料。许多公司生产更为环境友好和人类友好的清洗剂、油漆、染色剂和抛光剂。更多实例见深入观察 17.1。

经过努力，生产工艺改进和无毒可生物降解材料替代在美国全国范围内减少了 15%～30% 的有毒废物。很多公司承诺通过生产工艺改进和材料替代等方法，削减 80%～90% 的危险废物。

废物减量化给企业提供了发展的新思路。

但随着这一思想的引入，更多的公司必须意识到，大量废物的产生是公司高成本低效率运行的结果。此外，像 3M 和其他公司那样，公司高层管理者必须致力于废物减量化计划。也许很少的投入就能带来很大的减量效果和经济回报。例如，USS 化学品公司的管理人员致力于废物减量化，对提出可行的废物减量化技术的员工给予奖励。

源头减量化在美国以外的很多国家也逐步发展起来。例如，加拿大、日本、瑞典、德国、丹麦和荷兰等国政府均积极鼓励无污染和低污染技术。

绿色行动

使用环境友好的清洁剂，减少对深入观察中讨论的那些有毒化学品的使用。

深入观察 17.1 绿色清洁产品

2008 年 1 月，高乐氏公司宣布推出一系列绿色清洁产品 GREEN WORKS，它们由植物成分制成，与传统清洁剂同样有效（见图 1）。

根据公司的介绍，该绿色清洁产品至少 99%的成分是从天然椰子和柠檬中提取的。它气味清新，可生物降解而且防过敏。用可回收的瓶子进行包装（1 号塑料）。对人类潜在危害的测试未采用针对实验室动物的传统实验，而是像对化妆品测试那样与人直接接触。

绿色清洁产品包括家居、厨房和卫浴等用途的天然清洁产品，还包括一种通用的清洁剂、玻璃和表面清洁剂、洁厕剂和浴室清洁剂。

该公司表示，经过实验室和消费者家庭测试，绿色清洁产品与传统高效清洁剂同样有效甚至更有效。

图 1　高乐氏公司的绿色清洁产品。它们能够减少对环境的影响，
GREEN WORKS®是高乐氏公司的注册商标，2010 年获得使用许可

这个绿色清洁产品是由该日用品公司推出的第一个天然系列清洁剂，而且价格可以接受。该公司曾与塞拉俱乐部联手推广该产品。"塞拉俱乐部的目标是构建清水蓝天，没有污染，更有活力的健康社区。"塞拉俱乐部的执行董事说，"像绿色清洁这样的产品能有效地帮助我们实现这一目标。我们期待与高乐氏公司合作，促进自然清洁产品的发展，引导消费者选择更绿色的生活方式。"

杂货店、药店和大规模零售店都有售绿色天然清洁产品。要想了解更多，请登录 www.greenwork-scleaners.com。

高乐氏不是唯一一家发展绿色产品的公司。2008 年 2 月，另一家绿色企业的代表 SC Johnson 从其最受欢迎的窗户清洁剂品牌 Windex 开始，在环保产品上打上绿色标志。绿色标志表明该清洁剂与其他众多的清洁剂相比，挥发性有机物（VOC）浓度更低，而挥发性有机物会危害人体健康，导致光化学烟雾。

该公司还承诺增加家具抛光剂的可生物降解性，同时增加其清洁能力，并生产一种不含 VOC 的清洁剂。

阿姆和哈默公司也推出了一系列浓缩清洁剂，它们可以直接用自来水稀释后使用，因此减少了产品运输能耗和成本。购买补充液时不需要再买一个新的塑料喷雾瓶。

目前越来越多的北美人开始提倡绿色环保的生活方式，这可通过做很多的小事来实现这个目标。购买像高乐氏和 SC Johnson 这样的绿色清洁产品就是一个可选的简单而便宜的行动，我们可以通过类似的行动来共同创造一个更健康和更可持续发展的世界。

危险废物的再利用和再循环　制造商可以通过再利用或再循环有毒废物来减少危险废物的影响。例如，可以使用相对纯度较高的材料，因为一个工艺中通过原材料带入的废物会进入到下一个工艺过程或是其他设备中。或者厂家可以将副产品出售或送给需要的卖家，而不用支付很高的处理费用。此外，某些危险废物需要经过一定的提纯才可以再利用，但无论什么途径，都可以大大减少废物量。

为了促进危险废物的交换，荷兰建设了危险废物清算所（或废物交换站）。1969 年建成后，它跟踪了工业产生的 150 种不同化学物质及其买卖双方。在美国的许多城市以及其他发达国家，也有很多类似的私营或非营利清算所。在纽约州的西勒鸠斯有一家东北工业废物交换站，建立了来自 5 个不同地区废物的计算机化网络。只要有一台计算机和调制解调器，以及正确的密码，就可以访问相关文件，找出可以获得的废物清单。

像解决其他环境问题一样，日本始终走在世界的前列。日本工业废物年产量 2 亿吨，包括非危险废物和危险废物。日本的废物回收率超过 50%，另外 30%进行焚烧。剩下约 18%的工业废物进行填埋处理。

绿色行动

为减少有毒污染，你可以做的最重要的事情之一就是减少消费，因为几乎生产所有的产品（从清洁剂到汽车）都会产生危险废物。

去毒性　一些不能被再利用和再循环的危险废物可以通过化学反应，减轻其毒性，变成毒性很低或无毒的物质。可以通过生物、化学和物理处理来**去毒性**。例如，有机废物，如 PCB（多氯联苯）、DDT 甚至二恶英，都能在高温焚烧炉中被分解。焚烧能将一些有毒有害的有机物质转化为相对无害的二氧化碳（温室气体，但不会造成健康影响）和水。不过，尽管垃圾焚烧得到了广泛应用，但它并不能完全消除有毒物质的排放，于是广受诟病。

美国 EPA 运营着一个移动式的焚烧炉，能够去除土壤和溶液中 99.999%的二恶英废物。将该焚烧炉运往垃圾点，可避免危险废物的远距离运输。欧洲曾经有 6 个国家在远洋船舶上装备高温焚烧炉，进行海上危险废物焚烧（见图 17.10）。不过这种做法现在已被禁止。

只有在排放得到严格控制时，才允许陆基或海基垃圾焚烧。例如，一种新开发的等离子焚烧炉，在 25000℃下进行有毒废物焚烧，能够分解所有的 PCB 和其他有机废物。相比之下，壁炉的燃烧温度范围为 204℃～480℃。等离子焚烧可能是未来垃圾焚烧的发展方向。

另一有前景的发展方向是用已有的水泥或石灰窑协同处置危险有机废物。以石油为燃料，水泥和石灰窑能有效和低成本地代替传统垃圾焚烧。例如，瑞士将石油和危险有机废物混合作为水泥窑燃料。大多数水泥窑配有先进的污染控制设备。窑的碱性物质也能将中和酸性气体的排放。废物的使用减少了燃料的消耗，因此水泥公司需支付一定的费用，从而减少了成本。

此外，遗传学家已经培养出可以分解苯、甲苯和二甲苯等化学物质的菌株，它们能将有害化学物质转化成二氧化碳和水。科学家们还发现在土壤和水体中，存在的自然细菌能够降解含油废物。

还有许多可用的化学方法。例如，臭氧可以氧化分解有机物。特殊的离子交换柱也能有效分离有毒重金属，还有许多的碱性物质可以用来中和酸性废物。

图 17.10　荷兰焚烧船"伍尔肯努斯"在海洋中焚烧危险废物。这是一种去除危险废物的有效方法，但仍会导致更大范围的大气和水体污染

17.4.5　危险废物的适当处置

在理想状态下，通过工艺调控、再利用、再循环和去毒性等过程，危险废物能减少60%～75%（甚至更多）。但有些有毒物质（如重金属）还是会残留下来。剩余物质必须通过安全填埋、深地质盐层、表面蓄水、存库和深井注入等处理。下面将讨论安全填埋和深井注入。

安全填埋　目前，废物处置的最普遍方法就是**安全填埋**——将危险废物堆放在黏土衬里的大坑中（见图 17.11）。厚厚的不透水黏土垫层辅以合成垫层。填埋坑还配备特殊的排水系统，将底部的渗滤液收集送入处理系统，经过脱毒化处理，尽量减少有毒物质的输出。同时设有监测井，用来采集地下水样品，以确定填埋场内的废物是否泄漏。谨慎选址（选择干旱地区，含水层远离填埋场）也能减少地表水和地下水污染的风险。在场地上添加土壤盖层，分级并压实，以减少雨水和融雪的渗入，从而减少渗滤液的渗出。

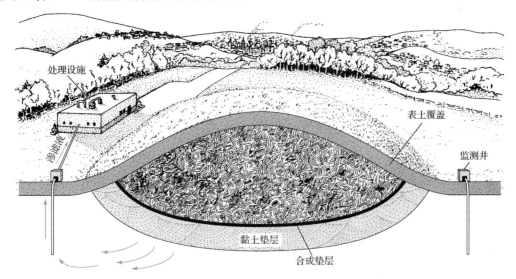

图 17.11　安全填埋场，包含监测井、黏土垫层、合成垫层和渗滤液处理设施

虽然采取了专门的预防措施来防止填埋场的泄漏，但很多人不相信防护层能维持很长时间，如几十年或一个世纪。当垫层和黏土密封层出现裂缝时，污染物就可能渗入地下，从而污染含水层。地震也会破坏垫层结构，监控不严也可能导致泄漏，造成环境污染。

深井注入   很多的危险废物高度稀释在水中，这是我们最容易忽视但却很严重的问题。从混合物中去除危险废物成本很高。因此，很多公司经常将废液注入深井中，或非法排入湖泊和污水处理系统中。

深井注入处置利用深井将液态的危险废物注入地壳深处夹在两层不透水岩层中间的多孔区域。理论上，这是一种能使废物永久隔离的处置方法，但实际上可能不是这样。"不透水"的岩层可能存在裂缝，废液可能透过，从而污染含水层。井壁上的裂缝也可能导致泄漏。将大量的废液注入地层，也可能破坏岩层结构，大大增加地震频率。

美国 EPA 的最新数据显示，美国每年有 10% 的危险废物被注入地下。由于可能存在的问题，人们更希望采用去毒性、焚烧或其他处理方式来去除危险废物，而不用深井注入的方式（见案例研究 17.2）。

案例研究 17.2   污染转移：危险废物出口

在 20 世纪七八十年代，美国完善了对危险废物的法律和法规。企业发现处理危险废物的成本越来越高。一些无良企业开始非法处置危险废物来避免废物处置的高成本，也有许多企业选择将危险废物转到海外进行处理。废物通常被运往贫穷落后的国家，像非洲和东欧等，在这些地区没有健全的法律体系来管理危险废物处置。随后，欧洲也加入了出口废物这一行列。

废物出口的问题在于，接收的国家不知道货物是什么，或不知道材料的真正毒性。此外，大多数国家没有存储和处理危险废物的设施。危险废物往往随意处置。为了避免处理的高成本，这些公司造成了其他国家严重的环境污染问题。

这个问题逐渐引起了人们的注意，美国立法者开始采取行动。例如，1986 年美国国会修改了 RCRA，要求美国方面明确告知进口国家这是危险废物，并需要事先获得对方的书面同意书。然而，这些规定还远远不够。美国 EPA 官员表示每年非法出口的危险废物有数百吨。

由于在没有得到同意前，就向一个国家出口危险废物违反了国际法准则，许多非洲国家颁布了禁止危险废物进口的法律。在一些国家，进口危险废物会被处以监禁和数百万美元的罚款。在尼日利亚，进口者会被处以死刑。东加勒比地区联盟和 22 个拉美国家也团结起来抵制危险废物进口。

1990 年，欧洲国家的联盟——欧洲经济共同体（EEC），同意禁止向 68 个前欧洲殖民地出口有毒和放射性废物。许多欠发达国家也达成协议，不从非 EEC 国家进口危险废物。现在，121 个国家，包括加拿大、墨西哥和 13 个欧洲国家，签署了一项协议（**巴塞尔公约**），禁止向欠发达国家输送危险废物。到目前为止，美国拒绝在项协议上签字。

虽然防止环境污染很重要，但很多欠发达国家仍然开放对危险废物的进口，这表明仍然存在从工业国家进口危险废物的潜在可能性。签署一份协议并不会停止危险废物的非法转移。

联合国正在讨论制定全球标准来控制危险废物在国家之间的转移。由于对危险废物的定义和标准却有很大争议，因此制定全球标准就变得极其重要。但也有人认为这项行动是错误的，因为最终可能会促进出口，阻碍危险废物的减量化这一可持续的解决方法。此外，监管和执行这一计划也极其困难。因此，一些支持者相信全面禁止废物的国际转移会取得很好的效果。这有助于防止不正当的处理方式而导致的环境恶化，也有助于发展减少危险废物产生的方法，这是可持续的工业设计的一个重要目标，也是构建可持续未来的关键。

17.4.6　邻避综合征：承担个人责任

尽管人们对于污染的认识在逐渐增强，减少危险废物产生的行动还主要靠未普及的危险废物设施来完成。同时，人们不想在自己的家园、农场或学校附近进行垃圾填埋或深井注入。

公共政策制定者称之为**邻避综合征**（邻避意为"不要建在我家后院"）。但具有讽刺意味的是，大多数人希望厂商提供所需的商品，却不想处理它们产生的废物。人们总是希望其他的社区或其他的国家来进行处置。

这种情况在短期内不会得到改善，但公民可以采取一些行动来减少危险废物的产生。最可行的行动是减少使用杀虫剂、除草剂、溶剂和清洁剂等化学物质，而选用无毒的替代品，这样就能减少工厂的大量生产，从而减少危险废物的产生量。很多育儿室和零售店供应更安全的替代品来控制害虫。

因为在生产很多产品的过程中会产生危险废物，如前面提到的废物减量化方法那样，减少产品的使用或购买更耐用的产品，也能减少危险废物的产生。

个人还可以通过使用无毒的油漆、染色剂、抛光剂和清洗剂，以及妥善处理如电池、油漆、涂料稀释剂、杀虫剂、清洁剂等家**用危险废物**，来控制危险废物。很多城市设有专门的站点来接收家用危险废物。在一些地方，这些废物能得到有效的再循环。例如，废油漆能够送还给公司，与新油漆混合调色后再卖出。在其他地方，我们可以在当地的废物交换中心直接获得废材料，如废油漆。但无论如何，不要将危险废物倒入下水道或雨水管，这可能会污染水体。

除此之外，公民可以加入环保组织，如世界观察研究所、世界资源研究所、地方自立研究所和全国可回收废物联盟等，因为它们关注固体废物问题。公民可以写信给政府，要求加大对废物减量化、再利用和循环的力度。如果没有源头减量化、再利用和再循环，危险废物问题将更严重，危害后代人的生存和发展。

重要概念小结

1. 美国城镇每年产生城市固体废物 2.21 亿吨，其中只有 32.5% 得到了回收和循环利用，约 12.5% 用来焚烧产能。

2. 许多现代工业社会仍持有传统的生活垃圾处置观念，采用弃置处理方式，堆放在尽可能远的空地上或倾倒在海洋中，而几乎不关注其中蕴含的丰富资源，也不考虑这些行为造成的环境影响。

3. 更可持续的固体废物管理是减量化。由于资源能源的紧缺，减少人均自然资源的消耗，成为当今物质主义至上的社会必须面对的现实。

4. 个人可以通过避免不必要的购买、选取更耐用的产品和延长产品的使用时间等方式来减少消费。最小化的方法能有效减少资源消耗，在未来同样有效。

5. 再利用和再循环是另外两种可持续的废物管理方法。在减少固体废物产生量的同时回收有用资源。许多产品都能够再利用或再循环。

6. 在市政垃圾转运站可以回收再循环材料，也可以在源头进行分离。

7. 许多国家都成功地实施了再循环计划。日本、荷兰、墨西哥和韩国是世界上纸张再循环最先进的国家。美国实施了易拉罐和空瓶押金政策，开展了很多路边回收和堆肥项目，在再循环方面也取得很大进展。

8. 成功的再循环，是创建可持续的废物管理系统的关键，需要采取措施促进再制造和销售。

9. 政府在促进再循环的各个阶段均起到了至关重要的作用。电视广告、广告牌和宣传册可用来鼓励公众发挥更积极的作用。新的再循环法案、再循环中心、废品交换站和税收鼓励政策均能够促进再循环。

10. 政府和企业也可采取措施改善回收品的市场。例如，政府可以给使用回收材料的企业提供税收优惠。还可以要求下属机构购买再循环材料，并规定产品中再循环材料的最低含量。

11. 在理想状态下，首先应采用前述方法来减少废物量，而剩余废物仍需要处置。多年来，美国的废物主要采用弃置的方法，即露天堆放，然后定期焚烧来减少废物体积。20 世纪 60 年代，美国国会通过了《资源保护和恢复法》，要求 1983 年前关闭所有的露天堆场，改用安全填埋。

12. 卫生填埋将垃圾堆放在人工挖掘或自然形成的大坑内，压实后用土壤每天进行覆盖来减少环境影响。

13. 与露天堆放相比，卫生填埋有很多优势。除了更清洁外，还能恢复原来的土地利用，或产生新的用途。但也存在一定问题。污染物可能会泄漏到地下含水层，从而污染地下水。垃圾熟化过程中能产生存在潜在爆炸风险的甲烷。更重要的是，填埋会浪费可再利用和再循环的宝贵资源，也需要大量的土地资源。

14. 许多地方政府通过堆肥来减少固体废物的处置量。堆肥是一种再循环的方式，它将树叶等的庭院垃圾堆积，保持湿润并定期翻动，好氧菌将有机物分解成类腐殖质的稳定物质，用于改良和肥化土壤。对于一些房主来说，自主堆肥也值得提倡。

15. 美国和其他国家广泛采用的另一种方法是焚烧。将未分离的垃圾或不含玻璃和金属的垃圾进行焚烧，产生热量用于发电、工业生产和供热。

16. 焚烧得到越来越广泛的应用，但是会产生飞灰这种危险废物，从而污染大气。焚烧还会浪费一定的可回收材料。

17. 工业国家也产生大量的危险废物。危险废物是指在工厂、商业和家庭产生的，如果不妥善存储、转运、处理和处置，将会对多种生物造成危害的废物。危险废物的影响从一些轻微不适症状到严重的器官衰竭疾病，甚至是死亡。危险废物包括有毒的有机化学物质、有毒重金属、腐蚀性材料、易燃化学品以及高活性物质（如易爆品或加热会产生有毒气体的物质等）。

18. 危险废物不妥善的存储、处理和处置，已经导致成百上千的危险废物场地，散布在各个国家。

19. 大多数国家面临两大危险废物问题：（1）清理废弃的危险废物堆场和受污染的工业场地；（2）每年需要处理工业或其他过程产生的数百万吨的危险废物。

20. 在许多工业化国家，识别和清理受污染场地都是花费最高的环境保护行动之一。

21. 虽然没有确切数据，但我们相信全世界每年产生的危险废物量有 6～7 亿吨。仅美国每年的产生量就有 3500 万吨。

22. 1980 年，美国国会通过了《全面环境响应、赔偿和责任法》，通常称为超级基金法案。这项重要的新法案要求美国 EPA 从石油和化学品生产行业的征税中拿出一笔经费，识别和清理危险废物堆场。该基金由肇事者（对危险废物场地负有责任的产生者和处置公司）提供补偿。

23. 虽然超级基金清理行动最初进展缓慢，但后来有了明显加快，截至目前，美国国家优先清单上的 1450 个场地中有 757 个已完成清理。

24. 《资源保护和恢复法》还包括进一步防治有毒污染物的措施，建立"从摇篮到坟墓"的危险废物监控系统。该法案授权美国 EPA 建立废物包装、运输和处理的标准，并为危险废物处置设施颁发资质。

25. 与城市生活垃圾类似，危险废物有三种基本处理方法：减量化、再利用和再循环以及弃置法。危险废物还有第四种处理方法——去毒性。然而，目前最广泛采用的还是弃置法。

26. 为了实现危险废物减量化，制造商可以修改或革新生产工艺，也可以用安全的材料替代有害的原料。这两种方法都能减少危险废物的产生。

27. 制造商还可以通过再利用和再循环来减少危险废物的产生量。危险废物清算有助于促进企业之间的废物交换。

28. 一些不能再利用或再循环的危险废物可通过去毒性的方法进行处理。例如，有机废物可以焚烧或细菌分解。

29. 一些危险废物的产生不可避免。这些危险废物必须经过妥善处理，或是安全地存储几百年，甚至几千年。

30. 安全填埋是今天广泛采用的永久解决方案。但许多人认为泄漏的发生只是时间问题，会给后代造成很大的威胁。

31. 深井注入是目前广泛采用的废液处置方法，但是实际使用时存在很多问题。

关键词汇和短语

Basel Convention 巴塞尔公约

Bottle Bill 空瓶押金

Bottom Ash 底灰

Brownfield 棕地（指工厂关闭之后所闲置的土地，往往是被污染的土地）

Brownfield Development 棕地开发

Brownfields Economic Redevelopment Initiative 棕地经济重建计划

Cocomposting 共堆肥

Composting 堆肥

Comprehensive Environmental Response, Compensation, and Liability Act (CERCLA) 全面环境响应补偿和责任法案

Container Deposit Bill 容器押金

Deep Injection Wells 深井注入

Detoxification 去毒性

Dioxins 二恶英

Downcycle 下降性循环

End-Point Separation 末端分离

E-waste 电子废物

Extended Producer Responsibility (EPR) 生产者延伸责任

Fly Ash 飞灰

Greenfield 绿色地带（指未开发地区）

Hazardous Wastes 危险废物

Household Hazardous Wastes 家庭危险废物

Incineration 垃圾焚烧

Manifest System 清单系统

Municipal Solid Waste 城市固体废物（生活垃圾）

NIMBY Syndrome 邻避综合征

Open Dumps 露天堆场

Process Manipulation 工艺调控

Process Redesign 过程再设计

Procurement 销售

Recycling 再循环

Recycling Opportunity Act 再循环机会法案

Reduction Approach 减量化方法

Remanufacturing 再制造

Resource Conservation and Recovery Act (RCRA) 资源保护和恢复法案

Reuse 再利用

Reverse Vending Machine 空瓶回收机

Sanitary Landfill 卫生填埋

Secured Landfill 安全填埋

Source Reduction 源头减量化

Source Separation 源头分离

Superfund Act 超级基金法案

Waste Exchanges 废物交换

批判性思维和讨论问题

1. 简述三种管理生活垃圾的主要技术。讨论每种技术的优缺点并给出具体的例子。哪些是最可持续的方法？为什么它们对可持续发展有贡献？

2. 制定减少你或你的家庭产生垃圾的计划。减少 50% 垃圾量的阻碍是什么？如何克服这些条件？

3. 为什们理论上美国的铝回收率只能达到 60%～80%？

4. 反驳以下论断：在资源供应量很大的国家，使用原矿石比再循环的材料更经济。

5. 为你的城市或乡镇制定一个减少固体废物和危险废物的计划。你想吸纳私人参加吗？如果是的话，怎么做？与当地政府联系，询问是否已有再利用和再循环计划，了解未来废物进一步减量化的阻碍因素？

6. 简述增加对再循环货物需求的方法。

7. 利用你在本章学到的知识及生态学知识，反驳以下论断：政府有责任帮助创建再循环材料的市场。

8. 列出卫生填埋场、堆肥设施和焚烧炉的优缺点。

9. 什么是危险废物？如何最好地减少危险废物？

10. 超级基金法案针对的问题是什么？它如何解决这个问题？

11. 个人减少家庭危险废物产生的步骤是什么？工业固体废物呢？

12. 《资源保护与恢复法》针对的危险废物问题有哪些？它如何解决这些问题？

13. 简述制造商可以采取的减少危险废物的方法。

14. 列出并简述几种危险废物去毒性的方法。

15. 反驳以下论断：安全填埋是处置危险废物的最安全方法。

16. 利用辩证思维能力和本章所学的知识，讨论以下论断：制造商应当控制危险废物，因为危险废物是它们产生的，它们负有责任。

17. 本章的资源保护伦理学部分提出了几个论据，请利用辩证思维能力，对每个论据进行分析与讨论。

网络资源

本章相关在线资料见 http://www.prenhall.com/chiras（单击 Table of Contents，接着选择 Chapter 17）。

第 *18* 章

空气污染

人类平均每 4 秒钟呼吸一次，每分钟
16 次，每小时 960 次，每年大约 850 万
次。我们每年从地球的大气中呼吸大
约 400 万升含有氧气的空气（见表 18.1）。

表 18.1　海平面上清洁干空气的组成

气　体	体积百分比（%）
氮气	78.08
氧气	20.94
氩气	0.9340
二氧化碳	0.0310
氖	0.0018
氦气	0.0005
甲烷	0.0002
氪	0.0001
二氧化硫	0.0001

注：二氧化碳、甲烷和二氧化硫均是清洁空气的固有成分。
但它们往往在污染的空气中具有很高的浓度，从而对环境和
人体健康产生危害。

大气对我们的重要性不仅仅是提供了生
命所需的氧气。例如，大气为地球提供了隔热
层。如果没有大气，地球上将出现剧烈的日夜
温度变化，生物也将无法生存。大气还帮助分
配热量，因此地球上不同地区获得的热量更为
均匀（热带温暖的空气向两极流动，加热所经
的陆地）。没有大气，声波不能传递，地球上
将一片死寂，没有天气变化，没有庄稼和草地
所需的春雨，没有雪、雹或雾。没有大气层的
保护，我们的行星将遭到更多的陨石轰击，并
暴露在更多的来自太阳的有害紫外线之下。没

有大气，地球将和月球一样，没有生命。

尽管大气如此宝贵，但我们人类在过去却
一直对她近乎漠视。本章检讨我们无意中对大
气的侵犯——大气污染。读者将看到我们是如
何影响大气的，以及我们将如何保护地球上生
命支持系统中的这一重要组成部分，以挽救我
们自己。

18.1　大气污染

大气中的污染物有两个来源：**自然源**和**人
为源**。本节对此分别进行介绍。

18.1.1　自然源

在人类进化之前，大气已经稍稍被污染。
这显然不是人为的，只能是自然原因。例如，
闪电引起的森林大火产生滚滚浓烟，而火山爆
发将大量有毒气体喷入大气。

当前自然源的污染问题依然存在。1980 年
5 月，美国华盛顿州的圣海伦火山喷发，向大气
中排放了成千上万吨的尘和灰，直接造成下风向
人类和野生动物的呼吸系统伤害（见图 18.1
和图 18.2）。随后喷发的其他火山，包括 1991 年
喷发的皮纳图博火山，也造成了类似的后果。

大气中含有许多自然源排放的污染物，如
花粉、真菌孢子、致病细菌以及来自火山灰和
海盐的细小颗粒物，还有各种来源的有害气
体。自然源排放的污染物有时会超过人为源。

图 18.1　圣海伦火山喷发。一般来说，自然源的大气污染影响远远小于人为源，因为自然源往往在很大的面积上排放少量的污染物，因此该污染物的大气浓度较低，但火山喷发是个例外

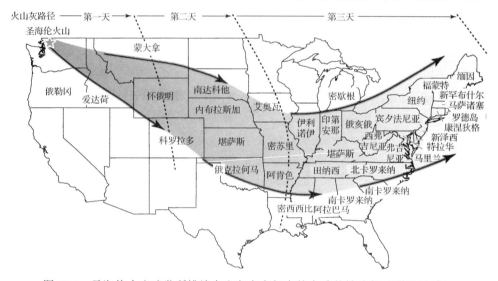

图 18.2　圣海伦火山喷发所排放火山灰在大气中的大致传输路径（阴影区域）

18.1.2　人为源

　　人类从石器时代学会用火开始，就一直在污染大气。在法国南部发现一些壮观的岩洞壁画被熏黑，这也许是大气污染造成的第一起严重财产损坏事件。1306 年，英国议会通过了一个法令，禁止在伦敦燃煤（此时煤炭尚未大规模开采和使用），甚至有一名违反者被处以绞刑。但是，直到工业革命以后，大气污染才对人类健康产生严重影响。1909 年，苏格兰的格拉斯哥有超过 1000 人死于大气污染。这一事件创生了一个新词"烟雾"，它是"烟"和"雾"的组合。

　　如果地球已被自然源所污染，我们为何还要担忧人为源排放的污染物？这里有多个原因。首先，人为污染源的分布通常十分集中，比如在城市或主要工业区；而除了很少的例外，自然源则分布较分散。因此，即使自然源在排放总量上可能超过人为源，人为活动的集中排放也会造成较高的局地或区域污染物浓度，从而对人类和环境产生严重影响。其次，一些人为源的作用远超自然源。例如，电厂、工业、民用和机动车排放的二氧化碳，主要来自煤炭、石油和天然气的燃烧过程，在大气中的浓度很高，以至于大多数大气学家相信，二氧化碳将扰乱地球的能量平衡，导致全球变暖。许多研究者相信，全球变暖对环境、经济和生存是毁灭性的。这个问题将在第 19 章中讨论。为便于理解大气污染问题的范畴，让我们从分析主要的污染物，特别是那些人为活动大量排放的污染物开始。

污染物均是所谓的**一次污染物**，来自各种源的直接排放。某些一次污染物可能经过自然的化学转化过程，生成其他有时危害更大的物质。例如，氮氧化物与水结合，生成硝酸。由一次污染物生成的污染物称为**二次污染物**。

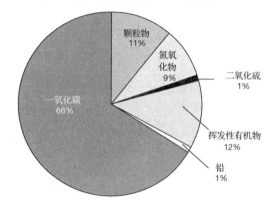

图 18.3　美国排放到大气中的主要污染物

18.2　主要大气污染物

直接对人体健康有害的主要大气污染物包括一氧化碳、硫氧化物、颗粒物、挥发性有机物和氮氧化物（见图 18.3 和表 18.2）。这些

表 18.2　人为排放的主要空气污染物的来源与影响

污　染　物	简介和主要人为源	健康和环境影响
总悬浮颗粒物	固体或液体颗粒，由燃烧或其他过程产生，主要来自各种工业排放源（如钢铁厂、电厂、化工厂、水泥厂和焚烧厂）	刺激呼吸系统；加重哮喘和其他心肺疾病（特别是与二氧化硫共同作用）；包含许多致癌物（有毒气体和重金属吸附在颗粒物上，能被带进肺部）
二氧化硫	无色气体，来自电厂的燃烧过程和某些特定的工业源	刺激呼吸系统；加重哮喘和其他心肺疾病，降低肺功能。伤害植物，是酸雨的一种前体物
一氧化碳	无色气体，来自机动车和一些工业过程	干扰血液对氧气的结合；可能导致头晕与嗜睡；损伤运动反射；可能导致心绞痛
氮氧化物	棕橘色气体，来自机动车和主要工业源的燃烧过程	刺激呼吸系统；加重哮喘和其他心肺疾病
臭氧	无色气体，机动车排放污染物在光照下反应生成。它是光化学烟雾的主要成分	刺激呼吸系统；加重哮喘和其他心肺疾病；降低肺功能。伤害植物和腐蚀材料
挥发性有机物（碳氢化合物）	少量的有害污染物，来自工业过程和柴油车尾气	与器官损伤、严重的慢性病和多种癌症有关
铅	冶炼厂	对神经和造血系统有毒害；高浓度引起大脑和器官损伤

18.2.1　一氧化碳

一氧化碳（CO）是一种无色无嗅的污染物，是有机燃料（木材、煤炭、石油和天然气）不完全燃烧的产物。它通常在城市街道和高速公路上空检出，有时浓度会很高。

不要吃惊，全球大气中约 93% 的 CO 来自自然源，如甲烷（沼气）的氧化，而甲烷是湿地中有机物（主要是植物）生物降解的产物。但是，自然源的一氧化碳不会积累到很高的浓度，因为它来自分散的排放源，并且能较快地

转化为二氧化碳（从这个意义上讲，二氧化碳也可视为一种二次污染物）。

于是存在这样的疑问，为什么我们这么关注一氧化碳（作为一种大气污染物）。答案是，那看起来并不重要的，由人为活动（主要由化石燃料不完全燃烧产生）排放的 7% 的一氧化碳，集中在世界上一些主要城市上方的相对狭小的空间中。事实上，城市区域的一氧化碳浓度是世界范围内平均值的约 50 倍，其健康影响不容忽视。

美国的一氧化碳排放量从 20 世纪 70 年代

开始已显著下降。根据美国环保署（EPA）的数据，一氧化碳排放量已从当时的 1.83 亿吨下降到 2005 年的 0.96 亿吨。此大幅削减主要归因于机动车发动机的改进，这是 1970 年《清洁空气法》的强制要求。《清洁空气法》及其修正案针对各种大气污染问题，将在本节的"深入观察 8.1"栏目中加以讨论。

绿色行动

总是保养你的爱车，使其处于良好状态，保持合适的轮胎气压。上述措施将增加行驶里程，减少空气污染，同时还能省钱。

深入观察 18.1　《清洁空气法》

联邦《清洁空气法》是美国历史上最成功的环境立法之一。但《清洁空气法》不是一个法令，而是多个法令。该法案最初于 1963 年通过，但过于宽松并缺乏成效。于是，在过去的四十多年里，《清洁空气法》共修订了 3 次，要求更为严格，以适应大气污染问题的发展和我们对解决问题最佳方法认识的提高。

第一次对《清洁空气法》的修订发生在 1970 年。这次修订建立了：（1）机动车的排放标准；（2）新建工厂的排放标准；（3）城区的环境空气质量标准。EPA 制定的**国家环境空气质量标准**涵盖了 6 种污染物：一氧化碳、硫氧化物、氮氧化物、颗粒物、臭氧和碳氢化合物。这些标准的制定是为了保护人体健康和环境。

1970 年的这次修订成功地减轻了机动车、工厂和电厂造成的大气污染。此外，它推动很多州制定了自身的大气污染防治法，其中一些甚至比联邦法律更为严格。尽管取得了这些成果，但这次修订仍带来了一些问题。例如，在大气污染超过国家环境空气质量标准的地区，新建或扩建工厂是不允许的。如我们所料，工商业界对此一致反对。另外，1970 年修正案的一些用语过于含糊并缺乏说明。特别引人关注的是那些针对已经达标地区空气质量恶化问题的规定。一些环保主义者担忧，联邦的法律会使清洁地区的大气环境质量恶化。

由于存在这些或其他问题，《清洁空气法》在 1977 年再次修订。针对空气质量标准不能达到的地区（称为超标地区）对工业增长的限制，立法者提出了一种新建或扩建工厂的策略，不过需要满足三个条件：（1）新的排放源必须尽可能地降低排放；（2）其所有者所拥有的本州内的其他污染源均遵守排放控制规定；（3）新增的排放必须由上述其他企业或本区域内的其他企业的减排所抵消。

最后一个条件即所谓的**排放权抵消政策**，强制超标地区的企业自身减排，并且新企业需要已有的企业降低其污染物排放。在多数情况下，新企业支付大气污染控制设施的费用。

排放权抵消政策可以从整体上减少区域大气污染，因为新企业与已有企业的总的允许排放量降低。

1977 年的修订增加了四条有关**达标地区**（空气质量达到联邦标准的地区）空气质量"防止严重恶化"（PSD）的条款。但是，"防止严重恶化"的要求仅适用于二氧化硫和颗粒物。许多大气污染专家认为需将"防止严重恶化"的要求扩展到其他污染物，比如臭氧。

1977 年修订的另一个效果是加强了 EPA 的强制力。之前，当 EPA 想关停一家污染企业时，需启动刑事诉讼，因此通常会被拖入旷日持久的法律战。因为违规者知道诉讼费通常比安装污染控制设施的费用更低。但是，1977 年的修订案允许 EPA 不经过法庭直接进行**违规处罚**。隐藏在此项新权力之后的逻辑是，那些违规者与守法的竞争者相比不公平地获得了商业利益。罚款额等于估计的污染控制设施的费用，以消除此污染诱因。

1990 年，《清洁空气法》针对其他重要问题（包括酸雨）再一次修订。例如，1990 年的修订对工厂产生的 190 种有毒化学物质设立了排放标准，这在之前从未涉及。更为重要的是，它建立了针对有毒化学品排放的**污染税**，对工厂使用那些有可能产生大气污染的化学品进行收税。这有力地促进了企业减少这些化学品的使用。

1990 年《清洁空气法》修正案加严了机动车排放标准，增加了新车单位行驶里程的排放标准，迈出了提高机动车燃油效率和从根本上解决污染问题的关键一步。此外，1990 年修订建立了基于市场的激励计划来降低二氧化硫（首要的酸沉降前体物，见第19章）排放。该法针对全美所有企业设立了可交易的许可证。每家企业获得一定量的二氧化硫排放限额。这些许可证按规定低于当前的排放量来改善空气质量，并且可以购买和出售。因此，那些找到了创新的和费用效益较高的方法使得污染物降低到低于允许限额的企业，可以出售自身不用的许可证以获得收益（许可证从1995年起在大宗商品市场上交易）。此制度鼓励企业开发费用效益较高的方法来防止污染。因此，如果一家企业能够找到相对不昂贵的降低其污染物排放的方法，就能从出售许可证中获得经济收益。许多企业都这么做。它们使用低硫煤替代原来价格更高的煤，这样就可在节省费用的同时削减二氧化硫排放，还可以出售排放许可证给其他企业。最后，1990年修正案要求逐步淘汰臭氧层损耗化学品，这个话题将下一章中讨论。

《清洁空气法》取得了相当的成功，随着时间的推移，它越来越灵活，给企业更多的控制或消除污染的余地。不过，最近许多联邦层次上的努力，以经济繁荣的名义消弱了《清洁空气法》。例如，燃煤电厂（主要分布在俄亥俄河谷）不再被要求安装污染控制装置，导致了更多造成酸雨的污染物的排放。随着人们驾驶更大的汽车和工厂排放更多的污染物，我们的空气质量可能恶化。

18.2.2 二氧化碳

硫氧化物是含硫燃料（如煤和油）燃烧产生的气体污染物。在燃烧过程中，硫与空气中的氧气反应生成**硫氧化物**，用化学式表示为SO_x（其中x可以是2或3）。2005年，美国向大气排放了1660万吨二氧化硫。无色的二氧化硫刺激眼睛和喉咙。如果在污染城市空气中通常的**二氧化硫**浓度水平中长期暴露，大约1%的人将患上慢性疲劳、呼吸困难、喉咙痛、扁桃体炎、咳嗽和哮喘。二氧化硫会减缓甚至停止肺的自然净化机制，还会引起支气管炎和肺气肿等慢性病。

如下一章所述，二氧化硫会与空气中的水合成硫酸，而硫酸是一种有害的二次污染物。硫酸通过雨雪落到地面，或以硫酸盐颗粒物形式沉降。第20章将详细讨论这个问题。

18.2.3 颗粒物

颗粒物指的是空气中悬浮的小固体颗粒物和液滴，其大小从很大到极小（见图18.4）。这些颗粒可能在空气中悬浮几秒到几个月，具体取决于其大小和质量。颗粒越小，在空气中悬浮的时间就越长。

大气中的多数人为颗粒物由燃煤的工厂排放，如电厂、钢铁厂和铸造厂。汽车和摩托车也对颗粒物污染有贡献。柴油货车、火车和飞机同样会产生大量的颗粒物。在许多主城

区，冬季路面积尘，大气颗粒物污染主要来自路上的尘土，被高速通过的轮胎所扬起。

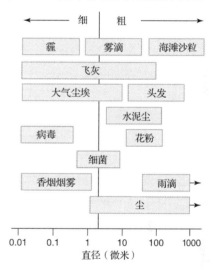

图18.4 一些大气颗粒物的尺寸范围（微米）。烟雾、飞灰、大气尘埃和香烟烟雾中的一些颗粒的直径仅有0.01微米，在通常的显微镜下也观察不到

其他颗粒物的来源包括农业活动（如犁田、耕作和收割），如亚洲、非洲和拉丁美洲的火耕农业、废物焚烧以及露天采矿等。美国2005年的颗粒物排放量为1460万吨，比2000年的2240万吨有所下降。这些颗粒物主要是来自无组织排放（89%），如农业、采矿、道路扬尘和风蚀扬尘，相应的颗粒物粒径较大。

研究表明，细颗粒可能显著增加呼吸和心脏功能障碍疾病的死亡率。由底特律和圣路易

斯研究结果推断，高浓度颗粒物每年会造成美国全国 6 万人的死亡。受害者主要是老人、哮喘病患者和心脏病康复者。

颗粒物的危险性，部分是因为含有硫酸盐和硝酸盐（后文有进一步讨论），可以进入肺，在特定的精细组织（肺泡）中与水化合生成硫酸和硝酸，均可能引起严重的伤害。

颗粒物中还含有重金属，比如铅。过去，在很多发达国家，铅是汽油的添加剂，用于提高汽油的辛烷值（与汽油的抗爆性有关）。汽油中添加的铅会随尾气排放。人类会吸入这些铅。铅具有累积毒性，溶于血液，可能对氮、血液和肝产生毒害。更为严重的是，铅会伤害儿童的大脑。

基于对落基山高海拔地区雪中铅浓度的监测，加州理工大学的地球化学家克莱尔·帕特森估计人体内的铅浓度是两个世纪前的 100 多倍。1973 年，EPA 开始限制汽油中的铅含量，到 1985 年已减少了 90%。EPA 从 1995 年起禁止有铅汽油。2003 年，美国有 150 万吨铅排放到了大气中，与 20 世纪 70 年代相比有显著下降，当年仅美国就排放了 1.99 亿吨。其他工业化国家也禁止在汽油中添加铅。不过，在发展中国家中还广泛使用着有铅汽油。

另外一个重点关注的颗粒物成分是汞，这已在第 10 章中讨论。

18.2.4 挥发性有机物

挥发性有机物（VOC）是容易挥发的有机物质。有机物质由碳和氢组成，如甲烷、苯和乙烯。在城市区域，人类通常会产生 200 多种 VOC。许多 VOC 具有化学反应性。例如，一些 VOC 与氮氧化物在有光照的条件下反应，形成**光化学烟雾**（后面介绍）。这是一种有害的二次污染物的混合物。VOC 主要来源于汽车和柴油车的变速箱和油箱中汽油的挥发。另外，机动车尾气会排放未燃尽的碳氢。2005 年美国的 VOC 排放量为 1690 万吨，比 1980 年的 2400 万吨有所下降。

18.2.5 氮氧化物

大气中约 78% 为氮气。当空气进入燃烧室（如汽车的气缸）后，其中的氮气与氧气会反应生成氮氧化物（NO_x）。氮氧化物的主要来源见图 18.5。

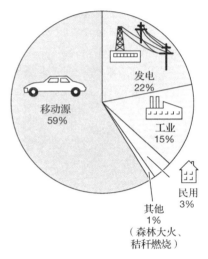

图 18.5 美国主要的氮氧化物排放源

一氧化氮是最初形成的氮氧化物，其化学式是 NO。一氧化氮在通常浓度下是无害的。在高浓度时，一氧化氮可能致死。致死原因是窒息，它与血液中红细胞的血红蛋白结合，从而阻塞了其输氧功能。事实上，一氧化氮与红细胞结合的能力是氧气的 30 万倍。

一氧化氮与空气中的氧气结合生成**二氧化氮**（NO_2），它是一种令人窒息的棕橘色刺鼻气体。二氧化氮是光化学烟雾的主要成分，并使光化学烟雾呈醒目的橙棕色。它可导致多种人类疾病，包括牙龈炎、内出血和肺气肿，增加肺炎和肺癌的患病率。二氧化氮被认为是一氧化氮毒性的 4 倍。20 世纪 80 年代后美国的二氧化氮排放量下降，当时大约是 2800 万吨，2005 年已降到 1300 万吨。

绿色行动

拼车以减少驾驶。短途则骑自行车或步行。

臭氧和光化学烟雾　臭氧（O_3）是一种气态污染物，是光化学烟雾的主要成分。光化学烟雾呈橙棕色，在城市夏季晴朗和炎热的白天弥漫。这种二次污染物是由挥发性有机物和氮氧化物发生化学反应生成的。因为这种反应需太阳光强化，所以生成的"化学汤"被称为光化学烟雾。太阳光强度越大、气温越高，生成的臭氧就越多。由于 VOC 和氮氧化物主要是由机动车排放的，臭氧浓度水平在城市一般从上午（早高峰之后）开始增加，正午到下午 4:00 间达到峰值（需要时间使早上排放的污染物反应生成光化学烟雾中的所有化学成分）。在多云的白天，臭氧的生成减少。日落后，光化学反应停止。

光化学烟雾最早发生在洛杉矶，当时产生了严重的污染。在 20 世纪 70 年代和 80 年代，它对许多美国城市（包括丹佛、盐湖城、密尔沃基、芝加哥、纽约和波士顿）的健康部门带来了巨大的挑战。20 世纪 90 年代极端炎热和干旱的夏季，美国许多东部的沿海城市都创造了臭氧水平的新记录。2005 年，美国 345 个城市未能达到 EPA 的臭氧标准（见图 18.6）。

图 18.6　2005 年有时不能达到臭氧标准的区域

许多夏季到洛杉矶的旅游者会亲身感受到光化学烟雾中的臭氧刺激眼、鼻和喉并使呼吸困难（见图 18.7）。但是，近期针对实验室动物的科学研究表明，臭氧对人体可能会产生更严重的后果。例如，即使是在低浓度下，短期的臭氧暴露也会引起白鼠体重下降和染色体损伤。其他的动物实验表明长期臭氧暴露会导致永久性肺损伤，包括肺壁硬化（通常与衰老相关）。纽约大学的环境药物学教授莫尔顿·李普曼博士发现，城市环境中的臭氧污染对跑步者的危害更大。事实上，它对人体健康的危害与抽烟相当。臭氧的效应具有累积性。

每次呼吸，跑步者的肺就多一些伤害。李普曼教授指出，"人们不会从一两天的锻炼中出现问题，但是可能最终导致呼吸困难"。

臭氧还会影响农作物的健康。例如，据美国技术办公室估计，臭氧造成美国农业 4 种主要作物（小麦、玉米、大豆和花生）减产的损失达每年 32 亿美元（见表 18.3）。

在美国，EPA 对臭氧的最高允许浓度是 0.075ppm（8 小时平均浓度）。如果某城市每年空气中的臭氧浓度超过该标准一次，该城市将会受到经济处罚，比如撤回联邦对高速路的建设拨款。

图 18.7 （右图）平日的洛杉矶；（左图）烟雾下的洛杉矶。照片中的
烟雾由一次逆温过程所引发。洛杉矶每年约有 320 天出现逆温

表 18.3 臭氧对植物的影响

植 物	臭氧浓度（ppm）	暴 露 时 间	重量或高度下降
苜蓿	0.10	7 小时/天，70 天	51%总干重
大豆	0.10	6 小时/天，133 天	55%种子重
甜玉米	0.10	6 小时/天，64 天	45%种子重
小麦	0.20	4 小时/天，7 天	30%种子重
甜菜	0.20	2 小时/天，38 天	40%根重
黄松	0.10	6 小时/天，126 天	21%树干重
杂交扬	0.15	12 小时/天，102 天	58%高度
红枫	0.25	8 小时/天，6 周	37%高度

18.3 影响空气污染浓度的因素

我们呼吸的空气中的污染物浓度不仅取决于污染物排放量，还取决于其他因素。本节讨论其中的两个：逆温和城市热吸收。

18.3.1 逆温

你是否注意过某些天的空气比其他时候更清洁？在某些天，大气污染物累积到较高浓度的一个原因是一种称为**逆温**的气象条件。让我们在定义它之前先解释一下它是如何形成的。在通常的白天条件下，空气温度在从地面到几千米高空的范围内随高度的增加而逐渐降低（见图 18.8 上）。这种形式允许较热的空气从地表上升并使地表污染物扩散。但是，温度分布形式也有不同的时候。在这种情况下，温度起初随高度降低，而到一定高度后则开始增加。这种现象就是逆温。逆温形成后，在一定区域的上空会覆盖一个暖空气层，这通常被称为逆温层顶。在这种情况下，扩散不易发生。污染被局限在地面附近，浓度持续增加。在给出原因之前，让我们多学习一些有关逆温的知识。

气象学家区分两种基本的逆温类型：

辐射逆温 夜晚，热量从地球表面辐射到大气中。地球相比大气是辐射体。这导致地面及附近的空气层比更高的空气降温更快。因此，在地球表面很快形成冷空气层。它可能延伸到 300 米的高度。在这个冷空气层之上是较温暖的空气，即逆温层顶。这个结果就是**辐射逆温**，它是由地球表面辐射冷却造成的温度随高度增加的层结（见图 18.8 下）。由于冷空气

不会上升，污染物被困在此层中，距地面较近。如果有风，污染物会水平扩散。但当污染物不能被水平吹走时，就有可能积累到危险的水平。

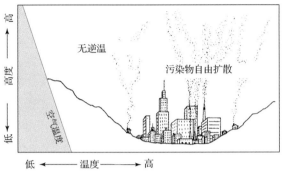 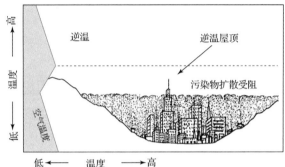

图 18.8　辐射逆温对空气污染分布的影响

辐射逆温在美国的很多地区都十分常见，特别是在山区。但它们通常局限在一个小区域，并在上午当太阳把地球表面加热之后逐渐消散。随着时间的推移，地面上的空气逐渐变暖，逆温逐渐消失。污染物垂直扩散加强，地表浓度下降。

下沉逆温　下沉逆温形成于高气压气团在某地区失速并向地面下沉的过程中，在 600 米高度上形成巨大的逆温层顶。尽管比辐射逆温少见，但下沉逆温通常持续时间较长，并且

范围可能较大。有时候下沉逆温会覆盖好几个州。这种逆温使得洛杉矶夏季的空气污染问题恶化（见图 18.9）。在夏季的几个月中，在加利福尼亚沿岸太平洋上空时常出现温暖的高压气团。该气团偶尔向陆地移动，经过洛杉矶、奥克兰和其他沿海城市上空，而地面被沿岸的洋流所冷却，于是在近地面充满污染物的气层上面加了一个罩子。加利福尼亚沿海夏季每 10 天就会有 9 天出现这种类型的逆温，这是圣地亚哥和洛杉矶夏季空气污染十分严重的一个原因。

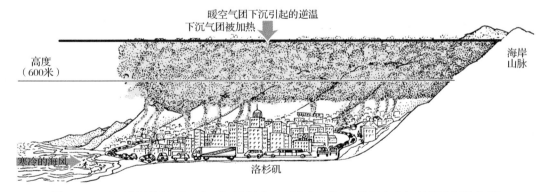

图 18.9　下沉逆温的性质。在下沉逆温中，暖空气下沉，禁锢冷空气并导致污染加剧

18.3.2　尘罩和热岛

许多驱车前往芝加哥、圣路易斯、得梅因或其他任何一个大城市的人均会看到，由烟和尘形成的霾时常像伞一样覆盖在这些城市的上空。这种污染物笼罩的现象称为**尘罩**。尘罩

是由一种特殊的大气环流引起的，它取决于城市中心与周边地区的温度差。具体而言，城市通常比周边地区热，原因是有大量的混凝土和路面。城市的年均气温通常比周边的乡村高 0.98℃。因此，城市形成了所谓的**热岛**（见图 18.10）。

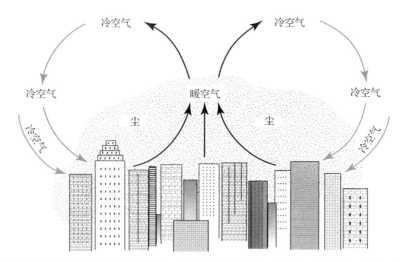

图 18.10　热岛对城市的影响。城市加热空气，原因是有大量的工业炉窑、机动车、人体及吸热的表面等。热空气向上运动，最终冷却。由于密度较大，进而下沉，与来自乡村的冷空气一道回到城市，因此形成了空气环流。空气中的尘一直悬浮在城市上空，像蘑菇一样，这就是所谓的尘罩

城市的热源包括人体、工业炉窑、民用锅炉和机动车，以及吸热与热辐射的路面、停车场和建筑物。相反，在乡村很少有这样的产热或热辐射的构筑物。而且，由于植被作用，乡村地区的蒸发冷却更强。蒸发冷却指的是水分通过蒸腾作用散失，它会使周边空间内的温度下降。

城市中产生的热量使含有污染物的空气上升。乡村来的冷空气流向城市以补充从城市中心上升的暖空气。因此，烟尘、二氧化氮和其他空气中的"垃圾"会在城市上空富集，形成尘罩。城市工业区上空的尘浓度很快就会比周边的乡村高出上千倍。

无风时，尘罩会一直存在。当风速不超过12.8 千米/小时时，尘罩将被吹走，并且水平拉长成**尘羽**。尘羽从城市（如芝加哥）产生后有时会延伸到 240 千米外。

18.4　空气污染对局地气候的影响

正如某些气候因子（如逆温）影响空气污染那样，越来越多的证据表明空气污染也会影响气候。例如，颗粒物减少通过地球大气的太阳光，会降低空气温度。颗粒物还会增加云的形成，从而可能增加降水，上述可观的气候变化会扰乱陆生和水生生态系统。第 19 章将给出二氧化碳正在改变全球气候并严重影响经济、环境甚至人体健康和福利的证据。本章只探讨那些对局地气候的明确影响。

18.4.1　空气污染和降水

局地气候主要受到颗粒物的影响。城市空气中的颗粒物（烟和尘）来自工厂、电厂和道路，有助于城市下风向大气中云的形成。具体而言，颗粒物可作为**云凝结核**，即空气中悬浮的小颗粒吸收大气中的水分，形成细小的液滴。这些液滴形成云。

因为颗粒物会促进云的形成，因此可以增加城市下风向的降雨。如果人为产生的空气污染会增加降雨，那么我们可以预计从周一到周五，由于工厂开工和污染物排放，工厂下风向降雨会较周末（工厂休息）多。有许多例子证明这是正确的。例如，法国巴黎在工作日的平均日降水量比周末高 31%。芝加哥的工业污染物（如颗粒物）被吹到东方 80 千米外的印第安纳州的拉波特，大大增加了当地的降雨量。

18.4.2　空气污染与平均温度的降低

全球人类活动直接或间接排放的颗粒物每年超过 8 亿吨。由于颗粒物能阻挡太阳光，

颗粒物的增加会在大面积内产生冷却效应。颗粒物的冷却效应在 1883 年被证实，当时荷属东印度群岛（现印度尼西亚）的喀拉喀托岛上一座火山将大量细尘排入大气。在之后数年间，这些颗粒多次"环游世界"。在火山喷发之后不久，美国就出现降温的趋势。例如，波士顿市民难得地获得了在 6 月扔雪球的荣幸。近来的数次火山喷发同样产生了冷却效应，只是没有那么强而已。

自然和人为活动排放到大气中的污染物持续产生冷却效应，但总体上，地球和大气正在变暖。由世界上顶尖的大气科学家完成的国际气候变化专门委员会 2007 年度报告指出，是其他的驱动力（如二氧化碳污染的增加和森林砍伐）抵消了颗粒物的冷却效应。

18.5 空气污染的健康效应

科学家估计，每年美国死于（或部分死于）空气污染的人数达 5～6 万。这个数目与美国在越南战争中阵亡的士兵数相当。在欧洲和其他国家的死亡人数可能也数以万计，不过缺乏数据。例如，欧洲环保局估计欧洲每年由于暴露在低浓度臭氧（光化学烟雾）下而死亡的人数达 2 万。下面我们从最早的空气污染公害事件所造成的健康影响中开始了解空气污染的健康效应。

18.5.1 空气污染公害

当短期内很多人死于空气污染时，这个事件被称为**空气污染公害**。人们研究大多数空气污染公害事件后，揭示了一些共同特征：（1）它们发生在人口密集的区域；（2）它们发生在工业中心，污染源众多；（3）它们发生在山谷中，地形上类似于能够接受和保留污染物的容器；（4）它们伴随着雾（小液滴被吸附在污染物表面）；（5）它们伴随着逆温，逆温限制了污染物扩散，导致其浓度大大提高。

多诺拉公害 多诺拉工业区坐落在美国宾夕法尼亚州匹兹堡以南 40 千米的莫农格希拉河一个马蹄形的拐弯处，人口 1.2 万。四周被山围绕，最高 116 米。多诺拉内有多家钢厂、电缆厂、硫酸厂和锌冶炼厂，集中在河边 5 千米长的范围内。

1948 年 10 月 26 日，逆温发生。很快，山谷中大雾弥漫。多诺拉那些烟囱中喷出的黑色的、红色的和黄色的烟羽混合在一起，像一条多彩的毯子覆盖着山谷中的小镇。很短时间内，空气中都是二氧化硫刺鼻的气味。除了二氧化硫，多诺拉的空气中还含有高浓度的二氧化氮和碳氢化合物，它们来自为商店和家庭供热与供电的燃煤。正在进行的一场多诺拉高中和莫农加希拉高中的美式橄榄球比赛被迫中断，因为有多名运动员抱怨胸痛和呼吸困难。公路、人行道和停车场被覆盖上了一层烟灰。司机不得不靠路边停车，因为他们已经看不清前方的道路。在多诺拉生活了超过半个世纪的人也迷了路。烟雾很浓，人们甚至无法从街道这边看清那边。多诺拉消防局昼夜不停地输送氧气罐给那些呼吸困难的人。

共有 5910 人（约占全部人口的 43%）出现了各种病症，最多见的是恶心、呕吐和严重的头痛，鼻、眼和喉咙刺痛，以及呼吸困难和胸闷。宠物和野生动物也同样受害。据一名兽医记录，这场烟雾导致七只鸡、三只金丝雀、两只老鼠、两只兔子和两条狗死亡。

最终多诺拉"黑色星期六"中的死亡人数是 17。另有 2 人死在星期天。到星期天晚上，气象条件变化，一场大雨洗去了空气中的部分污染物，一阵微风将大部分的烟吹散。能见度得到了改善，呼吸终于又变得容易起来，这场美国历史上最严重的空气污染公害事件结束了。尽管烟雾仅持续了 5 天，但它夺走了近 20 个人的生命。

像多诺拉这样的事件仅是空气污染对人类影响的一个极端例子。类似的例子在一些工业化城市，比如 1952 年的伦敦也有发生。在伦敦烟雾事件中，4000 人死于污染。所幸的是，这样的公害并不多见。污染控制有助于减少这类事件的发生。但是，由空气污染的长期暴露导致的长期健康影响更为常见。下一节将讨论这个问题。

18.5.2 空气污染的长期健康影响

我们中有很多人生活在污染地区，我们每次呼吸都会吸入污染物。但是，多年以来科学家发现在现代城镇中的空气污染并不能忽略，它同样是有害的。但是，城市空气污染的伤害常常是缓慢的和不明显的，使得其成因和效应之间的关系难以被发现，同样困难的还有如何应对。许多人的死亡证明上写的死亡原因是心脏病、肺癌或肺气肿，而不是吸入了过多的空气污染物。

慢性支气管炎　许多人，特别是吸烟者和城市居民，其支气管长期受到刺激。这种慢性病是由点燃的香烟和城市空气中的污染物引起的，称为**慢性支气管炎**。其症状包括长期多痰和咳嗽。在一些病例中，患者还会呼吸困难。尽管吸烟是主要原因，但城市空气污染同样也可能是重要原因，特别是对儿童。二氧化硫和二氧化氮（同时存在于点燃的香烟和城市空气中）暴露容易引起慢性支气管炎，吸入臭氧（同

样来自于城市空气污染）同样如此。这些化学物质会刺激呼吸道，造成粘液分泌。

肺气肿　许多人患上了一种称为肺气肿的让人虚弱的病症，呼吸浅短。这种病是由肺中的肺泡破裂产生的。

要了解此病症，必须首先了解肺的机构和功能。当我们吸入的空气进入肺后，空气会流入数以百万计的细小肺泡中，氧气通过肺泡超薄的膜进入毛细血管（见图 18.11 上），之后氧气随血液分配到全身的细胞。在氧气流入血液时，二氧化碳流出血液，从肺泡周围的毛细血管中进入肺泡。之后二氧化碳被呼出，帮助身体去除这种废物（一种细胞能量产生过程的副产物）。每个肺中 3 亿多个肺泡提供的呼吸膜总面积大致相当于一个网球场。每次呼吸时，我们会主动将空气吸入肺。但呼出空气通常是被动过程，它取决于肺泡壁中的弹性结缔组织。就像膨胀的气球，肺在充满空气后收缩，将空气排出肺。

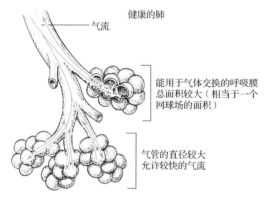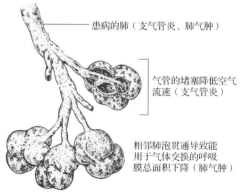

图 18.11　支气管和肺泡：健康的肺与空气污染损伤的肺的比较。注意受损肺的肺泡是如何破裂的

三种空气污染物——城市空气中的二氧化硫、二氧化氮和臭氧（二氧化硫和二氧化氮同样存在于点燃的香烟和大麻中）会损伤肺泡。这些污染物会导致肺泡壁破裂，肺泡越来越大。而气体交换的表面积会降低，减少了氧气的吸收和二氧化碳的释放。这种情况就是所知的**肺气肿**[①]。

空气污染还会导致肺的弹性组织逐渐恶化。在一些病例中，几乎 50% 的肺弹性组织在受害者知道之前就已被损坏。肺气肿患者肺弹性的降低不会影响吸气，但会使呼气十分困难（弹性组织使肺在吸气之后收缩）。每次吸气后肺泡均过度膨胀，这个过程持续多次，直到肺泡像涨破的气球一样爆开，结果是呼吸膜和毛细血管的进一步破坏。最终，用于呼吸气体交换的表面大大减少（见图 18.11 下）。严重的肺气肿病例会导致全身细胞缺氧。为此，患者的

---

① 肺气肿和慢性支气管炎是两种慢性阻塞性肺疾病（COPD），每年会造成美国的死亡人数达到 12 万。COPD 还包括哮喘。

呼吸加速，为了给血液提供足够的氧气，心脏跳动加速，使血液流动加速。因为气体交换的表面积已经减少，血液中二氧化碳的浓度仍高于健康人。结果导致一些患者的皮肤发绀。

肺气肿在吸烟者中最为常见。事实上，吸烟者的患病率是非吸烟者的 13 倍。但是，研究表明空气污染同样可能引起肺气肿。目前，大约 300 万美国人患有肺气肿（数据来自美国肺病协会）。据估计，美国每年仅由肺气肿致死的人数达 1.8 万，而 1950 年只有 1500 人，增加了 10 倍以上。死亡率的增加与肺气肿多发地区的大气污染加剧是一致的，尽管吸烟仍是肺气肿的主要原因。

肺癌　尽管吸烟是肺癌的首要病因，但空气污染中的数种化学物质也可能造成这种高度致命的疾病。这些**致癌物**包括苯并芘、氯乙烯、柴油车尾气、石棉、镍和铍。苯并芘是一种 VOC，能通过煤烟（工业烟囱排放）进入肺。它同样在香烟的烟雾中存在。碳烤牛排上的油滴落在火红的碳上时，所产生的烟中也含有苯并芘。一块烟熏牛排上的苯并芘量相当于 600 根香烟！

研究者在实验室针对老鼠的实验中发现，尽管某两种污染物不能单独致癌，但同时在这两种污染物中暴露则可使动物致癌。这种效应称为**协同**。例如，将实验动物首先进行流感病毒暴露，然后再进行人工烟雾暴露，证实人类可能类似地患上肺癌。让实验室动物吸入苯并

芘和二氧化硫的混合物能使之患上肿瘤。

研究者还发现居住在纽约州史德顿岛上超过 45 岁的人的肺癌发病率，在污染最严重地区是 0.155‰，而在低污染地区仅有 0.04‰。对一名生物学家来说，上述数字表明大气污染同人类肺癌发病率之间存在成因-效应关系。对其他城市的研究给出了相似的结果。例如，一个英国的研究（英国癌症研究中心，一个非营利的癌症研究机构）发现，肺癌是在氮氧化物（来自汽车和其他车辆）浓度很高地区发病率排第三的疾病。瑞典的研究者估计瑞典首都斯德哥尔摩十分之一的肺癌患者是由空气污染中的致癌物引起的。

某些特定职业的工人更容易通过吸入致癌物而患上肺癌。例如，那些在工作时暴露在大量的柴油尾气中的工人，暴露时间越长就越容易患上肺癌。暴露于石棉、金属粉尘、染料、多环芳烃、除草剂、某些种类的杀虫剂以及硅中的工人也易患肺癌。但是，这些物质中的多数引发肺癌的概率很低，除非暴露很高。

石棉肺　石棉肺是一种呼吸道积累石棉纤维引起的病症，将在案例研究 18.1 中讨论。

绿色行动

如果你吸烟，请戒掉。你将活得更长、更健康，也不会污染周围的空气。

案例研究 18.1　石棉：来自一种有用产品的危险

石棉是一种自然矿，具有广泛的工业用途，特别是在第二次世界大战之后。粗略估算美国在 1900—1990 年间共消耗 3000 万吨。石棉可用于 3000～5000 种产品。它被广泛用于管道和锅炉的隔热与熨衣板。它还被用来生产刹车片、消防员的防护服和滑石粉。在建筑行业中，它被用来强化水泥和塑料，以及学校和大厦的防火（见图 1）。它被广泛应用的原因是其纤维的柔韧性、高抗拉强度以及耐热性、耐磨性和耐酸性。

环境中的分散性

不论石棉从哪里开采或加工，或石棉产品在哪里被磨损，都有极细的纤维——石棉粉尘排放到大气中。例如，妇女将熨斗放在熨衣板上，不经意间会将石棉粉尘送入空气。当开着旧款汽车的司机踩刹车时，也将石棉粉尘送入空气。刹车片磨损发生了什么？它的材料还在周围，呈粉末状，一些是石棉粉尘，可能在空气中漂浮，也可能形成街道和公路上很薄的一层灰，或者可能粘在人类肺部柔软和纤细的内表面。即使是粮食、饮水和饮料，也含有一定的石棉纤维。在马里兰州的罗克维尔，城市被用来铺设学校操场和城市街道的含有石棉的碎石大面积污染。人们想知道，学校的孩子们在玩耍时和开车的人在打开车窗时究竟吸入了几百万条石棉纤维。

一些人称石棉"定时炸弹"会在美国成千上万的教室中被引爆。这是什么原因？从 20 世纪 40 年代开始，石棉与涂料混合喷在天花板和墙壁上用于防火和隔音。石棉还用于学校的绝缘管、锅炉和结构梁。这种做法持续到 20 世纪 70 年代初（EPA 在 1973 年禁止）。EPA 的毒物学家李曼·康蒂博士对此问题的意见是："当这种喷涂的墙面暴露于学生的活动时（比如往体育馆的天花板上投篮球，或孩子们用手划过楼梯天花板），石棉会脱落进入空气。因为石棉纤维很细很轻，可以到达建筑内的每个角落，尽管只有很小的一块墙面被动过。"

在美国有 8.7 万座校舍，其中最少有 3 万座校舍的墙壁和天花板含有石棉。在最坏的情况下，这些建筑中的空气石棉浓度超过自然情况下的 100 倍，也仅比历史上记录的爆发石棉相关疾病的工作场所的浓度低 3～4 倍。

图 1　石棉纤维。它们被广泛应用在工业中，原因是具有可塑性、高抗拉强度和耐热性。但当被吸入时，它们可能会导致严重的疾病

石棉引起的人类疾病

石棉暴露会导致石棉肺、肺癌和间皮瘤（另一种癌症）。据估计，美国目前有 6.5 万人患有**石棉肺**，该病的症状是呼吸困难、咳嗽、胸痛、桶状胸、杵状指和皮肤发绀。这些症状在石棉暴露 20～30 年后才会出现。超过 50% 的石棉受害者最终死于肺癌。

健康专家估计每年美国死于石棉引起的癌症的人数为 3000～12000。石棉对吸烟者的威胁最大。事实上，吸烟的石棉工人得肺癌的概率是不吸烟且不接触石棉的人的 90 倍！正如所料，调查表明美国石棉相关（矿工和石棉生产线工人等，从事直接接触石棉的工作）的肺癌发病率在这 12000 人中相当高。

间皮瘤是一种胸膜癌症。尽管这种病十分少见，但在美国越来越多，特别是在石棉工人中。据估计，美国每年新增间皮瘤病例 3000 人。许多患者或他们的家人已经投诉让他们产生职业暴露的企业。例如，单在弗吉尼亚州一年就有 100 人向石棉产品的制造商索赔 3 亿美元。

迄今我们仍不知道学校中暴露于石棉的儿童是否会增加健康风险。只有时间和进一步的研究可以给出答案。

石棉排放控制

在 20 世纪 70 年代，EPA 制定了一个积极的计划，以去除学校、会议厅、剧院及其他公共建筑的墙壁和天花板中的石棉。但令人失望的是，在那之后并没有取得很大的进展。部分原因是因为钱。单清除全国学校石棉的花费最少要 20 亿美元。不正确的清除工作可能对工人有害，并使建筑内的污染更加严重。因此，许多专家倾向于石棉的稳定化，而不是清除。可以通过涂料或其他种类的密封剂加以封闭来避免石棉暴露。

老建筑拆除也是重要的石棉排放源。而且，它们的数量比工厂多得多。这个问题比较复杂，因为拆除承包商经常忽视联邦关于清除石棉的规定。联邦法律要求在清除石棉前需要弄湿，然后装在不会漏的容器（如塑料袋）中，并醒目地标识。

1986 年，美国国会通过了《石棉危害紧急应对法》，这是《有毒物质控制法》的一部分。新法要求学校检查那些使用了含有石棉的建材的建筑，并准备相关的管理计划，其中须有减少石棉毒害（包括污染）的最佳措施建议。可取的措施包括修补受损的石棉、用密封剂喷涂、覆盖和清除，或者维护使之不释放纤维。学校还被要求告知家长所有的问题与可采取的行动。由于家长的担忧，许多学校立即开始清除石棉。在专家的指导下，石棉被小心地清除、密封并运输到 EPA 认可的填埋场。遗憾的是，清除成本和不正确清除的危险性使很多学校选择了替代方法，特别是稳定化。只有在石棉不能很好保持，检测发现空气浓度已不可接受，或者建筑必须拆除的情况下，石棉才必须清除。

根据 EPA 的规定，石棉厂也需要逐步减少对威胁生命的石棉纤维的职业暴露。工人吸入空气中的石棉浓度不能高于 1 根纤维每立方米。使用真空装置、强制使用口罩以及实现多种生产过程的自动化，这一问题得到了进一步控制。

此外，从 20 世纪 70 年代初开始，得益于 EPA 的禁令，许多产品（包括刹车片）禁用石棉。

对 EPA 而言，面对石棉问题最棘手的是目前的控制措施均无法防止哪些偶尔、轻微或短期接触石棉的人缓慢而长期地患上癌症。例如，呼吸石棉纤维的工人会不可避免地通过衣服和鞋子将石棉纤维带回家中，从而使家人增加得病风险。这种轻微暴露的人群还包括那些石棉厂周边 1.5 千米以内的居民。纽约就有大约 2000 个满足此条件的人，一半以上已在肺中发现石棉纤维。

一氧化碳中毒 一氧化碳是一种空气污染物，是有机燃料（包括汽油、天然气和木材）不完全燃烧的产物。这种污染物很危险，因为它与红细胞中的血红蛋白的结合能力比氧气强 210 倍。因此它会降低血液输送氧气的量。在高剂量下，一氧化碳是致命的，每年会夺去了很多的生命，无论是有意还是无意。在低浓度（确切地说是 80ppm，就像在一个隧道内或在收费站前排队的车流中）下暴露 8 小时，引起的细胞缺氧程度类似于失血约 500 毫升。这可能会引起头痛或其他症状。

所有化石燃料燃烧都会产生一氧化碳，特别是在燃烧效率较低时。汽车是一氧化碳的主要排放源，此外还有电厂（见图 18.12）。烤炉、热水器、木柴炉、壁炉和煤气灶都是我们家庭中常见的排放源，所以一氧化碳同时是室内和室外的空气污染物。

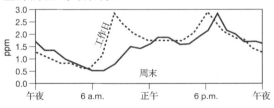

图 18.12 华盛顿工作日和周末的一氧化碳水平。注意趋势的差异，周末没有清晨的高峰

一氧化碳同样来自香烟、烟斗和雪茄中烟草的燃烧。研究者报道香烟的烟雾中含有 300ppm 的一氧化碳。香烟烟雾中的一氧化碳会影响吸烟者本人，也会影响周边的其他非吸烟者。吸烟者房间中的一氧化碳浓度可能很高，足以使同一房间中非吸烟者的血红蛋白的活性下降约 10%。

孕妇血液中一氧化碳的存在被认为是导致难产和胎儿畸形的可能原因。在某些情况下人对一氧化碳中毒特别敏感，比如心脏病、哮喘、肺病、高海拔和高湿度。

一氧化碳每年都会间接导致许多致命的交通事故。低浓度一氧化碳的中毒效应类似于酒精或疲劳；它们会降低司机对汽车的控制能力。由于一氧化碳无色且无嗅，因此可能会在司机没有察觉的情况下就在车内积累到有害的浓度。

18.5.3 空气污染对其他生物和材料的影响

因为空气污染普遍存在和有害，因此会影响很多物种。例如，污染物会伤害各类植物，包括街道边的树木以及城市下风向森林中的树木。空气污染甚至会伤害农作物。例如，对美国加利福尼亚州和沿美国东海岸农田的研究，表明臭氧污染物会直接伤害蔬菜作物，影响其生长进而降低产量。与臭氧一样，二氧化硫也会对植物产生直接伤害。硫酸和硝酸既能直接伤害植物，也能通过改变土壤性质从而间接伤害植物。

空气污染还会损坏材料，如金属、石料、混凝土、布料、橡胶和塑料。4 种主要的肇事者是二氧化硫、硫酸、臭氧和硝酸。城市中的污染物通常会达到较高的浓度，从而对建筑和珍贵的雕塑产生破坏。印度的泰姬陵和美国的自由女神像是城市污染众多的受害者的代表。事实上，自由女神像被二氧化硫和酸损坏到十分严重的程度，以至于从 20 世纪 90 年代起需要大范围修复，花费了 3500 万美元。由于对农作物和材料的损害，光美国每年就损失了大约 100 亿美元。

18.6　空气污染减排与控制

由于对人体健康、植物、动物、生态系统和材料的多重影响，空气污染多年以来一直深受关注。本节介绍减少和消除空气污染的努力。

18.6.1　工厂和电厂的污染控制

污染可以被降低或消除，或通过污染控制（从烟囱或其他排放源中去除污染物的设施），或通过预防措施（减少能源消耗的能效措施）。本节同时考察以上两种策略，首先介绍更传统也更贵（并且效果较小）的方法——污染控制方法。让我们从颗粒物控制开始。

控制颗粒物　一般来说，有三类固定源（比如电厂和工厂）的颗粒物控制设备。**袋式除尘器**通过其中悬挂的巨大布袋从烟道中物理地去除颗粒物（见图 18.13）。大型的袋式除尘器可含有超过 1000 个加长的布袋，每个几米长。袋式除尘器的除尘效率可达 99.9%。

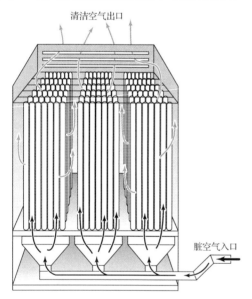

图 18.13　袋式除尘器。当气体通过时，利用真空吸尘器式的长布袋将固体颗粒从排气中分离

另一类去除颗粒物的手段是**静电除尘器**。这种设备被设计成去除粒径小于 1 微米的固体颗粒（粉尘、飞灰、石棉纤维和铅盐）。静电除尘器通常用于燃煤电厂以去除烟气中的颗

粒物（见图 18.14）。在静电除尘器内，污染物通过一对分别带正电和负电的电极之间。颗粒物带负电，被带正电的电极——集尘板吸引。每隔一段时间，对集尘板进行振打，其上积聚的颗粒就会掉落到除尘器底部从而被去除。尽管大静电除尘器的初期投资可能较高，但其耗电和维护成本较低。

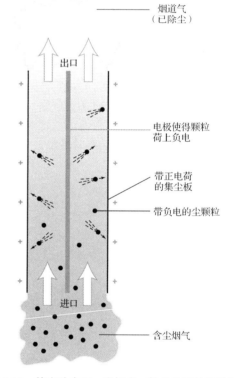

图 18.14　静电除尘器。当烟尘、粉尘及其他颗粒物通过除尘器时，它们带上负电荷，接着被带正电的极板吸引。当颗粒物在这个集尘表面积累到一定程度后，会定期清灰而落到灰斗中

旋风除尘器利用重力和下行的旋转气流去除较重的颗粒（见图 18.15）。当含颗粒物的气体进入并通过除尘器时，颗粒由于惯性，被甩到圆锥筒的内壁，进而掉落到底部被去除。

二氧化硫排放控制　交通、工业和民用源排放的二氧化硫不仅对人体健康、野生动物、森林和农作物有害，还可能损坏那些不可替代的绘画、纪念碑、石刻和雕塑。

有多种二氧化硫排放控制手段。尽管没有任何一种方法是十全十美的，但以下方法的组合必可大大降低二氧化硫的排放。

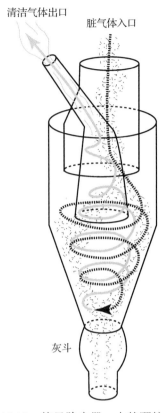

图 18.15　旋风除尘器。大的颗粒被
离心力去除并被灰斗收集

（1）用低硫煤替代高硫煤使用。在 20 世纪
70 年代之前，美国大量工业用煤的硫含量较高
（达到或超过 3%）。这些煤来自宾夕法尼亚州、
西弗吉尼亚州和伊利诺伊州。卫生部门认识到二
氧化硫可能造成的问题后，市、州以及联邦各级
法令均限制高硫煤的使用。但是，许多公司仍继
续燃烧高硫或中硫煤。直到 20 世纪 90 年代初，
美国为控制酸雨而进一步加严法令，许多企业为
了避免安装污染控制设施而改用低硫煤。遗憾的
是，低硫煤的供应主要来自一些西部的州，如科
罗拉多州、蒙大拿州和怀俄明州。这些巨大的煤
矿可以**露天开采**，即一种直接去掉煤层上面覆盖
的岩石和土壤的开采方法，对环境的破坏性很
大。必须采取经济有效的场地修复措施来恢复煤
矿的自然条件（见第 21 章）。

（2）洗煤。在美国，将低硫煤运输到
1600 千米以外的东部供工厂使用大大增加了耗
煤的成本。一种替代办法是在中西部和东部距
工厂较近的地区开采高硫煤，同时在用煤之前

去掉煤中的大部分硫分。高硫煤中的大部分硫
分来自一种称为**黄铁矿**的杂质。由于黄铁矿比
煤重，当煤粉与水混合后，黄铁矿易沉到池底，
并被去除（见图 18.16）。

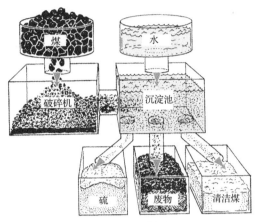

图 18.16　洗煤过程

（3）去除烟气中的硫。**烟气脱硫**过程，
常用的是湿法脱硫，在美国及其他发达国家
广泛用于电厂和工厂的二氧化硫排放控制
（见图 18.17）。脱硫塔是烟气脱硫的设备，它
将磨细的石灰石和水混合形成浆液并喷入其
中，石灰石中的钙离子同二氧化硫反应生成亚
硫酸钙，进而被氧气氧化生成硫酸钙（石膏）。

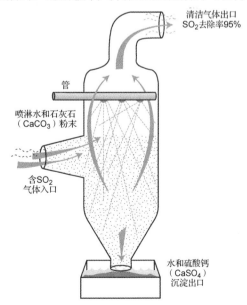

图 18.17　烟气脱硫。向下喷淋的石灰石
（$CaCO_3$）液滴从烟气中"捕获"二氧
化硫，然后去除生成的硫酸钙沉淀

湿法脱硫可以去除烟气中高达95%的二氧化硫。生成的硫酸钙可以用来铺路或生产石膏板，但通常进行填埋处理。湿法脱硫的一大优点是，既可以用于老电厂，也可用于新电厂。但是，湿法脱硫需要一定的运行成本，且在解决大气污染问题时会产生固体废物的问题。

虽然污染控制是有效的，但可能产生其他的问题。例如，湿法脱硫会产生有害的固体废物。静电除尘器可去除烟气中的颗粒，但是捕获的飞灰中含有有毒的重金属。决策者和企业主越来越期待新的替代技术。可能有人问，为什么不能同时避免各种污染？如果你能在不增加污染的情况下实现同样的减排目标，从长远来看你已经处于优势。

18.6.2 机动车排放控制

汽车、货车和其他类型的机动车是世界上大气污染的主要来源。机动车会排放大量的空气**污染物**，其中包括一氧化碳、二氧化碳、硫氧化物、颗粒物和挥发性有机污染物（VOC）。机动车污染有多种控制手段，本节着重介绍那些最为可持续的方法。

催化转化器　为了满足《清洁空气法》对减少汽车污染物排放的要求，美国汽车生产商均依赖一种称为**催化转化器**的设备（见图 18.18）。催化转化器是一种加入到汽车尾气系统中的消声器形状的设备。一种转化器具有蜂窝状的内部结构。蜂窝的每个单元均涂覆能加速化学反应的催化剂。在汽车的催化转化器中，常用铂、铑或钯催化剂。汽油不完全燃烧的产物，比如一氧化碳和 VOC 经过催化剂转化器的单元时，在催化剂上与氧气反应，转化成二氧化碳和水。

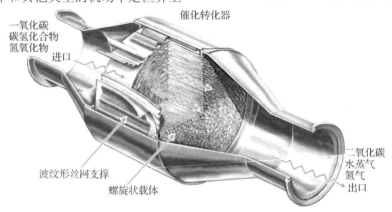

一氧化碳
碳氢化合物
氮氧化物
进口

催化转化器

二氧化碳
水蒸气
氮气
出口

波纹形丝网支撑
螺旋状载体

图18.18　福特汽车公司使用的催化转化器的剖面图。类似于一个小的消声器，这种排放控制设备将碳氢、一氧化碳和氮氧化物转化成二氧化碳、水和氮气。化学反应取决于转化器内表面上涂覆的铂和铑催化剂

上述催化剂的一个弱点是不能去除氮氧化物。所幸的是，多数的汽车安装了三元催化转化器。这种设备在减少汽车尾气中的一氧化碳和碳氢化合物的同时也减少了氮氧化物。在这种催化器中，一氧化氮氧化一氧化碳，生成二氧化碳和水。在该过程中，一氧化氮被分解成氮气和氧气。从 1981 年起，三元催化转化器广泛应用于汽车，直到最近才安装在一些大型点燃式发动机（LSI）上，比如建筑机械和起重机。

检查与维护制度　未经妥善保养的汽车，其燃烧汽油的效率低于良好保养的车，因此会产生更多的污染。但是，人们如何监控数以百万计的车主是否很好地保养他们的汽车？1977 年《清洁空气法》修正案要求美国那些到 1982 年一氧化碳和臭氧未达到环境空气质量标准的地区实施**检查与维护（IM）制度**。根据此制度，每辆车的尾气排放需要每年接受那些获得了州级认证的检测机构的检测。当尾气中一氧化碳和碳氢等污染物的水平过高时，车主必须调整或维修发动机，使排放达到要求。多数情况下，仅需稍微调整一下车辆的喷油系统（将燃油和空气在进入气缸燃烧前进行混合）

就行。最常见的维修，比如更换火花塞和调节喷嘴，可以减少 25% 的污染物排放。在美国的波特兰，IM 制度在实施的第一年就减少了 40% 的排放。加利福尼亚州实施 IM 制度，即所知的排烟检查后，全州减少了烟雾生成的前体物——氮氧化物和 VOC 的排放分别达 18 吨/日和 19 吨/日，并减少了 1350 吨/日的一氧化碳排放。

绿色行动

聪明驾驶。不超速，缓慢加速。靠近停车标志或红灯，缓慢减速。

提高燃油效率　保养车辆能使它更高效和清洁地燃烧，而新的车辆和发动机设计可以更加高效和低污染。1975 年，一项美国联邦法案对不能达到 EPA 规定的最低能效标准的某些特定型号的所有车辆收取联邦货物税。这就是通常所说的燃油税。税率同车辆的燃油效率成反比。例如，数年之前，美国对从意大利进口的一款车——兰博基尼康塔奇收取了历史上最高的燃油税，因为它在城市中每升油仅能行驶 2.5 千米，这是 EPA 记录的最低燃油效率。对这款车的税高达 3850 美元。燃油税的征收是为了引导一般公众不买低能效和高排放的车。遗憾的是，克林顿总统在 1996 年取消了燃油税。在此后不久，美国汽车制造商们开始生产很大的运动型多用途车（SUV），其单位油耗的行驶里程仅比兰博基尼稍高。这些车在美国许多地区销售很好，直到 2007 年和 2008 年汽油价格飞涨（2008 年通用汽车公司声明，由于需求大减，它将关闭 4 个工厂）。

美国另一个鼓励生产和销售高燃油效率车辆的尝试是**车队平均燃油效率（CAFE）标准**的实施。它对在美国销售的所有新车（包括进口和国产车）规定平均燃油效率目标。1994 年，新型车的平均燃油效率要求达到 11.5 千米/升（对城市和快速路行驶）。在之后的 20 多年里，所有进一步提高平均燃油效率的尝试均被汽车制造商们所严厉抵制（20 世纪 90 年代曾有数次提高燃油效率达到 16.7 千米/升的尝试）。

根据《纽约时报》的报道，EPA 在 2005 年的报告中指出，美国在燃油经济性上规定的漏洞使得一些汽车制造商生产的轿车和货车的平均燃油效率显著低于 20 世纪 80 年代末的水平。于是，新车（包括轿车、货车、厢式汽车和 SUV）的平均燃油效率开始下降。例如 2000 年，新轿车的平均燃油效率是 9.2 千米/升，而 SUV、厢式汽车和小型货车的平均燃油效率为 8 千米/升。

提高燃油效率并非十分困难。2007 年，全球销售的 113 种轿车的平均燃油效率是 16.7 千米/升。其中只有两种（丰田的普锐斯和本田的思域）在美国销售（根据《绿色：如何建立一个地球友好社区》的作者南茜·泰勒）。有趣的是，这些车型中接近 2/3 是由美国的汽车制造商（通用和福特）生产并销往海外的，或者是由在美国拥有巨大市场份额的国外企业（比如丰田和大众）生产的。

一些专家相信，在不久的将来，美国轿车的燃油效率可达 33 千米/升。日本已有一种 5 座车型在快速路上实现了 33 千米/升的燃油效率。本田的 VX 系列（现已停产）可达 23 千米/升。雪佛兰的 Metro 即之前的 Geo Metro，也达到了类似的水平。

管理和减少交通量　城市管理者与高校的研究者以及交通部门合作，正在研究更好地管理交通的方法，以便使交通流更加均匀。这种努力能避免或减少拥堵，并提高车辆的燃油效率。怠速（每升汽油行驶 0 千米）的车辆会产生较多的污染。

监测交通并为驾驶人即时发送信息的计算机系统已在很多城市应用。这些系统提醒驾驶人可能的拥堵，让他们改变路线。入口匝道控制也在许多城市应用，能够基于已有的交通流信息即时地归纳出实时的交通状况。匝道交通信号灯指示车辆停止之后又放行，按照车辆间的间隔，使之汇入交通流且不影响它。

所有这些措施，从更高效的车辆到交通控制，均是有效的，但控制城市空气污染更加有效的方法是减少路上的交通量（见图 18.19）。EPA 已采取了多种在城区减少交通量的措施，包括：（1）各单位取消针对雇员的免费停车设施；（2）对市中心停车征收额外的税；（3）通勤者每周禁止驾车一天，以便减少 20% 的通勤交通量。所有这些均有助于推进替代交通方式，如公交车、通勤列车、步行、拼车和自行车。为城市商业区的雇员和在城区上大学的学生提供免费公交线路，可以促进公共交通。

纽约是美国公共交通使用最广的城市，部分原因是：（1）纽约禁止在曼哈顿主要商业区的所有道路停车；（2）限制曼哈顿的出租车空驶；（3）曼哈顿数座桥收过桥费；（4）在繁忙的道路上留出专门的扩展公交车道（见图 18.20）。

绿色行动

尽可能多步行、骑自行车、乘坐公交车或与他人拼车，以节约汽油并减少污染。

用乙醇替代汽油 燃料替代也可以减少污染。例如，与酒精饮料中一样的化学物质**乙醇**，可以作为机动车的燃料。乙醇可以从可持续的资源中获取，也可用粮食（如玉米）发酵和甘蔗制取，还可用柳枝稷和农作物的非粮食部分（如玉米的秸秆和叶）来制取。乙醇可以添加到汽油中，或者单纯作为燃料使用，不过发动机需要适当改造。

乙醇不仅来自可再生资源，同时与汽油相比污染较少，例如排放较少的一氧化碳、碳氢和二氧化硫。乙醇比化石燃料产生较少二氧化碳的原因是，乙醇汽车排放的二氧化碳将被植物固定用于制造燃料供未来我们的后代使用。但乙醇不是二氧化碳零排放的燃料，因为在作物种植中使用了以柴油为燃料的拖拉机和以汽油为燃料的货车。这些燃料的使用均产生二氧化碳。尽管如此，乙醇能够有助于减少大气中二氧化碳的积累（全球变暖的主要原因，见第 19 章）。

图 18.19 堵车中的旧金山。像很多城市一样，旧金山面临着交通危机。在高峰时间，车辆堵在公路上，不仅交通状况糟糕，同时产生了大量的空气污染

图 18.20 在很多城市中心，公交专用道被扩展使用，允许通勤班车以及拼车通行。这个策略被证明在减少通勤交通量和空气污染方面是有效的

目前乙醇燃料在巴西广泛使用。在美国，乙醇的价格低于汽油，尽管单位体积的乙醇比汽油少提供 30% 的能量。研究人员已开发出了更高效的生产乙醇的方法，例如用柳枝稷和其他非粮食的植物部分。这可以减少乙醇作为燃料的一个负效应——粮食涨价（有关乙醇的详细内容，见第 23 章）。由于在未来的 10～20 年内化石燃料供应将降低，乙醇应用将更普遍。

1994 年，EPA 规定在全国 9 个烟雾污染最严重的城市必须使用添加了乙醇的汽油。这些城市包括巴尔的摩、芝加哥、休斯顿、洛杉矶、密尔沃基、纽约、费城、旧金山和哈特福德（康涅狄格州）。从 1995 年开始的这次燃料替代计划，预计将降低这些城市 16% 的烟雾。加利福尼亚州于 1996 年在全州实施了一个类似的计划，要求更高的乙醇添加比例，预期会降低该州 40% 的烟雾。

开发替代内燃机的新能源车 自 1970 年《清洁空气法》通过后，平均每辆车的碳氢和一氧化碳排放量已下降了 90%，氮氧化物排放降低了 75%，使得很多城市的空气更为清洁。但是，目前联邦的分析家认为城市空气污染还可以大大降低，尽管已经采用了上述各种排放控制对策。其原因在于快速增长的机动车保有量。美国的机动车保有量已从 1980 年的 1.56 亿辆增长到 2005 年的 2.41 亿辆（美国联邦公路管理局数据）。一些人认为当前真正所需是用太阳能甚至蒸汽驱动的发动机来替代内燃机。

电动汽车 由于全球范围内汽油价格的提高，越来越多的人期待更廉价的替代技术。其中之一就是**电动汽车**（包括客车、货车和公交车），它用电动机来替代内燃机。电动车让人满意的是不用汽油和不排放污染物。尽管电动车本身零污染，但我们不要忘记，充电所用的电能必须来自电厂，而多数电厂燃煤。因为电动机的效率很高，电动车的等价行驶里程约为 41～62 千米/升，并且整体排放的污染物量低于汽车。

电动汽车的另一个缺点是，作为动力的铅酸电池过重和过大。使用这种电池的电动车一次充电通常只能行驶 100～150 千米，所以只

能用于通勤。所幸的是，美国 90% 的汽车每天的行驶里程不超过 100 千米！新的电池技术，特别是锂离子电池，可能会大大提高此范围。一款美国制造的运动型电动车特斯拉，在使用锂离子电池时一次充电可以行驶 352 千米。

使用来自可再生来源（如风力发电机和特殊的光电池——光伏电池）的电能可使电动汽车替代传统汽车更具合理性。

目前只有少数企业生产电动汽车，多数则期待在不久的将来加入，生产出价格可以承受的电动汽车。例如，2007 年 12 月，《财富》杂志报道，11 家新企业计划在未来的几年内生产和销售电动汽车，其中包括三菱、道奇和尼桑。

混合动力车 目前能够弥补道路上电动汽车不足的是**混合动力车**——一种同时装备电动机和小型内燃机的汽车。例如，丰田的普锐斯在城市和快速路混合工况下的燃油效率达 19～21 千米/升（见图 18.21）。它起动时用电动机，当速度达到 6～11 千米/小时时，汽油发动机加入。在快速路上，它同时使用汽油和电。当需要提高功率时，如在爬坡或超车时，电能提供给电动机。

图 18.21 丰田普锐斯，它是已经上路且目前燃油效率最高的一种混合动力车。这款车可以舒适地乘坐 4 人或 5 人，平均燃油效率是 19 千米/升，尽管其资深设计者声称可达 20～22 千米/升（采取更为保守的驾驶方式）

本田的混合动力车在起动时使用汽油，即在起动时开启汽油发动机。在提供功率时电动机加入。到 2007 年，本田生产一种两座的通勤车——音赛特，其燃油效率达到 30 千米/升。该公司最近生产了一种手动切换的四座思域混合动力车，燃油效率在城市中达 19 千米/升，在快速路上达 22 千米/升。

所有汽车制造商都在生产混合动力车，有时还有多个型号。与电动汽车不同，混合动力车并不需要很大的电池组，而且其电池在车辆用汽油行驶或减速时进行充电。车辆减速时，电动机产生电能，保持电池满电量。电动汽车则需要插上充电桩来充电。

混合动力车是步入高效机动车时代的重要一步。国际著名的能源专家埃默里·洛文斯一直帮助混合动力车的设计，相信 64～85 千米/升的燃油效率是可以通过混合动力车来实现的。但是，它需要很轻的太空材料，耐用且防撞。而目前的混合动力车只是在传统车辆的钢质车体的基础上增加一个混合动力驱动系统而已。即使如此，这一改变已能大大提高车辆的燃油效率。

另一种可能更有前途的改进是插电式混合动力车。**插电式混合动力车**装有一个比汽油混合动力车更大的电动机，以及更大的电池组。这些特点允许车辆只用电就可行驶最远 100 千米（对通勤者来说十分理想）。对于超过 100 千米的行程，车辆可切换成汽油-电模式，就像普通的混合动力车那样。这使得它既可以用于日常上下班，也可以跑长途。理论上，一个人每天驾车少于 100 千米可以永远不用汽油。插电式混合动力车的平均燃油效率可达 42～53 千米/升。

燃料电池车 许多分析者相信混合动力车和插电式混合动力车只不过是过渡车型。他们认为，汽车的未来会是燃料电池车。**燃料电池**看起来像电池但功能有很大的不同。它们将氧气（来自空气）和氢气（来自车辆的燃料箱）混合以产生电能。电能用于驱动一个电动机，为车辆提供动力。问题是，氢气从哪儿来？

例如，氢气可以来自水，通过一种称为**电解**的过程。电解是将水分解成氧气和氢气，当电流通过水时此过程发生。制氢的电能可以来自传统的电厂，或来自风能和太阳能（见第 23 章）。氢气可以存储，之后用做燃料电池的燃料，产生电能来驱动车辆的电动机。

氢气也可以从化石燃料（如汽油和天然气）中提取，通过一种特殊的设备——**重整**。

不过，此过程会产生大量二氧化碳并消耗有限的资源。

尽管呼声很高，但氢能车同样存在一些问题。例如，为了替代汽油，氢气必须方便获得。氢能经济的建立取决于建立一个在价格上可与汽油相竞争的输配系统。用化石燃料支持的氢能车，经验证比传统汽车更高效，但同样会产生大量的二氧化碳（来自发电，用于电解水）。另一个大问题是，用电直接驱动车辆的效率远远高于（3～4 倍）用电去分解水产生氢气再供应燃料电池发电去驱动燃料电池车的电动机。

公共交通和城市增长管理。在很远的未来，可持续的城市将依靠公共交通——一种将大量人员从家运送到工作地或其他地方的交通模式。公共交通将在未来越来越普遍的一个原因是，公交车和通勤列车或轻轨列车（连接城市与郊区的小火车）运送乘客的效率是汽车的 4～5 倍。于是，它们运送每位乘客行驶单位里程的污染物产生量也少 4～5 倍。公共交通的普及不仅可减少污染和能源消耗，而且可缓解交通堵塞。

为便于人们接受，公共交通系统的设计必须能很快地运送乘客上下班。这需要在进出城市的主要快速路上设立特殊的公共交通车道，这已在许多城市普及，即众所周知的高乘载车道。轻轨线路可以设立在快速路中间，或沿主要铁路线。一些城市会利用已有的铁路线。随着时间的推移，当公共交通的压力增加时，一些快速路的车道，甚至整个快速路会被改成轻轨线路，这并不是不可能的。

改善交通的另一个方面是增长管理——努力将增长限制在特定的地区，通常建造更密的居住区而不是低人口密度的随意扩展，后者更为低效。将新的商业安排在特定区域，如已有的商业中心区，并使人口更集中而不是乱七八糟地分散在所有地方，建立高人口密度的节点，利于公交车和轻轨的服务。

增长管理当前已在美国许多州实践，包括俄勒冈州，详细信息见第 5 章。

18.7　室内空气污染

当多数人考虑空气污染时，他们想到的是冒烟的烟囱和机动车。但家庭居住的房间或厨房怎样呢？最近，科学家发现我们在家中（学校、商店和办公室）呼吸的空气对健康的危害可能比烟雾污染的室外空气还要大。**室内空气污染**有不同的来源：燃气灶、燃气炉、吸烟、新地毯、装饰和家具、发胶和香水。

对室内空气质量的关注是有理由的。首先，因为人们绝大部分时间是在室内——对多数人来说，90%的时间在室内。即使是建筑工人和房屋建造者，尽管他们在室外的时间很多，同样有60%的时间花在室内。

室内空气污染是两方面因素的结果。首先，为了降低取暖费，许多家庭和建房者会尽可能使房间密封，避免暖空气从建筑外壳（墙、屋顶、窗框和地基）上的裂缝和孔隙泄漏出去。尽管这些措施对降低空气泄漏和能量损失十分有效，但它们也将室内空气污染物牢牢锁住。在能源危机之前，房间内每摩尔空气的平均停留时间约为1小时。但在密封的房间内，空气的停留时间约为通常的4倍。因为许多房屋更加密闭，新鲜空气的交换频率更低。污染物一旦从房屋中散发出来，将在室内积累。

加利福尼亚州劳伦斯伯克利实验室的科学家监测了密封房间正常使用燃气灶和烤箱做饭时的污染物浓度。他们发现了什么？厨房、卧室和客厅内来自燃气灶的一氧化碳和氮氧化物的浓度超过室外！事实上，在一些家庭，氮氧化物的水平可能是可接受的室外空气浓度的2~7倍。因此，对许多污染物，如颗粒物、氮氧化物、一氧化碳和碳氢（苯和三氯甲烷），室内污染对健康的威胁比室外污染（为了保护农作物、森林、建筑物和其他物种，室外污染必须加以控制）更加严重。

室内空气污染近年来成为关注点的第二个主要原因，也最重要的原因是，新的房屋和建筑所用的材料，或家具和装饰的材料，可能会释放有毒的化学物质。例如，多数地毯品牌会释放挥发性有机化学物质（来自粘牢背衬所用的胶），直到人们搬进新居很久以后仍然如此。木制品，如柜子和架子，以及定向刨花板（一种用于地板、外墙和屋顶的板材）也会释放一种特别有害的 VOC——甲醛。涂料同样会释放 VOC。涂胶漆释放汞。许多涂料还含有杀真菌剂和其他化学物质。

房间中建材、装饰、颜料和家具等释放的化学物质污染了室内空气。这个过程称为渗气。遗憾的是，有许多种类的化学物质污染了室内空气，多得无法在此一一讨论（详细信息请参见网页）。本节将介绍两类主要的化学物质：甲醛和氡。吸烟见案例研究 18.2。

案例研究 18.2　吸烟：最致命的空气污染物

尽管我们中的多数人关注室外空气污染，但与吸烟（不仅吸烟者暴露，而且从来不吸烟的人也会被动暴露）相比，它其实只是一个相对较小的问题（从人体健康角度）。吸烟会产生有毒的化学物质（最少有200多种），美国每年有44万人或每天1200人死于吸烟引起的肺癌（或其他癌症）、中风和心脏病。根据美国癌症协会（ACS）的数据，全球范围内吸烟致死人数达500万人每年。

"香烟的烟雾是由烟草及添加剂燃烧产生化学物质的混合物，" ACS 写道，"其中含有焦油，它由4000种以上的化学物质组成，其中包括60种已知致癌物。这些成分中的一些会导致心脏和肺部疾病，而所有成分都是致命的。"此外，香烟烟雾中的一些化学物质，如一氧化碳、二氧化硫、氮氧化物和颗粒物，是城市的严重空气污染物。吸烟大大增加了这些成分被吸烟者吸入肺部的量，导致肺气肿和慢性支气管炎发病率的增加。

对吸烟有致命危害的医学研究已经广泛开展。迄今已有超过4万的有关吸烟健康影响的书籍和论文发表。2005年，ACS 估计美国有近16.4万人死于肺癌，其中约87%的肺癌病例相信是由吸烟造成的（见图1）。在全球范围内，ACS 估计每年有85万人死于肺癌，其中多数是由吸烟引起的。

根据 ACS 的数据，美国每死亡 5 人中就差不多有 1 人与吸烟有关。而且，ACS 补充道："大约一半的吸烟美国人死于此习惯。"许多吸烟者在 50 岁或 60 岁之前会死于肺癌。另外，烟草还会引起口腔、咽喉、食道、胰腺、子宫、肾脏和膀胱的癌症。吸烟者的中风和心脏病的发病率也会提高。

吸烟还有其他健康影响。抽烟的孕妇会将体内的烟草化学物质转移到发育的胎儿体内。吸烟对孕妇及其后代的影响包括自然流产、婴儿猝死综合征（SIDS）发病率的轻微提高、脑细胞数量减少、行为问题及学习困难。

吸烟者不是仅有的遭受这些危害的人群。**吸入二手烟**（吸烟者吐出的烟或点燃的香烟释放出的烟雾）的非吸烟者也可能会受到严重影响。EPA 估计美国每年最少有 3000 人死于二手烟。EPA 还估计二手烟每年会导致 22.5 万例的 18 个月以下儿童的支气管炎、肺炎以其他呼吸道感染，并增加 60 万患哮喘儿童的犯病频率。

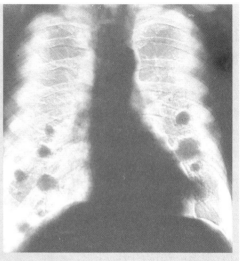

图 1　正面胸透发现肺癌。每个肺下半部较暗的区域是癌变组织

吸烟率

从 20 世纪 50 年代起，由于越来越多的人认识到吸烟的危害，美国吸烟者比率明显下降。根据 ACS 的数据，在成人中，吸烟率从 1950 年的 50% 下降到 2005 年的约 20.9%。但目前仍有约 4500 万成人吸烟（约 23.9% 的男性和 18.1% 的女性）。

过去 10 年间一个最大的问题是青少年吸烟者的增加。由于吸烟上瘾，这些人中的多数将一生吸烟。"任何一个开始吸烟的人都有尼古丁上瘾的风险，"ACS 特别提示，"研究表明吸烟最容易在十多岁时成为习惯。一个人越早开始吸烟，将越容易尼古丁上瘾。几乎 90% 的成年吸烟者都是从 19 岁或更早开始的。"

尽管吸烟人数在发达国家持续下降，但在发展中国家却在上升。当发达国家的市场开始下降后，烟草公司努力开拓发展中国家的市场。

这些努力获得了回报，至少对烟草公司而言。例如在中国，超过 3.5 亿人吸烟，这个人数超过了美国的总人口数。ACS 的亚曼汀·杰梅尔博士指出："如果这种趋势继续，2030 年前全球将有 20 亿吸烟者，如果不戒烟，他们中的半数将死于与吸烟有关的疾病。"

控制烟草

吸烟是个人行为但应受到公众约束。不仅非吸烟者可能暴露，而且许多吸烟者一辈子的医疗保健费用是由税收承担的——美国公共医疗救助制度。吸烟还使得人们每年损失数百万美元的工资。可以采取以下几个减少全球吸烟率的对策。

鼓励吸烟者使用尼古丁贴片来戒掉烟瘾。当它贴在皮肤上时，这些贴片会缓慢释放少量的尼古丁进入血液。吸烟的冲动因此被减弱。使用此技术的戒烟成功率是不使用的两倍。

一般说来，可以提高联邦烟草产品税来帮助支付公共健康费用。该税的一个附加效果是切实地减少了吸烟率。毕竟该税可能将很多青少年和儿童赶出香烟市场（我们注意到烟草公司近年来显著提高了香烟的价格，以支付集体诉讼的巨额罚款）。

禁烟也是有效的。公共场所已经限制或禁止吸烟。美国许多州及成百上千的城市已经做到。泰国政府最近禁止演员在电影中吸烟，这是减少儿童和青少年吸烟的一种措施。

当然，减少烟草上瘾的另一种方法是限制甚至禁止所有的香烟广告。多年以来，烟草行业已经在报纸、杂志及公路广告牌上每年投入超过 40 亿美元来为其产品打广告。州和联邦针对烟草公司的集体诉讼将大大限制未来的香烟广告。针对年轻人的广告已经被禁止。

诉讼：烟草行业将完结？

烟草公司面临两类诉讼的巨大压力——代表吸烟者或其家人的集体诉讼，以及各州的诉讼。1999 年，烟草公司在其第一个集体诉讼中败诉。迈阿密的陪审员指控烟草公司欺骗吸烟者，从而处罚这些公司赔偿数十亿美元以补偿受害的吸烟者及其家人。迈阿密陪审团的结论是，香烟的生产者"从事极端的令人发指的行动"来隐瞒香烟的危害，阴谋掩盖其致癌性，并生产一种导致心脏病和肺癌等十多种致命疾病的产品。

美国佛罗里达、密里苏达、密西根和得克萨斯州还成功地控告香烟公司，获得了对州投入医疗吸烟者的补偿。为了避免雪崩似地出现类似的诉讼，联邦政府代表其余的 46 个州逐步同烟草公司达成协议，形成了一个巨额的和解。烟草公司支付各州共计 2060 亿美元，禁止对年轻人和在体育活动中做香烟广告，此外还有很多其他的条款。有关细节可以从我们的网页上了解。

烟草公司在美国和其他国家还面临着数十个诉讼。代表阿根廷、加拿大、芬兰、法国、德国、爱尔兰、以色列、意大利、日本、荷兰、挪威、斯里兰卡、泰国和土耳其的律师均已提起对烟草公司的诉讼。烟草公司的命运虽然尚未确定，但未来终将宣告这个导致了这么多人死亡和得病的行业的末日的到来。

甲醛　你可能还记得**甲醛**是一种液体，在高中和大学的生物课堂上用来保存青蛙和小猪。你可能会惊讶地知道，它通常发现于某些特定的泡沫保温材料、家具、地毯、刨花板和胶合板中。在很多产品中，包括胶合板，甲醛是黏合剂的成分。遗憾的是，甲醛会从这些产品中释放到我们的房间里，进而可能产生多种健康问题，包括刺激眼睛、恶心、呼吸问题和癌症。

职业安全与健康管理局（OSHA）是美国制定保护工人的有关规定和新产品标准的联邦机构，它规定 3ppm 为厂房内允许的最高甲醛浓度。欧洲和美国的研究发现，房间中的甲醛浓度通常会更高。例如，在米申维耶霍——美国加利福尼亚州的一个开发区，甲醛在一间没有家具的实验房间中相当低，但当家具增加后，甲醛浓度增加了近 3 倍。

2007 年，健康研究者发现给 2005 年卡特里娜飓风的受灾者所建的活动房屋中甲醛浓度很高。那些活动房屋的居住者并非唯一的甲醛受害者。甲醛从建造活动房屋的建材中释放出来。甲醛对人体健康有哪些风险？

对美国居住在活动房屋中的 500 万人来说，吸入甲醛的癌症风险特别高，这有多种原因：（1）房屋空间相对较小；（2）换气性较差；（3）采用了较多含甲醛的材料，比如刨花板和胶合板。

所幸的是，许多制造商正尝试减少甲醛。例如，玻璃纤维保温材料的制造商已在生产不含甲醛的产品。建筑商也在购买低甲醛或无甲醛的定向刨花板（用于新建房屋的粗地板和外墙）。一些公司甚至会生产低甲醛和无甲醛的胶用于建房（下面将很快讨论减少室内空气污染的其他方法）。

氡　另一种潜在有害的室内空气污染物是氡气。氡气是由铀——一种天然的放射性元素自发衰变形成的。尽管铀以很低的浓度广泛分布在岩石和土壤中，但其丰度在不同地区的差别很大。氡气会从土壤直接扩散到空气中。但由于氡气扩散很快，大气中的浓度可以忽略，只有 EPA 建议的室内安全值（4pCi/升）的 0.5%。

相反，住房和其他建筑内的氡浓度则很高。氡由地下的土壤和岩石经地下室地面和地基的缝隙进入房间。房间中的居住者通常不知道氡的存在，因为它无味、无嗅和无色。

在我们的房间内，氡气最终会衰变成有放射性的铅和钋。当氡在肺部衰变生成铅时，有放射性的铅将沉降在肺组织中，释放的辐射会直接引起周边细胞的暴露。这可能导致这些细胞的基因突变，从而引起癌症。事实上，EPA 估计美国每年 16.7 万肺癌死者中有 2～3 万是由氡导致的。

美国人平均辐射暴露（各种源，包括医用 X 射线）中有 55% 来自氡。事实上，劳伦斯伯克利实验室的原子能科学家安东尼·尼诺相信，数十万居住在高氡浓度房屋中的美国人的辐射暴露水平在对健康的威胁上，与居住在

1986 年发生事故的切尔诺贝利核电站附近的俄罗斯人相当。

一些美国居所的氡水平可能高得让人担忧。以宾夕法尼亚州博耶敦的华特斯家为例，其氡浓度为美国居所之最，约为铀矿可接受水平的 675 倍。4 名居住者患肺癌的风险等于每天吸 220 包烟！威斯康星州一些家庭的氡浓度超过了 100pCi/升，这比做 2 万次胸透受到的辐射还要高。

EPA 规定，室外污染控制水平的设定通常要求使预期的提前死亡率低于 0.001%。但多数美国人的预期氡风险为 0.4%，比上述标准高 400 倍。

多年以来，我们知道从宾夕法尼亚州的雷丁到纽约和新泽西的这个区域有很高的氡浓度。但是，最近 EPA 进行的涉及 10 个州的调查发现了其他的"热点"。例如，在北达科他州 63%的被调查家庭和明尼苏达州 46%的被调查家庭的氡浓度超过了 EPA 的指导值。

1988 年的后半年，后来 EPA 的负责人托马斯·李宣布，美国住所的氡污染已过于普遍与过于严重，因此每户都需要检测。所幸的是，对于房主来说，这容易实现，只需花 15～30 美元购买一个氡检测器。

18.8 控制室内污染

如何减少或清除室内空气污染？控制室内空气污染有多种方法。有关专家建议使用三步法则：清除、隔离和通风。

清除是指除去已有结构中潜在的源，并在新房间或建筑中不使用类似的东西。例如，有裂缝的炉子可以更换为更加高效的新型号。在新家的地板上铺瓷砖而不是地毯来去除潜在的室内空气污染源。在新房中，使用无毒的装饰、颜料和家具，可以大大降低室内空气污染。

隔离是指寻找方法封闭污染源。例如，用做粗地板的定向刨花板，可以在使用前用密封剂涂满表面。石棉管也可通过刷漆使材料稳定而不易剥落。

通风是寻找方法提供可控的通风，以保证稳定的清洁空气供应。可以安装特殊的系统来为房间供应新鲜空气。例如，**能量回收通风系统**（ERV）可将室内污染的空气排到室外，并从室外补充新鲜空气。室内空气中的大部分热量会传递给进来的新鲜空气，以达到节能的效果。ERV 可有效地控制多种室内空气污染物，并可在冬季和夏季使用。在新建房屋时，建房者可以安装地下二层通风系统（见图 18.22）。它包含一套穿孔管，置于地下室底板之下的砂砾层中。氡从土壤和岩石扩散出来，通过穿孔在管内积累。接着氡被通到外面的空气中。对于在排放氡气的岩石和土壤上建的房屋，这样的系统可能是必需的。当购买新房子时，法律要求卖方告知买方室内的氡浓度。

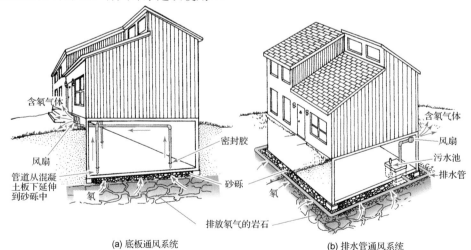

(a) 底板通风系统　　　　(b) 排水管通风系统

图18.22　去除房间中致癌氡气的地下二层通风系统。对建房者来说有多种可用的选择。这两种类型都需要在建地下室之前铺设多孔的砂砾层。(a)用穿过混凝土地板的管子排除砂砾中的氡；(b)多孔管平躺在砂砾中收集氡气，进而通过地下室内的一个小泵排出

室内空气污染可能是很重要的问题，尽管没有人确切知道它会导致多少疾病。即使是房间内的湿度条件也会导致墙壁的洞内或其他表面长霉。霉菌孢子会污染室内空气，导致严重的健康问题。可以预料，未来将有更多有关室内空气污染的问题出现。

重要概念小结

1. 空气污染来自自然源和人为源。

2. 尽管来自自然源的空气污染物通常多于来自人为源的量，但后者更引人关注，因为它往往发生在有限的区域内，会在局地发生潜在有害物质的积累。

3. 污染通常可以分成一次污染和二次污染两类：一次污染是人为活动或自然事件直接产生的，二次污染是一次污染物在大气中通过化学反应产生的。

4. 成百上千种空气污染物被排放进入大气，但主要污染物是一氧化碳、二氧化碳、二氧化硫、氮氧化物、颗粒物、挥发性有机物（VOC）和臭氧。

5. 二氧化碳是一种温室气体（第 19 章讨论）。一氧化碳是一种无色、无嗅气体，是由化石燃料和有机材料燃烧释放的。它与红细胞中的血红蛋白结合，从而降低血液的输氧能力。

6. 二氧化硫是煤和油等燃料中天然存在的硫同氧气结合的产物。二氧化硫主要是由人为活动产生的，比如在电厂和其他工厂中燃烧含硫的化石燃料。

7. 空气中悬浮的固体和液体颗粒即我们所知的颗粒物。颗粒物的主要来源是燃煤设施（如电厂）、钢铁厂、化肥厂、飞机、柴油货车、建筑工地、风力侵蚀和道路。

8. 铅是受关注的颗粒物的问题之一。在美国铅曾经加入汽油以提高辛烷值。铅通过汽车尾气排放到空气中。铅能够伤害肾、血液和肝。而且，它还会影响儿童的大脑发育。

9. 挥发性有机物是含有氢和碳的有机物质。VOC 来自化石燃料不完全燃烧和原材料的挥发。大气碳氢污染物的典型例子是甲烷和苯。VOC 发生化学反应时会产生光化学烟雾。

10. 光化学烟雾是 VOC、氮氧化物和大气中的氧气在光照条件下发生反应的产物。臭氧是光化学烟雾的一种成分。

11. 空气污染的浓度取决于局地源的排放量，同时取决于特定的天气条件，比如逆温。

12. 辐射逆温主要发生在夜晚，当地球表面向大气辐射热量时，很快会使地面和近地面的空气冷却。这会在上空形成一层暖空气层，使得被其覆盖的较冷空气层中的污染物不能通过垂向混合而扩散。

13. 下沉逆温是在高压气团下降并被加热时产生的。同样，暖空气会在近地的冷空气上面形成一个逆温层顶。

14. 城市也会影响污染模式。产热的过程和吸热的建筑往往会导致城市内部温度稍高，即所知的热岛效应。热岛效应会导致污染物在城市上空形成的尘罩中积累。

15. 空气污染既受气候影响，也影响气候——局地、区域乃至全球。颗粒物作为凝结核，能增加局地降水。

16. 空气污染造成的主要疾病包括肺气肿、慢性支气管炎和肺癌。

17. 逆温时可能会出现很高的污染浓度，造成很多人的死亡和患病。美国第一起重大的空气污染公害事件发生在 1948 年 10 月宾夕法尼亚州的多诺拉，造成了 20 人死亡。更严重的事件数年之后发生在伦敦。

18. 石棉曾被广泛用于管道和锅炉的保温、刹车片、涂料、塑料和其他很多产品与材料，直到其健康影响被认识。吸入过多石棉纤维的人可能会患上肺癌、间皮瘤或石棉肺（症状是咳嗽、胸痛和皮肤发绀）。超过 50%的石棉肺患者最终死于肺癌。

19. 针对空气污染有两种基本的策略：污染控制和污染预防。

20. 许多工厂从烟气中捕集污染物。捕集下来的污染物通常用填埋方式处置，但在有些情况下可以转化成有用的产品。例如，二氧化硫可以转化成硫酸，而高碳的飞灰可以直接作为燃料，或者制作空心砖、铺路材料、碾磨料和水泥。

21. 在某些情况下，污染控制设施可将污染物转化成相对无害的物质。例如，汽车上的催化转化器会加速一氧化碳和碳氢分别氧化成二氧化碳和水。

22. 电厂和工厂安装的污染控制设施包括静电除尘器、旋风除尘器、袋式除尘器和烟气脱硫系统等。

23. 工厂和电厂最常用的控制二氧化硫的方法是烟气脱硫。

24. 企业还可以通过调整工艺或改用无毒原料来减少空气污染。这属于预防性措施，从可持续性上讲更理想。

25. 通常减少机动车排放的5个对策包括：（1）保证更加均匀的交通流；（2）提高内燃机的效率；（3）用电动车或燃料电池车替代内燃机；（4）开发混合动力车（内燃机和电动机的结合）和插电式混合动力车；（5）发展公共交通。

26. 室内空气污染问题也逐渐引起了人们的重视。最近使房屋更密闭的尝试已导致一氧化碳、甲醛、氡气、香烟烟雾和其他室内空气污染物造成的室内空气污染问题恶化。我们家中许多新的产品和陈设，以及很多我们家中使用的产品（如香水和发胶）也含有有毒的物质，它们会释放到室内的空气中。

27. 针对室内空气污染可采取三步走：清除、隔离和通风。

关键词汇和短语

Air Pollution Disaster　空气污染公害

Asbestos　石棉

Asbestos Hazard Emergency Response Act　石棉危害紧急应对法

Asbestosis　石棉肺

Attainment Regions　达标区域

Carbon Monoxide　一氧化碳

Carbon Monoxide Poisoning　一氧化碳中毒

Carcinogens　致癌物

Catalyst　催化剂

Catalytic Converter　催化转化器

Chronic Bronchitis　慢性支气管炎

Clean Air Act　清洁空气法

Condensation Nuclei　凝结核

Corporate Average Fuel Efficiency (CAFE) Standards　车队平均燃油效率标准

Cyclone Filter　旋风除尘器

Dust Dome　尘罩

Dust Plume　尘羽

Electric Vehicle　电动汽车

Electrolysis　电解

Electrostatic Precipitator　静电除尘器

Emissions Offset Policy　排放权抵消政策

Emphysema　肺气肿

Energy Recovery Ventilator (ERV)　能量回收通风系统

Ethanol　乙醇

Fabric Filter Bag House　袋式除尘器

Flue Gas Desulfurization　烟气脱硫

Formaldehyde　甲醛

Fuel Cell　燃料电池

Heat Island　热岛

Hybrid Car　混合动力车

Indoor Air Pollution　室内空气污染

Inspection and Maintenance (IM) Programs　检查维护制度

Lead　铅

Lung Cancer　肺癌

Marketable Permit　可交易的许可证

Mass Transit　公共交通

Mesothelioma　间皮瘤

Mobile Pollution Source　移动污染源

National Ambient Air Quality Standards　国家环境控制质量标准

Natural Pollution　自然污染

Nitric Oxide　一氧化氮

Nitrogen Dioxide　二氧化氮

Nitrogen Oxides　氮氧化物

Nonattainment Areas　超标地区

Noncompliance Penalties　违规处罚

Ozone　臭氧

Particulate Matter　颗粒物

Photochemical Smog　光化学烟雾

Pollution Taxes　污染税

Prevention of Significant Deterioration (PSD)
　　防止严重恶化

Primary Pollutants　一次污染

Radiation Inversion　辐射逆温

Radon　氡

Reformer　重整

Scrubbing　湿式洗涤

Secondhand Smoke　二手烟

Secondary Pollutants　二次污染

Smog　烟雾

Stationary Pollution Source　固定污染源

Strip Mining　露天开采

Subsidence Inversion　下沉逆温

Sulfur Dioxide　二氧化硫

Sulfur Oxides　硫氧化物

Synergistic　协同效应

Temperature Inversion　逆温

Thermal Inversion　逆温

Tradable Permits　可交易许可证

Volatile Organic Compound (VOC)　挥发性有
机物

批判性思维和讨论问题

1. 简要描述清洁空气中主要成分的生物重要性。
2. 列出 3 种自然污染源。
3. 利用你的空气污染知识和批判性思维能力，讨论以下论述："自然源空气污染物排放量远超过人为源，所以我们真的不用担心汽车和其他人为源的污染。"
4. 讨论以下每种空气污染物的健康效应：(a)一氧化碳；(b)硫氧化物；(c)氮氧化物；(d)碳氢化合物；(e)臭氧；(f)铅。
5. 列出一氧化碳、硫氧化物、氮氧化物、碳氢化合物、臭氧和铅的主要人为源。
6. 列出产生光化学烟雾的前体污染物。
7. 调研一个例子，说明严重的空气污染是怎样导致一个"死城"的。
8. 列出伴随空气污染公害的 5 个条件。
9. 描述 3 个对热岛现象有贡献的条件。
10. 什么气象条件有利于大气污染物的快速消散？对局地的污染物浓度呢？
11. 讨论电动汽车的优点和缺点。
12. 利用批判性思维能力，分析以下陈述："电动汽车无污染，因此是那些想要清洁空气的城市的福音。"
13. 讨论用乙醇替代汽油的优点和缺点。
14. 什么是混合动力车？什么是插电式混合动力车？它们的相似点和不同点是什么？
15. 讨论氢能车。它与电动汽车的差别有哪些？
16. 现在你已经学习了本章，你对汽车的使用会有改变吗？
17. 讨论室内空气污染问题。为什么这是问题？室内空气污染物从何而来？有什么方法可以解决？

网络资源

本章相关在线资料见 http://www.prenhall.com/chiras（单击 Table of Contents，接着选择 Chapter 18）。

第  章

全球变暖与气候变化

1999 年夏季，创纪录的高温和干旱给美国东海岸的庄稼带来了严重的损害，当地的农民陷入困境。在之后的那个秋季，多次飓风袭击了美国东南沿海，引发了巨大的洪水，造成了数十人死亡以及无数牲畜被淹。第二年春季，就在东北部地区雨水泛滥之时，西北部各州却面临大旱。由于土壤过于湿润，纽约州西部的农民仅能收获种植于高处的庄稼。2000 年初夏，在远早于西部地区传统旱季来临之前，加利福尼亚州、新墨西哥州、科罗拉多州和蒙大拿州爆发的山火毁掉了数百万英亩的森林。同年，研究者发现北极圈内冰川大量融化，就在几十年前，北极地区还被寒冰覆盖，船只根本无法通行，而现在它们却能够在极地水域轻松航行。

2002 年美国西部连续五年的严重干旱引发了整个地区的大规模野火。科罗拉多州的火灾从 5 月便开始，而传统的火灾往往开始于 8 月。2003 年 1 月，美国发布了火灾预警，而如此之早的火灾预警在美国历史上从未有过。2003 年夏季，野火肆虐加利福尼亚州南部和西部各州，与此同时，太平洋西北部地区一些通常湿润的地区也遭受了干旱、水资源短缺以及火灾。

在接下来的几年中，干旱和暴风等事件不断袭扰着美国和众多其他国家。例如，在 2007 年和 2008 年，干旱继续成为美国大部分地区的新闻头条，其中美国东南部的严重干旱导致农民的庄稼枯萎，水库几近干涸。面对严酷的干旱，佐治亚州和其他几个州不得不实施了极端的配水政策。在遭受旱灾的加利福尼亚州，野火的燃烧失去控制。科罗拉多州的东部和西部也同样遭受了严重旱灾。

在此期间，生物学家关注到一些特殊事件的发生。例如，他们发现春天植物的花期提前，迁徙的动物也比往年到来得更早。他们还发现一些鸟类、蝴蝶和植物的地理分布已经向两极方向发展。此外，科学家们记录到了冰川的加速融化。

乍一看，这些事件似乎都归因于恶劣天气而相互间并无关联。然而，许多大气科学家坚信，这些看似并不相关的事件却有一条共同的主线——全球变暖。该领域的大多数科学家认为地球已经进入一个全球气温上升的重要时期，而这在很大程度上是由于人类活动造成的空气污染以及森林破坏所导致的。

全球变暖意指地球上海洋和大气温度的上升，它可能引起其他方面的巨大变化，即我们所知的**全球气候变化**。气候变化被定义为这个星球**气候**（平均气象条件，包括气温、降水和风暴等）的变动。本章将针对全球变暖回答两个基本的问题：（1）全球变暖和气候变化真的正在发生吗？（2）全球变暖的发生是由人类活动造成的还是由自然因素导致的？本章还会讨论该现象的社会、经济及环境影响。但在正式开始之前，我们先来了解一些该领域的重要科学概念。

19.1 全球能量平衡与温室效应

太阳每天都在照耀着地球，将我们沐浴在阳光中。尽管到达地球的能量仅占太阳释放总能量的 20 亿分之一，但仍然数量惊人。

如图 19.1 所示，由于云层、尘埃及地表的反射，照射到地球及其大气层的阳光约有 1/3 被反射回太空。剩余部分则被大气、陆地、水体、高速公路、停车场、建筑及植物所吸收。

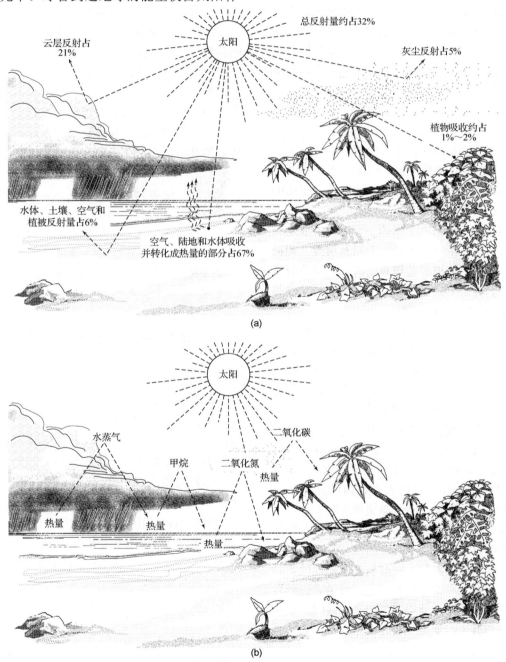

图 19.1 地球的热量平衡。(a)到达地球的太阳辐射的去向。值得注意的是，所有热量最终都消散到外太空；(b)温室气体吸收热量并把它辐射回到地球，使地表温度升高

在第 3 章中我们讲到，太阳辐射波长范围从高能量、短波长的 γ 射线一直到低能量、长波长的无线电波（见图 3.3）。介于二者之间的是 X 射线、紫外线、可见光和热（红外辐射）。所有这些能量从宇宙中到达地球表面，但太阳辐射的绝大部分能量集中于可见光和热，分别占 55% 和 40%。

阳光会加热地球。即使是不可见光，也被地表吸收转化成热（红外辐射）。如图 19.1(a) 所示，这部分能量最终穿过大气层反射回外太空。因此，地球通过将能量反射回太空，与从太阳获得的能量相平衡。

科学家早已知道大气中的一些化学物质会改变地球能量平衡，这些化学物质可由自然条件或人类活动产生，主要包括：水蒸气、二氧化碳（CO_2）、氧化亚氮（N_2O）、甲烷（CH_4）和氯氟烃。为了解这些物质对地球能量平衡的影响，我们先来看 CO_2。

CO_2 是一种无色无味的小分子，主要来源于有机物质包括化石燃料、木材及植被（如树木）的燃烧。植被和动物粪便的自然腐败分解也产生一部分 CO_2。另外，所有活着的动物都因为呼吸作用而释放 CO_2。

尽管 CO_2 分子在地球大气中的比例不足 0.04%，但对地球温度的影响却十分惊人。它和其他一些气体能够吸收地球表面向外释放的长波辐射并将其反射回地球表面，CO_2 的这种保温作用如同温室的玻璃［见图 19.1(b)］。

这一现象被称为**温室效应**，它对地球表面各种生命形式的存在意义重大。据科学家估算，如果没有 CO_2，地球至少要比现在冷 30℃，那么它将不适合于包括人类在内的几乎所有生命的生存。究竟什么是温室效应呢？

或许你已经观察过汽车或房子被太阳加热时的温室效应。玻璃允许阳光（包括热和可见光）进入汽车内部，进而被汽车内部的黑暗表面（如座套和仪表盘）吸收。可见光进而转化为热——长波红外辐射。由于玻璃阻止了热量的向外散失，于是热量在汽车内部积累[①]。

如前所述，那些由于自然或人为因素产生的能够引起地球表面温度升高的化学物质被统称为**温室气体**。CO_2 只是其中的一种。

在地球表面，阳光被植物、土壤、建筑、停车场和道路吸收并转化成热量。接着，红外辐射增加，但由于大气中温室气体的存在，一部分红外辐射无法向外释放。

关于全球能量平衡的研究表明，地球表面的温度主要受到两类因素的影响——或者改变照射到地球表面的太阳光的量，或者改变地表向外散失热量的速率。无论是自然因素还是人为因素，都将对这些过程产生影响。

带着这些信息，我们来深入探讨除温室气体外的其他引起全球温度升高的自然因素。

绿色行动

多花些时间来了解更多关于全球气候变化的知识。确保阅读那些科学可信的文章。与朋友谈论相关问题及各种解决方案。关注"绿色星球"以获得更多的想法。

19.2 影响全球温度的自然因素

大量的科学研究表明，平均地球温度及地球气候会自然地发生变化。任何一名学地质的学生都会告诉你，地球气候处在寒冷期（冰期）与温暖期（间冰期）的周期性变化中，而目前我们正处于温暖期。

尽管尚不十分明确，但气候的这种自然变化至少受到以下 5 个方面自然现象的影响：（1）地球公转轨道的变化，（2）黄赤交角的变化，（3）太阳活动的加强或减弱，（4）火山活动的加强或减弱，（5）气候系统的混沌交互作用。

也许你知道，地球的公转轨道是椭圆而非圆形，而且随着时间的推移，这一轨道不断发生微小的变化，因此导致地球与太阳之间的距离时近时远。地球靠近太阳时气候变暖，远离太阳时则变冷。

黄赤交角（地球的赤道面与公转轨道面之间

[①] 温室玻璃和汽车玻璃在阻止热量散失的同时也保留热空气，因此温室效应一词并不能完全准确地表述二氧化碳对地球温度的影响。

的夹角）约为 23.5 度。但是，这一角度并不是固定不变的，而是会随时间发生细微的变化。于是，这一变化会影响地球的平均温度。如果黄赤交角变小，则地球气候变暖，反之则变冷。

另一个因素是太阳活动的变化。你可能已经了解，太阳能量的输出会不断变化。事实上，研究发现该变化以 11 年为周期。太阳能量输出增加，自然行星变暖，输出减少，则相应变冷。

火山活动也是个随时间变化的因素。例如，火山活动频繁的时期，能够增加大气中烟尘的含量，从而使得地球获取的太阳能量减少，导致地球温度降低。研究表明火山活动对气候的年际变化起重要作用。

科学家认为另一个影响地球温度和气候的因素是极端复杂的气候系统中潜在的混沌交互作用。他们认为，复杂和固有的不可预知的交互作用可以发生在地球气候系统的不同部分之间，比如海洋和大气层。这些潜在的不可预测的相互作用可能导致气候的冷暖变化，且这种变化可以持续几十年甚至几个世纪。

19.3　影响全球温度的人为因素

除自然因素外，各种人类活动也会影响地球的平均温度，从而导致显著的气候变化。其中两个最重要的活动是温室气体的排放和森林砍伐。

如前所述，温室气体有自然源和人为源。注意，自然源排放温室气体的水平在过去 100 年中基本保持不变，而人为源的排放量却大大增加。例如，每年由于燃烧化石燃料所排放的 CO_2 量，从 100 年前的 5.34 亿吨（按碳计）增加到 2006 年的 76 亿吨。第 18 章介绍了 CO_2 的主要排放源，本章不再赘述。

有些温室气体没有自然来源而完全来自于人类活动。这类气体主要包括氯氟烃（CFC）及其替代品含氢氯氟烃（HCFC）（见第 20 章）。和其他温室气体一样，这些化学物质自 1950 年以来排放量显著增加。近年来由于对其生产和使用的限制，氯氟烃的排放量已经开始降低。

不同种类的温室气体对热量的吸收效率有所差异，因而温室效应也不尽相同。氯氟烃

等部分由于较难降解而长期存在于大气中，导致其温室效应比 CO_2 强很多，1 个氯氟烃分子的温室效应与 15000 个 CO_2 分子相当。甲烷（CH_4）也是一种比 CO_2 强的温室气体。

尽管 CO_2 并不是温室效应最强的温室气体，但却是人类排放的最重要的温室气体。也就是说，由于排放量巨大，CO_2 已成为对全球气温影响最大的温室气体。

CO_2 不仅产生于化石燃料的燃烧，也来源于森林砍伐和焚烧。为什么森林砍伐会增加大气中的 CO_2 浓度？

第 3 章介绍过，包括树木在内的所有植物都从大气吸收 CO_2，通过光合作用生产食物和养料。随着森林不断地被砍伐和破坏，地球吸收 CO_2 的能力降低，进而使得大气中的 CO_2 浓度升高。

千万年来，大气中的 CO_2 浓度基本保持稳定。那么导致近年来大气中 CO_2 浓度持续升高的原因究竟是什么呢？

如第 3 章所述，自然环境和人类活动所排放的 CO_2 不断通过绿色植物及藻类的光合作用而转化为糖类与其他有机物。地表的水体，如湖泊和海洋等，也能够吸收一部分 CO_2，或是被水生植物和藻类的光合作用所利用，或只是简单地溶解在水中。

当植物或动物死亡并被分解时，CO_2 被重新释放回大气。活的有机体在呼吸作用过程中也通过分解糖类而释放一部分 CO_2。另外，森林、草地或其他有机物质燃烧也会释放 CO_2。

在工业革命之前的千万年中，大气中的 CO_2 含量一直相当稳定。即大气中 CO_2 的收支处于平衡状态，这是多个自然过程共同作用的结果［见图 19.2(a)］。但是，我们是如何知道这一点的？

通过对冰川中气泡成分的测定以及对古老树木的研究，科学家已确定了早期的大气 CO_2 浓度。研究表明，大气中的 CO_2 浓度从最近的冰期结束（约 10000 年前）到 20 世纪一直稳定在 270ppm 左右。但是，化石燃料的燃烧、森林的砍伐以及森林的燃烧打破了这种平衡［见图 19.2(b)］。研究表明，从 1860 年工业革命开始到 2007 年，大气 CO_2 浓度从 290ppm 持续增加到 380ppm，增长幅度达 31%［见图 19.3(a)］。

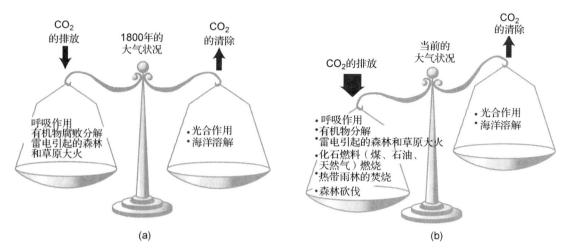

图 19.2　被扰乱的平衡。(a)工业革命之前，自然源的 CO_2 排放与 CO_2 吸收相平衡；
(b)工业革命之后，远超过吸收能力的 CO_2 被排放进入大气，平衡被打破

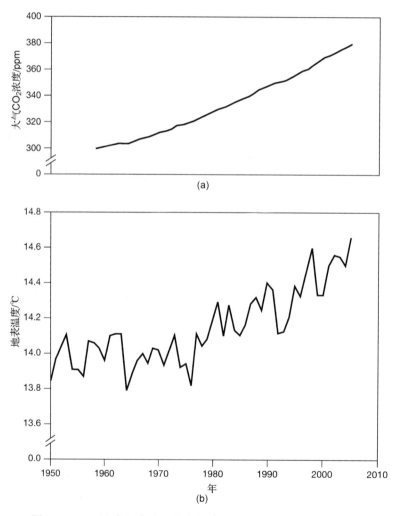

图 19.3　CO_2 浓度与全球温度变化。1950 年以来大气 CO_2 浓度
持续升高(a)可能是全球平均温度升高(b)的主要原因

大气中 CO_2 浓度的快速增加始于 1950 年。但进一步的研究表明，CO_2 浓度存在自然变化。如图 19.4 所示，CO_2 的浓度存在周期性的升降变化，而目前的 CO_2 浓度接近于 450000 年以前的水平。

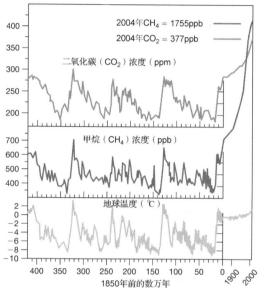

图 19.4　450000 年以来 CO_2 浓度、甲烷浓度以及全球温度的变化。由于自然因素，三个指标均发生周期性的变化，但是目前 CO_2 和甲烷浓度均远高于整个历史时期

仔细分析图 19.4 就会发现尽管呈现周期性变化，但目前大气中的 CO_2 浓度水平要比 450000 年前的高 100ppm，这似乎是人类活动所造成的。同样，甲烷的浓度水平也比过去高 1000ppm。如前所述，CO_2 浓度的增加主要是因为化石燃料的燃烧，以及全球森林（特别是热带雨林）的破坏。为了提供更多的牧场、农场、居住地与娱乐场，热带雨林仍在继续被砍伐。甲烷浓度水平的上升则主要归因于人口的增加，以及为了供养日益增加的人口而增加的猪、牛和羊等牲畜的养殖。

最新的测算结果显示，2005 年，由于人类活动向大气中排放的 CO_2 总量达到 76 亿吨。其中，根据世界观察研究所的研究，化石燃料燃烧占 80%，即 60 亿吨，基本上全球平均每人 1 吨。另外，每年热带雨林的砍伐和焚烧大约释放 16 亿吨 CO_2，约占人类活动总排放量的 20%。

记住以上这些信息后，我们回到本章开始时所提出的两个关键问题。首先，全球变暖和气候变化真的在发生吗？第二，对于全球变化，人类是否有责任？

绿色行动

列举十个你所能够做到的减少 CO_2 排放的事情，制定一个实施计划，并从最简单的开始做起。

19.4　全球变化是否正在发生

虽然许多人认同地球上的海洋和大气正在变暖，但也有一些人对此持怀疑态度。那么真相到底是什么？

如图 19.3(b) 所示，地球温度确实处于不断上升的状态。那么对于地球这样一个庞大的星球，我们又是如何获得地球温度数据的呢？

实际上，科学家们是通过分布在全球陆地和海洋的数成千上万的传感器来获得地球表面温度的，然后经过严谨的计算，获得地球表面每年的平均温度。

从图 19.3(b) 可以看出，地球表面温度从 1950 年的 13.8℃ 上升到了 2006 年的 14.6℃，这期间仅在 1940 年到 1960 年间出现了微小幅度的降低。科学家认为，第二次世界大战后工厂经济活动的激增增加了大气中颗粒物的浓度，阻止了一部分太阳辐射，进而导致了地表温度的短暂下降，但从 20 世纪 60 年代开始的大气污染控制立法与行动很快消除了这一影响。

事实上，全球温度的升高始于 19 世纪 80 年代。研究者通过将 1951 年到 1980 年的平均温度与 2001 年到 2005 年的平均温度进行比较，绘制了图 19.5。从图上可以看出，全球温度增加最明显的是极地地区，尤其是北极圈以内，增加了将近 2℃。

全球地表温度的上升已经表明地球正在变暖，另外也有其他证据支持这样的结论：地球正在变暖，气候变化正在发生。注意，气候是包括气温、降水和风暴在内的天气情况的平均。我们将气候变化的证据总结如下：

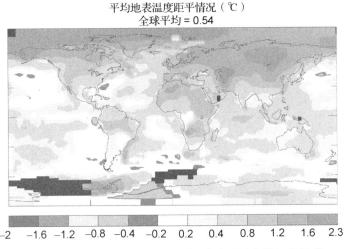

图 19.5 全球温度的增加情况。极地地区温度增加最显著

1. 海洋温度上升。研究表明，至少3000米深度以内的海洋的温度正在升高。目前海洋吸收了由于全球变暖给气候系统增加的约 80%的能量。这被认为是风暴强度增加甚至是飓风发生的原因之一。

2. 海平面升高。在过去的一个世纪里，海平面升高了 15～20cm。研究认为，高山地区和南极洲冰川的融化以及温度上升引起的海水体积膨胀导致了这一现象。美国环境保护局（EPA）宣称，约有 2～5cm的海面升高是由高山冰川融化所致，另有 2～7cm 是由海水膨胀导致。不管何种原因引起，全球尤其是南太平洋的低洼岛屿将面临困境，海滩正在不断被海水淹没，如果海平面继续升高，这些岛屿将永远消失。

3. 冰川融化。另一个全球变暖的证据是，全球范围内的冰川正以前所未有的速度融化。

4. 南极冰盖的解体。一块面积与新英格兰相当的大冰块从南极冰盖上断裂下来，这标志着南极冰盖的融化和解体。

5. 北极地区海冰减少。在过去的 25 年中，北极海冰正以每十年10%的速度减少。水下数据显示，20 世纪90 年代中期的冰量比 20 年前减少了40%。当时一艘考察船（破冰船）用了两年时间才穿越了北极，而在 2000 年，由于北极海冰的减少，考察船仅用几个月就完成了航行。

6. 热浪、破纪录的高温以及干旱的发生频率正在增加。在全球范围内，热浪的发生越来越普遍。研究表明，1990—2003 年是自 1880 年有气象记录以来最热的十年，且 2003 年是这一时期内第二个最热的年份。尽管历史上连续的高温年份并不少见，但是在短时间内如此频繁发生却从未有过。破纪录的高温以及干旱影响着全球农业生产，甚至导致严重的经济问题。进入新千年以来，干旱在美国多地肆虐，热浪也已造成多人死亡。2003 年，仅在欧洲就有约 4 万人死于破纪录的高温。

7. 龙卷风和飓风增多。存储在海洋和大气中的更多热量会产生强烈的风暴。最近关于美国风暴的一项研究表明，暴雨发生的概率在增大。研究还表明，龙卷风在美国发生得更加频繁。在 20 世纪 80 年代，龙卷风平均每年发生 600～700 次，到 90 年代则上升到每年 1200 次，而到 2004 年更是发生了 1400 次。近年来，极端气候事件在全球范围内的发生更加频繁。例如，1999 年发生的风暴和洪水的次数是 60 年代的 4 倍之多，所造成的损失更是超过 7 倍。

8. 降水发生变化。伴随着全球变暖和风暴频发，全球降水也发生变化。研究表明，在过去的一个世纪中，全球陆地上的降水总量增加了 1%。问题是，这种增加并非在全球平均分配，降水的增加主要集中在高纬度地区，相反热带地区的降水量却在减少。

9. 更加猛烈的飓风。研究表明，尽管飓风发生的次数并未增加，但其强度却明显增加（见图 19.6）。卡特里娜飓风是一个典型的例子，2005 年造成美国路易斯安那州和密西西比州共 1836 人死亡，100 万居民不得不逃离家园。那次飓风还摧毁了 20 万间房屋，经济损失达 253 亿美元。另外它还毁灭了 52.6 万公顷的森林，损失达 50 亿美元。这次飓风造成的总经济损失约为 1500 亿美元。

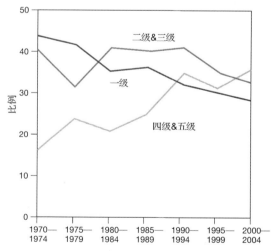

图 19.6　飓风的严重程度（等级）增加，这极有可能是海洋温度升高为风暴提供更多能量的结果

10. 森林火灾更加频繁。从 1987 年到 2003 年的这 16 年间，美国森林火灾平均每年烧毁的森林面积是 1970 年到 1986 年平均值的 6.5 倍。而森林和草地火灾的增加除了归因于灭火和放牧政策，更像是由温度上升而引起的。

11. 害虫以及疾病的增加。气候变暖也使疟疾和登革热等由昆虫携带病毒所导致的疾病向更高海拔地区传播。研究认为，气候变暖导致疟疾在非洲的 5 个国家向海拔更高的区域传播。同样在墨西哥和哥斯达黎加，登革热也传播到海拔更高的地区。哈佛医学院健康与全球环境中心副主任保罗·爱普斯坦博士在《科学美国人》发文写道，"因为预防和治疗资源的稀缺，疾病的失控问题最有可能发生在发展中国家。但是技术先进的发达国家也有可能受到出其不意的攻击，就像 1999 年西尼罗河病毒在北美首次爆发，致使纽约 7 人丧生。在国际商务和旅行相当频繁的今天，在一个地方出现的传染病可以很快地在世界上的任何大陆出现（如果致病因子或病原体找到适于生存的环境）并产生大的问题。"自 1999 年以来，西尼罗河病毒不断向西传播。到目前为止，该病毒已在美国多个州存在。2003 年西尼罗河病毒在科罗拉多州爆发，官方报道患病者达 2600 例，其中 50 人因此而丧生。除了人类，西尼罗河病毒还使得数以万计的受感染鸟类死亡。

19.5　人类活动是否导致全球变暖

对于绝大多数客观的观察者来说，全球温度及全球气候正在发生改变是显而易见的事实。实际上这种变化相当显著。但导致这些变化的原因究竟是什么呢？

科学家已经收集到大量的证据，表明气候变化是人类活动，特别是 CO_2 浓度增加导致的。他们指出，大气中 CO_2 浓度的增加与地球表面平均温度的升高有着很好的相关性[见图 19.3(b)]。许多大气科学家以此为证据，证明人类活动是全球变暖和气候变化的主要原因。

反对这一观点的科学家则认为自然因素才是导致气候变化的主要原因。那么是否有证据支持这一观点呢？

2007 年，联合国政府间气候变化专门委员会（IPCC）发布了一份报告，它总结了世界上顶尖的气候学家关于全球变暖及气候变化的研究结果。图 19.7 给出了各种人为和自然因素对全球变暖的贡献。科学家以瓦特/平方米表示升温和冷却的速度，这就是所谓的**辐射胁迫**，正值表示升温，负值表示冷却。

如图 19.7 所示，自然的辐射胁迫的确在发生。一些因素导致地球变冷，而另外一些因素则导致地球变暖。图中最后两行揭示了无论是人类活动还是自然因素，总体上都使地球表面温度升高。只是与人为因素相比，自然因素的效应相当微弱。

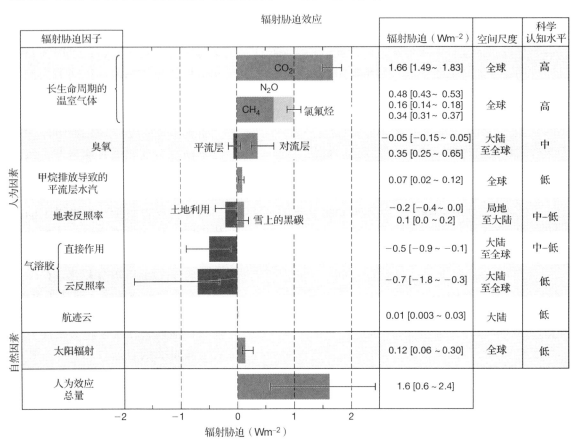

图 19.7　全球变暖的影响因素。图中显示了导致地球温度升降的各种因素。人类活动的影响远超过自然因素

计算机模拟研究也证实了这一结论。科学家运用复杂的计算机模型，将自然和人为因素对全球气候变化的影响追溯到了 1900 年。基于这些输入，计算机程序估计了各大洲的平均温度。图 19.8 显示了计算机的估计值与实际测量温度的对比情况。图中深色阴影区域表示只受自然因素影响下的全球气温的升高，而浅色阴影区域则表示在同时考虑自然因素和人为因素时的结果，黑色的实线表示根据实际测量值计算的平均温度。不难看出，在同时考虑自然因素和人为因素时，预测值与观测值相符。

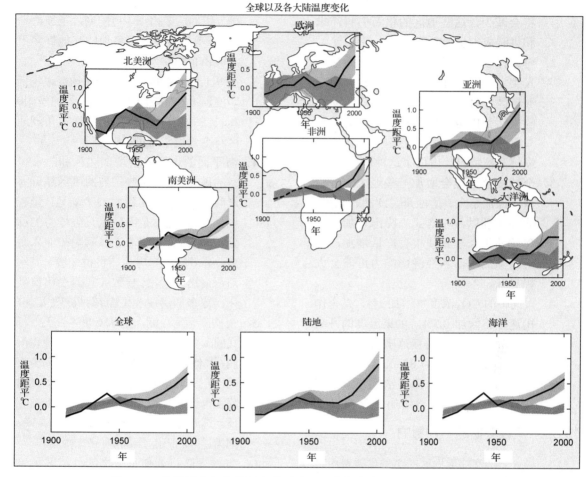

图 19.8　估算温度与实测温度的对比。深色代表自然因素导致的温度
升高，浅色代表基于自然和人为因素共同导致的温度升高

19.6　全球变暖的预期影响

越来越多的证据表明地球变暖和气候变化的发生。那么这将对人类及人类所生活的地球带来怎样的影响呢？没有人能够确切地知道，如果 CO_2 的排放量继续增加而植物吸收量持续减少，是否会导致全球温度进一步升高。然而，大多数大气学家认为气候变化确实发生，而且代价高昂。近年来，随着人类对气候变化认识的加深及计算机建模等先进方法的应用，科学界对于未来温度上升幅度的估测也在不断变化。

2007 年，IPCC 保守地预测，到 2100 年全球平均气温将上升 1.8℃～4.0℃。虽然 2℃～4.0℃并不是个很大的数字，但却很可能大幅度地影响全球气候和海平面。IPCC 的科学家还预测到 2100 年，由于气温升高所引起的冰川和陆基南极冰盖的融化，以及海水的受热膨胀，海平面将升高 0.2～0.6 米。

除了最重要的温室气体 CO_2 外，其他一些污染物也对气候变暖起到一定作用。其中有很多物质的温室效应远胜于 CO_2，如氯氟烃类，它在大气中停留的时间很长——超过 100 年。

下面列出气候变化可能对社会、经济和环境带来的影响。你会发现，有些影响是积极和有益的。

19.6.1　气候变暖的积极作用

1．在气候变暖的情况下，高纬度地区居

住、办公及商业建筑的冬季供暖需求将会减少，这些地区的化石燃料需求和供暖成本也随之降低。

2. 更高纬度地区（苔原地区）开始适合人类定居。同样，在北美、欧洲和亚洲地区，许多鱼类、鸟类和哺乳动物的生活范围也会向北扩展。目前知更鸟、北美红雀、负鼠及某些其他鸟类、蝴蝶和植物已经出现了这种情况。

3. 全球变暖可能会增加一些地区的降雨量，如加拿大、墨西哥、欧洲、北美、非洲东部以及东南亚。降雨增加以及更长的生长季将使粮食产量增加，相关国家的政治和经济影响力可能会大幅提升。

4. 大气中的 CO_2 浓度每增加 1%，光合作用速度将增加 0.5%。如果温度的升高仍在光合作用的适宜范围内（光合作用的温度上限是 37.8℃），并提供充足的水分和养分，那么水稻、玉米和小麦等作物的产量将增加。

19.6.2　气候变暖的不利影响

1. 尽管北部高纬度地区的冬季供暖费用可能降低，但夏季制冷需求会增加。随着温暖地区越来越多，夏季制冷需求的增加可能远超冬季取暖费用降低的收益。制冷可能需要消耗更多的化石燃料，增加 CO_2 的排放，进一步加剧全球变暖。

2. 科学家认为全球温度的升高将进一步导致极地冰盖和冰川融化。陆地冰川及巨大的南极冰盖的融化，将导致海平面持续上升，另外，地球变暖所导致的海水膨胀，会进一步加快海平面上升。如前所述，IPCC 的科学家在 2007 年预测，由于全球变暖，到 2100 年海平面将再上升 0.2～0.6 米。

海平面的上升将改变世界多地的海岸线，价值数十亿美元的沿海地产将会消失。到 2035 年，仅美国南卡罗来纳州的查尔斯顿就将遭受数亿美元的损失。

同样，波士顿、费城、巴尔的摩、华盛顿、纽约、诺福克、迈阿密、圣彼德斯堡、新奥尔良及世界各地的其他许多沿海城市也将洪水肆虐。

3. 世界上许多水稻高产的沿海地区，包括印度河（巴基斯坦）、恒河（孟加拉国）和长江（中国）等河流的肥沃三角洲地区将会被洪水摧毁。

4. 海平面的上升将会增加飓风和热带风暴的破坏性。当这些猛烈的风暴靠近海岸时，水位上升。海水冲上陆地，形成风暴潮，这通常是飓风最具破坏力的部分。海平面上升将增加风暴潮的伸入距离，更多的沿岸房地产将被淹没。海水消退后留下盐渍，导致大片的农田被破坏，更多的房屋和生命都将被毁灭。

5. 一些科学家预测，全球变暖导致天气模式的改变。地球上某些地区可能会变得湿润，其他地方则可能会变得干旱。研究表明，美国有些地区将变得更加凉爽，同时降水也更加丰富，而另一些地区则恰恰相反。这两种情况都可能导致农作物减产，因为过多的降雨会给耕种带来困难。

6. 气候变暖可能使得作物的种植区扩展到明尼苏达州北部、威斯康星州以及加拿大。但种植区的北移可能不会抵消南部地区产量的损失，因为南方地区的土壤远比北方肥沃。总体而言，美国的玉米产量很可能下降，而且因为温度升高和干旱的加剧造成的美国小麦产量的下降，也将带来每年 5 亿美元的损失。

7. 美国和世界其他地区的干旱区将扩大，并可能引发巨大的沙尘暴，如美国曾经发生过的"黑尘暴"。

8. 墨西哥湾和美国大西洋沿岸地区许多含水层可能被海水污染，而这些含水层是目前美国许多城市的饮用水水源。

9. 许多河口盐度增加，如切萨皮克湾和特拉华河河口，可能使它们失去作为很多宝贵鱼类的培育地和繁殖地的价值。

10. 对全球经济造成影响。例如，如果仅考虑北半球农业种植区向北移动这一个因素，也需要花费数千亿美元的资金来建设新的防洪、灌溉、排水和粮食存储系统。如果新增的灌溉面积是世界上现有灌溉面积的 15%，仅美国就需花费 20 亿～150 亿美元新建灌溉系统。此外，还需要新的成本来建造堤堰、大坝和防洪堤以防止沿海地区的洪水。

11. 温度的快速变化将导致许多植物和动物的灭绝。虽然物种可以适应一定程度的气候变化，但人类活动导致的气候变化已远超过去所发生的自然变化。北极熊将是一个由于栖息地缩小而将消失的物种（见图 19.9）。北极熊依赖冬季的海冰来捕食猎物——海豹。在越来越温暖的夏季，当海冰消失后，它们将很难获得所需要的足够营养。许多其他物种，包括麋鹿和企鹅，也会因全球变暖而受到威胁。全球珊瑚礁所受到的影响格外严重，气温升高会杀死珊瑚，从而破坏这个星球上生物多样性最高的生境之一。温暖海水还会造成海藻死亡，而海藻与珊瑚形成共生关系，为珊瑚提供食物，海藻的死亡会导致珊瑚失去食物来源而变白，这一现象也称为珊瑚漂白。

图 19.9　在冰上？由于全球变暖导致北极浮冰缩小，北极熊滞留在浮冰上，它们在狩猎季节结束前很难找到食物

12. 随着北半球变暖，一些仅发生于热带和温暖气候下的疾病开始向北方主要的人口分布中心蔓延。

13. "全球气候变化所造成的洪水和旱灾可能会损害健康，"保罗·爱普斯坦写道，"它们伤害农作物，让他们更容易遭受害虫和杂草的侵袭，最终导致粮食减产，加剧了全球食物短缺。它们还可能造成发展中国家土地的永久或暂时减少，导致过度拥挤以及相关的疾病，如肺结核的蔓延。"

正如我们所看到的，全球变暖确实有一定的益处，但是其对社会、经济和环境所造成的不利影响明显大于这些益处。事实上，大多数科学家认为，全球变化所带来的后果将是毁灭性的。在美国，每年有数百人死于热浪。2003 年夏天，法国约有 15000 人（多数是老人）在破纪录的高温中丧生，整个欧洲有 25000 人死亡。世界上许多地区的农业种植将受到影响。随着海平面的升高，许多岛屿将被淹没，海岸线不断遭受飓风的摧残。飓风动辄造成数十人甚至上万人死亡，并带来数十亿美元的房地产损失。北美和欧洲的洪水也愈加频繁，世界各地将火灾肆虐，吞噬数百万英亩的森林。

19.7　全球变暖的减缓或消除

尽管科学家们再三警告，温室效应最终可能会对人类社会产生非常不利的影响，但多年来，美国大众，甚至包括决策者在内，对此无动于衷。但是，1988 年美国人经历了异常的干旱、高温、洪水及飓风事件。而科学家早就预言，随着温室气体浓度升高，类似事件发生的概率和强度将会增大。不论 1988 年的气候灾难是否能够作为温室效应的最终有效证据，一部分人已经从漠不关心中醒悟过来。

1992 年，世界上许多国家志愿签署了一项旨在减少温室气体排放的公约，即《**联合国气候变化框架公约**》，目的是稳定温室气体的释放量，以防止地球大气层变暖所带来的不利影响。然而，气候变化公约的约束力不强，因此在很大程度上却被忽视了。许多人认为这是一个良好的开端。从那以后，世界各国又进行了多次谈判，最终敲定了削减温室气体排放的目标和策略。在 1997 年的日本京都会议上，有关国家通过了《京都议定书》，这一条约从法律上要求到 2008—2012 年间，各国将 CO_2 等温室气体的排放量控制在比 1990 年低 5.2%的水平。截至 2008 年 1 月，全球 105 个国家签署了这一协议。曾经一度只需要再多一个国家签署，这份公约就会生效。但遗憾的是，美国、俄罗斯和澳大利亚都未在这份公约上签字。尽管许多公民、科学家以及许多著名的公司（包括保险和天然气公司，甚至英国石油公司等大公司）都支持温室气体减排的努力，但在美国的一些强大的政治力量，特别是煤炭、石油和汽车等行业，强烈地反对这样的做法。他们和一些保守的政府官员认为，CO_2 的减排会对美国经济产生不利影响，尽管相当多的证据表明并非如此，也尽管有很多证据表明全球气候变化给美国带来了重大的损失，诸如人口死亡、作物减产和房地产损失等。终于，在 2004 年，俄罗斯同意签署该公约，至此《京都议定书》生效。有关我们是否有碳减排义务的讨论，见自然资源保护中的伦理学 19.1。

绿色行动

冬天当你需要离家一段时间时，请将暖气温度调低；夏天当你离开一段时间或夜晚睡觉时，请调高空调温度。

自然资源保护中的伦理学 19.1　全球变暖的争论：我们是否为其他国家承担义务

在关于限制二氧化碳排放的国际谈判中，发达国家和发展中国家有区别的责任往往成为争论焦点。发展中国家只消耗了全球很小一部分化石燃料（约 24%），却供养了世界 70%的人口；相反，美国人口仅占世界的 5%，但却消耗了超过 25%的化石燃料。发展中国家的代表认为，发展中国家的人民还没有享受到化石燃料所驱动的工业革命的利益，而这是他们本应享受的，那么现在为什么要求他们寻求低碳燃料来替代化石燃料，以提高人民生活水平呢？发达国家是 CO_2 的主要排放者，因此他们更应该率先做出这样的努力。发展中国家应该被允许使用化石燃料来推动发展。

一些发达国家认同这样的观点。事实上，他们已经同意《京都议定书》中关于发达国家比发展中国家实施更严格的碳排放限制。但是，部分出于这样的原因，美国总统乔治·布什和许多参议员以及国会议员都反对《京都议定书》。多年来，他们的立场是，美国将不会加入削减温室气体排放的国际努力，除非发展中国家也承担同样的减排义务。

你认为这一观点成立吗？为什么？采取该立场的代价是什么？发达国家比如美国是否有义务采取措施，甚至帮助发展国家支付开发替代技术的额外费用？为什么？这是否是一个有关道德的辩论？

表明你的观点，列出支持该观点的证据，然后提出反对意见并归纳可能的证据。在这个过程中，你的看法是否有改变？

你能想到其他方法来改善发展中国家人们的生活，而无须从西方国家获得经济援助吗？

虽然美国拒绝在公约上签字，但该公约仍然取得了一些进展。在欧洲，德国、英国和法国的碳排放量都有所下降，尽管最终被欧洲其他国家排放量的增加所抵消。总体而言，欧洲在这一时期的碳排放量仅增加了 3.1%，而同一时期美国增加了近 12%，日本增加了 6%，发展中国家的排放量则增加了近 40%。显然，如果要达到《京都议定书》的目标，我们仍需做出更多努力。要了解美国的一些进展，可参见深入观察 19.1。

深入观察 19.1　绿色行动

在当今社会，绿色是一种时尚。越来越多的人追求绿色。从美式橄榄球队到大学校园，已经有很多绿色行动的例子。

　　许多个人、企业和政府部门，甚至是费城老鹰美式橄榄球球队都采取了一系列措施来减少对环境的影响。球队现在打印门票都使用再生纸，他们要求供应商用由玉米这种可再生资源制成的塑料杯来装饮料。在行政楼里使用的盘子是由植物生产的。

　　即使是球场灯光，也由可再生能源发电。球队 1/3 的能源都来自于可再生能源，主要是风能。球队还对使用可再生能源的雇员给予补贴。

　　球队最大限度地减少在维护球场时使用潜在的有毒化学物质，代之以有机肥料。每次赛事之后他们还会回收大量的垃圾。

　　球队还通过分享其球迷的绿色行动，来教育其他球迷，让他们认识到可以从身边的小事做起，以减少对环境的影响。

　　老鹰队并不是唯一一个采取绿色行动的球队，克里夫兰公羊队也在争取成为绿色的球队。它们的努力成为许多中学和大学球队的榜样，不仅仅限于美式橄榄球球队，其他的运动队也如此。2008 年 2 月，当数以百万计的球迷观看在格兰岱尔市举行的新英格兰爱国者队与纽约巨人队超级碗对决赛时，几乎没有人意识到这是第一次完全由来自阳光、风力、地热、垃圾填埋气以及小型水电站等可再生能源提供动力的超级碗比赛。

　　在整个北美，许多学院和大学都正在采取措施使校园变得更环保。绿色校园并不是一个新名词，许多学院和大学已通过回收废物和采取其他措施来减少对环境的影响。

　　今天的绿色运动往往更彻底、更环保，旨在创造一个可持续发展的未来。例如，为了减少对全球变暖的贡献，在美国已有超过 300 个学院和大学参加了"校园气候挑战"，他们通过购买可再生能源和采取节能措施来大幅降低碳排放。

　　许多学院和大学采用环保建筑材料来建设更高效节能的教学楼与教学实施，这往往要归功于学生的坚持。例如，佛蒙特大学和丹佛大学都为法学院建造了绿色建筑。本书作者希瓦斯博士任教的科罗拉多大学，修建了一座新的绿色科技楼并为艺术专业修建了一座绿色建筑。几十个其他院校也紧随其后建造了绿色建筑（见图 1）。

　　图 1　绿色建筑的范例。许多大学和学院都建有绿色建筑，丹佛大学法学院就是其中之一。它是由环境友好的材料建造而成，而且比其他建筑更节能，节省了日常的成本

　　高乐氏公司 2008 年 1 月宣布推出 Green Works 清洁剂，这是一系列自然的清洁剂，和传统清洁剂一样有效，但由植物性成分生产。据高乐氏公司称，该产品至少 99% 的成分是天然的，提炼自椰子和柠檬油。这种清洁剂是生物可降解的，并且经动物测试证明不会引起过敏。装该清洁剂的瓶子和外包装塑料也是可循环使用的。同年夏季，高乐氏公司还推出了一种环保型洗碗皂。

Green Works 是第一款由日用消费品公司开发的天然清洁剂，它可替代传统清洁剂并且是人们负担得起的。高乐氏并不是唯一一家绿色公司。2008 年 2 月，绿色企业的领导者——美国庄臣公司开始在其生态友好产品（最早是一种擦窗的清洁剂 Windex）上印制 Greenlist 标志。庄臣公司的 Greenlist 标志表示其产品同目前我们广泛使用的大多数清洁剂一样，只含有低浓度的挥发性有机化学品（它们不仅对人体健康有害，还对光化学烟雾有贡献）。公司还采用新的配方生产一种叫做 Pledge 的家具打光料，在提高清洁能力的同时增加其可生物降解性，以及一种叫做 Fantastik Orange Action 的无挥发性有机物质的清洁剂。

2008 年，电脑芯片巨头英特尔公司宣布，它将从 Sterling Planet 公司购买超过 13 亿千瓦时的可再生能源证书（REC）来抵消二氧化碳的排放量。这些电力将由风能、太阳能、小水电和生物质能等可再生能源产生，属于绿色电力。美国环保局称，这场交易将使英特尔公司成为美国绿色电力的最大企业买家。

除了抵消英特尔公司的碳排放，公司官员希望他们的采购能够为其他公司效仿，并以此来拓展绿色电力市场。这些公司的努力，有助于降低来自可再生资源（如风能）的发电成本。

公司并不是承诺购买绿色电力的唯一机构，宾夕法尼亚州、休斯顿市和达拉斯市的政府，以及 Sprint Nextel 公司、IBM 公司和美国队伍军人事务部等都是主要的购买者。

对于我们这些几十年来一直致力于环境问题的研究者，这些迹象是令人兴奋和非常令人鼓舞的。我们认为，人类社会已经切实地开始转向可持续发展。

下面讨论一些减少 CO_2 排放的策略。

19.7.1 减少机动车排放量

前面章节中介绍的机动车排放控制对策，可以有效地集散机动车的 CO_2 排放量。这些对策主要包括：（1）减少交通量，（2）实施检查和维护（I/M）制度，（3）提高燃料燃烧效率，（4）发展公共交通（公共汽车和轻轨列车），（5）采用生物柴油、氢气和乙醇等替代燃料，（6）用电动汽车来替代汽油车。第 18 章和第 22 章具体介绍了其中的一些想法，包括采用氢气和生物柴油等可再生燃料，以下将基于上述想法提出一些具体的措施。

用乙醇替代汽油 在第 18 章中我们提到，机动车燃料可用乙醇（酒精）来代替汽油。乙醇是一种由生长在"燃料田"中的植物生产的可再生资源。比如，玉米可以转化成乙醇。使用乙醇有诸多优点，少量乙醇可与汽油混合（10%～20%的乙醇）作为汽车燃料，而无须对车进行改造。另外，汽车只需稍微改造就可以使用乙醇含量 85%～100%的燃料。最重要的是，乙醇燃烧相当清洁，可以减少 CO_2 的排放，这是由于燃烧乙醇释放的 CO_2 量恰好等于生产乙醇的植物光合作用所消耗的 CO_2 量（如果农场的机械和卡车都使用乙醇为燃料，那将是一个碳平衡系统，不会增加大气中的 CO_2 浓度）。由于石油的供应正在迅速减少，大多数专家认为石油迟早会被乙醇（或其他环境安全燃料）所取代。

遗憾的是，乙醇生产并不是完全没有问题，首先，用玉米生产乙醇需要大量的能量，现在正在开发可以显著提高转化效率的新流程，使乙醇这种燃料更加经济可行。其次，乙醇生产会影响到粮食作物生产，导致食品价格上涨。有关乙醇作为燃料的内容，见第 22 章。

使用更多的甲烷作为燃料 与煤相比，产生同样的热量，甲烷燃烧只排放一半的 CO_2。甲烷即天然气，可从地壳中开采，也可从垃圾填埋场中收集。通过垃圾填埋生产甲烷在美国的许多州已经开始实施，纽约市斯塔顿岛上的弗莱士河垃圾填埋场就是一个例子。甲烷可作为汽车燃料，也可用于各种工业过程，甚至还可以用来发电。

提高燃油效率：燃料税 经济学家早就知道，无论是燃料油还是汽油，燃料的价格都大大影响了它的使用效率。燃料越便宜，使用越低效。出于这个原因，美国一些环保主义者提出了对汽油增税，同时对所有燃烧时释放二氧化碳的燃料增收一个特殊的碳税。他们建议，某种燃料燃烧时排放的二氧化碳越多，则税费就越高。这种做法将鼓励行业和公用事业节约燃料，或者不用石油和煤转而使用天然气或太阳能。人们将更愿意购买更高效的汽车或选择其他交通工具，比如上下班乘坐公共汽车或轻轨列车。税收的收入则可以用来开发节能技术和替代燃料（详见第 22 章）。

早在美国克林顿总统的第一个任期内，他就提出了碳税政策，但这个想法毫无疑问地被那些来自西部各州（生产煤炭和其他化石燃料）的参议员所否决。一些其他国家已经开始征收燃油税，在欧洲，每加仑汽油支付 5～8 美元非常普遍。税收成为燃料成本高的原因之一。随着全球变暖的影响更广为人知，美国和加拿大的决策者的想法也许会变得更加开放，但在本书写作时，碳税仍未实施。

一些专家认为，高税收并无必要。在 2007 年和 2008 年，由于需求的不断增长和供应的萎缩，以及其他一系列因素，引起油价上涨，于是燃料浪费现象有所遏制。在美国，许多个人和企业开始转向更高效的交通方式，而大型 SUV 和卡车的销量急剧下降。2008 年，通用汽车公司关闭了在美国的三家大卡车的生产厂。福特公司也将一家卡车生产厂转为生产小型节能汽车。更省油的混合动力车的销量则急速上升。犹他州把所有的州政府雇员的工作日改为每周 4 天，每天工作 10 小时。

绿色行动

保持车胎压力正常，并使发动机的维护良好。开车不超速，缓慢加速。不使用行李架时请去除它。所有这些措施都将为你节省汽油费并减少污染。

19.7.2　停止热带地区森林砍伐

如第 14 章所述，中美洲和南美洲以及东南亚数百万平方千米的热带雨林已砍伐和焚烧，变成牧场和农场。更多的木材被用做燃料。

一些专家认为，热带雨林已减少了 40% 的郁闭冠层。按照目前尼泊尔每年的森林砍伐率（4%），热带雨林将会在 2012 年完全消失。

热带地区的森林砍伐使得每年通过光合作用吸收的 CO_2 量减少了 10 亿吨以上。停止砍伐，加上对砍伐后的地区大力植树，可能对全球大气二氧化碳水平产生重大影响。个人可以通过植树、减少所有形式的纸张浪费以及回收利用等，为 CO_2 减排做出贡献。

19.7.3　重新造林

数百万公顷的热带雨林被打着发展的名义毁掉，其面积相当于美国国土面积的一半。其中至少 2/3 的林地没有再造林。因此，恢复热带雨林和其他破坏的森林有助于减少全球变暖的威胁。美国林业协会鼓励每年种植 1 亿棵树，这样的计划肯定有用。

尽管这些努力很重要，但目前的补救能力仍显得捉襟见肘。例如，科学家估计，要想以此消除每年由于化石燃料的燃烧而释放到空气中的 76 亿吨二氧化碳，那么新的森林覆盖面积甚至要超过美国的国土面积！

绿色行动

鼓励父母在庭院中种树；支持致力于保护森林和鼓励植树造林的非营利组织，比如荒野协会、塞拉俱乐部和植树节基金会等。

19.7.4　可持续的解决方案

以上策略主要是节约和更高效地利用能源、利用可再生能源以及森林恢复。应对全球变暖的威胁同样应该采取其他的措施，比如人口稳定是最重要的一步。控制人口增长能获得很大的收益。城市人口增长管理策略也很重要，可以有效减少车辆行驶里程和化石燃料使用量。再循环对于削减温室气体排放同样至关重要。第 20 章将讨论如何减少破坏臭氧层的化学品，它们同样是温室气体。

重要概念小结

1. 全球变暖是指地球上海洋和大气温度的升高，它是由自然因素和人为因素共同造成的。

2. 全球变暖会导致地球气候的重大甚至毁灭性变化，称为全球气候变化。气候是指地球的平均天气条件，包括温度、降水和风暴。

3. 每天照射到地球表面及其大气层的阳光，约有 1/3 被云层、尘埃及地表反射回太空，其余则被空气、土地、水、公路、停车场、建筑物和植物吸收，给地球加热。

4. 所有热量最终穿过大气辐射回外太空，地球能量达到平衡。

5. 大气中某些化学物质可以改变地球的能量平衡。它们吸收地表向外辐射的能量并辐射回地球表面而使地球变暖。这种现象被称为温室效应，导致温室效应的气体被称为温室气体。

6. 温室气体包括多种由自然和人类活动产生的化学物质，主要有水蒸气、二氧化碳、氧化亚氮、甲烷和氯氟烃等。

7. 二氧化碳是最重要的温室气体之一。它的产生途径包括：（1）有机物的燃烧，包括化石燃料、木材以及植物；（2）植被以及动物粪便的自然腐败分解；（3）活的生命体的呼吸作用。

8. 若没有二氧化碳，地球将会至少比现在冷 30℃，将不再适合包括人类在内的几乎所有生命的生存。

9. 关于地球能量平衡的研究表明，地表温度受两类因素的影响：要么改变照射到地球表面的太阳光的量，要么影响地表向外散失热量的速率。这些因素包括自然因素和人为因素。

10. 地球的平均温度和气候随时间发生自然变化。这些自然变化的原因有：（1）地球公转轨道的变化；（2）黄赤交角的变化；（3）太阳活动的加强或减弱；（4）火山活动的增减；（5）气候系统的混沌交互作用。

11. 尽管很多自然因素可能改变气候，人类活动也可能改变地球的问题进而导致气候变化。最重要的两种人类活动是温室气体排放和森林砍伐。

12. 过去的 100 年中，由于自然因素导致的温室气体排放量基本不变，而由于人类活动导致的排放量则从 5.34 亿吨（碳）大幅度增加到约 76 亿吨。

13. 大多数的温室气体既来自于自然源也来自于人为源，但也有一些完全来自于人类活动，主要包括氯氟烃类（CFC）和含氢氯氟烃（HCFC）。

14. 不同的温室气体产生温室效应的能力不同，例如氯氟烃类和甲烷就是比二氧化碳更强的温室气体。但由于二氧化碳排放量巨大，因此它对由人类活动导致的全球变暖的影响最为显著。

15. 二氧化碳主要产生于化石燃料的燃烧，森林砍伐和焚烧也产生相当一部分的 CO_2。

16. 研究表明，大气中二氧化碳的平均浓度已从 1860 年的 290ppm 上升到 2007 年的 380ppm，升高幅度达 31%。从最近的冰期至今，二氧化碳浓度升高幅度最大的阶段发生在 1950 年之后。目前大气中 CO_2 的浓度比过去 450000 年中的最高水平还要高 100ppm，这极有可能是人类活动的结果。甲烷含量也比过去高 1000ppm。

17. 2005 年，由于人类活动导致的二氧化碳排放量达 76 亿吨，其中化石燃料的燃烧约为 60 亿吨，占 80%，基本上全球人均排放 1 吨，热带雨林的砍伐和焚烧每年约释放 16 亿吨。

18. 尽管许多人认为地球的大气和海洋都在变暖，但仍有一些人对此持怀疑态度。对于全球温度的测定显示地球表面平均温度从 1950 年的 13.8℃ 上升到了现在的 14.6℃，其中仅在 1940 年到 1960 年间出现了小幅降低。

19. 许多其他的证据也表明地球表面的温度确实在上升：（1）海洋温度上升，（2）海平面上升，（3）冰川融化，（4）南极冰盖解体，（5）北极极地海冰减少，（6）更频繁的热浪和干旱，（7）龙卷风和风暴的增加，（8）降水的变化，（9）飓风的强度的增加，（10）森林火灾发生频率的增加，（11）害虫和疾病的传播。

20. 对于大多数客观的观察者来说，现有证据已足以说明地球的温度和气候正在发生变化，而且这种变化是剧烈的。

21. 大量的证据表明人类活动，尤其是全球二氧化碳排放量的增加，以及大气 CO_2 含量增加与全球平均温度的相关性，导致了气候变化。关于各种自然因素和人为因素的辐射胁迫效应也证明人类活动是全球变暖的主因。

22. 全球变暖可能有一些益处，但会带来更多的有害影响：（1）沿海地区被海水淹没，（2）美国和其他国家数十亿美元的地产损失，（3）含水层被海水污染，（4）干旱引发沙尘暴，（5）海水淹没主要的水稻产区，（6）世界各地经济增长的停滞。

23. 尽管进展缓慢，但许多削减温室气体排放的努力正在进行。最重要的工作之一是《京都议定书》，这是一个通过控制工业化国家和前东欧集团国家的排放量来达到全球减排目的的国际公约。美国拒绝签署该公约，但通过坚实的行动来削减生活中的二氧化碳排放。

24. 可以通过使用更高效的燃烧技术以及风能和太阳能等非化石燃料发电技术来减缓全球气候变化。

关键词汇和短语

Carbon Dioxide　二氧化碳

Chlorofluorocarbons　氯氟烃

Climate　气候

Coral Reefs　珊瑚礁

Global Climate Change　全球气候变化

Global Warming　全球变暖

Greenhouse Effect　温室效应

Greenhouse Gas　温室气体

Hydrochlorofluorocarbons　含氢氯氟烃

Intergovernmental Panel on Climate Change　政府间气候变化专门委员会

Kyoto Protocol　京都议定书

Methane　甲烷

Nitrous Oxide　氧化亚氮

Radiative Forcing　辐射强迫

United Nations Framework Convention on Climate Change　联合国气候变化框架公约

批判性思维和讨论问题

1. 什么是全球变暖？什么是全球气候变化？二者之间的关系是怎样的？全球变暖是全球气候变化的一部分吗？为什么？

2. 举例说明改变地球气候的自然因素。

3. 举例说明改变地球气候的人为因素。哪一个因素最重要？

4. 思考以下论断："没有证据证实地球正在变暖。"

5. 利用辩证思维能力讨论以下观点："全球气候变暖在过去周期性地发生，所以我们无须担心现在的任何气候变化。"

6. 你认为空气污染和美国犰狳、负鼠、红雀和知更鸟分布范围向北扩张有因果关系吗？

7. 讨论大气二氧化碳浓度增加的利弊。

网络资源

本章相关在线资料见 http://www.prenhall.com/chiras（单击 Table of Contents，接着选择 Chapter 19）。

第 *20* 章

酸沉降和平流层臭氧损耗

人们常说"四月的雨带来五月的花"，果真是这样吗？现在许多科学家相信，有时四月的降雨可能会带来死亡，不仅对植物，还对鱼类、鸟类、哺乳动物甚至人类。为什么？因为四月的降雨常常含有酸性物质。酸性的降雨就是众所周知的**酸雨**。但是，酸雨其实只是问题的一部分。酸性物质还可通过降雪和干沉降（后文详述）从空中降下。酸性物质的不同形式的沉降统称为**酸沉降**。

酸沉降是三个严重的全球大气污染问题之一，另两个是全球变暖（见第 19 章）和臭氧层损耗。本章讨论酸沉降和臭氧层损耗，重点关注问题的成因、影响及可持续的解决对策。我们先从酸沉降开始。

20.1 酸沉降

酸沉降的来源是两种主要的大气污染物：**二氧化硫**和**二氧化氮**。这些气体有多种排放源，包括自然源和人为源。在大气中，它们与水和氧气化合，分别生成**硫酸**和**硝酸**。从全球来看，二氧化硫贡献了 60%～70% 的酸沉降，而二氧化氮贡献了其他的 30%～40%。但是，每种气体的贡献因地而异。例如，在美国东部，多年来二氧化硫贡献了几乎所有的酸性。为什么？因为俄亥俄河上游河谷的燃煤电厂排放了大量的二氧化硫。这些电厂通常燃烧高硫煤，并在过去缺乏必要的污染控制设施。但是，在落基山和太平洋沿岸，氮氧化物是酸沉降的主要来源。这些污染物主要来自汽车尾气。

在本章的前言中提到，酸沉降有湿和干之分。酸性物质通过雨、雪和雾的沉降称为**湿沉降**。**干沉降**首先发生在含硫酸盐和硝酸盐的颗粒物向地表的沉降过程。这些化学物质进一步与水反应生成硫酸和硝酸。干沉降还发生在二氧化硫和氮氧化物等气体与土壤、树木、湖泊和河流接触时，与水反应形成酸。

酸度可用 pH 计来测定。如图 20.1 所示，pH 值一般从 0 到 14。pH 值为 7 的物质为中性，即既不是酸性也不是碱性。pH 值大于 7 表示非酸性或碱性。例如碱水的 pH 值是 13，具有很强的碱性。酸性物质的 pH 值小于 7。例如，电池液的 pH 值为 1，具有很强的酸性。pH 的标度比较特殊，它是对数坐标。其中一个单位的改变代表所测氢离子（H^+）浓度的 10 倍变化。于是，pH 值为 4 的降雨的酸性是 pH 为 5 的 10 倍，也是 pH 为 6 的 100 倍。需要特别指出的是，通常未受污染的雨水是弱酸性的，其 pH 值为 5.6，原因是空气中的二氧化碳与水反应生成了一种称为**碳酸**的弱酸。

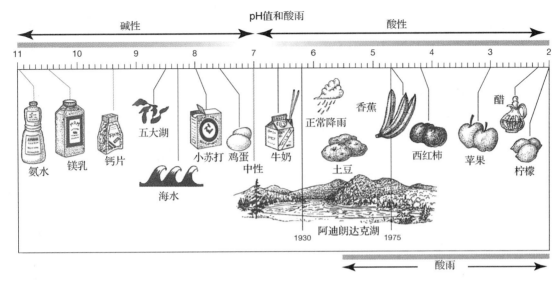

图 20.1　酸雨的 pH 值与水果、蔬菜和一些日用品的比较。注意纽约阿迪朗达克湖的 pH 值在 1930 年到 1975 年间快速下降

20.1.1　酸沉降危害区

1980 年，美国联邦政府设立了**国家大气沉降计划**（NADP）。通过分散在全国的酸沉降监测点，可以对美国降水酸度的变化趋势进行综合评价，并绘制分布图。

图 20.2 显示了美国降水的 pH 值。如图所示，在高人口密度和高工业化程度的美国东部地区，降水酸性较强。在过去的半个多世纪中，有两个明显的趋势。首先，酸度水平持续增加。也就是说，降水变得越来越酸。其次，酸沉降暴露的地区明显扩张。这些趋势看起来同俄亥俄河上游河谷排放到大气中的硫氮氧化物的增加密切相关。

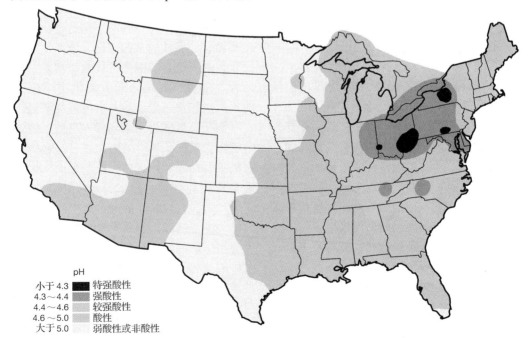

图 20.2　北美降水的酸度（pH 值）。注意，美国东北部和加拿大东南部的降水酸度较高（pH 值较低）

美国的许多酸沉降研究都集中在东北部。近来的研究表明，许多其他的州也出现了酸沉降。例如，加利福尼亚州的空气资源委员会报道了该州的降水处于世界上最酸的范围内。加州降水的 pH 值从最低的 4.4（圣何塞和帕萨迪纳）到最高的 5.4（大熊湖）。加州中央谷的雾水的 pH 值甚至低到 2.6，其酸性是未受污染降水的 1000 倍。有趣的是，加利福尼亚州南部一些地区的干沉降是湿沉降（酸雨）的 15 倍，那里降水量较小，而且机动车的氮氧化物排放量很高。

美国并非唯一受到酸沉降危害的国家。事实上，世界上几乎所有位于主要工业区或人口中心下风向的地区均会发生酸沉降。欧洲的斯堪的纳维亚和其他国家也深受其害。瑞典和挪威有成千上万的湖泊被雨和雪的酸沉降变成一滩"死水"。这些**酸性前体物**（产生酸的物质）来自英国和其他欧洲国家的电厂与工厂排放。

加拿大也被来自本国和美国的酸沉降严重影响。加拿大东南部最少有 1.5 万个湖泊也出现了类似的问题，这些问题最早发现于 20 世纪初。

20.1.2　酸性前体物的来源

与许多其他污染物相似，酸性前体物同时来自自然源和**人为源**。例如，二氧化硫从火山、沼泽和电厂排放。当前，人为活动的 SO_2 排放与自然源排放量相当。但大多数人为排放的 SO_2 仅来自地球上 5% 的面积，主要是美国、加拿大、欧洲和东亚的工业化地区。粗略估计美国每年有 1500 万吨二氧化硫排入大气，其中 72% 来自燃煤电厂，而工业和机动车贡献了其他的绝大部分。研究表明加拿大东部的酸沉降约有 50% 产生自美国。在俄亥俄州和其他相邻的州，主要使用高硫煤。因此，仅俄亥俄州的二氧化硫排放量就超过了纽约州、新泽西州和 6 个新英格兰州的总和。

氮氧化物也可能来自自然源，例如森林大火。但是，氮氧化物的主要来源同样是人为源，包括小客车、货车、公共汽车和电厂。美国这些源的排放量约为 1840 万吨/年。

20.1.3　酸沉降敏感地区和长距离传输

并非所有地区对酸沉降都具有相同的敏感性。图 20.3 绘出了美国和加拿大对酸沉降最敏感的地区，包括加拿大东南部的大部分地区，整个美国东部，以及明尼苏达州、威斯康星州和密歇根州的北部。此外，敏感地区还包括落基山、西北部和太平洋沿岸的一些地区。某个特定地区对酸沉降的敏感性取决于流域内岩石和土壤的酸中和（或**缓冲**）能力。由石灰石（富含钙）发育的土壤具有较高的酸中和能力，而由花岗岩（钙含量低）形成的土壤则具有较高的敏感性。

科罗拉多州立大学的研究人员发现，二氧化硫分子在大气中的停留时间可达 40 小时，而硫酸盐颗粒则可以持续悬浮 3 周。因为它们在大气中有相对较长的停留时间，所以可以传输到距排放点数百千米之外（见图 20.4）。亚利桑那州一个冶炼厂排放的二氧化硫分子可以最终通过降水沉降到纽约州或佛蒙特州的一个敏感的山地湖泊中。美国俄亥俄州排放的二氧化硫分子也可能传输到加拿大的南安大略省（见图 20.4）。科学家估计纽约州和新泽西州 87% 的硫，新英格兰 92% 的硫，来自其他地区，主要是俄亥俄河谷上游地区（见图 20.5）。相反，加利福尼亚州的酸雨都是自己产生的，几乎没有边界外的来源。这一情况使得加利福尼亚州的立法者有强烈的控制酸沉降的动机，因为在削减二氧化硫和氮氧化物排放上取得的任何成绩都将导致该州酸沉降的减轻。

利用高烟囱将污染物排入高空，曾被认为是解决大气污染的有效方法。尽管它确实可以降低主要污染源附近的污染物地面浓度，但它简单地把问题转移给了排放源下风向的生态系统和居民。许多高烟囱都是酸性前体物的巨大排放源。例如，加拿大安大略省萨德伯里的大型冶炼厂的烟囱高达 380 米，每天会向大气中排放 2300 吨的二氧化硫。它每年排放的硫是圣海伦火山在其最活跃的年份的排放量的两倍。这是世界上最大的烟囱，也是北美酸雨问题的标志。难以置信的是，单这个烟囱就排放了全世界几乎 1% 的二氧化硫。

图 20.3　北美的酸沉降地区。圆点表示每年 SO_2 排放量超过 10 万吨的地区。箭头表示主导风向朝着加拿大（注意图 20.4 同样显示酸性污染物被风输送到东北部和中亚特兰大各州）。阴影表示自然缓冲（如石灰石）作用较弱的地区，因此对酸化特别敏感

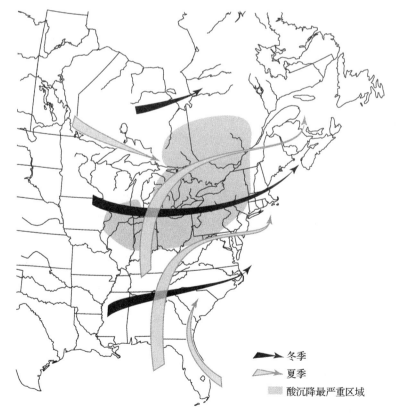

图 20.4　风将酸性物质输送到很远的地区。加拿大东南部和美国的东北部对酸沉降特别敏感

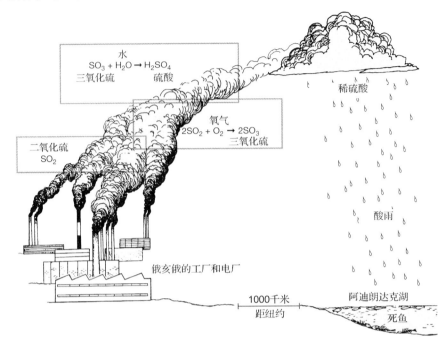

图 20.5　大部分通过降水沉降到纽约州阿迪朗达克湖并杀死鱼类和其他水生生物的酸性物质，来自于中西部工厂烟囱排放的硫氧化物和氮氧化物（后者未显示）

绿色行动

为了减少大气污染，包括酸性前体物，在不用时请关闭计算机并拔下插头。不用时请取下电器（如手机或iPod）的充电器。

20.1.4　酸沉降的危害

酸对建筑物和材料、土壤和农作物、生态系统和其中的生物以及人类健康有许多危害。本节介绍其中主要的危害。

对建筑物和材料的影响　酸会腐蚀砂岩、石灰石和大理石等建筑材料的表面（见图20.6）。古罗马和古希腊的雕塑是无价之宝，已被酸所严重损坏。同样情况的还有美国的自由女神像、华盛顿纪念碑和国会大厦。芝加哥自然博物馆前的大理石雕像已被酸雨快速腐蚀。无数的金属结构，例如桥梁、铁轨和工业设备，也被酸雨腐蚀。美国空军每年要花费数百万美元来修理被酸雨损坏的飞机。在美国东部17个州，酸雨造成的建筑和材料的损失每年超过50亿美元。目前还没有

对全世界酸雨破坏的估计，相信这个数字十分惊人。

图20.6　酸雨缓慢地腐蚀欧洲和北美的一些著名雕塑。这是其中之一，坐落在法国的凡尔赛。酸雨导致的损失每年有数十亿美元

对土壤和农作物的危害　酸沉降会向土壤中输入氢离子。氢离子置换出土壤颗粒上结合的营养元素，包括钙、钾和镁。这些营养物

质接着可能被淋溶出土壤，并被径流带走。酸沉降还会抑制固氮细菌的活性。仅这两个效应，酸沉降就会导致某些土壤的肥力在 10 年间明显降低。重金属（比如铝）通常被土壤颗粒所结合而无害，但也会被酸沉降中的氢离子置换。这些重金属是溶于水中，可能被农作物或树木的根所吸收，从而导致有害的影响（见表 20.1）。

表 20.1 过去 50 年间与环境污染有关的森林衰亡事件

广泛认可起主要作用
欧洲大面积森林死亡
加利福尼亚州圣贝纳迪诺山脉的黄松和杰福瑞松林的衰退
美国和加拿大东部的白松林的衰退
可能起主要作用
从佐治亚州到新英格兰的阿巴拉契亚山脉高海拔地带的红果云杉、香脂冷杉和弗雷泽冷杉林的衰退
阿拉巴马州、佐治亚州、北卡罗来纳州和南卡罗来纳州山地的火炬松、短叶松与沼泽松林的生长减缓，没有其他明显的症状
新泽西州松林泥炭地区的刚松和短叶松生长减缓，但没有其他明显症状
美国东北部和加拿大东南部糖枫的大面积死亡
与生物或物理因素有关的衰亡
欧洲白冷杉衰亡
20 世纪 70 年代初民主德国和苏联的樟子松衰亡
20 世纪初以来德国和法国的栎树衰亡
20 世纪 80 年代初以来法国大西洋沿岸的海岸松衰亡
美国东北部和加拿大东南部桦树的树皮病
美国东南部短叶松的小叶病
美国东北部和加拿大东南部的桦树死亡
落基山脉西部白松的杆疫病
美国东北部和加拿大东南部的枫树死亡
宾夕法尼亚州、弗吉尼亚州和得克萨斯州的栎树衰亡
美国东北部和加拿大东南部的白蜡树死亡
美国东南部的枫香叶枯病

注意：一些归因于生物或物理因素的森林衰亡可能也受到了大气污染物的毒害，但研究不够彻底，没有充分的证据将其联系。

土壤化学的变化会影响植物生长。同时，植物会直接受到酸雨的伤害。酸可能直接从叶面淋溶出矿物质。酸还会杀死新芽或抑制其生长。土壤中的酸可能影响种子的发芽和幼苗的生长。美国酸雨造成的农作物损失估计每年最少有 50 亿美元。

对森林来说，酸性物质沉降到针叶树的针叶上，会损伤针叶，降低树木的光合作用（见图 20.7）。酸还可能促进耐酸的苔藓在林下地面上生长。这些苔藓会大大增加表层的湿度，影响营养根生长，进而影响树木的生长。美国东北部和欧洲出现的整片森林的死亡，主要是因为酸沉降。

图 20.7 捷克斯洛伐克被酸雨致死的松树。注意那些落叶和死亡的松树

对水生生态系统的危害　不同湖泊或河流对酸沉降的抵抗力差别很大。最敏感的水体是那些能够缓冲酸的可溶解矿物（如钙盐）含量较低的淡水湖。这些湖泊的集水区含有较少的土壤或没有土壤，具有较低的缓冲能力。美国东北部、落基山脉和内华达山脉的许多湖泊都属于这种类型。相反，在美国的南部和中部，多数湖泊的湖水硬度较大，含有能够缓冲酸的矿物质。这些流域内分布有充分发育的土壤，具有较高的酸缓冲容量。与美国一样，加拿大不同湖泊和流域对酸的中和能力也差异较大。例如，加拿大东南部加拿大地盾的许多湖泊坐落在花岗岩之上，它们的酸中和容量较低，因此对酸沉降较敏感。而落基山北部和不列颠哥伦比亚省中部的山地则对酸沉降不敏感。

酸沉降使得世界上成千上万的湖泊受害。最严重的地区是欧洲的斯堪的纳维亚、加拿大的安大略省、加拿大东南部和美国的东北部。加拿大有 30 万个对酸沉降敏感的湖泊，其中至少有 5000 个已经酸到鱼类完全消失。根据加拿大环境署（类似于美国环境保护局）的数据，在加拿大的新斯科舍省，河流酸化已导致大西洋鲑数量的急剧下降。那么美国的情况又如何呢？

尽管美国全国都出现了酸雨，但只有东北部的一些州的降水 pH 值最低，并且受害严重。其中，纽约州阿迪朗达克山脉可能是受害最严重的地区，237 个湖泊的 pH 值低于 5（一个对许多鱼类致命的酸度水平）。

根据全国酸沉降评估计划（ADAP，一个由十多个部门的代表参与的联邦计划）的报告，尽管一些区域敏感性较高，且已经受到明显的危害，但美国的全国湖泊普查结果表明其比例很低。也就是说，仅有一些区域已经拉响水体酸化的警报。美国技术评估办公室（OTA）在东部 27 个州中进行了一项有关酸雨问题的普查，发现东北部和中西部的北部有 80% 的湖泊和溪流对酸沉降敏感。更重要的是，这 27 个州 17% 的湖泊和 20% 的河流已受到酸沉降的危害。在所有调查的 17000 个湖泊中，大约有 3000 个已经酸化。在所调查的总长 187876 千米的河流中，有 39500 千米的河段已经受害。

所幸的是，电厂及其他源的氮氧化物和硫氧化物排放量的削减，已经导致大气浓度的明显下降，进而导致了酸沉降的下降。正如全国酸沉降评估计划 2005 年向国会递交的报告中所说，"一些地区对酸敏感的水体开始恢复"。尽管这是好消息，但报告的作者仍指出，研究表明多数继续暴露在酸沉降中的水体仍不可能恢复。他们说，目前的硫氧化物和氮氧化物排放的削减仍不足以使一些地区恢复或防止未来的酸化。

绿色行动

为降低空气污染，特别是酸前体物，在上下班时尽量拼车。最好考虑步行或骑自行车上下班。

对湖泊和河流的危害　酸沉降对水生生态系统会产生多种危害：

1. 影响许多物种的繁殖，包括鱼类（见图 20.8）。
2. 酸化水体可能干扰性成熟的鲑鱼的归巢本能。新罕布什尔大学开展的一项研究显示，当水的 pH 值为 5.0～5.5 时，鲑鱼明显会失去在水中分辨特定气味的能力。由于成年鲑鱼依赖化学物质来指导它们洄游到当初出生的溪流中去产卵，因此该物种在酸化溪流中的生存受到威胁。
3. 当 pH 值低于 5.5 时，胚胎和幼鱼异常发育并最终死亡的数量增加。
4. 作为鱼类重要食物的生物，如甲壳动物和昆虫幼虫，数量急剧下降。
5. 人类在钓鱼活动中喜欢的鱼种（如鲈鱼和狗鱼）被更能耐受酸但人类不喜欢的种类（如鲇鱼和亚口鱼）所取代。
6. 酸从流域内的土壤中淋溶出重金属（如铝、汞、铜、锌和镍）。这些有毒化学物质进而被冲进河流和湖泊。许多研究者相信，重金属而非酸本身，才是鱼类死亡的主要原因。铝离子在浓度低于 1ppm 时对鱼类具有毒性。在这一浓度下，它会引起鳃中的粘液积累，使鱼类窒息而亡。由于在食物链中的生物放大作用，汞会在鱼体内积累。在威斯康星州一些酸性的湖泊中，肉食鱼类（如鲑鱼、湖鳟鱼和白斑狗鱼）体内的汞含量可能会超过 2ppm，两倍于人类消费的安全标准。

7. 由于酸的脱钙作用，鱼类的骨骼可能会变得脆弱。于是，鱼体变形，鱼类失去游泳能力，很快会死于饥饿、疾病或被捕食。

8. 细菌的分解作用被抑制。这会导致关键营养物质（比如氮和磷）被固定在植物和动物的残体中，而不能被食物链中的生产者——陆生和水生植物所利用。

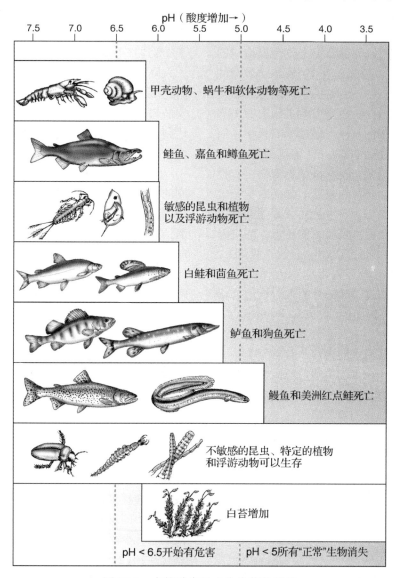

图 20.8　水的酸度对水生生物的影响

显然，酸沉降可能已经对湖泊、池塘、溪流和江河产生深远的影响。而且，酸沉降带来的改变具有协同效应，使得生物的生存条件恶化，甚至湖里的所有生命都被消灭。一年中某些时间的情况可能更恶劣。例如，当含酸的雪开始融化时，会释放大量的酸，形成所谓的"**酸**

冲击"。在初期融水中的酸浓度可能是降水中的 5～10 倍。尽管成年鱼类可能在突然增加的酸注入中得以幸存，但更为敏感的鱼卵和幼鱼往往会因此死亡。

酸雨不仅会影响生物，还会影响经济。酸沉降可能破坏一个地区的垂钓运动，减少数百万美元的旅游收入。出售渔具和鱼饵的收入损失也很可观。

对人体健康的影响　鱼类并非唯一受到酸沉降危害的生物。人类同样对酸沉降敏感。伦敦烟雾事件是众所周知的世界上大气污染造成的最严重的灾难之一，它发生在 1952 年。"致命的烟雾"笼罩城市 5 天，导致超过 4000 人死于支气管炎、肺炎和心脏病。尽管当时并没有有关雾水 pH 值测定结果的记录，但如今的科学家估计，经高度稀释的硫酸雾的 pH 值范围是 1.4～1.9。在 6 个世纪之后，酸沉降依然致命吗？根据美国技术评估办公室的数据，含硫酸盐空气会导致每年超过 5 万早产儿死亡。根据西奈山医学院菲利普·兰德里根博士的观点，酸沉降是导致人类肺病的第二大病因（仅次于吸烟）。

饮用水中的有毒金属可能对人体产生危害。当前美国有超过 4000 万的人口饮用含铅量超过 20ppb（美国 EPA 认为安全的限值）。饮用水中的铅从何而来？显然，铅来自于水管和铅接头被酸性饮用水的淋溶。数百万美国人对铅的摄入引起了极大的关注，原因是医学研究者已经证明，铅是引起成年人高血压和心脏病，以及儿童脑损伤的重要原因之一。

一些健康专家认为，酸沉降可能是导致**阿尔茨海默病**的间接原因。该病的早期症状为大脑退化和记忆力严重丧失。对得此病死亡者的大脑的化学分析结果显示，其中存在较高的铝浓度。一些研究者相信正是铝导致了此病。如果真是这样，铝从哪来，铝又是如何进入人体的？酸沉降显然牵连其中。

加拿大超过 80% 的人口居住在酸雨区。根据加拿大环境署的数据，这个地区成千上万的人患有呼吸道疾病，可能是由酸性前体物导致的。儿童是特殊的敏感人群。在空气被酸、硫酸盐和硝酸盐污染的社区，儿童更多地患支气管炎、过敏症和咳嗽。

20.1.5　酸沉降控制和预防

与其他环境问题一样，酸沉降问题也有多种解决方法。本节将着眼于这些措施，同时关注那些同时减少酸性前体物排放并预防酸沉降问题的措施。这些解决方法中有很多还会在第 22 章和第 23 章（讨论替代能源战略）中进一步阐述。

使用低硫煤替代高硫煤　在电厂和工业锅炉中燃烧的煤具有不同的含硫量，范围从低于 1% 到差不多 6%。使用低硫煤替代高硫煤将大大降低二氧化硫的排放，因此美国和加拿大的许多企业都已经采用此措施。这些企业不用安装昂贵的污染控制设施就可以削减硫排放，达到 1990 年《清洁空气法》（见第 18 章）的要求，从而节省大量的资金。

问题由此产生：美国能否为达到酸沉降控制的目的提供足够的低硫煤？显然，答案是肯定的。一群低硫煤开采企业和环保人士创立了清洁能源联盟，他们估计美国有超过 141 亿吨的低硫煤储量，可供使用很多年。

注意，用低硫煤替代高硫煤只是减少了二氧化硫的排放，它并不影响氮氧化物和二氧化碳的排放。因此，它顶多是权宜之计。

绿色行动

冬季住宾馆时，在离开房间时关掉暖气。夏季尽可能设置较高的空调温度来节约能源。

安装烟气脱硫设施　如在第 18 章所讨论的，烟气脱硫装置可以去除二氧化硫和部分颗粒物。得克萨斯大学奥斯汀分校的伦纳德·克莱斯勒教授最近开发出了一种新的烟气脱硫技术——协同反应器，它与现有的烟气净化设施相比有几个优点：（1）几乎可去除 100% 的二氧化硫；（2）尺寸大大缩小；（3）能耗只有烟气净化设施的 1/3；（4）将作用时间从分钟级别缩短到秒级；（5）石膏是唯一的副产物，具有较高的商业价值——制作石膏板。现在已有多家公司利用常规脱硫设施的废物生产石膏板用于家庭装修（见图 20.9）。

图 20.9 脱硫废物可用来生产石膏板，这是一种家庭和办公室装修的材料

人们相信，这种协同反应器在规模扩大后能够每分钟去除 2300 千克的二氧化硫。当烟气经过这个充满了磨细石灰石和蒸汽的反应器时，二氧化硫与石灰石反应生成石膏。协同反应器不仅吸引了 EPA 的注意，同时也引起加拿大、欧洲、俄罗斯和日本等国环保局的关注。

与低硫煤替代一样，安装脱硫设施是大量削减硫排放的重要措施，但脱硫的建造和运行成本都较高。同样，脱硫装置对去除酸沉降的另一个前体物——氮氧化物无效。脱硫装置还不能去除二氧化碳——一种对温室效应起最主要贡献的气体。

节能 世界观察研究所的桑德拉·波斯特尔指出，节能是同时控制酸沉降两种前体物（二氧化硫和氮氧化物）和二氧化碳的经济且有效的措施。事实上，节能是创建可持续社会的最重要战略。请考虑以下这个简单的例子。

1987 年，美国国会通过了《**国家电器节能法**》。该法要求制造商大大降低常用电器（如空调、冰箱和热水器）的能源消耗。根据波斯特尔的测算，该法每年可减少全国电耗达 70000 兆瓦，相当于 140 个大型燃煤电厂的发电量。波斯特尔估计，如果美国可以降低一半的耗电量（这是当前技术可以实现的目标），那么全国可以每年减少燃煤量 8500 万吨。其净效果是，二氧化硫排放量减少 400 万吨（2005 年美国总排放量接近 1500 万吨）。氮氧

化物和二氧化碳排放也大大降低。而且，其花费只是电厂安装烟气脱硫设施取得同样效果所需的 50～100 亿美元的 1%。其他节能技术将在第 23 章中讨论。

可再生能源 作为另一种预防性措施，可再生能源（包括太阳能和风力等）对未来人口和全球经济发展越来越重要。尽管在制造太阳能板、风轮机和其他获取可再生能源所需的设备时会产生污染，但一旦运行起来，这些设施不产生二氧化碳、氮氧化物或二氧化硫。整体上，它们只产生很少的大气污染物，所以是预防污染的很好方法。第 23 章将列出各种可选的可再生能源，并讨论它们的利弊。

联邦立法 从 19 世纪 80 年代起，降雨和降雪中的酸导致的环境问题就已逐渐被人们认识。针对冶炼厂引起酸雨的诉讼从 20 世纪 20 年代开始出现。但直到 20 世纪 70 年代，对问题的严重性才得到人们的广泛认同。又过了约 20 年，联邦政府才开始立法，1990 年的《清洁空气法》修正案要求控制酸沉降。第 18 章中已经指出，**1990 年的《清洁空气法》修正案**要求减少二氧化硫的排放。该法对主要的排放源（如电厂）设置了排放限值，并建立了一个可交易的排污许可证制度，允许那些可以削减二氧化硫排放低于法律要求限值的企业，出售额度给其他企业。

尽管这个基于市场的制度被公认是成功的，

但多数企业并非通过烟气脱硫来达到排放标准。低硫煤是最佳的选择。许多电厂可以以比高硫煤便宜或相同的价格购得低硫煤。由于这个法律，它们可以终止之前的高硫煤合同而摆脱价格自动调整条款（它确保所购买煤炭的价格一直稳定地升高）。简单地说，许多企业受益于此法律，同样受益的还有我们的湖泊、河流和我们自身。尽管相关行业反对酸性前体物减排，声称《清洁空气法》将每年花费 30～110 亿美元，但实际全国的支出每年只是稍高于 8 亿美元。

一些州在 1990 年《清洁空气法》修正案之前已经通过了酸雨法令。1991 年在多年的迟疑不决之后，美国政府与加拿大签署了一个协议，即所知的《空气质量协议》，共同控制跨越国境的酸性污染物传输。在该协议中，美国的酸性污染物的排放总量上限被设定为 1330 万吨二氧化硫，而加拿大为 320 万吨二氧化硫。该协议还要求共同削减氮氧化物排放。加拿大同美国一样，限制工业源的二氧化硫排放。多数企业优先使用低硫煤来达到减排要求。安大略省萨德伯里附近的克利尔沃特湖曾经严重酸化，pH 值为 4.1，而今升高到 4.7。如前所述，美国的努力同样取得了相应的回报——酸性前体物浓度降低，酸沉降降低，酸化的湖泊和河流开始恢复。

绿色行动

用洗衣机洗衣时，用冷水洗涤剂并设定冷水模式。调整合适的水量并考虑晾干衣物而非烤干。

20.2　平流层臭氧损耗

臭氧是一种大气污染物，这可能让很多人产生疑惑。在近地层，它是光化学烟雾的成分（见第 18 章）。它刺激眼睛，对肺部产生伤害。夏季我们在任何一个大城市都能见到臭氧的污染及其影响。但臭氧也会在上层大气中被发现。它是平流层的一个天然成分，并发挥着重要的作用。

也许你已经知道，地球的大气层分为几层。最下面的一层具有较高的氧气浓度，称为**对流层**。对流层从地球表面到大约 10 千米高度（见图 20.10）。几乎所有的人类活动都在对流层发生，因为它含有我们生存所需的氧气。相对而言，地球上的最高点珠穆朗玛峰，只有不到 9 千米高。大气的第二层称为**平流层**，高度从 10 千米到约 50 千米。大多数商用飞机航线都在平流层的最下部。大多数臭氧集中在平流层中距地表 15～30 千米的范围内，这称为**臭氧层**，其中含有较高浓度的天然产生的臭氧。那么什么是臭氧？

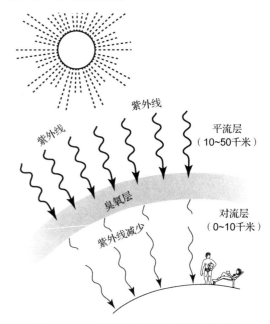

图 20.10　平流层中的臭氧层保护地球免受致死性紫外线（UV）的伤害

臭氧是含有 3 个氧原子的分子，其化学式是 O_3。我们呼吸的普通氧气分子，含有两个氧原子（O_2）。臭氧气体为蓝色，具有强烈的气味。而氧气则无色无臭。两者中，臭氧十分稀少。在每 1000 万个空气分子中，约有 200 万个通常的氧气分子，但只有 3 个臭氧分子。

地球上的所有生物都依赖于臭氧层的存在。为什么？臭氧分子能过滤掉太阳光中的中波**紫外线**（见图 20.10）（称为紫外线 B，UVB）部分和短波紫外线（UVC）。如果这层臭氧吸收屏障不存在，将有多得多的 UVB 到达地球表面。专家指出,这将产生灾难性的后果。本章随后将对此详细讨论。本章只讨论平流层中的臭氧,近地层臭氧在第 18 章中已经介绍过。

直到二三十年前,臭氧层还一直处于动态平衡中。也就是说,平流层中的臭氧含量基本保持恒定,尽管存在约 10%的年际变化,而且在不同地区可能相差 2～3 倍。

1974 年,加利福尼亚大学的罗兰预测臭氧层可能面临危险,这让科学界震惊。他怀疑一类称为**氟氯烃**(氟利昂,CFC)的化学物质可能消耗臭氧层。这些化学物质被用做喷雾器(如除臭剂、发胶、剃须膏和杀虫剂等)的推进剂,也被用做冰箱和空调器中的冷却剂。此前人们一直认为,这些化学品是惰性的,即不会发生化学反应。

CFC 很快引起关注,因为全世界有大量的 CFC 被排放到大气中。例如,1988 年全世界 CFC 产量达到最高点——110 万吨(见图 20.11)。

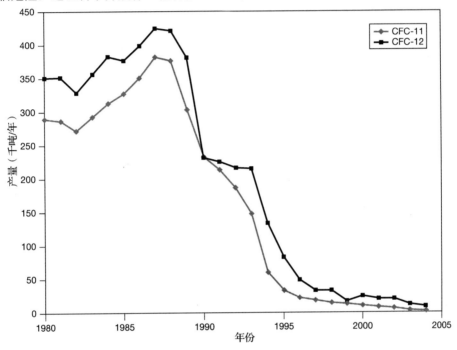

图 20.11 从 1980 年至今的全世界 CFC 产量

氟氯烃是相对简单的化学品。它们在中心碳原子上结合氯或氟原子(见图 20.12)。美国和其他国家最常用的 CFC 有两种,杜邦公司是最大的生产者。一种是喷雾器中所用的推进剂 CFC-11($CFCl_3$),另一种是冷却剂 CFC-12(CF_2Cl_2)。这两种化合物在地面上的普通环境条件下均特别稳定(惰性)。它们不与喷雾器中的其他成分或喷雾器本身发生化学反应。人们曾认为它们也不会与环境中的化学物质发生反应,正是因为这一特征才使它们被人们当做理想的推进剂。

但是,人们用来喷剃须膏的这种推进剂的分子会从卫生间窗户逃逸出来并飘向天空。在最多经过 5 年之后,这些 CFC 分子就会进入平流层。

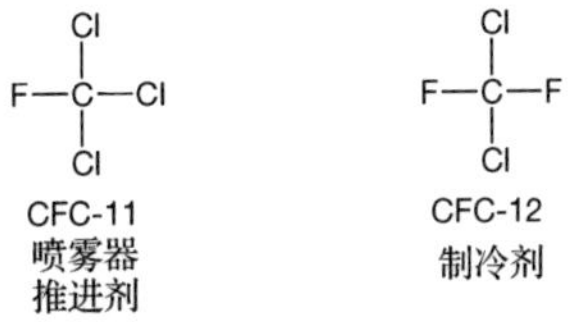

图 20.12 两种常见 CFC 的化学式

冰箱冷却系统或汽车空调的泄漏同样会将 CFC 排放到大气中。一旦进入平流层,这些通常稳定的化合物将暴露在很强的紫外线之下,使得 CFC 分子分解,释放出一种反应活性很强的原子——氯自由基。我们以 $CFCl_3$ 为例来看这个过程:

$$CFCl_3 + UV \rightarrow Cl \cdot （氯自由基）$$

氯自由基接着与臭氧（O_3）反应，使之变成氧气分子（O_2）。这个反应如下：

$$O_3 + Cl \rightarrow ClO + O_2$$
（臭氧）（氯自由基）（氧化氯）（氧）

这个反应从臭氧层中去除臭氧。进一步的反应（过于复杂，这里不详细介绍）使得氯自由基再生，从而可以与其他的臭氧分子再次反应。结果是，一个氯原子可分解约 10 万个臭氧分子。

当 CFC 最早于 20 世纪 20 年代被合成时，它们看起来太完美了。它们性质十分稳定，不易燃烧，且无毒，而且它们在较低温度下可挥发。关键是，它们可以很廉价地生产出来。于是，它们有了很多的用途。不仅如前所述被用于喷雾器、冰箱和空调，而且被用于溶剂和医疗器械的消毒剂。它们甚至还被用做发泡剂（产生气泡）生产泡沫塑料。在很长的时间里，麦当劳快餐店使用泡沫塑料制成的包装盒。现在发现，在各种产品和应用中的 CFC 多数都有进入大气的途径。经过一段时间之后，用泡沫塑料制成的汉堡包包装盒会释放出 CFC。废气的冰箱也一样，生锈和破损后将 CFC 释放到空气中，最终造成臭氧层损耗。

20.2.1 CFC 积累和臭氧层变薄

美国的俄勒冈州、爱尔兰、澳大利亚的塔斯马尼亚州（澳大利亚唯一的岛州）、巴巴多斯（位于委内瑞拉东北方向的岛国）、萨摩亚群岛（位于南太平洋）、新西兰和其他一些国家的科学家每天都会观测臭氧层损耗气体在大气中的浓度。图 20.13 显示了一些观测结果。由图可见，臭氧层损耗化学品的浓度从 1950 年到 20 世纪 90 年代一直在稳定增加。

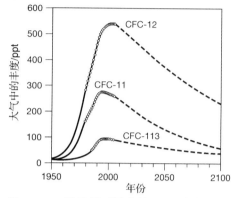

图 20.13　平流层下层中的 CFC 浓度。注意 CFC 浓度现在已开始下降

由于 $CFCl_3$ 分子的平均寿命是 75 年，而 CF_2Cl_2 为 110 年，CFC 可以扩散到整个平流层。于是，它们不论在工业集中地区还是在偏远地区都有分布。事实上，相对发达的北半球的浓度，与相对不发达且人口较少的南半球几乎相同。

CFC 在平流层中的积累是否已经导致臭氧层损耗？是的。研究表明不仅北半球，南半球的臭氧浓度也已经下降。如图 20.14(a)所示，平流层臭氧浓度在 1980—1993 年间持续下降。如图 20.14(b)所示，南半球、南极和北极的变化最为剧烈。

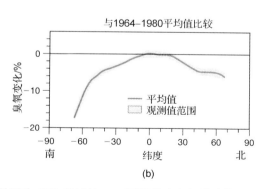

图 20.14　(a)全世界臭氧的浓度都已下降，主要是因为 CFC 的排放；(b)不同纬度臭氧浓度的下降

最明显的臭氧层损耗发生在南极洲上空。1979 年的秋季和冬季，在南极洲上空出现了一个巨大的"臭氧空洞"（见图 20.15），这令大气科学家们惊讶和不解。这个扩展到整个南极洲的空洞中的臭氧浓度，不到正常值的 50%。

1988 年，美国国家航空航天局（NASA）的臭氧变化研究中心作出结论，"所有的证据强烈表明，人造含氯化合物是造成臭氧洞的罪魁祸首"。最近的研究表明，在存在冰晶和阳光时，臭氧的分解会加速。

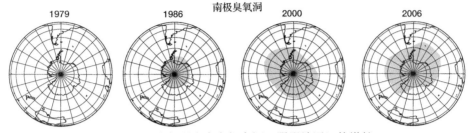

图 20.15　南极洲上空臭氧空洞（阴影地区）的增长

尽管臭氧层变薄主要是由 CFC 引起的，但自然事件（如火山爆发）有时也会引起臭氧层损耗。例如在 1992 年，菲律宾的皮纳图博火山爆发，向大气层中喷发了数不清的细小硫酸盐液滴。国家海洋和大气总署的大卫·霍夫曼认为，这导致南极洲上空的臭氧洞变大。在 2300 万平方千米的范围内（几乎等同于整个北美大陆的面积），70% 的臭氧被破坏。这是如何发生的？科学家猜测，火山喷发的大量细小硫酸盐液滴为臭氧的消耗反应提供了所需的表面。

随着臭氧层的破坏，地表有害的紫外线水平是否提高？一些科学家坚持认为，即使具有保护作用的臭氧层被部分破坏，增加的 UVB 辐射也可能被云层和大气污染物所吸收。在一些地区，这是对的。但根据两个加拿大的科学报道，安大略省多伦多上空的 UVB 辐射在 1989—1993 年间每年增加 5%，这与臭氧层每年变薄相一致。越来越多的研究发现了类似的结果。图 20.16 显示臭氧浓度的降低已经导致地表紫外线的明显增强。如图所示，各地增强的程度不同。最大的增加发生在南极和北极，最小的增加发生在赤道附近。你可以根据自己所在的纬度，了解平均的紫外线增加率。

20.2.2　UVB 辐射的危害

由于 CFC 需要经过多年才能迁移到臭氧层，并且其寿命很长，因此人类可能需要 50～100 年来修复臭氧层。确切的结果只有时间会告诉我们。我们关心的是，臭氧层损耗究竟有什么后果。

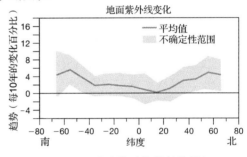

图 20.16　地球遭受的紫外线增加

正如环境中的许多天然组分那样，UVB 在低剂量时是有益的。紫外线将浅色皮肤晒黑，促进皮肤中维生素 D 的产生。但是，过量的 UVB 暴露可能会导致严重的问题。例如，它可能导致人类严重的皮肤晒伤、白内障（眼睛的晶状体出现浑浊）和皮肤癌（见图 20.17）。紫外线暴露的增加还可能影响人类的免疫系统，使得我们对传染病更敏感。

EPA 的研究人员估计，臭氧层中臭氧浓度每降低 1%，地球遭受的 UVB 辐射将增加 0.7%～2%，这将使皮肤癌的发病率增加约 4%。EPA 估计臭氧损耗将导致美国在未来的 50 年里增加约 20 万个皮肤癌病例。从全球范围看，这个数字将高很多。受害较重的国家将分布在南半球，如新西兰和澳大利亚。在澳大利亚北部，目前已有报道，一个城市的皮肤癌患病率大大增加。

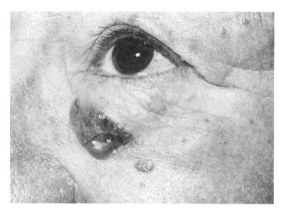

图 20.17　过量的紫外线暴露引起皮肤癌。臭氧层变薄将引起皮肤癌病例的大大增加

1991 年 11 月，联合国一个科学家小组完成了一份报告，预测了全球臭氧层损耗的危害。据估计，平流层臭氧浓度下降 10%，全世界每年将增加 30 万个皮肤癌病例。此外，每年还将增加 160 万个白内障病例。

对皮肤癌的研究表明，浅色皮肤的人比肤色较深的人对 UVB 辐射更敏感。此外，在药物、香皂、化妆品和清洁剂中的一些化学品可能会使皮肤对 UVB 更加敏感。因此，阳光暴露可能增加浅色皮肤的人和使用很多上述商品的人患皮肤癌的可能性。

多数皮肤癌并不致命，但由于这么多的人患上此病，我们使用 CFC 已导致成千上万人死亡。其他患者不得不做手术切除肿瘤。

对于 UVB 辐射对自然生态系统（比如森林、草原、湖泊、河流和河口）的效应的研究在近年来才开展。但是，对浅水生态系统的研究指出，UVB 辐射可能严重影响浮游生物、小型甲壳动物和幼鱼的数量。因此，科学家指出，臭氧层损耗将导致贫穷国家数百万已经营养不良的人的蛋白质供应量进一步减少。

陆生和水生植物可能也会受到 UVB 辐射增加的危害。强烈的 UVB 辐射通常对植物是致命的，而低剂量虽不致命，但会抑制光合作用，导致植物变异，阻碍生长。臭氧的减少和 UVB 辐射的增强可能还会导致农作物（如玉米、水稻和小麦）的大量减产，每年损失数十亿美元。它还会影响某些具有经济价值的树种，如火炬松。

1991 年 11 月在美国参议院的一个听证会上，位于华盛顿州沃拉沃拉的美国海洋与湖沼学会的苏珊·维勒会长指出，科学家对南极洲的研究已经表明，当该地区上空平流层臭氧浓度下降 40% 后，浮游生物（藻类和其他自由漂浮的光合微生物）的数量下降了 6%～12%。由于浮游生物作为水生食物链的基础，它们受害可能会导致大范围的生态问题。有科学家认为，臭氧损耗及其对食物链的影响可能是南极洲两种企鹅减少的原因。

最后，UVB 对许多产品有害。涂料、塑料和其他材料在 UV 辐射的暴露下会加快老化。臭氧层的进一步损耗将导致人类社会很大的经济损失。

20.2.3　禁止臭氧损耗化学品

20 世纪 70 年代，对臭氧损耗的早期预测所导致的恐慌使数个国家（包括美国、瑞典、芬兰、挪威和加拿大）减少了 CFC-11 的生产和使用。例如，1978 年美国禁止在喷雾器中使用 CFC-11。CFC-12 是一种制冷剂、冷却剂和发泡剂，它并不受此禁令的影响。

但是，持续积累的臭氧层损耗的科学证据促成了一个世纪之后开始的全球合作。1987 年，联合国召开了旨在减少全球 CFC 生产的谈判。当年 9 月，24 个国家签署了《蒙特利尔议定书》，要求在 1999 年前使 5 种 CFC 的产量在 1986 年的基础上减少一半，并使哈龙（用于防火系统，由溴原子替代 CFC 中的部分或全部氯原子）的产量不再增加。尽管哈龙在全球范围内用量小很多，但它们对臭氧的破坏效率却远高于 CFC。

这个协议对逐步减少发达国家的 CFC 产量铺平了道路。但是，有批评者指出这个公约有太多的漏洞。与很多其他的污染控制战略类似，它只是减缓了臭氧层的破坏，而不是停止。EPA 用计算机预测，需要 85% 的 CFC 排放削减才能使大气中的 CFC 浓度保持稳定。

在《蒙特利尔议定书》生效之前，不寻常的事情发生了。1988 年，一个国际专家小组声称，全世界的臭氧浓度都在下降。两周之后，杜邦公司（CFC 的主要生产者）号召全球禁止

CFC 的生产。正是在两周之前，该公司声称它不会支持对 CFC 的禁令。

有关臭氧损耗的持续的坏消息使得谈判重开，这次是在伦敦，时间是 1990 年 6 月，谈判达成了新的协议。这个公约有 93 个国家签署，号召在 2000 年前完全停止 CFC 和哈龙的生产，前提是它们都有替代品。签约国还同意逐步淘汰其他的臭氧损耗化学品，其中包括四氯化碳、氯甲烷和氢氯氟烃（HCFC，一类曾经认为是很好的 CFC 替代品，下节将介绍）。

有关臭氧层的坏消息仍然不断。1992 年，一个由 40 个科学家组成的团队在美国的新英格兰和加拿大上空的大气中发现了创纪录的高浓度氧化氯（ClO，产生于由 CFC 分解生成的氯自由基）。如此高的浓度前所未见，即使是在南极臭氧洞中。如果氧化氯的浓度持续升高，严重的北极臭氧洞也将有规律地出现，使得加拿大以及美国、欧洲和亚洲的部分地区暴露在达到危险水平的 UV 辐射中。

1992 年的航空观测发现北极之外全球的臭氧波动。在南到加勒比海的航测中，科学家发现 ClO 浓度是预计的近 5 倍。

1992 年，全球各国在哥本哈根签署了另一个协议，号召加快（在 4～9 年内）淘汰 CFC、四氯化碳和其他的臭氧层损耗化学品。全球淘汰 CFC 行动的预计效果如图 20.18 所示，它显示了未来预测的臭氧层损耗化合物的浓度。

在近一个世纪之后，一些令人鼓舞的结果终于出现。CFC 和其他臭氧层损耗化合物的产量已被大大削减，低层大气中的 CFC-11 的浓度不再升高。

20.2.4 破坏臭氧的 CFC 的替代品

替代化学品开发对推进有关 CFC 淘汰的公共政策，起到了极其重要的作用。它给了相关行业一个出路，或者在某些情况下，在替代有害化学品过程中受益的机会。生产商有两种基本的选择：使用较不稳定的 CFC 化合物（在它们达到平流层前就已分解），或者生产非臭氧层损耗化学品作为替代品。

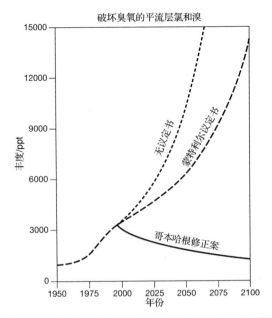

图 20.18 预测在没有协议、蒙特利尔议定书和最严控制的协议（哥本哈根修正案）三种情景下的 CFC 浓度。这张图展示了一个好的公约的价值以及全世界在解决环境问题上的齐心协力

先考虑第一种选择。通过在稳定的 CFC 分子上添加一个氢原子，研究者可以制造一类 CFC（称为**氢氯氟烃，HCFC**），能在底层大气中分解。理论上，在这个过程中释放的氯原子进入平流层的可能性较小。事实上，这有可能发生，但危害较小。也就是说，还是有可能消耗臭氧层。因此，这种方法被认为是临时的。

目前市场上已有几种不太稳定的 CFC。一种为 HCFC-22，现在用做某些家庭空调器中的冷却剂。HCFC-22 对臭氧层的破坏性是在旧冰箱和旧汽车空调中使用的 CFC-12 的 1/20。但是，由于 HCFC 对臭氧层仍有影响，它们将在 2030 年前被逐步淘汰。

曾经第二常用的 CFC 为 CFC-11。几年之前，它还主要用于泡沫塑料的发泡剂，以及喷雾器的推进剂（在美国和其他几个国家之外）。HCFC-123 是它的一种可能替代品。在生产一些类型的泡沫绝缘体中已完全淘汰 CFC-11。

目前面临的最困难挑战可能是找到 CFC-113 的替代品。CFC-113 是计算机行业所需电路板的一种万能清洗剂。由于 CFC-113 直到前几年才被考虑是否禁止使用，因此计算机行业对寻求其替代品并不积极。事实上，在签署蒙特利尔议定书时，寻求 CFC-113 替代品的工作还未开始。

1988 年 1 月，研究人员声称开发出了一种称为 BIOCAT EC-7 的化合物。它可以部分替代 CFC-113。这种物质从橘子皮中提炼，结构很像煤油和松脂。EC-7 可以替代市场上的部分 CFC-113，但它也有自身的缺点。它并非多功能，且有一定的可燃性。有行业代表认为没有一种化合物可以完全替代 CFC-113。尽管已有一些选择，但很多研究还在寻找臭氧层友好的替代品。

20.2.5 有关臭氧层的好消息和坏消息

保护臭氧层的故事是人类取得重大胜利的故事。它不仅证明了科学知识可被社会用来为人类自身及地球上的其他物种造福，而且显示了我们可以多快地停止那些破坏全球环境的行为。研究表明，臭氧层损耗化学品的浓度

升高速率目前已经很缓慢。这是一个好消息。但遗憾的是，数百万吨的 CFC 已排入大气。CFC 需要约 15 年迁移到平流层，而且一些 CFC 在大气中的寿命达 75～100 年。因此科学家预测臭氧层还会变薄，之后才会改善。至少需要 100 年使得臭氧层恢复到 1985 年的水平，需要 100～200 年使之完全恢复。在此过渡期内，很多人还会患上皮肤癌。更糟糕的是，许多臭氧层损耗气体（及替代品）也是温室气体，会加剧全球变暖和气候变化。

有证据表明我们还没有脱离险境：从 1979 年以来，平流层中的臭氧浓度在中纬度地区下降了 4%～6%，而在南半球高纬度地区下降了 10%～12%。1997 年和 1998 年出现的臭氧洞继续存在，覆盖面积达 2730 万平方千米。臭氧洞在 1998 年最大，到 2001 年稍稍缩小到 2500 万平方千米。显然，我们之前把事情弄得很糟，因此还需要很长的时间来解决。

重要概念小结

酸沉降

1. 酸沉降是酸性物质的沉降，既包括湿沉降，也包括干沉降。
2. 酸性物质的湿沉降包括通过雨、雪、雾、露和霜的沉降。
3. 当含硫酸盐和硝酸盐的颗粒物沉降到土壤、水体或植被上时，发生酸性物质的干沉降。这些化学物质可能与水反应生成硫酸或硝酸。酸沉降还包括固体表面对硫和氮的氧化物的吸收，它们随后同水化合，生成酸。
4. pH 值的范围从 0 到 14。pH 值为 7 的物质呈中性，既不呈酸性也不呈碱性。pH 值小于 7 的物质呈酸性。
5. 通常未受污染的雨水的 pH 值约为 5.6。这个微酸性是由空气中少量存在的二氧化碳溶解于水中形成碳酸造成的。
6. 美国东北部、加拿大东南部和欧洲斯堪的纳维亚许多地区的降水 pH 值为 4.5 或更低，因为上风向的电厂、城市和工业区排放硫和氮的氧化物。
7. 酸性前体物和酸可能传输数百千米。因此，一个国家的排放可能被风传输到其他国家。因此酸雨问题的控制需要国际合作。
8. 酸沉降对水生生态系统的危害包括：（1）影响许多水生生物的繁殖；（2）干扰鲑鱼的洄游本能；（3）鱼类胚胎的发育异常；（4）作为鱼类食物的生物数量减少；（5）"好鱼"（如鲈鱼和狗鱼）数量下降而"差鱼"（如鲇鱼和亚口鱼）数量增加；（6）铝浓度升高，干扰鱼鳃正常功能；（7）鱼体内汞浓度增加，不能被安全地食用；（8）抑制细菌分解，使得许多营养元素不能从水生生物的残体中释放出来。
9. 针对酸沉降问题，美国国内和国际上开展了针对电厂、工业和其他固定源的二氧化硫排放控制。多数排放源选择使用低硫煤，少数安装烟气脱硫装置。
10. 美国各州、全国以及国际上控制酸沉降的努力已带来酸性前体物浓度和酸沉降的降低。一些酸化的湖泊

和河流显示出了恢复的迹象。但研究表明对许多目前仍然遭受酸沉降的地区，恢复是不可能的。目前的硫氧化物和氮氧化物的削减尚不足以使一些地区完全恢复，甚至不能防止进一步的酸化。

平流层臭氧减少

11. 在近地面，臭氧是一种污染物。但在平流层中，臭氧是我们所需的化学物质，因为它能屏蔽有害紫外线。
12. 太阳发出的紫外线可能使人类患上皮肤癌。但在自然条件下，平流层中的臭氧层可屏蔽掉绝大多数紫外线。
13. 近年来，这个臭氧屏障被一些气体如人为排放的氟氯烃（CFC）所损耗。
14. CFC 被用做喷雾器的推进剂、制冷剂、清洗剂和发泡剂。
15. CFC 的广泛使用使得它们在平流层中的浓度快速升高，从而导致臭氧浓度的明显降低，以至于地面上遭受的紫外线增多。
16. 臭氧层的变薄对人类和环境产生了很多的危害。它会增加人类皮肤癌患病率，增加白内障患病率，并降低人类对细菌感染的抵抗力。它对植物产生伤害，玉米、棉花和小麦产量会下降。水生生态系统同样受害。
17. 1987 年，许多国家同意减少 CFC 的排放，但进一步的研究显示，这一协议中所规定的目标不足以防止危害的发展。该协议于 1990 年修订，之后于 1992 年再次加严，美国和 23 个其他国家签署了这一停止生产 CFC 的协议。
18. 尽管在淘汰臭氧层损耗化合物方面已取得了显著的成绩，但臭氧层的恢复仍需要 50～100 年，因为 CFC 具有很长的寿命，长达 100 年。

关键词汇和短语

Acid Deposition 酸沉降
Acid Precursors 酸性前体物
Acid Rain 酸雨
Acid Shock 酸冲击
Air Quality Accord 空气质量协议
Alzheimer's Disease 阿尔茨海默病
Anthropogenic Source of Air Pollution 人为源大气污染
Buffer 缓冲
Chlorofluorocarbons (CFC) 氯氟烃
Clean Air Act Amendments 清洁空气法修正案
Dry Deposition 干沉降
Montreal Protocol 蒙特利尔议定书
National Appliance Energy Conservation Act 国家电器节能法
National Atmospheric Deposition Program 国家大气沉降计划
Nitric Acid 硝酸
Nitrogen Dioxide 二氧化氮
Ozone 臭氧
Ozone Layer 臭氧层
pH Scale pH 标度
Skin Cancer 皮肤癌
Smokestack Scrubbers 烟气脱硫
Stratosphere 平流层
Sulfur Dioxide 二氧化硫
Sulfuric Acid 硫酸
Synergistic Reactor 协同反应器
Troposphere 对流层
Ultraviolet (UV) Radiation 紫外线
Wet Deposition 湿沉降

批判性思维和讨论问题

1. 什么是酸沉降？它有哪几种形式？主要来源有哪些？个人对这个问题有何贡献？
2. 讨论酸沉降对水生生态系统、土壤、材料和人类健康的影响。
3. A 湖和 B 湖相距 100 千米，降水量相同，年均降水 pH 值同为 4.5。但是，A 湖无鱼而 B 湖鱼多。请解释。
4. 讨论可用来控制酸沉降的三种措施。哪一种最可持续？为什么？

5. 个人怎么做才能减少酸沉降？这些努力是否同样有助于解决其他的大气污染问题，如温室气体排放和光化学烟雾？

6. 利用辩证思维能力及从课程中学到的知识，分析以下论断："区域和全球环境问题的解决过于昂贵，我们无法承担。"

7. 讨论以下论断："臭氧对人体健康可能既有利，又有害。"

8. 什么是臭氧层？它为何被改变？

9. 保护臭氧层已经采取了哪些步骤？

10. 为什么需要国际合作来控制全球变暖、酸沉降和平流层臭氧减少问题？

11. 尽管已经采取了许多行动来减少臭氧层损耗物质的生产和排放，臭氧层却仍在变薄。为什么？

12. 臭氧层恢复还需多少年？为什么？

网络资源

本章相关在线资料见 http://www.prenhall.com/chiras（单击 Table of Contents，接着选择 Chapter 20）。

第 *21* 章

矿产、采矿与可持续社会

地球上的矿产已被开采数千年（见图 21.1）。但是，在人类曾用原始工具挖掘有价值矿产的地方，今天巨大的采矿机械仍在挖掘。人类社会如此依赖于各种矿产，以至于数十分之一的短缺也不行。大规模的**采矿**及其对环境的影响，以及我们对矿产的需求，使得采矿和矿产品成为极其重要的问题。毫无疑问，现代社会的长期未来依赖于我们如何管理地球上的矿产资源。

本章关注两个基本问题：（1）矿产的供应；（2）矿产开采和加工的影响。试图回答对现代社会十分关键的 4 个问题：（1）我们是否即将耗尽矿产资源？（2）我们能否增加矿产供应？（3）我们对矿产高度依赖的生活方式会带来怎样的环境影响？（4）如何才能建立一个更可持续的矿产开采和加工系统？

图 21.1 美国西部的露天矿。它时刻提醒我们，人类为了满足自身所需正在破坏自然

21.1 供应和需求

汽车可能是工业化世界依赖矿产的最明显标志。在美国，汽车工业会消耗大量的金属，它们都是从矿产中提炼出来的。美国每年有约 7% 的铜、10% 的铝、13% 的镍、20% 的钢、35% 的锌和 50% 的铅用于生产汽车。

这些矿产品来自世界各地。例如，铜来自美国亚利桑那州、智利和加拿大的铜矿。铝矿石（铝土矿）从日本和加拿大运往美国。铁矿石主要来自美国本土的铁矿，但也有一部分来自加拿大、利比里亚和巴西。铅同样主要来自美国本土，只有少部分来自其他国家。

21.1.1 矿产的一些性质

与森林、野生动物、鱼类甚至土壤不同，矿产是不可再生的。也就是说，矿产与石油、天然气和煤炭一样，是有限的资源。每个丢进垃圾桶随后又被填埋的铝罐消耗了世界上的铝资源。但是，不同于石油和煤炭，金属和非金属矿可被反复回用，因此大大延长了它们的使用年限。我们说它们是可以无限回用的。遗憾的是，在许多国家中只有很小比例的废金属被回用。

人类目前使用的大多数矿产开采自地壳——地球表面向下延伸约 24 千米的一层外壳。地壳中的一些贵重矿产，比如金，以纯净物或元素态形式存在。但多数矿产为化合物形态，含有至少两种元素。例如，铜通常以硫化铜（CuS）的形式存在，铝以氧化铝（Al_2O_3）的形式存在，铅以碳酸铅（$PbCO_3$）的形式存在。这些化合物多数与其他矿产共存于岩石中。含有重要矿产的岩石被称为**矿石**，如铁矿石和铝矿石（铝土矿）。从矿石中提炼金属需要破碎岩石，并进行热处理或化学处理。

尽管地壳中有超过 2000 种矿产，但它们中只有少数具有足够高的丰度而具有开采价值。只有含量高到可以开采的岩层才可称为**矿床**。矿石可分为高或低等级，取决于矿产的含量。例如，含铜 3% 的矿石被认为是高等级的铜矿石，而仅含 0.3% 铜的矿石为低等级的铜矿石。

21.1.2 美国的矿产生产和消费

美国每年出产的各类矿石价值 640 亿美元。当提炼成金属后，这些矿石价值 5420 亿美元，约占国民生产总值（全国生产的所有产品和服务的总价值，包含位于外国的美国公司的收入）的 4%。开采量最大的州包括得克萨斯、路易斯安那、加利福尼亚和西弗尼吉亚。世界上开采量最大的国家为加拿大、澳大利亚、俄罗斯和美国。

尽管美国只有世界 5% 的人口，但每年消耗的非燃料矿产占全球的约 20%。大量的钢、铜、铝和其他金属被用以制造各种产品，使得美国成为世界上生活水平最高的国家之一。为

了使世界上其他国家的物质财富达到美国的水平，对矿产的需求量将达到一个惊人的数字（据加利福尼亚州一个非营利机构的估算，要使全世界每个人都达到美国的水平，至少还需要三个地球的矿产）。

美国对矿产的巨大的需求使它成为强大和富裕的国家，同时也成为最"脆弱"的国家之一，因为它在商业和国防上所依赖的许多材料进口自非洲一些局势不太稳定的地区（见图 21.2）。对经济和国防极端重要的矿产称为**战略矿产**。它们是如此重要，以至于需要大量储备（战略储备）以备供应中断时所需。美国需确保许多战略金属的供应，包括铅、铜、钴和铝土矿。在多数情况下，战略储备的目标是维持两年的供应量。

美国进口大量的矿产和金属。一些专家警告，如此多地依赖国外的资源，特别是政局不太稳定的国家，可能会出大问题。国内动荡或国家间的战争可能暂时中断这些宝贵矿产的供应。

针对矿产供应的突然中断，储备可以在短期内有效，但不是长期的解决方法。储备也不是解决可能出现的矿产**卡特尔**（矿产出口国集团联合起来控制战略矿产的供应和价格）问题的有效办法。例如，中国控制着世界上主要的钨。设想一下，如果中国和其他钨出口国联合起来控制向美国、日本或英国出口钨，就像那些石油生产国曾做过的那样，情况会怎样？或者，拥有世界上主要的钯的俄罗斯也决定这么做？

许多专家则持反对意见，我们无须担心矿产卡特尔，因为多数生产国都强烈依赖稳定的矿产出口以换取外汇。例如，赞比亚的矿产出口占全国收入的一半以上。许多工业化国家从欠发达国家进口矿石，冶炼之后以买进时十倍的价格出售金属。而欠发达国家往往感到其经济收入被掠夺，一直迫切要求工业国家进口更多的冶炼金属来弥补这种不平衡。这种情况使得工业化国家可以减轻对矿产出口国联合起来的担忧，事实上的确如此。例如，美国将加工矿产的进口额从 1994 年的 350 亿美元提高到了 2006 年的 1320 亿美元。

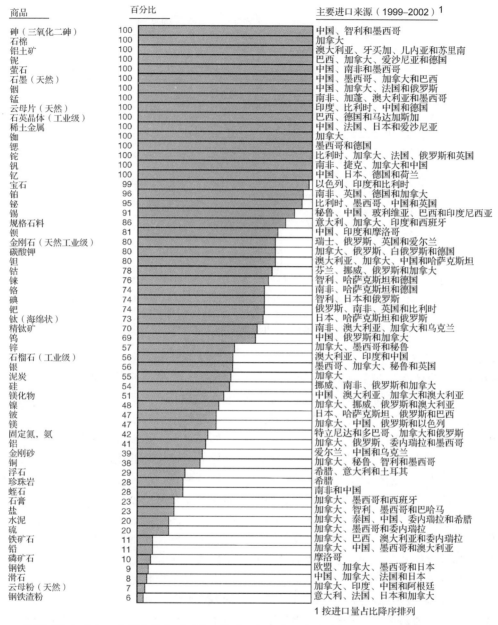

图 21.2　美国对特定矿产、金属和其他重要资源的进口依存度（占总消费量的百分比）。阴影部分代表进口

21.1.3　矿产供应是否将耗尽

记住上面的背景信息后，我们来看本章之前提出的一个重要问题，即矿产资源是否将耗尽？

确定现有矿山的寿命并不容易。为此，我们必须首先确定消耗的速率，估计可能的消耗增加，因为即使是增长速率的稍微增加，都可能导致每年总消耗量的大大增加。例如，一个寿命 10 亿年的资源在消耗量年增长率 3% 的情况下只可支撑 580 年！

接着，地质学家必须估计地壳中每种矿产可经济地开采的量或**储量**。储量不能与另一个相似的量——**资源总量**相混淆，后者指的是该矿产在地壳中的总量（见图 21.3）。最重要的差异是，储量只包括可以开采的矿床，而资源总量则包括所有的矿床和其他存在，不管含量有多低。

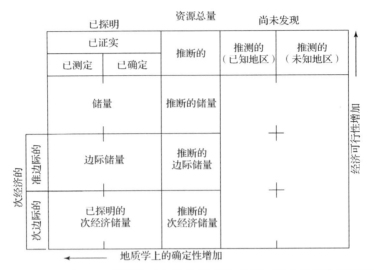

图 21.3 　资源的分类，基于美国内政部的分类系统。资源可分为储量和资源总量。资源总量包括世界上所有潜在可开采的、已探明的和尚未发现的矿床。资源可分成几类。证实储量是指地质学家比较肯定的存在，它们已经被测定，或根据地质数据完全可以确定它们的存在，并且可被经济地开采

一种矿产的资源总量通常是其储量的许多倍。为了理解为什么，下面以铜为例进行说明。一个地下 10 千米深的矿床是资源总量的一部分，但不在储量之内，因为开采的费用太高。当前估计世界上的铜资源总量为 16 亿吨，而**储量**仅有 5.66 亿吨

另一个需考虑的因素是，一种矿产的储量并非固定不变的。也就是说，它可能扩大或缩减，取决于多种因素。例如，开采会降低储量。新发现的可经济地开采的矿产则增加储量。经济激励，例如政府的补贴，降低了企业的生产成本（并非整个社会的成本）。这种补贴可使得采矿企业在开采边际或不经济的矿石时仍有利可图。这种人为调整成本的做法可能使得一些资源总量变成储量。

在开采和加工矿石中大量使用能源的价格，也会影响储量。当能源便宜时，边际矿石的开采可能具有经济性，因此储量增加。相反，当能源价格提高时，曾经有利可图的矿石开采有可能变得过于昂贵，储量从而缩水。

环境和工人保护法案也可能影响储量。例如，环境法案要求企业减少采矿的污染并恢复矿区土地，这提高了开采的成本，有可能使边际经济的储量变得开采成本太高。相反，在许多欠发达国家，宽松的环境法案（甚至没有相关法律）会鼓励开采，从而增加储量，但是通常会付出巨大的环境、安全和工人健康的代价。这种市场的扭曲也可能发生在发达国家，比如加拿大，其政府对采矿业进行补贴并实施宽松的法律来降低生产成本。在美国，正如许多批评所说，一项过时采矿法律，即 **1872 年的《采矿法》**，也起到了相似的效果。这项法律在 140 多年前通过，当时美国才建国不久，它将大片联邦土地低价交给采矿企业。但是，不仅美国企业受益于这个近似馈赠的行动，加拿大、日本和其他国家的企业也从美国政府的慷慨中获益。而且，这些企业无须为在公共土地上开采矿产而交纳各种类型的税费。

人工成本也可能极大地影响采矿的经济性，进而影响矿产的储量。新技术会扩大储量。例如，高效开采和提炼技术可以降低开采边际或不经济矿石的成本。与其他各种因素一样，这也会增加储量。

基于对世界上储量的估计和对消费的预测，在 80 多种经济上重要的矿产中，约有 3/4 的储量十分丰富，足够满足我们长期的需要。但是，至少有 18 种经济上十分重要的矿产仅可短期供应，即使各国大力回收和**回用**。金、

银、汞、铅、硫、锡、钨和锌都属于这一类紧缺矿产。不要陷入技术乐观主义而对此毫不在意，即使新的勘探技术有可能将现在的储量提高 5 倍，这些矿产也将在 2040 年或之前就消耗掉 80%。

21.2　能否增加矿产供应

我们需要尽快采取行动来预防关键矿产资源的耗竭。但是，我们应怎么做？

遗憾的是，没有一致的方法既满足未来的需求，又防止由于重要矿产大范围短缺导致的经济混乱。事实上，一些人干脆就否认未来会存在短缺。持这种观点的人被称为**技术乐观主义者**，主要是因为他们总是认为技术进步能够解决这个问题和其他很多的环境问题。这些乐观主义者受到其他团体的反对，后者通常被称为**悲观主义者**，或更确切地称为现实主义者，因为他们认识到了世界上矿产资源的有限性，并常常建议采取创新的和费用效益更佳的方式来避免耗尽那些资源。

本节分别介绍乐观主义者和悲观主义者的观点，试图回答本章前言中所提的第二个问题：我们能否增加矿产供应？

21.2.1　新的勘探

乐观主义者认为，针对地壳中的大部分地区，迄今尚未进行过集中的矿产勘探。利用当前的技术，主要的勘探发现集中在亚洲、非洲、南美洲和大洋洲。乐观主义者指出，近年来大量的矿产勘探发现证明，当前对世界矿产储量的估计低于实际的储量。

相反，悲观主义者人为，能够大量扩大矿产储量的、含量特别丰富的矿床通常并不存在。即使存在，哪怕世界上的关键矿产储量扩大 5 倍，也仅能稍微延缓资源的快速耗竭，这主要是因为未来人口数量的快速增长和经济的快速发展不可避免。开发矿产资源也会带来对偏远和原生态（如北极苔原或热带雨林）地区的巨大环境破坏，进而影响很久以来一直依赖于这些地区的野生动物和人类。

21.2.2　从海水中提炼矿物

英国研究者威廉·佩奇总结了乐观主义者的观点："海水中据估计含有可供人类使用 10 亿年的氯化钠，超过 100 万年的钼（用来增加钢的硬度）、铀、锡和钴，以及超过 1000 年的镍和铜。每立方千米的海水含有约 11 吨的铝、铁和锌"。确实，海洋中含有大约 13 亿立方千米的海水，上述这几种金属中的每种都约有 140 亿吨。

但是，悲观主义者认为这里有个大问题。即使海洋含有大量的溶解态的矿物，但多数矿物的浓度都很低，除了溴、镁和盐。从海水中提炼它们所需的高能量消耗是不可接受的。事实上，为了提炼美国每年所需的 0.003% 的锌，需要处理的海水量就等于哈德逊河和特拉华河每年的流量之和！很明显，在这个例子中，必须考虑其他的限制因素，比如能量和成本。

21.2.3　海底矿产

一些看得更远的乐观主义者寻求在外太空供应地球所需的矿产，而不考虑这些富于想象力的计划所需的过高成本和能源。另一些人则眼光较近，期待海底和**大陆架**提供未来重要的矿产资源。

大陆架的矿产　因为大陆架是淹没在水底的大陆的延伸，因此毫不奇怪它可以产出许多目前在陆地上出产的矿物。据估计，大陆架含有世界上 15% 的矿产。乐观主义者称，如果开发经济上可行的矿床，可能扩大我们的储量，并推迟资源耗竭之日的到来。但是，大规模的开采有可能会带来环境灾难。

海底的矿产　1990 年，一个美国海洋考察队在太平洋底发现了一种奇怪的结核，称为**锰结核**（见图 21.4）。这种结核含有丰富的锰，还含有其他矿物——镍、铁、铜、钴、钼和铝。锰结核覆盖大约 1/4 的海底，主要分布在国际海域。锰结核多数为土豆大小，尽管其尺寸范围从很细的颗粒到哈密瓜大小都有。仅太平洋底的这些结核的总重量估计有 1.5 万亿吨。于是，尽管陆地上的铜供应只能维持数十年，从锰结核中提炼铜可供成千上万年的使用。

图 21.4 从海底发现的锰结核。它们
含有锰、铁、镍、铜和钴

海底矿产开采的问题 开采海底的矿床和锰结核，尽管很有吸引力，但也存在很多问题。为了挖走锰结核，船只必须使用巨大的设备来"清洗"海底，这类似于一个巨大的真空吸尘器，将结核从海底吸到水面上。开采固体结核比从海上油井开采石油和天然气的成本要高。此外，这种活动产生的环境影响十分深远。从海床挖掘和铲起矿物会增加海水的浊度，从而影响多种海洋生物。浅水变得浑浊可能增加水温，不适合许多适应了较凉海水的生物的生存。海洋采矿设备需要大量的能量和冷却水，增加了全球气候变化效应。加热的水排入海洋，可能进一步增加海水的水温。

最后也最主要的问题与政治而非环境有关。多数国家宣称对距岸 330 千米以内海域的所有权，并因此顺理成章地拥有大陆架内的矿产。但是，对分布在领海之外海底的锰结核又将如何呢？谁拥有国际水域内的矿产？工业化国家拥有开采锰结核的财富和资源，许多人相信他们拥有对这些矿产的合法所有权。但是，欠发达国家想知道它们是否也应分享这一财富，因而支持国际水域是共有的资源。

为了解决这种所有权问题，更重要的是谁将从国际水域的这些富矿中获益，联合国从 1958 年起开始进行广泛的协商，但进展一直十分缓慢。到 1982 年，100 个国家签署了《海洋法公约》。该公约将领海之外的深海采矿置于国际监管之下。它还对海床矿产开采进行征税，以帮助欠发达国家发展农业和经济。由于

相信海床的矿产属于那些有能力开采的人，许多发达国家，包括美国、德国和英国，拒绝签署此公约。美国的罗纳德·里根总统在 1981 年拒绝签署，因为他觉得公约的条款损害了美国私营企业对海洋开采的兴趣。迄今（2008 年 9 月）有 109 个国家签署了此公约，美国仍未签署此公约，不过正在努力让它通过国会的批准[①]。

当前，只有很小规模的锰结核或海底矿床的开采。目前经济上不支持这种开采。但是，海底的矿产总有一天会帮助我们满足全世界的矿产需求。但专家警告说，不仅经济成本很高，环境代价也很高。海床采矿的能量投入大，考虑到减少化石燃料供应的现实，能源的价格还会上涨。

21.2.4 提高冶炼技术

乐观主义者认为，当新的冶炼技术发展后，采矿业将可能从低品位的矿石中提炼出越来越多的矿产。美国开采铜的历史就是一个很好的例子。20 世纪初，只有很高品位的矿石，如每吨矿石的铜含量高于 30 千克，才能开采。在高品位的矿石不断耗尽的过程中，开采和加工效率也大大提高，逐渐较贫的矿石也能被利用。今天，开采很低品位的矿石，比如铜含量低一个量级（3 千克/吨），也能有经济效益。

悲观主义者承认新技术确实允许使用低品位的矿石。但他们指出，矿石的含量越低，开采和加工所需的能量就越高（见图 21.5）。近年来，猛涨的能源价格已经导致所有金属（如铜和钢）的价格猛涨。金属价格的提高进而会影响许多行业，包括风能部门。例如，钢铁价格的提高大大提升了风力发电塔身的成本，而铜价格的猛涨则增加了风轮机（大量使用铜）的成本。即使是铸造硬币的成本也会受到能源价格和矿石价格上升的影响。2008 年，每个便士的制造成本是 1.7 美分。能源消耗的增加还会增加开采和漏油导致的环境污染与

---

① 截至 2014 年，已有 152 国签署并批准，另有 26 国签署但未批准，其中包括美国，未签署 18 国。——译者注

环境损害，进而增加（外部）经济成本，它并未计入矿产的真正成本。

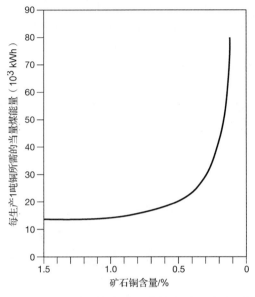

图 21.5　当一种矿物在矿石中的含量下降时，提炼它所需能量的变化。注意矿物含量降到临界水平以下后，能量消耗将大大增加

矿物含量的进一步下降将不可避免地引起能源需求的更大增加和更大的环境破坏。更糟的是，矿物含量越低，为了生产 1 吨矿物需要开采和加工的矿石就越多，进而导致越大的环境危害、冶炼厂污染、矿区地表破坏和矿山废物。

21.2.5　开发丰富的低品位矿石

作为一般规律，乐观主义者指出，对于多种矿产，总矿石量会随着品位的降低而增加。于是，矿工在地球上挖掘得越深，他们发现的矿石就越多。这个原理于 1950 年被美国地质调查局的拉斯克提出，它适用于几种至关重要的矿产，包括铁和铝。乐观主义者随后注意到，随着更深矿床的开采技术和从低品位矿石中提炼矿产的新技术被开发出来，采矿业将获得巨大的财源。

悲观主义者回应说，这个原理并不适用于所有矿石，包括镍、铜和锰。例如，铜矿石的数量随着品位的下降增加到一个高值。于是，含量 1%的矿石总量超过含量 2%的矿石，但在

低于 1%时，这个规律不再有效。含铜 0.3%的铜矿石的总量只有含铜 1%矿石的 1/4。

21.2.6　寻找替代品

替代品的概念在第二次世界大战期间被提出，当时为了节约铜，政府铸币厂开始用钢制造硬币。在接下来的 50 年里，许多替代品被发明。塑料成为关键替代品，已在很多的产品（从钓鱼竿和高速游艇到浴缸和汽车）中替换木材、钢铁和纸张。现在，塑料甚至用来替代金属，有时让废品回收者大为不满。例如，许多电动工具大量使用塑料部件。真空吸尘器、电动工具和各种各样的其他产品内的金属部件已被塑料部件所替代。但遗憾的是，塑料部件通常不耐用。铝是另一种普遍的替代品，已基本取代了饮料罐和飞机上的钢铁。在越来越多的产品（如化学品和颜料）中，锰正在被锌所取代。事实上，在当今社会中已可发现对大多数金属的替代品，无论是自然形成的还是人工合成的。

悲观主义者反驳说，并非所有材料都有足够的替代品。例如，没有其他金属具有汞的特殊化学和物理性质，或钨的高熔点（这使得它在高速刀具和刀刃中十分有用）。而且，不可能找到加硫钢中的锰、不锈钢中的镍和铬以及焊料中的锡的替代品。还没有在照相胶片中的银的替代品，不过数码相机可能完全淘汰胶片！

悲观主义者还注意到，一些替代品的性能不如其替代的材料，这一点任何一个使用过塑料雪铲的人都可以证明。铝、铁、镁和钛属于地壳中最丰富的元素，具有成为替代品的巨大潜力。但是，它们并不能在所有情况下都胜任。

绿色行动

尽可能开始堆肥，或帮助父母在家堆肥。你可能需要提前阅读一下网上的操作说明。

21.3　矿产保护战略

最后一个问题是一些替代品同样稀少。钼

就是如此，它目前用于替代钨。镉和铅在一些种类的电池中替代汞，同样也只能短期供应。

乐观主义者想让我们相信，未来我们的矿产供应是安全的，而不必担心矿产供应。他们向我们保证，新的勘探发现、海底矿床、低品位矿石、新的开采技术和替代品将解决问题。但是，悲观主义者知道这些手段顶多只能起到有限的作用，他们认为我们应当接受建议，寻求其他的途径来满足我们的需求。一种最早提出也最经济有效的策略就是降低需求。

21.3.1 降低需求

降低我们对矿产的需求可通过减缓人口增长、削减人均消耗量、减小产品尺寸和增加产品的耐久性来实现。

人口控制在第 4 章中已经讨论过。正如之前指出的，这是所有可持续战略的基石。在此基础上，个人可通过减少不必要的购买和避免一次性的商品来削减人均消费量，这是第 17 章讨论的一个主题。

生产商可以通过减少过度包装和淘汰一次性产品（如一次性钢笔、剃须刀和打火机）来做贡献。另一种有效减少矿产需求的方法是**增加产品的耐用性**，即使产品使用更久。但是，当前许多生产商为那些图省钱而不重质量的大众生产了很多易损坏的工具、玩具、家用电器和汽车，它们在被用坏或过时后就被抛弃。

也就是说，企业可采取一种看起来很不起眼的行动，即租借产品并接着通过提供服务来赚钱。例如，一个电梯建造者的主业是在办公大楼中安装电梯。与其安装一部电梯按照固定收费率进行收费，不如企业自费建造电梯并随后租给业主，并按照对方的要求提供服务。显然，在这个例子中，安装最耐用的系统是有意义的，它可以减少维修。一家地毯制造商（Interface）也打着相似的主意。它出租地毯给各公司，当地毯磨损后，只将磨损的部分换掉（地毯一块一块地铺在地上，所以很容易更换）。当只是很少几块处于人流较多区域的地毯被磨损时，完全没有必要将整个地毯都扔掉。

除了增加产品的耐用性，生产商也可以将产品做得更小，进一步延长矿产供应年限。生产商已经生产出多种比 20 年前市场上的产品更小和更轻的日常用品，如钟、烤面包机、电话机和炉子等。类似地，世界上最初的计算器都很笨重，它们可以放进公文包，但可能要占 2/3 的空间。现在的太阳能计算器放在胸前的口袋里还绰绰有余。计算机的尺寸和质量也大大降低（见图 21.6）。

图 21.6 MacBook Air 计算机很薄，可以放进一个牛皮纸信封。计算机生产商正在设计越来越小的计算机和显示器，它们需要更少的材料，因此可降低生产成本和环境影响

绿色行动

将穿过的衣服和其他还能用的东西捐给慈善机构。考虑在二手商店购买衣服和日用品（如盆、锅、餐具和盘子等）。

21.3.2 再循环

明尼苏达州圣克劳德州立大学的地理学家鲁本·珀森写道："在第二次世界大战期间，我们（美国）回收所有的金属，从废弃的有轨电车轨道和用旧的机器，到马蹄铁和易拉罐。回收的金属给了我们机器，以粉碎希特勒的装甲军团。我们有了从未有过的废品回收意识。但是现在，我们很容易地就变回了那个满不在乎和浪费地丢弃材料的典型的美国。"

至少有 4 个因素激发美国和其他国家更大的兴趣来进行再循环：（1）能源价格的提升（见第 22 章）；（2）战略矿产的耗竭；（3）填埋场

的缺乏（见第 17 章）；（4）环境和经济考虑。这个再循环革命的征兆已经出现。例如，为了应对填埋场短缺，1987 年新泽西州通过了一项法律，要求所有社区回收利用至少三种商品。其他州很快效仿（更多有关再循环方案的内容见第 17 章）。2006 年（最近有数据的年份）全美国有 8660 个路边回收方案，根据美国环保署的估计，共服务了 1.3 亿人。当前，美国回收利用了 32.5% 的垃圾，且过去十年来增长很快。根据《生物回收》杂志，美国有 5 个州（加利福尼亚、俄勒冈、爱荷华、明尼苏达和缅因州）回收利用超过 40% 的生活垃圾，另有 8 个州的回收率为 30%～40%。

尽管再循环在过去的十年间起步很好，但美国仍只是刚刚开始挖掘潜力。这个战略的全面发展还存在几个障碍。除了第 17 章中讨论的问题，尤其是未能给再循环（二手）的材料开发出足够的市场，联邦政府被证明是一个主要的障碍，因为它仍然给予采矿业经济鼓励，使得再循环行业处于极大的劣势。这些鼓励有哪些？首先，联邦政府为采矿企业提供数十亿美元的**衰竭补贴**——矿藏储量衰竭减税的优惠。此项减税旨在帮助采矿企业投资勘探，以发现新的矿产资源。该鼓励政策的最终效果是人为地使原矿变得便宜，在很多情况下在与再生材料的竞争中处于优势。其次，根据法律，联邦政府授权的原材料运输价格低于再循环企业的金属运输价格。停止这两项不公平的做法将大大有益于再循环行业。

绿色行动

尽可能回收所有的东西，尽量购买回用的产品。如果学校没有回收方案，帮助它开始行动。

需要特别指出的是，需要大大提高再循环系统。如第 17 章所述，许多产品是金属或塑料的混合体，不宜回收。熔化或破碎这类产品可能会导致材料质量的下降，只能用于较不重要的产品。此外，一些材料只能进行有限次数的再循环。例如，纸纤维在每次再循环之后会变得更小。经过多次循环使用后，它们将变得过小而不再可用（相反，纯金属可以无限次循环使用，它们可以反复熔炼和再利用）。再循环还会产生潜在的有毒排放。例如，铝罐上的颜料可能会在回用时释放有毒的化学物质。此外，有毒的化学品有时必须加入使得再生的材料能够满足产品的工业标准。这些问题的解决在威廉•麦克多诺和迈克•布朗嘉合著的《从摇篮到坟墓》一书中和本书的第 17 章中，进行了详细讨论。

21.3.3　个人的努力

有资源意识的个人可通过几种简单的方法，在减少矿产消耗中发挥十分重要的作用。我们可以通过减少对不要商品的消费来减少对矿产的消费。我们中的大多数人都拥有壁橱和地下室，其中装满了没什么用的东西。在购买某样东西之前，请扪心自问是否真的需要它，或是否至少使用几星期。

个人可以通过购买耐用的衣服和货物来做贡献。避免使用一次性物品。放弃一次性钢笔（当用完它们后）而购买圆珠笔，这样每次扔掉的只是用完的笔芯。我们可以购买用再生材料制成的产品，如再生纸。

当你在可再生和不可再生商品之间做选择时，请选择可再生的产品。当你选择用可再生资源（例如木材）或不可再生原料（比如铝）制成的产品时，请选择那个用可再生资源制成的产品。

另外，你当然可以回收利用。采取步骤回收家庭产出的有用废物，包括玻璃、铝、废铜和其他金属（见图 21.7）。将用过的商品捐给慈善组织去义卖。

在个人的行为成为数亿人的共同行动时，可以大大减少我们对矿产的依赖。如果积极行动，你可以在校园、公司或家中组织一个废品回收计划。深信再循环的好处并充满热情，你就可能成为一个社会变革的力行者，推动我们向可持续社会转变。

本节所述的所有措施将有助于引导我们的社会变成可持续的社会。但正如下一节将指出的，它们还不足以产生一个真正可持续的矿产供应系统。

图 21.7 堆叠箱，便于房主对可回收物品进行分类

21.4 矿产生产的环境影响

采矿是人类从事的最严重的环境破坏行为之一。一个典型的例子是位于美国科罗拉多州克莱马克斯的阿麦克斯公司的巨大钼矿和废矿堆。钼是一种能使钢的硬度增加的矿产，主要用于汽车等。在克莱马克斯，矿工已挖开了一整座山来提炼这种矿产（见图 21.8）。钼在矿石中的含量仅约为 0.2%，从中分离出来后运往远处出售。残留的材料多年以来已堆满了矿山附近一个曾经美丽的山谷。在这些年里，废物将曾经美丽的山谷变成了一个巨大的、有毒的、月球表面似的、荒凉和丑陋的土地（近年来，植被恢复的努力已在尾矿堆积的山谷中开展，极大地减少了可见的影响）。

这只是我们依赖矿产导致严重环境影响的许多例子中的一个。本节将全面审视矿产开采和加工的多种影响，并对最小化这些影响提出建议，即构建一个更持续的矿产供应系统。

图 21.8 科罗拉多州克莱马克斯一座被钼矿的矿工挖平的山。矿石加工后的尾矿堆积在附近的山谷。钼被用来提高钢的硬度

21.4.1 开采的影响

我们使用的非燃料矿产中有 90% 来自露天矿，即挖开地球表面使得矿工能够进入到地表下埋藏的矿床。露天开采的破坏特别大，因为覆盖的土壤和岩石（称为剥离物）必须首先被剥去并放置到其他地方。因此，采矿可能很快将一个风景优美的地区变成丑陋的景观。恢复通常很难，因为许多露天矿会延伸到地壳很深处（露天煤矿将在第 22 章中讨论）。

地下矿山为我们提供较小比例的矿产。与露天矿一样，尾矿必须从矿山中清走并堆放到其他地方。尾矿堆会导致额外的环境问题。例如，如果它们没有植被覆盖并稳定化，暴雨会将不稳定的土壤冲进河流和湖泊。河流和湖泊的沉积物会产生诸多影响。它会增加水温，降低水中的溶解氧含量，进而使鱼类和其他水生生物致死，扰乱水生食物链。沉积物会破坏鱼类的产卵场，有损水体的景观和娱乐功能。淤积会增加洪水，因为它降低了河流的输水能力。当暴雨来临时，水流更加容易漫过河岸，淹没附近城镇、农田和牧场，导致社会、经济和环境损失。

美国的露天矿每年总共产生约 17 亿吨的尾矿，其中 95% 来自露天煤矿，5% 来自其他露天矿。加拿大的矿山每年产生 6.5 亿吨尾矿。尾矿可能对附近的水体造成有毒金属污染。例如，有毒的金属锌、砷和铅等可能从铁矿的弃土中被雨水淋溶出来。在加拿大和美国，许多尾矿含有黄铁矿，这是一种含硫的化合物（加拿大一半的尾矿含有这种化学物质）。在美国西部的金矿和银矿，雨水与尾矿中的黄铁矿混合，生成硫酸，从弃土中流出，称为**酸性矿山废水**，并流进附近的河流，杀死鱼类和其他水生生物，造成的经济损失十分惊人。当暴雨来临时，不稳定的弃土堆还可能发生危险的滑坡。

含有可溶性矿石（如盐和钾碱）的特定矿床可利用**水溶采矿法**。在这种工艺中，水被泵入矿床，使许多矿物溶解，然后将水抽回地面。虽然安全，但这种工艺可能污染地下水源。它还会导致大量废水的产生，因此排放前必须妥善处理。一些企业会应用类似但更危险的方法，比如将剧毒的氰化物喷淋在尾矿上以提炼黄金。许多环保人士对此十分担忧。事实上，在美国科罗拉多州就有一个这样的矿山，州和公众每天需花费约4 万美元来防止对附近水体的污染。

除了产生难看的景观、增加侵蚀和污染邻近的水体外，采矿活动还会与其他活动竞争荒地的利用。例如，在美国的森林和荒野地区采矿，会影响野生动物和户外休闲活动。采矿还可能破坏有价值的森林和草原。

采矿还会使用大量的水。矿石的品位越低，需要的水就越多。在金银的**水力采矿**中，利用强劲的水流将土壤从山坡上冲走，进而从中提取贵重的金属。因此在一些地区，采矿会与牧场、农田、工业和城市争水。

21.4.2　矿产加工

许多矿石在特殊建造的炉窑中加热到高温，以将金属从矿石中分离出来。这个过程称为**冶炼**，因此会有许多有毒的物质释放到大气中（见图 21.9）。冶炼厂会排放有毒的物质，如砷、汞和锌，它们对蜜蜂和其他动物有害。特别有害的是含氟气体，它从磷冶炼厂排放出来，沉降到周边的植物上。氟可能被牛和其他牲畜摄入。在足够高的浓度下，氟会导致一种疾病，即**氟病**，其症状是关节疼痛，以及骨头和牙齿软化，导致动物不能站立和活动。

图 21.9　鸟瞰新墨西哥的一个冶炼厂。高烟囱正向大气中排放有毒气体

但是，冶炼厂最为人所知的影响也许是排放二氧化硫——一种腐蚀性的气体，它与空气中的水分和氧气化合生成硫酸（见第 19 章）。硫酸和二氧化硫对植物和水生生物是致命的，也会对人体健康产生有害的影响。

加拿大安大略省萨德伯里有一个巨大的

铜和镍冶炼厂，长期以来它一直是主要的二氧化硫排放源，已使得邻近地区一片荒地。类似的破坏还发生在美国的蒙大拿和田纳西州。人们认识到这些问题是在 20 世纪 50 年代和 60 年代，为此政府强迫冶炼厂建造高烟囱。他们认为，高烟囱会把污染物排到高空，它们将扩散得更广，因此不会马上沉降到冶炼厂的附近，即高烟囱有助于污染物的稀释。但当高烟囱设置不久之后，有证据表明它们会导致远处景观和湖泊的污染，距排放源几百千米外的鱼类和其他水生生物受害。所幸的是，世界上的许多冶炼厂，包括萨德伯里的那个，已经安装了污染控制装置，削减了 90% 的二氧化硫排放。

21.4.3 构建更可持续的矿产生产体系

矿产开采和加工是两个环境危害最大的人为活动，它们也是世界上最具经济重要性的行业。在许多国家，矿产开采和加工是巨大的产业。例如，加拿大每年出口价值 400 亿加元的矿产。采矿行业每年给加拿大经济注入 2 亿美元，约是国内生产总值（一定时期内在加拿大的国境内产出的所有商品和服务的市场总值）的 4%。由于采矿业是如此巨大的产业，因此该行业对政策制定有相当大的影响力。改变此状况不太容易。

通过减少对矿产的需求，全世界的人减少了对原材料的需求，并降低了相应的环境影响。但是，这样做还不够。矿产还将继续被开采并制成有用的产品，即使努力进行最好的再循环和保护。因此，全社会必须找到一种办法来降低矿产开采和加工的影响。

加拿大和美国的采矿企业被要求在公共土地上进行采矿之前，必须准备**环境影响**评价。这些报告需列出并叙述采矿所有的潜在影响，以及如何针对这些问题采取措施。遗憾的是，批评者指出，环境影响评价经常会低估或忽视潜在的影响，而且即使这个有时漫长且昂贵的过程，企业有时也会忽视它们已经制定的补偿危害的计划。

降低采矿影响的一个重要方法是**修复**，即恢复因采矿而改变的土地（见图 21.10）。例如，露天矿可以被回填，修复地表并种上植物，建立一层能够保持土壤的植被。在开采中，表土和废物可以在周边进行稳定化，尽量避免侵蚀、淋溶和滑坡。

图 21.10 恢复露天煤矿土地

1977 年，美国国会通过了《**露天矿控制与恢复法**》，它要求煤矿企业恢复所有用于露天开采的土地。依照法律，企业必须把露天采矿的土地恢复到它之前的条件。遗憾的是，这个法令只针对煤矿，而没有专门的联邦法律要求恢复已有的其他矿区。州的法律和规定通常也很弱。根据美国矿山局的数据，在 1930 年到 1980 年之间，只有 8% 的金属矿和 27% 的非金属矿的土地被恢复。但是，矿山局也注意到有75%的煤矿被修复，显示了该法律的效果。

根据估计，复垦大量未恢复的土地并填平所有露天或地下矿山的矸石堆，将花费美国约300亿美元。在加拿大，这一花费估计是60亿加元。由于预算限制，美国不可能在这方面有大的进展。

在加拿大，非金属矿山的恢复是各省的管理权限，每个省都有自己的一套规则。但是，在西北地区和育空省，则由加拿大联邦政府直接管理。企业被要求制定和实施恢复计划。正如一个消息来源所说，"矿山不再是没有约束的，它们必须遵守法律或省的程序"。正因为如此，它们通常没有遗留的影响。

美国财政的不足还减弱了对《露天矿控制和恢复法》的监督与执行。没有监督，采矿企业可能会回到原来的做法，即不顾所毁坏的土地。

美国需要更强的执法，同时需要大量的资金来恢复荒废的土地。关心此事的公民可以投票支持对恢复计划提供资金。为了增加资金，政府可以对矿产增税，这些钱可以专款用于土地修复。

冶炼过程可以更高效。可以利用更清洁的燃料，比如天然气。可以安装污染控制装置来去除污染物。如果可能，有价值的矿产和其他物质必须从污染控制装置产生的废物中提炼出来，并出售给有意愿的买主。在加拿大，哈德逊湾矿业公司采用湿法冶金工艺来从矿石中提炼锌，而不是使用冶炼方法，因而减少了98%的二氧化硫排放。加拿大联邦政府已经启动了另一个计划，即所知的"加速削减/消除有毒物质计划"，来减少冶炼厂的排放。加拿大几乎所有的金属生产企业都已提交减排70%的计划。加拿大政府和采矿企业的这些行动将有助于克服此行业长期以来对环境忽视的问题。

鉴于特定金属和矿物的有限资源及采矿的严重环境影响，节约现有资源并寻找替代品势在必行。降低需求和再循环金属有助于我们维持原有的生活。但事实上，除非我们能够发现足够的替代品，否则将不得不改变我们过于依赖矿产的生活方式。这些改变可以是减少全球的人口、发展节约资源的生活方式或转变为依赖可再生的资源，如果管理得当，仍可以保证一个可持续的社会。

重要概念小结

1. 地球上的矿产已被开采数千年。周围的一切表明了我们对矿产的依赖，以及我们正粗放地开发着这些资源。人类大量依赖于矿产，以及矿产开采和加工对环境的危害，使得矿产成为重要的环境问题，并对创建一个可持续社会十分关键。

2. 不同于森林和野生动物，矿产是不可再生的，但许多是可再循环利用的。实现更高的回收率对创建一个可持续的社会是必要的。

3. 矿物来自于地壳。多数矿物以化合物的形态存在，包含两种或更多的元素。含有矿物的岩石称为矿石。

4. 美国每年开采的矿石估价约640亿美元。冶炼之后，价值将提高十多倍。

5. 尽管美国只有全世界4.5%的人口，但它消耗了世界上20%的非燃料矿产。如果全世界都达到美国的消耗水平，将导致前所未有的环境灾难，这种情况是不可能发生的，因为没有那么多的储量。

6. 美国和其他工业化国家对矿产的巨大消耗，使得它们成为强大和富裕的国家，但也是脆弱的国家，因为商业和国防所需的许多战略矿产来自于一些不稳定的国家。为了弥补这一弱点，许多政府大量储备战略矿产。

7. 战略储备短期内可能有作用，但对避免矿产资源的枯竭或形成矿产开采国的卡特尔（它们联合起来控制矿产供应和价格）毫无作用。

8. 许多专家相信矿产卡特尔将不会形成，因为有那么多的出口国需要它们的矿产出口来换得外汇。

9. 确定矿产储量的使用年限并不容易。首先，科学家必须确定消耗速率。其次，他们必须预测未来的消耗水平，不要忘了消耗速率的增加可能会大大加快某种有限资源的耗竭。第三，他们必须确定每种矿产经济上合理的再生或回收率。储量不能与资源总量（地壳中矿产的总量）相混淆。

10. 世界上的矿产资源储量不是固定不变的，它可能扩大和缩小，取决于许多因素，例如新的发现、政府的经济鼓励、高效开采和加工低品位矿石的新技术、能源和劳动力的价格以及环境保护的水平。

11. 基于已有的估计，全世界大约 80 种在经济上十分重要的矿产中有 2/3 的储量多得可以满足我们多年的需求，或者说，即使它们不够，也有足够的替代品。但是，至少有 18 种经济上重要的矿产可能属于只能短期供应的类型，一些甚至只能供应 10～20 年。

12. 我们必须行动起来，而且越快越好，以供应更多的所需矿产。乐观主义者相信新的发现、提炼技术的提高、低品位矿石的利用及替代品的使用，将有助于保证重要矿产的充足供应。

13. 一些观察者相信，海底矿产（大陆架和海底的矿床）可以帮助我们扩大矿产供应。例如，在海底发现的锰结核可以扩展我们的储量达数千年。锰结核覆盖约 1/4 的海底，含有许多重要的矿物，包括铜和铁。

14. 尽管很吸引人，海底矿床和锰结核的开采需要高能耗和投入。它可能会增加海水的浊度和温度，也可能破坏海洋的生态平衡。它还涉及政治问题。世界上的富国希望无偿地在国际水域中开采锰结核，但却没有得到穷国的同意，后者也希望获得部分利益，却没有资金和资源来开采。

15. 批评者在只增加供应的战略中发现了严重的问题。他们赞同我们必须积极实施这些战略，但同时必须挖掘资源保护的潜力。

16. 保护矿产资源的一个主要途径是降低对矿产的需求。这可通过降低人口增长率、人均消耗量和许多产品的尺寸来实现。增加再循环和产品的耐久性也有帮助。而且应对不能回收材料的经济鼓励应当减少或消除。

17. 在过去 25 年里该领域取得了相当多的进展，但仍有提升的空间。

18. 个人的努力也对降低矿产消耗大有帮助。

19. 矿产的开采和加工会产生许多环境影响。90%的非燃料矿产是从露天矿中开采出来的，露天采破坏性大，因为为了到达矿床，必须去除覆土和岩石（又称剥离物）。因此，采矿可能破坏土地或景观。

20. 地下矿山和露天矿会产生大量的尾矿，并从矿山运出后堆放。尾矿堆很难看，如果不长植物，可能会被风和雨水侵蚀。来自废石堆的沉积物可能会淤积河道，提高水温，扰乱食物链，破坏水产卵床，杀死水生生物，并增加洪水。采矿废物还可能淋溶出有毒的化学物质，比如硫酸、砷、汞和锌。

21. 许多矿石在特别修建的炉窑中加热到高温，将金属从矿石中分离出来。此过程称为冶炼，许多有毒的物质可能会在该过程中释放到大气中。其中最重要的污染物也许是二氧化硫，它在大气中与氧气和水合成硫酸。

22. 通过减少需求和增加再循环，个人可以减少对原材料的需求和降低有关的影响，但单纯保护是不够的。社会必须寻求有效的途径减少采矿和加工所导致的影响。

23. 降低采矿影响的一个重要方法是恢复所有的矿区土地。

24. 州法令的有力执行和足够的资金对恢复荒地都很重要。

关键词汇和短语

Acid Mine Drainage　酸性矿山废水

Cartels　卡特尔

Continental Shelf　大陆架

Depletion Allowances　衰竭补贴

Environmental Impact Statements　环境影响评价

Finite Resource　有限资源

Fluorosis　氟

Hydraulic Mining　水力采矿

Law of the Seas Treaty　海洋法条约

Manganese Nodules　锰结核

Metals　金属

Mineral　矿物

Mining 采矿

Mining Act 采矿法

Ore 矿石

Ore Deposit 矿床

Overburden 剥离物

Pessimists 悲观主义者

Product Durability 产品耐久性

Reclamation 恢复

Recycling 再循环

Reserve 储量

Reserve Base 储库

Smelters 冶炼厂

Smelting 冶炼

Solution Mining 水溶采矿法

Stockpile 大量储备

Strategic Minerals 战略矿产

Substitution 替代物

Surface Mining 露天采矿

Surface Mining Control and Reclamation Act 露天矿控制和恢复法

Technological Optimists 技术乐观主义者

Total Resources 资源总量

Waste Piles 尾矿堆

批判性思维和讨论问题

1. 解释论断："美国的汽车，在某种意义上其实是外国车。"

2. 什么是矿石？什么是矿物？什么是金属？矿石、矿物和金属是什么关系？

3. 多数矿物以什么形态被发现？

4. 全世界有多大比例的人口生活在美国？美国人消耗的矿物占全世界的比例又是多大？

5. 你是否同意以下论断："美国极度依赖矿产的进口，这使得美国具有高度的脆弱性"？为什么？

6. 解释名词"储量"和"资源总量"。它们的差别是什么？为什么用资源总量来计算矿产的年限是一个误导？

7. 什么因素导致储库的缩水？什么因素导致它扩大？

8. 反驳以下论断："我们的矿产供应在未来很多年里都是足够的，因此无须担心矿产的缺乏。"

9. 列出和描述我们能扩大储库的主要方法，并描述各方法的利弊。

10. 解释能源价格提高如何影响金属的价格、消耗和保护的努力。

11. 介绍矿产保护战略。你如何能够成为该战略的一部分？

12. 为什么再循环通常在与使用原材料的竞争中处于不利的地位？

13. 描述露天和地下开采的主要影响，并描述如何减少影响。

14. 反驳以下论断："富裕国家可以承担锰结核的开采，应被允许而不用分给发展中国家任何利益。"

15. 列出并描述锰结核开采的环境影响。

16. 利用辩证思维能力和对生态学和相关问题的知识，讨论以下论断："再循环产生污染。它并不比从原始资源中生产材料更好。"

网络资源

本章相关在线资料见 http://www.prenhall.com/chiras（单击 Table of Contents，接着选择 Chapter 21）。

第 22 章

不可再生能源：问题和措施

许多大学生对20世纪70年代的两次石油危机可能只有模糊的印象。第一次石油危机发生在 1973 年，**石油输出国组织（OPEC）**实施了石油禁运，这一举措减少了出口并大幅度地提升了石油价格。委内瑞拉亿万富翁胡安·佩雷斯·阿方索骑自行车去工作并利用蜡烛阅读，他的这个点子——石油禁运很大程度上被认为是西方国家减少能源浪费的举措，同时降低对石油输出国有限资源的快速消耗。1979 年，伊朗因政治原因所实施的石油禁运，是对石油消费国的另一个打击。

在石油危机的十年里，原油价格从每桶 3 美元飙升到每桶 35 美元。1978 年，美国通货膨胀速度达每年 18%的最高值。高昂的价格抑制了消费。接下来，工厂倒闭，工人被解雇，美国近 70%的工业产能被闲置。

石油危机不仅表明了我们的经济和生活在很大程度上依赖于石油，同时也让我们了解到我们所买或所做的一切都需要大量的能源。如果石油价格过高，通货膨胀、失业及经济萧条将会出现，并带来毁灭性的影响。

石油危机不仅提高了人们的意识，也鞭策人们努力节能和勘探。这样的努力使石油价格有所下降。

然而，另一场石油危机于 2000 年开始出现。2000 年 9 月，石油价格从每桶 15 美元飙升到 35 美元。这次危机的一个原因是过度消耗石油并使需求大于供应。其中汽车燃料的需求很高，尤其是在美国，一年时间内，汽油价格从 1 加仑 1 美元升高到 1 加仑 2 美元甚至更高。尽管某些石油输出国提高了石油产量，但石油的价格仍然升高，这是由于两个重要因素的短缺——炼油能力和运输能力。美国和其他国家使用越来越多的石油及石油衍生物（如汽油），但对拓展运输和炼油能力缺乏投入。

正如读者们所了解到的，在最近几年里石油危机不断加深，2008 年石油价格已经升高到每桶 145 美元。最近石油价格提高有多个原因，其中最重要的一个是供需间的矛盾。美国、中国及印度对石油的需求量极大是造成油价上升的主要因素，而投机者通过大宗商品市场买卖石油也使得石油的价格增加。

2001 年和 2002 年，美国人又面临另一个问题——天然气价格急剧升高。2001 年，由于天然气短缺，其价格急剧飙升了 100%，尽管几个月后价格有所回落。2003 年，天然气价格再次飙升。这些价格波动的背后是一个简单的经济现象——与石油一样，需求与供应间的不平衡。尽管美国为了生产更多天然气已做出了巨大努力，但供应仍不能满足需求的增长。对天然气需求飙升的原因是美国为清洁空气做出的努力。许多发电机组利用更清洁的天然气来产生电力。发电对天然气需求的增加导致对家庭供热、烹饪和烧水的天然气供应受限。

本章的内容是关于能源的，尤其是不可再生能源，如煤炭、石油、天然气和核能。本章首先总结每种能源预期能提供的资源量并分析每种资源的利弊，尤其关注环境方面的利与弊。接着探讨可能的措施来降低我们对这些燃料资源的依赖，并寻求更具可持续性的能源道路。

22.1　全球能源概述

在工业化时代，**化石燃料**是主要的能源。它由几百万年前埋藏在地下的植物和动物遗骸形成。化石燃料满足了工业化世界 85%～90%的能源需求（见图 22.1）。即使在发展中国家，化石燃料仍然是主要的能源。以中国为例，其能源的 80%来源于燃煤[①]。三类主要的化石燃料为石油、天然气和煤炭，它们都是不可再生能源。在发达国家，小部分能源来自同样不可再生的核燃料。

在所有的不可再生能源中，石油是工业化世界的主要能源，但石油的供应量在不断下降。如果人口、经济及能源利用均以现在的速度增长，大多数人在有生之年将会看到石油的枯竭。事实上，许多石油分析师断言，石油很快就要枯竭了。他们相信石油生产已经达到峰值，且从今以后石油的开采率将持续下降，供不应求［见图 22.2(a)和(b)］。

正如引言中提及到的，在 20 世纪 70 年代石油危机后，许多国家开始关注节能、提高能

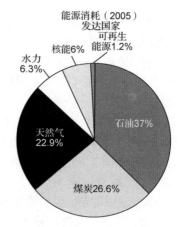

图 22.1　发达国家和发展中国家的能源消耗

源效率以及开发可再生能源等来解决能源危机，但在 20 世纪 90 年代，许多国家对这些方法开始失去兴趣。在本书中，我们使用术语**节能**来描述对能源消耗的削减，例如关灯和调低供暖温度。**提高能源效率**指利用技术使消耗一定量的能源时可以获得更多的能量，例如驾驶高效汽车或利用高效冰箱。节能和提高能效措施可以节约大量的能源，也很大程度上拓宽了其他燃料的供应。美国前能源部长约翰·赫灵顿将节能和提高能效称为"我们最大的资源"。如果从 20 世纪 70 年代开始我们就节能和提高能效，那么节约的能源将相当于数十亿加仑的汽油。如果我们注意保护资源、提高能源效率并发展可再生能源，今日的能源危机很可能是不存在的。

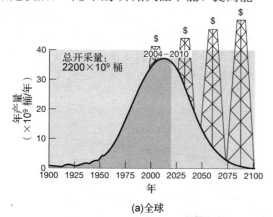

(a)全球

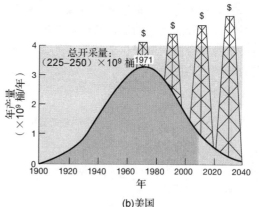

(b)美国

图 22.2　石油峰值。(a)理论上世界范围内的石油产量曲线。许多专家相信世界的石油产量将遵循以下变化趋势：开始时缓慢变化，随后升高，达到峰值，然后不断降低。许多分析师认为我们现已接近石油峰值。从该点以后，开采率开始下降，导致供不应求并使经济动荡；(b)美国石油产量。美国在 1971 年达到石油峰值，目前已耗尽国内石油供应量的 75%～80%

---

① 这是比较老的数据，目前这一比例已下降到 60%——译者注。

在今天所利用的可再生能源中，只有两种在历史上对发达国家的能源需求有显著贡献。它们分别是**水力**（利用流水来发电）和**生物质**（农业剩余物和木材等）。生物质资源可以被燃烧或转化成气体或液体燃料。在一些发达国家中，例如以色列，屋顶太阳能热水板提供家庭热水所需的大部分能量。近年来，我们对可再生能源的依赖，尤其是利用风能和太阳能发电，已经越来越大，这部分内容将在第 23 章讨论。

相反，许多发展中国家主要依赖可再生燃料——木材、木炭、牛粪及农业剩余物。事实上，世界上近一半的人将木材作为他们首要的能源。尽管木材是可再生的，但因人口过多而导致的过量采伐已导致严重的森林破坏和资源短缺。在印度、孟加拉及尼泊尔，村庄周围的树都已被砍光，村民不得不去很远的地方寻找柴火来做晚饭。没有木材，村民开始利用风干的牛粪作为燃料，而这又消耗了农场土壤的养分来源。

为了追逐工业化的脚步，发展中国家开始增加煤和石油的使用。中国和印度是两个对化石燃料极度依赖的国家。然而，对石油需求的飙升，加上石油储量的下降，导致了石油价格的升高，并引发了严重的经济波动。

22.2　进一步了解不可再生能源

本节分析各种不可再生能源资源。首先简要介绍每种资源的利用历史，从煤炭开始；接着阐述了每种资源所能提供的效益，并关注使用它们所产生的影响。

22.2.1　煤炭

我们今天所使用的煤炭是来自 2.25～3.50 亿年前生长在地球上炎热而湿润地区的植物体。这些植物生长在湖泊、溪流、沿海沼泽及其沿岸上。在漫长的岁月中，树叶和其他植物体落入水体中并积累在水底。最终，丰富的有机质被陆地侵蚀产生的沉积物所覆盖。随着时间的推移，热量和压力将有机质转化为泥炭，然后转化为煤。由有机质转化的煤炭在燃烧时会产生光和热，这种能量来源于植物所捕获并存储在碳原子中的古老太阳能。

如今，煤炭在电厂、工厂以及家庭中燃烧，将它在数百万年前通过植物叶片的光合作用所捕获的太阳能释放出来。煤炭满足了美国每年 23%的能源需求。其他工业化国家也有类似的比例。但在加拿大，煤炭只占能源总需求的 13%。中国煤炭供应丰富，曾经满足了能源总需求量的 80%，导致了严重的空气污染问题。

煤炭的燃料价值在 12 世纪或 13 世纪被英格兰东北部海岸的居民首先发现，他们发现了许多沿海滨分布的黑色石头，称为"海煤"。这一里程碑式的发现导致了越来越多的煤矿开采，一开始用于家庭供暖，之后成为 18 世纪英国和 19 世纪美国工业革命的推动力。

美国的采矿业始于 1860 年左右，但直到 20 世纪初，煤炭才取代木材成为主要的燃料来源。在"二战"后不久，煤炭的主导地位开始被石油和天然气取代，这主要是由于石油和天然气更易于运输，开采成本更低（见图 22.3）。

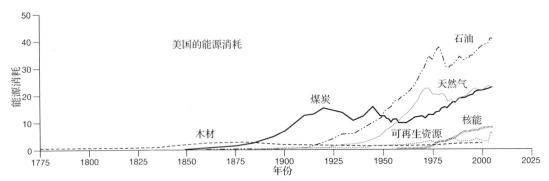

图 22.3　1850 年后的美国能源消费结构。美国未来的能源利用格局会怎样？当石油被耗尽，将开发哪种可替代资源？

煤炭的类型　地质学家们认为有三种类型的煤炭：**褐煤**、**烟煤**（软煤）和**无烟煤**（硬煤）。不同类型的煤炭在不同方面存在差异，其中最重要就是它们的碳含量和热值（单位质量的煤燃烧所产生的热量）的差异。褐煤的含碳量以及热值最低，无烟煤最高。一般而言，史前煤床受到的热量和压力越大，煤炭的等级越高。美国大部分的煤炭属于烟煤。煤的含硫量也存在较大差异。今天，许多发达国家，如加拿大和美国，都使用含硫量较低的煤炭以降低二氧化硫的排放和酸沉降。

煤炭的储量　由于煤炭的矿床位于地表之下，科学家已经可以利用钻孔探测技术来比较精准地估计煤储量。图 22.4 展示的是世界煤炭储量图。调查表明，在所有的化石燃料中，煤炭的储量是最丰富的。在全世界范围内，**已探明储量**近 7900 亿吨。以现有的煤炭消耗速率，已探明储量可以再维持将近 200 年。那些未被探明的煤炭储量也是巨大的。许多专家相信世界的煤炭储量可供以现有开采速率再开采 1700 年。

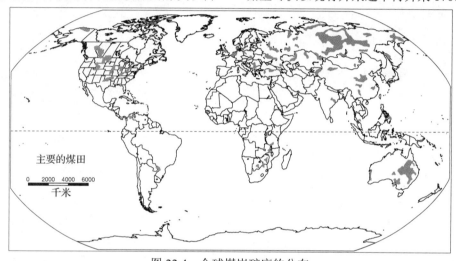

图 22.4　全球煤炭矿床的分布

美国拥有世界煤炭储量的近 30%，因此美国有时称为"煤炭的沙特阿拉伯"。需要指出的是，并非所有化石燃料是等价的。事实上，煤炭的用途是有限的。它不能像从石油中获取的液体燃料那样，便捷有效地为汽车（除了电动车）或飞机提供动力。煤炭在为房屋供暖或烹饪方面，也不如天然气便利和高效。当然，煤炭也可以被转化成合成气和合成油，但该过程的经济和环境成本均很高。

尽管煤炭是世界上含量最丰富的化石燃料，但它也是最"脏"的。采矿对环境会产生巨大的影响。燃煤发电会产生大量的大气污染物和固体废物。煤炭燃烧是温室气体——二氧化碳的主要来源，会导致全球气候变化（见第 19 章）。全球气候变化进而会对人类、地球及我们的经济产生毁灭性的影响。除非我们找到更清洁的方式来利用煤炭，否则世界上绝大部分的煤层将只有永远地保留在地壳之中。

露天开采的环境影响　根据美国能源信息管理局的数据，美国每年消耗 10.47 亿吨煤，其中约 2/3 的煤来源于露天煤矿。露天煤矿的有两种基本类型：煤层露头煤矿和大面积露天煤矿。在美国东部山区的**煤层露头煤矿**，用推土机和蒸汽挖土机移除地表覆盖的岩石和泥土（称为**覆盖层**），露出煤层。在 1979 年之前，采矿者只是简单移开覆盖层并堆放在山坡上，这一过程破坏了植被并导致了严重的土壤侵蚀问题，并经常堵塞附近的溪流［见图 22.5(a)］。现在，我们庆幸有了更严格的采矿法规，采矿者需将表层土移开后置于附近以用于原地恢复。接着采矿者继续挖掘下层并搬运出来放在安全的地方，当开采结束后再将这些挖掘出来的岩石和泥土运回原地进行地形恢复。

(a)　　　　　　　　　　　　　　　　　(b)

图 22.5　(a)美国东部的煤层露头煤矿。覆盖层倾倒在山上产生易被侵蚀的表面。该地区
在暴雨和融雪期间的土壤侵蚀会导致附近河流的淤积；(b)大面积露天煤矿鸟瞰。
用索斗铲移除覆盖层后煤炭可被开采出来,采矿后矸石堆会被重新推平并恢复植被

大面积**露天煤矿**主要分布在美国中西部和西部，以及加拿大中部省份的平坦山地区域[见图 22.5(b)]。就像煤层露头煤矿一样，表层土最先被移开并放置于附近为后续使用。接着用大型挖土机（称为**索斗铲**）移开覆盖层，并堆放于挖掘处附近。暴露的煤层被爆破、挖掘和装入卡车。从第一个开矿点开采完煤炭后，这个过程重复进行。新挖掘出的覆盖物填入之前的矿坑。在经过两三轮之后，早先开采的区域便可恢复植被。在植被恢复过程中，首先用推土机恢复地形，然后将表层土均匀散布在覆盖层上，之后在土地上重新种植植物，一般会种植本地物种或快速生长的植物来防止水土流失。

另一种露天采矿方式是**山顶移除开采**，这是另一种在丘陵和山区采用的大面积露天采矿方式。采矿者将整个山头的覆盖层移除，通常非法地将覆盖层倾倒在附近的山谷中，这种方式会对环境产生极大的破坏。尽管这种采矿方法违反了联邦采矿法律，但它仍然持续应用到今天。

露天开采是一种快速有效的采矿方式，但会产生严重的影响。此外，若不能提前对采矿废弃物做好处理，就会导致土壤侵蚀发生。侵蚀产生的沉积物会淤积溪流和湖泊，破坏鱼类的生境、人类的游憩地和供水的水库。据估计，美国有 60 万公顷煤炭开发后的土地尚未修复，但其中只有 1/3 的土地依法必须恢复植被。其余部分是在露天采矿相关法律通过之前开采的，因此没有修复的要求。

暴雨和融雪还会侵蚀煤炭的运输道路，进一步增加附近河流和湖泊的沉积物的量。露天开采还会产生灰尘和噪声并破坏野生动物的生境，这种影响会持续很多年。露天开采同样会使地下水位显著降低，使附近市政和农业水井干涸。

有意思的是，地下开采每吨煤炭造成的影响与露天开采几乎相同，这是因为要开采到煤层，所挖掘出的岩石必须放置于煤矿之外。此外，地下采矿还会导致崩塌，引起工人伤亡和**地面下陷**。从 1900 年到 2007 年的地下采矿事故中，美国有超过 104655 人丧生，超过 100 万人成为永久残疾——我们为能源付出的沉重代价！由于各个国家的安全标准不同，死亡率

相差很大。在中国这个非常依赖煤炭发电和家庭供暖的国家，有着世界上最高的死亡率。根据美国矿山安全与健康管理局（MSHA）报道，2004 年中国有 6027 人死亡，而美国仅有 28 人死亡。由地下矿井崩塌导致的地面下陷会引起地表巨大的裂隙，并会破坏建筑物和道路。想象一下，如果有一天醒来你发现所住的两层楼断裂成两半，这可能是因为你家地下的一个废弃地下采矿点坍塌了。

地球表面的裂缝会使溪流流向煤层。水自然地渗入矿山或通过地面沉降产生的裂隙流入矿山，结合其中天然存在的黄铁矿和氧气，会产生**硫酸**。若不对流出的酸性液体（**酸性矿山废水**）进行中和，则会从矿山中泄漏出来污染附近的溪流。这个问题到底有多严重呢？美国废弃的地下采矿点每年会产生 270 万吨酸并污染 11000 千米长的河流，其中大部分在阿巴拉契亚。从正在施工的矿山中停止酸性矿山废水的泄漏是可行的，但从废弃的矿山中停止酸性矿山废水的排放成本非常高且难度大。

1977 年，美国国会通过了《**露天采矿控制与恢复法**》，并于 1979 年生效。这个重要的法律要求矿业公司恢复其开发的矿区土地，进行地形和植被的恢复。它还要求公司控制当地的水土流失和对附近湖泊溪流的酸污染。此外，法律设立了州和联邦监管机构来监控恢复过程，并对煤炭经营收取联邦税费以资助对过去被露天开采所破坏的土地进行修复。目前，大多数州都监控着本州的矿山恢复。联邦露天采矿恢复和执行办公室监控这些项目的执行。

煤炭燃烧的影响　第二个主要问题是煤炭燃烧产生的污染，五种主要的污染物是二氧化碳、二氧化硫、二氧化氮、颗粒物和汞。第 19 章指出，煤和其他化石燃料的燃烧会导致温室气体二氧化碳的大量排放。它们大部分将保持在大气中。虽然一定量的二氧化碳对于维持地球温度至关重要，但太多的二氧化碳会导致全球平均气温的急剧增加，可能严重扰乱我们的生活。

二氧化硫和二氧化氮（在第 20 章中详细讨论）是**致酸前体物**，当与大气中的氧和水结合时会分别形成硫酸和硝酸。这些酸以雨雪和颗粒物的形式降落到地表，使湖泊和溪流酸化，杀死树木并破坏庄稼、建筑和雕塑。为了控制二氧化硫的排放，许多企业都转向使用低硫煤。这一举措已帮助美国减少了二氧化硫的排放。

遗憾的是，控制二氧化氮并不容易。来自空气中的氮与氧在高温的锅炉中结合形成二氧化氮。这种污染物不溶于水，因此典型的湿式烟气净化装置不能将其去除。现在美国电厂唯一应用的措施就是控制燃烧温度，但它能起到的作用很小[①]。目前，美国机动车、电厂、工厂以及其他方面共产生约 1330 万吨的二氧化氮。

煤炭燃烧还产生大量的颗粒物。与二氧化硫类似，颗粒物用各种污染控制措施较易控制，详见第 18 章。但是，即使进行了最好的控制，一座供 100 万人用电的燃煤电厂每年仍会产生 1500～30000 吨的颗粒物。

燃煤电厂还会释放汞。虽然汞在煤中的含量很低，但发电厂和工厂燃煤都会将汞释放到大气中。汞可被输送到成百上千千米以外，沉降到土地和地表水中。

多年来，人们认为减少燃煤电厂污染的最好方法是使用污染控制设备。虽然它们运行得很好，但污染控制设备仅是将气体污染物捕获并转化成固体废物。这实质上是将污染从一种介质（空气）转换到另一种介质（土壤）中。创建可持续发展的未来最终将通过节能、提高能效和更多依赖可再生能源（如风能和太阳能等）等努力来降低污染物排放。

绿色行动

为了减少能源的使用和污染，请确保在寒冷的冬夜里关闭宿舍或家里的窗帘和百叶窗等。研究发现，窗户是热损失的主要途径。

循环流化床燃烧可以在不同的层次上提高能效。提高终端能效是指利用者采取措施以

---

① 高效的烟气氮氧化物净化技术有选择性地催化还原，已在中国的电厂普遍应用——译者注。

便能更有效地利用能源。提高燃烧效率是另外一个选择。二者组合可极大地节约能源并降低污染的效果。

多年来，工程师和科学家已经开发出许多方法来更高效地燃烧煤炭。其中前景最好的一种技术为**循环流化床燃烧**。在这个过程中，煤炭被粉碎，并与石灰石混合，然后用强气流吹到锅炉中（见图22.6）。颗粒在燃烧室中与湍流混合，确保非常高效的燃烧，因此一氧化碳排放量低。相比传统的燃煤锅炉，这种方式的燃烧温度更低，从而减少氮氧化物的排放。石灰石与硫氧化物气体反应，生成亚硫酸钙或硫酸钙，从而减少硫氧化物排放。但这些生成的化合物必须进行处置。

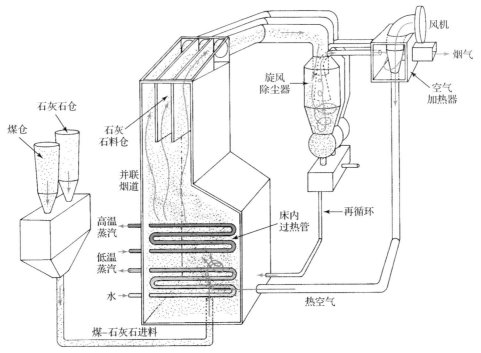

图22.6 循环流化床燃烧。在这一过程中，煤粉与石灰石颗粒混合被吹入炉中燃烧。炉内湍流空气保证充分燃烧以提高燃烧效率。石灰石与硫氧化物气体发生反应，将其从烟囱中去除。炉内的蒸汽管最大限度地提高了热效率

科罗拉多州和肯塔基州已有几个大型的示范项目正在运行。它们的成功将为这项技术的推广铺平道路。但是，一夜之间发生转变不太可能的这项技术至少需要30~50年的时间才能在全国的总发电装机容量中占较大比例。

随着全球变暖的迹象越来越明显，许多国家已开始利用天然气发电来满足高峰负荷。这也说明，燃煤电厂已经不能满足人们对能源的需求。高峰负荷经常发生在下午的晚些时候，例如当人们都打开空调时，或人们下班回家后但工厂仍保持运行时。天然气是一种比煤炭清洁的燃料。它燃烧时产生的颗粒物很少，单位能源消耗产生的二氧化碳更少（二氧化碳排放比燃煤低50%~70%，甚至更低）。天然气在与喷气发动机类似的燃气轮机中燃烧时，比燃煤发电效率更高。遗憾的是，自20世纪70年代中期以来，美国的天然气供应量始终不变，而不断增长的需求引起了价格的显著提高。因此，许多电厂很少使用天然气发电。因为这些问题的存在，以及对减少碳排放的渴望，许多国家正在推广提高终端用能效率的措施和环境友好的替代能源，如风能、太阳能和清洁燃烧的生物燃料（例如从玉米提炼的乙醇），这些措施不会增加大气中的二氧化碳（见第22章）。

清洁煤 清洁煤是时下比较热门的话题。行业支持者使用这一术语来表示煤燃烧效率

更高（比如循环流化床燃烧）并产生更少污染的技术。他们建议，还可以通过收集处理二氧化碳来实现更加洁净的煤燃烧。例如，可以将二氧化碳收集并封存在废弃的油井中。这就是所谓的**碳固定**。支持者说，这将使像美国一样的国家利用丰富的煤炭储量而不对全球变暖和气候变化造成影响。

批评人士指出，尽管碳封存听起来可能不错，但这是不切实际的。从烟囱捕获二氧化碳可能非常困难。气体必须被压缩以便于运输，这会消耗大量的能量。此外还存在一些问题，比如如何将二氧化碳运送到油井？是通过卡车还是通过管道？成本又是多少？油井是否足够近？

批评者认为，碳固定只是煤炭行业为进一步推广其产品所使用的宣传策略。尽管支持者极力提倡清洁煤的使用，但他们为推广煤炭高效燃烧技术的努力还不够。

煤的气化 另一种可能的技术是**煤的气化**，即从煤中产生可燃气体的过程。这项技术被视为促进全球煤炭利用的手段。支持者认为，它所提供的气体可以取代逐年减少的天然气。

煤的气化设备的设计比传统的燃煤锅炉更清洁。在这个过程中，煤和水的混合物（称为**水煤浆**）与氧气一起注入加热室，产生三种可燃气体：一氧化碳、氢气和甲烷。随后，对加热的气体进行冷却和净化。最终生产出来的气体在燃烧时像天然气一样干净。在 19 世纪中期，煤制气常被用于家庭取暖，随着天然气资源日趋枯竭，煤制气将满足更多的需求。与循环流化床燃烧类似，它可以产生比传统燃煤锅炉更少的氮氧化物，并消除了大部分的二氧化硫。然而，这两种技术产生的固体废物都必须小心处置，以防止地下水污染。此外，进一步燃烧化石燃料会使更多的二氧化碳排放到大气中。

煤的液化 煤炭经过处理可以产生黏稠的油性物质，这一过程称为**煤的液化**。目前至少有 4 种主要的工艺，每种都需向煤中增加氢气来生产液化油。液化有可以像原油一样被精炼，生产多种产品，如航空煤油、汽油、煤油以及各种可用于制药、塑料和许多其他产品生产的化学物质。

以目前的煤炭液化工厂的运行来看，这项技术即便是可行的，也是昂贵的。它还会生成大量潜在的有害污染物，如苯酚，而且它并不会减少二氧化碳的水平。

22.2.2 石油

1859 年在宾夕法尼亚州的泰特斯维尔，当埃德温·德雷克"上校"的钢钻达到地下 20 米时，一种黑色难闻的液体涌出井面，标志着一个新的能源时代的到来（见图 22.7）。发现石油后不到 1 个世纪，石油已经成为包括俄罗斯在内的其他几个国家的最重要的能源。

图 22.7 美国的第一口油井，位于宾夕法尼亚州的泰特斯维尔。这张照片摄于 1864 年

通过船或管道长途运输液体是相对容易的，石油通常被视为一种理想的燃料，虽然燃烧后比天然气更具污染性，但比煤炭清洁。它满足了美国约 40% 的能源需求，其他一些工业化国家的需求比例则更高。石油满足了加拿大约 27% 的总能源需求。

石油储量　与煤炭不同，石油供应量相对短缺。有分析表明，全球石油储量将在 2018 年耗尽[1]。然而，石油储量的估算比较困难，且往往很不准确。一些石油地质学家相信，**总开采量**——最终可以开采的石油量，是曾经估计的 2.5 倍。即便如此，不断增长的需求（假设每年增加 5%）将耗尽这些额外的石油储备，如果这部分石油储量确实存在的话，到 2038 年也会被耗尽。

虽然迄今为止的大部分争论集中于世界上的石油资源何时会（经济意义上）耗尽，但许多人指出有一个更需要关注的因素——峰值产量或峰值开采量（见图 22.2）。许多石油分析人士认为，石油开采量将遵循一条钟形曲线——从非常低的水平开始上升，达到高峰，然后下降 [见图 22.2(a)]。石油供应的结束可能

会发生在 2018 年和 2038 年之间。而现在可能已达峰值产量。也就是说，全球石油产量处于钟形曲线的顶部，并且需求超过供给。在这段历史时期，供应不能满足需求，导致油价上涨，使全球经济遭受打击。

美国石油的前景更加糟糕[见图 22.2(b)]。在 20 世纪 70 年代初美国的石油开采就达到峰值。从那时开始，国内产量逐渐下降，地质学家估计，我们已经消耗了 75%~80% 的总开采量。根据美国能源信息管理局的数据，尽管钻探的油井数量不断增加，但国内油井日产量从 1973 年的每天 1100 万桶，下降至 2000 年的每天 580 万桶，到了 2007 年进一步跌至仅每天 500 万桶（见图 22.8 显示了这一趋势）。正因如此，美国对石油进口的依赖度急剧增加（见图 22.9）。2005 年，美国近 56% 的石油来源于进口。

国内油井产量的下降意味着美国将越来越依赖进口。遗憾的是，世界上大部分的石油储量位于政局不太稳定的中东地区（见图 22.10）。与许多严重依赖石油的工业国家（如日本和德国）一样，美国也有可能出现一个可怕的经济困难期。

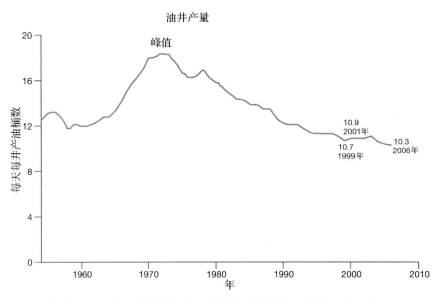

图 22.8　美国的油井产量。注意美国油井的石油产量已经经
历了显著的下降，许多储量丰富的油井已经采完

---

[1] 当然，这永远不会发生。随着石油供应下降，它会变得昂贵。事实上我们永远不会耗尽石油，我们只会耗尽廉价的石油，最有可能转向其他能源。

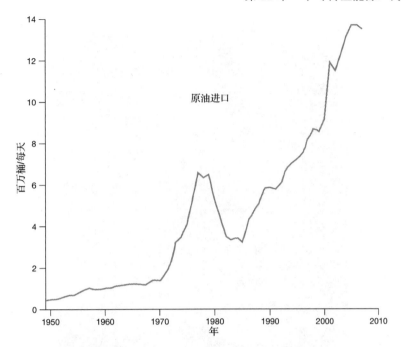

图 22.9　美国的原油进口量。由于国内产量的下降，美国对国外石油的依赖程度越来越大，许多石油来自局势动荡的中东地区

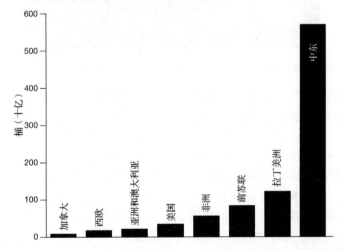

图 22.10　世界石油储量。这幅图展示了世界石油的主要存储位置

石油生产和消费的影响　石油来自于陆地和海洋上的油井（见图 22.11）。海上钻井的影响已在第 10 章中讨论，而陆地钻井也有许多影响。道路和油井会破坏野生动物栖息地并干扰敏感的物种。它们也会加速土壤侵蚀。油井和管道的泄漏会使陆地覆盖一层厚重黏稠的残留物，去除这些残留物是非常困难和昂贵的。出于这些原因，当美国政府试图允许在阿拉斯加 60 万公顷的**北极国家野生动物保护区（ANWR）**的海岸平原进行石油和天然气的开采时，这一提案引起了极大的争议。据估计，此开发计划将破坏野生动物的生境，迫使驯鹿种群的 20%～40% 离开这片 800 万公顷的庇护所。由于庞大数量（30 万只左右）的雪雁在迁徙途中将海岸平原作为临时落脚点，此举也会迫使雪雁去寻找新的落脚点，许多雪雁会因此而死亡。麝香牛在 1969 年和 1970 年被重新引入该区域，目前已有约 500 头，它们将感受由于石油发展带来的不良影响。

图 22.11　得克萨斯海岸的油井。油井会将石油泄漏到海洋中，污染附近的海滩土壤和沿海湿地

没有人知道在敏感的海岸平原下存储着多少石油。据估计有 42 亿桶。虽然这听起来像是一个庞大的数量，但它只能满足美国半年的消费（美国人每年消耗 70 亿桶左右）。该地区全面开采石油也只能满足美国对石油的一小部分需求。虽然 ANWR 的新计划提出，泄漏的石油不会产生很大的环境危害，但根据该地区以西 160 千米的普拉德霍湾的经验，石油开采的后果可能相当严重。根据普拉德霍湾的一份报告，该地区每年有 400～600 次的石油泄漏发生。特别是在 1986 年，2.4 亿升的含重金属、碳氢化合物及化学添加剂的有毒废水被排放到了苔原上。油气和易燃液体通常在油田附近被烧掉，产生缕缕黑烟，甚至飘到 160 千米以外。生物学家担心，排放出来的氮氧化物和二氧化硫会使脆弱的苔原生态系统发生酸化。更糟糕的是，普拉德霍湾周围遍布报废的车辆、废弃的飞机、用过的电池、泡沫绝缘材料、旧轮胎、废金属和其他废物。一些环境科学家担

心，这些破坏可能是无法修复的。

所有这一切说明，我们对能源的过度需求会对环境产生影响，并危及与我们共存在这个星球上的许多物种的生存。由于公众的强烈抗议，1991 年美国国会否决了上述石油开采议案，尽管它受到当时的总统乔治·赫伯特·沃克·布什的支持。在随后的几年里，来自产油州的石油公司和代表继续游说，试图通过该议案，允许他们在 ANWR 钻井。在乔治·沃克·布什总统执政期间，他支持这一地区的石油开发，但他的提案不断被否决。

绿色行动

如果家里或公寓配备有吊扇，请在夏季和冬季使用它们。吊扇可使家中冬暖夏凉，减少加热和冷却费用。吊扇可以降低 40% 的冷却成本和 10% 的供热成本。

22.2.3　天然气

天然气是一种易燃气体，主要成分是甲烷（CH_4）。与煤和石油一样，它是一种化石燃料。它来自于埋藏在地下数百万年的植物和动物遗体的分解，天然气的矿床常常伴随着煤炭和石油的矿床。

今天的天然气供应可满足美国约 23% 的能源需求以及加拿大约 31% 的能源需求。它很容易通过管道运输，其主要用于房屋供暖、烹饪和加热水，以及给工厂提供动力和发电。

天然气储量　天然气的前景比石油明朗，但不如煤炭。对天然气储量的估计结果差异很大。根据法国研究人员彼得·格宁和希尔马·伦佩尔的调查，常规天然气的总开采量约为 138 万亿立方米，这可能还是一个保守估计。他们在 2003 年预测全球天然气产量将可以继续维持 64 年，也就是说，以当前的天然气消耗速率且没有发现新天然气能源的情况下，天然气量可以维持到 2067 年左右。更重要的是，他们预测，若维持当前的能源消耗速度，天然气产量将在 2019 年达到峰值，从那时起，天然气的供应将无法满足需求。

美国天然气的前景并不光明。一些专家认为我们已经消耗了超过一半的天然气储量。正因如此，需要继续开发许多新油井以防产量的下降。例如，得克萨斯西部能源公司每年新钻 5500 口井来维持生产水平不会下降。

天然气可以清洁地燃烧，因此它是国家在发展更清洁、可持续及可再生的能源（第 23 章）来取代石油和煤炭的过程中的一种重要过渡燃料。它可以用来给汽车提供动力，也可以用于发电、房屋供暖和给工厂提供动力。

然而，美国天然气利用量的不断增加，已经导致供不应求，其价格也大幅增长。进口更多天然气可以起到一定的缓解作用，但天然气是一种难以进口的燃料。美国约有 15% 的天然气是通过管道从加拿大进口的（占加拿大产量的一半）。天然气也可以被压缩并通过油轮运输。美国目前约有 2% 的天然气依赖进口。这个过程是昂贵并耗能的，通常并不是可行的选择。天然气很可能会被更清洁、可靠和负担得起的可再生燃料所替代。

所幸的是，存在许多可供选择的其他燃料。其中，可持续性最低的是煤的气化，更具可持续性的是提高能源效率，开发太阳能和风能，并从有机废物如垃圾、污水、污泥和牲畜粪便中获取甲烷。第 23 章将讨论这些内容。

22.2.4　油页岩

油页岩是一种灰褐色的沉积岩，是几百万年前由史前湖泊底部的泥炭形成的。这种岩石中存在一种固体有机物质，称为**油母质**（见图 22.12）。当加热到高温时，油性物质从岩石中挥发出来，称为**页岩油**。优质油页岩每吨可生产 120 升（约 3/4 桶）页岩油。与石油相似，这种油可以精炼为汽油、航空煤油、煤油以及各种纺织、制药和塑料等化工原料。美国油页岩储量最丰富的是格林河组，这是位于科罗拉多州、怀俄明州和犹他州（见图 22.13）的一个 4.3 万平方千米的区域。这片土地的 80% 归联邦政府拥有。

科学家估计，以当前技术可以从这些油页岩中提取 800～3000 亿桶油。尽管这看似很多，但人类目前每年消耗约 230 亿桶，美国人每年消费大约 70 亿桶原油，现有储量只能满足美国 11.5～43 年的石油需求。另外，其经济和环境成本高昂。

油页岩生产对环境的影响　油页岩可以通过**地面干馏**进行加工。在大型钢质容器中对粉碎的油页岩进行加热，可使页岩油析出。用于地面干馏的页岩根据矿床的深度不同，可能来自地下矿或露天矿。露天采矿作业会把大片的土地变得破碎化。覆盖格林河群的这片土地曾经是数以十万计的黑尾鹿的栖息地。此外，干馏会产生大量的废物，即**废页岩**。每天生产 5 万桶页岩油属于中等产量，会产生 53000 吨的废页岩，它必须被妥善处置以避免污染地下水和地表水。另外一个问题是，页岩需要在干馏前被粉碎，粉碎会增加约 12% 的页岩体积，因此并非所有的废页岩都可以填回原地。

图 22.12　油页岩块和从其中提取的页岩油

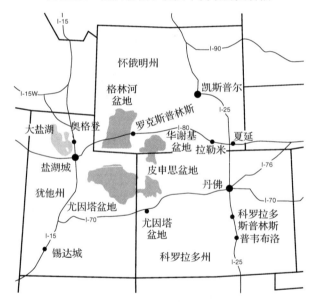

图 22.13　美国科罗拉多州、怀俄明州和犹他州的主要油页岩矿床分布

干馏是臭名昭著的污染源。如果油页岩成为巨大的产业，那么硫氧化物、氮氧化物、重金属和各种有机污染物将污染美国西部的空气，对人类和野生动物产生毒害。地面干馏会产生大量的温室气体——二氧化碳。干馏过程需要大量的冷却水——每生产一桶页岩油所需的冷却水量约为 2.5 桶。从 20 世纪 70 年代开始，美国西部遭遇持续干旱，部分原因是全球变暖，水成为紧缺商品。

一些公司开始尝试其他方法，比如**原位干馏**，从而避免固体废弃物问题。在原位干馏过程中，用炸药将油页岩矿床破碎并在地下进行燃烧。理论上，用火烧页岩（消耗一些有用的燃料）时，燃烧释放的热量会驱出剩余的油母质（呈现气态），进而冷凝后泵送出矿床，最后加以提炼。在 20 世纪 70 年代末，人们使用原位干馏法来试图避免干扰土地和产生固体废物，但被证明是很困难的。由于不完全破碎，火很容易熄灭。与此同时，该过程还存在其他复杂的问题，如地下水往往会渗透到油页岩床并把火浇灭。原位干馏过程中对污染的控制也更加困难。因此，这项技术已被摒弃。

地面干馏和原位干馏的失败有多种原因，其中成本也是原因之一。很大程度上，它需要巨大的能量来提取页岩。与接下来要讨论的油砂一样，油页岩具有较低的**净能量效率**。净能量效率是对净能量平衡的度量，是指用于开采资源（如石油或页岩油）所消耗的能量与从成品中可获得的能量的相对大小。一些研究者认为，油页岩的净能源效率是负值，也就是说，提取油页岩所消耗的能量比我们所提取出的页岩油产生的能量要多。

为了解决这些问题，壳牌石油公司目前正在尝试一种新的技术。该方法中，工人给油页岩钻孔并插入电线。流经导线的电流给油页岩加热，使页岩油释放出来并被抽到地表。周围的岩石被冷却以防止油从加热区流出。

虽然这种技术仍处于试验阶段，但被视为一种很有前途的替代技术。批评者指出，提取页岩油中的加热和冷却过程需要巨大的能量。这可能需要新建大型燃煤电厂来驱动这些设备运行。这些发电厂会产生二氧化碳和有毒、有害固体废弃物（粉煤灰、炉渣和洗涤器中的污泥）。它们还会耗费大量的水，加剧一个地区的水资源短缺。

22.2.5　油砂

在世界上的某些区域，石油会流动到邻近的砂岩中，产生**油砂**。油砂包含一种名叫**沥青**的有机物质，可从油砂中提取出来。它可以像提炼页岩油一样被精炼来生产多种燃料和化学品。在加拿大的阿尔伯塔和美国发现了巨大的沥青储量。虽然美国 6 个州有着极具经济吸引力的沥青储量，但犹他州无疑最具吸引力，其90%的油砂都具有开采价值。

在地壳深处，美国大约有 270 亿桶的沥青储量，但地面开采沥青存在很大困难。为获得石油，高温蒸汽使沥青从油砂中释放出来并被抽到地面。即便如此，我们大约只能获得10 亿桶沥青，这相当于美国每年石油消耗量的1/6。

加拿大的沥青储量比美国要大很多。此外，加拿大的富矿已经可以进行地面开采——利用地上设施处理油砂。加拿大的储量约为 1.7 万亿桶。一些行业分析师认为，加拿大可以获取的石油量约为 3000 亿桶，足以满足全球 13 年的石油需求。

遗憾的是，地面开采沥青的能耗是非常高的。生产一桶石油所需的能耗相当于约 0.6 桶石油所产生的能量。燃料的净能量效率是在投资获得能源时须首先考虑的因素。专家说，净能量效率低，且地面开采需砍伐大面积的森林，这些因素会限制油砂开采，特别是地面开采。

22.2.6　化石燃料的未来

石油是我们最广泛使用的燃料，在美国和全球范围内，石油储量都呈现快速下降的趋势。许多石油分析人士认为，石油供应越来越不能满足需求，从而导致石油价格大幅增加和严重的经济问题。

全球天然气的前景更好一些，尽管在十年内天然气生产将达到峰值。美国的天然气供应前景更不容乐观。许多分析人士认为，美国国内的天然气生产已经达到峰值，我们将很快耗尽剩余的天然气储量。

煤炭的前景是最好的。世界上有丰富的煤炭储量，美国大约有全球 1/3 的煤炭供应。但无论煤炭燃烧的效率有多高，煤炭燃烧都会导致大气中的二氧化碳浓度增加，进而导致全球变暖。此外，单纯处理电厂烟气中的致酸污染物只是污染的转移，虽然不再从烟囱排出，但产生的有害固体废物需要认真处置（见第 18 章）。

许多专家认为，现在是寻找石油替代品的时候了，它们同样能给房屋供暖和为汽车提供液体燃料。石油还是多种化学品的来源，包括樟脑丸、用于制造塑料的树脂、制药的原料以及农药。油页岩和油砂是两种可供选择的替代品，但相比全球对石油的需求量来说，它们的储量实在太小，且在开采的环境和经济成本较高。较低的净能量效率会抵消它们的产量。生物燃料，例如从农作物中获取的乙醇，也许可以成为一种新型的可持续能源。乙醇是一种从玉米和其他农作物中获得的可再生燃料，可以完全替代汽油。它可以降低净二氧化碳的排放。但是，玉米产生的酒精有较低的净能量效率，其值一般为 1.7（意味着投入每单位的能量可以获得 1.7 单位的能量）。从甘蔗中获得的乙醇的净能量效率要更高一些，大约为 8。这也就意味着每投入单位能量来种植甘蔗和生产酒精可以获得 8 单位的能量产出。研究人员正在努力提高酒精生产的净能量效率。同时，研究人员正致力于开发由多种植物（如玉米和柳枝稷等）的纤维素来生产酒精的技术。与淀粉相比，植物可产生更多的纤维素。

许多人还寄希望于通过电解水来获取可以清洁燃烧的氢气。从垃圾、农业剩余物和大量的动物粪便中产生的甲烷，也可以生产生物柴油。太阳能和风能可为电动汽车和电动公交车提供电能作为动力，这将在取代石油燃料的过程中发挥巨大作用。当然，提高能源效率也能在满足我们对可再生能源的需求中发挥关键作用。

氢气可以从地球上最丰富的物质之一——水中获取。给水通电使水分子电解便可以产生氢气和氧气。反过来，氢气燃烧产生热量，用于给汽车提供动力、房屋供暖以及做饭。当氢气燃烧时，它与氧结合，再次形成水。该过程中唯一产生的污染物是少量的氮氧化物。氢气也可以输入燃料电池来产生电能，这将在第 18 章中讨论。氢的燃烧不会像化石燃料燃烧那样产生任何二氧化硫和二氧化碳。

氢气似乎是一种理想的燃料，但整个生成氢气的过程中都需要电力。直接使用电力来为汽车供电，要比用电力产生氢气再将其注入燃料电池来发电有效得多。这种能源措施将在第 23 章中详细讨论。

另一种替代能源是核能，特别是在有污染的化石燃料供应下降时。但是，核能是一种好的选择吗？

绿色行动

与父母和其他亲戚谈谈，做一次家庭能量审计。能量审计师会建议多种方式帮助客户降低能量消耗，从而节省大量开销，同时使家庭更舒适。请联系当地的电力公司或能源服务公司，找到一名审计师。

22.3 核能：它是可持续的吗

1945 年，世界上第一颗原子弹在日本广岛爆炸。它加快了"二战"的结束，也开启了原子时代——核武器和核能源时代。本节主要介绍核能和核辐射，先介绍了一些背景信息，然后总结核电站的影响及其优点。

22.3.1 理解原子能和辐射

想了解核能，须首先了解一些关于原子的知识。

原子结构 所有物质，无论是固体、液体还是气体，都是由称为**原子**的微小的粒子组成的。换句话说，原子是所有生物和非生物的基本单位。每个原子的中心都是组成致密的**原子核**，含有带正电荷的粒子称为**质子**，电中性的粒子称为**中子**。原子核几乎包含了整个原子的质量。原子核周围是称为**电子云**的区域，几乎无质量，该区域存在带负电的粒子，称为**电子**。电子绕原子核运动，吸引正电荷，并以接近光速的速度运动。

原子与其他原子结合形成分子，如水分子（H_2O），其中包含了氢和氧两种元素的原子。

同位素和辐射的来源 早期的科学家们认为他们见到的各种物质，是由称为**元素**的纯粹物质相结合而形成的，这种假设得到了现代科学的证明。今天，科学家们认识到，元素是纯粹的物质。元素只包含一种类型的原子，目前科学家们已经发现了超过 100 种不同类型的元素，其中 92 种天然存在于地壳中。不同元素，其原子的原子核的质子数不同。碳元素的原子中有 12 个质子，氧元素有 16 个质子。科学家依靠原子核中的质子数来给元素分类，这称为**原子序数**。碳的原子序数是 12，氧的原子序数是 16。

任何给定的元素，原子中的电子数总等于原子核中质子的数量。因此，原子是电中性的。虽然在任何给定元素的原子中，电子和质子的数量总是相同的，但中子的数量可能有所不同。例如，铀元素的所有原子的原子核中有 92 个质子。然而，一些铀的原子核包含 143 个中子，而其他的包含 146 个中子。

科学家将质子和中子的数量加和得到**原子量**。每个质子和中子都有一个单位的质量。因此，铀原子有 92 个质子和 143 个中子，其原子量为 235。因此，可以写成铀 235。有 146 个中子的铀原子的原子量为 238。这些不同形式的相同元素称为**同位素**。

因为某种元素的原子可能中子数量不同，因此这些原子的质量存在差异，尽管这个差异很小，但仍然可以测定。原子的质量如何确定？在大多数情况下，一个原子的质量等于质子和中子的质量之和。虽然原子中还存在电子，但它们太轻，对原子重量的贡献率可忽略不计。继续前面的例子，因为一些铀原子比其他的有更多的中子，因此质量会略有不同。

大多数元素是同位素的混合物。科学家们已经发现许多同位素是稳定的，但也有一些不是。不稳定同位素会释放辐射，称为**放射性同位素**。

辐射的性质　1896 年，科学家亨利·贝克勒尔偶然发现了镭元素，当把感光片与含铀矿物一起放置在黑暗中时，底片发生了曝光。皮埃尔·居里和玛丽·居里这两位法国科学家后来发现镭具有放射性，从而解释了亨利·贝克勒尔无法解释的现象。镭原子的原子核发射三种形式的辐射：α 粒子，它包含两个质子和两个中子；β 粒子，它类似于电子的带负电的粒子；γ 射线，它类似于 X 射线。

α 粒子相对较大，在空气中只可位移 8 厘米。它们很容易被较薄的材料，例如一张纸或人的皮肤所阻隔（见图 22.14）。它们是危险的，如果进入呼吸道或摄入了受污染的食物，

它们可以在肺或消化道中辐射细胞，导致突变和癌症。

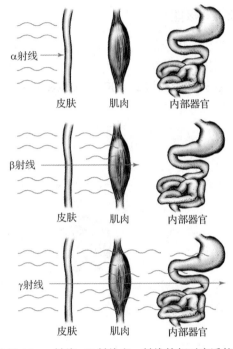

图 22.14　α 射线、β 射线和 γ 射线的相对穿透能力

β 粒子轻很多，能扩散到更大的范围。它们甚至可以穿透皮肤使皮肤下的组织遭受辐射。木板或薄的铅质材料层可以阻止它们穿过。

γ 射线是潜在的最危险的辐射形式，因为它们可以穿过墙壁，可以轻易地穿透皮肤和肌肉，达到内部器官。一层厚厚的混凝土或铅板才可以阻隔它们。

放射性衰变　放射性同位素的原子核发出辐射（α 粒子、β 粒子和 γ 射线，以及其他相对不太重要的粒子和射线）后，会变得更加稳定。因此，随时间的推移，放射性物质是在减少的。对辐射量降低的测定称为**半衰期**。半衰期是指给定质量的放射性物质衰变到目前质量一半时所需要的时间。例如，如果 1 千克放射性化合物的半衰期是 10 年，那么从 2000 年到 2010 年，其重量会变成 0.5 千克，到 2020 年其质量将变成 1/4 千克。

同位素的半衰期从几分之一秒到数万年不等。例如，碘 131 的半衰期为 8 天，铯 137

为 27 年；锶 90 为 28 年，碳 14 为 5600 年，钚 239 为 24000 年。

22.3.2 核能

记住了以上的背景知识，我们现在将注意力转回核能。

原子裂变和链式反应　**核反应堆**和第一代核弹（裂变核弹）不是从**放射性衰变**过程中捕获能量，而是从**核裂变**过程中获得能量——某些原子在分裂时会发生某些形式的辐射。

核电站以放射性元素**铀**为燃料。铀 235 原子具有高度可裂变性。铀同样也会产生某种形式的辐射。当这种辐射轰击附近的铀原子核时，会使后者分裂成称为**子核**的碎片（见图 22.15）。

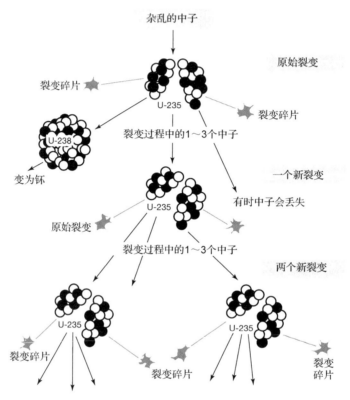

图 22.15　核裂变。链式反应开始时，铀 235 原子被其他铀 235 放出的中子击中。铀分解为裂变碎片（子核）和热量。额外的中子被释放并使其他原子分裂

裂变过程中会释放出大量的能量。当中子轰击铀核时还会产生更多的中子，进而引发更多的裂变，这称为**链式反应**。在核电站，裂变速度是通过严格控制铀燃料浓度以及其他稍后还会讨论的方法来完成的。核电站的设计极其复杂，但原理相对简单，它仅仅是利用受控的链式反应释放的能量将水烧开形成蒸汽，进而让蒸汽带动汽轮机发电。在原子弹中，铀浓度高，链式反应不被控制，从而引起巨大的爆炸，并释放出大量的能量。由于反应堆中铀的浓度较低，因此反应堆中不会发生原子爆炸。我们将讨论的切尔诺贝利和三里岛事故，是其他原因引发了核电站的爆炸，并使有放射性物质扩散到空气中的。

铀包含大量能量。事实上，1 千克铀的爆破力与 9000 吨的 TNT 相同。1 千克铀释放的能量与 3000 吨煤炭相近。这也难怪现代文明曾经将目光投向这一技术。

绿色行动

与你的父母谈谈，在家里安装一个可编程温控器。这些简单的设备可以通过调节空调温度来极大地减少能源消耗。

22.3.3 核反应堆的结构

美国所有大型核电站使用的铀燃料都是铀 235。铀 235 来自于铀矿。铀矿是可裂变的铀 235 和不可裂变的铀 238 的混合物。在美国，大多数铀矿分布于西部各州。

核电站的燃料生产如图 22.16 所示，核工厂须首先在燃料浓缩车间将铀 235 的浓度浓缩到约 3%。浓缩的燃料，称为**黄饼**，随后被制成颗粒。将这些颗粒加入薄的不锈钢管子中，这些管子称为**燃料棒**。燃料棒长约 4 米，直径约 12 厘米，燃料棒被捆绑在一起，每捆 30～300 个，放入反应堆的核心（见图 22.17）。

反应堆的堆芯是严格控制核裂变的场所。堆芯置于 15 厘米厚的钢制**反应堆压力容器**中，用水导热（见图 22.18～图 22.20）。

图 22.16　新英格兰最大的核电厂。这是米尔斯通核电站，位于长岛海峡北岸的沃特福德

图 22.17　扬基核电站一个装载燃料棒的核燃料存储架

图 22.18　一个 800 吨的反应堆容器，长 22 米，直径 7 米。核反应释放的热量产生蒸汽，足以发出 800 兆瓦的电力

图22.19   核燃料被放进核反应堆的燃料槽中。反应堆包含一个网格引导结构（在反应堆容器中可见）、控制杆和水

图 22.20   反应堆容器。这是明尼苏达州蒙蒂塞洛附近的 540 兆瓦核电站。冷却水将使反应堆容器保持在 280℃

在大多数国家，反应堆容器通常安置在**安全壳**内，这是一个有着 1.2 米厚混凝土墙的穹顶结构建筑（见图 22.21）。它的功能是一旦发生反应堆容器或管道破裂事故，能吸收泄漏的辐射。遗憾的是，在历史上并非所有反应堆都有完整的安全壳。例如，切尔诺贝利核电站只有部分核反应堆有安全壳，这在 1986 年的事故中被证明是个失策。当时，在前苏联的 44 个反应堆中有 20 个以及 1 个美国华盛顿州的核反应堆（切尔诺贝利事故不久后关闭）使用了相同的设计，以用于制造用于核武器的元素钚。

链式反应的强度主要由吸收中子的**控制棒**来控制。控制棒由镉或硼钢制成，插在燃料棒之间。它们可以上下调动来改变裂变速率。提起控制棒开始链式反应，放回原位则停止反应。即时反应水平介于以上两个极端之间。

反应堆的堆芯浸在水中，燃料棒中核裂变释放的能量加热这部分水。为了避免放射性污染，热量接着被转移到反应堆容器壁内巨大管道内的循环水中。过热的水沸腾，产生蒸汽（见图 22.22）。蒸汽用于推动汽轮机发电。

图 22.21   位于俄勒冈州哥伦比亚河沿岸的雷尼尔山的波特兰通用电气核电站。穹顶型的安全壳厂房（内有反应堆）是核电站的标志。注意左边庞大的冷却塔

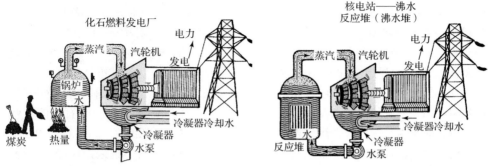

图22.22 化石燃料电厂的冷却系统和核电站（沸水反应堆）的冷却系统的比较。注意产生蒸汽的水不与反应堆堆芯的冷却剂直接接触

除了反应堆容器和安全壳，核反应堆还配备其他的安全设施，其中包括控制系统的备用电源，以及在电路燃烧或管道破裂情况下的备用线路或管道。最重要部分可能是**紧急冷却系统**，它给反应堆堆芯提供了冷水，防止其过热。总之，核反应堆技术的复杂性超过了其他大多数的现代技术。

遗憾的是，这种复杂的技术可能带来危险和代价高昂的后果。1979 年，三里岛核反应堆产生的氢气使得反应堆堆芯爆炸，差点儿将反应堆容器炸开一个洞。更严重的是切尔诺贝利核反应堆发生的灾难性爆炸。这两起事故都是核工程师没有预见到的。切尔诺贝利核电站爆炸最初被认为是由蒸汽引起的，但后来被认定可能是核爆炸，尽管这是一个较弱的核爆炸。研究表明，释放到环境中的辐射比前苏联政府估计的要多。

核裂变的优缺点 没有任何一种其他能源像核能一样饱受争议。下面的讨论总结了支持和反对核能的主要观点。

支持核能的观点：

1. 核能可以提供充足的电力供应。虽然铀 235 是一种有限的资源，但核能的支持者认为，**增殖反应堆**利用丰富的铀 238，将之转换成可裂变钚 239，可以满足人们几百年的电力需求。事实上，一些专家预测，仅在美国，使用过的燃料棒以及废物中含有丰富的铀 238，这些就可以持续使用 1000 年。增殖反应堆的燃料棒含有少量的钚 239 和大量的铀 238。钚 239 进行裂变释放

的中子被铀 238 原子吸收并转换为钚 239（因此得名增殖反应堆）。一些新的钚 239 发生裂变并释放能量。

理论上，增殖反应堆产生的钚比消耗的钚更多。事实上，每 100 个钚 239 原子裂变，对应着 130 个钚原子产生。这种可裂变燃料可被提取并用于其他反应堆的发电。

2. 核能的支持者相信，核能有助于减少我们对国外石油的依赖。

3. 核电站产生的辐射暴露较低。核电站正常运行时只会释放很少量的辐射。事实上，一项研究表明，燃煤电厂烟囱会释放出更多的辐射，因为煤可能含有少量的放射性物质。美国人平均每年从核电站接受到的辐射量有 0.003 毫雷姆①，但每年从 X 射线、电视机以及天然放射性物质接收到的辐射高达 100～250 毫雷姆。从核电站接受到的辐射的风险相当于一个人在一年中吸了一根烟所导致的致癌风险。

4. 核能对环境的污染小。正常运行的核电站相比燃煤发电厂更清洁。在一年内，燃煤电厂生产 1000 兆瓦的电力会产生 30 万吨的灰，而核电站每年只产生 1 吨的核废料。燃煤电厂还会释放二氧化碳、二氧化硫、氮氧化物、一氧化碳、粉尘、汞及其他空气污染物。燃煤

---

① 表征辐射暴露的剂量单位，现已被国际单位希沃特所取代——译者注。

电厂的固体废弃物中含有硒、汞、苯并芘和一些放射性物质，如铀和钍。

5. 核能是一种安全的能源。支持者说，在美国发生事故释放大量放射性物质的概率不超过百万分之一，它与被雷劈中的概率相当。用其他能源发电似乎会带来更大的风险。例如，在煤矿事故、煤炭运输事故以及煤炭燃烧带来的空气污染事件中，美国每年都有 30～110 人失去生命。

6. 核能不会产生二氧化碳。支持者认为，与燃煤发电厂不同，核电站不产生任何温室气体。

反对核能的观点：

1. 无论支持者怎么说，核能并不能提供充足的能量。支持者曾希望在 2000 年之前，通过再利用铀浓缩工厂的核废料，并使用传统的裂变反应堆的燃料来用增殖反应堆取代传统裂变反应堆。但是，1983 年美国国会否决了这项增殖反应堆计划，原因是过高的费用和其他问题。法国拥有增殖反应堆，但其花销昂贵，且不像曾经希望的那样十分有效。增殖反应堆大约需要 30 年的时间来达到盈亏平衡点，在这一点上，它产生的钚燃料刚好与消耗的铀 238 相抵消。由于反应堆最多才有 30 年寿命，增殖反应堆消耗的能量可能会永远比其产生的能量高。

除了裂变反应堆所具有的所有问题之外，增殖反应堆还存在其他问题。法国现在所使用的增殖反应堆据说是面向未来而开发的，其使用液态钠作为冷却剂代替水冷却剂。液态钠与水剧烈反应，在空气中燃烧。因此，即使冷却系统有微小的泄漏，也可能会导致灾难性事故的发生，并导致反应堆堆芯的熔化。

尽管增殖反应堆有着潜在的好处，但该技术似乎在获得应用之前可能就会过时。没有增殖反应堆，核工业将被迫依赖相对稀缺的铀 235。一些专家认为，铀产量已经达到峰值。当前美国的储量只能继续维持 35 年左右。

2. 核能不会减少国家对国外石油的依赖。核能将减少我们对石油的依赖这一说法是不准确的，因为目前很少利用石油发电。具体说来，在美国，少于 3% 的电力是由石油或柴油等石油副产品产生的。美国对外国石油的依赖近年来急剧增加，主要是因为国内石油供应下降。石油和核能是两种用于不同目的的不同形式的能源。除非我们将传统的汽车替换为电动汽车，否则核能不会取代石油。

3. 核电站会释放有害的辐射。尽管在核电站的常规操作中，核辐射的释放量很小，但释放的同位素会富集在动物体组织中。例如，铯 137 会富集在肌肉中，碘 131 会富集在牛奶和人类的甲状腺中。低背景值的辐射可能会导致内部器官的重大风险。大量的辐射也会从铀矿和铀冶炼厂、铀尾矿堆、铀加工厂、核废料库以及运输事故中释放出来，从而导致重大的暴露风险。

核电站的严重事故可能会释放出大量的辐射。例如，在 1986 年前苏联的切尔诺贝利核反应堆灾难中，释放了 7000 千克的放射性物质，许多欧洲国家受到污染。在那次事故中，有 1000 人受伤，31 人死亡，至少造成了前苏联 30～50 亿美元的损失。根据不同的估计，它可能在前苏联和欧洲导致了 5000 至 100 万个癌症病例。如果切尔诺贝利事故发生在主要的城市中心，其导致的损失会更高。作为一个参考，如果美国新泽西州的萨勒姆 2 号核反应堆发生事故，几个月内可能会使 10 万人因遭受辐射而死亡，还将产生约 40000 例癌症，经济损失将达到 1500 亿美元（见表 22.1）。

表 22.1 核反应堆事故的潜在影响

工 厂*	位 置	早期死亡人数（千）	癌症病例（千）	经济损失（十亿，1980 年美元）
萨勒姆 2	萨勒姆，新泽西	100	40	150
桃花谷 2	桃花谷，宾夕法尼亚州	72	37	119
利默里克 1	蒙哥马利，宾夕法尼亚州	74	34	213
沃特福德 3	圣查尔斯，路易斯安那州	96	9	131
萨斯奎哈纳 1	伯威克，宾法尼亚州	67	28	143
肖勒姆	沃丁河，纽约州	40	35	157
三里岛 1	米德尔顿，宾夕法尼亚州	42	26	102
印第安角 3	布坎南，纽约州	50	14	314
磨石 3	沃特福德，康涅狄格州	23	38	174
德累斯顿 3	莫里斯，伊利诺伊州	42	13	90

4. 它并非环境清洁的。虽然核电站一般比燃煤电厂清洁，但核电站会比燃煤发电厂每千瓦时多产生 40%的热污染，因为裂变会比煤炭、石油和天然气燃烧释放出更多的热量。

5. 核电存在安全风险。在 50 年的核工业历史上已经发生了几次小规模的事故和两次严重的核反应堆事故。1975 年，发生在阿拉巴马州的布朗核电站的火灾差点导致反应堆熔化。麻省理工学院著名的核工程师、核研究倡导者诺曼·拉斯穆森的研究表明，核电站发生事故的概率每年不超过 1/10000。这个数字尽管这听起来可能让人放心，但我们仔细考虑它的含义。2003 年，全世界有 440 座核反应堆在 31 个国家运行，另有 30 个在 11 个国家正在建设。如果拉斯穆森的报告估计是正确的，我们可以估计每 20 年左右就会有一次危机。三里岛和切尔诺贝利事故的发生只相隔 7 年，且切尔诺贝利事故以来还没有发生任何其他的重大事故。
拉斯穆森的报告不再被认为是有效的。它不足以被相信的主要原因是它大大低估了核事故发生的可能性。此外，许多核电站被发现建在疏散计划缺乏或存在问题的地方。许多计划都错误地或过于乐观地估计了事故后的人口疏散速度和效率。

6. 核电生产也会产生二氧化碳。尽管支持者提出核电站不释放二氧化碳，但开采、加工和运输核燃料的过程中会产生二氧化碳。核废料的处理及发电厂的建设也会产生二氧化碳。瑞典的一项研究显示，考虑整个核电站的生命周期中二氧化碳的排放时，其产生的二氧化碳量大大低于煤和天然气发电厂。在核电站的整个生命周期中，包括铀的开采、冶炼和浓缩，工厂建设、运行与报废，以及废物处置等过程，二氧化碳排放量为 3.3 克/千瓦时。而瑞典大瀑布电力公司的天然气电厂的排放是 400 克/千瓦时，燃煤电厂为 700 克/千瓦时。
虽然利用核能有助于降低全球二氧化碳的排放，但美国核能信息局指出，"大多数专家一致认为，对抗全球变暖的主要行动必须在未来的 5～10 年内开展"。而建设大量核电站可能需要几十年的时间。即使世界上建造了 8000 座核电站来取代煤炭，在未来 30 年内世界的二氧化碳水平仍将增加 65%。

7. 成本很高。在核电发展的早期，支持者们认为这将是非常廉价的生产。50 年后，这个梦想离现实还很远。事实上，核能是最昂贵的一种能源，其成本是 10～15 美分每千瓦时，而煤炭则为 5～7 美分每千瓦时。核电站成本高的主要原因之一是其建造成本高。一个大型核电站的建设成本为 30～60 亿美元。类似的火力发电厂的建造成本仅为 8～10 亿美元。这些投资会导致其能量效率远低于其他能源。此外，核电站的维修是非常昂贵和耗时的，因为工人暴露在辐射中十分危险。其他类型发电厂的维修可能是简单而廉价的，而在核电站会花费几个月的时间和数百万美元，这就进一步增加了发电的成本。核电站的寿命为 20～30 年，到期后必须进行拆卸和处理。核电站退役过程的成本约为 5～100 万美元每兆瓦。1000 兆瓦的核电站的退役将花费额外的 5～10 亿美元。遗憾的是，核电站的退役成本并未加到发电成本中，事实上一些接近退役的老旧核电站必须考虑此问题，这使得核电愈发昂贵。

8. 缺乏大众和个人的支持。1975 年在切尔诺贝利事故之前，64%的美国人支持核能；但在 1986 年，在那次悲剧事故发生后，公众的支持大幅下降，支持率跌至 19%。类似的趋势也发生在其他国家。但是，佐格比国际公司的民意调查发现，2008 年公众支持核能的比例又攀升至 67%。高昂的石油价格和对全球气候变化的担忧是公众支持率上升的两个关键原因。

然而，在发生切尔诺贝利事故很久之前，美国的银行和保险公司已经撤回了他们对核能工业的支持。他们认为支持的成本高且风险太大。正因如此，美国核电行业在 1979 年倒闭。在最近的 20 年里，美国没有一个新的核电站建设规划。许多新核电站在规划阶段或在施工期间被取消。尽管存在这一趋势，美国目前仍有约 20%的电力来自核电站（近 50%的电力从燃煤电厂产生）。目前，加拿大每年总能耗的 15%来自核电站，而法国近 80%的电力来自核能。这些国家以及其他一些国家对该技术有着较强的支持。

到了 21 世纪初，核能在美国已经开始卷土重来，这与布什政府强有力的金融支持是分不开的。一些新的核电厂已被允许发展。例如，2006 年，通用电气公司和日立公司宣布了一项在得克萨斯州合资建造两座核电站的项目。工厂计划于 2014 年开始运行。支持者声称新核电站更安全，并可以帮助对抗全球变暖。在科罗拉多州和犹他州，对可能的铀矿已经有数以万计的权利要求。不过，美国核电行业的乐观情绪未能持续太久，近年一些核反应堆被关闭。

22.3.4　辐射对健康的影响

本节讨论两大类影响：非基因效应和遗传效应。一般来说，辐射的影响随个人年龄不同而不同。例如，胎儿和新生儿对辐射比成人更敏感。不同类型的组织或器官对辐射的敏感程度也不同。细胞快速增长的部位更敏感，如肠道、毛发和骨髓。细胞不分裂的部位，如软骨、肌肉和神经组织等，对辐射更具抵抗力。

辐射的影响也随人体暴露的强度而变化。剂量越高，影响越严重，表现得更迅速。辐射剂量往往以**拉德**表示，用来衡量被组织吸收的辐射量（拉德代表辐射吸收的剂量）。1 拉德相当于每克组织接受 100 尔格的能量。1 尔格是极其少的能量，大约是蚊子飞落到你手臂上的能量。

非基因效应　辐射会产生很多影响，其中死亡是最严重的后果。如表 22.2 所示，个人可以承受 100～250 拉德或更少的暴露水平，尽管后期患癌症的概率更高。随着剂量增加到 400～500 拉德，只有 50%的暴露的人还能继续生存 3 周。在 900 拉德或更高剂量辐射下，所有人在 3 周内均会死亡。

有哪些症状表明人暴露在辐射之下了呢？一个人接受不到 25 拉德的辐射不会立即意识到他的健康状况发生了改变。然而，癌症的可能性大大增加。当剂量上升到 100 拉德时，可能会出现疲劳、呕吐和腹泻等症状，但最终这些症状会消失，人体开始正常运转。在 400～500 拉德的辐射下，人体会出现极度恶心、呕吐、脱发和疲劳等症状。更糟糕的是，这种程度的辐射会损害红细胞的产生，导致严重贫血。白细胞的产生也会受到严重阻碍。因为白细胞可以保护身体免受感染，辐射受害者容易受到由细菌和病毒引起的传染病的侵害。这个剂量的辐射也破坏了促进血液凝结的血小板的产生，从而导致过度失血。通常个人暴露于 400～500 拉德的辐射而死亡是由于几个问题共同出现——贫血、出血和严重的细菌感染。

表 22.2　辐射对人类的非癌症影响

辐射剂量（拉德）	死亡人数的百分比	其 他 症 状
10000	100	由于脑部和心脏受损而在两天内死亡
3000	100	脑、脊髓、骨髓和内脏的永久性损伤；出血；感染
2000	100	骨髓和内脏的永久性破坏；严重脱水；出血；感染
1000	100	骨髓的永久性破坏；肠道的永久性损伤
600	60	骨髓的永久性破坏
400～500	50	疲劳；恶心；呕吐；脱发；血小板和白细胞减少；出血；感染
100～250*	0	疲劳；恶心；呕吐；脱发；腹泻；肠道溃疡；有些人可能会永久丧失生育能力
25～100	0	不会有明显影响；降低白细胞的数量
0～25	0	无可衡量的影响

* 注意：所有暴露于 100 拉德或更多辐射的人将经历疲劳、恶心、呕吐、腹泻和脱发过程。

大部分关于辐射影响的研究对象主要来自于"二战"结束时广岛和长崎原子弹爆炸的幸存者。成千上万的人暴露于 100～150 拉德的辐射中，直接影响包括烧伤、发热、脱发、疲劳、肠道出血、呕吐和腹泻等。许多后续观察发现，如果辐射损害了他们的骨髓，就会出现贫血和白血病（血癌）等病症。

在爆炸中心的 1200 米范围内，怀孕母亲的孩子出生时都有严重的出生缺陷，包括神经发育迟缓和头骨、心脏和骨骼畸变。许多幸存者和他们的家庭成员由于害怕辐射的长期影响，都离开了日本。

基因效应：癌症、出生缺陷和突变　在实验室动物身上所做的实验表明，辐射会导致不同器官患癌，包括淋巴结、乳房、肺、卵巢和皮肤。多年的研究证实，辐射和各种形式的癌症之间存在联系。一些实例如下：

1. 早期放射科没有充分的辐射防护措施，皮肤癌在放射科医生中很普遍。
2. 在 20 世纪 40 年代，许多从事钟表表盘镀镭的女性患上了骨癌。显然，涂料会溅在她们的唇上，使得她们摄入了镭。
3. 铀矿工人的肺癌发病率很高，主要是由于吸入含放射性的氡气。
4. 孩子还在母亲的子宫（常规产妇骨盆 X

射线检查）时接受了辐照，比在妊娠期间没有接受 X 光检查的儿童，有着更高（高 50%）的患癌率。

5. 从原子弹爆炸中幸免的日本公民患白血病的概率比其他城市中的未暴露在辐射下的日本公民要高。爆炸 30 年后仍经常出现白血病病例。

大多数肿瘤的发生是由于身体内细胞基因的改变。一般来说，这些变化称为突变，可能是由于生物因子（如病毒）、化学因子（有毒化学品）或物理因子（如辐射）导致。这些诱变剂导致基因变化，会使身体细胞分裂失控，形成肿瘤。体质虚弱的人体内若有肿瘤生长，常通过淋巴管蔓延到身体的其他部位，形成二次肿瘤，最后使人死亡。当然，可以通过切除或服用药物或放疗等方法治疗肿瘤。

科学家早已了解到，辐射还会损害生殖细胞——精子和卵子的染色体。这些突变可以遗传给后代，表现为出生缺陷或儿童癌症。背景辐射可能导致每百万精子或卵子中有一个发生突变。如从 X 射线或在核电站事故中受到更多的辐射，突变率会大大提高。詹姆斯·克罗是威斯康星大学的一位著名遗传学家，他认为任何剂量的辐射对遗传物质都存在潜在危害。

新的研究表明，极低水平的辐射比之前所认为的存在更大的影响。研究还表明，辐射具有累积效应。因此，美国国家科学院的一项研究表明，当前每年 17 拉德的健康标准过于宽松了。该研究者断言，暴露在这种程度的辐射下，可能会使癌症发病率上升 2%，同时增加遗传缺陷的发生率，约每 2000 名新生儿就有 1 名患病。美国国家科学院和其他科学家们也强烈反对这一标准，并建议将健康标准定为每年 0.017 拉德。

22.3.5 反应堆安全：两个案例

要理解为什么核能前途暗淡，只需了解近

代史上两个最恐怖的事故。每个事故都引发了许多针对引起事故的这种能源生产方法的质疑。

三里岛——核能终结的开始？ 1979 年 3 月 28 日，灾难发生在距离宾夕法尼亚州哈里斯堡 10 英里远处的三里岛核电站（见图 22.23）。投入使用 3 个月的反应堆在阀门无法关闭时失去控制。这个故障进而又引发了一系列事件，是美国核工业历史上损失最大和潜在危险最大的事故。

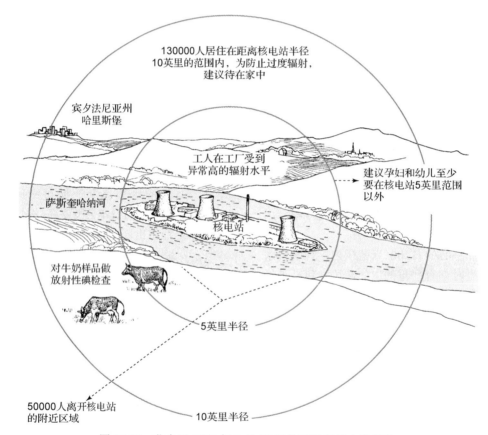

130000人居住在距离核电站半径10英里的范围内，为防止过度辐射，建议待在家中

宾夕法尼亚州哈里斯堡

工人在工厂受到异常高的辐射水平

建议孕妇和幼儿至少要在核电站5英里范围以外

萨斯奎哈纳河

核电站

对牛奶样品做放射性碘检查

5英里半径

50000人离开核电站的附近区域

10英里半径

图 22.23　发生于 1979 年 3 月 28 日的三里岛核电站事故

事故的细节并不能被所有核工程师理解，但调查结果表明，放射性蒸汽被注入反应堆的安全壳厂房中，并扩散到厂房外面的空气中。放射性蒸汽形成的云蔓延到山谷中，迫使居民急于寻找安全场所。破裂的管道所泄漏的放射性冷却水进入了两栋建筑物。在其中的一栋建筑物中，100 万升的放射性水积累到了脚踝高度。

接着发生了一些不同寻常的事件，氢气神秘地在反应堆容器中开始积累，反应堆堆芯濒临爆炸和熔化。一些专家担心，一旦反应堆容器爆炸，安全壳厂房将会泄漏出更多的放射性物质。所幸的是，该电力公司最终除去氢气并防止了爆炸。一年后，用远程摄像机拍摄的堆芯处的照片显示，核燃料已经熔化，使核反应堆报废，同时使清理成本增加。

在这次事故中，人类的代价，包括在反应

堆附近居民所遭受的痛苦和恐惧并不大，除非你是受害者之一。事故中，有 8 名工人在工厂中暴露于高水平的辐射下，他们很可能患上癌症。在核电站附近的 50000 人被疏散，在更远地区的 130000 人被警告呆在室内以避免暴露在辐射下。到目前为止，还没有研究表明这次事故导致了癌症的大量增加。

经过几天不懈的努力，美国核管理委员会和拥有该核反应堆的大都会爱迪生公司的核工程师关闭了工厂，从而结束了辐射的释放。之后便开始了漫长而昂贵的清理，该公司所花费的成本估计为 10 亿美元。

事故的研究表明，人类的错误、机械故障和设计缺陷是事故的主要原因。例如，没有经验的操作人员在深夜工作，在错误的时间关闭了紧急堆芯冷却系统，在本应将紧急冷却系统阀门打开的情况下却将其关闭，在本应让水泵运行的情况下却切断了水泵。

电厂的官员和核能的支持者认为三里岛事故只是一个小的灾难。没有人在事故中丧生，许多卫生官员也认为，几乎没有辐射释放到空气和水域中，即便存在，对当地居民的影响也很小。然而，两个著名的（有争议的）辐射专家指出，事故会导致 300 例甚至 900 例癌症和白血病患者。原因是许多居民受到 100 小时或更长时间的低水平辐射，足以显著增加该地区癌症的发病率。遗憾的是，只有时间会告诉我们他们的说法是否正确。

切尔诺贝利事故　很多人认为三里岛核电站事故标志着核能工业时代终结的开始，再加上建设成本高，公众的质疑不断增多。而切尔诺贝利事故则使这一行业永远陷入困境。

1986 年 4 月 26 日下午 1 点，前苏联的切尔诺贝利核电站的操作员刚刚完成对最新的第四号反应堆的测试。在测试过程中，操作员关闭了安全系统并违反了一系列正常的操作程序。

到下午 1 点 23 分，对反应堆的供能已经下降到维持其正常运行能量的 6% 的水平。紧急冷却系统和其他安全系统关闭，控制棒处于反应堆堆芯的位置，此时能量开始积聚。然而，当操作员按动按钮准备将控制棒放回原位时，控制棒丝毫没有挪动。现在专家认为，当时堆芯已开始熔化并阻碍了控制棒的进入。几秒钟后，核电站像发生了强烈地震一样，之后又是两次大的爆炸（见图 22.24）。

图 22.24　在 1986 年前苏联的切尔诺贝利核反应堆事故后，受损的建筑鸟瞰图，该次事故可能造成了 31 人死亡和数万人患上癌症

专家相信，当反应堆堆芯热量急剧升高时，燃料棒裂开，爆炸发生。大量的能量从燃料棒中释放出来，迅速加热反应堆中的冷却水，并将其瞬间转换成蒸汽。蒸汽冲破了部分

反应堆安全壳。反应堆上的 1000 吨混凝土板被抛到一旁，蒸汽、核燃料和石墨（这是核反应堆的组件之一）被抛向天空。

爆炸不久飞行员驾驶直升飞机到达事故现场，他们通过反应堆建筑上的大洞看到反应堆的发出红光的堆芯。在接下来的几天内，为了灭火和消除辐射，飞行员洒落了 36 吨的碳化硼、720 吨的石灰石、2160 吨铅和成千上万吨的沙子和黏土。火很快被扑灭，但反应堆仍自燃了好几天，继续每天释放数百万居里的辐射，持续了近两周时间。在第 11 天，在事故发生后的反应堆下注入了液氮，从而使熔化的燃料冷却，结束了辐射释放。

4 月 29 日，切尔诺贝利事故的消息传到了西方，在爆炸后的几天，只有瑞典和其他一些国家报道了来自前苏联的高水平辐射。29 日，世界新闻报道了一些他们了解的事实，顿时世界陷入恐惧中。前苏联外交官最早的报道表示，至少有 2000 人在事故中死亡，这是核能历史上最严重的事故。

当事故调查尘埃落定，允许西方记者了解事实时，很明显最初报道的死亡人数被严重夸大。发生事故的 4 个月后，死亡人数达 31 人。大部分受害者是暴露于高水平辐射的工人。据报道，有 237 人因急性辐射中毒和烧伤住院。他们受到的高水平辐射会大大增加其患癌的风险。

约有 135000 人从核电站附近 30 平方千米的区域内疏散，他们中的大多数来自核电站的北部。很多人生活在一个由政府建造的新城市内，永远不会再回家。由于发生事故的几周后就是暑假，100 万学生从核电站以南 80 千米的基辅撤离。根据各种估计，核电站周边约 150 平方千米的农田受到了严重的辐射污染，这片土地将被搁置几十年。反应堆本身被混凝土密封以防止进一步的辐射泄漏，但可能需要在几百年后，工人们才能安全地卸除剩余的反应堆堆芯。

这次事故的代价是很难确定的。前苏联的官员估计他们的损失为 30～50 亿美元。但外国专家认为，当把所有的间接影响也考虑在内后，总损失将超过 100 亿美元，前苏联之外的

国家的损失也逐渐明确。在英国，农民的牲畜被辐射污染而不能用于生产食品的损失为 1500 万美元。瑞典官员估计他们国家的损失达 1.45 亿美元，德国政府表示，他们将给失去作物和牲畜的农民支付 2.4 亿美元。

总之，20 多个国家受到了辐射的影响，但没有人能真正知道事故对人们健康的长期影响是怎样的。虽然精确数字很难估计，但科学家们相信切尔诺贝利事故将导致额外的 5000～100000 例癌症患者。在前苏联之外，可能会有 2500 甚至多达 300000 例癌症患者。辐射专家约翰·戈夫曼相信，癌症病例的总数可能为 60 万～100 万例。他预测，这些癌症患者中，一半患者的癌症是致命的。俄罗斯科学家们已经报道了受事故影响区域的甲状腺癌患病率高出正常区域 100 倍。

切尔诺贝利事故引起了公众对核能的质疑。许多专家认为，如此严重的事故不会发生在美国，而其他人则不太确定。与此同时，世界各地的反核情绪飙升。大约一半的欧洲人支持关闭现有的核电站。前西德黑森州的政府官员已决定推动逐步停止核能的计划。在波兰，核项目发展已被放缓。在瑞典，虽然政府长期致力于核能发展，但政府官员承诺将逐步淘汰核能。

22.3.6 核废料的问题

几次核反应堆事故之后，环境团体、公众和许多政府官员最大的担忧之一就是核电站和核武器生产过程中核废料的处置问题。本章不讨论核武器问题，但美国对核武器废料的处置可能会花费数十亿美元。

在核电站内，裂变所需要的燃料棒在安装一两年后开始产生裂变副产品。这些放射性材料可以吸收自由中子。自由中子数量下降，会降低裂变速率，从而降低核电站的运行效率。因此，每年约有 1/3 的旧燃料棒（40～60 根燃料棒）被替换为新的。但是，用过的燃料会发生什么情况呢？

许多国家将报废的燃料棒存储在水中，然后运送到回收工厂以清除高放射性的副产品（见图 22.25）。回收工厂收集没有裂变的铀 235

和从铀 238 得到的钚 239。在回收厂中，燃料棒内的物质被溶解在酸中。废弃物中可被利用的铀 235 和钚 239 被分离开。但在这个过程中，

处理每吨核废料会产生约 460 升的高放射性废液。回收工厂排放的辐射量大约是正常运行核电站的 100 倍。

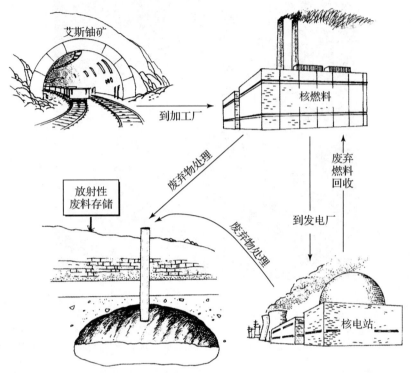

图 22.25　核燃料和废料的循环简图。人类环境的放射性污染最有可能发生在核废料向回收厂的运输过程中，以及运输和处置核废料的过程中

美国核行业最大的问题之一就是没有运行的回收工厂。因此，成千上万吨的高放射性核废料存储在全国各地核电站的水箱中（见图 22.26）。高放射性废物永久存储库的推迟建立，将使反应堆成为核废料的长期处置场所。越来越多的废料可能会增加潜在事故的严重程度。更糟的是，许多反应堆已经达到了使用年限。乔治·布朗写道，"继续在这些反应堆临时存储燃料棒只会自找麻烦"。因为几乎所有很快就要关闭的反应堆为方便获得冷却水，都建立在河流和湖泊附近。任何一个反应堆发生的灾难性事故时，都可能导致当地的水道污染。

为了解决美国的大量核废料问题，美国国会在 1982 年通过了《核废料政策法案》。它要求美国能源部选择两个地点来处置到 1987 年为止所产生的高放射性核废料，这两个地点一个在东部，一个在西部。大多数专家认为，核废料

应在地质稳定的岩床，如花岗岩、火山凝灰岩或玄武岩洞穴深处处理。专家们希望核废料可以在这些地方保存成千上万年而没有地下水渗入，从而不会威胁人类健康。

尽管最初的想法是乐观的，但选址却非常困难。1986 年，美国能源部提出三个位于西部的地址：华盛顿州东南部的汉福德核禁区，内华达州西南部的尤卡山，以及得克萨斯州西部高地平原的戴夫史密斯县。有关选址的详细研究就花费了 10 亿美元。为了省钱，国会把更多的精力集中在最有可能的候选地址上——内华达州的尤卡山。该地区免受地震和干旱的影响。存储库可以建造在地下水位以上，位于地下 700 米。遗憾的是，内华达州州长和全州 3/4 的人反对这个选址方案。他们害怕选址于此的安全性不会像政府和科学家认为的那样乐观，他们也希望内华达州能避免"国家核废料场"的污名。

图 22.26 用过的燃料在水下"冷却"。来自佐治亚州萨凡纳河核电站的废弃燃料组件照
亮了冷却池。照片中展示的是水下 6 米处的三个不同"年龄"的废弃燃料。最
明亮的组件（最上的位置）刚退出反应堆，在它前面的是一个月前的废弃组
件，而位于左下角几乎看不见的是已经被放射性衰变"冷却"了三个月的组件

这一地点将存储来自核电站和国防设施（曾经用于生产核武器）的核废料。但在广泛研究后，官员们发现了许多问题，以至于怀疑这个选址的正确性。

很多人认为建造核电站的错误在先，美国目前大约有 60000 吨的核废料存储在核反应堆内。我们必须解决已经产生了的核废料问题，除此之外，我们没有其他选择。

绿色行动

从当地电厂购买绿色能源。它的成本通常只略高于传统的能源。

22.4 聚变反应堆

在美国，裂变反应堆显然是一种衰落中的技术。虽然核能行业提出了更小型、更安全的核电站设计，但它的高成本以及公众、保险公司和银行的怀疑等，使这些梦想并未转变成现实。尽管总统乔治·布什对核电的发展持支持态度，但它在美国的发展仍受到质疑。多年来，核能行业还在另一种类型的反应堆——**聚变反应堆**上寄托希望。什么是聚变反应堆，它们的前景又如何？

太阳光能照亮天空是因为太阳内发生的核聚变反应。从某种意义上说，**核聚变**是裂变的相反过程。裂变涉及一个大型原子核的分裂，而聚变是将两个规模较小的原子核聚合起来形成一个新的原子核。在核裂变过程中，重的原子核如铀核往往不稳定而发生分裂。而在核聚变中，两个较轻的原子核克服原子核间带正电荷的质子之间的相互排斥作用而聚到一起。这种反应主要发生在较轻的原子核之间，因为它们之间的互相排斥远远弱于较大的原子核。当两个原子核融合后，很多能量就被释放。这些能量可以用来发电。

因为氢原子是最轻的元素，因此被用于实验性的聚变反应堆。氢原子的原子核中有一个质子但没有中子，因此排斥力非常小。氢的另一个优点是，它的存量非常丰富。

　　氢有两个不常见的同位素，氘和氚。氘原子核有一个质子和一个中子，氚有一个质子和两个中子。一个氘原子核可能与另一个氘或氚原子核融合。

　　为了克服原子核间的排斥力，必须提供大量的能量。这可通过用激光束轰击包裹了氘和氚的燃料芯块来实现。获得能量后，燃料变成热的原子核和电子的混合物，称为**等离子体**。在等离子体中，原子核可以向相互碰撞和聚合。两个原子核的聚变释放巨大的能量，可能远远超过启动反应时所需的能量。

　　启动反应所需的 4000 万摄氏度的热量给设备设计带来了一些问题。已知的金属无法承受这么高的核聚变反应堆的温度。因此，科学家提出了两个主要的设计。最受欢迎的是磁约束。在这项技术中，磁场给等离子体足够时间发生聚变（见图 22.27）。释放出的热量由液态锂转移到液体钾，然后转移到水中使之沸腾产生蒸汽，进而发电。

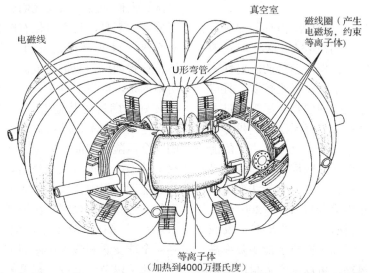

真空室

电磁线

磁线圈（产生
电磁场，约束
等离子体）

U形弯管

等离子体
（加热到4000万摄氏度）

图 22.27　核聚变反应堆。（上图）聚变研究设备。该图显示了一个可以使美国更容易掌控聚变的研究
　　　　　设备，而聚变是驱动太阳和星星的动力。该设备很容易操作，并使用氢聚变燃料，下一代设
　　　　　备采用氘和氚作为燃料。该设备称为普林斯顿大环（PLT）。（下图）核聚变研究。在该聚变装
　　　　　置中，用来限制和压缩聚变等离子体的磁线圈是可见的。通过微波功率水平的提高来加热等
　　　　　离子体以满足聚变反应。该设备称为埃尔莫波纹环，位于美国能源部霍里费尔德国家实验室

相比核裂变，核聚变有着几个关键优势。首先，燃料丰富且廉价。1 立方米海水中的氘就可以为我们提供约 1.5 万亿桶石油所能提供的能量，或者说是人类文明史上全世界所消耗石油的 1.5 倍。核聚变被认为更安全。专家说，如果一个聚变反应堆发生故障，反应只会停下来，而不可能爆炸。或者说，一场事故不会从裂变反应堆释放出大量的辐射。最后，因为聚变反应比裂变反应更高效，会产生更少的热污染。因此，聚变反应堆的热污染相当少，需要的冷却水也很少。

聚变也有一些缺点，这些缺点如此显著，以至于可能会永远阻碍我们利用这种形式的能源。最重要的危害来自作为燃料的放射性氢同位素——氚。在高温下，氚极难控制，且可以穿过金属。第二个主要问题是，尽管超过了 5 年的研究，科学家们却一直无法达到盈亏平衡点，也就是说，他们无法使反应堆产生的能量比消耗的能量多。聚变反应堆发电的成本必须是我们能负担得起的。即使成本无法准确预测，一个聚变反应堆也会花费 120～200 亿美元，远远超出传统的核反应堆以及增殖反应堆。批评者说，这些钱如果投资于能源效率高和可再生能源，如风能，可以生产大量的清洁能源。

聚变反应堆也产生高能中子，这些高能中子会轰击安全壳，降低金属寿命并增加更换速率。密封装置也将变得有放射性。此外，如果容器破裂时，它会释放出放射性氚和熔融锂，冷却剂会在空气中自发燃烧。

1980 年，美国国会通过了《磁聚变能应急法》来促进聚变能。该法授权美国能源部从1980年到2000年每年花费约 10 亿美元进行聚变的研究与开发。在 20 世纪 80 年代的经济困难时期，这部分钱被终止，进一步使聚变能的前景变得暗淡。1996 年，美国仅花费了约 2.5 亿美元用于聚变研究，其中的一小部分用于欧洲和日本。因为经济衰退，美国于 2025 年建设示范性核工厂的计划被抛弃。

绿色行动

将家里或公寓空房间的门关闭并停止供暖，让这些房间在冬天比其他房子冷一些。

22.5　美国能源的未来

世界正在用尽石油，天然气的储量也在不断下降，两种燃料的花费却不断飙升，对全球经济、人们的就业以及我们的生活水平都造成了威胁。而且，我们对化石燃料的严重依赖会对全球气候变化背景下的环境产生极大的破坏。尽管如此，我们对能源的需求仍在增加。所幸的是，世界上有着替代这些成本高、环境不友好的燃料的其他选择。核裂变是其中之一，但其高成本、潜在的燃料短缺以及对我们的安全风险等方面的原因，它在我们长远的未来里并不能发挥巨大的作用。核聚变能提供丰富的能源，但因其成本高而不会成为商业上最可行的选择。那煤呢？在地球表面之下这种化石燃料的储量十分丰富，但严重的环境污染——全球变暖和酸雨，阻碍了其进一步发展。

还可以节约能源、提高能源效率和开发可再生能源，例如太阳能、风能、地热能源、水力和生物质能等，这些将在下一章中讨论。这些能源在目前没有得到充分利用，今后可能会变得越来越受欢迎，且比传统能源更便宜。甚至一些大型的石油公司，例如英国石油公司和荷兰皇家壳牌公司等，已经对可再生能源进行了大量投资，它们都出售太阳能电力系统。美国的通用电气也开始建造风力发电机和核电站，并销售太阳能电力系统。许多大型的连锁公司，包括沃尔玛，正在其分店安装太阳能电力系统。例如，在 2008 年，沃尔玛宣布将给加利福尼亚和夏威夷的 22 个分店安装太阳能电力系统，为每个商店提供大约 30% 的电力。支持者说，这些技术得到了政府的广泛支持，类似于对现在的化石燃料和核能行业的支持，这些支持可以帮助这些清洁的和可再生的能源资源的实现发展。

重要概念小结

1. 20 世纪 70 年代的两次石油危机让世界意识到我们对石油过分依赖会付出巨大代价。它让我们了解到，我们所买的任何东西或所做的每件事情都需要大量的能源。高的通货膨胀会对世界经济产生严重影响。2000 年，由于消费水平超过需求，导致另一个能源危机的开始。

2. 在发达国家，化石燃料，如煤炭、石油和天然气，是主要的能量来源。自 20 世纪 70 年代开始，核能、节能和可再生能源的重要性不断提高。

3. 在发展中国家，可再生燃料，尤其是木材，是主要的能源形式，尽管这些国家的工业化对化石燃料的依赖性在不断增加。

4. 煤炭提供了美国约 23% 的能源需求和加拿大 15% 的能源需求。电力公司、工厂和家庭都利用煤炭燃烧产生能量，它所释放的能量是在数百万年前由植物光合作用所捕获和存储的太阳能。

5. 已证实全球煤炭储量约为 7000 亿吨，足以持续约 200 年。未被发现的全球储量可以再供应 1700 年。以现有的煤炭消耗速度，美国煤炭供应量可能会持续 200 年。

6. 煤炭不能轻易地或有效地代替石油和天然气，而且它是一种"肮脏"的燃料。采矿也会对环境产生较大影响。

7. 由于可能导致环境问题，煤炭行业推动清洁煤技术的发展，提高煤炭燃烧效率来有效减少污染，并将二氧化碳捕获并封存于深井中以防加速全球变暖。

8. 一种更高效的燃煤技术是循环流化床燃烧技术。它将碎煤与石灰石混合，并用强气流推入锅炉中。石灰石与烟气中的硫氧化物气体反应从而去除该气体。

9. 碳固定是一个多步骤的过程，始于从燃煤发电厂的烟气中去除二氧化碳。气体必须被压缩，然后运往可以注入的废弃油井。构建该流程所需的能量和处理过程所需的成本是相当高的。

10. 另一种利用煤来满足我们的需要的技术是煤的气化，即从煤中产生可燃的气体。新技术的发展大大提高了转化效率。

11. 煤也可以用来生产一种黏稠的油性物质，这一过程称为煤的液化。该产品可以用与石油同样的方式来精炼，进而生产各种有用的产品，如航空煤油、汽油和煤油，以及生产药物和塑料所需的各种化学物质。

12. 与煤炭不同，石油供应短缺。许多专家认为，石油产量可能已经达到了峰值。石油峰值代表了一个历史性的时刻，在那之后的供应将无法满足需求。这可能导致严重的通货膨胀和经济停滞，这种情况可能会持续多年。

13. 天然气比其他化石燃料燃烧更清洁，在我们对可再生能源的依赖不断增加的过程中，它可作为一个重要的过渡燃料。天然气比石油的前景更明朗，但不如煤炭。一些分析师预测，全球天然气产量将在 2019 年达到顶峰。

14. 油页岩是一种沉积岩，由几百万年前在湖泊底部的泥炭形成。它含有一种固体有机物质，称为油母质，当其被加热时，页岩油从岩石中释出，页岩油可以像石油一样进行精炼。

15. 美国科罗拉多州、怀俄明州和犹他州有着最大的和最有价值的油页岩储量。但油页岩开发的经济和环境成本都很高。

16. 油砂包含一种浓稠的油性残留物，称为沥青，它可以像页岩油一样被提取和精炼。美国油砂的存储并不广泛。加拿大油砂的存储要大得多。遗憾的是，油砂生产的能耗非常高。地面开采油砂造成对环境的严重破坏。

17. 寻找石油的替代品，以及天然气和煤炭的替代品都是非常必要的，尤其是一些不增加全球二氧化碳水平的能源。一种可能性是核能。核能是在原子分裂时产生的能量。

18. 了解核能，我们须了解原子的结构。物质都是由原子组成的。每个原子中心结构致密的原子核包含带正电荷的质子和不带电荷的中子。原子核周围是电子云，微小的带负电荷的电子在其中运动。

19. 科学界已经了解的元素超过 100 种，不同元素的原子核中的质子数不同。一个元素是一种纯的物质。任何给定的元素，原子核中的质子数量总是相同的。因为电子云中电子的数量总等于质子数，因此原子是电中性的。

20. 尽管给定元素的所有原子具有相同数量的质子，但相同元素的原子可能具有不同数量的中子。因此，一种元素可能会有几种形式，称为同位素。如果这些同位素是不稳定的，就称它们为放射性同位素。

21. 放射性同位素有达到稳定的趋势，其原子发出的辐射包含粒子或电磁波。三种常见形式的辐射是 α 粒子、β 粒子和 γ 射线。随着时间的推移，放射性元素由于释放辐射而质量降低。表征这种质量变化快慢的量称为半衰期。

22. 核反应堆（和第一代核弹）通过控制核裂变——原子的分裂来获取能量。在核反应堆中，燃料棒中的铀原子被其他铀原子释放的中子轰击会发生裂变，该过程会释放大量的能量。

23. 裂变过程中会释放额外的中子。这些中子继续轰击其他原子核，引起裂变的链式反应。

24. 核电站利用链式反应释放的能量使水沸腾产生蒸汽来发电。

25. 所有大型核电站使用的铀燃料是铀 235 与铀 238 的混合物，它们是颗粒状的，并被装入燃料棒中。燃料棒被插入到核反应堆堆芯中。裂变的速度是由控制棒中吸收中子的材料来控制的。包括控制棒和燃料棒的组件被安置在一个反应堆容器中并置于安全壳厂房内。

26. 核能的支持者认为，这种技术拥有许多优点，是一种理想的能量来源：（1）增殖反应堆若可行，则燃料供应丰富。（2）核能可以帮助美国减少对国外石油的依赖。（3）正确操作核电站，其释放的辐射很小，而事实上火力发电厂释放的辐射要比核电站多。（4）核电站产生很少量的固体废物和空气污染物，包括温室气体二氧化碳。（5）发生事故的概率很低。

27. 反对者指出核能有以下缺点：（1）核电站非常昂贵。（2）增殖反应堆成本高昂，存在安全问题，回收期长。（3）核能很少能取代石油进口。（4）核能对于降低整体二氧化碳的排放帮助不大，除非建成成千上万座昂贵的核电站。（5）核电站事故可能释放出大量的辐射，并产生潜在的毁灭性影响。（6）核电站操作过程中通常比燃煤发电厂产生更多的热污染。（7）核电站发生事故的频率相当高。（8）核能是一种昂贵的能源形式，对核废料和废弃反应堆的处理会进一步增加成本。

28. 辐射的影响随个人的年龄不同而不同。胎儿和新生儿比成人更敏感。快速生长的细胞比不分裂的细胞更敏感。

29. 辐射暴露量可以用拉德（辐射吸收剂量）来衡量。400～500 拉德的辐射对人是致命的，只有一半的人会活过 3 周。接受剂量少于 25 拉德的人不会意识到他们的健康变化。当剂量上升到 100 拉德时，他们可能会疲劳、呕吐和腹泻。但最终这些症状都会消失。这些看似低水平的暴露却经常导致癌症发病率的增加和具有缺陷的后代的出生。

30. 大量研究表明，辐射会增加许多癌症的发病率，包括白血病、骨癌、肺癌和皮肤癌。科学家认为，多数肿瘤是由身体细胞内基因的变化而引起的，导致细胞分裂失控。辐射还会损害生殖细胞的染色体，由此产生的突变可以遗传给后代，可能表现为出生缺陷或儿童癌症。

31. 许多人最关心的问题是核电站在日常运行以及事故中所释放的辐射量。

32. 许多人都关心核废料的处置问题。在美国，核反应堆和军事核设施的高放射性的核废料已经存在超过 40 年。美国既没有回收设施从核废料中提取有用的燃料，也没有任何核废料处置场所。为了解决这个难题，美国国会在 1982 年通过了《核废料政策法案》。它要求美国能源部为处置核废料选择两个场所，但最终地点的选择障碍颇多。最大的问题是没有多少人想将核废料倾倒在他们的州。许多人认为建造核电站本身就是一个错误，到 2007 年已有 60000 吨核废料存储在反应堆中。我们必须解决我们所制造的核废料问题。

33. 核裂变的替代品是聚变反应堆。聚变反应堆由氢的同位素氘和氚作为燃料，两者相结合形成更大的原子核。但是，让它们发生聚合过程需要预先投入大量的能量。

34. 核聚变具有较大潜力的原因之一是燃料供应非常丰富，同时比传统裂变反应堆产生更少的核废料。然而，聚变反应堆可能会非常昂贵，并且十分危险，因此冷却剂——熔融锂与空气接触会燃烧，微小的泄漏就可能会摧毁整个反应堆。

关键词汇和短语

Acid Mine Drainage　酸性矿山废水

Acid Precursors　致酸前体物

Alpha Particle　α 粒子

Anthracite Coal　无烟煤

Arctic National Wildlife Refuge (ANWR)　北极
国家野生动物保护区

Area Strip Mine　大面积露天矿

Atom　原子

Atomic Mass　原子量

Atomic Number　原子序数

Beta Particle　β 粒子

Bitumen　沥青

Bituminous Coal　烟煤

Breeder Reactor　增殖反应堆

Carbon Sequestration　碳固定

Chain Reaction　链式反应

Clean Coal　清洁煤

Coal　煤炭

Coal Gasification　煤的气化

Coal Liquefaction　煤的液化

Coal Reserves　煤炭储量

Containment Building　安全壳厂房

Contour Mine　煤层露头煤矿

Control Rods　控制棒

Daughter Nuclei　子核

Dragline　索斗铲

Electron　电子

Electron Cloud　电子云

Element　元素

Emergency Cooling System　紧急冷却系统

Energy Conservation　节能

Energy Efficiency　能源效率

Fluidized Bed Combustion　循环流化床燃烧

Fossil Fuels　化石燃料

Fuel Rods　燃料棒

Fusion Reactor　聚变反应堆

Gamma Ray　γ 射线

Half-Life　半衰期

Hydropower　水力发电

In Situ Retort　原位干馏

Isotope　同位素

Kerogen　油母质

Lignite Coal　褐煤

Magnetic Fusion Energy Emergency Act　磁聚
变能应急法案

Mountain Top Removal　山顶移除

Mutation　基因突变

Natural Gas　天然气

Net Energy Efficiency　净能量效率

Neutron　中子

Nuclear Energy　核能

Nuclear Fission　核裂变

Nuclear Fusion　核聚变

Nuclear Reactor　核反应堆

Nuclear Waste Policy Act　核废料政策法案

Nucleus　原子核

Oil　石油

Oil Producing and Exporting Countries (OPEC)
石油输出国组织

Oil Reserves　石油储量

Oil Sands　油砂

Oil Shale　油页岩

Overburden　覆盖层

Plasma　等离子体

Plutonium　钚

Proton　质子

Proven Reserves　已探明储量

Rad　拉德

Radioactive Decay　放射性衰变

Radioisotope　放射性同位素

Reactor Core　反应堆堆芯

Reactor Vessel　反应堆容器

Shale Oil　页岩油

Slurry　水煤浆

Spent Shale　废页岩

Subsidence　地面下陷

Sulfuric Acid　硫酸

Surface Mining Control and Reclamation Act
　　地表采矿控制和恢复法

Surface Retort　地面干馏

Tar Sands　油砂

Ultimate Production　最终储量

Uranium　铀

Yellow Cake　黄饼

批判性思维和讨论问题

1. 描述发达国家所使用的主要能源。哪些供不应求？哪一种是 50 年后储量最丰富的？
2. 利用你的批判性思维能力，分析以下语句：“发展中国家主要依靠可再生能源。因为它是可再生的，所以没有什么可担心的。”
3. 定义以下术语：探明储量、最终储量和未探明的储量。
4. 全球探明的煤炭储量有多大？以当前的消费速度，它会持续供应多久？
5. 描述露天和地下煤炭开采对环境的影响。
6. 描述循环流化床燃烧，画出原理图。为什么它与传统燃煤发电厂相比会产生更多能量和更少的空气污染？这是一个可满足我国能源需求的可持续性解决方案么？为什么？
7. 定义煤的气化和煤的液化。
8. 煤是一种资源丰富的化石燃料，并能为社会提供多年的能量，这是一个好主意吗？为什么？
9. 上网研究清洁煤技术的支持者所提出的观点。写一段对他们观点的总结，并总结批评人士的观点。
10. 人口指数增长如何影响全球石油供应？
11. 石油产量峰值是什么意思？石油峰值的正面和负面后果是怎样的？
12. 讨论在阿拉斯加的北极国家野生动物保护区开采石油的好处和坏处。利用你的批判性思维能力来分析各种观点。你认为它可以在一个敏感的环境中进行吗？
13. 描述油页岩和油砂。它们是什么？它们来自哪里？存储量有多大？开发它们的影响是什么？
14. 净能量效率是什么意思？为什么这是一个对可再生和不可再生燃料都很重要的衡量标准？
15. 描述一个原子的结构，定义同位素、放射性同位素、辐射和半衰期。
16. 身体哪里的细胞对辐射最敏感？
17. 描述一个核电站是如何工作的，涉及裂变、中子、子核、铀 235、燃料棒、控制棒、反应堆堆芯、链式反应、反应堆容器、安全壳厂房和紧急冷却系统。
18. 你同意下面的话吗？“核裂变是一种清洁、安全的燃煤电厂替代品。”为什么？
19. 增殖反应堆与传统的裂变反应堆有何不同？增殖反应堆的利弊是什么？它有什么特别的问题？
20. 聚变反应堆如何操作？它的燃料是什么？核聚变的利弊是什么？
21. 假设一家公司提出在你的校园附近建设核电站。该公司断言工厂的建设可振兴当地经济。批评者认为它确实将创造许多就业机会，帮助经济发展，但大多数工人将会从其他地区引入该地区。你对该项目有何回应？

网络资源

本章相关在线资料见 http://www.prenhall.com/chiras （单击 Table of Contents，接着选择 Chapter 22）。

第 *23* 章

创建一个可持续的能源系统：
高效利用和可再生能源

$想$象一下使用太阳能和风能这种清洁能源的世界，也想象一下经济繁荣且没有石油泄漏、有毒空气污染、酸雨和温室气体的社会。这是充满诗意的田园生活，还是远离现实的乌托邦？

能源高效利用和可再生能源支持者认为并非如此。事实上，在美国太阳能协会的一次发布会上，哈伯德博士断言到 2030 年，美国能源供应的 50%将来自可再生资源，并且在随后的几十年中，美国人将逐渐全部摆脱化石燃料。为什么需要这样？可再生能源的支持者指出，尽管化石燃料有很多好处，但实质上会带来很多严重的环境问题，如全球变暖、酸沉降、城市空气污染、栖息地破坏和水污染。包括德国和英国在内的几个国家已经大力发展可再生能源。

环保主义者和科学家们致力于创建一个地球友好的能源系统，包括各种可再生能源资源，其中有很多现在已经在使用。除了节能和提高能源效率，还可采用各种形式的替代能源，包括太阳能、风能、生物质能、水能、地热能及其他可再生能源。本章讨论一个可持续能源未来的主要选择，并解释每种技术及其潜力和面临的主要挑战。首先介绍节能和能源高效利用，分别介绍减少能源利用的方法和更有效利用能源的方法。

23.1 节能和能源高效利用

大多数发达国家过去 200 年来不断增长的能源需求都能被满足，因为我们生产了越来越多

的燃料，其中近 100 年来以化石燃料为主。很多人意识到未来能源需求还将增加，因此支持继续今天的能源战略，生产更多的煤、石油和天然气并开发油页岩、含油砂、煤制气和煤液化。在过去的 200 年中，人们很少注意去寻求减少能源消耗的方法，包括减少利用（节能）或更有效地使用能源。在哈佛商学院题为《未来能源》的报告中，节能被描述为"不亚于石油、天然气、煤炭或核能的能源替代品。"该报告的作者指出，"在短期内，节能确实可比任何传统能源做得更多，从而有助于国家解决能源问题。"

23.1.1 美国的节能和高效利用行动：简要历史回顾

节能对美国人来讲并不陌生。20 世纪 70 年代石油危机（见第 22 章）后，美国采取了一系列严格措施来杜绝能源浪费，不论是在家里还是在办公室中，不论是在飞机上还是高速公路上。消费者在楼顶增加了保温材料、替换掉单层玻璃窗、堵上门窗的缝隙、买更小的汽车以及调低温控器上的温度，节省了大量的能源（见图 23.1）。新汽车的平均汽油里程数显著增加，1974 年每加仑可行驶 14 英里左右，1986 年为每加仑 26 英里，这要感谢国会的行动。同一时期，工厂也削减了能源消耗，最终生产 1 美元的国民生产总值需要的能源减少了25%。1949—1999 年，生产 1 美元国民生产总值需要的能源减少了 47%。

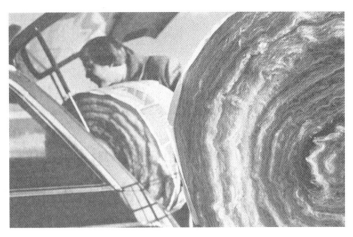

图 23.1　为冬天做准备。增加保温措施既节能又省钱。美国北方各州的许多家庭，如纽约、宾夕法尼亚和密歇根州，在 20 世纪 70 年代和 80 年代早期，投资进行房屋保暖改造，包括使用保温材料、封堵缝隙、加密封条和防风窗。因此在冰冷的冬天，他们的房子也会温暖舒适。但不要忘了，保温材料在天气炎热时也可以保持室内凉爽

然而，在最初的兴奋期过后，美国对节能的热情开始消退。罗纳德·里根、乔治·赫伯特·沃克·布什（老布什）和乔治·沃克·布什（小布什）政府大大减缓了节能的进程。例如，在里根政府时期，从 1981 年到 1987 年间，联邦节能计划的经费削减了 91%。里根和布什总统都不支持提高汽车能源效率的措施。1992 年克林顿总统任职时，美国新机动车的平均汽油里程数增加到每加仑 27.5 英里[①]。在克林顿任期内，试图增加机动车能源效率的提案年复一年地被国会否决，利益集团的代表们甚至禁止能源部考虑进一步增加单位油耗的行驶里程数！于是，汽车越来越大，新汽车的汽油里程数开始下滑（见图 23.2）。在小布什任期内，节能继续被冷落。联邦政府甚至通过给企业高额税收减免的激励机制来让大众购买特大的运动型多功能车。副总统迪克·切尼不断地驳回节能的努力，宣传政府将不会支持任何会"改变美国人生活方式"的措施。

对节能失去兴趣令那些认识到节能会给社会、经济和环境带来一系列好处的人们十分失望。节能最显著的，或至少是人们最乐见的

好处是阻止油价上涨，有助于国家经济保持繁荣。在 20 世纪 80 年代早期，美国、加拿大及其他一些国家的节能措施降低了对汽油的需求，石油出现暂时的供大于求。于是油价得到了稳定，正如供需理论所预测的那样。稳定的油价有助于消费品成本的稳定，从而平息经济动荡。事实上，经济动荡在 20 世纪七八十年代一直严重制约着美国和世界上大多数工业国家的发展。

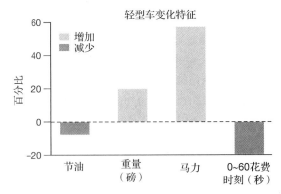

图 23.2　美国的汽车变得越来越重，能耗越来越高，0～60 英里/小时的加速时间越来越少

另一个引起石油价格下跌的原因是，英国等非石油生产和出口国（OPEC）增加了石油勘探与生产，使 OPEC 在世界石油市场的份额下降。1977 年，OPEC 国家供应了世界石油需

---

① 尽管如此，能源消费仍然急剧增长，在那个时期，人口增长不到 80%，能源消耗却超过了 200%。

求的 2/3。到 1985 年，该份额下降到只有 1/3。为了应对市场份额的下降，1985 年 12 月，OPEC 国家宣布将调低油价来重夺他们的市场地位，到 1986 年 4 月，原油价格下跌了一半。如今，OPEC 在世界石油市场的份额又开始上升，因为 OPEC 国家是目前世界石油储量的主体，有可能形成新一轮的价格上涨。

　　在 20 世纪 80 年代后期，由于石油价格持续低迷，有利于许多经济部门的发展，也动摇了美国节能的决心。作为美国轻视节能的一个例子，1987 年美国国会通过了一个受欢迎的法律，即允许各州提高州际高速路中乡村路段 65 英里/小时的限速规定，但这一措施大大增加了燃油消费。1996 年，限速进一步提高。尽管 1996 年克林顿总统提高了高油耗汽车的附加税，但美国和国外的汽车生产商仍生产越来越大的汽车，使得汽车的单位油耗行驶里程数也越来越低（见图 23.3）。高油耗汽车的销售量一直猛涨，直到 21 世纪早期，我们奢侈生活方式才开始转变。

　　如第 22 章所述，低效的能源利用，尤其是在美国，加上中国和印度能源需求的增加，开始严重影响世界能源价格。2008 年，石油价格达到历史最高，每桶 140 美元。这次危机也有部分原因是那些大宗商品交易者（投机者）

担心石油短缺而抬高价格，因此在世界范围恢复了对节能和提高能效的兴趣。

图 23.3　福特公司生产的汽车成为能源消费的缩影。这种运动型多功能车重约 4 吨，每加仑汽油的行驶里程数低于 10 英里，在 2000 年被美国国家公共电台"车迷天下"的主持人汤姆·麦廖齐和雷·麦廖齐兄弟戏称为"千禧年的大笨车"

　　如今，美国和其他许多国家一样面临危机。美国国内石油储量几尽枯竭，生产量下降，国内石油消耗主要靠进口（见图 23.4）。有些专家断言，对石油的高消费是不可持续的。它们不仅会超出石油生产系统运输和提炼石油的能力，也可能超出世界开采石油的能力。

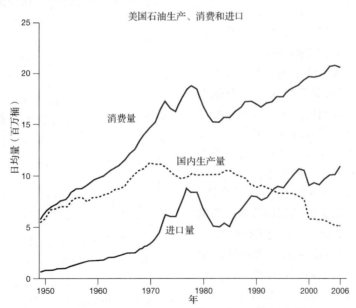

图 23.4　美国石油进口量正在迅速攀升，因而越来越依赖 OPEC

从环境和经济学角度看，石油是昂贵的。石油及其产品是温室气体 CO_2 的主要来源。美国花费数十亿美元来保护石油安全，还不如用同样多的钱来发展更可持续的能源。2008 年，美国为在伊拉克和阿富汗的军事行动每个月花费 100 亿美元，许多人相信这次行动的主要目的是稳定中东局势，从而确保石油能稳定地输往美国。在 20 世纪 90 年代早期，相关国家在海湾战争中花费了 610 亿美元，而这场战争的最大目的是阻止伊拉克的侵略，以保护科威特的石油供应。尽管几乎没人意识到，但据落基山研究所的报告，美国现在每年要花费 500 亿美元为进出波斯湾的油轮提供军事保护。如果这部分补贴被计算进中东石油的价格中，每桶油约值 500 美元，远远高于 2008 年中期开放市场上每桶 140 美元的价格。如果美国民众支付来自波斯湾石油的真正汽油价格，将超过每加仑 25 美元。如果将中东军事行动的花费也计算进去，石油的成本会更高。总之，根据某些估计，美国政府资助给石油、煤炭和天然气公司的资金每年可达 2000 亿美元，与之相对应，每年对可再生能源的资助只有 2 亿美元。

23.1.2 重回正轨

面临高额的燃料成本，很多人断定美国必须重回高效节能的道路。他们认为，我们必须节约能源并更高效地使用能源。同时，我们必须发展和使用清洁、无污染的替代能源。

我们必须指出，本章的主题，即高效和节能所带来的好处不仅仅是简单地节约有限的资源。节能和能源高效利用可帮助每个家庭省钱，这样他们就可以有更多的钱去做他们需要做的许多事情——如接受大学教育。这些努力可帮助企业减少产品和服务的成本，可帮助美国的公司与德国和日本更高效的公司进行竞争，也有助于帮助世界维持更低的石油价格，有助于全球经济的稳定。节能还能创造工作机会。

能源高效利用和节能也能显著降低前面章节中所讨论的各种污染问题，如酸沉降、温室气体排放、城市空气污染甚至水污染。能源高效利用和节能也有助于延长世界石油的供

应时间，给社会更多的时间来发展和建立清洁、负担得起和可靠的可持续替代能源，以代替石油和其他化石燃料。

23.1.3 未开发的潜能

节能对经济的作用就像预防药对医疗保健的作用。不管人们如何宣称，在能源高效利用和节能方面，大多数国家还只是刚刚起步，在建筑业、工业、机动车和家用电器等方面仍有很多机会。

让我们来看一些例子。第 18 章提到的插电式混合动力车每加仑汽油可平均行驶 100 英里或更远。而目前美国的新机动车每加仑汽车可行驶 23.8 英里，是发达国家中最低的[①]。一些专家相信，将平均单位油耗行驶里程数增加到每加仑 40～50 英里是容易实现的，美国能大大减少污染，包括温室气体排放，并延长石油的供应。于是，这又能争取更多的时间发展效率更高的机动车和更高效的可再生液体燃料。

另一个有前景的方面是照明，它具有巨大的节电潜力。美国约有 47 亿平方米的商业用地，仅供其照明就大概需要 100 个发电厂。在西雅图，官员预测照明的电力需求可以削减 80%。可以使用照明度与 75 瓦灯泡相当的 18 瓦的紧凑型荧光灯泡，更换节能的电灯开关，将室内墙面装饰得更明亮，安装特殊传感器在自然光线足够亮时自动关闭室内照明。如果全国范围内均实施这样的计划，节约的经费和获得的环境效益之大甚至让人难以置信。

新的节能的紧凑型荧光灯（CFL）也可用在家庭。这只是举手之劳，将节能灯泡插在原来的白炽灯灯座上就好。节能灯泡比普通灯泡稍贵，但寿命长 9～10 倍，而且在 7～10 年的使用期内可节省大量的电能（见图 23.5）。例如，用 15 瓦紧凑型荧光灯替换 60 瓦白炽灯，可产生相同的亮度。这只 2 美元的灯泡在其寿命其内节省的电量值 30～50 美元，具体会依你所在地区的电价不同而稍有不同。如果电费

[①] 根据美国环保署的数据，美国国产小汽车的单位油耗行驶里程数为每加仑 28.1 英里，轻型货车为每加仑 20.3 英里。

为每千瓦时 10 美分，那么这只灯泡可节省 45 美元。如果美国每个家庭都将家里常用的照明灯中的 4 个换成紧凑型荧光灯，全国节省的电力会超过 6 个大型核电厂生产的电能。

图 23.5　紧凑型荧光灯。这种灯泡的放光亮度与 100 瓦白炽灯相当，但可节省 75% 的能源。尽管它成本较高，但在整个使用期内可节省 30~50 美元，所以它可真正为你省钱

近期市场上又出现了新一代更高效的灯泡，称为 **LED 灯**（LED 的全称是发光二极管）。它更节能，甚至可比紧凑型荧光灯节电 90%（见图 23.6）。这种灯曾广泛用于汽车和卡车的尾灯中，但现在开始在家庭中使用。LED 灯现在还比 CFL 灯贵得多，但不久的将来随着需求和生产的增长，成本肯定会下降。

图 23.6　LED 灯。虽然 CFL 正变得越来越流行，但 LED 灯有一天可能会取代它。它们绝对高效，虽然现在价格比较贵

最后我们来看看家用电器。20 世纪 80 年代美国在全国范围内取得了巨大成效的节能

行动之一是 **1987 年的《国家家电节能法案》**。该法案要求生产商从 1992 年开始生产的家用电器要比 1987 年的型号节能 20%。用 20 年的时间，光这项法案就可以降低 2.2 万兆瓦的电力需求——相当于 22 座大型核电厂生产的电能。它将为美国人节省 280 亿美元的电费！自 1992 年以来，美国在家用电器的能效提高方面取得了更大的进步。

提高能源效率可为消费者和生产者都带来经济效益。节能会比新购买电能来点灯或运转电冰箱或洗碗机更便宜。房主可通过投资使用简单和便宜的保温材料甚至只用胶条堵上缝隙来增加建筑保温，用保温材料包裹热水管道和热水器，再更换半打紧凑型荧光灯，就可以节省一半的用电量，一年可节省电费几百美元。

23.1.4　重置我们的优先权

可再生能源的倡导者提议，构建一个可持续社会不可避免地需要大量减少化石燃料的使用——全世界范围内的削减。削减行动需要所有居民、企业和政府的共同行动。为了赢得民众的支持，许多观察者指出我们首先必须提高对关键问题的认识，尤其是关于全球变暖的潜在严重性，明确这个问题主要是由于化石燃料燃烧排放的 CO_2 引起的。我们同时也必须意识到石油资源的有限性。倡导者提出，通过大学和公立学校教育、政府研究和政策领导，我们必须让全人类充分意识到我们对石油过分依赖所具有的危险性。

联邦政府和各州也能承担领导角色，引导美国优先开展节能和能源高效利用。我们长期的经济安全依赖于将节能充分纳入美国主流社会。所幸的是，已开始出现一些乐观的迹象。例如，1991 年环境保护署（EPA）制定了一个全国范围的节能计划，目标是大型企业和政府大楼自愿减少电力需求，被称为**绿色电力计划**。这个计划已与数百家公司签约，它们在 EPA 的帮助下削减电力需求，包括安装紧凑型荧光灯、节能荧光灯和镇流器及其他技术。

EPA 还发起了另一个非常成功的志愿计划——**节能之星计划**。现在由 EPA 和能源部共

同开展该计划，号召计算机、打印机和监视器的生产厂家减少这些机器的能耗，主要是通过提供休眠选择，也就是说，当机器没有任务时，自动转换到低能耗状态。例如，当操作者在打电话或离开房间时，这些机器会进入休眠模式。因为许多操作者（全国约有30%）会整个晚上不用计算机却不会关机，因此这一改进会节约很多能源（当然不用的时候直接关闭计算机会更节能。这个简单的措施减少一台计算机40%的能量消耗）。有些公司也找到了其他方法在计算机使用时减少能源需求。例如，新的苹果笔记本电脑采用固态硬盘，它与闪存盘类似，比传统的旋转式硬盘更为高效。这大大减少了计算机的能耗，并将成为未来笔记本和台式机的潮流。

节能之星计划已延伸到许多其他家用电器和电子设备，如电视、立体声音响、洗衣机和电冰箱，甚至无绳电话（节能之星等级已适用于大约50种不同类型的产品）。如果某种商品有节能之星标志，说明这一商品在其同类产品中能源利用效率是最高的。

节能之星计划现在也用在住房中。有的建筑者在建新房时，与依据国家节能规范而建的房屋相比（与早些年建造的房屋相比已经能效更高），最少可再节能30%。当一个家庭的节能效率得到独立专家的论证后，会被授予节能之星。

23.1.5 个人行动

一个人能做很多事情来减少能源消耗。选择太多有利也有弊。有利的一面是你有各种选择；不利的一面是面对太多选择时，很多人不知道应该选择哪一种，经常会什么也不做了。

因此，以下讨论仅限于那些最好的行动，即那些花费很少但可显著减少能源利用的行动。你可以通过阅读这些材料，做出自己的能源消费削减计划。

家庭节能和能源高效利用 我们通过很少的努力和投资就可对资源保护做出重大的贡献。我们可从调低温控器开始，这是最容易实现也最划算的措施之一。供暖温度调低约

3.33℃，可节约15%～20%的燃料。冬天当我们在家时，将房间温度保持在20℃，能节约大量的能源。当我们离开家或睡觉时，可将温控器调得更低一些，这样可节省更多的能源和钱。

我们可以逐渐把温控器温度调低。平均每几个星期调低约0.56℃，直到达到我们想设定的温度，同时会给身体提供适应的机会。由于温度下降，我们可以穿得更暖和一些，保暖内衣、羊毛衫和厚袜子可帮我们保暖。加一件羊毛衫相当于室内温度增加约2.22℃。当我们看电视或阅读时，裹一条毛毯也有同样的效果。

如前所述，当我们冬季白天不在家时将温控器温度调得更低一些，可节约更多的能源。不过，也有人会给我们错误的建议，说我们不在家时保持温控器的温度反而可以节约能源。其实，一个房间或公寓只需要20分钟左右就可以热起来。冬天的晚上我们也可以将温度调低，不需要电热毯也会睡得很暖和。因为我们的身体可产生巨大的热量（与70～100瓦的灯泡相当），甚至在最冷的季节，盖着毛毯我们也能感觉很舒服。在冬天用吊扇有助于将聚集在天花板附近的热空气吹到地面，从而节约能源。

我们可以安装自动温控器，调整白天和晚上的温度来节约热量。事实上，在3年里共有2～3个月时间使用自动温控器节约的能源价值就可与其价格相当，具体时间长短因人而异或视其他因素而定。

但对有些人来说，调低温控器就意味着寒冷和不适。一个好的解释是：许多房子会漏风，调低温控器就会感觉到缝隙中吹进来的寒风。在20世纪70年代，许多试图在家庭节能的人们发现这会非常不舒服。为此，他们重回老路——不顾法令而升高温度。于是许多人抱怨节能是一个坏主意。当然，这一举措是短视的也是浪费的，更便宜也更明智的是将房屋的缝隙堵上，不让风吹进来。你会惊奇地发现，用一点小小的努力就会补救这么多的漏洞。

堵缝和密封条的使用绝对物有所值。在寒冷气候中，如果我们自己完成这项工作，几个月时间节约的能源账单就能收回成本，如果雇别人来帮我们完成这项工作，则可能需要长一

点的时间。减少家庭日常花费会使家庭生活更加舒心。

如果房屋或公寓装有空调，当我们夏天在家时将温控器调到约 25.56℃。不在家时，可调高到约 27.78℃，以节约能源并减少燃料账单。用吊扇的话，可以把温控器温度调到比 25.56℃更高一点，这样可以节约更多的能源和金钱，因为吊扇所用的能源远低于空调。

调低热水器的温度是减少能源消耗的另一种简单方法。大多数热水器设定的温度都太高。如果你有洗碗机（没有水加热功能），那么请将热水器调到 60℃，否则就调到 48.89℃，热水器每年可节约很多能源。例如，美国橡树岭国家实验室的一项研究表明，将热水器从 71.11℃调到 60℃，每年可节约 400 度电，相当于许多家庭一个月的用电量，每月可节约 4～5 美元或每年可节约 48～60 美元。如果调到 48.89℃，会节约更多。调低热水器的温度非常容易，它不会影响个人卫生和保健。

绿色行动

购买任何电子设备时，请一定要选择有节能之星标志的产品。这些产品在同类别中能效最高。

绿色行动

安装输水管更短的淋浴房，安装节水莲蓬头。这些措施可减少需水量和能源消耗。一个节水莲蓬头在一年内节约的资金会是其自身价格的很多倍。

上述各种方法几乎没有额外花费就可显著地节约能源。对于愿意有少量投资来削减能源需求的个人来说，还可以推荐 4 种投资回收率相对较高的方法。第一种是屋顶保温。因为大多数热量是通过顶棚散失的，将顶楼保温等级提高到 R-38 或更高（R 用来描述绝热等级）可显著地削减能源消耗。根据 EPA 的估计，保温材料可在 3～7 年内收回成本，具体时间长短与用户居住的地方和用户喜欢自家有多温暖有关。三年的投资回收率相当于投资有 33% 的回报率。

第二种方法是防风窗。自己安装防风窗的投资回收期为 5～7 年。如果请人安装，回收期会翻倍。然而，保温和防风窗的回报从另一个方面看是合适的，因为它们增加了房屋的舒适性。如果很在意舒适性，其实马上就得到了回报。到目前为止，许多家庭进行的屋顶保温方法是最容易也是最便宜的，也是减少热量散失最有效的方法之一。屋顶保温法几乎马上就可以提供更温暖舒适的居所，当人们犹豫是否能负担额外的保温措施时，很少有人意识到这种回报。防风窗有相同的效应。它们消除了漏风和高额的能源费，并大大提高了舒适度水平。更进一步说，可有助于减少能源消耗，以及所有附带的环境成本。在省钱的同时减少了环境退化，是一项不错的投资。

第三种便宜又节能的方法也有较快的回报期，即为热水器和热水管保温。现在大约需要 20 美元就可以安装保温毯来保持水温并减少能源消耗。易于安装的热水管保温有相似的效应。20 美元的投资再花费几分钟时间，每个家庭平均每月就可节约 20 美元，对投资者来说，就代表着每月 100% 的回报。

第四种方法是节能灯泡。通用电器生产的系列产品可节能 10% 左右，现在大多数杂货店或折扣店都能买到。然而，如前所述，许多生产厂家生产的螺纹式紧凑型荧光灯泡可比传统的白炽灯节约 75% 的能源。许多五金建材商店和折扣店，甚至是沃尔玛超市集团，都有这种灯泡出售。CFL 被设计成很柔和的黄色光，而不是典型的刺眼的蓝色荧光。

交通运输业的节能　根据美国能源部的统计，全国范围内，机动车每年大约会消费 5400 亿升汽油。很多燃料因为随意变速和超速行驶而被浪费。合理驾驶并保持车速，都是较好的节能方法，可以削减 10% 的个人汽油消费量，节约大量的金钱和加油时间，减少污染，降低石油生产对环境的影响。例如，《消费者报告》的一项研究表明，当车速从每小时 55 英里增加到 65 英里时，单位汽油里程数会下降 12.5%，当车速达到每小时 75 英里时，单位汽油里程数会骤然下降 25%。把几个短途旅程连成一个旅程或采用步行或骑自行车来代替开车，可进一步降低能源消耗。

燃料的最大消费者可能是每天的通勤——每天往返于单位或学校。每年全国的通勤里程达数十亿千米。经常一辆车只有一个人驾驶，与多人乘车相比，这会消耗更多的燃料，也会产生不必要的污染和高速路上的拥堵。个人可通过拼车、合乘中巴车或乘坐公交车上班或上学来减少这些相关问题。中巴车和公共汽车的能源效率平均比小汽车高 5 倍。例如，中巴车、火车或公共汽车将一名乘客移动 1 千米要消耗 400 千焦耳，而小汽车则需要消耗 1800 千焦耳，与一辆新的节能喷气飞机相当。换言之，拼车的能源效率是自驾车的 4.5 倍。仅仅增加这些服务，就可以大大减少能源使用并减少污染的生成。如果能拼车或乘坐公共汽车，请行动起来。如果可行，即使是偶尔，也可以考虑步行或骑自行车。一个人的贡献虽小，但许多有同样志向的人一起，很快就会发挥巨大的作用。

另外一个最明智的选择是购买一辆节能汽车。已有一些上市的车型可供选择，例如丰田第二代混合动力车，每加仑可行驶约 80.47 千米（城市和高速路结合的路况），为希望减少碳足迹和节约汽油的人提供了一个实用的选择。如果一定想要一辆更大的汽车，至少可寻找一款最节油的——你能购买到每加仑行驶 40 英里左右的汽车。

本节为那些有志于节能及有助于解决能源危机和全球变暖的人们提供了许多有用的小窍门。如果你希望知道更多，可参阅很多提供该类建议的信息资源，包括本书作者查尔斯博士最新出版的图书《绿色家居：65 个创意来帮助你削减家庭账单、保障健康生活并保护环境》。

23.2　可再生能源战略

节能和能源高效利用是建立未来可持续能源社会必不可少的战略。大多数专家都认为，这些努力必须伴随着向清洁的可再生能源技术的转移。本节将讨论相关的进展。

23.2.1　太阳能

阳光是地球上最终的能量来源。它为全球生态系统提供能源，与石油的 50 年开采期相比，它已延续了 50 亿年。太阳光是免费的清洁能源。我们需要做的就是寻找捕获太阳能为我们所用的方法。

人类长时间以来一直致力于寻找利用太阳能的方法。2000 年前，希腊人就利用太阳能来为房间供暖，他们把那些建房子不朝南从而浪费了大量太阳能的人称为野蛮人。1000 年前，美国西南荒漠的阿纳萨奇印第安人在朝南的岩墙上凿建房屋，充分利用太阳能为全村供暖，所建房屋可免受夏季太阳照射但冬季低高度角的阳光可照进房间。

在无云日地球表面接收到的太阳能总量约是地球上运转的所有发电厂发电量的 10 万倍。每年美国康涅狄格州面积上接收到的太阳能就可满足全美国的能源需求，但是美国人只捕获利用了太阳能的很少一部分（见图 23.7）。

太阳的巨大能量被建在法国比利牛斯山的世界上最大的太阳炉完美诠释（见图 23.8）。该装置有一个 45 米高的镜子，它将太阳光聚焦到一个燃烧炉上。聚焦的太阳光温度可达 3500℃，60 秒内可将 0.9 厘米厚的钢板烧一个直径为 0.3 米的大洞。最近西班牙也建了几个相似的发电厂。

太阳能有巨大的潜力。要了解太阳能如何帮助我们创建一个能源可持续的未来，我们先了解几种可满足我们需要的最有前景的技术。在了解每种技术的同时，了解它的利弊是至关重要的。

太阳能供热　从某种程度上说，所有建筑物都是太阳能供热的。没有太阳能，地球平均温度会降到–230℃，所以说虽然是无意地，但我们已经在利用太阳来供热。人类有目的地利用太阳能来供热可包括两种方式：主动式太阳能供热和被动式太阳能供热。

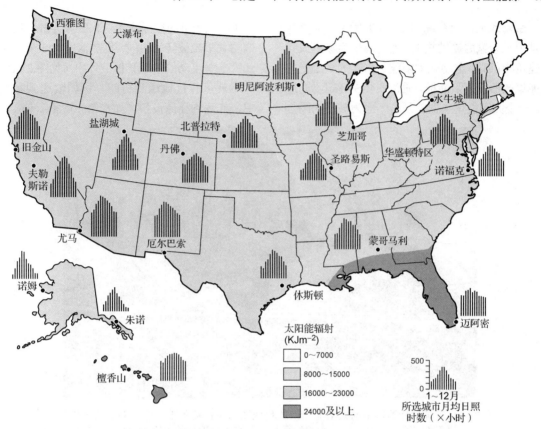

图 23.7　美国的太阳光辐射强度和日照时数。美国的大部分地区和世界上的其他国家都拥有丰富的太阳能资源，均可用来进行太阳能发电和被动式太阳能供热.

图 23.8　法国的太阳能炉。这个太阳能炉位于法国南部比利牛斯山的奥德洛附近，用来实验极端高温下的物质。前面排列有 63 面镜子（日光反射镜），每面镜子的大小为 6 米×7 米，它将太阳光反射到设备后面的曲面镜上，曲面镜再将太阳光聚集到塔中心的小孔处，那里的温度达 3482.2℃，能融化任何已知的材料

主动式太阳能系统如图 23.9 所示，典型实例是用来为家庭提供热水，也可用来为家庭或其他建筑物供暖。主动式太阳能热水器的核心是太阳能集热器或太阳能板，通常安装在建筑物的屋顶。一个太阳能集热器就是有一面为玻璃的隔热盒子。盒子里面被涂成黑色来吸收光线。透过玻璃的太阳光被转为热能。集热器内的热量被转移到管子里流动的水或其他液体中（见图 23.10）。然后就可直接输送到房间，例如输送到暖气片中，或运到存储设备（如水箱）中稍后使用。

图 23.9　美国拉什莫尔山的太阳能。南达科他州的拉什莫尔山（以雕刻前总统们的头像而著名）安装了新的太阳能系统。游客中心屋顶的太阳能收集器利用太阳能为房间供热和制冷。太阳能电池板由霍尼韦尔公司研发。该套系统产生的能源可提供该建筑物（占地面积 860 平方米）总供暖能量的 53% 和制冷能量的 41%

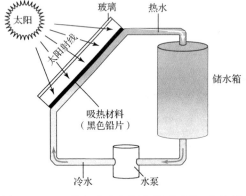

图 23.10　一种主动式太阳能供暖系统。它依靠太阳能电池板吸收阳光和生产热量

家庭用太阳能热水器可满足一个人热水需求量的 50%～100%，具体数值依所处位置而变化。现在可购买到性能良好的可靠热水器。考虑热水器的购买成本和运行成本时，家用太阳能热水器通常要比电热水器和燃丙烷的热水器便宜，但比燃气热水器稍贵。

被动式太阳能系统被设计为房间供暖。在该系统中，建筑物就是太阳能收集器。之所以称为被动式，是因为不需要收集器或泵或风扇来转移热量。被动式阳光房如图 23.11 所示，这是查尔斯博士的房子，它朝南而建。朝南的窗户可让冬季的阳光（太阳高度角较小）照进房间。阳光照在墙上和地板上，并转化为热量。屋内的特殊混凝土或砖墙会在白天存储热量，晚上当屋内温度下降时再将热量释放出来。朝南窗户上的长屋檐能够阻止夏季的阳光（太阳高度角较大）照进房屋，保持全年屋内温度舒适。

被动式阳光房必须密封并且很好地保温；窗户通常有双层或三层玻璃和厚窗帘来阻止夜晚热量的散失。保温好的被动阳光房在非常冷的气候条件下仍然效果不错。加拿大的萨斯喀彻温大学（萨省大学）工程系建造的一栋房屋的年采暖费用只需 40 美元。相比之下，同样大小的传统住宅的年采暖费为 1400 美元。

优秀的被动式阳光房现在已在美国缅因州、佛蒙特州、威斯康星州及其他地区被广泛采用。

图 23.11　落基山山脚下 8000 英尺处的一座被动阳光房，它安装有朝南的窗户和天窗，冬季可让阳光照进来。好的保温层和被动太阳能系统会减少冬季采暖账单，每年可省约 200 美元

被动式太阳能也能用来为商业建筑供热。安大略电力公司在多伦多建造了一座庞大的办公楼，它是完全依赖太阳能和捕获废热（包括人体、灯光和设备释放的废热，再重新利用）的系统（见图 23.12）。即使是在严寒的冬季，大厦内部仍然很温暖舒适。在威斯康星州的索尔哲斯格罗夫，为了避免周期性的洪灾危险，整个小镇搬离了原来的冲积平原。在建设新的城镇时，居民决定将它建成一座太阳能镇。现在这里的邮局、消防站、图书馆、加油站、木工房、美国退伍军人协会大厅、商场及其他一些商业建筑均为太阳能建筑。在小镇新建成的前三年，尽管经历了严冬，但商场的采暖费是零，这要归功于被动式太阳能、好的保温措施和废热回收系统（捕获来自压缩机的废热并泵回这个 650 平方米的商场）。整个系统在三年中收支平衡，效果显而易见。

有趣的是，进行被动式太阳能供暖建筑的改造同样有助于自然制冷，或称为**被动制冷**。例如，房子的长轴方向为东西向时，有助于房间在冬季收集阳光，而夏季则有利于降温。密封结构可阻止热量进入。墙体和屋顶的厚保温层可保证房间冬暖夏凉。

图 23.12　安大略电力公司在多伦多的高效太阳能办公大楼

还有其他一些有效的被动降温技术。例如，在荒漠气候下晚上温度会急剧下降，可打开窗户让凉爽的空气进入而吹走积累的热量，为第二天做好准备。还可用**泥土覆盖**，用泥土覆盖后墙，有时覆盖整个后墙和屋顶，可使阳光房的能源利用效率更高。因为大多数地区冻土层以下的土壤温度会维持在 10℃～12.8℃，被泥土遮盖的房屋温度可全年保持稳定。在冬季，仅需增加少量热能就可使房屋很舒适。利用太阳能可很好实现这个功能。在夏季，房间

可保持自然凉爽，泥土有很好的隔热作用。

太阳能发电　太阳能也可用来发电。如前所述（见图 23.8），法国的太阳能塔可用太阳光加热水，产生水蒸气驱动发电机。因此，这项技术也称为**光热发电**。美国新墨西哥州的圣地亚哥和加利福尼亚州的巴斯托现在也开始运行相似的系统。

一般来说，这些在 1977 年建成的发电塔原型是很小的电厂，只能生产 1 兆瓦的电力，远远小于传统的燃煤发电厂，它的发电量一般可达 500 兆瓦。发电塔有 15 层楼高，而且可移动的太阳光反射镜占地面积很大。在计算机控制下，这些反光镜会追踪空中的太阳，并将太阳能聚集到塔顶。产生的高热会将水转化为水蒸气来驱动发电机（见图 23.13）。

近年来，工程师们已经开发出更简单的设计，成功地完成了发电功能（见图 23.14）。例如，加利福尼亚州的一家公司，就开发了一项技术，每千瓦时发电量的成本只有 8.5 美分，虽然比煤电贵很多（未计算煤炭的外部成本），但要比核能便宜。

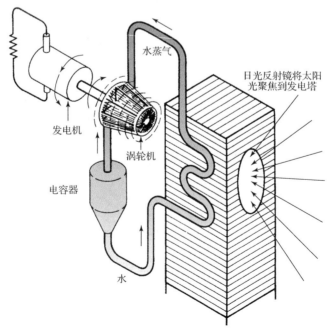

图 23.13　（上）位于美国新墨西哥州阿尔伯基克市的桑迪克实验室的能源实验设备中心的太阳能发电塔；（下）太阳能发电塔。聚焦的太阳光将水转化为水蒸气，水蒸气再推动涡轮机发电

图 23.14　光热发电系统。经反射镜反射的太阳光可将油加热到 390℃。热量又被用来产生水蒸气从而推动涡轮机发电

光伏发电是更常用的发电技术。**光伏电池**（PV）是由硅（提炼自二氧化硅、沙或石英岩）制成的薄片。它们可以将照在上面的太阳能直接转变为电能。光伏电池做成一块一块的，称为太阳能组建。这些太阳能组建装在屋顶、电线杆或地面的架子上（见图 23.15）。有些架子可以跟踪太阳在天空中从日出到日落的位置，从而提高发电量。近年来，已经有几家公司开始生产包含光伏电池的房屋瓦片或其他屋顶材料（见图 23.16）。这样，屋顶就可同时进行太阳能发电。也有些公司生产安装在窗户或天窗上的含光伏电池的玻璃。拥有太阳能发电功能的建筑材料称为**光伏建筑一体化**。

光伏电池在 1954 年由贝尔实验室研发，1958 年首次使用，为美国第二颗卫星"先锋 I 号"提供电能。从那以后，光伏电池已应用于几乎所有的卫星，且现在开始在地球上使用。最早是在偏远地区使用，因为那里未通电或因为成本太昂贵而不能通电。偏远地区的河流流量监测、山顶无线通信中继站、远程灌溉泵、无人区高速路标志、灯塔和浮标等都用光伏电池来供电。光伏电池也常用于我们日常生活中，如计算器、手表和其他电子设备。1980 年，光伏电池为单人太阳能飞机 Gossamer Penguin 的首次飞行供电。

图 23.15　光伏电池。这些家庭太阳能电池板由薄硅晶片组成，它吸收太阳光来产生电流。电力生产对环境几乎没有影响，并可运行 30～50 年

光伏发电是世界上增长速度排第二的能源。尽管如此，光伏发电目前在我们的总能源消耗中所占的份额还很少。但随着成本下降，专家预测光伏发电会得到越来越广泛的应用。查尔斯博士目前家中的用电量主要来自一小排太阳能电池和小型的风力发电机。蓄电池、太阳能电池板和发电机总共花费了17000 美元。

光伏发电是有吸引力的能源。该能源免费而且几乎不会耗尽。它也是一项清洁的技术，唯一的污染是在生产这些设备时产生的。广泛应用可减少酸沉降、温室气体排放、城市空气污染、露天开采和所有因为用煤产生的影响。也会减少核能的使用，从而减少其带来的环境影响。太阳能发电可为电动汽车充电，并可在未来用于生产氢燃料，为汽车提供燃料。

图 23.16　太阳能瓦。这是一种最新的技术，
它具有双重功能——挡雨和发电

　　那为什么不在美国所有房屋的屋顶安装光伏电池呢？答案是成本。虽然太阳能电池的原料——硅来自二氧化硅，是地球上最丰富的化合物之一，但用来制造成市场上广泛使用的太阳能电池需要大量的能源，所以成本相对也很高。而且，太阳能电池的商业化还远远不够。1 平方米的太阳能电池板只够为 1 个 120 瓦的灯泡供电，但成本为 300～500 美元。为一栋使用低效电器和照明的房屋供电可能需要购买价值 4～5 万美元的太阳能电池板。提高家庭用电效率可以削减 1～2 万美元的成本。即使这样，太阳能供电成本也是商业用电的 2～3 倍。

　　支持者认为，目前需要的是效率更高、更便宜的太阳能电池，这样才能与其他电力资源相比更具竞争力，这两个方面现在都在发展中。早期的太阳能电池使用纯晶体硅，在生产过程中需消耗巨大的能量。为了降低成本，研究者们开发了一种更便宜的替代品，称为多晶硅太阳能电池。多晶硅硅片现在已被人们广泛应用。为了进一步降低成本并减少太阳能电池所需的材料，研究者们开发了一种薄膜太阳能组建。该技术是在基片上涂薄薄一层感光材料。目前，人们正在研发使用廉价聚合物（塑料制品）及其他廉价材料来生产太阳能电池，这样会大幅度降低成本，使太阳能发电不再昂贵。

　　如前所述，追踪器也可以提高太阳能发电系统的发电效率。1986 年，斯坦福大学的研究者们宣布了一项新的设计，它利用抛物面反射镜将太阳光聚集到太阳能电池上，发电效率可从 10% 提高到 30% 左右，这会给该行业带来巨大的利润。研究者们也在研发其他形式的集中太阳能电池组建，比如用透镜将太阳能聚焦到光伏电池上，以提高发电效率和发电量。

　　另一种降低成本的方法是大量生产。多年以来，只有一些小公司生产光伏电池，还不能形成规模经济。来自科罗拉多州戈尔登市国家可再生能源实验室的光伏专家杰克·斯通指出，光伏技术正陷入进退两难的困境。没有市场需求，小公司就没有动力来建设大型工厂；反过来，因为价格太高市场需求会大大受挫。如今，太阳能电动汽车的电池价格飞涨。许多公司跨越式地扩大了生产规模，有形成规模经济的趋势，这可有助于降低光伏电池的价格。

　　光伏发电可满足美国人的大量用电需求。理论上说，美国所有电力需求都可由 1.2 万平方千米的太阳能电池生产——相当于美国 48 个州的所有建筑物的屋顶面积。布朗大学教授约瑟夫·洛菲斯克估计美国罗德岛州 20% 的屋顶安装光伏电池就可满足全州的电力需求。发电和用电的距离只有几米，可免去高成本、低效率和不美观的输电线路。

　　光伏发电也有一些缺点。太阳光是不连续的，因此需要某些类型的能量存储设备。蓄电池是存储电力的常用设备。一块光伏电池可工作 50 年，但蓄电池每 7～10 年就需要更换，具体寿命视维护状况而定。同时，还需要汽油发电机等备用系统在长期没有阳光的时候提供电能；有些人会使用风能发电机来提供附加电力，但风也是不连续的。光伏电池的生产过程中也会产生大量的废物。

　　太阳能发电和其他可再生能源可并入商业电网，与其他资源共同供应电力。光伏并网发电将公用线路用做电池，是更廉价、避免资源密集和更有效的选择。因此，光伏并网发电目前最受欢迎。

　　尽管存在这些问题，太阳能发电仍是一个欣欣向荣的领域。例如，在发展中国家，太阳能发电可为远离发电厂的成千上万个村庄供电。这些国家的政府官员发现进口这些技术比向偏远村落架设输电线路便宜得多。如今，发展中国家是世界太阳能发电的主要市场。太阳能发电在发达国家的偏远地区也很受欢迎，而且如果所建房子与输电线路的距离超过几百米，安装一套优质的太阳能发电系统可比架设电路更便宜。

可以通过鼓励企业和房主安装光伏发电系统，可在各州和全国普及太阳能发电。激励措施的形式很多，比如补贴一部分成本，或者减免太阳能发电的财产税或营业税。美国政府已为家用和商用太阳能发电系统提供税收优惠，商用光伏发电系统得到更多的激励措施。如果这些激励措施能使太阳能发电的成本降低一半，它就比传统电厂更有竞争力。

美国的大多数州也在尝试净电量结算计划。**净电量结算**计划要求电网公司向连入并网太阳能发电系统并向电网输送剩余电量的家庭或企业付费。净电量结算要求电网公司支付的电价与它们出售的电价一致。只要有剩余电量，就有助于降低太阳能发电系统的成本。

尽管存在很多困难，但太阳能发电仍是继风力发电后，世界上第二个快速发展的能源。20 世纪 90 年代，光伏电池的销售量平均每年增加 16%。虽然与煤炭或核能相比，世界上光伏发电的总量还很小，但到 21 世纪初，光伏电池的销售量将持续增长。另一个预示太阳能发电会成功的有趣事实是，苏拉勒克斯公司（曾引邻世界光伏电池的供应商）现在已属于世界第三大石油公司——英国石油公司。荷兰皇家壳牌公司也已决定投资 10 亿美元发展可再生能源。深入观察 23.1 描述了更多的企业发展太阳能的努力。

深入观察 23.1　太阳能发电成为主流

史蒂芬妮·罗森布鲁姆在 8 月 11 日的《纽约时报》上发表文章指出，"零售商们通常关注人们在屋内摆放什么商品，而不会关心在屋顶上放什么。而现在美国最大的连锁商店已经看到了屋顶这个尚未开发的巨大资源。最近几个月来，包括沃尔玛、科尔士、喜互惠和全食超市在内的多家大连锁商店已开始在屋顶上安装太阳能电池板，大规模地进行太阳能发电。虽然到目前为止，大多数安装太阳能电池的连锁店还不到总数的 10%，但从长远来看，如果国会有更好的税收优惠政策（在已有基础上），而且更多的州提供激励措施，这些连锁店会开展更多的太阳能建设项目，最终会在这个国家所有大型商场的屋顶安装太阳能电池板。"

"在未来的几个月内，85 家科尔士商场将安装太阳能电池板，目前已有 43 家已经安装。"罗森布鲁姆还指出，不仅仅只有这家连锁店，梅西百货公司也已在其 18 家商场安装了太阳能发电系统，到 2008 年底会再在 40 家商城安装。喜互惠百货连锁店正计划在其 23 家商城安装太阳能板。这个清单一直在不断增加。全食超市、RET 和其他连锁店也正在飞速发展太阳能；微软和丰田公司也在它们的一些工厂安装了大量的太阳能电池板。甚至企业巨头沃尔玛正在将它们的许多商场和配送中心改造为太阳能发电系统。总有一天，数百家商场至少部分可由太阳能来供电。

一些公司采取了其他的方式。它们购买绿色能源——可再生能源发的电，例如风能发电。例如，2008 年，计算机芯片巨头英特尔宣布每年公司会从史特灵星球公司购买经过可再生能源认证（REC）的至少 130 亿千瓦时的电量（包括风、太阳能、小型水利发电和生物能发电），用来弥补它们生产过程中排放的 CO_2。根据美国环保署的统计，这次的账单使英特尔成为了美国最大的绿色能源（利用清洁的可再生资源所发的电）购买企业。

除了补偿它们的排放，英特尔希望通过绿色能源的购买行动来引发其他公司效仿，由此来扩展绿色能源市场。它们的努力与其他公司一道，有助于拉低风能等可再生能源的发电成本。

通过在线搜索 EPA 的绿色能源合作伙伴，可了解其他公司的情况。在写本书时，英特尔公司位列第一，百事可乐公司排第二。企业并不是唯一承诺购买绿色能源的单位。与斯普林特 Nextel 通信公司和 IBM 等公司一样，宾夕法尼亚州、休斯敦市和达拉斯市政府以及美国退伍军人事务部也是绿色能源主要的购买者。

23.2.2 太阳能的未来

华盛顿大学的库尔特·霍恩埃姆教授指出，"人类向太阳能未来的转变，需要一个巨大的科技产业，它可能需要一个世纪才能完成。"通过提高能源效率和节能措施，并提供可再生能源资源，政府在人类向可持续社会的转变中将发挥积极的作用。本节给出了很多的选择。

23.2.3 地热能

地球存储着大量的热能，或称为**地热能**。这些能量有两个主要来源：（1）地壳中天然存在的放射性物质发生放射性衰变；（2）地球内部的熔岩（见图 23.7）。在某些地方，地热可将地球内部的地下水煮沸。热水和蒸汽通过缝隙达到地表，其中特别明显的称为间歇泉。在其他一些地方，热水只是慢慢涌出，填满水池（温泉），或慢慢地流入附近的河流。这些区域称为**水热对流带**。在其他一些区域，热地下水被封在隔水层下不能泄漏，这些区域称为**地内密封带**。被地下熔岩加热的水蒸气和超热水只能通过钻井抽取。有些地区还发生了岩浆加热其上覆盖岩层的现象，形成**热岩带**。可将水抽到热岩带加热后再抽走。从热岩区吸收的热量可用来为建筑物供暖或发电。

图 23.17　世界地热分布区。大多数位于过去或现在的火山活动区

目前大多数地热能来自水热对流带，它是最容易利用也是最便宜的（见图 23.18）。来自水热对流带的水蒸气或热水可用来为各类建筑物供热。例如，冰岛首都雷克雅维克的大多数房屋都是由地热水蒸气供热的。冰岛人也用地热供暖的温室种植各种蔬菜。在美国，至少有 300 个社区因为各种原因在利用地热能。南达科他州的一个牧场主用地热能为其住宅和几栋建筑物供热，地热能每年可为他节省 5000 美元的燃料费。

如前所述，地热水蒸气或热水还能用来发电。意大利的拉德瑞罗 1904 年首次成功使用地热能来发电，如今在新西兰、日本、墨西哥、美国、菲律宾、意大利、冰岛和俄罗斯等国家都用地热能来发电。世界上最大的地热能发电项目之一位于加利福尼亚州北部死火山的山坡上。从 1960 年开始，该项目就有 900 兆瓦的装机容量，供应大约 100 万人的电力需求。

然而，地热能发电量在世界发电总量中所占的比例仍很少。目前全球总的地热发电装机容量只有 8000 兆瓦，相当于 8 个最大的核电站，但预计未来会增长。据估计，仅美国的地热能发电装机容量就达 27000 兆瓦，可供 2700 万人口使用。

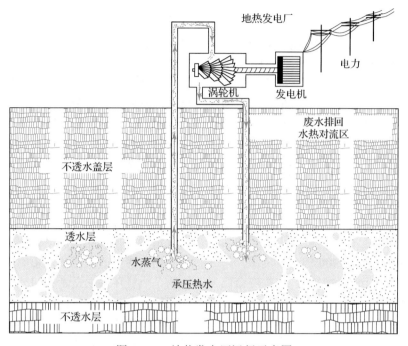

图 23.18　地热发电厂运行示意图

与煤电和核电相比，地热能发电相对便宜而且更清洁。建造一个发电厂所需的资本投入要比燃煤电厂少 40%，比核电厂少 70%。然而，地热发电也存在一些缺陷。首先，溶解在水蒸气中的矿物质会腐蚀管道和涡轮叶片。其次，地热电厂噪音很大。第三，地热电厂会排放大气污染物，如硫化氢、CO_2、氨气和甲烷这些水蒸气中常有的物质，因此需要污染控制设备。第四，水蒸气不能在不损失热量的情况下长距离运输。最后，美国的大多数水热对流带都沿太平洋沿岸分布，而能量需求更多的人口密集的东海岸将不得不依赖热岩带。虽然热岩带在美国分布广泛，但利用成本更高并很难利用。

23.2.4　水能

几千年来，人类一直在利用流动河流的能源，即水能。在美国，水能在 19 世纪初就被广泛使用，主要用于磨小麦和玉米、锯原木以及为纺织厂提供能源。如今，水能经常被用来发电（水流流经位于坝底的涡轮机）。水力发电占美国总发电量的 12%～13%，或占美国总能耗的 3.6%（见图 23.19）。

图 23.19　位于亚利桑那州和内华达州边界的胡佛水坝和米德湖。这座建在科罗拉多河的知名大坝于 1935 年建成，大坝提供了多种功能，如防洪、灌溉和水力发电

水能有以下几个优势：（1）相对便宜，（2）无污染，（3）潜在的可再生资源，用于水力发电的水库可防止沉积物的堆积。据估计，目前世界上还有大量的水能资源未被开发利用。例如，全球潜在水能只有 17% 被利用。因

此，我们可以想象，当化石燃料的供应降到最低进而价格太贵时，世界就会转而开发水能。

但是发展水能也存在一系列问题：（1）最大的水能潜力分布在非洲、南美和亚洲的发展中国家。因为这些国家缺乏资金和其他资源，因此其水能潜力不可能被开发。（2）随着规模增加，大坝建造的成本不断增加（从3亿美元到20亿美元），而成本效益几乎没有增加。另外，由于土地管理不善，包括毁林、过度放牧和不合理的农业活动，会引起严重的水土流失和坝底淤积，大坝的寿命经常较短。这个问题威胁着很多水力发电项目。例如，世界上最大的阿斯旺水坝的使用寿命低于200年。在美国，超过2000座水库已被沉积物淤积，有些寿命已少于20年。巴基斯坦的马尔贝拉水坝花费了13亿美元，用了9年时间建造，但20年内就会被沉积物填满。（3）水坝破坏了原始峡谷的景观，而它本来可吸引更多的钓鱼者、皮划艇爱好者、独木舟爱好者和其他各种人群。（4）水坝围成的水库会淹没森林、农田、野生动物栖息地和原住民的居住地。（5）水坝减少了自然河流带到河口的养分（由沉积物携带），破坏了这个具有重要生态和经济价值的地区的水生食物链。（6）水坝会干扰鱼类的迁徙，例如鲑鱼，而且水位变化会杀死海岸线附近浅水区的鱼卵。（7）在干旱区，水库会促进蒸发。有时候，蒸发会使灌溉用水减少。

尽管存在这些问题，但水能利用已很成熟，在不久的将来，水能利用也可能会增加（尽管增长缓慢）。不过，对未开发潜能的估计应该谨慎。例如，据估计，美国现在有7.5兆瓦的水力发电装机容量，另外还有16万兆瓦的尚未开发的潜能。然而，大多数未开发水能都位于偏远地区，从经济上和环境上都不适合修建水坝。事实上，我们未开发潜能的一半都在远离工业和人口中心的阿拉斯加。加拿大在水能利用上居世界领先位置，水力发电目前占国家发电量的60%，而且还有很大的未开发潜力。然而，同美国一样，加拿大的水能资源大部分位于这个大国的北部，远离加拿大的人口密集区，因为加拿大人口集中分布在加美边境

附近的南部地区。非洲、亚洲和南美的未开发潜能也主要分布在偏远地区。

大多数的水力项目都对大型水坝感兴趣，很少考虑1～10兆瓦装机容量的小型项目。一些支持者认为，这些小型项目可为世界各国提供大量的能源。例如，中国的水力发电远大于世界其他国家，在全国大小河流上建造了9万座小型水坝，为偏远村镇提供电力，相当于全国总发电量的1/3。

法国和美国也有数量众多的小型水坝。虽然建造和运行这些小型水坝很便宜，并可在没有大量输电损失的情况下为消费者提供能源，但它们会明显改变河流，影响鱼类和其他水生生物。一些环保主义者相信有更好的方法对美国现在没有水力发电能力的5万座水坝进行改造，用小型的涡轮机发电。他们认为，既然已造成环境损害，为什么不让已建的水坝在发挥已有娱乐、供水或防洪作用的同时，承担双重的功能——同时进行发电？

23.2.5 风能

长期以来，美国大平原的农场主们开发出了相对简单的设备来利用吹过草场和麦田的风，这种设备就是**风车**（见图23.20）。早期的风车主要用来抽水。风车甚至被用来为早期蒸汽机车补水所用的水塔抽水。许多农场也安装风车来发电，以便为谷仓和畜棚照明，为收音机和烤箱等厨房电器供电。然而，随着乡村输电线路的迅速发展（属于全国范围的乡村输电项目），风力发电在20世纪30年代开始下降。这些线路将遥远的农场和很远之外的中心发电厂联系起来，形成了庞大的电网。不久以后，草原蓝色天空下的风车景观开始消失。然而在20世纪70年代，风车又开始在美国全国范围大量出现，包括专门的**风力发电场**和乡村的后院里，有时甚至在郊区家庭中。

20年前，风能占全球能源需求的比重很低。事实上，1980年全球风力发电只有不足10兆瓦。然而，到了1986年，加利福尼亚的1.3万座风轮机已可发电1100兆瓦，足够100万人口的电力需求。大多数的风轮机和新建的风轮机都位于专

门建立的风力发电场内，位于风道上，并与已有的电网相连。近年来，美国和其他几个国家的风力发电迅猛增长。美国在许多州建立了大型风力发电场，包括迈阿密、佛蒙特、纽约、威斯康星、明尼苏达、爱荷华、怀俄明、科罗拉多、得克萨斯、蒙大拿、俄勒冈和华盛顿州。

图 23.20　过去的风车。这些用于抽水且有许多叶片的风车曾是美国农场的标志。自 20 世纪 30 年代乡村电力项目成功以后，农场主们便不再使用它们。因为天然气和其他燃料价格高昂，现在的农场主们需要替代能源来抽取灌溉用水

包括美国在内的全球风力发电装机容量已从 1997 年的 7600 兆瓦增加到 2002 年的 3.2 万兆瓦，可满足 3200 万人口的电力需求（见图 23.21）。到 2007 年，已经增加到 9.41 万兆瓦，因此风能已成为世界上发展最快的能源！

很多国家建立了风力发电场。位于发展前列的有德国、美国、西班牙、印度、中国和丹麦。世界观察研究所预测风力发电最终会占很多国家总发电量的 20%～30%。而且有些专家相信，风力机（与过去的风车相似）可在印度和非洲的偏远乡村用来供给饮用水和灌溉用水。

现在安装的风车有很多型号，从有大型桨叶的大风车到许多小型风车，为个人家庭、企业、农场和牧场提供电力。例如，美国北卡罗来纳州布恩的一个大型风力发电机坐落于 40 米高的风塔上，它的巨大桨叶在 50 千米/小时的风速下每分钟可转 35 次，这台风力发电机可为 500 个家庭供电。但它与如今的风力发电机相比仍很小，最新的风力发电甚至高达 100 米，风车叶片长近 100 米。许多公司现在已开始制造更小的风轮机，以便在家庭和农场使用。

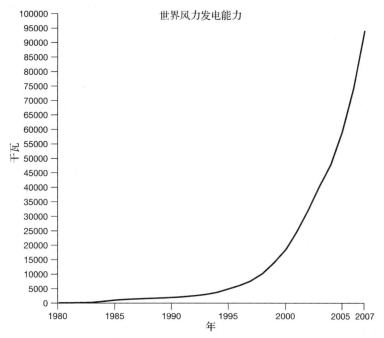

图 23.21　风能的增长。风能是世界上发展最快的能源

风能是免费的、清洁的和可再生的。它只需要很少的土地，而且还有其他用处，例如放牧。风力发电（特别是风力发电场）的成本是每千瓦时 5～8 美分，因此可与煤电（5～7 美分）竞争，比核电（每千瓦时 10～15 美分）更便宜。而且，世界上许多地方的风力资源很丰富。例如在德国的荷斯坦，风力可满足总电力需求的 15%。在美国，北达科他州、南达科他州和得克萨斯州有充足的风力资源为全国提供电力。如今，许多电力消费者可以向地方电力公司购买风电。他们通常需要付高一点的费用，但是电力公司发现消费者已做好准备并愿意和能够支付小部分额外的费用，而且很多风电项目都有预约用户名单，他们愿意使用清洁的和可再生的能源。

但是风能不是万能的，它也有自己的问题。有些人认为，大型风力发电机会破坏景观。风机也会使许多鸟类死亡——根据 1991 年沃利·埃里克森的研究，每年有 2.5 万只鸟死于风轮机。尽管这个数字看似很多，但远远低于其他原因导致的鸟类死亡数（见表 23.1）。根据美国风能协会的报告《关于风能和鸟类的事实》，科学家们估计美国每年被机动车撞死的鸟有 6000 万只。根据另一个报告，每年撞上玻璃窗的鸟类有 1～9 亿只。另外，每年撞到通信塔及相关线路死亡的鸟类有 1000 万～4000 万只。杀虫剂每年杀死的鸟类约有 6700 万只。另外，每年撞到高大建筑物，如楼房、烟囱和高塔上而死亡的鸟类有 125 万只。

表 23.1　美国按来源估计的鸟类年死亡数

鸟类死因	年死亡数估计
被猫捕食	2.7 亿以上
撞上输电线路和电死	1.3～1.7 亿
撞上窗户	1.0～9.0 亿
被杀虫剂毒死	0.67 亿
被机动车撞死	0.6 亿
被通信塔撞死	0.4～0.5 亿

猫是鸟类的天敌。在堪萨斯州的威奇托市，科学家们研究猫对鸟类死亡的影响后发现，一只猫每年平均会杀死 4.2 只鸟。其他研究中这个数字更高。根据已有的研究，一只野猫一周捕杀的鸟与一个大型商业风轮机 1～2 年杀死的鸟数量相当。给猫进行去爪术也不会有太大帮助。根据一个估计，大部分猫（83%）都会捕杀鸟类，甚至是去掉爪子和喂饱的猫也要捕杀野生鸟类。为猫做节育手术似乎也不会有太大的改善。美国就有超过 6400 万只猫，因此总的鸟类损失会很可观。在美国全国范围内，估计鸟类的损失数约为 2.7 亿只，甚至比这一数字还要多。

风能的另一个缺陷是，风是不稳定的，虽然风能公司将风轮机放到全年 65%～85% 时间都有风的地方。在北美，大平原和许多北部州的风能资源很丰富。海岸带也是全年都有风能资源的地方，例如太平洋和大西洋沿岸及北美大湖岸边。美国风力最强的地区，例如北达科他、南达科他和得克萨斯，生产的电力可满足全国的电力需求。

风力发电可被输送到相邻地区，与太阳能发电及存在的天然气、煤和核能发电相互补充。要了解更多关于风能的利弊，可访问美国风能协会网站和查尔斯博士的新书《风力发电》。

23.2.6　生物质能

在全球，很多人依赖**生物质**，包括木材、动物粪便、农作物秸秆及其他形式的有机物。生物质可被直接燃烧或转化为气态或液态燃料。例如，粪便分解可形成甲烷气体，玉米和甘蔗中的糖能被转化为乙醇。如今，生物质供应全球 14%～19% 的能源需求。在许多发展中国家，化石燃料的消费量还很低，生物质能可满足国家总能源需求的 90%。

因为生物质可再生，其利用能减少废物，且经常很便宜，并能减少全球 CO_2 的排放，所以具有很大的吸引力。此外，生物质具有广泛的应用。如刚才所述，生物质可被直接燃烧或转化为气体燃料为我们的房间供热，甚至可转化为液体燃料驱动机动车。生物质燃料的生产也是劳动密集型的，需要很多工人来从事生产。在发展中国家，就业是个大问题，劳动密集型的燃料可为现在失业的人们提供工作机会和收入。

木材　木材是应用最广泛的一种生物质。在发达国家，如美国、挪威和瑞典，木材占家庭取暖燃料的 10%。在美国，每年总能源消耗量的 3%～4%来自木材。加拿大的木材占能源消耗量的 6%。这类木材燃料主要用在木材及木产品工厂，以替代昂贵的化石燃料。

遗憾的是，木材在某种程度上来说是很脏的燃料。在火炉里燃烧木材，是美国许多城市颗粒物和其他污染物的主要来源。如今，不满足国家空气质量标准的很多地区正在高污染时期限制燃烧木材。一些地方会限制火炉和壁炉的数量，有些县甚至要求使用 EPA 认定的专用火炉，这种火炉安装有催化剂或采取了其他的革新设计，可使污染物显著下降。因为对污染物的关注，许多火炉生产商纷纷改良火炉的设计，以提高能效并降低污染。

在发展中国家，有 25 亿人依靠木材来做饭和取暖，因此木材短缺越来越普遍。例如，据联合国粮农组织的一份报告，全球 13 亿人正通过耗尽已有资源来满足对木材的需求，即砍伐的速度远高于木材生长的速度。这些人中的 2/3 居住在亚洲，特别是喜马拉雅山脉周边地区。剩下的主要生活在中非干旱区和南美的安第斯高原。在非洲，妇女和孩子一天可能要走 50 千米来寻找木柴。木材的耗竭给人类带来了很多苦难，也导致了大范围的生态破坏，包括土壤侵蚀、荒漠化、洪灾和生境破坏。

我们能做些什么呢？有专家建议，首先应该控制人口的增长，以便减缓对木材的需求增长。其次，应该在村镇周围造林，通过科学管理实现可持续的生产。例如，在菲律宾，政府发起了一个项目，以在乡村边际土地再造林，为众多小型发电厂提供燃料木材，实现对边远乡村的供电。第三，提高炉子的效率，从而减少木材需求。第四，在联合国的帮助下，开发替代能源，包括风能、光伏发电和小型水力发电。太阳灶可用于世界上光照丰富且少风的地区。

在发达国家，木材也可更有效地燃烧。颗粒壁炉使用由锯木厂产生的锯屑做成的木球，可使燃烧温度和效率更高。**砌体加热器**［见图 23.22(a)］也有很高的能效。砌体加热器是由砖头或石头砌成的高大木材炉。这种火炉燃烧室的隔热效果较好。火炉的燃烧温度很高，可进行几乎完全的燃烧，从而消除不完全燃烧气体，并可避免在烟囱中积累木馏油。木馏油是一种黑色的黏性胶状物，由木材燃烧时释放的挥发性化合物形成。这些化合物在烟道和烟囱中沉积，并能被引燃。因为这些气体可在砌体加热器内燃烧，因此木材可产生更多的热量。因为烟囱不会沉积木馏油，故可消除发生烟囱火的机会。

砌体加热器的另一个秘密是它拥有较高的质量。与铸铁或钢制成的常见火炉不同，厚厚的砌墙可以吸收炉火释放的热量，然后再慢慢地向房间释放。当火炉燃烧时，人们坐在椅子上不会觉得被烘烤！另外，传统火炉的直烟道会使热量很快散失掉，而砌体燃烧器的烟道像迷宫一样曲折，是经过精心设计的，目的是延长热烟气的排放路径。当热烟气排放时，热量被转移到砌墙墙中，因此可捕获更多的热量来加热房间［见图 23.22(b)］。

其他生物燃料　木材只是能被用来生产能源的众多生物质中的一种。垃圾可被焚烧，产生的热量将水加热生成水蒸气并发电（见第 17 章）。粪便、生活垃圾和其他有机废物也可用来生产沼气——一种可燃气体。当在密闭容器内与水混合时，有机物可被厌氧细菌分解。这个过程释放的沼气可燃烧放热或发电。事实上，美国和国外的很多污水处理厂现在都收集原来直接排放到大气中的甲烷气体，然后燃烧为办公室供暖，或者用来发电供工厂使用，并且经常会将多余的电量卖给地方电力公司。现在许多公司也捕获垃圾填埋场释放的甲烷并用来发电。

植物材料也可用来生产一种液体燃料——乙醇，它可以与汽油以 1:9 的比例混合后供机动车使用。这称为**乙醇汽油**，它可更充分地燃烧，产生更少的污染物，在很多城市使用来减少冬季的空气污染。

乙醇在没有稀释的情况下也可以用在经过轻微改造的汽车和工厂中。大多数加油站卖的乙醇汽油，标号为 E85，是 85%的乙醇和汽油的混合物。它比纯汽油便宜，但热值也少 20%～30%。

(a)　　　　　　　　　　　　　　(b)

图 23.22　砌体加热器。这种炉子高效清洁，烧一次就可为一个宽敞的房间加热。(a)砌体加热器
　　　　　照片；(b)内部结构示意图。烟道气体排放要经过加长的、迷宫一样的路径。在该过程
　　　　　中，它们会散失大部分的热量，而这些热量被砌墙所吸收，然后再慢慢释放到房间中

美国大多数的乙醇目前来自玉米，但事实上，任何作物经过适当的发酵都能生产乙醇。以巴西为例，用甘蔗生产乙醇，减少了国外汽油的进口量。甘蔗目前是巴西卡车、小汽车和公共汽车的主要燃料来源。一些公司甚至用甘蔗渣来生产笔记本用纸，并通过史泰博公司在美国销售。研究者们也正在研发用玉米秸秆来生产乙醇。与淀粉一样，植物非食用部分的纤维素分子是由很多小一些的葡萄糖分子组成的长链化合物。这些葡萄糖分子可被发酵生成乙醇。

乙醇因为各种原因受到了人们的广泛批评。一个原因是，大量使用玉米来生产乙醇会抬高玉米及玉米粉薄烙饼等相关食品的价格。虽然农场主们喜欢更高的价格，但一些消费者的利益会受到损害，特别是在发展中国家（价格提高的有利一面是耕种作物所需能源成本增加，但这部分在争论中经常被忽略）。**纤维素乙醇**生产，即用植物茎叶中的纤维素生产乙醇，或用甘蔗生产乙醇，均可有助于缓解这个问题。

一些批判者错误地认为乙醇生产需要更多的能量投入，但这根据的是过时的数据。现在的乙醇生产净能量效率为 1.7，意味着我们用 1 个单位的能量生产的乙醇，具有 1.7 个单位的能量。虽然不够高，但与汽油的生产相当。如果成功，纤维素乙醇生产会有 8～10 的能源效率。甘蔗提取乙醇的净能源效率约为 8。

在未来，**能源农场**可为美国提供更多的液体燃料。玉米、小麦等农作物的秸秆可被用来生产大量的液体燃料。当许多发展中国家的粮食能自给自足时，加拿大、澳大利亚和美国等目前出口大量粮食的国家，会成为乙醇燃料的主要生产国。

23.2.7　氢和燃料电池

很多人相信氢将作为未来的燃料。这些乐观的想法合乎情理吗？

氢是一种易燃气体，可用来为我们的家庭供暖、烹饪和提供热水。它可像天然气一样燃烧，但不会产生 CO_2。事实上，氢燃烧会产生热量、光和水。你找不到更清洁的燃料了。

氢也可用在机动车上。它可在一定压力下存储在专门设计的存储罐中，并可直接在专门设计的发动机中燃烧, 或像第 18 章中介绍的那样, 可被充入称为燃料电池的装置中。燃料电池是一种小型的类似于电池的新发明, 氢和氧(来自空气)结合产生电能。燃料电池可为电动机供电, 从而驱动汽车、公共汽车和卡车。这个过程中产生的水可被回收循环利用。

尽管这些听起来很美好, 但最大的问题是氢不是地球上的地下储藏资源。在大气中也没有游离的氢存在。那么怎么样获得氢呢? 氢可从不同的资源中提取。例如, 可从各种传统的化石燃料, 包括天然气、丙烷和汽油的有机分子中提取, 或者从任何包含氢原子的碳水化合物(如乙醇或甲醇)中提取。遗憾的是, 从化石燃料中提取氢时会产生大量的 CO_2。为什么要利用有限的化石燃料来生产氢? 这是否违背了我们的初衷? 为什么不从可再生资源(例如水)中获取氢来供汽车使用?

不仅仅因为水是丰富的, 而且水也是可再生的。电解水可产生氢。当电通入水体时, 电流会将水分解为氢和氧。氢和氧都是气态的。

除了为汽车供能, 氢也可直接在热水器、炉灶甚至壁炉中燃烧, 以替代供应量不断下降的天然气。如果能通过现有的输送天然气的管线和地下管道将氢输送到城市和家庭中, 我们就可以利用现有的精心建造的和价格高昂的供应系统。

遗憾的是, 这个规划中存在一个问题。氢气是一种很轻的小分子气体, 比天然气轻得多。因为太轻, 氢气不能用现有的管道运输。有些氢能的倡导者建议, 应对北美天然气运输管道进行重建。遗憾的是, 我们也需要在城市中重新安装新管线将氢送到每家每户。

当我们研究未来氢作为新能源的前景时, 还需要考虑电解水产生氢的电力来源, 以及水从哪里来, 尤其是在北美那些水资源短缺的地区。

当时的小布什政府接受了氢能经济的思想, 但还是如前所述, 我们只能从化石燃料中提取氢气。政府虽然支持用核电和煤电来电解水生产氢气, 但可再生能源倡导者不同意这种方法。

沙茨能源研究中心的李察恩格尔是氢能源倡导者, 他认为"核能和煤电行业正在垄断氢能生产, 从而确保它们在能源市场上的优势。"

多米尼克科雷亚是一名物理老师, 也拥护可再生能源, 他认为"用化石燃料发展氢能经济在最有利的情况下是一场赌博, 而在最差情况下则可能是一场噩梦。"

可再生能源的倡导者们, 如恩格尔, 认为我们应该利用国家清洁且丰富的风能和太阳能资源来发电, 再用这些电来制氢。但这是对可再生资源发电的最好利用方式吗?

当我们寻求制氢的方法时, 应记住一个重要的方面: 氢不是一种能源资源。也就是说, 氢不是像天然气或石油一样的一次燃料。在地壳中没有氢储藏库, 不能直接进行开采获取。氢是我们制造的燃料。氢是通过电解水产生的二次燃料。换言之, 制氢需要其他能源投入。上文提及的科雷亚是一位氢能利用的批判者, 他提出将可再生能源(如风能)发电直接用于汽车更划算, 而不应该再用来电解水制氢来供应燃料电池。根据科雷亚的计算, 可再生能源发电直接驱动电动汽车的能源效率是制氢供应燃料电池的 3 倍。

遗憾的是, 目前的电动车需要又大又重的电池, 而且中途不充电的话行驶距离不够远。换言之, 一次充电只能行驶 60～120 英里。而且充电也需要很长的时间。我们不能 5 分钟内在加油站充好电。只有出现新的高储电量的电池时, 电动车才有可能成为城市居民主要的通勤工具。尽管看似不重要, 但通勤是现代社会机动车的主要利用方式。90% 的美国人每天的行车里程低于 60 英里, 主要是上下班。研究者们也正在研发新电池以便使电动车能行驶更远的里程。

毫无疑问, 氢能的未来并不像某些人想的那么乐观。有些批判者甚至质疑我们是否需要发展氢能。

科雷亚认为基于可再生的氢能经济至少需要安装价值 40 万亿美元的太阳能光伏电池板。他提议发展可再生能源电网系统。科雷亚说: "推行基于可再生能源的电网系统, 而不是氢能源系统, 单从光伏电池板投入中节省的资金就可为每个美国家庭提供一辆电动车和为之充电的光伏电池板。而且, 剩下的电还足够免费供给整个家庭的所有电器和供暖、制冷所需!"

氢能是否有一个光明的未来？目前，还很难说氢是否能成为优势能源或在未来能源中是否能占一席之地。我们还没有充分的认识，所以还不能做出明智的选择。

23.2.8 潮汐能

美国总统富兰克林·罗斯福经常在他位于芬迪湾的避暑别墅附近观赏潮起潮落。他对芬迪湾汹涌澎湃的潮水所具有的势能印象深刻，这是地球上最大的潮汐——高度可达 16 米。他可能想到这些潮汐的能量是否能被捕获，也许可以研发出一种方法用这些能量来推动与发电厂相似的涡轮机，通过旋转的叶片发电（见图 23.23）。

(a)

(b)

图 23.23　潮汐能发电装置结构图

世界上第一个潮汐能发电站于 1966 年在法国的朗斯湾建立，它具有 240 兆瓦的装机容量，相当于一个小型的燃煤电厂。俄罗斯也建成了相似的发电站，将潮汐引入建在入河口的大坝开口处。潮水推动水下的涡轮机来发电。

潮汐能发电是水力发电的一种，它能将潮汐能转换为电能。潮汐能发电包括两个主要类型：（1）潮汐流系统，（2）堰坝。

潮汐流系统用水下的涡轮机来捕获能量，与风车捕获来自移动空气（风）的能量相似（见图 23.23）。与堰坝系统相比，这种方法既便宜，产生的环境问题又少。

堰坝系统在海湾或河流入海口潮汐最强的地方筑坝（见图 23.24）。当涨潮和退潮时，海水流经大坝内的涡轮机来发电。

潮汐能发电有很多优点。它是可再生的，是由月球和地球间的引力作用产生的能量。与风能和太阳能相比，潮汐能更稳定。涨潮和落潮时都可发电。潮汐能发电的成本也相当便宜，不会产生有毒废物或污染物，而且是可再生的。

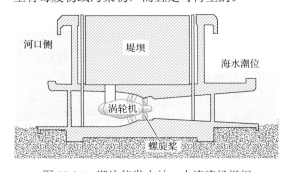

图 23.24　潮汐能发电站。水流流经堰坝上的小开口，推动螺旋桨发电

从不利的一面说，潮汐能发电应该被限制。因为全世界只有约 24 个潮汐能发电的优良地点，因此发展潜力相当低。例如，潮汐能发电只能满足美国目前所需电量的 5%。水下涡轮机要经受相当严酷的盐水考验。堰坝会影响航运，也会干扰水生生态系统。与水力发电类似，这一技术在未来的应用价值有限。

佛罗里达州亚特兰大大学的研究者们正在

研发固定在墨西哥湾流流经的海底上的水下涡轮机，以捕获这个强大而稳定的洋流的能量。

23.2.9　海水温差发电

海洋是一个巨大的热量存储库，这些热量可被专门设计的**海水温差发电**（OTEC）站捕获。这些设备可利用热带海域表层温暖海水和底层冷水的温度差。每个 OTEC 发电站拥有一

个漂浮的平台，有无数根管道通向 900 米深的海底。在平台表层，沸点很低的氨在一系列管道中循环。表层的温水将氨转为气态，从而推动涡轮机的叶片来发电（见图 23.25）。当经过来自海底的冷水时，氨气再被冷凝，重新开始循环。

OTEC 发电站产生的电能可被输送到岸上。一些工厂利用它来淡化海水，从而为当地人提供饮用水。

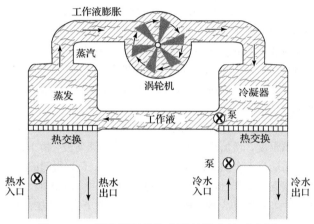

图 23.25　闭路循环的海水温差发电站示意图

在热带海洋，OTEC 发电站理论上可以昼夜工作，产生的电能则供应附近的市镇。但是，与其他很多技术可行的发电方式类似，这种方式同样存在一些问题。首先是其效率，因为要利用大量的海水，大量的能量必须用于将海水泵送到海面上。例如，在夏威夷近岸的一个实验电站，其发电的 80%用于抽取海水，因此净能量转化效率很低。其次，OTEC 电站的适宜位置有限，仅限于墨西哥湾以及夏威夷、关岛和波多黎各的近海。当冷水在表面加热时，水中溶解的二氧化碳会释放，因此这些电站会将相当多的二氧化碳排放到大气中。被冷却的表层海水会影响渔业和局地气候（增加降水）。深层海水在海面排放时，由于富含养分，因此会刺激浮游植物的生长，扰乱生态平衡。

23.3　小结

尽管被各种问题所困扰，但一个国家面临

的最大挑战是，从各种小危机事件中厘清可能会损害国家长远的问题，并解决它们。能源就是其中的问题之一，因为多年的忽视，甚至是在错误的政策下，它已转为一场大的危机。几种重要的化石燃料供应有限，价格抬升已在全世界范围内引起了严重的经济问题。化石燃料也是引起对我们威胁最大的环境问题——全球气候变化的根源。我们对化石燃料的高度依赖也是目前不可持续性危机的根源。

在人类历史上从没有像现在这样，迫切需要采取行动。面临即将到来的石油短缺和温室气体剧增，许多观察者相信我们必须将我们的能源系统转变为可持续的能源系统。提高能源效率，使用可再生能源，同时结合其他重要措施，如污染控制、循环利用和生境重建，我们能走上可持续发展的道路。这是我们所有人的责任。就如马歇尔·麦克鲁汉曾经写道，"地球上没有乘客，我们都是船员。"而且，我们不要忘记，很难再找到一个适宜人类居住的星球。

重要概念小结

1. 纵观历史，满足未来能源需求首要的是生产更多的燃料或开发替代品，而很少关注通过节能或提高能效来减少能源消耗的方法。

2. 虽然如此，近年来节能和能源高效利用已节省了大量燃料。例如，美国出售的新型汽车的平均燃油行驶里程已从 1974 年的每加仑 14 英里提高到了 1986 年的每加仑 26 英里，到 1995 年达到了每加仑 28 英里。但在 21 世纪的前五年，因为大型 SUV、箱式汽车和卡车的流行，又降到了每加仑 23 英里。

3. 尽管很多人认为，世界上的大多数人已开始尽最大努力来节能，但还有无数的机会来提高能源利用效率，包括建筑、工厂、机动车、照明、电器和电子设备等各方面的节能。

4. 节能和能源高效利用可为家庭和企业节约资金。对企业来说，能源高效利用和节能措施可降低商品和服务的生产成本。高效和节能不仅可帮助美国公司与德国和日本更高效的公司竞争，而且有助于维持世界较低的油价，有助于全球经济稳定。节能还可创造工作机会。

5. 节能可给消费者和生产者带来更大的经济效益，与生产能源相比，节能更便宜。

6. 节能需要市民、企业和政府的共同行动。

7. 个人的节能行动包括冬季调低温控器、在家里穿更多的衣服、夏季调高温控器、通过堵缝和密封条增加房间的保温性、调低热水器温度、增加热水器的保温性、不超速驾驶、拼车、乘坐地铁和购买节能汽车。

8. 发展可持续的能源系统所需的另一个重要的步骤是，用清洁的、负担得起的可再生能源来替代化石燃料。最有发展潜力的可再生能源包括太阳能、风能、生物质能、水能和地热能。

9. 每年照耀在与康涅狄格州面积相当的土地上的太阳光可满足整个美国的能源需求，目前美国只开发了很小一部分的太阳能。

10. 太阳能可用来为家庭和工厂提供热水并为建筑物内部供暖。如今主要有两种供暖系统：主动式和被动式。

11. 主动式太阳能系统的核心是太阳能集热器，用来吸收太阳能并转换为热能。热能再被传送到建筑物内部供暖或加热水。

12. 被动式太阳能系统被设计成可直接为房间加热。建筑物本身可成为一个热量收集器和热量存储设备。朝南的窗户和天窗会使冬季太阳光照进房间。太阳光照在墙上和地板上，然后转换为热能。水泥或砖墙可存储热量，并在晚上将热量散发到房间中。

13. 太阳能也能用来发电。太阳光可被反射镜聚集来烧开水，再用水蒸气驱动汽轮机发电。这种技术称为光热发电。

14. 也能用光伏电池发电，它是由硅制成的薄片，当有光照时可产生电流。光伏电池捕获的太阳能可成为主要能源，以替代昂贵且会带来污染的化石燃料，但光伏电池的价格昂贵。目前正通过各种努力来降低太阳能发电系统的成本，使它可与化石燃料竞争。但太阳能电池在偏远地区具有较好的经济前景。如果有联邦政府和州政府的激励措施来弥补建设成本，太阳能光伏发电也具有市场潜力。更有效的太阳能电池及大量生产会使它们的竞争力提高。

15. 美国联邦政府目前每年提供约 2000 亿美元来补贴核能、煤炭、石油和天然气行业，但对发展可替代能源几乎没有任何支持。可再生能源技术得到的资助约为每年 2 亿美元。要建立一个可持续的未来，我们必须公平竞争——为可再生能源提供补贴，或消除对不可再生能源的补贴。

16. 地球储藏着巨大的热量，称为地热能，它来自天然存在的放射性物质的放射衰变，也来自地球内部的熔岩。

17. 目前大多数商业开发的地热能都在水热对流区，这些地区被加热的地下水能自然喷射到地表，称为间歇泉或温泉。来自水热对流区的水蒸气或热水可用来供暖或发电。虽然容易被开发利用，但全球地热能资源有限。

18. 水力发电对全球能源有重要贡献，未来还会增加。遗憾的是，大多数未开发的水力资源都远离人口中心和工业区。一些环保主义者提倡对现有的非水力发电的堤坝进行改造，安装小型发电机，可生产额外的电能，而且不会像建造新堤坝那样带来环境影响。

19. 大规模的风力发电系统在全球电力需求中所占的比重越来越大。事实上，风能是世界上发展最快的能源，在许多发达国家有巨大潜力，美国和德国现在居前两位。风能也可为发展中国家的偏远乡村提供电力，因为在这些地方不便建立大型的发电站。

20. 木材、粪便、农作物秸秆和其他生物质可满足世界能源需求的 14%～19%。在发展中国家，化石燃料的消费很低，生物质能可满足总能源需求的 90%。

21. 木材是最广泛使用的生物质。在发达国家，包括挪威和美国，木材占家庭供暖燃料的 10%。但这些国家的大多数木材被林产品工厂当做燃料使用了。

22. 在发展中国家，近 25 亿人以木材为主要燃料。其中有近一半人口正在耗尽当地的木材储量。

23. 其他形式的生物质也可作为能源。例如粪便和其他有机废物可用来生产沼气，植物体可用来生产乙醇。如果未来乙醇生产的净能源效率提高，能源农场生产的谷物提炼出的乙醇就能部分满足美国液体燃料的需求。

24. 产自水的氢是一种可再生燃料，在汽车和炉灶中燃烧很清洁。遗憾的是，制氢需要大量的电能。批评家们相信与其用电来制氢，不如直接使用电能的能源利用效率更高。

25. 潮汐可被专门建造的堤坝引导往复流经涡轮机来发电。遗憾的是，全球潮汐能发电的潜力很小。

26. 海洋是一个巨大的热能存储库，可被专门设计的海水温差（OTEC）发电站利用。它们利用表层温暖的海水使氨气化，从而推动气轮机发电。之后氨又被抽自海底的冷水所冷却。遗憾的是，OTEC 发电站的发电量有限，没有竞争力。

关键词汇和短语

Active Solar Systems　主动式太阳能系统

Barrage System (tidal power)　堰坝系统（潮汐能发电）

Biomass　生物质

Building Integrated Photovoltaics　光伏建筑一体化

Cellulosic Ethanol　纤维素乙醇

Earth Sheltering　泥土覆盖

Energy Star Program　节能之星计划

Fuel Farms　能源农场

Gasohol　乙醇汽油

Geopressurized Zones　超压层

Geothermal Energy　地热能

Geysers　间歇泉

Green Lights Program　绿色照明工程

Hot Rock Zones　热岩带

Hydrogen　氢

Hydropower　水力发电

Hydrothermal Convection Zones　水热对流区

LED Lights　LED 灯

Masonry Stove　砌体加热炉

National Appliance Energy Conservation Act　美国国家家电节能法案

Net Metering　净电量结算

Ocean Thermal Energy Conversion (OTEC)　海水温差发电

Passive Cooling　被动式制冷

Passive Solar Systems　被动式太阳能系统

Photovoltaic Cell (PV)　光伏电池

Solar Electricity　太阳能发电

Solar Energy　太阳能

Solar Thermal Electricity　光热发电

Tidal Power　潮汐能发电

Tidal Stream System　潮汐流系统

Wind Farm　风力发电场

Wind Power　风力发电

Windmill　风车

批判性思维和讨论问题

1. 列举并描述各种传统能源。写出一套判断所有潜在能源资源可持续性的标准。现在研究你的能源清单，并评价每种能源的可持续性。

2．给出捕获太阳能的不同技术类型的清单，并描述每种技术的目的——例如发电或供暖。

3．什么是主动式太阳能系统？举例说明。什么是被动式太阳能系统？论述两者的相同点和不同点。

4．描述太阳能的两种发电方式。

5．一名工程学教授发现了一种新能源。发挥你的批判性思维能力，在接纳它之前你想了解些什么？

6．什么是地热能？哪种形式的地热能最容易被开发？

7．发挥批判性思维能力，讨论如下论述：“美国拥有巨大的未开发的水力发电潜力，可生产巨大的电能。”

8．论述风能的潜力。与传统能源资源相比，它是否具有竞争力？风能真正面临的问题是什么？哪些已浮出水面？如何克服这些问题？（可以上网查阅风能的利弊。）

9．什么是生物质能？它在我们的未来能源中的重要性如何？

10．论述潮汐能发电、氢能资源和海水温差发电的利弊。

11．你认同下面的观点吗：节能和提高能效的作用不亚于石油、天然气、煤和核能的替代，且通常更便宜？

12．就“能源高效利用可被认为是可再生能源的一种形式”展开讨论。

13．制定一套能使你的能源消费削减 25%的措施。你能做的最重要的事情是什么？

14．假设你被任命为你所在城市能源部门的负责人，并要求你制定一个长期的能源战略让城市顺利进入下世纪中叶。准备你的计划并论述其可行性。

15．制定一套指标来评价所有潜在能源资源的可持续性。

网络资源

本章相关在线资料见 http://www.prenhall.com/chiras（单击 Table of Contents，接着选择 Chapter 23）。

后　记

经过本学期的课程学习，相信读者已掌握了很多关于环境和资源的问题。若读者已经阅读了整本书，则学到了生态学、经济学和伦理学知识，学习了人口增长、农业问题、害虫控制、水资源管理和水污染，研究了渔业资源保护、草场管理、森林管理、动植物灭绝和野生动物管理，学习了固体废弃物、有害废弃物、城市空气污染、全球变暖和采矿，还学习了不可再生和可再生能源。

读者可能深入了解了其中的一些问题，而对其他一些问题还没有想法。不管读者之前的认识有多少，我们确信读者又有了新的认识。我们希望读者能对即将到来的各种挑战有更深、更广的认识，并发现新的方法来解决许多紧迫的环境问题。

在读者读完本书后，我们希望读者能认识到环境问题的不同。有些在局地尺度，有些在地区或州的尺度，还有一些在全球尺度。有些问题很小；有些问题会变得越来越严重，严重到开始威胁我们的福祉和经济。很多问题对非人类物种有影响，在某些情况下，甚至会使它们灭绝。

通过本书的学习，读者会认识到引发环境和资源问题的很多原因，而个人、企业和政府可采用的解决方案也有很多。解决问题经常需要合作的方式，需要许多利益相关者共同参与、共同工作，找出可持续的解决方案。有时，解决方案的实施需要国际合作。可持续的解决方案经常会对自然界有预防作用。例如，太阳能和风能等可再生能源可阻止污染物进入大气。作物轮作可减少对杀虫剂的需求，从而减少潜在污染物对大地和地表水的污染，也可以减少土壤侵蚀和对肥料的需求，进而保护农作物和附近的地表水。

可持续发展的许多专家强调更有效的解决方案必须解决造成问题的根本原因，包括资源的低效利用、线性思维和线性系统设计、对不可再生资源的高度依赖、受损生态系统得不到恢复、不能从长时间尺度管理系统、人口的不断增长。

地球的资源供应和废物处理能力有限，所以可持续资源管理寻找各种方法在有限的地球上繁荣发展。本书探讨了在我们依赖的生态系统承载能力内如何学会生存。一个好的例子是商业捕鱼行动条例，试图通过限制捕捞使渔业在未来能保持良好的生产力。同样，为了不枯竭我们的森林和破坏健康森林依赖的土壤，木材管理试图建立木材商业砍伐限制。

我们需要设计可持续解决方案来取得自然系统和许多人类主导系统的长期健康与稳定。例如，可持续的放牧制度要确保草地土壤的长期健康和牧草的稳定生产力。农业活动也试图维持表土的健康，以便农户能永久地生产可承担的有机食物，同时不毒害周边水体或鸟类等有益物种。空气污染防治试图确保我们生活的城市空气的健康。

创建可持续解决方案的另一个关键是转向全生态系统和全流域管理。过去，资源管理患上了"近视"，只用有限的方法处理问题。结果，我们一直设计不出针对复杂生态系统的解决方案，而我们利用的很多资源是从复杂的生态系统中获取的。生态系统和流域管理扩大了我们行动的范围，并有助于更好地保护整个系统。

预防政策与实践提高了人类在限制中生活的方式，充分认识我们对地球及其资源的依赖，确保生态系统的长期健康。认识到地球及其多种多样的生态系统是我们社会的生物基础。这不是无聊的问题，虽然有些人希望你这么认为。这种政策也会促进代际公平（对后代的公平）和生态公正（对与我们分享这个星球的数百万物种的公平）。

为了实现可持续发展，解决方案必须从三个方面都讲得通：社会、经济和环境。我们面临的挑战是同等重视这三个方面，制定的政策不能对任一个有所偏爱。充满希望的是，本书对许多问题提出的可持续解决方案都考虑了这三个方面。遗憾的是，还有很多人未意识到自然系统对人类财富的重要性。他们坚持旧思想，把人类利益特别是经济利益看得高于一切。希望读者能够帮助战胜旧思想，并对周围的人产生正面影响。我们需要读者的帮助来向世界宣传已经改变了的环境保护和资源管理原则。如果我们采取可持续的方案，就会在几乎不影响环境的同时，生活得更好。

可持续方案的核心是五个指导原则：节约、循环利用、可再生资源利用、恢复和人口控制。作为大自然的经营原则，有助于确保未被干扰的生态系统维持数千年的可持续性；能帮助我们重新设计系统，以提供我们需要的产品和服务。为了创建可持续未来，我们也需要一个新的伦理观——可持续伦理观，承认人类是大自然的一部分，地球及其资源是有限的，成功来自与自然的合作而非控制和支配。

我们强烈呼吁每个人都积极参与到未来可持续发展的建设中来。循环利用、购买再生产品、高效利用能源和其他资源、限制消费、步行或乘公交车、使用节能汽车，为恢复和保护环境的组织做贡献。要记住，保护地球最终是保护我们自己。